Verbrennungskraftmaschinen

ERGEBNISSE DER INNEREN MEDIZIN UND KINDERHEILKUNDE

HERAUSGEGEBEN VON

F. KRAUS, O. MINKOWSKI, FR. MÜLLER, H. SAHLI,
A. CZERNY, O. HEUBNER

REDIGIERT VON

TH. BRUGSCH, L. LANGSTEIN, ERICH MEYER, A. SCHITTENHELM
BERLIN   BERLIN   STRASSBURG   KÖNIGSBERG

ELFTER BAND

MIT 58 TEXTABBILDUNGEN UND 21 TAFELN

SPRINGER-VERLAG BERLIN HEIDELBERG GMBH
1913

ISBN 978-3-642-92949-6   ISBN 978-3-642-92948-9 (eBook)
DOI 10.1007/978-3-642-92948-9

Additional material to this book can be downloaded from http://extras.springer.com.

Vorwort

Mit der Entwicklung der Verbrennungskraftmaschinen zu möglichst hohen spezifischen Leistungen und optimaler Wirtschaftlichkeit und der damit verbundenen Ausweitung der Leistungsgrenzen bis zur höchst möglichen thermischen Belastung, wurden die Verbrennungs- und Zündungsvorgänge in Bereiche gerückt, in denen die Probleme der Reaktionskinetik und damit verbunden der Selbstzündungs- sowie neuerdings auch der Dissoziations- und Rekombinationsvorgänge eine bedeutende Rolle spielen.

Der Begriff „Verbrennungskraftmaschinen" ist in dieser vierten Auflage weit gefaßt. Er bezieht sich auf alle heute bekannten Kraftmaschinen, bei denen die Energie auf dem Wege über Verbrennungsvorgänge oder ähnliche Reaktionen in Arbeitsleistung umgesetzt wird, so daß beispielsweise auch Staustrahltriebwerke und Raketenantriebe sowie die Methoden der unmittelbaren Energiegewinnung zu berücksichtigen sind. Deshalb wurde auch der zunehmenden Bedeutung der Chemischen Thermodynamik im Rahmen der Entwicklung der Verbrennungskraftmaschinen Rechnung getragen.

Als sehr wesentlich erschien mir ganz allgemein eine stärkere Berücksichtigung der neueren Erkenntnisse auf physikalischem und chemischem Gebiet, weil die Ergebnisse der technischen Forschung für eine erfolgreiche Entwicklungsarbeit bei weitem nicht mehr allein ausreichend sind. Dem Ingenieur in der Praxis und auch dem Studierenden bereiten aber die vielfach sehr verschiedene Darstellung der Gesetzmäßigkeiten und die bis heute noch bestehenden Unterschiede in den Maßsystemen und Formelzeichen oft erhebliche Schwierigkeiten.

Auch ist es dem Entwicklungs-Ingenieur in der Industrie wegen der zeitlichen Belastung heute kaum noch möglich, die umfangreiche Literatur auf den einschlägigen Gebieten der Naturwissenschaft umfassend zu studieren.

Um trotzdem die Möglichkeit zu bieten, diese Erkenntnisse in bequemer Weise für die technische Entwicklung nutzbar zu machen, wurden die für Verbrennungskraftmaschinen wichtigsten Gesetzmäßigkeiten und Forschungsergebnisse sowie das entsprechende Zahlenmaterial, unter anderem auch für die neuerdings wichtigen Bereiche hoher Temperaturen, in den Rahmen des Buches mit aufgenommen und zum besseren Verständnis nebeneinander und vergleichend in physikalischer und technischer Schreibweise dargestellt.

Da die Verbrennungs- und Selbstzündungsprobleme derart an Bedeutung gewonnen und einen so großen Umfang angenommen haben, erschien es nicht mehr zweckmäßig, die entsprechenden Ausführungen den jeweils infrage kommenden Kapiteln zuzuordnen. Um die Anwendung der Erkenntnisse auf diesen Gebieten möglichst einfach und umfassend zu gestalten, wurden die Probleme, die für Verbrennungskraftmaschinen von Bedeutung sind, in einem in sich geschlossenen zweiten Teil des Buches zusammengefaßt und systematisch bearbeitet.

Damit gliedert sich das Buch in zwei Teile. Der 1. Teil behandelt die Thermodynamik und die Versuchstechnik der Verbrennungskraftmaschinen, der 2. Teil umfaßt den gesamten Bereich der Verbrennungs- und Zündungsvorgänge sowie der Reaktionskinetik bzw. der Chemischen Thermodynamik, soweit er für Verbrennungskraftmaschinen von Bedeutung ist.

Das Buch ist als erste Auflage im Jahre 1939 unter dem Titel „Verbrennungsmotoren" im Verlag Springer erschienen. 1941 war eine erweiterte und ergänzte Fassung fertiggestellt, Satz und Klischees wurden jedoch bei einem Luftangriff vernichtet.

Eine noch weitergehende und ergänzte Bearbeitung einer zweiten Auflage wurde im Jahre 1944 fertiggestellt und mit ca. 2400 Exemplaren ausgedruckt. Diese Auflage, die zum Teil eingelagert und zum Teil zum Zwecke der Auslieferung auf dem Wasserwege unterwegs war, ging, bedingt durch die Kriegsereignisse, verloren.

Eine amerikanische Dienststelle stellte im Jahre 1945 im Einvernehmen mit mir von dieser Auflage einige Hundert Exemplare mit Erläuterungen in englischer Sprache nach einem Kopierverfahren her, wovon mir in besonders dankenswerter Weise 40 Exemplare kostenlos überlassen wurden, die für meinen damaligen Mitarbeiterkreis von großem Wert waren.

Nach diesem wiederholten, durch die Kriegsereignisse bedingten Mißgeschick, konnte das Buch in einer abermals erweiterten und verbesserten dritten Auflage im Jahre 1951 beim Verlag R. Oldenbourg, München, unter dem Titel „Verbrennungskraftmaschinen" erscheinen.

In die vorliegende völlig neu bearbeitete und wesentlich ergänzte Auflage wurden neu aufgenommen: Kapitel über thermodynamische und motorische Bewertung von Motorkraftstoffen, Leistungsverhalten von 4-Takt-Dieselmotoren mit Abgasturboaufladung unter veränderten atmosphärischen Bedingungen, Aufladung von 2-Takt-Dieselmotoren, Flüssigkeitskühlung von Gasturbinenschaufeln, intermittierende Einspritzung bei Gasturbinenbrennkammern, Temperatur-

messung in schnellströmenden Gasen sowie Abschnitte über Strahl-
antriebe und Raketentriebwerke.

Im zweiten Teil des Buches werden u. a. Probleme der Verbrennung
und der Selbstzündung behandelt, insbesondere auch Methoden zur
Anwendung von physikalischen Messungen und Kennwerten auf die
Berechnung von Zündungs- und Verbrennungsvorgängen in Brennkraftmaschinen, zweistufige Reaktionen, Zündverzugsmessungen, z. B.
auch im Stoßwellenrohr, sowie Dissoziations- und Rekombinationsvorgänge.

Zu den bereits vorhandenen i-s-Diagrammen für Verbrennungsgase
von Benzin, die den Temperaturbereich bis etwa 2000 °C umfassen,
wurden weitere nach den neuesten Daten berechnete i-s-Diagramme
für Verbrennungsgase bei verschiedenen Luftverhältniszahlen unter
Berücksichtigung der Dissoziation für den Temperaturbereich bis
4000 °C, aufgenommen, die vor allem für Anwendungsbereiche der
Raketentechnik bestimmt sind.

Weiterhin werden Zusammenstellungen von Kennwerten aus der
Chemischen Thermodynamik, wie Gleichgewichtskonstanten, Zündverzugswerte u. a. m. gegeben.

Im Rahmen dieses Buches sind bevorzugt Forschungsarbeiten, die
in dem von mir früher geleiteten DVL-Institut für motorische Arbeitsverfahren und Thermodynamik in Berlin-Adlershof durchgeführt
wurden sowie Arbeiten aus dem jetzt von mir geleiteten Institut für
Wärmetechnik und Verbrennungsmotoren der Technischen Hochschule
Aachen herangezogen. Die theoretischen Ausführungen entsprechen im
wesentlichen dem Inhalt meiner an der T.H. Berlin und T.H. Aachen
gehaltenen Vorlesungen auf dem Gebiete der Verbrennungskraftmaschinen, insbesondere der Flugtriebwerke, sowie der Chemischen
Thermodynamik und der Höheren Thermodynamik.

Die dritte Auflage stützte sich vor allem auf Arbeiten aus dem
DVL-Institut, insbesondere Arbeiten der Herren Dr. phil. E. CZER-
LINSKY, Dipl.-Ing. W. FRANKE, Dipl.-Ing. P. GIERTZ, Dr.-Ing. E. GNAM,
Dr.-Ing. H. JUNG, Dr.-Ing. P. KORNACKER, Dr.-Ing. H. KRESS, Prof.
Dr.-Ing. H. KÜHL, Dipl.-Ing. H. PAULING, Dipl.-Ing. H. PFLEGHAR,
Dr.-Ing. M. SCHEUERMEYER, Dipl.-Ing. CHR. SCHÖRNER und Dr.-phil.
H. ZEISE.

In der vorliegenden vierten Auflage sind außerdem Arbeiten aus
dem jetzt von mir geleiteten Hochschulinstitut mit herangezogen,
u. a. Arbeiten der Herren Dr.-Ing. A. BECKERS, z. Z. Prof. an der
Universität Federico Santa Maria in Valparaiso/Chile, Dr.-Ing. J.
LEVEDAHL, (jetzt in USA), Dr.-Ing. N. ERBAKAN, Dr.-Ing. H. TRENKLER,
Dr.-Ing. H. STEMANN, Dr.-Ing. N. JESCHKE, Dr.-Ing. F. GELLER, Dr.-Ing.

O. Stumpf, Dr.-Ing. K. Restin, Dr.-Ing. F. Oehler und Dipl.-Ing. H. Stoffels.

Weiterhin sind einschlägige Arbeiten meiner derzeitigen Mitarbeiter Dr.-Ing. H. Prehn, Dozent Dr.-Ing. H. Heitland, z. Z. Prof. of Mechanical Engineering in Madras/Indien, Dr.-Ing. H. May, Dr.-Ing. H. Peters, Dr.-Ing. H. Schulz, Dipl.-Ing. E. Plassmann und Dipl.-Ing. M. Schaffrath mit herangezogen worden, denen ich ferner für ihre Unterstützung an der Überarbeitung und Ergänzung einiger Abschnitte danke.

Herrn Prof. Dr.-Ing. H. Kühl, DVL-Wahn, danke ich für die zusammenfassende Darstellung im Kapitel „Vergleich der Eignung verschiedener Triebwerkssysteme", die aus seinen eigenen Arbeiten stammt. Weiterhin danke ich den Herren Dipl.-Ing. K. Dreyer, Fa. Bölkow und Dr.-Ing. O. Stumpf, ERNO, für ihre fachlichen Hinweise bei der Bearbeitung der Abschnitte über Raketenantriebe.

Mein besonderer Dank gebührt den Herren Dipl.-Ing. E. Plassmann und Dr.-Ing. H. May — letzterer war bereits bei der Herausgabe der englischen Übersetzung an der technischen Bearbeitung beteiligt — für die umfangreiche Mitarbeit an der vorliegenden vierten Auflage.

Ebenso danke ich dem Springer-Verlag für die besonders sorgfältige Darstellung der Abbildungen und der Arbeitsdiagramme sowie für die vorzügliche Gesamtausstattung des Buches.

Aachen, im Juni 1967

Fritz A. F. Schmidt

Inhaltsverzeichnis

Erster Teil

Kraftmaschinen

Zweiter Teil

Theorie der Verbrennung und Zündung

i-s-Tafeln für Verbrennungsgase von Benzin und Treibstoffkombinationen für Strahltriebwerke und Raketen mit und ohne Berücksichtigung der Dissoziation. (Am Schluß des Buches sowie in der Tasche)

    I   Kerosen-Luft, $\lambda = 0{,}8$
   II Kerosen-Luft, $\lambda = 1{,}5$
 III Kerosen-Sauerstoff, $\lambda = 0{,}7$
 IV Kerosen-Sauerstoff, $\lambda = 1{,}0$
  V Wasserstoff-Sauerstoff, $\lambda = 0{,}6$
 VI Wasserstoff-Sauerstoff, $\lambda = 0{,}8$

Die folgenden Tafeln befinden sich in der Tasche

  VII Kerosen-Luft, $\lambda = 1{,}0$
 VIII Kerosen-Sauerstoff, $\lambda = 0{,}8$
  IX Umrechnungsfaktor
   X Verbrennungsgase von Benzin, $\lambda = 0{,}8$
  XI Verbrennungsgase von Benzin, $\lambda = 0{,}9$
 XII Verbrennungsgase von Benzin, $\lambda = 1{,}0$
XIII Verbrenungsgase von Benzin, $\lambda = 3$

Theoretische Möglichkeiten
der Erzeugung mechanischer Arbeit
aus der Wärmeenergie des Kraftstoffes

Ein Überblick über die geschichtliche Entwicklung der Motoren zeigt, daß die erreichbaren Leistungen und Verbrauchszahlen von Verbrennungskraftmaschinen in erster Linie vom Arbeitsverfahren abhängig sind und von der Güte der Ausführung der Maschine im allgemeinen weniger beeinflußt werden. Daher tritt die Frage auf, mit welchem Verfahren mit einer bestimmten Kraftstoffmenge die größtmögliche Arbeitsausbeute erreicht werden kann und wie groß diese Arbeit ist. Für die thermodynamische Untersuchung dieser Frage ist es belanglos, ob die Maschine, die diesen Bedingungen genügt, praktisch gebaut werden kann, da die theoretische Berechnung hauptsächlich als Vergleichsbasis von Wert ist.

Auf Grund thermodynamischer Berechnungen kann die größte je Mengeneinheit des Kraftstoffes gewinnbare Arbeit — die „maximale Arbeit", die, wie die folgenden Ausführungen zeigen, der Änderung der freien Enthalpie bei der Verbrennung $(-\varDelta G)^1$ entspricht —, und damit der geringste mögliche Kraftfstoffverbrauch, bezogen auf die Einheit der Arbeit (z. B. die kWh), zahlenmäßig ermittelt werden. Für die höchsten erreichbaren Leistungen, bezogen auf eine bestimmte Maschinengröße, können jedoch keine eindeutigen Grenzwerte angegeben werden, da hierfür die Stoffeigenschaften im Zusammenhang mit der Gestaltung der Maschine, insbesondere die Kraftstoffeigenschaften, die Schmierstoffeigenschaften, die Warmfestigkeit der Werkstoffe u. a. ausschlaggebend sind.

Ist der Wert der maximal erreichbaren Arbeit und das hierfür erforderliche Arbeitsverfahren ermittelt, dann ist die Frage zu beantworten, welches praktisch durchführbare Verfahren die günstigste Kraftstoffausnutzung gestattet. Schließlich ist festzustellen, welche Arbeitsausbeute mit den üblichen Arbeitsverfahren maximal erreichbar ist.

Die maximale Arbeit, die aus einer bestimmten Kraftstoffmenge theoretisch gewinnbar ist, kann auf Grund einer von Gouy und Stodola

---

¹ Erklärung der Formelzeichen s. S. 584.

1 Schmidt, Verbrennungskraftmaschinen, 4. Aufl.

aufgestellten Formel ermittelt werden. Die Formel und ihre Ableitung [A 11] sind im folgenden Abschnitt wiedergegeben.

Maximale Arbeit von Kraftstoffen, Exergie

In der Technik ist es üblich, die Brauchbarkeit der Kraftstoffe[1] auf Grund ihres Heizwertes zu beurteilen. Tatsächlich zeigt auch die Erfahrung, daß in Kraftanlagen die Arbeitsausbeute dem Heizwert des Kraftstoffes annähernd verhältig ist. Bei Kraftanlagen, bei denen nur mittelbar die bei der Verbrennung freiwerdende Wärme durch Übertragung an ein Arbeitsmittel verwendet wird (z. B. Dampfkraftanlagen), ist der Heizwert bzw. die freiwerdende Wärmemenge auch tatsächlich ein direktes Maß für die Größe der mit derartigen Anlagen erreichbaren Arbeitsausbeute. Jedoch kann der Heizwert nicht dem Wärmewert der höchstmöglichen Arbeitsausbeute, die mit dem Kraftstoff überhaupt erreichbar ist, gleichgesetzt werden.

Die Größe der erreichbaren Arbeit kann auf Grund folgender Überlegung errechnet werden. Nach dem 1. Hauptsatz gilt für eine beliebige Kraftmaschine bei vollkommener Verbrennung die Beziehung:

$$L_t = G_L (u_1 + P_1 v_1)_L + B (u_1 + P_1 v_1)_B$$
$$+ B (E' - E'') - (G_L + B) (u_2 + P_2 v_2)_G - Q . \tag{1}$$

In dieser Gleichung bedeuten (s. auch Abb. 1):

> Index 1   den Zustand der eintretenden Luft und des eintretenden
>   unverbrannten Kraftstoffes,
> Index 2   den Zustand des austretenden Arbeitsmittels,
> Index L Luft,
> Index B Kraftstoff (Brennstoff),
> Index G verbranntes Gas.

Bedeutung der übrigen Bezeichnungen siehe Verzeichnis der Formelzeichen, S. 584.

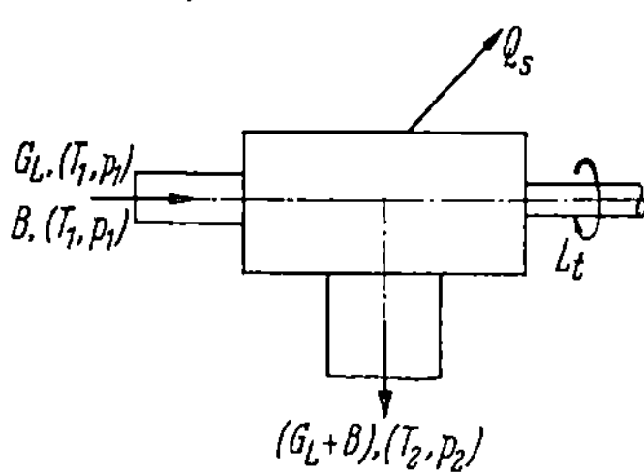

Abb. 1. Schema der Energiebilanz einer Kraftmaschine

Beim Durchgang durch die Maschine tritt eine Änderung der Entropie des Arbeitsmittels im Werte von

$$(G_L + B) \cdot s_{2-G} - (G_L s_{1-L} + B \cdot s_{1-B})$$

auf. Gleichzeitig ändert sich die Entropie des Kühlmittels durch die ihm zugeführte Wärme Q um einen Betrag, der im Grenzfall eines unendlichen Kühlmittelvorrats, der eine Konstanthaltung der Kühlmitteltemperatur T_0 gestattet, den Wert Q/T_0 erreicht. Die gesamte Entropiezunahme des arbeitenden Körpers und Kühlmittels ist also

$$\Delta S = [(G_L + B) s_{2-G} - (G_L s_{1-L} + B s_{1-B})] + Q/T_0 . \tag{2}$$

[1] Brennstoffe, die in Kraftmaschinen verwendet werden, werden in der Technik vorwiegend mit „Kraftstoff" bezeichnet.

Setzt man den Wert Q aus dieser Gleichung in die obige Gleichung ein, so erhält man

$$L_t = G_L \, (u_1 + P_1 \, v_1)_L + B \, (u_1 + P_1 \, v_1)_B \\ + B \, (E' - E'') - (G_L + B) \, (u_2 + P_2 \, v_2)_G \\ + T_0 \, [(G_L + B) \, s_{2-G} - G_L \, s_{1-L} - B \, s_{1-B}] - T_0 \, \varDelta S. \tag{3}$$

Es ist nun leicht einzusehen, daß die aus dem Kraftstoff gewonnene Arbeit dann ihren Höchstwert erreicht, wenn das aus der Maschine austretende Arbeitsmittel den Druck und die Temperatur der Umgebung besitzt. Würde nämlich das austretende Arbeitsmittel einen höheren Druck oder eine andere Temperatur als die Umgebung besitzen, so könnte durch Überführung des Arbeitsmittels auf den Druck bzw. die Temperatur der Umgebung weitere Arbeit gewonnen werden, während bei niedrigerem Druck ein Ausströmen nicht möglich wäre.

Erfolgen die Umsetzungen in der Maschine verlustfrei, also auf umkehrbarem Wege, so wird $\varDelta S = 0$. Schließlich ist der Zustand der eintretenden Luft und des eintretenden Kraftstoffes gleich dem Zustand der Umgebung zu setzen; denn die bei Abweichungen von diesem Zustand zusätzlich gewinnbare bzw. aufzuwendende Arbeit, die man erhält, wenn man Luft und Kraftstoff umkehrbar auf den Druck und die Temperatur der Umgebung (Index 0) bringt, ist unabhängig von der Umsetzung des Kraftstoffes, darf also bei der Bestimmung der aus dem Kraftstoff gewinnbaren Arbeit nicht berücksichtigt werden. Damit wird die maximal gewinnbare Arbeit:

$$L_{t\,max} = G_L \, (u_0 + P_0 \, v_0)_L + B \, (u_0 + P_0 \, v_0)_B \\ + B \, (E' - E'') - (G_L + B) \, (u_0 + P_0 \, v_0)_G \\ + T_0 \, [(G_L + B) \, s_{0-G} - G_L \, s_{0-L} - B \, s_{0-B}]. \tag{4}$$

In dieser Gleichung entsprechen die ersten 4 Glieder dem Heizwert H_p bei konstantem Druck und bei der Temperatur T_0. Bezeichnet man die Entropie des eintretenden Arbeitsmittels $G_L \, s_{0-L} + B \, s_{0-B}$ mit S_1 und die Entropie des austretenden Arbeitsmittels $(G_L + B) \, s_{0-G}$ mit S_2, so erhält man die einfache Gleichung

$$L_{t\,max} = B \cdot H_p + T_0 \cdot (S_2 - S_1). \tag{5}$$

Diese Formel wurde etwa gleichzeitig von Gouy und Stodola entwickelt und wird unter der Bezeichnung „Gouy-Stodola-Formel" vielfach verwendet. Auf Grund dieser Beziehung können die Unterschiede der maximalen Arbeit gegenüber dem Heizwert errechnet werden.

Im Vergleich zum unteren Heizwert H_u sind diese Unterschiede im allgemeinen gering, dagegen unterscheiden sich maximale Arbeit und oberer Heizwert H_o zum Teil sehr erheblich[1].

---

[1] Über die Bedeutung von H_u und H_o siehe Seite 505

1*

Der Ausdruck T_0 $(S_2 - S_1)$ in Gl. (5) ist, verglichen mit dem Heizwert, dann verhältnismäßig klein, wenn die Verbrennungsprodukte und das Unverbrannte in gleicher Phase vorliegen, z. B. dampf- oder gasförmig. In diesem Falle ist in Gl. (5) der untere Heizwert H_u einzusetzen, der sich dann nur wenig von der maximalen Arbeit unterscheidet. Bei der Berechnung der Entropie der Verbrennungsprodukte ist dann in Gl. (5) die Entropie des Verbrennungswassers in der Dampfphase einzuführen. Die zahlenmäßige Rechnung zeigt, daß der Unterschied der maximalen Arbeit gegenüber H_u bei Kohlenwasserstoffen meist etwa 2—5% (maximal 10%), gegenüber H_o jedoch bis zu 10% (maximal 26%) beträgt.

Man kann daher bei der Anwendung im Bereich der Verbrennungskraftmaschinen angenähert den unteren Heizwert H_u dem Wärmewert der maximalen Arbeit gleichsetzen, ohne einen großen Fehler zu begehen. Der Fehler wird jedoch sehr erheblich, wenn der obere Heizwert anstelle von $L_{t\,\mathrm{max}}$ eingesetzt wird.

Nachstehende Tabelle gibt die maximalen Arbeiten für einige Reaktionen wieder:

In der physikalisch chemischen Literatur hat sich vorwiegend eine andere Schreibweise für die thermodynamischen Zustandsgrößen eingebürgert:

Tabelle 1[1]

Reaktion	Maximale Arbeit	Heizwert H_u (20 °C)
$2\,H_2 + O_2 = 2\,H_2O$	54 635 kcal/Mol	57 798 kcal/Mol
$2\,CO + O_2 = 2\,CO_2$	61 452 kcal/Mol	67 636 kcal/Mol
$C + 2\,H_2 = CH_4$ Graphit	12 140 kcal/Mol	17 889 kcal/Mol
$CH_4 + 2\,O_2 = CO_2 + 2\,H_2O$	192 522 kcal/Mol	191 759 kcal/Mol
$2\,C_2H_2 + 5\,O_2 = 4\,CO_2$ $\qquad\qquad + 2\,H_2O$	294 287 kcal/Mol	300 096 kcal/Mol
n-Heptan C_7H_{16} $2\,C_7H_{16} + 22\,O_2 = 14\,CO_2$ $\qquad\qquad + 16\,H_2O$	1 104 981 kcal/Mol	1 075 858 kcal/Mol
Isooktan C_8H_{18} $C_8H_{18} + 12{,}5\,O_2 = 8\,CO_2$ $\qquad\qquad + 9\,H_2O$	1 256 030 kcal/Mol	1 219 028 kcal/Mol
Benzol C_6H_6 $2\,C_6H_6 + 15\,O_2 = 12\,CO_2$ $\qquad\qquad + 6\,H_2O$	763 845 kcal/Mol	757 526 kcal/Mol

---

[1] Errechnet nach [O 20].

Die Gesamtenthalpie, die der Summe der fühlbaren Enthalpie und der chemischen Energie entspricht, wird mit H bezeichnet[1]. Die Gesamtenthalpie eines Gases am absoluten Nullpunkt wird H_0 genannt. Der Ausdruck $H - H_0$, die sog. „fühlbare Enthalpie" entspricht dem in der technischen Literatur verwendeten Ausdruck $M\,c_p\big|_0^T \cdot T$.

Aus dem ersten Hauptsatz folgt, daß der Heizwert einer Reaktion bei konstantem Druck gleich der Abnahme der absoluten Enthalpie bei der Reaktion bezogen auf einen bestimmten Druck und eine bestimmte Temperatur ist (s. Kapitel Wärmetönung, S. 505)

$$\text{Heizwert} \quad H_p = H_1 - H_2 \, .$$

Hierin ist H_1 die Summe der absoluten Enthalpien der Partner vor der Reaktion und H_2 die Summe der absoluten Enthalpien der Partner nach der Reaktion.

Der Ausdruck $G = H - TS$, in dem T die absolute Temperatur und S die absolute Entropie bedeuten, heißt „freie Enthalpie" (Gibb'sches Potential). In der amerikanischen Literatur wird sie zum Teil auch mit F (free energy) bezeichnet.

Aus der Formel von GOUY-STODOLA ergibt sich durch geringfügige Umformung, daß die maximale Arbeit gleich der Abnahme der freien Enthalpie bei der Reaktion bezogen auf einen festen Druck und eine feste Temperatur ist. Für 1 kg Brennstoff gilt:

$$L_{t\,max} = H_p + T\,(S_2 - S_1) = H_1 - H_2 + T\,(S_2 - S_1)$$
$$= (H_1 - T\,S_1) - (H_2 - T\,S_2) = G_1 - G_2 \, . \tag{6}$$

Hierin sind H_1, S_1 und G_1 die Summen der absoluten Enthalpien, der Entropien bzw. der freien Enthalpien der Partner vor der Reaktion und H_2, S_2 und G_2 die Summen der absoluten Enthalpien, der Entropien bzw. der freien Enthalpien der Partner nach der Reaktion.

In der folgenden Übersicht sind die verschiedenen Schreibweisen einander gegenübergestellt:

Tabelle 2

Größe	Schreibweise	
	technische	physikalisch-chemische[2]
Absolute Enthalpie	$M\,c_p\big|_0^T \cdot T + E$	H
Fühlbare Enthalpie	$M\,c_p\big|_0^T \cdot T$	$H - H_0$
Heizwert bei konst. Druck	H_p	$H_1 - H_2$
Maximale Arbeit	$L_{t\,max}$	$G_1 - G_2$

Im Zusammenhang mit der Frage, welche größtmögliche Arbeitsausbeute sich bei einem thermodynamischen Prozeß gewinnen läßt,

---

[1] s. Tabelle 2.   [2] Um die Unterschiede der Schreibweise zwischen technischer und physikalisch-chemischer Literatur deutlicher zu unterscheiden, wurden die Formelzeichen der phys.-chemischen Schreibweise fett gedruckt.

wird in neuerer Zeit auch die Einführung des Exergiebegriffes diskutiert [A1, A2]. Entsprechend dem II. Hauptsatz der Thermodynamik kann nur ein bestimmter festliegender Anteil der Gesamtenergie in technisch wertvolle Energieformen, wie z. B. elektrische Energie und mechanische Arbeit, umgewandelt werden. RANT [A 8a] hat vorgeschlagen, für diesen Energieanteil die Bezeichnung Exergie zu wählen und den Anteil, der wie oben erwähnt nicht in hochwertige Energie umgewandelt werden kann, mit Anergie zu bezeichnen. Anergie kann nach dieser Darstellung nicht in Exergie umgewandelt werden. Die Exergie würde bei Umwandlungsprozessen nur im Grenzfall, d. h. wenn sämtliche Prozessteile reversibel durchgeführt werden, in vollem Maße erhalten bleiben.

Nach den derzeitigen Auffassungen versteht man unter Exergie die Energie, die sich bei vorgegebener Umgebung in jede andere Energieform umwandeln läßt. Dabei soll die Exergie eines Systems ihren Nullpunkt in einem definierten Gleichgewichtszustand des Systems mit einer definierten Umgebung haben.

Für einen stationären, strömenden Stoffstrom beispielsweise würde sich für die spez. Exergie, die auf 1 kg bezogen ist, folgende Beziehung ergeben:

$$e = i - i_0 - T_0 \, (s - s_0) \, . \tag{7}$$

Hierin bedeuten i und s die Enthalpie und Entropie des Stoffstromes und i_0 und s_0 die entsprechenden Werte in einem definierten Gleichgewichtszustand mit der Umgebung bei der Temperatur T_0.

Für ein Brennstoff–Luft- oder –Sauerstoff-Gemisch, dessen Temperatur gleich der Umgebungstemperatur T_0 ist, läßt sich die Exergie in folgender Weise darstellen:

$$e = i_0' - i_0'' - T_0 \, (s_0' - s_0'') \, . \tag{8}$$

Dabei beziehen sich der Index $'$ auf das unverbrannte Frischgemisch und der Index $''$ auf die Verbrennungsgase.

Eine Umformung ergibt:

$$e = (i_0' - T_0 \, s_0') - (i_0'' - T_0 \, s_0'') = G_0' - G_0'' \tag{9}$$

mit $G = i - T \cdot s$ als freier Enthalpie.

Die Exergie eines brennbaren Gemisches entspricht also bei Zugrundelegung obenstehender Definition der Differenz der freien Enthalpien des Unverbrannten und der Verbrennungsprodukte.

Verfahren zur direkten Erzeugung elektrischer Energie

Bei der Erzeugung elektrischer Energie in den z. Zt. überwiegend vorhandenen Kraftwerken, z. B. in Dampfkraftwerken, werden der Reihe nach folgende Energiestufen durchlaufen: Chemische Energie des Brennstoffes — Wärmeenergie — mechanische Energie — elektrische Energie. Dabei kann nur ein Teil der chemischen Brennstoffenergie als elektrische Energie nutzbar gemacht werden. Verfahren, bei denen durch Umwandlung aus der chemischen Energie unmittelbar elektrische Energie gewonnen wird, sind schon seit langem bekannt. In letzter Zeit wird wieder intensiver an diesen Verfahren gearbeitet, weil man neuerdings im Hinblick auf die Fortschritte auf physikalischem und technologischem Gebiete Aussicht hat, diese Verfahren in eine technisch brauchbare Form zu bringen [B 2, B 7].

a) Grundtypen der Verfahren

1. Verfahren, bei denen zwar noch die chemische Energie des Brennstoffes in Wärmeenergie verwandelt wird, diese aber dann direkt unter Ausschaltung konventioneller Maschinen (Turbine oder Verbrennungsmotor, Generator) in elektrische Energie umgesetzt wird.

2. Verfahren, bei denen die chemische Energie des Brennstoffes direkt in elektrische Energie umgewandelt wird.

Für die Verfahren unter 1. stellt der Carnotprozeß einen Grenzprozeß dar, dessen Wirkungsgrad nicht überschritten werden kann. Im Vergleich zu den konventionellen Anlagen können aber wegen des Fehlens bewegter Teile die maximalen Temperaturen wesentlich höher gewählt werden, so daß bessere Wirkungsgrade als bei den konventionellen Anlagen erreicht werden können. Zu den Verfahren unter 1. gehören:

α) die thermoelektrische Energieerzeugung,
β) die thermionische Energieerzeugung,
γ) die magnetohydrodynamische Energieerzeugung.

Die Wirkungsgrade der Verfahren unter 2. sind nicht durch den Wirkungsgrad des Carnotprozesses begrenzt, weil der Umweg über die Wärmeenergie vermieden wird. Mit ihnen läßt sich also theoretisch die chemische Brennstoffenergie, bzw. die Exergie, vollständig in elektrische Energie verwandeln. Tatsächlich liegt jedoch auch hier der Wirkungsgrad wegen der Beteiligung unvermeidlicher irreversibler Vorgänge unter 100%, jedoch immer noch wesentlich höher als bei konventionellen Anlagen. Zu diesen Verfahren gehört unter anderen die elektrochemische Energieerzeugung in Brennstoffzellen.

b) Thermoelektrische Energieerzeugung

Thermoelektrische Generatoren beruhen auf dem bekannten Seebeckeffekt. Wenn zwei elektrische Leiter aus verschiedenen Metallen zu einem geschlossenen Ring zusammengelötet werden und die beiden Lötstellen auf verschiedenen Temperaturen gehalten werden, entsteht im Ring eine elektromotorische Kraft. Dabei nimmt die Lötstelle mit der höheren Temperatur Wärme auf, und die Lötstelle mit der tieferen Temperatur gibt Wärme ab und zwar weniger als aufgenommen wurde, so daß die Differenz als elektrische Arbeit gewonnen werden kann (siehe Abb. 2).

Als geeignete Materialien haben sich bestimmte Halbleitermaterialien erwiesen (z. B. Blei-Tellurid-Leiter), die durch Zumischung eines geringen Prozentsatzes von Störatomen in sogenannte p- bzw. n-Halbleiter verwandelt werden. Mit diesem Verfahren werden zur Zeit Wirkungsgrade bis 20% erreicht. Es besteht Aussicht, in einigen Jahren bis etwa 30% zu erzielen.

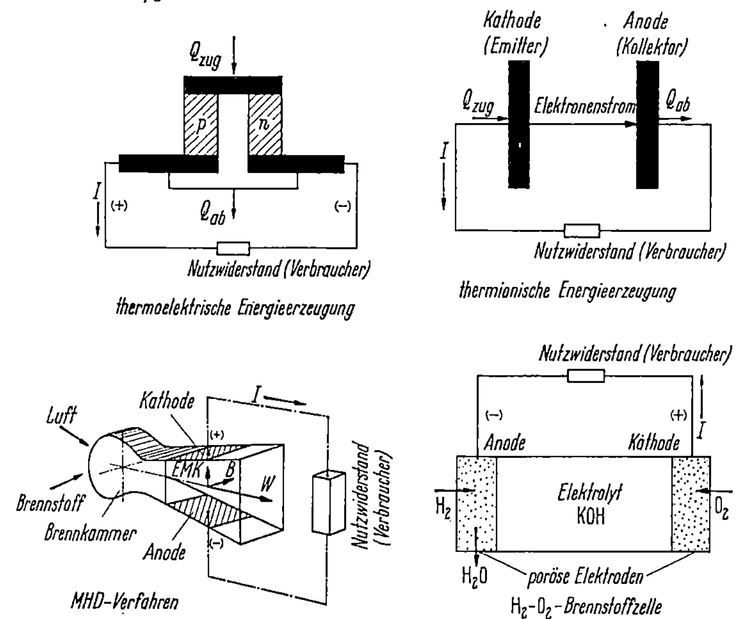

Abb. 2. Verfahren zur direkten Erzeugung elektrischer Energie (schematisch)

Als Vorteile der thermoelektrischen Generatoren sind zu nennen: ihre robuste, stoßunempfindliche, kompakte, billige Bauweise, die sich zur Verwertung aller Wärmequellen eignet. Nachteilig sind ihre geringen Wirkungsgrade, die geringen Spannungen von nur einigen Volt und der Umstand, daß der erzeugte Gleichstrom für viele Anwendungen in Wechselstrom umgeformt werden müßte.

Versuchsaggregate thermoelektrischer Generatoren, bestehend aus Frischluftverdichter, Brennkammer, Thermoelement und Abgasturbine, die den Verdichter antreibt, sind geplant. Thermoelektrische Generatoren eignen sich zum Einbau in die Brennstoffelemente von Atomreaktoren. Es könnten dann etwa 5% der bei der Spaltung freiwerdenden Wärme direkt in Elektrizität umgewandelt werden, wäh-

rend der Rest in konventioneller Weise in elektrische Energie umgesetzt wird.

c) Thermionische Energieerzeugung

Thermionische Generatoren beruhen auf dem Prinzip der elektrischen Diode. Ein solcher Generator besteht aus einem Vakuum-
behälter, einer beheizten Kathode und einer gekühlten Anode (siehe
Abb. 2). Mit zunehmender Wärmezufuhr zur Kathode und der damit
verbundenen intensiveren Wärmebewegung der Elektronen treten die
Elektronen, welche eine bestimmte Energieschwelle überschreiten, aus
der Oberfläche ins Vakuum aus. Diese Elektronen werden von der
kälteren Anode aufgenommen und kehren über eine äußere Leitung
unter Abgabe von Nutzarbeit zur Kathode zurück. Gleichzeitig muß
der Anode Wärme entzogen werden, so daß die elektrische Nutzarbeit
gleich der Differenz der der Kathode zugeführten und der der Anode
entzogenen Wärme ist. Am aussichtsreichsten scheinen die sog.
Caesium-Dioden zu sein, bei denen auf der Anode eine sehr dünne
Schicht Caesium abgelagert ist. Man erwartet damit bei beherrsch-
baren Temperaturen (1300 bis 2500 °K) Wirkungsgrade bis 30%,
während bisher bei Dioden ohne Caesiumauflage Wirkungsgrade von
nur 6% erreicht worden sind.

Vorteile der thermionischen Generatoren sind: Sie können jede
Wärmequelle hoher Temperatur ausnutzen und sogar Wechselstrom
erzeugen. Besonders geeignet sind sie zur Verwertung der Atomkern-
energie. Eine typische Anordnung ist folgende: die Wärmequelle
(Uranstab o. ä.) ist von der Kathode umfaßt, die ihrerseits von der
kalten Anode umgeben ist. Ein solches nukleares thermionisches
Brennstoffelement ist in Los Alamos entwickelt worden. Die Temperatur des Brennstoffstabes betrug 2000 °C. Das kleine Element gab
30 W ab.

Da die thermionischen Elemente günstig in höheren Temperaturbereichen, die thermoelektrischen Elemente aber günstig in nicht so
hohen Temperaturbereichen arbeiten, ist es vorteilhaft, beide hintereinander zu schalten. So hat denn auch die Firma Westinghouse bereits ein thermionisch-thermoelektrisches-nukleares Brennstoffelement
entwickelt. Der Kernbrennstoff wird von der Anode umhüllt. Die
Anode umgibt ihrerseits die Kathode und bildet gleichzeitig die heiße
Lötstelle der Halbleiter-Thermoelemente, deren kalte Lötstelle durch
ein Kühlmedium gekühlt wird. Weiter können noch Gas- oder Dampfturbinen nachgeschaltet werden.

d) Magnetohydrodynamische Energieerzeugung

Der magneto-hydrodynamische Generator (MHD-Generator) ist
grundsätzlich auch für Großkraftwerke geeignet. Er beruht auf folgen-

dem Prinzip: Wird eine elektrische Ladung quer zu den Kraftlinien eines magnetischen Feldes bewegt, so wirkt auf sie eine Kraft, die sog. LORENTZ-Kraft, senkrecht zur Bewegungsrichtung und zu den Feldlinien. Läßt man daher ein ionisiertes, d. h. freie Ladungsträger enthaltendes Gas quer zu den Kraftlinien eines magnetischen Feldes strömen, so wirkt auf die zwangsweise im Gas mitgeführten Ladungsträger eine Kraft senkrecht zur Strömungsrichtung und senkrecht zum Magnetfeld. Bei Anbringung zweier Elektroden und Anschließen eines elektrischen Verbrauchers fließt ein Strom, der im Verbraucher eine nutzbare Energie abgibt. Das Grundprinzip ist also dasselbe wie beim konventionellen Turbogenerator, bei dem die aus metallischen Leitern bestehende Wicklung durch ein Magnetfeld bewegt wird, wobei die in den metallischen Leitern enthaltenen frei beweglichen Elektronen eine Kraft erfahren, die einen elektrischen Strom zur Folge hat. Beim Fließen des elektrischen Stromes in dem ionisierten Gasstrom des MHD-Generators ergibt sich unter dem Einfluß des Magnetfeldes eine Bremskraft auf die Gasströmung entgegen der Strömungsrichtung, gegen die bei der Expansion des Gases Arbeit geleistet wird, so daß eine Absenkung des Druckes im Gasstrom erfolgt, (siehe Abb. 2).

Die Idee der magnetohydrodynamischen Stromerzeugung ist alt, konnte jedoch erst in letzter Zeit wieder erfolgreich aufgegriffen werden, da man erst in neuerer Zeit im Rahmen der modernen Raketenforschung das Verhalten leitender Gase in Magnetfeldern besser kennengelernt hat [B 12, B 13]. In den USA wurde in Zusammenarbeit zwischen den Avco Research Laboratories, Everett, Mass. und der American Electric Power Service Company, New York eine Studie einer MHD-Stromerzeugungs-Großanlage ausgearbeitet. Ein Axialkompressor, der durch eine Dampfturbine angetrieben wird, verdichtet Luft auf etwa 10 at. Nach der Vorwärmung auf etwa 2000 °C in einem Wärmeaustauscher erfolgt in einer mit Kohle befeuerten Brennkammer eine Verbrennung, wobei die Verbrennungsgase auf 3000 °C erwärmt sowie teilweise ionisiert werden und plasmaähnliche Eigenschaften annehmen. Durch Zusatz eines geeigneten Metalldampfes wird die Zahl der freien Ladungsträger erhöht. Nach der Entspannung im MHD-Generator beträgt die Temperatur noch 2300 °C. In dem obengenannten Wärmetauscher gibt das Abgas Wärme an die verdichtete Frischluft ab und kühlt sich dabei auf etwa 1150 °C ab. Der Rest der Abgaswärme wird in einem nachgeschalteten Dampfkessel ausgenutzt, der den Dampf für die Frischluft-Verdichter-Turbinen aber auch noch für eine Leistungsturbine liefert, deren Generator 97 MW abgibt. 365 MW werden direkt im MHD-Generator erzeugt. und zwar als Gleichstrom, der dann in Wechselstrom umgeformt werden muß. Der Gesamtwirkungsgrad der Anlage wird mit 55% angegeben. Dieser im Vergleich zu konventionellen Anlagen hohe Wirkungsgrad ist durch die hohe Anfangstemperatur bedingt, mit der bei MHD-Anlagen gearbeitet werden kann, da den heißen Gasen keinerlei bewegte Teile ausgesetzt sind, auf deren Festigkeit Rücksicht genommen werden müßte. Es wurde auch die Einschaltung eines MHD-Generators in einen geschlossenen Kreislauf mit einem Atomreaktor als Wärmequelle diskutiert. Eine amerikanische Studie kommt zu dem Schluß, daß die gesamte Investition pro kWh nicht höher ist als bei konventionellen Kraftwerken, wobei aber der Wirkungsgrad wesentlich größer ist.

Verschiedene andere amerikanische Firmen beschäftigen sich mit kleinen Versuchsapparaturen; die Entwicklung brauchbarer Großanlagen jedoch steckt noch in den Anfängen.

e) Elektrochemische Energieerzeugung in Brennstoffzellen [1]

Eine Brennstoffzelle ist eine Einrichtung, welche die bei der chemischen Vereinigung von Brennstoff und Sauerstoff freiwerdende Energie direkt als elektrische Energie abgibt, ohne daß zwischendurch eine Umwandlung in Wärmeenergie erfolgt, Abb. 2. Die Energie, die bei der Oxydation von Brennstoffen frei wird, kann grundsätzlich verlustlos in elektrische Energie umgewandelt werden, weil sie selbst teilweise elektrischer Natur ist. Denn Teilvorgänge im Rahmen der Verbrennung können vereinfacht so beschrieben werden, daß der Brennstoff Elektronen an den Sauerstoff abgibt und dabei das Verbrennungsprodukt bildet. Erreicht man jedoch durch besondere Maßnahmen, daß die Elektronen nicht direkt von den Brennstoffatomen auf die Sauerstoffatome übergehen, sondern auf dem Umweg über einen äußeren Stromkreis, so könnte unter Annahme der verlustlosen Durchführung des Prozesses die maximale Arbeit der Reaktion, d. h. die theoretisch maximal gewinnbare Arbeit als elektrische Nutzarbeit gewonnen werden. Eine derartige Einrichtung würde als vollkommene Brennstoffzelle bezeichnet, die reversibel arbeitet. Falls diese Zelle bei konstanter Temperatur und bei konstantem Druck betrieben wird, ist die elektrische Nutzarbeit gleich der Abnahme der freien Enthalpie der Reaktion bei der betr. Temperatur und dem betr. Druck.

$$L_{el_{theor}} = (- \Delta G_{(T,\,P)}) = G' - G'' \tag{10}$$

Index$'$ = vor der Reaktion; Index$''$ = nach der Reaktion

Die theoretische erreichbare Spannung (EMK) errechnet sich dann aus der Energiebilanz:

---

[1] s. auch JUSTI und WINSEL [B 3]

Spannung mal ausgetauschte Ladung = Abnahme der freien Enthalpie bei der Reaktion oder

$$U_{theor} \cdot Q = (-\Delta G) \,, \tag{11}$$

wobei ausgetauschte Ladung und Abnahme der freien Enthalpie auf den Umsatz von 1 Mol Brennstoff bezogen sind.

Werden pro Molekül Brennstoff n Elektronen ausgetauscht, so ist die pro Mol Brennstoff ausgetauschte Ladung

$$Q = n \cdot e \cdot N_L = n \cdot F \,. \tag{12}$$

Hierin bedeuten:

$$e \quad = \text{Ladung des Elektrons}$$
$$N_L = \text{Loschmidtsche Zahl}$$
$$F \quad = e \cdot N_L = \text{Faradaysche Zahl}$$

und für die theoretische Spannung

$$U_{theor} = \frac{-\Delta G}{n \cdot F} \tag{13}$$

Die in einer tatsächlichen Brennstoffzelle gewonnene elektrische Energie ist jedoch geringer und zwar gleich

$$L_{el} = U \cdot I \cdot t \,, \tag{14}$$

wobei U die wirkliche Spannung der Zelle, I die Stromstärke und t die Zeit ist, in der 1 Mol des Brennstoffes umgesetzt wird.

Der Wirkungsgrad einer Brennstoffzelle sollte zweckmäßigerweise als Verhältnis der wirklichen elektrischen Nutzarbeit zur maximalen Arbeit, die gleich der Abnahme der freien Enthalpie ist, definiert sein, jedoch ist es üblich, den Wirkungsgrad auf den Heizwert d. h. auf die Abnahme der Enthalpie zu beziehen. Somit wird

$$\eta = \frac{U \cdot I \cdot t}{(-\Delta H)} \,. \tag{15}$$

Bei reversibler Prozeßführung wird

$$\eta_{rev} = \frac{U_{theor} \cdot I \cdot t}{(-\Delta H)} \,,$$

so daß gilt

$$\eta/\eta_{rev} = \frac{U}{U_{theor}} \,. \tag{16}$$

Die Abnahme der freien Enthalpie $(-\Delta G)$ und die Abnahme der Enthalpie $(-\Delta H)$ unterscheiden sich um das Glied $T \cdot \Delta S$, wobei T die absolute Temperatur und $\Delta S = S'' - S'$ die Zunahme der Entropie bei der Reaktion ist. Dieses Glied ist bestimmt durch die Wärme, welche die Zelle bei reversibler Prozeßführung von der Umgebung aufnimmt.

Im prinzipiellen Aufbau besteht eine Brennstoffzelle aus einem Elektrolyten und zwei porösen, durch Katalysatoren aktivierten Elektroden.

an welche der elektrische Verbraucher angeschlossen wird. Der Kathode wird der Sauerstoff, der Anode der Brennstoff zugeführt. An der Dreiphasengrenze Kathode–Elektrolyt–Sauerstoffgas entzieht der Sauerstoff der Kathode eine entsprechende Zahl Elektronen. Dabei entstehen unter Mitwirkung eines zusätzlichen Stoffes (z. B. H_2O) negativ geladene Ionen (z. B. OH^-), die durch den Elektrolyten unter dem Einfluß des elektrischen Feldes zur Anode wandern. An der Anode spaltet der Brennstoff unter der Wirkung des Katalysators Elektronen ab, die über den äußeren Stromkreis zur Kathode zurückwandern. Die hierbei entstehenden positiven Ionen vereinigen sich mit den negativen Ionen, wobei das Verbrennungsprodukt und der erwähnten Zusatzstoff entstehen, der durch den Elektrolyten zur Kathode zurückdiffundiert (wie z. B. H_2O) oder durch eine getrennte Leitung der Kathode zugeführt werden muß. Kennzeichen der Brennstoffzelle ist also, daß sie solange elektrische Energie liefert, wie ihr Brennstoff und Sauerstoff von außen zugeführt wird und daß sich Elektrolyt und Elektroden nicht verbrauchen.

Das Bestreben geht dahin, Brennstoffzellen, sog. primäre Brennstoffzellen zu entwickeln, die mit natürlichen, fossilen Brennstoffen (Kohle, Erdöl, Erdgas) und Luft möglichst bei Umgebungstemperatur und -druck arbeiten, einen befriedigenden Wirkungsgrad und eine ausreichend hohe Stromdichte (größer als $500 \, mA/cm^2$) aufweisen[1], eine ausreichendeLebensdauer besitzen undEnergie unter z.Zt. annehmbaren Kosten erzeugen. Diese Bedingungen schließen sich teilweise gegenseitig aus. Eine hohe Stromdichte läßt sich nur mit einer genügend großen Reaktionsgeschwindigkeit in den Elektroden erreichen, natürliche Brennstoffe reagieren aber im Bereiche der Raumtemperatur sehr träge. Bei hoher Temperatur wird die Reaktion zwar beschleunigt, läuft aber nicht mehr vollständig ab, wodurch der Wirkungsgrad sinkt, ferner greift der Elektrolyt die Elektroden an, so daß die Lebensdauer zu klein ist. Man hat daher zunächst sog. sekundäre Zellen entwickelt, die mit solchen Brennstoffen arbeiten, die auch bei tiefen Temperaturen eine genügend hohe Reaktionsgeschwindigkeit aufweisen, wie z. B. H_2, in der Hoffnung, daß billige Verfahren gefunden werden, die diese Brennstoffe aus den natürlichen Brennstoffen herzustellen gestatten.

Von den vielen Entwicklungen sei die Brennstoffzelle von Justi näher betrachtet [B 3, B 4, B 5]:

Diese Zelle arbeitet mit Wasserstoff und Sauerstoff bei mäßigen Temperaturen (40—90 °C) bei 1 at. Als Elektrolyt dient wässerige

---

[1] Die Entwicklung auf diesem Gebiete ist in vollem Gange, so daß sich der technische Stand schnell ändern kann.

Kalilauge. In den Elektrolyten tauchen zwei sog. ,,Doppelskelett-Katalysator-(DSK)-Elektroden'' ein, die aus einem aus Nickelpulver gesinterten schwammartigen Skelett bestehen, in dessen Poren ein hochaktiver Katalysator eingebettet ist. Die Poren sind so bemessen, daß sich in ihnen ein stabiler Meniskus zwischen Elektrolyt und Gas ausbilden kann und somit die oben besprochene stromliefernde Dreiphasengrenze entsteht. Die Zelle erreicht bei Leerlauf einen Wirkungsgrad von 91% und bei einer Stromdichte von 500 mA/cm² (Betriebstemperatur 80° C) einen Wirkungsgrad von noch 57%. Vergleichsweise beträgt die Dauerbelastung eines Bleiakkumulators nur 8,5 mA/cm².

Von den mit Wasserstoff und Sauerstoff arbeitenden Zellen sind noch bekannt geworden: Die Bacon-Zelle, die Zelle der Union Carbide Corp. und die Niedrach-Zelle der General Electric, die mit einer Ionenaustauschermembran als saurem Elektrolyten arbeitet. Die sog. Redox-Zellen arbeiten mit unreinem Wasserstoff und Luft, indem in Regeneratoren bestimmte Reduktions–Oxydations-Mittel durch Brennstoff und Luft regeneriert werden.

Zellen, die kohlenstoffhaltige Verbindungen verarbeiten, sind meist Hochtemperaturzellen, da bis vor kurzem die Kohlenwasserstoffe nur bei Temperaturen über 500 °C genügend rasch reagierten. Als Elektrolyt werden geschmolzene Salze verwendet. Es sind jedoch noch keine Hochtemperaturzellen betriebsreif.

Es werden aber auch Tieftemperaturzellen mit kohlenstoffhaltigen Brennstoffen betrieben. JUSTI entwickelte Zellen, die mit Alkohol, Benzin bzw. Dieselöl betrieben werden. Die Allis-Chalmers-Zelle verarbeitet propanhaltiges Gas. Mit solchen Zellen wurde ein Traktor angetrieben.

Brennstoffzellen sind für verschiedene Anwendungsgebiete geeignet. Wegen ihrer hohen Leistungsdichte, ihrer geräuschlosen Arbeitsweise und wegen ihrer Robustheit sind sie für militärische Zwecke brauchbar. Als Erzeuger niedergespannten Gleichstromes können sie in der chemischen Industrie Anwendung finden. Sie können ferner als chemische Reaktoren dienen, bei denen die erzeugte elektrische Energie als Nebenprodukt anfällt. Als Energielieferanten für elektrisch angetriebene Kraftfahrzeuge sind sie für die Automobilindustrie interessant. In Großkraftwerken können sie als Energiespeicher verwendet werden, indem sie mit Überschußstrom Wasser in Wasserstoff und Sauerstoff zerlegen und in Zeiten großen Strombedarfes beide Gase unter Stromabgabe vereinigen.

Erster Teil

Kraftmaschinen

A. Verbrennungsmotoren

1. Theoretische und versuchsmäßige Grundlagen für den motorischen Arbeitsprozeß

a) Allgemeines

Die Vorgänge im Motor werden von einer großen Zahl physikalischer und chemischer Vorgänge beeinflußt, deren Zusammenwirken in ihrer Gesamtheit einer Berechnung schwer zugänglich sind. Der Wärmeaustausch während der Verdichtung, die Vorgänge beim Einsetzen der Verbrennung, die Verbrennung selbst, der Wärmeaustausch zwischen Gas und Wand während der Verbrennung und der Einfluß der Gemischbildung und des Verdampfungsvorganges beim Ottomotor oder des Einspritzvorganges beim Dieselmotor bedingen eine Beeinflussung des Gesamtablaufs des Arbeitsprozesses, die nur durch Aufteilung und getrenntes Studium der einzelnen Vorgänge geklärt werden kann. Deshalb ist es vorteilhaft, den motorischen Arbeitsvorgang bei Ausscheidung weniger wichtiger Einflüsse unter vereinfachten Annahmen zu studieren. Als brauchbarstes Hilfsmittel dafür hat sich die Einführung von Vergleichsprozessen erwiesen. Mit Hilfe des Prozesses einer idealisierten Maschine, der einer genauen Berechnung zugänglich ist, können die grundsätzlichen Eigenschaften des Arbeitsverfahrens der Maschine ermittelt werden, die ähnlich auch bei der ausgeführten Maschine in Erscheinung treten. Beispielsweise kann durch Veränderung der gewählten Voraussetzungen der Rechnung, z. B. durch verschiedene Wahl des Verdichtungsverhältnisses, des Luftverhältnisses und der Höchstdrücke, u. a. das Verhalten der vollkommenen Maschine ermittelt werden und mit dem Verhalten der ausgeführten Maschine bei Änderung derselben Größen verglichen werden. Daher ist es zweckmäßig, die Voraussetzungen für den Vergleichsprozeß so weitgehend dem tatsächlichen Prozeß der Maschine anzugleichen, wie es die Einfachheit und die Übersichtlichkeit der Rechnung und der Ergebnisse erlaubt. Die Ergebnisse sind zur Beurteilung der tatsächlichen Vorgänge im Motor um so mehr geeignet, je besser der Vergleichsprozeß dem Prozeß im wirklichen Motor entspricht und je genauer die

physikalischen Gesetze berücksichtigt werden. Nach DIN 1940 ist die Leistung des vollkommenen Motors folgendermaßen definiert:
Innenleistung eines dem wirklichen Motor geometrisch gleichen Motors, der folgende Eigenschaften besitzt:

a) reine Ladung (ohne Restgase)
b) gleiches Luftverhältnis wie der wirkliche Motor
c) vollständige Verbrennung
d) Verbrennungsablauf nach vorgegebener Gesetzmäßigkeit
e) wärmedichte Wandungen
f) keine Strömungs- und Lässigkeitsverluste

Der Kreisprozeß des vollkommenen Motors ist mit den realen (nicht mit idealen) Gasen zu rechnen. Für den Vergleichsprozeß des Verbrennungsmotors wird folgendes Verfahren angenommen: Vor der Verbrennung erfolgt eine isentrope Verdichtung der Luft oder des brennbaren Gemisches und anschließend an die Verbrennung eine isentrope Dehnung der Verbrennungsprodukte. Die größte Arbeitsausbeute und damit der günstigste Wirkungsgrad wird mit diesem Prozeß dann erreicht, wenn die Verbrennung am Ende der Verdichtung bei konstantem Volumen erfolgt. Man kommt zu diesem Ergebnis auch ohne Rechnung, wenn man sich zur Vereinfachung die Verbrennung durch eine Wärmezufuhr ersetzt denkt und den gesamten Arbeitsprozeß durch Isentropen in eine große Zahl von Teilprozessen zerlegt, deren Wärmezufuhr jeweils unendlich klein gewählt wird. Man kann dann jeden dieser Teilprozesse einem Carnotprozeß gleichsetzen. Der Wirkungsgrad jeder dieser Carnotprozesse wird um so günstiger, je höher seine Verdichtung ist. Somit wird für den gesamten Prozeß die Arbeitsausbeute am günstigsten, wenn die Wärmezufuhr jedes Teilprozesses im oberen Totpunkt, d. h., wenn die Wärmezufuhr für den ganzen Prozeß bei konstantem Volumen erfolgt. Die Beendigung der Dehnung und damit das Dehnungsverhältnis ist durch die jeweilige konstruktive Ausführung des Motors gegeben. Beim Freikolbenmotor oder auch beim Flugkolbenmotor ist eine weitgehende Dehnung bis in die Nähe des Gegendruckes oder auch bis unter den Gegendruck möglich. Beim Motor mit Kurbelgetriebe ist jedoch das Dehnungsverhältnis durch den Hub gegeben, so daß bei dem üblichen Verfahren, bei dem das Dehnungsverhältnis gleich dem Verdichtungsverhältnis ist, die Dehnung nicht bis auf den Gegendruck fortgesetzt werden kann. Wegen der unvollständigen Dehnung entsteht ein Verlust, der der Arbeitsfläche *4—5—1—4* in Abb. 3 entspricht. Es wäre zwar prinzipiell möglich, in einer Verbundmaschine die Dehnung noch weiter fortzusetzen, jedoch haben die bisherigen Versuche in dieser Richtung noch nicht zu praktisch brauchbaren Ergebnissen geführt. Deshalb wird bei der Festlegung des Vergleichsprozesses nur eine Dehnung bis zum unteren Totpunkt zugrunde gelegt. Man erhält damit als Prozeß des vollkommenen Verbrennungsmotors einen Arbeitsvorgang entsprechend Fläche *1—2—3—4—1* in Abb. 3.

Die Richtung, in der sich die Wirkungsgrade dieses Prozesses bei Veränderung der Verdichtung ändern — aber nicht die Größe der Wirkungsgrade —, kann man sich in erster Annäherung durch einen vereinfachten *Vergleichsprozeß* vergegenwärtigen, bei dem man sich den Gesamtprozeß *mit Luft* durchgeführt denkt und die Verbrennung durch eine Erwärmung, den Auslaßvorgang durch eine Abkühlung der Luft

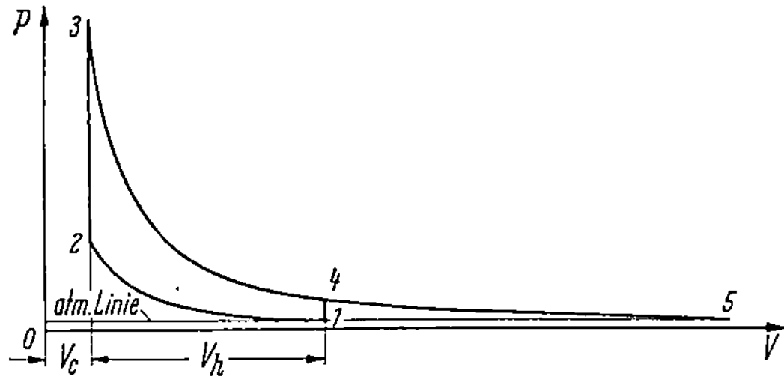

Abb. 3. $p-V$-Diagramm des Arbeitsprozesses der vollkommenen Ottomaschine
mit Dehnung bis zum Gegendruck

ersetzt. Zur Ermittlung von Zahlenwerten der Wirkungsgrade ist dieses Verfahren jedoch ungeeignet, wie später noch gezeigt wird. Wird der Gesamtkreisprozeß umkehrbar durchgeführt — die Abkühlung und Erwärmung muß dann sehr langsam erfolgen —, so kann die im $T—S$-Diagramm durch den Kreisprozeß umschriebene Fläche der geleisteten Arbeit gleichgesetzt werden.

An Hand eines derartigen Prozesses kann der Einfluß einer Verdichtung vor der Verbrennung diskutiert werden. In Abb. 4 ist der motorische Prozeß ohne Verdichtung (a) dem mit Verdichtung (b) gegenübergestellt. In Abb. 4b sind zwei Prozesse mit verschiedener Verdichtung wiedergegeben. Die zugeführte Wärmemenge ist bei allen dargestellten Prozessen gleich groß angenommen. Sie kann im $T—S$-Diagramm als Fläche wiedergegeben werden und entspricht beim Prozeß ohne Verdichtung der Fläche $A—2—3—B—A$, beim Prozeß mit Verdichtung $A—2—3—B—A$ (geringe Verdichtung) bzw. $A—2'—3'—B'—A$ (höhere Verdichtung). Nach dem ersten Hauptsatz der Thermodynamik kann bei Kreisprozessen die gewonnene technische Arbeit aus der Differenz der zu- und abgeführten Wärme ermittelt werden. Die abgeführte Wärmemenge entspricht im $T—S$-Diagramm der Fläche $A—2—4'—4—B—A$ (beim Prozeß ohne Verdichtung) bzw. $A—1—4—B—A$ (beim Prozeß mit geringer Verdichtung). Bei umkehrbaren Kreisprozessen kann auch die gewonnene Arbeit im $T—S$-

Diagramm dargestellt werden. Sie entspricht in dem in Abb. 4a dargestellten T—S-Diagramm dem mechanischen Äquivalent der durch die Fläche 2—3—4—$4'$—2 im Wärmemaß dargestellten Arbeit. In Abb. 4b ist die Arbeit analog durch die Flächen 1—2—3—4—1 bzw. -1—$2'$—$3'$—$4'$—1 dargestellt. Im p—V-Diagramm sind die entsprechenden Aibeitsflächen mit den gleichen Zahlen bezeichnet. Da die zugeführte Wärmemenge gleich groß angenommen wurde, wird die

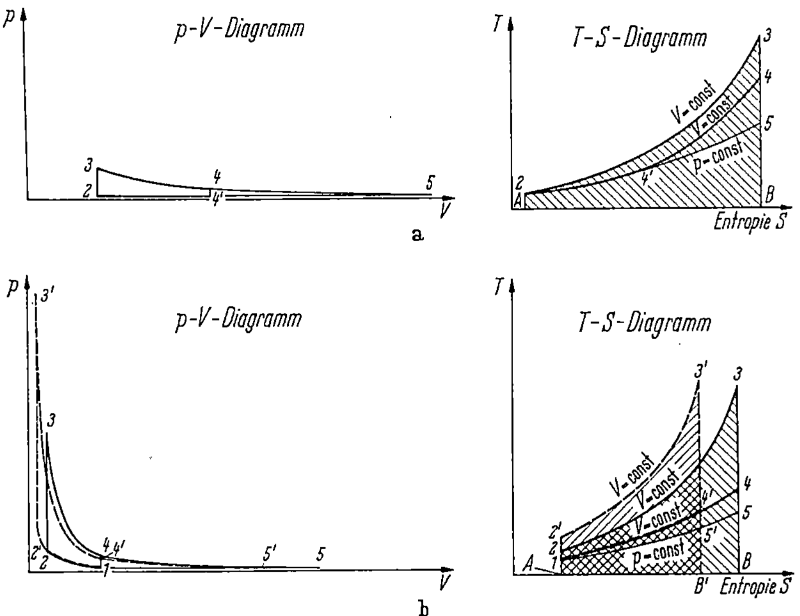

Abb. 4. Darstellung von Arbeitsprozessen mit (b) und ohne (a) Vorverdichtung im p—V- und T—S-Diagramm.

gewonnene Arbeit um so größer, je geringer die abgeführte Wärmemenge ist. Der Vergleich der Flächen zeigt, daß die abgeführte Wärmemenge beim Prozeß mit hoher Verdichtung am geringsten ist, so daß die Arbeitsausbeute in diesem Fall am größten wird. Beim Prozeß mit der geringeren Verdichtung (Abb. 4b) ist die abgeführte Wärmemenge entsprechend der Fläche B'—$4'$—4—B—B' (im T—S-Diagramm) größer als beim Prozeß mit der höheren Verdichtung, so daß die gewonnene Arbeit entsprechend dem Wärmewert dieser Fläche geringer ist. Noch größer ist die abgeführte Wärmemenge beim Prozeß ohne Verdichtung (Fläche A—2—$4'$—4—B—A im T—S-Diagramm Abb. 4a), so daß in diesem Falle auch die gewonnene Arbeit noch geringer ist. Die Betrachtung des vereinfachten Kreisprozesses gestattet auch eine Beurteilung des Verlustes durch die unvollständige Dehnung. Dieser Verlust entspricht in Abb. 4a sowohl im p—V-Diagramm als auch im $T-S$-Diagramm der Fläche $4-5-4'-4$, in Abb. 4b der Fläche $4-5-1-4$ bzw. $4'-5'-1-4'$. Er wird um so geringer, je größer das Dehnungsverhältnis ist. Beginnt die Verdichtung im unteren Totpunkt so wird das Verdichtungsverhältnis gleich dem Dehnungsverhältnis. In diesem Falle wird also der Verlust durch die unvollständige Dehnung um so geringer, je höher die Verdichtung gewählt wird. Er ist beispielsweise beim Prozeß mit der geringeren Verdichtung entsprechend der Fläche $4'-4-5-5'-4'$ größer als beim Prozeß mit der höheren Verdichtung. Ähnliche Folgerungen lassen sich auch aus der zahlenmäßigen Berechnung der Prozesse ziehen. Der Wirkungsgrad η des beschriebenen vereinfachten Kreisprozesses mit Luft bei Annahme konstanter spez. Wärmen und Wärmezufuhr bei konstantem Volumen an Stelle der Verbrennung ergibt sich aus dem ersten Hauptsatz der Thermodynamik zu:

$$\eta = 1 - \left(\frac{1}{\varepsilon}\right)^{\varkappa-1}, \tag{17}$$

wenn $\varepsilon = \dfrac{V_c + V_h}{V_c}$ gesetzt wird[1] und $\varkappa$ = Exponent der isentropen Verdichtung ist (Witz'scher Prozeß).

Die Absolutwerte der mit dieser Formel errechneten Wirkungsgrade η werden aber viel zu hoch, weil das starke Anwachsen der spez. Wärmen mit der Temperatur (siehe Anhang, S. 577) in der Formel nicht berücksichtigt ist[2]. Die praktisch wichtige Tatsache, daß die Höchstleistung bei Luftmangel und der beste Verbrauch bei Luftüberschuß erreicht wird, kommt in dieser Formel nicht zum Ausdruck[2]. Deshalb ist zur zahlenmäßigen Beurteilung von Wirkungsgraden eine genauere Rechnung erforderlich. Um den theoretischen Arbeitsprozeß möglichst weitgehend den tatsächlichen Vorgängen anzupassen, ist eine Berücksichtigung der Änderung der spez. Wärmen mit der Temperatur, der Veränderung der Gaszusammensetzung während der Verbrennung und der Dissoziation erforderlich. Bei motorischen Arbeitsverfahren, bei denen der Kraftstoff erst während des Arbeitsspieles in den Zylinder eingeführt wird, ist auch die dadurch bedingte Mengenänderung des arbeitenden Gases zu berücksichtigen. Die Rechnung wird dadurch zwar komplizierter, jedoch wird die Übersichtlichkeit der Ergebnisse nicht beeinträchtigt. Die Unterschiede der genauen Rechnung gegenüber den Ergebnissen der

---

[1] Siehe Anhang, Verzeichnis der verwendeten Formelzeichen (S. 590).

[2] Es ist vielfach üblich, für $\varkappa$ einen mittleren Wert zu verwenden, mit dem die Verschiedenheit der spez. Wärmen annähernd berücksichtigt werden kann, so daß auch die Absolutwerte des errechneten Wirkungsgrades den tatsächlichen Verhältnissen näherkommen, In diesem Fall wird auch der Einfluß überschüssiger Luft annähernd richtig wiedergegeben.

2*

obenstehenden Formel sind sehr groß, wie folgendes Beispiel zeigt: Bei einem Verdichtungsverhältnis $\varepsilon = 6$ erhält man mit der obenstehenden vereinfachten Formel einen Wirkungsgrad $\eta = 51$ vH, während man bei der Berücksichtigung der Dissoziation und der Veränderlichkeit der spez. Wärmen für einen Motor mit Gemischverdichtung bei 10 vH Luftmangel einen Wirkungsgrad von 34,8 vH und bei 10 vH Luftüberschuß einen Wirkungsgrad von 39,4 vH erhält (s. Abb. 5). Die genauere Rechnung führt offenbar zu einer ganz anderen Beurteilung der aus Versuchen am ausgeführten Motor ermittelten Wirkungsgrade.

b) Ottomotor

Die Bezeichnung Ottomotor wird für Motoren verwendet, bei denen die Verbrennung des verdichteten Kraftstoff-Luft-Gemisches durch zeitlich gesteuerte Fremdzündung eingeleitet wird[1]. Eine einheitliche Festlegung des Begriffes liegt jedoch noch nicht vor. Zum Teil wurde früher die Fremdzündung, zum Teil die Gemischverdichtung allein oder beides als wesentliches Merkmal angesehen. Eine genaue Definition gewinnt jedoch nur in Grenzfällen Bedeutung, beispielsweise beim Glühkopfmotor, bei dem die Zündung im wesentlichen durch eine glühende Schale erfolgt, oder beim Hesselmannmotor, bei dem zwar Fremdzündung vorliegt, jedoch nicht Gemisch, sondern Luft verdichtet wird. Für die thermodynamische Rechnung ist hauptsächlich von Bedeutung, ob Gemisch verdichtet wird oder ob die Einspritzung des Kraftstoffes erst in der Nähe des oberen Totpunktes erfolgt.

Da die günstigste Kraftstoffausnutzung in einer Kolbenmaschine bei Verbrennung mit konstantem Volumen erreicht wird, soll folgender Prozeß[2] des idealen Ottomotors angenommen werden: Isentrope Verdichtung des Kraftstoff-Luft-Gemisches (entsprechend Zustandsänderung *1—2* in Abb. 3), Verbrennung bei konstantem Volumen[3]

---

[1] siehe DIN 1940.

[2] Dieser Prozeß soll „Prozeß des vollkommenen Ottomotors" genannt werden. Die Größen, die sich auf diesen Prozeß beziehen, werden mit dem Index v versehen. Die Festlegung dieses Prozesses ist willkürlich, so daß auch die Bezeichnung „Vergleichsprozeß" in Betracht käme. Diese Bezeichnung wurde jedoch zur Unterscheidung gegenüber dem oben angeführten vereinfachten Prozeß mit Luft benutzt.

[3] Die Verbrennung bei konstantem Volumen setzt eine unendlich große Verbrennungsgeschwindigkeit voraus. Die Verbrennung kann aber tatsächlich nur mit endlicher Verbrennungsgeschwindigkeit erfolgen.

Die Vernachlässigung der endlichen Brennzeiten bedingt eine wesentliche Vereinfachung der Berechnung des Prozesses, so daß die Untersuchuug einer großen Zahl von Beispielen möglich wird, und gestattet hierdurch in übersichtlicher Weise einen Vergleich verschiedener Maschinentypen und Betriebszustände.

ohne Wärmeabgabe an die Wände (entsprechend Zustandsänderung
2—3 in Abb. 3), isentrope Dehnung der Verbrennungsgase mit
gleicher Hublänge wie bei der Verdichtung, also bis zum Anfangsvolumen (entsprechend Zustandsänderung *3—4* in Abb. 3), Ausströmen
bei konstantem Volumen[1].

Solange die Temperaturänderungen nicht allzu groß sind (einige
hundert Grad), ist im allgemeinen die Berechnung des Verdichtungs-
und Entspannungsvorganges unter Zugrundelegung der Isentropen-
gleichung $p\,v^\varkappa = \mathrm{const}$ als Annäherung ausreichend, wobei für $\varkappa$
ein mittlerer Wert für den in Frage kommenden Temperaturbereich
einzusetzen ist. Erstrecken sich die Vorgänge über einen sehr weiten
Temperaturbereich, so ist eine genauere Rechnung unbedingt vorzuziehen. Eine genaue Berechnung gestattet die von NUSSELT angegebene Form der Entropiegleichung, die die Veränderlichkeit der
spez. Wärmen genau berücksichtigt. Die Ableitung der Gleichung ist
im Teil 2, S. 498, wiedergegeben. Mit Rücksicht auf eine allgemeinere
Verwendbarkeit (z. B. bei der Berechnung von Gleichgewichtskonstanten) wurde an Stelle der von NUSSELT eingeführten Funktion $f(T)$,
im Interesse der Vereinfachung der Rechnung, die die Temperaturabhängigkeit der Entropie bei konstantem Volumen wiedergibt, eine ähnliche Funktion $\varphi(T)$ eingeführt, die sich von $f(T)$ um eine Konstante
unterscheidet (s. auch S. 498). Diese Werte für $\varphi(T)$ sind für die wichtigsten Gase in den Zahlentafeln I bis VI, S. 577, wiedergegeben.

Bei bekannter Veränderung des Volumens lautet die Isentropengleichung bei Einführung dieser Größe[2]:

$$\varphi(T_2) = \varphi(T_1) + \Re \ln \frac{V_1}{V_2}. \tag{18}$$

Für die Gasmischung lautet die entsprechende Gleichung:

$$\textstyle\sum [\text{Molzahl} \cdot \varphi(T_2)] = \sum [\text{Molzahl} \cdot \varphi(T_1)] + (\sum \text{Molzahl})\, \Re \ln \frac{V_1}{V_2}.$$

Ist nicht die Volumenänderung der Isentrope, sondern die Druckänderung bekannt, so erhält man die Beziehung[3]:

$$(M\,s_{P=1})_{T_2} = (M\,s_{P=1})_{T_1} + \Re \ln \frac{P_2}{P_1}. \tag{19}$$

---

[1] Von H. KÜHL [C 2] wurde eine exakte Berechnung des Prozesses des vollkommenen Ottomotors unter Berücksichtigung der Dissoziation durchgeführt;
Zahlenwerte wurden für die praktisch wichtigeren Fälle bestimmt.

[2] Da die Werte von $\varphi(T)$ für 1 Mol angegeben sind, ist für die Gaskonstante $\Re$
der Wert 848 $\dfrac{\mathrm{m\,kp}}{\mathrm{Mol\,^\circ K}}$ einzuführen.

[3] Vgl. S. 499.

Der Wert

$$(M\, s_{P=1})_T = \varphi(T) + \Re \ln \Re\, T , \tag{20}$$

der die Temperaturabhängigkeit der Entropie bei konstantem Druck wiedergibt, ist ebenfalls in den Tabellen I bis VI angegeben.

Führt man folgende Bezeichnungen ein:

U = innere Energie bezogen auf 0 °K,

J = Enthalpie eines brennbaren Gemisches bzw. der entstehenden Verbrennungsprodukte bezogen auf 0 °K, wobei sich der Index

2 = auf die Temperatur vor Beginn der Verbrennung,

3 = auf die Verbrennungsendtemperatur,

′ = auf den Zustand vor der Verbrennung,

″ = auf den Zustand nach der Verbrennung bezieht,

dann erhält man für Verbrennung bei konstantem Volumen:

$$U_2'' + H_{v2} = U_3'' = U_2' + (E' - E'') , \tag{21}$$

$$(E' - E'') = H_{v2} + U_2'' - U_2' .$$

Für eine beliebige Temperatur T gilt:

$$(E' - E'') = H_{vT} + U_T'' - U_T' = H_{pT} + J_T'' - J_T' = H_{0\,°K} . \tag{22}$$

Der Wert $(E' - E'')$ entspricht somit dem hypothetischen[1] Heizwert bei 0 °K $(H_{0\,°K})$ und ist ein konstanter Wert, wie sich leicht zeigen läßt [C 11].

Soll die innere Energie nach der Verbrennung bei konstantem Volumen unter Benutzung des Heizwertes errechnet werden, so ist folgende Beziehung zu verwenden:

$$U_2' + H_{0\,°K} = U_2'' + H_{v2} = U_3'' , \tag{23}$$

d. h. die Energie nach der Verbrennung erhält man aus der Summe der Energien der Verbrennungsprodukte, bezogen auf die Temperatur vor der Verbrennung, und dem Heizwert bei dieser Temperatur. Diese Berechnung entspricht sinngemäß dem Vorgang bei der experimentellen Bestimmung des Heizwertes. Da in der angegebenen Beziehung jeweils der auf die Temperatur des Verbrennungsbeginns bezogene, für jede Temperatur verschiedene Heizwert einzusetzen ist, ist es im allgemeinen zweckmäßiger, mit dem konstanten Wert $H_{0\,°K}$ zu rechnen.

Erfolgt die Verbrennung bei konstantem Druck, so ergibt sich eine andere Beziehung, weil während der Verbrennung Arbeit geleistet wird. Wenn keine Wärmeabgabe vorhanden ist, erhält man aus dem ersten Hauptsatz, bezogen auf 1 kg Kraftstoff:

$$U_2' + H_{0\,°K} = U_3'' + P_2 (V_3'' - V_2') \tag{24}$$

und unter Einführung der Enthalpie $J = U + P\,V$:

$$J_2' + H_{0\,°K} = J_3'' . \tag{25}$$

---

[1] Ausführliche Erklärungen hierüber siehe S. 507

In den meisten Fällen erfolgt der Verbrennungsvorgang jedoch unter gleichzeitiger Volumen- und Druckänderung, so daß während der Verbrennung äußere Arbeit geleistet wird, die dem Wert $\int_2^3 P\,dV = L_{2-3}$ entspricht. Wenn gleichzeitig die Wärmemenge $\Sigma\,Q$ an die Wand abgegeben wird, lautet die Energiegleichung folgendermaßen:

$$U_2' + H_{0° \mathrm{K}} = U_3'' + L_{2-3} + \Sigma\,Q\,. \tag{26}$$

Nimmt man vollkommene Verbrennung an, dann würde bei Einführung der spez. Wärmen die Gleichung in der für die Zahlenrechnung brauchbaren Form folgendermaßen lauten[1]:

$$G_{Luft} \cdot c_{vLuft}\big|_0^{T_2} \cdot T_2 + G_{Kraftst.} \cdot c_{Kraftst.}\big|_0^{T_2} \cdot T_2 + G_{Kraftst.} \cdot H_{0\,°\mathrm{K}}$$
$$= G_{\mathrm{N_2}} \cdot c_v\big|_0^{T_3} \cdot T_3 + G_{\mathrm{CO_2}} \cdot c_v\big|_0^{T_3} \cdot T_3 + G_{\mathrm{O_2}} \cdot c_v\big|_0^{T_3} \cdot T_3$$
$$+ G_{\mathrm{H_2O}} \cdot c_v\big|_0^{T_3} \cdot T_3 + L_{2-3} + \Sigma\,Q\,. \tag{27}$$

Die zahlenmäßige Berechnung setzt die Kenntnis der Gaszusammensetzung vor und nach der Verbrennung voraus. Aus der Zusammensetzung des unverbrannten Gemisches vor der Verbrennung kann die Zusammensetzung der Verbrennungsgase bei vollkommener Verbrennung mit Hilfe der chemischen Grundgleichungen einfach ermittelt werden.

Die Berechnung der Verbrennungsprodukte auf Grund der auf Seite 503 abgeleiteten Gleichungen ist jedoch nur in Sonderfällen erforderlich. Da sich die Kraftstoffe im allgemeinen nur außerordentlich wenig unterscheiden, kann man zur Berechnung des Verbrennungsvorganges an Stelle der obenstehenden Gleichung fertig ausgerechnete Tabellenwerte für die spez. Wärmen der Verbrennungsgase eines Kraftstoffes normaler Zusammensetzung verwenden. Für die Verbrennungsprodukte von Benzin sind in Tabelle VI, S. 582 die spez. Wärmen für verschiedene Luftverhältnisse[2] $\dfrac{G_{L\,tats}}{G_{L\,min}}$ angegeben, wobei der Einfluß der Dissoziation nicht berücksichtigt ist. Bei Verwendung dieser Tabelle wird an Stelle der Werte für die einzelnen Gase nur ein einziger Wert für die Gesamtmischung eingeführt. Dasselbe gilt für die Berechnung des Dehnungsvorganges, bei dem ebenfalls an Stelle der Summen der einzelnen Werte $\varphi(T)$ nur ein Wert für die gesamte Mischung einzuführen ist.

---

[1] Die mittlere spez. Wärme $c\big|_0^T$ je kg erhält man aus den in den Tabellen I bis IV S. 577 angegebenen Werten, die sich auf 1 Mol beziehen, indem man diese Werte durch die Molmasse des betreffenden Gases dividiert.

[2] Bezeichnungen s. Verzeichnis der Formelzeichen, S. 589.

Der Wirkungsgrad η_v des Arbeitsprozesses nach Abb. 3 kann aus dem ersten Hauptsatz der Thermodynamik errechnet werden. Betrachtet man den Zustand *1* als Anfangszustand und den Zustand *4* als Endzustand des zu untersuchenden Vorganges, so entspricht die geleistete Arbeit der Differenz der Energien zwischen Zustand *1* und Zustand *4*, und man erhält:

$$\eta_v = \frac{(G_L + B)\,u_1 + B \cdot H_{0\,°\mathrm{K}} - (G_L + B)\,u_4}{L_{t\,max}}, \tag{28}$$

wenn man die geleistete technische Arbeit mit der maximal möglichen Arbeit $L_{t\,max}$ vergleicht (s. auch S. 3).

Die maximale Arbeit der Verbrennung ist gleich der Abnahme der freien Enthalpie ($-\Delta G$). Sie unterscheidet sich in den meisten Fällen jedoch wenig vom Heizwert (siehe Seite 4), so daß es zulässig ist, den Heizwert als Maß für die maximal mögliche Arbeitsausbeute ($L_{t\,max} \approx H_u$) einzusetzen. Der Wirkungsgrad kann auch aus der Differenz der Arbeiten der Dehnung und Verdichtung errechnet werden.

Die während der Verdichtung vom Kolben an das Gemisch abgegebene Arbeit entspricht der Energie (negativer Wert)

$$- (G_L + B)\,(u_2 - u_1) = - \int\limits_2^1 P\,dV = \int\limits_1^2 P\,dV. \tag{29}$$

und die vom Gas während der Dehnung an den Kolben abgegebene Arbeit wird

$$(G_L + B)\,(u_3 - u_4) = \int\limits_3^4 P\,dV, \tag{30}$$

so daß man für den Wirkungsgrad die Beziehung

$$\eta_v = \frac{(G_L + B)\,(u_3 - u_4) - (G_L + B)\,(u_2 - u_1)}{H_u} \tag{31}$$

erhält.

Bei Einführung der Verbrennungsgleichung ergibt sich aus dieser Beziehung ebenfalls die obenstehende Formel für den Wirkungsgrad.

Da sich — wie oben erwähnt — die für den Ottomotor verwendeten Kraftstoffe nur wenig unterscheiden, ist es möglich, für einen Kraftstoff mittlerer Zusammensetzung allgemein gültige Werte für den Wirkungsgrad der vollkommenen Maschine zu errechnen. Es können folgende mittlere Daten für Benzin angenommen werden:

Kohlenstoff	85,62 vH
Wasserstoff	14,38 vH
Unterer Heizwert H_u des flüssigen Benzins bei konstantem Druck	10 400 kcal/kg
Molmasse	100 kg/Mol
Verdampfungswärme bei konstantem Druck	75 kcal/kg

Zur vollständigen Verbrennung erforderliche
Luftmenge

$$G_{Lmin} = 0,5096 \text{ Mol Luft je kg Kraftstoff}$$
$$= 14,76 \text{ kg Luft je kg Kraftstoff.}$$

Die auf Grund der vorstehenden Annahmen errechneten Wirkungsgrade der vollkommenen Ottomaschine η_v, nach H. Kühl [C2], sind für verschiedene Luftverhältnisse ($\lambda = 0,6$ bis $\lambda = 1,4$) und Verdichtungsverhältnisse in Abb. 5 dargestellt. Die Werte η_v sind sehr stark vom

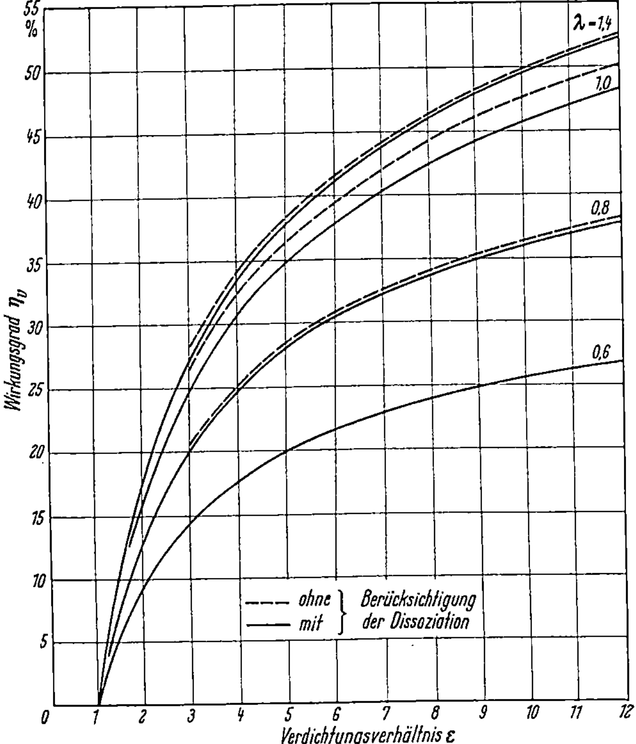

Abb. 5. Wirkungsgrad des vollkommenen Ottomotors, abhängig vom Verdichtungsverhältnis für verschiedene Luftverhältnisse λ

Verdichtungsverhältnis und vom Luftüberschuß abhängig. Der Wirkungsgrad sinkt mit zunehmendem Kraftstoffüberschuß naturgemäß stark ab, weil die zur vollkommenen Verbrennung nötige Luftmenge nicht mehr vorhanden ist. Im Gebiet des Luftüberschusses ist eine weniger starke Zunahme des Wirkungsgrades der vollkommenen Maschine vorhanden, so daß auch eine entsprechende Verbesserung des Verbrauches mit zunehmendem Luftüberschuß auftritt. Die Verbesserung mit dem Luftüberschuß ist auf die Veränderung der spez. Wärmen zurückzuführen.

Der Einfluß der Dissoziation ist in der Nähe des theoretischen Mischungsverhältnisses erheblich (etwa 4 vH des betreffenden Wertes des Heizwertes) und wird mit zunehmendem Luftüberschuß geringer (s. auch Ausführungen auf S. 103). Bei erheblichem Luftmangel ist der Einfluß der Dissoziation geringfügig.

Die Anfangstemperatur beeinflußt den Wirkungsgrad der vollkommenen Maschine nur sehr wenig. Eine Erhöhung der Temperatur um 10° entspricht maximal etwa $^1/_{10}$ vH Wirkungsgradverschlechterung. Ebenso kann auch der Einfluß des Anfangsdruckes auf den Wirkungsgrad des vollkommenen Prozesses vernachlässigt werden.

Der spez. Kraftstoffverbrauch kann aus den Werten η_v mit Hilfe der Beziehung

$$b_{v\,(g/PSh)} = \frac{0,632}{\eta_v \cdot H_{u\,(kcal/kg)}} \tag{32}$$

$$= \frac{\text{Wärmewert einer PSh}^{\,1}}{\text{zur Erzeugung von 1 PSh aufgewendete Wärmemenge}}$$

ermittelt werden. η_v ist als Verhältniszahl einzusetzen (z. B. $\eta_v = 0,5$, nicht 50 vH). Der mittlere Arbeitsdruck wird bei Ausspülung der Restgase:

$$p_v = \frac{H_u}{V_1} \cdot \eta_v \frac{\varepsilon}{\varepsilon - 1}. \tag{33}$$

Das Volumen V_1 ist das Volumen des Kraftstoffdampf-Luft-Gemisches je kg Kraftstoff, bezogen auf den Zustand bei Beginn der Verdichtung. Werden die Restgase nicht ausgespült, so erhält man den Mitteldruck angenähert aus der Beziehung

$$p_v = \frac{H_u}{V_1} \cdot \eta_v. \tag{34}$$

Dieser Wert ist etwa entsprechend der Verminderung der Füllung geringer als der Wert bei Ausspülung des Totraumes.

c) Dieselmotor

Mit dem Dieselverfahren[2] wird ebenso wie mit dem Ottoverfahren bei Gleichraumverbrennung (Abb. 3) die günstigste Arbeitsausbeute

---

[1] Vgl. S. 591.

[2] Von DIESEL wurde ursprünglich ein Arbeitsverfahren vorgeschlagen, das im wesentlichen isentrope Verdichtung, Entzündung und Verbrennung des eingespritzten Kraftstoffes bei annähernd konstanter Temperatur und isentrope Dehnung vorsieht. Das Hauptpatent DIESELS (Nr. 67 207 vom 26. Februar 1892) lautet folgendermaßen: „Arbeitsverfahren für Verbrennungsmaschinen, gekennzeichnet dadurch, daß in einem Zylinder vom Arbeitskolben reine Luft oder an-

erzielt, da dieser Prozeß für den Kolbenmotor ganz allgemein im thermodynamischen Sinne den besten Wirkungsgrad liefert. Der heute allgemein angewendete Arbeitsprozeß des Dieselmotors unterscheidet sich sehr stark von diesem thermodynamisch günstigsten Prozeß, da der Verbrennungsvorgang so geleitet wird, daß sehr hohe Drücke im Zylinder vermieden werden. Ursprünglich wurde sogar ein Prozeß mit möglichst geringer Drucksteigerung während der Verbrennungsperiode angestrebt. Der Höchstdruck sollte nur wenig höher werden als der Enddruck der Verdichtung (Gleichdruckverbrennung s. Abb. 6). Später, insbesondere nach Einführung der direkten Kraftstoffeinspritzung an Stelle der Einspritzung mit Druckluft, wurde eine erhebliche Drucksteigerung bei Beginn der Verbrennung zugelassen. Aber auch dieser Arbeitsprozeß ist noch weit vom Gleichraumprozeß entfernt, so daß als Vergleichsprozeß der Gleichraumprozeß nicht voll befriedigt hat. Aus diesem Grunde wurde vorgeschlagen, neben dem Gleichraumprozeß

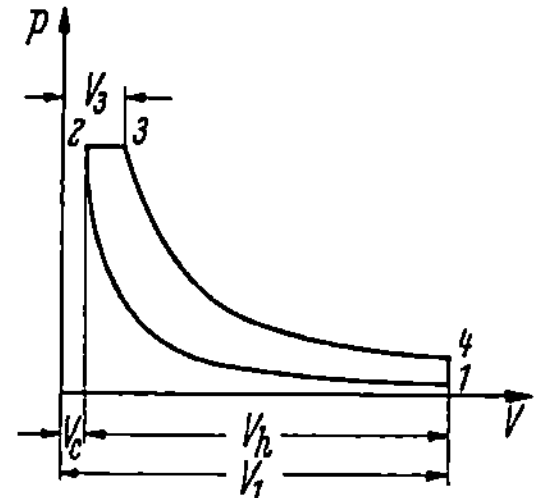

Abb. 6. $p-V$-Diagramm des Arbeitsprozesses der vollkommenen Dieselmaschine mit Gleichdruckverbrennung

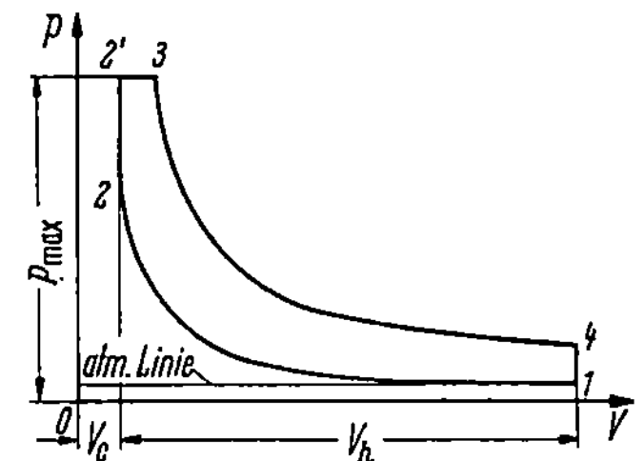

Abb. 7. $p-V$-Diagramm des Arbeitsprozesses der vollkommenen Dieselmaschine mit Höchstdruckbegrenzung

weitere Prozesse zu berechnen, die bei Begrenzung des höchsten zulässigen Druckes die besten Wirkungsgrade ergeben, die also nicht allein auf den thermodynamischen Bestwert, sondern gleichzeitig auch auf die mechanische Beanspruchung Rücksicht nehmen. Diese Prozesse setzen eine Teilverbrennung bei konstantem Volumen bis zum zugelassenen höchsten Druck und anschließend Gleichdruckverbrennung voraus. Sie gestatten eine bessere Beurteilung des Einflusses des Verbrennungsverlaufes, insbesondere aber der zugelassenen Höchstdrücke auf die erreichbaren Wirkungsgrade. Der Gleichraumprozeß ist

---

deres indifferentes Gas (bzw. Dampf) mit reiner Luft so stark verdichtet wird, daß die hierdurch entstandene Temperatur weit über der Entzündungstemperatur des zu benutzenden Brennstoffes liegt, worauf die Brennstoffzufuhr vom toten Punkt ab so allmählich stattfindet, daß die Verbrennung wegen des ausschiebenden Kolbens und der dadurch bewirkten Expansion der verdichteten Luft (bzw. des Gases) ohne wesentliche Druck- und Temperaturerhöhung erfolgt, worauf nach Abschluß der Brennstoffzufuhr die weitere Expansion der im Arbeitszylinder befindlichen Gasmasse stattfindet."

im Rahmen dieser Prozesse ein Grenzwert; die andere Grenze entspricht dem Gleichdruckprozeß.

Während beim Ottoverfahren Gemischverdichtung zugrunde gelegt wird, setzt das Dieselverfahren Verdichtung von Luft voraus, da der Kraftstoff erst am Ende des Verdichtungshubes eingespritzt wird. Die Zündung des Kraftstoffstrahles erfolgt in der heißen verdichteten Luft, deshalb wird bei der Berechnung des vollkommenen Prozesses Verdichtung reiner Luft und Einführung flüssigen Kraftstoffes vor der Verbrennung vorausgesetzt.

Die Berechnung des Prozesses erfolgt auf folgendem Wege. Zunächst wird der Zustand am Ende der Verdichtung mit Hilfe der Isentropengleichung (s. S. 21) ermittelt, anschließend wird der Zustand am Ende der Verbrennung auf Grund der Beziehung

$$(G_L + B)\, u_3 = G_L\, u_2 + B\, (H_{0\,°K} + i_K) - P_3\, (V_3 - V_2) \qquad (35)$$

oder

$$(G_L + B)\, i_3 = G_L\, i_2 + B\, (H_{0\,°K} + i_K) + V_2\, (P_3 - P_2) \qquad (36)$$

berechnet. Wird der Wert $H_{0\,°K}$ in die Rechnung eingeführt, dann müssen die Werte u und i ebenfalls bezogen auf 0 °K eingeführt werden.

Die Indizes beziehen sich auf die Darstellung des Prozesses im $p-V$-Diagramm in Abb. 7. Ausgehend vom Zustand 3 wird der Zustand am Ende der Dehnung wieder mit Hilfe der Isentropengleichung berechnet. Unter Anwendung des ersten Hauptsatzes auf den ganzen Prozeß erhält man aus dem Vergleich der zugeführten und abgeführten Energien den Wirkungsgrad:

$$\eta_v = \frac{L_v}{L_{t\,max}} = \frac{U_1 + H_{0\,°K} + J_K - U_4}{L_{t\,max}} \approx \frac{G_L u_1 + B\,(H_{0\,°K} + i_K) - (G_L + B)u_4}{B\,H_u},$$

$$(37)$$

wenn $L_{t\,max} \approx H_u$ gesetzt wird.

Die Berechnung des Wirkungsgrades kann natürlich auch aus den einzelnen Arbeiten während der Verdichtung, während der Verbrennung und während der Ausdehnung ermittelt werden, wie schon bei der Berechnung des vollkommenen Prozesses des Ottomotors gezeigt wurde.

Die Berechnung der Wirkungsgrade des vollkommenen Dieselmotors nach dieser Methode braucht nicht für jeden speziellen Fall durchgeführt zu werden, da die Annahmen so weit vereinfacht werden können, daß fast für alle vorkommenden Fälle die Werte η_v in Diagrammen dargestellt werden können. Die für den Betrieb von Dieselmotoren meist verwendeten Kraftstoffe unterscheiden sich so wenig, daß die Wirkungsgrade, die für einen Kraftstoff berechnet wurden, mit geringen Korrekturen allgemein anwendbar sind. Für den Kraftstoff kann im Durchschnitt ein Heizwert H_u von 10000 Kilokalorien je kg eingesetzt werden. Die Zusammensetzung des Kraftstoffes kann im Mittel etwa folgendermaßen angenommen werden:

$$\text{Kohlenstoff} \qquad c = 0{,}86$$
$$\text{Wasserstoff} \qquad h = 0{,}12$$
$$\text{Rest} \qquad o + n + s = 0{,}02$$

Aus der Verbrennung von 1 kg Kraftstoff entstehen
$$3{,}667 \quad c \text{ kg } CO_2$$
und
$$8{,}937 \cdot h \text{ kg } H_2O \ .$$

Bei vollkommener Verbrennung von 1 kg Kraftstoff mit theoretischer Luftmenge erhält man somit folgende Abgaszusammensetzung:

Tabelle 3

Gas	Menge		Volumen		Molzahl
	kg	(g_i) vH	bei 15° u. 1 ata m³	(r_i) vH	
CO_2	3,154	21,0	1,751	13,9	0,0717
H_2O	1,072	7,1	1,454	11,5	0,0595
N_2	10,825	71,9	9,437	74,6	0,3863
Σ	15,051	100	12,642	100	0,5175

Die Molmasse der Abgase bei $\lambda = 1$ ist:

$$M_m = \Sigma \, M_i \, r_i = 29{,}09 \, \frac{\text{kg}}{\text{Mol}} \tag{38}$$

und die Gaskonstante:

$$R_m = \Sigma \, g_i \, R_i = 29{,}15 \, \frac{\text{m kp}}{\text{kg }°K} \tag{39}$$

$$G_{Lmin} = \frac{1}{0{,}232} \, (2{,}667 \, c + 7{,}94 \, h) = 14{,}05 \text{ kg Luft/kg Kraftstoff} \ . \tag{40}$$

Bei der Berechnung des Prozesses müssen sowohl die spez. Wärmen als auch die Funktionen $\varphi(T)$ bzw. $(M \, s_{P=1})_T$ für die angegebene Gaszusammensetzung errechnet werden. Die Rechnung wird vereinfacht, wenn die in Tabelle V auf S. 582 angegebenen, für die obenstehende Gaszusammensetzung fertig ausgerechneten Werte benutzt werden, weil dann nur 2 Werte, und zwar der erwähnte Wert für das Luftverhältnis $\lambda = 1$ und der für die überschüssige Luft eingeführt werden müssen.

Einen Überblick über die Absolutwerte der Wirkungsgrade η_v und ihre Abhängigkeit von den gewählten Voraussetzungen gibt Abb. 8. Das Bild zeigt die unter den oben angegebenen Annahmen für einen Anfangsdruck von 1 ata und eine Anfangstemperatur von 288 °K errechneten Wirkungsgrade abhängig vom Verdichtungsverhältnis für verschiedene Luftverhältnisse und Höchstdrücke. Für die thermodynamische Rechnung ist vor allem das Verhältnis des Höchstdruckes zum Anfangsdruck und weniger der Absolutwert des Anfangsdruckes von Bedeutung. Deshalb sind in der Darstellung jeweils die Verhältnisse p_{max}/p_1 eingetragen. Ein Überblick über die Ergebnisse zeigt,

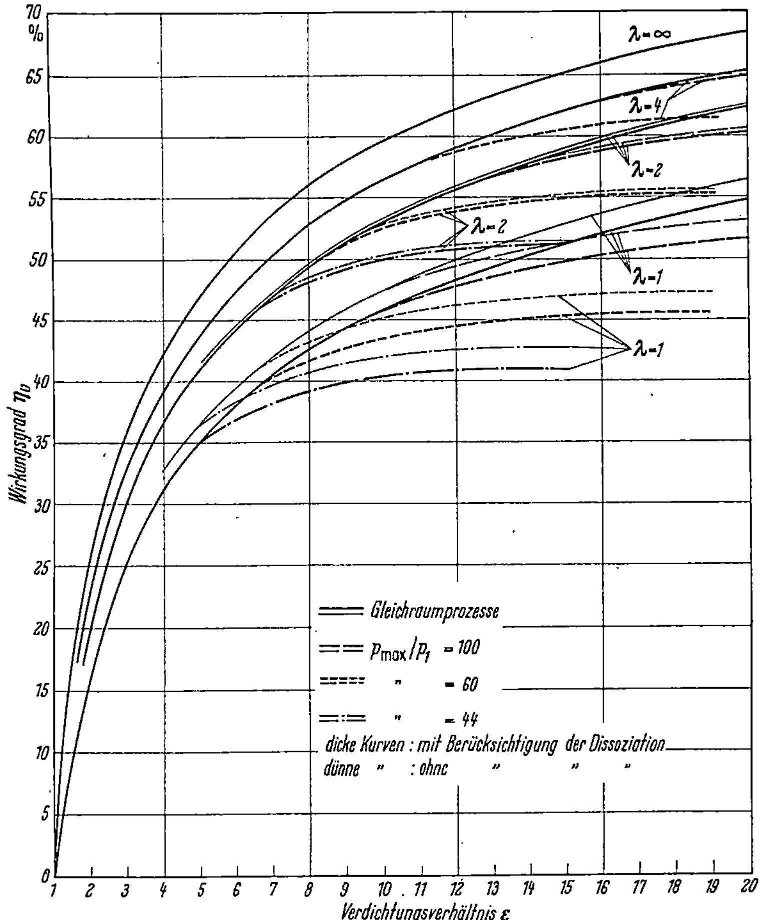

Abb. 8. Wirkungsgrad der vollkommenen Dieselmaschine η_v, abhängig vom Verdichtungsverhältnis für verschiedene Höchstdrücke und Luftverhältnisse

daß die Zunahme des Wirkungsgrades mit dem Verdichtungsverhältnis besonders bei geringer Verdichtung sehr stark ist. Bei höherer Verdichtung, insbesondere wenn eine Höchstdruckbegrenzung eingeführt wird, ist die Verbesserung der Wirkungsgrade mit der Verdichtung geringer. Die festgestellten Wirkungsgradveränderungen können in anschaulicher Weise ähnlich wie beim vereinfachten Vergleichsprozeß

(s. S. 17 bis 19) erklärt werden. Der Vergleich zweier Indikatordiagramme mit verschiedener Verdichtung (s. Abb. 4b auf S. 18 oder Abb. 58 auf S. 115) zeigt, daß die Arbeitsausbeute beim Prozeß mit der höheren Verdichtung größer ist und daß die Temperatur am Ende der Dehnung (bei *4'*, Abb. 4b) wegen des größeren Dehnungsverhältnisses geringer wird, so daß ein besserer Wirkungsgrad erreicht werden muß. Der Verlust durch die unvollkommene Dehnung (entsprechend Fläche *4—5—1—4* in Abb. 3 oder in Abb. 4) wird dementsprechend mit zunehmender Verdichtung geringer. Schon die Betrachtung der Abbildungen zeigt, daß die Verringerung dieses Verlustes (der durch eine dreieckähnliche Fläche dargestellt ist) um so weniger ins Gewicht fällt, je geringer der Absolutwert dieses Verlustes ist.

Mit einer *Höchstdruckbegrenzung* ist immer eine Verschlechterung des Wirkungsgrades verbunden, die um so bedeutender ist, je geringer der Höchstdruck gewählt wird, weil damit das durchschnittliche Dehnungsverhältnis und daher auch die Arbeitsabgabe verringert werden. Das Ausmaß der dadurch bedingten Verschlechterung der Wirkungsgrade η_v ist aus dem Vergleich der berechneten Wirkungsgrade mit Höchstdruckbegrenzung mit den entsprechenden Gleichraumprozessen ersichtlich. Eine genaue Erläuterung dieses Einflusses ist im Zusammenhang mit Versuchsergebnissen auf S. 115 bis 117 gegeben. Neben der Abhängigkeit des Wirkungsgrades η_v vom Verdichtungsverhältnis ist auch eine starke Abhängigkeit vom Luftüberschuß vorhanden, die durch den Einfluß der Veränderung der spez. Wärmen mit der Temperatur und durch die Veränderung des Verlustes durch die unvollständige Dehnung erklärt wird. Je größer der Luftüberschuß ist, desto günstiger wird der Wirkungsgrad des vollkommenen Prozesses. Bei Annäherung an unendlich großen Luftüberschuß wird die Temperaturerhöhung während der Verbrennung verschwindend gering. Die Unterschiede der Arbeiten bei isobarer und isochorer Verbrennung gegenüber isothermer Verbrennung werden in diesem Fall ebenfalls klein und können vernachlässigt werden. Auch der Unterschied der Gaszusammensetzung vor und nach der Verbrennung ist vernachlässigbar. Der Wirkungsgrad dieses Prozesses kann daher annähernd dem Wirkungsgrad des Carnotprozesses gleichgesetzt werden. Er ist die obere Grenze des Wirkungsgrades η_v für ein bestimmtes Verdichtungsverhältnis.

Für die praktische Anwendung ist eine Darstellung der Wirkungsgrade über dem Verhältnis $1:\lambda$ zweckmäßig, weil so der Einfluß des Luftüberschusses deutlicher gezeigt werden kann. Diese Darstellung ist in Abb. 55, S. 111 gewählt worden.

Aus den beiden Diagrammen (Abb. 8 und 55) können für alle praktisch in Betracht kommenden Fälle die Wirkungsgrade der vollkommenen Dieselmaschine entnommen werden[1]. Eine Korrektur der aus den erwähnten Abbildungen ermittelten Werte ist nur dann erforderlich, wenn der Heizwert des verwendeten Kraftstoffes wesentlich von dem der Berechnung zugrunde gelegten Heizwert ($H_u = 10000$ kcal/kg) abweicht. Eine Verringerung des Heizwertes wirkt sich z. B. derart auf das Ergebnis aus, daß der Wirkungsgrad des damit berechneten Prozesses ähnlich dem eines Prozesses mit entsprechend geringerer Kraftstoffzufuhr wird. Wegen der geringeren spez. Wärmen und wegen des geringeren Verlustes durch die Höchstdruckbegrenzung wird in beiden Fällen der Wirkungsgrad günstiger. Sieht man zunächst von der Verschiedenheit der Abgaszusammensetzung ab, so kann man das Luftverhältnis λ' desjenigen Prozesses ermitteln, der annähernd den gleichen Wirkungsgrad (die Wirkungsgrade sind in Abb. 8 und Abb. 55 dargestellt) wie der zu berechnende Prozeß mit anderem Heizwert ergibt, wenn man das Verhältnis $\dfrac{\text{zugeführte Wärmemenge}}{\text{arbeitende Gasmenge}}$ bei beiden Prozessen gleich groß annimmt. Man erhält ein reduziertes Luftverhältnis λ', das bei der Entnahme der Werte η_v aus Abb. 8 und 55 zu verwenden ist:

$$\lambda' = \frac{10000}{H'_u}\lambda \, . \tag{41}$$

λ ist das Luftverhältnis des neu zu berechnenden Prozesses.

Mit diesem Näherungsverfahren macht man einen — praktisch belanglosen — Fehler dadurch, daß man den Anteil der Verbrennungsgase an der Gesamtfüllung etwas anders einsetzt als beim vergleichbaren Prozeß. Deshalb stimmt die Gaszusammensetzung und damit die spez. Wärme der Abgase nicht mehr mit den ursprünglichen Annahmen überein. Da jedoch der Anteil der dreiatomigen Gase, die hier vor allen Dingen in Betracht kommen, meist nur weniger als $1/5$ der Gesamtgasmenge beträgt, sind die dadurch bedingten Unterschiede gering. Berechnete Beispiele haben gezeigt, daß selbst bei dem stark abweichenden Heizwert $H_u = 8850 \dfrac{\text{kcal}}{\text{kg}}$ die genau berechneten Wirkungsgrade nur um $1/10$ vH von den mit Hilfe des reduzierten Luftverhältnisses ermittelten Werten abweichen.

Bei geringen Unterschieden (bis 300 kcal/kg) im Heizwert gegenüber 10000, die in den meisten Fällen in Frage kommen, ist also der gesamte Fehler praktisch vernachlässigbar.

Sieht man von den Unterschieden der Heizwerte ab und betrachtet man nur die Abweichungen in der Kraftstoffzusammensetzung, so erhält man bezogen auf gleiche Kraftstoffmenge Unterschiede im Luft-

---

[1] Eine ausführliche Darstellung ist in einer Arbeit des Verfassers [C 11] wiedergegeben.

verhältnis und der Abgaszusammensetzung. Der Einfluß dieser beiden Größen auf den Wirkungsgrad kann gesondert betrachtet werden. Das Verhältnis der Gasmengen von CO_2 und H_2O in den Abgasen ist bei flüssigen Kraftstoffen ohne merkbaren Einfluß auf den Wirkungsgrad, weil der Anstieg der spez. Wärmen der dreiatomigen Gase mit der Temperatur von derselben Größenordnung ist.

Abweichungen in der Kraftstoffzusammensetzung (Elementaranalyse), die einen gegenüber den getroffenen Annahmen verschiedenen Verbrennungsluftbedarf bedingen, können in ähnlicher Weise wie die Abweichungen des Heizwertes berücksichtigt werden.

Der Wirkungsgrad der vollkommenen Maschine kann für einen Kraftstoff mit dem Heizwert H'_u somit aus Abb. 8 und 55 für gleiches Verdichtungsverhältnis entnommen werden, wenn man an Stelle des Luftverhältnisses λ ein reduziertes Luftverhältnis λ_{red}, das aus folgender Beziehung ermittelt werden kann, einführt:

$$\lambda_{red} = \lambda \frac{10\,000}{H'_u} \frac{G'_{L\,min}}{14,05}.\qquad(42)$$

In der Formel bedeuten:

$G'_{L\,min}$ die theoretische Luftmenge zur vollständigen Verbrennung des verwendeten Kraftstoffes,

14,05 ist der entsprechende Wert von $G_{L\,min}$ für den der Berechnung der Wirkungsgrade — die in Abb. 8, S. 30 wiedergegeben sind — zugrunde gelegten Kraftstoff ($H_u = 10\,000$ kcal/kg),

λ das Luftverhältnis des neu zu berechnenden Prozesses.

Auch hier gelten die oben angegebenen Einschränkungen in bezug auf die Genauigkeit.

Die berechneten und in Kurven wiedergegebenen Wirkungsgrade sind unter der Annahme ermittelt, daß der Totraum vollkommen ausgespült wird. Praktisch kann diese Voraussetzung nie ganz erfüllt werden; es bleibt im Verdichtungsraum immer ein kleiner Teil der Verbrennungsprodukte, „die Restgase", zurück.

Der Einfluß der Restgase äußert sich in einer Erhöhung der Temperatur bei Beginn der Verdichtung, einer Vermehrung der inerten Gase bezogen auf gleichen Luftüberschuß und einer Änderung der Gaszusammensetzung bei der Verdichtung.

Eine Änderung der Anfangstemperatur um 10° entspricht einer Wirkungsgradänderung von meist weniger als 0,2 vH. Daher ist auch die in Betracht kommende Temperaturerhöhung (bis 40°) kaum von Bedeutung. Der Einfluß der Veränderung der Gaszusammensetzung kann nach dem oben Gesagten vernachlässigt werden.

Der *Mitteldruck* der vollkommenen Dieselmaschine kann aus derselben Beziehung errechnet werden, die für den Mitteldruck des

vollkommenen Ottomotors angegeben wurde. Man erhält mit $G_{L\,min}$
$= 14{,}05\ \dfrac{\text{kg Luft}}{\text{kg Krst}}$

$$p_v = \frac{H_u}{V_1} \cdot \eta_v \cdot \frac{\varepsilon}{\varepsilon - 1} = \frac{H_u \cdot \eta_v}{\lambda\, G_{L\,min}}\ \frac{p_1}{R \cdot T_1}\ \frac{\varepsilon}{\varepsilon - 1}\,. \qquad (43)$$

Werden die Restgase nicht aus dem Zylinder ausgespült, dann fällt der

Faktor $\dfrac{\varepsilon}{\varepsilon - 1}$ weg.

Ebenso wie für den Prozeß des vollkommenen Ottomotors wird auch
für den Prozeß des Dieselmotors vielfach eine vereinfachte Formel benutzt. Der motorische Prozeß wird durch einen Vergleichsprozeß mit
Luft ersetzt, bei dem die Verbrennung durch eine Wärmezufuhr bei
konstantem Druck und der Auspuffvorgang durch Wärmeabführung
bei konstantem Volumen ersetzt wird, Verdichtung und Ausdehnung
erfolgen isentrop. Für den Gleichdruckprozeß erhält man folgende
erstmals von GÜLDNER angegebene Formel:

$$\eta = 1 - \frac{1}{\varepsilon^{\varkappa - 1}} \frac{1}{\varkappa} \frac{\varepsilon_1^{\varkappa} - 1}{\varepsilon_1 - 1}, \qquad (44)$$

wobei

$$\varepsilon = \frac{V_2}{V_1}, \qquad \varepsilon_1 = \frac{V_2}{V_3}$$

ist (s. Abb. 6).

Eine ähnliche Formel, bei der die Wärmezufuhr zum Teil bei konstantem Volumen bis zum zugelassenen Höchstdruck und anschließend
bei konstantem Druck erfolgt, wurde von SEILIGER aufgestellt und
später durch Berücksichtigung der Veränderlichkeit der spez. Wärmen
mit der Temperatur und der Veränderung der Gaszusammensetzung
bei der Verbrennung — jedoch ohne Berücksichtigung der Mengenänderung der Ladung durch die Einspritzung des Kraftstoffes — er-
weitert. Die Anwendung dieser Formeln ist jedoch schwierig und unsicher, da zur Berechnung des Wirkungsgrades u. a. die Kenntnis des
Wertes V_2/V_3 des Vergleichsprozesses erforderlich ist. Da das Verhältnis V_2/V_3 (oben ε_1, bei SEILIGER ϱ genannt) nicht bekannt ist und abgeschätzt oder errechnet werden muß, wird die Rechnung sehr ungenau
und bei den verbesserten Formeln auch sehr umständlich. Die Größenordnung der Vernachlässigung bei der angegebenen vereinfachten Formel geht aus folgendem Beispiel hervor: Für ein Verdichtungsverhält-
nis $\varepsilon = 13$ und ein Luftverhältnis $\lambda = 2$ erhält man mit dieser Formel
bei einem Höchstdruck von 50 at einen Wirkungsgrad des Vergleichsprozesses $\eta = 61$ vH. Errechnet man diesen Wirkungsgrad unter
genauer Berücksichtigung der Veränderlichkeit der spez. Wärmen und
der Mengenänderung der arbeitenden Ladung durch die Einspritzung

des Kraftstoffes nach dem oben angegebenen genaueren Verfahren, so ergibt sich ein Wirkungsgrad $\eta_v \approx 53{,}5$ vH. Dieser Wert führt zu einer wesentlich anderen Beurteilung der Güte der Maschine. Mit einem gemessenen inneren Wirkungsgrad von 45 vH erhält man mit der genauen Berechnung einen Gütegrad von etwa 84 vH, der schon nahe an der Grenze des Erreichbaren liegt, während man bei Zugrundelegung der einfachen Formel einen Gütegrad von 74 vH errechnet, der noch wesentliche Verbesserungsmöglichkeiten bzw. sehr schlechtes Arbeiten der Maschine unter den gegebenen Voraussetzungen vermuten läßt.

d) Theoretische Grenzwerte von Leistung und Wirtschaftlichkeit von Verbrennungskraftmaschinen, Verluste und Grenzen der Verbesserungsmöglichkeiten bei motorischen Arbeitsverfahren

In den bisherigen Ausführungen wurde schon erwähnt, daß die maximale Arbeit, die theoretisch aus einer bestimmten Kraftstoffmenge gewonnen werden kann, annähernd gleich dem mechanischen Äquivalent des Heizwertes ist. Die im Motor gewonnene mechanische Arbeit entspricht jedoch im günstigsten Fall (hoch verdichteter Dieselmotor mit Hochaufladung) nur etwa 45 vH (η_e) des mechanischen Äquivalentes des Heizwertes. Die Arbeitsausbeute der entsprechenden vollkommenen Maschine beträgt etwa 55 vH (η_v). Somit treten Verluste in Höhe von etwa 10 vH des Heizwertes auf, die durch die Unvollkommenheit der Ausführung der Maschine bedingt sind. Die Verluste, die hauptsächlich durch das motorische Arbeitsverfahren gegeben sind, betragen etwa 50 vH des Heizwertes. Es soll nun an Hand eines Beispieles gezeigt werden, in welcher Weise sich die Verluste auf die einzelnen Ursachen verteilen. Als Beispiel wird ein Ottomotor gewählt, bei dem der spez. Kraftstoffverbrauch, bezogen auf die Nutzleistung, $b_e = 200$ g/PSh betrug. Als Grundlage wäre die maximale Arbeit mit 100 vH einzusetzen, jedoch ist eine genaue und einwandfreie Berechnung der maximalen Arbeit nur für Kraftstoffe, für die der Absolutwert der Entropie bekannt ist, möglich. Diese Voraussetzung trifft für technische Kraftstoffe und auch in dem vorliegenden Fall nicht mit ausreichender Sicherheit zu. Deshalb sollen in diesem Falle die Verluste in vH des Heizwertes angegeben werden.

Die Tabelle 4 gibt einen Überblick darüber, wie sich der Gesamtverlust auf die einzelnen Ursachen verteilt.

Die Verluste I und II entsprechen den Unterschieden der gemessenen Werte gegenüber der vollkommenen Maschine; die Verluste III bis V sind durch das motorische Arbeitsverfahren grundsätzlich verursacht.

Die Nutzleistung entspricht etwa 31 vH des Heizwertes, die *Reibungsverluste* betragen etwa 4 vH des Heizwertes, so daß die innere Leistung 35 vH des Heizwertes entspricht. Der Wirkungsgrad des Prozesses des vollkommenen Ottomotors beträgt für das betrachtete

Tabelle 4

	Verluste durch		vH des Heizwertes
I	Reibung	$\approx$	4
II	Drosselung, Wärmeverlust, endl. Verbrennungsgeschw.		
	u. a.	$\approx$	5
III	unvollkommene Dehnung	$\approx$	13
IV	Verzicht auf umkehrbare Überführung auf Umgeb.-Zust.	$\approx$	22
V	nicht umkehrbaren Verbrennungsvorgang	$\approx$	25

Beispiel 40 vH des Heizwertes. Der Unterschied der Innenleistung gegenüber der Leistung dieses vollkommenen Prozesses des Ottomotors entspricht somit etwa 5 vH des Heizwertes oder 15 vH der Innenleistung.

Dieser Unterschied wird verursacht

a) *durch die Verluste infolge der Wärmeabgabe an die Wand,*

b) *durch endliche Verbrennungsgeschwindigkeit,*

c) *durch unvollkommene Verbrennung,*

d) *durch Drosselung,*

e) *durch Beschleunigungsvorgänge u. a.*

Die Entwicklungsarbeiten zur Vervollkommnung der Motoren, insbesondere die Arbeiten zur Verbesserung der Gemischbildung und der Verbrennung, sind darauf gerichtet, diese Verluste zu vermindern. Aus dem verhältnismäßig geringen Unterschied der Kraftstoffausnutzung der ausgeführten Maschine gegenüber der Kraftstoffausnutzung der vollkommenen Maschine ist ersichtlich, daß bei gegebenen Betriebsbedingungen durch Verbesserung der Ausführung des Motors allein keine sehr großen Verbesserungen des Verbrauches mehr zu erwarten sind.

Der Verlust durch unvollkommene Dehnung (Verlust III, Fläche *4—5—1—4* in Abb. 9) beträgt etwa 13 vH des Heizwertes. Dieser Verlust kann in der einstufigen Kolbenmaschine nicht vermieden werden, weil es praktisch nicht möglich ist, beliebig große Dehnungsverhältnisse im Motor zu verwirklichen; einerseits würden die erforderlichen Gewichte zu groß, andererseits würde der Gewinn an innerer Arbeit durch größere Reibungsarbeit wieder ausgeglichen, vielfach sogar übertroffen. Ein wesentlicher Teil dieses Arbeitsverlustes kann jedoch durch eine Fortführung der Dehnung bzw. durch eine Vergrößerung des Dehnungsverhältnisses auf anderen Wegen wiedergewonnen werden. Es besteht z. B. die Möglichkeit, eine *Vorverdichtung und eine Nachdehnung* durchzuführen. Dadurch wird der Arbeitsprozeß in zwei Druckintervalle aufgeteilt. Es ist hierbei gleichgültig, in welcher Weise die Vorverdichtung und in welcher Weise die Nachdehnung erfolgt. Die Vorverdichtung kann beispielsweise durch einen Niederdruckzylinder (Verbundmotor), durch Kreisel- oder Kolbenverdichter oder beim Flugmotor teilweise durch den Staudruck u. a. erfolgen. Die Nachdehnung kann in der Niederdruckstufe (des Verbundmotors), in Abgasturbinen, durch Nutzbarmachung der kinetischen Energie des Auspuffstrahles (Strahlantrieb beim Flugmotor), durch Nachschalten eines Düsen- (Strahl-) Triebwerkes, bestehend aus Gasturbine mit Strahldüse und Verdichter od. a. stattfinden.

In vielen Fällen wird von der Möglichkeit der Ausnutzung der Energiegewinnung durch die Nachdehnung nicht voll Gebrauch gemacht, man

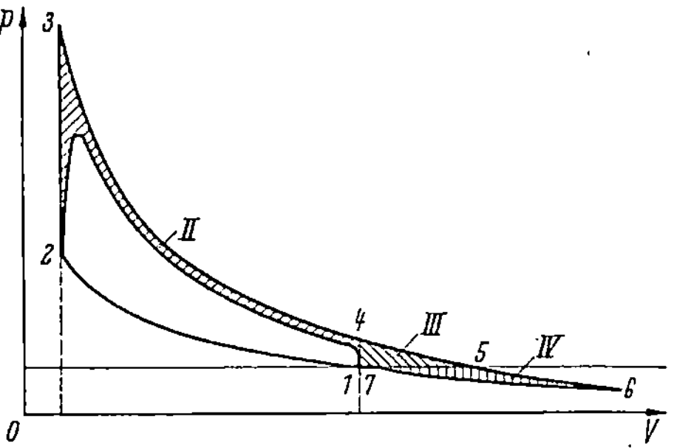

Abb. 9. Schematische Darstellung der in Tabelle 2 aufgeführten Verluste II, III und IV des motorischen Arbeitsprozesses im $p-V$-Diagramm

begnügt sich meist damit, im Interesse der Einfachheit der Anlage nur einen Teil dieser Arbeit zurückzugewinnen. Beispielsweise können bei Verwendung von Abgasturbinen etwa 10 vH des Verlustes durch die unvollkommene Dehnung im Motor — bezogen auf das Indikatordiagramm — bei entsprechender Ausbildung der Auspuffleitung zurückgewonnen werden. Beim Dieselmotor ist der Verlust durch unvollkommene Dehnung wegen der höheren Verdichtung geringer als bei dem angeführten Beispiel.

Theoretisch könnte durch umkehrbare *Rückführung der Abgase auf Druck und Temperatur der Umgebung*, z. B. durch eine isentrope Dehnung auf die Umgebungstemperatur und durch eine anschließende isotherme Verdichtung, noch Arbeit (Fläche *5—6—7—5* in Abb. 9) gewonnen werden, die in dem gewählten Beispiel 22 vH des mechanischen Wärmeäquivalentes betragen würde. Praktisch ist jedoch dieser Vorgang nicht durchführbar. Ein Teil dieser Arbeit könnte durch Ausnutzung der fühlbaren Abgaswärme in einer besonderen Maschine gewonnen werden.

Der wesentlichste *Verlust* ist jedoch *durch den Verbrennungsvorgang* selbst bedingt, und zwar hauptsächlich dadurch, daß die Verbrennung in einem Temperaturgebiet etwa zwischen 300 und 2500 °C vor sich geht. Dieser Verlust entspricht etwa 25 vH des Heizwertes und kann grundsätzlich nicht vermieden werden, da der Verbrennungsvorgang in der üblichen Form eine notwendige Grundlage für das motorische Arbeitsverfahren ist. Theoretisch wäre bei Durchführung des Verbrennungsvorganges in der Nähe des Gleichgewichtszustandes eine Verbesserung möglich. Jedoch ist dies mit den bekannten Arbeitsverfahren praktisch nicht durchführbar. Eine wesentliche Herabsetzung dieses Verlustes wäre möglich, wenn das Temperaturniveau, bei dem die Verbrennung stattfindet, noch bedeutend höher gewählt werden könnte.

Im $p-V$-Diagramm können die beim motorischen Prozeß auftretenden Verluste nur zum Teil dargestellt werden (s. schematische Darstellung in Abb. 9). Einen sehr anschaulichen Überblick über die Größe der Verluste liefert die Darstellung des Prozesses im $T-s$-Diagramm (Abb. 10).

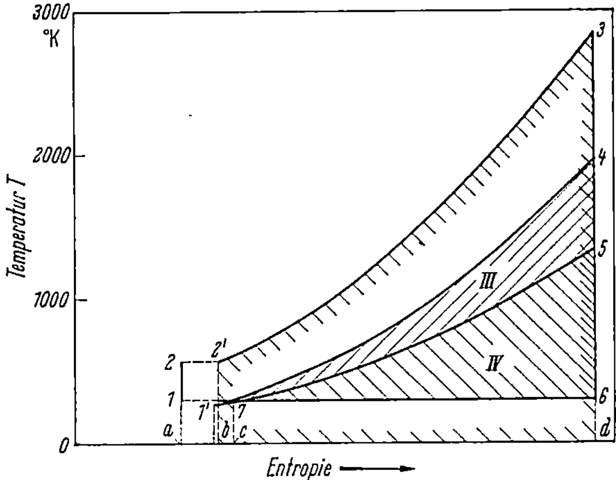

Abb. 10. $T-s$-Diagramm des Arbeitsprozesses eines vollkommenen Ottomotors

Im $T-s$-Diagramm können sowohl die im $p-V$-Diagramm gezeigten Verluste (III und IV) als auch die Verluste durch den Verbrennungsvorgang durch Flächen dargestellt werden und mit dem ebenfalls als Fläche wiedergegebenen Heizwert verglichen werden. In Abb. 10 ist die isentrope Verdichtung durch die Linie *1—2* wiedergegeben. Der anschließend folgende Verbrennungsvorgang kann im $T-s$-Diagramm nicht dargestellt werden, jedoch kann der Endzustand der Verbrennung (*3*) in das Diagramm eingezeichnet werden. Die Darstellung des Heizwertes wird durch die Einzeichnung der Linien isochorer Abkühlung vom Zustand *3* bis zur Temperatur *2* möglich. Der Zustand *2'* ist der Zustand der Verbrennungsgase bezogen auf die Anfangstemperatur der Verbrennung T_2. Der Heizwert, bezogen auf die Temperatur T_2, wird somit durch die Fläche *2'—3—d—b—2'* in

Abb. 10 wiedergegeben. Er entspricht der zur Erwärmung der Verbrennungsprodukte von T_2 auf die Verbrennungstemperatur T_3 erforderlichen Wärmemenge. Die isentrope Dehnung bis zum Volumen V_1 (Abb. 9) ist durch die Linie *3—4* in Abb. 10 dargestellt. Die isochore Abkühlung der Verbrennungsprodukte bis zum Erreichen des Druckes p_1 entspricht der Linie *4—1'*. Die Fortsetzung der isentropen Dehnung bis auf den Druck einer Atmosphäre ist durch die Linie *4—5* wiedergegeben. Die isobare Abkühlung bei konstantem Druck (1 at) ist durch die Linie *5—1'* dargestellt. Die umkehrbare Rückführung der Verbrennungsprodukte auf Druck und Temperatur der Umgebung durch eine isentrope Dehnung und anschließende isotherme Verdichtung auf den Druck der Umgebung ist sowohl in Abb. 9 als auch in Abb. 10 durch den Kurvenzug *5—6—7* wiedergegeben. Somit sind die Verluste in folgenden Flächen dargestellt:

1. Der Verlust durch die unvollständige Dehnung durch die Fläche *4—5—1'—4* (in Abb. 9, Fläche III).

2. Der Verlust durch den Verzicht auf umkehrbare Rückführung der Verbrennungsprodukte auf Umgebungszustand ist durch die Fläche *5—6—7—5* (in Abb. 9 Fläche IV) dargestellt.

3. Der Verlust durch die Nichtumkehrbarkeit der Verbrennung entspricht dem Produkt $T_1\,(s_3 - s_2)$, d. i. Fläche *a—1—6—d—a* in Abb. 10.

Die Größenordnung der Verluste ist aus dem Vergleich mit dem als Fläche dargestellten (gestrichelt umrandeten) Heizwert ersichtlich.

Die maximale Arbeit unterscheidet sich nach dem Satz von GOUY und STODOLA um den Wert $T_1\,(s_7 - s_1)$ (Fläche *7—c—a—1—7*) vom Heizwert.

2. Die einzelnen Vorgänge beim motorischen Arbeitsprozeß

a) Verdichtung

Für die Berechnung des theoretischen Arbeitsprozesses wird bei Beginn der Verdichtung meist Umgebungstemperatur angenommen. Tatsächlich ist die Temperatur der Ladung im Zylinder bei Verdichtungsbeginn jedoch bedeutend höher als die Temperatur der Luft bzw. des Gemisches in der Saugleitung. Die Erwärmung der einströmenden Luft erfolgt insbesondere beim Vorbeiströmen an den heißen Ventilen und durch die Mischung mit den Restgasen. Die Temperaturerhöhung liegt in der Größenordnung von 30 bis 50 °C. Außerdem ergibt sich infolge der Drosselung durch die Ventile auch ein Unterdruck gegenüber dem Zustand in der Saugleitung. Die Verminderung der Ladungsmenge durch die Erwärmung und Drosselung beträgt bei normalen Betriebszuständen meist etwa 10 bis 20 vH und wird ausgedrückt durch den Liefergrad[1], d. h. durch das Verhältnis der wirklich im Zylinder verbleibenden Luftmenge zu der bei vollständiger Füllung des Hubvolumens mit Luft vom Zustand vor den Einlaßorganen theoretisch angesaugten Luftmenge.

Während der Druck bei Beginn der Verdichtung mit Hilfe von Schwachfederdiagrammen genau gemessen werden kann, ist die Messung der Temperatur ziemlich schwierig. Wenn aber der Liefergrad durch Messung der angesaugten Luftmenge ermittelt ist, und wenn der Anteil der Restgase annähernd bekannt ist, so kann aus der Ladungsmenge und dem Druck bei Beginn der Verdichtung die mittlere Temperatur der Gesamtladung annähernd errechnet werden.

Der Vergleich des Druckverlaufes bei isentroper Verdichtung mit dem tatsächlichen Verlauf der Vorgänge im Motor zeigt den wesentlichen Einfluß der Wandwirkung. Dieser Einfluß bedingt, daß der aus der Messung ermittelte Exponent der Gleichung: $p \cdot V^n = $ const meist kleiner ist als der Exponent der Isentrope. Der theoretische Exponent der isentropen Verdichtung ergibt sich aus den spez. Wärmen zu:

$\varkappa = \dfrac{c_p}{c_v}$. Wegen der Veränderung der Temperatur und der damit bedingten Änderung der spez. Wärmen während der Verdichtung ist der Exponent an jeder Stelle der Isentrope verschieden; eine genaue Berücksichtigung der Veränderung der spez. Wärme ist mittels der auf S. 21 angegebenen Isentropengleichung:

$$\varphi(T_2) = \varphi(T_1) + \Re \ln \frac{V_1}{V_2} \tag{18}$$

möglich. Wie die Darstellung der Verdichtungslinie des Indikatordiagrammes eines Dieselmotors im logarithmischen Maßstabe (Abb. 11) zeigt, ist die Veränderung des Exponenten im Verlauf der Verdichtung jedoch gering. Der Exponent entspricht in der logarithmischen Darstellung der Neigung der Kurven, da die Polytropengleichung $p_1 \, V_1^n$

$= p_2 \, V_2^n$ die Beziehung $n = \dfrac{\ln p_1 - \ln p_2}{\ln V_2 - \ln V_1} = \operatorname{tg} \alpha$ ergibt (Abb. 11).

Bei der Beurteilung der Meßergebnisse ist noch zu beachten, daß neben dem Einfluß des Wärmeüberganges, der insbesondere gegen Ende der Verdichtung wesentlich ist, auch Undichtigkeitsverluste eine Rolle spielen [D 90, D 109].

Bei Versuchen an einem Dieselmotor mit einem Verdichtungsverhältnis $\varepsilon = 10$ wurde bei Fremdantrieb des Motors festgestellt, daß der Exponent der tatsächlichen Verdichtungslinie bei geringer Veränderung der Drehzahl etwa 1,35 betrug. Der entsprechende theoretische Wert der Isentrope beträgt 1,39.

---

[1] Der Liefergrad wird außerdem durch die Restgase beeinflußt.

Bei einer Steigerung der Drehzahl dieses Motors von 1000 auf 2000 U/min wurde im Mittel eine Erhöhung des Exponenten der Verdichtung um 0,01 bis 0,02 festgestellt. Die Bestimmung des Exponenten aus dem Druckverlauf wird im Einzelfall zwar in der 2. Dezimale schon etwas unsicher, jedoch ist die Zunahme mit der Drehzahl aus dem Mittelwert der Ergebnisse einer größeren Zahl von Versuchen einwandfrei feststellbar. Der Unterschied des tatsächlich erreichten Verdichtungsenddruckes gegenüber dem isentropen Enddruck ist in Abhängigkeit von der Drehzahl in Abb. 12 dargestellt, die Unterschiede der gerechneten und gemessenen Drücke sind bei höheren Drehzahlen geringer. Diese Feststellung findet ihre Erklärung hauptsächlich in der relativen Verringerung der Wärmeverluste bei höherer Drehzahl. Daneben spielen die Stoffverluste infolge der Durchlässigkeit der Kolbenringe, die bei geringeren Drehzahlen mehrere vH betragen können, ebenfalls eine Rolle. Bei $n = 2000$ U/min wurde z. B. an einem Zylinder von 154 mm Dmr. mit 2 Kolbenringen ein Verlust von $\approx 0,6$ vH gemessen.

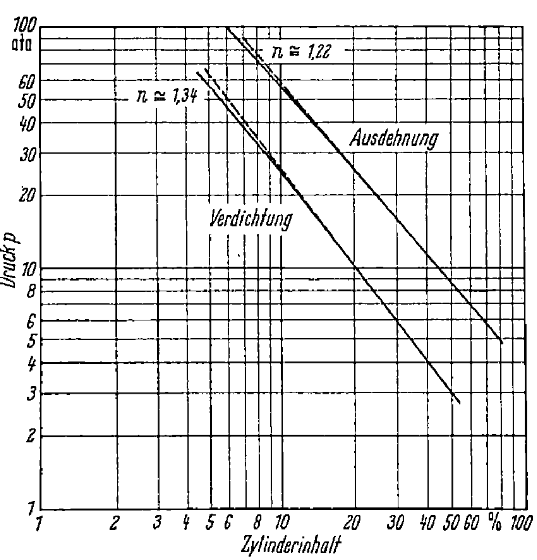

Abb. 11. Verdichtungs- und Ausdehnungslinie eines Zweitakt-Dieselmotors im doppeltlogarithmischen Maßstab

H. Schwartz [D 109] gibt als Mittelwert für die Dichtverluste ordnungsgemäß arbeitender Kolbenringe den Wert $V \sim 0,03\,D$ (l/min Zyl.) für das gesamte Drehzahlgebiet des Betriebsbereiches an, wobei D den Zylinderdurchmesser in mm bedeutet. Als obere Grenze gibt er für die Konstante 0,05, als anzustrebende untere Grenze 0,02 an.

Mit zunehmendem Verdichtungsverhältnis tritt die Wandwirkung wegen der höheren Temperaturdifferenzen zwischen Wand und Gas stärker in Erscheinung. Beim Verdichtungsverhältnis $\varepsilon = 17$ wurde als Exponent der Verdichtung $n = 1,33$ gemessen, während der theoretische Wert 1,38 beträgt. Der Vergleich mit dem vorher genannten Beispiel bei $\varepsilon = 10$ zeigt das Ausmaß des Einflusses der stärkeren Wandwirkung.

Die Verminderung des tatsächlichen Verdichtungsenddruckes gegenüber dem isentropen ist in Abhängigkeit vom Verdichtungsverhältnis in Abb. 13 in einem Beispiel dargestellt. Die Kurven beziehen sich auf einen Anfangsdruck vor dem Motor von 1 ata. Der Versuchsmotor wurde fremd angetrieben; dabei ist der Unterschied des tatsächlichen

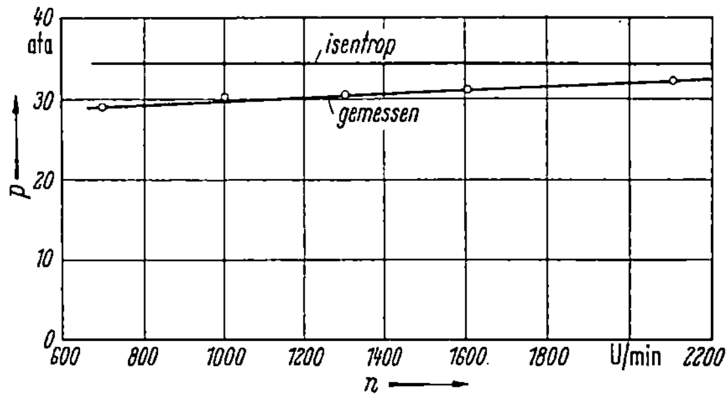

Abb. 12. Für isentrope Verdichtung errechneter und gemessener Verdichtungsenddruck, abhängig von der Drehzahl, Verdichtungsverhältnis $\varepsilon = 13$

Exponenten gegenüber dem theoretischen bei den Versuchen mit fremdangetriebenem Motor bei höherer Verdichtung wegen der geringen Wandtemperaturen größer als bei normalem Motorbetrieb.

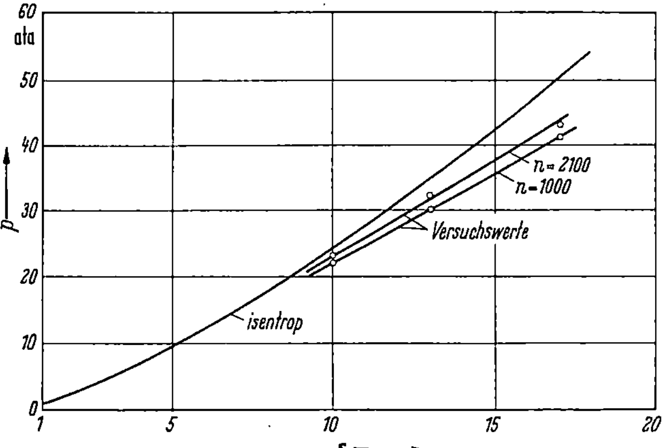

Abb. 13. Für isentrope Verdichtung errechneter und gemessener Verdichtungsenddruck, abhängig vom Verdichtungsverhältnis (Werte bezogen auf den Anfangsdruck $p_1 = 1$ ata)

Der Arbeitsverlust durch die Wandwirkung, der in einer negativen Fläche im Verdichtungsdiagramm (p—V-Diagramm) zum Ausdruck kommt, ist im allgemeinen bei Motoren ohne unterteilten Brennraum wegen der geringeren gekühlten Oberfläche des Brennraumes gering und wurde beispielsweise in einem Dieselmotor bei einer Drehzahl von 1600 U/min zu etwa 1 vH des Mitteldruckes bei Vollast festgestellt. Bei Motoren mit unterteiltem Brennraum ist dieser Verlust wesentlich höher, wobei auch noch Drosselverluste zwischen Kammer und Hauptraum auftreten, die ebenfalls die Verlustschleife im $p-V$-Diagramm vergrößern. Beispielsweise wurde an einem wassergekühlten Vorkammermotor von 4 l Hubvolumen, einem Vorkammervolumen von 74 cm³ und einem Verdichtungsverhältnis $\varepsilon = 14$ bei einer Drehzahl von 1520 U/min bei Betrieb ohne Einspritzung ein indiz. Arbeitsverlust ermittelt, der einem mittleren Druck von 0,28 kp/cm² entsprach.

b) Gemischbildung beim Ottomotor

Für die Verbrennung im Motor steht nur eine sehr kurze Zeit zur Verfügung, da der Verbrennungsvorgang in der Nähe des Totpunktes erfolgen muß, wenn guter Verbrauch erzielt werden soll. Beispielsweise beträgt bei einem Viertakt-Ottomotor, bei dem sich die Verbrennung nur über 30 bis 40° KW erstreckt, die Gesamtzeitdauer der Verbrennung bei einer Drehzahl von 2500 U/min nur $\approx$ 2 bis 2,7/1000 s. Zur Erreichung einer vollkommenen Verbrennung in dieser kurzen Zeit ist eine gute Durchmischung des Kraftstoffes und der Luft schon vor der Verbrennung erforderlich, da die im Verbrennungsraum auftretende Wirbelung nicht ausreicht, um eine schlechte Gemischverteilung auszugleichen.

Die Gemischbildung wird im allgemeinen durch Zerstäuben und Verdampfen des Kraftstoffes in einem Vergaser erreicht. Zum Teil wird auch Einspritzung des Kraftstoffes in den Zylinder oder in die Saugleitung angewendet.

Bei Anwendung von Vergasern steht zur Gemischbildung eine verhältnismäßig lange Zeit zur Verfügung, da die Zuteilung des Kraftstoffes im Vergaser während des Ansaugvorganges erfolgt. Auf dem Wege durch das Saugrohr in den Zylinder, während des Saughubes im Zylinder und während der Verdichtung erfolgt durch die Luftbewegung und Wirbelung eine Verteilung und Verdampfung des Kraftstoffes. Aus den Kraftstoffdüsen der Vergaser üblicher Bauart tritt unter geringem Druck und unregelmäßig ein Flüssigkeitsstrahl aus, der durch die rasch vorbeiströmende Luft mitgenommen und zum Teil in Tropfen zerstäubt wird. Im Vergaser erfolgt weder eine ausreichende Verdampfung noch eine zufriedenstellende Zerstäubung. Die Kraftstofftropfen fallen infolge der Schwere teilweise aus und fließen im Saugrohr entlang. Um diesen Ausfall zu verhindern, wendet man beim Motor ohne Lader z. T. Luftvorwärmung oder eine Heizung der Saugleitung (Gemischvorwärmung) an. Beim Ladermotor mit Druckvergaser ergibt sich im allgemeinen durch die Verdichtung im Lader eine hinreichende Vorwärmung. Mit beiden Methoden der Vorwärmung wird erreicht, daß infolge der höheren Temperatur der angesaugten Luft eine bessere Verdampfung des Kraftstoffes auftritt. Die Gemischvorwärmung hat den Zweck, insbesondere den im Saugrohr flüssig ausfallenden Kraftstoff wieder zu verdampfen, während die Luftvorwärmung eine bessere Verdampfung des Kraftstoffes im gesamten Saugstrom anstrebt.

Beide Verfahren haben den Nachteil, daß das in den Zylinder tretende Gemisch eine höhere Temperatur bekommt, und daß dadurch die Leistung entsprechend der geringeren Ladungsdichte vermindert wird (s. auch S. 97 u. 98). Vorteilhaft ist, daß infolge der besseren Gemischbildung mit diesen Verfahren ein besserer Verbrauch erreicht wird. Trotzdem erhält man auch bei Benutzung dieser Verfahren beim Vergasermotor vielfach noch eine schlechte Verteilung des Gemisches auf die verschiedenen Zylinder. Bei schnellaufenden Motoren ist nämlich bei Eintritt in den Zylinder meist ein Teil des Kraftstoffes noch unverdampft, so daß der in Tropfenform im Saugstrom enthaltene Kraftstoff infolge der Trägheit je nach Anlage der Saugleitung in erhöhtem Maße in einzelne Zylinder gebracht wird, wodurch sich selbst bei sorgfältig durchgebildeter Saugleitung eine ungleichmäßige Verteilung des Gemisches auf die Zylinder ergibt.

Bei einigen anderen Ausführungen von Vergasern wird zur Vermeidung des hohen Druckverlustes im Vergaser die Drosselklappe durch schwenkbare Drosselorgane ersetzt, die in jeder Drosselstellung einen düsenähnlichen Querschnitt offenlassen z. B. [C 16]. Die Kraftstoffzuführung erfolgt bei diesen Ausführungen zum Teil durch eine größere Zahl kleiner Düsen, von denen ein Teil bei geringer Belastung abgeschaltet wird, so daß in jedem Betriebsbereich eine verhältnismäßig gute Zerstäubung erreicht wird. Bei diesen Ausführungen sind vielfach auch Vorrichtungen zur Konstanthaltung bzw. zur willkürlichen Regelung des Mischungsverhältnisses vorhanden, so daß auch gute Verbrauchszahlen erreicht werden. (Über die Gemischbildung bei Benzineinspritzung siehe S. 147.)

Für die Gemischbildung ist *die Flüchtigkeit der Kraftstoffe* von großer Bedeutung. Die Kennzeichnung der Flüchtigkeit erfolgt mit Hilfe der *Siedekurve* des Kraftstoffes, die in Abhängigkeit von der Temperatur die bei der Destillation verdampfte Kraftstoffmenge angibt. Bei Flugkraftstoffen entspricht die Siedekurve dem Temperaturbereich von etwa 40 bis 160 °C. Im Bereich von 60 bis 120 °C verdampfen durchschnittlich etwa 80 vH des Benzins. Bei Benzinsorten die zur Verwendung in Kraftwagen bestimmt sind, wird ein bedeutend größerer Bereich der Siedetemperatur (bis über 200 °C) zugelassen[1]. Je höher der Bereich der Siedekurve liegt, um so langsamer erfolgt die Verdampfung und um so ungünstiger gestaltet sich die Gemischbildung im Ottomotor.

---

[1] Beim Dieselmotor sind die Verdampfungseigenschaften ebenfalls von Bedeutung, aber nach dem jeweils verwendeten Verbrennungsverfahren von unterschiedlicher Wichtigkeit. Gasöle für Dieselmotoren sieden z. B. im Durchschnitt im Temperaturbereich von 200 bis 400 °C.

c) Zündung beim Ottomotor und Mitteldruckmotor

Bei der Fremdzündung im Motor hat sich überwiegend die Zündung mit elektrischen Funken durchgesetzt. Die Fremdzündung unter Benutzung glühender Teile ist nur bei einzelnen Motorentypen, die unter der Bezeichnung Mitteldruckmotoren[1] zusammengefaßt werden, üblich.

Bei der Funkenzündung wird der Zündfunken meist durch Induktion in der Sekundärwicklung einer Magnetspule erzeugt, indem der mittels einer Batterie oder mittels eines Magneten erzeugte Primärstrom durch eine besondere Anlage (z. B. Unterbrechung) unterbrochen wird. Weiterhin sind noch eine Reihe anderer weniger benutzter Verfahren bekannt.

Die mit zeitlich gesteuerter Fremdzündung arbeitenden Motoren werden meist unter dem Namen Ottomotoren zusammengefaßt[2].

Bei der Zündung ist die *Energie der Zündfunken* nicht gleichgültig, da die hierdurch bedingte Anregung der Moleküle an der Zündstelle von wesentlicher Bedeutung für die Verbrennungsgeschwindigkeit ist.

Zur Einleitung der Verbrennung ist eine möglichst hohe Temperatur, d. h. eine genügend hohe Energiedichte erforderlich, um auch weniger zündwillige Gemische im Bereich mittlerer Luftverhältniszahlen zwischen $\lambda = 1{,}05$ und $1{,}35$ zu entzünden. In diesem Bereiche hohen Luftüberschusses befindet sich im Verbrennungsraum meist kein homogenes Kraftstoff-Luft-Gemisch, sondern es werden vielmehr Bereiche sehr armen Gemisches und zündwilligere Bereiche vorhanden sein. Die Möglichkeit einer Verbrennungseinleitung vergrößert sich, wenn es gelingt, dem Anfangs-Zündvolumen über eine hinreichende Zeitdauer die zur Zündung notwendige Energie zuzuführen.

Durch den Primärstrom I_{St} wird in der Zündspule mit der entsprechenden Primärinduktivität L_1 ein magnetisches Feld erzeugt, dessen Energie

$$E_{Magn.} = \frac{1}{2} \cdot L_1 \cdot I_{St}^2$$

zur Bildung des Zündfunkens dient. Diese Energie erreicht dann ihren Höchstwert, wenn der stationäre Ruhestrom erreicht wird. Durch die mit steigender Drehzahl abnehmenden Schließungs- und Öffnungszeiten des Unterbrechers wird jedoch der Primärstrom bereits während des Anstieges unterbrochen, so daß er seinen Endwert nicht mehr erreicht und damit die in der Zündspule gespeicherte Energie abnimmt.

Diese Energie wird aber auch nur zu einem Teil auf den Funken, d. h. auf das zu erhitzende Zündvolumen übertragen. Ein großer Teil

---

[1] Vgl. S. 189.

[2] Vgl. S. 20 unten (s. auch S. 587 „Zusammenstellung der benutzten Formelzeichen").

geht als Verlustleistung in Form von Joule'scher Wärme in den Wicklungswiderständen, als Abreißverluste des Unterbrechers und in Wirbelströmen des Eisens verloren, d. h.

$$E_{Funken} < E_{Magnetfeld}$$

Für die Zündung bei relativ großem Luftüberschuß kommt es im wesentlichen darauf an, dem Gemischvolumen zwischen den Kerzenelektroden eine hinreichend hohe Funkenleistung zuzuführen und diese über einen gewissen Mindestkurbelwinkel aufrecht zu erhalten.

Funkenspannung und Funkenstrom bestimmen den zeitlichen Verlauf der Funkenleistung, wobei der Funkenstrom, wie schon erwähnt, durch die elektrischen Daten der Zündeinrichtung festgelegt ist, während die Funkenspannung außerdem von den geometrischen Abmessungen der Kerze und von Druck und Temperatur im Verbrennungsraum beeinflußt wird.

Motorische Untersuchungen über den Einfluß der Funkenbrenndauer und des Funkenstromes und damit auch der Funkenleistung führen zu dem Ergebnis, daß im armen Betriebsbereich zwischen $\lambda = 1{,}05$ und $\lambda = 1{,}35$ im wesentlichen nur durch die Veränderung der Funkenstromstärke eine Verbesserung der Zündeigenschaften erreicht wird, daß dagegen durch eine Beeinflussung der Funkenbrenndauer eine merkliche Veränderung des motorischen Verhaltens nicht festzustellen ist.

Mit Verstärkung des Funkenstromes wird die an das Gemisch abgegebene Energie erhöht und damit eine stärkere Anregung der Moleküle bewirkt.

Die dadurch verbesserte Zündung und Verbrennung ergibt eine Verschiebung des stabilen Betriebsbereiches zu größeren Luftüberschuß, ferner eine Senkung des spezifischen Verbrauches, wobei das Minimum des spezifischen Kraftstoffverbrauches sich ebenfalls zu größeren λ-Werten verschiebt.

Der Vorgang kurz nach der Zündung ist für die Gesamtverbrennungszeit von Bedeutung, weil die Geschwindigkeit der Flammenfront in diesem Bereich in der Regel noch geringer ist als bei weiter fortschreitender Verbrennung [E 1, E 2].

Man vermeidet im praktischen Motorbetrieb in Zündkerzennähe Mischungsverhältnisse, die in der Nähe der Zündgrenzen (s. 2. Teil, Zündgrenzen und Zündgeschwindigkeit, S. 564) liegen, da in diesem Bereich auch die Geschwindigkeiten der Flammenfront geringer werden (Abb. 15 u. 16, S. 50 u. 51).

Die Verwendung von mehreren Funken hat bei gut zündfähigen Gemischen keinen wesentlichen Einfluß auf den Zündvorgang und auf die Schnelligkeit des Verbrennungsvorganges kurz nach der Zündung.

Anders liegen die Verhältnisse bei armen Gemischen. Die Gemischverteilung im Zylinder ist, wie oben bereits angedeutet, im allgemeinen ungleichmäßig. Bei reichem Gemisch wirken sich diese Ungleichmäßigkeiten auf den Zünd- und Verbrennungsvorgang insofern wenig aus, als an der Kerze im Durchschnitt immer ein gut zündfähiges Gemisch vorhanden sein wird. Wenn jedoch im ganzen schon armes Gemisch im Zylinder vorhanden ist, ist die Wahrscheinlichkeit, daß an der Kerze zeitweise schlecht zündfähiges Gemisch auftritt, sehr viel größer. Da auch am Ende des Verdichtungshubes im Zylinder noch eine wesentliche Luftbewegung vorhanden ist, ändert sich die Zusammensetzung des Gemisches an der Kerze je nach

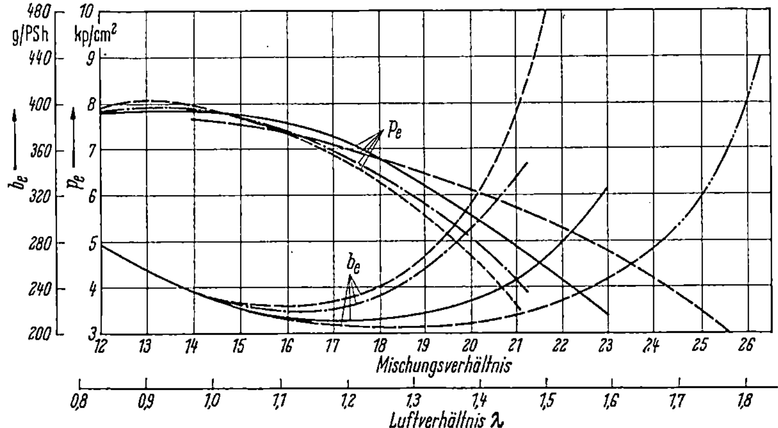

Abb. 14. Mittlerer Nutzdruck p_e und spez. Kraftstoffverbrauch b_e, abhängig vom Luft- und Mischungsverhältnis bei verschiedenen Zündungsarten:

— — — — Normale Zündung mit 2 Kerzen   } Normale Gemischbildung
— · — · — 1 Kerze, mehrere Funken

————— 2 Kerzen, an 1 Kerze mehrere Funken   } Gemischschichtung an
— — — Mehrfunkenzündung an 2 Kerzen   den Kerzen

der Art der Strömungen zeitlich mehr oder weniger. Bei Verwendung mehrerer Funken ist daher die Wahrscheinlichkeit, daß einer der Funken günstigere Zünd- und Verbrennungsbedingungen vorfindet, bedeutend größer. Man erhält somit im Luftüberschußgebiet mit Mehrfunkenzündung einen besseren Kraftstoffverbrauch.

Abb. 14 zeigt den Kraftstoffverbrauch und den mittleren Nutzdruck, abhängig vom Luftverhältnis aus Versuchen mit einer Kerze und mit mehreren Funken im Vergleich zu Versuchen mit zwei Kerzen und je einem Funken. Man sieht, daß bei diesen Versuchen mit einer Kerze und mehreren Funken annähernd derselbe Erfolg erzielt wurde wie bei normaler Zündung mit zwei Kerzen. Im Luftüberschußgebiet — aber nicht bei Luftmangel — wird bei Zündung mit mehreren Funken und Verwendung von zwei Kerzen ein wesentlich besserer Verbrauch erzielt. Bei Motorbetrieb mit Luftmangel ist wegen der guten Zündfähigkeit des Gemisches ein Einfluß des Zündvorganges auf Leistung und Verbrauch kaum zu bemerken. Bei Luftüberschußbetrieb ist aber wegen der an sich vorhandenen schlechten Zündeigenschaften des Gemisches durch die Mehrfunkenzündung eine Ausnutzung der besseren Zündeigenschaften örtlich reicher Gemische (ungleichmäßige Gemischverteilung) möglich. Eine weitere Verbesserung des Kraftstoffverbrauches kann man durch eine Kombination der örtlichen Anreicherung des Gemisches an der Kerze und der Mehrfunkenzündung erreichen. Bei dem untersuchten Motor wurden damit die in Abb. 14 dargestellten Verbrauchszahlen erreicht. Es ergab sich ein sehr flaches Verbrauchsminimum in einem weiten Bereich des Luftüberschusses ($\lambda = 1,1$ bis $1,5$). Bei Zündung mit mehreren Funken ist auch der Gang des Motors ruhiger, weil die Unterschiede der einzelnen Arbeitsspiele geringer sind. Durch Schichtung des Gemisches und Anreicherung an der Zündkerze, insbesondere bei Einspritzbetrieb, können unter Umständen auch mit normaler Zündung ähnliche Erfolge erreicht werden.

Bei Verwendung mehrerer Funken ist die Dauer eines Funkens von Bedeutung. Wenn der vorhergehende Funke noch nicht erloschen ist, erhält man wegen der Ionisation der Funkenstrecke beim nächsten Funken eine weniger heftige Entladung und daher bezogen auf ein Zeitintervall eine geringere Energiezufuhr und damit nicht die gewünschte Wirkung. Die Mehrfunkenzündung wird in verschiedener Form, z. B. vereinzelt im Kraftwagenbau, benutzt, wobei eine Zündung nach dem Summerprinzip verwendet wird. Damit ist aber der Zeitpunkt des Einsetzens der Funken nicht zwangsläufig gegeben. Wenn man gute Verbrauchszahlen und Leistungen erzielen will, müssen die Zündfunken in dem Bereich der gewünschten Vorzündung angeordnet werden.

Die Erzeugung mehrerer Funken kann durch Aneinanderreihung mehrerer Zündaggregate nach dem Prinzip der Magnetzündung erreicht werden. Dabei wird für jeden Funken eine besondere Zündspule mit eigenem der Funkenfolge entsprechenden Unterbrecher verwendet. Eine Vereinfachung der Anordnung ergibt sich, wenn zwei oder mehrere Primärkreise auf eine einzige gemeinsame Sekundärspule wirken. Begnügt man sich mit zwei Funken, dann erhält man eine sehr einfache Anordnung, wenn man zwei Primärkreise, die in entgegengesetzter Richtung durchflossen sind und auf eine gemeinsame Sekundärspule wirken, nacheinander unterbricht. Eine andere Möglichkeit der Mehrfunkenzündung ergibt sich nach dem Prinzip hochfrequenter Kondensatorentladung unter Benutzung einer Gleichstromquelle zur

Ladung der Kapazitäten. Mit diesem Prinzip ist die Erzielung einer raschen Funkenfolge möglich.

Der Zeitpunkt des Einsetzens des ersten Funkens wird verschieden gewählt, da die Betriebsbedingungen des Motors (Drehzahl, Luftverhältnis, Druck und Temperatur der Ladung) für den günstigsten Zeitpunkt der Zündung maßgebend sind. Messungen der Fortpflanzung der Flammenfront von einem Punkt aus zeigen, daß die verbrannte Menge kurz nach der Zündung gering ist. Um aber zu erreichen, daß die Verbrennung des größten Teils der Kraftstoffmenge — mit Rücksicht auf die Erzielung eines guten Verbrauches — in der Nähe des Totpunktes erfolgt, muß die Zündung schon wesentlich vor dem Totpunkt einsetzen. Der Zündzeitpunkt wird meist in dem Bereich von 20 bis 50 Kurbelgraden vor dem Totpunkt (Vorzündung) gewählt. Die Anpassung des Zündzeitpunktes an die Betriebsverhältnisse wird auf S. 108÷110 erörtert.

Bei der Zündung unter Verwendung heißer Teile im Zylinder ist der Vorgang gegenüber der Fremdzündung insofern verschieden, als ein größerer Teil des Gemisches erwärmt und zur Verbrennung aufbereitet wird. Dabei erfolgt die Selbstzündung des Gemisches entweder durch örtliche Erhitzung des angesaugten Kraftstoff–Luft-Gemisches an heißen Stellen, oder es wird durch unmittelbare Einspritzung des Kraftstoffes in Räume mit glühenden Teilen Selbstzündung erreicht. Zum Beispiel wird beim Glühkopfmotor der Kraftstoff unter geringem Druck und bei geringem Verdichtungsverhältnis des Motors in einen meist kugelförmigen Verbrennungsraum mit Glühschale eingespritzt und kommt dort infolge der Anheizung durch die Glühschale zur Entzündung, obwohl die Temperatur der verdichteten Luft zur Selbstzündung nicht ausreichen würde. Beim Anlassen dieser Motoren ist jedoch eine vorherige Anwärmung der Glühschale erforderlich. Auch bei Dieselmotoren mit Selbstzündung des Kraftstoffstrahls in der verdichteten Luft sind u. U. zum Anlassen zusätzliche Heizvorrichtungen (Glühkerzen) notwendig.

Bei manchen Motoren wird auch Fremdzündung und Selbstzündung kombiniert, da bei zusätzlicher Zuhilfenahme der Fremdzündung das Verdichtungsverhältnis kleiner als beim Dieselmotor gehalten werden kann ($\varepsilon \approx 8 \div 12$). Derartige Motoren werden auch als Mitteldruckmotoren (vgl. S. 189) bezeichnet, jedoch ist keine eindeutige Abgrenzung der Bezeichnung für diese Motoren vorhanden.

Weit mehr verbreitet als die Arbeitsverfahren der Mitteldruckmotoren ist das Dieselprinzip, bei dem die Entzündung des Kraftstoffstrahles ausschließlich durch Selbstzündung in der verdichteten Luft erreicht wird. Die Gemischbildung und Zündung im Dieselmotor wird auf S. 64 behandelt.

d) Der Verbrennungsvorgang im Ottomotor

Verbrennungsgeschwindigkeit[1]. Unmittelbar nach der Einleitung der Verbrennung durch das Überspringen des Zündfunkens breitet sich die Flammenfront im Motor von der Zündkerze mit einer durchschnittlichen Geschwindigkeit von 20 bis 30 m/s aus [E 74, E 81, E 95]. Diese Geschwindigkeit ist viel höher als die in Bomben — ohne Wirbelungsvorrichtungen — gemessene (vgl. Abb. 15). Bei Bombenversuchen wurden im Durchschnitt Geschwindigkeiten in der Größenordnung von nur 2 bis 5 m/s für Benzin gemessen. Es konnte jedoch nachgewiesen werden, daß auch in Bomben ähnliche Geschwindigkeiten wie im Motor auftreten, wenn für eine entsprechend starke Wirbelung gesorgt wird.

Für die Beurteilung der Betriebseigenschaften von Ottomotoren ist vor allem die Änderung der Verbrennungsgeschwindigkeit mit dem Mischungsverhältnis sehr wichtig, da beim Ottomotor für die Regelung des Betriebszustandes unter anderem die Veränderung des Mischungsverhältnisses ein wichtiges Hilfsmittel ist. Erfahrungsgemäß treten die höchsten Zündgeschwindigkeiten im Motor (s. auch Abb. 16) und in Bomben (s. Abb. 15) ungefähr bei gleichem Luftverhältnis, und zwar im Luftmangelgebiet (etwa bei $\lambda \approx 0{,}85$) auf. Die in Bomben gemessenen Zündgeschwindigkeiten von Wasserstoff, Kohlenoxyd und

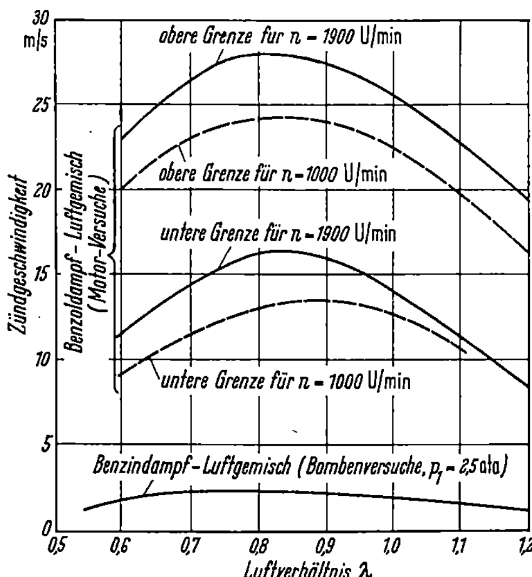

Abb. 15. Zündgeschwindigkeiten (auch Verbrennungsgeschwindigkeiten genannt) für Benzol- bzw. Benzindampf-Luft-Gemische, abhängig vom Luftverhältnis nach Motorversuchen von SCHNAUFFER [n = 1600 U/min, ε = 5] und nach Messungen in der Bombe von K. NEUMANN

---

[1] Im Schrifttum ist vielfach die Bezeichnung Zündgeschwindigkeit üblich. Da beide Ausdrücke sowohl für die relative Geschwindigkeit der Flammenfront gegen die Gasmasse als auch für die Geschwindigkeit der Flammenfront gegen die Gefäßwände benutzt werden, ist es nicht zweckmäßig, einen der beiden Ausdrücke nur für eine Definition der Geschwindigkeit zu verwenden, denn dadurch würden Widersprüche mit zitierten Literaturangaben entstehen. Es wurde deshalb sowohl der Ausdruck Zündgeschwindigkeit als auch Verbrennungsgeschwindigkeit benutzt, wobei in jedem Falle angegeben ist, welche Annahme der Bezeichnung zugrunde gelegt ist.

Benzindampf sind in Abb. 16 wiedergegeben. Das Maximum der Zündgeschwindigkeit dieser Brennstoffe liegt ebenfalls im Luftmangelgebiet[1]. Messungen der Zündgeschwindigkeit derselben Brennstoffe am Bunsenbrenner haben ungefähr dieselben Abhängigkeiten vom Luftüberschuß ergeben, jedoch sind die absoluten Werte der Geschwindigkeiten wegen der obengenannten Gründe wesentlich geringer.

Die günstigen Betriebseigenschaften (rasche Beschleunigung, weicher Gang) der Motoren im Luftmangelgebiet sind im wesentlichen auf die hohen Zündgeschwindigkeiten (Verbrennungsgeschwindigkeiten) in diesem Bereich (vgl. Abb. 16) zurückzuführen. Umgekehrt wird der

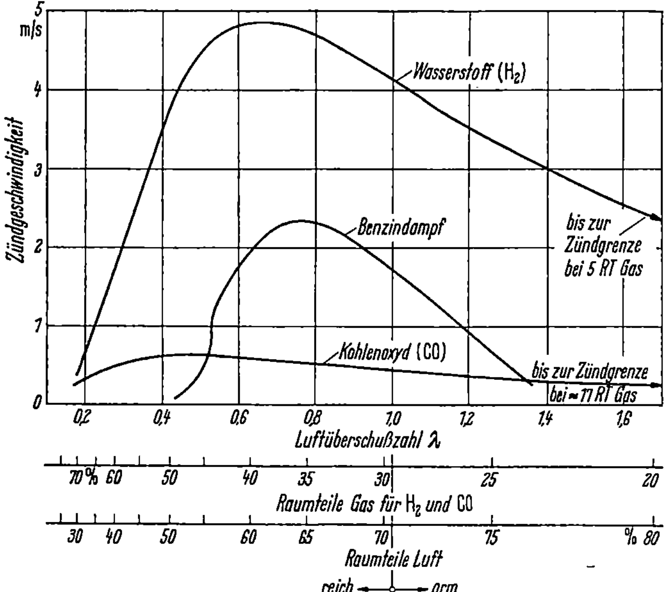

Abb. 16. Zündgeschwindigkeiten für verschiedene Kraftstoff-Luft-Gemische, abhängig vom Luftverhältnis; in Bomben gemessen, $p_1 = 1{,}0$ ata, $t_1 =$ Raumtemperatur

unruhige Gang bei sehr hohem Luftüberschuß im wesentlichen durch die stark abnehmenden Verbrennungsgeschwindigkeiten verursacht. Die Verbrennungsgeschwindigkeiten in der Nähe der Zündgrenzen sind sehr gering. Der Vergleich der Abb. 303, S. 565 und Abb. 16 zeigt, daß sich in sinngemäßer Übereinstimmung mit dem Verlauf der Verbrennungsgeschwindigkeiten auch die Zündgrenzen weiter in den Bereich reichen Gemisches erstrecken. Das motorische Verhalten findet somit eine gute Aufklärung durch die physikalischen Untersuchungen von Kraftstoffen im Hinblick auf Zündgrenze und Verbrennungsgeschwindigkeit.

---

[1] Messungen von W. R. CHAPMANN in einem Rohr von 25 mm Durchmesser. BONE and TOWNEND [E 2]: Flame and Combustion in Gases, S. 116.

4*

Der Einfluß der Verschiedenheit der Verbrennungsgeschwindigkeit auf den Arbeitsprozeß im Motor ist in Abb. 17 durch Vergleich zweier theoretisch ermittelter Diagramme für die Luftverhältniszahlen $\lambda = 0,8$ und $\lambda = 1,1$ wiedergegeben. Die Darstellung zeigt, daß die bei größerem Luftüberschuß auftretenden geringeren Verbrennungsgeschwindigkeiten eine spätere Verbrennung zur Folge haben und Arbeitsverluste verursachen. Diese Arbeitsverluste entsprechen einer Verschlechterung des Gütegrades. Die ungünstige Wirkung der niedrigen Verbrennungsgeschwindigkeit kann jedoch durch Früherlegen der Zündung wesentlich herabgemindert werden. Die mit zunehmendem Luftüberschuß auftretende Verschlechterung des Gütegrades hat erst bei mehr als 10 bis 20 vH Luftüberschuß eine wesentliche Erhöhung des spez. Kraftstoffverbrauches zur Folge, weil sich die thermodynamische Verbesserung des Arbeitsprozesses im Bereich geringen Luftüberschusses stärker auswirkt als die Verschlechterung des Gütegrades.

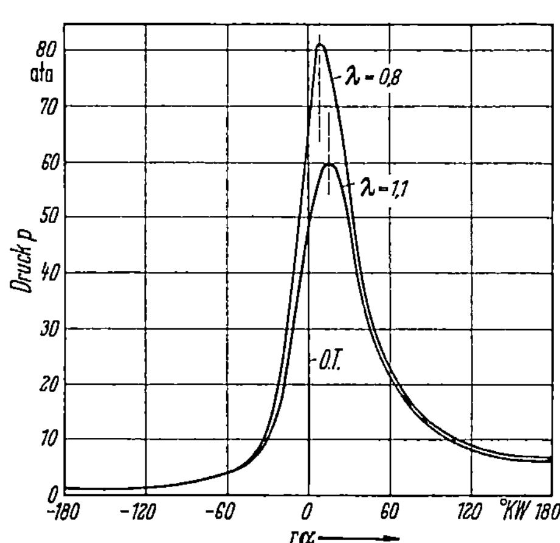

Abb. 17. Berechneter Druckverlauf für einen Ottomotor für verschiedene Luftverhältnisse unter Berücksichtigung der endlichen Verbrennungsgeschwindigkeit, $p_1 = 1$ ata, $t_1 = 15$ °C, $\varepsilon = 8$, $n = 2600$ U/min, Vorzündung = 40° v. o. T.

In ähnlicher Weise ergeben sich Unterschiede im Verbrennungsverlauf bei Vergleich von Kraftstoffen mit verschiedenen Verbrennungsgeschwindigkeiten. Der beim Kraftstoff mit geringerer Verbrennungsgeschwindigkeit entstehende Arbeitsverlust ist von der gewählten Vorzündung abhängig.

Dieselben Erscheinungen werden auch beobachtet, wenn sich die Verbrennungsgeschwindigkeit infolge Veränderung der Betriebsbedingungen, beispielsweise Verminderung der Wirbelung, ändert.

Der Zündzeitpunkt wird beim Ottomotor meist so gewählt, daß der Verbrennungsvorgang im wesentlichen 15 bis 25° nach dem oberen Totpunkt abgeschlossen ist. Der Verlauf der Verbrennung wurde von verschiedenen Forschern auf verschiedenen Wegen untersucht. Die dabei gefundenen Ergebnisse unterscheiden sich nur außerordentlich wenig. Eine Möglichkeit bietet die Berechnung des unverbrannten Anteils des Kraftstoffes mit Hilfe des Energiesatzes aus dem Indikatordiagramm [D 102]. Von EGERTON [E 5, E 35] wurde der Verbrennungsvorgang mit Hilfe von Gasanalysen untersucht. Die Gasproben wurden mit Hilfe eines besonders gesteuerten Entnahmeventils bei verschiedenen Kurbelwinkeln aus dem Zylinder entnommen. Auch die direkte photographische Aufnahme der Flammenbewegung im Zylinder wurde zur Untersuchung des Verbrennungsvorganges herangezogen [E 26, E 31, E 72, E 74, E 95]. Die verschiedenen Brechungswinkel im unverbrannten und verbrennenden Teil gestatteten die Aufnahme von Schlierenbildern, aus denen ebenfalls der Verbrennungsverlauf ermittelt werden konnte [E 74]. Die Auswertung zahlreicher Indikatordiagramme bei verschiedenen Drehzahlen hat gezeigt, daß sich der Kurbelwinkel, bei dem die Verbrennung beendet ist, bei gleichem Zündzeitpunkt mit der Drehzahl nur wenig ändert. Daraus kann man schließen, daß die Zündgeschwindigkeit (auch Verbrennungsgeschwindigkeit genannt) bei verschiedenen Drehzahlen nicht konstant ist, sondern sie nimmt in erster Annäherung proportional der Drehzahl bzw. proportional der Wirbelgeschwindigkeit zu (meist etwas weniger), so daß die Verbrennungsdauer in Sekunden nahezu umgekehrt proportional der Drehzahl ist. In sinngemäßer Übereinstimmung damit hat sich bei der Auswertung von Indikatordiagrammen ergeben, daß der Kurbelwinkel, bei dem die Verbrennung beendigt ist, in erster Linie vom Zeitpunkt der Zündung abhängt und sich fast im gleichen Ausmaß zeitlich verschiebt wie die Zündung. Das heißt, wenn die Zündung 10° später gelegt wird, ist die Verbrennung auch annähernd 10° später beendet. In manchen Fällen wurde auch beobachtet, daß die Differenz der Kurbelwinkel entsprechender Phasen im Verbrennungsverlauf etwas geringer war als der Abstand der Zündzeitpunkte. Die Zündgeschwindigkeit bzw. Verbrennungsgeschwindigkeit ist auch von Druck und Temperatur abhängig, jedoch sind diese Einflüsse bei technischen Kraftstoffen weniger bedeutend [E 26, E 76].

Klopfen. Für den Ottomotor ist ein durch die Verbrennungsvorgänge bedingter Betriebszustand, der mit „Klopfen" bezeichnet wird, von besonderer Bedeutung, weil dadurch meist die obere Leistungsgrenze gegeben ist.

Bei hoher Verdichtung oder hoher Aufladung sowie mit steigender Temperatur der Ladeluft tritt in vielen Fällen ein sehr harter Gang des Motors auf, der mit einem hellen klingenden Geräusch verbunden ist. Während anfänglich beim Klopfen infolge der schnelleren Verbrennung die Abgastemperaturen sinken, ist nach längerem Klopfen eine Zunahme der Abgastemperatur und der gesamten thermischen Beanspruchung festzustellen. Das Klopfen wurde insbesondere durch die Untersuchungen von Ricardo [D 20] mit einer sehr raschen Verbrennung eines noch unverbrannten Teiles des Kraftstoff–Luft–Gemisches erklärt.

Während sich die Flammenfront bei normaler Verbrennung im Zylinder mit einer Geschwindigkeit in der Größenordnung von etwa 15 bis 30 m/s fortbewegt, wurde bei klopfendem Betrieb festgestellt, daß die Verbrennung des letzten Teils des Gemisches fast plötzlich erfolgt. Es war lange Zeit nicht klar, ob sich bei dieser plötzlichen Verbrennung die Verbrennung von der Flammenfront aus mit sehr hoher, vorläufig nicht mehr meßbarer Geschwindigkeit fortpflanzt, oder ob an einer oder an mehreren Stellen oder auch im gesamten unverbrannten Gemisch die Verbrennung ziemlich gleichmäßig schlagartig einsetzt. Die klopfende Verbrennung wurde von einigen Forschern mittels photographischer Aufnahme der Flammenfortpflanzung im klopfenden Gemisch-

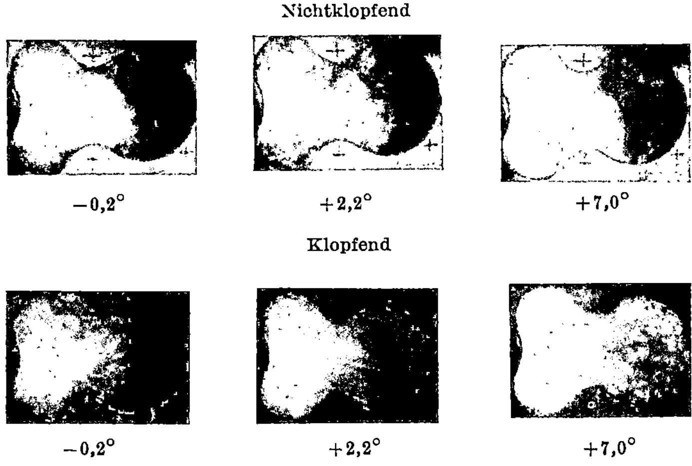

Abb. 18. Aufnahmen von Flammenbildern bei nichtklopfender bzw. klopfender Verbrennung nach Withrow und Rassweiler [F45]

teil [E 74, E 95] untersucht. Die Aufnahmen wurden zum Teil mit gleichmäßig bewegtem Film, zum Teil mit zeitlich aufeinanderfolgenden Bildern, in einzelnen Fällen auch mit Schlierenaufnahmen und mit anderen Methoden durchgeführt.

In Abb. 18 sind Aufnahmen von Flammenbildern bei klopfender und nichtklopfender Verbrennung [F 45] dargestellt. Die Aufnahmen wurden an einem Motor, dessen Totraum mit einem Glasfenster versehen war, hergestellt. Die Bilder zeigen, daß bei nichtklopfender Verbrennung ein stetiges Fortschreiten der Flammenfront vorhanden ist, während bei klopfender Verbrennung bei etwa 2° KW nach dem Totpunkt eine nahezu gleichzeitige Verbrennung des restlichen unverbrannten Gemischrestes eintritt. Als einheitliches Ergebnis dieser Untersuchungen kann man feststellen, daß eine bestimmte Fortpflanzungsgeschwindigkeit in dem klopfend abbrennenden Gemischanteil nicht einwandfrei festgestellt werden konnte. In Fällen, in denen zeitliche Unterschiede bei der Entflammung festgestellt wurden, sind Zahlen von etwa 300 bis 1000 m/s genannt. Bei optischen Untersuchungen und Untersuchungen nach der Ionisationsmethode [F 36] wurde eine nahezu gleichzeitige oder kurz hintereinanderfolgende Entflammung an mehreren Stellen des klopfenden Gemisches festgestellt. Andere Untersuchungen [E 74] über den Einfluß von Druckschwingungen auf die klopfende Verbrennung haben gezeigt, daß mit künstlich erzeugten Druckwellen klopfende Verbrennung nicht hervorgerufen werden konnte, sondern daß erst in der Nähe des Betriebsbereiches, in dem an sich Klopfen zu erwarten war, ein Einfluß von Druckwellen in der Weise festgestellt werden konnte, daß das Klopfen zu einem etwas früheren Zeitpunkt einsetzte, als dies ohne Druckwellen der Fall gewesen wäre.

Da beim Klopfen das noch im Zylinder vorhandene unverbrannte Gemisch sehr rasch verbrennt, erfolgt von diesem Zeitpunkt ab die Temperatur- und Drucksteigerung örtlich sehr viel schneller als bei normaler Verbrennung, jedoch ist der Mittelwert des Druckes im Zylinder nur wenig — entsprechend der früheren Verbrennung — höher als bei normaler Verbrennung, ebenso ist die mittlere Temperatur nicht sehr viel höher als bei normaler Verbrennung. Jedoch tritt eine sehr starke Zunahme des Wärmeüberganges auf, die meist eine thermische Überbeanspruchung und unter Umständen eine Beschädigung des Kolbens zur Folge hat. Im Zylinder treten sehr starke Druckdifferenzen auf. Es werden meist ein örtlich sehr rascher Druckanstieg und anschließend Druckwellen mit großen Amplituden beobachtet, so daß beim Klopfvorgang auch eine höhere mechanische Beanspruchung vorhanden ist. Auch die Temperaturen an den verschiedenen Stellen des Zylinders weisen starke Unterschiede auf [E 41, E 73].

Tabelle 5

Drehzahl U/min	Verdichtungsverhältnis	Wärmestromd. $q\ \dfrac{kcal}{m^3 h}$	Kühlwasserwärme kcal/h	Wärmeübergangszahl kcal/m²h°C	Leistung N_e PS	Spez. Verbrauch b_e g/PS$_e$h	Betriebszustand
1000	7,8	44 66 00	7110	7270	7,86	399	klopfend
1000	7,8	29 61 20	5820	990	10,2	242	{ nicht-klopfend

Über die Zunahme der thermischen Belastung bei klopfender Verbrennung geben die folgenden Versuchsergebnisse[1] Aufschluß [F 10]. Die Zunahme der Wärmeübergangszahl und Verbrauchsverschlechterung bei klopfender Verbrennung zeigt vorstehende Tabelle.

---

[1] Die Versuche wurden von N. ERBAKAN im Institut des Verfassers durchgeführt.

Während sich die Kühlwasserwärme und die Wärmestromdichte gegenüber dem nichtklopfenden Zustand nur um rd. 50 vH erhöhen, beträgt die max. Wärmeübergangszahl im vorliegenden Fall beim Klopfen mit 7270 kcal/m² h grd etwa das 7,3fache der bei nichtklopfendem Betrieb. Aus der hierdurch bedingten Vergrößerung der im Kühlwasser abgeführten Verlustwärme erklärt sich der *Leistungsabfall* von rund 25 vH bei gleichzeitiger Erhöhung des spez. Verbrauches von über 50 vH. Aus Abb. 19, welche das Eindringen der Temperaturschwankungen in die Zylinderwand zeigt, ist zu ersehen, daß das Temperaturgefälle bei klopfendem Betrieb steiler wird und damit auch die Beanspruchungen steigen.

In Abb. 20 ist schließlich der Oberflächentemperaturverlauf über Zylinderkopf und -laufbüchse für beide Fälle aufgetragen. Aus den hohen Abgastemperaturen erklären sich die höheren Temperaturen an der Auslaßseite des Zylinders. Die Temperaturverteilung ist also unsymmetrisch, so daß durch die unterschiedliche Materialdehnung zusätzliche Spannungen im Werkstoff auftreten.

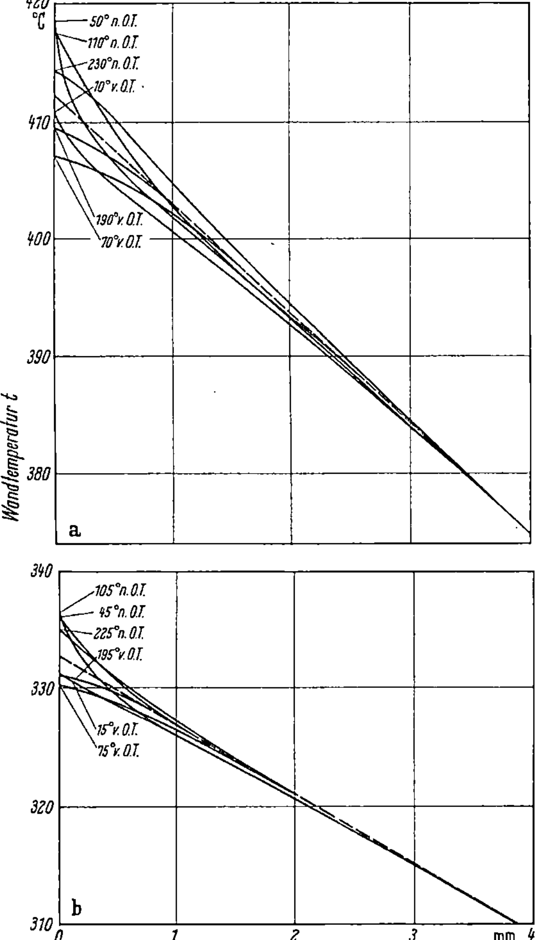

Abb. 19. Temperaturschwankungen in der Zylinderwand bei klopfendem (a) und nichtklopfendem (b) Betrieb (nach ERBAKAN [F 10])

Diese Versuchsergebnisse sind ein Beispiel dafür, daß die Stärke des Klopfens, d. h. die Amplitude und die Steilheit der Druckwellen ausschlaggebend für die Erhöhung der Wärmeübergangszahl sind.

Untersuchungen der Strahlung [E 38, E 91] bei klopfender Verbrennung haben gezeigt, daß ein größerer Anteil der langwelligen Strahlen (5 bis 11 μ) gegenüber normalem Betrieb vorhanden ist. Die Energie der Ausstrahlung war bei klopfendem Betrieb für einen beschränkten Anteil der Verbrennungszeit größer als bei normalem Betrieb, jedoch war die Gesamtstrahlung der Verbrennungsgase während des ganzen Arbeitsprozesses kleiner als bei nichtklopfendem Betrieb. Die Infrarotstrahlung erreicht bei klopfendem Betrieb früher ihr Maximum als bei normaler Verbrennung. Diese Feststellung entspricht durchaus der Ansicht, daß das Klopfen durch eine sehr rasche Verbrennung des letzten Teiles der Füllung bedingt ist. Neben diesen Untersuchungen der einzelnen Arbeitsspiele bei klopfendem Betrieb sind auch zahlreiche Untersuchungen über die Abhängigkeit des Klopfvorganges vom Be-

triebszustand des Motors durchgeführt worden. Am stärksten ist die Zunahme der Klopfneigung bei Erhöhung der Verdichtung (Abb. 134, S. 224); weniger stark ist die Zunahme der Klopfneigung bei Erhöhung der Temperatur (Abb. 131 und 132, S. 222, 223) und bei Erhöhung des Druckes der angesaugten Luft.

Weiterhin wird das Klopfen durch die Vorzündung, den Luftüberschuß, die Drehzahl und die Ausbildung des Brennraumes wesentlich beeinflußt. Durch Früherlegung der Zündung wird die Klopfneigung verstärkt. Der Einfluß des Luftüberschusses ist bei

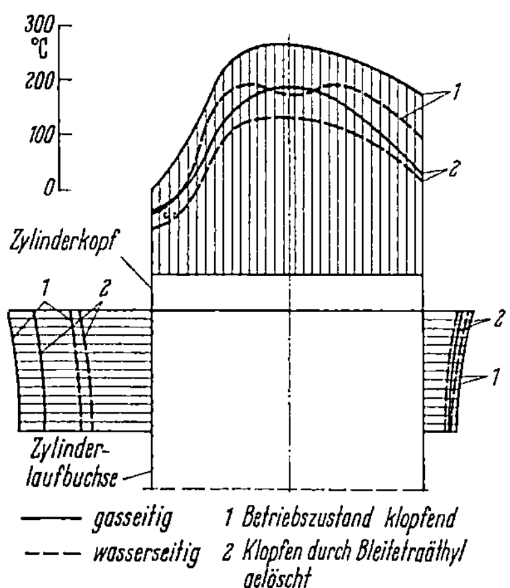

Abb. 20. Verlauf der Oberflächentemperatur bei klopfender (1) und nichtklopfender (2) Verbrennung, $\varepsilon = 7{,}8$

verschiedenen Kraftstoffen verschieden; im allgemeinen ist die Klopfneigung in der Nähe des stöchiometrischen Gemisches am stärksten.

Aus allen Versuchsergebnissen geht hervor, daß für die Klopfneigung hauptsächlich der Druck und die Temperatur des unverbrannten Teiles des Gasgemisches von Bedeutung sind. Mit neueren Untersuchungen, insbesondere Auswertung von Motorversuchen an der Klopfgrenze, und mit vergleichenden Untersuchungen der Zündungsvorgänge beim Zündverzug und beim Klopfen [F 28] ist folgende Vorstellung gut in Einklang zu bringen:

Während die Verbrennungsfront, ausgehend von der Zündkerze, mit einer von dem Luftüberschuß, von dem Druck und der Temperatur des Gemisches abhängigen Geschwindigkeit fortschreitet, findet im noch nicht verbrannten Teil des Gemisches eine Reaktion statt. Die durch die Verdichtung und durch das Fortschreiten der Flammenfront bedingte Endtemperatur des unverbrannten Teiles im Augenblick des Klopfbeginns kommt als alleinige Klopfursache nicht in Betracht, vielmehr erhält man bei überschlägigen Berechnungen unter Zugrundelegung einer Reaktion, die im unverbrannten Gemisch vor dem Klopfstoß stattfindet, eine bessere Übereinstimmung mit den Versuchsergebnissen. Auch die Auffassung, daß nur die Temperatur des Gemisches für die zum Klopfen führende Reaktion in erster Annäherung allein bestimmend ist und daß der Druck ohne nennenswerten Einfluß ist, wird durch motorische Untersuchungen nicht bestätigt.

Aus diesen Untersuchungen ergibt sich vielmehr der Schluß, daß die Geschwindigkeit dieser Reaktion in der Regel in erster Linie mit der Temperatur des unverbrannten Teiles und weiterhin mit dem Druck des unverbrannten Teiles des Gemisches zunimmt. Temperatur und Druck steigen infolge der Verdrängerwirkung des verbrennenden Teiles auch nach dem Totpunkt noch weiter an. Weiterhin muß auch eine zusätzliche Erwärmung infolge der Reaktion in Betracht gezogen werden. Aus Zündverzugsuntersuchungen (zum Beispiel [P 19]) geht hervor, daß bei manchen Kraftstoffen in bestimmten Bereichen während der Zündverzugsperiode eine erhebliche Wärmeentwicklung auftritt, während bei anderen Kraftstoffen in diesem Zeitabschnitt eine meßbare Wärmeentwicklung kaum feststellbar ist (vergleiche auch Abb. 284, 285 und 286, sowie die Ausführungen über den Druckanstieg während des Zündverzuges, s. Kapitel „Selbstzündungsreaktionen bei Kohlenwasserstoffen", S. 530). Durch diese Reaktion wird im unverbrannten Teil ein Zustand erreicht, der eine sehr rasche Verbrennung zur Folge hat.

Mit dieser Erklärung wird die Veränderung der Klopfgrenzen mit dem Druck und der Temperatur der angesaugten Luft verständlich, da die Erhöhung der Anfangstemperatur auch die Temperatur des restlichen unverbrannten Gemisches erhöht. Bei zunehmender Verdichtung wird gleichzeitig der Druck und die Temperatur erhöht, infolgedessen ist die sehr starke Zunahme der Klopfneigung mit der Verdichtung erklärlich. Dieselben Ursachen gelten für den Einfluß der Vorzündung auf die Klopfgrenzen. Auch die Ergebnisse der spektroskopischen Untersuchungen an klopfenden Motoren deuten darauf hin, daß in der Klopfzone des Verbrennungsraumes vor dem Eintreffen der Flammenfront ein besonderer Aufbereitungsprozeß des Gemisches erfolgt. Zum Beispiel wurde kurz vor dem Klopfen Formaldehyd festgestellt [E 70]. Die verschiedenen optischen Beobachtungen der Vorgänge vor und nach der Flammenfront zeigen, daß die sog. Flammenfront nicht etwa die Grenze des Verbrennungsbeginns darstellt, sondern daß vor dieser Grenze im nichtleuchtenden Teil des Unverbrannten und hinterher im leuchtenden Teil ebenso eine Verbrennung vorhanden ist, so daß der Flammenfront eine gewisse Dicke zukommt [E 74] (auch

Untersuchungen mit Gasentnahme haben ähnliche Ergebnisse geliefert [E 94]).

Schwingungserscheinungen können nicht die Hauptursache für den Klopfvorgang sein; das bisher vorliegende Versuchsmaterial spricht vielmehr dafür, daß unter dem Einfluß der Druckwellen unter Umständen nur die Reaktion in dem nahe an der Entzündungsgrenze befindlichen Gasgemisch bis zur Entzündung beschleunigt wird.

Diese Erklärung wird auch durch die schon erwähnten Untersuchungen von ROTHROCK und SPENCER gestützt, die in einer bombenähnlichen Apparatur mit Hilfe von künstlich erzeugten Stoßwellen gefunden haben, daß Verdichtungswellen mit dem Klopfvorgang nicht in ursächlichen Zusammenhang gebracht werden können. Künstlich im Motor erzeugte Stoßwellen verursachen kein Klopfen, jedoch konnte der Klopfvorgang beschleunigt werden, wenn die Ladung von sich aus schon für den Klopfvorgang vorbereitet war.

Vielfach wird auch die Detonations- bzw. die Explosionswelle als Ursache für das Klopfen im Motor angegeben. Diese Erklärung ist jedoch mit vielen Versuchen nicht in Einklang zu bringen. Vor allem wurde bei den Untersuchungen in Röhren festgestellt, daß im Gegensatz zum Klopfverhalten im Motor eine Abhängigkeit der Explosionswelle von den Kraftstoffeigenschaften nur in ganz geringem Maße vorhanden ist (vgl. Abschnitt „Explosionswelle", S. 569). Ebenso ist die Beimengung von Bleitetraäthyl fast ohne Einfluß. In dem kleinen Verbrennungsraum des Motors besteht außerdem in der kurzen zur Verfügung stehenden Zeit keine Möglichkeit zur Entwicklung einer Explosionswelle.

Unter der Annahme, daß sich im unverbrannten Teil des Gemisches beim Klopfen dieselben Vorgänge abspielen, wie sie bei Zündungsvorgängen in annähernd isentrop verdichteten Gemischen auftreten und daß demgemäß dieselben Gesetze Anwendung finden können, läßt sich der Klopfvorgang auch rechnerisch verfolgen.

Die Nachrechnung von Versuchen an der Klopfgrenze zeigte, daß die Temperaturabhängigkeit der Geschwindigkeit des zur Zündung führenden Reaktionsvorganges im unverbrannten Gemisch im Mittel annähernd mittels einer e-Funktion der Temperatur $e^{b/T}$ und einer Potenz des Druckes (p^n) gekennzeichnet werden kann (vgl. Abchnitt „Druck- und Temperaturabhängigkeit der Zündreaktion", S. 546).

Es ist hervorzuheben, daß der Zündungsvorgang beim Klopfen im Motor ebenso wie der Zündungsvorgang bei Einspritzung flüssigen Kraftstoffes in Bomben oder bei adiabatischer Verdichtung von Kraftstoff–Luft-Gemischen entscheidend vom Druck beeinflußt wird, und daß es sich hierbei nicht um einen vorwiegend indirekten Einfluß der Temperatur handelt. Sehr wesentlich für die Festlegung der Kraftstoffprüfung ist es, daß die bei den vorliegenden Untersuchungen festgestellte Druckabhängigkeit als ein Einfluß ermittelt ist, der im Reaktionsvorgang des betreffenden Kraftstoffes begründet ist. Die Beurteilung des Kraftstoffes würde sich ganz anders ergeben, wenn man annehmen würde, daß für die Druckabhängigkeit des Zündungsvorganges im wesentlichen ein indirekter Temperatureinfluß entscheidend wäre. Eine quantitative genaue Übereinstimmung der bei derartigen Berechnungen aus den Motorversuchen ermittelten Konstanten mit den Konstanten, die sich aus Untersuchungen an physikalischen Apparaturen ergeben, kann nicht erwartet werden, weil sich Ungenauigkeiten dadurch ergeben, daß heiße Stellen im Zylinder, die Strahlung des brennenden Gemisches und die konstruktive Ausbildung des Zylindertotraumes sowie die Verdampfungsvorgänge und der Wärmeübergang den Temperaturzustand des unverbrannten Gemischteiles beeinflussen. Trotzdem ist ein enger Zusammenhang der aus den Zündverzugsmessungen und aus den Klopfversuchen ermittelten Konstanten vorhanden, da die genannten, bei der Rechnung schwer erfaßbaren Einflüsse in demselben Motorenzylinder bei Versuchen mit verschiedenen Kraftstoffen in ähnlicher Weise in Erscheinung treten. Die Nachrechnung von Motorversuchen an der Klopfgrenze mit den in der Verdichtungsapparatur ermittelten Konstanten für die Reaktionsgleichung bei verschiedenen Betriebsbedingungen ergab eine hinreichend genaue Übereinstimmung zwischen errechnetem und gemessenem Klopfverhalten[1]. Die Messungen wurden mit Benzin mit und ohne Bleitetraäthylzusatz[2], mit Benzolmischungen und Motorenmethan durchgeführt. Die vergleichenden Untersuchungen lassen den Schluß zu, daß mit Hilfe der Konstanten, die aus Zündverzugsmessungen ermittelt werden können,

---

[1] Die Anwendung der obenstehenden Berechnungsmethoden setzt voraus, daß der Verlauf der Geschwindigkeit der Reaktionen im unverbrannten Teil, die zum Klopfen führen, indem ganzen in Betracht kommenden Temperaturbereich durch eine Gleichung mit gleichbleibenden Konstanten wiedergegeben werden kann. Der Reaktionscharakter kann sich aber mit Druck und Temperatur sehr wesentlich ändern (mehrstufige Reaktionen), jedoch ergeben sich in höheren, im Motor in Frage kommenden Temperaturbereichen im allgemeinen annähernd gleichbleibende Konstanten, so daß mit einer für technische Zwecke meist ausreichenden Genauigkeit mit einer einheitlichen Gesetzmäßigkeit gerechnet werden kann [F 1].

[2] Die wenigen bisher vorliegenden vergleichenden Versuche mit Kraftstoffen mit und ohne Bleitetraäthyl im Motor (vgl. Abb. 131, S. 222) und in einer Verdichtungsapparatur (vgl. Abb. 301 S. 559) lassen erwarten, daß der Einfluß von Antiklopfmitteln für überschlägige Betrachtungen durch einen in grober Näherung konstanten Faktor der Verzögerung des Reaktionsvorganges wiedergegeben werden kann. Die Kraftstoffeigenschaften bleiben vermutlich in bezug auf die Temperatur- und Druckabhängigkeit beim Reaktionsvorgang im wesentlichen dieselben, jedoch tritt im ganzen Bereich eine Verminderung der Reaktionsgeschwindigkeit auf.

das Klopfverhalten des Kraftstoffes in seinen wesentlichen Grundzügen charakterisiert werden kann.

Aus diesen Untersuchungen ergeben sich somit Richtlinien für eine Kennzeichnung und Prüfung der Kraftstoffe.

Zu einer guten Kennzeichnung der Druck- und Temperaturabhängigkeit sind neben einer für den Absolutwert der Klopffestigkeit maßgebenden Kenngröße noch zwei weitere Kenngrößen (z. B. b und n) erforderlich. Weitere Angaben hierüber siehe Abschnitt „Klassifizierung der Kraftstoffe für Ottomotoren".

Weitere abnormale Verbrennungsvorgänge im Ottomotor. Die Erhöhung des Verdichtungsverhältnisses im Ottomotorenbau über $\varepsilon = 10$ hinaus hat eine Reihe weiterer Erscheinungen der Verbrennung in den

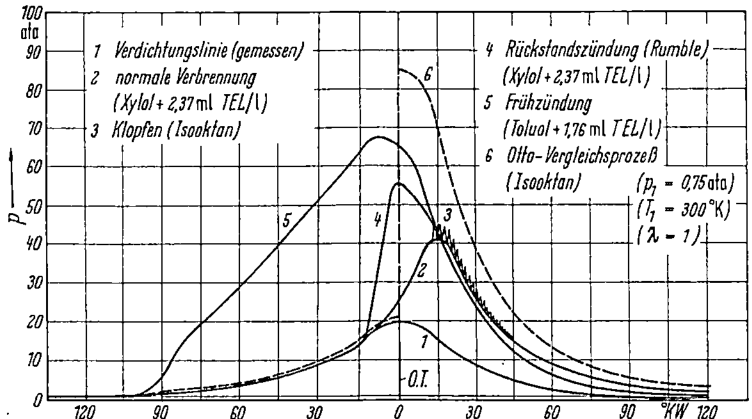

Abb. 21. Vergleich einiger typischer Druck–Zeit-Diagramme, aufgenommen an einem Einzylinder-Prüfmotor: $n = 1475$ U/min; $\lambda = 0,92$; $\varepsilon = 12$, Zündung 15° v. o. T.

Vordergrund gerückt, mit deren Auftreten verstärkt bei hochverdichteten Motoren gerechnet werden muß. Betrachtet man einige hierfür typische Druck-Zeit-Diagramme, die in einem Einzylinder-Prüfmotor unter vorgegebenen Bedingungen aufgenommen worden sind und die den Druck–Zeit-Verlauf im Brennraum bei verschiedenen Verbrennungserscheinungen zeigen, so ergeben sich die in Abb. 21 aufgetragenen Diagramme. Zur Vermeidung von Klopfvorgängen wurden den Kraftstoffen zum Teil die angegebene Menge Bleitetraäthyl (TEL) zugesetzt.

Zum Vergleich mit den wirklich auftretenden Verbrennungsabläufen ist der ideale Otto-Prozeß für Isooktan berechnet und ebenfalls eingetragen worden.

Die bei hohen Verdichtungsverhältnissen neben dem Klopfen am häufigsten auftretenden Störungen lassen sich unter dem Begriff der Oberflächenzündung einordnen. Die dabei auftretenden Arten können

sich einmal als klopfende Oberflächenzündung, zum anderen als klopffreie Oberflächenzündung bemerkbar machen. Die den normalen Verbrennungsablauf am stärksten hemmende Erscheinung der Zündung an
heißen Oberflächen ist die sog. Rückstandszündung, die im angelsäch-
sischen Sprachgebrauch mit Rumble (Rumpeln) wegen ihres auftretenden dumpfen niederfrequenten Geräusches bezeichnet wird. Die Rückstandszündung wird verursacht durch vielfache Zündungen an heißen
Teilen im Verbrennungsraum, im wesentlichen an Ablagerungen, die
meist durch das im Kraftstoff vorhandene Bleitetraäthyl und durch
die unverbrannten Rückstände des Kraftstoffes und des Motorenöles

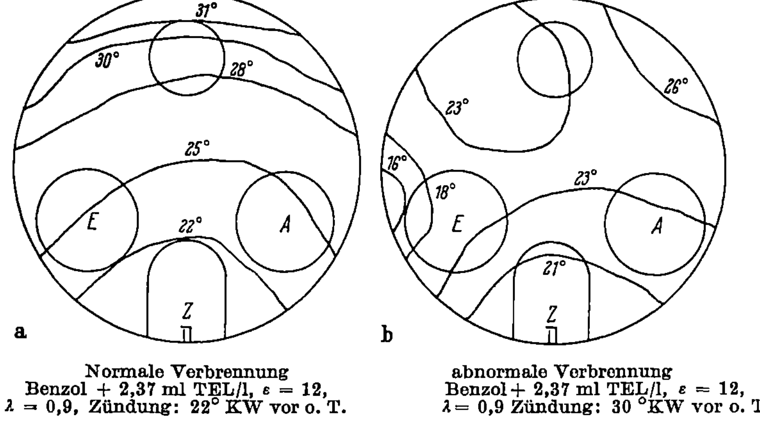

Normale Verbrennung   abnormale Verbrennung
Benzol + 2,37 ml TEL/l, ε = 12,   Benzol + 2,37 ml TEL/l, ε = 12,
λ = 0,9, Zündung: 22° KW vor o. T. λ = 0,9 Zündung: 30 °KW vor o. T.
Zahlen: Kurbelwinkel in Grad, gemessen ab Zündung

Abb. 22 Flammenfront-Untersuchung
bei normaler (a) und abnormaler (b) Verbrennung (nach H. PETERS [P 15])
E Einlaßventil, *A* Auslaßventil, *Z* Zündkerze

gebildet werden. Sie wird im Druck-Kurbelwinkel-Diagramm durch
steilen Druckanstieg und durch Verschiebung des Druckmaximums
zum oberen Totpunkt hin angezeigt (Kurve 4 in Abb. 21) Flammenfron-
tenuntersuchungen im Brennraum (Abb. 22 a u. b) zeigen eine wesentlich schnellere Verbrennung des Kraftstoff-Luftgemisches gegenüber
dem Normalfall, die durch die zusätzlich sich an den heißen Ablagerungen bildenden Zündquellen hervorgerufen wird.

Diese schnellere Verbrennung gegenüber dem normalen Fall bewirkt den steilen Anstieg des Druckes, den höheren Spitzendruck und
die Verschiebung des Druckmaximums zum oberen Totpunkt hin.

Die sehr schnelle Verbrennung bei der Rückstandszündung kann
zu einer Leistungseinbuße des Motors bis zu 20 vH führen. Begleitet
wird diese Art der Verbrennung von einem niederfrequenten Geräusch
im Frequenzbereich zwischen 700 und 1400 Hz. Sie führt manchmal
zu Biegeschwingungen in der Kurbelwelle (STARKMAN [D 114]).

Das Verhalten der Kohlenwasserstoffe gegenüber diesen Erschei-, nungen ist uneinheitlich und von deren Klopfverhalten unabhängig. Bei hohen Verdichtungsverhältnissen muß zunächst eine hohe Klopffestigkeit gewährleistet sein. Das klopffeste Benzol z. B. ist sehr oberflächenzündungsaktiv, wie überhaupt die meisten Aromaten eher zu Glühzündungen neigen als die Iso-Paraffine, deren Vertreter Iso-oktan als sehr widerstandsfähig gegen Oberflächenzündungen ange-sehen werden kann. Zusätze zum Kraftstoff können eine Verringerung der Oberflächenzünderscheinungen hervorrufen. Hierbei wirken phos-phorhaltige Additive, z. B. Tricresylphosphat, beson-ders positiv. Es zeigte sich, daß deren Einfluß auf zwei verschiedene Faktoren zu-rückzuführen ist, einmal auf einen spontanen Ein-fluß durch Erhöhung der Zündverzugszeit bei Vor-handensein von Bleitetra-äthyl im Kraftstoff und einen zweiter Einfluß, der durch einen Abbau von Rückständen über einen längeren Zeitraum hervor-gerufen wird [P 15].

Die Rückstandszün-dung tritt vorzugsweise im maximalen Leistungs-bereich des Motors auf,

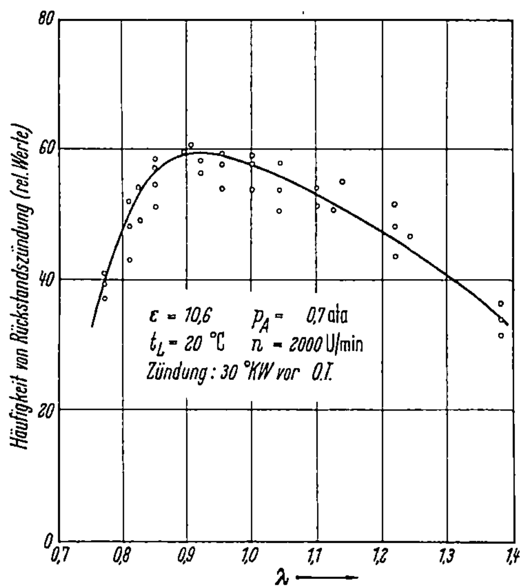

Abb. 23. Häufigkeit von Rückstandszündungen als Funktion des Luftverhältnisses λ, gemessen in einem 6-Zylinder-Ottomotor

d. h. bei hoher Drehzahl, hohem Ansaug-Luftdruck und optimaler Zündeinstellung.

Die Abhängigkeit der Häufigkeit der Rückstandszündungen vom Luftverhältnis λ geht aus der Abb. 23 hervor. Das Maximum liegt im fetten Kraftstoffbereich um $\lambda = 0,9$.

Von der Bauart des Verbrennungsraumes geht nur ein geringer Ein-fluß auf das Auftreten von Rückstandszündungen aus.

Eine Verbrennungsstörung, die zu unangenehmen Folgen für den Motor führen kann, ist die in Abb. 21, Kurve 5, aufgenommene Früh-zündung. Hier entzündet sich das Kraftstoff–Luft-Gemisch direkt an metallischen heißen Teilen des Brennraumes. Bei Umzeichnung der Kurve in das $(p-V)$-Diagramm erkennt man, daß die entstehende Arbeitsfläche negativ wird. Diese Erscheinung ist bei Mehrzylinder-Motoren besonders schädlich, wenn sie in einem oder zwei Brennräumen auftritt. Die Leistung des Motors sinkt erwartungsgemäß stark ab. Bei schlechter Auslegung der Brennraumteile (Ventile, Zündkerzen mit zu geringem Wärmewert) kann der Vorgang der Frühzündung bis herunter zu einem Verdichtungsverhältnis von $\varepsilon = 6$ beobachtet werden. Durch sorgfältige mechanische Auslegung des Motors wird diese Störung jedoch verhindert, ebenso wie die sogenannte „weglaufende Oberflächenzündung", die nach jeder abgeschlossenen Verbrennung immer früher einsetzt. Auch diese Erscheinung rührt von heißen metallischen Teilen im Brennraum her und nicht von heißen Ablagerungen. Beim Auftreten dieser Störung kann es zu örtlichen starken Überhitzungen im Motor kommen, die zu mechanischen Schäden führen.

Die Messung der Neigung des Motors zu Oberflächenzündungen soll nach einem Vorschlag aus den USA durch die sog. LIB-Zahl (leaded isooktan-benzene) vorgenommen werden. Als Eichkraftstoffe werden verbleite Mischungen aus Isooktan (hohe Widerstandsfähigkeit gegen Oberflächenzündungen) und Benzol (starke Neigung zu Oberflächenzündungen) vorgeschlagen. Der auf Oberflächenzündungen zu prüfende Motor hat dann einen LIB-Anspruch, der durch die LIB-Zahl derjenigen Eichmischung angezeigt wird, bei der der Motor an der Rückstandszündungs-Grenze gefahren wird.

e) Gemischbildung, Zündung und Verbrennung im Dieselmotor

Beim Dieselmotor erfolgt die Zündung des eingespritzten Kraftstoffes in der hochverdichteten und dadurch erhitzten Luft durch Selbstzündung. Die üblichen Verdichtungsverhältnisse von $\varepsilon = 11$ bis $\varepsilon = 20$ ergeben Verdichtungsenddrücke von annähernd 25 bis 75 at und Verdichtungsendtemperaturen von etwa 500 bis 750 °C.

Ausbildung des Kraftstoffstrahles. Die Strahlausbildung muß den jeweiligen Dieselarbeitsverfahren und den damit verbundenen physikalischen und chemischen Anforderungen, die durch die verschiedenen Verbrennungsverfahren (s. Kapitel 6, S. 176) gegeben sind, angepaßt werden.

Zur Zeit unterscheidet man zwei grundlegende Prinzipien, einmal das über viele Jahrzehnte gültige Verfahren, nach dem der Kraftstoffstrahl in geeigneter Form auf die verfügbare Luft verteilt und bei dem unter Ausnutzung örtlicher Zündkerne und der Wirbelbewegung das Fortschreiten der Flamme gesteuert wird. Die zweite Gruppe der Verbrennungsverfahren baut auf einem von S. MEURER [G 36, G 37] vorgeschlagenen Prinzip auf. Hierbei wird das Brenngesetz und der Druckverlauf im Zylinder nicht allein maßgeblich durch die Spritzdauer und die Strahlausbildung beeinflußt. Entscheidend für die Gemischbildung und damit für den Verbrennungsablauf ist vielmehr die Kombination einer filmartigen Auftragung des Kraftstoffes auf die Brennraumwand in Verbindung mit einer durch besondere konstruktive Maßnahmen erzeugten intensiven Kreisbewegung der Verbrennungsluft im Zylinder. Man erreicht dadurch eine schichtweise Ablösung des Kraftstoffilmes von der Brennraumwand in der Gasphase und somit eine entsprechende Zuführung des Kraftstoffes an die Verbrennungsluft. Hierdurch ist im Zusammenwirken mit der ansteigenden Temperatur der Zylinderladung eine schnelle und intensive Gemischbildung und die Erzielung eines gewünschten Brenngesetzes sichergestellt [G 40].

Nach dem bisher vorwiegend verwendeten erstgenannten Prinzip ist zum raschen Einsetzen der Zündung erforderlich, daß der Kraftstoff im Zylinder möglichst gleichmäßig und weitgehend in kleine Tropfen verteilt wird. Der Kraftstoff muß also auf einem ziemlich kurzen Weg, der den räumlichen Verhältnissen des Motortotraumes entspricht, fein zerstäubt werden. Diese Zerstäubung wird durch Einspritzen des Kraftstoffes unter hohem Druck erreicht (etwa 80 bis 180 at bei Motoren mit unterteiltem Brennraum, 300 bis 600 at bei Motoren mit direkter Einspritzung). Durch Veränderung des Einspritzdruckes und durch verschiedene Ausbildung des Austrittsquerschnittes der Düsen (Loch- und Zapfendüsen) kann die Strahlform weitgehend beeinflußt werden. In allen Fällen tritt der Kraftstoff zunächst als ziemlich geschlossener Flüssigkeitsstrahl aus der Düsenöffnung aus. Der Zerfall des geschlossenen Strahles in Tropfen erfolgt während seines Eindringens in den mit hochverdichteter Luft gefüllten Brennraum.

Je geringer die Geschwindigkeit des Kraftstoffes ist, desto geringer ist der Einfluß der Luftdichte auf den Zerfall des Kraftstoffstrahles. Bei sehr geringen Geschwindigkeiten wirkt im wesentlichen nur die Oberflächenspannung zerstörend im Sinne einer Tropfenbildung [G 20]. Bei der Ausbildung des Kraftstoffstrahles ist jedoch dieser Einfluß verschwindend gegenüber dem sehr großen Einfluß der relativen Geschwindigkeit der Luft. Der geschlossene Kraftstoffstrahl wird unmittelbar nach dem Austritt in Tropfen zerrissen. Die Größenordnung der Tropfen kann annähernd aus der Oberflächenspannung und aus den Luftkräften errechnet werden. Die Tropfengröße wurde auch experimentell teils durch Einspritzen in Flüssigkeiten, teils durch Aufspritzen auf Platten ermittelt. Eine vergrößerte Aufnahme eines Kraftstoffstrahles, der aus einer Einlochdüse in Luft von 1 ata gespritzt wurde (Vergrößerung 3 : 1), zeigt die Abb. 24. Als Lichtquelle diente ein elektrischer Funke, wodurch eine Belichtungszeit von 10^{-6} s bei einer Lichtstärke des Funkens von etwa $6 \cdot 10^{5}$ HK erreicht wurde. Die Bilder der Kraftstofftropfen sind im Bereich niedriger Geschwindigkeit Kreisflächen. Im Bereich höherer Geschwindigkeit wird aus der Kreisfläche immer mehr ein Streifen, der um so länger erscheint, je größer der Weg des Tropfens während der Belichtungszeit, bezogen auf seinen Durchmesser, ist (s. auch [G 28, G 29, G 74]).

Im Kern des Strahles, insbesondere in der Nähe der Düsenaustrittsöffnung, ist eine große Geschwindigkeit vorhanden, so daß die Kraftstofftropfen als lange Striche erscheinen. Am Rande des Strahles wird die Geschwindigkeit der Tropfen immer kleiner, so daß diese fast als

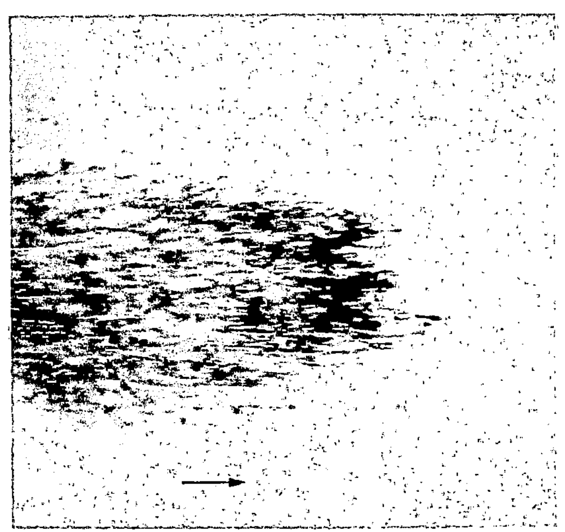

Abb. 24. Abbildung eines Kraftstoffstrahles
bei kurzzeitiger Belichtung, Einlochdüse,
Einspritzdruck 80 at, Luftdruck 1 ata

Kreisflächen in Erscheinung treten. An der Strahlspitze sammelt sich infolge der Bremswirkung der Luft eine große Kraftstoffmenge an.

Aus der in der Abbildung ersichtlichen Tropfenverteilung läßt sich schließen, daß die Tropfen mit kleiner Geschwindigkeit am Strahlrand von verhältnismäßig großen Luftmassen umgeben sind und schnell angeheizt werden, so daß sie am ehesten zur Zündung kommen. Diese Feststellung stimmt auch mit den optischen Beobachtungen [P 2] und mit den Messungen nach der Ionisationsmethode über den Beginn der Zündung überein.

Die verhältnismäßig großen Kraftstoffmassen, die in der Strahlspitze vorwärts bewegt werden, können nicht so schnell erwärmt werden, da die zur Verfügung stehenden Luftmassen, durch die die Erwärmung erfolgt, verhältnismäßig gering sind. Aus stroboskopischen Aufnahmen ist auch ersichtlich, daß die Strahlspitze von innen aus dauernd ergänzt wird, während seitlich Tropfengruppen zurückbleiben, so daß die Strahlspitze immer kälter sein muß als der Strahlmantel.

Die vom Strahlkern weiter entfernten Tropfengruppen werden daher schneller angeheizt und verdampft und für die Zündung vorbereitet.

Einige Phasen der Strahlausbildung sind für eine Zapfendüse in Abb. 25a wiedergegeben. Im dritten Bild dieser Abbildung ist deutlich die Nebelbildung am Strahlrand und in den weiteren Abbildungen das

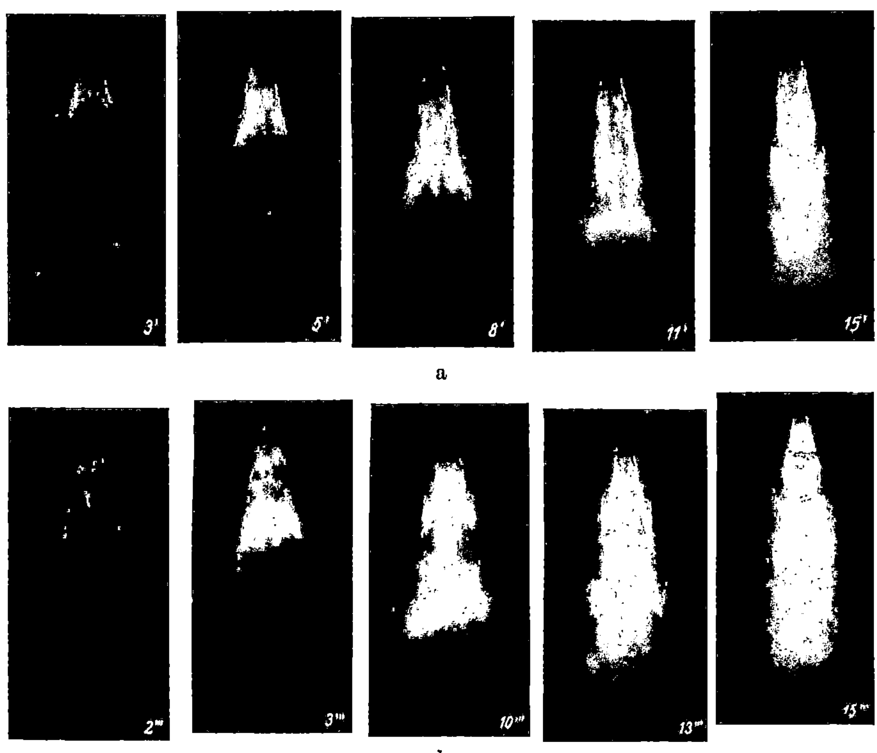

Abb. 25. Ausbildung des Kraftstoffstrahles einer Zapfendüse: a) bei geringen Druckschwingungen in der Kraftstoffleitung, b) bei starken Druckschwingungen in der Kraftstoffleitung

Zurückbleiben dieser Nebel gegenüber dem Kern des Strahles (der in diesem Falle eine kegelige Form aufweist) ersichtlich.

Abb. 25b zeigt Druckwellen, wie sie in diesem Maße nicht erwünscht sind, da sie zu ungleichmäßiger Gemischbildung führen.

In Abb. 26 ist die Strahlausbildung für verschiedene Düsensysteme gezeigt. Abb. 26a gibt den Strahl einer Zapfendüse wieder, bei der beim Anheben des Zapfens ein annähernd zylinderförmiger Ringquerschnitt freigegeben wird. Abb. 26b zeigt die Strahlausbildung bei einer Ringlochdüse (die Düsennadel öffnet einen kegeligen Querschnitt, Kegelwinkel 45°). Mit dieser Ausführung ist es möglich, einen bedeutend größeren Raum des Zylindertotraumes durch den Kraftstoffstrahl zu erfassen als mit der Zapfendüse. Noch größere Möglichkeiten bietet die Mehrlochdüse (Abb. 26c); die Düse ist durch eine Nadel abgeschlossen, die beim Anheben dem Kraftstoff den Weg zu den Düsenbohrungen freigibt. Bei dieser Ausführung ist man auch in der Lage,

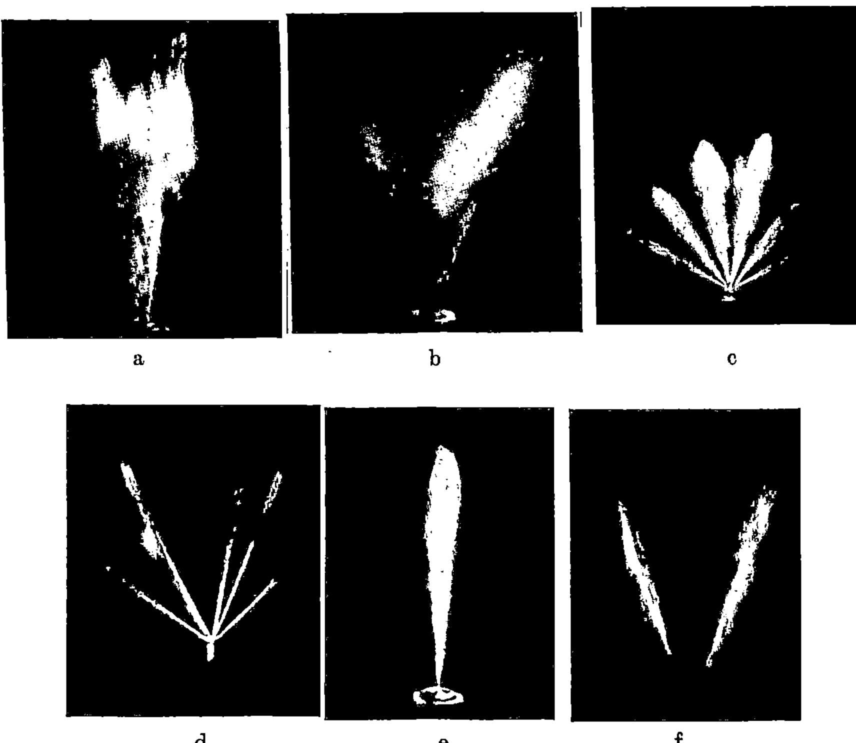

Abb. 26. Strahlausbildung bei verschiedenen Kraftstoffeinspritzdüsen. Photographien der Anfangsstrahlzustände bei Einspritzung in Luft von 1 ata: a) Zapfendüse, Einspritzdruck 82 at, Zapfendurchmesser 1,5 mm, Strahlkegel 30°; b) Ringlochdüse. Strahlkegelwinkel 45°. Einspritzdruck 280 at; c) Mehrlochdüse. Einspritzdruck 82 at:

$$\left.\begin{array}{l}\text{2 Löcher zu } 0{,}48 \text{ mm } \varnothing \\ \text{2 Löcher zu } 0{,}35 \text{ mm } \varnothing \\ \text{2 Löcher zu } 0{,}20 \text{ mm } \varnothing\end{array}\right\} \text{ Länge jeweils 2mal Durchmesser;}$$

d) Offene Mehrlochdüse; e) Einlochdüse. Lochdurchmesser 0,5 mm, Lochlänge 2,5 mm, Einspritzdruck 82 at; f) Ausschnitt aus dem Strahl einer Zapfendüse in der Ebene der Strahlachse. Zapfendurchmesser 2 mm, Einspritzdruck 82 at, Abb. a, b, c, e nach D. W. Lee

die Löcher derart anzuordnen, daß ein annähernd scheibenförmiger Raum durch die einzelnen Strahlen bestrichen wird. Unter der Bezeichnung Strahlkern ist bei dieser Strahlausbildung der Kern jedes einzelnen Teilstrahles und bei Abb. 26b die Gegend der stärksten Kraftstoffanhäufung innerhalb des kegelförmigen Kraftstoffstrahles zu verstehen.

Während bei den geschlossenen Düsen (Zapfen- und Nadeldüsen) die Düsenöffnung ursprünglich geschlossen ist, so daß der Öffnungsquerschnitt erst durch das Anheben der Nadel infolge des Kraftstoffdruckes freigegeben wird, ist bei vielen Lochdüsen die Öffnung dauernd frei (offene Düse). Als Beispiel ist in Abb. 26d der Strahl einer offenen Mehrlochdüse dargestellt. Abb. 26e zeigt den Strahl einer geschlossenen Einlochdüse und Abb. 26f einen Schnitt durch den Strahl einer Zapfendüse (die Strahlform von Zapfendüsen in der Ansicht ist in Abb. 25 und Abb. 26a dargestellt). Man sieht, daß der Strahl eine klare kegelige Form aufweist und daß innerhalb dieses Kegels nur wenig Kraftstoffnebel vorhanden ist, während man aus den Aufnahmen der Abb. 25 und der Abb. 26a den Eindruck einer ziemlich geschlossenen Kraftstofftropfenmasse gewinnt. Die vorstehenden Aufnahmen des Gesamtstrahles geben jedoch nur einen ganz allgemeinen Überblick über die Strahlform und gestatten keine Beurteilung der Verteilung der Kraftstoffmengen im Strahl. Beispielsweise ist innerhalb des scheinbar geschlossenen Strahlbereiches der Einlochdüse (z. B. Abb. 26e) die Tropfenverteilung außerordentlich stark verschieden. In Abb. 27 ist durch Mikroaufnahmen im Dunkelfeld gezeigt, wie sich die Kraftstoffmenge unmittelbar hinter der Austrittsöffnung der Düse und in etwas größerer Entfernung von der Düse verteilt. Die Abb. 27a zeigt, daß im Kern des Strahles eine große, ziemlich geschlossene Kraftstoffmasse vorhanden ist, die sich mit großer Geschwindigkeit fortbewegt. Der Kern löst sich in diesem Falle erst im zweiten Drittel des Strahles in Tropfen auf. Um den Kern herum ist ein starker Nebel von kleinen Kraftstofftropfen vorhanden, die sich zum Teil in wirbelartiger Bewegung befinden.

Die Aufnahmen[1] wurden bei Einspritzung in Luft von 1 ata gemacht. Bei höherem Luftdruck tritt die Auflösung in Tropfen schon bedeutend früher ein. Die Aufnahme [G 57] wurde bei 25facher Vergrößerung im Dunkelfeld aufgenommen, wobei zur Beleuchtung zwei hintereinander folgende Blitze im Abstand von etwa $1/30000$ s verwendet wurden. Aus dem Weg der Tropfen während dieser Zeit kann auf die jeweilige Geschwindigkeit geschlossen werden.

Die Aufnahme 27b zeigt die Tropfenverteilung in einem Strahl einer Mehrlochdüse etwas seitlich vom Kern des Strahles. Aus dem Abstand der Aufnahmen verschieden großer Tropfen ist ersichtlich, daß die größeren Tropfen durchschnittlich größere Geschwindigkeiten aufweisen.

---

[1] Die Aufnahmeapparatur wurde von dem Mitarbeiter des Verfassers H. Jung entwickelt [G 29].

Die Größe der Tropfen entspricht im wesentlichen einem Radius in der Größenordnung von 0,01 bis 0,001 mm. Da die Tropfengeschwindigkeit im Strahl wegen der ungleichmäßigen Verteilung des Kraftstoffes verschieden ist, ergibt sich keine einheitliche Tropfengröße, jedoch erhält man eine Schichtung in dem Sinne, daß am Strahlrand die Tropfen kleiner und im Strahlkern im Mittel größer sind.

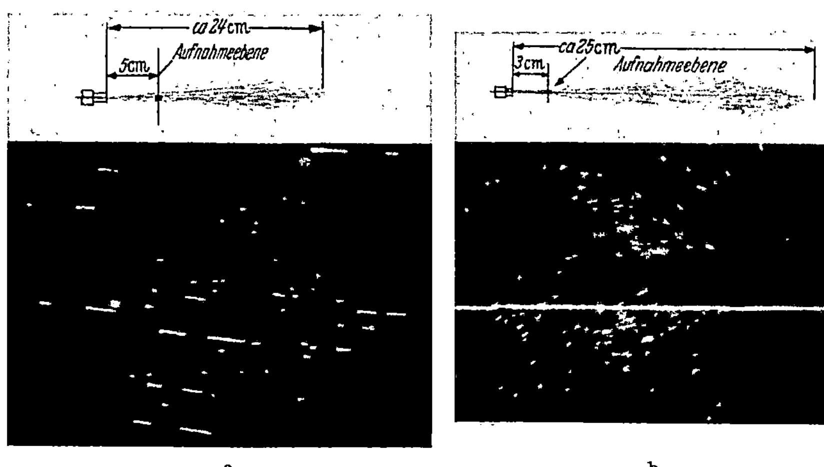

Abb. 27. Tropfenaufnahme im Kraftstoffstrahl: a) Einlochdüse, b) Mehrlochdüse (Ausschnitt aus *einem* Strahl). Verkleinerte Wiedergabe eines mit 25facher Vergrößerung im Dunkelfeld aufgenommenen Strahlausschnittes, Einspritzung in Luft von 1 ata

Das Ausströmen des Kraftstoffes aus der Düse erfolgt normalerweise nicht unter konstantem Druck. Bei geschlossenen Düsen öffnet die Düsennadel unter dem Einfluß des raschen Druckanstieges in der Kraftstoffleitung zwischen Pumpe und Düse. Nach dem Öffnen der Düsennadel oder des Zapfens sinkt der Druck in der Kraftstoffleitung wieder etwas ab, bis die Nadel infolge des raschen Absinkens des Kraftstoffdruckes am Ende des Förderhubes der Pumpe wieder schließt.

Spritzverzug, Schwingungen in der Kraftstoffleitung. Bei der Druckänderung in der Kraftstoffleitung treten im allgemeinen mehr oder weniger stark ausgebildete Schwingungen auf. Die durch diese Schwingungen verursachten Unregelmäßigkeiten beim Austreten des Kraftstoffstrahles aus der Düse sind an Hand eines Beispieles in Abb. 25 b gezeigt; der Spritzvorgang in Abb. 25 a ist bedeutend gleichmäßiger. Die Schwingungen in der Kraftstoffleitung sind insbesondere dann sehr nachteilig für den Einspritz- und Gemischbildungsvorgang, wenn dadurch nach Abschließen der Düse noch einmal ein Druckanstieg erfolgt, so daß Nachspritzen auftritt. Die Gemischbildung bei derartigem Nachspritzen ist meist sehr schlecht, so daß damit eine Verschlechterung des Verbrennungsvorganges bei höherem Kraftstoffverbrauch verbunden ist.

Die zunächst naheliegende Vorstellung über den Einspritzvorgang, daß die Bewegung des Pumpenkolbens in dem ganzen Einspritzsystem eine gleichmäßige Drucksteigerung bis zur Erreichung des Abspritzdruckes der Düse hervorruft, kann weder mit theoretischen Untersuchungen noch mit praktischen Ergebnissen in Einklang gebracht werden. Tatsächlich ist die für die Kraftstofförderung zur Verfügung stehende Zeit im allgemeinen so kurz, daß der Druckanstieg in der Leitung in der Nähe der Pumpe viel schneller erfolgt als in den weiter entfernten Teilen der Kraftstoffleitung. Dadurch entsteht in der Kraftstoffleitung eine Druckwelle, die die Leitung durchläuft und an der Düse die Einspritzung auslöst. Durch diese Druckwelle und durch die Reflexionsbedingungen der Druckwelle an der Einspritzdüse und an der Förderpumpe wird das Einspritzgesetz der Düse unter Umständen außerordentlich beeinflußt. Der Vorgang kann auch rechnerisch untersucht werden, wenn man die Abmessungen der Leitung und das Fördergesetz der Pumpe kennt.

Aus der Eulerschen hydrodynamischen Grundgleichung, der Kontinuitätsgleichung und der Isentropengleichung lassen sich die Beziehungen ableiten, die den Ausbreitungsvorgang der Druckwellen im Rohr beschreiben. Unter Vernachlässigung der Strömung und der Rohrreibung wird[1]:

$$\frac{\partial^2 v}{\partial z^2} = a^2 \frac{\partial^2 v}{\partial x^2} \, , \tag{45}$$

$$\frac{\partial^2 p}{\partial z^2} = a^2 \frac{\partial^2 p}{\partial x^2} \, . \tag{46}$$

Darin bedeuten: v die Geschwindigkeit, p den Druck, z die Zeit, x die jeweilige Stelle in der Leitung und a die Ausbreitungsgeschwindigkeit. Die Ausbreitungsgeschwindigkeit unterscheidet sich infolge der Elastizität der Rohrwand etwas von der Schallgeschwindigkeit. Sie kann annähernd aus der Beziehung

$$a = \sqrt{\frac{1}{\varrho \left(\frac{1}{E} + \frac{1}{E_R} \cdot \frac{D}{d} \right)}} \tag{47}$$

ermittelt werden, wobei ϱ die Dichte, E den Elastizitätsmodul des Kraftstoffes, E_R den Elastizitätsmodul des Rohres, D den äußeren und d den inneren Leitungsdurchmesser bedeuten.

Die Fortpflanzungsgeschwindigkeit der Druckwellen ist durch diesen Ausdruck festgelegt.

---

[1] Siehe z. B. Sass [D 21] oder O. Lutz [D 15].

Die Lösung obiger partieller Differentialgleichungen sind die allgemeinen Integrale

$$p = p_0 + F\left(z - \frac{x}{a}\right) - W\left(z + \frac{x}{a}\right) + U\left(z - \frac{x}{a}\right) - V\left(z + \frac{x}{a}\right) \pm \cdots \tag{48}$$

$$v = v_0 + \frac{1}{\varrho \cdot a}\left[F\left(z - \frac{x}{a}\right) + W\left(z + \frac{x}{a}\right) + U\left(z - \frac{x}{a}\right) + V\left(z + \frac{x}{a}\right) + \cdots \tag{49}$$

$p_0 =$ Druck zur Zeit $z = 0$ am Ort $x = 0$
$v_0 =$ Geschwindigkeit zur Zeit $z = 0$ am Ort $x = 0$,

also zu Beginn der Einspritzung und am Anfang der Einspritzleitung.

Die Faktoren F, W, U, V usw. haben die Dimension eines Druckes und können durch die Randbedingungen an Einspritzvorrichtung und Düse bestimmt werden. Der Ablauf des Einspritzvorganges kann wie folgt, gedeutet werden:

Der Förderstoß der Einspritzvorrichtung, bestimmt durch ihr Fördergesetz, welches durch die konstruktive Ausbildung der Pumpe meist festgelegt ist, durchläuft die Kraftstoffleitung, löst im allgemeinen an der Düse die Einspritzung aus und läuft nach Reflektion an der Einspritzdüse zur Pumpe zurück, überlagert sich hier dem Förderstoß und läuft als Teil der Förderwelle wieder zur Düse.

Das Einspritzgesetz hängt somit allgemein vom Fördergesetz der Einspritzvorrichtung, den Reflektionsbedingungen an Düse und Einspritzvorrichtung, sowie von der Ausbildung der Kraftstoffdruckleitung ab.

Die Einspritzdüse stellt, schematisch gesehen, eine Querschnittsverengung am Ende der Rohrleitung dar. Die Rückwurfbedingungen an Rohrenden lassen sich etwa folgendermaßen beschreiben. Am ganz offenen Rohrende wird eine ankommende positive Druckwelle vollkommen negativ reflektiert, wobei die Druckamplitude der reflektierten Welle sich von dem jeweiligen Druckwert der vorlaufenden Welle abzieht. Am geschlossenen Rohrende wird eine ankommende positive Druckwelle vollkommen positiv reflektiert, wobei die Druckamplitude der reflektierten Welle sich zu dem jeweiligen Druckwert der vorlaufenden Welle addiert. Besteht am Rohrende eine Querschnittsverengung, so richtet sich die Art der Reflexion nach der Druckhöhe der ankommenden Druckwelle. Für eine bestimmte Querschnittsverengung gibt es eine bestimmte Druckhöhe der Druckwelle, bei der keine Reflexion stattfindet. Dieser Wert, der im folgenden als kritische Druckhöhe (P^*) bezeichnet wird, ist im wesentlichen von dem wirklichen Ausflußquerschnitt der Düse und dem Rohrleitungsquerschnitt abhängig. Nach BLAUM [G 10] ist:

$$P^* = 2\,\frac{F_d^2}{F_r^2} \cdot a^2\,\varrho \tag{50}$$

wobei F_a den wirklichen Ausflußquerschnitt in m², F_r den Querschnitt der Rohrleitung in m², a die Fortpflanzungsgeschwindigkeit der Druckwellen in der Rohrleitung in m/s und ϱ die Dichte in kg/m³ bedeuten. Ist der Druck in der Druckwelle in einer bestimmten Phase größer, als dieser kritischen Druckhöhe entspricht, so wird die Welle in dieser Phase positiv reflektiert, ist er kleiner, so wird sie negativ reflektiert, wobei in beiden Fällen eine Schwächung der Amplitude der Druckwelle eintritt.

Jeder Druckamplitude läßt sich eine Geschwindigkeit in der Einspritzleitung

$$v = \frac{1}{\varrho \cdot a} \cdot p \qquad (51)$$

zuordnen.

Mit diesen Grundregeln können die vielfältigen Erscheinungen beim Einspritzvorgang[1] zum mindesten qualitativ geklärt werden.

Betrachtet man die offene Düse, die den einfachsten Fall darstellt, da der Querschnitt im Gegensatz zur geschlossenen Düse während des ganzen Einspritzvorganges gleichbleibt, so ergeben sich im wesentlichen folgende Möglichkeiten:

Entspricht die ankommende Druckwelle gerade der kritischen Druckhöhe, so findet keine Reflexion statt, und das Einspritzgesetz entspricht bis auf Verzerrungen infolge von Querschnittsänderungen im Einspritzsystem zeitlich verschoben dem Fördergesetz der Einspritzpumpe.

Ist der Druck in der ankommenden Druckwelle größer als die kritische Druckhöhe, die der Querschnittsverengung durch die Düse entsprechen würde, so läuft eine Verdichtungswelle von der Düse zur Pumpe und zurück und bewirkt eine Verlängerung der Spritzdauer oder auch je nach der Laufzeit der Welle und der Einspritzzeit ein Nachspritzen der Düse. Man kann dieses Nachspritzen jedoch durch die Anordnung eines Entlastungsventiles in der Einspritzpumpe vermeiden.

Als Entlastungsventil wird im allgemeinen das Druckventil der Einspritzpumpe verwendet. Beim Schließen des Ventils tritt im Einspritzsystem eine Raumvergrößerung auf. Läuft eine große reflektierte Druckwelle zur Pumpe zurück, so dient der von der Druckwelle mitgeführte Kraftstoff zunächst zur Auffüllung des meist entstehenden Hohlraumes, so daß entweder gar keine oder nur eine geschwächte positive oder negative Reflexion eintritt.

Ist der Druck in der ankommenden Druckwelle kleiner als die kritische Druckhöhe, die der Querschnittsverengung durch die Düse

---

[1] Genauere Berechnungsverfahren, Versuchsergebnisse und Nachrechnungen von Versuchsergebnissen sind zu finden: PISCHINGER [G 44], BLAUM [G 10].

entsprechen würde, so läuft eine Welle mit Unterdruck gegenüber dem mittleren Druck in der Leitung (Verdünnungswelle) von der Düse zur Pumpe und zurück und bewirkt eine erhebliche Absenkung des Druckes in der Einspritzleitung, die unter Umständen bis zum Abreißen der Flüssigkeitssäule führen kann. Während sich die Verdünnungswelle bei der offenen Düse kurzzeitig in einer Beschleunigung der Einspritzung äußert, kann bei der geschlossenen Düse in diesem Fall die Einspritzzeit wegen der Druckabsenkung verkürzt werden. Die Verdünnungswelle ist unter Umständen auch deshalb von Nachteil, weil bei jeder neuen Einspritzung erst die durch die Verdünnungswelle entstehenden Hohlräume aufgefüllt werden müssen, wodurch die Einspritzung sehr unregelmäßig wird. Die Wellen durchlaufen die Leitung jeweils annähernd mit Schallgeschwindigkeit.

Bei der geschlossenen Düse liegen die Verhältnisse insofern komplizierter, als der Querschnitt der Düse wegen der Bewegung der Düsennadel veränderlich ist. Grundsätzlich sind jedoch dieselben Bedingungen vorhanden. Entscheidend für die Art der Reflexion ist bei konstanten Stoffwerten immer das Verhältnis des Düsenquerschnittes zum Rohrquerschnitt; deshalb gelten auch hier für die Änderungen des Düsenquerschnittes und der Rohrleitung sinngemäß dieselben Überlegungen.

Eine Vorausberechnung der zu erwartenden Druckänderungsvorgänge in der Leitung eines Einspritzsystems ist bei bekannten Dimensionen der Leitung, der Düse und des Fördergesetzes der Pumpe möglich, aber ziemlich umständlich. Es wird deshalb vielfach vorgezogen, in den Fällen, in denen der Einspritzvorgang nicht befriedigt, auf Grund von Messungen Änderungen der Anlage unter Berücksichtigung der allgemeinen Erkenntnisse vorzunehmen. Beispielsweise kann durch die Anordnung von Entlastungsventilen die rückkehrende Druckwelle unwirksam gemacht werden, andererseits kann durch Änderung des Düsenquerschnittes die kritische Druckhöhe verändert werden, so daß man in der Lage ist, den für die betreffende Anlage günstigsten Verlauf der Einspritzung herzustellen.

Vom Beginn der Kraftstofförderung der Pumpe bis zum Auftreten des Druckes in der Leitung vergeht eine bestimmte Zeit. Außerdem tritt der Druck an der Düse später auf als im Anfang der Kraftstoffleitung. Die dadurch bedingte Gesamtzeit, die zwischen dem Beginn der Kraftstofförderung der Pumpe und dem Beginn der Einspritzung verstreicht, wird Spritzverzug genannt.

Der *Spritzverzug* wird bei geschlossenen Düsen dadurch beeinflußt, daß die Zeitdauer bis zur Erreichung des Druckes, der das Abheben der Nadel und den Beginn des Einspritzens bewirkt, von dem Ausmaß der Verdichtung des Kraftstoffes und von der Elastizität der Leitungen

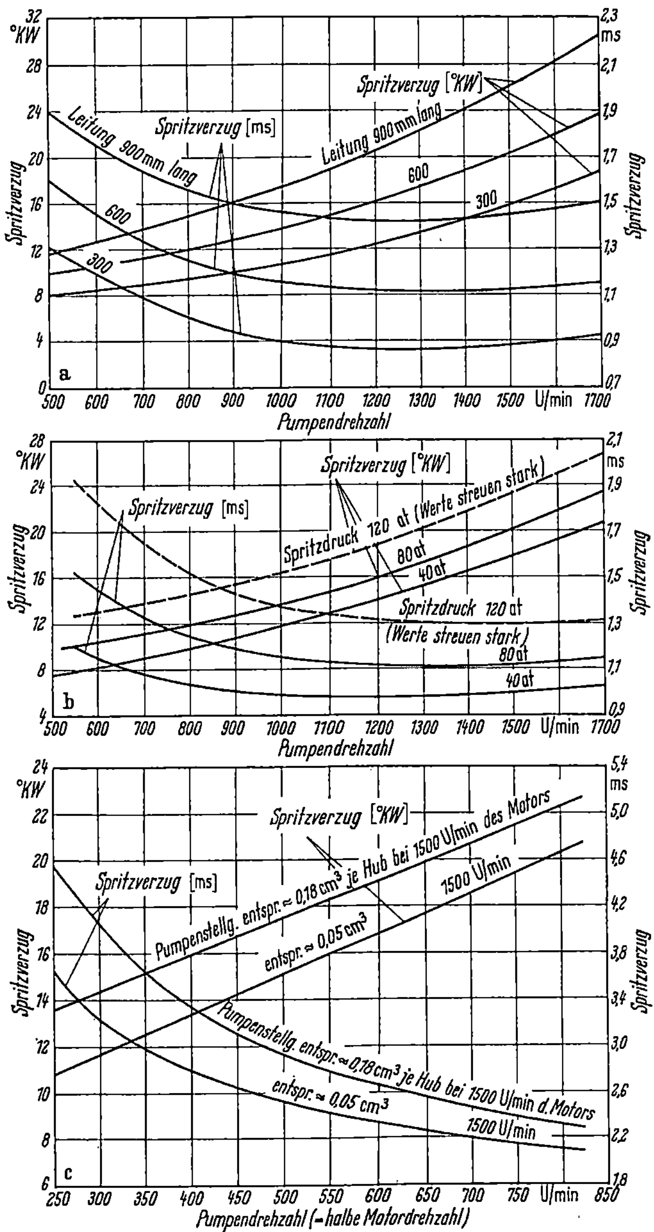

Abb. 28. Gemessener Spritzverzug, abhängig von der Drehzahl der Kraftstoff-Einspritzpumpe bei verschiedenen Betriebsbedingungen: a) Spritzverzug bei verschiedener Länge der Leitung zwischen Einspritzpumpe und Einspritzdüse, Spritzdruck 80 at, Leitungsdurchmesser außen 6 mm, innen 1,8 mm. Zapfendüse.   b) Spritzverzug bei verschiedenem Spritzdruck, Leitungslänge 600 mm, Leitungsdurchmesser außen 6 mm, innen 1,8 mm, Zapfendüse. c) Spritzverzug bei verschiedener Fördermenge, Leitungslänge 740 mm, Leitungsdurchmesser außen 6 mm, innen 1,7 mm, Spritzdruck 70 at, Zapfendüse (Versuche an einer Einspritzanlage eines Dieselmotors)

abhängt. Bei offenen Düsen sind die Vorgänge ähnlich, jedoch ist der Druckanstieg im wesentlichen durch den Austrittsquerschnitt der Düse bedingt. Je größer die Leitungslänge und das Leitungsvolumen ist, desto größer wird also der Spritzverzug. Bei geringen Drehzahlen treten auch die Einflüsse der Undichtigkeiten in Erscheinung, die im Sinne einer Verlangsamung des Druckanstieges und damit einer Vergrößerung des Spritzverzugs wirken. In Abb. 28a ist gezeigt, daß der Spritzverzug (in ms ausgedrückt) mit zunehmender Drehzahl abnimmt. Bei der Darstellung in Grad Kurbelwinkel ist naturgemäß eine starke Zunahme des Spritzverzugs mit der Drehzahl vorhanden. In Abb.28 b ist gezeigt, daß bei Erhöhung des Spritzdruckes und sonst gleicher Einspritzanordnung die Spritzverzögerung größer wird, da eine stärkere Vorverdichtung erforderlich wird. In Abb. 28c ist der Einfluß der eingespritzten Menge dargestellt, wobei sich sinngemäß dieselben Abhängigkeiten ergeben.

Über die Vorgänge, die nach Einspritzen des Kraftstoffes zur Selbstzündung führen, liegen zahlreiche Untersuchungen vor, insbesondere wurde die Selbstzündung des Kraftstoffstrahles durch Einspritzung in Bomben untersucht. Dabei zeigte sich, ebenso wie bei Motorversuchen, daß vom Beginn der Einspritzung bis zur Zündung eine einwandfrei meßbare, unter Umständen erhebliche Zeit — Zündverzug genannt — verstreicht.

Zündverzug im Dieselmotor[1]. Da beim Dieselmotor kurz nach der Einspritzung des Kraftstoffes in den Zylinder die Verbrennung einsetzt, sind der Gemischbildungs-, Zünd- und Verbrennungsvorgang ursächlich und zeitlich weitgehend verknüpft. Jedoch ist normalerweise beim Zeitpunkt des Einsetzens der Zündung im Dieselmotor der Gemischbildungsvorgang am Strahlrand so weit vorgeschritten, daß für den Gemischbildungsvorgang und den Zündvorgang im Dieselmotor eine getrennte Untersuchung möglich ist.

Die Definition des Zündverzuges im Motor ist ebenso wie die Definition des Zündverzuges in Bomben nicht einheitlich festgelegt. Während bei den Bombenversuchen der Kraftstoff im wesentlichen in Luft von gleichbleibender Temperatur eingespritzt wird, ist bei den Motorversuchen für den Zündverzug die während des Verdichtungshubes rasch ansteigende Temperatur maßgebend. Als Vergleichsbasis wird aber die Höchsttemperatur der Verdichtung gewählt, die höher als die mittlere Temperatur während des Zündverzuges ist. Deshalb liegt die Zündgrenze beim Motorversuch bei viel höherer Temperatur als beim Versuch mit der Bombe, wobei der Absolutwert des Zündverzuges an der Zündgrenze geringer ist. Da die Mitteltemperaturen während der

---

[1] Vgl. Kapitel „Zündverzug bei Einspritzung flüssigen Kraftstoffes", S. 570.

Zeitdauer des Zündverzuges bei gleicher Verdichtungsendtemperatur von der Drehzahl abhängig sind, ergibt sich auch ein Einfluß der Drehzahl auf den Zündverzug.

Die an Motoren gemessenen Zündverzugswerte liegen zwischen etwa 0,0007 und 0,003 s. Den geringen Drücken und geringen Temperaturen entsprechen die großen Zündverzugswerte. Die Abhängigkeit des Zündverzuges vom Druck wurde bei Motorversuchen zum Teil proportional dem Druck und zum Teil kleiner ermittelt. Eine wesentliche Abhängigkeit von den Kraftstoffeigenschaften ist vorhanden (vgl. auch Abschnitt „Druck- und Temperaturabhängigkeit der Zündreaktion", S. 546 und S. 134).

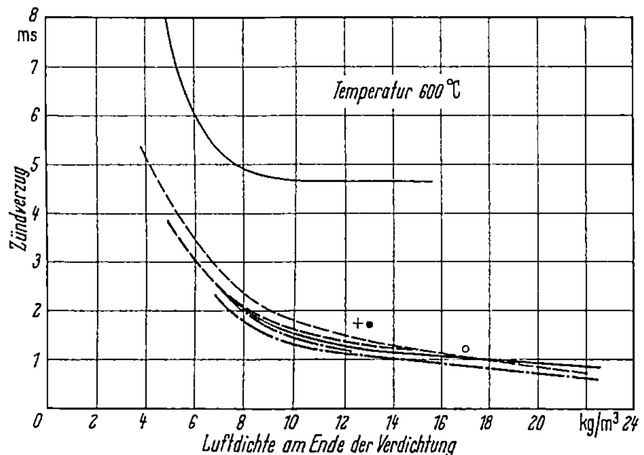

Abb. 29. Abhängigkeit des Zündverzuges von der Luftdichte bei gleicher Temperatur; gemessene Werte aus Bomben- und Motorversuchen.
― ― ― Interpolierte Werte nach WOLFER (Verbrennungsgefäß unter motorähnlichen Bedingungen). ―――― Bombenversuche von WENTZEL.
+ Versuche von BREVES. · Versuche von V. D. NAHMER extrapoliert. ° Wirbelkammerverfahren. ― · ― · ― Vorkammerverfahren. ―――― Direkte Einspritzung. ― ― ― Lanova-Motor im 2. Speicher gemessen

Abb. 29 zeigt die im Motor gemessene Abhängigkeit des Zündverzuges von der Luftdichte bzw. vom Druck[1]. Die Abhängigkeit ist im Bereich von 5 bis 10 kg/m³ stärker als im Bereich der höheren Dichten von 15 bis 25 kg/m³.

Die Abhängigkeit des Zündverzuges von der Temperatur (s. Abb. 30) ist in dem Bereich, der für den Motorbetrieb in Betracht kommt, nicht von so großer Bedeutung wie die Druckabhängigkeit. Bei Veränderung der Verdichtungstemperatur von 600 auf 800 °C ist nur ein geringer Einfluß zu beobachten, der in vielen Fällen noch innerhalb der Versuchsgenauigkeit liegt.

―――――――

[1] Da sich die Versuchswerte auf gleiche Temperatur beziehen, ist die Abszisse dem Druck *verhältig*.

Es ist bemerkenswert, daß bei den Motorversuchen nur eine geringe Abhängigkeit des Zündverzuges vom jeweiligen Arbeitsverfahren des Motors festgestellt wurde. Die wiedergegebenen Versuchswerte beziehen sich allerdings nur auf Verfahren mit sehr guter Gemischbildung.

Der Einfluß der Temperatur der Wandungen auf den Zündverzug wirkt sich in der Weise aus, daß bei gut gekühlten und langsam laufenden Motoren etwas größere Werte auftreten. Bei Motorversuchen

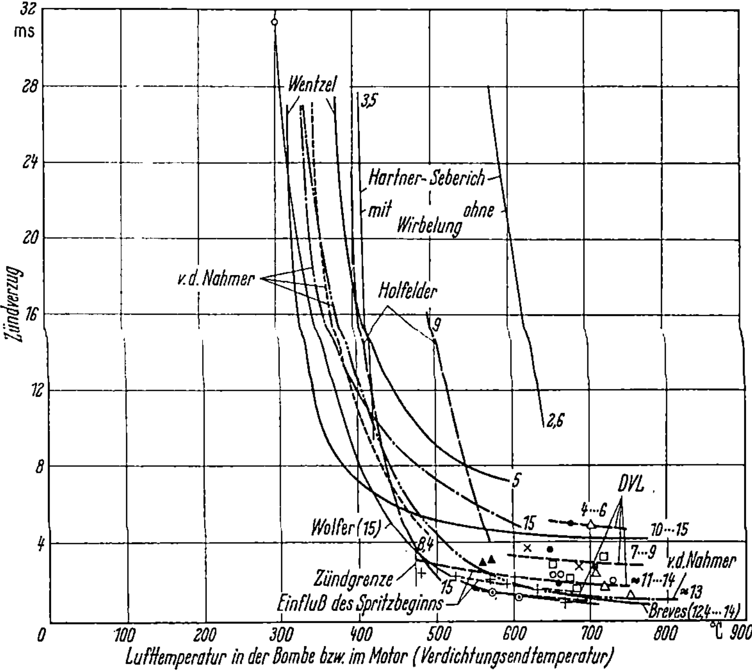

Abb. 30. Abhängigkeit des Zündverzuges von Gasöl (verschiedene Sorten) von der Lufttemperatur für verschiedene Luftdichten, gemessene Werte aus Bomben- und Motorversuchen.

———— WENTZEL. — — — — HOLFELDER. —··—··— ······ —·—·— V. D. NAHMER (verschiedene Vorkammer-Einsätze). ———— WOLFER, Interpolierte Werte (Verbrennungsgefäß unter motorähnlichen Bedingungen). ———— BREVES. *Eigene Versuche:* △ Lanova-Verfahren mit Zündverstellung $\varepsilon = 15$. ● Lanova-Verfahren mit Zündverstellung $\varepsilon = 12,5$. × Lanova-Verfahren ohne Zündverstellung. □ Lanova-Verfahren ohne Speicher. ○ Acro-Verfahren. ▲ Direkte Einspritzung. + Direkte Einspritzung mit Nachkammer. ⊙ Wirbelkammer-Verfahren. Die eingetragenen Zahlen beziehen sich auf die Ladungsdichten

wurde festgestellt, daß die Abhängigkeit des Zündverzuges von der Drehzahl wesentlich ist. Bei einem Einzylindermotor von 2l Hubvolumen wurde bei direkter Einspritzung bei 600 U/min noch über etwa $^4/_{1000}$ s Zündverzug gemessen; bei 2000 U/min war der Zündverzug auf etwa $^2/_{1000}$ s zurückgegangen. Dabei spielt der Einfluß der Drehzahl auf die Veränderung der Wandtemperatur, auf die Wirbelung, auf Druck und Temperatur am Ende der Verdichtung eine Rolle. Auch die

Temperatur während der Dauer des Zündverzuges ist — wie schon erwähnt — bei gleicher Verdichtungsendtemperatur drehzahlabhängig.

Von J. Small [E 86] wurde in einer Bombenapparatur festgestellt, daß mit und ohne Wirbelung kein meßbarer Unterschied der Größe des Zündverzuges festgestellt werden konnte. Somit ist der Drehzahleinfluß auf den Zündverzug im Motor wahrscheinlich auf indirekte Einflüsse und nicht auf eine Änderung des Reaktionsvorganges zurückzuführen.

Für den Absolutwert der Größe des Zündverzuges sind neben den bisher genannten Einflüssen, die Art des Kraftstoffes, in erster Linie sein chemischer Aufbau, außerdem seine Dichte, seine Flüchtigkeit usw., maßgebend.

Die Dichte der Kraftstofftröpfchen im Strahl, also das Verhältnis der Kraftstoffmenge zur Luftmenge in der Umgebung der Tröpfchen, ist deshalb für den Zündverzug wesentlich, weil eine relativ kleinere Kraftstoffmenge schneller angeheizt wird. Im allgemeinen ist bei Kraftstoffen mit großem Zündverzug eine Steuerung der Verbrennung durch Beeinflussung des Einspritzorganes schwieriger als bei Kraftstoffen mit kleinem Zündverzug. Derjenige Teil der Kraftstoffmenge, der erst eingespritzt wird, wenn die Verbrennung schon eingeleitet ist, zündet rasch, so daß man durch den Einspritzvorgang die Verbrennungsdauer im wesentlichen bestimmen kann. Bei Kraftstoffen mit großem Zündverzug (z. B. Teeröle) ist die Einspritzung bei Beginn der Verbrennung bei den üblichen Motordrehzahlen schon abgeschlossen, so daß diese Möglichkeit nicht mehr besteht. Langer Zündverzug wirkt sich häufig sehr nachteilig auf den Gang der Maschine (harter Gang) aus, weil nach Abschluß der Einspritzung örtlich größere Kraftstoffmengen zur Zündung aufbereitet sind, so daß ähnlich wie beim Klopfen in Ottomotoren infolge fast gleichzeitiger Zündung eines großen Teiles des eingespritzten Kraftstoffes harte Schläge auftreten.

In Abb. 31 ist gezeigt, in welcher Weise sich die Vergrößerung des Zündverzuges bei verringertem Ansaugdruck auf die Diagrammgestaltung eines Lanova-Dieselmotors auswirkt. Der Spritzbeginn wurde so gewählt, daß jeweils der günstigste Verbrauch erzielt und sehr harter Lauf vermieden wurde.

Der Einfluß der Vergrößerung des Zündverzuges bei verringertem Ansaugdruck auf den Arbeitsprozeß ist bei Motoren mit unterteiltem Brennraum besonders groß, weil durch die verminderte Luftdichte die Zündung in der Kammer so spät erfolgt, daß im Zylinderhauptraum infolge des schon abgesunkenen Druckes ungünstige Bedingungen für die weitere Verbrennung vorhanden sind (Abb. 31).

Gemischbildung beim Dieselmotor. Da beim Dieselverfahren im allgemeinen die Zündung am Strahlrand schon einsetzt, während der Kraftstoffstrahl noch nicht voll entwickelt ist, erfolgt die Gemischbildung und der Verbrennungsvorgang zum Teil gleichzeitig. Meist ist es schwierig, den Kraftstoff lediglich durch die Ausbildung des Strahles gleichmäßig genug auf die Luft im Totraum des Zylinders zu

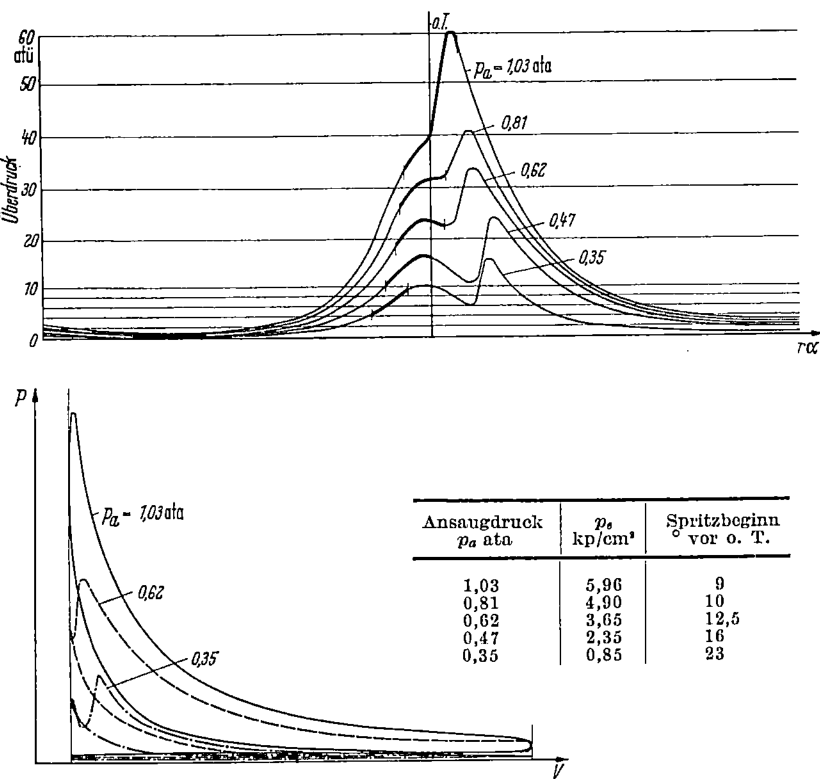

Ansaugdruck p_a ata	p_e kp/cm²	Spritzbeginn ° vor o. T.
1,03	5,96	9
0,81	4,90	10
0,62	3,65	12,5
0,47	2,35	16
0,35	0,85	23

Abb. 31. Einfluß der Höhe des Druckes der angesaugten Luft auf die Größe des Zündverzuges und auf die Diagrammgestaltung: Lanova-Verfahren. $\varepsilon = 15$, $n = 1500$ U/min. Die stark ausgezogenen Teile der Druckkurven entsprechen der Spritzdauer

verteilen. Deshalb muß die durch den Einströmvorgang hervorgerufene Wirbelung oder eine künstlich erzeugte Luftbewegung im Zylinder für die Gemischaufbereitung nutzbar gemacht werden.

Diese Luft- bzw. Gasbewegung wird entweder durch besondere Beeinflussung des Einströmvorganges, durch die an Drosselstellen entstehenden Druckdifferenzen oder durch den Verbrennungsvorgang (zum Beispiel Teilverbrennung in Kammern) erzeugt. In allen Fällen muß erreicht werden, daß unter der Einwirkung der Luftbewegung im Zylinder eine sehr gute Verteilung des Kraftstoffes auf die im Zylinder vorhandene Luftmenge erfolgt.

Zur Erzielung guter Gemischbildung wurde eine große Zahl von Dieselarbeitsverfahren entwickelt. Man unterscheidet Bauarten mit direkter Einspritzung des Kraftstoffstrahles in den Zylindertotraum und Methoden mit Einspritzung in eine Vor- oder Nebenkammer, in der das reiche Gemisch zündet, in den Zylinderhauptraum ausströmt und dort weiter verbrennt. Bei Motoren mit direkter Einspritzung in den Zylinder werden mitunter ebenfalls Nebenräume oder auch Teilverbrennungsräume in den Kolben verwendet, die zur Erhöhung der Wirbelbewegung im Zylinder dienen und dadurch eine Verbesserung der Kraftstoffverteilung bringen. (Siehe hierzu Kapitel: „Dieselarbeitsverfahren", S. 176.)

f) Verbrennung und Ausdehnungshub

Die verschiedenartigen Vorgänge, die sich im weiteren Verlauf der Verbrennung abspielen, sind im einzelnen einer Berechnung schwer zugänglich, jedoch kann der Endzustand des Verbrennungsvorganges theoretisch weitgehend berechnet werden. Es ist zwar möglich, unter Vernachlässigung der Wärmeverluste und unter der Annahme unendlich großer Verbrennungsgeschwindigkeit bei vollkommener Verbrennung den theoretischen Verlauf der Verbrennungstemperatur und des Druckes mit großer Genauigkeit zu ermitteln, jedoch können die tatsächlichen Vorgänge im Motor durch Messung und Rechnung nur annähernd verfolgt werden.

Zur rechnerischen Verfolgung der Verbrennungsvorgänge im Zylinder ist vor allem die Kenntnis des Druckverlaufs, der Temperaturänderungen und der Gaszusammensetzung während eines Arbeitsspiels erforderlich. Während die Druckmessung durch die Weiterentwicklung der piezoelektrischen und der stroboskopischen Indikatoren zu sehr guten Ergebnissen geführt hat, bietet die unmittelbare Messung der Temperatur noch wesentliche Schwierigkeiten. Gute Ergebnisse wurden mit dem Verfahren der Spektrallinienumkehr erreicht [E 38, E 73]. Mit dieser Methode erhält man Aufschlüsse über die Art der Verbrennung und über die annähernde Dauer der Verbrennung, aber nicht über die mengenmäßige Umsetzung. Die Messung der Gaszusammensetzung im Zylinder wird durch spektroskopische Messungen [E 47, E 70, E 96] und durch Untersuchung von Gasproben [E 5, E 35], die mit gesteuerten Ventilen während weniger Kurbelgrade entnommen werden, durchgeführt. Das Verfahren der Entnahme von Verbrennungsgasen aus dem Zylinder während des Arbeitsspiels bietet einerseits wegen der Turbulenz und der ungleichmäßigen Gasverteilung im Zylinder und andererseits wegen der Veränderung der Gaszusammensetzung während des Entnahme- und Abkühlungsvorganges in der Leitung Schwierigkeiten.

Aus dem Indikatordiagramm kann die Menge des Verbrannten annähernd errechnet werden, wenn der Druckverlauf genau bekannt ist und wenn die arbeitenden Luft- und Kraftstoffmengen gemessen sind. Geht man von der Energie am Ende der Verdichtung kurz vor Beginn des Einspritzvorganges aus und ermittelt die Änderung der Energie des Zylinderinhaltes, so ist die Aufteilung in folgende Anteile annähernd möglich: innere Energie des Zylinderinhaltes, geleistete mechanische Arbeit, latente Energie des Unverbrannten einschließlich der an die Wand abgegebenen Wärme. Man erhält die Beziehung[1]:

$$U_a + H_{0°K} = U_x + L_i\big|_a^x + \Sigma Q \,. \tag{52}$$

In dieser Gleichung bedeuten:

U_a = innere Energie der Ladung gegen Ende des Verdichtungsabschnittes vor Beginn der Kraftstoffeinspritzung (Abb. 32b) bzw. vor der Zündung beim Ottomotor,

U_x = innere Energie der Ladung am untersuchten Punkt während des Verbrennungs- oder Ausdehnungsabschnittes,

$H_{0°K} \approx H_u$ hypothetischer Heizwert bezogen auf 0 °K, (annähernd gleich dem unteren Heizwert des gesamten eingespritzten Kraftstoffes), s. Abschnitt „Wärmetönung".

$L_i\big|_a^x$ = während des untersuchten Vorganges an den Kolben abgegebene Arbeit (schraffierte Fläche in Abb. 32b),

ΣQ = Summe der Wärmemengen entsprechend dem Heizwert des noch unverbrannten Kraftstoffes + Wärmeabgabe an die Wand.

Da die genaue Kenntnis der Ladungsmengen je Arbeitsspiel notwendig ist, muß die Luftmenge (z. B. mit Gasuhr) gemessen und durch Abgasanalyse und Kraftstoffmessung überprüft werden. Die Aufteilung der Wärmemengen ΣQ in die dem Heizwert des unverbrannten Kraftstoffes entsprechende und in die an die Wand übergegangene Wärmemenge erfolgt durch überschlägige Berechnung der Wandwärme.

In Abb. 32a ist das Auswertungsverfahren schematisch wiedergegeben. Die Energieumsetzung ist über dem Kurbelwinkel dargestellt.

Zur Prüfung der Zuverlässigkeit und der Brauchbarkeit des Berechnungsverfahrens werden im folgenden die Fehlermöglichkeiten untersucht.

Die Auswertung ist nur zulässig, wenn praktisch im gesamten Verbrennungsraum Druckausgleich erfolgt ist und wenn die kinetische Energie der Gase im Zylinder vernachlässigt werden kann. Die kinetische Energie der ausströmenden Gase — die z. B. bei einem Vorkammermotor etwa 2000 mkp/kg, bezogen auf die gesamte Luftmenge im Zylinder, beträgt — entspricht, umgerechnet auf die gesamte arbei-

---

[1] Beim Dieselmotor ist an Stelle von U_a die Summe $U_a + J_K$ (Enthalpie des Kraftstoffes) einzusetzen.

tende Gasmenge, bei mehreren untersuchten Dieselarbeitsverfahren einer Temperaturzunahme von etwa 10 bis 20 °C bei vollständiger Durchwirbelung und Vernichtung der kinetischen Energie. Unsicherheiten in dieser Größenordnung sind von vornherein gegeben; bei Dieselmotoren mit unterteiltem Brennraum treten außerdem während des Verbrennungsvorganges sehr starke Druckdifferenzen auf, die eine genaue Temperaturberechnung nicht möglich machen.

Da sich sowohl die für die Zustandsgleichung in Betracht kommende Gasmenge als auch die mittlere Gaskonstante während der Verbrennung ändern, ist nach einer vorläufigen Rechnung zur Ermittlung der Größenordnung des Anteils der verbrannten Kraft-

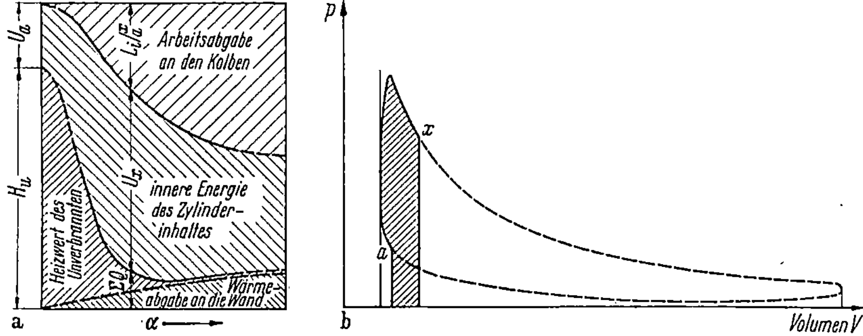

Abb. 32. Schema der Energieumsetzung während der Verbrennung für ein Arbeitsspiel: a) Schematische Darstellung der Energiebeträge, abhängig vom Kurbelwinkel, b) Darstellung der Arbeit $L_i\big|_a^x$ im $p-V$-Diagramm

stoffmenge und des Restgasanteils eine genaue Nachrechnung unter Berücksichtigung der zunächst annähernd errechneten Zusammensetzung der Gase erforderlich. Der unverbrannte Kraftstoff bei Beginn der Verbrennung ist teilweise als Dampf (Ottomotor) und teilweise in Form von Flüssigkeitsteilchen (Dieselmotor) vorhanden. Während die Masse der Flüssigkeitsteilchen in der Zustandsgleichung des Gasgemisches nicht erscheint, bedingt der gasförmige Kraftstoff eine Änderung der Gaskonstanten.

Nach Untersuchungen an Ottomotoren ist im allgemeinen der Kraftstoff bei Beginn der Verdichtung fast vollständig verdampft. Der mögliche Fehler, der durch unrichtige Berücksichtigung des flüssigen Kraftstoffanteiles bedingt ist, liegt daher bei Ottomotoren in der Größenordnung unter 1 vH, ist also gering einzuschätzen. Bei Dieselmotoren wird der dampfförmige Anteil des Kraftstoffes, weil unbedeutend, nicht berücksichtigt.

Während der Verbrennung tritt Dissoziation auf, deren genaue Berechnung sehr langwierig ist, weil in den Verbrennungsgasen neben den bekannten Dissoziationsprodukten auch Radikale vorhanden sind.

Der Fehler durch Nichtberücksichtigung der Dissoziation beträgt in der Nähe des stöchiometrischen Mischungsverhältnisses bei Ottomotoren etwa 1 bis 3 vH der absoluten Temperatur [C 2]. Bei anderen Mischungsverhältnissen ist der Fehler geringer. Beim Dieselmotor ist der Einfluß der Dissoziation wegen des größeren Luftüberschusses so gering, daß eine Berücksichtigung praktisch nicht erforderlich ist.

Von RASSWEILER und WITHROW sind durch spektroskopische Messungen örtliche Temperaturunterschiede bis 200 °C im Zylinder festgestellt worden. Durch diese ungleichmäßige Temperaturverteilung und Gaszusammensetzung im Zylinder können Fehler in der Größenordnung von mehreren vH der berechneten Mitteltemperatur auftreten. Gegenüber dieser Fehlermöglichkeit tritt die Unsicherheit durch die Annahmen bei der Berücksichtigung des verdampften Kraftstoffes zurück.

Nach B. LEWIS [O 50] entsprechen bei raschen Temperaturänderungen die aus der Gasgleichung ermittelten Temperaturen unter Umständen einer kleineren Energie, als unter Berücksichtigung der bekannten spez. Wärmen anzunehmen wäre, weil die Gase in der kurzen zur Verfügung stehenden Zeit noch nicht die volle, der Temperatur entsprechende Energie aufnehmen. Der Ausgleich der Energie innerhalb der Freiheitsgrade bis zum Erreichen der normalen spezifischen Wärme erfordert eine gewisse Zeit (siehe Seite 492). Nach KNESER [O 47] beträgt diese Zeit jedoch für CO_2 nur 10^{-5} bis 10^{-6} s und liegt für Stickstoff in derselben Größenordnung (s. auch S. 494). Die Verbrennungszeit im Motor dauert normalerweise einige tausendstel s; deshalb ist dieser Einfluß von untergeordneter Bedeutung.

Aus allen diesen Einschränkungen ergibt sich, daß die Berechnung des Verbrennungsverlaufes aus dem Indikatordiagramm ungenau ist, jedoch um so genauer wird, je mehr man sich dem Abschluß der Verbrennung nähert. Man ist somit in der Lage, die Umsetzung des Kraftstoffes annähernd zu verfolgen und die Beendigung der Verbrennung ungefähr anzugeben. Die Absolutwerte der Rechnung sind wegen der unvermeidlichen Ungenauigkeit der Versuchswerte zwar unsicher, jedoch ist der Verlauf, der für die Beurteilung der Verbrennung maßgebend ist, insbesondere als Vergleichsgrundlage genügend genau.

Die Dauer des Verbrennungsabschnittes kann zwar auch aus den Indikatordiagrammen beispielsweise durch Bestimmung des Exponenten der Dehnungsperiode ohne Rechnung abgeschätzt werden, jedoch wird auf Grund der hier wiedergegebenen Untersuchung die Dauer und der Verlauf der Verbrennung viel anschaulicher und auch wesentlich genauer dargestellt.

Abb. 33 zeigt die so ermittelte Abhängigkeit des Wertes $\sum Q$ für einen Vorkammer-Dieselmotor (oberste Kurve).

Der linke Teil der Kurve gibt den Verbrennungsabschnitt wieder. Der Verlauf zeigt, daß sich die Verbrennung beim Vorkammerverfahren über einen wesentlichen Teil der Ausdehnung erstreckt. 30° nach oberem Totpunkt sind beim untersuchten Motor noch etwa 40 vH des eingespritzten Kraftstoffes unverbrannt. Der Verbrennungsabschnitt reicht bis etwa 80 bis 90° Kurbelwinkel nach oberem Totpunkt. Das entspricht etwa der Hälfte des Kolbenweges. Der Einfluß der Wärmeabgabe an die Wand ist in diesem Bereich aus den Kurven für $\Sigma\,Q$ noch nicht klar zu erkennen.

Der rechte Teil der Kurve ist wesentlich durch die Wärmeabgabe an die Wand beeinflußt. Am tiefsten Punkt der Kurve wird die Wärmeabgabe an die Wand eben noch durch die Wärmezufuhr infolge der Verbrennung aufgehoben. Da am Ende der Ausdehnung eine fast vollständige Verbrennung erreicht ist, entspricht der Wert $\Sigma\,Q$ an dieser Stelle annähernd der an die Wand abgegebenen Wärmemenge. Dadurch und durch die Messung der Kühlwasserwärme ist auch ein Anhaltspunkt für die Aufteilung des Wertes $\Sigma\,Q$ in latente Verbrennungswärme und Wärmeverlust gegeben. Eine Bestimmung des Anteiles der an die Wand übergegangenen Wärme ist mit Hilfe der errechneten Temperaturen und der Wärmeübergangszahlen nur angenähert möglich, da die hierfür notwendigen Rechnungsunterlagen nur zum Teil und ungenau vorhanden sind.

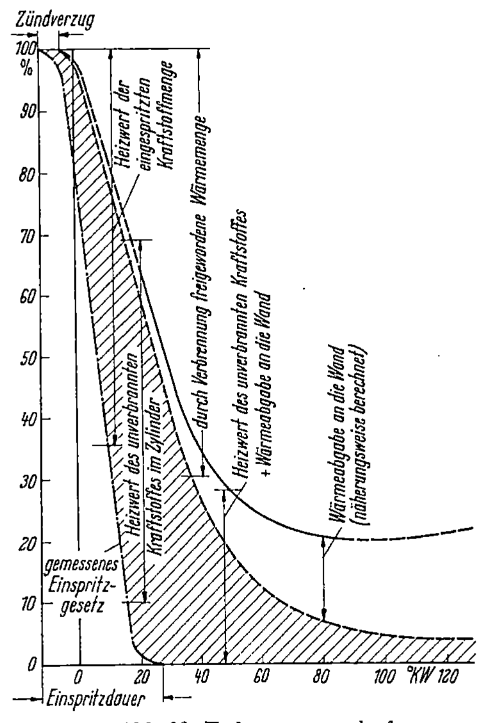

Abb. 33. Verbrennungsverlauf, abhängig vom Kurbelwinkel

Die Geschwindigkeit der Umsetzung im Zylinder während der Verbrennung ist in Abb. 33 durch die Neigung der Kurve dargestellt. Diese Geschwindigkeit kann auch durch eine Kenngröße dargestellt werden, die den Anteil des Kraftstoffes, der in der Zeiteinheit verbrennt, bezogen auf die gesamte Kraftstoffmenge, angibt. Diese Größe, die mit

Umsetzungsgeschwindigkeit bezeichnet werden könnte, sei bestimmt durch

$$\text{Umsetzungsgeschwindigkeit} = \frac{\text{verbrannter Kraftstoff je ms}}{\text{gesamte Kraftstoffmenge}}.$$

Diese Umsetzungsgeschwindigkeit ist in Abb. 34 mit den dazugehörigen Druck–Zeit-Diagrammen dargestellt, und zwar für einen Ottomotor, einen Dieselmotor mit direkter Einspritzung sowie für einige Dieselverfahren mit unterteiltem Brennraum (Vorkammer-, Wirbelkammer-, Lanovaspeicher- und Acrospeichermotor).

Aus den Kurven der Umsetzungsgeschwindigkeit ist ersichtlich, in welchem Bereich der Hauptteil des Kraftstoffes verbrennt.

Es zeigt sich, daß die Verbrennung beim Ottomotor im allgemeinen schon 15 bis 25° nach o. T. im wesentlichen beendet ist. Bei normalem Betriebszustand ist sowohl bei Schnelläufern als auch bei Langsamläufern die gesamte Verbrennungsdauer, bezogen auf den Kurbelwinkel, nicht sehr verschieden, da bei schnellaufenden Maschinen hauptsächlich durch eine bessere Durchwirbelung eine schnellere Verbrennung erzielt wird (vgl. S. 78). Von Einfluß sind außerdem der Zündbeginn und die Eigenschaft des Kraftstoffes. Bei den untersuchten Dieselmotoren mit unterteiltem Brennraum ist bei Vollast und normaler Einstellung der Einspritzung des Kraftstoffes die Verbrennung nach etwa 40 bis 70° Kurbelwinkel bis auf einen Rest von etwa 10 vH des Kraftstoffes abgeschlossen; bei Dieselmotoren mit direkter Einspritzung erfolgt die Verbrennung etwas rascher.

Eine sehr rasche Verbrennung in der Nähe des Totpunktes ergibt zwar besseren Verbrauch, ist jedoch bei Dieselmotoren nicht erwünscht, weil dadurch sehr hohe Drücke auftreten, ohne daß wesentlich mehr Arbeit geleistet wird. Es wird daher eine etwas längere Verbrennungsdauer angestrebt, wodurch bei etwas schlechterem Verbrauch ein weicher Gang des Motors erreicht wird und große Höchstdrücke vermieden werden. Allerdings darf sich der Hauptteil der Verbrennung nicht zu weit in den Ausdehnungsabschnitt hinein erstrecken, weil sonst der Wirkungsgrad schlecht und der Mitteldruck gering wird.

Da bei den Dieselarbeitsverfahren mit unterteiltem Brennraum infolge der Drosselung zwischen Zylinderhauptraum und der Kammer die Berechnung des Verbrennungsablaufes ungenau wird, wurde die Kurve für ΣQ in Abb. 33 nur so weit ausgezogen, als der durch den Druckunterschied bedingte Fehler gering ist.

Die dargestellten Kurven beziehen sich jeweils auf einen Versuchsmotor und fallen bei jeder Brennraumkonstruktion auch desselben Verfahrens verschieden aus, so daß es wohl möglich ist, daß bei anderen Ausführungsformen der hier untersuchten Verfahren erhebliche Unterschiede gegenüber den dargestellten Ergebnissen auftreten. Da der

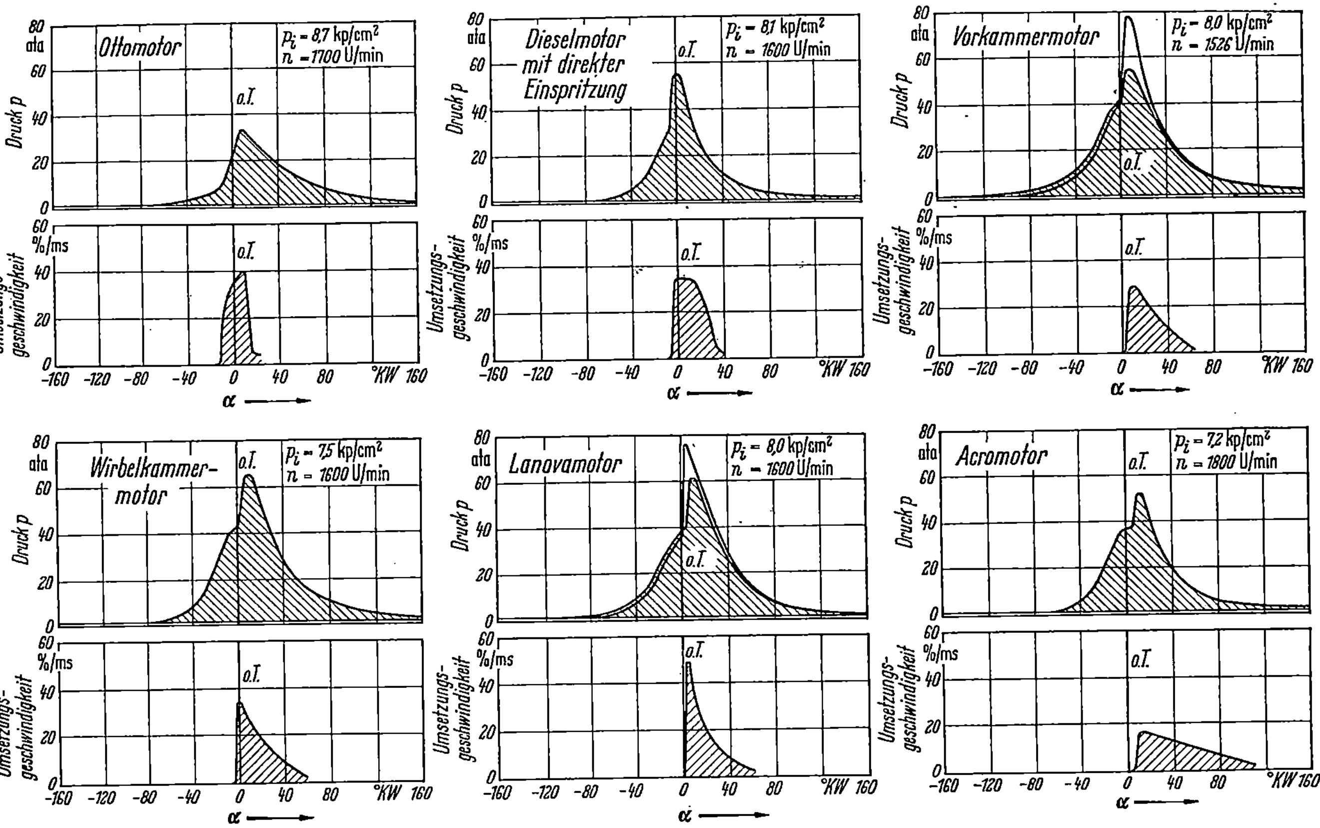

Abb. 34. Druckverlauf und Umsetzungsgeschwindigkeiten bei verschiedenen motorischen Arbeitsverfahren, abhängig vom Kurbelwinkel

Spritzbeginn bei wenig verändertem spezifischen Kraftstoffverbrauch um mehrere Grade Kurbelwinkel früher gelegt werden kann, wenn man einen etwas härteren Gang und höhere Drücke zuläßt, ist es auch nicht möglich, für einen bestimmten Motor eine im Absolutwert feststehende Kurve anzugeben.

Während der Verbrennungsbeginn bei gegebenem Verdichtungsverhältnis für einen bestimmten Kraftstoff durch den Einspritzbeginn im wesentlichen gegeben ist, wird die Dauer der Verbrennung beim Dieselmotor durch die Spritzdauer[1] und die Ausbildung der Einspritzdüse beeinflußt. Da der Einspritzvorgang meist noch nicht beendigt ist, wenn die Verbrennung einsetzt, hat man durch Änderung des Einspritzgesetzes ein Mittel in der Hand, den Verlauf der Verbrennung wesentlich zu beeinflussen. Es ist aber nicht immer — insbesondere bei geringer Verdichtung wegen des großen Zündverzuges — möglich, die Verbrennung vor Beendigung des Einspritzvorganges einzuleiten.

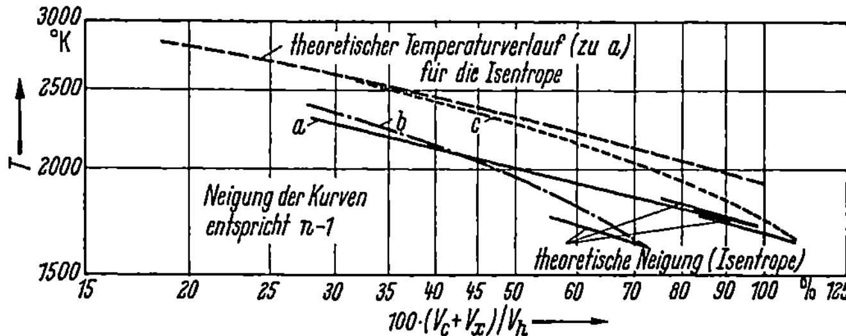

Abb. 35. Temperaturverlauf bei Ottomotoren im $T-V$-Diagramm (doppeltlogarithmisch). Kurve a: aus Indikatordiagramm errechnet $\varepsilon = 6{,}4$; $\lambda = 0{,}82$, Kurve b: nach Evans und Watts $\varepsilon = 5{,}15$; $\lambda = 0{,}77$, Kurve c: nach Rassweiler und Withrow $\varepsilon = 4{,}4$; $\lambda = 0{,}8$. Kurve b und c entsprechen spektroskopisch gemessenen Werten

Bei den oben beschriebenen Auswertungen von Motorversuchen erhält man als Teilergebnis auch den *Verlauf der mittleren Temperatur im Zylinder*. Die Kenntnis dieser Temperatur ist für die vergleichsweise Beurteilung der Vorgänge im Zylinder in vielen Fällen erwünscht.

Gute Vergleichsmöglichkeiten ergeben sich aus der Darstellung des Temperaturverlaufs über dem Volumen im doppeltlogarithmischen Maßstab. Die Neigung der Kurven entspricht dem Wert $(n-1)$, wobei n der Exponent der Polytrope ist. In dem Bereich, in dem noch Verbrennung erfolgt, ist daher die Neigung der Kurve nicht konstant. Erst am Ende der Dehnung wird ein Wert erreicht, der einer Polytrope entspricht, die sich wenig von der Isentrope unterscheidet.

---

[1] Bei Messungen der Spritzzeit durch Aufzeichnen des Nadelhubes in das Indikatordiagramm wurde im allgemeinen gegenüber dem theoretischen Förderbeginn der Pumpe ein Spritzverzug von etwa $^1/_{1000}$ bis $^4/_{1000}$ s festgestellt (s. S. 75).

Wegen der höheren Temperaturen und der veränderten Gaszusammensetzung sind die Exponenten der Isentropen für die Ausdehnung kleiner (etwa $n = 1{,}15$ bis $1{,}25$) als für die Verdichtung. Dementsprechend sind auch die tatsächlich gemessenen Exponenten des Ausdehnungshubes kleiner als die des Verdichtungshubes. In Abb. 11 (S. 41) sind z. B. die bei einem Versuch an einem Dieselmotor ermittelten Exponenten des Ausdehnungshubes dargestellt.

Abb. 35 zeigt für einen Ottomotor den Vergleich des tatsächlichen Temperaturverlaufes mit dem theoretischen Temperaturverlauf im vollkommenen Motor unter Berücksichtigung der Dissoziation.

Der aus dem Diagramm ermittelte Temperaturverlauf ist ähnlich dem Temperaturverlauf der vollkommenen Maschine. Die Temperaturen entsprechen in der Größenordnung den spektroskopisch gemessenen Werten von RASSWEILER und WITHROW. Während sich mit Hilfe des Energiesatzes aus den Werten von RASSWEILER und WITHROW [E 73] und der aus einem Indikatordiagramm ermittelten Kurve (*a*) Abgastemperaturen errechnen lassen, die den gemessenen Abgastemperaturen etwa entsprechen, scheinen die Temperaturen am Ende der Expansion nach der spektroskopischen Messung von EVANS und WATTS (Kurve *b*) zu klein gemessen zu sein[1], weil sie selbst unter Vernachlässigung von Wärmeverlusten nach der oben angeführten Berechnung geringere Abgastemperaturen liefern würden, als bei diesen Luftverhältnissen gemessen werden. Die Auswertung zahlreicher Versuche hat ergeben, daß die Verbrennungshöchsttemperaturen bei gleichem Luftüberschuß nahezu unabhängig vom Anfangsdruck sind.

g) Wärmeübergang im Zylinder

Während des Dehnungshubes, also während der Verbrennungsperiode und der anschließenden Dehnung, spielt der Wärmeaustausch der Verbrennungsgase mit der Wand eine sehr wesentliche Rolle. Die übergehende Wärmemenge ist sehr groß, weil die Temperaturdifferenzen zwischen der Ladung und der Wand groß sind und weil während der Verbrennung im Zylinder vielfach große Geschwindigkeiten auftreten. Der Wärmeaustausch während der Verdichtungsperiode ist von geringerer Bedeutung (s. auch S. 41).

Zur Berechnung des Wärmeaustausches im Zylinder der Verbrennungskraftmaschinen hat NUSSELT [C 6] aus Versuchsergebnissen und auf Grund von theoretischen Überlegungen folgende Formel für die Wärmeübergangszahl durch Wärmeleitung angegeben:

$$\alpha_b = 0{,}99 \sqrt[3]{p^2\, T}\,(1 + 2{,}14\, c_m)\,\text{kcal/m}^2\,\text{h}\,°\text{C} \qquad (53)$$

---

[1] Es ist auch möglich, daß die Unterschiede durch die ungleichmäßige Temperaturverteilung im Zylinder bedingt sind.

In dieser Formel bedeuten:

> α_b die Wärmeübergangszahl durch Berührung für einen
> bestimmten Zeitpunkt,
> p den Gasdruck im Zylinder (ata) im selben Zeitpunkt,   Augenblickswerte
> T die absolute Gastemperatur (°K) im Zylinder im
> selben Zeitpunkt,
> c_m die *mittlere* Kolbengeschwindigkeit (m/s).

Mit dieser Formel erhält man beispielsweise für $c_m = 10$ m/s und für eine Gastemperatur von 2500 °K und 50 ata eine Wärmeübergangszahl $\alpha_b = 2440$ kcal/m² h °C; bei einer Gastemperatur von 1500 °K und einem Druck von 6 ata eine Wärmeübergangszahl $\alpha_b = 500$ kcal/m² h °C.

Für den Wärmeübergang durch Strahlung hat Nusselt die Formel:

$$\alpha_s = \frac{0{,}362}{\dfrac{1}{A_1} + \dfrac{1}{A_2} - 1} \cdot \frac{\left(\dfrac{T}{100}\right)^4 - \left(\dfrac{T_w}{100}\right)^4}{T - T_w} \text{ kcal/m}^2 \text{ h °C} \qquad (54)$$

angegeben. In dieser Formel bedeuten:

> T_w die absolute Wandtemperatur,
> A_1 das Absorptionsvermögen des Gasvolumens,
> A_2 das Absorptionsvermögen der Oberfläche der Zylinderwand.

In vielen Fällen kann A_1 und A_2 ungefähr gleich 1 gesetzt werden. Die Wärmeübergangszahl α_s beträgt nach Nusselt im Motorzylinder nur einige Prozente der Wärmeübergangszahl α_b. Die gesamte vom Gas an die Wand abgegebene Wärmemenge erhält man unter Benutzung der beiden angegebenen Formeln aus der Beziehung:

$$Q = (\alpha_s + \alpha_b)\,(T - T_w)\,F \text{ kcal/h}\,, \qquad (55)$$

wenn F die Größe der Oberfläche der Wand in m² bedeutet.

Die Anwendung der Formeln hat in den meisten Fällen in der Größenordnung brauchbare Ergebnisse geliefert. Da die Formeln aufgrund der Ergebnisse an langsam laufenden Motoren aufgestellt wurden, ist noch nicht klargestellt, ob sie auch für schnell laufende Motoren mit ausreichender Genauigkeit gelten.

Aufgrund von Versuchen an ausgeführten Motoren wurde von Eichelberg [D 45] folgende Formel für die momentane gesamte Wärmeübergangszahl im Zylinder des Verbrennungsmotors entwickelt:

$$\alpha = 2{,}1 \cdot \sqrt[3]{c_m} \cdot \sqrt{p \cdot T}\,. \qquad (56)$$

Hierin ist

> α = momentane Wärmeübergangszahl (kcal/m² h °C),
> c_m = mittlere Kolbengeschwindigkeit (m/s),
> p = momentaner Druck im Zylinder (kp/cm²),
> T = absolute Temperatur (momentan) im Zylinder (°K).

Über die erfolgreiche Anwendung der Formel von EICHELBERG wurde verschiedentlich berichtet [D 44, D 45].

TAYLOR, C. F. [D 116, D 117] nimmt an, daß für die gesamte pro Zeiteinheit im Mittel von den Zylindergasen abgegebene Wärme ein Wärmeübergangsgesetz entsprechend der NUSSELTschen Form

$$Nu = K \, (Re)^n \, (Pr)^m \qquad (57)$$

gilt. Hierbei ist

Re = zweckmäßig definierte REYNOLDS-Zahl,
Pr = PRANDTL-Zahl,
K = Konstante,

$Nu = \alpha \cdot d/\lambda$ = NUSSELT-Zahl,
d = Zylinderdurchmesser,
λ = Wärmeleitzahl der Zylindergase.

Die gesamte pro Zeiteinheit im Mittel von den Zylindergasen abgegebene Wärme Q wird aus der Formel

$$Q = k \cdot F_K \, (T_G - T_K) \qquad (58)$$

errechnet. Dabei ist

k = Wärmedurchgangszahl,
F_K = Kolbenfläche,

T_K = Kühlmitteltemperatur,
T_G = mittlere effektive Gastemperatur

T_G aus Motorversuchen durch Veränderung der Kühlmitteltemperatur und Extrapolation der erhaltenen Ergebnisse bis auf $Q = 0$ erhalten.

TAYLOR hat für eine große Anzahl von Motortypen mit stark unterschiedlichen Bohrungen anhand von Versuchsergebnissen für einen großen Bereich der Kolbengeschwindigkeit, des Luftverhältnisses und der Dichte der Ansaugluft die NUSSELT-Zahl Nu über der REYNOLDS-Zahl Re aufgetragen und findet, daß sämtliche Versuchspunkte durch die Formel

$$Nu = 10,4 \cdot Re^{0,75} \qquad (59)$$

gut wiedergegeben werden.

h) Gaswechselvorgang

Auspuffvorgang. Da der Druck beim Öffnen der Auslaßorgane erheblich über dem kritischen Druck liegt, erfolgt der Ausströmvorgang zunächst im überkritischen Gebiet. Die ausströmende Gasmenge ist in erster Annäherung proportional dem freien Ausströmquerschnitt. Daher strömt bei Beginn des Öffnens der Auslaßorgane wegen der anfänglich sehr kleinen Querschnitte nur sehr wenig aus, so daß im Zylinder kein plötzlicher Druckabfall eintritt. Es ergibt sich vielmehr ein allmählicher Übergang der Ausdehnungslinie in die Drucklinie des Auspuffvorganges. Während des ersten Teils des Ausströmvorganges erfolgt ein Anstieg des Druckes in der Auspuffleitung (Abb. 36), der bei kurzen Auspuffleitungen nur gering ist, bei langen Auspuffleitungen aber ziemlich große Werte erreichen kann. Da nämlich für die Beschleunigung der in der Auspuffleitung befindlichen Gase eine gewisse Zeit benötigt wird, erfolgt auch bei genügend großen Querschnitten der Auspuffleitung das Zuströmen der Abgase aus dem Zylinder schneller als das Abströmen der Gase aus dem Auspuffrohr. Im weiteren Verlauf des Ausströmvorganges, der mit unterkritischem Druckverhältnis vor sich geht, findet meist (wie auch bei den in Abb. 36

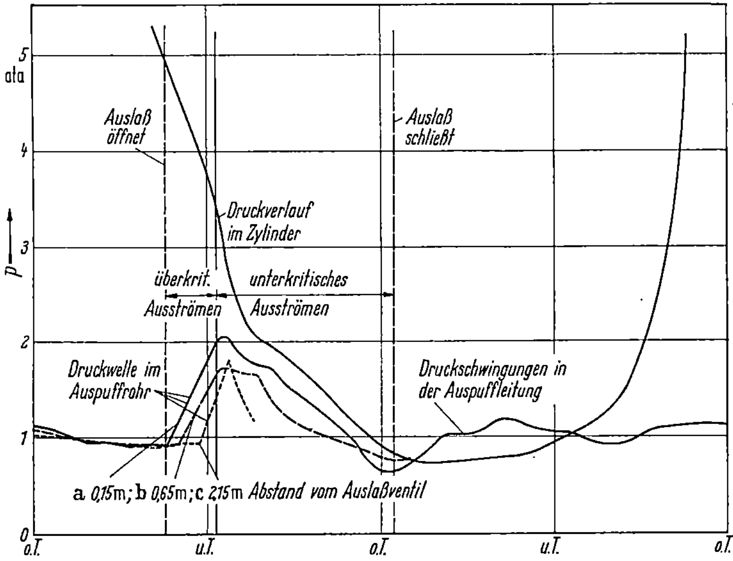

Abb. 36. Druckverlauf im Zylinder und in der Auspuffleitung eines Einzylinder-Ottomotors, abhängig vom Kurbelwinkel. n = 1800 U/min, p_i = 9,3 kp/cm², ε = 7, λ = 0,8

dargestellten Versuchen) eine gleichzeitige Dehnung im Zylinder und in dem dem Zylinder benachbarten Teil des Auspuffrohres statt, so daß bei verhältnismäßig geringen Druckdifferenzen eine gemeinsame Drucksenkung eintritt. Der Druckanstieg in der Auspuffleitung hat eine Druckwelle zur Folge, die sich in der Leitung etwa mit der Schallgeschwindigkeit entsprechend der Abgastemperatur fortbewegt. Die Eigengeschwindigkeit der Gassäule ist auf die resultierende Fortpflanzungsgeschwindigkeit des Druckstoßes von Einfluß. Abb. 36 zeigt den charakteristischen Druckverlauf im Zylinder und in der Auspuffleitung in Abhängigkeit vom Kurbelwinkel während des Gaswechselvorganges eines Einzylindermotors.

Das Fortschreiten der Druckwellen ist aus dem Vergleich der Druckmessungen an verschiedenen Stellen der Auspuffleitung ersichtlich. Die Kurven a, b und c zeigen deutlich das spätere Einsetzen der

Druckwellen, je weiter die Meßstelle vom Zylinder entfernt ist. Ebenso wird das Maximum der Druckwelle bei weiter entfernten Stellen später erreicht. Nach Schließen der Auslaßorgane zeigen sich in der Auspuffleitung unter der Einwirkung der reflektierten Druckwellen Druckschwankungen.

Entsprechend diesen Vorgängen tritt in der Auspuffleitung eine zeitlich und örtlich stark wechselnde Temperatur der Abgase auf. Deshalb ist jeweils eine genaue Angabe erforderlich, wie die Auspufftemperatur gemessen wurde. Für technische Zwecke soll die Auspufftemperatur im allgemeinen ein Maß für die Abgaswärme sein. In diesem Fall ist also diejenige Messung am besten, mit der die mittlere, der fühlbaren Wärme entsprechende Abgastemperatur ermittelt wird; diese fühlbare Wärme wird meist durch Abkühlung der Abgase in einem Wärmeaustauschapparat (Abgaskalorimeter) bestimmt. Die Messung mit trägen Meßgeräten (z. B. mit Thermometer oder mit Thermoelement) ergibt im Vergleich zu den Messungen auf kalorimetrischem Wege zu niedrige Temperaturen.

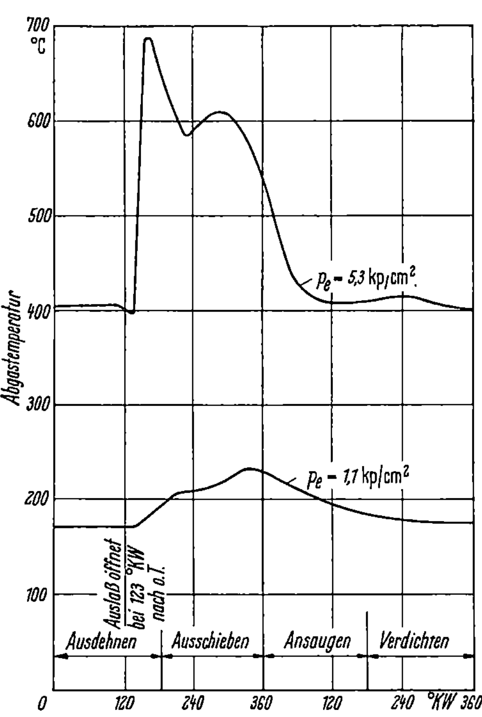

Abb. 37. Zeitliche Änderung der Abgastemperatur eines Dieselmotors bei verschiedenen Belastungen, gemessen mit Thermokreuz (nach H. BANGERTER). $n = 340$ U/min

Während des Auspuffvorganges strömt Gas von verschiedener Temperatur am Meßgerät vorbei, so daß eine Mitteltemperatur gemessen wird, die nicht dem Mengenmittel entspricht. Im Verlaufe des ersten Teiles des Auspuffvorganges strömt eine große Abgasmenge aus, während bei der längeren Dauer der Ausschubperiode eine geringe Menge mit anderer — im allgemeinen kleinerer — Temperatur ausgeschoben wird (Abb. 37). Während des Saug-, Verdichtungs- und Ausdehnungshubes befindet sich Abgas mit geringer Strömungsgeschwindigkeit und geringerer Temperatur in der Auspuffleitung. Die Gasmengen, die während des ersten Teiles des Auspuffvorganges mit großer Geschwindigkeit ausströmen, werden daher von Temperaturmeßinstrumenten nicht ihrer Masse entsprechend erfaßt, obwohl wegen der Steigerung des Wärmeüberganges infolge der höheren Geschwindigkeit diese Gasmenge stärker berücksichtigt wird, als es nur auf Grund der zeitlichen Einwirkung auf das Meßinstrument der Fall wäre. Deshalb werden auf kalorimetrischem Wege die höchsten Temperaturen, mit trägen Meßinstrumenten wesentlich (beim Einzylindermotor meist über hundert Grad) geringere Temperaturen gemessen. Die geringsten Temperaturen ergeben sich aus der Ermittlung des zeitlichen Mittelwertes der Abgastemperatur.

Da die Unterschiede der mit trägen Instrumenten gemessenen Abgastemperaturen gegenüber dem Mengenmittel hauptsächlich auf den Einfluß der geringen Temperatur während des Verdichtungs- und Entspannungshubes zurückzuführen sind, werden diese Unterschiede um so kleiner, je mehr Zylinder in die Auspuffleitung, in der die Meßstelle angebracht ist, münden [D 31]. Bei Einzylinder-Ottomotoren beträgt der Unterschied der gemessenen Abgastemperatur gegenüber den entsprechenden bei Mehrzylindermotoren etwa 100°.

Die Unterschiede der Temperaturen im Verlauf des Auspuffvorganges sind auf die Vorgänge bei der Energieumsetzung zurückzuführen.

Die ausströmenden Gase entspannen sich etwa auf den Gegendruck, kühlen sich dabei annähernd isentrop entsprechend dem wirksamen Druckverhältnis ab und erreichen besonders während des ersten Teiles des Auspuffvorganges hohe Geschwindigkeiten. Schon während des Durchströmens durch das Ventil und vorwiegend im ersten Teil des Abgasrohres erfolgt — ähnlich wie bei der Drosselung — infolge Durchwirbelung eine Umsetzung der kinetischen Energie in Wärme. Gleichzeitig tritt aber infolge der hohen Geschwindigkeit ein intensiver Wärmeübergang und Wärmefluß an die Wandungen auf.

Die Abgastemperatur kann unter Vernachlässigung der Wärmeverluste auch rechnerisch ermittelt werden.

Betrachtet man den idealisierten Auspuffvorgang am Ende des Ausschubhubes und setzt folgende Bezeichnungen ein:

Index 4: Zustand beim Öffnen der Auslaßventile[1] (Menge G_4) am Hubende,

Index I: mittlerer Zustand des ausgeströmten Teiles (Menge G_I) der Abgase nach Beendigung des Ausschubvorganges,

Index 5: Zustand des im Zylinder verbleibenden Gasgemisches (Menge G_R) bei Annahme isentroper Dehnung,

---

[1] Die Bezeichnungen 4 und I wurden gewählt, um eine Übereinstimmung mit der Bezeichnungsweise für denselben Zustand in anderen Abschnitten, siehe z. B. Seite 234, 236 herzustellen. Dasselbe gilt für Zustand 5 (s. Abb. 3, 4, 139).

dann ergibt sich nach dem 1. Hauptsatz der Thermodynamik unter Berücksichtigung des Ausschiebevorganges und unter Vernachlässigung der Drosselverluste folgende Beziehung:

$$U_4 + P_I\,V_h = U_R + U_I + P_I\,V_I + Q\,, \qquad (60)$$

Q = durch Strahlung und Leitung abgegebene Wärmemenge.
Mit

$$U_I + P_I\,V_I = J_I = G_I\,c_p\big|_0^{T_I} \cdot T_I \qquad (61)$$

erhält man

$$G_I\,c_p\big|_0^{T_I}\,T_I = G_4\,c_v\big|_0^{T_4}\,T_4 - G_R\,c_v\big|_0^{T_5}\,T_5 + P_I\,V_h - Q\,. \qquad (62)$$

Die Mengen können aus der Gasgleichung errechnet werden. Es gilt:

$$G_4\,T_4 = \frac{P_4\,V_4}{R_4}\,;$$

$$G_R\,T_5 = \frac{P_I}{R_R}\,\frac{V_4}{\varepsilon}\,; \quad V_h = V_4\,\frac{\varepsilon - 1}{\varepsilon}$$

$$G_I = G_4 - G_R = \frac{P_4\,V_4}{R_4\,T_4} - \frac{P_I}{R_R}\,\frac{V_4}{\varepsilon}\,\frac{1}{T_5}\,.$$

Damit ergibt sich die Temperatur der Auspuffgase zu:

$$T_I = \frac{\dfrac{P_4\,V_4}{R_4}\,c_v\Big|_0^{T_4} - \dfrac{P_I\,V_4}{R_R\,\varepsilon}\,c_v\Big|_0^{T_5} + P_I\,V_4\,\dfrac{\varepsilon - 1}{\varepsilon} - Q}{\left(\dfrac{P_4\,V_4}{R_4\,T_4} - \dfrac{P_I\,V_4}{R_R\,\varepsilon\,T_5}\right)c_p\Big|_0^{T_I}}\,. \qquad (63)$$

Setzt man zur Vereinfachung die Gaskonstanten $R \approx R_R \approx R_4$ gleich und vernachlässigt den Wärmeverlust Q, so erhält man:

$$T_I = \frac{P_4\,c_v\Big|_0^{T_4} - \dfrac{P_I}{\varepsilon}\,c_v\Big|_0^{T_5} + P_I\,R\,\dfrac{\varepsilon - 1}{\varepsilon}}{\left(\dfrac{P_4}{T_4} - \dfrac{P_I}{\varepsilon\,T_5}\right)c_p\Big|_0^{T_I}}\,. \qquad (64)$$

Die vorstehende Beziehung gilt unter der Annahme konstanten Druckes während des Ausschubhubes und unter Vernachlässigung des Drosselverlustes, ist aber für überschlägige Berechnungen geeignet, insbesondere wenn der Druckverlauf während des Gaswechselvorganges nicht bekannt ist. Bei genauer Berücksichtigung der Druckänderung während des Auspuffvorganges und während des Ausschiebens erhält man folgende Beziehung:

$$U_4 = J_I + U_R + L + Q\,. \qquad (65)$$

L ist die Summe der an den Kolben abgegebenen Arbeit entsprechend Arbeitsfläche $4\,a\,b\,c\,4$ minus Arbeitsfläche $a\,b\,d\,e\,a$ (Abb. 38).

Löst man nach J_I auf, so erhält man

$$J_I = U_4 - U_R - A\ (\text{Arbeitsfläche } 4\,a\,f\,4 - f\,c\,d\,e\,f) - Q\,.$$

Um die Größenordnung der einzelnen Einflüsse bei der Berechnung der Abgastemperatur zu zeigen, wird im Anhang (S. 459) ein Zahlenbeispiel für einen Ottomotor wiedergegeben.

Ausschieben und Ansaugen. Das Ende des Auspuffvorganges ist gegenüber dem Beginn des Ausschiebevorganges im Indikatordiagramm nicht klar abgegrenzt, da der Druckabfall sehr stark von der Bemessung der Auslaßquerschnitte und von den Steuerzeiten im Zusammenhang mit der Drehzahl abhängt. Man kann den Auspuffvorgang als beendigt betrachten, wenn der Druck im Zylinder im wesentlichen nur mehr durch die Drosselung beim Ausschieben bedingt ist.

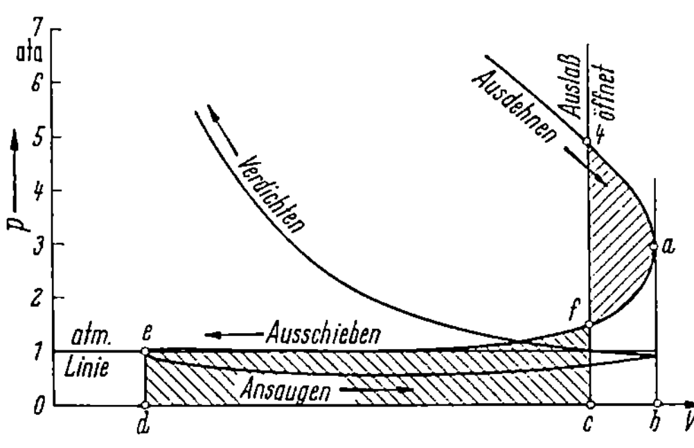

Abb. 38. Schematische Darstellung des Druckverlaufes während des Auspuffvorganges eines Viertaktmotors

Während sich bei Motoren mit kleinen Auslaßquerschnitten und hohen Drehzahlen der Auspuffvorgang noch über den größten Teil des Ausschubhubes erstreckt, ist bei Motoren mit besonders günstigen Zeit-

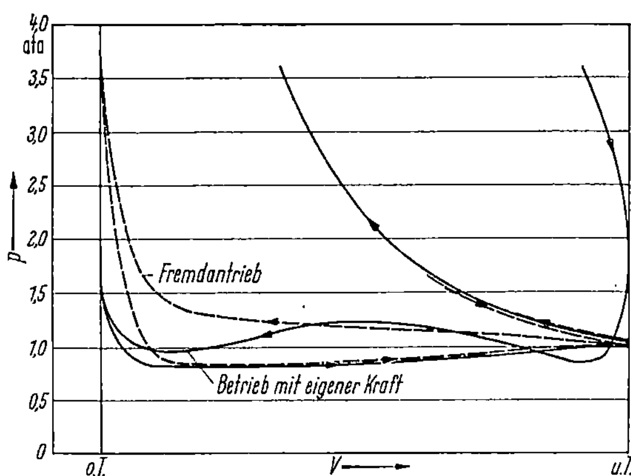

Abb. 39. Druck–Kolbenweg-Diagramme des Gaswechselvorganges eines Dieselmotors bei Betrieb des Motors mit eigener Kraft und bei Fremdantrieb. $n = 1600$ U/min

querschnitten (Abb. 39) der Auspuffvorgang schon während des ersten Teiles des Ausschubhubes beendigt. Während des Ausschubhubes herrscht im Zylinder normalerweise ein Überdruck, der sich nur wenig (in der Größenordnung von etwa 0,1 at) vom Druck in der Auspuffleitung unterscheidet. Diese Druckdifferenz ist durch die Drosselung in den Auslaßorganen bedingt. Bei Vorhandensein von Auspuffleitungen wird vielfach während des ersten Teiles des Ausschubhubes der Auspuffgegendruck sogar unterschritten, da infolge der kinetischen Energie der Auspuffgase ein Absaugen aus dem Zylinder erfolgt. Während des Ausschubvorganges ergeben sich unter Umständen Druckschwingungen, die mit der Ausbildung der Auspuffleitung zusammenhängen.

Gegen Ende des Ausschubvorganges tritt bei normalen Steuerzeiten (d. h. ohne wesentliche Überschneidung der Auslaß- und Einlaßsteuerzeiten) eine Drosselung im Auslaßorgan auf, die durch einen Druckanstieg in der Nähe des Totpunktes bedingt ist (s. Abb. 39). Der Druckanstieg ist um so stärker, je größer die im Zylinder verbleibende Gasmenge ist. Bei fremd angetriebenem Motor bleibt am Ende des Ausschubhubes verhältnismäßig kalte Luft im Zylinder. Die Dichte

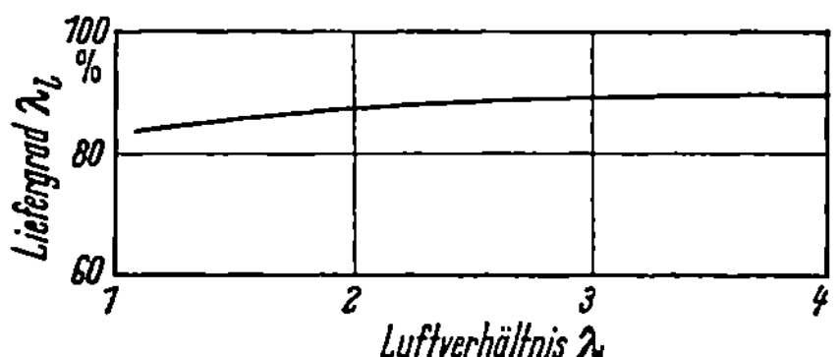

Abb. 40. Abhängigkeit des Liefergrades vom Luftverhältnis (Versuche an einem Dieselmotor)

dieser Luftmenge ist gegenüber der Dichte der Restgase bei Betrieb des Motors mit eigener Kraft groß, deshalb erhält man bei angetriebenem Motor einen bedeutend stärkeren Druckanstieg am Ende des Ausschubvorganges. Diese Verdichtung tritt um so stärker in Erscheinung, je kleiner die Zeitquerschnitte im letzten Abschnitt des Ausschubhubes sind.

Während des ersten Teiles der Saugperiode erfolgt eine starke Drucksenkung, die infolge der Dehnung und der gleichzeitigen Abkühlung noch rascher erfolgt als die vorangegangene Verdichtung.

Während der Saugperiode wird die einströmende Luft an heißen Teilen vorbeigeführt und dadurch erwärmt. Diese Erwärmung bedingt eine Verminderung der Ladung und eine Abnahme des Liefergrades. Abb. 40 zeigt die Veränderung des Liefergrades mit dem Luftverhältnis, die als Mittelwert einer größeren Zahl von Versuchen an mehreren Dieselmotoren festgestellt wurde.

Die festgestellte Verbesserung des Liefergrades mit zunehmendem Luftüberschuß ist auf den erwähnten Einfluß des Wärmeüberganges zurückzuführen. Bei geringem Luftüberschuß (beim Dieselmotor also bei hoher Leistung) steigen wegen der hohen thermischen Belastung die Wandtemperaturen, so daß auch die Erwärmung der einströmenden Luft stärker in Erscheinung tritt.

Bei erhöhter Temperatur der einströmenden Luft wird die Erwärmung der Luft geringer, da dann die Temperaturdifferenzen zwischen der heißen Wand bzw. den heißen Ventilen und der Luft kleiner sind.

Deshalb nimmt die Masse der angesaugten Luft weniger als proportional der Dichte der Luft im Saugrohr ab. Bei luftgekühlten Motoren ist die Veränderung der Lademenge mit der Temperatur der angesaugten Luft vielfach geringer als bei wassergekühlten Motoren, jedoch kann eine allgemeingültige Regel kaum aufgestellt werden, weil die Einzelheiten der Konstruktion außerordentlich stark die Wärmeübergangsverhältnisse beeinflussen.

In Abb. 41a sind die an einem luftgekühlten Ottomotor ermittelten Versuchswerte dargestellt, deren Auswertung eine Veränderung der

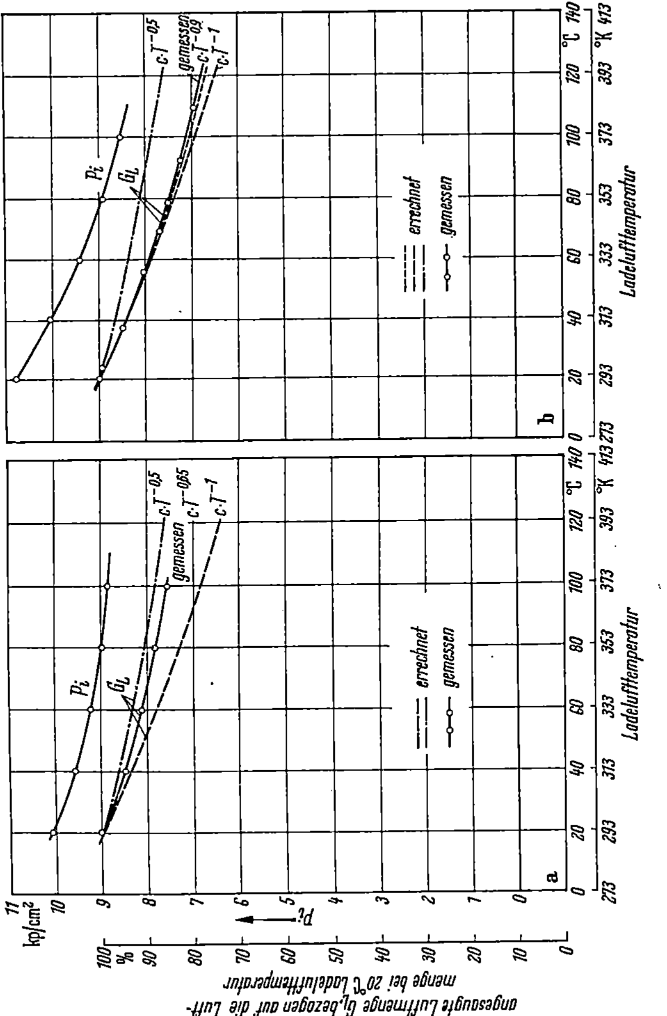

Abb. 41. Einfluß der Temperatur der Ladeluft auf die angesaugte Luftmasse: a) Versuche an einem luftgekühlten Einzylindermotor, b) Versuche an einem wassergekühlten Einzylindermotor

Lademenge entsprechend einer Funktion $p/T^{0,65}$ ergeben hat. Die in Abb. 41b dargestellten Ergebnisse aus Versuchen an einem wassergekühlten Ottomotor entsprechen einer Funktion $p/T^{0,9}$.

In Abb. 42 sind Versuchsergebnisse an einem Dieselmotor dargestellt. Die Änderung der Lademenge entspricht in diesem Fall etwa einer Funktion $p/T^{0,84}$. Bei der gewählten Art der Darstellung ist sowohl die Veränderung des Liefergrades bei Temperatursteigerung (bei konstantem Druck) als auch bei Druckänderung ersichtlich.

Die Änderung der Liefergrade mit der Drehzahl ist in Abb. 43 für einen Motor mit großen Zeitquerschnitten dargestellt. Bei Erhöhung

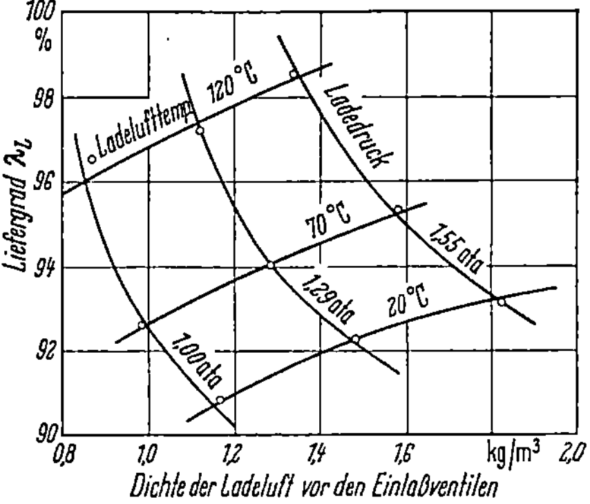

Abb. 42. Liefergrad λ_l, abhängig von der Dichte der Ladeluft. (Versuche an einem Dieselmotor bei einem Luftverhältnis $\lambda = 1,4$)

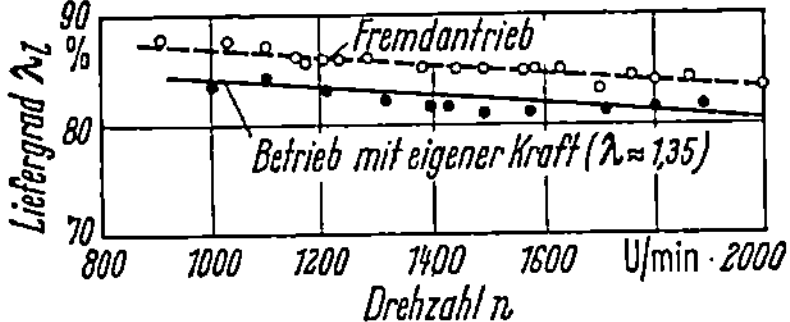

Abb. 43. Abhängigkeit des Liefergrades von der Drehzahl bei Fremdantrieb und bei Betrieb des Motores mit eigener Kraft. (Versuche an einem Dieselmotor)

der Drehzahl von 1000 auf 2000 U/min wird der Liefergrad bei dem untersuchten Motor durchschnittlich um 4 vH geringer, wobei der Absolutwert des Liefergrades bei Fremdantrieb wegen der geringeren Temperaturen der Einlaßorgane einige vH besser ist als bei Betrieb mit eigener Kraft. Meist ist der Einfluß der Drehzahl auf den Liefergrad noch stärker als auf Grund dieser Abbildung angenommen werden kann.

3. Theoretische Untersuchung und versuchsmäßige Überprüfung der für den praktischen Motorbetrieb wesentlichen Einflüsse

Im praktischen Motorbetrieb ergeben sich durch die Änderung der Belastung und der Drehzahl bei der Leistungsregelung zum Teil zwangsläufig Beeinflussungen der Betriebseigenschaften und des Kraftstoffverbrauches. Bei Kenntnis der Zusammenhänge zwischen Kraftstoffverbrauch, Leistung und mechanischer Beanspruchung (infolge des Höchstdruckes) ergibt sich die Möglichkeit zur Schaffung günstiger Betriebsverhältnisse unter entsprechender Berücksichtigung der gestellten Anforderungen.

Die Bewertung der Motoren erfolgt für praktische Zwecke auf Grund des gemessenen spez. Kraftstoffverbrauches, bezogen auf die Nutzleistung, und auf Grund der festgestellten spez. Nutzleistung. Diese

Größen kennzeichnen zwar die Wirtschaftlichkeit des Motors und sind deshalb für den Käufer der Maschine ausschlaggebend, sie gestatten aber keine Beurteilung der Möglichkeiten für die Weiterentwicklung des Arbeitsverfahrens des betreffenden Motors. Bessere Aufschlüsse vermittelt die Kenntnis des spez. Kraftstoffverbrauches, bezogen auf die innere Leistung, weil damit die mechanischen Eigenschaften aus der Betrachtung ausgeschlossen werden und eine Beurteilung des Arbeitsprozesses möglich wird.

Für die vergleichende Beurteilung verschiedener Verfahren ist es zweckmäßig, die Untersuchungen auf allgemeine Kenngrößen zurückzuführen, die von der speziellen Motorbauart und der Drehzahl nicht

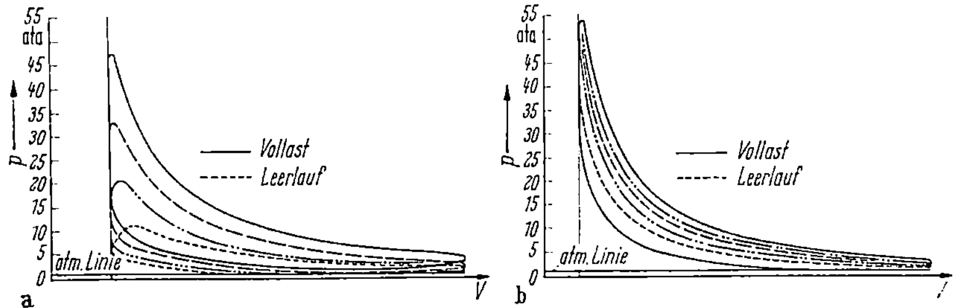

Abb. 44. Indikatordiagramme eines Otto- und eines Dieselmotors bei verschiedenen Belastungen. a) *Ottomotor:* Flugmotor, Einzylinder, $\varepsilon = 7$, $n = 1790$ U/min; $p_e = 6{,}93$, $4{,}76$, $2{,}45$ kp/cm² und Leerlauf: $V_h = 3{,}8$ l: b) *Dieselmotor:* Stationärer Einzylindermotor mit direkter Einspritzung, $\varepsilon = 11$, $n = 360$ U/min; $p_e = 5{,}41$, $4{,}03$, $2{,}82$, $1{,}44$, $0{,}74$ kp/cm² und Leerlauf; $V_h = 10{,}3$ l

mehr abhängig sind. Ferner ist es wichtig, zu wissen, wieweit die festgestellten Eigenschaften durch thermodynamisch bedingte unabänderliche Gesetzmäßigkeiten oder durch spezielle Eigenschaften der betreffenden Maschinenausführung verursacht sind und in welchen Betriebsbereichen die Möglichkeit einer Verbesserung besteht.

Die Vorgänge bei der Leistungsregelung bzw. bei der Belastungsänderung unterscheiden sich bei den verschiedenen Arbeitsverfahren grundsätzlich.

Beim *Ottomotor* für flüssige Kraftstoffe erfolgt die Regelung durch Drosselung des angesaugten Kraftstoff–Luft-Gemisches oder der angesaugten Luft (Drosselregelung), so daß die Leistungsänderung durch eine Änderung der Ladungsmenge bei annähernd konstantem Mischungsverhältnis von Luft zu Kraftstoff erfolgt. Eine zusätzlich vorgesehene Änderung des Mischungsverhältnisses dient nur in zweiter Linie zur Beeinflussung der Leistung. Der Arbeitsvorgang bei der Drosselung ist in anschaulicher Weise aus Indikatordiagrammen zu erkennen. In Abb. 44a sind Indikatordiagramme eines Viertakt-Ottomotors bei verschiedener Belastung dargestellt. Infolge der Drosselung spielt sich der Arbeitsvorgang bei geringerer Leistung im Bereich niedrigerer Drücke ab. Wie die Schwachfederdiagramme der Abb. 45a zeigen, wirkt sich die Drosselregelung bei geringer Belastung in einer Senkung der Drücke während der Saugperiode aus. Wegen der geringeren angesaugten Gemischmenge werden auch die Drücke während der Verdichtungsperiode mit abnehmender Motorleistung bedeutend geringer; nur während des Ausschiebevorganges gegen die Atmosphäre unterscheiden sich die Drücke bei verschiedenen Belastungen wenig.

Beim *Dieselmotor* wird — abgesehen von der gelegentlich bei Fahrzeugmotoren verwendeten Leerlaufregelung — bei jedem Arbeitshub

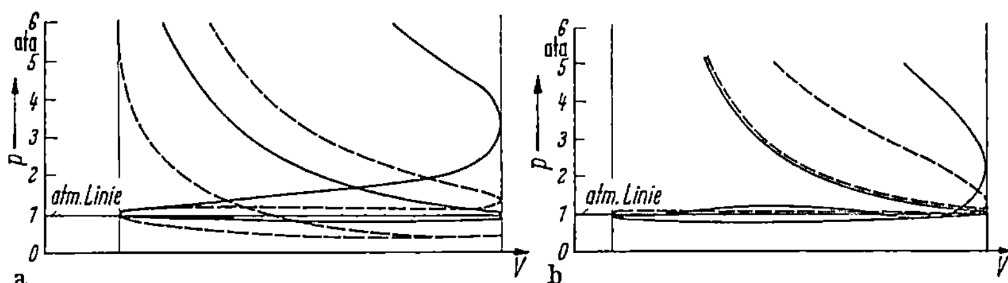

Abb. 45. Druckverlauf während des Gaswechselvorganges eines Otto- und eines Diesel motors bei verschiedenen Belastungen. a) *Ottomotor:* Einzylinder-Flugmotor, $\varepsilon = 6,3$; $n = 1600$ U/min; $p_e = 6,72$ und 0,91kp/cm²; $V_h = 3,8$ l; b) *Dieselmotor* Einzylinder-Vorkammermotor, $\varepsilon = 12$; $n = 1600$ U/min; $p_e = 4,8$ und 0,4 kp/cm²; $V_h = 2,36$ l

auch bei verschiedener Leistung annähernd die gleiche Menge Luft angesaugt; die Leistung wird lediglich durch die Bemessung der eingespritzten Kraftstoffmenge geregelt, so daß die Leistungsänderung einer Änderung des Mischungsverhältnisses Luft zu Kraftstoff (Luftüberschußänderung) entspricht. Die Indikatordiagramme eines Dieselmotors bei verschiedenen Belastungen in Abb. 44b zeigen, daß die Verdichtungslinie und damit auch der Verdichtungsenddruck bei verschiedener Motorbelastung so wenig verschieden sind, daß sie im Indikatordiagramm nicht zu unterscheiden sind. Die Belastungsänderung zeigt sich im Diagramm hauptsächlich durch die Verschiedenheit der Verbrennungs- und Ausdehnungslinie. Auch im Schwachfederdiagramm (Abb. 45b) sind während des Ansaughubes nur geringfügige Unterschiede vorhanden. Während also beim Ottomotor bei geringerer Belastung die Drücke während des ganzen Arbeitsspieles kleiner werden, wird beim Dieselmotor nur der Druckanstieg während der Verbrennung mit abnehmender Belastung geringer. Der Auspuffvorgang und in geringem Maße der Ausschiebevorgang werden durch die Verschiedenheit der Enddrücke der Dehnung beeinflußt.

Ottomotor

a) Einfluß des Luftverhältnisses λ

Die Leistungsregelung erfolgt — wie erwähnt — beim Ottomotor für flüssige Kraftstoffe im allgemeinen durch Drosselung des Gemisches bei annähernd konstantem Mischungs- bzw. Luftverhältnis. Da die Betriebseigenschaften des Motors hauptsächlich durch das Mischungsverhältnis gegeben sind, verbindet man mit der Drosselregelung meist eine Gemischregelung. Bei reichem Gemisch bzw. Luftmangel ergibt sich ein ruhiger Gang, hohe Leistung, leichtes Anspringen und gutes Beschleunigungsvermögen, jedoch ist der Kraftstoffverbrauch verhältnismäßig hoch (s. auch S. 51).

Der Kraftstoffverbrauch ist andererseits im Luftüberschußgebiet günstiger, weil der Kraftstoff fast vollkommen verbrennt während naturgemäß im Luftmangelgebiet unter allen Umständen ein wesentlicher Anteil des Kraftstoffes unverbrannt bleibt. Zum Beispiel ist bei einem Luftüberschuß von 15 vH der Verbrauch meist schon etwa 20 vH besser als im Bereich der Höchstleitung, andererseits ist die Höchstleistung im Durchschnitt etwa 10 vH größer als die Leistung im Betriebsbereich des besten Verbrauches. Man stellt daher zur Erzielung der nur kurzzeitig benötigten Höchstleistung reiches Gemisch ein, während bei Dauerleistung zur Erzielung guten Verbrauches armes Gemisch eingestellt wird.

Bei der Untersuchung des Einflusses verschiedener Mischungsverhältnisse ist es zweckmäßig, eine einheitliche Basis zu wählen. Es ist vielfach üblich, als Maßstab die je Umdrehung zugeführte Kraftstoffmenge zu wählen. Dieser Wert ist jedoch bei verschiedenen Maschinen u. a. auch wegen des verschiedenen Liefergrades nicht vergleichbar, so daß es viel zweckmäßiger ist, als einheitliche Basis den Wert Mischungsverhältnis $= \dfrac{\text{Luftmenge}}{\text{Kraftstoffmenge}}$ oder noch besser das Luftverhältnis (Luftverhältniszahl) $\lambda = G_{L\,tats}/G_{L\,min}$ zu wählen. Das Mischungsverhältnis ist insofern noch nicht der günstigste Vergleichsmaßstab, als für die einzelnen Kraftstoffe die zur vollkommenen Verbrennung der Mengeneinheit des Kraftstoffes erforderliche Luftmenge $G_{L\,min}$ verschieden ist. Für praktische Untersuchungen genügt jedoch meist die Angabe des Mischungsverhältnisses, weil die Unterschiede der Werte $G_{L\,min}$ für verschiedene Kraftstoffe nur gering sind.

In Abb. 46 sind die Änderungen des Mitteldruckes p_e und des spez. Kraftstoffverbrauches b_e (bezogen auf den Wert 100 vH für $\lambda = 1$) in Abhängigkeit vom Luftverhältnis für mehrere Motoren verschiedener Größe und für verschiedenartige Betriebsbedingungen wiedergegeben. Man sieht, daß auch bei Motoren, die sich stark in Hubraum, Dreh-

zahl und Verdichtungsverhältnis unterscheiden, der höchste Mitteldruck und damit die höchste Leistung bei Luftmangel etwa im Gebiet
von $\lambda = 0,8$ bis $0,9$ $\Big($Mischungsverhältnis $\approx 11,5$ bis ≈ 13 für $G_{L\,min}$
$= 14,4\,\dfrac{\text{kg Luft}}{\text{kg Krst}}\Big)$ auftreten. Die günstigsten Verbrauchszahlen liegen in
allen Fällen im Bereich von $\lambda = 1,05$ bis $1,2$ (Mischungsverhältnis ≈ 15
bis $\approx 17,3$).

Die Ursachen für dieses Verhalten können durch Vergleich der
gemessenen Mitteldrücke und Verbrauchszahlen mit den theoretisch
erreichbaren geklärt werden.

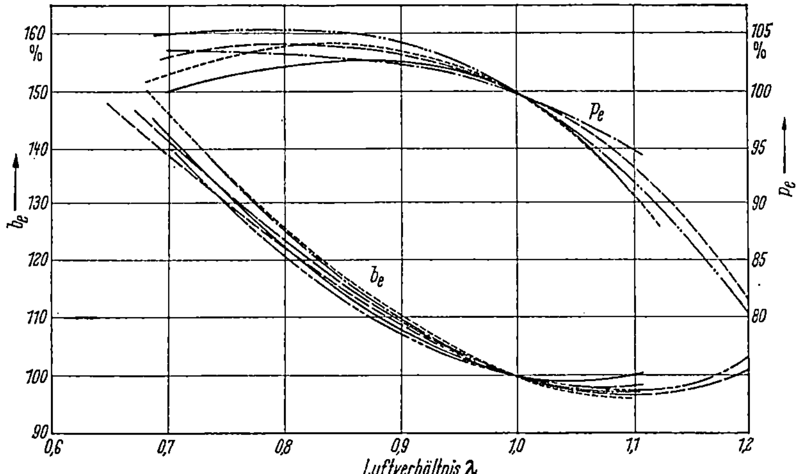

Abb. 46. Mittlerer Nutzdruck p_e und spez. Kraftstoffverbrauch b_e, bezogen auf 100 für
$\lambda = 1$, abhängig vom Luftverhältnis nach Versuchen an verschiedenen Ottomotoren.
————— wassergekühlter Motor $V_h = 4\,1$, $n = 1770\,\text{min}^{-1}$, $\varepsilon = 5,5$. —·—·— luftgekühlter
Motor $V_h = 3\,1$. ········ wassergekühlter Motor (RICARDO). — — — — wassergekühlter
Motor $V_h = 2\,1$, $n = 2600\,\text{min}^{-1}$, $\varepsilon = 8$, $p_1 = 1,025$ ata. ——— ——— wassergekühlter Motor
$V_h = 2\,1$, $n = 2600\,\text{min}^{-1}$, $\varepsilon = 8$, $p_1 = 1,30$ ata. —··—··— luftgekühlter Motor $V_h = 1\,1$,
$n = 3500\,\text{min}^{-1}$, $\varepsilon = 6,8$, $p_1 = 1,2$ ata

Untersucht man den Prozeß der vollkommenen Maschine zunächst
ohne Berücksichtigung der Dissoziation und ohne Berücksichtigung
einer endlichen Verbrennungsgeschwindigkeit, so erhält man den
höchsten Mitteldruck bei dem stöchiometrischen Luftverhältnis
$\lambda = 1,0$, s. Abb. 47. Der günstigste Verbrauch ergibt sich bei unendlich großem Luftüberschuß. Bei Berücksichtigung der Dissoziation
erhält man den höchsten Mitteldruck bei einem Luftverhältnis $\lambda = 0,9$,
weil die starke Dissoziation bei dem Luftverhältnis $\lambda = 1,0$ einen erheblichen Leistungsverlust bedingt. Im Motor wird jedoch die Höchstleistung wegen der nicht ganz gleichmäßigen Mischung und wegen der
günstigeren Verbrennungsgeschwindigkeit bei noch stärkerem Luftmangel erreicht.

Der Einfluß der *Dissoziation* auf den Verbrauch wirkt sich am stärksten in der Nähe des stöchiometrischen Luftverhältnisses in einer Verbrauchsverschlechterung aus. Ohne Berücksichtigung der Dissoziation müßte in der Verbrauchskurve beim stöchiometrischen Luftverhältnis ($\lambda = 1$) ein Knick entstehen, der darauf zurückzuführen ist, daß im Luftmangelgebiet derjenige Teil der Kraftstoffmenge, der dem Luftmangel annähernd verhältig ist, nicht vollständig verbrennen kann. Diese Unstetigkeit wird jedoch durch den Einfluß der Dissoziation ausgeglichen (Abb. 47).

Die Abhängigkeit der in Abb. 47 eingetragenen, tatsächlich gemessenen Mitteldrücke und Verbrauchszahlen vom Luftüberschuß ent-

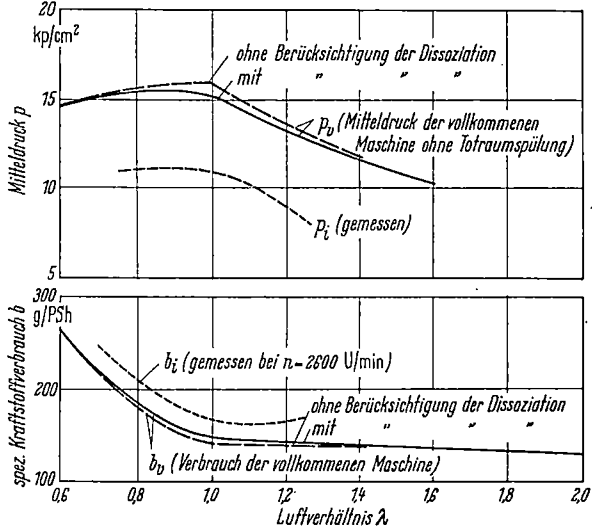

Abb. 47. Änderung des Kraftstoffverbrauches und des Mitteldruckes der vollkommenen Maschine mit dem Luftverhältnis λ, Vergleich mit gemessenen Werten für Kraftstoffverbrauch und Mitteldruck, bezogen auf die Innenleistung. $\varepsilon = 7$, $p_1 = 1{,}03$ ata, $H_u = 10\,500$ kcal/kg

spricht im wesentlichen der theoretisch errechneten, wobei die Verluste im ganzen Bereich etwa proportional den Mitteldrücken sind.

Bei großem Luftüberschuß ist ein höherer spez. Verbrauch feststellbar als auf Grund der errechneten Kurven zu erwarten war. Theoretisch wäre mit zunehmendem Luftüberschuß eine stetige Verbesserung des Kraftstoffverbrauches zu erwarten. Praktisch ergibt sich jedoch schon bei $\lambda = 1{,}2$ bis $1{,}25$ eine starke Zunahme des Verbrauches, bezogen auf die Innenleistung (s. Abb. 47). Noch etwas stärker ist die Zunahme des Kraftstoffverbrauches, bezogen auf die Nutzleistung (vgl. Abb. 46), weil wegen der annähernd konstanten Reibungsverluste und der abnehmenden Innenleistung eine Verschlechterung des mechanischen Wirkungsgrades auftritt, die bei 20 vH Luftüberschuß etwa 2 vH beträgt. Bei hohem Luftüberschuß tritt infolge der geringeren Zündgeschwindigkeit und infolge der stärkeren Auswirkung der un-

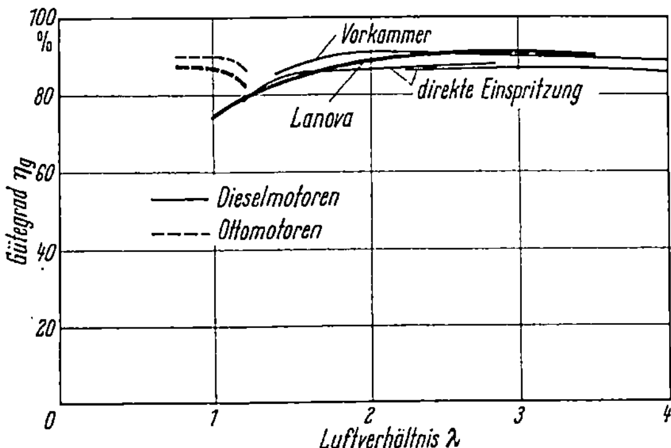

Abb. 48. Beispiele für die Abhängigkeit des Gütegrades vom Luftverhältnis
(Ottomotoren und Dieselmotoren)

gleichmäßigen Gemischverteilung unruhiger Gang des Motors und ein Nachbrennen während der Dehnung auf. Dadurch ergeben sich auch erhöhte Auspufftemperaturen bei schlechtem Verbrauch. Somit werden die Gütegrade der Ottomotoren bei hohem Luftüberschuß ungünstiger (Abb. 48).

Das Luftverhältnis beeinflußt die *Klopfneigung* wesentlich. Das stärkste Klopfen tritt bei den meisten Motoren in der Gegend des stöchiometrischen Luftverhältnisses auf und wird dann mit zunehmendem Luftüberschuß und zunehmendem Luftmangel immer schwächer. Diese Feststellung gilt zwar im Durchschnitt, jedoch nicht allgemein. Es gibt Kraftstoffe, bei denen die größte Klopfneigung im Luftmangelgebiet auftritt. Bei einigen Kraftstoffen tritt bei Verwendung in verschiedenen Motoren die größte Klopfneigung bei verschiedenen Luftverhältnissen auf. Dieses Verhalten ist vermutlich im

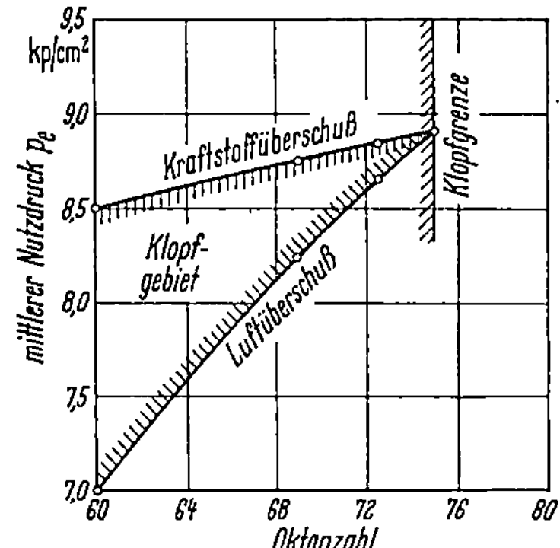

Abb. 49. Begrenzung des zulässigen Nutzdruckes durch das Klopfen, abhängig von der Oktanzahl bei Veränderung des Luftverhältnisses bei konstantem Ladedruck nach Wilke [D 122]

Zusammenhang mit Unterschieden der Temperaturverteilung im Zylinder bei verschiedenen Motoren auf verschiedenartiges Reaktionsverhalten der Kraftstoffe abhängig von Luftüberschuß, Temperatur und Druck zurückzuführen.

Bei Verwendung klopffester Kraftstoffe ist einerseits eine Abnahme der Klopfneigung vorhanden, andererseits wird aber auch der Klopfbereich im Luftüberschuß- und Luftmangelgebiet enger. Beispielsweise wurde von WILKE [D 122] der in Abb. 49 wiedergegebene Zusammenhang zwischen Klopfbereich und Oktanzahl[1] an einem Hesselmannmotor bei Vergaserbetrieb festgestellt. Während z. B. bei einer Oktanzahl 60 der Klopfbereich zwischen $\lambda = 1,4$ und $\lambda = 0,7$ entsprechend den Grenzwerten der Nutzdrücke zwischen 7 kp/cm^2 (Luftüberschuß) und 8,5 kp/cm^2 (Luftmangel) festgestellt wurde, war bei der Oktanzahl 75 nur mehr bei annähernd stöchiometrischem Luftverhältnis Klopfen zu beobachten (s. auch S. 224 u. 225).

b) Verdichtung

Das wirksamste Mittel zur Erzielung geringen Kraftstoffverbrauches ist neben günstiger Einstellung des Luftverhältnisses die Erhöhung der Verdichtung.

Im allgemeinen wählt man deshalb die Verdichtung so hoch, als mit Rücksicht auf die Klopfgrenze und auf die durch die Selbstentzündung des Gemisches gegebene Grenze möglich ist. Bei Fahrzeugmotoren werden normalerweise Verdichtungsverhältnisse von 7 bis 10 gewählt.

Neuerdings sind die Bestrebungen im Gange, das Verdichtungsverhältnis der Fahrzeugmotoren bis 11 und mehr zu erhöhen (vgl. [D 64]).

Die Verringerung des Kraftstoffverbrauches mit zunehmender Verdichtung ist auf die Verbesserung des Wirkungsgrades des Arbeitsprozesses zurückzuführen. Unter Ausschaltung spezieller Eigenschaften von Versuchsmaschinen kann auf Grund des Arbeitsprozesses der vollkommenen Maschine der grundsätzliche Einfluß der Verdichtung ermittelt werden, wobei die Konstanthaltung der übrigen Voraussetzungen erforderlich ist; insbesondere muß der Vergleich auf konstantes Luftverhältnis bezogen werden.

In Abb. 50 sind die Verbrauchszahlen der vollkommenen Maschine b_v für zwei Luftverhältnisse, und zwar für das Luftverhältnis, bei dem praktisch der günstigste Verbrauch erreicht wird ($\lambda = 1,1$), und für das Luftverhältnis, bei dem annähernd die höchste Leistung erreicht wird ($\lambda = 0,8$), wiedergegeben. Es zeigt sich, daß die Änderung des Kraftstoffverbrauches mit dem Luftverhältnis ebenso bedeutend ist wie die Veränderung infolge verschiedener Verdichtung. Damit ist auch gezeigt, daß die Wiedergabe des Wirkungsgrades der vollkommenen Maschine durch die einfache Formel ohne Berücksichtigung des Luftverhältnisses zu keinen brauchbaren Ergebnissen führen kann (s. auch S. 19). In Abb. 50 ist auch

---

[1] siehe S. 129.

der aus Versuchen an verschiedenen Maschinen ermittelte spez. Kraftstoffverbrauch, bezogen auf die Innenleistung, wiedergegeben. Die eingetragenen Ergebnisse von Versuchen an einem wassergekühlten Motor von 2 l Hubraum entsprechen Versuchswerten bei genau gleichen Luftverhältnissen und bei gleicher Drehzahl. Die Versuchswerte von RICARDO, die erst unter verschiedenen Annahmen umgerechnet werden mußten und mit verschiedenen Kraftstoffen durchgeführt wurden, sind nur annähernd vergleichbar.

Die Veränderung des gemessenen Kraftstoffverbrauches mit der Verdichtung entspricht durchaus der Änderung, die auf Grund theoretisch ermittelter Werte zu erwarten ist. Die Erhöhung des Verdichtungsverhältnisses von 4 auf 7 entspricht einer theoretischen Verbrauchsverbesserung von etwa 20 vH, die auch beim praktischen Motorbetrieb erreicht wird. Da sich die gemessenen und die theoretisch errechneten Werte um einen annähernd konstanten Faktor unterscheiden, ist der Gütegrad, d. i. das Verhältnis der gemessenen Wirkungsgrade, bezogen auf die innere Leistung, zum Wirkungsgrad der vollkommenen Maschine, bei den verschiedenen Verdichtungsgraden nur wenig verschieden. Das bedeutet, daß diejenigen Einflüsse bzw. Verluste, die bei der Berechnung des Prozesses der vollkommenen Maschine nicht berücksichtigt wurden, nämlich der Einfluß der endlichen Verbrennungsgeschwindigkeit, des Wärmeüberganges an die Wand und der Drosselverluste, sich wenig mit der Verdichtung ändern.

Die Versuche am Kettering-Motor [D 64], einem Versuchs-Ottomotor, mit einer Verdichtung von 12,5 haben ebenfalls gezeigt, daß die

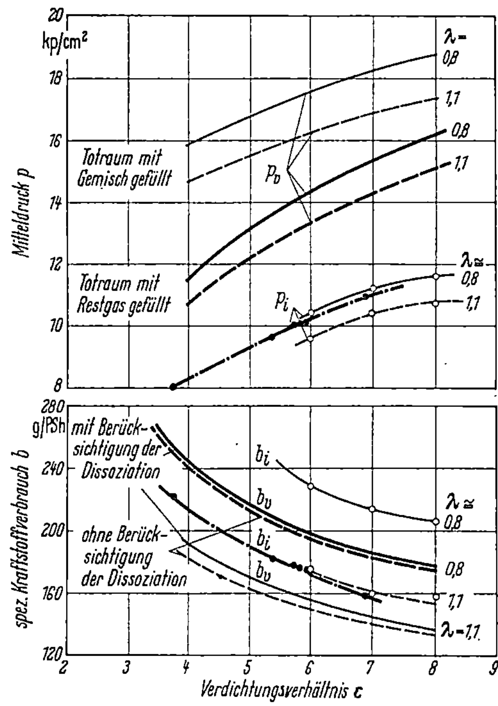

Abb. 50. Mitteldruck und Kraftstoffverbrauch der vollkommenen Ottomaschine, abhängig vom Verdichtungsverhältnis, im Vergleich zu gemessenen Werten

Verbesserungen bei Verdichtungserhöhung annähernd den theoretischen Erwartungen entsprechen bzw. daß sich der Gütegrad mit der Verdichtung nur wenig ändert.

Auch die gemessenen Mitteldrücke stimmen im Verlauf gut mit den theoretisch errechneten Mitteldrücken[1] überein. Der Unterschied des mittleren Innendruckes p_i gegenüber dem theoretisch ermittelten Mitteldruck p_v entspricht zum Teil der Verschiedenheit der Wirkungsgrade und zum Teil der Differenz der Zylinderfüllungen. Der Unterschied der Mitteldrücke ist also auch zum Teil durch den Liefergrad bedingt. Da sich der Liefergrad mit der Verdichtung nur wenig ändert, ist die starke Zunahme der Mitteldrücke mit der Verdichtung im wesentlichen durch die Verbesserung der Wirkungsgrade bedingt.

Die Vorteile der Verdichtungserhöhung können aber mit Rücksicht auf die Kraftstoffeigenschaften nur in beschränktem Maße ausgenutzt werden. Bei Erhöhung der Verdichtung nimmt die Klopfneigung stark zu, so daß die höchstzulässige Verdichtung im wesentlichen von der Qualität des Kraftstoffes abhängig ist (s. Abb. 134, S. 224).

c) Zündung und Verbrennungsgeschwindigkeit, Zündgrenzen

Der Zündzeitpunkt bzw. der Kurbelwinkel, bei dem die Zündung einsetzt, wird im praktischen Betrieb so gewählt, daß die günstigste Leistung bzw. guter Verbrauch erzielt wird, wobei für die Einstellung hauptsächlich die Zündgeschwindigkeit[2] und die Drehzahl maßgebend sind. Die beste Leistung und der günstigste Verbrauch werden — bezogen auf gleiches Luftverhältnis und gleiche Drehzahl — bei ungefähr gleicher Vorzündung erreicht, weil durch die Veränderung des Zündzeitpunktes hauptsächlich der Gütegrad beeinflußt wird. Bei der Betrachtung des theoretischen Prozesses wurde festgestellt, daß der günstigste Wirkungsgrad erreicht wird, wenn die Verbrennung möglichst als Gleichraumverbrennung erfolgt. Da die Zündgeschwindigkeit jedoch einen endlichen Wert besitzt, würde bei Zündung im Totpunkt die Verbrennung erst erheblich nach dem Totpunkt stattfinden. Damit der Hauptteil der Verbrennung in der Nähe des oberen Totpunktes vor sich geht, muß die Zündung also schon erheblich vor dem Totpunkt einsetzen. Bei allen Betriebszuständen, die eine langsame

---

[1] Die eingetragenen Mitteldrücke p_v sind unter der Annahme errechnet, daß von der Maschine *Luft* von 15 °C Anfangstemperatur angesaugt wird. Wird eine *Gemischtemperatur* von 15 °C der Rechnung zugrunde gelegt und die Abkühlung durch die Verdampfung des Kraftstoffes nicht berücksichtigt, dann ergeben sich geringere Mitteldrücke.

[2] auch Verbrennungsgeschwindigkeit genannt.

Zündgeschwindigkeit zur Folge haben, ist deshalb eine besonders frühe Zündung erforderlich, bei Betriebszuständen mit großer Zündgeschwindigkeit späte Zündung. Da die Zündgeschwindigkeit mit zunehmendem Luftüberschuß wesentlich geringer wird, muß die Zündung bei armem Gemisch früher gelegt werden, wenn die Verbrennung noch in der Nähe des Totpunktes erfolgen soll.

In Abb. 51 sind Versuchsergebnisse an einem wassergekühlten Einzylindermotor dargestellt, aus denen hervorgeht, daß bei dem unter-

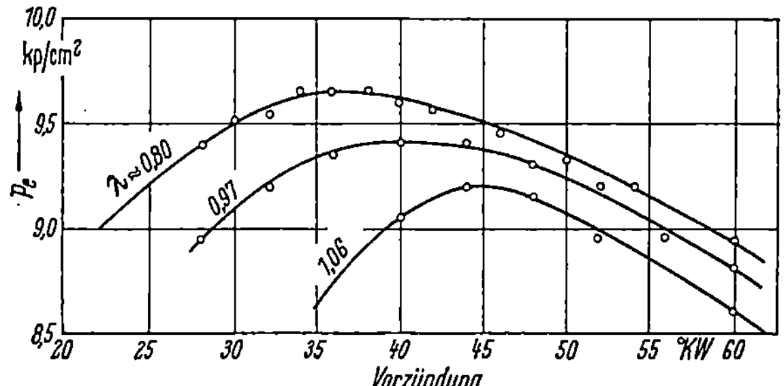

Abb. 51. Abhängigkeit des mittleren Nutzdruckes von der Vorzündung bei verschiedenen Luftverhältnissen; $n = 2240$ U/min

suchten Motor bei Luftmangel ($\lambda = 0,8$) die höchste Leistung etwa bei 37° Vorzündung erreicht wird, während bei Luftüberschuß ($\lambda = 1,06$) zur Erreichung der Höchstleistung etwa 45° Vorzündung erforderlich sind. Erfolgt die Zündung so früh, daß ein großer Teil des Gemisches schon vor dem Totpunkt verbrennt, so ergeben sich sehr hohe Drücke. Dadurch steigen die mechanischen und thermischen Verluste, so daß bei sehr großer Vorzündung eine Leistungsabnahme festzustellen ist (s. Abb. 51).

In Abb. 52 ist das Ergebnis von Leistungsmessungen bei verschiedener Vorzündung für einen großen Bereich des Luftverhältnisses dargestellt. Bei diesen Versuchen war z. B. bei einem Luftverhältnis $\lambda = 0,85$ (normale Einstellung reichen Mischungsverhältnisses) im

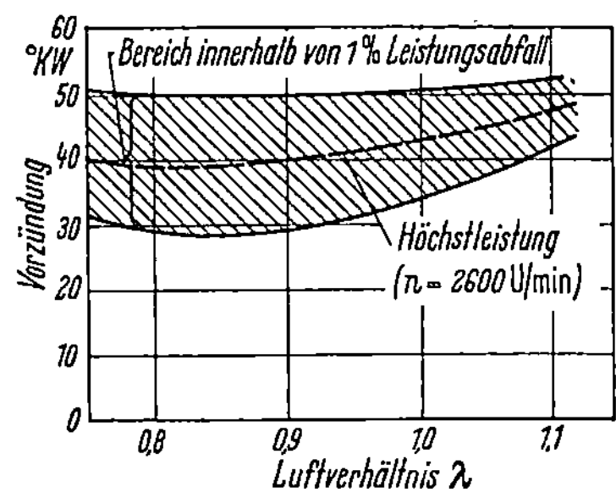

Abb. 52. Günstigster Zündzeitpunkt zur Erreichung der höchsten mittleren Drücke, abhängig vom Luftverhältnis

Bereich von 30 bis 50° Vorzündung der Leistungsabfall nicht größer als 1 vH. Aus der Abbildung ist auch ersichtlich, daß es z. B. mit 46° Vorzündung möglich ist, im ganzen für die Regelung in Frage kommenden Bereich der Mischungsänderung mit weniger als 1 vH Leistungsabnahme gegenüber der Einstellung günstigster Zündung auszukommen; praktisch würde man eine etwas spätere Vorzündung wählen.

Frühere Einstellung der Zündung hat — wie schon erwähnt — eine unerwünschte Zunahme der Höchstdrücke (Abb. 53) zur Folge. In Abb. 53 sind Meßergebnisse, die den Betriebszustand des Motors charakterisieren, für verschiedene Vorzündungen wiedergegeben. Der höchste Mitteldruck und beste Verbrauch ergab sich in diesem Falle bei etwa 38° Vorzündung. Wenn die Temperatur der angesaugten Luft geringer ist, dann erreicht man das Maximum des Mitteldruckes bei früherer Zündung, offensichtlich, weil auch die Zündgeschwindigkeit mit abnehmender Temperatur geringer wird [E 76]. Entsprechend der früheren Verbrennung ergibt sich bei Frühzündung ein günstigeres mittleres Dehnungsverhältnis und damit eine wesentliche Senkung der Abgastemperatur[1] (Abbild. 53). Die Änderung der Abgastemperatur gestattet einen gewissen Rückschluß auf die Veränderung der Verbrennungsvorgänge.

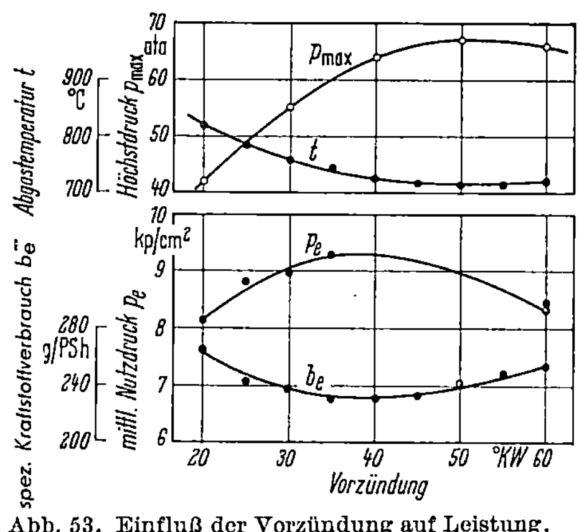

Abb. 53. Einfluß der Vorzündung auf Leistung, Verbrauch, Abgastemperatur und Höchstdruck. $p_1 = 1{,}2$ ata; $t_1 = 90$ °C; $\varepsilon = 8$; $\lambda = 0{,}85$; $n = 2600$ U/min

Abb. 54 zeigt, daß die Senkung der Abgastemperaturen[1] durch die frühere Zündung bei allen Luftverhältnissen und Drehzahlen in ähnlicher Weise auftritt. Naturgemäß ergeben sich im Gebiet des stöchiometrischen Luftverhältnisses die höchsten Abgastemperaturen.

Dieselmotor

a) Einfluß des Luftverhältnisses

Bei der Betrachtung der Versuchsergebnisse von Ottomotoren in den vorhergehenden Abschnitten wurde schon gezeigt, daß mit Hilfe der gemessenen Mitteldrücke und Verbrauchszahlen allein noch keine ausreichende Bewertung des betreffenden Motors möglich ist, und daß die Grundgrößen Verdichtungsverhältnis, Luftverhältnis, Druck und Tem-

---

[1] Die Temperatur wurde in diesem Falle mit Thermoelement ohne Strahlungsschutz, daher zu gering, gemessen (s. auch S. 93).

deratur der angesaugten Luft berücksichtigt werden müssen, wenn eine Beurteilung auf allgemeingültiger Grundlage erfolgen soll.

Beim Dieselmotor ist die Änderung des Arbeitsprozesses mit dem Luftüberschuß von noch größerer Bedeutung als beim Ottomotor, da

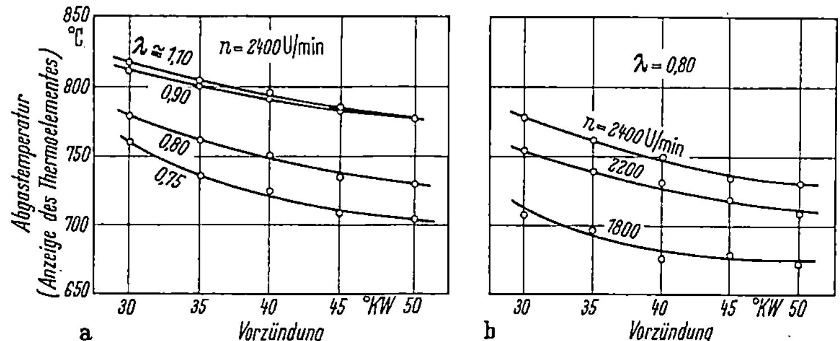

Abb. 54. Abgastemperaturen, abhängig von der Vorzündung ($\varepsilon = 7{,}5$): a) für verschiedene Luftverhältnisse bei konstanter Drehzahl; b) für verschiedene Drehzahlen bei konstantem Luftverhältnis

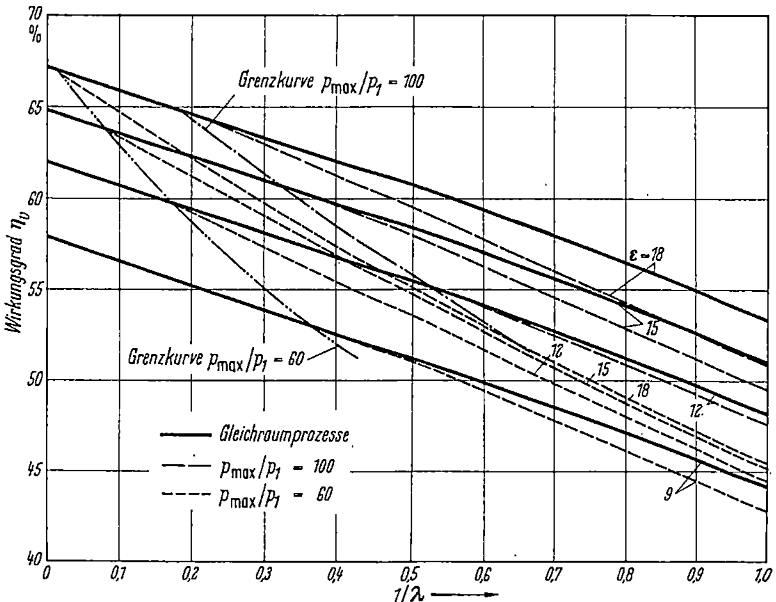

Abb. 55. Abhängigkeit des Wirkungsgrades der vollkommenen Dieselmaschine η_v vom Luftverhältnis für verschiedene Verdichtungsverhältnisse und verschiedene Höchstdrücke

die Belastungsänderung im wesentlichen einer Änderung des Luftüberschusses entspricht (s. auch S. 101). Der Einfluß von Druck und Temperatur der angesaugten Luft auf den Arbeitsvorgang ist verhältnismäßig gering. Da sich diese Größen bei nicht aufgeladenen Motoren außerdem nur wenig ändern, ist der Einfluß auf die Betriebsergebnisse von untergeordneter Bedeutung.

Die theoretischen Berechnungen des Arbeitsprozesses des vollkommenen Dieselmotors (S. 26ff) geben schon einen Überblick über die wesentlichen Gesetzmäßigkeiten, insbesondere über die Abhängigkeiten des Kraftstoffverbrauchs und mittleren Arbeitsdruckes von Luftüberschuß, Höchstdruck und Verdichtung.

Abb. 55 zeigt, daß der Wirkungsgrad[1] des vollkommenen Dieselmotors um so besser wird, je größer der Luftüberschuß gewählt wird. Daher ist mit geringer Belastung zwangsläufig eine Verbesserung des Kraftstoffverbrauches, bezogen auf die innere Leistung, verbunden. Daneben ist auch eine wesentliche Abhängigkeit vom zugelassenen Höchstdruck — bei gegebenem Anfangsdruck — neben der für Motoren allgemeingültigen Verbesserung des Arbeitsprozesses mit zunehmender Verdichtung vorhanden. Bei der Darstellung wurde als Abszisse der Wert $\frac{1}{\text{Luftverhältnis}} = \frac{1}{\lambda}$ gewählt, weil dadurch der praktisch vorkommende Betriebsbereich geringer Luftverhältnisse in einem größeren Maßstab dargestellt wird als bei der Auftragung über dem Wert λ[2]. Diese theoretisch gewonnenen Ergebnisse geben schon ein richtiges Bild der wesentlichen Eigenschaften der Dieselmotoren, da die gemessenen Werte dieselben Gesetzmäßigkeiten zeigen. Abb. 56 und 57 zeigen einen Vergleich der rechnerisch ermittelten Werte des Kraftstoffverbrauches und des mittleren Arbeitsdruckes mit gemessenen Werten bei verschiedenen Luftverhältnissen. Der Verbrauch, bezogen auf die innere Leistung, wird mit zunehmendem Luftüberschuß in ähnlicher Weise geringer als der Verbrauch der vollkommenen Maschine. Der Unterschied entspricht dem Gütegrad, der bei höheren Luftverhältnissen im wesentlichen konstant ist und bei geringerem Luftüberschuß ungünstiger wird, weil es beim Dieselmotor mit geringem Luftüberschuß schwierig ist, eine vollkommene Verbrennung zu erzielen (s. Abb. 48, S. 105). Der Verbrauch, bezogen auf die effektive Leistung, steigt bei großem Luftüberschuß wieder, weil sich die Reibungsverluste im Absolutwert mit der Belastung nur wenig ändern, so daß sie bei geringeren Mitteldrücken (hohem Luftüberschuß) stärker in Erscheinung treten. Die Veränderung der mittleren Innendrücke entspricht

---

[1] Die in dieser Abbildung wiedergegebenen Wirkungsgrade sind dieselben, die in Abb. 8 auf S. 30 dargestellt sind, jedoch ist im Gegensatz zu dieser Abbildung als Abszisse der reziproke Wert des Luftverhältnisses λ gewählt.

[2] Vollastbetrieb von Dieselmotoren entspricht im allgemeinen einem Wert $\lambda = 1{,}2$ bis $1{,}8$; Dauerlast entspricht meist Luftverhältnissen von $\lambda = 1{,}4$ bis $2{,}2$ (2 bei stationären Anlagen), während Leerlauf hohen Luftverhältnissen von $\lambda \approx 5$ bis 10 entspricht.

ebenfalls angenähert den Gesetzmäßigkeiten, die sich aus den thermodynamischen Rechnungen ergeben, jedoch ist — wie beim Ottomotor —
der Unterschied zwischen dem gemessenen mittleren Innendruck und
dem Mitteldruck der vollkommenen Maschine noch größer, als nur auf

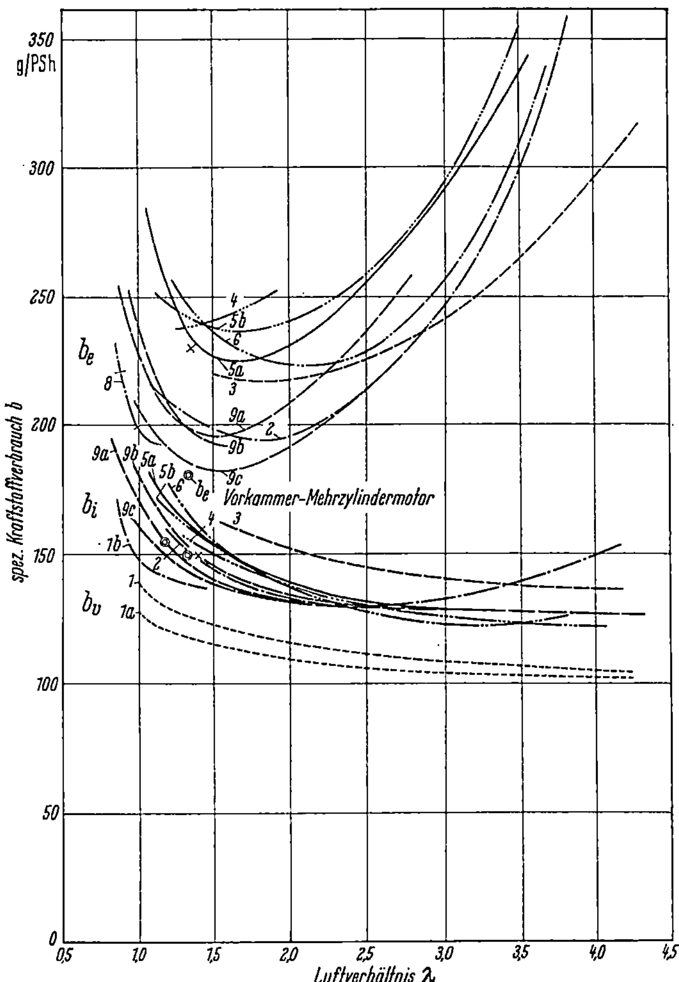

Abb. 56. Abhängigkeit des spez. Kraftstoffverbrauches vom Luftverhältnis
bei verschiedenen Dieselarbeitsverfahren und Vergleich mit den Werten der
vollkommenen Maschine (gemessene Verbrauchszahlen bei Einzylinderversuchen [verschiedene η_m], n = 1400 bis 1600 U/min). *1* ——————— vollkommener
Dieselmotor p_{max} = 60 at, ε = 15. *1a* ————— vollkommener Dieselmotor
p_{max} = 100 at, ε = 15. *1b* — — · — — vollkommener Ottomotor ε = 7.
2 ——— · ——— Vorkammermotor. *3* — — — — Acro-Speichermotor.
4 — ···· — Lanovamotor. *5 a* ————, *5 b* — ··· — Direkte Einspritzung mit
Kammer ε = 16, verschiedene Düsen. *6* — ·· — ·· — Wirbelkammermotor.
8 — | — · — Ottomotor ε = 7. *9 a* — — — Wirbelkammer.
9 b — — — Kammer mit geringer Wirbelung. *9 c* — — — Kammer mit
starker Wirbelung

8   Schmidt, Verbrennungskraftmaschinen, 4. Aufl.

Grund des Gütegrades zu erwarten wäre, weil auch die Drosselverluste und die Erwärmung der einströmenden Luft eine Verminderung des tatsächlichen Mitteldruckes (entsprechend dem Liefergrad) gegenüber dem theoretisch ermittelten bedingen.

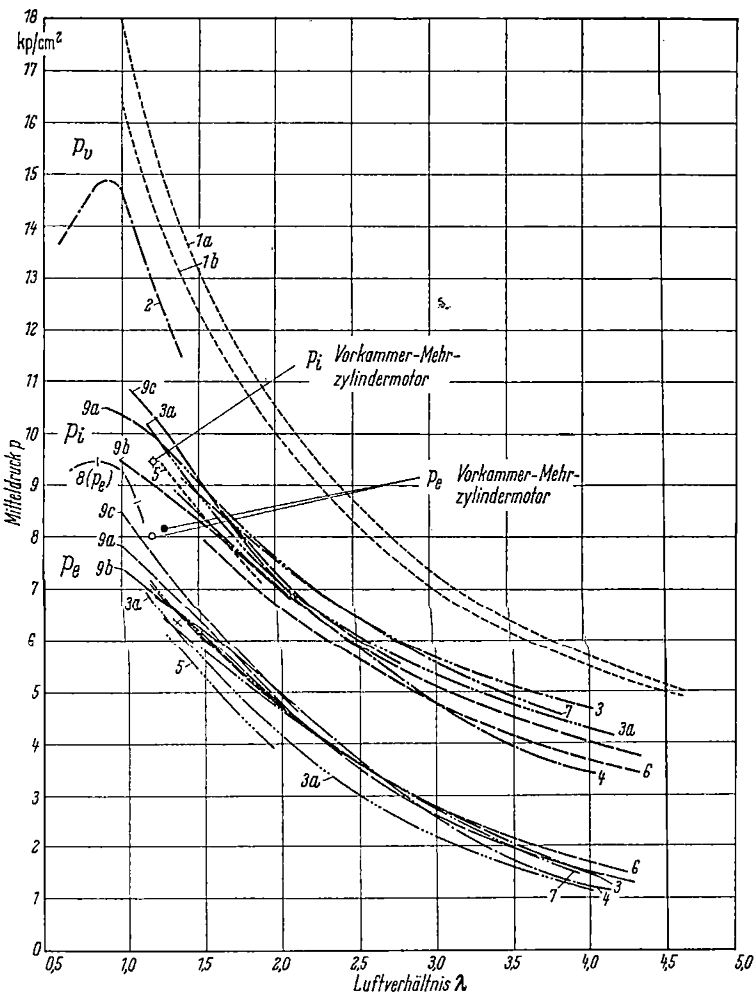

Abb. 57. Abhängigkeit des Mitteldruckes vom Luftverhältnis bei verschiedenen Dieselarbeitsverfahren und Vergleich mit den Werten der vollkommenen Maschine (Einzylinderversuche [verschiedene η_m], n = 1400 bis 1600 U/min)

1 Vollkommener Dieselmotor. *1a* ---------- p_{max} 100 at, ε = 15. *1b* ---------- p_{max} 60 at, ε = 15. *2* — — · — · — vollkommener Ottomotor ε = 7. *3* — — ·· — — —, *3a* — ··· — direkte Einspritzung mit Kammer, verschiedene Düsen. *4* — · — · — Vorkammermotor. *5* — ····· — Lanovamotor. *6* — — — — Acro-Speichermotor. *7* — ·· — — ·· — Wirbelkammermotor. *8* —|— · —|— Ottomotor ε = 7. Versuche von WHITHNEY: *9a* — — — Wirbelkammer. *9b* — — — Kammer mit geringer Wirbelung. *9c* — — — Kammer mit starker Wirbelung

b) Verdichtung

Sowohl aus theoretischen Ermittlungen (s. S. 30) als auch aus zahlreichen Messungen ist bekannt, daß mit Erhöhung der Verdichtung eine Verbesserung des Verbrauches möglich ist. Beim Dieselmotor sind die Grenzen für die Höhe der Verdichtung einerseits durch konstruktive Gründe und andererseits durch die Wirtschaftlichkeit gegeben.

In vielen Fällen ist die höchste praktisch erreichbare Verdichtung dadurch begrenzt, daß mit Rücksicht auf die Steuerorgane der Verdichtungsraum nicht beliebig klein ausgeführt werden kann. Insbesondere ist es bei Motoren mit unterteiltem Brennraum (Vorkammer, Nebenkammer) schwierig, den Verdichtungsraum klein zu halten. Auch bei Überschneidung der Steuerzeiten zur besseren Ausspülung des Verbrennungsraumes ergibt sich aus dem Raumbedarf der Ventile eine Beschränkung der höchstmöglichen Verdichtung.

Mit der Verdichtung nehmen die Höchstdrücke und damit die mechanische Beanspruchung zu, so daß sich mit Rücksicht auf das Motorgewicht ein günstigster Wert für die Verdichtung ergibt. Die Zunahme der Höchstdrücke mit der Verdichtung verursacht ferner ein Anwachsen der Reibungsverluste, wodurch der Gewinn durch die thermodynamische Verbesserung teilweise — unter Umständen vollkommen — ausgeglichen wird.

Die Verbesserung des Verbrauches und der Leistung durch erhöhte Verdichtung und Steigerung des Höchstdruckes kann man sich auf Grund einer einfachen Überlegung vergegenwärtigen.

Abb. 58a zeigt ein Diagramm mit höherer und mit geringerer Verdichtung; in Abb. 58b sind zwei Diagramme gleicher Verdichtung, jedoch mit verschiedenen Höchstdrücken dargestellt (Diagramm *1—2—3—4—1* und *1—2—2″—3′—4′*).

In diesem Diagramm ist zum Vergleich der Prozeß (*1—2—2′—3′—4′*) aus Abb. 58a ebenfalls dargestellt. Die Dehnungslinie dieses Prozesses ist nicht identisch mit der des zweiten Prozesses aus Abb. 58b. Jedoch sind die Unterschiede vernachlässigbar klein, so daß es erlaubt ist, beide Dehnungslinien durch eine Kurve (*3′—a—4′*) darzustellen.

In beiden Abbildungen sind die höchsten Drücke gleich hoch gewählt worden. Es soll nun geklärt werden, welche Unterschiede sich im Verbrauch ergeben, wenn man entweder durch höhere Verdichtung und anschließende Gleichdruckverbrennung einen bestimmten Höchstdruck während der Verbrennung herstellt (Abb. 58a) oder wenn man bei geringerer Verdichtung die Verbrennung so leitet (teilweise Gleichraumverbrennung anschließend Gleichdruckverbrennung), daß derselbe Höchstdruck erreicht wird (Abb. 58b). Aus dem Vergleich des Wärme-

8*

inhaltes an der Stelle *3* (d. i. das Ende der Verbrennung bei dem geringen Höchstdruck) mit dem Wärmeinhalt an der Stelle *a* (d. i. der Zustand der Verbrennungsgase bei dem Prozeß mit dem größeren Höchstdruck P_2' nach Dehnung bis zum Druck P_2) kann man Aufschlüsse über
die Veränderung der Wirkungsgrade gewinnen. Aus der Energieglei-

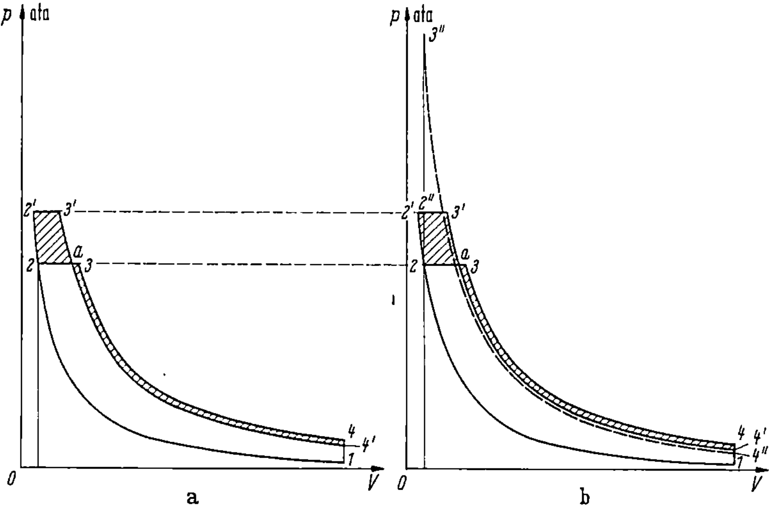

Abb. 58. Schema des Einflusses der Höhe der Verdichtung und des Höchstdruckes auf die
Diagrammgestaltung des vollkommenen Dieselarbeitsprozesses.
a) Änderung der Verdichtung;　b) Änderung des Höchstdruckes

chung für die Verbrennungsvorgänge der beiden Beispiele ergeben sich
folgende Beziehungen[1]:

für Abb. 58a
$$U_2 + H_{0°K} = U_a + \int\limits^{2-2'-3'-a} P\,dv\,, \tag{66}$$

$$U_2 + H_{0°K} = U_3 + P_2\,(V_3 - V_2)\,. \tag{67}$$

Aus der Vereinigung der beiden Gleichungen erhält man:

$$J_3 - J_a = \int\limits^{2-2'-3'-a} P\,dv - P_2\,(V_3 - V_2) + P_3\,V_3 - P_a\,V_a = L_{2-2'-3'-a}\,. \tag{68}$$

Für den Prozeß mit teilweiser Verbrennung bei konstantem Volumen,
der in Abb. 58b dargestellt ist (Prozeß *1—2—2″—3′—4′—1*), würde
sich folgende analoge Gleichung ergeben:

$$J_3 - J_a = L_{2-2''-3-a-2}\,.$$

Man sieht, daß der Wärmewert der Mehrarbeit bis zum Erreichen des
Druckes p_2, die sich bei Zulassung eines höheren Druckes ergibt (entsprechend Fläche *2—2′—3′—a—2* bzw. Fläche *2—2″—3′—a—2*),

---

[1] siehe auch S. 28.

unter Voraussetzung der Vernachlässigung der Wärmeverluste an die Wand einer entsprechenden Vergrößerung des Wärmeinhalts der Verbrennungsprodukte (J_3) bei dem Prozeß mit dem geringeren Druck entspricht. Diese Energiedifferenz kann aber bei dem Prozeß mit dem geringeren Druck nur mehr zu einem Anteil, der etwa dem inneren Wirkungsgrad entspricht (etwa 40 vH), in Arbeit umgesetzt werden (Fläche $a—3—4—4'—a$). Die bei höherem Druck gewinnbare Mehrarbeit ergibt sich somit aus der Differenz der Arbeitsflächen $2—2'—3'—a—2$ (bzw. $2—2''—3'—a—2$) und $a—3—4—4'—a$, so daß also bei geringerem Höchstdruck der Verbrauch ungünstiger werden muß. Aus der Darstellung ist auch ohne weiteres ersichtlich, daß die Mehr-

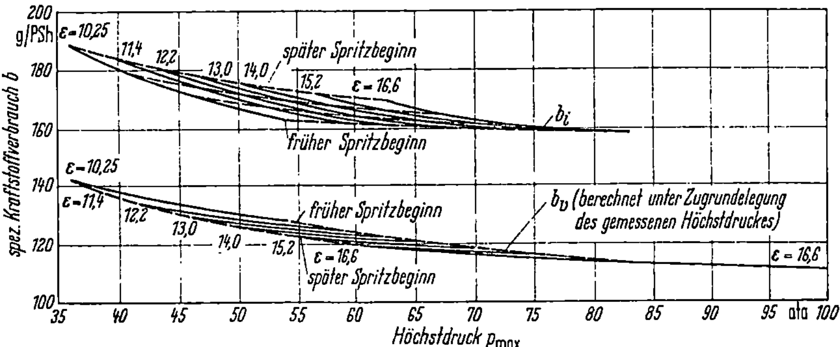

Abb. 59. Einfluß des Höchstdruckes auf den spez. Kraftstoffverbrauch bei verschiedenen Verdichtungsverhältnissen und verschiedenem Einspritzbeginn ($\lambda \approx 1,5$)

leistung, die sich bei Erhöhung der Verdichtung unter gleichzeitiger Vergrößerung des Höchstdruckes gegenüber dem Prozeß mit Höchstdruckerhöhung (ohne Verdichtungserhöhung) ergibt, annähernd nur dem Arbeitswert der Fläche $2—2'—2''—2$ entspricht. Diese Mehrleistung ist im Vergleich zu der Mehrleistung $2—2''—3'—a—2$, die auch erreichbar ist, wenn nur ein höherer Druck zugelassen wird, ohne daß dabei die Verdichtung erhöht wird, nur sehr gering, wie die Betrachtung der Abbildung zeigt. Eine wesentliche Verbesserung des Wirkungsgrades der vollkommenen Maschine durch Erhöhung der Verdichtung ist somit nur bei gleichzeitiger Erhöhung des Höchstdruckes vorhanden.

Aus der Darstellung geht ferner hervor, daß die Verdichtungserhöhung um so weniger Nutzen bringt, je höher der Absolutwert der Verdichtung ist. Aus den in Abb. 59 dargestellten gemessenen Werten des Kraftstoffverbrauches b_i ist weiterhin ersichtlich, daß auch beim ausgeführten Motor der Gewinn durch die Erhöhung der Verdichtung mit zunehmendem Höchstdruck immer geringer wird.

c) Verbrennungsvorgang und Höchstdruck

Beim praktischen Motorbetrieb treten aber neben den thermodynamisch durch den Arbeitsprozeß bedingten Gesetzmäßigkeiten auch Beeinflussungen des Verbrennungsvorganges durch die Betriebsbedingungen auf. Es ist schwierig, das Einspritzgesetz so zu gestalten, daß der gewünschte Verbrennungsverlauf mit einer teilweisen Gleichraumverbrennung erreicht wird. Deshalb erhält man, im Vergleich zum Arbeitsprozeß der verlustlosen Maschine, insbesondere bei später Einspritzung eine Verschlechterung, die z. B. auch in dem Verlauf der

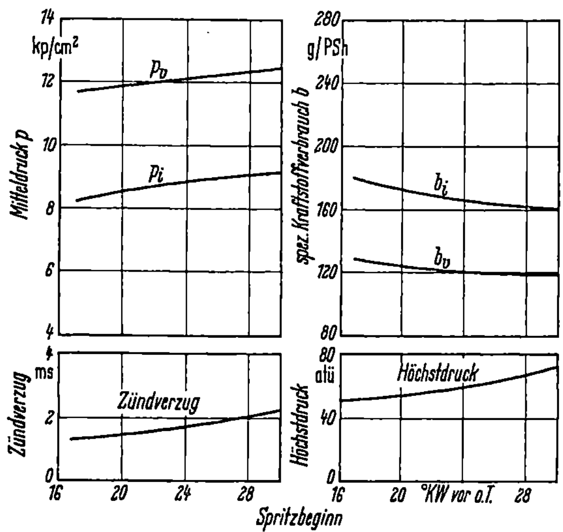

Abb. 60. Einfluß des Spritzbeginnes auf Mitteldruck, Zündverzug, Kraftstoffverbrauch und Höchstdruck eines Dieselmotors mit unmittelbarer Einspritzung und Nachkammer ($\varepsilon = 14$; $\lambda = 1{,}5$; $n = 1600$ U/min). p_i, b_i = Mitteldruck und Kraftstoffverbrauch, bezogen auf innere Leistung, p_v, b_v = dgl. für die vollkommene Maschine

Kurven in Abb. 60 zum Ausdruck kommt. Der Einfluß der Veränderung des Spritzbeginns ohne Veränderung des Einspritzgesetzes auf die Betriebsverhältnisse ist in Abb. 60 dargestellt.

Die thermodynamische Verbesserung mit früherer Einspritzung ist jedoch kein ausreichender Maßstab für die Beurteilung, sondern es ist auch die Betrachtung der Änderung der Reibungsarbeiten erforderlich. Bei früher Einspritzung treten höhere Höchstdrücke auf, die ebenso wie bei zunehmender Verdichtung eine Vergrößerung der Reibungsarbeit zur Folge haben.

d) Mechanische Verluste

Die mechanischen Verluste beim Dieselmotor steigen mit zunehmender Drehzahl und mit zunehmendem Druck im Zylinder. Als Zylinderdruck kommt hier nicht der mittlere Innendruck, sondern eher der zeitliche Mittelwert des Druckes in Frage. Die Zunahme der gesamten Verlustleistung ist aber nicht proportional den Drücken, da in der Verlustleistung auch der Leistungsbedarf der Hilfsmaschinen enthalten ist. Auch die Temperatur des Motors ist von erheblichem Einfluß auf die Reibungsarbeit. Für praktische Rechnungen wird in vielen Fällen die Reibungsleistung überschlägig gleich der Verlustleistung bei fremdangetriebenem Motor gesetzt. Diese Methode der Bestimmung des mechanischen Wirkungsgrades ist jedoch sehr unzuverlässig, da aus

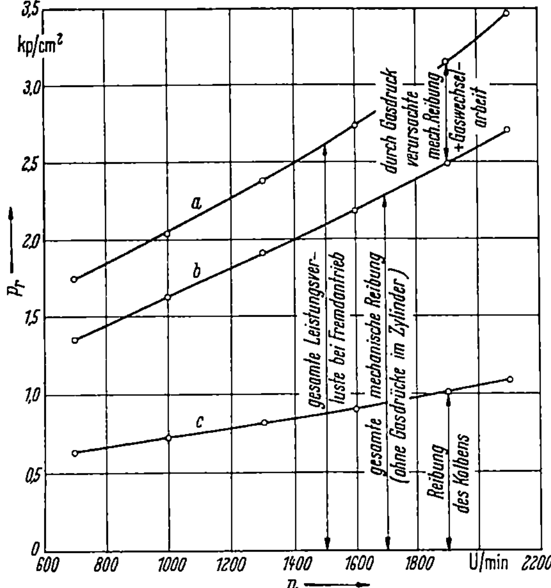

Abb. 61. Aufteilung der bei Fremdantrieb des Motors auftretenden Verluste in Abhängigkeit von der Drehzahl (Einzylinder-Dieselmotor $V_h = 2,26\ 1$). Ansaugdruck 1,0 ata, Öltemperatur 60 °C

der Messung der Verlustleistung bei angetriebenem Motor Reibungskräfte ermittelt werden, die den tatsächlich bei Betrieb des Motors mit eigener Kraft auftretenden Kräften wegen der verschiedenen Drücke im Zylinder nicht gleichgesetzt werden können. Außerdem sind bei dieser Messung die Drosselverluste, die sich ebenfalls mit der Belastung ändern, und die Unterschiede in der Verdichtungs- oder Dehnungsarbeit bei fremdangetriebenem Motor nicht richtig berücksichtigt. Deshalb ist es besser, die Verlustleistung in die Leistung der Gaswechselarbeit (Drosselverluste) und die der mechanischen Reibung aufzuteilen. Die Aufteilung ist dadurch möglich, daß der Zylinder leergepumpt und der Motor angetrieben wird, so daß im wesentlichen nur die von den Drücken im Zylinder unabhängigen mechanischen Verluste in Erscheinung treten. Die von den Drücken im Zylinder abhängigen Verluste werden getrennt untersucht. Die im mechanischen Wirkungsgrad ebenfalls erfaßten Gaswechselverluste sind aus dem Indikatordiagramm zu bestimmen.

Abb. 61 zeigt in Kurve a den Mitteldruck der gesamten Verlustleistung eines Einzylindermotors bei fremd angetriebenem Motor abhängig von der Drehzahl; die Kurve b läßt den Mitteldruck der mechanischen Reibungsverluste und die Kurve c den der Kolbenreibung allein erkennen.

In Abb. 62 ist die Änderung des Mitteldruckes der gesamten mechanischen Reibungsverluste mit der Belastung und Drehzahl für drei verschiedene Höchstdrücke dargestellt. Die Abbildung zeigt den Einfluß der Drücke während des Arbeitsspieles auf den Reibungsverlust. Die dargestellten Versuche wurden an einem Einzylindermotor durchgeführt, bei dem die Reibungsverluste verhältnismäßig hoch waren.

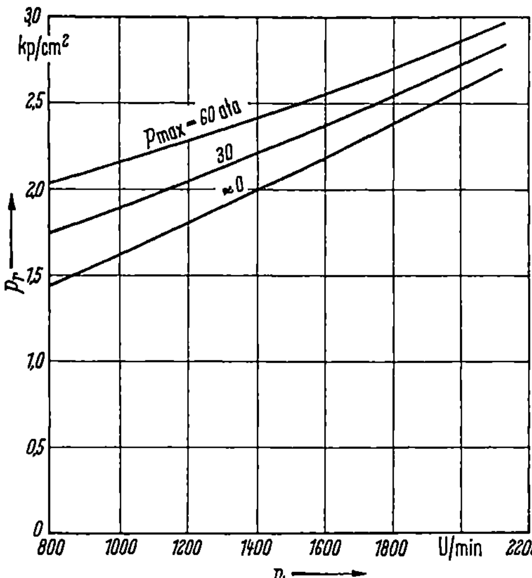

Abb. 62. Mitteldruck der Reibungsleistung bei verschiedenen Höchstdrücken, abhängig von der Drehzahl (Versuche bei fremdangetriebenem Motor)

In Abb. 63 ist die Zunahme der durch den Gasdruck verursachten Reibungskräfte und die entsprechende Veränderung der Höchstdrücke abhängig vom Verdichtungsverhältnis dargestellt.

Die Versuchsergebnisse zeigen, daß die Höchstdrücke ein Maß für den von den Drücken abhängigen Teil der Reibungsleistung sind, gleichgültig, ob sie durch die Zunahme der Verdichtung oder durch früheren Einspritzbeginn (vgl. Punkt A und B, Abb. 63) verursacht sind.

e) Wärmebilanzen

Im Rahmen der Auswertung von Versuchsergebnissen an Verbrennungsmotoren werden vielfach Wärmebilanzen aufgestellt, die ein anschauliches Bild der Energieumsetzung im Motor vermitteln. Nach dem ersten Hauptsatz muß die gesamte, dem Heizwert entsprechende

Energie den Motor in irgendeiner Form wieder verlassen. Die gesamte abgegebene Energie kann man in vier Gruppen zusammenfassen, und zwar:

1. die vom Motor als mechanische Arbeit abgegebene Energie (Nutzleistung),
2. die im Kühlwasser abgeführte Wärmemenge,
3. die in den Abgasen abgeführte Wärmemenge,
4. die durch Strahlung und Leitung vom Motor an die Umgebung abgegebene Wärmemenge.

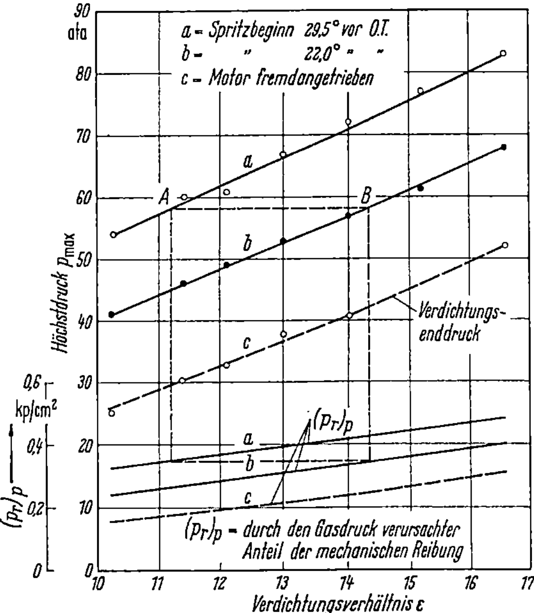

Abb. 63. Abhängigkeit der Höchstdrücke und der Reibungsverluste vom Spritzzeitpunkt und vom Verdichtungsverhältnis. $n = 1600$ U/min, $\lambda \approx 1,5$, $V_h = 2,26$ l, Dieselmotor mit direkter Einspritzung, lange Spritzdauer

Da die Wärmebilanz auf den Heizwert bezogen wird, führt man jeweils die Energiezunahme der wärmeabführenden Mittel (Kühlwasser, Abgase) und nicht den Absolutwert der abtransportierten Energiemengen ein. Als Kühlwasserwärme wird z. B. die der Temperaturzunahme des Kühlwassers entsprechende Wärmemenge eingesetzt.

Man kann die Wärmebilanz auch unterteilen und die Vorgänge in einer bestimmten Phase des motorischen Prozesses darstellen; beispielsweise kann man auch die Umsetzung der inneren Leistung[1] in

---

[1] Es ist jedoch unrichtig, die innere Leistung — wie es vielfach im Schrifttum üblich ist — in die Gesamtwärmebilanz einzuführen.

mechanische Reibung und Nutzleistung und die Überführung der
mechanischen Reibung in Kühlwasserwärme, Strahlung und Leitung
darstellen. Für derartige Darstellungen eignet sich besonders gut das
Sankey-Diagramm.

Man kann im allgemeinen, insbesondere bei stationären Dieselmotoren, bei Normallast des Motors in der Größenordnung $1/_3$ des Heizwertes für die Nutzleistung, $1/_3$ für die Kühlwärme und $1/_3$ für die Abgaswärme einsetzen, wobei ein Restbetrag von mehreren Prozenten
der Strahlung und Leitung entspricht.

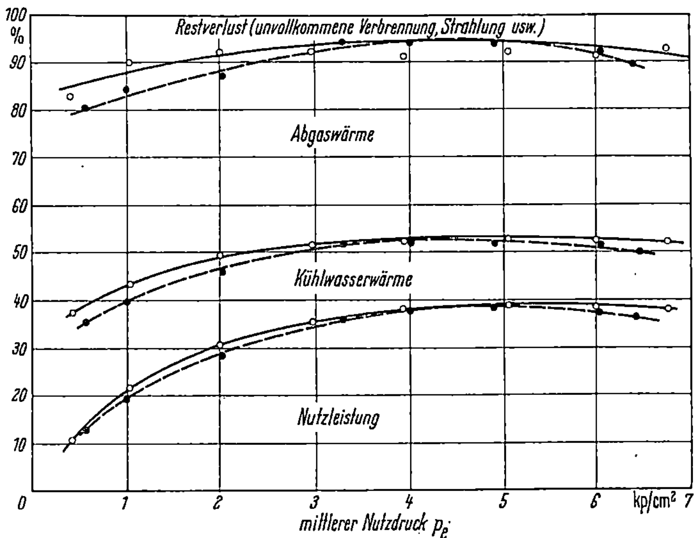

Abb. 64. Wärmebilanz eines Dieselmotors mit direkter Einspritzung, abhängig von der
Belastung bei verschiedenen Drehzahlen
——— $n = 1500$ U/min; — — — $n = 1700$ U/min

Bei schnellaufenden Motoren ist der Anteil der Wärme, der an das
Kühlwasser abgegeben wird, bedeutend geringer. Beispielsweise ergab
sich bei Versuchen an einem Hochleistungs-Ottomotor eine Verteilung
der gesamten, dem Heizwert entsprechenden Energie etwa wie folgt:

Nutzleistung	25 vH
Kühlwasserwärme	19 vH
Abgaswärme	44 vH
Rest	12 vH

In dem Restbetrag ist beim Ottomotor bei kraftstoffreichen Gemischen
auch der Verlust durch Unverbranntes enthalten.

Besonders gering ist die Kühlwasserwärme beim Junkers-Doppel-
kolbenmotor. In Abb. 64 und 65 sind Energiebilanzen des Motors einmal abhängig vom Nutzdruck und einmal abhängig von der Drehzahl

wiedergegeben. Bei geringer Belastung sind naturgemäß die Rest-
verluste relativ größer.

Der größte Teil der Kühlwasserwärme wird während des Verbrennungsvorganges und während der Dehnung von der Zylinderfüllung
an das Kühlwasser abgegeben. Wegen der mit der Kühlung verbundenen Drucksenkung im Zylinder ergibt sich ein Arbeitsverlust. Dieser
Verlust ist in dem Unterschied der inneren Leistung gegenüber der
Leistung der vollkommenen Maschine, der nur etwa 4 bis 10 vH des
Heizwertes entspricht, enthalten. Da die gesamte von den Verbren-

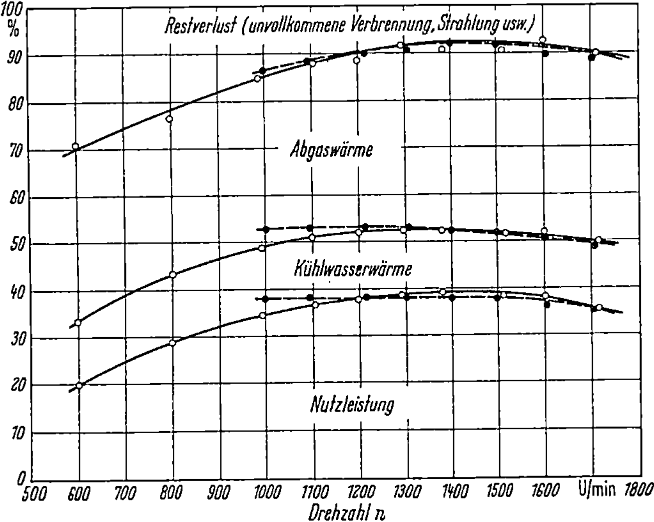

Abb. 65. Wärmebilanz eines Dieselmotors mit direkter Einspritzung, abhängig von der
Drehzahl für Vollast (– – –) und Belastung entsprechend der Propellerkurve (——)

nungsgasen an die Wände abgegebene Wärmemenge etwa 30 vH des
Heizwertes beträgt, tritt höchstens ein Drittel des Energiewertes der
an die Wand abgegebenen Wärmemenge als Arbeitsverlust in Erscheinung. Dementsprechend ist die beim Motorversuch ermittelte Abgaswärme gegenüber der Abgaswärme der vollkommenen Maschine nicht
etwa um den vollen Betrag der an das Kühlwasser abgegebenen Wärme,
sondern nur um etwa zwei Drittel dieses Wertes kleiner.

4. Klassifizierung der Kraftstoffe

In den Abschnitten, in denen die grundsätzlichen Fragen der
Zündung behandelt werden[1], ist dargelegt, daß die motorischen Zün-

---

[1] Vgl. Kapitel „Zündverzug bei Gasgemischen", S. 530, „Zündverzug bei
Einspritzung flüssigen Kraftstoffes", S. 570, „Klopfen", S. 53 und „Zündverzug
im Dieselmotor", S. 76.

dungsvorgänge im wesentlichen durch Reaktionsvorgänge bedingt sind, die vor Auftreten der sichtbaren Zündung stattfinden. Es konnte festgestellt werden, daß für die Zündung im Dieselmotor und das Klopfen im Ottomotor chemische Vorgänge maßgebend sind, die sich formelmäßig in derselben Weise darstellen lassen, sofern die in Betracht kommenden Druck- und Temperaturbereiche dieselben sind. Aus diesem Grunde ist es auch erklärlich, daß Zusammenhänge zwischen der Eignung der Kraftstoffe für Ottomotoren und für Dieselmotoren bestehen. Während im Dieselmotor möglichst rasch zündende Kraftstoffe erwünscht sind, sind für den Ottomotor diejenigen Kraftstoffe am besten geeignet, die besonders schlechte Selbstzündungseigenschaften aufweisen. Hierbei ist zu berücksichtigen, daß — sofern man genügend weit von den Zündgrenzen entfernt ist — die Zündwilligkeit vollkommen ausreicht, um in der Flammenfront eine Zündung und damit ein genügend rasches Fortschreiten der Flammenfront zu gewährleisten. Aus diesen Betrachtungen kann geschlossen werden, daß es voraussichtlich möglich sein wird, für den Kraftstoff ein und dieselbe Kennzeichnung sowohl für den Dieselmotor als auch für den Ottomotor zu verwenden. Allerdings sind dann mehrere Kennzahlen erforderlich, um die Kraftstoffeigenschaften ausreichend gut zu beschreiben. Da die Entwicklung von Otto- und Dieselmotoren bisher vollkommen getrennte Wege gegangen ist und die Kennzeichnung der Eignung der Dieselkraftstoffe und der Ottokraftstoffe bisher durch je eine einzige Kennzahl erfolgte, wurde auch die Prüfung und Festlegung der Gütekennzahlen für beide Motoren unabhängig voneinander vorgenommen.

a) Thermodynamische und motorische Bewertung von Motorkraftstoffen

Die Motorkraftstoffe bestehen im allgemeinen aus einem Gemisch von aliphatischen (kettenförmigen), alizyklischen und aromatischen (ringförmigen) Kohlenwasserstoffen. Sie werden durch fraktionierte Destillation des Rohöls oder durch Kohlehydrierung gewonnen. Bei der technischen Gewinnung der Kraftstoffe, insbesondere in Verbindung mit einem katalytischen Kracken (Molekülspaltung) oder katalytischen Reformieren (Molekülumwandlung) entstehen eine sehr große Anzahl von Kohlenwasserstoffen, die sich durch ihre chemische Zusammensetzung und ihre Molekularstruktur stark voneinander unterscheiden.

Die Molekularstruktur bestimmt das Zündverhalten der Kraftstoffe und in Verbindung mit der chemischen Zusammensetzung auch ihren Heizwert. Der auf die Mengeneinheit bezogene Heizwert kann bei den Kohlenwasserstoffen zwischen 11 954 kcal/kg für Methan und 9 595 kcal/kg für flüssiges Benzol schwanken. Grundlage für die Beurteilung der Kraftstoffe ist die Kenntnis von den Zusammenhängen zwischen der chemischen Zusammensetzung, der Molekularstruktur und dem Heizwert einerseits und dem Wirkungsgrad, dem spezifischen Kraftstoffverbrauch und dem Mitteldruck des vollkommenen Motors andererseits.

Um eine systematische Ordnung der Kraftstoffe hinsichtlich ihres motorischen Verhaltens zu gewinnen, wurden das Heizwertverhältnis k und das C/H-Atomverhältnis als charakteristische Kraftstoffkenngrößen eingeführt. Das C/H-Atomverhältnis gibt das Verhältnis der im Kraftstoffmolekül gemäß der Summenformel $C_m H_n$ enthaltenen Kohlenstoff- und Wasserstoffatome

$$\frac{C}{H} = \frac{m}{n}$$

an. Das Heizwertverhältnis k wird als Verhältnis aus dem Kraftstoffheizwert $H_{p,T}$ und der Heizwertsumme der im Kraftstoff enthaltenen chemischen Elemente C und H zu

$$k = \frac{H_{p,T}}{m \cdot H_{p,T_C} + 0,5 \, n \cdot H_{p,T_{H2}}} = \frac{H_{p,T}}{m \cdot 94\,052 + n \cdot 28\,899} \qquad (69)$$

definiert. Mit Hilfe dieser beiden charakteristischen Kraftstoff-Kenngrößen lassen sich alle Kohlenwasserstoffe in einem k–C/H-Diagramm darstellen, anhand dessen in einfacher Weise ihre thermodynamische Bewertung möglich ist [F 35].

Nach Abb. 66 läßt sich der größte Teil der Kohlenwasserstoffe unter Zugrundelegung des gasförmigen Aggregatzustandes im wesentlichen durch vier Kurvenzüge beschreiben, die einen gemeinsamen Schnittpunkt haben und im Bereich des C/H-Atomverhältnisses zwischen 0,25 (Methan) und 1,0 (Azetylen und Benzol) und im Bereich des Heizwertverhältnissses k zwischen 0,91 (Methan) und 1,21 (Azetylen) liegen. Würde man die Heizwerte für den flüssigen Aggregatzustand der Kraftstoffe in das Heizwertverhältnis gemäß Gleichung (69) einführen, so lägen die k-Werte infolge der Verminderung des Heizwertes um die Verdampfungswärme etwas unterhalb der in Abb. 66 dargestellten Kurvenzüge [M 18].

In Abb. 66 wurde auf eine detaillierte Darstellung der Isomere der Paraffine verzichtet, da die Unterschiede in den k-Werten nur sehr gering sind, wie es in ähnlicher Weise zwischen den in der Abbildung enthaltenen Diolefinen und Acetylene $C_n H_{2n-2}$ der Fall ist.

Die Stabilität nimmt in der Regel bei $k > 1$ mit zunehmendem Heizwertverhältnis ab.

Azetylene und die niedrig siedenden Diolefine kommen daher für eine motorische Verwendung kaum in Frage. Dagegen gehören die Paraffine, Zykloparaffine, Monoolefine und die Aromaten zu den allgemeinen Bestandteilen der Motorenkraftstoffe.

Eingehende Untersuchungen[1] haben ergeben, daß die adiabatischen Verbrennungstemperaturen der Kohlenwasserstoffe unter Berücksichtigung der Dissoziation nur eine ganz geringfügige Abhängigkeit vom C/H-Atomverhältnis aufweisen und bei konstantem Druck und konstantem Luftverhältnis im wesentlichen nur eine Funktion des Heizwertverhältnisses k sind. Danach ergeben sich für Methan mit $k = 0,91$

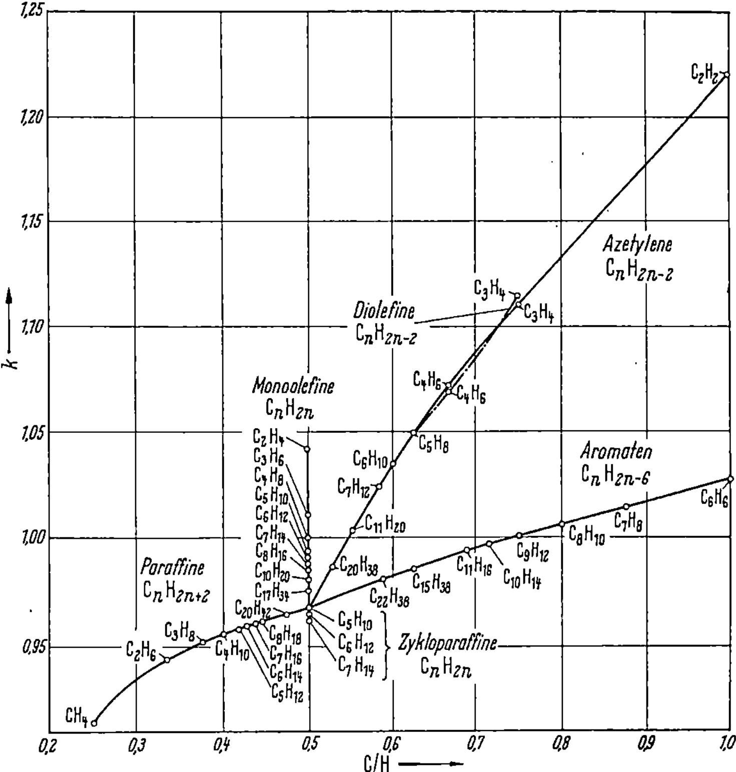

Abb. 66. Heizwertverhältnis k der Kohlenwasserstoffe als Funktion des C/H-Atomverhältnisses

die niedrigsten und für Azetylen mit $k = 1,21$ die höchsten Verbrennungstemperaturen. Während die Verbrennungstemperaturen für ein konstantes Heizwertverhältnis für alle C/H-Atomverhältnisse annähernd gleich groß sind, sind die isentropen Expansionsarbeiten vom C/H-Atomverhältnis in der Weise abhängig, daß sie mit zunehmendem C/H-Verhältnis abnehmen. Diese beiden Grundlagen spiegeln sich im Wirkungsgrad und im Mitteldruck des vollkommenen Motors wieder.

---

[1] Die Untersuchungen wurden von O. STUMPF im Institut des Verfassers durchgeführt.

In Abb. 67 ist der Wirkungsgrad des vollkommenen Ottomotors in Abhängigkeit vom C/H-Verhältnis für stöchiometrisches Luftverhältnis bei Annahme chemischen Gleichgewichts während der Expansion der Verbrennungsgase und unter Zugrundelegung eines konstanten Verdichtungsverhältnisses dargestellt. Nach den obigen Ausführungen ist der Wirkungsgrad um so besser, je kleiner das Heizwertverhältnis k und je größer die Expansionsarbeit $(U_3 - U_4)$ bzw. je kleiner das C/H-Atomverhältnis sind. Das hat zur Folge, daß gemäß Abb. 67 der vollkommene Ottomotor bei Verwendung der Paraffine

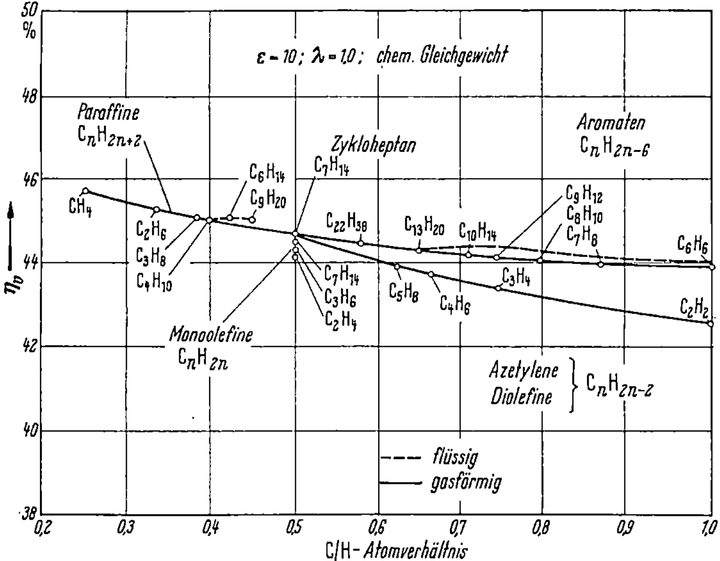

Abb. 67. Wirkungsgrad des vollkommenen Ottomotors in Abhängigkeit vom C/H-Atomverhältnis

die besten und bei Verwendung der Azetylene und der Diolefine die geringsten Wirkungsgrade hat.

Sehr große Unterschiede ergeben sich in den spezifischen Kraftstoffverbrauchswerten des vollkommenen Ottomotors beim Betrieb mit den verschiedenen Kohlenwasserstoffen, wobei zwischen den auf die Mengeneinheit und den auf die Volumeneinheit des Kraftstoffs bezogenen spezifischen Verbräuche zu unterscheiden ist. In Abb. 68 ist der auf die Mengeneinheit bezogene spezifische Verbrauch in Abhängigkeit vom C/H-Verhältnis der Kohlenwasserstoffe dargestellt. Infolge der Abnahme der Wirkungsgrade und der auf die Mengeneinheit bezogenen Heizwerte mit zunehmendem C/H-Verhältnis ergeben sich für die Paraffine die besten und für die Aromaten stark davon abweichende spez. Verbräuche, während die Verbräuche der flüssigen

Olefine in der gleichen Größenordnung wie diejenigen der flüssigen Paraffine liegen.

Neben dem auf die Mengeneinheit bezogenen spezifischen Verbrauch hat auch der auf die Volumeneinheit bezogene Verbrauch eine große Bedeutung, da der Kraftstoffverbrauch von Kraftfahrzeugen meistens in Litern angegeben wird und auch im allgemeinen dem Kraftstoffpreis die Volumeneinheit zugrundegelegt wird. Hiernach haben in umgekehrter Weise wie in Abb. 68 die Aromaten, insbesondere die

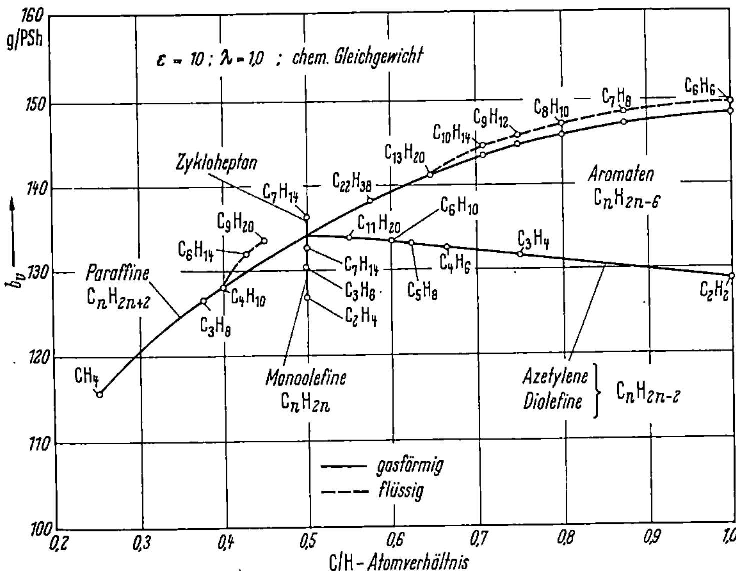

Abb. 68. Spezifischer Verbrauch des vollkommenen Ottomotors in Abhängigkeit vom C/H-Atomverhältnis

höher siedenden Aromaten die besten spezifischen Verbräuche, die Paraffine und Olefine um so schlechtere Verbräuche, je niedriger ihre Siedetemperatur ist.

Faßt man die bei der Untersuchung des vollkommenen Motors gewonnenen Ergebnisse bezüglich des Mitteldruckes und des spezifischen Kraftstoffverbrauches zusammen, so erweisen sich die aromatischen Kohlenwasserstoffe als sehr günstige Bestandteile von Ottokraftstoffen.

b) Kraftstoffe für Ottomotoren, Klassifizierung im Hinblick auf die Klopfeigenschaften[1]

Der Klopfvorgang und die dadurch gegebenen Grenzen des zulässigen Betriebsbereiches sind so wichtig für den praktischen Motor-

---

[1] In diesem Zusammenhang sei auch auf die Oberflächenzündungserscheinungen, s. S. 61—64, hingewiesen.

betrieb, daß die Bewertung und Einteilung der Kraftstoffe der Otto-motoren auf Grund ihrer Klopfeigenschaften erfolgt. Als Maß für die Klopffestigkeit eines Kraftstoffes ist die in einem Prüfmotor bestimmte Oktanzahl üblich. Nach dieser Methode erfolgt die Bewertung des Kraftstoffes durch Vergleich mit einem Bezugskraftstoff, der wegen seiner einheitlichen Zusammensetzung jederzeit mit denselben Eigenschaften zur Verfügung steht. Die Oktanzahl gibt diejenige Isooktan-menge in Volumenprozenten an, die in dem Gemisch eines Vergleichs-kraftstoffes, der aus Isooktan (C_8H_{18}) und n-Heptan (C_7H_{16}) besteht, enthalten sein muß, damit dieser Vergleichskraftstoff dieselbe Klopf-festigkeit hat, die der zu untersuchende Kraftstoff besitzt. Der Ver-gleichskraftstoff klopft um so stärker, je mehr von dem stark klopfen-den n-Heptan und je weniger von dem klopffesten Isooktan in der Mischung enthalten ist. Bei dieser Bewertung hat also ein Kraftstoff, der die gleiche Klopffestigkeit wie Isooktan besitzt, eine Oktanzahl 100. Kraftstoffe, die noch bessere Klopfeigenschaften haben, werden mit Oktanzahlen über 100 gekennzeichnet. Die Extrapolation erfolgt dann durch Vergleich mit Kraftstoffen höherer Klopffestigkeit oder mit Hilfe anderer Verfahren zur Ermittlung der Klopffestigkeit. Benutzt man beispielsweise die höchstzulässigen Ladedrücke an der Klopfgrenze zur Kennzeichnung der Klopffestigkeit, so ist eine beliebige Extra-polation möglich.

In einfacher Weise lassen sich Oktanzahlen über 100 durch einen Vergleich mit einem Meßkraftstoff aus einer Mischung von Isooktan plus einer bestimmten Menge Bleitetraäthyl messen. Diese Auswer-tung der Oktanzahlskala ist sowohl für die Bewertung von Flugkraft-stoffen als auch für die Betriebsverhältnisse in Fahrzeugmotoren üblich. In den USA stützt sich die Berechnung der Oktanzahl über 100 für Flugkraftstoffe auf die sogenannte Performance-Number (PN = Leistungszahl), während für Kraftfahrzeugmotoren teils auch die so-genannte ,,Wiese-Skala'' benutzt wird. Beide Bemessungsverfahren haben sich aber noch nicht endgültig durchgesetzt.

Da die Neigung zum Klopfen sich von Motor zu Motor ändert, er-folgt die vergleichende Messung der Klopffestigkeit in einem Einzylin-der-Prüfmotor, allgemein im CFR-Motor, der von dem Cooperative Fuel Research Committee (USA) entwickelt wurde. Der in Deutsch-land gebaute Prüfmotor BASF wird ebenfalls verwendet. Nach den gewählten Betriebsbedingungen unterscheidet man die Research oder die Motor-Oktanzahl (ROZ bzw. MOZ), wobei für den CFR-Motor folgende Einstellungen gelten:

Research-Verfahren: Drehzahl 600 U/min
(oder auch F1-Methode) keine Gemischvorwärmung
         Temperatur der Einlaßluft: 52 °C

9/1 Schmidt, Verbrennungskraftmaschinen, 4. Aufl.

Motor-Verfahren: Drehzahl 900 U/min
(oder auch F2-Methode)   Gemischtemperatur: 149 °C
                              Temperatur der Einlaßluft = Raumtemperatur.

Nach beiden Methoden ergeben sich im allgemeinen verschiedene Oktanzahlen, deren Differenz sowohl positiv wie auch negativ sein kann.

Die Messung der Klopfintensität erfolgt heute meist mit Hilfe eines magnetostriktiven Gebers, der die Druck-Beschleunigungsstöße, die beim Klopfen auftreten, in elektrische Impulse umwandelt, die dann über mehrere Verstärkerstufen geleitet werden und schließlich am Klopfmesser, einem Millivoltmeter, angezeigt werden.

Der früher benutzte Springstiftindikator, der die Durchbiegung einer Membran ausnutzte, die im Verbrennungsraum den Druckstößen

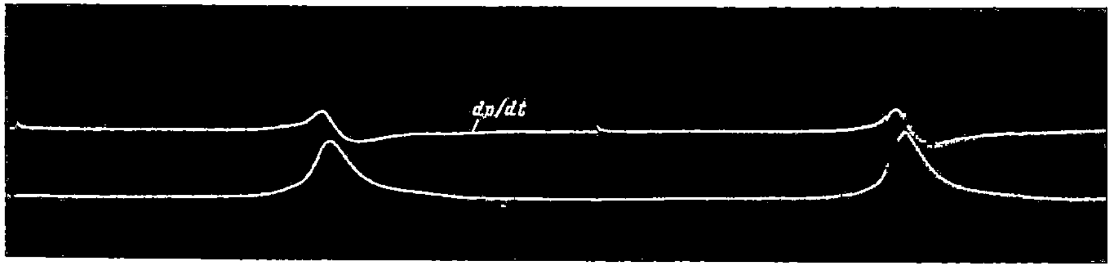

Abb. 69. Druck p im Zylinder und dp/dt bei Betrieb des Motors an der Klopfgrenze

der klopfenden Verbrennung ausgesetzt war, wird heute kaum mehr verwendet. Die elektrischen Meßmethoden schalten subjektive Beobachtungsfehler weitgehend aus und ermöglichen eine genauere Ablesung der erhaltenen Werte.

Sehr wichtig für den Motorenhersteller ist die Feststellung der Klopfgrenzen. Hier bietet die Aufnahme des Indikatordiagrammes und des Differentialquotienten des Druckes nach der Zeit (dp/dt) eine gute Möglichkeit der Bestimmung (Abb. 69). Im Kurvenzug dp/dt tritt die rasche Druckänderung bei klopfendem Betrieb deutlich in Erscheinung.

Eine noch bessere Kennzeichnung des Klopfbeginns bekommt man durch Aufzeichnung des zweiten Differentialquotienten des Druckes nach der Zeit d^2p/dt^2 [F 37]. Bei den Betriebszuständen, bei denen Klopfen auftritt, wird der Wert des zweiten Differentialquotienten erheblich größer als bei normalem Betrieb, so daß in der Darstellung des Wertes d^2p/dt^2 abhängig von der betrachteten Änderung des Betriebszustandes ein deutlicher Knick feststellbar ist.

In Abb. 69 sind zwei aufeinanderfolgende Arbeitsspiele bei Betrieb des Motors an der Klopfgrenze dargestellt. Während in dem ersten Diagramm (links in der Abbildung) kein Klopfen feststellbar ist, wird in dem rechts gezeichneten Diagramm ein deutlicher Klopfstoß verzeichnet. Die Messung mit Indikatordiagrammen ist jedoch umständlich und wird deshalb nur selten angewendet.

Eine weitere Möglichkeit zur Feststellung des klopfenden Betriebszustandes bietet ein von A. W. SCHMIDT [F 27] entwickeltes elektroakustisches Verfahren. Bei diesem Verfahren werden durch einen am Motorkörper angebrachten Geber die Körperschallschwingungen in elektrische Schwingungen umgesetzt und aus dem gesamten Geräuschspektrum die Klopffrequenz herausgesiebt, verstärkt und durch einen Elektronenstrahloszillographen sichtbar gemacht. Da für eine derartige Messung keine zusätzliche Indikatorbohrung erforderlich ist, eignet sich diese Methode der Klopfbestimmung besonders für die Untersuchung von Mehrzylindermotoren.

Die Kennzeichnung der Klopffestigkeit der Kraftstoffe durch die Oktanzahl hat bei nichtaufgeladenen Motoren zufriedenstellende Ergebnisse geliefert. Die Anwendung für aufgeladene Motoren und für Kraftstoffe mit hohen Oktanzahlen hat nicht befriedigt [D 112, F·22]. Es hat sich gezeigt, daß das Verhalten paraffinischer und aromatischer Kraftstoffe weitgehend verschieden ist, und insbesondere das Verhältnis der Temperatur- und Druckabhängigkeit des Klopfvorganges so große Unterschiede aufweist, daß eine einheitliche Beurteilung ·in diesen Fällen mit Hilfe der Oktanzahlen nicht mehr möglich ist. Die Prüfung der Kraftstoffe für Hochleistungsmotoren wird deshalb durch die Ermittlung der in einem Versuchsmotor erreichbaren höchsten Mitteldrücke oder Aufladedrücke an den Klopfgrenzen über einen größeren interessierenden Betriebsbereich der Ladelufttemperatur, des Ladeluftdruckes und des Luftüberschusses erreicht.[1]

Für die Prüfung der Kraftstoffe von Hochleistungsmotoren, vor allem Flugmotoren, sind zwei weitere Prüfverfahren für das Klopfverhalten der Flugkraftstoffe entwickelt worden, die die Kraftstoffe unter betriebsnahen Verhältnissen bewerten, und zwar

a) dem Reiseflug entsprechend im kraftstoffarmen Bereich (F3-Methode),
b) dem Steigflug entsprechend im kraftstoffreichen Bereich (F4-Methode).

Die F3-Methode für den kraftstoffarmen Bereich hat als Bewertungsgrundlage für das Klopfverhalten die mittlere Temperatur im Verbrennungsraum, die mit Hilfe eines Thermoelementes gemessen wird. Im kraftstoffreichen Gebiet dient als Maßstab für die Klopfbewertung von Flugkraftstoffen der mit dem Kraftstoff erzielbare höchste mittlere Arbeitsdruck, der durch eine Klopfgrenzkurve bei feststehenden Motorbedingungen (z. B. Ladedruck 3,8 ata) ermittelt wird (F4-Methode).

---

[1] Nähere Erläuterungen sind in dem Abschnitt „Praktische Grenzen der Aufladung" (S. 221) gegeben.

Mit diesen Methoden erhält man zwar eine zuverlässige und gute Kennzeichnung der Kraftstoffe bei den interessierenden Betriebsbedingungen, die Methoden erfordern jedoch einen erheblichen Arbeitsaufwand, ebenso wie die Ermittlung der noch zu erwähnenden Straßenoktanzahl (SOZ), die durch Fahrversuche auf der Landstraße das Klopfverhalten des zu untersuchenden Motors unter festgelegten Bedingungen bestimmt.

Bei allen beschriebenen Methoden der Kennzeichnung von Kraftstoffen hinsichtlich ihrer Klopffestigkeit handelt es sich um empirische Methoden.

Die vorliegenden theoretischen Untersuchungen und physikalischen Messungen lassen aber erwarten, daß es in Zukunft möglich sein wird, mit einigen wenigen Kennzahlen das Zündverhalten des Kraftstoffes ausreichend genau zu beschreiben, wie folgende Ausführungen zeigen.

Im Abschnitt „Klopfen" (s. S. 53 bis 61) wurden ausführlich die Gründe dargelegt, warum für eine gute Kennzeichnung der Kraftstoffe eine Konstante nicht ausreicht und daß hierfür drei, mindestens aber zwei Konstanten erforderlich sind. Die Darstellung der Klopfneigung ist danach nur dann durch eine Größe in eindeutiger Weise möglich, wenn bei der Prüfung und beim Motorbetrieb dieselben Größen, z. B. das Verdichtungsverhältnis oder die Ladelufttemperatur (die beide hauptsächlich eine Beeinflussung der Gemischtemperatur am Ende der Verdichtung bedingen), geändert werden. Wenn aber einmal nur die Temperatur und im anderen Fall nur der Druck des unverbrannten Gemisches vor Klopfbeginn sehr wesentlich geändert wird, dann ist die Darstellung der Ergebnisse durch eine Größe nicht mehr möglich.

Ein neuer Vorschlag zur besseren Kennzeichnung
der Kraftstoffeigenschaften

Eine gute Kennzeichnung des Kraftstoffes erhält man voraussichtlich mit einem für den Absolutwert der Klopffestigkeit maßgebenden Kennwert, mit einer weiteren Kennzahl für die Temperaturabhängigkeit des Zündungsvorganges (z. B. b, das ist der Wert der mittleren scheinbaren Aktivierungsenergie, vgl. auch S. 546 bis 557) und einem Kennwert für die Druckabhängigkeit des Zündungsvorganges (z. B. n, entsprechend dem Druckexponenten der Selbstzündungsreaktion). Dabei kommt es im wesentlichen auf das Verhältnis der Größen der Druck- und Temperaturabhängigkeit an. Deshalb genügt für die Kennzeichnug voraussichtlich ein Wert b/n. Da diese Werte (b und n) von dem in Betracht kommenden Druck- und Temperaturbereich und vom Luftverhältnis abhängig sind, gelten sie nur in einem beschränkten Bereich mit ausreichender Genauigkeit. Bei den meisten Kraftstoffen lassen sich in dem für den Motorbetrieb in Frage kommenden

Bereich genügend genaue Mittelwerte bestimmen. Der erstgenannte Wert, der die Zündwilligkeit für einen bestimmten motorischen Betriebszustand kennzeichnet, müßte dem jeweiligen Verwendungszweck des Kraftstoffes angepaßt sein, beispielsweise käme bei Hochleistungsmotoren ein Kennwert in Betracht, der sich auf den Hauptbetriebsbereich des Motors (im Hinblick auf den Temperatur- und Druckzustand) bezieht. Er kann im wesentlichen der Oktanzahl entsprechen und sinngemäß mit der hierfür üblichen Methode ermittelt werden. Da die Arbeiten auf diesem Gebiete noch nicht abgeschlossen sind, hat sich bis jetzt noch keine einheitliche Methode für die Kraftstoffprüfung durchgesetzt.

Für die praktische Anwendung werden also zwei Konstanten, und zwar die Oktanzahl und der Wert $\dfrac{b}{n}$, der die beiden Werte für die Druck- und Temperaturabhängigkeit durch eine Kenngröße ersetzt, die das Verhältnis der Druck- und Temperaturabhängigkeit kennzeichnet.

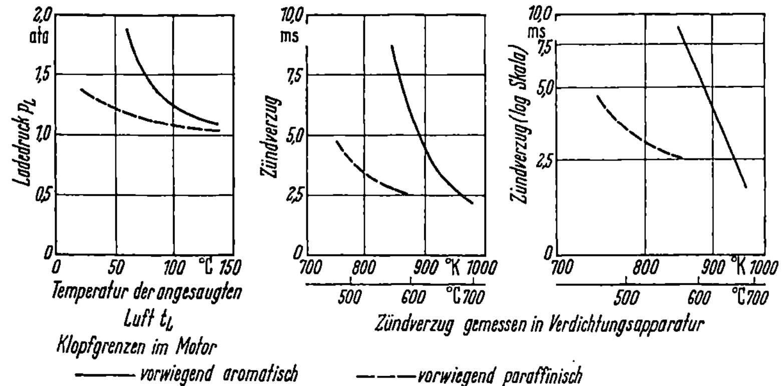

Abb. 70. Zündverhalten eines aromatenreichen und eines aromatenarmen Kraftstoffes

Die Frage, ob bzw. für welche Zwecke eine Kennzeichnung des Einflusses des Luftverhältnisses zusätzlich erforderlich ist, kann erst nach Vorliegen reichhaltigeren Versuchsmaterials entschieden werden.

Daß eine gute Kennzeichnung des Selbstzündungsverhaltens durch die Messung des Zündverzuges gegeben ist, zeigt schon ein flüchtiger Vergleich der Zündverzugsmessungen mit den motorischen Messungen. In Abb. 70 sind beispielsweise Zündverzugsmessungen, die in einer Verdichtungsapparatur gemessen wurden, motorischen Meßergebnissen gegenübergestellt. Die Betrachtung zeigt eine starke Temperaturabhängigkeit des Zündvorganges des aromatischen Kraftstoffes im Vergleich zu einem synthetisch hergestellten Kraftstoff auf vorwiegend paraffinischer Basis. Außer den erwähnten Gesetzmäßigkeiten ist der Einfluß des Luftverhältnisses auf den Zündungsvorgang von Bedeutung. Als Beispiel ist in der Abb. 71 der Einfluß des Luftverhältnisses auf den

Zündverzug einiger Kraftstoffe gezeigt. Die stärkere Abhängigkeit der Klopfneigung des Motors vom Luftverhältnis, vgl. Abb. 135, S. 225, ist zum Teil als indirekter Einfluß des Luftverhältnisses auf die Brennraumtemperatur zu erklären.

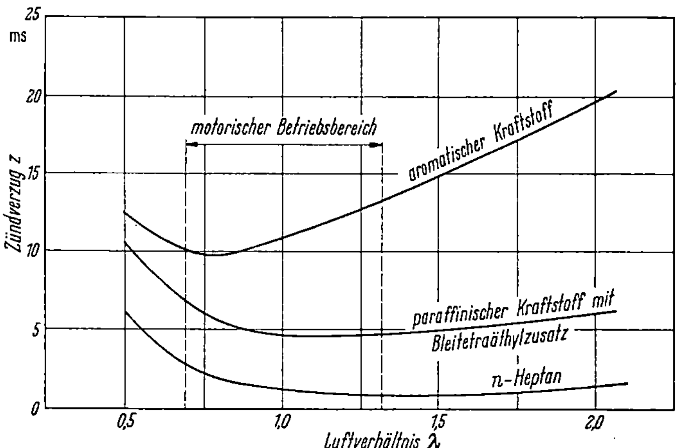

Abb. 71. Abhängigkeit des Zündverzuges vom Luftverhältnis. Temperatur 460 °C. Druck 20 ata

c) Kraftstoffe für Dieselmotoren,
Klassifizierung im Hinblick auf die Zündeigenschaften

Für die praktische Eignung der Dieselkraftstoffe sind die Vorgänge bei der Zündung von wesentlicher Bedeutung, da bei schlechten Zündeigenschaften, also großem Zündverzug, wie schon oben erwähnt, harter Gang des Motors auftritt. Zur Bewertung der Eignung der Kraftstoffe ist die Cetanzahl (CaZ) eingeführt worden. Die früher benutzte Cetenzahl ist heute nicht mehr gebräuchlich. Ähnlich wie bei der Oktanzahl bei Kraftstoffen für Ottomotoren geschieht die Kennzeichnung der Dieselkraftstoffe durch einen Bezugskraftstoff mit gleichen motorischen Eigenschaften, der aus einer Mischung des sehr zündwilligen paraffinischen Kohlenwasserstoffes Cetan ($C_{16}H_{34}$) und des sehr zündträgen aromatischen Kohlenwasserstoffes α-Methylnaphtalin ($C_{11}H_{10}$) besteht. Die Cetanzahl gibt die Raumanteile Cetan im Bezugskraftstoff an, der bei denselben Prüfbedingungen denselben Zündverzug ergibt wie der zu prüfende Kraftstoff. Zur Feststellung der Cetanzahlen kann grundsätzlich jeder Dieselmotor verwendet werden, sofern er gestattet, die Zeitpunkte für Einspritzbeginn und Druckanstieg im Verbrennungsraum eindeutig zu messen. Die Cetanzahl wird jedoch vorwiegend in Einzylinder-Prüfmotoren bei konstantem Zündverzug gemessen (z. B. BASF-Prüfdieselmotor oder CFR-Prüfdieselmotor).

Der Meßbereich von Prüfmotoren mit veränderlicher Verdichtung (z. B. CFR-Prüfdiesel) umfaßt den Bereich von 0 bis 100 CaZ, Motoren mit fest eingestellter Verdichtung (z. B. BASF-Prüfdiesel) weisen geringere Meßbereiche, z. B. zwischen 25 bis 80 CaZ auf.

Im Hinblick auf die Entwicklung der Vielstoffmotoren, die neben Dieselkraftstoffen auch mit Ottokraftstoffen betrieben werden sollen, ist es auch notwendig, die Cetanzahl dieser Kraftstoffe zu bestimmen. Bei den gebräuchlichen Ottokraftstoffen liegt diese unterhalb CaZ 20. Zwischen Cetanzahl und Oktanzahl ist ein gesetzmäßiger Zusammenhang feststellbar, und zwar ist im allgemeinen die Cetanzahl um so geringer, je höher die Oktanzahl ist. Man kann auch sagen, daß die Selbstzündungseigenschaften eines Kraftstoffes, für die die Cetanzahl ein Maß sein soll, bei der Verwendung im Dieselmotor möglichst günstig und die Zündungseigenschaften der im Ottomotor verwendeten Kraftstoffe möglichst schlecht sein sollen, um die Selbstzündung und das Klopfen zu vermeiden. Der gesetzmäßige Zusammenhang zwischen Oktanzahl und Cetanzahl ist von WILKE [G 69] ermittelt worden und konnte durch eine schwach gekrümmte Kurve nach der Beziehung CaZ = 60 − 1/2 OZ dargestellt werden. Mit hinreichender Genauigkeit gilt diese Kurve allerdings nur für den Bereich der damals üblichen Kraftstoffe mit einer Oktanzahl zwischen OZ = 80 und OZ = 20 ent-

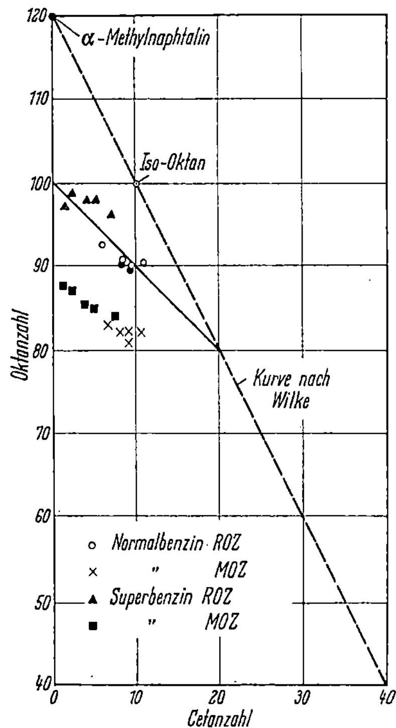

Abb. 72. Gegenseitige Abhängigkeit von Oktanzahl und Cetanzahl

sprechend CaZ = 20 und CaZ = 50. Nach neueren Untersuchungen von W. WOLF [G 71] bedarf die WILKE-Formel bei höheren Oktanzahlen einer Korrektur. Die Versuchswerte folgen etwa ab Oktanzahl 80 annähernd einer Geraden, die nach der vereinfachten Beziehung CaZ = 100 − ROZ dargestellt werden kann (s. Abb. 72).

Wesentlichen Einfluß auf die Zündwilligkeit haben Zusätze von Zündbeschleunigern. Am wirksamsten hat sich bisher Kerobrisol (Cyclohexanolnitrat) erwiesen. Bei einem Zusatz von 0,125 Vol-%

steigt die Cetanzahl um 10 Einheiten, während die Oktanzahl nur um 2 Einheiten abfällt.

Die Gegensätzlichkeit der Cetan- und Oktanzahlen ist auf Grund der vorangehenden theoretischen Überlegungen verständlich, denn der Zündverzug ist um so geringer, je rascher die zur Zündung führende Reaktion vor sich geht. Andererseits ist die Klopfneigung um so geringer, je langsamer die Reaktion vor sich geht. Früher wurden die Zündeigenschaften vielfach durch die Zündpunkte charakterisiert. Der Zündpunkt (Selbstentzündungstemperatur) ist aber kein geeigneter Maßstab für die Zündeigenschaften im Motor, weil bei der Bestimmung der Zündpunkte die Wärmeableitung, die im Motor nur eine ganz untergeordnete Rolle spielt, von ausschlaggebender Bedeutung ist. Deshalb ergeben sich aus der Bewertung mit Hilfe des Zündpunktes vielfach irrige Schlußfolgerungen für die motorische Eignung.

Die Kennzeichnung der Kraftstoffe für Dieselmotoren durch die Cetanzahl ist grundsätzlich ebenso unvollkommen wie die Kennzeichnung der Kraftstoffe für Ottomotoren durch die Oktanzahl. Bei der praktischen Prüfung der Kraftstoffe hat sich jedoch die Unzulänglichkeit der Kennzeichnung für den Dieselmotor bisher nicht so wesentlich gezeigt, daß sich die Notwendigkeit einer Änderung der Untersuchungsmethode ergeben hätte. Die Ursachen hierfür dürften darin liegen, daß sich Unterschiede in der Kraftstoffqualität beim Dieselmotor nicht so stark auswirken wie beim Ottomotor und weil außerdem extrem hohe Aufladungen nur selten angewendet worden sind.

5. Motorische Arbeitsverfahren. Vergasermotoren

a) Der Vergaser und seine Regelung

Im Ottomotor mit Vergaser wird das zur Verbrennung erforderliche Kraftstoff-Luftgemisch in einem in der Saugleitung des Motors angebrachten Regel- und Zuteilorgan — dem Vergaser — hergestellt. Die Anforderungen, die an einen Vergaser gestellt werden, sind durch das Betriebsverhalten des Motors gegeben und lassen sich nur mit Hilfe verschiedener Zusatzeinrichtungen verwirklichen.

Die Zündgrenzen der Ottokraftstoffe, die einen einwandfreien Betrieb des Motors lediglich in einem engen λ-Bereich von $\sim 0,6$ bis $\sim 1,2$ gewährleisten, die Fragen der Gemischbildung und der Aufbereitung der Kraftstoffe sowie die hohen Anforderungen an das Betriebsverhalten der Motoren im gesamten Drehzahl- und Lastbereich stellen einige der wichtigsten Probleme bei der Vergaserregelung dar.

Die prinzipielle Wirkungsweise eines Vergasers besteht darin, daß der Kraftstoff durch den Unterdruck im Saugrohr angesaugt wird.

Die Hauptdüse für die Kraftstoffzufuhr liegt an der Stelle des größten Unterdruckes im Saugrohr, d. h. an der engsten Stelle des Lufttrichters.

Die Bernoullische Gleichung zeigt die Zusammenhänge zwischen der Druckänderung und der Änderung der kinetischen Energie. Im Vergaser wird diese Umsetzung der Strömungsenergie zur Erzeugung eines Unterdruckes im sogenannten Trichterteil, der in Form eines Venturirohres ausgebildet ist, durchgeführt (siehe Abb. 73).

Das Hauptdüsensystem wird vom Schwimmergehäuse aus mit Kraftstoff versorgt, wobei der Schwimmer den Kraftstoffstand konstant hält.

Bevor das Hauptdüsensystem zu arbeiten beginnt, muß das Kräftegleichgewicht zwischen dem Druck auf die Querschnittsfläche des Zerstäuberrohres des Hauptdüsensystems und dem Druck im Schwimmergehäuse verändert werden, d. h. im Lufttrichter muß ein Unterdruck entstehen, so daß Kraftstoff aus dem Düsensystem austreten kann, s. Abb. 73.

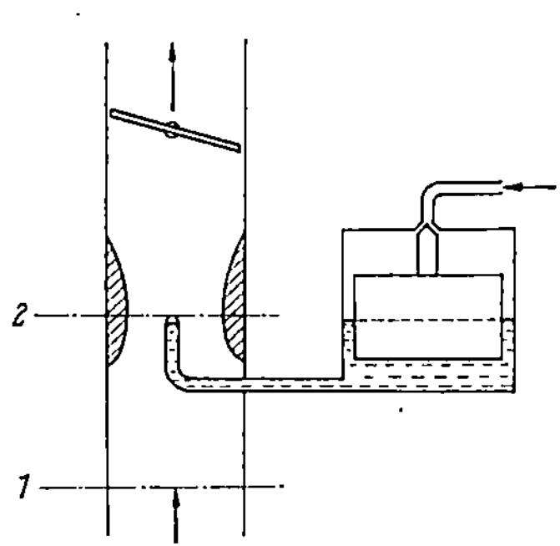

Abb. 73.
Hauptdüsensystem eines Vergasers
(schematisch)

Nach der Bernoullischen Gleichung gilt:

$$\frac{w_{L1}^2}{2} + g \cdot h_1 + \frac{p_{L1}}{\varrho_{L1}} = \frac{w_{L2}^2}{2} + g \cdot h_2 + \frac{p_{L2}}{\varrho_{L2}} . \qquad (70)$$

$\varrho_{L1,2}$ = Dichte der Luft in den Querschnitten 1 und 2,
$w_{L1,2}$ = Geschwindigkeit der Luft in den Querschnitten 1 und 2,
$p_{1,2}$ = Druck in den Querschnitten 1 und 2,
$h_{1,2}$ = Niveauhöhe für die Querschnitte 1 und 2.

Wegen des sehr geringen Niveauunterschiedes kann $h_1 = h_2$ gesetzt, und ferner die Änderung der Luftdichte vernachlässigt werden, so daß

$$\varrho_{L1} = \varrho_{L2} = \varrho_L$$

ist.

Mit diesen Vereinfachungen ergibt sich

$$w_2^2 - w_1^2 = \frac{2}{\varrho_L} \cdot (p_1 - p_2) . \qquad (71)$$

Eine Betrachtung der Querschnittflächen 1 und 2 zeigt, daß deren Verhältnis bei ausgeführten Vergasern

$$\frac{F_1}{F_2} \approx 5 \div 15$$

entsprechend einem Durchmesserverhältnis von

$$\frac{d_1}{d_2} \approx 2{,}25 \div 4$$

ist.

Da sich die Geschwindigkeiten in den Querschnitten umgekehrt verhalten wie die Flächen, folgt daraus für das Verhältnis der Geschwindigkeiten

$$\frac{w_2}{w_1} \approx 5 \div 15$$

und für die Quadrate der Geschwindigkeiten

$$w_2^2 \approx (25 \div 225)\, w_1^2 \; .$$

Es ist daher zulässig, in Gleichung 71 w_1^2 gegen w_2^2 zu vernachlässigen, und es ergibt sich

$$w_2^2 \approx (2/\varrho_L) \cdot (p_1 - p_2) \; . \tag{72}$$

Diese Gleichung liefert nun in Verbindung mit dem Kontinuitätssatz die angesaugte Luftmenge. Es ist allgemein

$$G = \varrho \cdot w \cdot F \; . \tag{72a}$$

Berücksichtigt man noch durch einen Düsenbeiwert φ_D die Verringerung der sich theoretisch einstellenden Luftgeschwindigkeit w_2 auf den tatsächlichen Wert w_L, wobei

$$w_L = \varphi_D \cdot w_2 \tag{73}$$

ist, dann erhält man aus Gl. 72 und 72a für die Luftmenge

$$G_L = F_D \cdot \varphi_D \sqrt{2\,\varrho_L \cdot (p_1 - p_2)} \tag{74}$$

$F_D =$ Querschnitt des Venturirohres $= F_2$ in Abb. 73

und unter Einführung der Druckdifferenz

$$\Delta p_L = p_1 - p_2 \, ,$$
$$G_L = F_L \cdot \varphi_D \sqrt{2\,\varrho_L \cdot \Delta p_L} \; . \tag{75}$$

Die in dem Luftstrom eintretende Kraftstoffmenge ergibt sich aus den gleichen Beziehungen zu

$$G_K = F_D \cdot \varphi_K \sqrt{2 \cdot \varrho_K \cdot \Delta p_K} \; . \tag{76}$$

$F_K =$ Querschnitt der Kraftstoffdüse an der Stelle 2, nach Abb. 73.

Das vom Vergaser gelieferte Kraftstoffgemisch läßt sich nun in Abhängigkeit vom Unterdruck ermitteln. Der Quotient aus Gleichung 75 und 76 ergibt das Mischungsverhältnis.

Unter der Annahme

$$\Delta p_K = \Delta p_L$$

ergibt sich für das Mischungsverhältnis mit der in Abb. 73 gezeigten einfachen Anordnung theoretisch ein in der Größenordnung ungefähr konstanter Wert, da die durchfließende Luftmenge und die ausfließende Kraftstoffmenge von ähnlichen Gesetzmäßigkeiten abhängen.

In Wirklichkeit ist aber eine starke Abhängigkeit des Mischungsverhältnisses vom Strömungszustand vorhanden. Eine wesentliche genauere Bestimmung des Mischungsverhältnisses ist unter Berücksichtigung der Zustandsänderung der Luft im Venturirohr möglich [C 8]. Taylor [C 15, C 16] zeigte, daß die für die Kraftstofförderung und angesaugte Luftmenge maßgeblichen Unterdrücke nicht als gleich zu betrachten sind, sondern daß schon geringe Unterschiede, die durch Reibungsverluste in den Kraftstoffkanälen, durch Widerstände infolge Oberflächenspannung sowie durch die geometrischen Abmessungen des Vergasers entstehen, starken Einfluß auf die Vergasercharakteristik haben können.

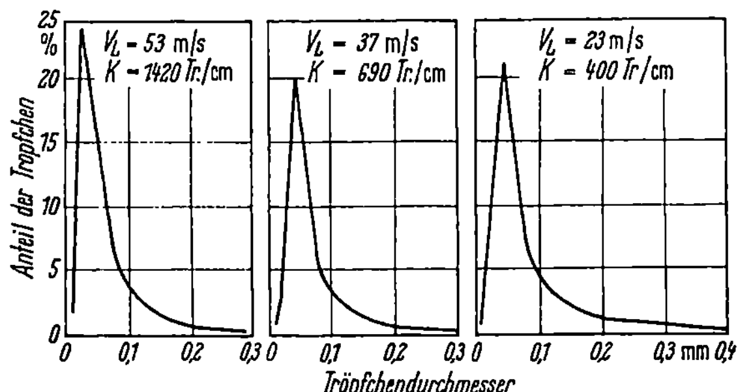

Abb. 74. Verteilung der Tropfengrößen bei verschiedenen Luftgeschwindigkeiten (nach Scheubel)

Es zeigen sich vor allen Dingen zwei Bereiche, in denen das Hauptdüsensystem den Anforderungen hinsichtlich Gemischregelung nicht gerecht wird.

Die größten Abweichungen ergeben sich bei kleinen Unterdrücken, d. h. also bei Leerlauf und kleiner Last, bzw. beim Starten. Nur durch besondere Zusatzeinrichtungen wie Startvergaser, Starterklappe und Leerlaufsystem kann die erforderliche Gemischanreicherung erfolgen.

Auch im oberen Lastbereich ergeben sich ähnliche Schwierigkeiten. Hier wird ebenfalls durch Zusatzeinrichtungen eine Abmagerung des Gemisches erreicht.

Von wesentlicher Bedeutung für den Verbrennungsvorgang im Zylinder ist die gute Zerstäubung des Kraftstoffes. Untersuchungen der Einflußfaktoren auf die Zerstäubung zeigen eine große Abhängigkeit von der Luftgeschwindigkeit und damit vom Unterdruck im Lufttrichter, s. Abb. 74.

Die Zerstäubung und vor allem die Verdampfung des Kraftstoffes ist jedoch weitgehend vom Druck und von der Temperatur abhängig, so daß bei manchen Betriebszuständen flüssiger Kraftstoff ausfällt und an den Wänden entlangfließt oder sich infolge der Trägheitskräfte vor allem an den Krümmungen der Saugleitungen von Mehrzylindermotoren abscheidet. Dadurch entsteht u. U. eine ungleichmäßige Verteilung des Gemisches auf die Zylinder.

Die bisherigen Untersuchungen haben gezeigt, daß der Unterdruck im Lufttrichter von ausschlaggebender Bedeutung für alle Vorgänge im Vergaser ist.

Bei einer Betrachtung des Unterdruckverlaufes in Abhängigkeit von der voll geöffneten Drosselklappe zeigt sich eine stetige Zunahme

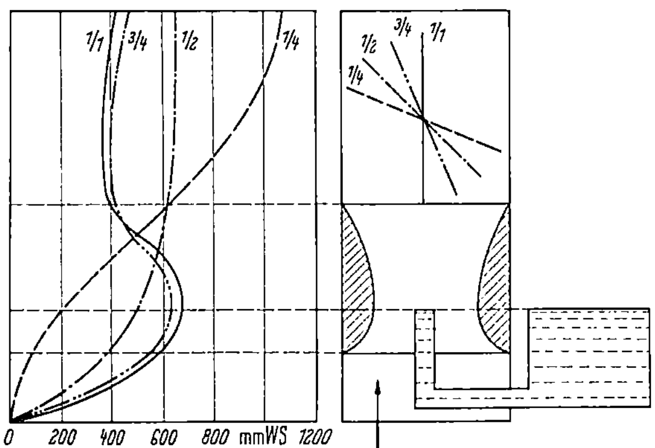

Abb. 75. Druckverlauf im Ansaugrohr bei verschiedenen Drosselklappenstellungen (nach SCHEUBEL)

des Unterdruckes mit steigender Drehzahl sowie die Ausbildung eines typischen Maximums im engsten Querschnitt des Lufttrichters [G 52]. Ein anderes Bild erhält man jedoch, wenn bei konstanter Drehzahl die Abhängigkeit von der Drosselklappenstellung untersucht wird. Bemerkenswert ist vor allem, daß sich der höchste Unterdruck bei geringer Öffnung der Drosselklappe nicht mehr im engsten Querschnitt des Lufttrichters einstellt, sondern im Erweiterungsteil oder im Ansaugrohr hinter der Drosselklappe (s. Abb. 75).

b) Vergaserbauarten und -systeme

Nach der Strömungsrichtung der angesaugten Luft werden grundsätzlich drei verschiedene Bauarten unterschieden: Steigstrom-, Fallstrom- und Flachstromvergaser.

Eine andere Art der Einteilung kann nach dem verwendeten Drosselorgan erfolgen. Der weitaus größte Teil aller Vergaser ist mit einer Drosselklappe bzw. mit einem Drosselschieber ausgerüstet. Lediglich bei einigen älteren Vergaserausführungen findet man noch andere Drosseleinrichtungen.

Untersuchungen der strömungstechnischen Vorgänge im Hauptdüsensystem ergaben eine Anreicherung des Gemisches bei zunehmender Drehzahl. Da eine solche Anreicherung nicht den Erfordernissen des Motors entspricht, müssen zum Hauptdüsensystem besondere Zusatzeinrichtungen treten, die eine Überfettung des Kraftstoff-Luftgemisches verhindern. Es wurden daher verschiedene Arten der Gemischregulierung entwickelt, u. a. das Zenith-Bavery-Prinzip mit Zusatz- oder Ausgleichsdüse, das Solex-Pallas-Prinzip mit Bremsluftdüse und das Opel-Carter-Prinzip mit Staudruckregulierung, wodurch es gelungen ist, das Mischungsverhältnis unabhängig von der Motorbelastung durch das Hauptdüsensystem ungefähr konstant zu halten.

Die beschriebene einfache Ausführung des Vergasers ist jedoch nicht ausreichend, weil einerseits bei Höchstleistung und im Leerlauf reicheres Gemisch als bei mittleren Belastungen (Sparbetrieb) eingestellt werden muß, andererseits würde man bei plötzlicher Leistungserhöhung des Motors im Anschluß an geringe Belastung zunächst zu armes Gemisch bekommen, weil der Brennstoffzufluß und die Zerstäubung und Verdampfung der Zunahme der Luftmenge nicht rasch genug folgt. Aus diesen Anforderungen heraus wurden im Laufe der Zeit besondere Zusatz-Regel-Einrichtungen entwickelt, durch die aus dem zunächst relativ einfachen Vergaser ein kompliziertes Regelorgan wurde.

Die Entwicklung dieser Zusatzeinrichtungen ist noch nicht abgeschlossen im Gegensatz zum Hauptdüsensystem, an dem sich schon seit längerer Zeit keine grundlegenden Änderungen mehr ergaben. In diesem Zusammenhang soll besonders auf die in neuester Zeit entwickelten automatischen Starteinrichtungen hingewiesen werden, die sowohl bei Kaltstart als auch beim Start eines heißen Motors das jeweils richtige Gemisch liefern.

Moderne Vergaser weisen also zusätzlich zum Hauptdüsensystem noch eine Reihe von Reguliereinrichtungen, von denen einige im folgenden kurz beschrieben werden sollen.

Besondere Schwierigkeiten bereitete von je her das Starten, besonders bei kalten Motoren. Die niedrigen Anlaßdrehzahlen bewirken nur einen sehr geringen Unterdruck im Lufttrichter, der im allgemeinen nicht ausreicht, um die benötigte Start-Kraftstoffmenge aus dem Hauptdüsensystem zu fördern. Berücksichtigt man noch, daß sich außerdem ein Teil des Kraftstoffes an den kalten Wänden des Ansaugrohres niederschlägt, so ist leicht einzusehen, daß ohne eine spezielle Anlaßhilfe nicht auszukommen ist, da die Kraftstoffabgabe aus dem Leerlaufsystem nur sehr gering bleibt. Man benutzt vorwiegend zwei Möglichkeiten, die beim Start erforderliche Gemischzusammensetzung zu erreichen, und zwar entweder die Hilfe einer Starterklappe, die sich vor dem Lufttrichter befindet, oder die Zuhilfenahme eines besonderen Startvergasers.

Der Einbau einer Starterklappe zwischen Luftfilter und Lufttrichter bewirkt, daß das Hauptdüsensystem beim Starten in den Bereich des größten Unterdruckes gelangt. Während des Startvorganges ist die Starterklappe völlig geschlossen, die Drosselklappe aber ganz auf. Der sich im engsten Querschnitt aufbauende Unterdruck reicht nun aus, um am Hauptdüsensystem die erforderliche Kraftstoffmenge abzusaugen. Die Mischungsverhältnisse liegen dabei im Bereich sehr starker Überfettung. Im Augenblick des Anspringens steigt der Unterdruck im Lufttrichter weiter an, so daß schnell eine zu starke Überfettung eintreten würde. Daher ist es erforderlich, daß nach erfolgtem Start mehr Luft zugeführt wird. Zu diesem Zweck befindet sich in der Starterklappe ein Luftventil (Flatterventil), dessen Feder so bemessen ist, daß der Motor mit richtigem Gemisch versorgt wird.

Eine wesentlich kompliziertere Einrichtung stellt der Startvergaser dar. Es ist ein besonderer Vergaser, der parallel zum Hauptvergaser arbeitet. Der Vorteil liegt darin, daß der Startvergaser völlig unabhängig vom Hauptdüsensystem eingestellt werden kann.

Bei geschlossener Drosselklappe wird dem Startvergaser über eine Starterkraftstoffdüse der Kraftstoff und über eine Starterluftdüse die für die Gemischbildung benötigte Luft zugeführt. Das Gemisch tritt an der Stelle des größten Unterdruckes, in diesem Fall kurz hinter der Drosselklappe, in das Ansaugrohr ein. Durch eine besondere Kraftstoffreserve wird bei den ersten Umdrehungen ein besonders fettes Gemisch geliefert. Sobald diese Reserve verbraucht ist, wird durch das Eintreten von Starterbremsluft das Gemisch abgemagert.

Eine weitere Möglichkeit, die notwendige Abmagerung zu erreichen, bietet die Verwendung eines Starterluftventiles, welches vom Unterdruck des Motors gesteuert wird. Das Ein- und Ausschalten des Startvergasers erfolgt von Hand oder automatisch in Abhängigkeit von der Motortemperatur.

Beim Leerlauf bzw. bei sehr geringer Belastung des Motors ist die Drosselklappe fast geschlossen. Der Unterdruck im Lufttrichter erreicht dann sehr geringe Werte, wodurch nur wenig Kraftstoff aus dem Hauptdüsensystem austritt. Das für den Leerlauf benötigte reiche Gemisch muß daher durch ein zusätzliches Leerlaufsystem zugeführt werden. Durch eine Leerlaufluftdüse wird dem Leerlaufkraftstoff Luft beigemischt und dieses Gemisch tritt hinter der Drosselklappe, also in dem Bereich relativ hohen Unterdruckes, in das Ansaugrohr ein. Die Mengendosierung des Gemisches erfolgt durch Verstellen der Leerlaufgemischschraube. In Höhe der Drosselklappe befinden sich z. T. ein oder zwei weitere Bohrungen, die sogenannten Übergangsbohrungen, die vom Leerlaufgemischkanal abzweigen und die beim langsamen Öffnen der Drosselklappe zusätzlich Gemisch abgeben.

Besondere Schwierigkeiten ergeben sich beim Beschleunigen, also bei plötzlichem Öffnen der Drosselklappe während des Überganges vom Leerlaufsystem zum Hauptdüsensystem. Hierbei bricht der Unterdruck im Ansaugrohr zusammen, wodurch das Leerlaufsystem praktisch aufhört zu arbeiten. Der Unterdruck im Lufttrichter reicht daher nicht sofort aus, um das Hauptdüsensystem in Funktion zu setzen. Die Folge ist ein kurzzeitiges Nachlassen bzw. Aussetzen der Kraftstofförderung und damit schlechte Übergänge. Um beim motorischen Betrieb einwandfreie Übergänge zu erzielen, gibt man mit Hilfe sogenannter Beschleunigerpumpen zusätzlich Kraftstoff in die Saugleitung. Die Betätigung dieser Pumpen erfolgt zumeist mechanisch über ein Gestänge von der Drosselklappe aus. Grundsätzlich werden zwei Systeme unterschieden, die Kolben- und die Membran-Beschleunigerpumpe.

Die Funktionsweise beider Pumpenarten ist im Prinzip gleich. Durch den Kolben bzw. die Membran wird der Kraftstoff über ein Pumpenventil, über eine Pumpendüse und ein Einspritzrohr in den Luftstrom eingeführt.

Weiterhin sollen auch noch die pneumatischen Beschleunigerpumpen erwähnt werden. Die Bewegung der Membran wird hier durch den Unterdruck im Saugrohr gesteuert. Außerdem erfolgt die Einspritzung des zusätzlichen Kraftstoffes abweichend von den meistens verwendeten Bauarten über das Hauptdüsensystem.

Die Forderung nach möglichst wirtschaftlicher Betriebsweise führte dazu, daß dem Motor bei Teillast ein Gemisch mit den Luftverhältniszahlen von $\lambda \sim 1{,}1-1{,}2$ entsprechend den günstigsten Werten für den spezifischen Kraftstoffverbrauch zugeführt wird, vgl. Abb. 81. Zur Erzielung höchster Leistung bei Vollast werden dagegen Luftverhältniszahlen zwischen $\lambda \sim 0{,}8-0{,}9$ verlangt.

Diese einander widersprechenden Forderungen haben dazu geführt, daß im Vergaser zusätzlich besondere Einrichtungen für die Gemischabmagerung bei Teillast eingebaut wurden. Die einfachste Möglichkeit, das erwünschte magere Gemisch im unteren und mittleren Lastbereich herzustellen, besteht darin, das Hauptdüsensystem entsprechend mager einzuregulieren und im oberen Lastbereich zusätzlich Kraftstoff einzugeben.

In der Praxis werden im allgemeinen folgende Verfahren angewendet:

1. Teillaststeuerung durch Teillastnadel,
2. Teillaststeuerung in Verbindung mit der Beschleunigerpumpe,
3. Teillaststeuerung mittels Membran oder Unterdruckkolben.

Für Motoren üblicher Bauart (Drosselmotoren) genügen im allgemeinen Vergaser mit unveränderlichem Ansaugquerschnitt. Bei modernen Hochleistungsmotoren mit einem Drehzahlbereich zwischen 500—6500 U/min müßte der Lufttrichter zur Erzielung höchster Leistung bei Vollast derart groß ausgelegt werden, daß bei niedrigen Drehzahlen der Unterdruck nicht ausreicht, um ein einwandfreies Ansprechen des Hauptdüsensystems zu gewährleisten.

Aus diesem Grunde werden für derartige Motoren sogenannte Register- oder Stufenvergaser verwendet.

Hierbei wird der benötigte Gesamtvergaserquerschnitt derart aufgeteilt, daß man z. B. in der 1. Stufe für den Betrieb im Teillastgebiet und bei niedrigen Vollastdrehzahlen den kleineren Querschnitt benutzt und im Vollastbereich bei höherer Drehzahl den größeren Querschnitt automatisch zuschaltet. Auf diese Weise ist eine gute Gemischregelung über den gesamten Drehzahlbereich des Motors ohne wesentliche Leistungseinbuße ermöglicht. Die erste Stufe des Registervergasers stellt dabei immer einen vollständigen Vergaser dar, der mit Startvorrichtung, Leerlaufsystem, Beschleunigerpumpe und mit einem Hauptdüsensystem versehen ist. Die 2. Stufe weist in der Regel nur ein entsprechend abgestimmtes Hauptdüsensystem auf.

Einspritz-Ottomotoren

a) Grundsätzliche Vor- und Nachteile des Einspritzmotors gegenüber dem Vergasermotor

Im Vergaser, dem ältesten und bewährten Organ für die Gemischbildung im Ottomotor, erfolgt die Verteilung des Brennstoffes auf die Luft prinzipiell dadurch, daß der eintretende Kraftstoff in dem mit hoher Geschwindigkeit an der Brennstoffdüse vorbeiströmenden Luftstrom zerstäubt wird. Die Geschwindigkeitserhöhung der Luft, die in einer düsenähnlichen Verengung erzeugt wird, bedingt einen Druckverlust, der sich letzten Endes in einer Verminderung der Motorleistung auswirkt.

Im Vergleich zum Vergasermotor ist beim Motor mit Einspritzung des Kraftstoffes in die Saugleitung oder in den Zylinder *ein durch die Kraftstoffzuleitung bedingter Drosselverlust nicht vorhanden*; deshalb ist die höchste erreichbare Leistung beim Einspritzmotor gegenüber dem Vergasermotor meist 5 bis 10 vH höher, je nachdem, ob man einen Vergaser neuer oder alter Bauart zum Vergleich heranzieht.

Die Zerstäubung des Kraftstoffes wird beim Einspritzmotor mit mechanischen Hilfsmitteln und zwar mittels Einspritzung des in einer Kraftstoffpumpe auf Druck gebrachten Kraftstoffes durch eine Düse durchgeführt, so daß eine bedeutend feinere Zerstäubung als im Vergaser möglich wird, wodurch wiederum die *Verwendung höher siedender Kraftstoffe möglich ist.* Man ist daher einerseits in bezug auf die Auswahl der Kraftstoffe nicht so beengt und andererseits in der Lage, Kraftstoffe zu verwenden, die weniger feuergefährlich sind (Sicherheitskraftstoffe). Erfolgt die Einspritzung direkt in den Zylinder, so ergeben sich im Vergleich zum Vergasermotor eine Reihe weiterer Vorteile, die im folgenden behandelt werden. Man erhält eine weitere *Erhöhung der Sicherheit durch Verminderung der Brandgefahr wegen des Wegfalls gemischführender Leitungen.* Während beim Vergasermotor in der Saugleitung des Motors brennbares Gemisch vorhanden ist, wodurch z. B. bei Rückschlag der Flamme aus dem Zylinder in die Saugleitung Vergaserbrände auftreten können, ist beim Einspritzmotor nur Luft in der Saugleitung vorhanden, so daß diese Gefahr entfällt. Benzineinspritzung macht bei aufgeladenen Motoren *eine hohe Überschneidung der Steuerzeiten der Auslaß- und Einlaßventile und die damit verbundene Leistungssteigerung möglich,* damit können die großen Vorteile der Ausspülung des Totraumes nutzbar gemacht werden. Abb. 117, S. 206, in der eine Übersicht über die Zunahme der von dem Motor mit zunehmendem Ladedruck verbrauchten Luftmenge gegeben ist, zeigt, daß nur ein Teil der im Vergleich zum nicht überschnittenen Motor zusätzlich durchgesetzten Luftmenge im Zylinder verbleibt, ein Teil dagegen durch das Saugventil eintritt und unmittelbar anschließend wieder durch das Auslaßventil den Zylinder verläßt, ohne am Arbeitsvorgang im Zylinder teilzunehmen. Diese „durchgespülte Luftmenge" ist bei Betrieb unter etwa 0,3 at Überdruck in der Ladeleitung meist gering und wird erst bei höheren Luftdrücken wesentlich. Wie die Abbildung zeigt, ist in diesem Falle der Totraum des gespülten Motors schon bei 0,3 at Überdruck in der Ladeluftleitung größtenteils mit Ladeluft gefüllt. Noch höhere Aufladung bringt keine wesentliche Verbesserung der Totraumfüllung mehr. Diese an einem Beispiel gezeigten Vorgänge werden ähnlich auch bei anderen Motorentypen beobachtet. Die durchgespülte Luftmenge bedeutet beim Einspritzmotor keinen Brennstoffverlust, während beim Vergasermotor bei gleicher Überschneidung der Steuerzeiten mit der durchgespülten Luft ein wesentlicher Verlust an Kraftstoff auftreten würde. Man ist also nur beim Einspritzmotor in der Lage, die Leistungserhöhung durch die Ausspülung des Totraumes voll auszunützen.

Die erreichbare Verbesserung der Leistung ist aus Abb. 128, S. 219 ersichtlich, in der die mögliche Erhöhung der Mitteldrücke wiedergegeben ist. In Prozenten ist die Erhöhung der Mitteldrücke in Abb. 129 dargestellt. Außer der Leistungserhöhung erhält man auch eine Kühlung der thermisch hoch beanspruchten Teile, also der Ventile und des Kolbenbodens durch die vorbeistreichende Spülluft (vgl. S. 207).

Die Benzineinspritzung bietet ganz allgemein, also auch bei nicht aufgeladenen Motoren die Möglichkeit einer wesentlichen *Verbesserung der Klopfeigenschaften des Motors.* Durch eine Gemischanreicherung an der Zündkerze kann man im Durchschnitt verhältnismäßig armes Gemisch zuverlässig zünden und damit die besseren Klopfeigenschaften im Mittel armer Gemische nutzbar machen. Eine noch weitergehende Verbesserung der Klopfeigenschaften kann mit aufgeteilter Einspritzung erreicht werden. Diese Methode wird im folgenden Kapitel noch eingehender erläutert. Wegen der Möglichkeit der Verwendung im Mittel armer Gemische bei Gemischschichtung bieten sich bei Benzineinspritzung *zusätzliche Möglichkeiten einer Verbrauchsverbesserung durch Betrieb im Luftüberschußbereich.* Die Gemischschichtung ist im Vergleich dazu bei Vergaserbetrieb nur in geringem Maße durchführbar.

Eine gute Verteilung des Gemisches auf die Zylinder ist bei hoch entwickelten Vergasern annähernd im gleichen Maße möglich wie bei Benzineinspritzung in das Saugrohr. Eine gleichmäßige Verteilung des Kraftstoffes auf die einzelnen Zylinder ist auch bei Anordnung mehrerer Vergaser so weitgehend gelungen, daß darin entscheidende Vorteile der Saugrohr-Benzineinspritzung nicht festzustellen sind. Der erreichbare Mindestverbrauch ist bei Benzineinspritzung zwar besser aber nicht sehr viel verschieden, sofern man von der Möglichkeit der Gemischschichtung bei Einspritzung in den Zylinder absieht, da mit gut ausgebildeten Vergasern ebenso wie bei Benzineinspritzung der Betrieb des Motors mit Luftüberschuß möglich ist (vgl. [G 54, G 55, G 56]).

Der spezifische Kraftstoffverbrauch wäre beim Einspritzmotor zwar grundsätzlich derselbe wie beim Vergasermotor, aber nur wenn gleiche Bedingungen bezüglich Luftverhältnis und sonstiger Betriebsbedingungen geschaffen werden; man kann jedoch den Einspritzmotor bei höherem Luftüberschuß betreiben, und damit ein geringeres Verbrauchsminimum bei Sparbetrieb erreichen.

Die bisherigen Betrachtungen beziehen sich auf den Vergleich des Einspritzmotors mit dem Vergasermotor im stationären Betrieb. Vergleicht man aber das Verhalten bei raschem Lastwechsel, wie es beispielsweise beim Fahrzeugmotor in Betracht kommt, so ergeben sich wesentliche Unterschiede.

Die erforderliche Anreicherung des Gemisches bei rascher Laständerung geschieht beim Vergasermotor mit besonderer Zusatzeinrichtungen, z. B. mit der Beschleunigerpumpe. Die hierbei zusätzlich eingebrachte Kraftstoffmenge ist jedoch im Mittel wesentlich größer als bei einer genau dosierten Regelung des Beschleunigungsvorganges mit einer Einspritzeinrichtung

In diesem Zusammenhang ergibt sich als Folge der genauen Gemischregelung bei Einspritzbetrieb ein weiterer entscheidender Vorteil des Einspritzmotors durch die weitgehende Vermeidung schädlicher Bestandteile in den Abgasen (CO, Kohlenwasserstoffe, Stickoxyde), s. auch S. 167.

Beim Flugmotor kommt zu den oben erwähnten Vorteilen der Benzineinspritzung noch der *Wegfall der Vereisungsgefahr* und eine weitgehende Lageunempfindlichkeit, die beim Vergaser erst durch besondere Maßnahmen erreicht werden muß, während sie bei Einspritzung automatisch gegeben ist.

Den genannten Vorteilen stehen auch eine Reihe von *Nachteilen* gegenüber, insbesondere sind die Kosten für die bisher entwickelten Einspritzanlagen höher als für entsprechende Vergaser. Es sind aber Bestrebungen im Gange [G 33] [G 34], nach neuen Verfahren billige Einspritzanlagen zu entwickeln. Die hohen Anforderungen an die Werkstattarbeit, die bei der Fertigung einiger älterer Einspritzsysteme auftreten, fallen beim Vergaser im wesentlichen weg.

Bei Vergasermotoren mit Lader wird, sofern Saugvergaser verwendet werden, die in den Lader eintretende Luft durch die Verdampfung des Kraftstoffes gekühlt, so daß eine geringe Erhöhung des Druckverhältnisses des Laders auftritt. Dieser Vorteil entfällt beim Einspritzmotor. Sofern es sich um Flugmotoren handelt, ist dieser Vorteil aber nur gering, weil bei Bodenbetrieb das volle Druckverhältnis des Laders sowieso nicht ausgenützt werden kann. In der Volldruckhöhe, wo eine Erhöhung des Laderdruckverhältnisses erwünscht wäre, kommt die kühlende Wirkung der Verdampfung nur in geringem Maße zur Geltung, weil bei den tiefen Temperaturen in diesen Höhen nur ein geringer Teil des Kraftstoffes im Vergaser verdampft und erst ein größerer Teil hinter dem Lader zur Verdampfung kommt.

b) Gemischbildung, Einspritzzeiten und Strahlausbildung beim Einspritzmotor

Man unterscheidet Kraftstoffeinspritzung unmittelbar in jeden einzelnen Zylinder und Einspritzung vor jedem Zylinder in die Saugrohr- oder Ladeluftleitung, oder Sammeleinspritzung in die Saugrohrleitung des ganzen Motors oder einer Zylinderreihe. Wenn die Einspritzung in jeden Zylinder erfolgt, muß jeder Brennstoffstrahl zeitlich gesteuert sein, so daß die Einspritzung während des Saug- oder Verdichtungshubes erfolgt. Bei Sammeleinspritzung wird der Kraftstoff, ähnlich wie beim Vergaser, als stetiger Brennstoffstrahl für eine Anzahl Zylinder zugeführt. Betrachtet man zunächst die Einspritzung in die einzelnen Zylinder, so ist festzustellen, daß die erste Aufgabe der

10*

Brennstoffzuteilung, nämlich die gleichmäßige Verteilung auf alle Zylinder leicht zu lösen ist, da jedem Zylinder ein Stempel der Brennstoffpumpe oder ein sonstiges Zuteilorgan zugeordnet werden kann. Es ist ohne Schwierigkeiten möglich, die Pumpe so einzuregulieren, daß jeder Stempel dieselbe Kraftstoffmenge fördert. Mit Benzineinspritzung wird im Vergleich zum Vergaserbetrieb daher meist eine etwas bessere Verteilung des Gemisches erreicht. Die Einspritzung in den Zylinder erfolgt meist während des Saughubes, aber auch Einspritzung in den Verdichtungshub wurde in einigen Fällen gewählt.

Die zu wählenden Einspritzzeiten können nicht einheitlich angegeben werden, weil sie sehr stark von dem jeweiligen Einströmungsvorgang des betreffenden Motors abhängen. Grundsätzlich hat es sich bewährt, die Spritzdauer so zu wählen, daß der Brennstoffstrahl gut auf die einströmende Luft verteilt wird und die Richtung des Brennstoffstrahles so zu wählen, daß er von der einströmenden Luft im Kreuzstrom oder auch ein wenig gegen den Strom erfaßt wird. Einspritzung im Gleichstrom mit der eintretenden Luft wird z.B. bei Saugrohreinspritzung verwendet. Die Einspritzung muß schon früh während des Saughubes beginnen. Zum Zweck einer guten Zerstäubung wären bei Direkteinspritzung hohe Einspritzdrücke vorteilhaft, jedoch muß eine zu große Eindringtiefe des Strahles, der während der Saugperiode in Luft geringerer Dichte spritzt, verhindert werden, weil sonst der Kraftstoffstrahl auf die Zylinderwand aufspritzt und damit unerwünschte Erscheinungen, wie unzweckmäßige Gemischverteilung und Schmierölverdünnung auftreten. Bei sehr später Einspritzung am Ende der Saugperiode treten ebenfalls die Folgen einer schlechten Gemischbildung auf, die wohl auf die geringere Luftgeschwindigkeit am Ende des Saugvorganges zurückzuführen sind. Die Gesamtdauer der Einspritzung hat sich ebenso wie der Zeitpunkt des Beginns der Einspritzung als wesentlich erwiesen. Für die gute Verteilung des Kraftstoffes in der Luft hat es sich als notwendig erwiesen, den Einspritzvorgang zeitlich im Bereich hoher Luftgeschwindigkeiten durchzuführen. SCHEY [G 54, G 56] hat die günstigsten Leistungs- und Verbrauchswerte bei einer Einspritzdauer von 60 bis 90° KW gefunden. Der Einspritzbeginn durfte nicht später als bei 120° nach oberem Totpunkt liegen, da sonst Leistungsverluste und hoher Verbrauch auftraten. Auch früherer Einspritzbeginn als 70° nach oberem Totpunkt war ungünstig. Ein Kraftstoffverlust infolge der Durchspülung tritt bei diesen Einspritzzeiten nicht auf, da bei Einspritzbeginn das Auslaßventil bereits geschlossen ist.

Der Einspritzbeginn darf nicht zu spät gewählt werden, weil sonst die Füllungsverbesserung durch die abkühlende Wirkung des Brennstoffstrahles nicht mehr zur Geltung kommt.

Die Einspritzdauer und auch der Einspritzbeginn werden bei verschiedenen Motorentypen in weiten Grenzen geändert. Während bei voller Belastung die Spritzzeiten meist entsprechend 80 bis 120° Kurbelwinkel angenommen werden, wird die Spritzdauer bei Teillast entsprechend geringer. Beispielsweise ergab sich bei den Versuchen von SCHEY bei Leerlauf ein Spritzwinkel von etwa 30° KW. Die Regelung der Spritzdauer und des Spritzbeginnes ist bei Hybridmotoren besonders wichtig (siehe auch Seite 190).

Untersuchungen mit Einspritzung während des Verdichtungshubes [G 65] haben gezeigt, daß schon mit 19° bis 25° Einspritzdauer (Kurbelwellendrehzahl 1000 U/min) gute Gemischbildung erreicht werden kann, wenn eine ausreichende gerichtete Wirbelung im Zylinder vorhanden ist. Die Einspritzung während der Verdichtung und insbesondere in einem späteren Teil des Verdichtungshubes wirkt etwas klopfmindernd, jedoch ist bei später Einspritzung in den Verdichtungshub sowohl eine Verbrauchsverschlechterung als auch eine Senkung des Mitteldruckes beobachtet worden. Ebenso wirkt spätere Zündung in diesem Falle — wie auch beim Vergasermotor — klopfmindernd.

Von Bedeutung ist eine geeignete Schichtung des Gemisches, um an der Zündkerze ein reiches Gemisch zu erhalten und dadurch die Zündung und Verbrennung zu begünstigen. Bemerkenswert ist, daß es auch möglich war, mit schwerer siedenden Kraftstoffen bei Einspritzung während des Verdichtungshubes günstige Ergebnisse zu erzielen.

Als Benzineinspritzpumpen werden z. T. Pumpen verwendet, die sich im Grundsätzlichen ihrer Konstruktion nur wenig von den Dieseleinspritzpumpen unterscheiden. Da die Einspritzdauer im allgemeinen wesentlich größer ist als bei Dieselmotoren (etwa 100° Kurbelwinkel), sind die Nocken entsprechend anders ausgebildet und weniger steil als bei Dieseleinspritzpumpen. Diese Einspritzpumpen mit Dosierung der Einspritzmenge mittels einer sehr genau bearbeiteten Steuerkante des Pumpenstempels sind sehr teuer und erfordern eine Präzisionsfertigung. Deshalb sind Bestrebungen im Gange, die Verdichtung des Kraftstoffes durch eine einfache Pumpe durchzuführen oder die mengenmäßige Zuteilung in einem besonderen Organ z. B. Verteilereinrichtungen (s. S. 174) vorzunehmen. Die Einspritzdrücke werden sehr verschieden gewählt. SCHEY hat gefunden, daß Veränderungen des Abspritzdruckes zwischen 70 und 210 at keine nennenswerten Veränderungen bezüglich Gemischbildung ergaben.

Bei neueren Versuchen mit dem Einspritzsystem des Verfassers (s. S. 174) wurden Drücke von 10—50 at je nach Laststufe verwendet. Auch mit Drücken im Bereich von 5—20 at lassen sich gute Ergebnisse erzielen.

Die Benzineinspritzpumpen haben sich im praktischen Betrieb an deutschen Flugmotoren und neuerdings bei Kraftwagenmotoren bestens bewährt.[1]

Die *Einspritzdüsen*, die bei Einspritzung in den Zylinder verwendet werden, sind zwar in ihrem Aufbau den beim Dieselmotor verwendeten Düsen ähnlich, jedoch sind sie den veränderten Verhältnissen, also der notwendigen geringeren Eindringtiefe angepaßt, wobei sowohl Zapfendüsen, Dralldüsen und offene Düsen verwendet werden.

Bei Einspritzung in die Saugleitung strebt man ebenfalls eine gleichmäßige Verteilung des Kraftstoffes auf die Luft an, wobei die Spritzrichtung mit oder gegen den Luftstrom gewählt wird. Bezüglich der Dimensionierung der Saugleitung hat CAMPBELL beispielsweise angegeben, daß das Volumen der Saugleitung zwischen Einlaßventil und Düse nicht größer als 35 vH des Hubvolumens sein soll. Versuchsergebnisse betr. Einspritzung s. z. B. [G 9], [G 19], [G 58].

c) Gemischschichtung und aufgeteilte Einspritzung

Die gleichmäßige Gemischverteilung im Zylinder ist bei Betrieb mit Luftmangel, also bei Hochleistungsbetrieb, zweckmäßig, jedoch nicht in allen Betriebsbereichen wünschenswert. Im Gegenteil ist es zweckmäßig, in Betriebsbereichen, bei denen geringe Verbrauchszahlen erzielt werden sollen, eine Gemischschichtung im Zylinder anzustreben.

Die Zündungseigenschaften von Gemischen sind in der Nähe des Luftverhältnisses $\lambda = 1{,}0$ und im Luftmangelbetrieb am günstigsten (vgl. Abb. 16 u. Abb. 303 sowie Ausf. auf S. 51). Will man einen guten Kraftstoffverbrauch erzielen, so ist es erforderlich, für das ganze Gemisch im Zylinder im Durchschnitt Luftüberschuß zu verwenden. Aus Abb. 130, S. 221, ist ersichtlich, daß der beste Kraftstoffverbrauch normalerweise bei einem Luftverhältnis $\lambda = 1{,}1$ bis $\lambda = 1{,}2$ erzielt wird. Bei gleich guten Verbrennungs- und Zündeigenschaften würde sich mit zunehmendem Luftverhältnis eine ständige Verbesserung des Kraftstoffverbrauches, bezogen auf die innere Leistung, ergeben, wie die Kurve des Verbrauches der vollkommenen Maschine in Abb. 130 zeigt. Geht man vom Verbrauch des vollkommenen Motors aus und ermittelt b_e unter Zugrundelegung eines konstanten Gütegrades und unter Annahme von im Absolutwert — unabhängig vom Luftverhältnis — konstanten Reibungsverlusten, dann bekommt man eine Änderung des spezifischen Kraftstoffverbrauches, bezogen auf die effektive Leistung, wie in Abb. 130, S. 221, dargestellt. Das Minimum des Kraft-

---

[1] Die Schmierfähigkeit von Benzin reicht aus, so daß man ohne besondere Schmierung auskommt. Mit manchen zur Erprobung verwendeten ungefährlichen Flüssigkeiten, z. B. Tetrachlorkohlenstoff, können sich aber Schwierigkeiten ergeben.

stoffverbrauches liegt dann etwa beim Luftverhältnis 1,5. Der Gesamtverlauf zeigt über einem großen Bereich des Luftverhältnisses ein flaches Minimum. Wegen der Verschlechterung der Zündeigenschaften und Verminderung der Fortpflanzungsgeschwindigkeit der Flammenfront erhält man jedoch bei höherem Luftverhältnis eine Verschlechterung des Gütegrades (vgl. Abb. 48, S. 105) und damit ein Ansteigen des Verbrauches, bezogen auf die innere Leistung. Schafft man nun an der Zündkerze durch Anreicherung günstige Zünd- und Verbrennungsbedingungen, so verschiebt sich das praktisch erreichbare Minimum des Kraftstoffverbrauches in Richtung zu höherem Luftüberschuß. Die Gemischanreicherung an der Zündkerze ist jedoch wegen der Wirbelung im Zylinder zeitlich veränderlich. Zündet man daher mit mehreren Funken, so erhöht man die Wahrscheinlichkeit, daß einer der Funken reiches Gemisch an der Zündkerze vorfindet und man erhält die Möglichkeit, den Motor bei noch höherem Luftüberschuß zu betreiben. Die Verbesserung bei Zündung mit mehreren Funken ist in Abb. 14, S. 47, dargestellt. Im Vergleich zur theoretisch errechneten Kurve ist in Abb. 130, S. 221, der Kraftstoffverbrauch eingezeichnet, der unter normalen Bedingungen bei üblicher Kerzenzündung erreichbar ist. Der Erfolg der Gemischschichtung bezüglich Verbesserung des Betriebes im Luftüberschußbereich kann also in erhöhtem Maße mit Mehrfunkenzündung erreicht werden. Größere Erfolge mit Gemischschichtung lassen sich erreichen, wenn man die Gemischbildung im Zylinder in zwei Einspritzvorgänge aufteilt[1]. Die erste Einspritzung kann annähernd entsprechend den üblichen Einspritzzeiten erfolgen. Mit dieser ersten Einspritzung ergibt sich eine gleichmäßige Verteilung eines armen Gemisches im Zylinder. Die zweite Einspritzung erfolgt sehr spät, und zwar so, daß die eingespritzte Brennstoffmenge nicht mehr durch die Wirbelung im Zylinder verteilt wird, sondern eine Anreicherung des Gemisches an der Zündkerze bewirkt. Die beiden Einspritzungen können durch einen einzigen Pumpenstempel für einen Zylinder erreicht werden, wenn durch zwei besondere Steuerkanten die jeweiligen Spritzzeiten gesteuert werden. Noch größere Erfolge bringt die aufgeteilte Einspritzung im Hinblick auf die Herabsetzung der Klopfgrenzen. Wird das Mischungsverhältnis für die erste Einspritzung sehr arm gewählt, so ist das dadurch aufbereitete Gemisch wenig klopffreudig. Die zweite Einspritzung erfolgt so spät, daß das örtlich reichere Gemisch in der dann noch verfügbaren Zeit noch nicht so weit aufbereitet ist, daß die Klopfreaktion schnell fortschreiten könnte. Man bekommt mit dieser Methode sehr günstige Klopfgrenzen und ist in der Lage, die klopfenden Betriebs-

---

[1] Vorschläge zum Teil auch von F. SEEWALD und P. KORNACKER.

10/2*

bereiche weitgehend willkürlich zu beeinflussen. In Abb. 76 sind Versuchsergebnisse mit aufgeteilter Einspritzung im Vergleich zur normalen Einspritzung dargestellt. Bei normaler Einspritzung waren im vorliegenden Falle bei Verwendung eines vorwiegend aromatischen Kraftstoffes bei Übergang von $\lambda = 0{,}8$ zu $\lambda = 1{,}1$ an der Klopfgrenze eine Senkung des Mitteldruckes p_e von 12 kp/cm² bis 8 kp/cm² erforderlich. Bei Luftüberschußbetrieb war also eine Senkung der zulässigen

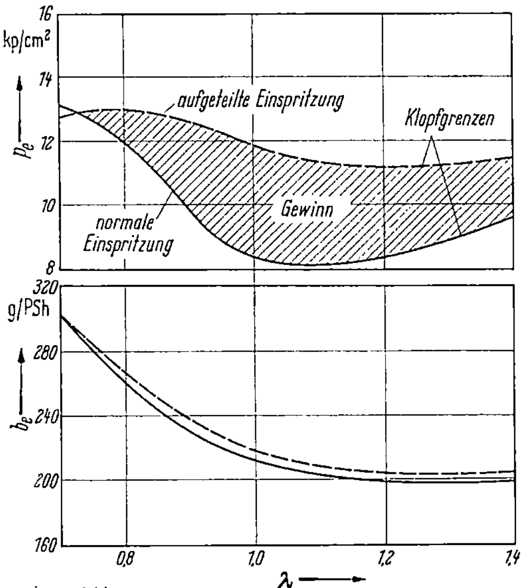

Abb. 76. Klopfgrenzkurven abhängig vom Luftverhältnis bei normaler und aufgeteilter Einspritzung (Gemischschichtung), $\varepsilon = 9$

Leistung um 30 vH notwendig, um außerhalb des Klopfbereiches zu bleiben. Andererseits wünscht man im Dauerbetrieb günstige Verbrauchszahlen, die nicht bei Luftmangelbetrieb erreichbar sind, so daß ein Übergang zu armen Gemischen erforderlich wird. Im vorliegenden Falle, der als Musterbeispiel für andere Fälle gewertet werden kann, ergab sich bei normaler Einspritzung bei Übergang von $\lambda = 0{,}8$ zu $\lambda = 1{,}1$ eine Verbrauchsverbesserung von 250 auf 200 g/PSh. Diese Verbrauchsverbesserung wurde aber mit einer Leistungsverminderung von 30 vH erkauft.

Bei aufgeteilter Einspritzung konnte die Klopfneigung des Motors durch willkürliche Anreicherung im klopfenden Gemischrest sehr stark verbessert werden, so daß bei $\lambda = 1{,}1$ noch ein Mitteldruck p_e von 12 kp/cm² erreicht werden konnte. Die erreichbare Leistung entsprach also bei aufgeteilter Einspritzung bei einem Verbrauch von 200 g/PSh noch einem Mitteldruck von 12 kp/cm², der bei normaler Einspritzung nur mit einem um 25 vH höheren Verbrauch erreicht werden könnte. In Abb. 77 sind weitere Ergebnisse mit aufgeteilter Einspritzung dargestellt. Bei einem annähernd gleichen Mitteldruck konnte in einem weiten Bereich des Luftverhältnisses günstiger Verbrauch erzielt werden. Im Bereich zwischen 1 und 1,4 kp/cm² Ladedruck wurde ein Verbrauch von etwa 200 g/PSh erreicht, während bei normaler Einspritzung im ganzen Bereich, insbesondere aber bei höheren Ladedrücken erheblich höhere — im Durchschnitt 25 bis 30 vH höhere —

Verbrauchszahlen gemessen wurden, weil das Gemisch wegen der ungünstigeren Klopfgrenzen wesentlich reicher eingestellt werden mußte. Sehr wesentlich ist hierbei, daß mit aufgeteilter Einspritzung der normale Betriebsbereich weit vom Klopfgebiet entfernt ist, so daß eine größere Betriebssicherheit im Hinblick auf evtl. Regelfehler erreicht wird. Der Bauaufwand für die aufgeteilte Einspritzung ist relativ sehr gering. Die Brennstoffpumpen können gleich ausgeführt werden wie bei normaler Einspritzung; jedoch müssen im Pumpenstempel ent-

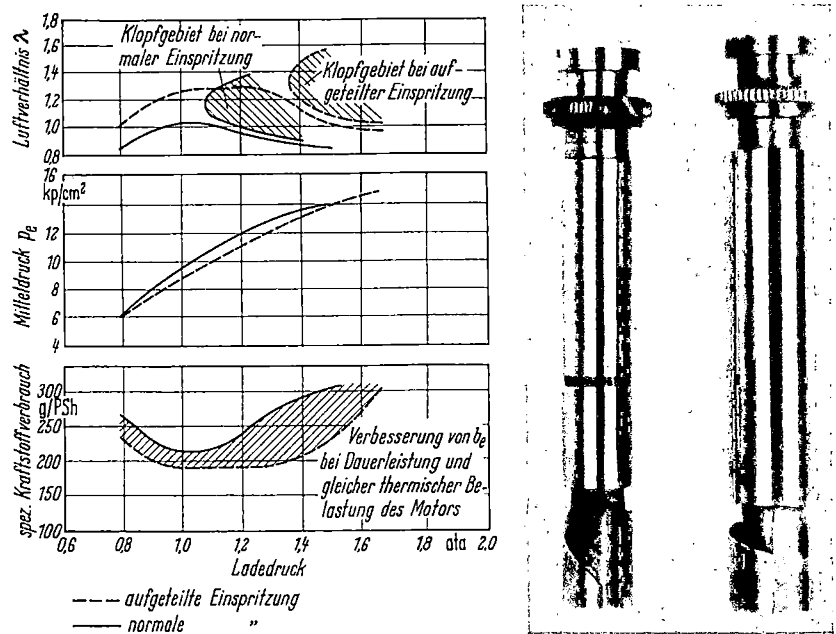

Abb. 77. Vergleichsversuche (Kraftstoffverbrauch und Klopfgrenzen mit normaler und aufgeteilter Einspritzung)

sprechend der zweimal hintereinander folgenden Einspritzung zwei Steuerkanten vorgesehen werden. In Abbildung 77 ist ein Pumpenstempel für aufgeteilte einem Pumpenstempel für normale Einspritzung gegenüber gestellt. Besonders einfach wird die Durchführung der Einspritzung mit Gemischschichtung und der entsprechenden Regelung bei Verwendung des Einspritzsystems des Verfassers (siehe auch Seite 174 und Seite 175).

d) Verbrennungsvorgang, erreichbare Leistungen und Verbrauchszahlen

Der Verbrennungsvorgang ist bei Einspritzung während des Ansaughubes in den Zylinder oder in die Saugleitung annähernd derselbe wie bei Verwendung von Vergasern.

Relativ höhere Leistungen erhält man also im Vergleich zum Vergasermotor nur im Hinblick auf die Güte der Verbrennung nicht. Die tatsächlich erreichten höheren Leistungen sind teils auf den Wegfall der Drosselung im Vergaser, teils indirekt auf die Möglichkeit der Totraumspülung bei Einspritzbetrieb zurückzuführen. Die maximale Leistungserhöhung durch die Totraumspülung entspricht annähernd der Erhöhung der Luftfüllung, also in erster Annäherung dem Verhältnis $\frac{\varepsilon}{\varepsilon - 1}$. In Abb. 130, S. 221, ist die Verbesserung der Mitteldrücke infolge der Totraumspülung wiedergegeben.

Hierzu kommt noch die Möglichkeit einer Leistungserhöhung infolge der Kühlung durch die durchströmende Luft bei Überschneidung der Steuerzeiten. Auf Grund von Einzylinderversuchen wurde festgestellt, daß es mit Hilfe der Spülung an einer Motortype möglich war, den mittleren Innendruck bei Beibehaltung der durch ein Thermoelement kontrollierten höchstzulässigen Zylindertemperatur um 19 vH zu steigern, während bei anderen Motoren nur geringere Leistungssteigerungen möglich waren. Gegenüber Vergasermotoren mit Luftvorwärmung oder Gemischvorwärmung ergibt sich ein weiterer Leistungsgewinn durch Wegfall der Vorwärmung, da eine gute Gemischbildung auf anderem Wege erreicht wird.

Schließlich ergeben sich noch Möglichkeiten durch aufgeteilte Einspritzung, wie im vorhergehenden Abschnitt beschrieben ist, die jedoch bisher noch nicht an Serienmotoren berücksichtigt wurden. Neben der Leistungserhöhung erhält man auch eine Verbesserung des Verbrauches, einerseits wegen der besseren Gemischverteilung, andererseits auch deshalb, weil, bezogen auf gleiche Leistung, bei aufgeladenen Motoren nur ein geringerer Ladedruck erforderlich ist, wodurch auch die Ladearbeit verringert wird. Hierzu kommt noch eine Verminderung der Erwärmung der Ladeluft. Die gesamte Mehrleistung gegenüber dem Betrieb mit Vergaser wurde bei mehreren Versuchsarbeiten im Institut des Verfassers bei gleichem Ladedruck mit etwa 8 bis 17 vH ermittelt (siehe z. B. [G 54, G 56, G 57]).

e) Regelung des Einspritzmotors für Betrieb bei günstigem Verbrauch und für Höchstleistungsbetrieb

Beim Ottomotor geschieht die Regelung der Leistung üblicherweise primär durch Drosselung der eintretenden Luftmenge. Die dazugehörige Brennstoffmenge wird entsprechend der im Zylinder vorhandenen Luftmenge zugeteilt. Beim Vergaser ergibt sich das richtige Mischungsverhältnis wenigstens in der Größenordnung sehr einfach durch die beim Durchströmen der Düse auftretende Druckdifferenz (s. S. 139). Deshalb ist es *nur* erforderlich, Regelorgane im Vergaser zum Zweck *zusätzlicher*

Korrekturen anzubringen. Beim Einspritz-Ottomotor jedoch ist es erforderlich, die gesamte Menge des je Arbeitshub einzuspritzenden Kraftstoffes durch einen Regler zuzuteilen. Zunächst sollen unabhängig von dem verschiedenen Aufbau der zahlreichen Regelsysteme und Pumpenbauarten die allgemeinen Grundlagen der Regelung behandelt werden.

Grundsätzlich ist es nicht erforderlich, daß die Leistungsregelung durch Einstellung der Luftmenge erfolgt, sondern es könnte ebensogut primär die Kraftstoffmenge willkürlich verändert werden und abhängig von der Kraftstoffmenge die Luftmenge geregelt werden. Es hat sich jedoch in Anlehnung an die Verhältnisse beim Vergasermotor überwiegend eingebürgert, daß die Drosselklappe als Regelorgan für die Leistungsregelung benützt wird. Die Regelung wäre verhältnismäßig einfach, wenn lediglich die Aufgabe bestehen würde, zu einer bestimmten Luftmenge eine verhältige Kraftstoffmenge zuzuteilen. Dies ist jedoch nicht der Fall. Im Hinblick auf die speziellen Eigenschaften des motorischen Arbeitsvorganges sind in verschiedenen Betriebsbereichen verschiedene Mischungsverhältnisse erforderlich. Der Regler hat also die Aufgabe zu erfüllen, erstens eine der angesaugten Luftmenge proportionale Brennstoffmenge zuzuteilen und zweitens darüber hinaus noch eine Regelung des Mischungsverhältnisses Luft zu Kraftstoff durchführen. Bei Hybridmotoren ergeben sich andere Bedingungen für die Gemischbildung und die Regelung (siehe auch Seite 190).

f) Anforderungen an den Regler bezüglich Einstellung einer der angesaugten Luftmenge proportionalen Kraftstoffmenge und hinsichtlich zusätzlicher Korrekturen

Zur Beeinflussung der Regelorgane stehen die Drücke und Temperaturen in der Saug- und Auspuffleitung sowie die Drehzahl und Drosselklappenstellung als Einflußgrößen zur Verfügung. Die Drücke und Temperaturen im Zylinder am Ende des Saughubes, die letzten Endes die wirklich im Zylinder vorhandene Luftmenge kennzeichnen würden, können aus praktischen Gründen nicht als Einflußgrößen für die Regelorgane herangezogen werden. Deshalb muß in erster Linie der Druck und die Temperatur in der Saugleitung des Motors oder die Stellung des Lasthebelgestänges und die Drehzahl sowie die atmosphärischen Bedingungen zur Betätigung des Reglers herangezogen werden, und die Abweichungen der Veränderung der im Zylinder verbleibenden Luftmengen gegenüber der Proportionalität mit diesen Größen müssen durch Korrekturen berücksichtigt werden. Diese Abweichungen werden durch den Liefergrad gekennzeichnet. Wäre der Liefergrad konstant, dann wäre die angesaugte Luft je Arbeitsspiel proportional der Dichte der Luft in der Ladeleitung vor den Ventilen. Betrachtet man die Abhängigkeit des Liefergrades von der Temperatur in der Ladeleitung, so findet man, daß die Luftfüllung mit zunehmender Temperatur nicht so stark abnimmt wie unter Annahme einer Proportionalität mit ϱ, also $\frac{1}{T}$ zu erwarten wäre, sondern die Veränderung der angesaugten Luftmenge mit der Temperatur entspricht etwa einem Faktor $\frac{1}{T^{0,6}}$ bis $\frac{1}{T^{0,9}}$. Einen guten Mittelwert[1] ergibt der Wert $\frac{1}{T^{0,75}}$. Man kann eine fast gleich gute Wiedergabe der Versuchswerte erreichen, wenn man die Luftmenge proportional einem Wert (const $- t$) setzt. Der Unterschied der angesaugten Luftmenge gegenüber einem der Dichte proportionalen Wert kommt dadurch zustande, daß die Luft während des Einströmens durch die Ventile an den heißen Wänden erwärmt wird, so daß die Luft nach dem Einströmen erheblich höhere Temperaturen aufweist, als in der Saugleitung. Diese Erwärmung ist um so geringer, je höher die Lufttemperatur in der Saugleitung ist, weil dann die Temperaturdifferenzen zwischen den heißen Metallteilen und der Luft relativ geringer sind.

Bei Gleichheit des Gegendrucks und Ladedrucks zeigen die Versuche an einem aufgeladenen Motor eine mit dem Druck in der Saugleitung proportionale Zunahme der Luftfüllung im Zylinder. In Abb. 78, sind Messungen der vom Motor angesaugten Luftmenge abhängig von Ladeluftdruck und Ladelufttemperatur dargestellt (Versuche von ZEYNS). Die Versuchswerte zeigen, daß die angesaugte Luftmenge mit sehr guter Annäherung proportional dem Druck dargestellt werden kann, und zwar für einen großen Bereich der Temperaturen. Der Einfluß der Drehzahl auf die angesaugte Luftmenge ist in dem in Betracht kommenden Bereich meist so gering, daß er vernachlässigt werden kann. Somit ist die Berücksichtigung des Ladedruckes im Regler sehr einfach. Schwieriger wird dies jedoch, wenn der Druck in der Auspuffleitung anders — meist

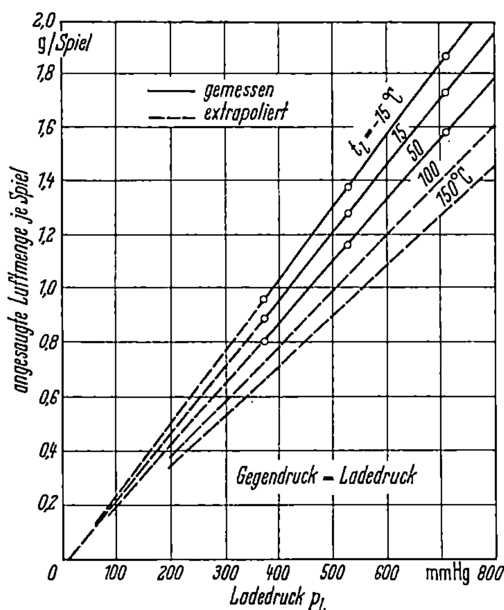

Abb. 78. Je Zylinder und Spiel angesaugte Luftmenge abhängig von Ladedruck und Ladelufttemperatur
——— gemessen, — — — extrapoliert

---

[1] Vgl. auch Abb. 41, S. 98.

kleiner — als der Druck in der Ladeleitung ist. Bei aufgeladenen Motoren kann man in der Regel immer mit einer Druckdifferenz zwischen Auspuffleitung und Ladeluftleitung rechnen. Insbesondere wenn die Aufladung durch mechanischen Antrieb des Laders erfolgt oder bei Fremdantrieb des Laders. Wenn der Lader mit Abgasturbine angetrieben wird, ergeben sich in der Regel wesentlich geringere Druckdifferenzen. Betrachtet man zunächst den Motor ohne Durchspülung, d. h. ohne wesentliche Überschneidung der Steuerzeiten, so erkennt man, daß die im Zylinder verbleibende Verbrennungsluftmenge proportional einem Faktor

$$C = 1 + \frac{1}{\varepsilon - 1} \cdot \frac{1}{\varkappa_L} \left(1 - \frac{P_G}{P_L}\right) \qquad \begin{array}{l} P_R = P_G = \text{Auspuffgegendruck} \\ P_L = \text{Ladedruck} \end{array} \qquad (77)$$

oder proportional

$$P_L + \text{const} \cdot (P_L - P_G)$$

zunimmt, wie aus der Ableitung auf S. 197 bis 200 hervorgeht. Die Größe der Zunahme der Verbrennungsluftmenge zeigt Abb. 109, S. 201. Diese Gesetzmäßigkeit der Zunahme der Verbrennungsluftmenge ist durch die Verdichtung der Restgase bedingt. Die Einstellung der richtigen Brennstoffmenge muß daher ebenfalls proportional einem Regelweg erfolgen, der einer Beziehung:

$$\text{const} \cdot \frac{P_L + C\,(P_L - T_G)}{T^n} \qquad (78)$$

proportional ist. Die technischen Mittel, um ein derartiges Gesetz im Regler zu verwirklichen, sind sehr verschieden. Im Kapitel h), S.158, sind einige Möglichkeiten der Verwirklichung dieser Anforderungen an den Regler angegeben.

Bisher wurden die Aufgaben des Reglers unter der Voraussetzung angegeben, daß keine Überschneidung der Steuerzeiten vorhanden ist und daß der Totraum des Motors nicht gespült wird. Wird der Totraum des Motors ausgespült, was bei Aufladung möglich ist, dann tritt natürlich auch keine Restgasverdichtung auf und die Brennstoffmenge muß proportional der tatsächlich im Zylinder verbleibenden Frischluftmenge zugeteilt werden. Die Änderung der im Zylinder verbleibenden Frischluftmenge bei Änderung der Betriebszustände wurde schon an Hand eines Beispieles bei der Behandlung der Aufladung besprochen. In Abb. 117, S. 206, ist die gesamte durch den Zylinder durchgesetzte Luftmenge in die Luft, die im Zylinder verbleibt und in die Luft, die durchgespült wird, aufgeteilt. Die im Zylinder verbleibende Luftmenge nimmt für einen bestimmten Teil der Ladedruckzunahme proportional dem Ladedruck zu, im vorliegenden Falle im Bereich vom Ladedruck 1,0 bis etwa 1,25. Bei Erreichen des Ladedruckes 1,25 ist der Totraum nahezu mit Luft gefüllt und die weitere Zunahme der angesaugten Luftmenge bei höheren Ladedrücken erfolgt nur proportional dem Ladedruck. Der Regler muß daher in seinem prinzipiellen Aufbau für einen Teil der Ladedruckzunahme eine der Druckdifferenz zwischen Ladeleitung und Auspuff bzw. Gegendruck proportionale Zunahme der Brennstoffmenge aufweisen und für den weiteren Bereich der Ladedrücke eine dem Ladedruck proportionale Zunahme ergeben.

Auf Seite 102 u. 103 ist eingehend dargelegt, daß zur Erzielung des höchsten Mitteldruckes Luftmangel etwa entsprechend einem Luftverhältnis $\lambda = 0,8$ bis $0,9$ erforderlich ist. Diese Forderung bezieht sich im allgemeinen auf kurzzeitigen Höchstleistungsbetrieb.

Wünscht man hingegen im Dauerbetrieb gute Verbrauchszahlen zu erreichen, dann muß ein Mischungsverhältnis eingestellt werden, das einem Luftüberschuß entsprechend $\lambda = 1,05$ bis $\lambda = 1,15$ entspricht.

Es ergibt sich also für den Regler die Aufgabe, bei hohen Leistungen, also bei hohen Ladedrücken ein reiches Gemisch und bei geringeren Ladedrücken, die Dauerbetrieb entsprechen, armes Gemisch einzustellen. Diese Forderung überlagert sich der Aufgabe, eine der angesaugten Luftmenge proportionale Kraftstoffmenge einzustellen.

g) Regelung zur Umgehung der Klopfgrenzen

Bei Hochleistungsmotoren genügt es nicht, im Regler die bisher wiedergegebenen Gesichtspunkte zu berücksichtigen, da im Regler Funktionen vorgesehen sein müssen, die eine Überschreitung der Klopfgrenzen verhindern. Die Klopfgrenzen zeigen nicht für alle Motoren und Kraftstoffe denselben Verlauf. Einerseits sind große Unterschiede bei Verwendung verschiedener Kraftstoffe vorhanden, vgl. Abb. 132, S. 223, andererseits ist auch die absolute Lage der Klopfgrenzen bezüglich Ladeluftdruck und Ladelufttemperatur bei verschiedenen Motoren weitgehend verschieden. Daraus ergibt sich die Forderung, daß eine Berücksichtigung der Klopfgrenzen im Regler eine weitgehende Anpassung an die jeweilige Motortype und den für diesen Motor vorgesehenen Kraftstoff gestatten muß. Wünscht man den Bauaufwand gering zu halten, so läßt sich schon mit verhältnismäßig einfachen Mitteln durch Anschläge oder Zusatzfedern der gewünschte Erfolg annähernd erreichen. Wünscht man jedoch, die vorhandenen Möglichkeiten zur Erzielung höchster Leistung und bester Verbrauchszahlen weitgehend auszunützen, so ist es notwendig, den Regler komplizierter auszubilden. Auch Regler mit Servomotor und Rückführung können Verwendung finden.

h) Verwirklichung der an den Regler gestellten Anforderungen im grundsätzlichen Aufbau des Reglers

Der Einspritzpumpenregler hat die Aufgabe, für jeden in Betracht kommenden Betriebsbereich des Motors das für den betreffenden Betriebszustand erforderliche Mischungsverhältnis einzustellen. Es überlagern sich somit zwei Aufgaben. Erstens die Zuteilung einer einem konstanten Mischungsverhältnis entsprechenden Brennstoffmenge zu der im Zylinder verbleibenden Verbrennungsluftmenge und zweitens die Forderung für bestimmte Betriebsbereiche im Regler Maßnahmen zur Anreicherung und Verarmung des Gemisches gegenüber dem mittleren Mischungsverhältnis vorzusehen.

Zunächst ist festzustellen, durch welche Einflußgröße willkürlich primär der Betriebszustand des Motors geändert werden soll. Man kann beispielsweise die Leistungsänderung des Motors durch Betätigung der Luftdrossel erreichen und die zugehörige Brennstoffmenge durch einen Regler einstellen. Man kann aber auch primär das Gestänge der Brennstoffzuteilungsvorrichtung (z. B. Einspritzpumpe) betätigen und damit als Grundlage für die Leistungseinstellung die Brennstoffmenge verändern und mittels des Reglers die zugehörige Luftmenge durch Verstellung der Drosselklappe einstellen. Schließlich könnte auch jede beliebige andere mit der Leistung direkt in Zusammenhang stehende Größe zur Veränderung der Leistung benützt werden. Im Anschluß an die konventionelle Art der Regelung der Ottomotoren durch Verstellung der Drossel hat es sich eingebürgert, bei Einspritzmotoren die Leistung durch Änderung der Drosselstellung der Luftdrossel zu ändern und die gewünschte Brennstoffmenge durch einen Regler zuzuteilen. Wie schon im vorhergehenden Kapitel erwähnt, ändert sich beim aufgeladenen Motor ohne Durchspülung die Verbrennungsluftmenge mit guter Annäherung verhältig dem Ladedruck bzw. dem Druck in der Saugleitung und annähernd einem Verhältnis $\frac{1}{T^{0,75}}$ je nach Bauart des Motorzylinders. Für die kraftstoffzuteilenden Organe (Pumpe, Zuteilungskolben, Schieber, Verteiler etc.) kann im allgemeinen ein linearer Zusammenhang zwischen ihrem Regelstangenweg und der Kraftstoffmenge pro Umdrehung angenommen werden. Zum Beispiel fördern Kraftstoffeinspritzpumpen üblicher Bauart eine der Verschiebung der Pumpenregelstange verhältige Kraftstoffmenge pro Umdrehung, da diese Brennstoffpumpen eine lineare Fördercharakteristik aufweisen. Daher muß bei Verwendung derartiger Pumpen der Regler so aufgebaut werden, daß er eine der gewünschten Kraftstoffmenge pro Umdrehung proportionale Bewegung der Regelstange liefert.

Die genaueste Berücksichtigung aller Einflüsse ergibt sich naturgemäß, wenn die Druck- und Temperatureinflüsse getrennt in ihrer richtigen Größe durch besondere Organe im Regler berücksichtigt werden.

Der prinzipielle Aufbau des Reglers, der die angegebenen Bedingungen erfüllen soll, hängt vom Aufbau des Einspritzsystems ab. Für die bisher üblichen Systeme mit Mehrstempelpumpen oder Einstempelpumpen mit oder ohne getrennten Verteiler kann angenommen werden, daß der Regelstangenweg annähernd verhältig der pro Umdrehung und Zylinder zu fördernden Kraftstoffmenge ist.

Zunächst soll eine einfache Reglerausführung hierfür wiedergegeben werden, die die erforderlichen Funktionen mit guter Annäherung erfüllt. Die Berücksichtigung des Druckes und der Temperatur in der Ladeluft- bzw. Saugleitung muß verhältig einem Wert

$$\frac{\text{Ladedruck} + \text{const} \cdot (\text{Ladedruck} - \text{Auspuffgegendruck})}{T^n} \tag{79}$$

erfolgen (vgl. S. 157).

Man kann daher den Regelstangenweg der Pumpe aus zwei additiven Gliedern aufbauen, deren erstes verhältig dem Wert $\frac{\text{Ladedruck}}{T^n}$ ist. Diese Anforderung kann z.B. auch durch eine teilweise evakuierte Dose mit einer Innenfeder verwirklicht werden. Eine luftgefüllte Dose würde mit einer Innenfeder als Gegenkraft einen Weg ergeben, der proportional dem Wert ϱ ist. Eine vollständig evakuierte Dose würde unter dem Einfluß des außenwirkenden Ladedruckes und der Innenfeder einen Weg ergeben, der proportional dem Ladedruck ist. Die teilweise evakuierte Dose gestattet die Erzielung eines Regelstangenweges annähernd verhältig dem Faktor $\frac{\text{Ladedruck}}{T^n}$. Das zweite Glied im oben angegebenen Bruch berücksichtigt die Restgaskorrektur. Eine Verschiebung proportional dem Werte (Ladedruck—Gegendruck) kann entweder durch einen Kolben mit Feder als Gegenkraft oder durch eine Dose erreicht werden, die innen dem Auspuffgegendruck und außen dem Ladedruck ausgesetzt ist. Die Addition beider Glieder ergibt sich durch den Aneinanderbau beider Bauteile. Die beschriebene Regleranordnung ist zwar sehr einfach, aber nicht sehr genau und kommt deshalb in erster Linie in Fällen in Betracht, in denen auf eine exakte Regelung im Interesse der Einfachheit nicht unbedingt Wert gelegt wird. Eine Berücksichtigung der Klopfgrenzen ist nicht möglich und die genaue Einstellung der zur Erzielung guten Verbrauches erforderlichen Luftverhältnisse ist schwierig. Die Genauigkeit der Regelung im hauptsächlich in Betracht kommenden Druckbereich von Ladedrücken zwischen 0,7 kp/cm² und 1,5 kp/cm² beträgt etwa ± 2 vH; bei kleineren Ladedrücken zwischen 0,4 kp/cm² und 0,7 kp/cm² steigen die Fehler zunehmend mit abnehmendem Ladedruck von 2 vH bis etwa 10 vH an. Diese Fehler spielen jedoch bei Motoren, bei denen nur geringe Anforderungen an die Regelgenauigkeit gestellt werden, in diesem Bereiche keine sehr große Rolle, weil man im Bereich geringer Leistungen sowieso mit reichen Gemischen arbeitet.

Während die Berücksichtigung des Druckeinflusses sehr schnell vor sich geht, dauert die Wirkung des Temperatureinflusses im Regler ziemlich lange. Man kann damit rechnen, daß es bei der beschriebenen Reglerbauart in der Größenordnung eine Minute dauert, bis die durch die Temperatur bedingte Verstellung im Regler 50 vH des Sollwertes erreicht hat. Es kann als völlig unbefriedigend gelten, daß es etwa 2 bis 3 min dauert, bis der Verstellweg im Regler durch die Temperaturänderung etwa 80 vH des Sollwertes erreicht hat. Eine bessere Berücksichtigung der Temperatur ergibt sich bei getrennter Berücksichtigung durch ein besonderes Organ, einen Temperaturfühler. In das Regelgesetz geht eine Funktion der Temperatur als Faktor ein. Diese Proportionalität kann beispielsweise in einfacher Weise dadurch im Regler kinematisch berücksichtigt werden, daß der dem Druckeinfluß entsprechende Weg über einen Hebel auf die Pumpenregelstange übertragen wird, deren Drehpunkt durch den Temperaturfühler verschoben werden kann, so daß der aus den Druckeinflüssen sich ergebende Weg verhältig einer entsprechenden Funktion der Temperatur verändert wird. Der Gesamtweg der an der Dose oben angebrachten Führungsstange entspricht also einem Werte

$$\text{Ladedruck} + \text{const} \cdot (\text{Ladedruck} - \text{Aufpuffgegendruck})$$

und die Bewegung der Pumpenregelstange entspricht der gewünschten Regelfunktion

$$\frac{\text{Ladedruck} + \text{const} \cdot (\text{Ladedruck} - \text{Auspuffgegendruck})}{T^n}.$$

Bei dieser Regelmethode ist man in der Lage, einen Temperaturfühler zu verwenden, der die tatsächlich auftretende Temperatur in der Ladeleitung sehr rasch berücksichtigt. Man kann beispielsweise flüssigkeitsgefüllte dünne Röhrchen als Temperaturfühler verwenden, bei denen die Wärmedehnung der Flüssigkeit dazu benützt wird, um in einem Dehnungskörper im Regler die gewünschte der Temperatur verhältige Bewegung herzustellen. Derartige flüssigkeitsgefüllte Temperaturfühler liefern in einem Zeitraum von etwa 10 s bis $^1/_2$ min einen Betätigungsweg, der 80 vH der Temperaturänderung entspricht. Flüssigkeitsgefüllte Temperaturfühler sind natürlich störungsanfällig. Sicherer sind Temperaturfühler, die aus einer größeren Anzahl Bi-Metallstreifen aufgebaut sind. Derartige Regler liefern etwa in einem für die meisten Regelvorgänge zu langen Zeitraum von $^1/_2$ bis 1 min einen Regelweg, der 80 vH der Temperaturänderung entspricht. Dieser Regelweg wird auf den Drehpunkt eines Verbindungshebels übertragen. Es läßt sich leicht zeigen, daß für eine derartige Anordnung für nicht zu große Wege des Temperaturfühlers die Verschiebung der Pumpenregelstange proportional einem Faktor

$$(\text{const} - T)$$

erreicht werden kann. Dies würde der geforderten Funktion $\frac{1}{T^n}$ für die Berücksichtigung der Temperaturänderung entsprechen, weil die Funktion $\frac{1}{T^n}$ für die in Betracht kommenden Temperaturdifferenzen mit ausreichender Genauigkeit durch einen Faktor (const $-\ T$) ersetzt werden kann.

Die Verschiebung des Drehpunktes muß dabei in Richtung der Null-Lage, d. h. also in der Richtung erfolgen, die die Verbindungsstange einnimmt, wenn die Fördermenge Null beträgt. Die Regelfehler sind in der letzteren Anordnung in verschiedenen Betriebsbereichen gering im Vergleich zur Anordnung mit teilweise evakuierter Dose. Über die Größen des Regelfehlers siehe z. B. Arbeiten von E. ALT und H. KÜHL [G 31]. Für den speziellen Anwendungszweck muß man sich jeweils über die Größe der möglichen Fehler orientieren.

Bisher wurde lediglich die Einstellung eines konstanten Mischungsverhältnisses im gesamten Betriebsbereiche behandelt (Luftverhältnis $\lambda =$ const), die betrieblichen Anforderungen machen jedoch, wie im vorhergehenden Kapitel ausgeführt, eine Anreicherung und zwar bei Höchstlast, bei geringer Belastung und im Leerlauf notwendig. Diese Anreicherung kann bei der auf S. 161 beschriebenen Reglerausführung sehr leicht durch eine zusätzliche Verschiebung des Drehpunktes im Reglergestänge verwirklicht werden. Diese Drehpunktverschiebung kann sowohl durch Beeinflussung vom Ladedruck her erfolgen als auch besser mechanisch über das Betätigungsgestänge der Drossel. Man kann auch an Stelle der verhältigen Anreicherung durch Drehpunktverschiebung eine konstante Anreicherung durch Verschiebung der Pumpenregelstange um einen festen Wert durchführen, etwa in Verbindung mit der Reglerausführung nach S. 161. Jedoch erhält man dann bei geringen Belastungen übermäßig reiches Gemisch.

Die Verwendung von teilweise evakuierten Dosen und ganz evakuierten Dosen in der beschriebenen Anordnung hat den Nachteil, daß bei möglichem Bruch oder Undichtwerden der Dose der Motor zu arm eingestellt wird und zum Stillstand kommt. Man kann zur Vermeidung dieses Übelstandes auch Anordnungen wählen, bei denen bei Undichtwerden der Dose eine Anreicherung erfolgt, wodurch der Motor nicht unmittelbar betriebsunfähig wird. Die Dosen werden meist entweder in Stahl, Messing oder anderen Metallen ausgeführt, die korrosionsfest und gasdicht sind.

Im Hinblick auf die erwähnten Nachteile von Druckdosen verzichtet man neuerdings ganz auf die Verwendung von Dosen und regelt nur mechanisch abhängig von Lastgestängestellung und Drehzahl und verwendet nur eine Barometerdose als Korrekturgeber für die Höhenregelung.

Maßnahmen im Regleraufbau zur Vermeidung der Klopfgebiete werden verhältnismäßig kompliziert, weil eine kombinierte Berücksichtigung von Druck und Temperatur erforderlich ist. In Abb. 79 sind die Klopfgrenzen eines aufgeladenen Motors einmal für normale und einmal für aufgeteilte Einspritzung in der für die Ermittlung der Regeleinstellung zweckmäßigen Darstellung wiedergegeben. Die beschriebenen Regelvorgänge können sehr genau mit Reglern in Verbindung mit einem Servo-Motor durchgeführt werden, wobei die Berücksichtigung des Druck- und Temperatureinflusses mittels einer Rückführkurve genau verwirklicht werden kann. Die Verwendung des Servo-Motors hat noch den weiteren Vorteil, daß große Verstellkräfte für das Pumpengestänge zur Verfügung stehen.

Beim *Motor mit überschnittenen Steuerzeiten* muß die Brennstoffmenge in ähnlicher Weise wie beim nicht überschnittenen Motor verhältig der im Zylinder verbleibenden Verbrennungsluftmenge zugeteilt werden. Die im Zylinder verbleibende Verbrennungsluftmenge ist an Hand eines Beispieles

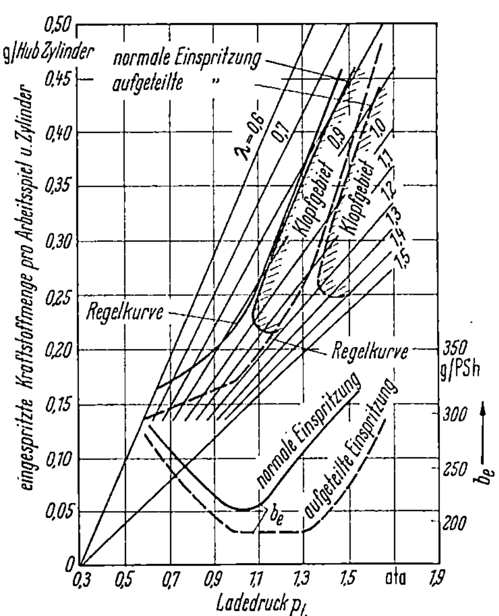

Abb. 79. Klopfgrenzen für normale und aufgeteilte Einspritzung

in Abb. 117 dargestellt. Das Bild zeigt, daß es die Aufgabe der Regelung ist, für einen bestimmten Bereich der Ladedrücke die Zuteilung einer Brennstoffmenge proportional der Druckdifferenz zwischen Ladedruck und Auspuffgegendruck einzustellen. In einem weiteren Bereich ist die Zunahme der Brennstoffmenge verhältig dem Ladedruck erforderlich. Die Temperaturberücksichtigung geschieht in gleicher Weise wie beim nicht überschnittenen Motor. Die Abhängigkeit der erforderlichen Kraftstoffmenge vom Verhältnis $\frac{\text{Ladedruck}}{\text{Gegendruck}}$ ist bei verschiedenen Motoren von dem Ausmaß der Überschneidung und von den sonstigen Betriebszahlen abhängig und daher verschieden.

Die bisherigen Ausführungen bezogen sich auf die Annahme, daß die Änderung der Dichte des Kraftstoffes mit der Temperatur vernach-

11*

lässigt werden kann. Im allgemeinen ist diese Annahme zulässig. Eine Berücksichtigung der Dichteänderung des Kraftstoffes ist nur erforderlich, wenn sehr große Temperaturschwankungen auftreten.

Grundlegende Erkenntnisse hinsichtlich der Anwendung der Benzineinspritzung konnten schon während des zweiten Weltkrieges gewonnen werden, als vor allem aufgeladene Flugmotoren mit Einspritzung betrieben wurden. Die bisherigen Ausführungen bezogen sich zum Teil auf Ergebnisse, die an Flugmotoren mit Aufladung gewonnen wurden und infolge der größeren in Frage kommenden Druck- und Temperaturbereiche einen sehr guten Überblick über die im Prinzip notwendigen motorischen Regelanforderungen ermöglichen. Diese Erkenntnisse haben in den später entwickelten Einspritzsystemen für Kraftfahrzeug-Ottomotoren ihren Niederschlag gefunden.

i) Anpassung der Einspritzmenge an das Motorkennfeld

Bei der Benzineinspritzung wird der Kraftstoff während eines Teiles oder des gesamten Kolbenweges in die angesaugte Luft eingespritzt, und zwar entweder direkt in den Motorzylinder, vor die Einlaßventile oder in die gemeinsame Ansaugleitung. Man unterscheidet demnach die zeitlich fixierte Einspritzung in den Zylinder oder in die Ansaugleitung, die kontinuierliche Einspritzung vor die Einlaßventile und den Einspritzvergaser.

Der Motorbetrieb verlangt die Verwirklichung gewisser optimaler Luftverhältnisse. Es ist die Aufgabe einer mit dem Einspritzaggregat verbundenen Regeleinrichtung, die mit der Last und der Drehzahl, sowie mit den atmosphärischen Zuständen sich ändernde Verbrennungsluftmenge zu erfassen und danach die einzuspritzende Kraftstoffmenge entsprechend dem gewünschten Mischungsverhältnis zu bemessen.

Wie auf Seite 155 erwähnt, wird die Brennstoffmenge den Zylindern pro Arbeitstakt annähernd proportional der angesaugten Luftmenge zugeteilt. Die pro Zylinder und Arbeitstakt angesaugte Luftmenge ist der sekundlich angesaugten Luftmenge proportional und direkt umgekehrt proportional der Motordrehzahl.

Für Motoren, bei denen die Leistungsregelung mit Hilfe einer Drosselklappe erfolgt, lassen sich folgende allgemeinen Gesetzmäßigkeiten aufstellen. Bei Unterschreitung des kritischen Druckverhältnisses am Drosselquerschnitt bleibt von einer bestimmten Drosselklappenstellung an die sekündlich angesaugte Luftmenge annähernd konstant, so daß die pro Arbeitstakt und Zylinder angesaugte Luftmenge etwa umgekehrt proportional der Motordrehzahl wird.

Liegt der Druck im Saugrohr über dem kritischen Druck, dann ist eine starke Abhängigkeit der sekündlich angesaugten Luftmenge von dem jeweiligen Druckverhältnis an der Drossel vorhanden [G 24].

In Abb. 80 ist die angesaugte Luftmenge bezogen auf das Hubvolumen über der Motordrehzahl dargestellt, das bei verschiedenen Drosselklappenstellungen an einem 8-Zylinder-4-Takt-Fahrzeugmotor gemessen wurde. Der allgemeine Verlauf der Kurven kann im Prinzip im wesentlichen für alle Motoren als gültig angesehen werden, die primär durch eine Drosselklappe geregelt werden, und es kann hieraus entnommen werden, daß der Bereich, in dem die vom Motor angesaugte Luftmenge sich bei konstanter Drosselklappenstellung direkt umgekehrt proportional zur Drehzahl gemäß den oben gemachten Voraussetzungen verhält, alle Bereiche fast bis etwa zur halben Volllastmenge umfaßt. Beim Öffnen der Drosselklappe über diese Halb-

laststellung hinaus erfolgt ein kontinuierlicher Übergang von den hyperbelförmigen Leerlauf- und Teillastkurven auf die mehr oder weniger horizontal verlaufende Vollastkurve, für die aus obigen Gründen die sekündlich angesaugte Luftmenge nicht mehr konstant ist. Durch Ausnutzung gasdynamischer Effekte unter richtiger Abstimmung der Ansaugsysteme kann hier eine erhebliche Mehrfüllung noch bei relativ hoher Motordrehzahl erzielt werden.

Für den pro Arbeitstakt und Zylinder zuzuteilenden Brennstoff ergibt sich unter der Annahme konstanten Mischungsverhältnisses für die einzelnen

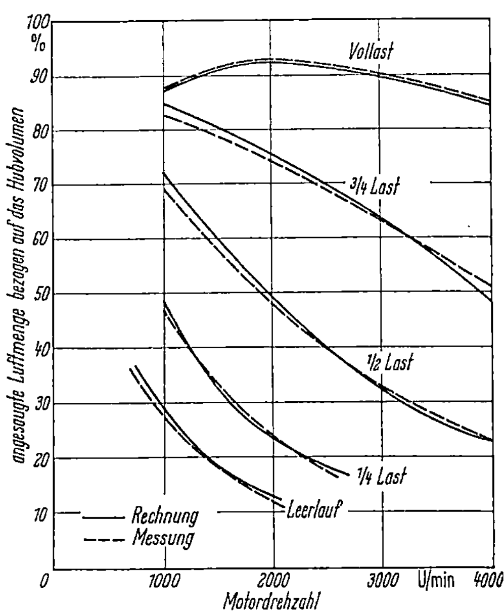

Abb. 80. Nachrechnung der gemessenen angesaugten Luftmengen in Abhängigkeit von Drehzahl und Drosselklappenstellung eines 8-Zylinder-4-Takt-Fahrzeugmotors [G24]

Laststellungen im Prinzip der gleiche Verlauf wie für die Kurven der angesaugten Luftmenge über der Drehzahl in Abb. 80, wenn keine Spülung oder große Überschneidung der Steuerzeiten vorkommt.

In Abb. 81 ist die pro Arbeitstakt und Zylinder erforderliche Kraftstoffmenge für den gleichen Motor wie in Abb. 80 über der Motordrehzahl für verschiedene Drosselklappenstellungen aufgetragen, und zwar einmal die Kraftstoffmenge, mit der ein minimaler Kraftstoffverbrauch b_e erzielt wird und zum anderen die erforderliche Kraftstoffmenge für einen maximalen Mitteldruck p_e. Ein Betrieb des

Motors außerhalb des durch diese Werte gekennzeichneten Bereiches wäre zwar möglich, jedoch nicht sinnvoll, da in jedem Falle ein Leistungsabfall und eine Verbrauchsverschlechterung zu erwarten ist, wenn man von Sonderfällen, wie beim Starten und Betrieb bei kaltem Motor absieht.

Allgemein müssen für die Festlegung der Regelkurven bei Fahrzeugmotoren folgende bekannten Grundsätze beachtet werden:

Im Fahrbereich, der der Dauerlast entspricht, soll auf ebener Strecke die Kraftstoffmenge so bemessen werden, daß ein optimaler Kraftstoffverbrauch erreicht wird.

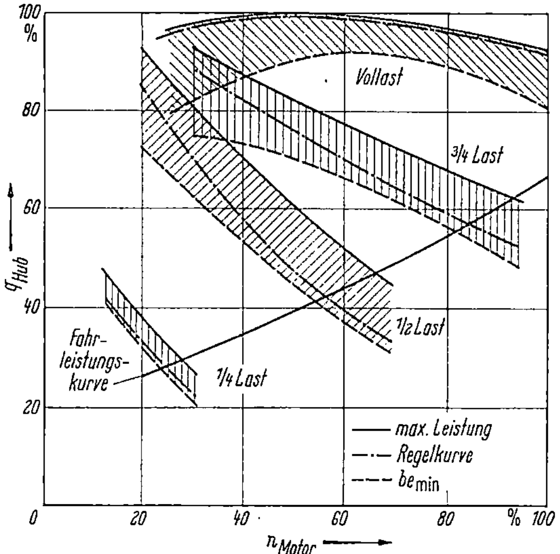

Abb. 81. Kennfeld eines 8-Zylinder-4-Takt-Fahrzeugmotors

Dieser Bereich ist im Kennfeld durch die Fahrleistungskurve gekennzeichnet (Abb. 81). Der Bereich unterhalb dieser Fahrleistungskurve entspricht dem Schiebebetrieb, also einem Abbremsen des Motors, z. B. beim Fahren auf einer Gefällestrecke oder beim Übergang von hoher auf niedrige Geschwindigkeit. Im Bereich sehr kleiner Drosselklappenstellung z. B. von 1/4-Last bis Leerlauf wird vielfach gewünscht, die Brennstoffzufuhr oberhalb einer bestimmten Drehzahl völlig zu sperren, da hierdurch die Bremswirkung größer wird und außerdem Brennstoff gespart werden kann. Der Bereich oberhalb der Fahrleistungskurve entspricht einer Beschleunigung des Fahrzeuges bzw. einer Bergfahrt. In diesem Bereich ist es zweckmäßig, selbst mit Zulassung eines weniger günstigen Brennstoffverbrauches, ein maximales Drehmoment zu erreichen. Dieses gilt in ganz besonderem Maße für die Vollastkurve, die man in jedem Falle so ausbilden sollte, daß im

gesamten Drehzahlbereich, insbesondere aber auch für ein zügiges An-
Anfahren bei kleinen Drehzahlen ein maximales Drehmoment erzielt
wird, d. h. bei vollständigem Öffnen der Drosselklappe höchste Be-
schleunigungswerte und maximale Spitzengeschwindigkeiten erreicht
werden sollen. In besonderen Fällen erscheint es wünschenswert, durch
kurzzeitige Überfettung, vor allem bei Höchstleistung eine Kühlung
der thermisch hoch belasteten Motorteile zu bewirken, falls dies im
Hinblick auf die Abgaszusammensetzung noch tragbar erscheint. Im
großen und ganzen wird also der Motor im Dauerlastbereich arm zur
Erzielung guter Verbrauchszahlen, im Vollastbereich reich zum Zweck
der Erzielung hoher Leistungen und im Leerlauf ebenfalls reich eingestellt, um hier einen ruhigen Leerlauf zu erreichen.

Nach diesen Gesichtspunkten sind in Abb. 81 Regelkurven eingezeichnet. Diese Regelkurven können selbstverständlich je nach den
besonderen Anforderungen der verschiedenen Motoren und Fahrzeuge
geändert werden.

Bei einigen Verfahren wird der Regelung entweder die Drehzahl und die Luftdichte in der Ansaugleitung oder der Wirkdruck einer
Venturidüse als Maß für die Verbrennungsluftmenge zugrunde gelegt.

Das erste Verfahren beruht an und für sich auf einer genauen Berücksichtigung von Druck und Temperatur der Luft; man begnügt sich
aber sehr häufig mit dem Unterdruck, der sich in der Ansaugleitung
hinter der Drosselklappe einstellt, als einziger Regelgröße. Nachteilig
bei diesem Verfahren ist der Umstand, daß es keine Berücksichtigung
des veränderlichen Liefergrades ermöglicht.

Bei dem zweiten Verfahren wird die Durchsatzmenge der Luft
durch eine in die Ansaugleitung eingebaute Venturidüse bestimmt und
die Regelung danach vorgenommen. Während auf diese Weise der
Liefergrad automatisch berücksichtigt wird, ist hierbei keine Aufteilung der Luftmenge auf Verbrennungsluft und Spülluft möglich,
weshalb es bei 2-Takt-Motoren nicht angewendet werden kann.

In letzter Zeit wird die sog. pneumatische Regelung immer mehr
von der rein mechanischen Regelung verdrängt. Damit erreicht man im
wesentlichen ein schnelleres Ansprechen des Motors auf die Laständerungen sowie eine noch größere Regelgenauigkeit.

Neben dieser Grundregelung machen hochwertige Motoren eine
Gemischanreicherung bei verschiedenen Betriebszuständen erforderlich, so z. B. bei Leerlauf, Vollast, Beschleunigung und Kaltstart, zu
welchem Zweck besondere Korrekturregler vorgesehen werden können.

k) Einspritzsysteme

Die verschiedenen Systeme der Benzineinspritzung unterscheiden
sich hauptsächlich durch die Art der Erzeugung des Kraftstoffdruckes,

der Dosierung des Kraftstoffes und seiner Verteilung auf die einzelnen Motorzylinder. Im folgenden sollen nun die wichtigsten Einspritzsysteme beschrieben werden. Mit Rücksicht auf eine gewisse Übersichtlichkeit ist es zweckmäßig, sie im Rahmen von 5 Systemgruppen zu betrachten:

> Einspritzpumpen mit mehreren Kolben
> Einspritzpumpen mit einem Verteilerkolben
> Einspritzaggregate zur kontinuierlichen Einspritzung
> Verteiler-Einspritzsysteme
> Elektronische Einspritzsysteme.

Einspritzsysteme mit Mehrkolben-Einspritzpumpen. Das in Deutschland bisher vorwiegend verwendete Einspritzsystem benutzt eine Mehrkolben-Einspritzpumpe, die von der Nockenwelle des Motors ange-

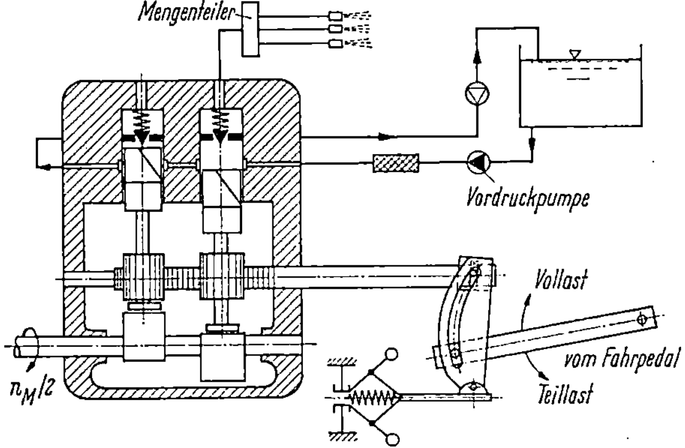

Abb. 82.   Einspritzaggregat- Bauart Bosch

trieben wird. Die Pumpenelemente, von denen jedes einen Motorzylinder versorgt, dosieren die einzuspritzende Kraftstoffmenge und fördern sie unter Druck zu den entsprechenden Einspritzdüsen, die entweder im Zylinderkopf oder in der Ansaugleitung vor den Einlaßventilen angeordnet sind. Die Kraftstoffregelung erfolgt durch Drehung der mit einer schrägen Steuerkante versehenen Pumpenkolben, wodurch der Förderbeginn, d. h. der wirksame Kolbenhub und damit die Fördermenge verändert werden. Sie wird bei älteren Ausführungen durch den Unterdruck, der sich am Klappenstutzen in der Ansaugleitung einstellt und auf eine im Gemischregler befindliche Druckdose wirkt, und durch einen von außen zu betätigenden Hebel vorgenommen. Druckdose und Hebel können über eine Zahnstange die Pumpenkolben drehen. Während die Druckdose die Aufgabe hat, den Kraftstoff der jeweiligen Luftmenge zuzuordnen, ermöglicht der Hebel eine zusätzliche Gemischregelung, so z. B. eine Gemischanreicherung bei Kaltstart.

Eine Abwandlung der bekannten 6-Stempel-Pumpe, mit je einem Pumpenstempel pro Motorzylinder, stellt die Benzin-Einspritzpumpe dar, wie sie in Abb. 82 gezeigt wird.

Hierbei beschickt ein Pumpenstempel über sogenannte Mengenteiler je 3 Einspritzdüsen, wobei jede Düse infolge des Doppelnocken in der Pumpe während einer Umdrehung zweimal abspritzt. Die Regelung erfolgt mechanisch.

Die Vollastkennlinie selbst wird bei diesem System durch hydraulische Mittel (Druckventile mit Angleichwirkung) nachgebildet.

Im Gegensatz zu den oben erwähnten 6-Stempel-Pumpen mit pneumatischem Regler finden neuerdings auch in den 6- bzw. 8-Stempel-Einspritzpumpen von Bosch mechanische Raumnockenregler Verwendung, bei denen Last und Drehzahl getrennt eingegeben werden.

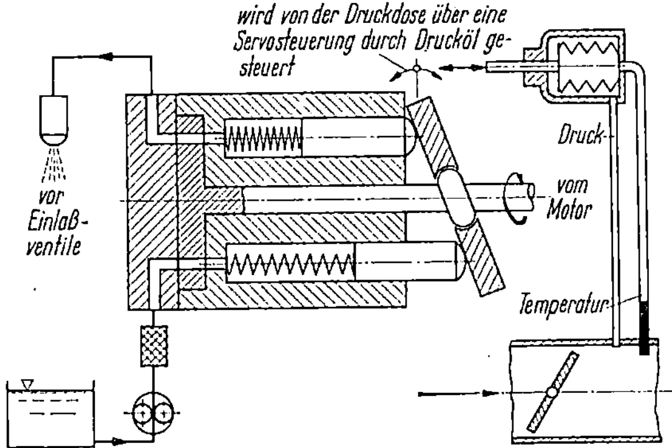

Abb. 83. Einspritzsystem Bauart Simmonds

Bei dem Einspritzsystem von Simmonds (USA) (Abb. 83) wird eine Mehrkolben-Einspritzpumpe verwendet, die durch eine mit Motordrehzahl rotierende Taumelscheibe angetrieben wird. Eine Verteilerscheibe steuert den Zu- und den Ablauf des Kraftstoffes der einzelnen Pumpenelemente und verteilt die dosierte Kraftstoffmenge von jedem Element abwechselnd auf zwei Motorzylinder. Dadurch ist die Zahl der Pumpenzylinder halb so groß wie die der Motorzylinder. Die Regelung der Fördermenge geschieht auch hierbei durch eine Veränderung des wirksamen Kolbenhubes. Zu diesem Zweck leitet die Druckdose die Regelgrößen Druck und Temperatur hinter der Drosselklappe an eine Servosteuerung weiter, die daraufhin die Winkellage der Taumelscheibe entsprechend ändert.

Das Einspritzaggregat M3 der Fuelcharger Corp. (USA) ist ähnlich wie das Simmonds Gerät aufgebaut. Es verwendet aber als Pumpenantrieb eine unverstellbare Taumelscheibe und benutzt eine veränderliche Hubbegrenzung zur Regelung der Kraftstoffmenge.

Zu den Einspritzpumpen mit je einem Zuteilorgan für jeden Zylinder gehört auch die Einspritzpumpe von Kugelfischer-Schaefer (Abb. 84).

Bei diesem System erfolgt die Angleichung der eingespritzten Kraftstoffmenge an das Motorkennfeld über einen räumlichen Nocken, der drehzahlabhängig von einem elektromagnetischen Regler verdreht und lastabhängig vom Gaspedal axial verschoben wird. Der Nocken wird dabei von einem Taststift abgetastet, der über eine Schwinge den Hub der Pumpenstempel und damit die eingespritzte Kraftstoffmenge verändert.

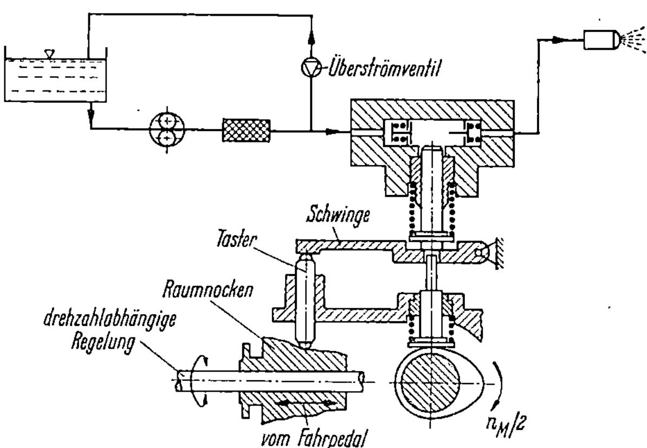

Abb. 84. Kugelfischer-Schaefer-Einspritzanlage

Einspritzsysteme mit Einzylinder-Verteilerkolben-Einspritzpumpen.
Diese Gruppe von Einspritzsystemen verwendet eine Einzylinder-Einspritzpumpe mit einem Verteilerkolben, bei welcher der hin- und hergehende Kolben die Kraftstoffmenge dosiert und sie unter Druck auch auf die einzelnen Motorzylinder verteilt, und zwar in der Weise, daß entweder der Verteilerkolben oder der Pumpenzylinder durch eine gleichzeitige Rotationsbewegung Ein- und Auslaßöffnungen steuern. Für den Kolbenantrieb und die Veränderung des wirksamen Kolbenhubes zur Regelung der einzuspritzenden Kraftstoffmenge gibt es nun eine Reihe verschiedener Konstruktionen:

American Bosch (USA) (Abb. 85) benutzt einen von der Kurbelwelle des Motors angetriebenen Hohlkolben, der gleichzeitig mit seiner Drehbewegung durch einen Nockenkranz, der auf seiner Stirnseite angebracht ist, zu einer hin- und hergehenden Bewegung veranlaßt wird. Im Kolbenmantel befinden sich neben den Einlaß- und Auslaßschlitzen Überströmbohrungen, die durch eine axial verschiebbare Regelmuffe verschlossen werden können. Beim Saughub gelangt der Kraftstoff aus dem Kraftstoffvorratsraum in den Hohlkolben, er strömt aber beim

Senken des Kolbens so lange wieder aus, bis die Überlaufbohrungen geschlossen werden und ein hinter einem Rückschlagventil angeord- neter Auslaßschlitz den Durchgang zur gewünschten Düse freigibt. Damit kann die einzuspritzende Kraftstoffmenge durch eine Verschiebung der Regelmuffe, die in Abhängigkeit von Druck und Temperatur in der Ansaugleitung erfolgt, geregelt werden. Bei diesem Einspritz-

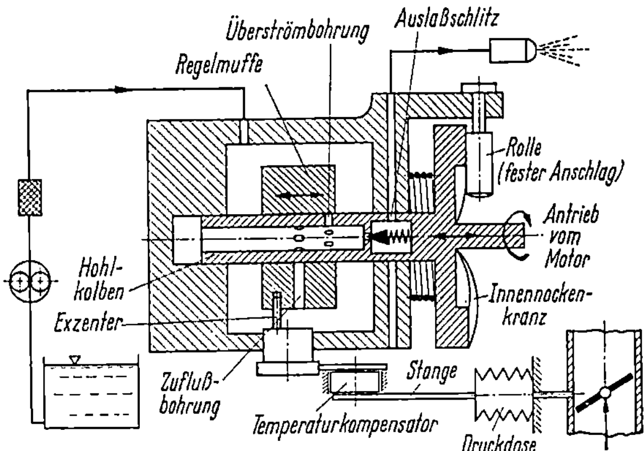

Abb. 85. Einspritzsystem American Bosch

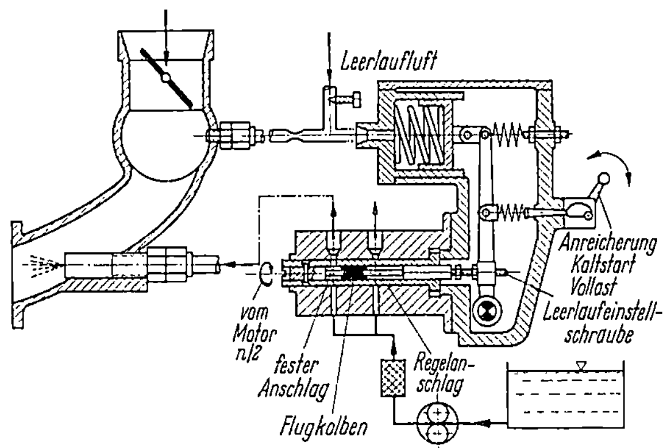

Abb. 86. Einspritzsystem Lucas-Holley

system wird eine Gemischanreicherung, z. B. bei Leerlauf und Kaltstart, dadurch erreicht, daß die Förderpumpe zusätzlichen Kraftstoff unmittelbar an der Drosselklappe der angesaugten Luft beimischt.

Das englische Lucas-System und das Holley-Einspritzsystem USA (Abb. 86) arbeiten nach dem gleichen Prinzip. Im Gegensatz zu dem American-Bosch-System steuert hierbei der unter konstantem Druck stehende Kraftstoff einen (Holley) oder mehrere (Lucas) Flugkolben in einem rotierenden Verteilerzylinder, wobei der Kolbenhub durch eine mit dem Drosselklappenstutzen verbundenen Druckdose verändert werden kann. Auf diese Weise kann die pro Hub benötigte Kraftstoffmenge zum gewünschten Einspritzzeitpunkt der jeweiligen Düse zur Einspritzung zugeführt werden. Außerdem ist eine additive, mechanische Zusatzverstellung vorgesehen, um eine Gemischanreicherung bei Leerlauf, Beschleunigung und Kaltstart durchzuführen.

Bei den amerikanischen Einspritzsystemen von Marvel-Schebler (Abb. 87) und von Borg-Warner wird ebenfalls eine Einzylinder-Verteilerkolben-Einspritzpumpe verwendet, die durch die Motorwelle und durch einen Nockenkranz angetrieben wird. Die Dosierung der einzuspritzenden Kraftstoffmengen wird durch ein Überströmregelventil dadurch geregelt, daß man durch einen Nokken die Vorspannung der Ventilfeder und damit das Druckniveau in der Kraftstoffleitung als Funktion der Zustände hinter der Drosselklappe verändert.

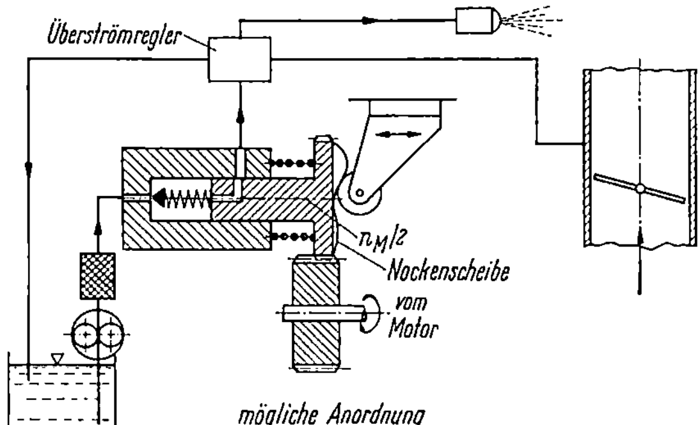

Abb. 87. Einspritzpumpe Bauart Marvel-Schebler

Systeme mit kontinuierlicher Einspritzung vor die Einlaßventile. Das von General Motors (USA) (Abb. 88) entwickelte Einspritzsystem arbeitet mit kontinuierlicher Einspritzung vor die Einlaßventile. Hierbei erfolgt die Zuordnung des Kraftstoffes zur angesaugten Luftmenge durch eine kombinierte Druck- und Mengenregelung. Einerseits stellt eine mit der Drosselklappe verbundene Druckdose den Förderdruck einer Zahnradpumpe bis zu 15 at mit Hilfe eines veränderlichen Überdruckventils (Druckregler) ein. Andererseits steuern ein Thermostat und eine weitere Druckdose, die beide mit dem in die Ansaugleitung eingebauten Venturirohr in Verbindung stehen, ein Überströmregelventil (Mengenregler) und damit die Durchflußmenge zu den Einspritzdüsen. Die bei verschiedenen Betriebszuständen wünschenswerte Gemischanreicherung wird durch Korrekturregler erreicht. So wird z. B. bei Kaltstart gleichzeitig mit dem Anlasser ein Elektromagnet betätigt, der das Überströmventil schließt und damit die gesamte Fördermenge zur Einspritzung weiterleitet.

Ein weiteres Einspritzsystem von Fuelcharger (USA) (Abb. 89) arbeitet mit einer in weiten Grenzen drehzahlregelbaren Kreiselpumpe zur Kraftstoffversorgung der Einspritzdüsen. Die Regeleinrichtung besteht aus einem Leonardsatz, bei dem der Gleichstromgenerator an der

Kurbelwelle des Motors angeflanscht ist und der Gleichstromnebenschlußmotor die Kraftstoffpumpe antreibt. Die Kraftstoffördermenge wird durch die Drehzahl der Pumpe bzw. durch die Generatorspannung festgelegt, die in ihrer Größe von der Motordrehzahl und Generatorerregung, die man durch die Druckdose verändern kann, vorgegeben wird.

Verteiler-Einspritzsysteme. Bei dem vom Verfasser entwickelten Verteilereinspritzsystem (Abb. 90) wird der unter Druck stehende Kraftstoff durch ein System von rotierenden und verdrehbaren Scheiben zugeteilt. Kraftstoffdruck und Steuerquerschnitt der Regelscheiben bestimmen die Einspritzmenge. Die Steuerung des Regelquerschnittes erfolgt drehzahl- und lastabhängig. Die kinematische Verknüpfung dieser beiden Regeleinflüsse erfolgt über eine 3-dimensional gekrümmte Steuerfläche, wobei der Drehzahleinfluß mittels eines Fliehkraftreglers und der Lasteinfluß durch mechanische Übertragung vom Gasgestänge her getrennt eingebracht werden. Der Kraftstoffregeldruck im Verteiler kann in Abhängigkeit von der Last über ein Regelventil gesteuert werden.

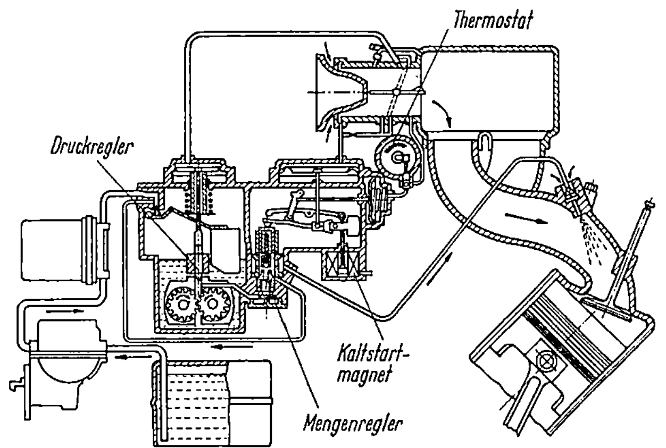

Abb. 88. Einspritzsystem General Motors

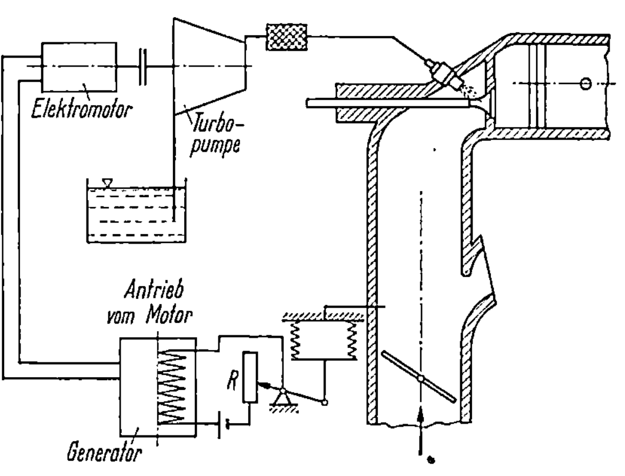

Abb. 89. Einspritzsystem Fuelcharger

Bei der Einspritzeinrichtung entsprechend Abb. 91 kann die Berücksichtigung des Lasteinflusses auch ohne Regelung des Druckes lediglich durch die Steuerung mittels des dreidimensionalen Nockens erfolgen. Dann entfällt die Betätigung des Regelventiles vom Fahrpedal aus.

Die Berücksichtigung des Einflusses der Betriebstemperatur des Motors und des Barometerstandes (Höhenbetrieb) erfolgt bei der

Normalausführung der Einspritzanlage über die Regelung des Kraftstoffdruckes durch das Regelventil, das unter anderem von einem Temperaturfühler und einer Barometerdose betätigt wird. Zum Zweck der Spritzzeitpunktverstellung können die feststehenden Scheiben (Scheibe 2 und die Grundscheibe) auch drehbar angeordnet werden.

Bei der Mehrzahl der beschriebenen Einspritzverfahren werden die in der Einleitung beschriebenen Bedingungen für eine genaue Regelung nicht exakt erfüllt, insbesondere sind die Regelfehler bei den Verfahren, welche den Druck in der Saugleitung als Regelgröße benutzen, erheblich. Bei der Verwendung von Einspritzeinrichtungen nach dem Ver-

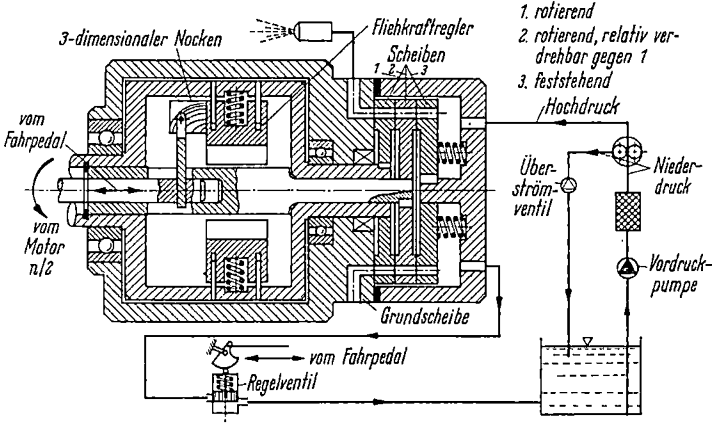

Abb. 90. Verteilereinspritzsystem nach F. A. F. Schmidt

drängerprinzip ergeben sich insbesondere bei hohen Drehzahlen und hohen Temperaturen als Folge von Kavitationserscheinungen größere Abweichungen der Einspritzmengen bei den aufeinanderfolgenden Einspritzvorgängen, die auch eine ungleiche Gemischverteilung in den verschiedenen Zylindern zur Folge haben.

Diese Nachteile treten bei Anwendung des Scheibenverteilersystems nicht auf. Die bei diesem System verwendete Kombination eines Fliehkraftreglers, dessen Reglerfeder mit progressiver Federcharakteristik ausgestattet ist, mit einem Raumnocken mit geringen Erhebungen, ergibt eine sehr große Regelgenauigkeit in allen Last- und Drehzahlbereichen. Dies gilt insbesondere auch im niedrigen -Lastbereich, da hier die hyperbelförmigen Kennlinien im Motorkennfeld (s. Abb. 80, S. 165) und die ebenfalls hyperbelförmige Fördercharakteristik des Scheibenverteilers im prinzipiellen Verlauf weitgehend übereinstimmen, so daß bei Drehzahländerungen nur ganz geringe Regelbewegungen und somit nur geringfügige Neigungswinkel am Raumnocken erforderlich sind. Deshalb treten praktisch keine merkbaren Fehler durch Hysterese auf. Die Zuverlässigkeit der neuartigen Bauelemente dieses

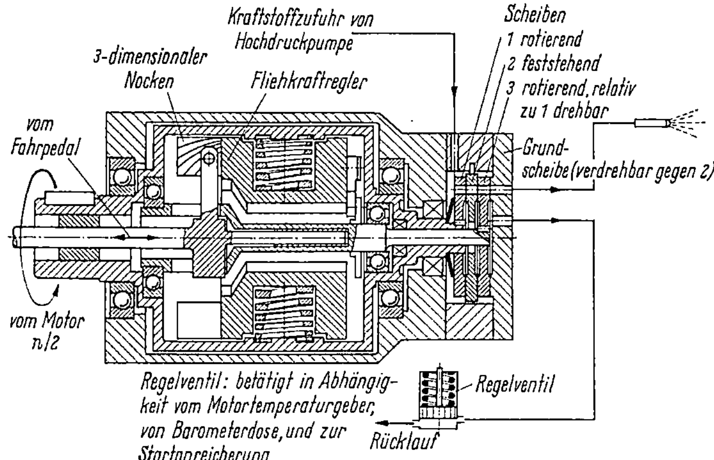

Abb. 91. Scheibenverteiler-Einspritzsystem (nach F. A. F. Schmidt)

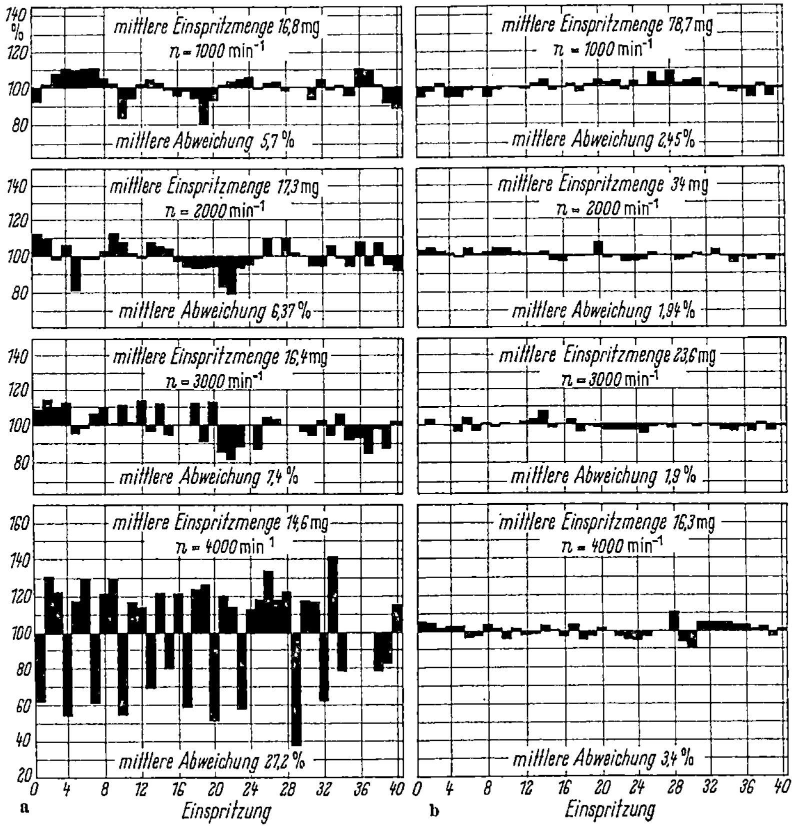

Abb. 92. Prozentuale Mengenabweichung aufeinanderfolgender Einspritzungen bei einem
Einspritzsystem mit Einzelpumpenstempeln a. und einem Scheibenverteiler-Einspritzsystem
b. in Abhängigkeit von der Motordrehzahl

Systemes, z. B. der rotierenden gegeneinander verdrehbaren Verteilerscheiben, ist sowohl in Prüfstandsversuchen als auch im mehrjährigen Fahrbetrieb erprobt worden (G 23, G 34).

Abb. 92 zeigt, daß die Gleichmäßigkeit aufeinanderfolgender Einspritzungen bei der Verwendung von Scheibenverteilern, insbesondere bei hohen Drehzahlen sehr viel besser ist als bei der Einspritzung mit Einzelpumpenstempeln. Noch viel deutlicher ist die größere Gleichmäßigkeit der aufeinanderfolgenden Einspritzvorgänge des Scheibenverteilersystemes beim Vergleich der Einspritzsysteme bei höheren Temperaturen, bei denen sich Kavitations- und Verdampfungserscheinungen bei hin- und hergehenden Stempeln während des Ansaugevorganges besonders nachteilig auswirken.

Elektronische Einspritzsysteme. Als Beispiel soll das Einspritzsystem der amerikanischen Firma Bendix Aviation erwähnt werden, bei dem der durch eine Förderpumpe unter konstanten Druck gesetzte Kraftstoff durch die Öffnungszeit der Düse dosiert und geregelt wird. Hierbei werden alle Regeleinflüsse durch ein elektronisches Gerät ausgewertet und in Stromimpulse bestimmter Länge umgewandelt. Es ist Aufgabe eines mit dem Zündverteiler verbundenen Impulsverteilers, die Stromstöße zum gewünschten Einspritzzeitpunkt an die elektromagnetisch gesteuerten Düsen weiterzuleiten.
Ein weiteres elektronisch gesteuertes System wurde von Bosch entwickelt. In der bisher bekannt gewordenen Ausführungsform wird der Kraftstoff durch eine ND-Förderpumpe den magnetisch gesteuerten Düsen zugeführt. Die Grundregelung, die bisher über den Unterdruck im Saugrohr gesteuert wird sowie die Korrekturregelung für Kaltstart, Motortemperatur usw. erfolgen durch elektronische Steuerelemente.

6. Dieselarbeitsverfahren

Wie schon in Abschnitt (2e) gezeigt, sind Zündverzug und Aufbereitung des Kraftstoffes von entscheidender Bedeutung für den Verbrennungsablauf im Dieselmotor.

Bei langsam laufenden Motoren sind die Zündverzugswerte von etwa 0,001 bis 0,003 s gegenüber der Einspritzzeit äußerst gering, so daß der Verbrennungsablauf beliebig gesteuert werden kann. Bei Schnelläufern, d. h. insbesondere bei Kleindieselmotoren, bei Fahrzeugmotoren sowie auch bei stationären Motoren der mittleren Leistungsklasse mit höheren Drehzahlen ist die Größe des Zündverzuges von besonderer Wichtigkeit, da hier der Zündverzug schon einen wesentlichen Anteil an der Einspritzzeit darstellt. Daher ist es erforderlich, die Zündverzugswerte gering zu halten, um große Drucksteigerungen zu vermeiden, die nur von einer schweren Motorkonstruktion aufgenommen werden können.

Die Gemischaufbereitung sowie der Verbrennungsablauf bei Dieselmotoren mit unterteilten Brennräumen gestalten sich schwieriger als bei Motoren mit Direkteinspritzung. Gerade deshalb bestehen aber sehr viele Möglichkeiten, die Verbrennung derart günstig zu beeinflussen, daß die Forderungen nach hoher Leistung bei geringem Luftüberschuß und sauberer Verbrennung erfüllt werden können, wobei die Verbrauchswerte jedoch im allgemeinen höher liegen als bei den Direkteinspritzmotoren.

Im letzten Jahrzehnt sind teils im Rahmen grundlegender Versuchsarbeiten auf dem Gebiet der Vielstoffmotoren neue, hoch entwickelte Verbrennungssysteme verwirklicht worden, die eine entscheidende Rolle bei der Weiterentwicklung der Dieselmotoren spielen werden. Besonders sind hier die MAN-HM und MAN-FM Verfahren zu erwähnen.

a) Dieselverfahren mit direkter Einspritzung

Bei der direkten Einspritzung des Kraftstoffstrahles in den Zylinder erfolgt die Verteilung des Kraftstoffes ausschließlich durch die Anordnung der Düsen und durch die im Zylinder vorhandene Luftbewegung. Verbrennungsraum und Kraftstoffstrahl sollen so einander angepaßt werden, daß eine gute Mischung von Luft und Kraftstoff erfolgt. Zu diesem Zweck kann durch besondere Formgebung des Kolbens eine gewisse Wirbelung im Verbrennungsraum erzeugt werden, wie z. B. beim HESSELMANN-Motor und bei der Kolbenkammer von SAURER.

Eine weitere Verbesserung der Gemischaufbereitung ist durch gerichtete Strömungen im Zylinder erzielbar.

Beim Junkers Doppelkolben-2-Takt-Motor wird z. B. durch schräggestellte Spülschlitze beim Einströmen der Frischluft in den Zylinder eine rotierende Bewegung der Luftmasse erzeugt, die bis zum Ende der Verdichtung aufrechterhalten bleibt. In diesen rotierenden Luftwirbel wird mit vier Düsen der Kraftstoff eingespritzt und gleichmäßig auf die vorhandene Luftmenge unter Mitwirkung der Drehbewegung des Wirbels verteilt. Eine gerichtete Drehbewegung der Luftmasse läßt sich aber auch durch besondere Schirmventile oder durch Ausbildung eines Einlaß-Drallkanals (z. B. MAN-M-Verfahren) erzielen.

Sind Kolben und Zylinderdeckel mit Mulden versehen, so wird beim Verdichtungshub die Luftmenge mit großer Geschwindigkeit in diese Vertiefungen hineingedrückt, wobei die entstehende starke Luftbewegung eine Mischung von Kraftstoff und Luft fördert [D 17].

Die direkte Einspritzung bei nicht unterteilten Brennräumen wird auf dem Gebiet der Großmotoren und vor allem bei 2-Takt-Motoren angewandt. Die Form der Brennräume unterscheidet sich nach Motorbauart weitgehenst, wobei beim 2-Takt-Verfahren in besonderem Maße die Art der Spülung zu berücksichtigen ist.

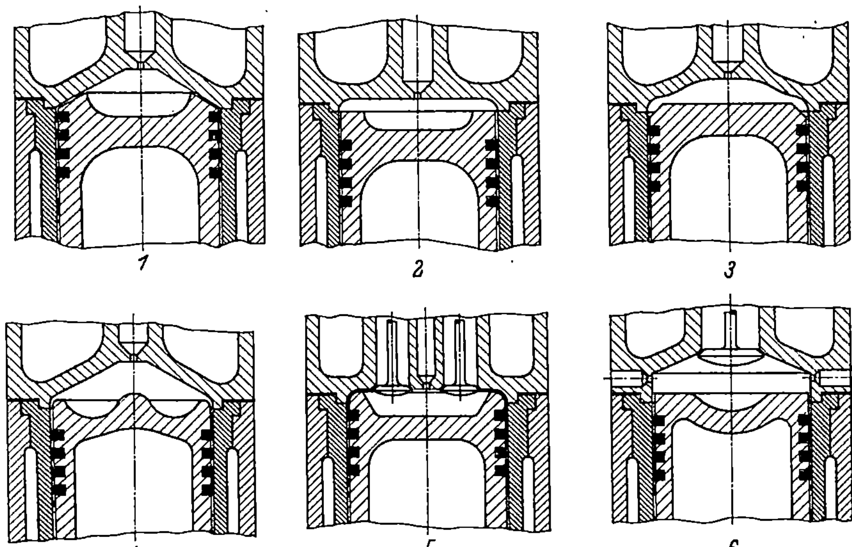

Abb. 93a. Brennraumformen für Zweitakt-Dieselmotoren (nach F. Mayr [D 17])

1 für kleinere Motoren
2 Mittel- und Großmotoren
3 Sulzer Bauart
4 Fiat Bauart
5 Motoren mit 2 Auslaßventilen
6 Motoren mit einem mittig angeordneten Auslaßventil
1—4 vorwiegend für Quer- und Umkehrspülung
5—6 Ventilspülung

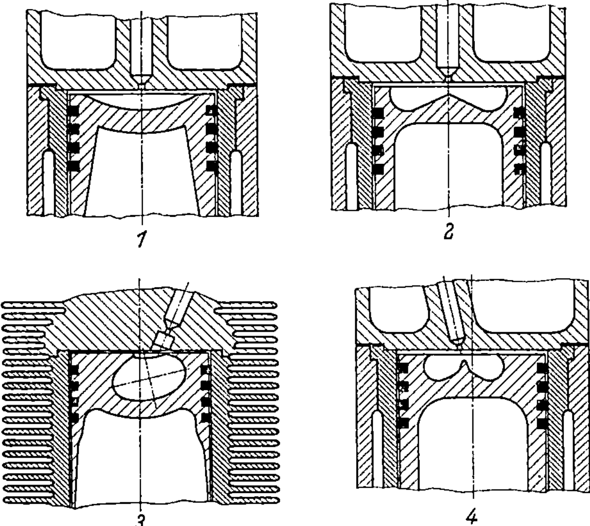

Abb. 93b. Brennraumformen für kleine und mittlere Viertakt-Dieselmotoren
mit Direkteinspritzung

1 Kolben mit Kugelkalotte
2 Hesselmann-Kolben
3 MWM Bauart
4 Bauart Hercules

Das Direkt-Einspritzverfahren stellt die wirtschaftlichste Form der Dieselverbrennung dar. Mit dieser Methode werden im allgemeinen ziemlich hohe Verbrennungsdrücke erreicht. Der Kraftstoff wird unter sehr hohem Druck (200—600 ata) während eines kurzen Zeitraumes in den Zylinder eingespritzt. Die Verbrauchszahlen (ohne Aufladung) liegen bei etwa 160—175 g/PSh, wobei Luftverhältniszahlen von 1,4—1,8 an der Rauchgrenze verwirklicht werden.

Dieselverfahren mit Kraftstofffilmanlagerung

Eine Sonderstellung unter den Direkt-Einspritzverfahren nimmt das von S. MEURER entwickelte Kugelbrennraumverfahren der MAN (M-Verfahren)[1], s.Abb. 94, ein. Bei diesem Verfahren ist der in der Mitte des Kolbens befindliche Brennraum halbkugelförmig ausgebildet und mit einem Einschnitt versehen, durch den der Kraftstoff in einem oder mehreren Strahlen auf die Brennraumwand gespritzt wird.

Durch besondere Formgebung des Einlaßkanals wird ein Luftwirbel erzeugt, der gleichsinnig zur Kraftstoffstrahlrichtung verläuft.

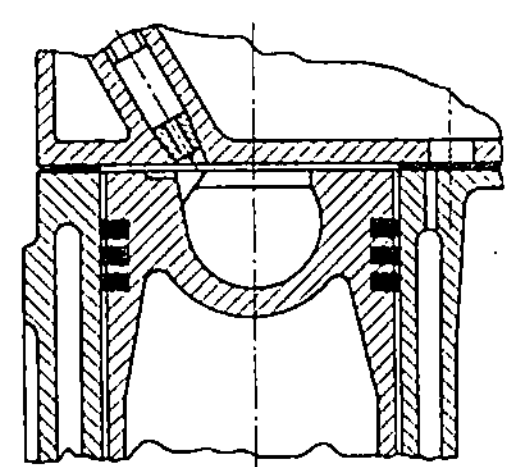

Abb. 94. Brennraum beim MAN-M-Verfahren

Nur ein geringer Teil des eingespritzten Kraftstoffes vermischt sich unmittelbar mit der Verbrennungsluft. Die Wandtemperatur des Brennraumes wird durch eine besondere Spritzölkühlung auf einen bestimmten Wert gehalten, so daß die Verdampfung des auf die Brennraumwand gespritzten Kraftstoffes verhältnismäßig langsam erfolgt und ein Zerfall der Kraftstoffmoleküle in relativ zündunwilligere Bestandteile zunächst vermieden wird. Durch den Luftwirbel wird der jeweils an der Oberfläche des Kraftstoffilmes entstehende Dampf mitgerissen und der Kraftstoff somit schichtweise von der Wand abgelöst. Nach Durchmischung mit der Luft erfolgt die Zündung des Kraftstoffdampf-Luftgemisches durch den infolge Selbstzündung bereits brennenden Kraftstoffanteil, der unmittelbar mit der heißen Luft vermischt wurde.

Die Vorteile dieses Verfahrens sind vornehmlich weicher Verbrennungsablauf bei jeder Drehzahl und Belastung sowie geringe Rußentwicklung im Volllastgebiet. Dies ermöglicht bei nicht aufgeladenen Motoren wegen der Verschiebung der Rauchgrenze einen Betrieb bei erhöhter Leistung. Ferner ist es infolge einer weitgehenden Verringerung des Zündverzugseinflusses möglich, die verschiedensten Kraftstoffe mit einem Siedebereich zwischen 40 °C—400 °C zu verarbeiten (Vielstoffmotor).

---

[1] Mittenkugelbrennraumverfahren, siehe S. MEURER [G 37]

12*

Ein guter Start läßt sich erreichen, wenn beispielsweise mittels eines besonderen Brenners die angesaugte Luft vorgewärmt oder die zur Selbstzündung führende Kraftstoffmenge durch Umkehr der Luftdrehung im Vergleich zu der auf die Wand gespritzten Kraftstoffmenge vergrößert wird.

Beim MAN-M Verfahren wird eine relativ bessere Abgastrübung infolge geringerer Rußbildung erreicht. Dieses Verhalten läßt sich durch eine vorübergehende Anlagerung eines sehr wesentlichen Kraftstoffanteiles des Strahles an die Wand erklären, weil hierdurch der Kraftstoff im Durchschnitt gegen hohe thermische Beanspruchung und damit vor einem zu frühzeitigen Zerfall (Dehydrierung, Crackung) geschützt ist. Dieser Schutz hat zur Folge, daß die zur Rußbildung führende, temperaturabhängige Reaktion nicht in dem Maße auftritt wie beim üblichen Verbrennungsvorgang.

Beim M-Verfahren wird wahrscheinlich der überwiegende Teil des Kraftstoffes vom Verbrennungsbeginn an in der homogenen Gasphase umgesetzt. Dabei wird die Umsetzungsgeschwindigkeit weitgehend durch die Geschwindigkeit der gasförmigen Ablösung des Kraftstoffes von der Brennraumwand geregelt. Durch die Überführung in die Gasphase ergibt sich eine wesentlich bessere Zuordnung von Kraftstoff- und Sauerstoffmolekülen, als dieses im Vergleich zu einer mechanischen Zerstäubung möglich ist. Bei der mechanischen Zerstäubung ist die Auflösung des flüssigen Kraftstoffes und damit die für eine gute Verbrennung erforderliche Mischung zwischen Kraftstoff und Sauerstoff schwieriger (siehe auch S. 64).

Beim MAN-FM-Verfahren erhält man durch zusätzlichen Einbau einer Fremdzündung in den Kugelbrennraum des M-Verfahrens (s. Abb. 94) sowohl charakteristische Merkmale des Otto- als auch des Dieselverfahrens, wodurch ein Betrieb als Vielstoffmotor mit üblichen Verdichtungsverhältnissen, z. B. $\varepsilon = 16-19$, möglich ist. Die beim FM-Verfahren erzielten Kraftstoffverbrauchswerte liegen in der gleichen Größenordnung wie bei üblichen Dieselmotoren, wobei aber eine wesentlich günstigere Abgaszusammensetzung als beim Vergaser-Otto-Motor erreicht wird.

Bei den herkömmlichen dieselmotorischen Verbrennungsverfahren erfolgt die Kraftstoffumsetzung wenigstens am Anfang der Verbrennungsperiode nach der vielfach vertretenen Auffassung zum Teil in der heterogenen Phase.

b) Dieselverfahren mit unterteiltem Brennraum

Im Gegensatz zum 2-Takt-Motor, bei dem fast ausschließlich die Direkteinspritzung vorherrscht, ist bei der Viertaktmaschine, vor allem bei kleineren Abmessungen noch weitgehend der unterteilte Brennraum in Anwendung.

Die Zerstäubung, Mischung und Verteilung des Kraftstoffes wird hierbei durch besonders gezielte Luft- und Gasbewegung erreicht, die wiederum durch Anordnung von Vorkammern, Wirbelkammern, Luftspeichern, Nachkammern und Beikammern ermöglicht wird.

1. Luftspeicherverfahren

Das wesentliche Merkmal dieses Verfahrens ist ein vom Hauptbrennraum abgeteilter Luftspeicher, in den durch eine genau dimensionierte Öffnung während des Verdichtungshubes Verbrennungsluft einströmt. Bei den meisten Verfahren tritt ebenfalls ein geringer Teil des eingespritzten Kraftstoffes mit in den Speicher ein und leitet dort den Verbrennungsvorgang ein.

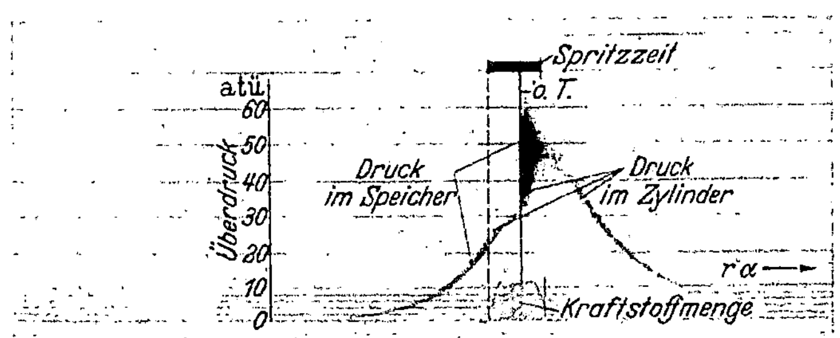

Abb. 95. Druckverlauf im Zylinderhauptraum
und im Speicher eines Lanova-Motors.
$n = 1510$ U/min, $p_e = 5{,}95$ kp/cm², $\varepsilon = 12{,}5$, $p_1 = 1{,}033$ ata,

Bei den Verfahren, bei denen keine Einspritzung direkt in den Luftspeicher erfolgt, wird bei Beginn der Verbrennung, die im Hauptraum beginnt, infolge des Überdruckes zusätzlich Kraftstoff-Luft-Gemisch in den Speicher geschoben, zündet dort später als im Zylinder und strömt während der ersten Hälfte des Dehnungshubes wieder aus dem Speicher. Durch dieses Nachströmen soll eine zusätzliche Wirbelung im Zylinder erzeugt werden, die das vollständige Ausbrennen der Zylinderladung fördert.

Die bekanntesten Ausführungen der Speicherbauart stellen das Acro-Speicherverfahren und das Lanova-Verfahren dar. Die beiden Speicher arbeiten jedoch nicht als Luftspeicher, da während und kurz nach dem Einspritzen des Kraftstoffes im Speicher eine Entzündung und anschließende Verbrennung erfolgt. Beim Lanova-Verfahren dringt der Kraftstoffstrahl sogar direkt durch die Öffnung in den Speicher und entzündet sich im Speicher bzw. in der Speicheröffnung. Der Druckanstieg tritt bei den beiden Verfahren zuerst im Speicher auf, weil im Speicher infolge seiner hohen Wandtemperaturen ein Teil des Kraftstoffes rascher zur Entzündung kommt als im Zylinder. Die

Vorgänge bei der Einleitung der Verbrennung, die für die weitere Gemischbildung von entscheidender Bedeutung sind, können an Hand von Druckmessungen im Speicher und im Zylindertotraum weitgehend verfolgt werden. Da für die Strömungsverhältnisse zwischen Speicher und Zylinderhauptraum in erster Linie die Druckunterschiede maßgebend sind, können die Verhältnisse besonders anschaulich durch Differenzdruckdiagramme dargestellt werden.

Abb. 95 zeigt die beim Lanova-Motor auftretenden Differenzdrücke abhängig vom Kurbelwinkel. Während der Verdichtung ist in-

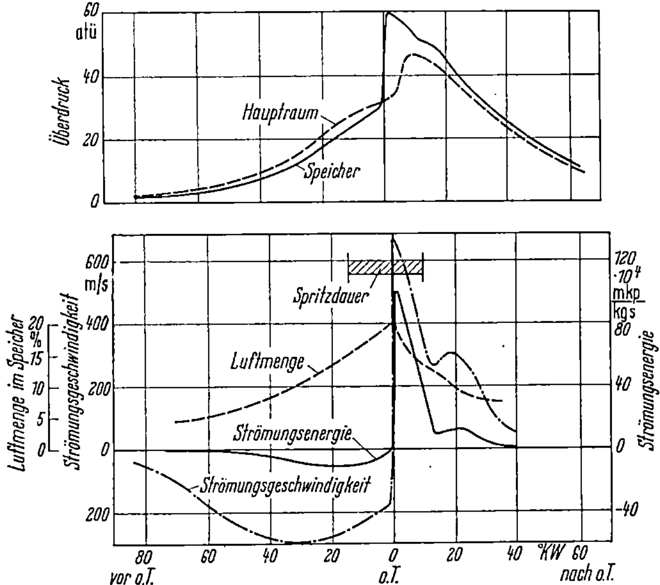

Abb. 96. Änderung der Strömungsgeschwindigkeit und Strömungsenergie während des Arbeitsspieles eines Lanova-Motors. $n = 1355$ U/min, $p_e = 5,8$ kp/cm², $\lambda = 1,32$

folge der Drosselung in der Speicheröffnung der Druck im Zylinderhauptraum höher als im Speicher. Da die Einspritzung schon 15° vor dem Totpunkt einsetzt, wird außer dem Teil des Kraftstoffes, der direkt in den Speicher gespritzt wird, auch durch die Luftbewegung Kraftstoff mit in den Speicher geschoben und entzündet sich im Speicher, so daß der Druck im Speicher über den Druck im Zylinderhauptraum steigt. Durch diesen Druckanstieg, der im Diagramm besonders deutlich sichtbar ist, wird sehr reiches Gemisch aus dem Speicher ausgeblasen und leitet im Zylinderhauptraum eine Verbrennung ein, die infolge der Drosselwirkung zwischen Speicher und Zylinder mit bedeutend weniger hartem Druckanstieg erfolgt als bei direkter Einspritzung. Durch den Druckanstieg im Zylinderhauptraum wird der Ausströmvorgang verzögert, und das Absinken des Druckes im Speicher erfolgt

weniger schnell (s. Ausbuchtung an der Drucklinie des Speichers). Die
kinetische Energie der ausströmenden Gase trägt stark zur Verwirbelung
im Zylinder bei und gestattet eine gute Durchmischung von Kraftstoff und
Luft und eine vollkommene Verbrennung bei geringem Luftüberschuß.

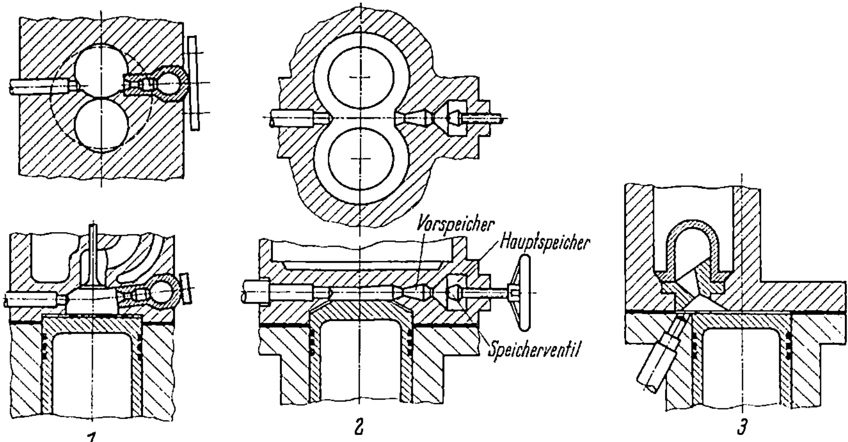

Abb. 97. Dieselarbeitsverfahren mit Speicher
1 Bauart Continental
2 Henschel Lanova Speicher
3 Acro-Speicher

Mit Hilfe der gemessenen Druckdifferenzen und bei Kenntnis
der Ladungsmengen ist die angenäherte Berechnung der Strömungs-
geschwindigkeiten möglich. Bei einem Lanova-Motor wurden Einströmgeschwindigkeiten (in den Speicher) in der Größenordnung von

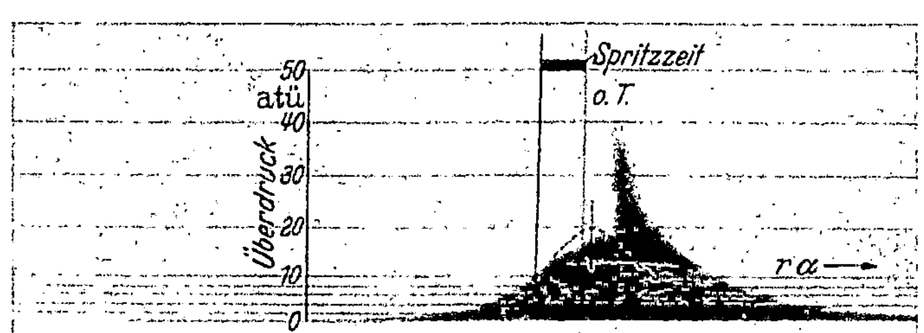

Abb. 98. Druckverlauf im Speicher eines Lanova-Motors
bei verringertem Ansaugdruck (abkühlende Wirkung
des Kraftstoffstrahles im Speicher).
$n = 1480$ U/min, $p_e = 3,5$ kp/cm², $p_1 = 0,62$ ata

200—300 m/s über 40° Kurbelwinkel aus Differenzdruckdiagrammen
ermittelt (Abb. 96). Obwohl die Gesamtausströmenergie aus dem
Speicher im Absolutwert bedeutend größer ist, liegt sie, bezogen auf
die gesamte Zylinderfüllung, in ähnlicher Größenordnung wie die auf
die Luftmenge im Speicher bezogene Einströmenergie. Die Ausströmgeschwindigkeiten erreichen kurzzeitig Werte bis etwa 700 m/s

(Abb. 96). Die volle Umsetzung der Wirbelenergie in Wärme würde eine Erwärmung des Zylinderinhalts um etwa 20° zur Folge haben.

Bei Dieselarbeitsverfahren, bei denen eine große Kraftstoffmenge in einem Nebenraum gespritzt wird, dort zum Teil verbrennt und dann wieder ausgeblasen wird, ergibt sich bei Betriebszuständen, die einen großen Zündverzug zur Folge haben, wegen der Abkühlung durch die Verdampfungswärme eine Grenze für den in der Kammer zulässigen Luftmangel. Bei hohen Temperaturen und geringem Zündverzug treten diese Schwierigkeiten nicht auf, da bei Beginn der Zündung nur ein Teil des Kraftstoffes verdampft ist.

In Abb. 98 ist im Druckdiagramm eines Lanova-Speichers deutlich die abkühlende Wirkung des Kraftstoffstrahles im Speicher erkennbar. Der normale Verlauf der Verdichtungslinie ohne Einspritzung ist gestrichelt angedeutet.

2. Vorkammerverfahren

Ein weiteres, besonders auf dem Gebiet der Fahrzeugdieselmotoren sehr verbreitetes Verfahren zur Herbeiführung einer guten Gemischbildung ist das Vorkammerverfahren.

Der Kraftstoff wird mittels einer Zapfen- oder Einlochdüse in eine Vorkammer gespritzt, deren Inhalt etwa 20—40 vH des Totraumvolumens beträgt. Der Übergang zwischen Vorkammer und Hauptraum ist als Drosselstelle ausgebildet, die je nach Lage und Form der Vorkammer meist in ein oder mehrere Bohrungen aufgeteilt ist.

Die Entzündung des Kraftstoffes erfolgt in der Vorkammer, wobei der entstehende Überdruck gegenüber dem Hauptraum den unverbrannten Kraftstoff durch die heißen Drosselbohrungen mit großer Energie in den Zylindertotraum ausbläst. Dadurch wird eine besonders gute Durchwirbelung des Kraftstoffes mit der Luft beim Einströmen erreicht und infolge der hohen Wandtemperatur der Drosselstelle die Zündung in der Vorkammer wesentlich begünstigt.

Die wichtigsten Erkenntnisse über den beim Vorkammerverfahren anzustrebenden Verbrennungsablauf gehen dahin, daß der aus der Vorkammer auszublasende Kraftstoff möglichst wenig zerstäubt bis in die Nähe des Vorkammerbodens vordringen kann und an den Drosselbohrungen vorgelagert wird. Damit wird ein sofortiges und intensives Austreten des Kraftstoffes in den Zylinderhauptraum nach Einsetzung der Zündung in der Vorkammer erreicht. Hieraus ergibt sich die Forderung, die Strahlachse in der Vorkammer so zu legen, daß der Kraftstoffstrahl von der eintretenden Luft nur wenig aufgelöst wird und somit durch den ersten austretenden Gasstrahl in den Hauptbrennraum ausgeblasen werden kann.

Die auftretenden Differenzdrücke und die Strömungsverhältnisse sind von den Abmessungen der Drosselstelle abhängig; da die Druck-

und Strömungsverhältnisse wesentlich durch die Drehzahl beeinflußt werden, müssen die Drosselquerschnitte der Drehzahl angepaßt werden.

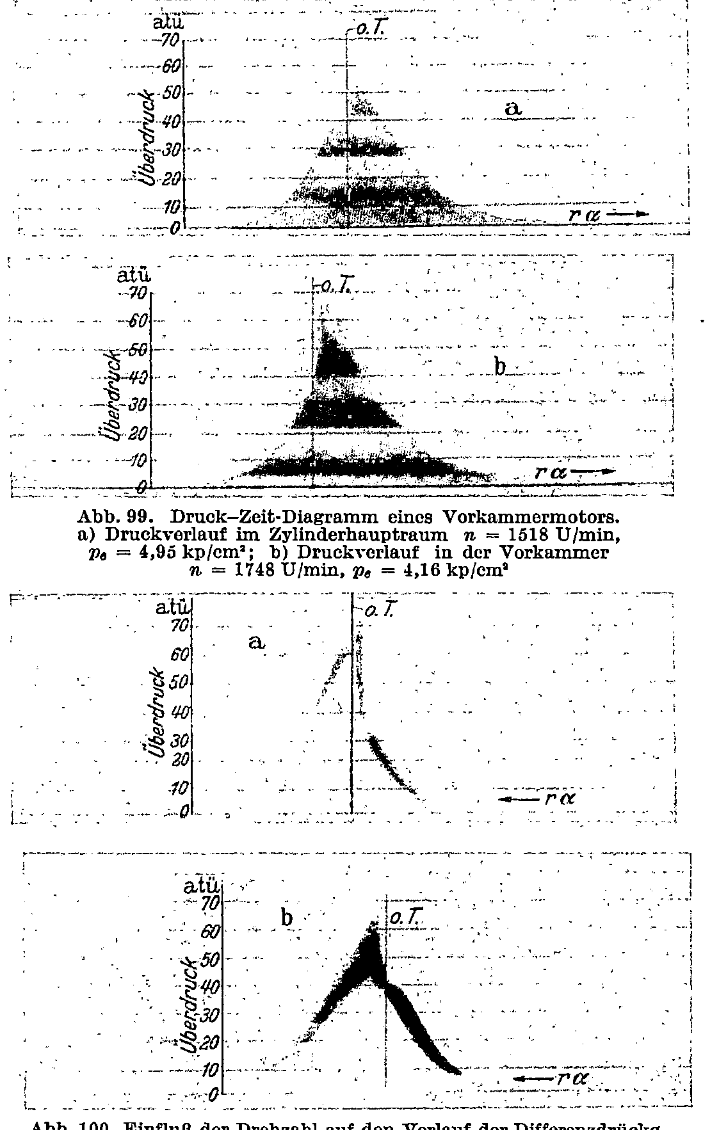

Abb. 99. Druck–Zeit-Diagramm eines Vorkammermotors.
a) Druckverlauf im Zylinderhauptraum n = 1518 U/min, p_e = 4,95 kp/cm²; b) Druckverlauf in der Vorkammer
n = 1748 U/min, p_e = 4,16 kp/cm²

Abb. 100. Einfluß der Drehzahl auf den Verlauf der Differenzdrücke
zwischen Vorkammer und Hauptraum.
a) n = 1038 U/min, p_e = 6,45 kp/cm², b) n = 1750 U/min, p_e = 4,54 kp/cm²

Abb. 99 zeigt eine Gegenüberstellung eines charakteristischen Druckverlaufs in der Vorkammer (rasche Drucksteigerung) und im Totraum (niedrige Druckspitze).

Abb. 100 zeigt die Abhängigkeit des Differenzdruckes von der Drehzahl. Man sieht, daß sich bei höherer Drehzahl die Drosselung in der
Weise auswirkt, daß die Ausströmung aus der Vorkammer auf einen
größeren Kurbelwinkel verteilt wird, so daß die Drücke im Zylinder
relativ geringer werden. Trotz der Verschiedenheit des Vorkammerverfahrens gegenüber dem Luftspeicherverfahren ergeben sich in bei-

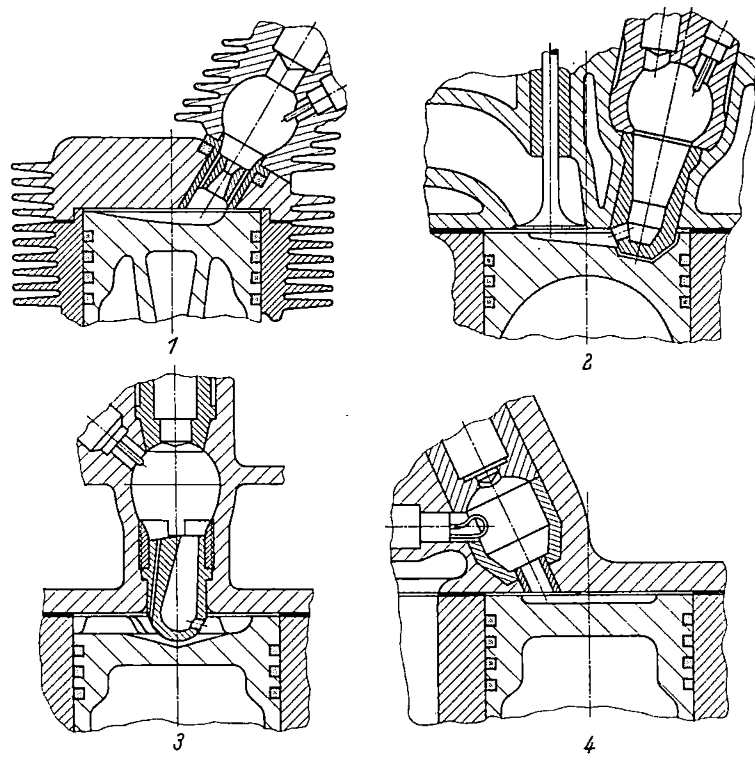

Abb. 101. Dieselarbeitsverfahren mit Vorkammer
1 MWM-Gleichdruckvorkammer
2 Wirbel-Vorkammerverfahren Bauart Büssing
3 Schrägkanalbrenner für mittige Vorkammer, Bauart MAN
4 Wirbelabsatz Brenner, Bauart Daimler Benz

den Fällen ähnliche Diagramme, da im Prinzip bei beiden Bauarten
die Verbrennung in der Kammer einsetzt und zum Ausströmen reichen
Gemisches in den Zylinderhauptraum führt. Verschieden sind jedoch
die Strömungsvorgänge vor der Einspritzung und die Ausbildung des
Kraftstoffstrahles.

Die Einströmgeschwindigkeiten in die Vorkammer betragen bei
der üblichen Bauart vom 2. Drittel der Verdichtungsperiode bis zum
Ende des Verdichtungshubes einige hundert m/s. Die Ausströmgeschwindigkeiten entsprechen in der Größenordnung 200 bis 500 m/s.

Die Größe der gesamten kinetischen Energie, die während des Ausströmvorganges aus der Kammer umgesetzt wird, ist ähnlich wie bei
Speichermotoren.

Die Vorkammermaschine wird vornehmlich wegen ihres elastischen
Verhaltens bei Drehzahl- und Laständerungen in Kraftfahrzeugen verwendet. Mit ihr sind bei hohen spezifischen Leistungen Luftverhältniszahlen von $\lambda = 1{,}3-1{,}4$ zu erzielen, wobei die Verbrauchswerte vor
allem wegen der Überströmverluste zwischen Vor- und Hauptbrennkammer schlechter sind als bei der Direkteinspritzung.

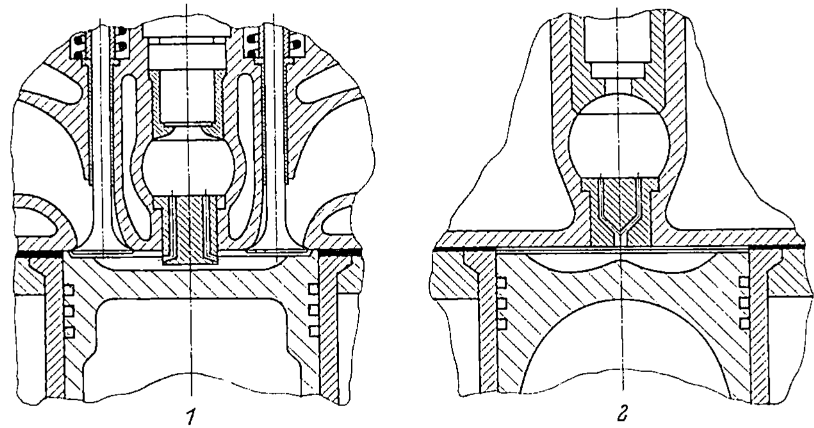

Abb. 102. Sonderformen für Vorkammerverfahren
1 Brennkammer-Verfahren Bauart Maybach
2 Brennraum nach Curtis Wright

Eine etwas abweichende Vorkammerausführung wird z. B. von den
Firmen Curtiss-Wright und Maybach verwendet. Hier besteht die
Vorkammer aus einem wassergekühlten kugelförmigen Brennraum in
der Mitte des Zylinderkopfes. Die Drosselbohrungen sind im eigentlichen Brennereinsatz angebracht.

3. Wirbelkammerverfahren

Eine weitere oft benutzte Gruppe von Verfahren zur Gemischbildung in Dieselmotoren bilden die Wirbelkammerverfahren.

Die Luft wird während des Verdichtungshubes in eine meist kugel-
oder scheibenförmige Kammer tangential eingeschoben, so daß in der
Kammer noch am Ende des Verdichtungshubes eine Wirbelenergie vorhanden ist, die während der Kraftstoffeinspritzung eine gute Verteilung
des Kraftstoffstrahles auf die in der Wirbelkammer vorhandene Luftmenge bewirkt.

Man ist dabei bestrebt, einen möglichst großen Teil der Luftmenge
in die Wirbelkammer einzuschieben, die jedoch meistens nur 50% des
Totraumvolumens beträgt.

Die Einspritzung erfolgt meist im Drehsinn des Luftwirbels, da die kinetische Energie des Kraftstoffstrahles im Verhältnis zur Energie des Luftwirbels bei Wirbelkammermotoren vielfach nicht unbeträchtlich ist. Beispielsweise entspricht die Einspritzenergie des Kraftstoffstrahles bei einem Luftverhältnis $\lambda = 1{,}3$ in der Größenordnung etwa 100 mkp/kg Luft im Zylinder, während die Wirbelenergie der Luft je nach Verfahren mehrere hundert bis etwa 2000 mkp/kg Luft beträgt.

Abb. 103 zeigt ein Differenzdruckdiagramm eines Wirbelkammermotors. Wegen der größeren Durchströmquerschnitte sind die Differenzdrücke zwischen Hauptraum und Wirbelkammer wesentlich geringer als bei Vorkammermotoren. Die Gemischbildung wird in erster Linie in der Kammer selbst angestrebt.

Bei den Wirbelkammerverfahren, die eine gewisse Unempfindlichkeit gegenüber den verschiedenen Kraftstoffeigenschaften zeigen

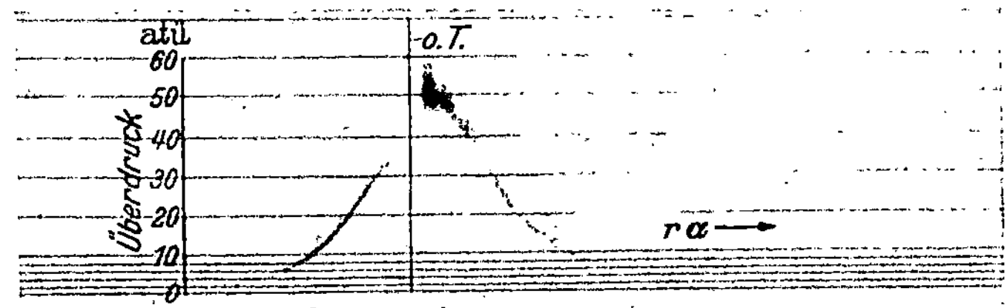

Abb. 103. Differenzdruckdiagramm eines Wirbelkammermotors.
$n = 1335$ U/min, $p_e = 3{,}57$ kp/cm²

sollen, ist die eigentliche Wirbelkammer oft geteilt ausgeführt. Sie besteht z. B. beim Hispano-Suiza-Motor aus einer fest im Zylinderkopf eingegossenen oberen Halbkugel und einem auswechselbaren unteren Deckel mit kugelförmigem Hohlraum und einem Verbindungskanal zum Zylindertotraum. Durch entsprechende Ausbildung der Düse wird ein Teil des Kraftstoffes auf die untere Kugelschale gespritzt, die weniger stark gekühlt ist und daher im Betrieb eine hohe Temperatur annimmt. Dieser Kraftstoff wird fortschreitend verdampft und damit die Entzündung beschleunigt. Der untere Deckel ist auswechselbar und kann so durch verschiedene Materialien dem Kraftstoff angepaßt werden.

Untersuchungen haben ergeben, daß ebenso wie beim Vorkammerverfahren auch bei der Wirbelkammer die Ausbildung des Kolbenbodens von Wichtigkeit für den Verbrennungsablauf ist. Die Form des Kolbenbodens sollte daher derartig ausgeführt sein, daß sie sich strömungsgünstig dem aus der Wirbelkammer austretenden Gasstrahl anpaßt und dabei den Kraftstoff auf den Zylindertotraum verteilt.

Die Entwicklung der letzten Jahre hat im Durchschnitt laufend eine Annäherung des Wirbel- und Vorkammerverfahrens, besonders bezüglich der Durchströmquerschnitte gebracht, so daß die Unterschiede dieser Verfahren geringer geworden sind.

Bei Luftverhältniszahlen von $\lambda \approx 1{,}3 - 1{,}6$ lassen sich auch hier hohe spezifische Leistungen sowie gute Übergänge im Fahrbetrieb erzielen, die Verbrauchswerte dagegen liegen kaum unter 180 g/PSh.

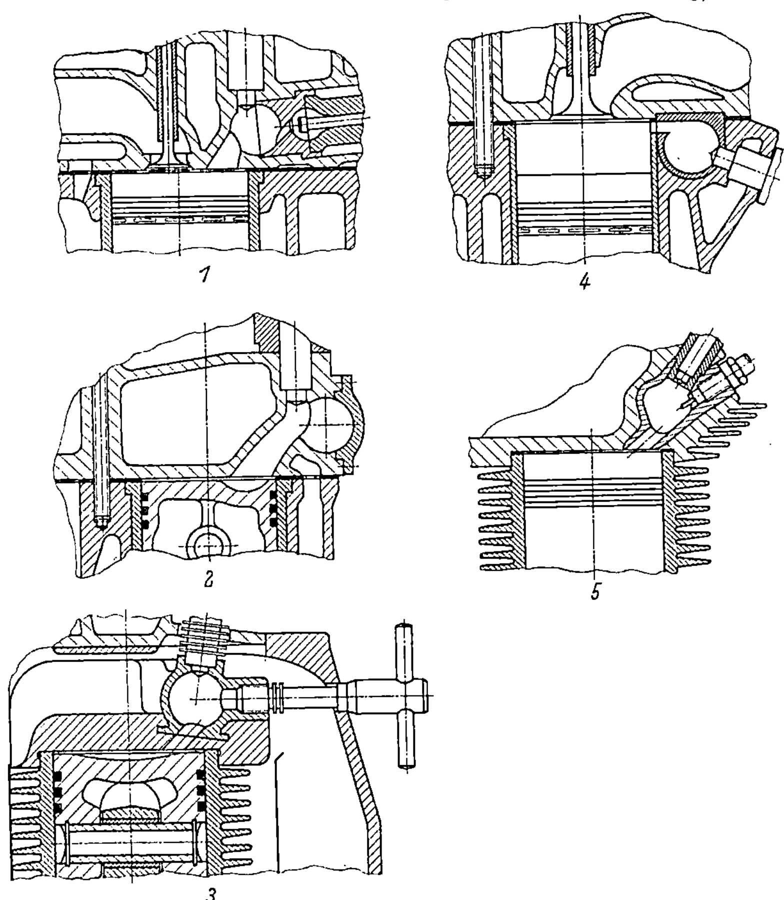

Abb. 104. Dieselarbeitsverfahren mit Wirbelkammer
1 Wirbelkammer Bauart Lister mit Nebenkammer zur Verdichtungserhöhung bei Kaltstart
2 Bauart Perkins, Kombination von Direkteinspritzung und Wirbelkammer
3 Bauart Berning für Klein-Dieselmotoren mit Anlaßhilfe
4 Wirbelkammer Bauart Hercules
5 Wirbelkammer Bauart Klöckner-Humbold-Deutz

7. Abgewandelte Dieselverfahren und andere motorische Arbeitsverfahren

Neben dem Arbeitsverfahren des Otto- und Dieselmotors gibt es noch eine Reihe anderer motorischer Verfahren, die in keine dieser beiden Gruppen genau eingeordnet werden können. Eine Gruppe dieser

Motortypen wird auch als Mitteldruckmotoren bezeichnet, weil diese
Motoren im Durchschnitt höher verdichtet sind als Ottomotoren und
geringere Verdichtung als Dieselmotoren aufweisen ($\varepsilon = 9$ bis 15),
so daß die Arbeitsdrücke im Zylinder durchschnittlich geringer als die
der Dieselmotoren und höher als die der Ottomotoren sind. Im folgenden seien einige Motorengruppen erwähnt.

Beim Glühkopfverfahren wird der Kraftstoff in die verdichtete
Ladeluft eingespritzt wie beim normalen Dieselverfahren, er entzündet
sich aber an den heißen Zylinderwandungen bzw. an einer besonders
für diesen Zweck vorgesehenen ungekühlten Stelle des Zylinderkopfes,
da die Verdichtung nicht ausreicht, um die zur Selbstzündung des
Kraftstoffes erforderliche Temperatur der Ladeluft zu gewährleisten.
Beim Anlassen wird die Zündung z. B. durch Glühkerzen erreicht.
Dieses Arbeitsverfahren ist weitgehend unempfindlich gegenüber der
Kraftstoffqualität und eignet sich auch für den Betrieb mit minder-
wertigen Kraftstoffen, die für das Dieselarbeitsverfahren infolge großer
Zündverzüge ungeeignet sind.

Es gibt zahlreiche ähnliche Verfahren, die besonders bei robust ge-
bauten Motoren für landwirtschaftliche Zwecke und für die Verwendung
in der Bauindustrie in Frage kommen. Der Zündstrahlmotor (auch Die-
sel-Gasmotor genannt) verdichtet ein Gas-Luft-Gemisch. Die Zündung
wird durch zeitlich gesteuerte Einspritzung von Schmieröl eingeleitet.

Ferner sei noch der Begriff „Hybrid-Motor" erwähnt[1]. Man versteht hierunter einen Verbrennungsmotor, der sowohl als Dieselmotor
mit Zündung des eingespritzten Kraftstoffes in der verdichteten Ladung wie auch als Ottomotor mit zeitlich gesteuerter Fremdzündung
arbeiten kann.

Da sich bei gleichen Betriebsbedingungen die Wirkungsgrade und
Mitteldrücke des vollkommenen Ottomotors und Dieselmotors (Gleichraumprozeß) nur wenig unterscheiden (vgl. Abb. 5, S. 25 und Abb. 8,
S. 30), ist in thermodynamischem Sinne ein annähernd stetiger Übergang vom Betriebsbereich des Ottomotors zum Betriebsbereich des
Dieselmotors vorhanden. Dementsprechend erfolgt auch der Übergang
der Verbrauchszahlen und Mitteldrücke, bezogen auf die innere Leistung, in erster Annäherung stetig, wenn man sich die Lücke zwischen
beiden Betriebsbereichen ergänzt denkt. Bei dem Luftverhältnis 1,2,
das ist annähernd die obere Grenze des Luftüberschusses für den Ottomotor und annähernd die untere Grenze des Luftüberschusses für den
Dieselmotor, ist ein unmittelbarer Übergang vorhanden. Der Betriebsbereich des Ottomotors erstreckt sich von dem erwähnten Luftverhältnis aus hauptsächlich bis zum üblichen Luftmangel $\lambda = 0,85$ und

---

[1] Diese Bezeichnung wurde von P. H. SCHWEITZER [G 61] eingeführt.

darunter, der Betriebsbereich des Dieselmotors von $\lambda = 1{,}15$ in Richtung höherer Werte des Luftverhältnisses.

Ein weiteres Verbrennungsverfahren ist als Texaco- oder TCP-[1] Verfahren bekannt. Dieses Verfahren zeigt eine große Kraftstoffunempfindlichkeit und einen weitgehend klopffreien Betrieb. Die Verbrennungsluft wird hierbei durch einen am Einlaßventil befindlichen Wirbelschirm in Wirbelbewegung versetzt, und der Kraftstoff quer durch diesen Wirbel in Strömungsrichtung eingespritzt. Die Zündkerze befindet sich unmittelbar hinter der Einspritzdüse. Sobald der mit Kraftstoff angereicherte Luftwirbel die Kerze erreicht, erfolgt normalerweise die Zündung. Der Einspritzvorgang ist dann im allgemeinen noch nicht beendet, so daß fortwährend frische Gemischladung gebildet und der Flammenfront zugeführt wird.

Da durch dieses Arbeitsverfahren die Zündverzugszeit praktisch verkürzt wird und auch sehr arme Gemische verbrannt werden können, läßt sich in weiten Grenzen ein klopffreier Betrieb ermöglichen. Versuche haben gezeigt, daß bei Verdichtungsverhältnissen bis 12, Aufladedrücken bis 2,1 ata, Lufteinlaßtemperaturen bis 200 °C und Drehzahlen von 200—4400 U/min unter Verwendung verschiedener auch sehr klopffreudiger Kraftstoffe, beispielsweise reinem n-Heptan, kein Klopfen auftritt.

Die Verbrennung sehr armer Gemische ist dadurch möglich, daß nur in einem Teil des Luftwirbels eingespritzt wird, so daß dieser zwar zündfähig ist, während das Luftverhältnis, bezogen auf die gesamte Zylinderladung außerhalb der Zündgrenzen liegt. Daher kann die Motorleistung lediglich durch Veränderung der Kraftstoffmenge ohne Luftdrosselung geregelt werden, so daß sich hohe Teillastwirkungsgrade erreichen lassen.

Um hinsichtlich des Klopfens und Teillastverhaltens optimale Verhältnisse zu erreichen, wurde eine besondere Einspritzpumpe entwickelt, mit der Beginn, Menge und Dauer der Einspritzung unabhängig voneinander eingestellt werden können.

Trotz der erwähnten Vorteile — klopffreier Betrieb und Eignung für Kraftstoffe im Siedebereich von 40—320 °C — hat das Texaco-Verfahren bisher noch keine größere Verbreitung gefunden. Jedoch sind für ähnlich arbeitende Verfahren Vorbereitungen für die Serienfabrikation getroffen.

Die Erzeugung der Wirbelung am Einlaßventil ergibt weiterhin einen geringen Druckverlust, der eine mäßige Verschlechterung des Liefergrades zur Folge hat. Diese wird jedoch in der Größenordnung wegen des Fortfalls der Drosselstelle in der Saugleitung wieder aufgehoben.

Der Betriebsbereich der oben erwähnten Motoren liegt im wesentlichen zwischen den Betriebsbereichen des Otto- und des Dieselmotors,

---

[1] TCP von Texaco-Combustion-Process.

so daß für diese Motorengruppe sinngemäß alle thermodynamischen Gesetzmäßigkeiten und die oben angegebenen Diagramme für die Wirkungsgrade der vollkommenen Maschine in ähnlicher Weise gelten.

8. Der Motor mit Aufladung
a) Allgemeines

Das wirksamste Mittel zur Leistungssteigerung ist neben der Vermehrung der Zahl der Arbeitsspiele durch Drehzahlerhöhung[1] die Erhöhung der Arbeitsleistung jedes Arbeitsspieles durch Vergrößerung der Ladungsmenge. Diese Erhöhung der Ladung wird am einfachsten durch höhere Dichte der angesaugten Luft oder des angesaugten Kraftstoff–Luft-Gemisches erreicht. Eine andere Möglichkeit ist die Nachladung. Bei diesem Verfahren erfolgt die Füllung des Zylinders normal durch Ansaugen oder Spülen mit Luft oder Gemisch von Umgebungsdruck; nach Abschluß der Steuerorgane wird zusätzlich Gemisch oder Luft in den Zylinder gedrückt.

Als Antriebskraft für die Verdichter (die Lader genannt werden) wird in vielen Fällen, insbesondere bei stationären Anlagen, Fremdantrieb, also beispielsweise elektrischer Antrieb oder Antrieb durch einen besonderen Hilfsmotor, gewählt. Bei kleineren Einheiten wird jedoch die Antriebsleistung dem Motor selbst durch unmittelbaren Antrieb über ein Getriebe entnommen. Eine weitere Antriebsmöglichkeit bietet die Verwendung von Abgasturbinen, die unter Ausnutzung der Abgasenergie des Motors meist die volle, zum Antrieb des Laders erforderliche Leistung liefern (früher Büchische Aufladung genannt). Die Abgasturboaufladung ist bisher weitgehend bei stationären Anlagen, bei Triebwagenmotoren und auch bei Flugmotoren aber nur zum geringen Teil bei Fahrzeugmotoren angewendet worden. Beispielsweise sind von allen amerikanischen Fahrzeug-Dieselmotoren ein sehr wesentlicher Anteil serienmäßig mit Aufladung ausgerüstet, hiervon der

---

[1] Die Hubraumleistung N_e/V_h ergibt sich bei Viertaktmotoren aus dem Produkt $p_e \cdot n/900$, wenn die Leistung in PS, n in U/min und V_h in l eingesetzt wird. Die Zahl der mit Rücksicht auf die mechanische Beanspruchung zulässigen Arbeitsspiele ist nicht durch die Drehzahl, sondern annähernd durch die mittlere Kolbengeschwindigkeit $c_m = s \cdot n/30$ gegeben. Bei Flugmotoren sind Kolbengeschwindigkeiten von 11 bis 13 m/s üblich, bei Rennmotoren erreicht man Kolbengeschwindigkeiten bis zu 24 m/s. Bei Fahrzeugmotoren werden meist Kolbengeschwindigkeiten von nur 7 bis 12 m/s vorgesehen. Da für eine bestimmte Güte der Ausführung des Motors die Kolbengeschwindigkeit in erster Annäherung als Festwert anzusehen ist, können mit kleinem Zylinderhubvolumen höhere Drehzahlen und damit auch erheblich höhere Literleistungen zugelassen werden. Bei kleineren Motoren ist jedoch das Gewicht des Motors, bezogen auf die Einheit des Hubvolumens (Hubraumgewicht) größer, deshalb sind die Leistungsgewichte im allgemeinen von der Größe des Zylindervolumens weniger abhängig als die Hubraumleistung.

weitaus überwiegende Teil mit Abgasturboladern. Als Verdichter werden Kolbenverdichter, auch Drehkolbenverdichter, Kapselverdichter, vorwiegend aber Achsial- und Radialverdichter verwendet. Für stationäre Anlagen sind auch Kolbenverdichter üblich. Da bei dieser Bauart die Drehzahlen an die bei Kolbenmaschinen gegebene Grenze der mittleren Kolbengeschwindigkeit gebunden ist, ist der Raumbedarf und damit auch das Gewicht verhältnismäßig groß. Die Größe der Zylinder ist im wesentlichen durch das anzusaugende Volumen bedingt, so daß insbesondere bei Ansaugdrücken, die unter 1 ata liegen, also bei Anlagen, die in größeren Höhen arbeiten müssen, die Dimensionen sehr groß werden. Die *Kolbenverdichter* haben jedoch den Vorzug, daß sie sehr hohe Verdichtungsverhältnisse zulassen. Die isothermen Wirkungsgrade dieser Verdichter betragen etwa 75 bis über 80 vH. Rotierende Verdichter zeichnen sich wegen der höheren Drehzahlen durch geringere Gewichte und geringeren Raumbedarf aus. Die Höchstdrehzahlen der *Drehkolbenverdichter* sind im wesentlichen durch die Massenkräfte der Schieber bedingt. Besondere Schwierigkeiten bereitet bei diesen Verdichtern die Abdichtung des rotierenden Schiebers gegenüber dem Zylinder. Durch die dort auftretenden Undichtigkeiten sind wesentliche Verluste bedingt. Die Wirkungsgrade derartiger Verdichter betragen im Durchschnitt $\approx$ 65 bis 75 vH.

Die nach dem Verdrängerprinzip arbeitenden rotierenden Verdichter der Roots-*Bauart* beanspruchen zwar wenig Raum, sie weisen jedoch bei größeren Verdichtungsverhältnissen schlechte Wirkungsgrade auf. Bei geringen Verdichtungsverhältnissen werden Wirkungsgrade bis etwa 80 vH erreicht, während bei hohen (z. B. 2fachen) Verdichtungsverhältnissen nur mehr Wirkungsgrade von etwa 50 bis 60 vH erreicht werden. Die schlechteren Wirkungsgrade bei hohen Verdichtungsverhältnissen sind durch das Prinzip der Arbeitsweise dieser Verdichter bedingt. Der Einströmvorgang der Luft in Verdichtern der Roots-*Bauart* ist nämlich mit Verlusten verknüpft, die durch folgende Überlegungen erklärt werden. Bei jedem Arbeitsvorgang expandiert von dem Zeitpunkt, in dem die Druckleitung mit dem Verdichtungsraum in Verbindung tritt, die verdichtete Luft oder das verdichtete Gas in den Saugraum des Verdichters, bis durch das Rückströmen aus der Druckleitung der Druckausgleich hergestellt ist. Anschließend wird bei konstantem Druck die Gesamtfüllung in den Druckraum geschoben. Infolge der beim Rückströmen der Luft aus dem Druckraum auftretenden Dehnung tritt ein Arbeitsverlust ein, der durch die beim Einströmvorgang auftretende Vernichtung der kinetischen Energie bei gleichzeitiger Erwärmung verursacht ist.

Radialverdichter zeichnen sich durch geringen Raumbedarf und geringe Gewichte aus. Mit dieser Verdichterbauart werden bei Ausführungen mit hohen Umfangsgeschwindigkeiten z. Z. in einer Stufe Verdichtungsverhältnisse bis etwa 2,5 und darüber [H 35] erreicht. Bei einem Verdichtungsverhältnis von 2 wurden Wirkungsgrade bis zu 85 v H erzielt. Mit den meisten bisher im Gebrauch befindlichen Verdichtern werden jedoch nur Verdichtungsverhältnisse von 2 und Wirkungsgrade von etwa 70 bis 80 vH erreicht. Die höchsten Drehzahlen sind mit Rücksicht auf die Festigkeit der Werkstoffe im wesentlichen durch die zulässigen Umfangsgeschwindigkeiten begrenzt.

b) Arbeitsprozeß bei Aufladung

Die Zunahme der Leistung der Arbeitsprozesses mit der Aufladung ist in erster Linie durch die Erhöhung der Dichte der angesaugten Luft bedingt. Dazu kommt noch eine Leistungszunahme, die sich aus der Verminderung der Verlustarbeit der Gaswechselperiode infolge des erhöhten Druckes während des Saughubes ergibt. Außerdem tritt eine Mehrfüllung durch die Restgasverdichtung während des Einströmens und zusätzlich eine Leistungszunahme durch den relativ geringeren Einfluß der Reibungskräfte auf. Dadurch ist auch eine Verbesserung des spez. Kraftstoffverbrauches vorhanden. Bei Ermittlung der gesamten Leistungssteigerung durch Aufladung und des spez. Kraftstoffverbrauches, bezogen auf die Nutzleistung, ist jedoch auch die für den Lader aufzuwendende Arbeit zu

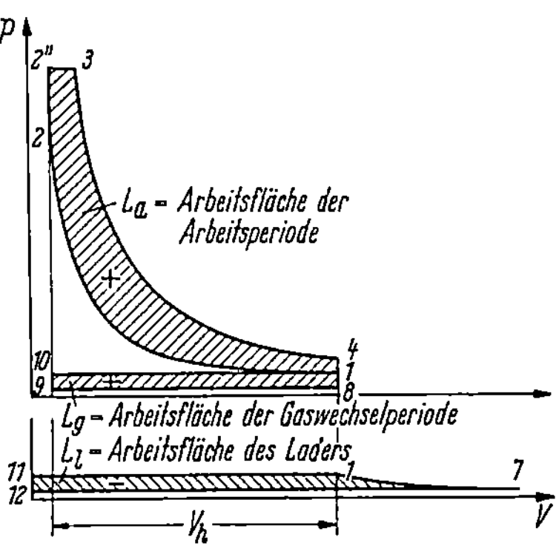

Abb. 105. Schema des Arbeitsprozesses der vollkommenen Dieselmaschine bei Aufladung

berücksichtigen. Um einen Überblick über die wichtigsten Einflüsse zu gewinnen, ist es zweckmäßig, die bei Aufladung auftretende Leistungsänderung eines vollkommenen Aggregats (Motor und Lader) zu betrachten.

In Abb. 105 ist als Beispiel für einen Dieselmotor eine schematische Darstellung des Arbeitsspiels im Zylinder und der entsprechenden Arbeit des Laders gegeben. Die Darstellung zeigt, daß bei Vernachlässigung der Drosselverluste ein großer Teil der für den Lader aufzuwendenden Arbeit (Fläche *7—1—11—12—7*) durch die positive Gaswechselarbeit (Fläche *1—8—9—10—1*) wieder zurückgewonnen wird. Unter Berücksichtigung dieser Arbeit kann die zu erwartende Leistungszunahme abhängig von der Aufladung für den theoretischen Prozeß errechnet werden.

In Abb. 106 ist als Beispiel ebenfalls für einen Dieselmotor die Zunahme des mittleren Druckes der vollkommenen Maschine bei Abzug der Laderleistung dargestellt. Aus der Abbildung ist ersichtlich, daß die Leistungszunahme mit zunehmendem Ladedruck bei höherer Aufladung beim Dieselmotor relativ geringer ist, wenn keine Zunahme der Höchstdrücke zugelassen wird, hauptsächlich weil mit zunehmender Aufladung der Wirkungsgrad des motorischen Prozesses wegen des geringeren Drucksteigerungsverhältnisses ungünstiger wird und weil auch der Leistungsbedarf des Laders eine größere Rolle spielt. Die

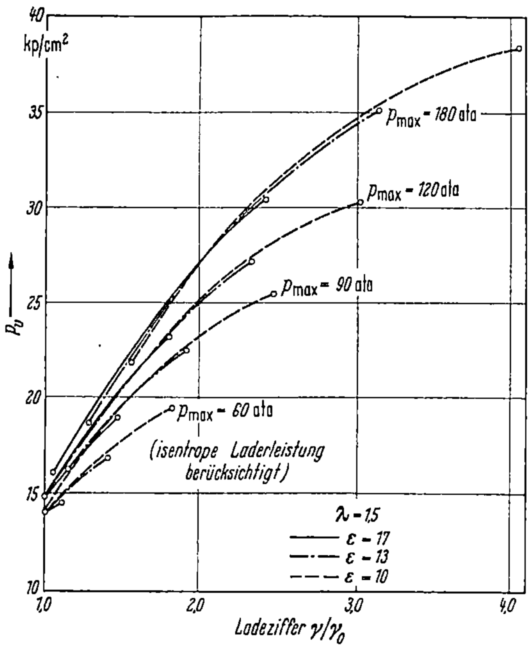

Abb. 106. Mitteldruck der vollkommenen Dieselmaschine, abhängig von der Aufladung für verschiedene Höchstdrücke und Verdichtungsverhältnisse

erreichbaren Leistungen bei Aufladung sind also auch weitgehend von den zugelassenen Höchstdrücken abhängig. Bei der Berechnung der in Abb. 106 dargestellten Ergebnisse ist die Leistungsvermehrung durch die Verdichtung des Restgases infolge der Druckdifferenz zwischen Abgasleitung und Saugleitung noch nicht berücksichtigt, so daß die tatsächliche Zunahme des Mitteldruckes etwas größer ist, als den wiedergegebenen Kurven entspricht. Da der Leistungsbedarf des Laders bei hoher Aufladung sehr wesentlich in Erscheinung tritt, ist auch der Laderwirkungsgrad für die erreichbaren Leistungen des Gesamtaggregates von entscheidender Bedeutung. Um die Größenordnung dieses Einflusses zu zeigen, wird unter sonst gleichbleibenden Annahmen für die verlustlose Maschine unter Zugrundelegung verschiedener Lader-

13*

wirkungsgrade die Leistung des Gesamtaggregates Lader plus Motor ermittelt.

Abb. 107 zeigt, daß schon bei Laderwirkungsgraden von 60 vH die Leistungszunahme von $2^1/_2$facher Dichte der Ladeluft an außerordentlich gering wird, daher ist die Erzielung guter Laderwirkungsgrade bei hoher Aufladung von größter Bedeutung. Aus demselben Grunde ist bei sehr hoher Aufladung eine Verbrauchsverschlechterung vorhanden,

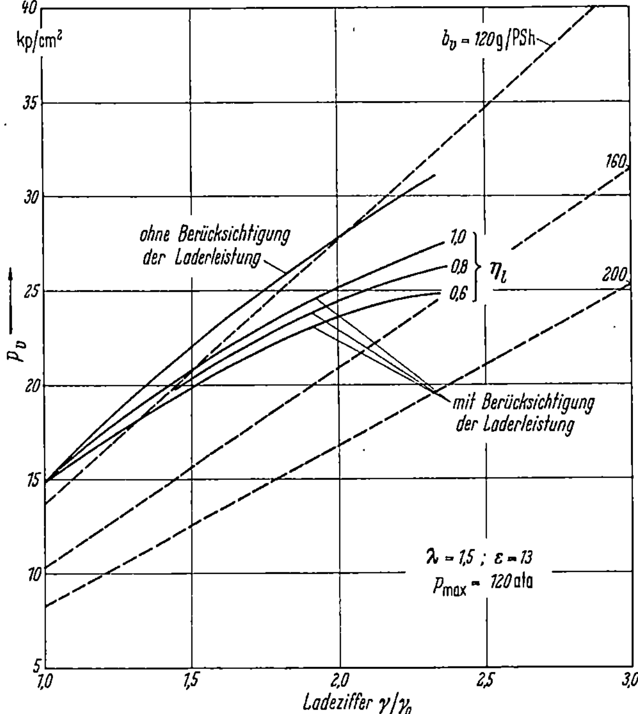

Abb. 107. Einfluß des Laderwirkungsgrades auf den Mitteldruck der vollkommenen Dieselmaschine bei Aufladung
$$\gamma/\gamma_0 = \varrho/\varrho_0$$

so daß durch den Laderwirkungsgrad u. U. die obere Grenze der Aufladung gegeben ist, die mit Rücksicht auf einen günstigen Kraftstoffverbrauch zweckmäßig ist. Tatsächlich liegen die Verhältnisse jedoch, bezogen auf die effektive Leistung, etwas günstiger, als sie auf Grund dieser Betrachtungen zu erwarten sind.

Die erwähnten Einflüsse, die sich aus der Annahme einer Höchstdruckbegrenzung und als Folge des Leistungsbedarfs des Laders ergeben, sind vor allem bei Motoren mit sehr hoher Verdichtung und sehr großem Luftüberschuß, also insbesondere bei Dieselmotoren, von Bedeutung.

Beim Ottomotor ist eine Höchstdruckbeschränkung nur in geringem Maße möglich. Das Mischungsverhältnis entspricht beim Ottomotor in der Größenordnung dem stöchiometrischen Gemisch. Deshalb ist der Leistungsbedarf des Laders bei nicht sehr starker Aufladung annähernd proportional der Zunahme der inneren Leistung. Aus diesen Gründen erfolgt beim Ottomotor unter der Annahme von Gleichraumverbrennung die Zunahme der Leistung mit der Aufladung annähernd linear.

c) Arbeitsvorgang im Motor

Gaswechselvorgang

Mehrfüllung durch Restgasverdichtung. Vor Beginn des Öffnens der Einlaßventile haben die Restgase bei günstigen Steuerzeiten meist annähernd den Druck in der Auspuffleitung erreicht, während in der Saugleitung ungefähr der — bei Vollast erheblich höhere — durch den Lader erzeugte Druck herrscht. Während des Saughubes werden die Restgase daher von der einströmenden Luft verdichtet, so daß im Vergleich zu Normalbetrieb ohne Aufladung zusätzlich ein Teil des Verdichtungsraumes mit Luft gefüllt wird. Die angenäherte Berechnung dieser Mehrfüllung unter Annahme einer isothermen Verdichtung der Restgase ergibt zu große Werte. Wenn auch tatsächlich infolge der Vermischung der Restgase mit der einströmenden Luft die Verdichtung der Restgase annähernd isotherm vor sich gehen kann, findet wegen der gleichzeitig auftretenden Erwärmung der einströmenden Luft eine relative Verminderung der Füllung statt, die in der Rechnung berücksichtigt werden muß. Auch die Berechnung der Mehrfüllung unter Zugrundelegung isentroper Verdichtung der Restgase ergibt zu günstige Werte, weil die Erwärmung der Luft beim Einströmen nicht berücksichtigt ist. Diese Erwärmung ist zum Teil dadurch bedingt, daß die der Geschwindigkeit der Luft entsprechende Energie nach dem Einströmen infolge Durchwirbelung in Wärme umgesetzt wird. Bei einem Verdichtungsverhältnis $\varepsilon = 6$ bei 2,0 ata Druck in der Laderleitung und bei 1,0 ata Umgebungsdruck würde die Mehrfüllung bei Annahme isothermer Verdichtung 10 vH, bei Annahme einer isentropen Verdichtung 7,8 vH und bei Berücksichtigung des tatsächlichen Einströmvorganges 7,2 vH betragen. Deshalb ist es empfehlenswert, die Mehrfüllung auf Grund einer genaueren Rechnung zu ermitteln.

Der der Erwärmung beim Einströmen entsprechende Arbeitswert kann auf Grund der folgenden Überlegung in anschaulicher Weise dargestellt werden:

Bezeichnet man den Zustand der Restgase vor dem Einströmen mit dem Index R, den Zustand der Luft vor Beginn des Einströmens mit Index L, den Zustand der Restgase nach dem Einströmen unter Annahme isentroper Verdichtung mit Index R_2, den Zustand der Luft nach dem Einströmen mit dem Index L_2, so ergibt sich aus dem Vergleich der Summe der Energien vor und nach dem Saughub folgende Beziehung:

$$G_R\,u_R + G_L\,u_L + P_L\,V_L = G_R\,u_{R_2} + G_L\,u_{L_2} + P_L\,V_h\,. \qquad (80)$$

Dabei wurde der Druck im Zylinder während des Saughubes zunächst konstant und gleich dem Druck der Luft in der Saugleitung gesetzt. Führt man an Stelle der inneren Energie den Wärmeinhalt ein und setzt:

$$G_L\,u_L + P_L\,V_L = i_L\,G_L$$

und

$$G_R\,u_R = G_R\,i_R - P_R\,V_R \quad \text{usw.,}$$

dann erhält man:

$$G_L\,(i_L - i_{L_2}) = G_R\,(i_{R_2} - i_R) + P_L\,V_h - P_2\,V_{R_2} - P_{L_2}\,V_{L_2} + P_R\,V_R\,. \qquad (81)$$

Mit

$$P_L = P_{L_2} = P_2\,; \quad V_R = V_c$$

erhält man nach Vereinfachungen (vgl. Abb. 108):

$$G_L\,(i_{L_2} - i_L) = V_c\,(P_L - P_R) - G_R\,(i_{R_2} - i_R)\,. \qquad (82)$$

Die Beziehung (82) besagt, daß die Zunahme des Wärmeinhaltes der Luft beim Einströmen dem Wärmewert der Arbeitsfläche DRR_2D (Abb. 108) entspricht. Der Wert $V_0\,(P_L - P_R)$ entspricht der Fläche $RBCDR$, und der Wert $G_R\,(i_{R_2} - i_R)$ entspricht dem Wärmewert der Fläche BCR_2RB, da für die isentrope Verdichtung der Restgase die Beziehung

$$i_{R_2} - i_R = \int_R^{R_2} v\,dP \quad \text{gilt.}$$

Die graphische Darstellung des Verlustes durch die Fläche DRR_2D gestattet auch eine anschauliche Diskussion des Einflusses der beim Einströmen auftretenden Erwärmung auf die Füllung. Diese Fläche und daher die Erwärmung der einströmenden

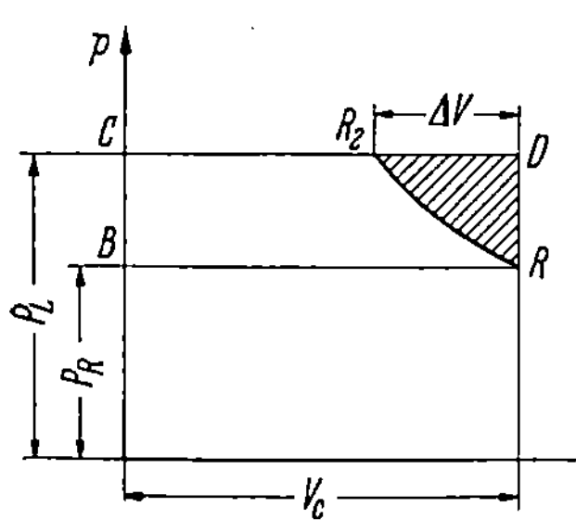

Abb. 108. Schematische Darstellung der Mehrfüllung infolge Verdichtung der Restgase bei Aufladung

Luft nimmt sehr rasch mit der Druckdifferenz $P_{Luft} - P_{Restgas}$ zu, wie die Betrachtung der Abbildung zeigt. Bei Verdoppelung der Druckdifferenz wird die Verlustfläche fast viermal so groß. Bei den bisherigen Betrachtungen wurde vorausgesetzt, daß der Druck auf den Kolben während des ganzen Saughubes dem Ladedruck gleichgesetzt werden kann. Diese Annahme gilt aber für den Einströmvorgang nicht genau, da der Druck auf den Kolben wegen der Drosselung geringer ist. Der genaue Wert der Erwärmung beim Einströmen könnte durch Einführen des Wertes $\int p\, dV$ für die während des Saughubes an den Kolben abgegebene Arbeit anstatt $P_L\, V_h$ ermittelt werden. Bei einer allgemeinen angenäherten Berechnung der Größe der Füllungsvermehrung kann jedoch diese von der Bauart der Einlaßorgane und von der Drehzahl stark abhängige Größe nicht berücksichtigt werden. Aus Beziehung (82), die die Erwärmung der einströmenden Luft angibt, kann in einfacher Weise die Füllungsverbesserung durch die Restgasverdichtung errechnet werden. Die Zunahme der einströmenden Menge entspricht:

$$C = \frac{G_L}{(G_L)_{v_n}} = \frac{V_h + \Delta V}{V_h}\,\frac{T_L}{T_{L_2}}\,. \tag{83}$$

Dabei bedeutet $(G_L)_{v_n}$ die Menge der Zylinderfüllung, wenn das ganze Hubvolumen mit Luft vom Zustand L gefüllt wird[1]. Der Wert C kann aus Gleichung (82) durch Umformen ermittelt werden. Ersetzt man die Menge der Restgase durch

$$G_R = \frac{P_R \cdot V_c}{T_R \cdot R_R},$$

errechnet die Luftmenge aus

$$G_L = \frac{(V_h + \Delta V)\, P_L}{T_{L_2} \cdot R_L}$$

und setzt man

$$i = T \cdot c_p \big|_0^T,$$

dann erhält man durch Einsetzen in Gleichung (82):

$$(V_h + \Delta V)\,\frac{P_L \cdot c_{pL}\big|_{T_L}^{T_{L_2}}}{T_{L_2} \cdot R_L}\,(T_{L_2} - T_L) = \frac{P_R\, V_c}{T_R\, R_R}\,(T_R - T_{R_2})\, c_{pR}\big|_{T_R}^{T_{R_2}}$$

$$+ \, V_c\,(P_L - P_R)\,.$$

Nach einer Umformung ergibt sich daraus

$$C = \frac{V_h + \Delta V}{V_h}\,\frac{T_L}{T_{L_2}} = 1 + \frac{\Delta V}{V_h} - \frac{P_R}{P_L}\,\frac{1}{\varepsilon - 1}\,\frac{R_L}{R_R}\,\frac{c_{pR}\big|_{T_R}^{T_{R_2}}}{c_{pL}\big|_{T_L}^{T_{L_2}}}\left(1 - \frac{T_{R_2}}{T_R}\right)$$

$$- \frac{1}{\varepsilon - 1}\left(1 - \frac{P_R}{P_L}\right)\frac{R_L}{c_{pL}\big|_{T_L}^{T_{L_2}}}\,.$$

Die spezifischen Wärmen können wegen der geringen Temperaturänderungen während der Verdichtung konstant gesetzt werden.

---

[1] G_L bedeutet hier die tatsächliche Zylinderfüllung.

Durch Vereinfachung erhält man den Ausdruck für die Mehrfüllung durch Restgasverdichtung:

$$C = \frac{G_L}{(G_L)_{V_h}} = \frac{(V_h + \Delta V)}{V_h}\frac{T_L}{T_{L_2}} = 1 + \frac{1}{\varepsilon - 1}\frac{1}{\varkappa_L}$$
$$\left[1 - \frac{P_R}{P_L} + \left\{\left(\frac{P_R}{P_L}\right)^{\frac{1}{\varkappa_R}} - \left(\frac{P_R}{P_L}\right)\right\}\left(\frac{\varkappa_L - \varkappa_R}{\varkappa_R - 1}\right)\right]. \quad (84)$$

In dieser Gleichung bedeuten:

P_L Druck in der Ladeleitung,

P_R Auspuffgegendruck, der zur Vereinfachung dem Restgasdruck gleichgesetzt wurde,

$\varkappa_L = \dfrac{c_{p\,L}\big|_{T_L}^{T_{L_2}}}{c_{v\,L}\big|_{T_L}^{T_{L_2}}}$ das Verhältnis der mittleren spezifischen Wärmen der Luft, bezogen auf den Temperaturbereich der Lufterwärmung,

$\varkappa_R = \dfrac{c_{p\,R}\big|_{T_R}^{T_{R_2}}}{c_{v\,R}\big|_{T_R}^{T_{R_2}}}$ das Verhältnis der mittleren spezifischen Wärmen der Verbrennungsprodukte, bezogen auf die mittlere Temperatur der Restgase.

Man erkennt, daß das letzte Glied in der Klammer von geringem Einfluß ist. Für ein Druckverhältnis $\dfrac{P_R}{P_L} = 0{,}5$ würde z. B. das Glied

$$\left[\left(\frac{P_R}{P_L}\right)^{\frac{1}{\varkappa_R}} - \left(\frac{P_R}{P_L}\right)\right]\left(\frac{\varkappa_L - \varkappa_R}{\varkappa_R - 1}\right) \approx 0{,}03$$

betragen, könnte also gegenüber dem Wert von $1 - \dfrac{P_R}{P_L}$ vernachlässigt werden, so daß die Mehrfüllung im wesentlichen einem Faktor

$$C = 1 + a\left(1 - \frac{P_R}{P_L}\right) \quad (85)$$

entspricht. Die Gültigkeit dieser Beziehung ist auf geringere Druckverhältnisse etwa bis 2:1 beschränkt, da bei höheren Druckverhältnissen im praktischen Motorbetrieb der Restgasdruck wegen der Drosselung nicht — wie in der Rechnung angenommen — gleich dem Außendruck wird. Die Füllungsverbesserung wird also geringer, als die Formel angibt, da ein größerer Teil der Restgase zurückbleibt, als den Annahmen der Rechnung entspricht.

Außerdem gilt die Beziehung ebenfalls nicht, wenn infolge einer wesentlichen Ventilüberschneidung die Restgasmenge aus dem Zylinder ausgespült wird, so daß auch ohne Verdichtung der Restgase eine wesentliche Vermehrung der Füllung eintreten kann. Ähnliches gilt auch für den Fall, daß durch Schwingungen in der Auspuffleitung infolge der kinetischen Energie der Abgase ein Teil des Zylinderinhalts abgesaugt wird, so daß eine geringere Restgasmenge als normal zurückbleibt. Bei der vorstehenden Ableitung ist angenommen, daß bis zur

Beendigung des Saughubes die Durchmischung der Restgase nicht oder nur unvollständig erfolgt ist. Bei Annahme einer Durchmischung würde sich eine geringfügige Änderung der Werte ergeben, da die spezifischen Wärmen des Restgases und der Luft verschieden sind.

In Abb. 109 ist die aus Formel (85) errechnete Mehrfüllung zahlenmäßig für verschieden hohe Aufladung für zwei Verdichtungsverhältnisse dargestellt, wobei für den Ottomotor als mittleres Verdichtungsverhältnis $\varepsilon = 6$ gewählt wurde. Für den Dieselmotor wurde $\varepsilon = 15$ zugrunde gelegt.

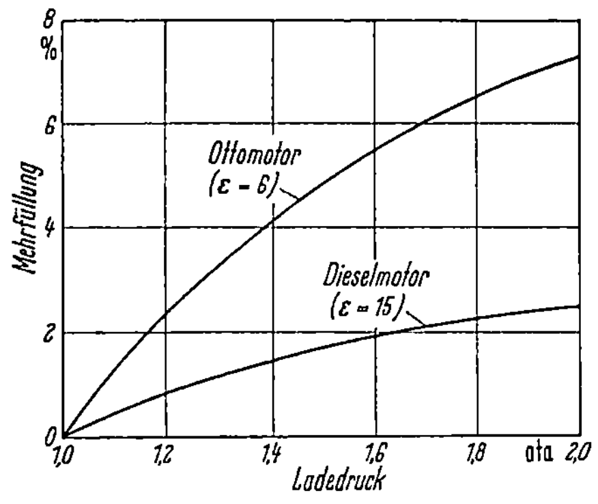

Abb. 109. Berechnete Mehrfüllung durch die Restgasverdichtung bei Aufladung, abhängig vom Ladedruck

Die tatsächliche Übereinstimmung der bei Versuchen gemessenen Füllungsverbesserung und der durch die Rechnung ermittelten Mehrfüllung ist meist gut. In Abb. 110 ist die auf Grund der vereinfachten Formel berechnete Mehrfüllung der an einem Einzylinder-Ottomotor gemessenen Mehrfüllung gegenübergestellt. In dem gewählten Beispiel ist die Übereinstimmung der gerechneten Werte mit den Meßwerten zufriedenstellend. Eine bessere Übereinstimmung der Versuchswerte ist nicht zu erwarten, weil bei der Berechnung vereinfachende Annahmen über den Druckverlauf während der Saugperiode gemacht wurden. Tritt beim Einströmen eine starke Drosselung auf, so wird die einströmende Luftmenge und damit die Restgasverdich-

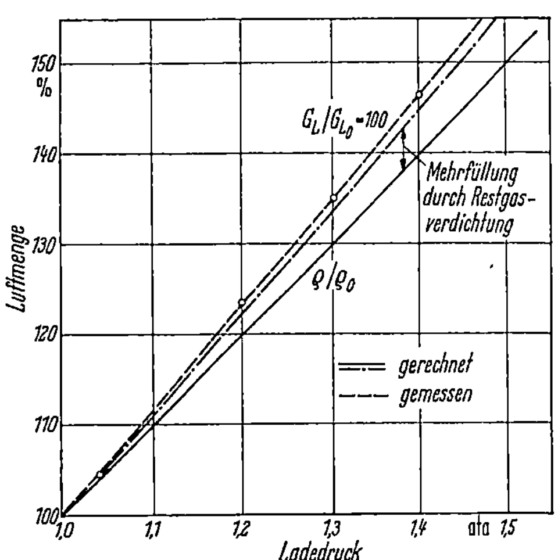

Abb. 110. Vergleich der berechneten und gemessenen Mehrfüllung durch die Restgasverdichtung, abhängig vom Ladedruck (Versuche an einem Ottomotor).
$n = 2600$ U/min; $\varepsilon = 7$; $\lambda = 0,85$; $t_1 = 80\ °C$

tung verringert. Deshalb ist die Größe der Mehrfüllung durch die Restgasverdichtung auch von der Drehzahl abhängig. Als Maß für die Drosselung ist jedoch beim Vergleich verschiedener Motoren weniger die

Drehzahl als vielmehr die mittlere Durchflußgeschwindigkeit durch die Steuerungsorgane (z. B. Ventile) geeignet. Weitere Angaben über den Einfluß der Einströmgeschwindigkeit auf die Füllung s. S. 357 unten.

Arbeitsrückgewinn durch positive Gaswechselarbeitsfläche. Gegenüber dem nicht aufgeladenen Motor erhält man — wie erwähnt — bei Aufladung eine Verringerung des Verlustes der Gaswechselarbeit, weil der Kolben beim Ausschieben nur gegen den Gegendruck der Atmosphäre Arbeit leisten muß, während beim Ansaugen wegen des höheren Druckes der einströmenden Luft mehr Arbeit an den Kolben abgegeben

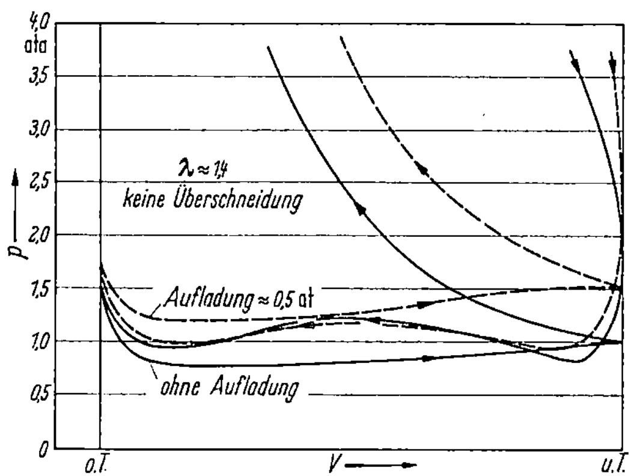

Abb. 111. Einfluß der Aufladung auf den Gaswechselvorgang bei einem Viertakt-Dieselmotor.
$n = 1600$ U/min; $p_i = 7,7$ kp/cm² ohne Aufladung, $p_i = 11,1$ kp/cm² mit Aufladung

wird als beim nichtaufgeladenen Motor. Mit wachsender Aufladung vermindert die zusätzliche Mehrarbeit den durch die Drosselung bedingten Arbeitsverlust und überwiegt u. U. bei hoher Aufladung, so daß eine positive Arbeitsfläche der Gaswechselperiode im Indikatordiagramm entsteht, vgl. Abb. 105, S. 194.

In Abb. 111 sind die Indikatordiagramme der Gaswechselperiode eines Dieselmotors aus einem Versuch ohne Aufladung und einem Versuch mit Aufladung dargestellt. Während ohne Aufladung infolge der Drosselung eine negative Arbeitsfläche entsteht, erhält man bei 0,5 at Aufladung wegen der höheren Drücke während der Saugperiode eine positive Arbeitsfläche. Der Druckverlauf während des Ausschiebevorganges ist fast derselbe, jedoch unterscheiden sich die Drücke während des Saughubes sehr wesentlich. In den dargestellten Diagrammen tritt die starke Druckdifferenz während des Saugvorganges ziemlich gleichmäßig in Erscheinung, so daß der Arbeitsgewinn fast der vollen Druckdifferenz der angesaugten Luft entspricht. Da sich bei höheren Drehzahlen wegen der Drosselung die Druckdifferenz nicht in voller

Höhe auswirkt, ist die gewonnene Mehrarbeit von der Drehzahl abhängig.

Abb. 112 zeigt die Änderung des Schwachfederdiagrammes der Gaswechselperiode abhängig von der Drehzahl. Bei höherer Drehzahl liegt der Druck während des Saughubes infolge der größeren Drosselung tiefer. Als Folge der Drosselung wird die positive Arbeitsfläche bei höherer Drehzahl verringert. Natürlich erfolgt auch der Druckabfall während des Auspuffvorganges bei höherer Drehzahl, bezogen auf den Kurbelwinkel, langsamer, so daß das Druckminimum, das vielfach

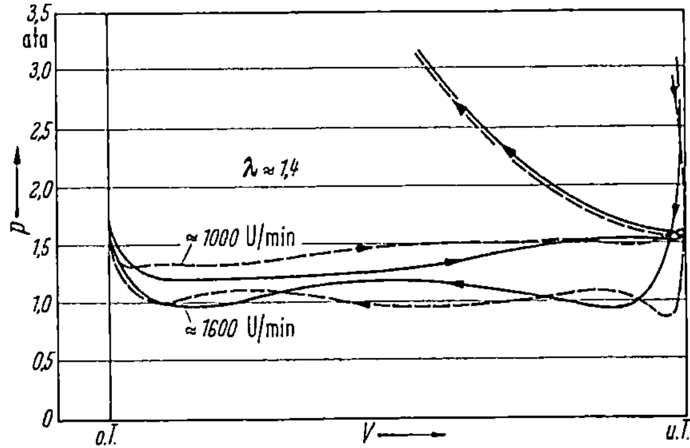

Abb. 112. Einfluß der Drehzahl auf die Größe der positiven Gaswechselarbeit bei Aufladung. p_i = 11,1 kp/cm² bei n = 1600 U/min; p_i = 12,0 kp/cm² bei n = 1000 U/min; $\lambda \approx 1,4$

kurz nach dem Totpunkt infolge der kinetischen Energie der austretenden Gasmenge vorhanden ist, bei der höheren Drehzahl bedeutend später auftritt (Abb. 112).

Die Druckänderung während des Ausschubvorganges ist auch wesentlich abhängig von der Ausführung der Auspuffleitung. Abb. 112 zeigt, daß sich die Druckschwingungen in der Auspuffleitung je nach der Drehzahl verschieden auf den Ausschiebevorgang auswirken.

Am Ende des Ausschubhubes tritt bei normalen Steuerzeiten, also ohne Überschneidung der Auslaß- und Einlaßsteuerzeiten, eine Drucksteigerung ein, die darauf zurückzuführen ist, daß eine Drosselung im Auslaßorgan vorhanden ist. Während des Saughubes tritt sofort wieder ein entsprechender Druckabfall ein. Die Wirkung der Drosselung wird wesentlich verringert, wenn durch Überschneidung der Steuerzeiten (das Auspuffventil bleibt noch offen, während das Saugventil schon geöffnet wird) größere Zeitquerschnitte zur Verfügung stehen, so daß der Druckanstieg am Ende des Ausschubhubes vermieden und die gesamte positive Arbeitsfläche der Gaswechselarbeit größer wird (Abb. 113).

Die Wirkung der Ventilüberschneidung auf die Zylinderfüllung ist natürlich von der Drehzahl abhängig und tritt um so weniger in Erscheinung, je höher die Drehzahl ist (Abb. 114). Bei 40° Überschneidung der Steuerzeiten erreicht man nur eine Verbesserung der Füllung um

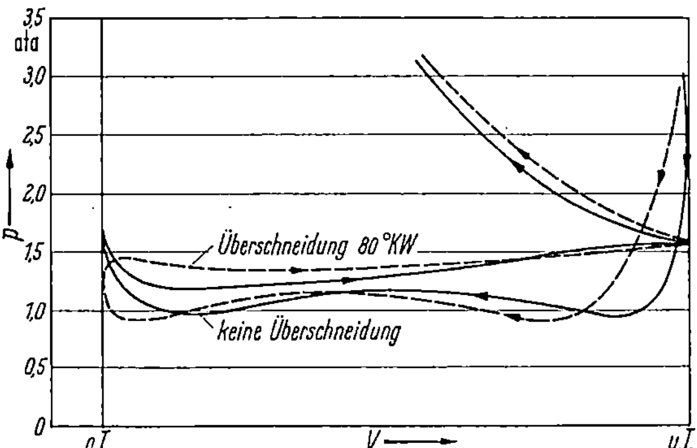

Abb. 113. Einfluß der Überschneidung der Ventilsteuerzeiten auf den Gaswechselvorgang. Versuche an einem Viertakt-Dieselmotor. $n = 1600$ U/min; $p_i = 11,1$ kp/cm²; $\lambda \approx 1,4$

mehrere %. Ein starker Einfluß der Drehzahl auf die Füllungsverbesserung durch die Ventilüberschneidung macht sich erst bei größerer Überschneidung (80 bis 120°) bemerkbar.

Der Arbeitsverlust während des Gaswechselvorganges durch Drosselung und Wärmeaustausch ist annähernd verhältig dem Druck der angesaugten Luft. In Abb. 115 sind in Kurve a die mit Fremdantrieb an einem Dieselmotor gemessenen Mitteldrücke der Gaswechselperiode abhängig vom Ladedruck dargestellt. Diese bei fremdangetriebenem Motor ermittelten Verlustwerte zeigen die erwähnte lineare Abhängigkeit vom Druck. Wenn durch die Druckdifferenz zwischen

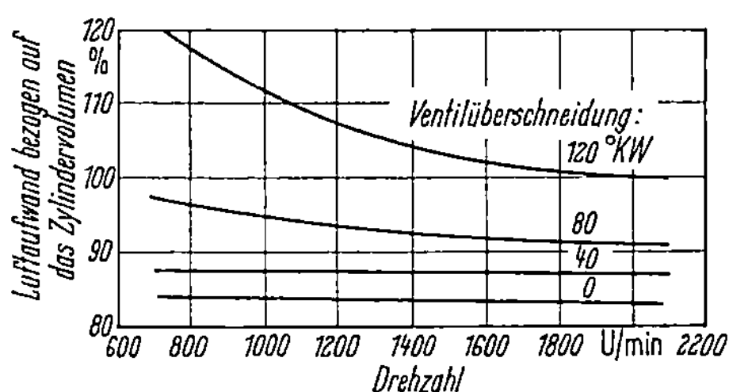

Abb. 114. Luftaufwand, bezogen auf das Zylindervolumen, abhängig von der Drehzahl für verschieden große Überschneidung der Ventilsteuerzeiten

der Saugperiode und der Auspuffperiode eine Leistungssteigerung entsprechend der vollen Druckdifferenz auftritt, vermindert sich die Verlustarbeit um eine positive Arbeit, die der Kurve b entspricht. Beispielsweise würde bei 0,5 atü Aufladung (1,5 ata Anfangsdruck) der Mitteldruck entsprechend der rechteckigen Fläche im $p - V$-Diagramm nach Abb. 105 (S. 194) um 0,5 at steigen. Auch beim Motorversuch tritt ein hoher Anteil dieses theoretisch erreichbaren Arbeitsgewinnes in Erscheinung.

Der tatsächlich gemessene Mitteldruck der Gaswechselarbeit bei Fremdantrieb (Kurve *c* in Abb. 115) entspricht annähernd der Summe des
Arbeitsverlustes ohne Aufladung (Kurve *a*) und des theoretischen Gewinnes bei Aufladung (Kurve *b*). Bei fremdangetriebenem Motor ist —
wie schon früher erwähnt — hauptsächlich wegen der größeren Gasmengen die Arbeit der Gaswechselperiode größer als bei Betrieb mit
eigener Kraft. Kurve *d* in Abb. 115 zeigt den Mitteldruck der Gaswechselperiode bei Vollastbetrieb
des betr. Dieselmotors (Luftverhältnis $\lambda = 1{,}4$). Bei dem untersuchten
Motor war der Arbeitsrückgewinn
bei etwa 0,2 atü Aufladung gleich
groß wie der durch die Drosselung

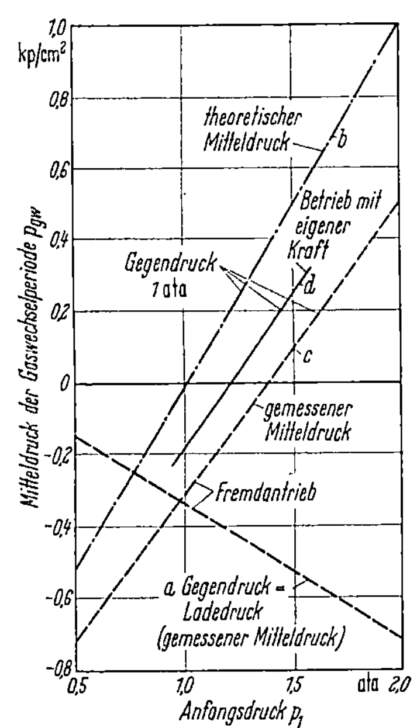

Abb. 115. Mitteldruck der Gaswechselarbeit,
abhängig vom Ladedruck.
$n = 1600$ U/min, keineVentilüberschneidung

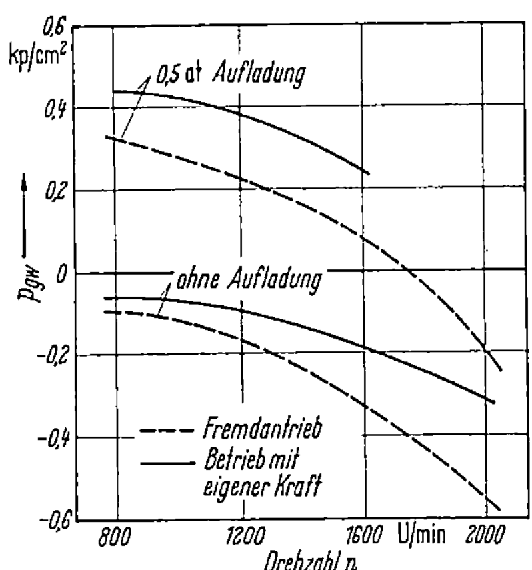

Abb. 116. Mitteldruck der Gaswechselarbeit,
abhängig von der Drehzahl bei verschiedenen
Betriebszuständen

bedingte Verlust, so daß bei dieser Aufladung die Arbeitsfläche der
Gaswechselperiode 0 wurde.

Der durch die Drosselung bedingte Verlust während der Gaswechselperiode steigt sehr stark mit der Drehzahl an (Abb. 116). Der Arbeitsrückgewinn durch die Druckdifferenz der Saug- und Auspuffperiode
während der Aufladung war jedoch bei dem untersuchten Motor weniger von der Drehzahl abhängig, so daß auch bei Aufladung eine ähnliche Verminderung des Absolutwertes des Mitteldruckes der Gaswechselperiode mit der Drehzahl auftrat wie ohne Aufladung (Abb. 116).
(Weitere Angaben über den Drehzahleinfluß bzw. über den Einfluß der
mittleren Kolbengeschwindigkeit siehe S. 358).

Totraumspülung. Bei Aufladung ist wegen der größeren transportierten Luftmengen eine Veränderung der Steuerzeiten zweckmäßig.

Der Überschneidung der Steuerzeiten zur Verringerung der Drosselwiderstände und zur Verbesserung der Füllung sind bei Vergaserbetrieb durch die Kraftstoffverluste beim Durchspülen Grenzen gesetzt. Bei Kraftstoffeinspritzung ist es jedoch möglich, weitgehende Überschneidung der Steuerzeiten anzuwenden und dadurch eine starke Ausspülung des Totraumes zu erreichen. Bei geringer Überschneidung der Steuerzeiten wird nur ein Teil der Restgase aus dem Totraum ausgespült, und der Anteil der austretenden Spülluft ist nur gering. Derselbe Erfolg wird auch bei großer Überschneidung der Steuerzeiten, aber geringer Aufladung erreicht. Steigert man die Aufladung bei gleich-

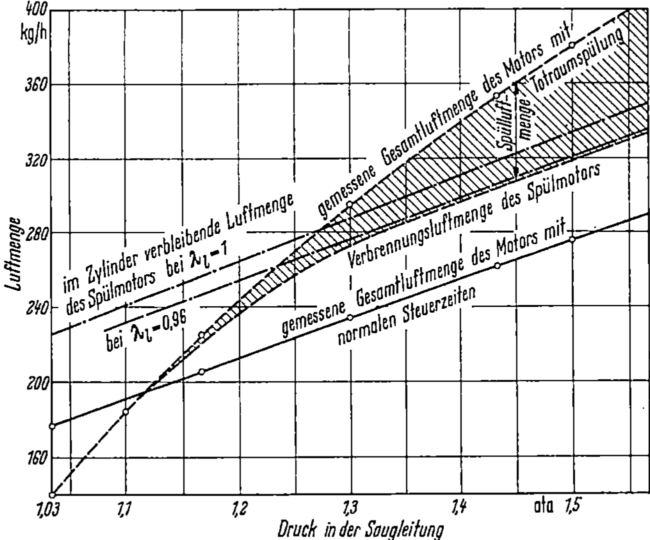

Abb. 117. Aufteilung der Gesamtluftmenge bei Überschneidung der Ventilsteuerzeiten

bleibenden Steuerzeiten, so wird neben der Ausspülung des Totraumes Luft durch den Zylinder geblasen (Spülung).

In Abb. 117 ist die an einem Einzylinder-Ottomotor gemessene Gesamtluftmenge in die durch den Motor gespülte Luftmenge und die im Zylinder nach Ausspülung der Restgase verbleibende Luftmenge aufgeteilt. In diesem Falle (Drehzahl 1500 U/min) bleibt bei einer Aufladung von 0,4 atü etwa $^9/_{10}$ der gesamten eingeführten Luftmenge im Zylinder. Entsprechend der verbesserten Füllung des Totraumes ergibt sich auch eine wesentliche Erhöhung des Mitteldruckes, die annähernd proportional der Vergrößerung der im Zylinder verbleibenden Luftmenge ist.

Die Totraumauffüllung und damit auch die Zunahme des Mitteldrucks beginnt meist schon bei sehr geringer Aufladung, jedoch ist in manchen Fällen bei entsprechender Ausbildung der Auslaß- und Einlaßorgane auch schon ohne Aufladung oder bei ganz geringer Aufladung eine Ausspülung des Totraumes unter Benutzung der kinetischen Energie der ausströmenden Abgase möglich.

Der Erfolg der Totraumspülung ist aber auch sehr stark von dem Ausmaß der Ventilüberschneidung abhängig. Bei geringer Ventilüberschneidung (bis etwa 40°) sind die Zeitquerschnitte für die gleichzeitige Öffnung des Saug- und Auslaßventils meist so klein (Abb. 118), daß nur sehr wenig Luft durchgespült wird. Die Füllungsvermehrung bei 40° Überschneidung ist gegenüber 0° Überschneidung aber schon erheblich, da die ohne Überschneidung durch Drosselung verursachte Verdichtung am Ende des Ausschubhubes wegfällt (s. S. 204, Abb. 113). Eine teilweise Auffüllung des Totraumes mit Luft und eine nennenswerte Durchspülung tritt erst bei etwa 80° Überschneidung ein.

Erfolgt eine wesentliche Durchspülung,dann ergibt sich eine Kühlwirkung auf die heißen Auslaßorgane. Betrachtet man die Temperatur der Auslaßventile als ein Maß für die thermische Belastung, so hat man die Möglichkeit, die bei gleicher Wärmebeanspruchung erreichbaren Leistungen zu vergleichen. Bei einem Versuch an einem luftgekühlten Viertakt-Ottomotor von 1 l Hubvolumen wurde z. B. bei 0,2 atü Aufladung festgestellt, daß bei gleicher Ventilsitztemperatur mit 150° Überschneidung der Steuerzeiten eine wesentlich größere Leistung erreicht werden konnte. Andererseits war bei gleicher Leistung die Ventilsitztemperatur im Durchschnitt etwa 30 bis 50 °C geringer. Naturgemäß werden auch die Auspufftemperaturen bei Spülung geringer, jedoch tritt das Maximum der Auspufftemperatur nicht mehr wie beim normalgesteuerten Motor beim theoretischen Mischungsverhältnis auf, sondern man erhält im Luftmangelgebiet die höchsten Temperaturen, da im Auspuffrohr im allgemeinen Nachbrennen erfolgt, vgl. Abb. 174, S. 300. Je größer die Geschwindigkeit im Auspuffrohr ist, desto später tritt das Nachbrennen in Erscheinung. Unmittelbar nach den Auslaßorganen wurde beim gespülten Motor gegenüber dem

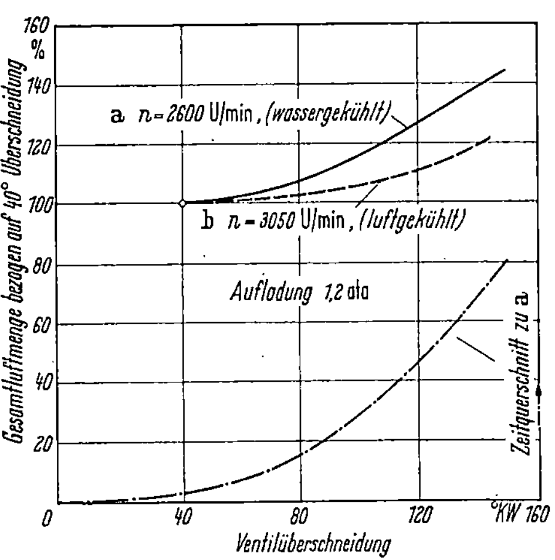

Abb. 118. Abhängigkeit der Spülluftmenge von der Ventilüberschneidung bei 2 Viertaktmotoren

Normalmotor eine Senkung des Maximums der Auspufftemperatur von etwa 100 °C gemessen, während das Maximum der Abgastemperatur in der Abgasleitung wegen Nachbrennen im allgemeinen sogar höher wird.

d) Verbrennungsvorgang bei Aufladung

Die in den vorhergehenden Abschnitten behandelten Gesetzmäßigkeiten für die Änderung der Leistung mit der Aufladung haben allgemeine Gültigkeit, da sie lediglich auf Grund thermodynamischer Berechnungen und Überlegungen angegeben wurden. Bei diesen Ergebnissen wurden die Einflüsse der Kraftstoffeigenschaften und die speziellen Eigenschaften der verschiedenen motorischen Arbeitsverfahren nicht berücksichtigt. Die Änderung der Betriebsbedingungen mit der Aufladung bedingt jedoch auch andere Voraussetzungen für die Verbrennung der Kraftstoffe, die von wesentlichem Einfluß auf den Arbeitsvorgang im Motor sind. Mit der Druckerhöhung ist bei Aufladung im praktischen Betrieb auch eine Erhöhung der Temperatur der angesaugten Luft verbunden, da im allgemeinen eine Rückkühlung der Luft nach dem Lader nicht vorgesehen ist. Man hat mit um so höheren Temperaturen zu rechnen, je höher der Ladedruck gewählt wird und je schlechter der Laderwirkungsgrad ist. Der Verbrennungsvorgang wird bei den verschiedenen motorischen Arbeitsverfahren durch den erhöhten Druck und die erhöhte Temperatur in verschiedener Weise beeinflußt, beispielsweise ergeben sich bei erhöhter Temperatur beim Ottomotor Schwierigkeiten, während beim Dieselmotor im allgemeinen der Verbrennungsvorgang günstig beeinflußt wird.

Ottomotor. Die für den Verbrennungsverlauf maßgebenden Vorgänge, nämlich das Fortschreiten der Flammenfront und die Reaktionen im Unverbrannten (die unter Umständen zum Klopfen führen), werden beim aufgeladenen Motor in verschiedener Weise beeinflußt. Die *Verbrennung in der Flammenfront* wird durch die höheren Drücke und höheren Temperaturen bei Aufladung nur wenig beeinflußt. Deshalb ändert sich mit zunehmender Aufladung die Abhängigkeit der Wirkungsgrade vom Luftüberschuß und von der Verdichtung usw. nur geringfügig. Die Verbrennungstemperaturen des aufgeladenen Motors sind nur wenig von den am nichtaufgeladenen Motor und bei gedrosseltem Betrieb gemessenen verschieden, sofern der Luftüberschuß derselbe ist. Dementsprechend wird auch der Kraftstoffverbrauch, bezogen auf den Arbeitsprozeß im Zylinder, nur wenig von der Aufladung beeinflußt. Man erhält also im wesentlichen eine starke Änderung der Leistung bei geringer Änderung der Wirkungsgrade und Verbrauchszahlen.

Abb. 119 zeigt, daß die Abhängigkeit der Mitteldrücke vom Luftverhältnis bei verschieden hoher Aufladung dieselbe bleibt. Die Höchstleistung ergibt sich bei Luftmangel entsprechend einem Luftverhältnis $\lambda \approx 0,85$. Das Minimum des Verbrauches wird ebenso wie beim nichtaufgeladenen Motor bei einem Luftüberschuß entsprechend $\lambda \approx 1,1$ erreicht. Der Vergleich der aus diesen Ergebnissen errechneten inneren Wirkungsgrade η_i mit dem Wirkungsgrad der vollkommenen Maschine zeigt, daß in gleicher Weise wie beim nichtaufgeladenen Motor bei Aufladung lediglich bei größerem Luftüberschuß eine nennenswerte Verschlechterung des Gütegrades auftritt.

Abb. 120 zeigt in üblicher Darstellung Verbrauchskurven abhängig vom Mitteldruck für einige Verdichtungsverhältnisse. Auch aus dieser Abbildung ist ersichtlich, daß die Änderung der Mitteldrücke und Verbrauchszahlen mit der Verdichtung mit und ohne Aufladung annähernd dieselbe bleibt. Entscheidend werden die *Vorgänge im unverbrannten Gemisch*

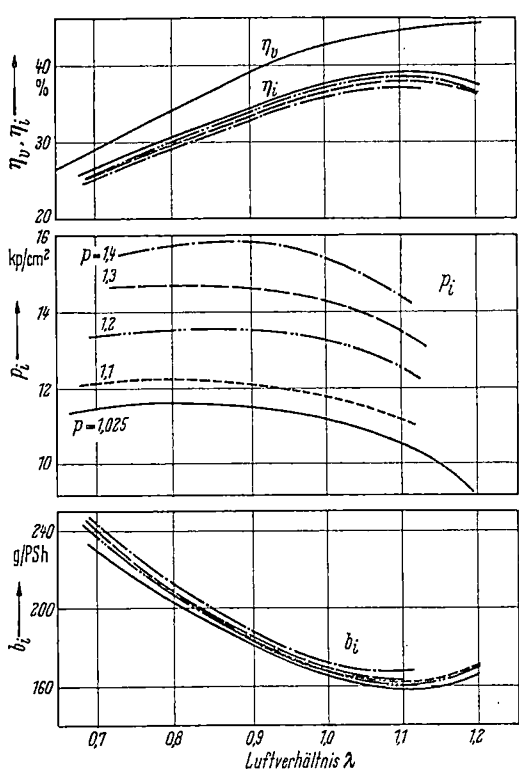

Abb. 119. Mittlerer Druck p_i, spez. Kraftstoffverbrauch und Wirkungsgrade, abhängig vom Luftverhältnis bei verschiedener Aufladung nach Versuchen an einem Ottomotor. $\varepsilon = 8$; $n = 2000$ U/min; Vorzündung 40°

vor der Flammenfront und damit die Klopfeigenschaften durch die Aufladung beeinflußt. Mit erhöhter Aufladung ergibt sich infolge des höheren Druckes und meist in noch stärkerem Maße infolge der höheren Temperatur der angesaugten Luft eine starke Zunahme der Klopfneigung, die im praktischen Betrieb die Grenze für die höchste erreichbare Leistung darstellt. Die dadurch bedingten Klopfgrenzen und ihre verschiedenartigen Abhängigkeiten vom Betriebszustand des Motors werden im Kapitel „Praktische Grenzen der Aufladung" behandelt.

Dieselmotor. Beim Dieselmotor ergeben sich infolge der höheren Luftdichte bei Aufladung etwas andere Anforderungen bezüglich der

Durchschlagskraft und der Reichweite der Kraftstoffstrahlen, jedoch kann im wesentlichen eine annähernd gleich gute Verbrennung wie ohne Aufladung erreicht werden. Bei Aufladung hat vor allem die erhöhte Temperatur und auch der höhere Druck einen günstigen Einfluß auf die Zündungs- und Verbrennungsvorgänge im Dieselmotor, insbesondere wird der Zündverzug geringer. In Abb. 121 sind Indikatordiagramme bei zwei Temperaturen der angesaugten Luft (20 und 170 °C) mit und ohne Aufladung gegenübergestellt. Der Zündverzug ist bei der hohen Lufttemperatur etwa um ein Drittel geringer als bei 20 °C. Bei gleicher Temperatur war der Zündverzug mit zunehmender Aufladung geringer. Bei der höheren Temperatur ist wegen der

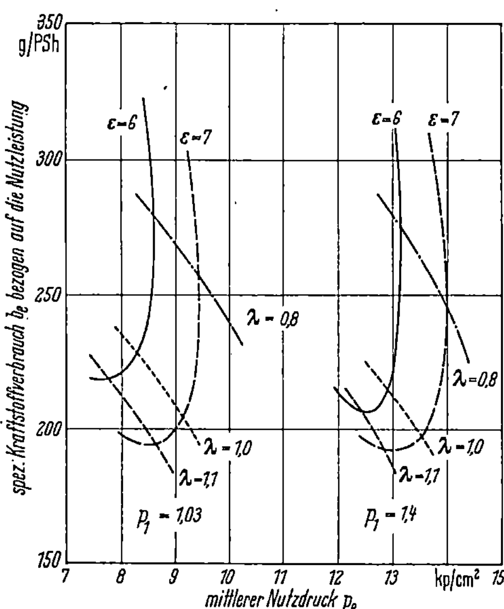

Abb. 120. Spez. Kraftstoffverbrauch, bezogen auf die Nutzleistung mit und ohne Aufladung bei verschiedenen Verdichtungsverhältnissen. Einzylindermotor $V_h = 2$ l

rascheren Zündung im Gegensatz zu dem steilen Druckanstieg bei 20 °C ein langsamer Druckanstieg bei weichem Lauf des Motors vorhanden. Das allmähliche Ansteigen des Druckes kommt hauptsächlich

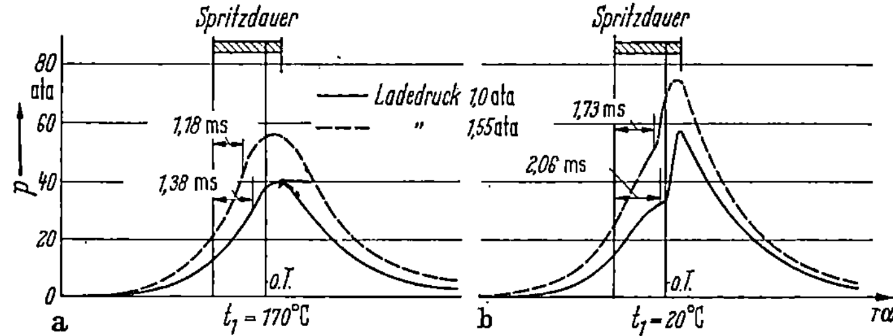

Abb. 121. Einfluß der Temperatur und des Druckes der angesaugten Luft auf den Druckanstieg bei der Verbrennung in einem Dieselmotor. Einzylinder-Dieselmotor $V_h = 2{,}26$ l; $n = 2100$ U/min

dadurch zustande, daß die ersten eingespritzten Kraftstoffteile schon zur Zündung kommen, während die Einspritzung noch im Gange ist. Eine Rückkühlung der Ladeluft ist deshalb beim Dieselmotor im

Gegensatz zum Ottomotor auch bei hoher Aufladung im Hinblick auf
den Verbrennungsvorgang nicht erforderlich.

e) Arbeitsvorgang im Lader

Der Arbeitsbedarf zur Verdichtung der Luft oder des Gemisches im
Lader ergibt sich aus der Summe des theoretischen Arbeitsbedarfes und
der Arbeitsverluste im Lader. Die Arbeitsverluste unterscheiden sich
bei verschiedenen Laderbauarten und auch bei verschiedenen Betriebszuständen desselben Laders wesentlich. Die Größe der Verluste ist
beim Lader deshalb von entscheidender Bedeutung, weil die Arbeitsverluste in Wärme umgesetzt werden und vorwiegend in einer Erwärmung der verdichteten Luft oder des Gemisches in Erscheinung treten.
Dadurch ergibt sich in zweierlei Hinsicht ein Leistungsverlust des
Motors. Erstens verringern die Verluste im Lader — vermehrt um die
Verluste im Antrieb — bei mechanisch angetriebenem Lader direkt
die Motornutzleistung. Zweitens wird wegen der Erhöhung der Temperatur der angesaugten Ladung die Zylinderfüllung und damit die
Leistung des Motors verringert. Bei Ottomotoren tritt hierzu noch
die Notwendigkeit einer weiteren Leistungsbeschränkung mit Rück-
sicht auf die Klopfgrenze. Bei sehr hoher Verdichtung wird sogar eine
Rückkühlung der verdichteten Luft oder des Gemisches erforderlich.

Den theoretischen Arbeitsbedarf bei isentroper Verdichtung erhält man unter der Voraussetzung, daß die Unterschiede der Strömungsenergie infolge verschiedener Ein- und Austrittsgeschwindigkeiten vernachlässigt werden können, für 1 kg zu verdichtendes Gas
(Luft) aus der Beziehung:

$$L_{is-l} = R\,T\,\frac{\varkappa}{\varkappa-1}\left[\left(\frac{p_s}{p}\right)^{\frac{\varkappa-1}{\varkappa}} - 1\right] \qquad (86)$$

Diese Arbeit wird auch isentrope Förderhöhe H_{is} genannt. In der
Gleichung bedeuten:

T die Temperatur vor der Verdichtung,
p den Druck vor der Verdichtung,
p_s den Druck nach der Verdichtung, hier dem Druck in der Ladeleitung
  p_l gleichgesetzt.

Die Arbeit zur verlustlosen isothermen Verdichtung ist kleiner und
beträgt:

$$L_{iso-l} = R\,T\,\ln\frac{p_s}{p}\,. \qquad (87)$$

Praktisch ist es im allgemeinen nicht möglich, so stark zu kühlen, daß
eine annähernd isotherme Verdichtung erreicht wird. Meist — beispielsweise bei schnellaufenden Radialladern — ist die Kühlwirkung
im Lader gering, sofern nicht eine Zwischenkühlung zwischen 2 Stufen

14*

vorgesehen wird. Es ist jedoch allgemein üblich, als Bezugsgröße für die Wertung der Lader die isentrope Förderhöhe zu benutzen.

Bei bekannter Umfangsgeschwindigkeit u kann die Förderhöhe einer Laderstufe aus der Beziehung

$$H_{is} = u^2 \cdot q_{is} \tag{88}$$

errechnet werden. Die Gütezahl q_{is} schwankt etwa zwischen $q_{is} = 0{,}4$ bis $q_{is} = 0{,}75$. Im Mittel kann bei guter Ausführung des Laufrades ein Wert $q_{is} = 0{,}6$ zugrunde gelegt werden (s. z. B. [H 35]).

Die Größe des erreichbaren Verdichtungsverhältnisses ist somit, wie die obenstehenden Gleichungen (86) bis (88) für die isentrope Förder-

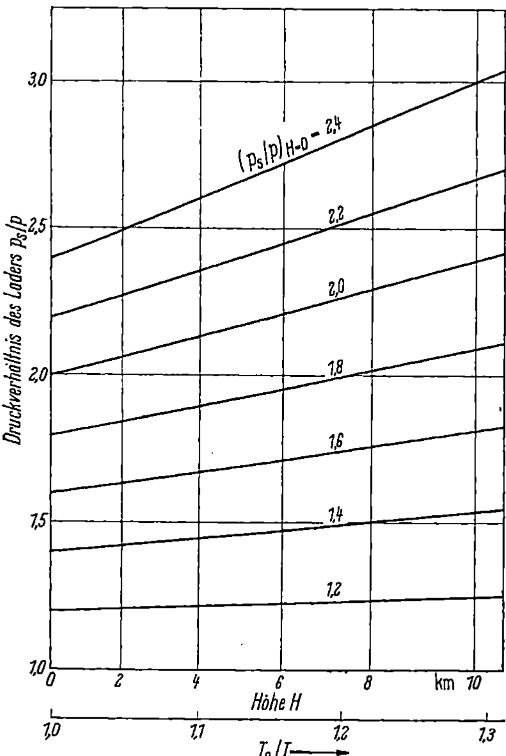

Abb. 122. Änderung des Ladedruckverhältnisses mit der Temperatur der angesaugten Luft

höhe zeigen, im wesentlichen von der erreichbaren Umfangsgeschwindigkeit abhängig. Die zulässigen Umfangsgeschwindigkeiten liegen für Leichtmetalle und für Stahl in ähnlicher Größenordnung, und zwar etwa zwischen 300 und 450 m/s. Die obenstehende Gleichung (88) zeigt, daß für konstante Umfangsgeschwindigkeit die isentrope Förderhöhe unabhängig vom Zustand der angesaugten Luft annähernd konstant ist. Deshalb kann für konstante Umfangsgeschwindigkeit, also konstante Drehzahl eines bestimmten Aggregates, für jede Anfangstemperatur das entsprechende Druckverhältnis aus Gl. (86) bzw. (87) errechnet werden. In Abb. 122 ist die Änderung des Druckverhältnisses, abhängig vom Temperaturverhältnis[1] bezogen auf die Anfangstemperatur $T_0 = 288\ °\text{K}$, wiedergegeben. Dabei sind

[1] In der Abbildung ist als Abszisse auch die Bezeichnung Höhe eingetragen. Dieser Maßstab ist zur Erleichterung der Anwendung für Flugmotorenlader in das Bild aufgenommen.

mehrere Druckverhältnisse zugrunde gelegt. Die Änderung des Druckverhältnisses kann aber auch auf den ausgeführten Lader übertragen werden, weil q_{is} bei Veränderung der Anfangstemperatur (vor dem Lader) annähernd konstant ist.

Bei der Verdichtung der Luft im Lader findet eine wesentliche Erwärmung statt. Vernachlässigt man die nach außen abgeführte Wärmemenge, so führt der erste Hauptsatz zu der Beziehung

$$i_s = i + L_{i-l} \,, \tag{89}$$

wenn i_s und i den Wärmeinhalt der Luft nach bzw. vor der Verdichtung bedeuten[1] und L_{i-l} die innere Verdichtungsarbeit je kg Luft ist; L_{i-l} ergibt sich aus der isotropen Verdichtungsarbeit L_{is-l} und dem inneren Laderwirkungsgrad zu

$$L_{i-l} = \frac{L_{is-l}}{\eta_{i-is-l}} \,. \tag{90}$$

Man erkennt, daß der Wärmeinhalt i_s und damit die Temperatur der verdichteten Luft um so größer ist, je größer die isentrope Verdichtungsarbeit und je niedriger der Laderwirkungsgrad ist.

Die Temperaturerhöhung im Lader entspricht dem Wert

$$\Delta T_L = \frac{L_{is-l}}{\eta_{i-is-l}\, c_p} \,. \tag{91}$$

Die mechanischen Wirkungsgrade von Radialladern sind hoch; deshalb kann vielfach in erster Näherung für technische Rechnungen der Wert η_{i-is-l} dem Wert η_l gleichgesetzt werden[2]. Der Wirkungsgrad des Laders und damit auch die Temperaturerhöhung im Lader ändern sich sehr stark mit dem Betriebszustand, wie die Abb. 123 und Abb. 124 zeigen. In Abbildung 123 ist das Kennlinienfeld eines Laders in der üblichen Darstellung der isentropen Förderhöhe über dem Fördervolumen wiedergegeben. Als Parameter sind die Drehzahlen, die Fördermengen und die Wirkungsgrade eingetragen.

Die höchsten Wirkungsgrade werden nur in einem begrenzten Betriebsbereich erreicht. Bei den größtmöglichen Förderhöhen sind die Wirkungsgrade geringer, ebenso bei den größtmöglichen Fördervolumen. Daher sind Angaben über die Wirkungsgrade von Ladern nur im Zusammenhang mit den erreichten Förderhöhen sinnvoll. Die Wirkungsgrade sind bei den großen Druckverhältnissen, die bei hohen Drehzahlen erreicht werden, deshalb geringer, weil die Verluste im Lader mit der Drehzahl erheblich zunehmen. In vielen Fällen, insbe-

---

[1] Der Zustand nach dem Lader wurde hier gleich dem Zustand in der Ladeleitung des Motors ($P_l = P_s$) gesetzt.

[2] Diese Vernachlässigung ist nur für den Lader ohne Getriebe zulässig.

sondere bei der Verwendung für Flugmotoren, müssen die Gewichte und Dimensionen der Lader klein gehalten werden. Der Betriebspunkt kann dann nicht immer im Bereich der günstigsten Wirkungsgrade

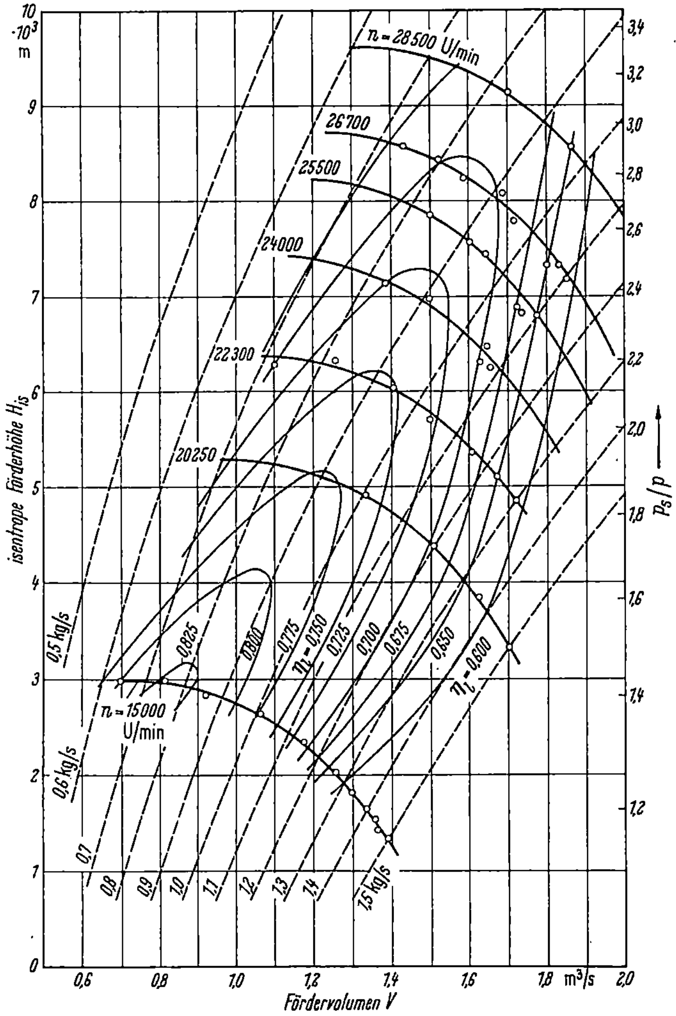

Abb. 123. Beispiele für Kennlinienfelder von Ladern.
Kennlinienfeld eines DVL-Laders (nach von der Nüll)

gewählt werden. In diesem Fall ist es vielmehr erforderlich, den Betriebspunkt bei normaler Motorbelastung in den Bereich großer Fördervolumina zu legen. Je nach der Betriebsart des Motors, für den der Lader verwendet wird, und je nach der gewählten Regelung verschiebt sich der Betriebspunkt mehr oder weniger im Kennlinienfeld.

Im allgemeinen ist es vorteilhaft, wenn sich bei konstanter Drehzahl
die isentrope Förderhöhe eines Laders bei Änderung des angesaugten
Volumens möglichst wenig ändert (flache Drehzahllinien). Weiterhin
wird angestrebt, daß sich dabei auch der Wirkungsgrad nur in möglichst geringen Grenzen ändert.

Ist das Kennlinienfeld für den Lader bekannt, und kennt man die
Betriebsbereiche des Motors, für den der Lader verwendet werden

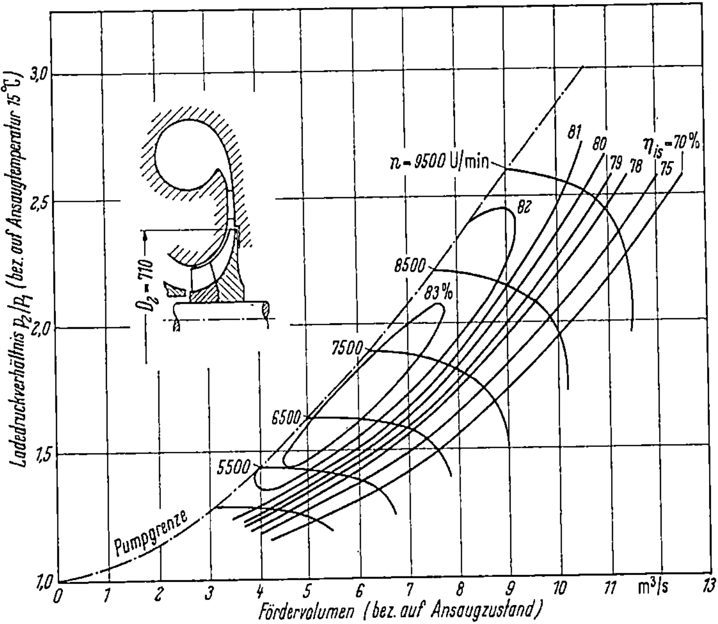

Abb. 124. Kennfeld eines BBC-Laders

soll, so ist man in gewissen Grenzen in der Lage, die Regelung so zu
wählen, daß im Mittel gute Laderwirkungsgrade erreicht werden. Es
kann sowohl von einer Regelung der Drehzahl des Laders als auch von
saugseitiger oder druckseitiger Drosselung Gebrauch gemacht werden.

Der *Leistungsbedarf* des Laders ergibt sich aus der Beziehung:

$$N_L = \frac{G_L \cdot L_{is-l}}{\eta_l} \cdot \tag{92}$$

In dieser Beziehung ist jeweils der für den betreffenden Betriebszustand
gültige Wirkungsgrad η_l, der aus dem Laderkennlinienfeld zu entnehmen ist, einzusetzen. Zur Vereinfachung der Rechnung setzt man
vielfach einen Mittelwert für verschiedene Betriebszustände ein.

Obwohl für die Motorleistung in erster Linie die Dichte und weniger
der Druck der verdichteten Luft maßgebend ist, ist es allgemein üblich,

Angaben über das Druckverhältnis und nicht über das Dichteverhältnis zu machen. Auch die Regelung der Lader wird meist als Druckregelung ausgebildet. Um eine Überbelastung des Motors durch zu hohen Ladedruck zu vermeiden, wird mit dem Ladedruckregler der höchste zulässige Druck vor dem Motor bis zur Volldruckhöhe selbsttätig konstant gehalten.

f) Gemessene Leistungssteigerung des gesamten Aggregates

Ohne Totraumspülung. Die tatsächlich gemessene Mehrleistung des Motors bei Aufladung entspricht in der Größenordnung der zu erwartenden Mehrleistung durch die höhere Dichte, durch die Füllungsverbesserung infolge der Druckdifferenz zwischen Saugleitung und Auspuffleitung und durch die Verbesserung des mechanischen Wirkungsgrades wegen der annähernd konstanten Reibungsleistung. Als Beispiel ist in Abb. 125 und 126 die bei Versuchen an einem Einzylinder-*Dieselmotor* gemessene Mehrleistung dargestellt und mit der theoretisch ermittelten Mehrleistung verglichen. Der rechnerisch ermittelte Leistungsgewinn ist in die Mehrleistung durch die Erhöhung der Dichte, durch die Verbesserung der Füllung, durch die positive Gaswechselarbeit und durch die mechanische Verbesserung aufgeteilt. Die Unterschiede der Versuchswerte gegenüber den theoretisch errechneten Werten sind meist auf die Unsicherheit

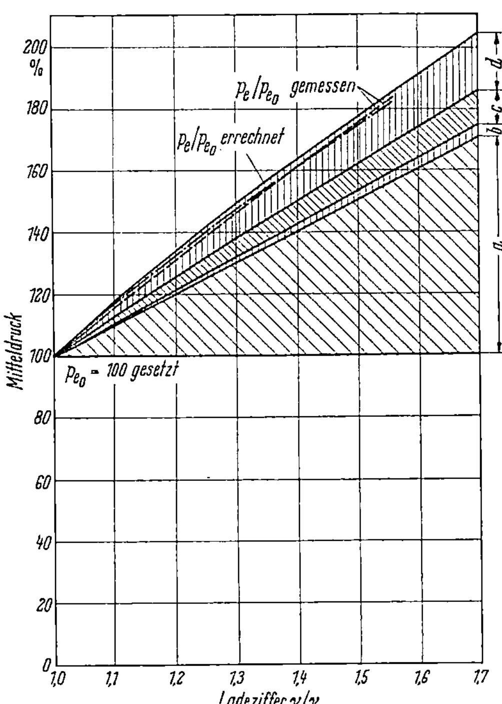

Abb. 125. Aufteilung des Leistungsgewinnes bei Aufladung. a) Zunahme der Luftdichte in der Saugleitung, b) Füllungszunahme durch Restgasverdichtung, c) Erhöhung des Mitteldruckes durch positive Gaswechselarbeit, d) Zunahme des Mitteldruckes infolge der relativ geringeren mechanischen Verluste bei Aufladung. — — — — p_e/p_{e_0} aus Versuchen an einem Einzylindermotor mit direkter Einspritzung ermittelt, —·—·— p_e/p_{e_0} aus Versuchen an einem Vorkammermotor ermittelt. (Einzylinder-Viertakt-Dieselmotor $\varepsilon = 14$; $\lambda = 1,4$) ($\gamma/\gamma_0 = \varrho/\varrho_0$)

bei der Berechnung der Vorgänge während der Gaswechselperiode zurückzuführen, jedoch kann auch eine Veränderung des Gütegrades η_g

oder eine Veränderung des Liefergrades λ_l (bezogen auf Ladedruck = Gegendruck) oder eine Änderung beider Werte zu wesentlichen Abweichungen führen. Die Änderung des Produktes dieser beiden Werte ist in Abb. 126 dargestellt. Die Übereinstimmung der gemessenen und gerechneten Werte ist jedoch nicht in allen Fällen so gut wie bei den hier wiedergegebenen Versuchen, insbesondere wenn durch Schwingungsvorgänge in der Saug- oder Auspuffleitung eine wesentliche Liefergradänderung auftritt.

In Abb. 127 ist die gemessene Mehrleistung eines *Ottomotors* mit der gemessenen Füllungsverbesserung verglichen. Kurve $\dfrac{\varrho}{\varrho_0}$ gibt den Proportionalwert des Ladedruckes wieder. Die Kurven $\dfrac{G_L}{G_{L0}}$ entsprechen der unter Berücksichtigung der Mehrfüllung durch die Verdichtung der Restgase errechneten und der gemessenen Füllung. Die starke Mehrfüllung ist in diesem Fall zum Teil auf die besonderen Ein- und Ausströmverhältnisse zurückzuführen (Wirkung der kinetischen Energie der Auspuffgase). Die gemessene und gerechnete Zunahme des Mitteldruckes ist in den Kurven $\dfrac{p_e}{p_{e0}}$ wiedergegeben.

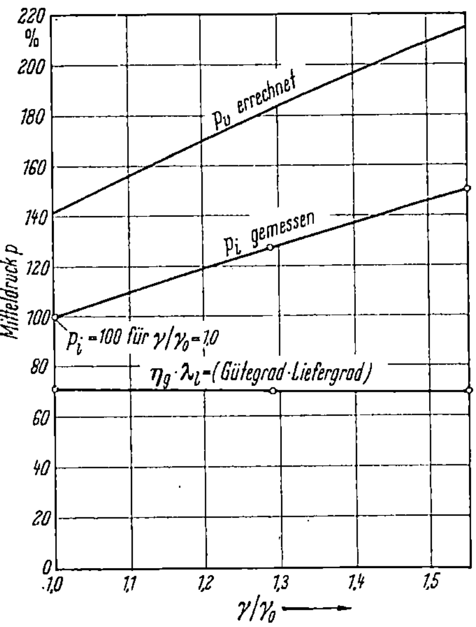

Abb. 126. Mittlerer Innendruck im Vergleich zum Mitteldruck der vollkommenen Maschine, abhängig von der Aufladung; Versuche an einem Dieselmotor mit direkter Einspritzung (p_v ist unter der Annahme errechnet, daß Hubraum und Totraum mit Frischluft gefüllt sind; die Änderung der Gaswechselarbeit ist voll berücksichtigt)

In diesen beiden Kurven kommt sowohl die Mehrleistung durch die zusätzliche positive Gaswechselarbeit als auch die relative Verbesserung durch den mit zunehmender Leistung besseren mechanischen Wirkungsgrad zum Ausdruck. Außerdem geht in die Versuchswerte auch eine etwaige Änderung des Gütegrades ein. Rechnerisch würde man bei Berücksichtigung der erwähnten Einflüsse eine geringere Leistung erhalten, als bei dem Versuch gemessen wurde.

Mit Totraumspülung. Die Leistungszunahme mit der Aufladung ist bei Überschneidung der Ein- und Auslaßsteuerzeiten noch bedeutend stärker als bei den in Abb. 125 bis 127 wiedergegebenen Versuchsergebnissen. Während bei den üblichen Steuerzeiten (keine oder nur geringe Ventilüberschneidung) mit zunehmender Aufladung nur eine teilweise

Auffüllung des Totraumes erzielt wird, gelingt bei größerer Ventilüberschneidung die Auffüllung des Totraumes mit Luft fast vollkommen (s. S. 206). Dementsprechend erhält man auch eine sehr
starke Zunahme der Mitteldrücke (s. Abb. 128) mit der Aufladung. Bei
Vergaserbetrieb ist jedoch eine starke Überschneidung der Steuerzeiten
nicht möglich, da bei größerer Aufladung — wie schon früher erwähnt —
ein Teil des Kraftstoff-Luft-Gemisches durch den Motor gespült wird

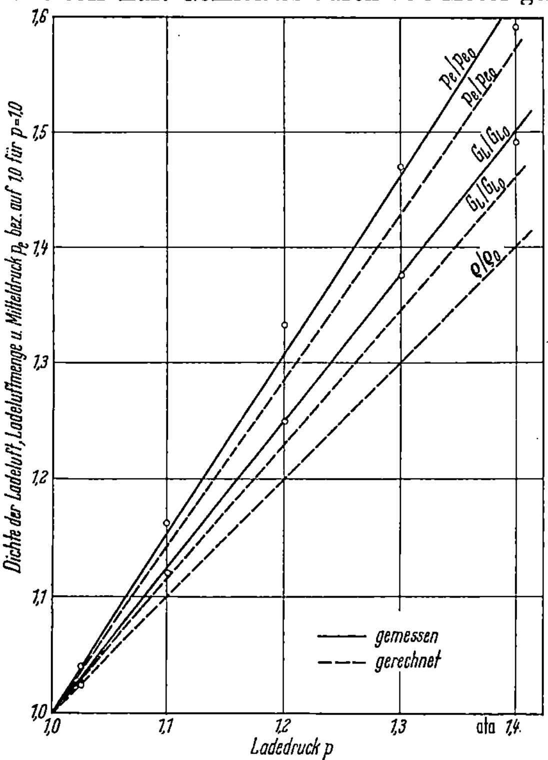

Abb. 127. Zunahme des mittleren Nutzdruckes und der angesaugten Luftmenge eines
Ottomotors mit der Aufladung. Wassergekühlter Einzylindermotor V_h = 2 l,
ε = 6, λ = 0,85, Vorzündung = 38°, Temperatur der angesaugten Luft const = 16 °C

und somit verloren geht (s. Abb. 117, S. 206). Die Ausnutzung der
Vorteile großer Überschneidung und Totraumspülung bei guten Ver-
brauchszahlen ist deshalb nur bei Ottomotoren mit Einspritzung in den
Zylinder[1] und bei Dieselmotoren möglich. Die bei Totraumspülung
erreichte Mehrleistung ist annähernd proportional der zusätzlich im
Zylinder verbleibenden Luftmenge. Bei richtiger Wahl der Über-
schneidung der Steuerzeiten wird schon bei geringem Überdruck in der
Saugleitung eine fast vollständige Auffüllung des Totraumes erreicht.

---

[1] und nur zum Teil bei Saugrohreinspritzung.

Bei den in Abb. 128 dargestellten Versuchen an einem wassergekühlten Motor von 4 l Hubvolumen wurde z. B. bei etwa 0,30 at Überdruck in der Saugleitung eine fast vollständige Spülung des Totraumes bei einer Zunahme des Mitteldruckes um etwa 2 kp/cm² erreicht. Bei noch höherer Aufladung wird der Absolutwert der Zunahme des Mitteldruckes gegenüber dem normalgesteuerten Motor relativ geringer, weil auch beim aufgeladenen Motor ohne Spülung eine teilweise Auffüllung des Totraumes infolge der Restgasverdichtung auftritt (s. S. 197 ff.). Ein Leistungsgewinn durch die Überschneidung der Steuer-

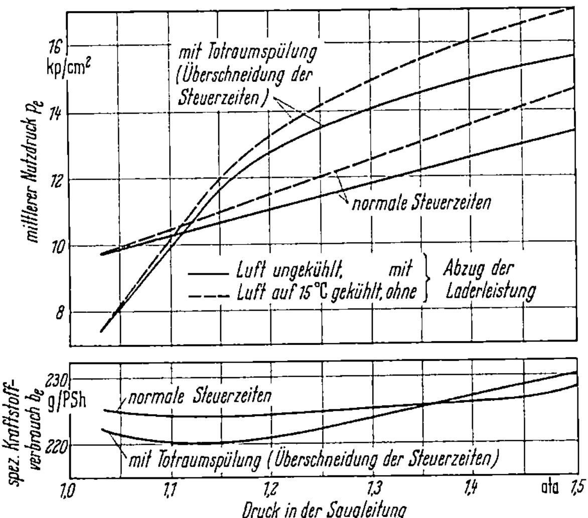

Abb. 128. Mittlerer Nutzdruck und spez. Kraftstoffverbrauch, bezogen auf die Nutzleistung, abhängig von der Aufladung mit und ohne Überschneidung der Ventilsteuerzeiten. $n = 1500$ U/min; 110° KW Überschneidung der Steuerzeiten. Einzylindermotor $V_h \approx 4$ l

zeiten konnte bei den in Abb. 128 dargestellten Versuchen erst von etwa 0,15 at Überdruck an festgestellt werden.

In Abb. 129 sind die Ergebnisse von Versuchen mit einem wassergekühlten Motor von 2 l Hubvolumen wiedergegeben. Bei diesen Versuchen wurde die Totraumfüllung bei etwa 1,2 at Aufladung erreicht. Zur Erzielung der vollen erreichbaren Mehrleistung war eine Überschneidung von etwa 150° erforderlich. Auch aus dieser Abbildung ist ersichtlich, daß bei sehr hoher Aufladung die prozentuale Leistungszunahme durch die Totraumfüllung geringer wird. Der Kraftstoffverbrauch, bezogen auf die Nutzleistung, war mit und ohne Überschneidung — bis zu 1,5 at Aufladung — gleich groß und nahezu konstant, weil die bei höherer Aufladung auftretende geringe Gütegradverschlechterung durch die relative Verbesserung des mechanischen Wirkungsgrades wieder annähernd aufgehoben wurde. Dies gilt natürlich nur, wenn keine Brennstoffverluste durch die Spülung auftreten, also nur bei Einspritzung in den Zylinder.

Die in Abb. 129 dargestellte Abhängigkeit der Veränderung des Mitteldruckes mit der Aufladung wurde grundsätzlich auch in ähnlicher Weise bei anderen Motoren mit höheren Drehzahlen und geringerem Zylindervolumen festgestellt. Die maximal erreichte Zunahme des Mitteldruckes entsprach in allen Fällen annähernd der Mehrfüllung des Verdichtungsraumes.

Für die praktische Beurteilung der Brauchbarkeit der Totraumspülung ist eine gleichzeitige Betrachtung der damit verbundenen Ver-

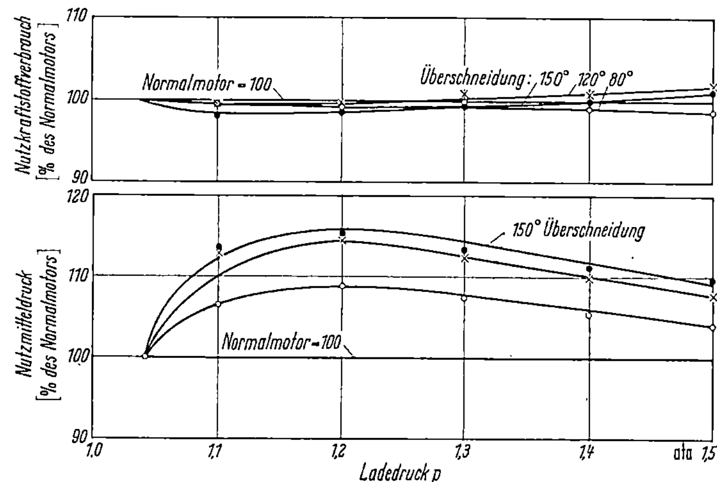

Abb. 129. Mitteldruck und Kraftstoffverbrauch eines Motors mit Überschneidung der Steuerzeiten bei verschiedener Aufladung, bezogen auf die Werte des normalgesteuerten Motors. Der Leistungsbedarf des Laders ist in allen Fällen berücksichtigt. Einzylindermotor $V_h = 2\,1$, $\lambda = 0{,}85$, $\varepsilon = 7$, $t = 80\,^\circ C$

änderungen der mechanischen und der thermischen Beanspruchung sowie der Klopfgrenzen erforderlich. Die mechanische Beanspruchung ist, bezogen auf gleiche Drehzahlen und auch gleiche Einstellung des Motors betr. Zündung usw., etwa proportional dem erzielten Mitteldruck; auch die Höchstdrücke nehmen praktisch verhältig dem Mitteldruck p_i zu. Die thermische Beanspruchung und die Klopfgrenze werden im nächsten Abschnitt („Praktische Grenzen der Aufladung") allgemein und auch für die Totraumspülung behandelt.

Mit Totraumspülung ist man in der Lage, durch Erhöhung des Luftüberschusses bei gleicher Motorleistung, bezogen auf gleichen Ladedruck, einen wesentlich geringeren Verbrauch als beim Motor mit normalen Steuerzeiten zu erzielen.

In Abb. 130 sind gemessene und theoretisch ermittelte Mitteldrücke mit und ohne Totraumspülung eingetragen. Aus dem Vergleich des Betriebspunktes bei der Höchstleistung (Luftverhältnis $\lambda = 0{,}85$) ohne

Totraumspülung mit dem Betriebszustand günstigsten Verbrauches bei Totraumspülung ($\lambda = 1,1$) ergibt sich, daß man mit demselben Motor neben der Verbrauchsverbesserung auch eine etwas erhöhte Leistung erzielen kann. Die Umänderung eines Motors auf Totraumspülung erfordert jedoch nicht nur eine Veränderung der Steuerzeiten, sondern wegen der größeren benötigten Luftmengen unter Umständen auch eine Vergrößerung des Laders.

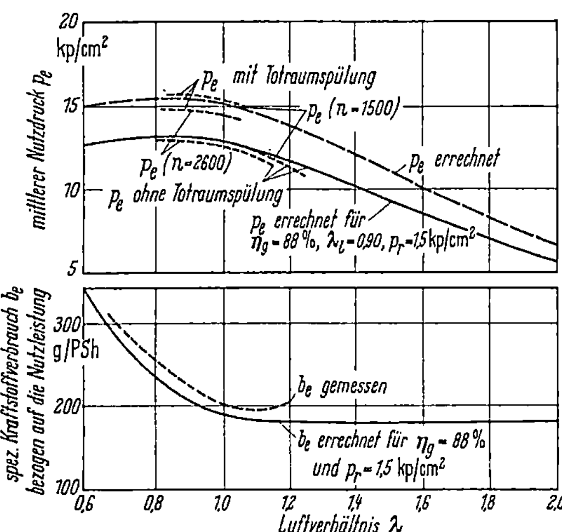

Abb. 130. Vergleich errechneter Werte für den Mitteldruck und den Kraftstoffverbrauch eines Ottomotors mit und ohne Totraumspülung, abhängig vom Luftverhältnis, mit Versuchswerten. $\varepsilon = 7$, $p_1 = 1,3$ ata, $H_u = 10\,500$ kcal/kg

g) Praktische Grenzen der Aufladung

Ottomotor. Die höchste zulässige Aufladung ist im allgemeinen durch die thermische Beanspruchung, durch die Grenze der Wirtschaftlichkeit und durch Festigkeitsrücksichten gegeben. Beim Ottomotor ist die zulässige Aufladung hauptsächlich durch die Klopfgrenze bestimmt (s. S. 53ff.). Die Neigung zum Klopfen wird bei den meisten gebräuchlichen Kraftstoffen durch alle Einflüsse, die eine Temperaturerhöhung und Drucksteigerung im Zylinder zur Folge haben, begünstigt (s. S. 57ff.). Höhere Verdichtung und heiße Stellen im Zylinder erhöhen die Neigung zum Klopfen.

Für die Klopfgrenze besteht ein eindeutiger[1] Zusammenhang zwischen zulässigem Druck und der zulässigen Temperatur der angesaugten Luft. Läßt man eine hohe Temperatur zu, dann ist man gezwungen, den Ladedruck zu senken oder umgekehrt.

Zusammenhang zwischen höchstzulässigem Druck und höchstzulässiger Temperatur der Ladeluft an der Klopfgrenze[2]. In Abb. 131 sind diese Zusammenhänge an Hand eines Versuches an einem wasser-

---

[1] Es gibt Betriebszustände bei überschnittenen Motoren, bei denen im Luftmangelgebiet zwei Klopfgebiete auftreten, jedoch handelt es sich hierbei um Ausnahmefälle.

[2] Die in den folgenden Kapiteln anhand von Versuchen mit aufgeladenen Motoren ausführlich behandelten Gesetzmäßigkeiten für das Klopfverhalten im Motor gelten ganz allgemein auch für den nichtaufgeladenen Motor.

gekühlten Motor gezeigt. Beispielsweise erfordert eine Temperatursteigerung von 20 auf 120 °C bei Luftmangel ($\lambda \approx 0{,}9$) und bei Verwendung von Benzin mit Bleitetraäthylzusatz (OZ 87) eine Senkung des Druckes der Ladeluft vor dem Motor von 1,5 auf 1,4 ata, um klopfenden Betrieb zu vermeiden. Bei Luftüberschuß ($\lambda \approx 1{,}1$) ist hier die Klopfneigung geringer, der Einfluß der Temperatur auf das Klopfen aber stärker; die erforderliche Drucksenkung mit zunehmender Temperatur ist also in diesem Falle noch erheblicher.

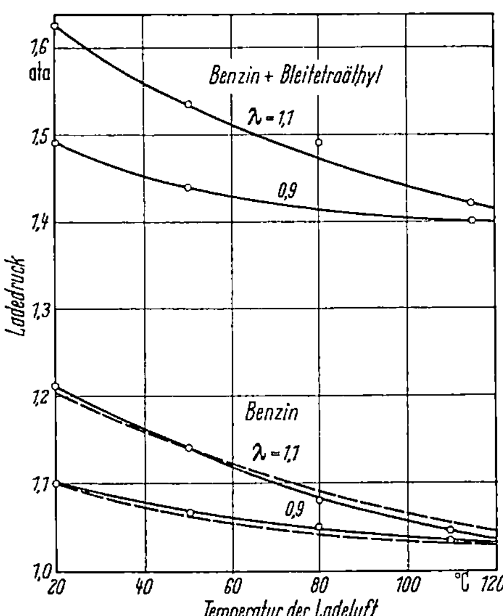

Abb. 131. Klopfgrenzen bei Änderung der Temperatur und des Druckes der Ladeluft für verschiedene Luftverhältnisse. Kraftstoff mit und ohne Zusatz von Bleitetraäthyl. $n = 2000$ U/min; $\varepsilon = 7$. Die gestrichelten Kurven sind aus den Werten für Benzin mit Bleitetraäthyl (obere Kurven) durch Umrechnung mit einem konstanten Faktor ermittelt

Ähnlich ist der Zusammenhang der zulässigen Drücke und Temperaturen bei Verwendung desselben Benzins ohne Bleitetraäthyl, jedoch sind die zulässigen Aufladedrücke bei den gleichen Temperaturen etwa 0,4 at geringer.

Der Zusatz von Bleitetraäthyl ermöglicht in diesem Falle eine nahezu proportionale Steigerung des zulässigen Ladedruckes im ganzen Betriebsbereich (vgl. gestrichelte Kurve in Abb. 131). Bei Versuchen mit einem zweiten Kraftstoff wurde ebenfalls festgestellt, daß der höchstzulässige Aufladedruck an der Klopfgrenze durch Bleitetraäthylzusatz in einem bestimmten Verhältnis vergrößert wurde. Die erforderliche Drucksenkung bei Erhöhung der Temperatur der angesaugten Luft — an der Klopfgrenze — war bei verschiedenen Kraftstoffen sowohl im Absolutwert als auch im charakteristischen Verlauf verschieden, jedoch wurde fast immer — mit wenigen nur bei bestimmten Kraftstoffen in begrenzten Betriebsbereichen vorkommenden Ausnahmefällen — festgestellt, daß mit zunehmender Temperatur die Klopfneigung stärker wurde.

Die Änderung der Klopfgrenzen durch Bleitetraäthylzusatz (vgl. Abb. 131), steht mit Versuchsergebnissen über den Zündverzug desselben Kraftstoffes mit und ohne Bleitetraäthylzusatz in Einklang (vgl. Abb. 301, S. 559). Das Verhältnis der aus Zündverzugsmessungen ermittelten Kennzahlen entspricht auch dem Verhältnis der aus dem Motorversuch errechneten Kennzahlen. Diese Versuchsergebnisse können gut mit der auf S. 58 gegebenen Erklärung des Klopfvorganges in Einklang gebracht werden. Die höchstzulässigen Mitteldrücke an den Klopfgrenzen sind in Abb. 132 für ein Benzin mit und ohne Bleizusatz und ein Benzin-Benzol-Gemisch wiedergegeben (ausgezogene Kurven OZ 87 mit, OZ 73 ohne Bleizusatz). Der Benzolzusatz wurde so gewählt, daß sich die gleiche Oktanzahl (87) wie bei dem Kraftstoff mit Bleizusatz ergab. Bei dem Kraftstoff mit Benzolzusatz war die Temperaturabhängigkeit der Klopfgrenze bedeutend stärker.

Vorzündung und Klopfgrenze[1]. Die Begrenzung der Höchstleistung durch das Klopfen ist aber auch von der gewählten Vorzündung wesentlich abhängig. Der Ladedruck muß an der Klopfgrenze um so geringer gewählt werden, je früher die Zündung eingestellt wird.

Die Abhängigkeit der Klopfgrenzen von der Vorzündung ist für ein Beispiel in Abb. 133a wiedergegeben. Der Druck der angesaugten Luft wurde so gewählt, daß bei jeder gewählten Vorzündung eben noch klopfender Betrieb vermieden wurde. Der Einfluß der Zündung ist für

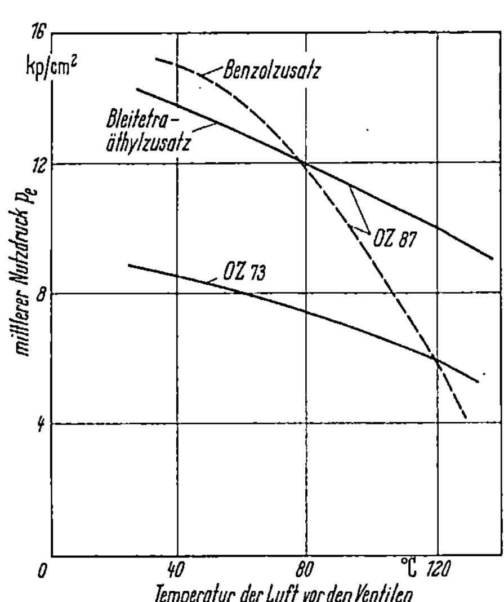

Abb. 132. Höchster mittlerer Nutzdruck an der Klopfgrenze, abhängig von der Temperatur der angesaugten Luft bei Verwendung verschiedener Kraftstoffe

drei Luftverhältniszahlen dargestellt. Soll eine hohe Leistung erzielt werden, so muß mit Rücksicht auf die Klopfgrenzen die Vorzündung spät gewählt werden. Damit ist aber eine Verschlechterung des Verbrauches verbunden (s. S. 110). Somit ist je nach dem Verwendungszweck bei der Einstellung des Motors ein Kompromiß zur Erzielung der optimalen Bedingungen zu suchen.

Die Ursache für die Erhöhung der Klopfneigung bei früherer Zündung kann in Anlehnung an die früher beschriebenen Erklärungen für den Klopfvorgang in einer Erhöhung der Temperatur und des Druckes des vor Klopfbeginn noch unverbrannten Gemischrestes bei früherer Zündung angegeben werden, da die Druck- und Temperatursteigerung in der Nähe des Totpunktes wegen des früheren Eintreffens der Flammenfront rascher vor sich geht. Diese Deutung des Vorganges stimmt

---

[1] Siehe Fußnote 2, S. 221.

auch mit der Erfahrung überein, daß ein zwangsläufiger Zusammenhang zwischen Ladelufttemperatur und zulässiger Vorzündung an der
Klopfgrenze besteht. In den Kurven der Abb. 133b ist an Hand
eines Beispiels für denselben Kraftstoff gezeigt, daß bei Späterlegen
der Zündung eine Erhöhung der Ladelufttemperatur zulässig wird.

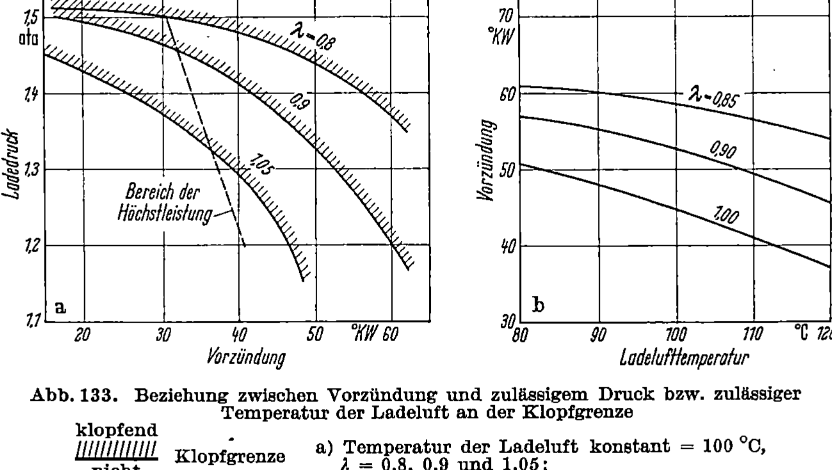

Abb. 133. Beziehung zwischen Vorzündung und zulässigem Druck bzw. zulässiger
Temperatur der Ladeluft an der Klopfgrenze

klopfend
/////////// Klopfgrenze
nicht
klopfend

a) Temperatur der Ladeluft konstant = 100 °C,
λ = 0,8, 0,9 und 1,05;
b) Druck der Ladeluft konstant = 1,3 ata;
λ = 0,85, 0,90, 1,00

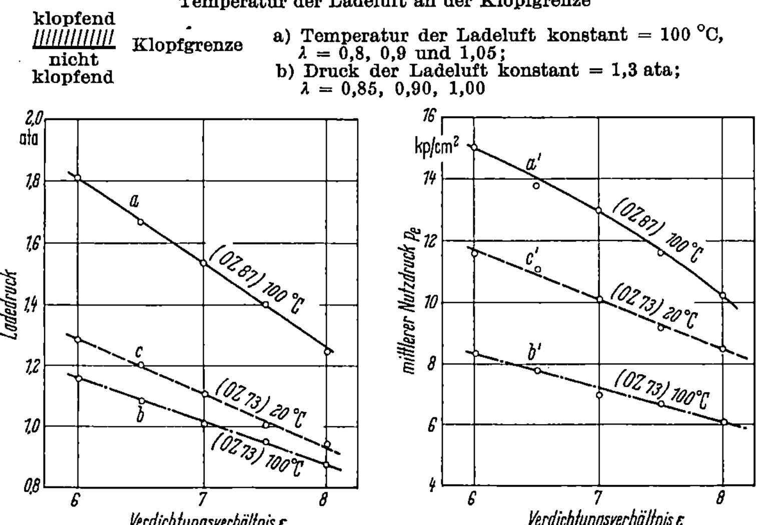

Abb. 134. Beziehungen zwischen Verdichtungsverhältnis und Ladedruck und zwischen
Verdichtungsverhältnis und Mitteldruck p_e an der Klopfgrenze; n = 2200 U/min; λ = 0,9;
Vorzündung = 38° KW

Verdichtung und Klopfgrenze[1]. Es ist bekannt, daß die höchstzulässige Verdichtung wesentlich von der Klopffestigkeit der zur Verwendung kommenden Kraftstoffe abhängt. Mit zunehmender Verdichtung steigen sowohl die Drücke als auch die Temperaturen am

---

[1] Siehe Fußnote 2, S. 221.

Ende des Verdichtungshubes stark. Infolgedessen ist auch eine starke
Zunahme der Drücke und Temperaturen des bei Klopfbeginn unverbrannten Gemischteiles vorhanden, wodurch die Zunahme der Klopfneigung bei Erhöhung der Verdichtung im Sinne der früher gegebenen
Erklärungen des Klopfvorganges verständlich wird.

In Abb. 134 sind die Ergebnisse von Versuchen an einem wassergekühlten Motor bei verschiedener Verdichtung wiedergegeben. Die
Kurven a und b stellen die höchsten bei der Ladelufttemperatur 100 °C
zulässigen Ladedrücke bei verschiedener Aufladung für zwei Kraftstoffe mit den Oktanzahlen 87 und 73 dar; die in den Kurven a' und b'

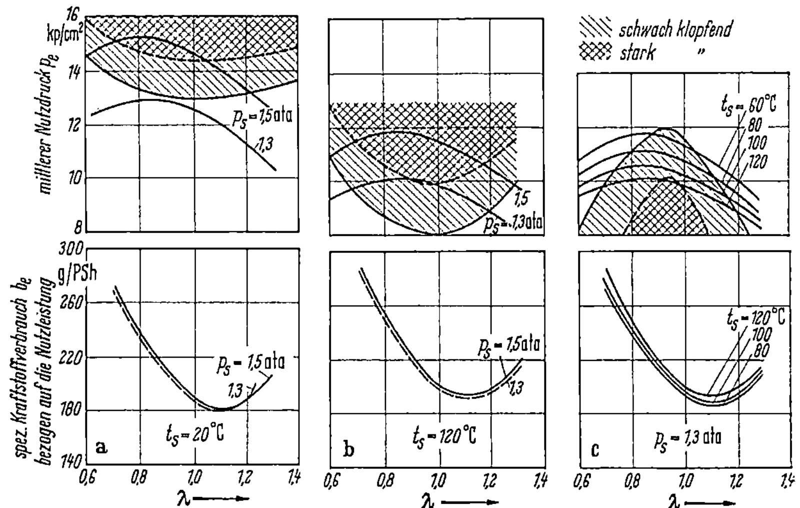

Abb. 135. Klopfgrenzen bei verschiedenen Drücken und Temperaturen der angesaugten
Luft abhängig vom Luftverhältnis.
a) und b) Temperatur der angesaugten Luft konstant (20 °C und 120 °C), c) Druck der
angesaugten Luft konstant (1,3 ata)

wiedergegebenen entsprechenden Mitteldrücke zeigen, daß dementsprechend mit zunehmender Verdichtung der höchste zulässige Mitteldruck wesentlich geringer wird. Die Kurven c und c' geben für den
Kraftstoff mit der Oktanzahl 73 den höchsten zulässigen Ladedruck
und den entsprechenden Mitteldruck bei geringerer Temperatur der
angesaugten Luft (20 °C) wieder. Eine Auswertung von Versuchen
an der Klopfgrenze hat ergeben, daß es möglich ist, die gemessenen
Gesetzmäßigkeiten bei Änderung der Verdichtung, der Temperatur und
des Druckes der angesaugten Luft und bei Änderung des Zündzeitpunktes für einen bestimmten Kraftstoff bei konstantem Luftüberschuß in grober Näherung für alle Versuche durch eine einzige Gesetzmäßigkeit für die Zustandsänderung im Unverbrannten wiederzugeben.

15/1 Schmidt, Verbrennungskraftmaschinen. 4. Aufl.

Luftverhältnis und Klopfgrenze. Auch das Luftverhältnis beeinflußt die höchste, mit Rücksicht auf die Klopfgrenze erreichbare Leistung. Meist tritt in der Gegend des stöchiometrischen Mischungsverhältnisses (etwas im Luftüberschußgebiet) das stärkste Klopfen auf (Abb. 135).

Die Abhängigkeit der Klopfgrenzen bei Änderung des Luftüberschusses ist sehr wesentlich vom Aufbau des Kraftstoffes abhängig. In der Regel ist bei großem Luftüberschuß und bei Luftmangel jedoch klopffreier Betrieb möglich, so daß bei Vermeidung des Gebietes der höchsten thermischen Belastung und der stärksten Klopfneigung (entsprechend den Luftverhältniszahlen λ zwischen 0,85 und 1,2) eine Zulassung höherer Aufladung möglich ist.

Bei Motoren mit überschnittenen Steuerzeiten liegt das Minimum der Klopfgrenzkurve, also der Bereich der stärksten Klopfneigung, bei manchen Kraftstoffen im Gebiet großen Kraftstoffüberschusses.

Abb. 135 gibt an Hand eines Beispieles einen Überblick[1] über die Betriebsbereiche, bei denen Klopfen auftritt, wieder. In Abb. 135a und 135b ist der Einfluß des Druckes auf den Klopfbereich und auf die Klopfneigung bei verschiedenen Luftverhältnissen gezeigt. Beispielsweise wurde bei einer Aufladung von 1,3 at und 120 °C (Temperatur der angesaugten Luft) im Bereich zwischen 30 vH Luftmangel und 20 vH Luftüberschuß klopfender Betrieb festgestellt. Bei einer Temperatur der angesaugten Luft von 20 °C war noch bis 1,3 at Aufladung bei allen Luftverhältniszahlen klopffreier Betrieb vorhanden. In der Abb. 135c ist der Einfluß der Temperatur der angesaugten Luft bei konstanter Aufladung dargestellt. Der klopffreie Betriebsbereich im Luftüberschußgebiet ist im allgemeinen sehr eng, da meist schon bei 20 vH Luftüberschuß unruhiger Gang auftritt. Deshalb bleibt vielfach nur die Möglichkeit, den Motor mit sehr reichen Gemischen und damit sehr hohen Verbrauchszahlen zu betreiben. Soll der Motor im klopffreien Bereich des Luftüberschußgebietes betrieben werden, so ist eine sehr genaue Regelung des Mischungsverhältnisses erforderlich, weil bei geringen Regelfehlern im Sinne zu reichen Gemisches Klopfen auftritt und bei Regelfehlern im Sinne zu armen Gemisches der Gang des Motors unregelmäßig wird bzw. Aussetzen auftritt. Die Beseitigung dieser Schwierigkeiten gelingt zum Teil mit Gemischschichtung und noch besser durch Gemischschichtung und Mehrfunkenzündung (s. S. 47).

Thermische Beanspruchung mit und ohne Totraumspülung. Neben dem Klopfvorgang ist auch durch die thermische Belastung insbesondere des Kolbens und der Ventile eine Grenze für die höchste Aufladung gegeben, die jedoch so stark von der konstruktiven Ausbildung der

---

[1] Die eingetragenen Klopfgrenzen gelten nur ungefähr, weil die zugrunde gelegten Messungen unvollständig waren.

Zylinder und von den Kühlungsverhältnissen abhängig ist, daß keine allgemeinen Angaben gemacht werden können, insbesondere da bei den heute noch allgemein verwendeten Kraftstoffen die Klopfgrenze erreicht wird, bevor Schwierigkeiten aus thermischer Überlastung auftreten. Aber auch für die Klopfgrenze ist die thermische Beanspruchung insofern von Bedeutung, als heiße Stellen im Zylinder die Klopfneigung beeinflussen. Deshalb ist auch die Verminderung der thermischen Beanspruchung durch die Totraumspülung infolge der an den heißen Ein- und Auslaßorganen vorbeistreichenden Luft von großem Einfluß auf die Klopfneigung.

Beim Motor mit erhöhter Überschneidung der Steuerzeiten ist die thermische Belastung etwa dieselbe wie beim normal gesteuerten Motor, bezogen auf denselben Mitteldruck (gleicher Mitteldruck des normalgesteuerten Motors bei gleicher Ladelufttemperatur, aber bei höherer Aufladung), sofern eine nennenswerte Durchspülung nicht vorhanden ist. Tritt aber eine erhebliche Spülwirkung auf (vgl. den Bereich von über 1,3 at Aufladung in Abb. 117, S. 206), so wird die thermische Beanspruchung, bezogen auf dieselbe Leistung, bedeutend geringer als beim Motor mit normalen Steuerzeiten.

Betrachtet man die Ventilsitztemperaturen als ungefähres Maß für die thermische Beanspruchung, so zeigt sich, daß bei gleicher Ventilsitztemperatur beim Spülmotor die Leistungen größer sind, oder daß andererseits die thermische Belastung, bezogen auf gleiche Leistung, geringer ist (Verringerung der Ventilsitztemperatur bis etwa 50 °C). Diese Ergebnisse wurden an einem luftgekühlten Motor gewonnen. An einem wassergekühlten Motor war der Einfluß der Durchspülung auf die Ventilsitztemperatur wesentlich kleiner, offenbar wegen der stärkeren Wirkung des Kühlwassers. Noch wichtiger war die Beeinflussung der Klopfeigenschaften. Bei den erwähnten Versuchen wurde im Gegensatz zum normalgesteuerten Motor, bei dem schon bei einem Ladedruck von 1,3 ata im Bereich von 10 vH Luftmangel bis 10 vH Luftüberschuß Klopfen auftrat, bei demselben Ladedruck im ganzen Regelbereich kein Klopfen festgestellt. Die Verminderung der Klopfneigung ist vermutlich vorwiegend auf die Kühlung heißer Teile im Zylinder zurückzuführen.

Ein Mittel zur Verminderung der thermischen Belastung bietet auch die *Kühlung* der Zylinderladung *durch Verdampfung von Flüssigkeiten.* Schon 1915 wurde die *Wassereinspritzung* in das Saugrohr des Motors als Mittel zur Herabsetzung der Gemischtemperaturen benutzt. Bei Versuchen [H 25] konnte an einem wassergekühlten Einzylindermotor von 4 l Hubraum ($\varepsilon = 7{,}3$) mit Flugbenzin mit der Oktanzahl 87 bei einer Ladelufttemperatur von 100 °C der mit Rücksicht auf die Klopfgrenze zulässige Mitteldruck (p_e) von etwa 8 auf 9,5 at gesteigert

15*

werden, wenn eine Wassermenge entsprechend etwa 40 vH der Kraftstoffmenge eingespritzt wurde. Ein ähnlicher Erfolg wird bei Verwendung besonders reicher Gemische infolge der Verdampfungswärme des Kraftstoffes erreicht.

Dieselmotor. Beim Dieselmotor ist im Hinblick auf den Verbrennungsvorgang durch die Lufttemperatur eine Grenze der Aufladung in dem in Betracht kommenden Bereich (bis 150 °C, ohne Ladeluftkühlung) nicht vorhanden (s. S. 210). Eine Rückkühlung der Ladeluft ist deshalb mit Rücksicht auf den Verbrennungsvorgang nicht erforderlich. Die Verminderung der Leistung durch die erhöhte Temperatur kann durch eine höhere Aufladung ausgeglichen werden, ohne daß sich dadurch betrieblich Nachteile ergeben. Als Beispiel sei ein Versuch an einem Dieselmotor erwähnt, bei dem bei gleichbleibender Zylinderfüllung die Temperatur der Ladeluft vor dem Motor von 20 auf 140 °C gesteigert wurde. Die Verringerung der Luftdichte wurde durch entsprechende Erhöhung des Druckes wieder ausgeglichen. Dabei wurde eine Verbrauchsverschlechterung um etwa 5 g/PSh festgestellt. Die Zylinderwandtemperaturen waren um etwa 10 °C gestiegen. Die Betriebseigenschaften waren nicht schlechter. Es ist anzunehmen, daß bei besserer Anpassung des Motors an die geänderten Verhältnisse dieselben Verbrauchszahlen wie bei Betrieb mit geringer Lufttemperatur erreicht werden können. Nachteilig ist die größere thermische Belastung der Kolben und Ventile.

9. Höhenverhalten des nicht aufgeladenen Motors[1]

Die Höhenleistung des Motors wird nicht nur durch die infolge verringerter Luftdichte verminderte Ladung des Zylinders, sondern auch durch den Verbrennungsvorgang beeinflußt. Beim Ottomotor ist dieser Einfluß nicht nennenswert, da sich der Arbeitsprozeß lediglich bei einem etwas tieferen Druckniveau und nur wenig verändertem Temperaturniveau abspielt, so daß eine sehr starke Beeinflussung des Verbrennungsvorganges durch den thermischen Zustand des Motors nicht auftritt.

Beim *Dieselmotor* erfolgt dagegen eine wesentliche Beeinflussung des Zündungsvorganges und damit des motorischen Arbeitsvorganges durch die Höhenbedingungen. Werden Dieselmotoren bei wesentlich geringerem Luftdruck betrieben als bei der Wahl der Einspritzdüsen vorgesehen ist, so wird die Reichweite des Kraftstoffstrahles zu groß, so daß ein Teil des Kraftstoffes an die Wand gespritzt wird, flüssig an der Wand ausgeschieden wird und zum Teil gar nicht, zum Teil erst während der Dehnung verbrennt. Außerdem wird auch der Zündverzug

---

[1] Siehe auch S. 346 ÷ 355.

größer. Wegen dieser Einflüsse ergibt sich bei Höhenbetrieb ein schlechterer Gütegrad. Unter Umständen führt die Verschlechterung sogar dazu, daß ein einwandfreier Betrieb des Motors nicht mehr möglich ist und Aussetzen auftritt.

Die Auswirkung der Vergrößerung des Zündverzuges auf das Indikatordiagramm ist im Diagramm b der Abb. 136 wiedergegeben (s. auch Abb. 31, S. 80). Dieses Diagramm wurde bei einem Druck der angesaugten Luft von 0,62 ata aufgenommen. Der Einspritzbeginn, der für Bodenbetrieb (d. h. 1 ata Druck in der Ansaugeleitung) richtig eingestellt war, wurde im Diagramm b nicht verändert. Infolge des verringerten Druckes am Ende der Verdichtung setzt die Verbrennung im Zylinder erst im Verlaufe des Dehnungshubes ein, nachdem der Verdichtungsdruck im Zylinder schon wieder gesunken ist.

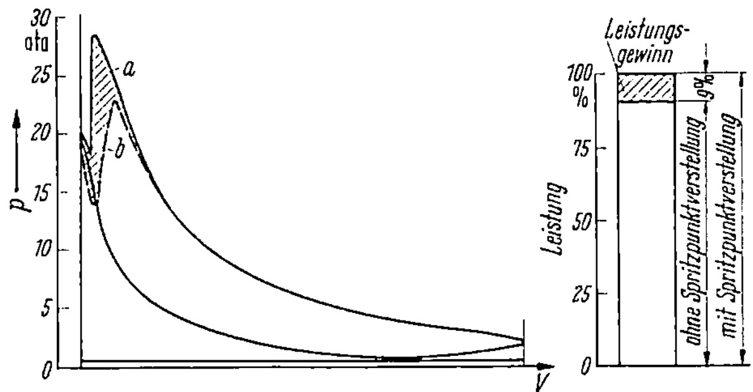

Abb. 136. Einfluß des Spritzbeginnes auf die Diagrammgestaltung bei vermindertem Anfangsdruck. Versuche an einem Lanovamotor.
a) $n = 1465$ U/min; $p_i = 5,45$ kp/cm²; $p_1 = 0,623$ ata; Spritzbeginn 18° vor o. T.;
b) $n = 1470$ U/min; $p_i = 4,95$ kp/cm²; $p_1 = 0,623$ ata; Spritzbeginn 13° vor o. T.

Das Höhenverhalten des Dieselmotors kann grundsätzlich durch höhere Verdichtung, die eine höhere Verdichtungsendtemperatur und einen größeren Verdichtungsenddruck und damit einen kleineren Zündverzug zur Folge hat, weiterhin durch Anpassung der Reichweite des Kraftstoffstrahles an die geringe Dichte der Ladeluft, sowie durch frühere Einspritzung verbessert werden.

Früherlegen der Einspritzung. Durch früheres Einspritzen kann die nachteilige Wirkung eines hohen Zündverzuges bis zu einem gewissen Grad verringert werden, wobei die Verbrennung näher an den Totpunkt gerückt wird. Dem Früherlegen des Einspritzbeginns ist jedoch dadurch eine Grenze gesetzt, daß der Strahl in immer kältere Luft von geringerer Dichte eingespritzt wird, und der Zündverzug dementsprechend wieder zunimmt, bis schließlich die Zündung überhaupt aussetzt.

Abb. 136 zeigt die Verbesserung des Indikatordiagrammes bei Früherlegen der Einspritzung. Eine noch frühere Einspritzung, als in

Diagramm *a* bei 0,62 ata Druck in der Saugleitung vorgesehen, bringt wegen der zu geringen Temperatur der Luft im Zylinder bei Beginn der Einspritzung (18° vor Totpunkt) keinen Vorteil mehr.

Bei Motoren mit unterteiltem Brennraum wirkt sich der nachteilige Einfluß des vergrößerten Zündverzugs im Höhenbetrieb stärker aus als bei direkter Einspritzung, weil infolge der Drosselwirkung zwischen dem Speicher oder der Kammer und dem Zylinderhauptraum die an

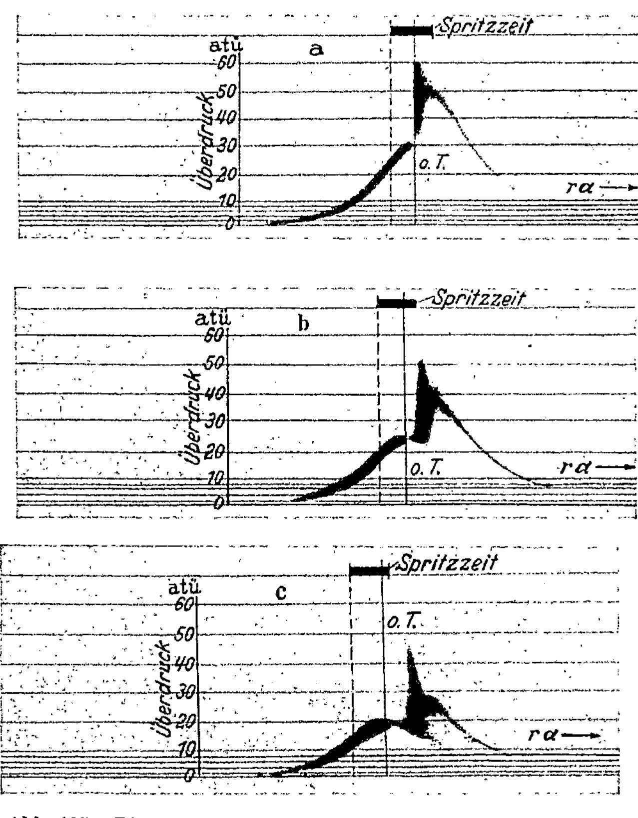

Abb. 137. Differenzdruckdiagramme eines Lanova-Speichermotors bei verschiedenen Drücken der angesaugten Luft und bei jeweils günstigstem Spritzbeginn.
a) $n = 1500$ U/min; $p_e = 5,95$ kp/cm²; $p_1 = 1,033$ ata (Bodenhöhe);
b) $n = 1490$ U/min; $p_e = 4,32$ kp/cm²; $p_1 = 0,81$ ata (entsprechend 2 km Höhe);
c) $n = 1485$ U/min; $p_e = 2,71$ kp/cm²; $p_1 = 0,66$ ata (entsprechend 3,6 km Höhe)

sich spät einsetzende Verbrennung noch weiter verzögert wird. Das Ausströmen tritt erst so spät auf, daß sich der Kolben schon im Dehnungshub befindet und der durch die ausströmende Gasmenge aufzufüllende Raum größer wird. Dadurch ergeben sich auch geringere Verbrennungstemperaturen und Drücke.

Abb. 137 zeigt den Vergleich von Diagrammen mit einem Ansaugdruck entsprechend Bodenhöhe sowie 2 und 3,6 km Höhe, aus denen
ersichtlich ist, daß der Zeitunterschied zwischen dem Druckanstieg im
Speicher und im Zylinderhauptraum mit zunehmender Höhe immer
beträchtlicher wird. Bei den dargestellten Indikatordiagrammen[1] wurde
der Einspritzbeginn schon so gewählt, daß die günstigste Leistung
erreicht wurde.

Erhöhung der Verdichtung. Abb. 138 zeigt die Verbesserung von
Druckzeitdiagrammen für 0 und 6 km Höhe durch erhöhte Verdichtung. Der Einspritzbeginn kann bei höherer Verdichtung später gewählt werden, weil der Zündverzug bedeutend geringer wird. Die
höchste erreichbare Höhe, bei der noch einwandfreier Motorbetrieb erreichbar war, stieg im gewählten Beispiel nach Erhöhung der Verdichtung von $\varepsilon = 12,5$ auf 15 von 6 auf 8 km.

Bei Motoren mit unterteiltem Brennraum und Einspritzung in eine
Nebenkammer können sich bei großem Zündverzug unter Höhenbedingungen Zündungsschwierigkeiten und Aussetzen infolge der Verdampf-
fung großer Kraftstoffmengen in der Kammer ergeben (s. auch S. 183).
Bei geringerem Zündverzug tritt unter normalen Betriebsbedingungen
die Zündung am Strahlrand schon ein, während im Strahlkern noch
flüssige Kraftstoffmengen vorhanden sind, so daß die Abkühlung sowohl an den Stellen, wo Zündung erfolgt, als auch im ganzen geringer ist.

Bei Höhenversuchen mit einem Lanovamotor setzte bei Verminderung des Luftüberschusses ziemlich unvermittelt die Zündung aus.
Dieses Aussetzen zeigte sich z. B. bei einem Ansaugdruck entsprechend
einer Höhe von etwa 4 km und ohne Spritzzeitpunktverstellung
($\varepsilon = 12,5$) bei einem Luftüberschuß von $\lambda < 1,2$. Mit erhöhter Verdichtung ($\varepsilon = 15$) setzte die Zündung erst bei einem Ansaugdruck ent-

---

[1] Für die Aufnahme von Differenzdruckdiagrammen wurde eine besondere
Einrichtung unter Benutzung der normalen Geber des Glimmlampenindikators
entwickelt. Im Geber des Indikators befindet sich eine Membran, auf die auf der
einen Seite der Druck im Zylinder und auf der anderen Seite ein einstellbarer
Luftdruck wirkt. Überwiegt der Druck im Zylinder gegenüber dem einstellbaren
Luftdruck, so biegt sich die Membran im Geber durch und schließt dabei einen
elektrischen Kontakt. Bei der Aufnahme normaler Druck–Zeit-Diagramme wird
im Beharrungszustand des Motors der Luftdruck stetig abgesenkt und unter Benutzung einer in den Stromkreis geschalteten Glimmlampe, deren Lichtstrahl
proportional dem Luftdruck senkrecht zur Bewegungsrichtung des lichtempfind-
lichen Papiers abgelenkt wird, das Indikatordiagramm photographisch aufgezeichnet. In dem Bereich, in dem der einstellbare Luftdruck gegenüber dem
Druck im Zylinder überwiegt, erscheint auf dem photographischen Papier eine
Schwärzung. Bei Aufnahme der Differenzdruckdiagramme wurde sowohl im
Zylindertotraum als auch im Lanova-Speicher ein Geber angebracht. Die elektrische Schaltung wurde so durchgeführt, daß die Glimmlampe nur in den Bereichen zum Aufleuchten kam, in denen nur einer der beiden Geber Kontakt gab.

sprechend 6 km Höhe und $\lambda < 0,85$ aus. Die Durchrechnung eines derartigen Versuches ergab, daß bei einer Verdampfung von 80 vH der Kraftstoffmenge die Lufttemperatur im Speicher bis auf 270 °C hätte sinken müssen. Da bei dieser geringen Temperatur eine Zündung in der für 1500 U/min erforderlichen Zeit nicht mehr erfolgen kann, ergibt sich die Folgerung, daß ein großer Teil des Kraftstoffes im unverdampften Zustand aus dem Speicher ausgeblasen wird.

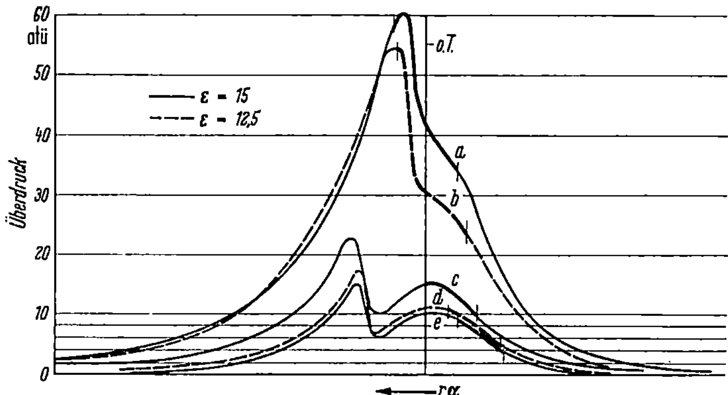

Abb. 138. Einfluß des Verdichtungsverhältnisses und des Druckes der angesaugten Luft auf die Diagrammgestaltung bei einem Lanovamotor. Die stark gezeichneten Teile der Drucklinien entsprechen dem Kurbelwinkel der Spritzdauer

	Höhe km	Ansaugdruck ata	p kp/cm²	Spritzbeginn ° vor o. T.
a	0	1,03	5,96	9
b	0	1,03	6,04	13
c	6,1	0,47	2,35	16
d	6,0	0,48	1,40	23
e	8,3	0,35	0,85	23

Die Grenze der Zündmöglichkeit wurde bei den erwähnten Motorversuchen schon bei einem Zündverzug von mehreren $^{1}/_{1000}$ s erreicht. Das Versagen der Zündung war also nicht durch ein stetiges Anwachsen des Zündverzuges bis zu einem sehr großen Wert bedingt. Im Lanovamotor kommt das Aussetzen der Zündung vielmehr dadurch zustande, daß schon bei verhältnismäßig geringen Zündverzugszeiten eine sehr große Kraftstoffmenge verdampft und die Temperatur so stark sinkt, daß in der kurzen, bei Motorbetrieb zur Verfügung stehenden Zeit

z. B. $\approx \dfrac{3}{1000}$ s bei 1500 U/min) eine Zündung nicht mehr möglich ist.

10. Der Motor mit Abgasturbolader

a) Allgemeines

Da bei mechanischem Laderantrieb der Leistungsbedarf des Laders von der Motorleistung gedeckt wird, ergibt sich eine Leistungsverminderung und eine Verbrauchsverschlechterung des Aggregates. Bei Ausnutzung der Abgasenergie in einer Abgasturbine kann im allgemeinen die ganze zum Antrieb des Laders erforderliche Leistung aus der Turbinenleistung gedeckt werden. Die Abgase müssen jedoch dann in der Auspuffleitung gestaut werden, so daß der Druck in der Auspuffleitung meist nicht viel kleiner wird als der Druck in der Saugleitung des Motors. Die dadurch vorhandene Differenz des Druckes der Auspuffgase entspricht einem Wärmegefälle, das der Abgasturbine als Energie zur Verfügung steht. Werden die Druck- und Geschwindigkeitsstöße der einzelnen Zylinder in einer größeren Sammelleitung praktisch vollkommen vernichtet, spricht man von einer reinen Stauturbine.

Es besteht jedoch auch die Möglichkeit, eine Abgasturbine zu betreiben, wenn die Abgase nach den Auslaßorganen des Motors gegenüber dem Atmosphärendruck nicht aufgestaut werden. In diesem Falle können die beim Auspuffvorgang auftretenden Geschwindigkeits- und Druckstöße zum Betrieb eines Abgasturboladers ausgenutzt werden. Man spricht in diesem Falle von einer Auspuffturbine.

Im allgemeinen werden Abgasturbinen gebaut, die einer Kombination der Stau- und Auspuffturbine entsprechen, weil einerseits die Abgase in der Auspuffleitung gestaut werden und andererseits die Auspuffleitungen so angelegt werden, daß die Druck- und Geschwindigkeitsstöße während des Auspuffvorganges möglichst weitgehend in der Turbine nutzbar gemacht werden.

b) Abgasturboaufladung nach dem Staudruckverfahren

Die theoretisch erreichbare höchste Leistung der Abgasturbine entspricht wie bei der Dampfturbine dem isentropen Wärmegefälle der Arbeitsgase, bezogen auf die zur Verfügung stehenden Druckunterschiede. Bezeichnet man den Zustand der Gase vor der Turbine mit dem Index I, den Zustand des Gases nach der Turbine mit dem Index II (vgl. Abb. 139), so erhält man nach dem 1. Hauptsatz der Thermodynamik die Beziehung:

$$U_I + P_I V_I + E_I = U_{II} + P_{II} V_{II} + E_{II} + L_t + Q , \qquad (93)$$

wobei L_t die abgegebene technische Arbeit und Q die Wärmeabgabe bedeutet. Der Wert E_I bedeutet die chemische Energie des Arbeitsgases vor und der Wert E_{II} die chemische Energie des Arbeitsgases nach der Turbine, s. auch S. 5. Man erhält für die technische Arbeit den Ausdruck

$$L_t = J_I - J_{II} + E_I - E_{II} - Q . \qquad (94)$$

Da in der Turbine keine wesentlichen chemischen Umsetzungen (z. B. Nachverbrennungen) auftreten, kann die chemische Energie konstant gesetzt werden, d. h. es wird $E_I = E_{II}$. Die Arbeit der verlustlosen Abgasturbine entspricht somit bei Vernachlässigung der Wärmeverluste der Differenz der Euthalpie der Gase vor und nach der Turbine:

$$L_t = J_I - J_{II}\,. \tag{95}$$

Da für die Isentrope die Beziehung

$$U_I - U_{II} = \int\limits_I^{II} P\,dV \tag{96}$$

oder

$$J_I - J_{II} = \int\limits_I^{II} P\,dV + P_I\,V_I - P_{II}\,V_{II} = \int\limits_{II}^{I} V\,dP \tag{97}$$

gilt, kann die Arbeit der verlustlosen Turbine im $P-V$-Diagramm dargestellt werden. Abb. 139 gibt eine schematische Darstellung der Arbeitsflächen des Motors, der Turbine und des Laders, bezogen auf eine beliebige Menge der arbeitenden Gasmenge, für den Prozeß der vollkommenen Ottomaschine wieder.

Um die Betrachtung möglichst einfach zu gestalten, sei zunächst angenommen, daß der vollkommene Motor mit Ausspülung der Restgase arbeitet, so daß die arbeitende Lademenge im Motor gleich groß ist wie die Durchsatzmenge der Turbine. Die Arbeit der Abgasturbine bezieht sich auf die Summe der Luft- und Kraftstoffmenge $G_L + B$. Die Arbeit des Verdichters bezieht sich entweder auf die Luftmenge (Druckvergaser) oder auf die Luft- und Kraftstoffmenge, die gleich der Abgasmenge ist. In dem hier betrachteten Fall sei angenommen, daß sich auch die Verdichterleistung auf die Gesamtmenge Luft + Kraftstoff bezieht.

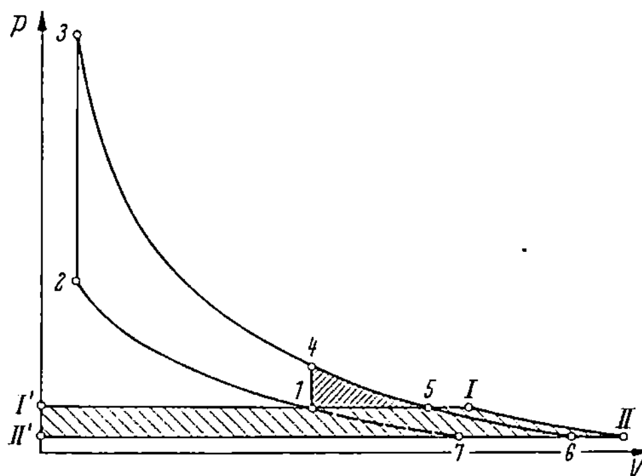

Abb. 139. Schematische Darstellung des $p-V$-Diagrammes der vollkommenen Ottomaschine, der verlustlosen Turbine und des verlustlosen Laders (zur deutlicheren Darstellung in Richtung der Abszisse verzerrt gezeichnet)

menge Luft + Kraftstoff bezieht. Zur Erläuterung der folgenden Betrachtungen sei noch darauf hingewiesen, daß sich der Wert V auf die Gesamtmenge, der Wert v auf 1 kg bezieht. Die Arbeit zur isentropen Verdichtung des Gemisches wird im $P-V$-Diagramm durch ein Integral $\int V\,dP$ (entsprechend Fläche $1-7-II'-I'-1$ in Abb. 139 dargestellt. Diese Arbeit ist proportional der isentropen Förderhöhe H_{is} und kann aus den Beziehungen, die auf S. 211 angegeben sind, errechnet werden. Die Arbeit der Abgasturbine entspricht in Abb. 139 der Fläche $I-II-II'-I'-I$. Die Differenz des Arbeitsbedarfs des Laders und der Arbeit der Abgasturbine, die etwa der Fläche $I-II-7-1-I$ entspricht, muß zur Deckung der Verluste in Lader und Turbine ausreichen, wenn mit der Abgasturbine der gesamte Leistungsbedarf des Laders bei Aufladung auf einen Ladedruck, der gleich dem Staudruck in der Auspuffleitung ist, gedeckt werden soll (Druck vor Turbine = Druck nach Lader).

Bei den bisherigen Betrachtungen wurde eine vollständige Ausspülung des Motortotraumes zugrunde gelegt. Beim ausgeführten Motor ist jedoch normalerweise eine wesentliche Ausspülung des Totraumes nicht vorhanden. Deshalb ist die im Zylinder arbeitende Gasmenge größer als die in der Abgasturbine und im Verdichter arbeitende Gasmenge. Werden die Arbeitsflächen, bezogen auf 1 kg arbeitende Menge, also im $P-v$-Diagramm, dargestellt, dann ist beim Vergleich der ermittelten Arbeiten die Verschiedenheit der arbeitenden Mengen in Turbine und Motor zu berücksichtigen. Die Flächen im $P-v$-Diagramm sind somit noch kein unmittelbares Maß für den Vergleich der Arbeiten. Da die Mengenunterschiede nicht sehr groß sind, liefert aber auch eine maßstäbliche Darstellung im $P-v$-Diagramm ein anschauliches Bild der ungefähren Größe der Arbeiten.

Um die Größenordnung der einzelnen Arbeiten kennenzulernen, müssen vor allem die Temperaturen der arbeitenden Gase bekannt sein. Die Temperatur vor der Turbine (entsprechend Zustand I) ist erheblich größer als die Temperatur der Verbrennungsgase (Zustand 5), die sich bei Fortsetzung der isentropen Dehnung von dem Zustand bei Öffnen der Auslaßorgane (Punkt 4, Abb. 139) bis auf den Druck vor der Turbine ergeben würde. Der Unterschied der Temperaturen des Zustands I gegenüber dem Zustand 5 beträgt mehrere 100 °C (s. Abschnitt „Auspuffvorgang" [S. 91 bis 96] und „Berechnungsbeispiele" [S. 459]). Die Größe der Temperaturerhöhung ergibt sich aus folgender Überlegung:

Würde eine Dehnung von Punkt 4 (Abb. 139) bis zum Gegendruck isentrop fortgesetzt, so könnte die der Fläche $4-5-1-4$ entsprechende Arbeit im Motor gewonnen werden. Erfolgt der Ausströmvorgang mit Drosselung (Drucksenkung $4-1$), so erhält man eine Temperaturerhöhung der Abgase (mit einer Volumenzunahme $5-I$), die dem absoluten Wärmewert der Arbeitsfläche $4-5-1-4$ entspricht.

Die bisherigen Betrachtungen bezogen sich auf den Prozeß des vollkommenen Ottomotors. Für den wirklichen Arbeitsprozeß gelten sinngemäß dieselben Überlegungen. Wegen der Drosselung während des

Auspuff- und Ausschiebevorganges entspricht der Druckverlauf im
Zylinder etwa einer Kurve *4—a—e* in Abb. 140. Die Temperaturzunahme während des Auspuffvorganges, die durch die Umsetzung der
dem Verlust durch unvollkommene Dehnung und durch die Gaswechselverluste entsprechenden Energie in Wärme verursacht ist, ergibt sich aus dem Wärmewert des Absolutwertes der Arbeitsfläche
4—5—1—e—a—4. (Für die Berechnung der Gaswechselarbeit wurden
vereinfachende Annahmen gemacht.) Die dadurch bedingte Temperaturerhöhung gegenüber der Endtemperatur bei isentroper Dehnung, beginnend vom Zustand der Gase beim Öffnen des Auslaßorgans

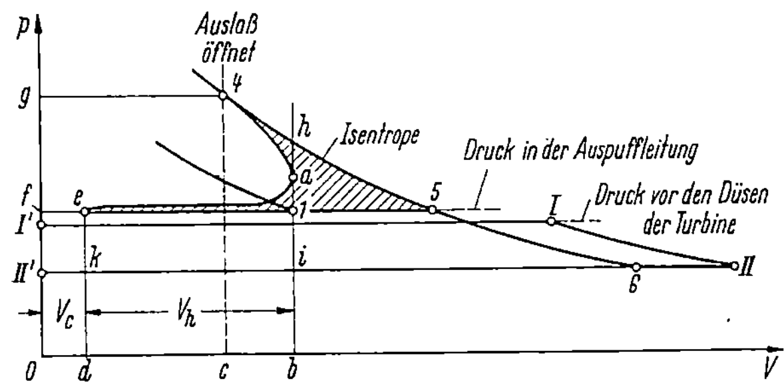

Abb. 140. Schematische Darstellung der Vorgänge im Niederdruckgebiet
für einen Motor mit Abgasturboaufladung ($p - V$-Diagramm)

(Zustand *4*) bis zum Gegendruck in der Auspuffleitung (Zustand *5*),
beträgt beim Ottomotor in der Größenordnung etwa 200 bis 300 °C,
beim Dieselmotor in der Größenordnung etwa 150 bis 250 °C.

Das der Turbine zur Verfügung stehende Wärmegefälle wird durch
die Drosselung in der Auspuffleitung bis zum Düseneintritt etwas verringert. Das Wärmegefälle L_{is-t} entspricht im $P-V$-Diagramm bei
Ausspülung der Restgase dem

Integral $\int\limits_{II}^{I} V\, dP$ (Arbeitsfläche $I—II—II'—I'—I$ in Abb. 140)[1].

**Berechnung der Turbinenleistung und des Leistungsbedarfes des La-
ders, Wirkungsgrade.** Aus 1 kg Abgas wird in der Turbine die Arbeit

$$L_{e-t} = L_{is-t} \cdot \eta_t \tag{98}$$

gewonnen. Die Nutzleistung der Turbine entspricht somit[2]:

$$N_t = G_G \cdot L_{e-t} = \eta_t \cdot G_G \cdot L_{is-t} = \eta_t (i_I - i_{II}) \,. \tag{99}$$

---

[1] Wenn die Restgase nicht aus dem Totraum ausgespült werden, so ist diese
Arbeitsfläche mit einem Faktor

$$\frac{\text{Zylinderfüllung} - \text{Restgasmenge}}{\text{Zylinderfüllung}}$$

zu multiplizieren.

[2] Wenn kein Gas vor der Turbine abgeblasen wird, entspricht die Gasmenge
G_G der Summe $G_L + B$.

Zur Verdichtung eines kg Luft im Lader ist eine Arbeit:

$$L_{e-l} = L_{is-l}/\eta_l \qquad (100)$$

erforderlich (s. S. 211). Daraus ergibt sich der Leistungsbedarf des Laders[1]:

$$N_l = G_L \cdot L_{e-l} = \frac{G_L \cdot L_{is-l}}{\eta_l} \cdot \qquad (101)$$

Die Größenordnung dieser beiden Arbeiten ist an Hand eines Beispieles (Aufladung eines Dieselmotors) in Abb. 141 gezeigt. Bei Zugrunde-

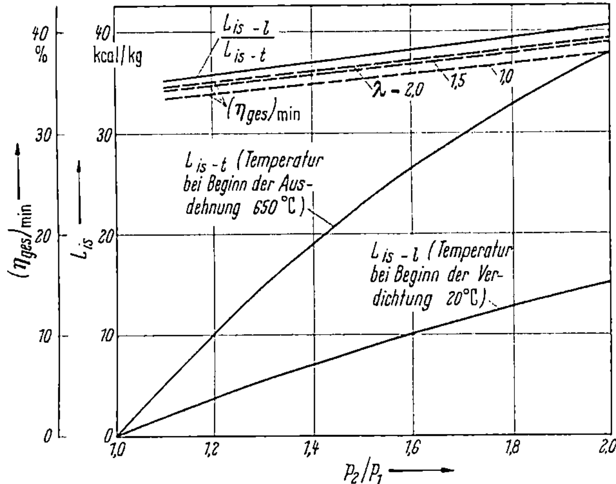

Abb. 141. Isentropes Wärmegefälle der Turbine und des Laders für einen Dieselmotor und $\eta_t \cdot \eta_l = (\eta_{ges})_{min}$ für verschiedene Druckverhältnisse

legung einer Abgastemperatur von 650 °C ist die Arbeitsleistung der verlustlosen Turbine pro kg Abgas (L_{is-t}) in dem betrachteten Bereich etwa $2^1/_2$mal so groß wie der Leistungsbedarf des verlustlosen Verdichters pro kg Luft (L_{is-l}). Turbine und Lader können in ihren Dimensionen so ausgelegt werden, daß eine direkte Kupplung ohne Zwischengetriebe möglich ist. Dann wird $N_t = N_l$ bzw.[1]

$$\eta_t \cdot G_G \cdot L_{is-t} = \frac{G_L \cdot L_{is-l}}{\eta_e} \cdot \qquad (102)$$

Durch Umstellen erhält man[2]

$$\eta_t \cdot \eta_l \frac{G_G}{G_L} = \frac{L_{is-l}}{L_{is-t}} = \frac{i_8 - i_7}{i_I - i_{II}} \cdot \qquad (103)$$

---

[1] Hier wurde vorausgesetzt, daß im Lader nur Luft verdichtet wird.

[2] Der Index 7 kennzeichnet hier den Zustand der Luft vor dem Lader (in früheren Kapiteln zum Teil dem Umgebungszustand gleichgesetzt und dann nicht mit Index versehen), der Index 8 den Zustand nach dem Lader (in früheren Kapiteln zum Teil dem Zustand im Saugrohr des Motors gleichgesetzt und dann mit Index s versehen).

Die isentropen Wärmegefälle können entweder aus i—s-Diagrammen entnommen oder aus den Beziehungen[1]:

$$L_{is-l} = R\,T_7 \frac{\varkappa_L}{\varkappa_L - 1}\left[\left(\frac{p_8}{p_7}\right)^{\frac{\varkappa_L-1}{\varkappa_L}} - 1\right] \tag{104}$$

bzw.

$$L_{is-t} = R \cdot T_I \cdot \frac{\varkappa_G}{\varkappa_G - 1}\left[1 - \left(\frac{p_{II}}{p_I}\right)^{\frac{\varkappa_G-1}{\varkappa_G}}\right] \tag{105}$$

bestimmt werden. Führt man anstatt der isentropen Wärmegefälle spez. Wärmen und Temperaturen ein oder ersetzt man die isentropen Wärmegefälle durch eine Funktion der Druckverhältnisse, so erhält man folgende Beziehung:

$$\frac{L_{is-l}}{L_{is-t}} = \frac{c_{pm}\big|_{t_7}^{t_8}}{c_{pm}\big|_{t_I}^{t_{II}}} \cdot \frac{(t_8 - t_7)}{(t_I - t_{II})} = \frac{R_L\,T_7\,\dfrac{\varkappa_L}{\varkappa_L-1}\left[\left(\dfrac{p_8}{p_7}\right)^{\frac{\varkappa_L-1}{\varkappa_L}} - 1\right]}{R_G\,T_I\,\dfrac{\varkappa_G}{\varkappa_G-1}\left[1 - \left(\dfrac{p_{II}}{p_I}\right)^{\frac{\varkappa_G-1}{\varkappa_G}}\right]} \cdot \tag{106}$$

Mit Hilfe der obenstehenden Beziehungen kann beurteilt werden, unter welchen Bedingungen Gleichdruckaufladung[2] möglich ist. Nimmt man die Wärmegefälle als gegeben an, so ist es möglich, den zur Volldruckladung[2] erforderlichen Mindestwert des Produktes $\eta_t \cdot \eta_l$ zu ermitteln. In Abb. 141 ist der zur Gleichdruckaufladung erforderliche Mindestwert $(\eta_{ges})_{min} = \eta_t \cdot \eta_l = \dfrac{G_L}{G_G} \cdot \dfrac{L_{is-l}}{L_{is-t}}$ für eine Abgastemperatur von 650 °C und für verschiedene Luftverhältnisse (Verbrennungsgase von Gasöl) wiedergegeben. Die Darstellung zeigt, daß bei den gewählten Annahmen ein Wert $\eta_t \cdot \eta_l$ von mindestens etwa 35 vH erforderlich ist, d. h. daß bei den getroffenen Voraussetzungen Volldruckaufladung bei einem Lader- und Turbinenwirkungsgrad von je etwa 60 vH möglich ist. Mit modernen Turbinen können jedoch Wirkungsgrade von 80—85 vH erreicht werden, auch Laderwirkungsgrade von 80—85 vH sind je nach der Bauart erreichbar, so daß die Energiebilanz in der Mehrzahl der Fälle viel günstiger wird, als hier vorausgesetzt.

Werden bei ausgeführten Aggregaten die zur Volldruckaufladung erforderlichen Wirkungsgrade nicht erreicht, so stellt sich wegen der zu kleinen Turbinenleistung eine geringere Drehzahl des Turboladeraggregates ein. Dadurch wird das Druckverhältnis des Laders geringer,

---

[1] Die Werte mit Index G beziehen sich auf die arbeitende Gasmenge bzw. in diesem Fall auf die Abgase, die Werte mit Index L auf Luft.

[2] Siehe auch Zusammenstellung der benutzten Formelzeichen S. 592.

so daß schließlich der Verdichtungsenddruck des Laders geringer wird als der Druck vor der Turbine. Soll aber trotzdem ein höheres Druckverhältnis des Laders erreicht werden, so muß das Wärmegefälle der Turbine durch Aufstauung der Abgase künstlich vergrößert werden. Das dann erforderliche Druckverhältnis der Turbine kann für ein verlangtes Druckverhältnis des Laders errechnet werden, wenn die Turbinen- und Laderwirkungsgrade bekannt sind (s. auch [H 28]). Zu diesem Zweck kann folgende aus der obenstehenden Gleichung ermittelte Beziehung benutzt werden:

$$\frac{\left[\left(\dfrac{p_8}{p_7}\right)^{\frac{\varkappa_L-1}{\varkappa_L}}-1\right]}{\left[1-\left(\dfrac{p_{II}}{p_I}\right)^{\frac{\varkappa_G-1}{\varkappa_G}}\right]} \cdot \frac{T_7}{T_I} = \eta_l \cdot \eta_t \frac{(G_G)\,\varkappa_G}{G_L\,(\varkappa_G-1)} \frac{(\varkappa_L-1)}{\varkappa_L} \frac{R_G}{R_L} \approx \text{const}. \tag{107}$$

c) Abgasturboaufladung nach dem Stoßverfahren

Bei Motoraggregaten mit Auspuffturbinen erfolgt die Drucksenkung während des Auspuffvorganges sowohl in der Turbine als auch im Motorzylinder bis annähernd auf den Gegendruck, während bei Aggregaten mit Stauturbinen während des ganzen Arbeitsspieles des Motors die Abgase vor den Düsen der Turbine aufgestaut werden, so daß die Umsetzung in Geschwindigkeit dauernd in den Düsen der Turbine erfolgt. Bei Verwendung von Stauturbinen entspricht daher der Druck während des Ausschiebevorganges im Motorzylinder annähernd dem Ladedruck, bei Verwendung von Auspuffturbinen aber annähernd dem Umgebungsdruck.

Die Umsetzung der Energie in Geschwindigkeit kann bei der Auspuffturbine sowohl in den Auslaßorganen des Motors als auch in den Düsen der Turbine erfolgen. Es besteht z. B. theoretisch die Möglichkeit, mit den aus dem Motor austretenden Abgasen das Laufrad der Turbine unmittelbar zu beaufschlagen.

Die Leistung der verlustlosen Abgasturbine ohne Stau kann aus dem Energiesatz unter der Annahme vollkommener Ausnutzung des wechselnden Wärmegefälles in der Turbine ermittelt werden. Dabei soll angenommen werden, daß der Arbeitsprozeß im Motor durch die Abgasturbine nicht beeinflußt wird, d. h. es sei vorausgesetzt, daß durch eine Steuerung der Auslaßquerschnitte derselbe Druckverlauf erreicht wird, wie er bei normalem Motorbetrieb vorhanden ist. Zur Vereinfachung soll zunächst die Turbinenleistung unter der Annahme errechnet werden, daß der Druck nach der Turbine gleich dem Druck in der Saugleitung ist (keine Aufladung des Motors). Für den Arbeitsvorgang in der Turbine und den zugehörigen Auspuffvorgang des Motors gilt bei Umsetzung der gesamten verfügbaren Energie in kinetische Energie unter Vernachlässigung der Verluste beim Ausströmen nach dem 1. Hauptsatz folgende Beziehung:

$$(G_L + B + G_R)\, u_4 = (G_L + B)\, i_5 + G_R\, u_R + \int \frac{w^2}{2}\, dG + L_{Mot} + Q\,.$$

$$(108)$$

In dieser Gleichung bedeuten[1] (s. auch Abb. 140):

$$u_4 =$$ die innere Energie eines kg der Ladung im Zylinder beim Öffnen der Anlaßorgane,

$$i_5 =$$ die Enthalpie der Gase vor der Auspuffturbine; Zustand 5 = Endzustand der isentropen Dehnung vom Zustand 4 auf den Gegendruck p_5,

$$u_R =$$ innere Energie eines kg Restgas im Zylinder am Ende des Ausströmvorganges $= u_5$,

$$L_{Mot} =$$ die an den Motorkolben abgegebene Arbeit während des Ausströmvorganges,

$$Q =$$ die abgegebene Wärmemenge.

Das Integral erstreckt sich über die gesamte ausströmende Gasmenge. Aus der obenstehenden Beziehung erhält man die Leistung der verlustlosen Turbine:

$$L_t = \int \frac{w^2}{2}\, dG = (G_L + B + G_R)\, u_4 - (G_L + B)\, i_5 - G_R \cdot u_5 - \int\limits_4^a P\, dV$$

$$+ \int\limits_e^a P\, dV - Q\,.$$

$$(109)$$

Vernachlässigt man die Wärmeverluste, so ergibt sich nach Vereinfachungen (vgl. Abb. 140):

$$L_t = \underbrace{(G_L + B + G_R)\,(i_4 - i_5)}_{\text{Fläche } 4-5-f-g-4} - \underbrace{\int\limits_4^a P\, dV}_{\text{Fläche } 4-a-b-c-4} + \underbrace{\int\limits_e^a P\, dV}_{\text{Fläche } a-b-d-e-a}$$

$$\underbrace{- P_4\, V_4}_{\text{Fläche } 4-c-0-g-4} + \underbrace{P_5\, V_c}_{\text{Fläche } e-d-0-f-e} = \underbrace{L_{45\,e\,a\,4}}_{\text{Fläche } 4-5-e-a-4}$$

$$(110)$$

Die theoretisch erreichbare Turbinenleistung entspricht also im wesentlichen dem Verlust durch die unvollkommene Dehnung. (Die Flächenangaben beziehen sich auf Abb. 140.) Praktisch kann jedoch nur ein Teil dieser theoretisch gewinnbaren Arbeit ausgenutzt werden, weil eine Anpassung der Düsen an das wechselnde Druckgefälle, eine Anpassung des Laufrades an die zeitlich sich ändernden Gasgeschwindigkeiten sowie eine Steuerung des Auspuffvorganges mit Rücksicht auf einfache Bauweise praktisch nicht durchführbar ist. Eine sehr starke Drosselung mit Durchwirbelung ist nicht vermeidbar.

---

[1] Siehe auch „Zusammenstellung der benutzten Formelzeichen" S. 586.

In der obenstehenden Ableitung der in der Auspuffturbine maximal gewinnbaren Arbeit ist angenommen, daß beim Ausströmen keinerlei Verluste auftreten, und daß der Arbeitsvorgang im Zylinder durch das Vorhandensein der Turbine nicht gestört wird, obwohl der Druckverlauf im Zylinder (entsprechend der Kurve $4-a-e$ in Abb. 140) tatsächlich wesentlich durch die Drosselung in den Auspufforganen beeinflußt wird. Die obenstehende Annahme wurde getroffen, um der tatsächlich bestehenden Möglichkeit der Gewinnung eines Teiles der den Drosselverlusten entsprechenden Energie (Arbeitsfläche $4-h-a-1-e-a-4$) in der Turbine durch Veränderung der Ausströmquerschnitte des Motors Rechnung zu tragen. Von dem Teil dieser Arbeitsfläche, die dem Ausschubhub entspricht, kann jedoch nur ein geringer Anteil (nur in der Nähe des u. T.) gewonnen werden.

Wird der Druckverlauf im Zylinder durch das Hinzutreten der Turbine geändert, so behalten, bezogen auf den tatsächlichen Druckverlauf, die abgeleiteten Beziehungen ihre Gültigkeit.

Für den Prozeß des vollkommenen Motors erhält man eine sehr einfache Darstellung der Arbeit der Auspuffturbine. Diese Arbeit entspricht in Abb. 139 der Fläche $4-5-1-4$.

Bei den bisherigen Betrachtungen wurde angenommen, daß der Druck in der Abgasleitung — abgesehen von Druckwellen — gleich dem Druck in der Saugleitung des Motors ist. Beim aufgeladenen Motor ist jedoch der Druck nach der Abgasturbine annähernd gleich dem Umgebungsdruck, also erheblich geringer als der Druck in der Saugleitung. Während des Auslaßvorganges sinkt der Druck im Motorzylinder und vor der Turbine bis annähernd auf den Umgebungsdruck. Auf Grund einer der obenstehenden Rechnung analogen Ableitung kommt man zu dem Ergebnis, daß die Arbeit einer derartigen Turbine — ohne Drosselung im Auslaßventil des Motors — in der schematischen Darstellung der Abb. 140 der Fläche $h-6-i-h$ entsprechen würde, wenn der Druck in der Saugleitung dem Druck P_1 und der Druck nach der Turbine dem Druck P_6 entspricht und die Restgase vollkommen aus dem Zylinder ausgespült werden. In der Auspuffturbine wird also während des Auspuffvorganges auch ein Teil des der Differenz zwischen dem Druck in der Saugleitung und dem Umgebungsdruck entsprechenden Wärmegefälles in Geschwindigkeit und im Laufrad in Energie umgesetzt. In diesem Falle würden aber die Drücke während des Auspuff- und Ausschiebevorganges zum Teil bedeutend geringer sein, als in der Abb. 140 dargestellt (der Ausschubdruck würde bei Punkt k und nicht bei Punkt e endigen). Zu der gewinnbaren Arbeit kommt — analog zu dem obenstehenden Beispiel — noch die Möglichkeit der Ausnutzung eines Teiles der den Drosselverlusten entsprechenden Energie in der Turbine.

16/1   Schmidt, Verbrennungskraftmaschinen, 4. Aufl.

d) Abgasturboaufladung mit Stau
und Ausnutzung der Energie der Auspuffstöße

Bei ausgeführten Turbinenanlagen ist eine strenge Scheidung zwischen Stauturbine und Auspuffturbine nicht vorhanden, da reine Auspuffturbinen nur in wenigen Fällen gebaut werden. Man ist aber bemüht, in Stauturbinen neben der Ausnutzung des Wärmegefälles — das der zur Verfügung stehenden Druckdifferenz entspricht — auch die in einer Auspuffturbine gewinnbare Arbeit zu verwerten.

Die kinetische Energie der Abgase beim Austritt aus den Ventilen kann nur zum geringen Teil in der Turbine in Arbeit umgesetzt werden,

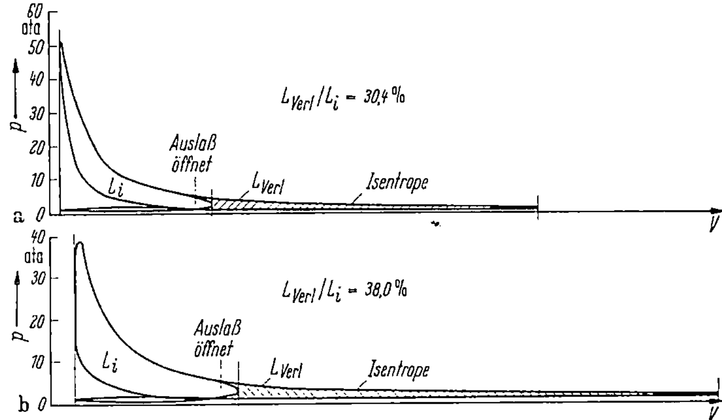

Abb. 142. Arbeitsverlust durch unvollständige Dehnung, im $p-V$-Diagramm dargestellt: a) für einen Dieselmotor: Verdichtungsverhältnis $\varepsilon = 14$, Drehzahl $n = 1635$ U/min, Luftverhältnis $\lambda = 1,57$, mittlerer Innendruck $p_i = 7,76$ kp/cm²; b) für einen Ottomotor: Verdichtungsverhältnis $\varepsilon = 6,4$, Drehzahl $n = 1490$ U/min, Luftverhältnis $\lambda = 0,8$, mittlerer Innendruck $p_i = 9,2$ kp/cm²

weil ein großer Teil dieser Energie infolge der Drosselung und Wirbelung verlorengeht und in Wärme umgesetzt wird. Ein Teil dieses Energieverlustes wird wegen der Vergrößerung des Wärmegefälles infolge dieser Erwärmung in der Turbine wieder zurückgewonnen.

Die gesamte, zum Teil rückgewinnbare Energie, die dem Verlust durch unvollkommene Dehnung entspricht, ist sehr beträchtlich und beträgt in der Größenordnung etwa 30 vH (beim Dieselmotor) bis 40 vH (beim Ottomotor) der inneren Leistung. In Abb. 142 sind die Arbeitsflächen für einen Ottomotor und für einen Dieselmotor mit den Indikatordiagrammen maßstäblich dargestellt. Bei zweckmäßig angelegten Auspuffleitungen wurden bei Versuchen an einem Dieselmotor mit Turbine etwa 10 vH dieser theoretisch verfügbaren Arbeit in der Turbine oder durch Verbesserung der Arbeit der Gaswechselperiode des Motors wiedergewonnen. Es ist zu erwarten, daß im Verlauf der

Entwicklung ein noch höherer Prozentsatz zurückgewonnen werden kann. Durch die in der Auspuffleitung auftretenden Druckwellen wird das Wärmegefälle, das in der Düse der Turbine umgesetzt wird, zeitweilig erhöht, so daß die mittlere Eintrittsgeschwindigkeit in das Laufrad und damit auch die Turbinenleistung steigt. Andererseits besteht auch die Möglichkeit, den mittleren Druck in der Auspuffleitung so weit zu senken, daß die Turbinenleistung gleich groß wird, wie bei Turbinenbetrieb ohne Ausnutzung der Druckstöße. In diesem Falle wird die Aussschiebearbeit des Motors geringer, so daß eine Verminderung der Gaswechselarbeit des Motors und damit unter Umständen auch eine Füllungsverbesserung und eine Erhöhung der Motorleistung auftritt. Je nach der Dimensionierung der Abgasleitung und der Düsen der Turbine ist es also möglich, einen mehr oder weniger großen Anteil des Gewinnes entweder in der Turbine oder im Motor zu erhalten.

Die Auspuffleitungen müssen so ausgelegt werden, daß sich die Auspuffstöße eines Zylinders nicht störend auf den Auspuffvorgang der anderen Zylinder auswirken. Bei der Ausbildung der Auspuffleitungen wird angestrebt, daß sich die Druckwellen im Auspuffrohr möglichst ungestört bis zu den Düsen fortpflanzen. Es ist zweckmäßig, die Auspuffleitungen eng zu halten und hohe mittlere Auspuffgeschwindigkeiten vorzusehen (mittlere Geschwindigkeit im Auspuffrohr 60 bis 80 m/s). Siehe auch Kapitel 12.

Die Umsetzung der Energie in Geschwindigkeit ist nämlich in den Düsen der Turbine mit geringeren Verlusten möglich als in den strömungs-technisch schlecht ausgebildeten Ventilen. Außerdem erfolgt der Energietransport mit der Druckwelle mit geringeren Verlusten als mit der kinetischen Energie der ausströmenden Gasmasse.

Die Ausnutzung der Druck- und Geschwindigkeitsstöße ist deshalb besonders wichtig, weil damit schon bei den Abgastemperaturen von Viertakt-Dieselmotoren ein Leistungsüberschuß der Turbine gegenüber dem Leistungsbedarf des Laders erreichbar ist, so daß in der Saugleitung ein Überdruck gegenüber dem Druck in der Auspuffleitung erreicht werden kann. Ein Überdruck in der Saugleitung von einigen zehntel Atmosphären gestattet dann die Anwendung einer Überschneidung der Steuerzeiten. Die dadurch mögliche Totraumspülung ergibt eine erhöhte Motorleistung. Man kann somit bei Verwendung von Abgasturboladern eine Leistungssteigerung durch Aufladung und zusätzlich durch verbesserte Füllung erreichen. Deshalb werden Abgasturbolader nicht nur für Motorenaggregate, bei denen ein günstiges Leistungsgewicht und hohe spez. Leistung erforderlich sind (z. B. Triebwagen und Schiffsmotoren), sondern auch weitgehend für stationäre Anlagen verwendet.

16*

e) Tieftemperaturaufladung (Miller-Verfahren)

Bei der Tieftemperaturaufladung soll die Steigerung der Luftfüllung im wesentlichen durch eine intensive Kühlung der Ladeluft
erreicht werden, wobei die Drücke im Zylinder in normalen Grenzen
gehalten werden (s. Abb. 143).

Motoren, die nach diesem Verfahren arbeiten, besitzen zwischen
Lader und Saugleitung einen Luftkühler. Die im Luftkühler rückgekühlte Ladeluft wird
anschließend nochmals
gekühlt, entweder in
einer zwischen Nach-
kühler und Saugleitung
geschalteten Expan-
sionsturbine oder da-
durch, daß eine Expan-
sion im Zylinder erfolgt.
Das letztere Verfahren
wurde von MILLER vor-
geschlagen und durch-
geführt. Eine Kühlung
wird dadurch erreicht,
daß vor Beendigung
des Saughubes die Ein-
laßventile schließen.

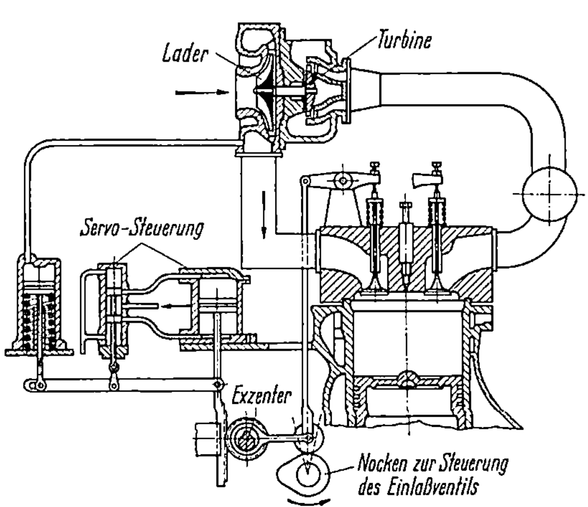

Abb. 143. Schema der Tieftemperaturaufladung

Dadurch wird eine Expansion und Abkühlung der Luft im Zylinder
erreicht. Motoren, die nach diesem System arbeiten, besitzen einen
Abgasturbolader und einen Nachkühler zwischen Lader und Saugleitung, sowie ein Steuersystem, das entsprechend der Last eine Steuerung der Einlaßventile gestattet. Ein Servo-Motor, der vom Ladedruck
der Luft gesteuert wird, erlaubt eine genaue Regelung des Zeitpunktes,
an dem das Einlaßventil schließt. Die Aufladedrücke betragen bei
Vollast zwischen 2 und 3 at. Diese hohen Drücke werden aber im
Zylinder dadurch umgangen, daß die Einlaßventile geschlossen werden, bevor der Saughub beendet ist. Auf diese Weise wird die in den
Zylinder eingebrachte hochaufgeladene Luft auf einen Druck expandiert, der den normal üblichen Ladedrücken entspricht. Die Kompression beginnt also mit einem üblichen Aufladedruck, aber mit einer
tieferen Temperatur. Drücke und Temperaturen werden so gewählt,
daß ein einwandfreies Zünden gewährleistet ist.

Da bei Motoren, die mit einem Abgasturbolader ausgerüstet sind,
der Ladedruck mit Verringerung der Last sinkt, würde der Kompres-
sionsenddruck einen Wert erreichen, bei dem ein gutes Zünden und Ver-

brennen und damit einwandfreies Arbeiten des Motors nicht mehr vorhanden ist, wenn die Ventilsteuerzeit unverändert bliebe. Um gute Verbrennungsbedingungen auch im Teillastgebiet zu erreichen, wird eine Steigerung der Lufteintrittstemperatur dadurch erzielt, daß die Expansion der Luft im Zylinder verringert wird. Somit hat man bei einem Motor, der mit konstanter Drehzahl läuft, im Teillastbereich immer noch den vollen Aufladedruck wie bei einem vollaufgeladenen üblichen Motor. Das Einlaßventil wird so gesteuert, daß von Halblast an abwärts keine Expansion der Ladeluft im Zylinder erfolgt, so daß die Kompression der Luft mit höherer Temperatur und höherem Druck gegenüber Vollast beginnt. Der Punkt beim Saughub, bei dem die Einlaßventile schließen, kann somit als Beginn der effektiven Kompression im Zylinder während des Kompressionshubes betrachtet werden. Bei Teillast arbeitet also der Motor mit vollem Kompressionsdruckverhältnis, bei höherer Last mit einem Druckverhältnis, das kleiner als das volle Druckverhältnis des Laders ist. Die Lufttemperatur wird praktisch über den gesamten Lastbereich konstant gehalten, so daß die Kompressionsendtemperaturen zunächst gleich bleiben und dann mit steigender Last absinken.

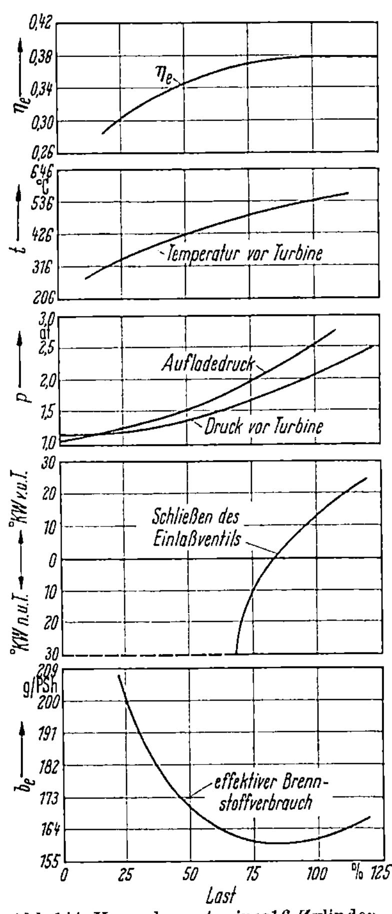

Abb. 144. Versuchswerte eines 16-Zylinder-Dieselmotors bei Aufladung nach dem Miller-System

11. Leistungsverhalten von 4-Takt-Dieselmotoren mit Abgasturboaufladung unter verschiedenen atmosphärischen Bedingungen, insbesondere Höhenbedingungen

a) Experimentelle Bestimmung des Betriebsverhaltens von abgasturboaufgeladenen Dieselmotoren[1]

Die intensive Weiterentwicklung der Abgasturboaufladung von Dieselmotoren hat dazu geführt, daß Dieselmotoren mit größerer

---

[1] An den experimentellen Untersuchungen waren Dr. Ing. K. RESTIN [H 47] und Dipl.-Ing. F. OEHLER maßgeblich beteiligt.

Leistung fast ausschließlich mit Abgasturboaufladung ausgerüstet werden. Das Laderdruckverhältnis konnte durch stetige Verbesserung der Wirkungsgrade von Lader und Turbine bei einstufiger Aufladung bis auf einen Wert von über 3 gesteigert werden.

Mit Hochaufladung und Rückkühlung der Ladeluft werden effektive Drücke von 15 bis 20 kp/cm² erreicht.

Dieselmotoren mit Abgasturboaufladung werden in größeren Höhen als stationäre Motoren und auch als Fahrzeug- insbesondere Triebwagenmotoren verwendet.

Beim Einsatz solcher Motoren unter den verschiedenen klimatischen Bedingungen (Außendruck und -temperatur, Luftfeuchtigkeit), z. B. Höhenbedingungen, ist der Einfluß der veränderten Außenzustände von besonderer Bedeutung auf das Leistungsverhalten des Motors. Die die Leistung und den spezifischen Kraftstoffverbrauch bestimmenden Größen von Motor und Turbolader können je nach Regelvorschrift zu sehr unterschiedlichem Höhenverhalten turboaufgeladener Motoren führen.

Bei Dieselmotoren mit Abgasturboaufladung treten im praktischen Betrieb mehrere leistungsbegrenzende Faktoren auf. Es hängt von der Bauart des Motors und der Turboladergruppe, von deren Regelung und Anpassung ab, welche der thermischen oder mechanischen Leistungsgrenzen im gegebenen Falle Gültigkeit haben. Als derartige Leistungsgrenzen für den Motor unter Höhenbedingungen sind anzusehen:

Abgastemperatur des Motors und Drehzahl des Turboladers. Mit zunehmender Temperatur der Abgase in der Auspuffleitung und damit der Temperatur vor der Turbine nimmt die Festigkeit der Turbinenschaufeln ab. Hinzu kommt wegen der erhöhten Drehzahl eine größere Beanspruchung der Schaufeln durch Fliehkräfte.

Rauchgrenze. Diese Grenze richtet sich nach der Luftmenge, bei der der Motor noch rauchfrei betrieben werden kann und hängt von der Motorkonstruktion und dem Verbrennungsverfahren ab.

Thermische Belastung des Motors und maximaler Verbrennungshöchstdruck im Zylinder. Als Folge der mit der Aufladung steigenden Höchstdrücke im Zylinder wächst die mechanische Belastung bestimmter Bauteile des Motors, ebenfalls wächst die thermische Belastung durch die zunehmende abzuführende Wärmemenge.

Laderpumpgrenze. Bei Erhöhung des Laderdruckverhältnisses oder auch bei kleineren Drehzahlen kann die Pumpgrenze des Laders überschritten werden.

Die Einflüsse auf das Betriebsverhalten, die bei Dieselmotoren mit Abgasturbolader unter geänderten atmosphärischen Bedingungen zu berücksichtigen sind, werden maßgebend von der Einstellung des Motors in der betrachteten Höhe beeinflußt. Dabei wirken sich unterschiedliche Einstellmethoden (z. B. konstante Temperatur vor der Turbine, konstante Kraftstoffüllung, konstante thermische Belastung) sehr verschieden auf die Leistung und den spezifischen Kraftstoffverbrauch des Motors aus.

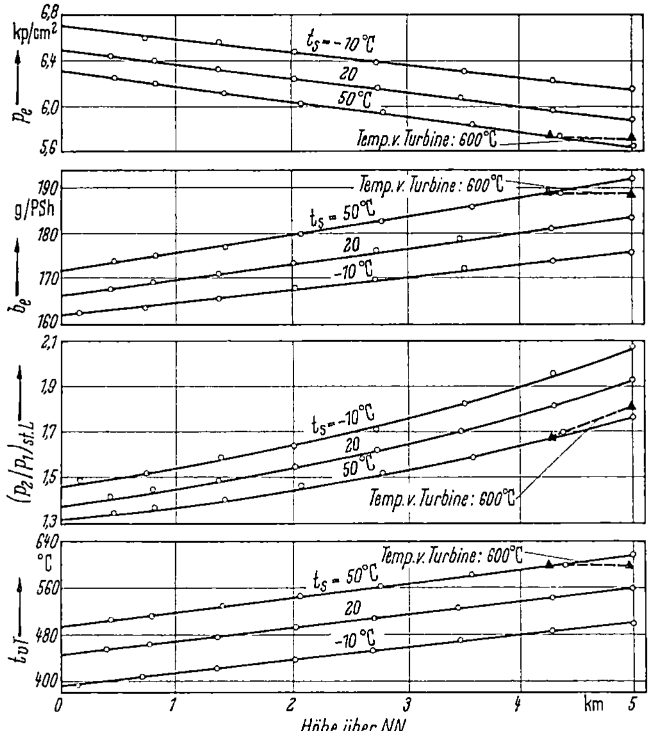

Abb. 145. Höhenverhalten eines abgasturboaufgeladenen Dieselmotors (direkte Einspritzung) bei konstanter Kraftstoffüllung
($V_H = 39,6\,l$, $z = 6$, $n = 1000\,\text{min}^{-1}$, $B_h = 47,65\,\text{kg/h}$,
$P_2/P_1 = $ Ladedruckverhältnis, $t_{vT} = $ Temperatur vor Turbine)

Bei Höhenbetrieb ändern sich Druck- und Temperaturbereich des motorischen Arbeitsprozesses. Auch die Änderungen der inneren und mechanischen Verluste bei unterschiedlichen atmosphärischen Bedingungen für die verschiedenen Leistungsgrenzen bestimmen das Betriebsverhalten des Motors.

Als Beispiel für die Abhängigkeit verschiedener Motor- und Turboladerkenngrößen von den atmosphärischen Zuständen sind in Abb. 145 und 146 das **Höhenverhalten** eines Motors mit direkter Einspritzung einmal **bei der Regelvorschrift konstante Kraftstoffüllung**, zum anderen bei der Bedingung **konstante Temperatur vor der Turbine** gezeigt.

16/2*

Grundsätzlich wird die Höchstleistung eines ausgeführten Dieselmotors durch den maximalen Kraftstoffdurchsatz, der auf eine der oben angegebenen Leistungsgrenzen eingestellt ist, bestimmt. Nimmt z. B. infolge klimatischer Änderungen die Dichte der Außenluft ab,

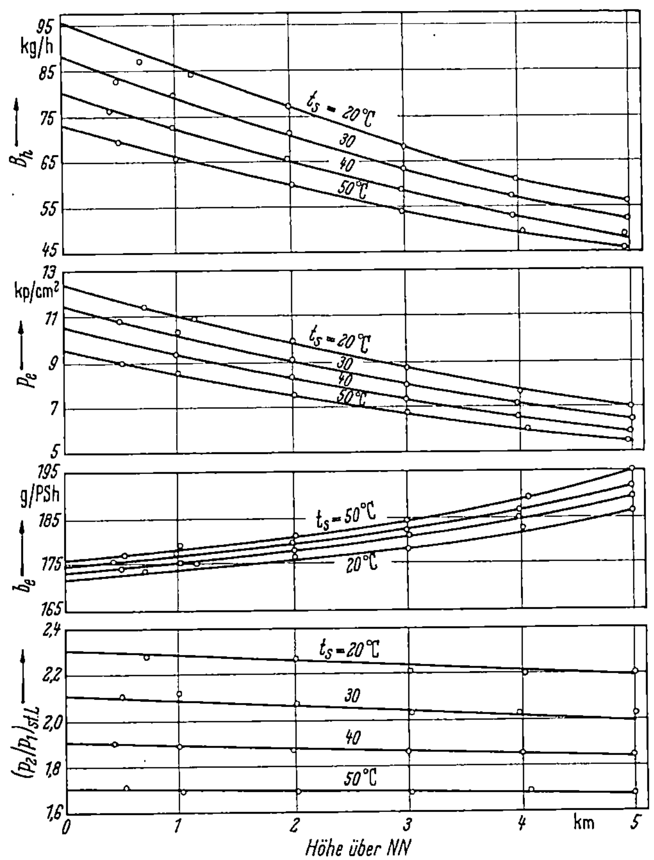

Abb. 146. Höhenverhalten eines abgasturboaufgeladenen Dieselmotors (direkte Einspritzung) bei konstanter Temperatur vor der Turbine $(V_H = 39{,}6\,1,\ z = 6, n = 1000\ \text{min}^{-1},\ t_{vT} = 600\ °C)$

dann muß der Kraftstoffdurchsatz den sich verschiebenden Leistungsgrenzen angepaßt werden, da der Motor sonst thermischen oder mechanischen Überbelastungen ausgesetzt wäre.

Mit zunehmender Höhe nimmt bei gleicher in den Verbrennungsraum eingespritzter Kraftstoffmenge wegen des fallenden Außendruckes und der sich damit ergebenden kleineren Zylinderfrischluftladung das Verbrennungsluftverhältnis ab. Der Gesamtwirkungsgrad des motorischen Arbeitsprozesses wird unter dem Einfluß des geringeren

Luftüberschusses schlechter, da infolge höherer Gastemperaturen die Wärmeverluste im Zylinder größer werden. Diese Tatsache äußert sich, wie aus Abb. 145 zu entnehmen ist, in einer Zunahme des effektiven spezifischen Kraftstoffverbrauches b_e. Die Nutzleistung und bei gleicher Motordrehzahl der effektive Mitteldruck verringern sich in dem Maße, wie der effektive Kraftstoffverbrauch zunimmt. Die Messungen wurden an einem 6-Zylinder-Viertakt-Dieselmotor ($V_H = 39{,}6\,\mathrm{l}$, $n = 1000\,\mathrm{min^{-1}}$) mit direkter Einspritzung durchgeführt.

Der mit fallendem Außendruck abnehmende Ladungsdurchsatz hat eine Zunahme der Abgastemperatur und des nutzbaren Wärmegefälles in der Turbine zur Folge. Als Auswirkung der dadurch bedingten günstigeren Energiebilanz des Turboladers steigen seine Drehzahl und damit das Druckverhältnis mit größerer Höhe an.

Bei der **Regelvorschrift konstante Temperatur vor der Turbine** wird die eingespritzte Kraftstoffmenge der im Verbrennungsraum vorhandenen Luftfüllung zugeordnet. Die Regelung gleicher Temperaturverhältnisse vor dem Lader und vor der Turbine über der Höhe bewirkt, daß die Turboladerdrehzahl und das Laderdruckverhältnis nahezu unverändert bleiben. Die vom Motor angesaugte Luftmenge ändert sich proportional dem Außendruck und damit ändert sich bei nahezu konstantem Verbrennungsluftverhältnis ungefähr in demselben Maße der effektive Mitteldruck (s. Abb. 146). Die Zunahme des effektiven spezifischen Kraftstoffverbrauches mit der Höhe ist in erster Linie bei fast unveränderten inneren Verlusten des Verbrennungsprozesses auf die relativ größeren Reibungsverluste zurückzuführen.

Das unterschiedliche Betriebsverhalten bei den beiden Bedingungen konstante Kraftstoffüllung und konstante Temperatur vor der Turbine wird in Abb. 147 veranschaulicht. Die Indikatordiagramme wurden mit dem DVL-Glimmlampenindikator aufgenommen, der es gestattet, auf optischem Wege Druckdiagramme stroboskopisch aufzuzeichnen. Abb. 147a zeigt für konstante Kraftstoffüllung das wenig veränderte Verhalten des Verbrennungsvorganges mit der Höhe. Infolge des geringen Leistungsabfalls verändern sich die Spitzendrücke relativ wenig. Im Gegensatz hierzu zeigt Abb. 147b für konstante Abgastemperatur einen deutlichen Einfluß des Außendruckes auf Leistung und Verbrennungsablauf. Entsprechend der größeren Abnahme des gesamten Druckniveaus im Verbrennungsraum mit der Höhe fällt die Innenleistung stärker ab. Der Zündverzug nimmt mit der Höhe zu und beeinflußt den gesamten Verbrennungsablauf dadurch erheblich.

Die Abb. 148 zeigt für die Regelvorschriften konstante Kraftstoffüllung, konstante Temperatur vor der Turbine und konstantes Verbrennungsluftverhältnis in Abhängigkeit von der Höhe und von der Ansaugtemperatur die Änderung der effektiven Leistung für zwei Motoren mit unterschiedlichen Verbrennungsverfahren. Die Werte für den Vorkammermotor gelten für Rückkühlung der Ladeluft auf eine Temperatur von 50 °C.

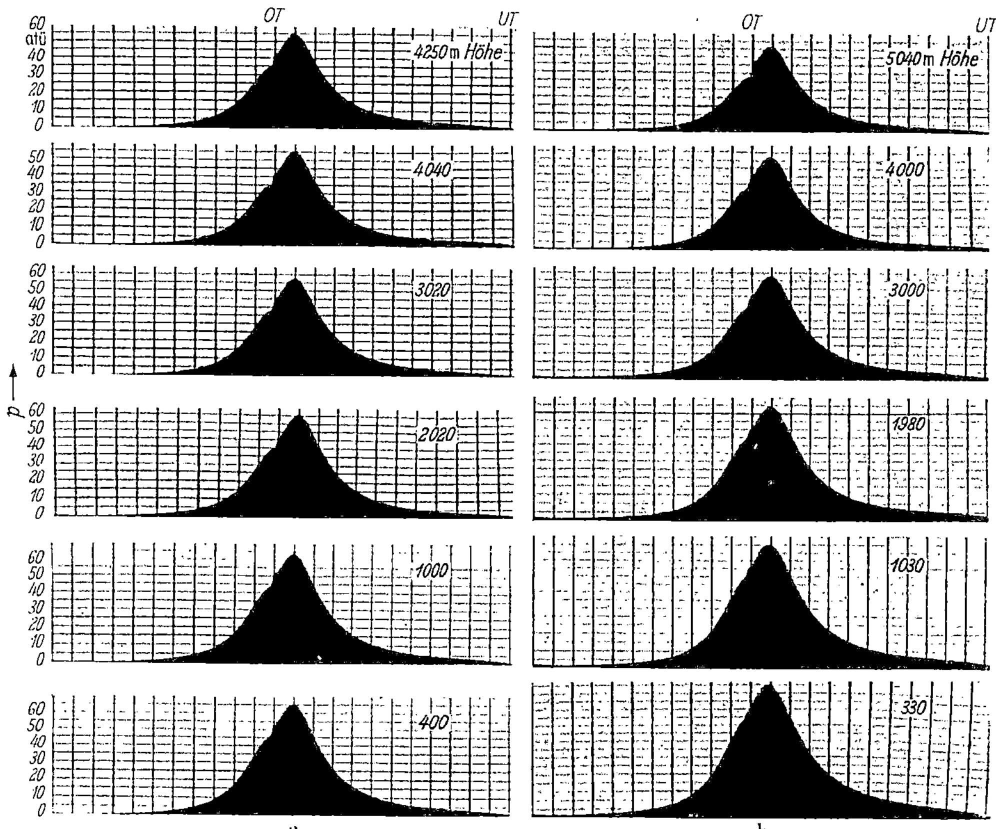

Abb. 147. Indikatordiagramme eines abgasturboaufgeladenen Dieselmotors mit Direkteinspritzung in Abhängigkeit von der Höhe. (V_H = 39,6 l, n = 750 min^{-1})
a) Regelvorschrift konstante Kraftstoffüllung (B_h = 49.03 kg/h, t_s = 10 °C)
b) Regelvorschrift konstante Temperatur vor Turbine (t_{vT} = 600 °C, t_s = 10 °C)

Beide Abbildungen geben für die untersuchten Regelvorschriften ein verschiedenes Leistungsverhalten wieder. Verringert man den Außendruck um die Hälfte seines Ausgangswertes, so fällt die effektive Leistung je nach Einstellung des Motors und je nach Verbrennungsverfahren um etwa 5 bis 70% der Bezugsleistung ab, s. Abb. 148a. Der Einfluß der Umgebungstemperatur auf die Leistung des abgasturboaufgeladenen Dieselmotors ist aus Abb. 148b ersichtlich und zeigt ebenfalls starke Änderungen je nach der vorgeschriebenen Gesetzmäßigkeit, mit der der Motor betrieben wird. Das Leistungsverhalten bei konstanter Kraftstoffüllung wird in erster Linie durch die inneren Verluste des Motorprozesses bestimmt, während beim Betrieb des Mo-

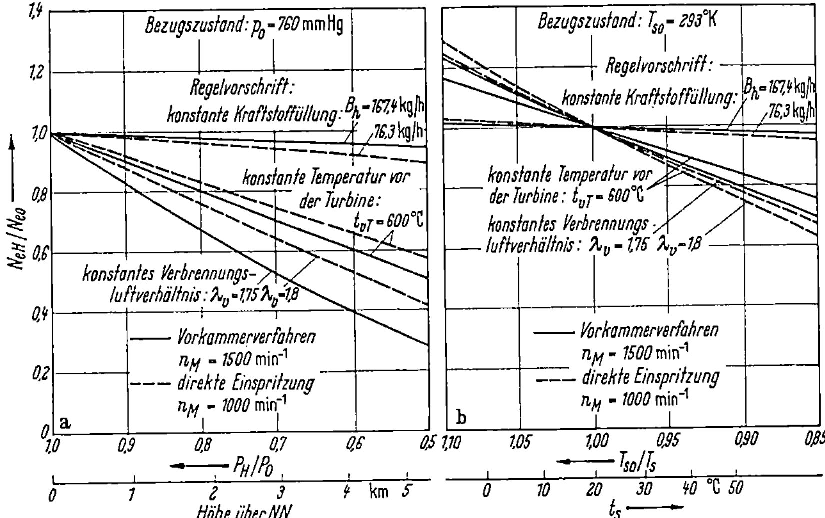

Abb. 148. Leistungsverhalten von zwei abgasturboaufgeladenen Dieselmotoren
a) in Abhängigkeit vom Außendruck bei konstanter Ansaugtemperatur
b) in Abhängigkeit von der Ansaugtemperatur.
Motordaten: Vorkammermotor $V_H = 59{,}2\,l$, $z = 12$, $n = 1500\,\text{min}^{-1}$, Ladeluftkühlung.
Motor mit Direkteinspritzung $V_H = 39{,}6\,l$, $z = 6$, $n = 1000\,\text{min}^{-1}$.

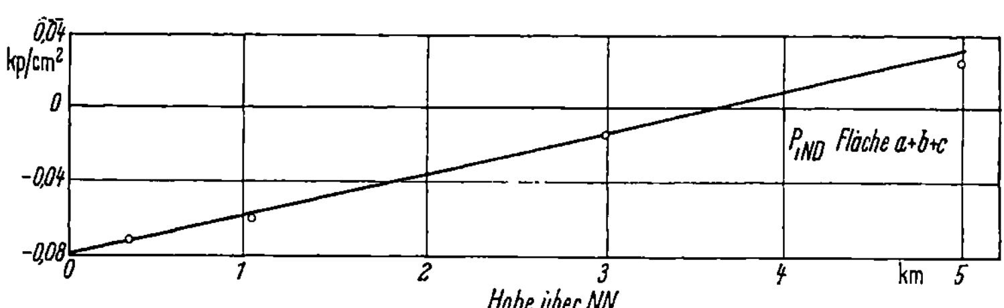

Abb. 149a. Mittlerer indizierter Druck der Gaswechselperiode
für einen abgasturboaufgeladenen Dieselmotor mit Direkteinspritzung
in Abhängigkeit von der Höhe
($V_H = 39{,}6\,l$, $z = 6$, $n = 750\,\text{min}^{-1}$, $B_h = 49{,}03$ kg/h, $t_s = 0°C$)
(Flächen a, b, c, siehe Abb. 149b)

tors mit konstantem Verbrennungsluftverhältnis das Leistungsverhalten hauptsächlich eine Funktion der dem Verbrennungsraum zur Verfügung stehenden Luftmenge ist.

Die Gaswechselarbeit trägt mit ihrem Anteil zur inneren Leistung des Motors bei. Abb. 149a gibt für einen abgasturboaufgeladenen

Motor Aufschluß darüber, in welcher Größe und in welcher Abhängigkeit von der Höhe dieser Anteil Bedeutung gewinnt.

Abb. 149 b zeigt für verschiedene Höhen den Druckverlauf im Zylinder (Ventilüberschneidung 140° Kurbelwinkel) während des Ladungswechsels bei der Regelvorschrift konstante Kraftstoffüllung.

Das Leistungs- und Verbrennungsverhalten des abgasturboaufgeladenen Motors bei Änderung der klimatischen Bedingungen ist komplizierter als beim Saugmotor bzw. beim mechanisch aufgeladenen Motor. Zur Festlegung der zulässigen Leistung ist es erforderlich, daß alle in

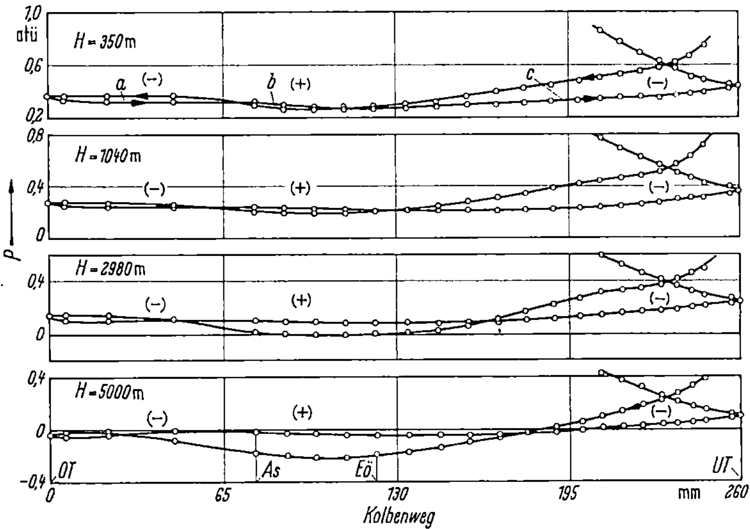

Abb. 149b. Druckverlauf des Ladungswechselvorganges eines abgasturboaufgeladenen Dieselmotors mit Direkteinspritzung für verschiedene Höhen, gemessen mit dem DVL-Glimmlampenindikator (V_H = 39,6 l, n = 750 min⁻¹, B_h = 49,03 kg/h, t_4 = 0 °C)

Betracht kommenden leistungsbegrenzenden Merkmale unbedingt Berücksichtigung finden.

Abb. 150 gibt eine Übersicht über die Änderung des indizierten Druckes für konstante Ansaugtemperaturen und Höhen in Abhängigkeit vom theoretisch möglichen Gaswechselanteil an der indizierten Leistung wieder, wobei dieser durch die Druckdifferenz zwischen Lade- und Auspuffleitung ausgedrückt wird.

b) Theoretische Behandlung des Leistungsverhaltens von abgasturboaufgeladenen Dieselmotoren unter verschiedenen atmosphärischen Bedingungen[1]

Während für die Berechnung der Höhenleistung nicht aufgeladener Motoren zuverlässige und teils genormteFormeln vorhanden sind, s.S.353, sind die Methoden zur Berechnung der Höhenleistung und des Höhenverbrauchs oder die Ermittlung dieser Werte für beliebige atmosphärische Bedingungen von Motoren mit Abgasturbolader noch im Ent-

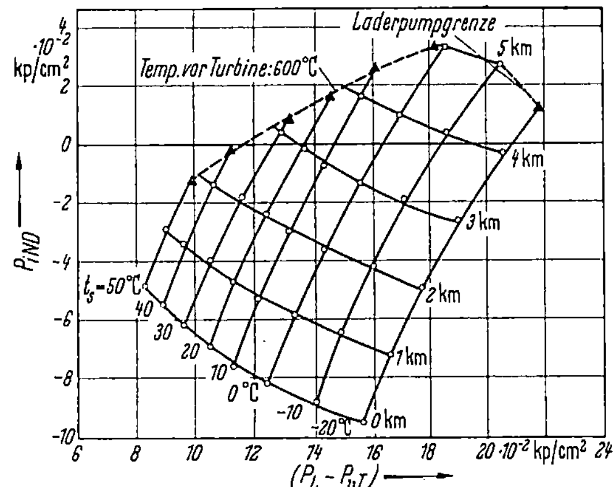

Abb. 150. Abhängigkeit des indizierten Mitteldruckes des Ladungswechselvorganges von der Druckdifferenz zwischen Lade- und Abgasleitung für konstante Ansaugtemperaturen und Höhen. (V_H = 39,6 l, n = 750 min⁻¹, B_h = 49,03 kg/h, Direkteinspritzung)

wicklungsstadium. Als Ziel wird ebenfalls die Ermittlung geeigneter Umrechnungsformeln oder mindestens geeigneter Umrechnungsmethoden angestrebt, mit dem Endziel, eine internationale Normung für die Umrechnung turboaufgeladener Motoren zu erreichen.

Im folgenden wird der vom Verfasser beschrittene Weg zur Ermittlung einer geeigneten Umrechnungsmethode erläutert [H 56 a]:

Für die Berechnung von Leistung und Verbrauch des Motorzylinders allein in Abhängigkeit vom Zustand in der Ladeleitung und in der Auspuffleitung können in sinngemäßer Anwendung die Beziehungen verwendet werden, die für den Motor mit mechanisch angetriebenem Lader angegeben sind (s. S. 359). Die einwandfreie Berechnung des Verhaltens des Gesamtaggregates Motor-Turbolader wird jedoch durch folgende Umstände erschwert:

Beim Dieselmotor mit Abgasturbolader ist die Veränderung des Verbrennungsluftverhältnisses mit der Höhe für verschiedene Regel-

---

[1] An der Ausarbeitung eines wesentlichen Teiles dieser Untersuchungen war Dr.-Ing. H. Prehn maßgeblich beteiligt.

vorschriften naturgemäß verschieden und nicht ohne weiteres bekannt. Während beim Motor mit mechanisch angetriebenem Lader die Laderdrehzahl bei Höhenbetrieb gegeben ist, so daß Druck und Temperatur der Ladeluft nach dem Lader ohne besondere Schwierigkeiten rechnerisch bestimmt werden können, ist beim Dieselmotor mit Abgasturbolader die Turboladerdrehzahl in der Höhe im voraus nicht bekannt und daher abhängig vom Zusammenwirken der Aggregate Motor–Turbine-Lader. In den meisten Fällen ist nicht von vornherein bekannt, in welchen Betriebspunkten des Verdichterkennfeldes und des Turbinenkennfeldes bei den jeweiligen Betriebszuständen des Motors gearbeitet wird, so daß eine beträchtliche Unsicherheit über die Energiebilanz des Turboladers vorhanden ist.

Um zu einer möglichst allgemein brauchbaren Formel zu kommen, ist es zweckmäßig, den Grundaufbau der Formel unter Zuhilfenahme der festliegenden allgemeinen thermodynamischen Gesetzmäßigkeiten für das Zusammenwirken der Aggregate Motor und Turbolader festzulegen. Bei dieser Berechnung wird im folgenden davon ausgegangen, daß unter Benutzung der theoretisch und praktisch fundierten Umrechnungsmethoden der Zylinderleistung (abhängig von Druck und Temperatur in der Ladeleitung und vom Gegendruck) die Innenleistung des Motors berechnet werden kann.

Zur Berechnung der Veränderung der Innenleistung des Dieselmotors mit Abgasturbolader mit der Höhe oder allgemein bei beliebigen atmosphärischen Bedingungen gegenüber dem Bodenzustand werden folgende Ansätze zugrundegelegt, wobei nachstehende Bezeichnungen Verwendung finden:

N_e = effektive Motorleistung
N_i = innere (indizierte) Motorleistung
N_r = Reibungsleistung
B_h = Kraftstoffdurchsatz
G_{Lv} = Verbrennungsluftmenge pro Zeiteinheit
H_u = Heizwert des Kraftstoffes
$G_{l\,min}$ = Mindestluftmenge
p_l = Druck in der Ladeleitung
T_l = Temperatur in der Ladeleitung
p = Druck der Atmosphäre
T = Temperatur der Atmosphäre
$p_{v\,T}$ = Abgasdruck vor Turbine
$T_{v\,T}$ = Abgastemperatur vor Turbine
C = Faktor der Restgasverdichtung (s. auch S. 200)
n = Temperaturexponent (s. auch S. 361)
b = Verhältnis des konstanten Reibungsleistungsanteiles zur Reibungsleistung am Bezugszustand (s. auch S. 353)
c, d = Koeffizienten der Gleichung für den vollkommenen Wirkungsgrad
λ_v = Verbrennungsluftverhältnis
η_v = Wirkungsgrad des vollkommenen Dieselmotors

η_i = innerer (indizierter) Wirkungsgrad
η_g = Gütegrad
η_m = mechanischer Wirkungsgrad
$\eta_T\,\eta_L$ = scheinbarer Gesamtwirkungsgrad des Turboladers

Index 0 kennzeichnet die Größen am Bezugszustand

Aus der Gleichung für die innere Motorleistung

$$N_i = B_h \cdot H_u \cdot \eta_i = \frac{G_{Lv}}{\lambda_v\,G_{l\min}}\,H_u \cdot \eta_v \cdot \eta_g \tag{111}$$

ergibt sich für das Verhältnis der inneren Leistungen bei beliebigen atmosphärischen Bedingungen und beim Bezugszustand

$$\frac{N_i}{N_{io}} = \frac{G_{Lv}}{G_{Lvo}} \cdot \frac{\lambda_{vo}}{\lambda_v} \cdot \frac{\eta_g\,\eta_v}{\eta_{go}\,\eta_{vo}} \cdot \tag{112}$$

Der Anteil der Änderung der Motorinnenleistung infolge der Änderung der Verbrennungsluftmenge entspricht einem Faktor

$$\frac{G_{Lv}}{G_{Lvo}} = \frac{p_l}{p_{lo}} \left(\frac{T_{lo}}{T_l}\right)^n \cdot \frac{C}{C_0} \; , \tag{113}$$

wobei jedoch wegen der meist weitgehenden Totraumspülung in der Regel annähernd $C = 1$ gesetzt werden kann.

Der Faktor

$$\frac{\lambda_{vo}}{\lambda_v} \cdot \frac{\eta_g \cdot \eta_v}{\eta_{go} \cdot \eta_{vo}}$$

berücksichtigt in erster Linie den Einfluß des mit dem Atmosphärenzustand veränderlichen Verbrennungsluftverhältnisses.

Dieser Faktor kann näherungsweise in der Form

$$\frac{\lambda_{vo}}{\lambda_v} \cdot \frac{\eta_g}{\eta_{go}} \cdot \frac{c - d\,\dfrac{1}{\lambda_v}}{c - d\,\dfrac{1}{\lambda_{vo}}} \tag{114}$$

dargestellt werden, da die λ-Abhängigkeit des Wirkungsgrades des vollkommenen Prozesses mit befriedigender Genauigkeit durch einen Ansatz (vergleiche Abb. 55, S. 111)

$$\eta_v = c - d\,\frac{1}{\lambda_v} \tag{115}$$

erfaßbar ist. Hierin sind c und d zwei Konstanten, die sich für das Motorverdichtungsverhältnis und das infrage kommende Höchstdruckverhältnis ermitteln lassen. Für den Faktor $\dfrac{\eta_g}{\eta_{go}}$ werden bei der Behandlung der einzelnen Regelvorschriften spezielle Ansätze gemacht.

Die Änderung der Gaswechselarbeit kann rechnerisch unter Berücksichtigung der mittleren Drücke während der Gaswechselperiode bei aufgeladenen und nicht aufgeladenen Motoren ermittelt werden. Jedoch hat diese Rechnung nur geringen Wert, da die tatsächlichen Unterschiede erfahrungsgemäß vom theoretisch ermittelten Wert bei verschiedenen Motoren stark abweichen.

Versuche an einigen Motoren zeigten, daß die Änderung der Gaswechselarbeit bei Motoren der mittleren Leistungsklasse meist vernachlässigbar klein ist, s. Abb. 150. Um allgemeine Regeln angeben zu können, sind noch Untersuchungen an verschiedenen Motorentypen, insbesondere an kleinen, schnellaufenden Motoren erforderlich.

In der folgenden Ableitung wird die Änderung der Gaswechselarbeit daher zunächst nicht berücksichtigt. Sie kann aber bei Vorliegen entsprechender Versuchsunterlagen in Gleichung 116 leicht durch ein additives Glied berücksichtigt werden.

Damit ergibt sich für das Verhältnis der Motorinnenleistungen bei beliebigem Atmosphären- und beim Bezugszustand[1]

$$\frac{N_i}{N_{i0}} = \frac{p_l}{p_{l0}} \cdot \left(\frac{T_{l0}}{T_l}\right)^n \cdot \frac{\eta_g}{\eta_{g0}} \frac{\lambda_{v0}}{\lambda_v} \cdot \frac{c - d \cdot \dfrac{1}{\lambda_v}}{c - d \cdot \dfrac{1}{\lambda_{v0}}} \tag{116}$$

Wie die Umrechnung des nichtaufgeladenen Motors (s. S. 353) zeigt, kann die effektive Motorleistung aus der Innenleistung über einen Ansatz für die Motorreibungsleistung ermittelt werden, s. Gl. 180, Seite 353:

Damit ergibt sich für die effektive Leistung[2]

$$N_e = \frac{N_{e0}}{\eta_{m0}} \left[\frac{N_i}{N_{i0}} - (1 - \eta_{m0}) \left\{ (1 - b) \frac{p_l}{p_{l0}} + b \right\} \right] \tag{117}$$

Um die Beziehung 116 nur von den Umgebungszuständen abhängig zu machen, ist es notwendig, die nicht ohne weiteres bekannten Verhältnisse

$$\frac{p_l}{p_{l0}} ; \frac{T_l}{T_{l0}} ; \frac{\lambda_v}{\lambda_{v0}} \cdot \frac{\eta_g}{\eta_{g0}} ;$$

---

[1] Das Verhältnis der Innenleistungen wird nach der Norm DIN 6270 auch mit K bezeichnet.

[2] Diese Beziehung ist mit geringen Änderungen auch in der Deutschen Norm DIN 6270 festgelegt (s. a. S. 353). Während in der Gl. (117) der von den Drücken im Zylinder abhängige Teil der Reibungsverluste proportional dem Druck in der Ladeleitung angenommen wird, ist in der Formel nach DIN 6270 der variable Teil der Reibungsleistung proportional der Innenleistung gesetzt.

soweit möglich durch die Verhältnisse von Druck und Temperatur der Atmosphäre bei veränderlichen Außenzuständen und beim Bezugszustand

$$\frac{p}{p_0} ; \frac{T}{T_0} ;$$

auszudrücken.

Bei der folgenden theoretischen Behandlung und der praktischen Berechnung wird vorausgesetzt, daß keine Rückkühlung der Ladeluft erfolgt. Bei Rückkühlung der Ladeluft kann die Berechnungsmethode in sinngemäßer Abwandlung übernommen werden.

Unter der Annahme, daß die Verdichtung im Lader näherungsweise mit einem konstanten Polytropenexponenten ν erfolgt, ergibt sich

$$\frac{p_l}{p} = \left(\frac{T_l}{T}\right)^{\frac{\nu}{\nu-1}} \qquad \text{für beliebigen Außenzustand} \qquad (118)$$

$$\frac{p_{l0}}{p_0} = \left(\frac{T_{l0}}{T_0}\right)^{\frac{\nu}{\nu-1}} \qquad \text{für den Bezugszustand} \qquad (119)$$

Hieraus folgt:

$$\frac{p_l}{p_{l0}} = \frac{p}{p_0} \cdot \left(\frac{T_l}{T_{l0}}\right)^{\frac{\nu}{\nu-1}} \cdot \left(\frac{T_0}{T}\right)^{\frac{\nu}{\nu-1}} \qquad (120)$$

Hiermit kann z. B. das Verhältnis der Ladedrücke eliminiert werden.

Wie bereits auf S. 247 ausführlich beschrieben worden ist, zeigt das Betriebsverhalten unter veränderlichen atmosphärischen Bedingungen von abgasturboaufgeladenen Dieselmotoren bei den verschiedenen Regelvorschriften sehr unterschiedliche Tendenzen: Während z. B. bei konstanter Kraftstoffüllung die Motorleistung mit der Höhe nur relativ wenig abnimmt, wird bei konstant bleibenden Werten der Abgastemperatur bzw. des Verbrennungsluftverhältnisses eine größere Leistungsverringerung beobachtet, da bei diesen Regelvorschriften die Kraftstoffmenge mit der Höhe reduziert werden muß, s. Abb. 148.

Aus diesen Überlegungen geht hervor, daß einer einheitlichen rechnerischen Behandlung aller Regelvorschriften große Schwierigkeiten entgegenstehen. An sich erscheint es wünschenswert, alle Regelvorschriften durch eine theoretisch begründete Formel zu erfassen. Die Aufstellung einer solchen Beziehung würde jedoch durch viele Zusatzformeln, die sich jeweils auf die speziellen Regelvorschriften beziehen, so kompliziert, daß es aussichtsreicher erscheint, eine getrennte formelmäßige Behandlung für die verschiedenen Regelbedingungen vorzunehmen. Dabei kommen für die Praxis hauptsächlich die Regelvorschriften konstante Kraftstoff-Füllung, konstante Abgastemperatur und konstantes Verbrennungsluftverhältnis infrage. Praktische Gesichtspunkte, wie Leistungsbegrenzung durch Abgastrübung, Pumpen des Laders, thermische Belastung des Motors müssen dann durch ergänzende Berechnungsvorschriften berücksichtigt werden.

Bei Voraussetzung einer speziellen Regelvorschrift lassen sich Beziehungen für die in der Leistungsformel auftretenden unbekannten Verhältnisse

$$\frac{p_l}{p_{l0}} \; ; \; \frac{T_l}{T_{l0}} \; ; \; \frac{\lambda_v}{\lambda_{v0}} \; ; \; \frac{\eta_g}{\eta_{g0}} \; .$$

finden.

Als Beispiel sei im folgenden die **Regelvorschrift konstante Abgastemperatur** behandelt. Die Einstellung des jeweiligen Betriebspunktes ist maßgeblich durch zwei Bilanzgleichungen bestimmt, und zwar

a) durch die Bedingung, daß der Motorluftdurchsatz einschließlich des Kraftstoffdurchsatzes gleich dem durch die Turbine gehenden Abgasstrom ist,

b) durch die weitere Bedingung, daß die Laderleistung durch die Turbinenleistung gedeckt werden muß.

Der Motorluftdurchsatz G_L entspricht der Summe aus der Verbrennungsluftmenge und der Spülluftmenge und unterscheidet sich von der Abgasmenge G_A im Mittel um einige Prozente (mittlerer Wert für $G_A/G_L = 1{,}03$). Es läßt sich zeigen, daß er im wesentlichen dem Ladedruck p_l proportional ist und im übrigen eine Funktion der Druckverhältnisse in Lader und Turbine $\frac{p_l}{p} \; ; \; \frac{p_{vT}}{p}$ und der Außentemperatur T ist.

Die Auswertung von Motorversuchen ergab, daß der reduzierte Turbinendurchsatz $\dfrac{G_A \cdot \sqrt{T_{vT}}}{p_{vT}}$ hauptsächlich eine Funktion des Druckverhältnisses $\dfrac{p_{vT}}{p}$ in der Abgasturbine ist.

$$\frac{G_A \cdot \sqrt{T_{vT}}}{p_{vT}} = f\left(\frac{p_{vT}}{p}\right) . \tag{121}$$

Diese Funktion kann beim atmosphärischen Bezugszustand durch Veränderung der Motorlast bei konstanter Drehzahl ermittelt werden.

Danach ist der durch die Turbine gehende Abgasstrom G_A nach der für Turbinen geltenden Durchflußgleichung im wesentlichen dem Druck vor der Turbine p_{vT} proportional und weiterhin eine Funktion der Abgastemperatur T_{vT} und des Turbinendruckverhältnisses $\dfrac{p_{vT}}{p}$.

Die unter a) genannte Durchsatzbilanz liefert somit eine Beziehung zwischen der Abgastemperatur, der Umgebungstemperatur und den Druckverhältnissen in Lader und Turbine in der Form

$$f\left(T_{vT};\ T;\ \frac{p_l}{p};\ \frac{p_{vT}}{p}\right) = 0\ . \tag{122}$$

Desgleichen liefert die unter b) genannte Turboladerenergiebilanz eine weitere Beziehung zwischen denselben Größen, falls der Turboladerwirkungsgrad $\eta_T\,\eta_L$ in erster Näherung als konstant angenommen wird:

$$\frac{1}{\eta_L}\cdot\frac{\varkappa_L}{\varkappa_L-1}\cdot R_L T\left[\left(\frac{p_l}{p}\right)^{\frac{\varkappa_L-1}{\varkappa_L}}-1\right]=1{,}03\,\eta_T\cdot\frac{\varkappa_A}{\varkappa_A-1}\cdot R_A T_{vT}\cdot\left[1-\left(\frac{p}{p_{vT}}\right)^{\frac{\varkappa_A-1}{\varkappa_A}}\right] \tag{123}$$

Man erhält somit zwei Gleichungen für die unbekannten Druckverhältnisse in Lader und Turbine und kann nach beiden Druckverhältnissen auflösen:

$$\frac{p_l}{p} = u(T_{vT},\ T) \qquad \frac{p_{vT}}{p} = v(T_{vT},\ T)\ .$$

Damit erhält man das wesentliche Ergebnis, daß bei **konstanter Abgastemperatur vor der Turbine** die Druckverhältnisse in Lader und Turbine von der Höhe nahezu unabhängig und nur eine Funktion der Umgebungstemperatur sind. Nimmt man, wie oben erwähnt, im Lader eine polytrope Verdichtung mit konstantem Polytropenexponenten an, so ist auch die Ladelufttemperatur nur eine Funktion der Umgebungstemperatur.Es kann jedoch gezeigt werden, daß dieLadelufttemperatur nur wenig von der Umgebungstemperatur abhängt, denn eine Auswertung der Gleichungen zeigt, daß mit zunehmender Außentemperatur das Laderdruckverhältnis abnimmt, so daß sich beide Einflüsse innerhalb der Polytropengleichung in etwa kompensieren.

Um die angegebenen Gleichungen in einfacher Weise, z. B. nach dem Laderdruckverhältnis auflösen zu können, müssen verschiedene Vereinfachungen vorgenommen werden, die aber von Versuchsergebnissen bestätigt werden. Die Ladelufttemperatur wird aus den oben genannten Gründen gleich ihrem Wert beim Bezugszustand der Atmosphäre gesetzt: $T_l \approx T_{l0}$.

Der reduzierte Turbinendurchsatz wird, ausgehend vom Bodenwert, als lineare Funktion des Turbinendruckverhältnisses angenommen. Die Turbolader-Energiebilanz wird linearisiert.

Damit lassen sich die Gleichungen nach dem Laderdruckverhältnis auflösen. Durch Division der Laderdruckverhältnisse bei beliebigem atmosphärischem Zustand und bei Bezugszustand ergibt sich das ge-

17*

suchte Verhältnis der Ladeluftdrücke in der Form

$$\frac{p_l}{p_{l0}} = \frac{p}{p_0} \cdot \frac{\dfrac{1 + A\sqrt{1 - \left(c_1 - c_2 \dfrac{T_v T}{T} \eta_T \cdot \eta_L\right) - B\left(c_1 - c_2 \cdot \dfrac{T_v T}{T} \cdot \eta_T \cdot \eta_L\right)}}{\left(c_1 - c_2 \cdot \dfrac{T_v T}{T} \cdot \eta_T \cdot \eta_L\right)^2}}{\dfrac{1 + A\sqrt{1 - \left(c_1 - c_2 \dfrac{T_v T}{T_0} \eta_T \eta_L\right) - B\left(c_1 - c_2 \dfrac{T_v T}{T_0} \eta_T \cdot \eta_L\right)}}{\left(c_1 - c_2 \dfrac{T_v T}{T_0} \eta_T \cdot \eta_L\right)^2}} =$$

$$= \frac{p}{p_0} \cdot D_1 \tag{124}$$

mit:

$$A = \frac{\sqrt{2\,R_L} \cdot \mu\, F_{sp} \cdot b_1 \cdot \left(\dfrac{T_{l0}}{{}^\circ\mathrm{K}}\right)^n {}^\circ\mathrm{K}}{\sqrt{T_{l0}} \cdot \dfrac{\varepsilon}{\varepsilon - 1} \cdot V_H \cdot \dfrac{n_M}{2}},$$

$$B = \frac{\left(\dfrac{G_{A0} \cdot \sqrt{T_v T_0}}{p_v T_0} - k \cdot F_T \cdot \dfrac{p_v T_0}{p_0}\right) \cdot R_L \cdot b_1 \cdot \left(\dfrac{T_{l0}}{{}^\circ\mathrm{K}}\right)^n \cdot {}^\circ\mathrm{K}}{1,03 \cdot \sqrt{T_v T_0} \cdot \dfrac{\varepsilon}{\varepsilon - 1} \cdot V_H \cdot \dfrac{n_M}{2}}.$$

Die Konstante b_1 ist gleich dem Verhältnis der Temperatur im Zylinder T_{zyl} bei Beginn der Verdichtung zur Ladelufttemperatur T_l mit n als Exponent und kann angenähert gleich 4,15 gesetzt werden ($n \approx 0{,}77$, s. auch S. 353).

Für die Abhängigkeit des Verbrennungsluftverhältnisses vom atmosphärischen Zustand wird ein empirischer Potenzansatz angenommen:

$$\frac{\lambda_{v0}}{\lambda_v} = \left(\frac{p_0}{p}\right)^\alpha \cdot \left(\frac{T}{T_0}\right)^\beta \tag{125}$$

wobei $\alpha \approx 0{,}2$, $\beta \approx 0{,}4$.

Somit ergibt sich für das Verhältnis der inneren Leistungen entsprechend Gleichung (116) unter Einfügung der für obenstehende Regelvorschrift ermittelten Beziehungen:[1]

$$\frac{N_i}{N_{i0}} = \frac{p}{p_0} \cdot D_1 \cdot \left(\frac{p_0}{p}\right)^\alpha \left(\frac{T}{T_0}\right)^\beta \frac{c - d\dfrac{1}{\lambda_{v0}}\left(\dfrac{p_0}{p}\right)^\alpha \left(\dfrac{T}{T_0}\right)^\beta}{c - d\dfrac{1}{\lambda_{v0}}} \tag{126}$$

In dieser Gleichung wird also die hauptsächliche Ursache der Leistungsänderung, nämlich die Veränderung des Ladeluftdruckes, durch einen rein theoretischen Ansatz erfaßt, während die Veränderung des Verbrennungsluftverhältnisses, die nur in geringem Maße die Leistung beeinflußt, auf Grund einer empirischen Beziehung berechnet wird.

---

[1] Der Gütegrad kann bei der Regelvorschrift „konstante Abgastemperatur" näherungsweise konstant angenommen werden.

Die effektive Leistung ergibt sich dann aus Gleichung (117). Die Umrechnung des spezifischen Kraftstoffverbrauches erfolgt auf Grund der Beziehung

$$b_e = \frac{B_h}{N_e} = \frac{G_{Lv}}{\lambda_v G_{L\,\min}} \cdot \frac{1}{N_e} \qquad (127)$$

zu:

$$\frac{b_e}{b_{e0}} = \frac{N_{e0}}{N_e} \frac{G_{Lv}}{G_{Lv0}} \frac{\lambda_{v0}}{\lambda_v} = \frac{N_{e0}}{N_e} \frac{p_l}{p_{l0}} \left(\frac{T_{l0}}{T_l}\right)^n \frac{\lambda_{v0}}{\lambda_v}. \qquad (128)$$

In ähnlicher Weise läßt sich auch die Regelvorschrift **konstantes Verbrennungsluftverhältnis** theoretisch behandeln.

Wiederum gilt die Durchsatzbilanz Motor-Abgasturbine und die Turbolader Energiebilanz.

Im Gegensatz zur Regelvorschrift konstante Abgastemperatur vor der Turbine können jedoch die Temperatur vor der Turbine T_{vT} und die Ladelufttemperatur T_l nicht mehr konstant gesetzt werden.

Da jedoch die Abhängigkeit von T_{vT}/T_{vT0} vom Umgebungszustand bei konstantem Verbrennungsluftverhältnis nur schwer theoretisch zu erfassen und nicht sehr bedeutend ist, wird analog zur Regelvorschrift „konstante Abgastemperatur vor Turbine" ein empirischer Potenzansatz in der Form

$$\frac{T_{vT}}{T_{vT0}} = \left(\frac{p}{p_0}\right)^\gamma \left(\frac{T_0}{T}\right)^\delta \qquad (129)$$

gewählt. Für die Exponenten können geschätzte Werte $\gamma = 0{,}19$ und $\delta = 0{,}17$ angenommen werden.

Die Abhängigkeit der Turbineneintrittstemperatur vom Atmosphärenzustand braucht nur ungefähr richtig angesetzt zu sein, da sie ohnehin nicht stark in die folgenden Beziehungen eingeht.

Aus den Bilanzgleichungen erhält man ähnlich wie bei der Regelvorschrift „konstante Abgastemperatur" das Verhältnis der Ladeluftdrücke in der Form

$$\frac{p_l}{p_{l0}} = \frac{p}{p_0} \cdot \sqrt{\frac{T_{vT}}{T_{vT0}}} \cdot \left(\frac{T_{l0}}{T_l}\right)^n \times$$

$$\times \frac{1 + A \cdot \left(\dfrac{T_l}{T_{l0}}\right)^{n-0{,}5} \cdot \sqrt{1 - \left(c_1 - c_2 \cdot \dfrac{T_{vT}}{T}\eta_T \cdot \eta_L\right)} - B \cdot \sqrt{\dfrac{T_{vT0}}{T_{vT}}} \cdot \left(\dfrac{T_l}{T_{l0}}\right)^n \left(c_1 - c_2 \dfrac{T_{vT}}{T}\eta_T \eta_L\right)}{\left(c_1 - c_2 \dfrac{T_{vT}}{T}\eta_T \eta_L\right)^2}$$

$$\times \frac{\left(c_1 - c_2 \dfrac{T_{vT}}{T}\eta_T \eta_L\right)^2}{1 + A \cdot \sqrt{1 - \left(c_1 - c_2 \cdot \dfrac{T_{vT0}}{T_0}\eta_T \eta_L\right)} - B\left(c_1 - c_2 \cdot \dfrac{T_{vT0}}{T_0}\eta_T \eta_L\right)} =$$

$$\Bigg/ \left(c_1 - c_2 \dfrac{T_{vT0}}{T_0}\eta_T \eta_L\right)^2$$

$$= \frac{p}{p_0} \cdot D_2 . \qquad (130)$$

Hierin sind A und B die gleichen Ausdrücke wie bei der Berechnung für konstante Temperatur vor Turbine, s. Gleichung (124), Seite 260.

Das Verhältnis der Ladelufttemperaturen ergibt sich bei Annahme polytroper Verdichtung im Lader mit einem Polytropenexponenten, der näherungsweise aus den Messungen am Bezugszustand ermittelt werden kann.

Damit erhält man für das Verhältnis der Ladelufttemperaturen bei konstantem λ_v durch Auflösen von Gl (120) nach T_l/T_{l0}

$$\frac{T_l}{T_{l0}} = \frac{T\left(\dfrac{p_l}{p}\right)^{\frac{v-1}{v}}}{T_0\left(\dfrac{p_{l0}}{p_0}\right)^{\frac{v-1}{v}}} = \left(\frac{p_l}{p_{l0}}\right)^{\frac{v-1}{v}} \cdot \left(\frac{p_0}{p}\right)^{\frac{v-1}{v}} \cdot \frac{T}{T_0} \tag{131}$$

und für das Verhältnis der Motorinnenleistungen entsprechend den Voraussetzungen wieder unter Annahme eines konstanten Motorgütegrades

$$\frac{N_i}{N_{i0}} = \frac{p_l}{p_{l0}} \left(\frac{T_{l0}}{T_l}\right)^n. \tag{132}$$

Wesentlich komplizierter gestaltet sich die theoretische Behandlung der Regelvorschrift **konstante Kraftstoffüllung**. Da bei konstanter Kraftstoffüllung die stündlich zugeführte Kraftstoffenergie konstant bleibt, ist die innere Motorleistung proportional dem inneren Motorwirkungsgrad, und für die Umrechnung der inneren Leistungen gilt die Beziehung

$$\frac{N_i}{N_{i0}} = \frac{\eta_i}{\eta_{i0}} \tag{133}$$

Hierbei kann der innere Wirkungsgrad bei veränderlichen atmosphärischen Bedingungen mit einer einfachen theoretischen Berechnung nur ungenau unter Zuhilfenahme der Abhängigkeit des vollkommenen Wirkungsgrades vom Luftverhältnis ermittelt werden.

Im Gegensatz zu den bisher behandelten Regelvorschriften ändert sich das Verbrennungsluftverhältnis in diesem Falle in erheblich stärkerem Maße in Abhängigkeit von den atmosphärischen Bedingungen.

Da die Kraftstoffüllung konstant bleibt, folgt für das Verhältnis der Verbrennungsluftverhältnisse

$$\frac{\lambda_v}{\lambda_{v0}} = \frac{G_{Lv}}{G_{Lvj}}. \tag{134}$$

Unter Verwendung von Gleichung (113) ergibt sich hieraus

$$\frac{\lambda_v}{\lambda_{v0}} = \frac{p_l}{p_{l0}} \cdot \left(\frac{T_{l0}}{T_l}\right)^n. \tag{135}$$

Damit kann η_v/η_{v0} entsprechend Gleichung (115) ermittelt werden.

Analog zur Behandlung der Regelvorschrift „konstantes Verbrennungsluftverhältnis" läßt sich das Verhältnis der Ladeluftdrücke nach Gleichung (130) bestimmen. Hierin wird die Abhängigkeit der Temperatur vor Turbine vom atmosphärischen Zustand durch einen empirischen Ansatz in der Form

$$\frac{T_{v\,T}}{T_{v\,T_0}} = \left(\frac{p_0}{p}\right)^{\gamma} \left(\frac{T}{T_0}\right)^{\delta} \tag{136}$$

(s. auch Gleichung (129)) berücksichtigt. Für die Exponenten können im Mittel folgende Zahlenwerte angegeben werden:

$$\gamma \approx 0{,}2 ; \qquad \delta \approx 0{,}7 .$$

Die nicht sehr bedeutende Veränderlichkeit des Gütegrades wird durch einen empirischen Ansatz

$$\eta_g/\eta_{g\,0} = \left(\frac{p}{p_0}\right)^{\xi} \cdot \left(\frac{T_0}{T}\right)^{\vartheta} \qquad \begin{matrix} \xi \approx 0{,}026 \\ \vartheta \approx 0{,}096 \end{matrix} \tag{137}$$

erfaßt.

Damit sind alle Werte, die zur Berechnung von N_i/N_{i_0} entsprechend Gleichung (132) erforderlich sind, bekannt.

c) Praktische Berechnung von Leistung und Verbrauch aufgeladener Dieselmotoren mit Hilfe der unter b) abgeleiteten Beziehungen

α) Regelvorschrift: „Konstante Temperatur vor Turbine"

Für die praktische Anwendung erscheint es zweckmäßig, die im vorstehenden Kapitel abgeleitete Beziehung für das Verhältnis der Innenleistungen bei oben genannter Regelvorschrift (Gleichung (126), S. 260) in einer vereinfachten Form darzustellen.

Dazu wurden eine Anzahl von gleichartigen Formelteilen in verschiedenen Ausdrücken zusammengefaßt, wobei die Gleichung (126) in die folgende Form übergeht

$$\frac{N_i}{N_{i0}} = \frac{p}{p_0}\,\frac{1 + E \cdot H_0 \sqrt{1 - G} - F \cdot K_0 \cdot G}{1 + E \cdot H_0 \sqrt{1 - G_0} - F \cdot K_0 \cdot G_0} \cdot \left(\frac{G_0}{G}\right)^2 \frac{\lambda_{v\,0}}{\lambda_v} \cdot \frac{\eta_v}{\eta_{v\,0}} \cdot \tag{138}$$

Folgende Faktoren wurden zur Vereinfachung der Darstellung eingeführt:

$$E = \frac{\sqrt{2\,R_L} \cdot b_1 \cdot 2 \cdot (\varepsilon - 1)}{\varepsilon \cdot V_H} , \quad (b_1 \approx 4{,}15)$$

$$F = \frac{R_L \cdot 2 \cdot b_1 \cdot (\varepsilon - 1)}{1{,}03 \cdot \varepsilon \cdot V_H} ,$$

$$G = c_1 - c_2 \cdot \frac{T_{v\,T}}{T} \cdot \eta_L \cdot \eta_T ,$$

$$G_0 = c_1 - c_2 \cdot \frac{T_{v\,T_0}}{T_0} \cdot \eta_L \cdot \eta_T ,$$

$$H_0 = \frac{\mu\, F_{sp} \cdot \left(\dfrac{T_{lo}}{{}^\circ K}\right)^{(n-0,5)} \cdot {}^\circ K^{\frac{1}{2}}}{n_M},$$

$$K_0 = \frac{G_{Ao}\, p_0 \sqrt{T_{vTo}} - k\, F_T \cdot p_{vTo}{}^2}{n_M \sqrt{T_{vTo}} \cdot p_0 \cdot p_{vTo}} \cdot \left(\frac{T_{lo}}{{}^\circ K}\right)^n \cdot {}^\circ K,$$

$$\frac{\lambda_v}{\lambda_{vo}} = \left(\frac{p}{p_0}\right)^\alpha \left(\frac{T_0}{T}\right)^\beta ; \tag{139}$$

α und β s. S. 260

$$\frac{\eta_v}{\eta_{vo}} = \frac{c - d \cdot \dfrac{1}{\lambda_v}}{c - d \cdot \dfrac{1}{\lambda_{vo}}} . \tag{140}$$

Die Faktoren E und F sind konstante Werte, die außer der Gaskonstanten nur noch von den konstruktiven Motordaten abhängen.

Ermittlung der Zahlenwerte in obenstehenden Ausdrücken: Die Zahlenwerte in Faktor G können in folgender Weise bestimmt werden:

Die Konstanten c_1 und c_2, welche die Abhängigkeit von p_{vT}/p_l von dem Ausdruck $\dfrac{T_{vT}}{T}\,\eta_L \cdot \eta_T$ berücksichtigen, werden aus den Kennfeldern des Turboladeaggregates bestimmt. Sie sind wenig veränderlich. Die Zahlenwerte wurden für einige Fälle ermittelt, wobei sich für c_1 der Wert von 1,484 und für c_2 der Wert von 0,428 im Mittel ergeben hat. Diese Werte können, wenn keine Kennfelder des Turboladeaggregates vorhanden sind, in erster Annäherung auch für andere Fälle eingeführt werden. Damit ergibt sich für G der Ausdruck:

$$G = 1,484 - 0,428 \cdot \frac{T_{vT}}{T}\,\eta_T\,\eta_L .$$

Der Turboladerwirkungsgrad wird durch Versuche beim Bezugszustand ermittelt und für die weitere Berechnung übernommen (s. auch S. 259).

Der Ausdruck $H_0 = \dfrac{\mu\, F_{sp} \cdot \left(\dfrac{T_{lo}}{{}^\circ K}\right)^{n-0,5} \cdot {}^\circ K^{\frac{1}{2}}}{n_M}$ enthält ausschließlich Daten, die beim Bezugszustand zu bestimmen sind. In diesem Ausdruck stellt $\mu\, F_{sp}$ einen scheinbaren Spülquerschnitt dar, der sich aus der Beziehung

$$\mu\, F_{sp} = \frac{G_{Lo} - \dfrac{\dfrac{\varepsilon}{\varepsilon - 1} \cdot V_H \cdot \dfrac{n_M}{2} \cdot p_{lo}}{R_L \cdot \left[b_1 \cdot \left(\dfrac{T_{lo}}{{}^\circ K}\right)^n \right] {}^\circ K}}{\sqrt{2 \cdot \dfrac{p_{lo}}{R_L \cdot T_{lo}}\,(p_{lo} - p_{vTo})}}$$

unter Benutzung von Meßwerten beim Bezugszustand mit der Voraussetzung berechnen läßt, daß die Spülluftmenge $G_{sp} = G_L - G_{Lv}$ nach einer einfachen Durchflußgleichung von der Differenz zwischen Druck in der Ladeleitung und Druck vor Turbine abhängig ist.

Zur Bestimmung der Größe $k\,F_T$ wird die Abhängigkeit des reduzierten Turbinendurchsatzes $\dfrac{G_A\sqrt{T_vT}}{p_vT}$ vom Turbinendruckverhältnis p_vT/p benötigt, die beim Bezugszustand für $n_M =$ konst. durch Veränderung der Last gemessen werden kann. Der Bezugspunkt, welcher der gegebenen Temperatur vor Turbine entspricht, liegt auf dieser Kurve. $k\,F_T$ stellt die Steigung einer Geraden dar, die durch diesen Punkt geht und die Kurve im zu erwartenden Betriebsbereich möglichst genau annähert.

Die zur Berechnung des Verhältnisses η_v/η_{v0} benötigten Konstanten c und d werden aus Kurven entsprechend Abb. 55 ermittelt, indem man für das Verdichtungsverhältnis ε und das zu erwartende Höchstdruckverhältnis p_{max}/p_l die entsprechende Wirkungsgradkurve durch eine Gerade annähert.

β) Regelvorschrift „konstantes Verbrennungsluftverhältnis"

Hierfür erfolgt die Berechnung in analoger Weise, wobei sich folgendes Rechenschema ergibt:

$$\frac{N_i}{N_{i0}} = \frac{p}{p_0} \cdot \sqrt{\frac{T_vT}{T_vT_0}} \cdot \left(\frac{T_{l0}}{T_l}\right)^n \cdot \frac{1 + E \cdot H\sqrt{1 - G} - F \cdot K \cdot G}{1 + E \cdot H_0\sqrt{1 - G_0} - F \cdot K_0 \cdot G_0} \cdot \left(\frac{G_0}{G}\right)^2 \cdot \left(\frac{T_{l0}}{T_l}\right)^n \tag{141}$$

mit den zusätzlichen Ausdrücken

$$H = \frac{\mu\,F_{sp} \cdot \left(\dfrac{T_l}{{}^\circ\mathrm{K}}\right)^{n-0{,}5}{}^\circ\mathrm{K}^{\frac{1}{2}}}{n_M}\,,$$

$$K = \frac{G_{A0} \cdot p_0 \sqrt{T_vT_v} - k\,F_T \cdot p_vT_0^{\,2}}{n_M \cdot \sqrt{T_vT} \cdot p_0 \cdot p_vT_0} \cdot \left(\frac{T_l}{{}^\circ\mathrm{K}}\right)^n {}^\circ\mathrm{K}\,,$$

$$\frac{T_vT}{T_vT_0} = \left(\frac{p}{p_0}\right)^\gamma \cdot \left(\frac{T_0}{T}\right)^\delta\,, \tag{142}$$

γ und δ s. S. 261

$$\frac{T_{l0}}{T_l} = \frac{T_0}{T} \cdot \left(\frac{p_{l0}}{p_l}\right)^{\frac{\nu-1}{\nu}} \cdot \left(\frac{p}{p_0}\right)^{\frac{\nu-1}{\nu}}\,. \tag{143}$$

Anhaltswerte für den Polytropenexponenten $\nu \approx 1{,}5 \div 1{,}7$, s. auch S. 257.

Da in diesem Falle $T_{l0} \neq T_l$ und weiterhin T_{l0}/T_l eine Funktion von p_{l0}/p_l ist, könnte der Wert T_{l0}/T_l nur mit einer komplizierten mathematischen Rechnung ermittelt werden. In der Praxis wird der Wert T_{l0}/T_l am besten nach dem Iterationsverfahren bestimmt.

Im ersten Schritt kann man $T_l = T_{l0}$ setzen und damit einen Wert für p_l/p_{l0} aus der Beziehung

$$\frac{p_l}{p_{l0}} = \frac{p}{p_0} \cdot \sqrt{\frac{T_v T}{T_v T_0}} \cdot \left(\frac{T_{l0}}{T_l}\right)^n \cdot \frac{1 + E \cdot H \sqrt{1 - G} - F \cdot K \cdot G}{1 + E \cdot H_0 \sqrt{1 - G_0} - F \cdot K_0 \cdot G_0} \cdot \left(\frac{G_0}{G}\right)^2 \quad (144)$$

finden. Aus Gleichung (143) ergibt sich damit das Verhältnis T_{l0}/T_l.

$\gamma)$ Regelvorschrift „konstante Kraftstoffüllung"

Die Ermittlung der Umrechnungsformel erfolgt nach denselben Prinzipien wie bei den Regelvorschriften konstante Abgastemperatur und konstantes Verbrennungsluftverhältnis. Die Grundlage der Berechnung entspricht also den Gleichungen (138) und (141). Somit ergibt sich das Verhältnis der Innenleistungen zu:

$$\frac{N_i}{N_{i0}} = \frac{\eta_v}{\eta_{v0}} \cdot \frac{\eta_g}{\eta_{g0}} = \frac{c - d \cdot \dfrac{1}{\lambda_v}}{c - d \cdot \dfrac{1}{\lambda_{v0}}} \cdot \left(\frac{p}{p_0}\right)^\varepsilon \cdot \left(\frac{T_0}{T}\right)^\vartheta \quad (145)$$

mit

$$\lambda_v = \lambda_{v0} \frac{p_l}{p_{l0}} \cdot \left(\frac{T_{l0}}{T_l}\right)^n \quad (146)$$

$$\frac{T_v T}{T_v T_0} = \left(\frac{p_0}{p}\right)^\gamma \cdot \left(\frac{T}{T_0}\right)^\delta \quad (146a)$$

Werte für γ und δ, s. S. 263
und

$$\frac{p_l}{p_{l0}} = \frac{p}{p_0} \sqrt{\frac{T_v T}{T_v T_0}} \cdot \left(\frac{T_{l0}}{T_l}\right)^n \cdot \frac{1 + E \cdot H \sqrt{1 - G} - F \cdot K \cdot G}{1 + E \cdot H_0 \sqrt{1 - G_0} - F \cdot K_0 \cdot G_0} \cdot \left(\frac{G_0}{G}\right)^2 \cdot \quad (147)$$

Hierin sind die Ausdrücke für E, F, G, H, K, G_0, H_0 und K_0 entsprechend der Regelvorschrift „konstantes Verbrennungsluftverhältnis" (Gleichung (141)) zu berechnen.

Da in diesem Ausdruck T_l zunächst unbekannt ist, kann der Wert T_{l0}/T_l wiederum nur durch Iterationsverfahren s. Gleichung (143) bestimmt werden.

Für die zahlenmäßige Berechnung können die Größen z. B. in folgenden Dimensionen eingeführt werden: $[V_H] = \mathrm{dm^3}$; $[F_{sp}] = \mathrm{cm^2}$; $[n_M] = \mathrm{min^{-1}}$; $[T] = {}^\circ\mathrm{K}$; $[p] = \mathrm{kp/cm^2}$; $[G_A] = \mathrm{kg/s}$; $[k\,F_T] = \mathrm{kg/s} \cdot \dfrac{{}^\circ\mathrm{K}^{1/2}}{\mathrm{kp}} \cdot \mathrm{cm^2}$.

In den folgenden Abbildungen 151 und 152 sind gemessene und gerechnete Werte für Leistung und Ladedruck in Abhängigkeit vom

Atmosphärenzustand bei der Regelvorschrift „konstante Abgastemperatur vor Turbine" für 2 Motoren einander gegenübergestellt.

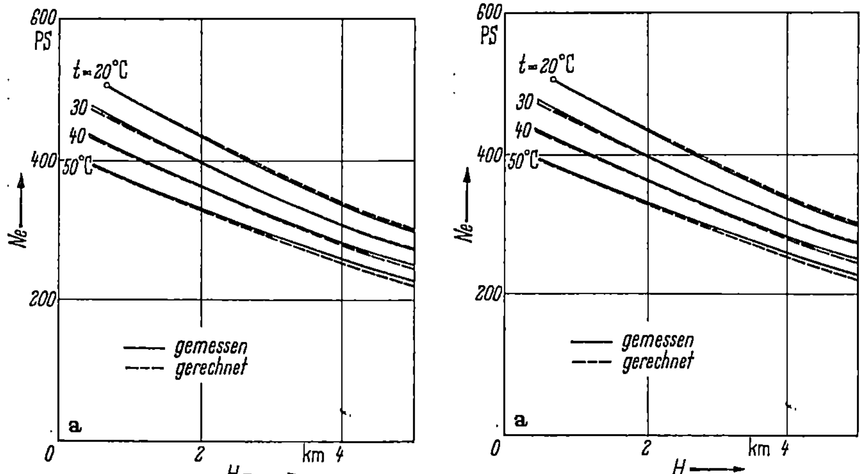

Abb. 151. Abhängigkeit der effektiven Motorleistung vom atmosphärischen Zustand.
a) Motor mit Direkteinspritzung (n_M = 1000 min^{-1}; $t_{v\,T}$ = 600 °C, ohne Ladeluftkühlung)
b) Vorkammermotor (n_M = 1500 min^{-1}; $t_{v\,T}$ = 600 °C, ohne Ladeluftkühlung)

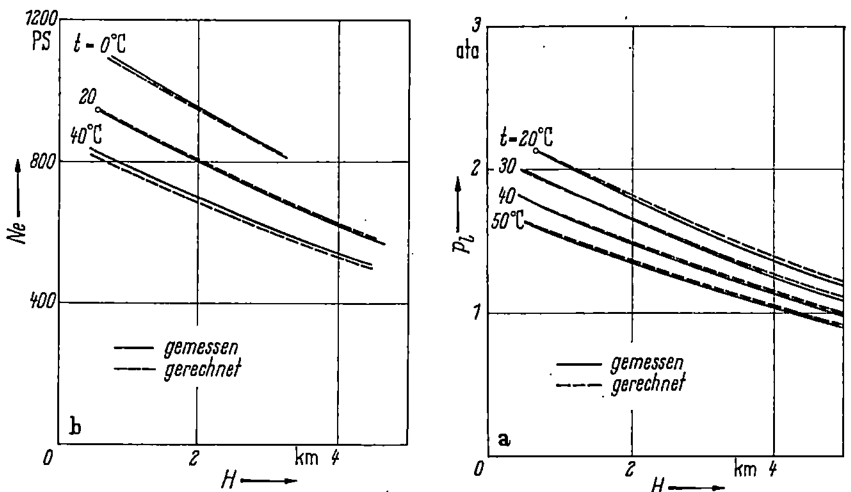

Abb. 152. Abhängigkeit des Ladedruckes vom atmosphärischen Zustand.
a) Motor mit Direkteinspritzung (n_M = 1000 min^{-1}; $t_{v\,T}$ = 600 °C, ohne Ladeluftkühlung)
b) Vorkammermotor (n_M = 1500 min^{-1}; $t_{v\,T}$ = °600 C, ohne Ladeluftkühlung).

In Abb. 153 sind die Abhängigkeit des Ladedruckes und der Motorleistung vom Atmosphärenzustand für die Regelvorschrift „konstantes Verbrennungsluftverhältnis" dargestellt.

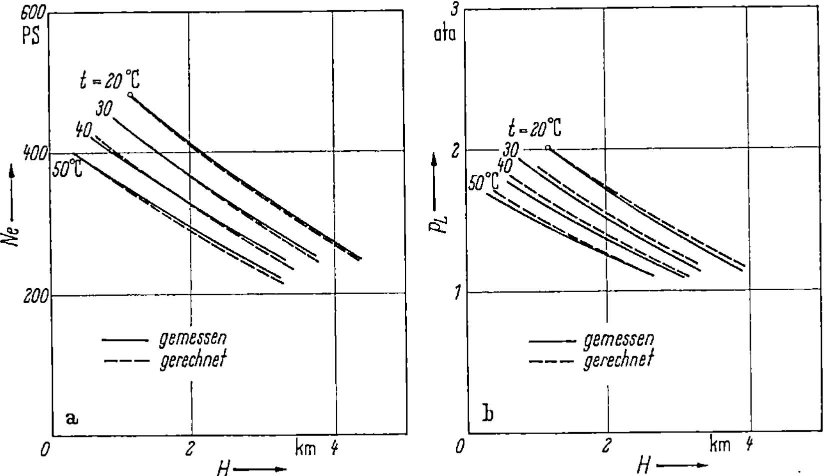

Abb. 153. Abhängigkeit von effektiver Motorleistung und Ladedruck vom Atmosphärenzustand.

Motor mit Direkteinspritzung (n_M = 1000 min^{-1}; λ_v = 1,8; ohne Ladeluftkühlung)

Der Vergleich zwischen den gemessenen und den nach oben stehender Methode berechneten Kraftstoffverbrauchswerten (s. Gl. 128) ergibt ebenfalls eine gute Übereinstimmung.

12. Die Aufladung von 2-Takt-Dieselmotoren

a) Allgemeines

Während die Abgasturboaufladung von Viertakt-Dieselmotoren
schon frühzeitig aufgegriffen wurde und sich seit Jahren einen breiten
Anwendungsbereich erobert hat, ist es erst später durch die Entwicklung geeigneter Aufladesysteme gelungen, die Abgasturboaufladung des Zweitakt-Dieselmotors mit gutem Erfolg einzuführen.

Seitdem beherrscht das einfach wirkende Zweitaktverfahren mit
seiner besonderen Eignung für den Schwerölbetrieb allgemein das Gebiet der großen, langsamlaufenden Schiffs- und stationären Dieselmotoren über 500 PS Zylinderleistung bis zu den größten Einheiten
von 30000 PS.

Die wesentlichen Gründe für die zeitlich spätere Einführung der
Aufladung von Zweitakt-Motoren sind die auf Grund des Verbrennungsverfahrens höhere thermische Belastung und Beanspruchung des Verbrennungsraumes sowie die Schwierigkeit, dem Motor im niedrigen
Drehzahl- und Lastbereich bei den prozeßbedingten, nicht sehr hohen
Abgastemperaturen ein ausreichend positives Spüldruckgefälle für den
Ladungswechsel zur Verfügung zu stellen. Die Turboaufladung des
Zweitakt-Dieselmotors konnte erst erfolgreich verwirklicht werden,
nachdem besondere Aufladeverfahren entwickelt waren, die eine bemerkenswerte Steigerung des effektiven Mitteldruckes gestatteten,

ohne die zulässige mechanische und thermische Leistungsgrenze des Motors zu überschreiten.

Alle zur Abgasturboaufladung von Zweitakt-Dieselmotoren verwendeten Aufladesysteme bedingen durch die Zuhilfenahme von Spülpumpen einen größeren Bauaufwand des Motors und mindern durch die benötigten Antriebsleistungen seine Wirtschaftlichkeit. Es bleibt daher auch beim Zweitakt-Motor immer das erstrebenswerte Ziel, die reine Abgasturboaufladung als einfachstes und wirtschaftlichstes Aufladeverfahren zu verwirklichen.

b) Aufladesysteme

Reine Abgasturboaufladung. Systembedingt stehen jedoch der Ausführung der reinen Abgasturboaufladung einige Schwierigkeiten entgegen. Die Auspuffenergieverhältnisse sind im Vergleich zum Viertakt-Dieselmotor weitaus ungünstiger, da das für den Ladungswechsel erforderliche Spüldruckgefälle höher und die Abgastemperatur wegen der Zylinderspülung und der thermischen Leistungsgrenze niedriger ist. Ferner ist das Anlassen und der Betrieb des nicht selbstansaugenden Zweitaktmotors im Teillastbereich ohne zusätzliche Spülpumpenhilfe sehr oft problematisch.

Nur die Ausnutzung aller motor- und turboladerseitig gegebenen Möglichkeiten zur Verbesserung der Energiebilanz des Turboladers und eine optimale Verwertung der Stoßenergie machen es möglich, den Zweitaktmotor bei jeder Belastung, insbesondere bei Teillast, mit reiner Abgasturboladung zu betreiben. Dazu ist es notwendig, den Druckabfall der Spülluft durch strömungsrichtige Ausbildung der Luft- und Gasführungen so niedrig wie möglich zu halten und den Motor durch ein wirksames Spülsystem mit größtem Reinheitsgrad bei kleinstem Luftaufwand zu spülen. Turboladerseitig sind die Wirkungsgrade von Lader und Turbine derart zu verbessern, daß der Turbolader im gesamten Lastbereich in der Lage ist, die vom Motor benötigte Luftmenge zu liefern. [H 57, H 63, H 67]

Spülluftseitige Schaltungsarten. Die spülluftseitigen Schaltungsarten von Turbolader und Spülpumpe unterscheiden sich in ihrem Bauaufwand und in dem Verhalten des Motors bei den verschiedenen Betriebszuständen und werden je nach der Maschinengröße und den besonderen Betriebsanforderungen gewählt.

Serienschaltung. Bei diesem Aufladesystem werden der Verdichter des Turboladers und die mechanisch angetriebenen Spülpumpen (mechanische Lader) in Serie geschaltet, wobei die 2-stufige Verdichtung der Ladeluft mit Zwischenkühlung erfolgt. Der Turbolader fördert als erste Verdichtungsstufe die volle Spülluftmenge, um das Bauvolumen der nachgeschalteten Spülpumpen möglichst klein zu halten (s. Abb. 154). Die Rückkühlung nach den Hilfspumpen ist nur dann zweckmäßig, wenn die Spülpumpen einen größeren Teil der Spülarbeit übernehmen müssen. Der Vorteil des Verfahrens ist, daß beim Anlassen und bei Leistungsänderungen ein einwandfreies sicheres Betriebsverhalten, auch bei Ausfall der Turbolader, gewährleistet ist, da die Spülpumpen

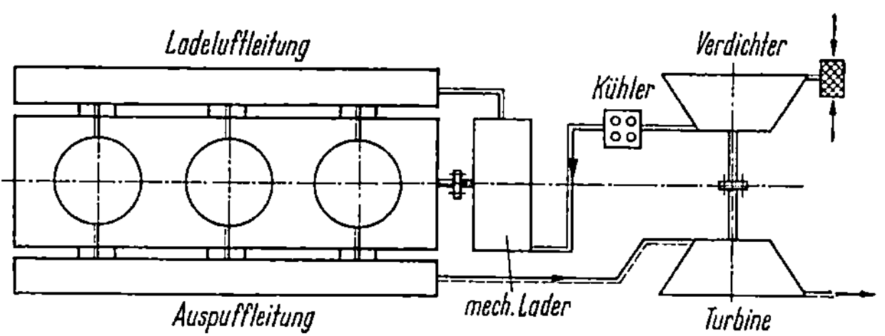

Abb. 154. Serienschaltung von Verdichter und mech. Lader

eine ausreichende Luftversorgung sicherstellen. Wegen der erheblichen Strömungsverluste in den Saug- und Druckventilen ist der Brennstoffverbrauch, besonders im Teillastgebiet, gegenüber anderen Schaltungsarten ungünstiger.

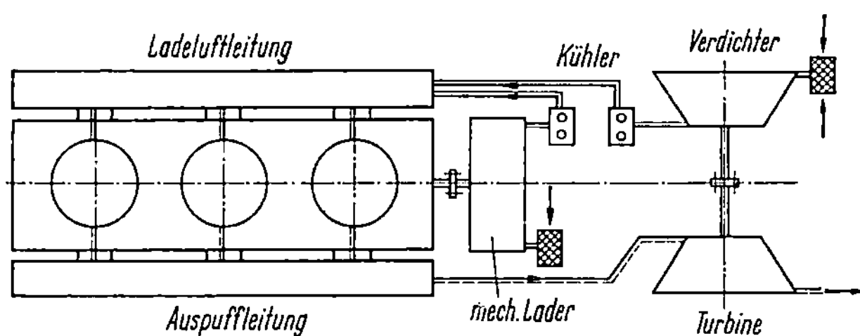

Abb. 155. Parallelschaltung von Verdichter und mech. Lader

Parallelschaltung. Diese Schaltung verbindet den Verdichter des Turboladers und einen Teil der als Hilfsspülpumpen arbeitenden Kolbenunterseiten parallel mit einer gemeinsamen Spülluftsammelleitung. Die Spülluft wird von beiden Förderaggregaten auf den gleichen Ladedruck verdichtet und gewöhnlich vor Eintritt in die Sammelleitung rückgekühlt (s. Abb. 155).

Bei diesem Aufladeverfahren erweist es sich als sehr vorteilhaft, daß zur Erreichung des gleichen Spüldruckes bei gleichem Gesamtwirkungsgrad des Turboladers ein viel geringerer Leistungsaufwand für die Spülhilfspumpen gegenüber dem Serienbetrieb erforderlich ist. Die Steigerung des Luftdurchsatzes und damit ein Leistungsgewinn durch

Zuschalten weiterer Kolbenunterseiten ist jederzeit möglich. Der Kraftstoffverbrauch ist günstiger als bei der Serienschaltung, da die Zusatzspülpumpen bei Vollast mit hohen Druckverhältnissen und gutem Wirkungsgrad arbeiten und im Teillastbetrieb weitgehend in der Förderung entlastet sind. Nachteilig ist, daß das Verhalten in niedrigen Laststufen durch die Pumpneigung des Verdichters zu Schwierigkeiten führen kann und u. U. für den Ausfall des Turboladers ein Zusatzgebläse bereitgestellt werden muß.

Serien-Parallelschaltung. Die Serien-Parallelschaltung hat den Zweck, ein stabiles Verhalten des Abgasturboladers im Teillastgebiet zu ermöglichen, da bei der Parallelschaltung, besonders bei dem Parallelarbeiten mehrerer Unterseiten, die Pumpgefahr sehr groß

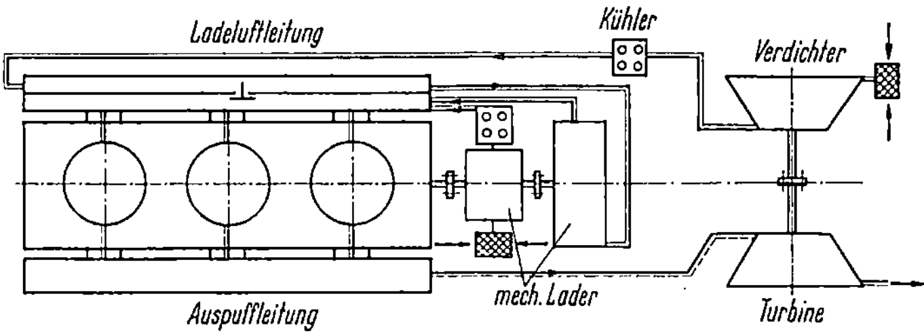

Abb. 156. Serien-Parallelschaltung

ist. Bei diesem Spülsystem arbeitet ein Teil der Kolbenunterseiten parallel zu dem Abgasturbolader, während ein anderer Teil in Reihe zu ihm geschaltet ist. Die von den parallel arbeitenden Kolbenunterseiten geförderte, rückgekühlte Luft wird in die 2. Stufe der unterteilten Spülluftleitung gedrückt. Der Abgasturbolader fördert die verdichtete Spülluft in die 1. Stufe der Sammelleitung. Die in Serie geschalteten Spülhilfspumpen saugen aus der Stufe *1* und führen die auf den Spüldruck gebrachte Ladeluft der Stufe *2* zu. Sobald die vom Verdichter des Abgasturbogebläses geförderte Luftmenge das Schluckvermögen der in Serie geschalteten Kolbenunterseiten übersteigt, werden beide Stufen durch Öffnen von Bypass-Ventilen miteinander verbunden, und die mehr geförderte Luft kann direkt in die Stufe *2* übertreten (s. Abb. 156).

Der Serien-Parallelbetrieb gestattet ein sicheres Anfahren des Motors und gewährleistet ein gutes Betriebsverhalten bei Teillast. Die Nachteile des reinen Parallel-Verfahrens werden zwar vermieden, aber der Aufwand ist durch die geteilte Spülluftleitung, durch die zusätzlichen Bypass-Ventile und die Ausrüstung sämtlicher Zylinder mit Kolbenunterseitenpumpen erheblich größer.

Neben den spülluftseitigen Aufladesystemen mit mechanisch vom Motor angetriebenen Zusatzspülpumpen besteht eine weitere Möglichkeit, den Fehlbetrag der Energiebilanz des Turboladers auszugleichen, darin, dem Abgasturbolader direkt durch einen Hilfsantrieb mechanische Energie zur Deckung des Leistungsfehlbetrages zuzuführen (s. Abb. 157). Dieser Hilfsantrieb des Abgasturboladers, der mechanisch von der Motorwelle, pneumatisch, elektrisch oder auch ölhydraulich erfolgen kann, findet nur noch spezielle Anwendungen.

Abgasseitige Aufladeverfahren. Wie schon in Abschnitt 10 „der Motor mit Abgasturbolader" gezeigt wurde, kann die Ausnutzung der Auspuffenergie in der Abgasturbine entweder nach dem Stau- oder nach dem Stoßverfahren erfolgen.

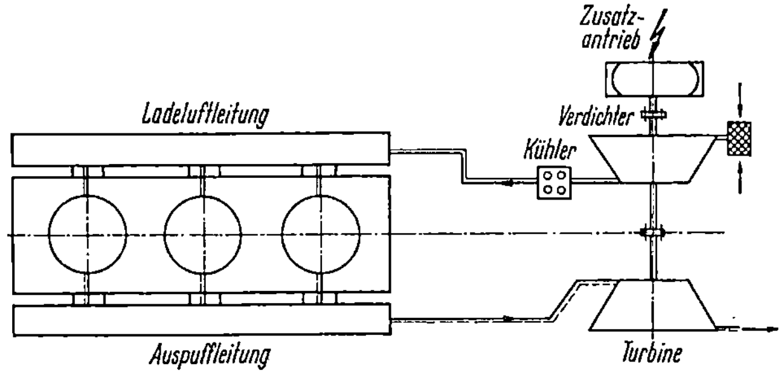

Abb. 157. Abgasturbolader mit Hilfsantrieb

Stauverfahren. Der Staubetrieb ist dadurch gekennzeichnet, daß die kinetische Energie der Auspuffgase in einem für alle Zylinder gemeinsamen Abgassammelrohr verwirbelt und nur die Druckenergie in der Turbine verwertet wird. Als Vorteil ergeben sich eine gleichmäßige Beaufschlagung der Turbine und eine gute Ausnutzung der vor der Turbine noch verfügbaren Auspuffenergie. Der Turbolader kann ohne besondere Beachtung der Zündfolge und des Zylinderanschlusses an jeder geeigneten Stelle des Motors angeordnet und auch leichter an bestehende Motoren angepaßt werden, da sich Spüldruck und Spüldruckgefälle durch entsprechende Bemessung der Turbinenquerschnitte sehr gut regeln lassen. Von Nachteil ist das geringe Energieangebot für die Turbine bei Teillastbetrieb und die träge Reaktion bei Laständerungen. Bei nicht sorgfältiger Ausbildung der Auspuffleitung können Auspuffdruckwellen die Spülung bestimmter Zylinder stören.

Stoßverfahren. Beim Stoßverfahren ist man bestrebt, die noch beträchtliche potentielle Energie des Abgases beim Öffnen des Auslasses mit Hilfe von engen unterteilten Auspuffleitungen auf kürzestem Wege zur Turbine zu leiten. Die vor der Turbine vorhandene Energie wird wegen der Ausnutzung der kinetischen Energie größer als beim Staubetrieb. Störende Einflüsse auf die Spülung durch Auspuffstöße anderer Zylinder werden vermieden, wenn die gemeinsamen Leitungen

solcher Zylinder mindestens einen Zündabstand von 120° KW haben.
Der Stoßbetrieb ergibt günstige Energieverhältnisse für die Turbine
bei Teillast, aber nur dann, wenn der Durchflußwiderstand des
Motors, die Bemessung der Auspuffleitungen und der Turbinenquerschnitte aufeinander abgestimmt sind.

Das Stoßverfahren ist dem Staubetrieb bei niedrigen Belastungen
überlegen. Dieser Vorteil in bezug auf die erreichbare Turbinenleistung wird aber mit höherem Aufladegrad immer geringer, da die
zusätzliche Energie der Auspuffstöße gegenüber der Konstantdruck-
energie verhältnismäßig klein wird und die Verbesserung des Turbinenwirkungsgrades wegen der gleichmäßigeren Energieabgabe mehr ins
Gewicht fällt. Bei Motoren mit Dreizylinder-Gruppen ist auch noch
bei einem hohen Aufladegrad der Vorteil der Stoßaufladung gegeben,
da die Beaufschlagung der Turbinen bei 120° KW Zündabstand sehr
gleichmäßig ist und daher zu guten Turbinenwirkungsgraden führt.

Für die Anwendung der spülluftseitigen Aufladesysteme im Staubetrieb ist die Tatsache bestimmend, daß das Energieangebot für die
Turbine bei Teillast gering ist.

Das Serienverfahren, bei dem sich störende Einflüsse durch Auspuffdruckwellen während der Spülung kaum bemerkbar machen,
stellt auch bei niedrigen Laststufen dem Motor genügende Luftmengen für den Ladungswechsel zur Verfügung. Beim Serien-Parallelbetrieb ist der Luftdurchsatz zwar geringer und stärker abhängig von der Belastung, jedoch für eine gute Spülung noch voll
ausreichend. Der etwas günstigere Kraftstoffverbrauch infolge der
weniger aufzuwendenden Spülpumpenarbeit, der geringere spezifische
Luftdurchsatz und der baulich kleinere Aufwand geben dem Serien-
Parallelbetrieb gegenüber der Serienschaltung eine gewisse Überlegen-
heit.

Für die Beurteilung der spülluftseitigen Aufladesysteme im Stoßbetrieb ist maßgebend, daß im Gegensatz zum Stauverfahren die Luft-
förderung bei Teillast infolge günstigerer Energieverhältnisse an der
Turbine vollkommen ausreichend ist.

Die Serienschaltung der Spülpumpen ist allein aus wirtschaftlichen Gründen wegen ihres großen Bauaufwandes meist nicht zweckmäßig. Der Parallelbetrieb hingegen zeichnet sich besonders durch die
einfachen Schaltungsmöglichkeiten für die Änderung des Luftdurchsatzes und damit der Leistung aus. Er hat sich wegen des geringen
baulichen Aufwandes bewährt. Das Serien-Parallelverfahren, das
zwar in seinen betrieblichen Ergebnissen nur wenig von denen des
Parallelbetriebes abweicht, ist dagegen baulich erheblich aufwendiger.

B. Gasturbinen

Allgemeines

Wenn auch die .ersten Anfänge der Gasturbinenentwicklung bis
in das Jahr 1791 zurückgehen, so kann man doch erst nach der Jahr-
hundertwende von wesentlichen Fortschritten auf diesem Gebiet spre-
chen. Eine steil nach oben führende Entwicklungstendenz zeigt der Gasturbinenbau aber erst in den letzten Jahrzehnten. Heute ist die Gasturbine
im Begriff, als Kraftmaschine eine ähnliche Bedeutung zu gewinnen,
wie die Dampfturbine und der Verbrennungsmotor. Grundsätzlich
ist die Turbomaschine bei verhältnismäßig geringem Bauaufwand in
der Lage, sehr große Arbeitsgasmengen durchzusetzen. Die zwangs-
läufige Folge dieser Tatsache ist die besondere Eignung der Turbine
für große und größte Leistungsklassen. Als geschichtliche Entwicklungs-
parallele mag angegeben werden, daß in den Leistungsklassen über
10 000 kW bei Dampfkraftanlagen die Kolbendampfmaschine von der
Dampfturbine verdrängt wurde. Eine gleichartige Entwicklungstendenz wird sich im Prinzip, aber in geringerem Ausmaß, zwischen Verbrennungsmotor und Gasturbine ergeben. Während es schon schwierig
ist, Flugmotoren im Leistungsbereich über 4000 PS zu bauen, bereitet
es keinerlei Schwierigkeiten, Gasturbinentriebwerke in dieser Größe
und mit einem Vielfachen dieser Leistung zu bauen. Gasturbinen-
Aggregate für Kraftwerke in der Größenordnung von 30 000 kW sind
schon zufriedenstellend im Betrieb. Die obere Leistungsgrenze kann
vorläufig noch nicht mit Sicherheit angegeben werden.

Einen Impuls zu der in Gang befindlichen Entwicklung der Gasturbinen hat auch die Erkenntnis gebracht, daß es ohne Schwierigkeiten möglich ist, Gasturbinentriebwerke mit einem im Vergleich zu
hoch entwickelten Hochleistungsmotoren sehr geringen Leistungsgewicht und geringem Raumbedarf zu bauen, zum Beispiel als Flugtriebwerke. Beim Vergleich der Gasturbinentriebwerke gegenüber den
Verbrennungsmotoren ist auch noch von Bedeutung, daß die Turbine
als Strömungstriebwerk eine ähnliche Charakteristik aufweist wie der
Luftpropeller und die Schiffsschraube, so daß die Turbinentriebwerke
in einfacher Weise an den Flugzeug- oder Schiffsbetrieb angepaßt
werden können.

Nach diesen allgemeinen Betrachtungen werden im folgenden die
thermodynamischen Grundlagen der Gasturbinen erörtert.

Die Erzeugung mechanischer Arbeit in einer Gasturbine ist grundsätzlich immer möglich, wenn Gas zur Verfügung steht, das von einem
höheren Druck auf einen geringeren Druck entspannt werden kann.

Wird als Arbeitsgas Luft verwendet, dann spricht man von einer Luftturbine, bei Verwertung von Abgasen von Abgasturbinen.

In den meisten Fällen wird das Arbeitsgas für die Turbine durch Verbrennung des Kraftstoffes mit vorverdichteter Luft hergestellt. Diese Vorverdichtung und Verbrennung kann aber auch im Rahmen eines Prozesses, der für andere Zwecke durchgeführt wird — wie beispielsweise in der chemischen Industrie — erfolgen. Eine weitere Möglichkeit ist die Durchführung des Verbrennungsvorganges in einem Verbrennungsmotor. Dabei kann die Verteilung der Energieerzeugung in der Weise erfolgen, daß der Motor als Hauptmaschine anzusehen ist, welche die mechanische Arbeit abgibt und die nachgeschaltete Turbine als Hilfsmaschine zu gelten hat, die mittels des gekuppelten Verdichters die Verbrennungsluft für den Motor vorverdichtet. Er besteht aber auch die Möglichkeit, die Nutzenergieerzeugung hauptsächlich in die Gasturbine zu legen und den vorgeschalteten Motor vorwiegend oder ausschließlich als Gaserzeuger zu betreiben (z. B. Verfahren von PESCARA (s. S. 297)). Eine Vorverdichtung ist theoretisch nicht unbedingt erforderlich, wenn die Verbrennung bei konstantem Volumen durchgeführt wird, jedoch ist auch in diesem Falle eine Vorverdichtung vorteilhafter, wie aus den folgenden Ausführungen hervorgeht. Sieht man zunächst von der Art der Erzeugung des der Turbine zur Verfügung stehenden Gases ab, und betrachtet man nur einen Teil des Arbeitsvorganges in der Turbine, für den die vereinfachte Annahme konstanten Druckes des verfügbaren Gases und die Annahme eines konstanten Gegendruckes —, der meist dem Umgebungsdruck entspricht —, zulässig ist, so erhält man aus dem ersten Hauptsatz der Thermodynamik die in der Turbine während des betrachteten Teilvorganges gewonnene Arbeit wie folgt.

Bezeichnet man den Zustand des Gases vor der Turbine mit dem Index „1", den Zustand nach der Turbine mit dem Index „2", so erhält man für ein kg Arbeitsgas

$$u_1 + P_1\,v_1 + \frac{w_1{}^2}{2} = u_2 + P_2\,v_2 + \frac{w_2^2}{2} + L + \frac{Q}{G}\,. \qquad (148)$$

Hierin bedeutet u die innere Energie, P und v den Druck und das Volumen, w_1 die Einströmgeschwindigkeit und w_2 die Ausströmgeschwindigkeit aus der Turbine, Q die abgegebene Wärmemenge, G die arbeitende Gasmenge und L die abgegebene Arbeit. Unter der meist zulässigen Annahme, daß die Ein- und Ausströmgeschwindigkeiten in ihrem Einfluß vernachlässigbar sind und unter Vernachlässigung der Wärmeverluste nach außen, erhält man:

$$L = \frac{1}{G} \int (i_1 - i_2)\,dG\,. \qquad (149)$$

18*

Die aus dem Dampfturbinenbau bekannte Formel besagt, daß die von der Turbine abgegebene Arbeit der jeweiligen Differenz der Enthalpien der ein- und ausströmenden Gase entspricht. Bei veränderlichem Druckgefälle ergibt sich die gewonnene Arbeit aus obenstehender Formel. Im Falle der verlustlosen Maschine wird die höchste erreichbare Arbeit der Gasturbine pro kg Gas gleich dem Wärmegefälle der Isentrope:

$$L_{is} = (i_1 - i_2)_{is} \tag{150}$$

oder

$$L_{is-t} = \frac{\varkappa}{\varkappa - 1}\, R\, T_1 \left[1 - \left(\frac{P_2}{P_1}\right)^{\frac{\varkappa-1}{\varkappa}} \right]. \tag{151}$$

Somit ist die Arbeit der Gasturbine bei gleichem Druckgefälle in erster Annäherung proportional der Frischgastemperatur. Hierzu

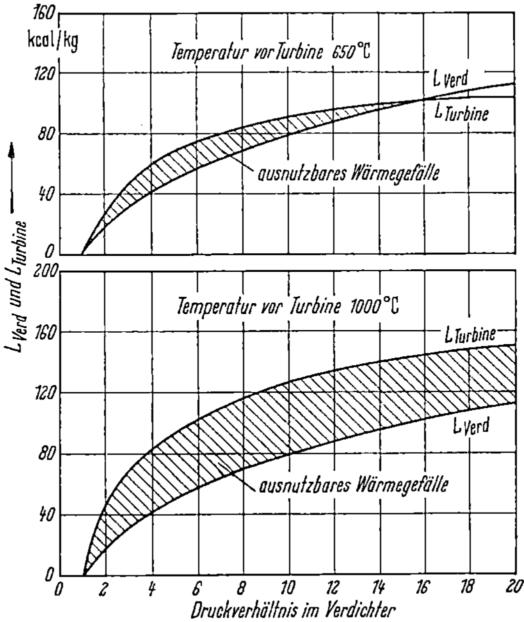

Abb. 158. Wärmgefälle von Turbine und Verdichter in Abhängigkeit vom Druckverhältnis. Zugrunde gelegte Wirkungsgrade: Verdichterwirkungsgrad = 0,82, Turbinenwirkungsgrad = 0,80

kommt noch der sekundäre Einfluß der Verschiedenheit der spezifischen Wärmen, der durch entsprechende Änderung des Wertes $\varkappa$ berücksichtigt werden kann. Weiterhin ist die erreichbare Leistung, wie die oben stehende Gleichung zeigt, vom Druckgefälle abhängig. Vergleicht man die erforderliche isentrope Verdichtungsarbeit eines verlustlosen Verdichters mit der erreichbaren Arbeit einer verlustlosen Gas-

turbine, so ergibt sich, daß schon bei Gastemperaturen von etwa 600°
die Turbinenleistung mehr als doppelt so groß wie der Leistungsbedarf
des Verdichters ist. In Abb. 158 sind für eine Gastemperatur von
650 °C und für eine Gastemperatur von 1000 °C für verschiedene Druckverhältnisse die Wärmegefälle unter Berücksichtigung von Verlusten
in Turbine und Verdichter dargestellt. Die Übersicht zeigt, daß schon
bei verhältnismäßig geringen Gastemperaturen bei Annahme erreich-
barer Wirkungsgrade erhebliche Überschußleistungen der Turbine im
Vergleich zum Arbeitsbedarf des Verdichters auftreten.

Aussichten der Gasturbine im Vergleich zu anderen Verbrennungskraftmaschinen

Zur Klärung der Stellung, die die Gasturbinen im Rahmen der Verbrennungskraftmaschinen allgemein einnehmen und zur Abschätzung
der unterschiedlichen Zukunftsaussichten in verschiedenen Anwen-
dungsbereichen ist theoretisch die Frage zu klären, ob die in Betracht
kommenden Maschinengattungen Ottomotor, Dieselmotor und Gasturbine schon in ein Endstadium der Ausreifung ihrer Entwicklung
getreten sind, oder ob in den nächsten Jahrzehnten noch große
Verbesserungen zu erwarten sind.

In der Abb. 159 ist ein Gesamtüberblick über die Entwicklungsmöglichkeiten und die relativen Aussichten des Ottomotors, des Dieselmotors und der Gasturbine im Hinblick auf den Kraftstoffverbrauch
gegeben. Die theoretisch errechneten Verbrauchszahlen sind unter
Zugrundelegung der heute erreichbaren Wirkungsgrade bezogen auf
die effektive Leistung in PS in dieser Abbildung wiedergegeben.

Dabei wurden folgende Annahmen getroffen:

Gasturbine: Temperatur vor den Düsen $t = 1000$ °C, Turbinen-
wirkungsgrad $\eta_t = 0,80$, Verdichterwirkungsgrad $\eta_v = 0,85$,
Druckverlust in der Brennkammer $\Delta p_{BK} = 0,04\,p_2$.
Verbrennungswirkungsgrad[1] der Brennkammer $= 0,96$, für die
Kurve mit Vorwärmung: Betreffend $\Delta t = 50$ °C, siehe Fuß-
note S. 288.
Otto- und Dieselmotor: Mechanischer Wirkungsgrad $\eta_m = 0,90$.
Gütegrad $\eta_g = 0,87$.

Wie zu erwarten, zeigen die Wirkungsgrade aller Verbrennungskraftmaschinen einen ähnlichen Verlauf in Abhängigkeit vom Verdichtungsverhältnis. Die Absolutwerte der Wirkungsgrade bei gleichem Verdichtungsverhältnis unterscheiden sich unter gleichen Voraussetzungen nicht sehr stark. Der ähnliche Verlauf der Wirkungsgrade
mit zunehmender Verdichtung ist leicht verständlich, weil das Prinzip

---

[1] Auch Wirkungsgrade von 99% werden erreicht.

der Erzeugung von Arbeit bei allen Verbrennungskraftmaschinen grundsätzlich gleich ist. Sowohl beim Arbeitsverfahren der Turbinen als auch der Motoren wird Luft und Kraftstoff verdichtet. Nach der Verdichtung wird durch Verbrennung — in manchen Fällen auch aus

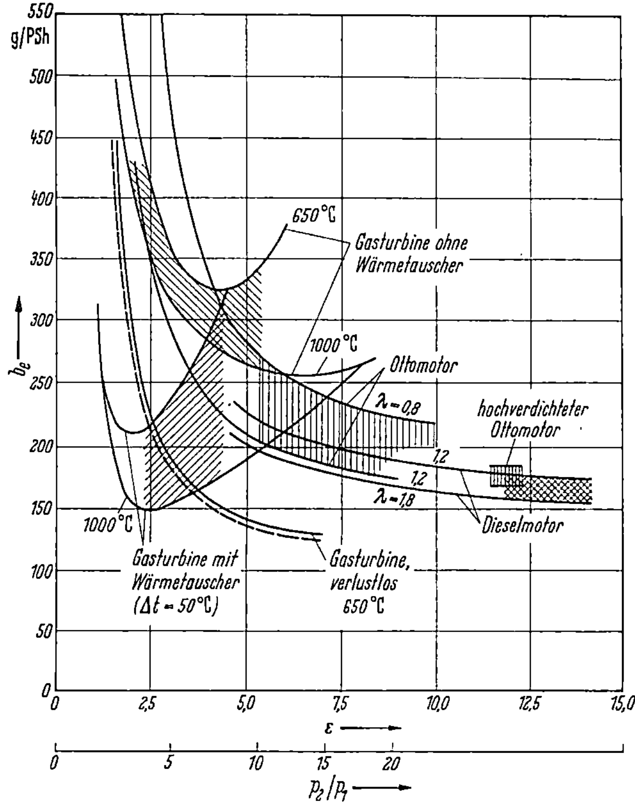

Abb. 159. Verbrauchszahlen von Wärmekraftmaschinen

der Abgasenergie — Wärme zugeführt. Nach der Verbrennung wird bei Dehnung der heißen Verbrennungsgase Arbeit gewonnen.

Die Hauptunterschiede im Arbeitsprozeß der Kolbenmotoren und Turbinen treten in der Dehnungsperiode auf. Die Arbeitserzeugung erfolgt beim Motor während des Dehnungshubes im Zylinder. Die Nutzarbeit wird über den Kolben- und den Kurbeltrieb abgenommen. Bei der Turbine wird die Dehnungsarbeit der Gase in den Düsen in Geschwindigkeitsenergie umgesetzt. Die kinetische Energie des Gases wird bei der Umlenkung in den Schaufeln des Turbinenrades als mechanische Energie abgegeben und über die Turbinenwelle abgenommen.

Diese allgemeine Betrachtung läßt erwarten, daß die spez. Kraftstoffverbräuche und damit die Wirkungsgrade der Turbinen und Verbrennungsmotoren in ähnlicher Größenordnung liegen müssen. Die Kurvendarstellungen zeigen, daß die spez. Kraftstoffverbräuche der Gasturbinen auch eine ähnlich fallende Tendenz mit der Verdichtung aufweisen wie die der Motoren. Jedoch ergibt sich abweichend von dem Verlauf bei den Motoren ein Minimum und dann ein steiles Ansteigen der spez. Kraftstoffverbräuche.

Bei der Gasturbine muß die Verdichtung durch eine gesonderte Maschine, den Verdichter, bewerkstelligt werden, während beim Motor

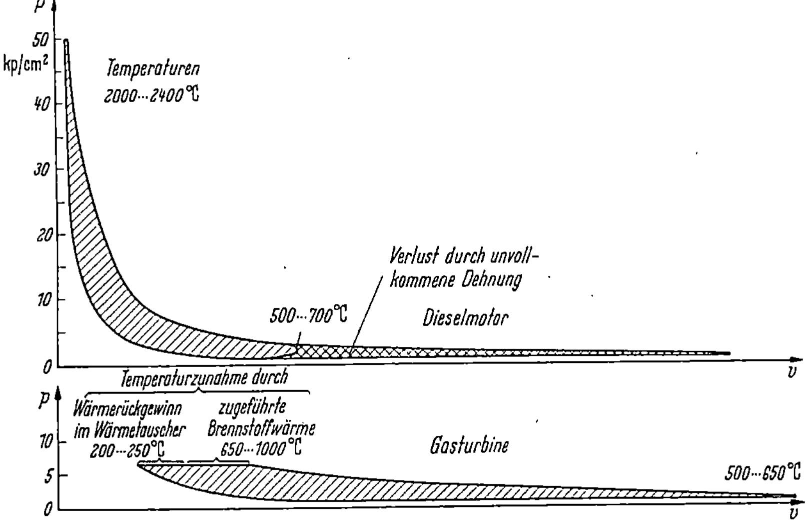

Abb. 160. Darstellung der Arbeiten des Dieselmotors und der Gasturbine im $p-v$-Diagramm

die Verdichtung und Dehnung im gleichen Zylinder erfolgt. Wegen des geringeren Wirkungsgrades des Verdichtungsvorganges im Verdichter wird die Energiebilanz des Turbo-Aggregates mit zunehmendem Druckverhältnis im Vergleich zum Motor ungünstiger. In noch stärkerem Maße wirken sich, verglichen mit dem Motor, die Verluste in der Gasturbine aus. Die Arbeitsverluste während der Dehnungsperiode sind in der Turbine viel größer als im Motor. Während beim Motor die Dehnung bis zu dem Druck, bei dem die Auslaßventile öffnen, nur mit geringen Verlusten behaftet ist, treten bei der Gasturbine in diesem Druckbereich schon erhebliche Verluste auf. Die Verluste in der Turbine und im Verdichter bedingen ein Ansteigen der Verbrauchskurven mit zunehmender Verdichtung.

Andererseits wird beim Arbeitsverfahren der Gasturbinen die Expansionsarbeit vollkommen ausgenützt. Bei gleichem Verdichtungsverhältnis, gleichen Verbrennungstemperaturen, gleichen Gütegraden und gleichen mechanischen Wirkungsgraden wäre daher das Arbeitsverfahren der Turbinen günstiger (vgl. Abb. 160 und Abb. 6). Entscheidend ist aber für den Wirkungsgrad auch das Luftverhältnis und die maximale Verbrennungstemperatur.

Aus den Ausführungen auf S. 25 geht hervor, daß bei den Verbrennungsmotoren bei gleichem Verdichtungsverhältnis die Wirkungsgrade η_v um so günstiger liegen, je größer das Luftverhältnis ist, bzw. bei je höherem Luftüberschuß die Verbrennung vor sich geht. Diese Feststellung ist jedoch nur für das spezielle motorische Arbeitsverfahren gültig, wenn der Dehnungshub begrenzt ist, also wenn keine vollständige Dehnung bis auf den Gegendruck erfolgen kann (siehe Abb. 3, S. 17). Würde beim motorischen Arbeitsverfahren eine vollkommene Dehnung bis auf den Gegendruck zugelassen, so würde sich der Wirkungsgrad des motorischen Prozesses bei Gleichraumverbrennung mit zunehmendem Luftüberschuß wenig ändern. Die z. B. in Abb. 5 ersichtliche Wirkungsgradverbesserung zwischen $\lambda = 1,0$ und $\lambda = 1,4$ würde also im Wesentlichen fortfallen. Beim Arbeitsverfahren des verlustlosen Turbotriebwerkes wird grundsätzlich die vollständige Dehnungsarbeit ausgenutzt (vgl. Abb. 160). Aus diesem Grunde tritt bei der Gasturbine mit zunehmendem Luftüberschuß keine Verbesserung des Wirkungsgrades ein. Im Gegenteil, es wird mit höherer Gastemperatur, also mit abnehmendem Luftüberschuß, der Wirkungsgrad besser.

Aus der Gleichung für L_{is-t}, Seite 276, geht hervor, daß die Arbeit der Gasturbine bei gleichem Verdichtungsverhältnis proportional der absoluten Temperatur zunimmt. Die Nettoarbeit des Turboaggregates, also die Differenzleistung zwischen Dehnungsarbeit der Turbine und aufzuwendender Verdichtungsarbeit im Verdichter nimmt relativ mit der Temperatur naturgemäß noch stärker zu.

Um die zukünftige Stellung der Gasturbinentriebwerke bezüglich Wirtschaftlichkeit im Rahmen der Verbrennungskraftmaschinen beurteilen zu können, müssen den Betrachtungen daher sowohl die Frischgastemperaturen zugrunde gelegt werden, die dem derzeitigen Stand der Technik entsprechen, als auch die in absehbarer Zeit erreichbaren Frischgastemperaturen. Während bis vor einem Jahrzehnt die Turbinen mit Gastemperaturen von etwa 600 bis 750 °C gebaut wurden, die mit den verfügbaren Werkstoffen mit ungekühlten Schaufeln beherrscht werden können, werden neuerdings bei gekühlten Schaufeln Gastemperaturen bis 1000 °C und bei Flugtriebwerken im Versuch bereits bis 1200 °C zugelassen. Obwohl schon jetzt zu übersehen ist, daß Laufräder mit luftgekühlten Schaufeln über 1200 °C gebaut werden können, ist doch anzunehmen, daß wegen des unverhältnismäßig hohen Aufwandes für die Gaszuleitungen die Reglerorgane etc. Gastemperaturen von 1100 °C im Serienbau in nächster Zeit nicht wesentlich überschritten werden.

Die Verbesserung des Wirkungsgrades infolge Erhöhung der Gastemperatur ist aus Abb. 166 ersichtlich.

Zur Verbesserung des spezifischen Kraftstoffverbrauches wird auch von der Möglichkeit, einen Teil der Abwärme innerhalb des Arbeitsprozesses wieder zurückzugewinnen, Gebrauch gemacht. Man wärmt die vorverdichtete Verbrennungsluft mittels der Abgase in einem Wärmeaustauscher (s. S. 288) vor, so daß die nach der Verdichtung zuzuführende Wärme z. T. aus der Abwärme gedeckt wird, und erst anschließend die Wärmezufuhr durch Verbrennung durchgeführt wird. Mit diesem Verfahren der Abgaswärmeausnützung — auch Regenerativ-Verfahren genannt — können Gasturbinen-Aggregate gebaut werden, die ungefähr die gleichen Wirkungsgrade wie Großdampfkraftanlagen (ca. 40%) aufweisen. Eine Anzahl stationärer Gasturbinen-Kraftwerke ist teils fertiggestellt und teils im Bau. Die in diesen Kraftwerken von 10 bis 100 MW Gesamtleistung erreichten Gesamtwirkungsgrade liegen in der Mehrzahl zwischen 30% und 35%, zum Teil aber auch bei 25%.

Aus diesen Betrachtungen und aus Abb. 159 ist ersichtlich, daß mit der Gasturbine — sofern man den großen Bauaufwand eines Wärmetauschers in Kauf nimmt — nahezu dieselben Verbrauchszahlen erreicht werden können wie mit dem Dieselmotor.

Gasturbinen werden praktisch in zwei Ausführungsformen gebaut werden: Einmal als Hochleistungsmaschine (z. B. Flugzeug-Strahltriebwerk mit etwa halbem Gewicht des Flugmotors) mit viel geringerem Baugewicht und Bauvolumen als alle Motoren, aber relativ höherem Kraftstoffverbrauch, oder als hochwirtschaftliches Maschinenaggregat mit zusätzlicher Verwertung der Abgaswärme im Energiekreislauf durch Wärmetauscher. Bauvolumen und Gewicht sind in diesem Falle größer.

Weiterhin ist zu erkennen, daß beim Dieselmotor in der Wirtschaftlichkeit Verbesserungen in der Größenordnung nicht mehr erreicht werden können. Nur durch Kombinationen mit einer Gasturbine ist noch eine höhere spez. Leistung und ein wesentlichbesserer Verbrauch erreichbar. Insbesondere die Entwicklungsarbeiten auf dem Gebiet der Hochaufladung mit Abgasturboladern lassen noch eine erhebliche Verminderung des Kraftstoffverbrauches bis etwa auf 140 g/PSh und eine Erhöhung der spez. Leistung erwarten.

Ganz anders liegen die Verhältnisse beim Ottomotor. Die Darstellung auf S. 278 zeigt, daß theoretisch noch große Verbesserungsmöglichkeiten vorliegen, die auch praktisch verwirklicht werden können, wie Versuchsarbeiten mit hochverdichteten Motoren auf diesem Gebiete zeigen.

Die praktische Folgerung aus diesen Überlegungen ist also die, daß in den nächsten Jahrzehnten wesentlich verbesserte Fahrzeug-Ottomotoren mit noch höherer Verdichtung zu erwarten sind.

Für die Wirtschaftlichkeit ist nicht nur der Wirkungsgrad, sondern auch der Preis des Kraftstoffes, bezogen auf gleichen Heizwert, maßgebend.

Wirtschaftlichkeitsbetrachtungen auf Grund der Preisunterschiede können sich jedoch jederzeit aus weltwirtschaftlichen Gründen ändern.

Die Gasturbine ist somit beim derzeitigen Stande der Entwicklung nicht nur als Hochleistungstriebwerk ein Konkurrent des Verbrennungsmotors, sondern beginnt auch bei Spitzenkraftanlagen schon mit Dampfturbinenanlagen konkurrenzfähig zu werden. Die vorliegenden Betrachtungen haben sich nur auf die thermodynamischen Probleme und Fragen des Kraftstoffverbrauches bezogen. Ebenso wichtig sind natürlich für die praktische Einführung die Herstellungskosten, Bedienungskosten etc. Auf Grund der Erfahrung mit ausgeführten Anlagen kann gesagt werden, daß die Wirtschaftlichkeit für Spitzenkraftanlagen und Schiffsanlagen in vielen Fällen gegeben ist.

1. Arbeitsverfahren

a) Gleichraumverbrennung (Verpuffungsverfahren)

Durch ein Gebläse wird Luft und Heizgas verdichtet und in eine Verpuffungskammer eingeblasen, nachdem vorher die aus dem vorangegangenen Arbeitsprozeß zurückgebliebenen Restgase verdrängt oder ausgespült wurden. (Bei Verwendung flüssiger oder fester Kraftstoffe wird die Luft allein verdichtet und der Kraftstoff je nach Arbeitsverfahren vor der Verbrennung zugeführt.) Nachdem die Gasventile geschlossen sind, wird das Gasgemisch in der Verbrennungskammer entzündet und verpufft. Nach Beendigung der Verbrennung öffnet sich ein Auslaßventil und die Gase strömen in die Düsen der Turbine. Der Vorgang ist im Druck–Zeit-Diagramm in Abb. 161 wiedergegeben. Nach diesem Verfahren wurde erstmals von HOLZWARTH eine Gasturbine gebaut.

Zur Berechnung des theoretischen Prozesses wird angenommen, daß keine Wärmeverluste und keine Verluste durch Drosselung auftreten. Die endliche Verbrennungsgeschwindigkeit wird vernachlässigt (Gleichraumverbrennung). Das Diagramm des verlustlosen Prozesses dieses Arbeitsverfahrens ist in Abb. 162 dargestellt. Der verlustlose Prozeß beginnt mit einer isentropen Verdichtung (*1—2*). Daran schließt

sich eine Gleichraumverbrennung (*2—3*) an. Nach der Verbrennung in der Brennkammer erfolgt eine isentrope Dehnung bis auf den Anfangsdruck (*3—4*). Die zur Verdichtung der Luft und des unverbrannten Gases aufzuwendende Arbeit ist durch die Fläche *1—2—b—a—1* dargestellt. Das Ausschieben der Rest-Verbrennungsgase und das Einschieben der Frischgase ist beim theoretischen Prozeß als Vorgang konstanten Druckes angenommen. Unter Zugrundelegung des beschriebenen Arbeitsprozesses erhält man die in der Turbine geleistete Arbeit als Arbeitsfläche *2—3—4—a—b—2.* Zur Verbesserung des Wirkungsgrades wird nach der Verdichtung eine Vorwärmung der Luft mit Hilfe der Abgase vorgesehen. Damit wird ein Teil der nach der Verdichtung zuzuführenden Wärme aus den Abgasen entnommen, so daß eine entsprechende Kraftstoffmenge eingespart werden kann. Der Arbeitsvorgang dieses theoretischen Prozesses unterscheidet sich von dem in Abb. 161 dargestellten Verfahren der HOLZWARTH-Turbine da-

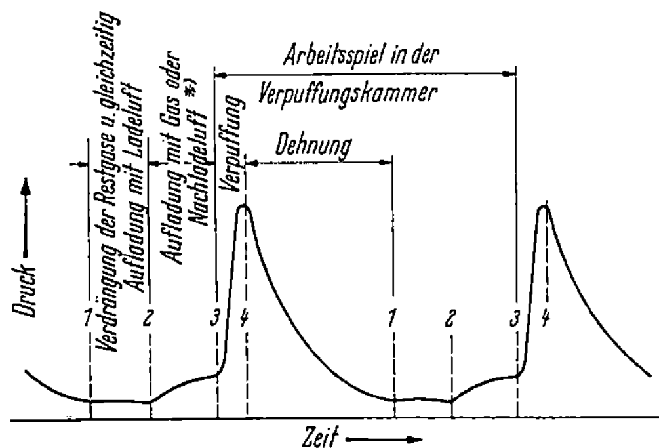

Abb. 161. Druck-Zeit-Diagramm
einer Verpuffungs-Gasturbine.
*) Bei Betrieb mit Öl oder festem Brennstoff

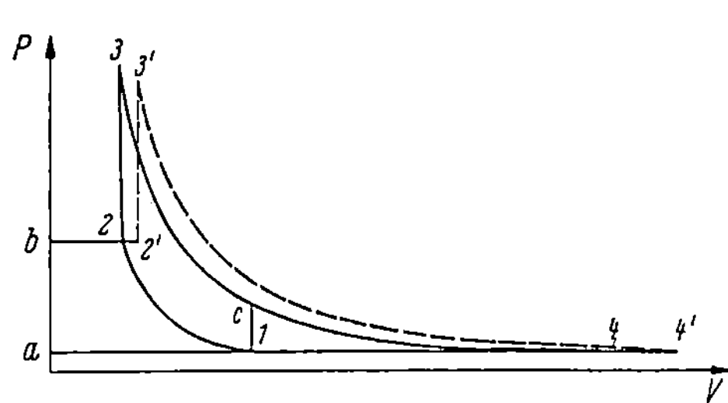

Abb. 162. Schema des Arbeitsprozesses
der Verpuffungsturbine.
Ausgezogen: ohne Vorwärmung nach Verdichtung;
gestrichelt: mit Vorwärmung nach Verdichtung

durch, daß beim theoretischen Prozeß die Dehnung der Verbrennungsgase bis annähernd auf den Gegendruck (Druck der Spülluft) sinkt. Anschließend wird zunächst der Verbrennungsraum mit Frischluft gefüllt und so lange verdichtete Luft nachgeladen, bis der verlangte Druck im Verbrennungsraum erreicht ist. Wegen der dabei zunächst auftretenden Drosselung und anschließenden Verdichtung tritt eine Temperaturzunahme auf, wodurch eine Füllungsverminderung und ein Leistungsverlust bedingt ist.

Nutzleistung und Wirkungsgrad der beschriebenen Turbinenanlage können aus den Leistungen und Wirkungsgraden der verlustlosen Anlage unter Berücksichtigung von Gütegraden errechnet werden. Im folgenden wird die Leistung der verlustlosen Anlage errechnet.

Bezeichnungen:

L_{is-v} = Arbeitsbedarf des Verdichters bei isentroper Verdichtung,
R = Gaskonstante für 1 kg,
T = Temperatur,
p = Druck,
G_G = stündliche Gasmenge,
G_L = stündliche Luftmenge,
N_t = Leistung der Turbine,
η_t = Turbinenwirkungsgrad,
N_v = Leistungsbedarf des Verdichters,
η_v = Verdichterwirkungsgrad.

Die Verdichtungsarbeit für 1 kg Luft oder Gemisch im Verdichter wird:

$$L_{is-v} = R\,T_1 \cdot \frac{\varkappa}{\varkappa - 1}\left[\left(\frac{p_2}{p_1}\right)^{\frac{\varkappa-1}{\varkappa}} - 1\right]. \tag{152}$$

Daraus ergibt sich der Leistungsbedarf des Verdichters zu:

$$N_v = \frac{L_{is-v} \cdot G_L}{\eta_v}. \tag{153}$$

Die Temperatur T_3 und damit Druck p_3 erhält man aus der bekannten Verdichtungsendtemperatur T_2 mit Hilfe der Verbrennungsgleichung (vgl. S. 23).

Die Arbeit der vollkommenen Turbine je kg Gas wird:

$$L_{is-t} = \frac{R\,T_3}{\varkappa - 1}\left[1 - \varkappa\left(\frac{p_4}{p_3}\right)^{\frac{\varkappa-1}{\varkappa}}\right] + R\,T_2. \tag{154}$$

Damit wird die Turbinenleistung bei einer stündlichen Gasmenge G_G

$$N_t = G_G \cdot L_{is-t} \cdot \eta_t. \tag{155}$$

Aus der Differenz der Turbinenarbeit und der Arbeit des Verdichters erhält man die Nutzarbeit der Turbinenanlage. Diese Nutzarbeit entspricht der Fläche *1—2—3—4—1* in Abb. 162.

Es ist ersichtlich, daß die Arbeit der vollkommenen Turbine um den Arbeitswert der Fläche *1—c—4—1* größer ist, als die beim entsprechenden motorischen Ottoprozeß mit gleichem Verdichtungsverhältnis erreichbare Arbeit. Die Darlegungen zeigen, daß der Arbeitsprozeß auch bei sehr kleiner Verdichtung und auch ohne Vorverdichtung möglich ist, jedoch sind dann die Wirkungsgrade sehr gering. Es gelten hier sinngemäß dieselben Überlegungen wie für den Ottoprozeß (vgl. S. 25). Beim Ottomotor ergibt sich mit zunehmender Verdichtung in Übereinstimmung mit den Ergebnissen der theoretischen Rechnung

eine laufende Verbesserung der Wirkungsgrade. Bei der Verpuffungsturbine ist das nicht der Fall. Mit zunehmender Verdichtung treten
die Verluste im Verdichter immer stärker in Erscheinung, so daß der
Gütegrad der Anlage abnimmt. Dies hat zur Folge, daß bei hoher Verdichtung der Gesamtwirkungsgrad der Anlage wieder abnimmt. Die
günstigste Arbeitsausbeute erhält man bei einem Druckverhältnis
etwa zwischen 3 und 8. Das günstigste Verdichtungsverhältnis liegt
um so höher, je besser der Verdichterwirkungsgrad und der Turbinenwirkungsgrad ist. Weiterhin ist der Bestwert des Verdichtungsverhältnisses noch von dem Ausmaß der Luftvorwärmung durch die Abgase nach der Verdichtung abhängig.

Beim Verpuffungsverfahren schwankt der Druck der Gase vor den
Düsen der Turbine. Der Ausströmvorgang aus der Verpuffungskammer
beginnt mit hohem Druck und endet mit kleinem Druck. Entsprechend
dem veränderlichen Druckgefälle ergeben sich auch veränderliche Ausströmgeschwindigkeiten aus der Düse. Die Umfanggeschwindigkeit des
Laufrades der Turbine bleibt jedoch konstant. Deshalb entsprechen
den verschiedenen Phasen des Ausströmvorganges verschiedene Wirkungsgrade. Die Beschaufelung ist bei der normalen Drehzahl der
Turbine nur für eine Durchströmgeschwindigkeit ausgelegt, die dem
besten Wirkungsgrad entspricht, darum ist der mittlere Wirkungsgrad
infolge der veränderlichen Durchströmgeschwindigkeit kleiner als der
beste erreichbare Wirkungsgrad. Um die dadurch bedingten Verluste
möglichst klein zu halten, sind bei ausgeführten Anlagen Nebenkam-
mern angeordnet. Aber auch diese Ausgleichsbehälter verursachen
durch Drosselung Verluste.

H. HOLZWARTH gebührt der Verdienst, die ersten größeren Gasturbinenanlagen gebaut zu haben. Das von ihm angewandte Prinzip der
Gleichraumverbrennung hat sich zwar nicht durchsetzen können, aber
die mit diesen Anlagen erarbeiteten Erfahrungen gaben wertvolle Hinweise auch für die Entwicklung der Gleichdruckturbinen.

Die Entwicklung der Gasturbinen hat mit den Arbeiten an Ver-
puffungsturbinen begonnen. Diese Turbinen-Ausführung hat sich
jedoch hauptsächlich wegen des verhältnismäßig großen Bauaufwandes
und des dadurch bedingten hohen Leistungsgewichtes nicht durchsetzen können. Die Verpuffungsturbine hat gegenüber dem Verbrennungsmotor keine wesentlichen Vorteile gezeigt, die eine rasche
Entwicklung gefördert hätten. Die Entwicklung der Gasturbine ist
erst durch den Bau von Gleichdruckgasturbinen in größerem Umfange
in Gang gekommen, weil nach dem Prinzip der Gleichdruckgasturbine
Hochleistungstriebwerke mit sehr geringen Leistungsgewichten geschaffen werden konnten.

b) Gleichdruckverbrennung (Gleichdruckverfahren)

Turbinenausführungen nach dem Gleichdruckverfahren sind schon seit Jahrzehnten im praktischen Betriebe. Insbesondere Gleichdruckturbinen-Aufladeaggregate nach dem Verfahren von Büchi für Dieselmotoren und Aufladeaggregate für industrielle Zwecke, sowie Gasturbinen für Hochleistungskessel (VeloxKessel). Einzelne Spitzenkraftwerksanlagen sind schon seit 1940 im Betrieb. Erst der Bau von Hochleistungsgasturbinen-Triebwerken insbesondere für

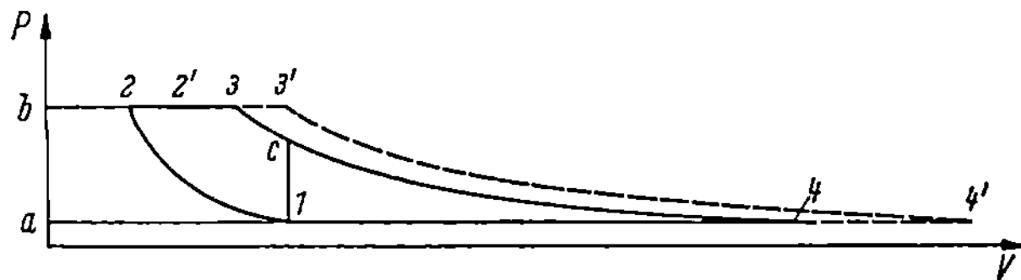

Abb. 163. Schema des Arbeitsprozesses der Gleichdruckturbine.
Ausgezogen: ohne Vorwärmung nach Verdichtung;
gestrichelt: mit Vorwärmung nach Verdichtung

die militärische Anwendung, haben die Entwicklung im großen Rahmen in Gang kommen lassen. Heutzutage hat auf dem Sektor der Luftfahrzeuge die Gasturbine den Verbrennungsmotor schon weitgehend verdrängt.

Beim Gleichdruckverfahren wird das Arbeitsgas in einem besonderen Verdichter verdichtet, anschließend wird — meist bei annähernd konstantem Druck — Wärme zugeführt. Diese Wärmezufuhr wird entweder durch Wärmeaustauscher oder durch Verbrennung von Kraftstoff in Luft oder beides erreicht. Anschließend wird das Arbeitsgas in der Turbine meist in mehreren Stufen auf den Gegendruck entspannt.

Bei Ausführungen, die mit Gas als Kraftstoff arbeiten, wird das Brenngas vorher auf den Druck der Verbrennungsluft verdichtet.

Unter Zugrundelegung dieses Arbeitsprozesses erhält man bei Vernachlässigung der Drossel- und Wärmeverluste einen theoretischen Arbeitsprozeß entsprechend Abb. 163. Die vom Verdichter aufzuwendende Arbeitsleistung wird durch die Fläche *1—2—b—a—1* dargestellt. Die von der Turbine geleistete Arbeit entspricht der Fläche *3—4—a—b—3*. Wird zusätzlich die Abgaswärme zur Vorwärmung der Verbrennungsluft benützt, so ist die in der Turbine geleistete Arbeit größer (Fläche *3'—4'—a—b—3'*). Eine schematische Darstellung einer derartigen Anlage ist in Abb. 164 wiedergegeben.

Die Leistung der verlustlosen Gleichdruckgasturbine je kg für ein gegebenes Druckverhältnis p_2/p_1 erhält man aus folgender Beziehung.

$$L_{is-t} = (i_3 - i_4) = \frac{\varkappa}{\varkappa - 1}\, R\, T_3 \left[1 - \left(\frac{p_1}{p_2}\right)^{\frac{\varkappa-1}{\varkappa}}\right] \qquad (156)$$

und damit

$$N_t = G_G \cdot L_{is-t} \cdot \eta_t \,.$$

Aus den Beziehungen ist ersichtlich, daß Leistung und Kraftstoffverbrauch von der erreichbaren Gastemperatur und vom Turbinenwirkungsgrad abhängen. Das Produkt $\eta_t \cdot T_3$ wird deshalb im Schrifttum manchmal als Kennzahl oder Gütezahl für die Turbine benutzt.

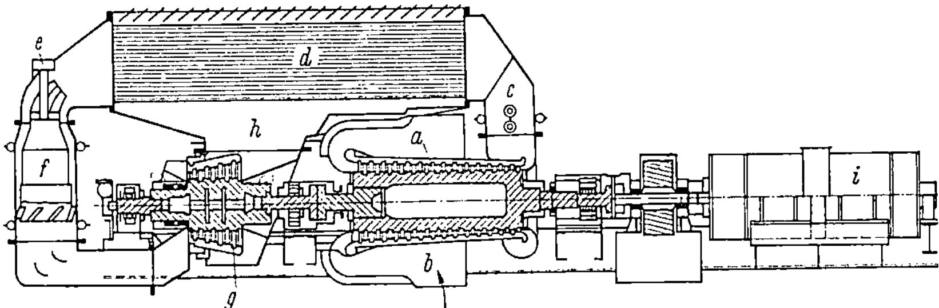

Abb. 164. Schema einer Gleichdruckturbinenanlage.
a Verdichter, *b* Lufteintritt, *c* Luftausströmkanal, *d* Wärmeaustauscher, *e* Kraftstoffzufuhr, *f* Brennkammer, *g* Turbine, *h* Abgasrohr, *i* Stromerzeuger

Der Wirkungsgrad des Gleichdruckverfahrens ist analog den Verhältnissen beim Verbrennungsmotor ungünstiger als beim Verpuffungsverfahren, weil das durchschnittliche Expansionsverhältnis geringer ist. Im Vergleich zum Motor mit Gleichdruckverbrennung ist der Wirkungsgrad der Turbine bezogen auf gleiches Verdichtungsverhältnis natürlich günstiger, weil die Expansion vollständig bis auf den Gegendruck erfolgt (vgl. Abb. 163, und Abb. 6, S. 27). Die Gütegrade sind jedoch wegen der größeren Verluste im Verdichter vor allem bei höherem Verdichtungsverhältnis ungünstiger als beim Motor. Das günstigste Verdichtungsverhältnis liegt in dem z.Zt. in Betracht kommenden Bereich der Gastemperaturen und Wirkungsgrade zwischen $\varepsilon = 4$ und $\varepsilon = 12$. Das für die spezifische Leistung pro kg Luftdurchsatz maßgebende optimale Verdichtungsverhältnis ist niedriger als das zur Erzielung des höchsten Wirkungsgrades. Bei der Auslegung eines Triebwerkes werden im Hinblick auf die geforderte Leistung vielfach hiervon abweichende Werte gewählt, z. B. bei Flugtriebwerken bis $\varepsilon = 14$ (20).

2. Gasturbinenanlagen

a) Gasturbinen mit Luftvorwärmung

Bei Verwendung ungekühlter Schaufeln rechnet man z. Z. mit maximalen Gastemperaturen von etwa 650 bis 900 °C für den Dauerbetrieb. Für kurzzeitige Leistungssteigerung, z. B. beim Start, werden um 100—150 °C höhere Temperaturen zugelassen. Bei gekühlten Schaufeln können über 1000 °C (bis 1200 °C) zugelassen werden. Diese

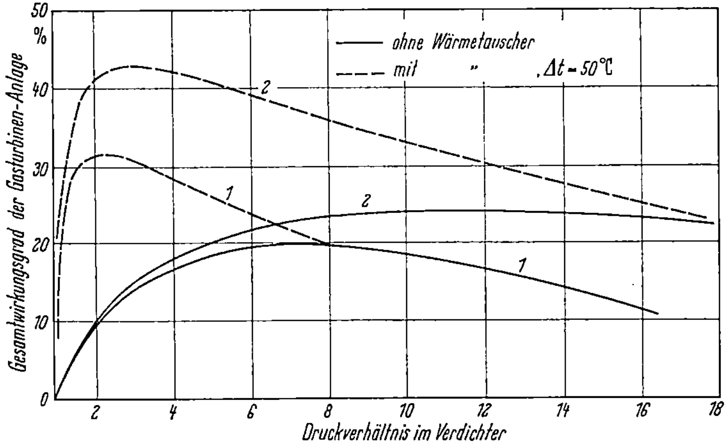

Abb. 165. Gesamtwirkungsgrad von Gasturbinenanlagen als Funktion des Verdichterdruckverhältnisses für verschiedene Gastemperaturen

Für alle Kurven: Verbrennungswirkungsgrad 96 vH,
Verdichterwirkungsgrad 85 vH.
Kurve *1*: Temperatur vor Turbine 650 °C. Turbinenwirkungsgrad 85 vH
Kurve *2*: Temperatur vor Turbine 1000 °C. Turbinenwirkungsgrad 80 vH,
———— ohne Wärmeaustauscher; — — — mit Wärmeaustauscher $\Delta t = 50$ °C [1]

Temperaturen liegen tief unter den bei Verbrennungsmotoren zugelassenen Temperaturen, so daß die Wirkungsgrade der theoretischen Arbeitsprozesse geringer sind als die der Motoren. Das Arbeitsverfahren bedingt also relativ sehr hohe Abgasverluste. Diese Verluste können dadurch wesentlich vermindert werden, daß ein Teil der Abgaswärme dazu benutzt wird, die Wärmezufuhr an das verdichtete Arbeitsgas zu bestreiten, die sonst voll aus dem Heizwert des Brennstoffes gedeckt werden müßte.

Die Verbesserung des Wirkungsgrades bei zusätzlicher Verwendung von Wärmeaustauschern ist aus Abb. 165 und aus Abb. 166 ersichtlich. In diesen Abbildungen sind theoretisch errechnete Wirkungsgrade eingetragen, wobei sowohl die Turbinen- als auch die Verdichterwirkungs-

---

[1] Als Δt gilt die Temperaturdifferenz zwischen den aus dem Wärmeaustauscher austretenden Abgasen und der eintretenden Luft.

grade, bezogen auf die Isentrope, als konstante Werte berücksichtigt sind. Nimmt man ungekühlte Schaufeln an, dann erhält man ohne Verwendung von Wärmeaustauschern verhältnismäßig geringe Wirkungsgrade (vgl. Kurve *1* in Abb. 165). Je weitergehend die Luftvorwärmung durchgeführt wird, um so höhere Wirkungsgrade können mit der Gleichdruckturbinenanlage erzielt werden. Das Maximum des Wirkungsgrades liegt bei Verwendung von Luftvorwärmung bei relativ kleineren Druckverhältnissen. Bei Verwendung ungekühlter Schaufeln

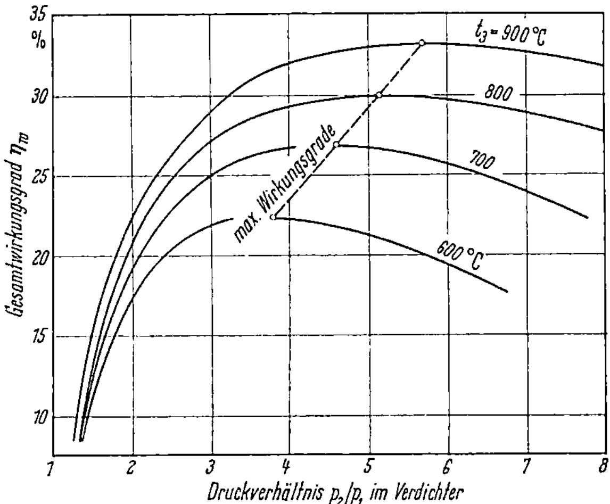

Abb. 166. Gesamtwirkungsgrad von Gleichdruck-Gasturbinenanlagen mit Wärmetauschern für verschiedene Gastemperaturen. Wirkungsgrade unter der Voraussetzung errechnet, daß ausgenutzte Temperaturdifferenz im Wärmetauscher 70 % der maximal ausnutzbaren Temperaturdifferenz entspricht.

Wirkungsgrade %		Druckverluste in	
Verbrennung	= 96	Brennkammer	= 0,04 p_1
Verdichter	= 85	Wärmetauscher	
Turbine	= 85	luftseitig	= 0,03 p_1
		gasseitig	= 0,02 p_1

entsprechend Gastemperaturen von 650 bis 850 °C können so Wirkungsgrade über 30 vH erzielt werden. Diese Wirkungsgrade werden auch bei ausgeführten Kraftwerksanlagen erreicht.

Eine wesentliche *Verbesserung des Aggregatwirkungsgrades* ist erzielbar, wenn *mittels Zwischenkühlung* die Verdichtung annähernd isotherm durchgeführt wird, weil die isotherme Verdichtungsarbeit wesentlich geringer ist als die isentrope. Dies gilt nur bei gleichzeitiger Verwendung von Wärmeaustauschern, weil dann die der Differenz zwischen isentroper Endtemperatur und isothermer Verdichtungsendtemperatur entsprechende Wärmemenge zum größten Teil zusätzlich der Abgaswärme entnommen werden kann. Ohne Verwendung von Wärmeaustauschern muß diese zusätzliche Wärmezufuhr durch Verbrennung einer größeren Kraftstoffmenge gedeckt werden, so daß der Gesamtwirkungsgrad trotz der geringeren isothermen Verdichtungsarbeit nicht verbessert wird.

Eine andere Möglichkeit, die Abgasverluste relativ klein zu halten, bietet die *zweistufige Verbrennung*. Ordnet man eine zweite oder dritte Verbrennung an, mit der jeweils wieder die maximal zulässige Temperatur erreicht wird, dann tritt, bezogen auf die zweimalige oder dreimalige Arbeitsleistung, der Abgasverlust nur einmal in Erscheinung, so daß der Gesamtwirkungsgrad günstiger wird. Der Gewinn bei zweifacher oder mehrfacher Verbrennung tritt naturgemäß erst ausreichend in Erscheinung, wenn das Druckverhältnis so groß ist, daß auch nach der zweiten oder nach den weiteren Verbrennungen noch ein ausreichendes Wärmegefälle verfügbar ist. Wesentliche Verbesserungen des Wirkungsgrades treten deshalb erst bei Druckverhältnissen wesentlich über 10 in Erscheinung, s. z. B. HÜTTE, Abschn. Gasturbinen, 28. Aufl.

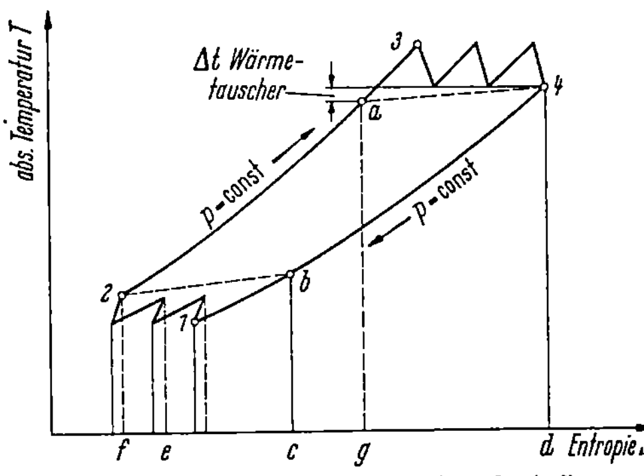

Abb. 167. Arbeitsverfahren mit mehrstufiger Verdichtung, Zwischenkühlung und mehrstufiger Verbrennung mit Wärmetausch im $T-s$-Diagramm

Gleichzeitige Anwendung mehrfacher, stufenweiser Verbrennung bis zur höchstzulässigen Verbrennungsendtemperatur und Zwischenkühlung während der Verdichtung (annähernd isotherme Verdichtung) liefert einen Arbeitsprozeß mit besonders günstigem Wirkungsgrad — im Grenzfall gleich dem des Carnotprozesses —, s. Abb. 167.

Der Kurvenzug *1—2* gibt die polytrope Verdichtung wieder, die unter Zwischenkühlung durchgeführt wird. Der Kurvenzug *3—4* stellt die Entspannung der Brenngase in der Turbine dar. Hier wird jeweils dem Arbeitsmittel in Stufen mittels Zwischenverbrennung Wärme zugeführt (stufenweise Verbrennung). Die bei der Restentspannung nach Verlassen der Turbine freiwerdende Wärme wird zum Teil (Fläche *4–d–c–b*) zur Aufheizung der verdichteten Verbrennungsluft verwandt (Fläche *2-a-g-f*). Damit wird eine weitgehende Ausnutzung der Abgaswärme erreicht. Die Darstellung im $T-s$-Diagramm für diesen optimalen Gasturbinenprozeß gilt nur angenähert, weil sich die Gasmengen im Verlauf des Arbeitsprozesses ändern.

Bei Hochleistungstriebwerken für Flugzeuge sind Wärmeaustauscher wegen des großen Raumbedarfes und wegen des großen Gewichtes nur in geringem Maße oder gar nicht möglich. Um auch in diesen Fällen gute Wirkungsgrade zu erreichen, ist die Verwendung möglichst hoher Temperaturen notwendig. In Abb. 165 sind die erreichbaren Wirkungsgrade vergleichsweise für 650 und 1000 °C wiedergegeben. Die Darstellung zeigt, daß bei der Temperatur von 1000 °C Wirkungsgrade in der Größenordnung der bei Ottomotoren erreichbaren Wirkungsgrade zu erwarten sind.

b) Gleichdruckgasturbinenprozeß mit offenem, geschlossenem und teilgeschlossenem Kreislauf

Beim offenen Gleichdruckprozeß wird die atmosphärische Luft von einem Verdichter angesaugt und verdichtet. Bei gleichem Druck wird der Luft durch Verbrennung Wärme zugeführt. Nach Expansion in einer Turbine und weiterer Wärmeabgabe in einem Wärmetauscher entweicht das Gas ins Freie. Bezüglich der Wirkungsgrade derartiger Anlagen gilt im wesentlichen das in Abschn. 2a) gesagte.

Theoretische Untersuchungen[1] über den Einfluß des beim Gasturbinenprozeß verwandten Kraftstoffes auf Leistung und Wirkungsgrad des Gesamtprozesses zeigen, daß die Kraftstoffqualität vor allem wegen der verschieden großen Menge der inerten Gase zu wesentlich abweichenden Wirkungsgraden und Leistungen unter sonst gleichen äußeren Bedingungen führen. Für die der Berechnung zugrundeliegenden Einzelwirkungsgrade wurden Erfahrungswerte angenommen.

Für den offenen Gleichdruck-Gasturbinenprozeß ohne Regeneration ergaben sich Werte für Wirkungsgrad- und Leistungsänderungen mit dem Druckverhältnis bei festgesetzten Verbrennungstemperaturen nach Abb. 168 und 169. Der Brennstoffeinfluß ist auf den unterschiedlichen Anteil des Gasverdichters an der gesamten Verdichterleistung infolge verschiedener $\varkappa$-Werte und Gaskonstanten der Kraftstoffe, der stark unterschiedlichen Heizwerte und der der jeweiligen Prozeßtemperatur entsprechenden Luftverhältnisse zurückzuführen. Bei Verbrennung von Gasöl braucht nur die reine Luftverdichterleistung (wegen der geringen Leistung zur Druckerhöhung des flüssigen Kraftstoffes) berücksichtigt zu werden. Es ergibt sich, daß bei Verwendung der untersuchten gasförmigen Kraftstoffe die Verdichterleistung stets größer ist als bei reiner Luftverdichtung. Die Turbinenrohleistung dagegen ist z. T. größer, z. T. kleiner als bei der Expansion des Gasöl-Brenngases. Von wesentlichem Einfluß auf die Leistung ist die Vermehrung oder Verringerung der Molzahl der beteiligten Gase bei der Verbrennung.

Der geschlossene Kreislauf, auch Heißluft- oder aerodynamischer Prozeß genannt, verwendet in der Regel als Arbeitsmittel Luft.

---

[1] Diss. H. Trenkler, TH Aachen, 1955 [I 75].

19*

Der Unterschied zum offenen Prozeß besteht darin, daß die korro
dierenden Verbrennungsgase nicht in den Kreislauf des Arbeitsmediums gelangen. Die Wärmezufuhr von den heißen Brenngasen
an die verdichtete Luft erfolgt in Wärmetauschern. Nach der Entspannung in der Turbine gelangt das Arbeitsmittel in einen Wärmetauscher, wo es einen Teil seiner Restwärme an die verdichtete Luft
abgibt. Nach Rückkühlung auf die Verdichtereintritts-
temperatur wird die Luft dem Verdichter wieder zugeführt. Die gleiche Luft-menge befindet sich somit
in ständigem Kreislauf.

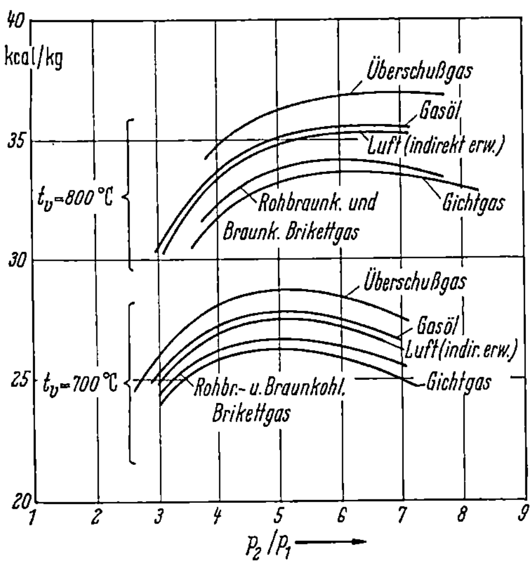

Abb. 168. Arbeitsleistung des offenen Gasturbinen-
prozesses ohne Verluste bei Verfeuerung verschiedener Kraftstoffe (einstufige Verdichtung)

Die voneinander ge-
trennten Kreisläufe verhindern ein Verschmutzen der
Schaufeln und ermöglichen
dadurch die Verwendung
beliebiger, fester, flüssiger
und gasförmiger Kraft-
stoffe. Auch ein Kernreak-
tor ist als Wärmeerzeuger
möglich.

Da die arbeitende Luft
auch im Überdruck ver-
wendbar ist (10 bis 50 kp/cm²) können die Turbinen- und Verdichter-
sätze kleiner gebaut werden. Bessere Regelmöglichkeiten sind durch
die Veränderung der Kreislaufdichte gegeben, weil man zusätzliches
Arbeitsmittel vor dem Verdichtereintritt (niedrige Temperatur) in den
Kreislauf bringt. Im Gegensatz zum offenen Prozeß ergeben sich
hier gute Teillastwirkungsgrade, weil sich der Betriebspunkt nur un-
wesentlich ändert. Wegen des höher gelegenen Druckniveaus können
auch Einheiten über 15000 kW ausgeführt werden. Das Bauvolumen
ist jedoch größer als beim offenen Prozeß.

Der teilgeschlossene Kreislauf hat in einem Teil der Anlage — meist
im Hochdruckteil — ein geschlossenes System mit Luft als Arbeitsmedium. Der Niederdruckteil arbeitet in diesem Fall nach dem offenen
Gleichdruckverfahren. Die Verschmutzung des weitaus empfindliche-
ren Hochdruckteils ist somit vermieden (s. Abb. 170).

Ein Teil der Wärmetauscherfläche im Hochdruckteil erhält durch
dieses Verfahren beidseitig einen annähernd gleichen Druck und dadurch gute Wärmeübergangsverhältnisse. Infolge des gleichen Druckes

treten zudem nur geringe mechanische Beanspruchungen auf. Die Anwendung des angestrebten höheren Temperaturniveaus ist besonders wegen des letzten Punktes stärker in den Bereich des Möglichen gerückt.

c) Turbinen-Aggregat mit mechanischem Abtrieb

Die Berechnungen der Wirkungsgrade in den Abschnitten a und b basieren auf der Annahme, daß die Nutzleistung als mechanische Leistung und zwar als Differenz zwischen der Turbinenleistung und dem Leistungsbedarf des Verdichters anfällt. Die praktischen Ausführungsformen sind verschieden. In den meisten Fällen

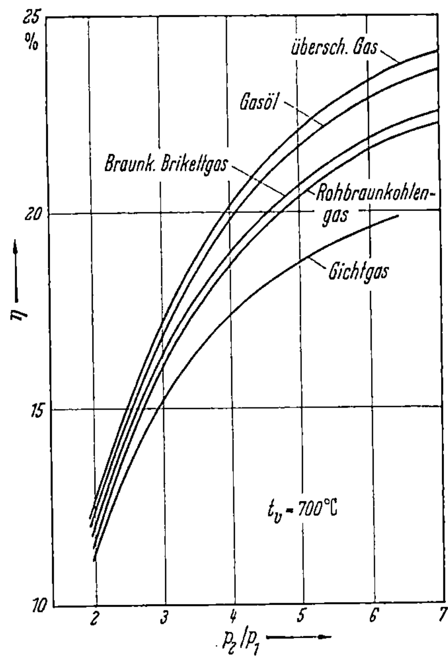

Abb. 169. Wirkungsgrad des offenen Gasturbinenprozesses ohne Verluste bei Verwendung verschiedener Kraftstoffe

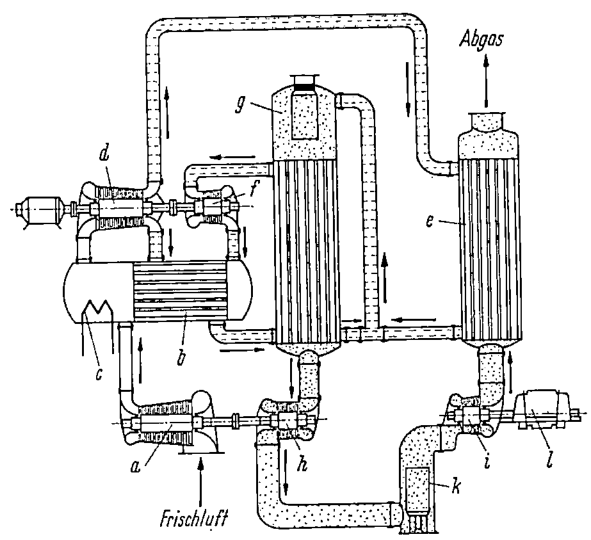

Abb. 170. Beispiel für eine Gasturbinenanlage mit teilgeschlossenem Kreislauf.
a ND-Verdichter, b Wärmetauscher, c Rückkühler, d HD-Verdichter, e Wärmetauscher, f Luftturbine, g Hauptbrennkammer mit Lufterhitzer, h HD-Turbine, i Nutzleistungsturbine, k zweite Brennkammer, l Generator

werden Verdichter und Turbine coaxial angeordnet. Die Überschußleistung wird dann an der Welle abgenommen und entweder zum Antrieb eines elektrischen Generators oder für sonstige Zwecke nutzbar gemacht. Diese Anordnung wird beispielsweise auch bei turboelektrischen Lokomotiven verwendet. Auch bei Flugzeugturbinenantrieben mit Propeller wird diese Anordnung verwendet, wobei allerdings nicht das volle zur Verfügung stehende Wärmegefälle in der Turbine verarbeitet wird. Ein Teil des Wärmegefälles wird zur Beschleunigung der Abgase und damit zur Erzeugung eines Strahlschubes verwendet.

In vielen Fällen ist es jedoch zweckmäßiger, den Turboverdichter lediglich als Gasspender für sich allein zu betreiben, weil dann das Aggregat mit konstanter Drehzahl laufen kann und zusätzlich eine Arbeitsturbine anzuordnen. Bei dieser Anordnung wird das gesamte zur Verfügung stehende Wärmegefälle in 2 Stufen verarbeitet, wobei die eine Stufe zum Antrieb des Turboverdichters dient, der 2. Teil des Wärmegefälles wird in der Arbeitsturbine in Nutzarbeit umgesetzt. Diese Aufteilung ist besonders dort zweckmäßig, wo die Arbeitsabnahme mit wesentlich veränderter Belastung und mit verschiedenen Drehzahlen erfolgt. Beispielsweise bei direkter Kupplung der Turbine mit einer Schiffsschraube oder bei Verwendung des Turbo-Antriebes für Fahrzeuge verdient diese Anordnung den Vorzug. (Siehe z. B. ECKERT, B.: Zur Weiterentwicklung der Kraftfahrzeuggasturbine, ATZ, 66. Jahrgang, Nr. 6, 1964.)

d) Turbinen-Aggregat mit Leistungsabgabe durch Strahlschub

Die Nutzleistung des Turbo-Aggregates, die der Differenz der erreichbaren Turbinenleistung und des Leistungsbedarfes des Verdichters entspricht, kann auch in der Weise entnommen werden, daß das überschüssige Wärmegefälle zur Beschleunigung der Abgase verwendet wird, und daß die Beschleunigung der Abgase zur Schuberzeugung und zum Antrieb von Fahrzeugen nutzbar gemacht wird. In diesem Falle verarbeitet die Gasturbine lediglich den Teil des Wärmegefälles, der zum Antrieb des Verdichters erforderlich ist. Das Prinzip der Schuberzeugung beim Rückstoßantrieb beruht darauf, daß entsprechend dem Impulssatz bei Beschleunigung eines Gases eine Reaktionskraft entsteht, die gleich dem Produkt der pro Zeiteinheit austretenden Masse $\times$ Geschwindigkeit ist. Die Schubkraft der ruhenden Maschine, also der Standschub, entspricht dem Produkt des Wertes der sekundlich austretenden Gasmasse mal dem Wert der Ausströmgeschwindigkeit. Befindet sich das Triebwerk in Bewegung, dann ist von der durch das austretende Gas erzeugten Schubkraft der beim Eintritt der Verbrennungsluft entstehende Staudruck abzuziehen. Zur besseren Erklärung der Vorgänge kann man sich die aus der Schubdüse austretende gesamte Gasmenge in die Menge der Verbrennungsluft und die Kraftstoffmenge aufgeteilt denken. Für den weitaus überwiegenden Mengenanteil der Verbrennungsluft ergibt sich die Schubkraft aus der Differenz der Ein- und Ausströmgeschwindigkeit. Nur für den mit der Maschine mitgeführten relativ geringen Mengenanteil entsprechend der Kraftstoffmenge erhält man einen Schub entsprechend der vollen Austrittsgeschwindigkeit. Die erzielte Leistung ergibt sich aus dem Produkt Kraft × Weg pro Zeiteinheit. Befindet sich das Triebwerk in Ruhe, dann ist die Leistung und der Wirkungsgrad = 0. Die gesamte erzeugte Arbeit geht mit der kinetischen Energie des austretenden Strahles verloren.

Soll ein guter Wirkungsgrad des Strahles erzielt werden, dann darf die Eigengeschwindigkeit im Vergleich zur Strahlgeschwindigkeit nicht zu gering sein, weil sonst die Leistung Schub × Geschwindigkeit zu gering wird. Auch Fahrzeuggeschwindigkeiten in der Nähe der Strahlgeschwindigkeit sind ungünstig, weil in diesem Bereich der Schub zu gering wird. Die besten Werte Fahrzeuggeschwindigkeit: Strahlgeschwindigkeit liegen in der Größenordnung etwas unter 1:2. Die Turboaggregate können nur mit guten Wirkungsgraden und hoher spezifischer Leistung gebaut werden, wenn ausreichend hohe Druckverhältnisse (s. Abb. 165) und damit verhältnismäßig hohe Gasaustrittsgeschwindigkeiten verwendet werden. Der erwähnte Zusammenhang zwischen erforderlicher Fahrzeuggeschwindigkeit und Gasaustrittsgeschwindigkeit bedingt daher, daß die Fahrzeuggeschwindigkeiten in der Größenordnung von etwa 200 m/s oder höher liegen müssen. Diese Geschwindigkeiten kommen praktisch nur für Flugzeuge in Betracht, für Landfahrzeuge nur in ganz außergewöhnlichen Sonderfällen mit Geschwindigkeiten, die trotzdem noch wesentlich unter den genannten liegen, so daß in diesen Fällen die Wirkungsgrade sehr ungünstig werden. Dies war der Grund, warum die Verwendung von Düsentriebwerken erst wirtschaftlich wurde, als hohe Fluggeschwindigkeiten von 700 bis 1000 km/h erreicht wurden (s. auch Abschnitt C, Flugtriebwerke, Gasturbinentriebwerke S. 383).

e) Turbinen-Aggregat mit Leistungsabgabe durch Strahlschub und mechanischem Abtrieb

Wird die Leistung des Turbinen-Aggregats nur durch Strahlschub abgenommen, dann ergeben sich beim Start und bei geringen Geschwindigkeiten außerordentlich schlechte Wirkungsgrade. Aus dem im letzten Kapitel Gesagten geht hervor, daß gute Wirkungsgrade erst erzielt werden, wenn die Fahrzeug-Geschwindigkeiten etwa in der Größenordnung von $^1/_4$ bis $^1/_2$ der Gas-Austrittsgeschwindigkeiten liegen.

Andererseits dürfen die Gasgeschwindigkeiten nicht zu klein sein, weil bei kleinen Gasgeschwindigkeiten die Ausnützung des Triebwerkes im Hinblick auf die erzielbare Leistung zu ungünstig wäre. Wie oben ausgeführt, müssen im Turbo-Triebwerk Druckverhältnisse in der Größenordnung von 4 bis 14 verarbeitet werden, damit gute Triebwerks-Wirkungsgrade erreicht werden. Auch die Forderung nach Erzielung geringerer Leistungsgewichte zwingt zur Verwendung derartiger Druckgefälle. Daraus ergeben sich wiederum Gasaustrittsgeschwindigkeiten, die Fahrzeuggeschwindigkeiten in der Größenordnung von 200 bis 500 m/s wünschenswert erscheinen lassen. Das entspricht also Fahrzeuggeschwindigkeiten in der Größenordnung der Schallgeschwindigkeit und erheblich darüber. In vielen Fällen sind die bei hohen Gasgeschwindigkeiten auftretenden sehr ungünstigen Verhältnisse beim Start kaum tragbar. Beispielsweise benötigen Transportflugzeuge beim Start hohen Schub, der bei der Beschleunigung der relativ geringen Gasmassen beim reinen Strahltriebwerk nur mit sehr großen Triebwerken erreichbar ist. Diese größeren Schubkräfte können aber mit einer zusätzlich angeordneten Luftschraube erreicht werden, weil damit wegen der größeren, beschleunigten Luftmassen von geringerer Geschwindigkeit relativ höhere Schubkräfte erzeugt werden, wie dies beim PTL-Triebwerk der Fall ist. Wie auf anderem Wege dasselbe Ziel erreicht werden kann — beispielsweise durch Zusatzraketen — wird hier nicht behandelt. Ähnliche Forderungen ergeben sich auch bei Landfahrzeugen, die evtl. mit Rückstoßwirkung betrieben werden sollen. Aus dem Verwendungszweck ergibt sich auch, daß die Aufteilung der Leistungsabgabe in den mechanischen Abtrieb (z. B. Luftschraube) und Strahlschub bei verschiedenen Betriebszuständen verschieden sein muß. Beim Start sollte zweckmäßigerweise ein größerer Anteil der Leistung über die Luftschraube abgegeben werden, bei hoher Fahrzeuggeschwindigkeit ein größerer Anteil über den Strahlschub.

f) Kupplung von Gasturbinen mit anderen Wärmekraftmaschinen

Mit dem Ziel der Gesamtwirkungsgradverbesserung hat man auf den verschiedensten Anwendungsgebieten des Wärmekraftmaschinenbaus kombinierte Anlagen entwickelt. Insbesondere sind in großen Serien die Gleichdruckturbinen-Aufladeaggregate nach dem Verfahren von Büchi für Diesel- und Ottomotoren gebaut worden. Die Kombination von Kolbenmotor und Gasturbine gestattet es, eine hohe spez. Leistung und eine beachtliche Verbesserung der Wirtschaftlichkeit der Gesamtanlage zu erreichen. Während im Verbrennungsmotor die wirtschaftlichste Ausnutzung des Wärmegefälles im Bereiche der höheren Drücke und Temperaturen liegt, hat die Gasturbine wegen der vollkommenen Expansion die beste Ausnutzung des Wärmegefälles in tiefen Temperatur- und Druckbereichen. Im Gegensatz zum Kolbenmotor können die Strömungsmaschinen bei kleinen Drücken große Volumina verarbeiten.

Bei den Abgasturbinen wird mit den Auspuffgasen der Läufer einer Turbine beaufschlagt, der seinerseits eine gemeinsame Welle mit einem Verdichter hat. Die durch den Verdichter vorverdichtete Luft dient zur Vergrößerung der Zylinderfüllung (siehe auch S. 192, der Motor mit Aufladung).

Weitere Kombinationen zwischen Gasturbinen- und Wärmekraftanlagen sind:

Pescara-Verfahren. Die Verdichtung der Luft und die Wärmezufuhr erfolgt in einem Freikolben-Dieselmotor. Die Verbrennungsgase gelangen nach der Expansion im Dieselmotor in die Gasturbine, die das restliche Gefälle verarbeitet (S. 418). Die Leistung wird nur von der Turbine abgegeben. Der Motor dient lediglich als Gaserzeuger.

Velox-Verfahren. Ein mit einer Gasturbine gekoppelter Verdichter liefert den Kraftstoff und die Brennluft unter erhöhtem Druck an. Dadurch wird erreicht, daß im Feuerraum der Wärmekraftanlage, bezogen auf gleiches Feuerraum-Volumen, größere Wärmemengen umgesetzt werden können, so daß die Anlage klein und leicht gebaut werden kann.

Oerlikon-Verfahren. Bei einer Oerlikon-Gasturbinenanlage sind eine Gasturbinen- und eine Dampferzeugungsanlage zusammengeschaltet. Ein Teil der Turbinenabgase dient im Wärmetauschverfahren zur Aufheizung der Verbrennungsluft für die Gasturbine, der andere Teil zur Beheizung eines Dampfkessels. Bei kleineren Laststufen genügen die Abgase zur Beheizung des Kessels, bei großen Belastungen dienen die Gasturbinenabgase als vorgewärmte Verbrennungsluft für die Brenner der Dampferzeugungsanlage.

g) Vorschalten der Gasturbine vor einen Kohletrocknungsprozeß

Theoretische Untersuchungen[1] über die Möglichkeit, Gasturbinen als Kraftmaschinen zur Stromerzeugung auf der Energiebasis der Rhein. Braunkohle einzusetzen, führten zu dem Ergebnis, daß der Einsatz der Gasturbine erst dann einen wirtschaftlichen Anreiz bietet, wenn der Gasturbinenprozeß mit einem wärmeverbrauchenden Prozeß gekuppelt ist. Dies ist bei der Trocknung der Braunkohle gegeben.

Wenn man die Kupplung einer Gasturbine mit einem Braunkohle-Trocknungsprozeß so durchführt, daß die Turbinenabgase in einen Rauchgastrockner geleitet werden (Schaltschema Abb. 171), kommt man zu dem Ergebnis, daß in der Größenordnung von 50% (in einzelnen Fällen bis zu 70%) höhere Leistungen je kg Trockenkohle bei besseren Wirkungsgraden als beim Gegendruck-Dampfprozeß zu erreichen sind. Die

---

[1] Diss. H. TRENKLER, TH Aachen.

Abhängigkeit des Gesamtwirkungsgrades einer solchen gekuppelten Anlage vom Druckverhältnis des Gasturbinenprozesses ist für eine Gastemperatur von 700 °C in Abb. 172 dargestellt. Ein Vergleich der oberen Kurve mit einfacher Zwischenerhitzung mit der unteren Kurve (s. Abb. 172), die für den Fall einfacher Zwischenerhitzung und Zwischenkühlung

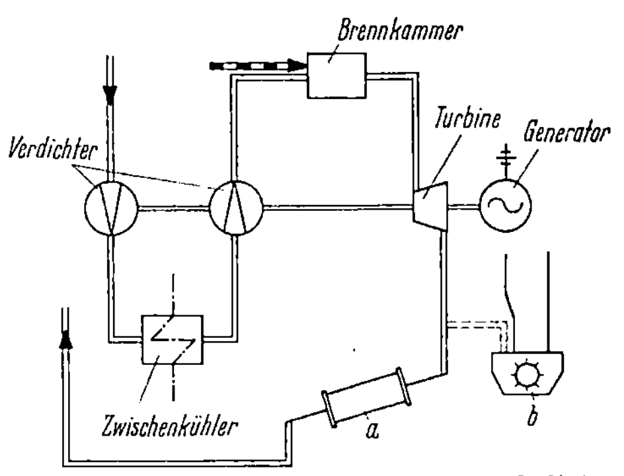

Abb. 171. Gasturbinenanlage mit nachgeschaltetem Kohletrocknungsprozeß
a) vor Rauchgastrockner, b) vor Hammermühle

gilt, zeigt, daß bei dieser Kombination eine Zwischenkühlung nicht sinnvoll ist.

h) Kupplung eines Gasturbinenprozesses mit einer Dampfkesselfeuerung

Eine weitere im thermodynamischen Sinne aussichtsreiche Kombination von Kraftmaschinenanlagen ist die Vorschaltung eines Gasturbinen-Aggregates vor einen mit Braunkohle gefeuerten Dampfkessel zur Brennluftlieferung, da zur Verbrennung von Braunkohle ein hoher spezifischer Luftbedarf vorliegt. Die Gasturbine liefert hierbei die vorgewärmte Verbrennungsluft für den Kessel in Form ihres Abgases. Da die Brennkammer der Turbine mit großem Luftüberschuß betrieben wird, ist der Sauerstoffgehalt der Verbrennungsluft des Kessels — also der Abgase der Gasturbine — in der Größenordnung nur wenig geringer als derjenige der Luft. Je nach Kraftstoff und Druckverhältnis liegt der Wert λ bei Annahme

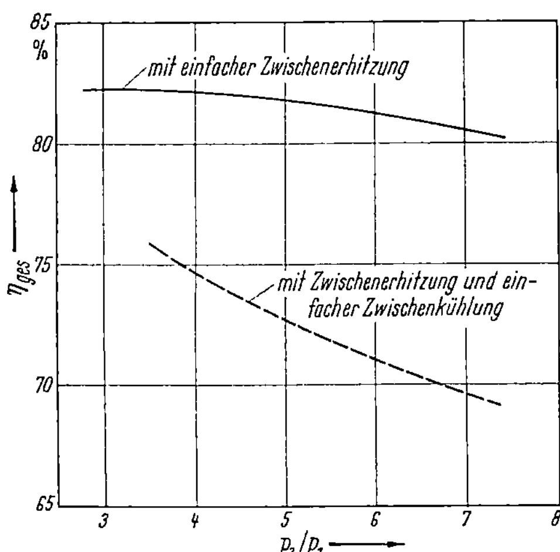

Abb. 172. Gesamtwirkungsgrad einer Gasturbinenanlage mit nachgeschaltetem Trocknungsprozeß.
Gastemperatur: 700 °C

einer vorgeschriebenen Verbrennungstemperatur von 700 °C zwischen $\lambda = 4{,}5$ und 7,2, z. B. ist für Rohbraunkohlen-Gas bei $p_2/p_1 = 6$ das Luftverhältnis $\lambda = 6{,}8$.

Offen ist bei dieser Betrachtung noch die Frage der Beeinflussung des Zünd- und Verbrennungsvorganges durch das Vorhandensein der Verbrennungsprodukte, z. B. CO_2 und CO.

Der erzielbare Leistungsgewinn ist abhängig von der gesamten Schaltung der Dampfkesselanlage insbesondere davon, ob es sich um eine Gegendruck- oder Kondensationsanlage handelt, ob die Abgase des Kessels und der Abdampf der Dampfturbine einem Kohletrockner zugeführt werden, ob Anzapfdampf-Vorwärmung stattfindet und ob Zwischenkühlung vorgesehen ist. Außerdem gibt es noch die Möglichkeit, die äußere Verbrennung des Gasturbinen-Prozesses durch einen Lufterhitzer im Dampfkessel selbst zu ersetzen, wobei dann die Gasturbine als Heißluftturbine arbeitet.

Die Untersuchung der zusätzlich gewinnbaren elektrischen Leistung gegenüber einer normalen Dampfkesselanlage ergibt, je nach verwendetem Kraftstoff und je nachdem, ob Zwischenkühlung angewendet wird, gegenüber einer Gegendruckanlage eine Steigerung in den Grenzen von $^1/_3$ bis nahezu zur Hälfte, wenn die Rauchgasmenge die gleiche wie bei einer Dampfkraftanlage ohne vorgeschaltete Gasturbine ist. Setzt man dagegen die gleiche Frischdampfmenge wie bei einer Anlage ohne Gasturbine voraus, so steigt die elektrische Leistung ohne Zwischenkühlung nur etwa um $^1/_3$, mit Zwischenkühlung aber um fast die Hälfte. Bezieht man die Steigerung der Leistung auf eine Kondensationsanlage, so liegen die Werte der Verbesserung in der Größenordnung von 15 bis 30%.

3. Grundlagen für die Gestaltung

a) In Betracht kommende Gastemperaturen

Um möglichst günstige Verbrauchszahlen zu erreichen, werden die Gastemperaturen für Frischgasturbinen so hoch gewählt wie im Hinblick auf die Warmfestigkeit der Werkstoffe zulässig ist. Die Temperaturen der Abgase zum Betrieb von Abgasturbinen liegen zum Teil noch unterhalb dieser Grenze. Zunächst sei ein Überblick über die Gastemperaturen, die für Abgasturbinen in Betracht kommen, gegeben.

Die Abgastemperaturen von Flugmotoren sind im allgemeinen etwas höher als die Abgastemperaturen von Fahrzeugmotoren und stationären Motoren, da wegen der hohen Drehzahl und wegen der sehr hohen Mitteldrücke der Einfluß der Wandwirkung, d. h. die Wärmeabführung durch die Wände relativ geringer ist. Bei Viertakt-Dieselmotoren ergeben sich bei Dauerleistung Abgastemperaturen von 500 bis 600 °C, bei Kurzleistung entsprechend höhere Abgastemperaturen (bis etwa 700 °C).

Beim Dieselmotor ist die Abgastemperatur, wie Abb. 173 zeigt, in erster Linie vom Luftverhältnis abhängig. Beim Zweitaktmotor und beim Viertaktmotor mit Durchspülung ist die Spülluft bei der Bestimmung desLuftüberschusses mit einzurechnen. Die Kurven der Abb. 173 sind unter der Annahme berechnet, daß die Abgaswärme einem konstanten Bruchteil des Heizwertes entspricht, und zwar beim Viertakt-Dieselmotor 38 vH, beim betrachteten Zweitakt-Dieselmotor 43 vH. Die größere Abgaswärme beim Zweitakt-Dieselmotor ist durch die verhältnismäßig geringe Kühlwasserwärme verursacht. Selbstverständlich können diese Kurven den Verlauf der Abgastemperatur nur der

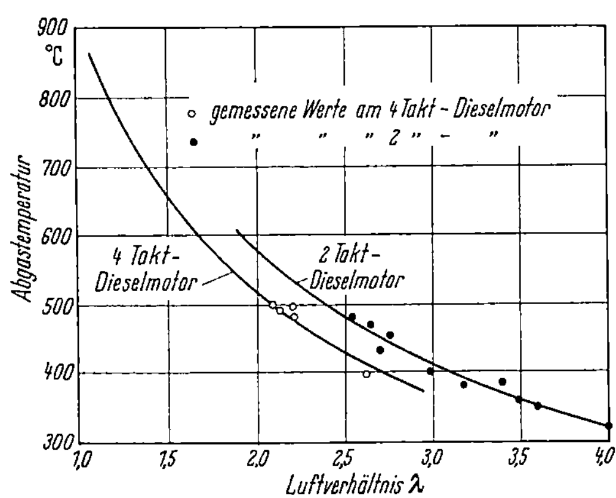

Abb. 173. Abgastemperatur des Viertakt- und Zweitakt-Dieselmotors abhängig vom Luftverhältnis

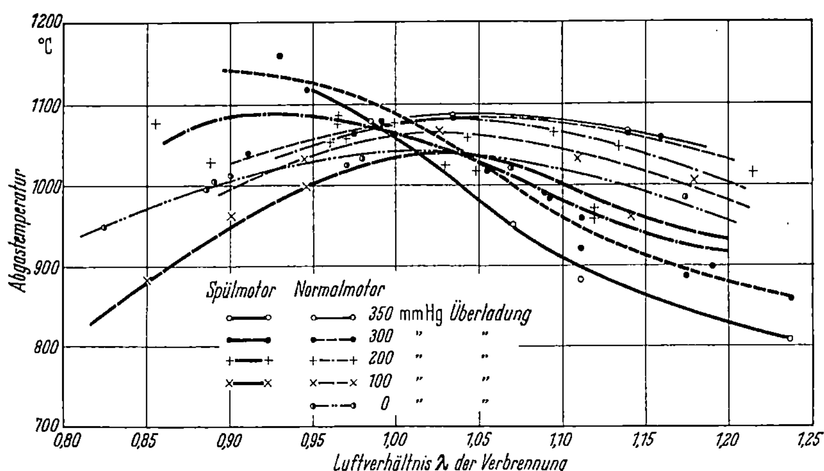

Abb. 174. Abgastemperatur eines Ottomotors, abhängig vom Luftverhältnis für verschiedene Ladedrücke und verschieden große Überschneidung der Ventilsteuerzeiten

Größenordnung nach wiedergeben. Auch wird man bei verschiedenen Motorenmustern merkliche Unterschiede erhalten. Die eingezeichneten Punkte stellen Meßwerte der Abgastemperaturen dar.

Die Abgastemperaturen von Ottoflugmotoren liegen im Mittel bei etwa 900 bis 1100 °C (maximal bis etwa 1200 °C). Bei 4-Takt-Fahrzeug-Otto-Motoren liegen die Abgastemperaturen im Vollastbereich zwischen 700 und 1000 °C.

Die höchsten Abgastemperaturen treten normalerweise in der Nähe des stöchiometrischen Luftverhältnisses auf. Bei schnellaufenden Motoren wurde die höchste Abgastemperatur meist bei etwa 5 bis 10 vH Luftüberschuß gemessen. Bei zunehmendem Luftüberschuß oder zunehmendem Kraftstoffüberschuß werden die Abgastemperaturen geringer (Abb. 174). Bei Aufladung und Überschneidung der Steuerzeiten wird im Luftüberschußgebiet wegen der Spülwirkung und Mischung mit der kalten Luft eine wesentliche Abgastemperatursenkung erreicht; im Gebiet des Luftmangels erhöht sich jedoch wegen der Nachverbrennung durch die nachströmende Luft die Abgastemperatur. Die in Abb. 174 wiedergegebenen Abgastemperaturen sind auf kalorimetrischem Wege bestimmt. Bei aufgeladenen Motoren mit erhöhter Ladelufttemperatur sind auch die Abgastemperaturen etwas höher. Wird mit trägen Meßgeräten gemessen, die in üblicher Weise in die Abgasleitung in der Nähe eines Zylinders eingebaut sind, so ergeben sich geringere Temperaturen als aus kalorimetrischen Messungen. Der Unterschied dürfte in diesen Fällen meist etwa 50 bis 100 °C betragen.

Die angegebenen Abgastemperaturen beziehen sich auf Messungen unmittelbar hinter den Auslaßstutzen des Motors. Infolge des Wärmeaustausches in der Abgasleitung und in der Verbindungsleitung zur Turbine tritt jedoch schon eine erhebliche Abkühlung der Abgase auf. Die Kühlwirkung ist bei der üblichen Anordnung der Auspuffleitungen (sofern eine Sammelleitung vorhanden ist) in Flugzeugen besonders stark. Das Ausmaß der Abkühlung ist auch von der Motorengröße abhängig. In der Mitte des Abgasrohres ist bei isoliertem Abgasrohr die gemessene Temperatur höher als unmittelbar am Zylinder. Diese Erscheinung, die auch am Prüfstand des öfteren beobachtet wurde, ist abgesehen vom Nachbrennen und der Umsetzung der großen kinetischen Energie der Abgase in erster Linie auf den Einfluß der gleichmäßigeren Strömung im Abgasrohr auf die Anzeige des Thermoelementes (s. S. 93) zurückzuführen. Die Temperaturzunahme ist sehr stark von der Ausbildung der Auslaßquerschnitte und des Abgasrohres abhängig. Der Fehler in der Anzeige des Thermoelementes ist nämlich größer, wenn das Thermoelement unmittelbar in der Auspuffleitung eines Zylinders angebracht wird, als wenn es im Abgasstrom mehrerer Zylinder angebracht wird. Im letzteren Falle wird eine höhere Temperatur gemessen (vgl. S. 94). In größeren Höhen wird die Abkühlung der Abgasleitung geringer, da die Verringerung der übergehenden

Wärmemenge durch den absinkenden Druck gegenüber der Erhöhung
der übergehenden Wärmemengen infolge des mit abnehmender Außentemperatur größer werdenden Temperaturgefälles überwiegt (s. Kurve *c*
in Abb. 175).

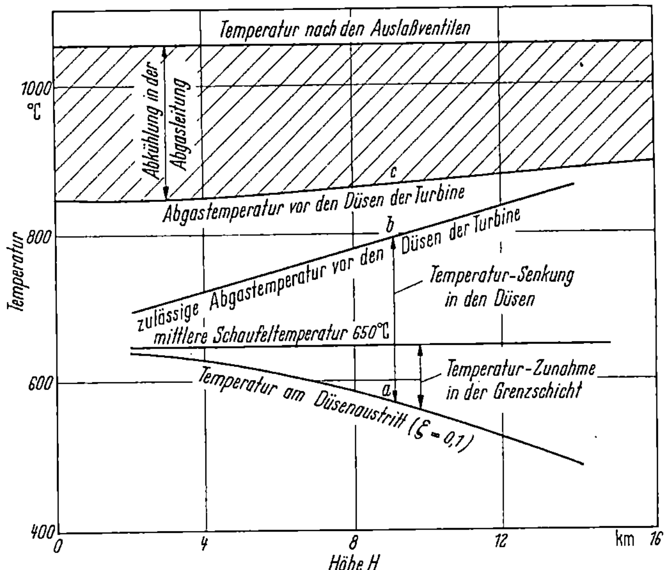

Abb. 175. Schematische Darstellung der zulässigen Abgastemperatur
vor den Düsen einer Abgasturbine ohne Bauteilkühlung, abhängig von der Höhe

b) Zusammenhang zwischen Gastemperatur und Schaufeltemperatur

Die Temperatur der Gase vor den Düsen der Turbine ist nicht
identisch mit der Temperatur der Schaufeln. Bei der Dehnung in der
Düse erfolgt eine Abkühlung der Gase. Diese Abkühlung[1] ist entsprechend dem Faktor $1 - \zeta$ (ζ = Düsenverlustziffer) geringer als
die Abkühlung bei isentroper Dehnung. Sie kann beispielsweise aus
dem $i-s$-Diagramm ermittelt werden. Die Temperatur der Grenzschicht an der Leitschaufel ist jedoch höher als die Temperatur des Gases
hinter der Düse, weil an der Schaufelwand einerseits durch die Reibung
und andererseits durch Stau eine Temperaturerhöhung der Grenzschicht gegenüber dem Gasstrom auftritt. Die Temperaturerhöhung
müßte theoretisch 85 bis 100 vH des Wärmewertes der kinetischen
Energie der Gasgeschwindigkeit relativ zur Schaufel entsprechen. Zur
Berechnung der kinetischen Energie ist also die Relativgeschwindigkeit
der Gase zur Schaufel einzuführen (d. h. bei Laufschaufeln die relative

---

[1] Die Größenordnung der Abkühlung ist für das Beispiel einer Abgasturbine
für einen Ottomotor für verschiedene Höhen in Abb. 175 wiedergegeben; in
10 km Höhe beträgt sie z. B. etwa 230°.

Anströmgeschwindigkeit, die sich aus dem Geschwindigkeitsdreieck ergibt), so daß sich für die maximale Temperaturerhöhung bei vollständigem Stau die Beziehung

$$\Delta t = \frac{w^2}{2\,c_p} \tag{157}$$

ergibt. Für Luft unter 500 °C erhält man beim Einsetzen der Zahlenwerte (w in m/s)

$$\Delta t = \frac{w^2}{427 \cdot 2 \cdot 9,81 \cdot 0,24} = \frac{w^2}{2000}\ [°\text{C}]\,.$$

Für die Abgase eines Dieselmotors ($t = 550\ °\text{C}, \lambda = 1,6$) wird

$$\Delta t \approx \frac{w^2}{2300}\ [°\text{C}]\,.$$

Für die Abgase eines Ottomotors (700 bis 1100 °C) ist zu setzen:

$$\Delta t \approx \frac{w^2}{2590}\ [°\text{C}]\,.$$

Tatsächlich ist jedoch die Grenzschichttemperatur geringer und etwas verschieden je nach Ausbildung der Strömung um die Schaufel. Als Durchschnittswert kann etwa eine Temperaturerhöhung entsprechend 85 vH der theoretischen Stautemperatur angenommen werden[1]. Legt

---

[1] Das Verhältnis der wirklichen Temperaturerhöhung durch Aufstau zur Temperaturerhöhung entsprechend einem isentropen Aufstau bezeichnet man als Recovery-Faktor r. Dieser hängt von der Prandtl-Zahl und vom Strömungszustand ab. Bei einer längs angeströmten Paltte mit laminarer Grenzschicht, konstanter Dichte und Prandtl-Zahlen von 0,5 bis 2 ergibt sich für r die Beziehung

$$r = \sqrt{\text{Pr}}$$

und mit turbulenter Grenzschicht

$$r = \sqrt[3]{\text{Pr}}\,.$$

Für Luft mit einer Prandtl-Zahl von 0,741 errechnet sich bei einer längs angeströmten Platte mit laminarer Grenzschicht der Wert r zu 0,842, der auch durch das Experiment bestätigt wird (s. Recovery-Faktor bei Temperaturmessung in schnellströmenden Gasen S. 341—345).

Zur Ermittlung der Wärmeumsetzung in der Grenzschicht von Körppern, die einem Gasstrom ausgesetzt sind, wurden im DVL-Institut des Verfassers besondere Messungen mit Thermoelementen und mit Thermometern verschiedener Form durchgeführt. Dabei wurde die Messung der Stautemperatur im ganzen Geschwindigkeitsbereich bis zur Schallgeschwindigkeit vorgenommen. Die Meßgeräte wurden am Staupunkt von Strömungskörpern, an den Seitenflächen von Strömungskörpern, an der Rückseite (im Totraum der Strömung) von runden Körpern, im Innern von halbkugelig ausgebildeten Schalen und im Innern von durchbohrten Strömungskörpern angebracht. Bei den Messungen wurden im gleichen Gasstrom gleichzeitig verschiedene Temperaturen angezeigt, und zwar etwa entsprechend 70 bis 90 vH der theoretischen vollen Stautemperatur. Die geringen Werte wurden auf der der Strömung abgewandten Seite, die hohen Werte im Staupunkt der Strömungskörper gefunden. An der Schaufel wirkt sich dementsprechend die Stautemperatur an verschiedenen Stellen verschieden aus. Die Messung mit runden Thermo-

Fortsetzung S. 304

man nun eine bestimmte höchstzulässige Schaufeltemperatur zugrunde, so würde ohne Berücksichtigung des Wärmeflusses diejenige Gastemperatur nach den Düsen zulässig sein, die entsprechend dem jeweiligen Recovery-Faktor also etwa um 85 vH des Wertes der Stautemperatur tiefer liegt als die zulässige Schaufeltemperatur. Die unter Zugrundelegung einer zulässigen Schaufeltemperatur von 650 °C und unter der Annahme, daß ungefähr 85 vH der Strömungsenergie der Relativgeschwindigkeit zu den Schaufeln in der Grenzschicht wieder in Wärme umgewandelt werden, errechnete Temperatur des Gases nach den Düsen ist für das Beispiel der Abgasturbine in Abb. 175, Kurve a, abhängig von der Höhe dargestellt. Die zulässige Temperatur vor den Düsen ergibt sich daraus durch Addition der gesamten Temperatursenkung in der Düse (Abb. 175, Kurve b). Wegen des Wärmeflusses von der Schaufel in das Rad kann man bei Vollschaufeln eine etwas höhere Abgastemperatur als errechnet zulassen. Bei der Frischgasturbine ergeben sich sinngemäß dieselben Probleme.

Bei geringen Belastungen sind kleinere Wärmegefälle zu verarbeiten. Damit werden die Geschwindigkeiten und die Stautemperaturen relativ kleiner.

---

elementen oder mit Thermometern ergab einen Wert, der dem Mittelwert der Messungen im Staupunkt an den Seitenflächen und an der der Strömung abgewandten Seite entspricht.

Die Messungen wurden in einem Luftstrahl von etwa 100 mm Durchmesser durchgeführt, wobei die Strömung durch Einströmen einer großen Luftmenge (4000 kg/h) in einen Unterdruckbehälter mit dauerndem Absaugen erzeugt wurde, so daß der Einfluß der Wandwirkung der Düse auf das Meßergebnis gering war. Außer diesen Messungen unterhalb der Schallgeschwindigkeit wurden weitere Untersuchungen bis zu MACHschen Zahlen von etwa 1,6 durchgeführt. In diesem Bereiche war die Temperaturerhöhung durch den Stau wesentlich größer als unterhalb der Schallgeschwindigkeit. Die Temperaturdifferenz gegenüber dem strömenden Gas betrug bei diesen Messungen im Mittel etwa 85 bis 95 vH der vollen Stautemperaturerhöhung. Die Unterschiede der einzelnen Meßstellen untereinander waren im Vergleich zu den Ergebnissen unterhalb der Schallgeschwindigkeit nur gering. Bei Anbringung des Thermoelements im Innern eines Hohlkörpers, der auf der der Strömung abgewandten Seite mit einer großen Anzahl von Bohrungen versehen war, wurden unterhalb der Schallgeschwindigkeit nur 80 vH der Stautemperatur gemessen. Bei Erreichen der Schallgeschwindigkeit trat eine beinahe sprunghafte Steigerung des Faktors auf nahezu 90 vH auf.

Diese Erscheinungen lassen sich auf folgende Ursachen zurückführen: Wärmeableitung im angeströmten Körper, Umsetzung der kinetischen Energie des strömenden Gases in Wärme, Wärmeleitung im Gase. Zur Erklärung der Unterschiede der verschiedenen Meßstellen ist außerdem auch der Energieaustausch abgebremster Gasteile mit neu aufgenommenen Gasteilen infolge der Turbulenz zu berücksichtigen. Die Abnahme der Gesamtenergie von Gasteilen vor allem im Totraumgebiet der Strömung muß einer Gesamtenergiezunahme anderer mit dem Strome fortgerissener Gasteile und der Wärmeableitung im Meßgerät entsprechen.

Die Temperatur der Abgase des Ottomotors ist mit 1050 °C angenommen; diese Annahme entspricht sowohl Luftüberschuß im Reiseflug als auch Anreicherung bei Vollast. Dabei ist vorausgesetzt, daß die Anreicherung bei einer bestimmten Belastung unmittelbar von Luftüberschuß auf Luftmangel erfolgt.

Die Darstellung der zulässigen Abgastemperaturen vor den Düsen (Kurve *b* in Abb. 175) und der tatsächlich vor den Düsen auftretenden Temperatur (Kurve *c* in Abb. 175) zeigt, daß die beim Ottomotor auftretenden Abgastemperaturen noch 150 bis 200° höher sind, als mit Rücksicht auf die bisher erreichte Warmfestigkeit der Werkstoffe bei ungekühlten Schaufeln zugelassen werden kann. Um die Beanspruchungen in sicheren Grenzen zu halten, können folgende Maßnahmen getroffen werden:

1. Verbesserung der Werkstoffe,
2. zusätzliche Kühlung der Abgase,
3. Kühlung der gefährdeten Bauteile.

Unter Umständen kann auch eine Kombination dieser Möglichkeiten gewählt werden.

c) Zulässige Schaufeltemperatur und Werkstoffeigenschaften

Die Temperaturen der Abgase von nicht hochaufgeladenen Dieselmotoren sind so gering, daß keine besonderen Maßnahmen zur Gewährleistung der Betriebssicherheit der Turbinenschaufeln bei Verwendung der üblichen warmfesten Werkstoffe erforderlich sind.

Bei Abgasturbinen für Ottomotoren ist es auch mit den besten bekannten metallischen Werkstoffen nicht möglich, die ohne besondere Maßnahmen auftretenden hohen Schaufeltemperaturen zu beherrschen, weil die Beanspruchungen der Turbinenschaufeln mit Rücksicht auf die Gestaltung des Aggregats innerhalb bestimmter Grenzen vorgegeben sind.

Bei *Frischgasturbinen* müssen die Temperaturen der Gase vor den Düsen der Turbine mit Rücksicht auf gute Wirkungsgrade so hoch wie irgend möglich gewählt werden. Zur Erzielung eines bestimmten erforderlichen Druckgefälles des Verdichters ist eine hohe Umfangsgeschwindigkeit (übliche Umfangsgeschwindigkeiten bei Verdichteraggregaten für Frischgasturbinen über 300 m/s, bei Flugmotorenverdichtern 300 bis 400 m/s) des Verdichterrades erforderlich. Diese hohe Umfangsgeschwindigkeit bedingt andererseits mit Rücksicht auf die Gestaltung des Verdichters insbesondere mit Rücksicht auf die Kanalbreite des Rades bei gegebener Fördermenge eine sehr hohe Drehzahl, die bei direkter Kupplung von Verdichter und Turbine gleich der Turbinendrehzahl ist. Bei gegebenem Gasvolumen ist damit auch die untere Grenze des Durchmessers des Turbinenrades im wesentlichen festgelegt, da das Verhältnis der Schaufellänge zum Teilkreisdurchmesser bestimmte Werte nicht überschreiten darf. Die Beanspruchung des Schaufelmaterials am Fuß ist durch die Beziehung :

$$\sigma = \frac{P}{F_F} = \frac{\dfrac{m\,u_s^2}{r_s}}{F_F} \tag{158}$$

angenähert gegeben. Mit

$$m = F_m \cdot l \cdot \varrho \tag{159}$$

erhält man

$$\sigma = u_S^2\,\frac{l}{r_s} \cdot \varrho\,\frac{F_m}{F_F} \cdot \tag{160}$$

In den Gleichungen bedeuten:

$P =$ Fliehkraft der Schaufel
$m =$ Masse der Schaufel
$u_S =$ Umfangsgeschwindigkeit des Schaufelschwerpunktes
$r_S =$ Radius des Kreises der Schaufelschwerpunkte
$F_F =$ Querschnittsfläche des Schaufelfußes
$F_m =$ mittlere Schaufelquerschnittsfläche
$l =$ Länge der Schaufel
$\varrho =$ Dichte des Schaufelmaterials

Vergleicht man Räder, deren Schaufellängen proportional den jeweiligen Radien sind ($l = r_S \cdot$ const) und deren Schaufelverjüngung dieselbe ist ($F_m/F_F =$ const), so erhält man die Beziehung:

$$\frac{\sigma}{\varrho} = u_S^2 \cdot \text{const} . \tag{161}$$

Die Umfangsgeschwindigkeit ist durch die Auslegung des Turboverdichteraggregates im wesentlichen vorgegeben. Daher ist der Wert $\dfrac{\sigma_{zulässig}}{\varrho}$ ein Maß für die Eignung des Werkstoffes. Die Beanspruchung des Schaufelwerkstoffes ist durch das Produkt $u_s^2 \cdot \varrho$ gekennzeichnet.

Da die Umfangsgeschwindigkeit für das Verdichtungsverhältnis des Verdichters maßgebend ist [vgl. Gl. 88, S. 212], ist der höchstzulässige Wert σ/ϱ für das höchste erreichbare Druckverhältnis des Turboladers [siehe Gl. 86, S. 211] bei gegebener Stufenzahl mit entscheidend. Der Wert σ/ϱ kann auch sehr anschaulich physikalisch gedeutet werden. Er gibt die Länge eines Stabes konstanten Querschnittes an, der hängend, an seinem oberen Ende die Beanspruchung σ erreicht.

Vergleicht man die Beanspruchungen von verschiedenen Turbinenausführungen mit verschiedenen Schaufellängen für eine bestimmte konstante Abgasmenge, also für einen bestimmten Motor, so ist bei sonst gleichen Voraussetzungen das Produkt $l \cdot r_S$ konstant und man

Tabelle 6

Legierungszusammensetzung in % einiger warmfester und hitzebeständiger Werkstoffe

	Handelsname	C	Si	Mn	Co	Cr	Ni	Mo	Nb	Ti	Al	B	V	W	Fe
1	Hastelloy R 235	$<0,15$	$<1,0$	$<1,0$	$<2,5$	15,5	64	5,5	--	2,5	2,0	—	—	—	10,0
2	HS-36	0,4	0,5	1,0	53	19	10,0	—	—	—	—	0,03	—	15,0	—
3	Inconel 700	$<0,16$	—	—	29,0	15,0	45	2,75	—	2,0	3,0	—	—	—	$<4,0$
4	Udimet 600	$<0,1$	—	—	16,5	17,5	57	4,0	—	2,9	4,2	$<0,4$	—	—	$<4,0$
5	Inconel 7/3 C	$<0,2$	—	1,0	—	12,5	68	4,5	2,0	0,75	6,0	—	—	—	$<5,0$
6	Nimonic 80 A	0,1	—	—	—	20,0	Rest	—	—	2,4	1,4	—	—	—	$<5,0$
7	Nimonic 90	0,1	—	—	18,0	20,0	Rest	—	—	2,4	1,4	—	—	—	$<5,0$
8	Nimonic 105	0,1	—	—	20,0	15,0	Rest	5,0	—	1,2	4,5	—	—	—	$<1,0$
9	Nimonic 115	0,1	—	—	15,0	15,0	Rest	4,0	—	4,0	5,0	—	—	—	$<1,0$
10	Thermax 11 A	0,12	2,0	—	—	24,0	20,0	—	—	—	—	—	—	—	—
11	Thermax 16/36	0,12	1,8	—	—	16,0	36,0	—	—	—	—	—	—	—	—
12	ATS 28	0,06	—	—	—	15,0	26,0	1,3	—	2,1	0,25	—	0,3	—	—
13	Turbotherm 20 Co 20 S	0,4	—	—	20	20	20	4,0	4	—	—	—	—	4,0	—
14	Turbotherm 20 Co 45	0,4	—	—	45	20	20	4	3	—	—	—	—	4,7	—

erhält $\sigma/\varrho = n^2 \cdot$ const (vgl. obenstehende Gleichung für σ), d. h. unter diesen Voraussetzungen ist die Beanspruchung der Schaufeln durch das Quadrat der Drehzahl gegeben.

Die Werkstoffe für die Herstellung von Turbinenschaufeln müssen korrosionsbeständig sein und erhebliche Warmfestigkeit aufweisen (Angaben über warmfeste Werkstoffe für hohe Temperaturen siehe [N13 bis N20]).

Als Maß für die höchstzulässige Beanspruchung wird die Dauerstandfestigkeit gewählt, die in Deutschland im allgemeinen im Maschinenbau nach den Din-Normen 50118 und 50119 ermittelt wird. Danach ist unter Dauerstandfestigkeit diejenige höchste Spannung zu verstehen, die der Werkstoff bei einer bestimmten Temperatur unendlich lange ohne Bruch ertragen kann. Als weitere Kenngröße zur Beurteilung des Werkstoffverhaltens bei höherer Temperatur werden Zeitstandfestigkeit und Zeitdehngrenze verwendet.

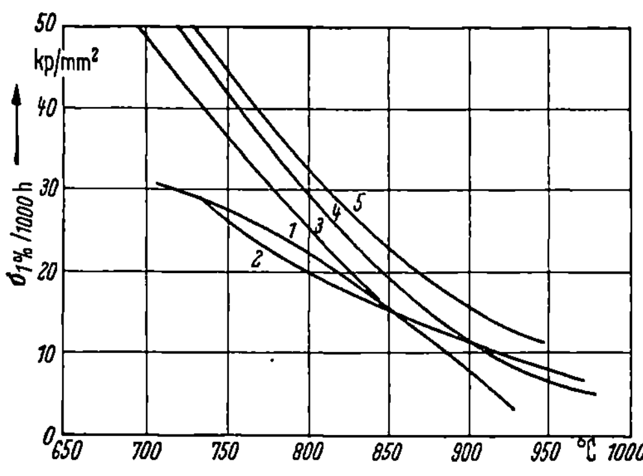

Abb. 176. Zeitdehngrenze verschiedener warmfester Werkstoffe (Reihenfolge s. Tabelle 6)

Die Zeitstandfestigkeit bei einer bestimmten Temperatur ist die ruhende Belastung, die nach Ablauf einer bestimmten Versuchszeit (Belastungszeit) einen Bruch hervorruft. Unter Zeitdehngrenze wird die Spannung verstanden, die bei einer bestimmten Temperatur eine bleibende Dehnung in Prozent während einer bestimmten Versuchszeit hervorruft. Bei sehr hoch beanspruchten Werkstoffteilen, wie z. B. Laufschaufeln von Gasturbinen wird vielfach die Zeitdehngrenze als Bewertungsgröße zugrunde gelegt und eine zeitlich begrenzte Zugbeanspruchung zugelassen. Die Zeitdehngrenze wird beispielsweise angegeben für 1 vH Dehnung in 1000 bzw. 10000 Stunden. Für ortsfeste Anlagen wird im Vergleich zu Hochleistungstriebwerken meist eine größere Betriebszeit vorgesehen.

Die Zeitstandfestigkeit und die Zeitdehngrenzen der für Turbinen in Betracht kommenden Werkstoffe sind stark von der Temperatur abhängig. In Abb. 176 und 177 u. 178 sind für einige Werkstoffe die Zeitdehngrenzen in Abhängigkeit von der Temperatur wiedergegeben. Die Art der Legierung der Werkstoffe für die in diesen Abbildungen dargestellten Festigkeitswerte ist aus Tabelle 6 ersichtlich. Für das Kriechverhalten ist der Behandlungszustand (bei Temperaturen oberhalb oder unterhalb der Erholungstemperatur geglüht,

Grad der Verformung) von erheblichem Einfluß. Die Untersuchungen der Zeitdehngrenzen bzw. Zeitstandfestigkeit zeigen, daß bei Zulassung höherer Dehnungen eine höhere Belastung zulässig ist. Ebenso kann natürlich eine höhere Belastung zugelassen werden, wenn kürzere Betriebszeiten zugrunde gelegt werden.

Für den Entwurf des Turbinenrades und der Schaufeln sind die Temperaturen des Werkstoffes im Betrieb, die Umfangsgeschwindigkeit und die durch Werkstoffeigenschaften gegebenen zulässigen Beanspruchungen

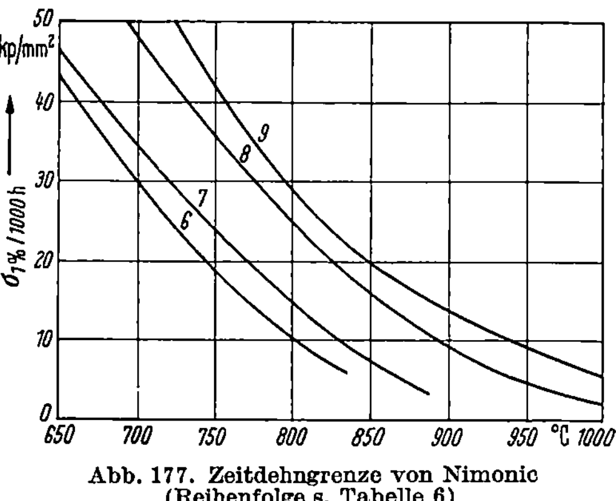

Abb. 177. Zeitdehngrenze von Nimonic
(Reihenfolge s. Tabelle 6)

maßgebend. Sind zwei dieser Größen festgelegt, so ist die dritte nicht mehr frei wählbar.

Steht nur ein bestimmter Werkstoff zur Verfügung und ist die Umfangsgeschwindigkeit des Turbinenrades, z. B. bei Turboverdichtern, durch die angenommene Verdichterdrehzahl und den Gasdurchsatz annähernd gegeben, so ist entsprechend dem zulässigen Wert σ/ϱ je nach Konstruktion nur eine bestimmte Höchsttemperatur zulässig. Geht man von der zu verarbeitenden Gastemperatur und der durch den Verdichter bestimmten Umfangsgeschwindigkeit aus, so muß

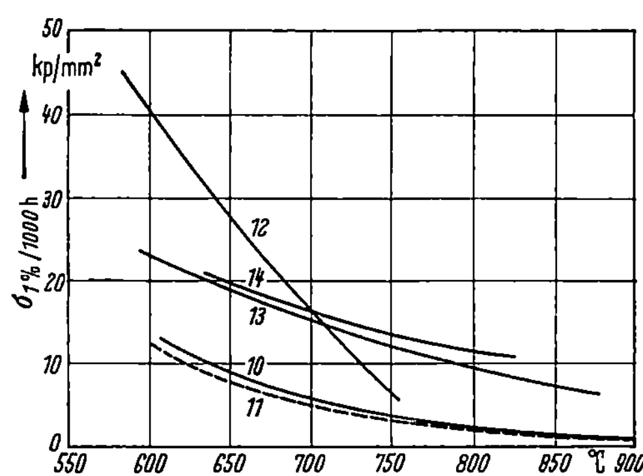

Abb. 178. Zeitdehngrenze einiger warmfester und hitzebeständiger (10,11) Stähle entsprechend Tabelle 6

der Werkstoff entsprechend dem aus der Konstruktion ermittelten Wert σ/ϱ gewählt werden.

Um einen Anhaltspunkt für die Größenordnung der Beanspruchungen von Turbinenschaufeln zu geben, sind in nachfolgender Tabelle für ein Beispiel einige Werte angegeben. Die Zusammenstellung bezieht sich auf eine Umfangsgeschwindigkeit $u = 293$ m/s, $D = 280$ mm (entsprechend $n = 20000$ U/min, $\omega = 2090$ 1/s). Die Zugspannungen an der Einspannstelle des Schaufelschaftes (Querschnittsfläche F_F)

sind einmal unter der Annahme, daß die Schaufeln nicht verjüngt sind, und einmal für verjüngte Schaufeln ($F_m/F_F = 0,6$) wiedergegeben.

Tabelle 7

l	σ für $\frac{F_m}{F_F} = 1$	σ für $\frac{F_m}{F_F} = 0,6$
20 mm	9,8 kp/mm²	5,88 kp/mm²
30 mm	14,7 kp/mm²	8,82 kp/mm²
40 mm	19,6 kp/mm²	11,76 kp/mm²
50 mm	24,5 kp/mm²	14,7 kp/mm²

Die Beanspruchungen entsprechen meist 10 bis 20 kp/mm². Aus der Abb. 176 kann geschlossen werden, daß bei diesen Beanspruchungen mit Rücksicht auf ungleichmäßige Temperatur- und Spannungsverteilung Schaufeltemperaturen zwischen 750 und 850 °C zulässig erscheinen. Die Höhe der zulässigen Temperatur ist innerhalb dieser Grenzen vor allem von der Gestaltung der Schaufel und des Rades und von der Temperaturverteilung in der Schaufel abhängig.

Die Temperaturen der Turbinenschaufeln unterscheiden sich im Betrieb an verschiedenen Stellen sehr wesentlich. Im allgemeinen sind die Temperaturen an der Eintrittskante der Schaufel am höchsten. Die Unterschiede sind zum Teil auf den Stau, auf die Grenzschichttemperaturerhöhung durch Reibung und sehr wesentlich auf die verschiedene Kühlung durch Wärmeableitung zurückzuführen. In demselben Querschnitt der Schaufel kommen vielfach Temperaturunterschiede in der Größenordnung von 50 bis 150° vor. Noch größer sind die Unterschiede der Temperaturen in der Längsrichtung. Beispielsweise wurde unmittelbar am Schaufelfuß ein Temperaturabfall von über 100° gemessen (vgl. Abb. 191, S. 326). Eine weitere Temperatursenkung ergibt sich in radialer Richtung in der Laufradscheibe.

d) Verfahren zur Verringerung der Bauteiltemperaturen

Zur Erzielung günstiger Wirkungsgrade und damit kleiner Verbrauchszahlen werden möglichst hohe Gastemperaturen angestrebt. Durch die Warmfestigkeit der Werkstoffe ist jedoch die höchstzulässige Materialtemperatur der Schaufeln festgelegt. Es ergibt sich deshalb bei Frischgasturbinen die Aufgabe, durch Kühlverfahren bei hoher Gastemperatur geringe Schaufeltemperaturen zu erhalten. Ähnlich liegen die Verhältnisse bei Abgasturbinen. Die Gastemperatur ist hier vorgegeben und die bisher entwickelten Werkstoffe sind für die Beherrschung der vollen Abgastemperatur von Ottomotoren noch nicht geeignet, so daß bei Verwendung von Abgasturbinen in Verbindung mit Ottomotoren eine zusätzliche Kühlung der Abgase bzw. eine Kühlung der Turbinenbauteile erforderlich sein wird.

Kühlung der Abgase (Oberflächenkühlung, Mischkühlung). Die Abkühlung der Abgase durch Vergrößerung der Abgasleitung und zusätzliche Kühler ist z.B. für den Flugbetrieb ungünstig, da hierdurch ein erheblicher Gewichtsaufwand und ein zusätzlicher Luftwiderstand bedingt ist. Die Kühler müssen aus hochhitzebeständigem Material hergestellt werden und bereiten u. a. wegen der notwendigen Isolierung gegenüber den übrigen Flugzeugteilen wesentliche Schwierigkeiten. Der Raumbedarf der Abgaskühler ist erheblich, so daß die Unterbringung unter Umständen schwierig ist. Durch die Kühlung der Abgase wird das der Turbine zur Verfügung stehende Wärmegefälle verringert, so daß die Energiebilanz ungünstig beeinflußt wird.

Eine weitere Möglichkeit der Kühlung der Abgase bietet die Beimischung von Luft. Da der Druck der beigemischten Luft höher sein muß als der Druck in der Abgasleitung, ist diese Möglichkeit nur bei Entnahme der Luft hinter dem Verdichter gegeben. Deshalb macht das Verfahren der Luftbeimischung eine Vergrößerung des Verdichters und der zugehörigen Leitungen mit entsprechender unerwünschter Vergrößerung der Gewichte erforderlich. Die Energiebilanz des Turboverdichteraggregats wird ebenso wie bei der Oberflächenkühlung durch die Temperatursenkung der Abgase verschlechtert. Die Regelung des Turboaggregats ist bei Mischkühlung schwierig, da der Druck hinter dem Verdichter stets größer gehalten werden muß als der Druck vor der Turbine.

Die Mischkühlung bringt aber außerdem den Nachteil mit sich, daß bei Betrieb mit Luftmangel infolge der brennbaren Bestandteile in den Abgasen eine Nachverbrennung möglich ist, so daß sogar eine Temperatursteigerung der Abgase eintreten kann, die sich unter Umständen in vollem Maße erst in den Düsen und am Laufrad auswirkt. Eine wirksame Kühlung der Abgase durch Mischkühlung ist also nur gewährleistet, wenn der Motor schon mit Luftüberschuß betrieben wird. Luftüberschußbetrieb erfordert eine sehr feine Gemischregelung, da wesentliche Fehler in der Gemischregelung im Sinne einer Verarmung des Gemisches unregelmäßigen Lauf und unter Umständen Aussetzen des Motors verursachen kann. Fehler der Regelung in Richtung zur Anreicherung des Gemisches wirken sich durch Nachbrennen aus und gefährden dadurch die Betriebssicherheit der Turbine. Die Mischkühlung stellt also besondere Anforderungen an die Betriebsweise des Motors oder verlangt Anwendung sehr großer Luftmengen. Beim Motor mit überschnittenen Steuerzeiten ist in den Abgasen überschüssige Luft enthalten, so daß eine Nachverbrennung bei Luftmangel stets auftreten kann. Durch die Zumischung von Luft wird daher in diesem, Falle keine zusätzliche Temperatursteigerung mehr hervorgerufen jedoch würde dann der Luftaufwand sehr groß werden, so daß ein erheblicher Gewichts- und Raumbedarf dadurch bedingt wäre.

Bauteilkühlung (Außenkühlung der Schaufel und des Laufrades). Zur Senkung der Temperatur der Schaufel wird sowohl Außenkühlung als auch Innenkühlung der Schaufel und des Rades verwendet. Bei ausgeführten Abgasturboanlagen für Flugmotoren wurde früher der *Flugwind zur Kühlung* benutzt, z. B. wurde bei der Mossturbine [I 69] das frei hängende Turbinenrad ursprünglich hinter der Luftschraube senkrecht zur Motorlängsachse angebracht, so daß der Luftstrom senkrecht auf das Laufrad geblasen wurde. Bei späteren Ausführungen wurde das Laufrad seitlich vom Motor mit der Austrittsseite offen (ohne Gehäuse) in der Ebene der Zellenwand angebracht, so daß die Außenfläche des Rades durch den Fahrtwind bestrichen und gekühlt werden sollte. Bei dieser Anordnung ist auch eine Wärmeabführung durch Strahlung vorhanden. Die Abgasleitung zwischen Motor und Turbine wurde dem freien Luftstrom ausgesetzt, so daß auch dadurch eine Abkühlung der Abgase erreicht wurde. Weiterhin wurde die Abgastemperatur durch Betrieb mit großem Kraftstoffüberschuß gesenkt. Die Abgastemperaturen betrugen etwa 650 bis 700 °C. Versuche mit einer teilweisen Beaufschlagung des Rades mit Abgasen und mit Luft haben in diesem Falle keine befriedigenden Ergebnisse geliefert.

Erfolge wurden von K. Leist [I 49] mit einer Abgasturbine durch unmittelbare Kühlung der Turbinenschaufeln durch *Teilbeaufschlagung* und Anblasen der Schaufeln in dem nichtbeaufschlagten Bogen durch Kühlluft erzielt. Bei dieser Anordnung ist die Schaufelkühlung sehr wirksam, da die Kühlung an den heißesten Stellen erfolgt. Bei 50 vH Beaufschlagung mit Gas- und 50 vH Beaufschlagung mit Kühlluftstrom wurde eine Senkung der Schaufeltemperatur um mehrere hundert Grad Celsius gemessen, so daß weitere zusätzliche Kühleinrichtungen nicht mehr erforderlich waren. Die Verringerung des Wirkungsgrades der Turbine betrug im Vergleich zur vollbeaufschlagten Turbine in der Größenordnung 8 bis 10 vH. Die Mehrleistung wegen der bedeutend höheren zulässigen Abgastemperatur ist jedoch größer als der Leistungsverlust durch diese Senkung des Wirkungsgrades. Bei teilweiser Beaufschlagung muß der Laufraddurchmesser, bezogen auf gleiche durchgesetzte Gasmengen, größer als bei voller Beaufschlagung gewählt werden, weil für die durchgesetzte Gasmenge annähernd das Produkt $l \cdot 2\,\pi\,r_s \cdot \dfrac{\alpha}{360}$ (α = beaufschlagter Bogen) maßgebend ist. Dies bedingt bei gleicher Durchsatzmenge entweder geringere Drehzahlen und damit geringere Verdichtungsverhältnisse des Laders oder eine Verringerung der maximal möglichen Größe des Aggregats. Prak-

tische Anwendung in der Serie hat dieses Verfahren wegen der letztgenannten Nachteile nicht gefunden.

Innenkühlung der Schaufel und des Laufrades. Eine andere Möglichkeit der Temperatursenkung der Schaufeln bei gegebener Gastemperatur bietet die *Innenkühlung*. Diese Kühlungsmethode ist bei Frischgasturbinen, z. B. auch bei Düsentriebwerken, sowie bei größeren Gas-
turbinen-Ausführungen bevorzugt geeignet, weil damit eine Vergrößerung der Laufraddimensionen nicht verbunden ist. Durch das hohl
ausgeführte Rad und die hohlen Schaufeln wird Luft mit Hilfe der
Schleuderwirkung eines Radsterns, der im umlaufenden Turbinenrad
angeordnet wird, geblasen. Bei mehrstufigen Gasturbinen muß der
Austrittsdruck der Kühlluft höher als der Expansionsenddruck der betreffenden Stufe sein. In diesen Fällen ist man gezwungen, verdichtete
Luft aus dem Verdichter durch die hohle Welle dem Turbinenrad zuzuführen. Das Verfahren gestattet, ohne Vergrößerung des Durchmessers
des Turbinenrades eine Kühlung an den Stellen, die am höchsten beansprucht sind — wie z. B. an der Schaufeleintrittskante —, zu erreichen.
Auch das Turbinenrad wird gekühlt, so daß die Temperaturunterschiede
zwischen Scheibenrand und Nabe geringer gehalten werden können als
bei voll ausgeführten Rädern. Andererseits ergibt sich durch die Arbeit
zur Beschleunigung und zur Verdichtung der Luft ein Leistungsverlust.
Nach dem Vorschlag von LORENZEN [H 32] wird die Kühlluft unmittelbar als Ladeluft verwendet. Diese Anordnung hat jedoch den Nachteil, daß beim Austritt aus den Turbinenschaufeln erhebliche Undichtigkeitsverluste auftreten und daß die verdichtete Luft stark angewärmt
wird. Bei einer anderen Ausführung mit LORENZEN-Blechschaufeln
wird auf eine Verdichtung der Kühlluft und Verwendung als Ladeluft
verzichtet. Bei dieser Ausführung werden jedoch die Kühlluftquerschnitte so groß, daß zur Erreichung hoher Geschwindigkeiten an den
zu kühlenden Teilen große Luftmengen benötigt werden, die einen
erheblichen Leistungsverlust verursachen. Wenn sich die ursprünglich
von LORENZEN vorgeschlagenen Hohlschaufel-Ausführungsformen auch
nicht durchsetzen konnten, so bleibt es doch ein bleibender Verdienst,
daß er bahnbrechend an der Entwicklung der Hohlschaufeln gearbeitet hat.

Die erreichbare Kühlwirkung ist sowohl von der Geschwindigkeit
der Kühlluft als auch von der Dichte der Kühlluft abhängig. In
Abb. 179 sind Versuchsergebnisse über das Ausmaß der Schau-
feltemperatursenkung in Abhängigkeit von der Luftgeschwindigkeit
und in Abb. 180 von der durch die Schaufel geblasenen Luftmenge
wiedergegeben. Eine Versuchsreihe wurde mit hohlen Schaufeln konstanter Wandstärke durchgeführt, die zweite Versuchsreihe mit einer
Schaufel, deren Innenquerschnitt durch einen Füllkörper verengt wurde,

so daß bei gleicher Luftmenge eine höhere Geschwindigkeit in der Schaufel erzielt wurde. Die Darstellung zeigt, daß die Abkühlung der Schaufel bei gleichbleibender Dichte der durchströmenden Luft im wesentlichen von deren Geschwindigkeit abhängig ist, da bei gleicher Dichte, aber erhöhter Geschwindigkeit, eine bedeutend bessere Kühlung erreicht wird. Die Einflußgrößen für den Wärmeübergang auf der Gasseite, nämlich die Gasgeschwindigkeit, die Größe der Schaufeloberfläche u. a. können bei einfachen Hohlschaufeln nur wenig beeinflußt werden. Deshalb muß versucht werden, die Innenflächen der Hohlschaufeln möglichst groß zu wählen und die Geschwindigkeiten hoch zu halten, um die Innenkühlung möglichst wirksam zu gestalten.

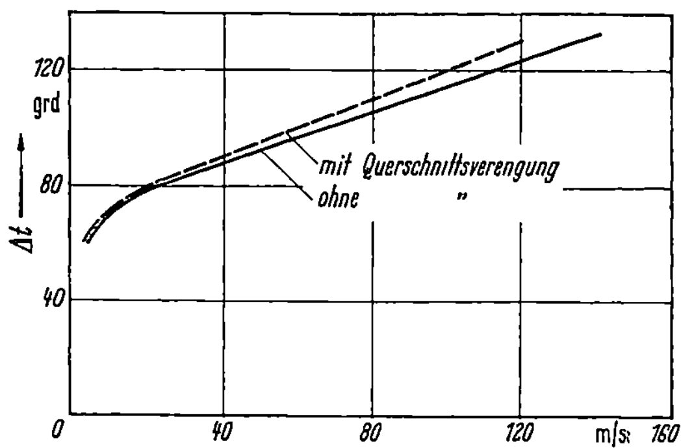

Abb. 179. Beispiel für die Abhängigkeit der Temperatursenkung in der Wand einer Hohlschaufel von der Geschwindigkeit der Kühlluft

Dies kann z. B. durch Anordnung von Kühlrippen im Innern des hohlen Schaufelschaftes geschehen. Bei Messungen[1] an verschiedenen Ausführungsformen von Kühlkanälen in einer Gleichdruckschaufel von 14 mm Profilbreite ergaben sich beispielsweise für eine mit drei Rippen versehene Form (deren vier Kühlluftkanäle je 2 bis 5 mm² Querschnitt

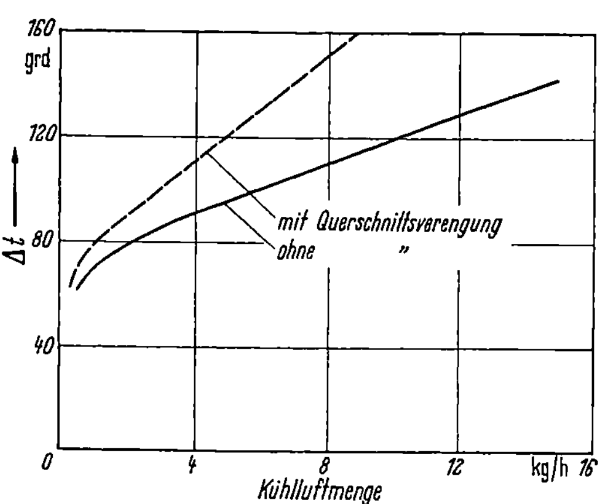

Abb. 180. Beispiel für die Abhängigkeit der Temperatursenkung an der Wand einer Hohlschaufel von der Menge der Kühlluft

hatten) bei einem Gegendruck der Kühlluft von 0,585 ata und 1,4- bzw. 1,8fachem Druckverhältnis Wandtemperaturen, die 20 bis 37 vH bzw. 25 bis 49 vH der Gesamttemperaturdifferenz zwischen Gas und

---

[1] Untersuchungen und Schaufelkonstruktion von CH. SCHÖRNER.

Kühlluft unter die Stautemperatur des Gases abgesenkt waren. Dabei sind die Temperaturen an der Ein- und Austrittskante des Profils zum Teil wesentlich höher (in der Größenordnung 100 °C) als die der Wandteile in der Mitte des Profils. Bei solchen Versuchen an feststehenden Schaufeln dieser Art [I 72] wurden an der Gasseite Wärmeübergangszahlen $\alpha_G = 1000 \dfrac{\text{Kcal}}{\text{m}^2\text{h grd}}$ gemessen. Die Wärmeübergangszahlen auf der Luftseite α_L lagen zwischen 100 und 300 kcal/m²h grd; ihre Abhängigkeit von den Zustandsgrößen der Kühlluft, bezogen auf den Mittelwert der sehr verschiedenen Wandtemperaturen längs des Profilumfangs, kann etwa durch folgende Beziehung gegeben werden[1]:

$$\alpha_L \approx 0{,}08 \cdot \frac{\lambda}{d}\, Pe^{0{,}65}\,. \tag{162}$$

Um eine wirksame Absenkung der Wandtemperatur zu erreichen, ist also eine möglichst große PECLETsche Zahl (Pe) erforderlich:

$$Pe = \frac{w\,d}{a} = (w\,\varrho) \cdot d\,\frac{c_p}{\lambda} = \left(\frac{G}{F}\right) d \cdot \frac{c_p}{\lambda} \tag{163}$$

(G = Kühlluftmenge je Zeiteinheit, F = Gesamtströmungsquerschnitt der Kühlluft im Schaufelschaft, d = mittlerer hydraulischer Durchmesser der Teilkanäle). Da die Werte c_p und λ festliegen, kommt es vor allem auf die richtige Wahl der Geschwindigkeit bei gegebenen Dichteverhältnissen und auf eine zweckmäßige Unterteilung des Schaftquerschnittes in fertigungsmäßig tragbare Kühlluftquerschnitte an. Beim Betrieb in großen Höhen wird unter Umständen eine Vorverdichtung der Kühlluft erforderlich sein, weil die gasseitige Aufheizung der Schaufeln mit der Höhe sich nur wenig ändert, während die Kühlwirkung mit abnehmendem Druck der Kühlluft wesentlich vermindert wird.

In der Schaufel wurden Geschwindigkeiten von etwa 100 bis 200 m/s gewählt. Wegen der bei der Hohlschaufelturbine zulässigen höheren Gastemperaturen vor den Düsen wird das verfügbare Wärmegefälle größer als bei der ungekühlten Vollschaufelturbine, andererseits ist ein Leistungsverlust zur Beschleunigung und Verdichtung der Kühlluft vorhanden, der jedoch bei 150 bis 250 °C Temperaturabsenkung nur 2 ÷ 4(6) vH beträgt und deshalb viel geringer ist als der erzielbare Leistungsgewinn durch die höhere zulässige Abgastemperatur, so daß die Energiebilanz der Turbine mit Hohlschaufel wesentlich günstiger wird als die der Turbine mit voller Schaufel.

---

[1] Für die Strömung durch Rohrbündel senkrecht zu den Rohren gilt die Beziehung [A 11]: $\alpha = 0{,}075\, Pe^{0{,}75}\, \lambda/d$ [kcal/m² h grd]. Die Werte in der Formel für Turbinenschaufeln ergeben sich aus Versuchen von W. SCHNEIDER. CH. SCHÖRNER hat auf Grund von älteren Versuchen für die Konstante den Wert 0,025 gefunden und für den Exponenten der PECLETschen Zahl den Wert 0,86.

Luftgekühlte Schaufeln werden heute bei vielen Triebwerken der zivilen und militärischen Luftfahrt eingesetzt. Im Hinblick auf die Verringerung des Luftdurchsatzes sind einfache Hohlschaufeln nicht mehr in Anwendung, vielmehr werden die Schaufeln mit mehreren Luftkanälen versehen. Zur Verbesserung der Kühlwirkung wird bei verschiedenen Schaufelformen ein Teil der Luft durch Öffnungen an der Schaufelhinterkante ausgeblasen.

Flüssigkeitskühlung. Die Temperaturabsenkung in der Schaufel, die man bei einer Luftkühlung mit einem erträglichen Kühlluftaufwand erreichen kann, beträgt etwa 150 bis 250 °C. Eine wesentlich bessere Kühlwirkung und somit eine höhere zulässige Gastemperatur läßt sich mit einer Flüssigkeitskühlung erzielen. Von E. SCHMIDT wurde erstmalig eine einstufige wassergekühlte Turbine entwickelt und bis zu einer Gastemperatur von 1200 °C betrieben, bei der die Schaufeln mit zylindrischen Bohrungen versehen wurden, die am Schaufelkopf verschlossen und zum Läufer hin offen waren. Infolge der Fliehkraft bei laufender Turbine stellt sich in einem derartigen Kanal eine beträchtliche Konvektionsströmung ein, weil das in Wandnähe befindliche Wasser nach innen und das in der Bohrung befindliche kältere Wasser nach außen strömt. Im Innern des Läufers bildet sich ein Wasserring aus, der durch die Fliehkraft stabil gehalten wird und die von den Schaufeln übertragene Wärme aufnimmt. Eine Verdampfung des Wassers erfolgt nur an der Oberfläche des Wasserringes, weil hier der Druck erheblich niedriger ist als in der Schaufel. Die Verdampfung erfolgt in einem Druckbereich von 20 bis 40 ata entsprechend einem Bereich der Sättigungstemperatur von etwa 210—250 °C. In der Schaufel ergaben sich Temperaturen zwischen 350 und 450 °C und Drücke, die etwa dem kritischen Druck des Wassers entsprechen.

Zur Untersuchung der Wasserkühlung bei natürlicher Konvektion wurden ferner von den Siemens-Schuckert-Werken [I 31] eine 7stufige Turbine und von der NACA [I 28] eine einstufige Turbine entwickelt. Die NACA-Turbine arbeitete bei einer maximalen Gastemperatur von 950 °C bei Eintritt in den Leitkranz. Die bei dieser Gastemperatur gemessene mittlere Schaufeltemperatur betrug 177 °C und die maximale Schaufeltemperatur 465° am Schaufelschwanz.

Von der Pametrada[1] wurde eine Schaufelkühlung mittels flüssiger Metalle bei natürlicher Konvektion in Betracht gezogen [I 17]. Die Schaufeln waren hierbei hohl ausgeführt und mit einer bestimmten Menge eines flüssigen Metalls, z. B. Natrium, gefüllt. Infolge der Konvektionsströmung wird die an die Schaufel übergehende Wärmemenge durch das Metall zum Schaufelfuß transportiert, der mit Kühlrippen

---

[1] Parson & Marine Engineering Turbine Research & Development AS.

versehen ist und durch ein zweites Medium, z. B. Wasser, gekühlt wird. Zur Erzielung einer hinreichenden Kühlwirkung ist lediglich eine geringe Füllung des Hohlraumes der Schaufel erforderlich, so daß auch Quecksilber trotz seiner hohen Dichte als Kühlmedium Verwendung finden kann. Auch wurden Untersuchungen mit wassergefüllten Schaufeln durchgeführt.

Eine Schaufelkühlung mit Wasser bei erzwungener Konvektion ist erstmalig von der NACA an einer einstufigen aus einer Aluminium-Legierung hergestellten Versuchsturbine erprobt worden, die bis zu einer Gastemperatur von 1150 °C betrieben wurde [I 28]. Weiterhin hat die Solar-Aircraft Comp. zwei Versuchsturbinen für eine Gastemperatur von 950 °C entwickelt. Die erste einstufige Turbine wurde bis zur Gastemperatur von 930 °C betrieben. Für das Verhältnis der Differenzen zwischen Gastemperatur und Schaufeltemperatur sowie Gastemperatur und Kühlmitteltemperatur ergaben sich für die in der Spitze und Mitte des Schaufelschwanzes auftretenden Temperaturen Verhältniszahlen von 0,45 und 0,58 [I 13]. Die zweite Versuchsturbine der Solar Company wurde dreistufig ausgelegt und bis zu Gastemperaturen von 950 °C erfolgreich erprobt. Hierbei ergab sich eine maximale Schaufeltemperatur von etwa 420 °C an der Hinterkante der Laufschaufeln der ersten Stufe und eine maximale Temperatur von ca. 530 °C am Schaufeldeckel. Die Wassertemperatur wurde zur Verhinderung einer Dampfbildung unter 93 °C gehalten.

Eine Untersuchung der **Flüssigkeitskühlung mit erzwungener Konvektion** bei Verwendung organischer Medien als Kühlmittel wurde im Institut des Verfassers durchgeführt[1], wobei als Kühlmedium Diphyl verwendet wurde, das ein eutektisches Gemisch aus Diphenyl und Diphenyl-Oxyd darstellt. Der erhebliche Vorteil des Diphyls gegenüber Wasser besteht darin, daß bei gleicher Temperatur der zugehörige Siededruck wesentlich niedriger ist, z. B. 11,3 ata bei 400 °C. Unter atmosphärischen Bedingungen kann Diphyl bis 256 °C drucklos angewendet werden. Zur Untersuchung der Temperaturabsenkung wurde die Temperaturverteilung experimentell an einem stehenden Gitter bis zu Gastemperaturen von 1200 °C (1300 °C) für verschiedene Diphylgeschwindigkeiten und Druckverhältnisse untersucht. Der Zulauf des Kühlmittels erfolgte durch eine 4 mm-Bohrung im Schaufelkopf und der Rücklauf durch zwei 3 mm-Bohrungen im Mittelstück sowie eine 2 mm-Bohrung im Schwanz der Schaufel.

In Abbildung 181 ist das Verhältnis der Differenzen zwischen Gastemperatur und Schaufelwandtemperatur sowie Gastemperatur und

---

[1] S. auch H. MAY, Prüfstand zur Untersuchung von Schaufelgittern und Druckverteilungsmessungen bei hohen Gastemperaturen. Allg. Wärmetechnik, Bd. 12, H. 3, S. 47—57, 1965.

Diphyltemperatur längs der Schaufelkontur für verschiedene Kühlmittelgeschwindigkeiten und ein Druckverhältnis von 0,8 sowie für
verschiedene Gastemperaturen wiedergegeben [158].

Erwartungsgemäß ergaben sich die höchsten Temperaturen am
Staupunkt und am Schaufelschwanz.

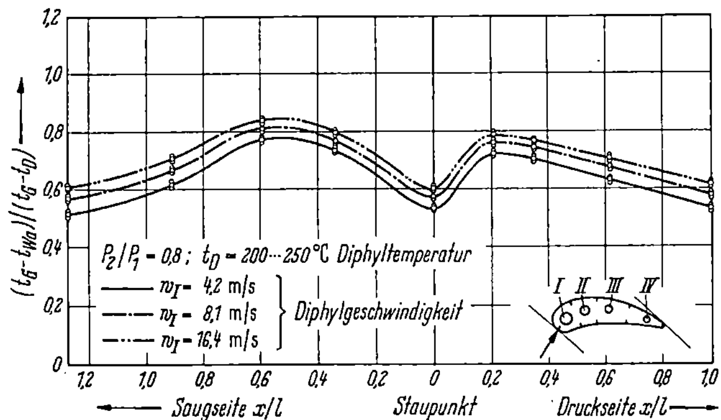

Abb. 181. Verhältnis $\dfrac{t_G - t_{Wa}}{t_G - t_D}$ längs Schaufelkontur für Gastemperaturen im Bereich von
900 ÷ 1200 °C

t_G = Gastemperatur, t_{wa} = Schaufelwandtemperatur, t_D = Diphyltemperatur

Die am Staupunkt gemessenen Verhältniszahlen sind in Abhängigkeit von der Kühlmittelgeschwindigkeit bei einem Druckverhältnis

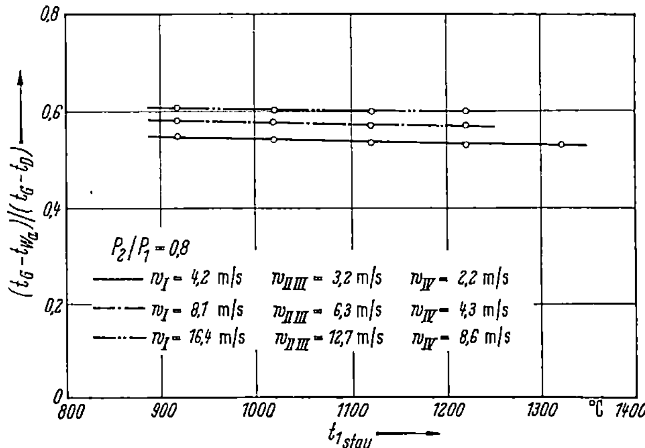

Abb. 182. Verhältnis $\dfrac{t_G - t_{Wa}}{t_G - t_D}$ als Funktion der Stautemperatur vor Gitter und der
Kühlmittelgeschwindigkeiten (gemessen am Staupunkt)

von 0,8 als Funktion der Stautemperatur vor dem Gitter aufgetragen
(s. Abb. 182).

Man ersieht aus den Abbildungen, daß das Temperaturverhältnis
als praktisch unabhängig von der Gastemperatur angesehen werden

kann. Ebenso hat die Wahl der Kühlmitteltemperatur keinen nennenswerten Einfluß auf die angegebenen Verhältniszahlen.

Die bei einer Kühlmittelvorlaufgeschwindigkeit von 8,1 m/s bei verschiedenen Druckverhältnissen am Staupunkt gemessenen Verhältniszahlen liegen ebenfalls in einem Bereich von 0,6—0,56.

Weiterhin wurde die Temperaturverteilung längs der Schaufelkontur rechnerisch untersucht und mit den gemessenen Temperaturen verglichen.

Unter Verwendung von experimentell bestimmten Werten für die Druckverteilung, die an der ungekühlten Schaufel bis zu Gastemperaturen von 1200 °C gemessen wurden, wurde nach dem Verfahren von E. Eckert [I 23] die Wärmeübergangszahl im Bereich der laminaren Strömung ermittelt. Hierbei werden die für die Keilströmung bekannten Lösungen der Grenzschichtgleichung zur angenäherten Berechnung der Strömungs- und Temperaturgrenzschicht umströmter Körper verwendet. Im turbulenten Bereich der Strömung wurden die bekannten Gesetzmäßigkeiten für den Wärmeübergang der Plattenströmung benutzt.

Ein Vergleich der berechneten und gemessenen Schaufeltemperaturen ist in der Abb. 183 für eine Gastemperatur von 1200° C wiedergegeben [I 59].

Die Temperaturverteilung innerhalb der Schaufel (Abb. 183) wurde hierbei unter Berücksichtigung der Abhängigkeit der Wärmeleitzahl von der Temperatur mit Hilfe der Relaxationsmethode berechnet.

Die durch das Kühlmittel abgegebene Wärmemenge beträgt bei einem Druckverhältnis von 0,8 und einer Kühlmittelgeschwindigkeit von etwa 8 m/s je nach Gastemperatur 20 vH bis 26 vH des isentropen Wärmegefälles und die benötigte Pumpleistung 0,37 vH des isentropen Wärmegefälles im Gitter.

Da das oben genannte Kühlmittel lediglich bis zu einer Temperatur von ~400 °C thermisch beständig ist, muß die Auslegung der Kühlung so erfolgen, daß in der Grenzschicht der Kühlbohrungen diese Temperatur nicht nennenswert überschritten wird. Untersuchungen haben gezeigt, daß bei entsprechender Wahl der Kühlmittelgeschwindigkeit diese Forderung in gewissen Grenzen verwirklicht werden kann [I 58].

Weiterhin wurde der Einfluß der Kühlbohrungsanordnung auf die Temperaturverteilung untersucht. Diese Versuche haben gezeigt, daß es möglich ist, die Schaufel mit lediglich drei Bohrungen, und zwar eine Bohrung für die Kühlmittelzufuhr im Staupunkt und zwei Rücklaufbohrungen im Mittelstück und im Schaufelschwanz, hinreichend zu kühlen. Die Schwanzbohrung wurde hierbei mit einem Durchmesser von 1,5 mm durchgeführt. Die Versuche zeigen weiterhin, daß die Temperaturdifferenzen längs der Schaufelkonturen auf etwa 120 °C

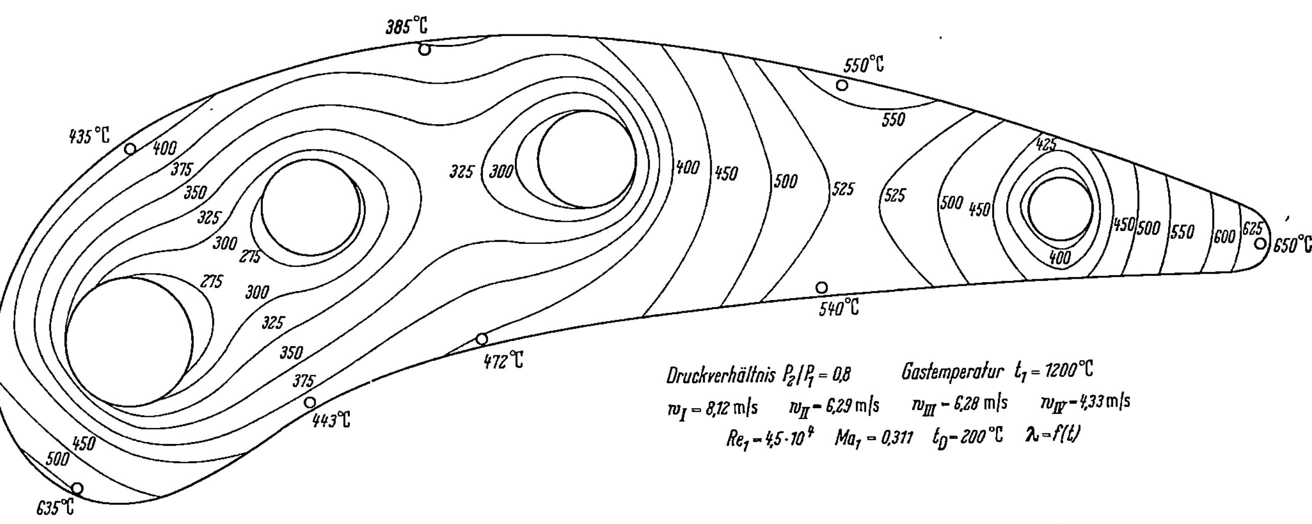

Abb. 183. Gemessene und gerechnete Temperaturverteilung innerhalb einer Schaufel [I 59].
O gemessen, — gerechnet.
(Kühlmittelzufuhr Bohrung I Nähe Staupunkt, Bohrungen II, III und IV weiter von links nach rechts)

verringert werden können, so daß die durch die Temperaturdifferenzen bedingte Wärmespannungen in erträglichen Grenzen gehalten werden können.

In Abb. 184 ist die Verbesserung des wirtschaftlichen Wirkungsgrades von Gasturbinen mit und ohne Wärmetauscher in Abhängigkeit von der Gastemperatur aufgezeigt. Vergleicht man beispielsweise die erreichbaren Werte bei einer Gastemperatur von 1200 °C mit den heute meist üblichen Eintrittstemperaturen von 700 bis 850 °C, so kann man eine relative Wirkungsgradverbesserung von etwa 50 vH feststellen.

Aus Abb. 185 geht hervor, daß die spezifische Leistung in den gleichen oben erwähnten Bereichen der Temperaturerhöhung auf mehr als den doppelten Wert ansteigt.

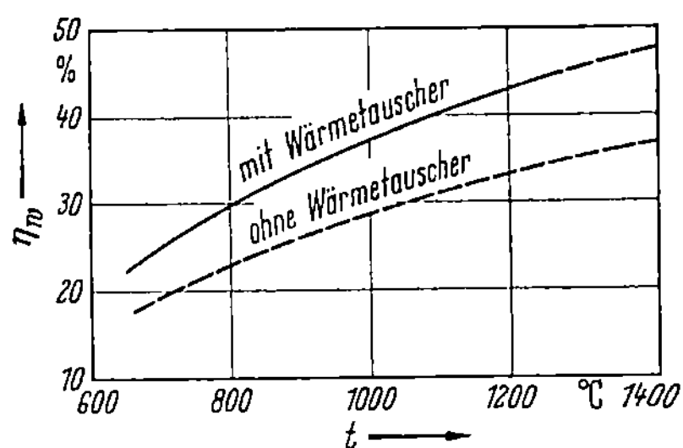

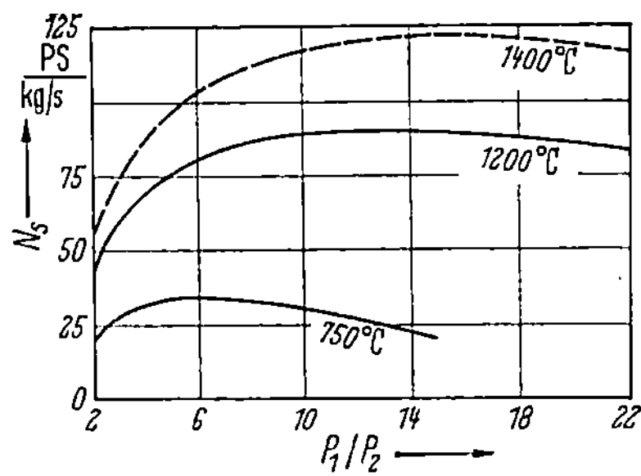

Abb. 184. Abhängigkeit des wirtschaftlichen Wirkungsgrades von Gasturbinen von der Gastemperatur.

Abb. 185. Spezifische Leistung von Gasturbinen in Abhängigkeit vom Druckverhältnis für verschiedene Gastemperaturen (ohne Wärmetauscher)

Schaufelkühlung durch Ausblasen von Kühlmitteln in die Grenzschicht. Erfolgversprechend sind die Verfahren, bei denen ein Kühlmittel — meist Luft — aus dem Inneren der Hohlschaufel entweder über Schlitze, durch kleine Öffnungen oder durch Poren des Schaufelwandmaterials ausgeblasen wird und einen Schleier an der Wandoberfläche bildet. Eine Kühlwirkung wird dadurch erzielt, daß der Wärmeübergang vom heißen Gas an die Schaufelwand vermindert und durch Aufheizung des Kühlmittels bei Durchtritt durch die Wand auf eine in der Größenordnung der Wandtemperatur liegende Temperatur, eine entsprechende Wärmemenge in dem Gasstrom abgeführt wird.

Bei der Ausblasung durch Schlitze, bei der die Luft nur in der Nähe des Staupunktes der Schaufelvorderkante durch einen Schlitz über die ganze Höhe der Schaufel ausgeblasen wird. bildet sich ein Luftschleier, der durch die Wirbelung gestört, in seiner Wirkung nicht immer bis zur hinteren Kante der Schaufel reicht. [133]

Bei anderen Ausführungsformen wird das Kühlmittel durch mehrere Schlitze, die hintereinander in Strömungsrichtung angeordnet sind, ausgeblasen, so daß der Einfluß der Turbulenz — die den isolierenden Schleier aufreißt — weniger stark fühlbar wird. Dieses Kühlverfahren hat sich bisher nicht durchsetzen können.

Über die Kühlungsmethoden durch Ausblasen des Kühlmittels in die Grenzschicht durch eine poröse Wand liegen sowohl theoretische Untersuchungen als auch Ergebnisse von Grundlagenversuchen vor.

Dieses Verfahren setzt voraus, daß auf pulvermetallurgischer oder keramischer Grundlage poröse Materialien geringer Dicke und genügender Festigkeit herstellbar sind.

Man kann die Porosität eines Materials durch sein prozentuales Lückenvolumen V_L definieren, d. h. durch den Anteil des freien Raumes in der Schüttung bzw. im Sinterwerkstoff an der Volumeneinheit

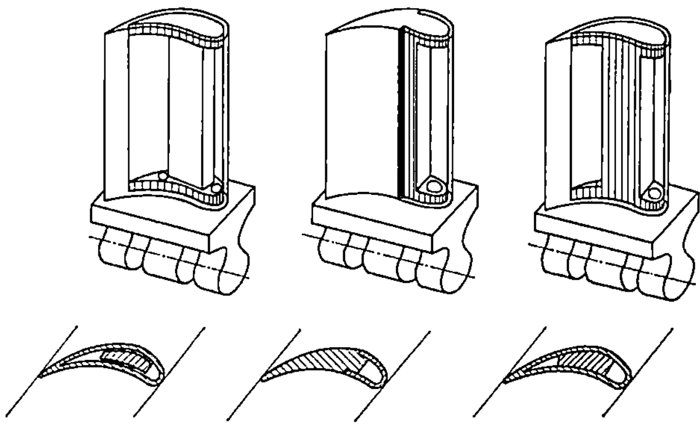

Abb. 186. Vorschläge für die Ausführung von Turbinenschaufeln mit Ausblasung von Kühlluft in die Grenzschicht mit porösem Mantel, oder Mantel mit Schlitzen oder Löchern und tragendem Kern

des Werkstoffes. Zum Beispiel ergibt sich für die Annahme dichtester Packung von Kugeln gleichen Durchmessers ein prozentuales Lückenvolumen von $V_L = 25,7$ vH.

Durch Sinterung und Pressung wird dem Material die erforderliche Festigkeit gegeben, wobei meist ein Drahtgitter als Tragelement verwendet wird. Eine im Hinblick auf die Festigkeitseigenschaften erstrebenswerte Verminderung der Korngröße hat neben der erhöhten Gefahr einer Verkrustung eine Erhöhung des Strömungswiderstandes und damit der Kühlleistung zur Folge. Bei den bisher vorgeschlagenen Schaufelformen ist i. a. die Verwendung eines die poröse Haut tragenden Stahlkerns vorgesehen. Mögliche Ausführungsformen von Turbinenschaufeln zeigt die Abb. 186. (vgl. auch [156a]).

Es sind jedoch bisher keinerlei Ergebnisse über Versuche mit ausgeführten Turbinen veröffentlicht worden, die Aufschluß über die Einflüsse, evtl. Verkrustung, geben könnten, so daß über die praktische Verwendbarkeit z. Z. noch keine Angaben gemacht werden können.

e) Temperaturverteilung an gekühlten und ungekühlten Turbinenschaufeln

Die auf verschiedenen Wegen erreichte Kühlung der Turbinenschaufeln bedingt eine Herabsetzung der Temperatur der Schaufeln im Vergleich zu nicht gekühlten Schaufeln, so daß, bezogen auf gleiche Beanspruchung des Schaufelmaterials, eine Erhöhung der zulässigen Frischgastemperatur vor der Turbine möglich ist. Die Bedeutung der Temperaturerhöhung wird sofort klar, wenn man bedenkt, daß die Leistung der Gasturbine in erster Annäherung der absoluten Temperatur der Gase vor den Düsen verhältig ist. Die Nettoleistung des Turboaggregates entspricht aber der Differenzleistung der erzielten Turbinenleistung und des Leistungsbedarfs des Verdichters. Deshalb ist die relative Zunahme der Nettoleistung viel größer als die prozentuale Erhöhung der Turbinenleistung.

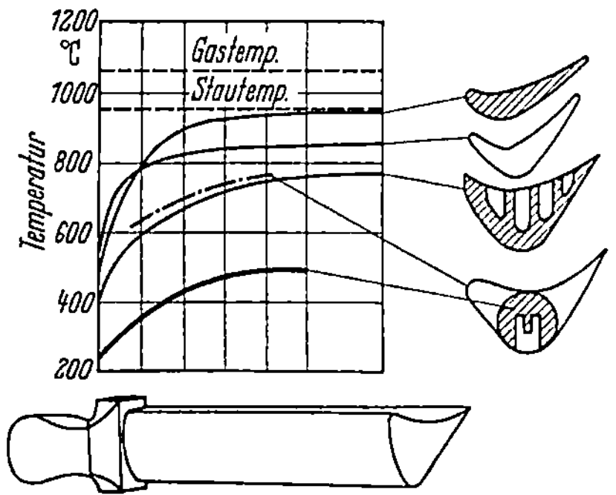

Abb. 187. Schaufelwandtemperaturen bei verschiedenen Schaufelformen

Um das Ausmaß der jeweils zulässigen Temperaturerhöhung festzustellen, ist die Kenntnis der Temperaturverteilung innerhalb der Schaufel erforderlich, weil die örtlich zulässige Beanspruchung von der örtlich vorhandenen Temperatur abhängt. In der Nähe des Schaufelfußes, wo die höchsten Beanspruchungen auftreten, muß die beste Kühlung vorgesehen werden.

Die Wirkung der Kühlung verschieden gebauter Schaufeln kann am besten durch Aufnahme des Temperaturfeldes an der Schaufeloberfläche und im Inneren des Schaufelmaterials überprüft werden. Zu diesem Zwecke werden die Schaufeln in einer Versuchsapparatur annähernd denselben Bedingungen unterworfen, wie sie im umlaufenden Rad herrschen. Der Schaufelfuß jeder Schaufel ist in dieser Apparatur so eingebaut, daß die Wärmeableitung durch den Fuß in die Schaufelhalterung ähnlich wie beim umlaufenden Rad in die Laufradscheibe erfolgt. Die Kühlluft wird in gleicher Menge und mit gleicher Geschwindigkeit wie im umlaufenden Rad zugeführt. Für diese Versuche wird nicht ein ganzer Radkranz, sondern nur ein Radsegment mit meist 5, mindestens aber 3 Schaufeln verwendet. Um die Wirkung der Randzone möglichst gering zu halten, wird jeweils eine Mittelschaufel des Segmentes zur Messung herangezogen. Mit dieser Methode können sowohl verschiedene Kühlungsmethoden als auch viele Schaufelausfüh-

21*

rungsformen unter vereinfachten Verhältnissen untersucht werden. Einen Überblick über die Kühlwirkung bei Verwendung verschiedener mit Luft innen gekühlter Hohlschaufeln ist in Abb. 187 gegeben. Die Abbildung zeigt bei gleicher Gastemperatur vor den Düsen vergleichsweise die Schaufeltemperaturen einer vollen Schaufel, einer hohlen Blechschaufel gleicher Wandstärke, einer Hohlschaufel mit einseitiger Innenverrippung und einer hohlen Schaufel, die durch Verschweißung eines Blechmantels mit einem Kern, der mit dem Fuß aus einem Stück

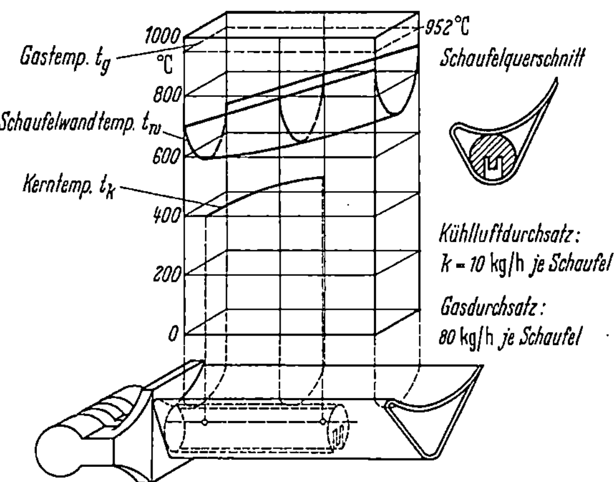

Abb. 188. Temperaturverteilung an einer luftgekühlten Gasturbinenhohlschaufel. Nach Messungen von W. Schneider[1] an in der D. V. L. entwickelten Hohlschaufeln. (Stautemperatur 952 °C entsprechend einer Gastemperatur von 1100 °C)

hergestellt wurde. Aus dem Vergleich ist ersichtlich, daß mit vergrößerten Kühloberflächen auf der Luftseite die Temperatur des Schaufelmantels um mehrere 100 °C gesenkt werden kann. Besonders wichtig ist, daß an denjenigen Stellen, an denen die höchsten mechanischen Beanspruchungen auftreten, die niedrigsten Temperaturen vorhanden sind. Aus diesem Grund müssen die gekühlten Oberflächen in der Nähe des Schaufelfußes am größten sein. Bei Aufteilung des Kühlluft-Querschnittes genügt es daher, eine Verrippung oder sonstige Aufteilung in der unteren Hälfte der Schaufel vorzunehmen. Besonders vorteilhaft ist die Aufteilung der Schaufel in einen tragenden Teil und in eine Hülle bzw. einen Schaufelmantel. Bei einer derartigen Ausführung (vgl. Abb. 188) kann der aus einem Stück mit dem Schaufelfuß ausgeführte Kernstift aus weniger warmfestem Werkstoff hergestellt werden. Der viel billigere, weniger warmfeste Werkstoff hat aber bei geringen Temperaturen relativ höhere Festigkeit und ist daher für diesen Verwen-

---

[1] Die Messungen wurden in Zusammenarbeit mit Prof. Nusselt in dessen Institut in München durchgeführt. Schaufelkonstruktion von H. Kress.

dungszweck sogar besser geeignet. Gemessene Temperaturen des Schaufelmantels und des Kernstiftes sind in Abb. 188 dargestellt.

Die höchsten Temperaturen treten an der Spitze des Schaufelmantels an der Eintrittskante auf. Ein- und Austrittskante haben höhere Temperaturen als die Mittelteile des Schaufelmantels. Die höchste Festigkeit wird bei den Temperaturen, die im Schaufelkern vorhanden sind, mit anderen Werkstoffen erreicht, als bei den Temperaturen, die im Schaufelmantel auftreten. Während für die Schaufelmanteltemperaturen von 500 bis 800 °C entsprechend hochwarmfeste

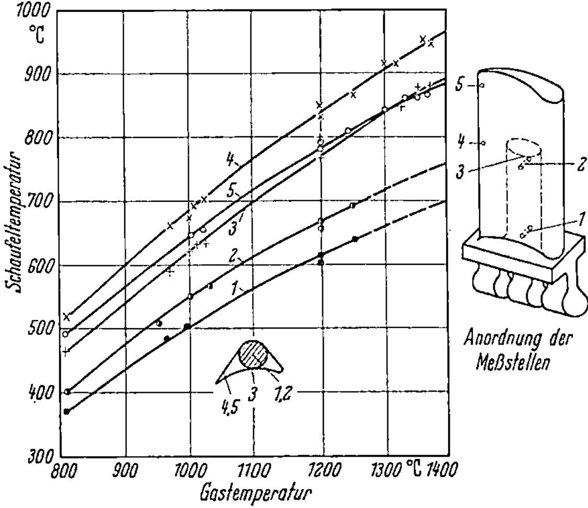

Abb. 189. Temperaturen an verschiedenen Stellen einer Hohlschaufel abhängig von der Gastemperatur (Messung an feststehenden Schaufeln von H. KRESS)

Werkstoffe mit hohem Nickel- und Chromgehalt erforderlich sind, genügen für die dem Kern entsprechenden Temperaturen von 350 bis 500 °C schon Nickel und Molybdänzusätze in der Größenordnung von 1 bis 2 vH. Die Abb. 187 und 188 bezogen sich auf eine konstante Gastemperatur von etwa 1050 °C vor den Düsen der Turbine.

Die Abhängigkeit der Schaufeltemperaturen von der Gastemperatur ist in Abb. 189 wiedergegeben. Eine Erhöhung der Gastemperatur um 100 °C bedingt im Durchschnitt eine Steigerung der Schaufeltemperatur um nur 50 bis 75 °C. Auch mit einer Vergrößerung der Kühlluftmenge erhält man naturgemäß vor allem wegen der Erhöhung der Kühlluftgeschwindigkeit eine Verbesserung der Kühlwirkung (vgl. auch die Abb. 179 und 180 und die entsprechenden Ausführungen im Text [vgl. S. 314].) Die Verbesserung wird aber mit zunehmender Kühlluftmenge relativ immer geringer. Die höchstzulässige Kühlluftmenge ist durch den Verlust, der in erster Linie durch die Beschleunigung des Kühlluftgemisches auf die Umfangsgeschwindigkeit bedingt ist, begrenzt. Im allgemeinen wird eine Kühlluftmenge von etwa 2 bis 4 vH der Gasmenge bei Frischgasturbinen und bis 6% bei Abgasturbinen zugelassen. Der Leistungsverlust mit zunehmender Kühlluftmenge ist an einem Beispiel in Abb. 190 wiedergegeben. Dieser relative Leistungsverlust bezieht sich jedoch nur auf konstante Gastemperaturen. Der Verlust ist gering im Vergleich zu dem großen Leistungsgewinn, der infolge der Erhöhung der zulässigen Gastemperatur vor der Turbine auftritt. Je besser die Aufteilung der Kühlluftquerschnitte gewählt ist, um so geringer ist für eine gegebene Schaufeltemperatur der Aufwand an Kühlluft. Eine

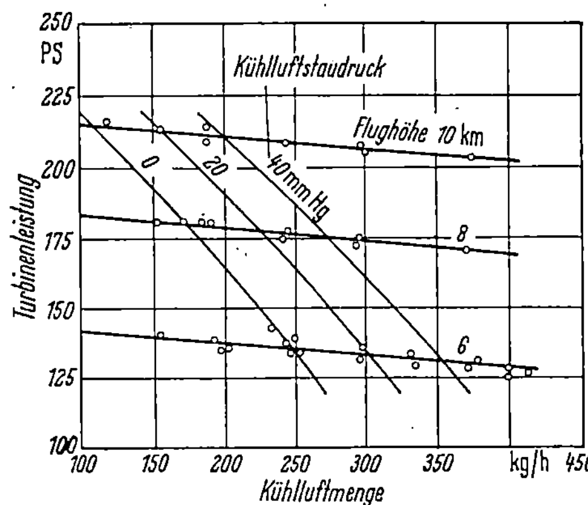

Abb. 190. Turbinenleistung in Abhängigkeit vom Kühlluftdurchsatz

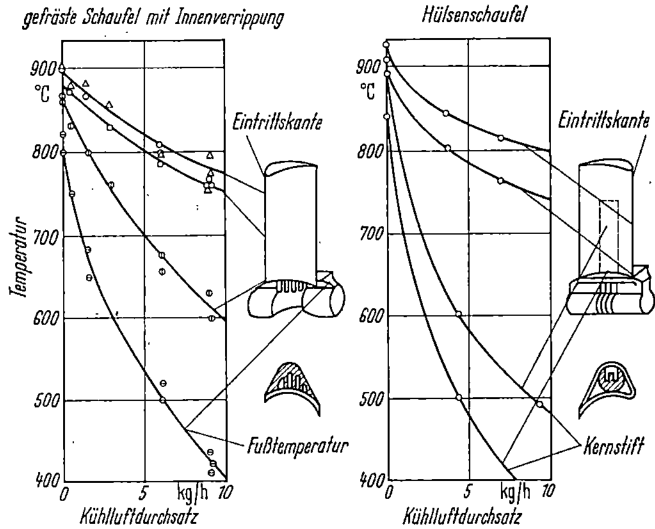

Abb. 191. Temperaturverlauf abhängig vom Kühlluftdurchsatz bei verschiedenen Schaufelausführungen

Verminderung des Leistungsverlustes ist dadurch möglich, daß ein Teil der Energie, die zur Beschleunigung der Kühlluft auf die Umfangsgeschwindigkeit aufgewendet wurde, wieder zurückgewonnen wird. Dies kann dadurch erreicht werden, daß die Kühlluft beim Austritt aus der Schaufel durch Aussparungen an der Schaufelbrust entgegengesetzt der

Drehrichtung abgelenkt wird, so daß eine Rückstoßwirkung in Umfangsrichtung entsteht. Die dadurch erzielbaren Verbesserungen sind in Abb. 193 dargestellt.

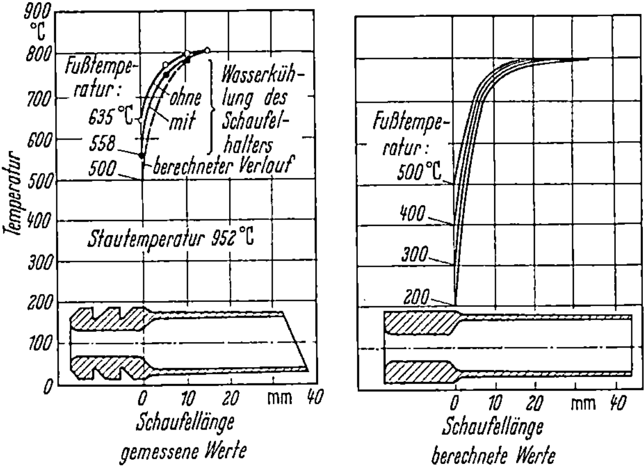

Abb. 192. Einfluß der Schaufelfußtemperatur auf die Schaufeltemperatur

Die Beeinflussung der Wandtemperatur durch den Wärmefluß im Schaufelmantel ist bei Hohlschaufeln im allgemeinen gering, da der für die Wärmeleitung maßgebende Querschnitt des Schaufelmantels verhältnismäßig klein ist. Dementsprechend ist auch der Einfluß der Kühlung des Schaufelfußes bei Hohlschaufeln gering und nur in nächster Nähe merklich. In Abb. 192 ist für eine Hohlschaufel rechnerisch und durch Versuche gemessen die Schaufeltemperatur bei verschiedenen Fußtemperaturen wiedergegeben. Man sieht, daß bei dem gewählten Beispiel schon 20 vH der Gesamtlänge vom Schaufelfuß entfernt, die Wirkung einer Schaufelfußkühlung vernachlässigbar gering wird.

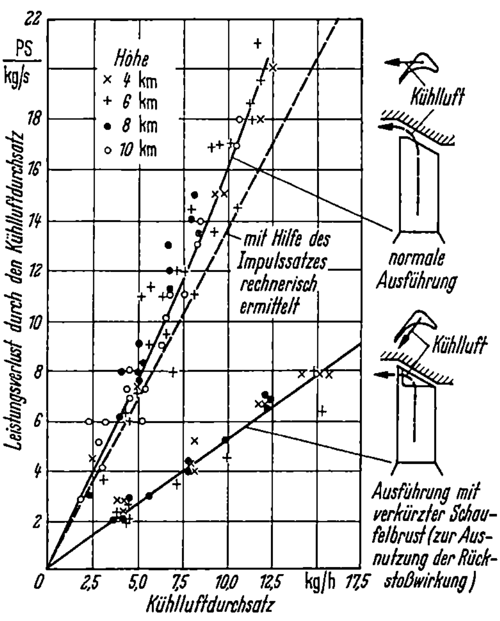

Abb. 193. Leistungsverlust in Abhängigkeit vom Kühlluftdurchsatz bei verschiedenen Schaufelausführungen

Im Hinblick auf die Fußtemperatur ist auch die Kühlluftzuführung zur hohlen Schaufel von Einfluß. In Abb. 194 sind eine Anzahl von Möglichkeiten der Kühlluftführung zur Schaufel dargestellt. Wegen der einfachen Herstellung hat sich am besten die einseitige Anbringung

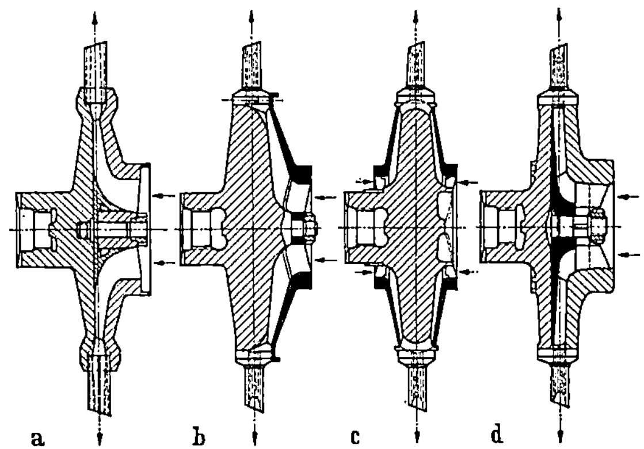

Abb. 194. Grundsätzlicher Aufbau von Hohlschaufelläufern mit Innenkühlung

eines Lüftersternes am Laufrad mit aufgeschweißter Deckscheibe (Ausführungsform b) bewährt. Bei dieser Ausführung werden auch die Festigkeitseigenschaften des Laufrades im Vergleich zur Ausführung a und d verhältnismäßig wenig beeinträchtigt.

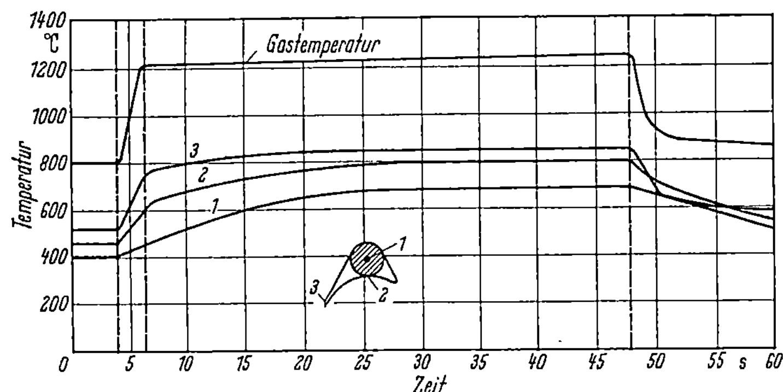

Abb. 195. Temperaturen an verschiedenen Stellen einer Hohlschaufel bei rascher Änderung der Gastemperatur. Messungen von H. KRESS

Über die Änderung der Materialtemperaturen in der Schaufel bei Änderung des Gastemperatur gibt Abb. 195 an Hand eines Beispiels Aufschluß. Die dargestellten Versuchsergebnisse zeigen deutlich das zeitliche *Nacheilen der Schaufeltemperaturen gegenüber den Gastemperaturen*. Die Austritts- und Eintrittskanten des Schaufelmantels folgen wegen ihrer geringen Masse und wegen der großen Relativgeschwindig-

keiten des Gases gegenüber der Wand sehr rasch den Gastemperaturen
(Kurve *3* Abb. 195); später tritt das Nacheilen der Temperaturen im
Schaufelkern in der Mitte der Schaufelbrust auf, wo der Wärmeüber-

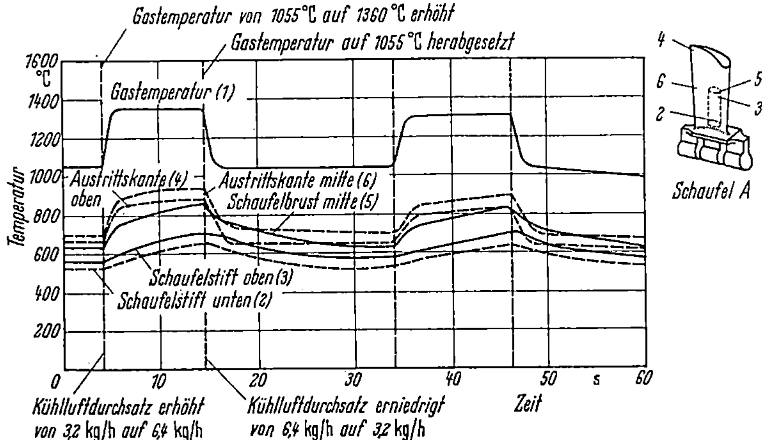

Abb. 196. Temperaturänderung an einer innengekühlten Turbinenschaufel
bei gleichzeitiger Vergrößerung der Gastemperatur und des Kühlluftdurchsatzes

gang etwas geringer ist und die Kühlwirkung des Schaufelkernes mehr
zur Geltung kommt (Kurve *2*), noch langsamer folgt die Temperatur
im Inneren des Schaufelkernes der Temperaturschwankung des Gases
(Kurve *1*).

4. Verbrennungsvorgang in Brennkammern von Gasturbinen

a) Energiebetrachtung für die Wirbelzone von Gasturbinenbrennkammern

Die Brennkammern von Gasturbinen-Triebwerken haben die Aufgabe zu erfüllen, auf möglichst geringem Raum und bei geringem Gewicht eine möglichst vollständige Verbrennung des Kraftstoffes in der
verdichteten Luft zu erzielen. Die geforderten Endtemperaturen nach
der Verbrennung sind relativ gering. Bisher waren Temperaturen von
650 bis 850 °C üblich; bei neueren Anlagen werden auch 1000° Gastemperatur nach der Brennkammer (vor den Düsen der Turbine) vorgesehen. Auf längere Sicht ist mit einer Steigerung der Gastemperatur
bis 1100 °C zu rechnen (im Versuch wurden bereits 1200 °C erreicht).
Wenn auch diese Verbrennungstemperaturen im Vergleich zu den Temperaturen, die in Verbrennungsmotoren auftreten, gering sind, so
liegen sie doch erheblich über den Temperaturgrenzen, die bei den
Werkstoffen zulässig sind, die für die Herstellung der Gasleitungen in
Betracht kommen.

Die Brennkammern werden im allgemeinen so aufgebaut, daß die
Verbrennung im Interesse der Durchführung eines raschen Verbrennungsvorganges in einer Flamme von hoher Temperatur vor sich geht,
die sich im Anschluß an die Einspritzung des flüssigen Kraftstoffes
bildet. Dieser innere Brennerraum wird mit einem Mantel kälterer
Luft umgeben, so daß die äußere Umhüllung des Brenners keine hohen
Temperaturen annimmt. Die aus dem Luftmantel austretende Verbrennungsluft wird als Sekundärluft der Flamme später beigemischt

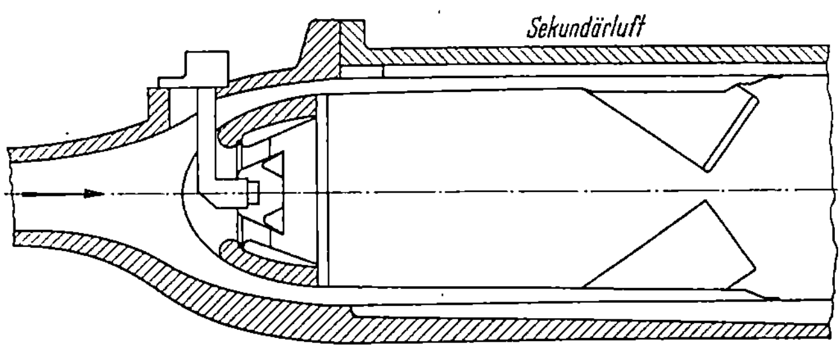

Abb. 197. Schema einer Turbinenbrennkammer

und fördert damit ein vollkommenes Ausbrennen. Ein Beispiel für eine
Brennkammerausführung ist als Prinzipskizze in Abb. 197 gezeigt.

Die Brenner für stationäre Anlagen werden im allgemeinen mit
billigen Kraftstoffen, z. B. Schweröl, betrieben. Dadurch ergeben sich
aber Zündschwierigkeiten. Diese Schwierigkeiten werden vielfach
dadurch überwunden, daß die Brenner zunächst mit einem sehr zündwilligen Kraftstoff (leichtes Dieselöl oder Propangas) meist mittels
Funkenzündung in Betrieb gesetzt werden.

Wenn sich die Brenner ausreichend erwärmt haben, wird auf das
Betriebsöl umgeschaltet und die Funkenzündung außer Betrieb gesetzt.

Brennkammern für Hochleistungstriebwerke (z. B. für den Flugzeugantrieb) sind meistens mit zwei Zündeinrichtungen ausgerüstet.
Sie bestehen im allgemeinen aus einer Hochspannungszündkerze in
Verbindung mit einem Kraftstoffzerstäuber. Diese sogenannten Zünd-
brenner sind jedoch in der Regel nur während des Zündvorganges
selbst in Betrieb. Der zweite Brenner wird in diesem Fall ausschließlich aus Sicherheitsgründen verwendet.

Neuerdings sind sogenannte Hochenergie-Flächenentladungszünder
in Gebrauch gekommen, die über ein Kondensatorsystem und eine
Funkenstrecke arbeiten.

Daneben sind verschiedene andere Zündeinrichtungen wie Glüh-
drahtelemente, chemische Zünder oder auch elektrisch gezündete Kar-
tuschen in Anwendung.

Werden mehrere Teilbrenner am Umfang angeordnet, dann kann durch Anordnung von Wirbelschirmen die Zündung von einer Teilbrennkammer auf mehrere weitere Teilbrennkammern übertragen werden. Man kann dann für mehrere Einzelbrennkammern am Umfang mit einer Zündeinrichtung auskommen.

Die Funkenzündung muß an einer Stelle angebracht werden, an der sich in einem Totraum Wirbel bilden, weil durch die hohe Luftgeschwindigkeit im Hauptraum des Brenners die Flamme ausgeblasen würde. Dieses Ausblasen der Flamme kann aber auch im regulären Betrieb eintreten, wenn die Temperaturen zu gering werden oder die Geschwindigkeit der Luft zu hoch ist. Man spricht in diesem Fall von Abreißen der Flamme (siehe Kapitel b Abreißgrenzen).

Das Verhalten von Brennkammern läßt sich in den wesentlichen Grundzügen mit wenigen physikalischen Gesetzen erklären:

Betrachtet man zunächst den einfachsten Fall, den Bunsenbrenner, bei dem ein mit einer bestimmten Geschwindigkeit ausströmendes brennbares Gasgemisch zur Entzündung kommt, dann stellt man fest, daß ein unmittelbarer Zusammenhang der Ausbildung des Flammenkegels mit der Gasgeschwindigkeit und der Geschwindigkeit der Flammenfront relativ zum Gasstrom besteht. Bei gleicher Geschwindigkeit des Gases ist die Neigung des Kegels wegen der verschiedenen relativen Geschwindigkeit der Flammenfront im Gemisch bei verschiedenen Luftverhältnissen auch vom Luftverhältnis abhängig. Die Flamme des Bunsenbrenners wird ausgeblasen, wenn die Geschwindigkeit der Flammenfront kleiner wird als die Normalkomponente der Ausströmgeschwindigkeit des Gases auf der Flammenfront. Ähnliche Verhältnisse liegen auch in der Primärzone von Gasturbinenbrennkammern vor. Das Gasgemisch wird im Gegensatz zum Bunsenbrenner nicht vor Eintritt in den Brenner erzeugt, sondern am Beginn des Primärverbrennungsraumes der Brennkammer. Die notwendigen Durchströmgeschwindigkeiten liegen, insbesondere bei Flugzeugtriebwerks-Brennkammern, immer über der Verbrennungsgeschwindigkeit relativ zur strömenden Gasmasse, so daß ohne besondere Hilfsmittel die Flamme ausgeblasen würde. Durch meist kegelförmig ausgebildete Widerstandskörper im Gasstrom, Flammenhalter genannt (vgl. Abb. 197), hinter denen sich ein Wirbel ausbildet, wird örtlich die Durchströmgeschwindigkeit bis unter die Verbrennungsgeschwindigkeit herabgesetzt. Damit wird auch die Verweilzeit der für die Zündung aufzubereitenden Kraftstoff-Dampf-Luftgemisch-Teile soweit erhöht, daß die für den Gemischbildungs-, Verdampfungs- und Selbstzündungsvorgang nötige Zeitdauer gewährleistet ist [E 80]. Nach neueren Untersuchungen [E 69] kann die Verweilzeit im Durchschnitt für ein reagierendes Gasgemischteilchen in der Größenordnung einer Millisekunde, entsprechend wenigen Umdrehungen im Wirbel, geschätzt werden. Die Zeiten, die man nach dieser Methode erhält, liegen in der Größenordnung derjenigen, die man auf Grund der Gesetze der Reaktionsvorgänge (s. S. 538 ff) überschlägig ermitteln kann. Für die Wirbelzone kann folgender Energieansatz für die zu- und abgeführte Wärmemenge aufgestellt werden [E 80]:

$$\Delta G_L \cdot c_{p_L} \cdot T_1 + \frac{\Delta G_L}{\lambda \cdot G_{Lmin}} \cdot (H_u + u_{1verbr.} - u_{1unverbr.}) \cdot \eta_V + B \cdot i_{B_1}$$
$$+ A_{Strahlg.} + \underbrace{Q_{Leitg.}}_{\text{vernachlässigbar}}$$
$$= (\Delta G_L + \Delta B) \cdot c_p\big|_{0_{Abgas}}^{T_2} \cdot T_2 + (B - \Delta B) \cdot i_{B2} + E_{Strahlg.} + Q_{Leit.} \cdot \quad (164)$$

Hierin bedeuten:

ΔG_L = durch Turbulenzaustausch in Wirbelzone eingeflossene Luft,
T_1 = Temperatur der einfließenden Luft,
T_2 = Temperatur der abfließenden Abgase,
G_{Lmin} = zur Verbrennung bei stöchiometrischen Verhältnis erforderliche Luftmenge,
λ = mittleres Luftverhältnis der Wirbelzone,
η_V = Verbrennungswirkungsgrad,
i = Enthalpie,
u = innere Energie,
B = Kraftstoffmenge,
H_u = unterer Heizwert des Kraftstoffes,
$A_{Strahlg.}$ = von Wirbelzone aus Flammenfront absorbierte Strahlungsenergie,
$Q_{Leit.}$ = durch Wärmeleitung eingeflossene Energie,
$E_{Strahlg.}$ = von der Wirbelzone emittierte Strahlungsenergie.

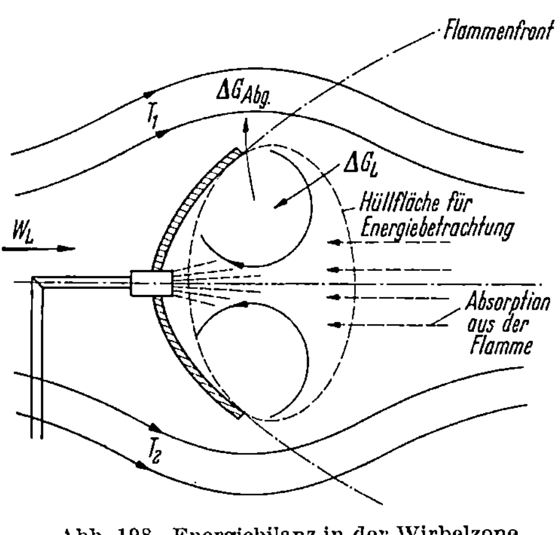

Abb. 198. Energiebilanz in der Wirbelzone einer Gasturbinenbrennkammer

Auf Grund dieser Energiebilanz lassen sich Aussagen über den Einfluß von Luftgeschwindigkeit und Luftverhältnis auf die Abreißgrenzen machen. Durch erhöhte Geschwindigkeit wird der turbulente Massenaustausch an der Wirbelgrenze vergrößert. Dadurch ergeben sich kleinere Verweilzeiten für ein zündfähiges Kraftstoffdampf-Luftgemisch in der Wirbelzone. Hierdurch wird bei gleicher Reaktionsgeschwindigkeit weniger Wärme frei, wodurch wiederum die Temperatur sinkt und die Reaktionsgeschwindigkeit sowie die Verdamp-

fungs- und die Diffusionsgeschwindigkeit des Sauerstoffs in die Kraft-
stoffdampfzone im Nachlauf der Tröpfchen geringer wird. Diese Effekte,
die beim Zündungsvorgang eine wesentliche Rolle spielen, werden somit
zugleich und in gleicher Richtung beeinflußt, so daß sehr schnell in
einer engen Grenze der Geschwindigkeitserhöhung die Reaktionen im
Wirbel verlangsamt werden.

Die aus den Wirbeln austretenden heißen Gasteile werden bei
höherer Geschwindigkeit der neben den Flammenhaltern vorbeiströmenden Luft schneller abtransportiert, so daß das gesamte Temperaturniveau in der Nähe der Wirbelzone vermindert wird und damit auch
kleinere Wärmemengen aus den Wirbeln transportiert werden und im
Zusammenhang mit den oben erwähnten Gesichtspunkten die Energiebilanz laufend ungünstiger wird, bis die Flamme abreißt.

b) Abreißgrenzen

Man unterscheidet zwei Grenzzustände. Die Abreißgrenze, im aus-
ländischen Schrifttum Stabilisationsgrenze genannt, entspricht der
Luftdurchströmgeschwindigkeit im Brenner, bei der der Brenner wegen
zu hoher Luftgeschwindigkeiten aussetzt. Das Wiederingangsetzen des
Brenners ist unmittelbar unterhalb dieser Geschwindigkeit nicht mehr
möglich. Man muß zur Wiederinbetriebnahme die Luftgeschwindigkeit erheblich tiefer senken. Diese Grenzgeschwindigkeit wird mit
Zündungsgrenze bezeichnet. In Abb. 199 sind die Zündungsgrenzen
oder Zündgrenzen und die Abreißgrenzen einer Brennerkammer dargestellt. An Hand der Meßergebnisse bei zwei verschiedenen Lufttemperaturen ist als Beispiel der Einfluß der Lufttemperaturen auf die
Zündungsgrenze wiedergegeben. Die Zündung erfolgt natürlich um
so leichter, je höher die Anfangstemperatur der Luft ist. Dies zeigt
z. B. die Verbesserung der Zündungsgrenzen bei Erhöhung der Lufttemperatur von 15 °C auf 100 °C bei dem gewählten Beispiel. In
Abb. 199 sind die Zündgrenzen abhängig vom Luftverhältnis aufgetragen. Unterhalb der gezeichneten Kurve also bei geringen Luftgeschwindigkeiten ist eine Zündung möglich, über der gezeichneten
Kurve ist eine Zündung nicht mehr möglich. Die angegebenen Luftverhältnisse beziehen sich auf das mittlere Luftverhältnis einschließlich
der an den Randzonen strömenden sekundären Luft. Das Luftverhältnis an der Zündstelle selbst entspricht einem reicheren Gemisch. Es ist
anzunehmen, daß der Scheitelpunkt der Kurve etwa einem Luftverhältnis $\lambda = 0{,}9$ an der Zündstelle entspricht, weil bei diesem Luftverhältnis die besten Zündungseigenschaften vorhanden sind. Im Bereich
größerer Luftüberschüsse ist keine scharf abgegrenzte Zündungsgrenze
vorhanden. Dies ist darauf zurückzuführen, daß wegen der zeitlich
und örtlich ungleichmäßigen Gemischverteilung das für die Zündung

günstige Gemisch nicht ständig vorhanden ist. Ebenso wie auf die
Zündung hat die Temperatur der zuströmenden Luft auch auf die Ab-
reißgrenzen einen wesentlichen Einfluß. In Abb. 200 ist ebenfalls ein
Beispiel für die Verbesserung der Abreißgrenzen bei einer Erhöhung der

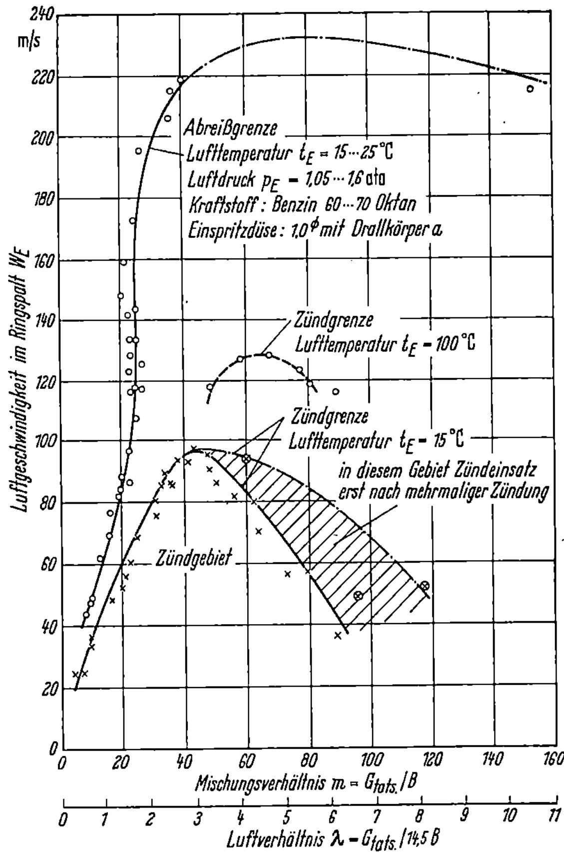

Abb. 199. Zünd- und Abreißgrenzen eines Teilbrenners eines Turbinentriebwerkes
(mehrere am Umfang angeordnete zylindrische Teilbrennkammern)

Temperatur der Luft von 15 auf 90 °C dargestellt. Während der Einfluß der Lufttemperatur sehr wesentlich ist, ist der Einfluß des Druckes
nur gering. Dies ist auf Grund der allgemeinen Erkenntnisse über den
Zündungsvorgang, s. S. 538, ohne weiteres verständlich. In Abb. 201 ist
— ebenfalls an Hand eines Beispiels — die Größe des Druckeinflusses
gezeigt. Natürlich ist auch die günstige Zerstäubung des Kraftstoffes in
den Düsen von Bedeutung. Man verwendet Düsen mit Drallkörper-
einsätzen, um auch bei verhältnismäßig niedrigem Kraftstoffdruck
eine gute Zerstäubung zu erhalten (s. auch S. 410).

Die Abhängigkeit der Abreißgrenze vom Luftverhältnis läßt sich ebenfalls durch die Änderung der Größen in Gleichung (164) in analoger Weise ableiten. Wie bereits früher beschrieben (s. S. 51), hängt die Reaktionsgeschwindigkeit wesentlich vom örtlichen Luftverhältnis ab. Im Luftmangelgebiet ergibt sich eine kleinere Reaktionsgeschwindigkeit. Da durch höhere Kraftstoffkonzentration im gesamten Wirbel eine größere Wärmemenge zur Verdampfung benötigt wird, ergibt sich

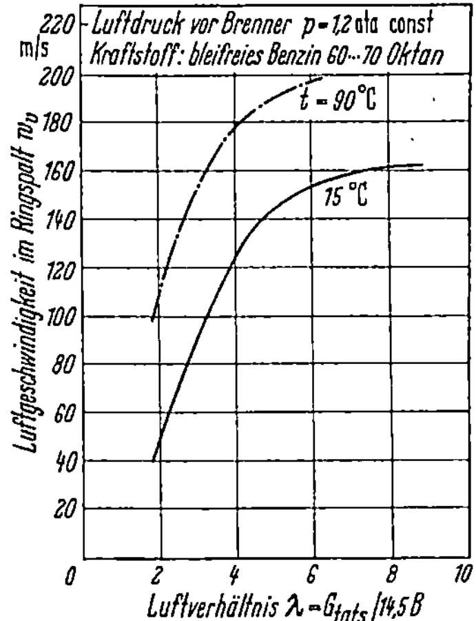

Abb. 200. Einfluß der Lufttemperatur auf die Abreißgrenzen

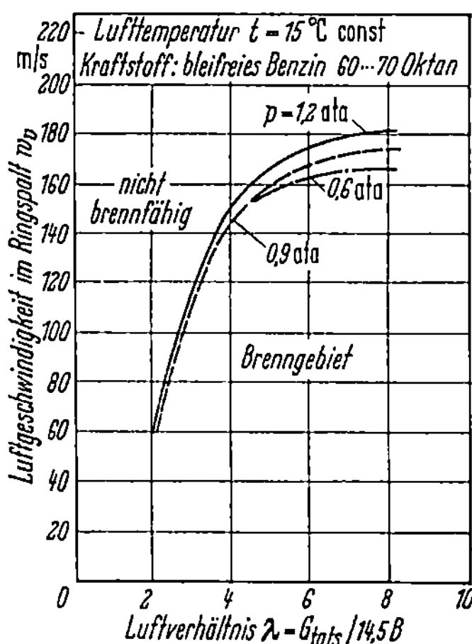

Abb. 201. Einfluß des Luftdruckes auf die Abreißgrenzen

ferner eine von vornherein tiefere Tenperatur im Wirbel, welche die Reaktionsgeschwindigkeit verkleinert. Außerdem wird eine größere Kraftstoffmenge durch Turbulenz aus dem Wirbel fortgeleitet, so daß ähnliche Einflüsse, wie oben beschrieben, die Temperatur in der Flammenfront herabsetzen und somit die Rückwirkung auf die Temperatur der Wirbelzone durch Wärmestrahlung und -leitung vermindert wird. Diese und weitere Einflüsse bedingen einen steilen Abfall der Abreißgrenzen im Luftmangelbereich bei $\lambda < 1$.

Mit zunehmendem Luftüberschuß ergibt sich ebenfalls eine Abnahme der Reaktionsgeschwindigkeit (s. S. 557). Hingegen ist die Wärmemenge, die zur Verdampfung benötigt wird, wesentlich geringer als im Luftmangelgebiet. Dafür ist aber die Überschußluft zu erwärmen, wozu geringere Wärmemengen erforderlich sind als im Luftmangelgebiet zur Verdampfung des überschüssigen Kraftstoffes. In ähnlicher Weise ist die Rückwirkung der Flammenfront auf die Aufheizung der Wirbelzone größer, so daß sich durch das Zusammenwirken dieser Einflüsse der weniger steile Abfall der Abreißgrenze im Luftüberschußgebiet erklären läßt.

Neuerdings sind zahlreiche Arbeiten erschienen, in denen Einzelprobleme bei diesen Fragen studiert worden sind. Die Untersuchung der Abhängigkeit der Abreißgrenzen von Gasmischungen, die in der Strömung vor den Stabilisatoren hergestellt wurden, vom Durchmesser der Flammenhalter hat nach [E 20] ergeben, daß sich die Abreißgrenzen etwa nach der Beziehung

$$W_{0_{Abr.}}/d^n = f\,(G_L/B)\,,\qquad\qquad(165)$$

worin:

$W_{0_{Abr}}$ = Abreißgeschwindigkeit an der Abreißgrenze,
d = Durchmesser des Störkörpers,
G_L/B = Luft–Kraftstoffverhältnis (dieses Verhältnis ist proportional dem Luftverhältnis λ)

ändern, wobei die Funktionskurve $f\,(G_L/B)$ für jede Flammenhalterform aus Versuchen ermittelt werden muß. Für verschiedene Durchmesser des Wirbelschirmes (auch Stabilisator oder Flammenhalter genannt) können dann die Abreißgeschwindigkeiten direkt aus einer der Versuchskurven entnommen werden. Abb. 202 zeigt, daß die Abreißgrenzen für den Wert $W_{0_{Abr.}}/d^n$ abhängig vom Mischungsverhältnis mit guter Näherung zusammenfallen, wenn zylindrische Störkörper verschiedener Durchmesser d verwandt werden. Dies bestätigt die Brauchbarkeit vorstehender Formel. Bemerkenswert ist, daß diese Versuche mit Flammenstabilisatoren bei Verwendung von Gas–Luftmischungen im prinzipiellen Verlauf weitgehend mit den Ergebnissen einer ausgeführten Brennkammer (s. Seite 334) übereinstimmen.

Nach [E 7] können auch die Einflüsse von Temperatur und Druck etwa nach der folgenden Formel

$$\frac{W_{0_{Abr.}}}{d^a \cdot P^b \cdot T^c} = f\,(G_L/B)\qquad\qquad(166)$$

berücksichtigt werden.

Die Exponenten in dieser Beziehung sind für vorgemischte Kraftstoff-Luft-Gemische bestimmt worden und haben für jede Flammenhalterform charakteristische Werte (z. B. $a \approx 0{,}5$).

Mit welcher Genauigkeit diese Beziehung für Brennkammern mit Verbrennung flüssiger technischer Kraftstoffe gilt und welche Werte hierbei für die Konstanten einzusetzen sind, bedarf noch weiterer Untersuchungen. Für die Flammenhalter, die man bei Strahltriebwerken zur Durchführung der Nachverbrennung zwischen Gasturbine und Rückstoßdüse anbringt, sind durch die obengenannten Untersuchungen zur Beurteilung schon gute Versuchsunterlagen gegeben.

Bei den erwähnten Versuchen wurde festgestellt, daß die Zünd- und Abreißgrenzen im Luftüberschußgebiet weit weniger steil sind als im Luftmangelgebiet. Die oben angeführten Betrachtungen können sinngemäß zur Erklärung dieses Sachverhaltes angewendet werden.

Ein weiterer Grund, auf den schon LEWIS und VON ELBE [E 12] hingewiesen haben, ist darin zu erblicken, daß bei Übergang ins Luftüber-

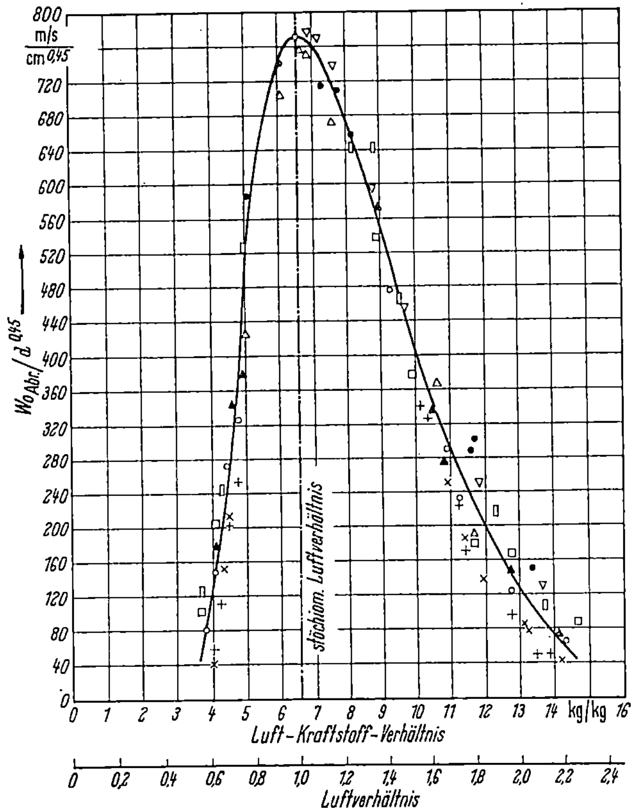

Stabilisatoren 22,9 cm vom Brennkammereintritt ; Brennstoff : Stadtgas

×	Zylinder	12,65 mm	Drahtnetz im Eintritt
+	Zylinder	7,9 mm	Drahtnetz im Eintritt
o	Zylinder	4,8 mm	kein Drahtnetz
▲	Zylinder	3,2 mm	kein Drahtnetz
□	Zylinder	2,34 mm	kein Drahtnetz
▯	Zylinder	1,575 mm	kein Drahtnetz
▽	Zylinder	0,965 mm	kein Drahtnetz
•	Zylinder	0,66 mm	kein Drahtnetz
△	Zylinder	0,406 mm	kein Drahtnetz

Abb. 202.　Beziehung zwischen den Daten der Abreißgrenzen
bei zylindrischen Stabilisatoren (nach [E 20])

schußgebiet die Flamme in Richtung auf die Düse zurückweicht. Quantitative Nachprüfungen dieser beiden Einflüsse in Zusammenhang mit Versuchsergebnissen stehen noch aus.

c) Intermittierende Einspritzung bei Gasturbinenbrennkammern

Bei serienmäßigen Flugtriebwerken wird der Kraftstoff in der Regel flüssig in die Brennkammer eingespritzt, wobei er durch eine Pumpe zentral gefördert, auf Druck gebracht und schließlich auf die einzelnen Düsen der Brennkammer verteilt wird. Die Einspritzdüsen sind meistens als offene Dralldüsen gebaut.

Bei kontinuierlicher Einspritzung ist die Kraftstoffmenge annähernd proportional der Wurzel aus dem Kraftstoffdruck. Bei Flugbetrieb kommt eine Regelung der Kraftstoffmenge in der Größenordnung von 1:6 in Betracht. Somit würde sich bei einer einfachen Düse ohne spezielle Einrichtungen der Kraftstoffdruck im Verhältnis 1:36 ändern. Eine derartige Änderung des Einspritzdruckes würde in den meisten Betriebsbereichen die Zerstäubungsgüte ganz entscheidend verschlechtern und auch den Spritzwinkel und die

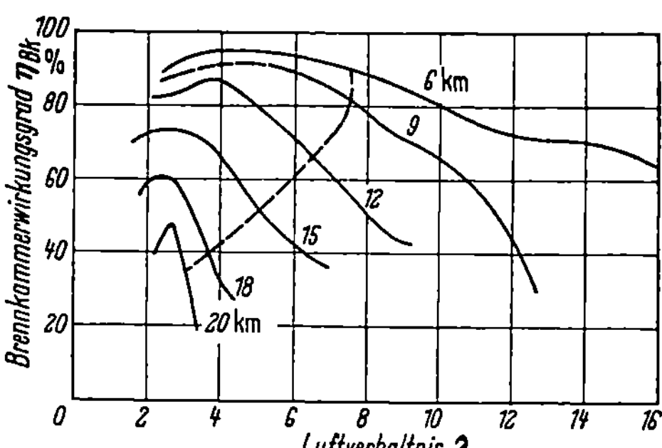

Abb. 203. Abhängigkeit des Brennkammerwirkungsgrades von der Flughöhe und vom Luftverhältnis. Messungen von LLOYD und MULLINS[1]

Durchschlagskraft des Kraftstoffstrahles verändern. Erfahrungsgemäß wird, wie zahlreiche Versuche zeigen, die Güte der Verbrennung, gekennzeichnet durch den Brennkammerwirkungsgrad oder Ausbrenngrad, also durch das Verhältnis von nutzbar gemachter Kraftstoffenergie zur zugeführten Kraftstoffenergie, mit fallendem Einspritzdruck erheblich verschlechtert. Dies tritt vorwiegend bei Teillast, d. h. bei Verbrennung mit großem Luftüberschuß und bei Flugbetrieb in großer Höhe auf, wie in Abb. 203 als Beispiel gezeigt wird.

Die festgestellte Verschlechterung der Wirkungsgrade bei Teillast und in größeren Höhen ist durch die schlechtere Zerstäubung im Teillastbereich und durch die Abnahme von Druck und Temperatur in der Brennkammer, vor allem aber durch die Senkung des gesamten mittleren Temperaturniveaus in der Kammer bei erhöhtem Luftüberschuß bedingt.

Mit der Druck- und Temperaturabsenkung und Verschiebung der Luft-Kraftstoff-Konzentration vom annähernd stöchiometrischen Verhältnis in der Primärzone in den armen Bereich verlangsamen sich die Aufbereitungs-, Diffusions-, Wärmeleit- und Reaktionsvorgänge in der

---

[1] AGARD Selected Combustion Problems. Butterworth & Co, S. 405—425, 1954.

Brennkammer, so daß die Verweilzeiten des brennbaren Gemisches in der Brennkammer in sehr großen Höhen nicht mehr für eine vollständige Umsetzung der im Kraftstoff chemisch gebundenen Energie ausreichen.

Eine Reihe von Maßnahmen werden getroffen, um diese Nachteile besonders im Bereich kleiner Drücke und Temperaturen zu vermindern. Bei den Duplexdüsensystemen (s. S. 412) wird automatisch bei Überschreitung eines bestimmten Druckes, also bei geforderter größerer Kraftstoffmenge, ein größerer Durchtrittsquerschnitt freigegeben. Bei dem Rücklaufdüsensystem (s. S. 413) wird aus der Mitte des Kraftstoffwirbels im Austrittsquerschnitt ein Teil des Kraftstoffes zurückgeführt. Die zurückfließende Kraftstoffmenge wird durch ein im Druck einstellbares Überdruckventil geregelt.

Neben den erwähnten Maßnahmen wurden Düsen entwickelt, bei denen der engste Querschnitt über den ganzen Betriebsbereich hinweg veränderlich ist. Hierbei wird jedoch die Verbesserung der Einspritzgüte über einen größeren Betriebsbereich hinweg durch einen größeren Bauaufwand und dadurch bedingt mit einer größeren Störanfälligkeit erkauft.

Für eine grundlegende Verbesserung der Wirkungsweise der Brennkammer in weiten Bereichen ist es sinnvoll, die Maßnahmen zur Erzielung einer guten Gemischbildung und zur Herstellung günstiger Verhältnisse für eine rasche Zündung und Verbrennung zu trennen.

Ein vom Verfasser vorgeschlagenes und erprobtes Verfahren mit intermittierender Einspritzung bietet gegenüber den bisherigen Einspritzverfahren erhebliche Vorteile [I 71]. Dem Verfahren liegt folgender Gedanke zugrunde:

Wenn zur Lastregelung der Brennkammer nicht allein eine Veränderung des Kraftstoffdruckes, sondern zusätzlich eine Regelung der Zeitdauer des Einspritzvorganges mittels intermittierender Kraftstoffeinspritzung benutzt wird, ergibt sich der Vorteil, daß der Einspritzdruck in allen Regelbereichen wenig verändert wird, so daß bei allen Betriebszuständen eine gleichmäßige und den Anforderungen einer guten Gemischbildung bei verschiedenen atmosphärischen Bedingungen entsprechende Zerstäubung gegeben ist. Unter diesen Voraussetzungen kann eine Änderung des Einspritzdruckes zur Beeinflussung der Strahlausbildung und damit zu einer guten und gleichmäßigen Gemischbildung herangezogen werden. Bei zweckmäßiger Wahl der Frequenz wird somit bei allen Laststufen eine gute Zündung und Verbrennung erreicht.

Gleichzeitig bewirkt die Einspritzung in Intervallen eine Gemischschichtung, wobei Gemischballen entstehen, in denen weitgehend stöchiometrisches Mischungsverhältnis vorherrscht. In diesen zeitlich

22*

und örtlich veränderlichen Gemischballen können deshalb die Zündungs- und Verbrennungsvorgänge ständig mit annähernd maximal möglicher Reaktionsgeschwindigkeit ablaufen.

Aus Abb. 204 (Versuche im Institut des Verfassers) ist ersichtlich, daß eine Verbesserung des Brennkammerwirkungsgrades vor allem im

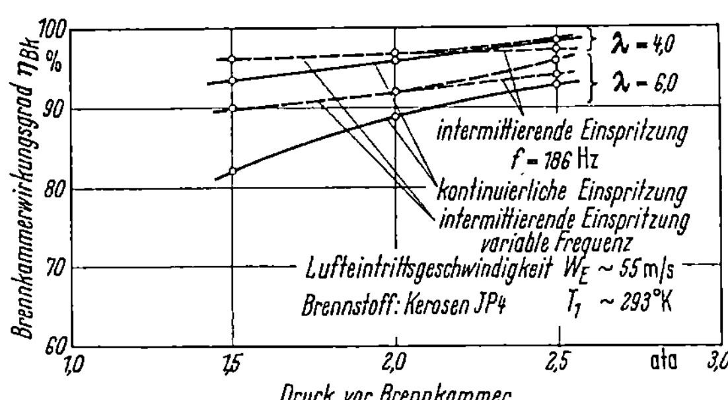

Abb. 204. Wirkungsgrade einer Brennkammer (Rolls-Royce-Dart) bei kontinuierlicher und intermittierender Einspritzung mit geschlossener Düse (kalorimetrische Messung)

Gebiet kleiner Drücke und großer Luftverhältniszahlen auftritt. Die Erzielung der bestmöglichen Wirkungsgrade hängt von der richtigen Wahl der Einspritz-Frequenz ab. Wie aus Abb. 205 hervorgeht, werden bei der hier untersuchten Anordnung mit einer Frequenz von 70 Hz bei $\lambda = 4$ gleiche Wirkungsgrade wie bei kontinuierlicher Einspritzung

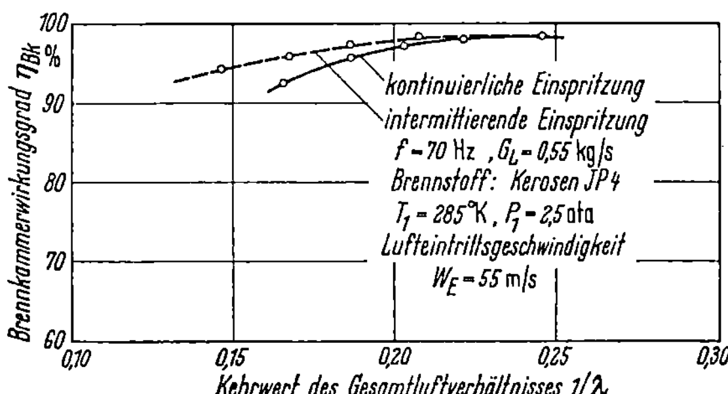

Abb. 205. Wirkungsgrade einer Brennkammer (Rolls-Royce-Dart) bei kontinuierlicher und intermittierender Einspritzung mit geschlossener Düse (kalorimetrische Messung)

erzielt. Im gesamten Bereich sind bei dieser Frequenz und bei einem Druck von 2,5 ata bessere Ergebnisse zu erreichen als bei einer Frequenz von 186 Hz (vergl. Abb. 204).

Normalerweise wird es genügen, für den Gesamtbereich eine im Mittel optimale Frequenz zu wählen. Unter Umständen kann man aber auch eine veränderliche Frequenz in Betracht ziehen, um für jeden Betriebspunkt eine optimale Verbrennung zu erreichen.

In Abb. 206 wurde die arme Abreißgrenze als Funktion des Druckes in der Brennkammer aufgetragen. Die Versuche wurden so durchgeführt, daß bei einem eingestellten Brennkammerdruck bei gleichbleibender Luftmenge die Kraftstoffzufuhr soweit verringert wurde, bis die Flamme erlosch. Bei diesen Versuchen zeigte sich ebenfalls, daß die intermittierende Einspritzung der kontinuierlichen überlegen ist.

Abb. 207 zeigt die Abhängigkeit der Abreißgrenze von der Einspritzfrequenz. Als Vergleich ist hier die Abreißgrenze bei kontinuierlicher

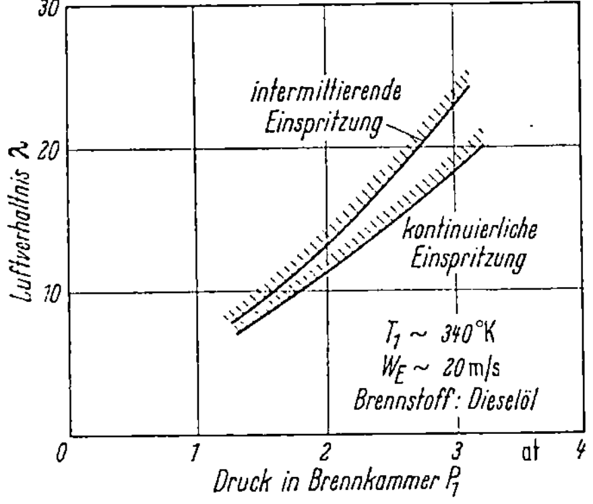

Abb. 206. Arme Abreißgrenze einer Brennkammer (General-Electric-J 47) bei veränderlichem Brennkammerdruck

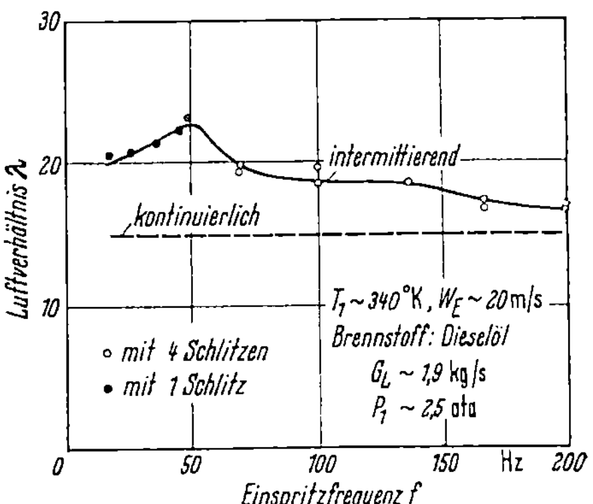

Abb. 207. Arme Abreißgrenze einer Brennkammer (General-Electric-J 47) bei veränderlicher Einspritzfrequenz

Verbrennung eingezeichnet. Es zeigt sich deutlich, daß auch hier eine Verbesserung der Verbrennungserscheinungen bei einer ausgeprägten Frequenz auftritt. Bei diesen Versuchen wurden Brennkammer und Einspritzdüse in ihrem ursprünglichen Zustand belassen.

Bei Verwendung von besonders für die intermittierende Einspritzung geeigneten Einspritzdüsen sowie Brennkammern, die speziell an die Belange der intermittierenden Verbrennung angepaßt werden, dürften noch weitere Verbesserungen zu erreichen sein.

Zusammenfassend kann über das Ergebnis der Studien über die Verbesserung der Wirkungsgrade und das Betriebsverhalten von Brennkammern festgestellt werden, daß mit dem angewandten speziellen Verfahren der intermittierenden Einspritzung, insbesondere in Betriebsbereichen mit großem Luftüberschuß und kleiner Leistungsabgabe und unter Höhenbedingungen, wesentliche Verbesserungsmöglichkeiten gegenüber der üblichen kontinuierlichen Betriebsweise vorhanden sind.

d) Temperaturmessung in schnellströmenden Gasen

Bei der Temperaturmessung von schnellströmenden Gasen wird für einen Temperaturbereich von ca. 500 °C—1800 °C der Einsatz von

Thermoelementen bevorzugt, da diese wegen ihrer geringen Abmessungen keine wesentlichen Störungen der Strömung verursachen und den verschiedensten Einbauverhältnissen angepaßt werden können. Wegen ihrer geringen Wärmekapazität eignen sich Thermoelemente außerdem zur Messung schnellveränderlicher Temperaturen und somit zur punktförmigen Ausmessung zeitlich und örtlich ungleichförmiger Temperaturfelder, wie es unter anderem bei der Untersuchung von Brennkammern verlangt wird.

Die Anwendung des Thermoelementes zur Messung von Gastemperaturen setzt jedoch voraus, daß die Thermoperle des Elementes genau die Temperatur des sie umgebenden Gases annimmt, die als statische Temperatur T_{stat} bezeichnet wird. Die Erfüllung dieser Forderung wird durch verschiedene Einflüsse erschwert, so daß im allgemeinen die vom Thermoelement angezeigte Temperatur T_a von der statischen Gastemperatur abweicht. Je nach Art der Beeinflussung können nun sowohl zu hohe als auch zu niedrige Temperaturen in einem Gasstrom gemessen werden.

Der Thermoperle wird z. B. dauernd Wärme durch Leitung und Strahlung entzogen, solange die umgebenden Wände und die Sondenenden eine tiefere Temperatur als das strömende Medium aufweisen. Diese Fehlereinflüsse können für eine genaue Temperaturmessung sehr bedeutend sein, so daß in den meisten Fällen eine Korrektur notwendig ist. Durch entsprechende bauliche Ausführungen der Thermosonden kann der Meßfehler wesentlich verringert werden.

Bei Temperaturmessungen mit Thermoelementen in hocherhitzten Gasen, z. B. unmittelbar hinter Brennkammern, können verschiedene Einflüsse eine anzeigeerhöhende Wirkung gegenüber der gesuchten statischen Gastemperatur zur Folge haben. Dabei ist besonders eine durch leuchtende Flammen sich ergebende Erhöhung des Wärmestromes des Gases an die Meßsonde zu beachten, sowie die Strahlung der nicht elementaren Gaskomponenten, wie z. B. CO_2, H_2O und CH_4 im ultraroten Spektrum.

Bei der Verwendung von Edelmetall-Thermoelementen (z. B. Pt–PtRh) in reaktionsfähigen Gemischen einer Brennkammer kann der Werkstoff der Thermoperle als Katalysator wirken, wobei es in unmittelbarer Umgebung der Meßstelle zu einer spontanen, exothermen chemischen Reaktion kommt, die eine starke Erhöhung der Anzeige gegenüber der Umgebungstemperatur zur Folge hat. Es sind sehr große Meßfehler festgestellt worden [I 14]. Eine Vermeidung dieses Fehlers kann durch Verwendung von katalytisch inaktiven Werkstoffen als Thermopaar oder durch einen gasdichten Überzug des Thermoelementes aus Aluminiumoxyd (Al_2O_3) erreicht werden. In strömenden Gasen mit einer Machzahl ab etwa 0,3 ist der Einfluß der

Strömungsgeschwindigkeit nicht mehr vernachlässigbar, da sich die Thermoperle infolge der Abbremsung der Strömung an der Meßsonde um einen der kinetischen Energie der strömenden Teilchen entsprechenden Betrag erhöht.

Die Temperaturerhöhung infolge isentroper Abbremsung der Strömung auf die Geschwindigkeit Null wird als dynamische Temperatur T_{dyn} bezeichnet, die in die Gesamttemperatur folgendermaßen eingeht:

$$T_{\mathrm{ges}} = T_{\mathrm{stat}} + T_{\mathrm{dyn}} = T_{\mathrm{stat}} + \frac{w^2}{2\,c_p} \tag{167}$$

$w =$ Strömungsgeschwindigkeit des Gases
$c_p =$ spezifische Wärme von Gasen bei konstantem Druck
oder nach Erweiterung und Umformung:

$$T_{\mathrm{ges}} = T_{\mathrm{stat}}\left(1 + \frac{\varkappa - 1}{2}\,\mathrm{Ma}^2\right) \tag{168}$$

$$\varkappa = c_p/c_v$$

$\mathrm{Ma} = w/a =$ Machzahl ($a =$ Schallgeschwindigkeit des Gases).

Infolge von Dissipationseffekten (Entstehung von Wärmeenergie durch innere Reibung) in der Grenzschicht der Thermoperle ist jedoch ein isentroper Aufstau der Strömung nicht möglich, so daß das Thermoelement eine Temperatur T_a anzeigt, die zwischen statischer und Gesamttemperatur liegt. Die Abweichung der Eigentemperatur des Thermoelementes von der statischen Temperatur kann durch einen Faktor, den sogenannten Recovery-Faktor, erfaßt werden, der folgendermaßen definiert ist:

$$r = \frac{T_a - T_{\mathrm{stat}}}{T_{\mathrm{ges}} - T_{\mathrm{stat}}}$$

Zusammen mit Gleichung (167) und durch entsprechendes Umformen enthält man für die Gesamttemperatur die Beziehung:

$$T_{\mathrm{ges}} = T_a + (1 - r)\frac{w^2}{2\,c_p} \tag{169}$$

Die Größe des Recovery-Faktors hängt von der Art der Meßfühleranordnung und vom Strömungszustand des Gases ab und muß experimentell bestimmt werden.

Mit Hilfe eines Schallabsaugethermoelementes ist es möglich, weitgehend genau die Temperatur in strömenden Gasen zu ermitteln, wenn der Recovery-Faktor des Gerätes bekannt ist. Das Gas wird durch eine Düse abgesaugt, in der die Thermoperle genau an die Stelle gebracht werden muß, an der Schallgeschwindigkeit auftritt. Für die Gesamttemperatur des Gasstromes gilt dann:

$$T_{\mathrm{ges}} = \beta \cdot T_a \tag{170}$$

mit

$$\beta = \frac{\varkappa + 1}{2 + r \cdot (\varkappa - 1)} \qquad \text{(Korrekturfaktor)}$$

Der Recovery-Faktor für ausgeführte Geräte liegt etwa bei 0,8 bis 0,85. Für präzise Messungen sind die genaue Lokalisierung der Schallgeschwindigkeitsebene und die Berücksichtigung der Wärmedehnung des Thermoelementes bei höheren Temperaturen zu beachten (s. auch [I 45]).

Abb. 208 zeigt die Ausführung einer Meßsonde, bei der die Thermoperle von einem mit Schallgeschwindigkeit strömenden Gas beaufschlagt wird.

Versuchsergebnisse mit einem Schallabsauge-Thermoelement, bei dem ein Recovery-Faktor von $r = 0,83$ ermittelt wurde, sind in

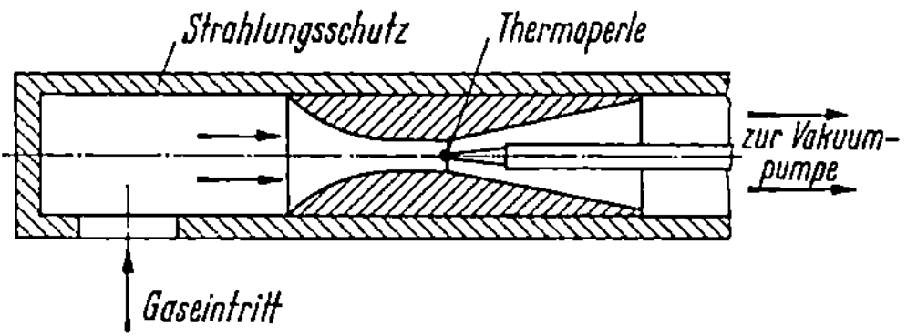

Abb. 208. Schematische Darstellung eines Schallabsauge-Thermoelementes

Abb. 209 enthalten. Die Anzeigegenauigkeit dieser Meßsonde ist in einer Luftströmung mit dem Temperaturmittelwert, der sich aus kalorimetrischen Messungen ergibt, überprüft worden. Dabei zeigt sich eine gute Übereinstimmung dieser beiden Temperaturmeßmethoden (Kurve a und b in Abb. 209).

Demgegenüber treten bei einer Temperaturmessung mit einem einfachen Thermoelement, dessen Perle ungeschützt ist und somit im Strahlungsaustausch mit der kalten Umgebung steht, wesentliche Abweichungen auf.

Bei Temperaturmessungen mit Thermoelementen in Abgasen einer Brennkammer zeigt sich, wie in Abb. 210 dargestellt ist, daß ein ungeschütztes Thermoelement unmittelbar hinter der Brennkammer wesentlich höhere Temperaturen anzeigt, als der sich ergebende Temperaturmittelwert aus entsprechenden kalorimetrischen Messungen. Dieser Meßfehler, der mit zunehmendem Abstand der Meßebene von der Brennkammer stark abnimmt, ist im wesentlichen auf die Flammenstrahlung zurückzuführen und zum geringeren Teil auf den Einfluß, den das unterschiedliche Temperaturfeld bei verschiedenen Abständen hinter der Brennkammer auf den arithmetischen Mittelwert der punktmäßig bestimmten Temperaturwerte einer Meßebene ausübt.

Für die Abgasströmung mit ungleichförmiger Temperaturverteilung, wie sie aus Abb. 211 für eine Rohrbrennkammer unmittelbar am Brennkammeraustritt zu ersehen ist, muß deswegen mit dem kalorischen oder energetischen Temperaturmittelwert T_{m_e} gerechnet werden, der sich folgendermaßen bestimmen läßt:

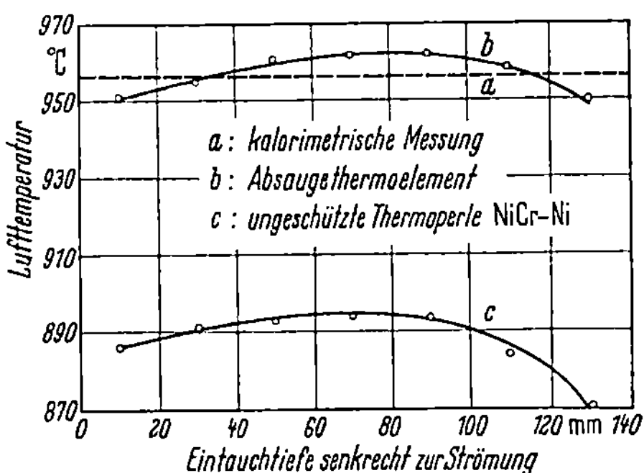

Abb. 209. Temperaturanzeige von Thermosonden in einer Luftströmung im Vergleich zum Temperaturmittelwert aus kalorimetrischen Messungen (Strömungsgeschwindigkeit der Luft $w = 53$ m/s)

$$T_{m_e} = \frac{\int\limits_{0}^{G} c_p \big|_0^T \cdot T \cdot dG}{c_p \big|_0^{T_{m_e}} \cdot G} \qquad (171)$$

G = Strömungsdurchsatz = $G_L + B$

T = örtliche Temperatur des Gases

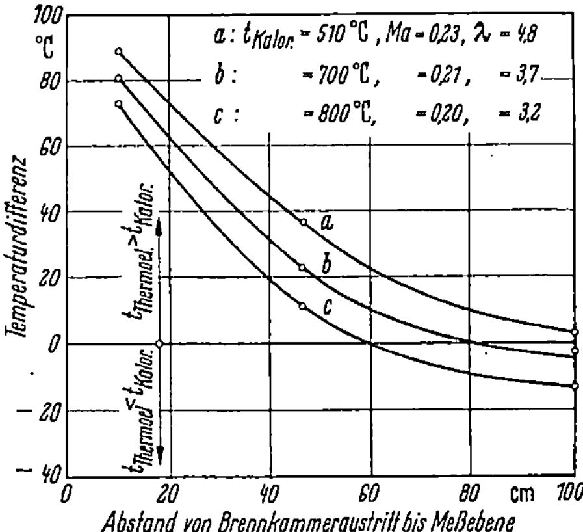

Abb. 210. Temperaturdifferenz zwischen dem arithmetischen Temperaturmittelwert aus Meßwerten mit ungeschützten Thermoelementen und dem Temperaturmittelwert aus kalorimetrischen Messungen in Abhängigkeit vom Abstand zwischen Brennkammeraustritt und Meßebene (Brennkammer Rolls-Royce-Dart 525)

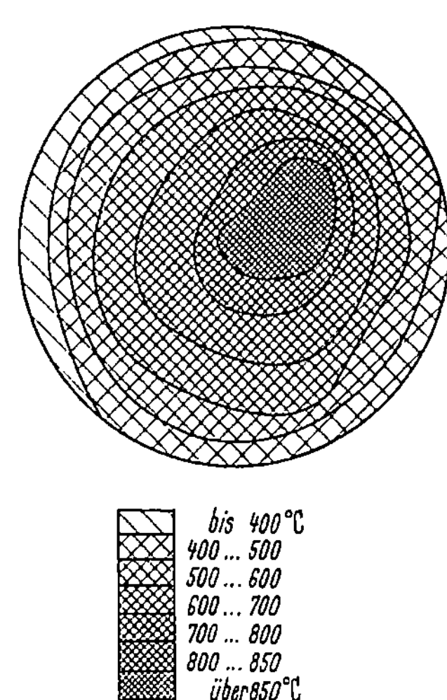

Abb. 211. Temperaturverteilung des Abgasstromes einer Rohrbrennkammer unmittelbar am Brennkammeraustritt

Mit $dG = w \cdot \varrho \cdot dF$ ergibt sich aus Gleichung (171) die Beziehung:

$$T_{m_e} = \frac{\int\limits^{F} w \cdot \varrho \cdot c_p \big|_0^T \cdot T \cdot dF}{c_p \big|_0^{T_{m_e}} \cdot G} \qquad (172)$$

w = örtliche Strömungsgeschwindigkeit

ϱ = örtliche Dichte

F = Strömungsquerschnitt

Der Temperaturmittelwert T_{m_e} ist also abhängig vom Temperatur- und Geschwindigkeitsfeld im Abgasstrom und ist im allgemeinen niedriger als der arithmetische Temperaturmittelwert.

C. Flugtriebwerke

Flugmotoren mit und ohne Aufladung

1. Leistung und Verbrauchszahlen des nicht aufgeladenen Motors bei Höhenflug

Infolge der Veränderungen der atmosphärischen Bedingungen (Abb. 212) mit der Höhe, insbesondere durch die Abnahme der Luftdichte (Abb. 213), ergibt sich mit zunehmender Höhe eine Verringerung der Motorleistung. Die Abnahme der Nutzleistung mit der Höhe ist

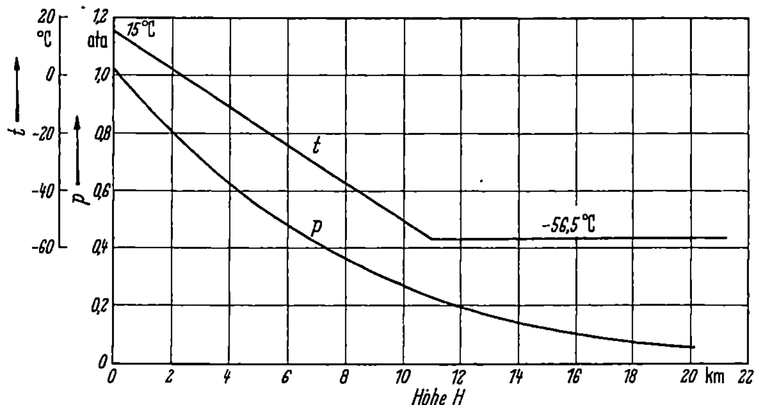

Abb. 212. Druck und Temperatur der Luft, abhängig von der Höhe nach der Internationalen Normal-Atmosphäre (INA)

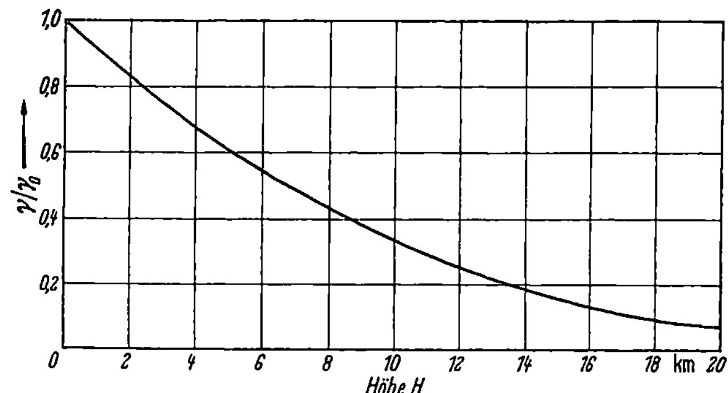

Abb. 213. Relativwerte des spez. Gewichtes der Luft γ/γ_0 bzw. der Dichte ϱ/ϱ_0, bezogen auf den Normalzustand am Boden, abhängig von der Höhe nach INA

einerseits durch die Verminderung der angesaugten Luftmenge, die eine Abnahme der Innenleistung zur Folge hat, und andererseits durch den schlechteren mechanischen Wirkungsgrad bedingt. Die Verminderung der Innenleistung ist im wesentlichen der Abnahme des Luftdruckes verhältig, außerdem ergibt sich eine Abhängigkeit von der Temperatur. Die Leistung ist jedoch nicht genau dem Kehrwert der Temperatur verhältig, da durch die Veränderung der Wärmeübergangsverhältnisse vorwiegend beim Einströmen durch die Ventile und im Zylinder eine Veränderung des Liefergrades auftritt (s. auch S. 99).

a) Einfluß der mechanischen Verluste

Die Nutzleistung nimmt mit der Höhe verhältnismäßig stärker ab als die Innenleistung, da sich der Absolutwert der mechanischen Verluste im Vergleich zur Innenleistung nur wenig ändert, so daß die Reibungsverluste in größeren Höhen relativ stärker in Erscheinung treten. Die Größe dieses Einflusses läßt sich unter der Annahme annähernd konstanter Reibungsleistung folgendermaßen ermitteln:

Nimmt man zur Vereinfachung beim ungedrosselten Motor ohne Lader an, daß sich die innere Leistung im Verhältnis der Dichte ändert,

so erhält man die Beziehung: $N_i = N_{i_0} \dfrac{\varrho}{\varrho_0}$. Die Reibungsleistung erhält man aus dem mechanischen Wirkungsgrad und der Leistung am Boden nach der Beziehung: $N_r = N_{i_0}(1 - \eta_{m_0})$. Damit ergibt sich die effektive Leistung in der Höhe zu:

$$N_e = N_i - N_{i_0}(1 - \eta_{m_0}).\tag{173}$$

Durch Einsetzen der obenstehenden Gleichung für N_i erhält man:

$$N_e = \frac{N_{e_0}}{\eta_{m_0}}\left[\frac{\varrho}{\varrho_0} - (1 - \eta_{m_0})\right].\tag{174}$$

Die für Berechnung von Höhenleistungen erforderlichen Zahlenwerte für die Luftdichte sowie auch für den Druck und die Temperatur in verschiedenen Höhen sind in Abb. 212 und 213 und in Tabelle 8 und 9 zusammengestellt. Im Gegensatz zur vorstehenden Annahme nimmt jedoch die Reibungsleistung im allgemeinen mit der Höhe etwas ab.

Der Einfluß der Änderung der Reibungsverluste mit der Höhe wird jedoch meist nicht direkt bei der Berechnung der Höhenleistung berücksichtigt, da die Wärmeübergangsverhältnisse an den Ventilen so stark ins Gewicht fallen, daß die obengenannte Formel den tatsächlichen Leistungsabfall nicht genau genug wiedergibt und deshalb empirische Formeln besser geeignet sind. Untersuchungen an zahlreichen Motoren haben gezeigt, daß der Leistungsabfall mit der Höhe für verschiedene Motorenmuster verschieden ist, daß jedoch ein Durchschnittswert angegeben werden kann. Zum Beispiel entspricht nach Untersuchungen von R. F. GAGG und E. V. FARRAR die Motorleistung in 6100 m Höhe etwa 47 vH der Bodenleistung. Versuche anderer Verfasser haben 40 bis 48 vH ergeben (vgl. Abb. 215, 216).

Wie aus Abb. 214 hervorgeht, ändert sich die Zusammensetzung der Atmosphäre bis zu einer Höhe von etwa 70 km nur wenig, so daß

Tabelle 8

Höhe H	Temperatur		Druck p	Dichte ϱ	Verhältniszahlen		
km	t °C	T °K	kp/cm²	kg/m³	$\dfrac{T}{T_0}$	$\dfrac{p}{p_0}$	$\dfrac{\gamma}{\gamma_0} = \dfrac{\varrho}{\varrho_0}$
0	15,00	288,00	1,0332	1,226	1,0000	1,0000	1,0000
1	8,50	281,50	0,9164	1,112	0,9774	0,8870	0,9075
2	2,00	275,00	0,8106	1,007	0,9549	0,7845	0,8215
3	− 4,50	268,50	0,7148	0,9094	0,9323	0,6918	0,7421
4	−11,00	262,00	0,6284	0,8194	0,9097	0,6082	0,6686
5	−17,50	255,50	0,5507	0,7363	0,8872	0,5330	0,6008
6	−24,00	249,00	0,4810	0,6598	0,8646	0,4655	0,5384
7	−30,50	242,50	0,4186	0,5896	0,8420	0,4051	0,4811
8	−37,00	236,00	0,3629	0,5252	0,8194	0,3512	0,4286
9	−43,50	229,50	0,3133	0,4664	0,7969	0,3033	0,3806
10	−50,00	223,00	0,2694	0,4127	0,7743	0,2608	0,3368
11	−56,50	216,50	0,2306	0,3639	0,7517	0,2232	0,2969
12	−56,50	216,50	0,1970	0,3108	0,7517	0,1906	0,2536
13	−56,50	216,50	0,1682	0,2654	0,7517	0,1628	0,2166
14	−56,50	216,50	0,1437	0,2267	0,7517	0,1391	0,1850
15	−56,50	216,50	0,1227	0,1936	0,7517	0,1188	0,1580
16	−56,50	216,50	0,1048	0,1653	0,7517	0,1014	0,1349
17	−56,50	216,50	0,08949	0,1412	0,7517	0,08662	0,1152
18	−56,50	216,50	0,07643	0,1206	0,7517	0,07397	0,0984
19	−56,50	216,50	0,06528	0,1030	0,7517	0,06318	0,08404
20	−56,50	216,50	0,05575	0,08796	0,7517	0,05396	0,07177

Tabelle 9
(nach Meyers Handbuch über das Weltall)

Höhe	Temperatur		Druck p	Dichte ϱ
km	t °C	T °K	kp/cm²	kg/m³
30	− 48,0	225,0	$0,1224 \cdot 10^{-1}$	$0,19 \cdot 10^{-1}$
40	− 5,0	268,0	$0,2958 \cdot 10^{-2}$	$0,39 \cdot 10^{-2}$
50	+ 3,0	276,0	$0,9890 \cdot 10^{-3}$	$0,155 \cdot 10^{-2}$
60	− 13,0	260,0	$0,2856 \cdot 10^{-3}$	$0,39 \cdot 10^{-3}$
70	− 54,0	219,0	$0,8160 \cdot 10^{-4}$	$0,11 \cdot 10^{-3}$
80	− 68,0	205,0	$0,1428 \cdot 10^{-4}$	$0,27 \cdot 10^{-4}$
100	− 43,0	230,0	$0,5957 \cdot 10^{-6}$	$0,88 \cdot 10^{-6}$
150	+177,0	450,0	$0,5100 \cdot 10^{-8}$	$0,32 \cdot 10^{-8}$
200	+427,0	700,0	$0,5100 \cdot 10^{-9}$	$0,16 \cdot 10^{-9}$
300	+627,0	900,0	$0,4080 \cdot 10^{-10}$	$0,8 \cdot 10^{-11}$
500	+727,0	1000,0	$0,2040 \cdot 10^{-11}$	$0,2 \cdot 10^{-12}$

für den infrage kommenden motorischen Einsatzbereich die Änderung der Luftzusammensetzung vernachlässigt werden kann. Für den Einsatz von Staustrahltriebwerken (Gipfelhöhe etwa 30—70 km) und

Raketen ist dagegen die Kenntnis der atmosphärischen Zustände auch in größeren Höhen erforderlich. In Tabelle 9 sind ergänzend zu den INA-Werten die Werte von Temperatur, Druck und Dichte bis zu einer Höhe von 500 km aufgenommen. Neuere Satellitenmessungen haben ergeben, daß große tageszeitliche Schwankungen von Temperatur und Dichte vorhanden sind. Ferner ist eine starke Abhängigkeit der Temperatur von den Sonnenfleckenmaxima gemessen worden.

b) Einfluß des Wärmeüberganges

Da bei Höhenflug kältere Luft angesaugt wird, ergeben sich im Motor während des Einströmvorganges höhere Temperaturunterschiede zwischen Luft und Wand als am Boden. Deshalb werden auch relativ größere Wärmemengen ausgetauscht. Auch die Änderung der Luftdichte bedingt einen Unterschied in den Wärmeübergangsverhältnissen und damit eine Veränderung der Füllung bzw. des Liefergrades. Wie oben erwähnt wurde, ist es zur Berechnung der Höhenleistung nicht üblich, die Einflüsse einzeln zu ermitteln, sondern man bediente sich zunächst empirischer Leistungsformeln, die alle diese Einflüsse zusammenfassend berücksichtigen. Die Wärmeübergangsverhältnisse werden meist durch einen temperaturabhängigen Faktor berücksichtigt.

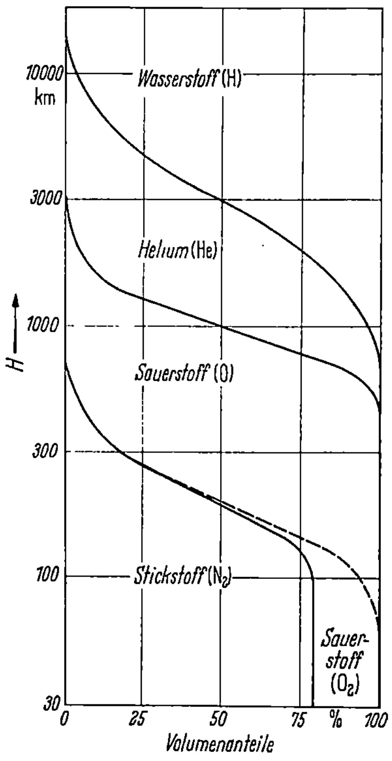

Abb. 214. Prozentuale Zusammensetzung der Atmosphäre in Abhängigkeit von der Höhe (nach DIEMINGER[1])

c) Formeln für die Höhenleistung des nicht aufgeladenen ungedrosselten Motors

Sehr viel verwendet wird eine Formel, die den Temperatureinfluß entsprechend der Wurzel aus der absoluten Temperatur berücksichtigt:

$$N_e = N_{e0}\,\frac{p}{p_0}\,\sqrt{\frac{T_0}{T}}\,. \tag{175}$$

---

[1] DIEMINGER: Bild der Wissenschaft, Januar 1965.

Der Index 0 bezieht sich auf Meereshöhe. Diese Formel war in Deutschland vorwiegend auch für Abnahmen üblich und wird auch in England viel benutzt.

In Frankreich wird vielfach eine Formel benutzt, die die Temperatur entsprechend einem Faktor (const $+ t$) berücksichtigt:

$$N_e = N_{e_0} \frac{p}{p_0} \frac{500 + t_0}{500 + t}. \tag{176}$$

Weiterhin wird auch die Beziehung

$$N_e = N_{e_0} \left(\frac{\varrho}{\varrho_0}\right)^{1,28} \tag{177}$$

angewendet. Von R. F. Gagg und E. V. Farrar wird die Formel

$$N_e = N_{e_0} \left[\frac{\varrho}{\varrho_0} - \left(\frac{1 - \dfrac{\varrho}{\varrho_0}}{7,55}\right)\right] \tag{178}$$

empfohlen

Mit Hilfe der angegebenen Formeln wird aus der Normalleistung am Boden die Leistung in einer beliebigen Höhe errechnet, wobei für Druck und Temperatur in der Höhe der Normalluftzustand in diesen Höhen nach INA eingeführt wird Mit den Formeln kann aber auch die Höhenleistung berechnet werden, wenn eine Abweichung von Druck und Temperatur der Normalatmosphäre auftritt (z. B. Unterschied im Sommer und Winter). In diesem Falle kann die Leistung nach denselben Formeln annähernd berechnet werden, wenn die tatsächlichen Drücke und Temperaturen in den betreffenden Höhen eingeführt werden. Die zahlenmäßigen Werte der Höhenleistung, die sich aus den angegebenen Formeln unter Zugrundelegung der INA-Werte ergeben, sind in der nachfolgenden Tabelle 10 für 4 und 10 km Höhe wiedergegeben.

Tabelle 10

	Höhe [m]	Gleichung Nr.						ϱ/ϱ_0
		174	175	176	177	178	181	
$100 \dfrac{N_e}{N_{e_0}}$ für:	4000	63,2	63,8	64,1	59,8	62,5	65,3	66,9
	10000	26,3	29,7	29,9	24,9	24,9	25,3	33,7

In Abb. 215 ist der Leistungsabfall, der sich aus den obengenannten Formeln ergibt, abhängig von der Höhe in Kurven dargestellt.

Da die Höhenabhängigkeit der Leistungen wegen der Verschiedenheit der Reibungsarbeiten und der Wärmeübergangsverhältnisse vom jeweiligen Motorenmuster abhängig ist, werden die gemessenen Leistungen durch die genannten Formeln verschieden gut wiedergegeben.

Eine bessere Übersicht über den Aufbau der Formeln ergibt sich bei Auftragung des Leistungsabfalls über dem Druckverhältnis, weil dann die verschiedenartige Berücksichtigung der Temperatur besser in Erscheinung tritt (Abb. 216). Es ist bemerkenswert, daß sich mit Formel (174) ähnliche Werte für die Leistungsabnahme ergeben wie mit den übrigen Formeln, bei denen der Temperatureinfluß berücksichtigt ist. Beim Vergleich ist aber zu beachten, daß in Formel (174) durch die

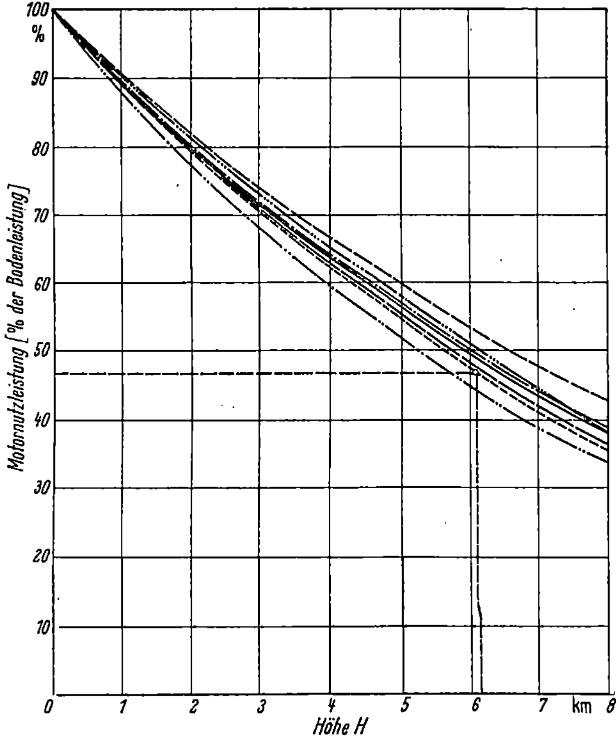

Abb. 215. Abnahme der Motorleistung mit der Höhe, nach verschiedenen Höhenformeln berechnet (vgl. auch S. 347÷353)

$$--\,--\quad N = \frac{N_0}{\eta_{mo}}\left[\left(\frac{\varrho}{\varrho_0}\right) - (1 - \eta_{m_0})\right] \text{ (für } \eta_{m_0} = 0{,}9),\qquad ----\quad N = N_0\,\frac{p}{p_0}\sqrt{\frac{T_0}{T}},$$

$$-\cdot--\cdot-\quad N = N_0 \cdot \frac{p}{p_0}\,\frac{500 + t_0}{500 + t}\,,\qquad\qquad\qquad -\cdot\cdot-\quad N = N_0\left(\frac{\varrho}{\varrho_0}\right)^{1{,}28},$$

$$\cdots\cdots\quad N = N_0\left(\frac{\varrho}{\varrho_0} - \frac{1 - \varrho/\varrho_0}{7{,}55}\right),\qquad\qquad\qquad ---\quad N = N_0\,\frac{\varrho}{\varrho_0}\,,$$

$$-\cdots-\quad N = N_0 \cdot \left[K + 0{,}7\,(K - 1) \cdot \left(\frac{1}{\eta_{m_0}} - 1\right)\right].$$

Annahme konstanter Reibungsleistung eine zu starke Abnahme der Höhenleistung infolge der mechanischen Verluste angenommen wird, während andererseits die Verminderung der Leistung durch den stärkeren Einfluß des Wärmeüberganges vernachlässigt wird.

Falls sowohl für die Liefergradänderung als auch für die Änderung der Reibungsarbeit Meßwerte vorliegen, ist die Verwendung einer

Formel möglich, die beide Einflüsse genauer berücksichtigt. Da infolge der Verminderung der Gasdrücke eine erhebliche Abnahme eines Teiles der Reibungskräfte auftritt, kann man die Reibungsleistung in einen

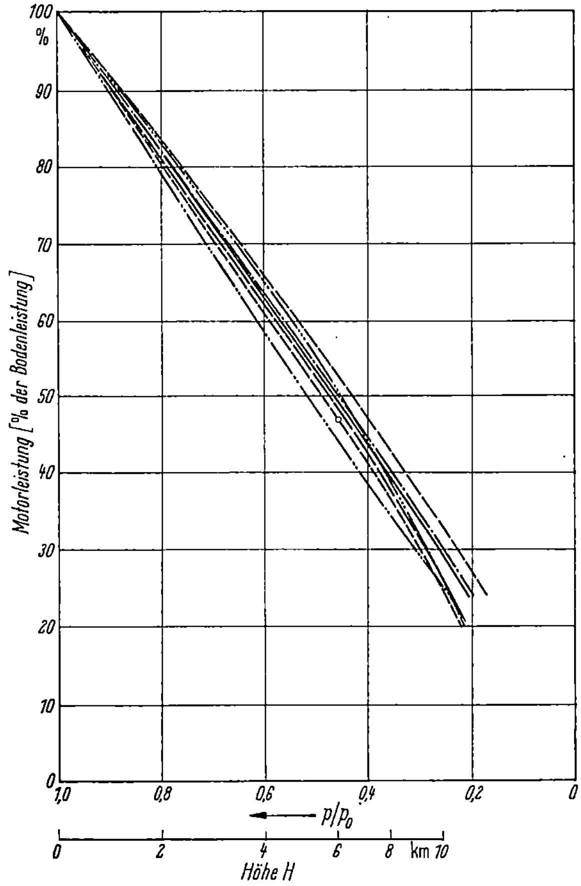

Abb. 216. Leistungsabnahme mit der Flughöhe (nach Abb. 215), in Abhängigkeit vom Druckverhältnis

von den Drücken[1] und damit von der Höhe abhängigen und in einen von der Höhe unabhängigen Teil aufteilen, so daß

$$N_r = (N_{r_0} - N_{r_m}) \frac{p}{p_0} + N_{r_m} \qquad (179)$$

---

[1] Es wäre richtiger, den veränderlichen Anteil der Reibungsarbeit abhängig vom mittleren Innendruck anzugeben. Für überschlägige Rechnungen genügt es aber auch, eine Abhängigkeit vom Druck der angesaugten Luft (der dem mittleren Innendruck in erster Annäherung verhältig ist) einzuführen.

wird. Es bedeutet:

N_{r_m} der von den Drücken unabhängige Anteil der Reibungsleistung,
N_{r_0} die Reibungsleistung in Meereshöhe,
p den Druck in der Saugleitung,
T die Temperatur in der Saugleitung.
$p_0 =$ Druck
$T_0 =$ Temperatur in Meereshöhe

Mit $N_{r_m}/N_{r_0} = b$ kann die gesamte Höhenleistung folgendermaßen dargestellt werden[1]:

$$N_e = \frac{N_{e_0}}{\eta_{m_0}} \frac{G_{Luft}}{G_{Luft_0}} - N_r$$

$$= \frac{N_{e_0}}{\eta_{m_0}} \frac{p}{p_0} \left[\left(\frac{T_0}{T} \right)^n - (1 - \eta_{m_0}) \left(1 - b + b \frac{p_0}{p} \right) \right]. \qquad (180)$$

Diesem Ansatz ist die Annahme zugrunde gelegt, daß die Veränderung der angesaugten Luftmenge mit der Temperatur durch einen Faktor $1/T^n$ wiedergegeben werden kann. Mit diesem Ansatz können Versuchsergebnisse mit ausreichender Genauigkeit wiedergegeben werden (s. auch S. 98). Der Exponent n schwankt je nach der Motorenbauart in weiten Grenzen. Als Mittelwert kann $n \approx 0{,}7$ angenommen werden (siehe auch S. 361). Der Quotient b ist ebenfalls für verschiedene Motorenmuster verschieden. Als Durchschnittswert kann etwa $b \approx 0{,}65$ gesetzt werden; der Einfluß der Verschiedenheit dieses Wertes auf das Ergebnis der Rechnung ist unbedeutend. Wenn die Aufteilung der Reibungsleistung und damit der Wert b versuchsmäßig ermittelt sind, bietet die obige Formel eine genauere Unterlage für die Berechnung der Höhenleistung als die rein empirischen Formeln.

Das hier vorgeschlagene Berechnungsverfahren wurde später mit geringen Änderungen für genormte Formeln verwendet. Während in der oben angegebenen Beziehung der Teil der Reibungsverluste, der von den Drücken im Zylinder abhängt, proportional dem Druck in der Saugleitung angenommen wurde, ist in der abgewandelten Formel der variable Teil der Reibungsleistung abhängig von der Innenleistung (vergl. frühere Auflagen) gesetzt. Zusätzlich wurde die Luftfeuchtigkeit berücksichtigt. Es ergibt sich dadurch eine etwas andere, vereinfachte Formel:

$$\frac{N_e}{N_{e_0}} = \alpha = \left[K + 0{,}7 \, (K - 1) \cdot \left(\frac{1}{\eta_{m_0}} - 1 \right) \right], \qquad (181)$$

wobei der Luftfüllungsfaktor K durch

$$\frac{N_i}{N_{i_0}} = \left(\frac{T_0}{T} \right)^n \cdot \frac{B - \varphi \cdot p_D}{B_0 - \varphi_0 \cdot p_{D_0}}$$

dargestellt wird.

---

[1] Es ist nur möglich, b als konstanten Wert einzuführen, wenn der Einfluß der Massenkräfte auf den Reibungsverlust gering ist.

23 Schmidt, Verbrennungskraftmaschinen, 4. Aufl.

Darin bedeuten:

B = Barometerstand,
p_D = Sättigungsdruck des Wassers,
φ = relative Luftfeuchtigkeit.

Die Umrechnungsfaktoren sind in der Deutschen Norm DIN 6270 festgelegt. Dieselbe Formel wurde auch 1961 von der CIMAC (Congrès

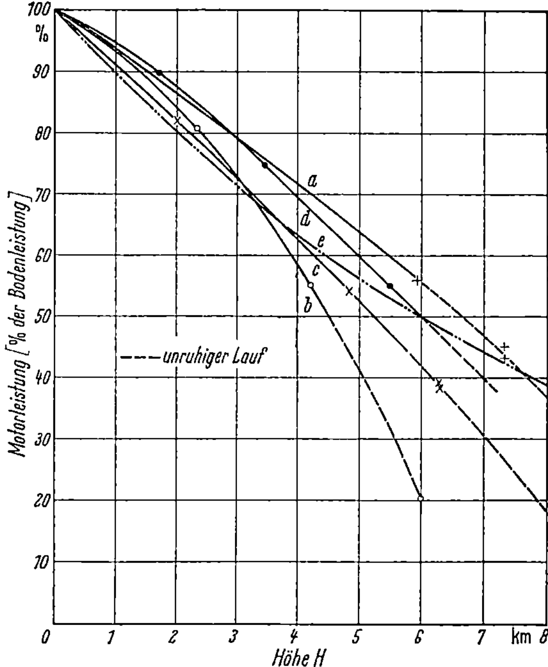

Abb. 217. Gemessener Leistungsabfall von Dieselmotoren mit der Höhe (verschiedene Arbeitsverfahren). Zum Vergleich sind auch die nach der Formel $N = N_0 \cdot \dfrac{p}{p_0} \cdot \sqrt{\dfrac{T_0}{T}}$ für den Ottomotor berechneten Werte (Kurve e) eingetragen:

$$\left.\begin{array}{llll} a & \text{Vorkammermotor} & \varepsilon = 14; & n \sim 1500, \\ b & \text{Lanovamotor} & \varepsilon = 12{,}5; & n \sim 1490, \\ c & \text{Lanovamotor} & \varepsilon = 15; & n \sim 1490, \\ d & \text{Direkte Einspritzung} & \varepsilon = 12{,}2 \end{array}\right\} \text{min}^{-1}$$

International des Machines a Combustion) als allgemeine Berechnungsgrundlage vorgeschlagen.

Aufbauend auf den oben angegebenen Beziehungen für die Berechnung der Höhenleistungen hat L. RICHTER eine Formel für die Höhenabhängigkeit des Kraftstoffverbrauches des nicht aufgeladenen Motors abgeleitet. Er findet

$$b_e \approx b_{e_0} \frac{\eta_{m_0}}{1 - \left(\dfrac{T}{T_0}\right)^n (1 - \eta_{m_0})\left(1 - b + b\,\dfrac{p_0}{p}\right)} \cdot \qquad (182)$$

W. FADINGER [H 14] hat eine gute Übereinstimmung der mit der Formel berechneten Verbrauchszahlen mit Versuchswerten an einem 12-Zylinder-Flugmotor gefunden.

Nach der Deutschen Norm DIN 6270 und nach den Empfehlungen der CIMAC wird der effektive spezifische Kraftstoffverbrauch bei Änderung der atmosphärischen Bedingungen nach der Gleichung

$$\frac{b_e}{b_{e_0}} = \beta = \frac{K}{K + 0,7\,(K - 1)\left(\dfrac{1}{\eta_{m_0}} - 1\right)} \tag{183}$$

berechnet, wobei K den Größen nach Gleichung (181) entspricht.

Der Leistungsabfall der Dieselmotoren mit zunehmender Höhe ist etwas verschieden von dem Leistungsabfall der Ottomotoren. Bei der üblichen Einstellung der Regelung der Dieselmotoren kann in niederen Höhen — bis etwa 2 km — beim Dieselmotor ein geringerer Leistungsabfall erreicht werden als beim Ottomotor (Abb. 217), weil der am Boden für Dauerlast zulässige Mindest-Luftüberschuß mit zunehmender Höhe meist herabgesetzt werden kann, ohne daß die thermische Beanspruchung des Motors gegenüber dem Betrieb in Bodennähe erhöht wird. In größeren Höhen nimmt jedoch die Leistung des Dieselmotors im allgemeinen stärker ab als die des Ottomotors, hauptsächlich deshalb, weil der Zündverzug infolge des verminderten Druckes und der geringen Temperatur am Ende der Verdichtung zunimmt (Abb. 217, s. auch S. 228).

2. Aufladung von Flugmotoren durch mechanisch angetriebenen Lader[1]

Allgemeines

Um den starken Leistungsabfall des unaufgeladenen Motors mit der Höhe zu verringern, wird beim aufgeladenen Motor eine weitgehende Vorverdichtung der Ladeluft des Motors durchgeführt. Unter Gleichdruckaufladung versteht man Vorverdichtung der Luft auf den Druck in Meereshöhe (760 mm Hg = 1,033 ata), so daß der Motor in der Saugleitung Bodendruck vorfindet. Unter der Gleichdruckhöhe eines Laders versteht man diejenige größte Höhe, bei der der Lader bei voller Motordrehzahl noch 1,033 at Druck vor den Einlaßorganen herstellen kann. Für die thermische Belastung ist aber in erster Linie die Füllung (außerdem — die Temperatur der angesaugten Luft) maßgebend. Deshalb wird bisweilen auch als Grundlage für die Leistungs-

---

[1] Motoren die nach diesem Prinzip arbeiten, werden nurmehr in geringer Zahl gebaut. Die Berechnungsmethoden sind aber für verschiedene andere Anwendungsbereiche von Bedeutung.

23*

angaben der Betriebszustand gewählt, der einer Aufladung auf gleiche Dichte wie am Boden entspricht.

a) Der Lader

Die Verdichter, Lader genannt, werden zum Teil für geringere (1 bis 2 km) Gleichdruckhöhen (Bodenlader), in den meisten Fällen aber für 3,5 bis 5 km Gleichdruckaufladung gebaut. Bei Verwendung von Ladern mit den letztgenannten Gleichdruckhöhen würde bei voll geöffneter Drossel am Boden die Füllung und damit die innere Leistung so hoch, daß die Motoren thermisch und mechanisch zu stark belastet würden. Deshalb muß am Boden gedrosselt werden, wenn der Lader starr mit dem Motor gekuppelt ist. Zur Erhöhung der Startleistung wird jedoch meist eine Aufladung von etwa 0,2 bis 0,4 atü zugelassen.

Die Radialverdichter oder Kreiselverdichter haben sich im Flugmotorenbau gegenüber anderen Bauarten wie Axialverdichter, Drehkolbenverdichter und Verdichter mit Verdrängerwirkung (Rootsverdichter) durchgesetzt (s. auch S. 193), weil die Einfachheit der Bauweise, das geringe Gewicht und die günstigen Anbauverhältnisse vorteilhaft sind. Die Drehkolbenverdichter kommen für Flugmotoren weniger in Betracht, weil sie gegenüber anderen Verdichterbauarten den Nachteil aufweisen, daß bei hoher Verdichtung die Wirkungsgrade sehr ungünstig werden; außerdem sind bei dieser Bauart die relativen Verluste bei geringerem Luftdurchsatz sehr groß. Die Axiallader lassen zwar sehr günstige Wirkungsgrade erwarten, jedoch wurden sie wegen des geringeren erreichbaren Stufengefälles und wegen des größeren Bauaufwandes wenig eingeführt. Der Leistungsbedarf des Laders ist sehr erheblich und beträgt beim Ottomotor in 6 km Höhe bei einem Laderwirkungsgrad von 70 vH schon etwa 10 vH der Motorleistung am Boden. Abb. 220 zeigt den Leistungsbedarf des Laders in vH der Motorleistung in Bodennähe für einen Ottomotor bei einem Stufenwirkungsgrad des Laders von 75 vH.

Für die erzielbare Motorleistung ist die Temperatur der verdichteten Luft von großer Bedeutung, weil durch hohe Temperatur der Ladeluft die Klopfgrenze herabgesetzt wird (s. S. 222). Deshalb ist es zur Erzielung hoher Motorleistung sehr wichtig, gute Laderwirkungsgrade zu erreichen. Bei einer Gleichdruckaufladung auf 6 km Höhe erhält man z. B. mit $\eta_l = 85$ vH eine Temperaturerhöhung von 72 °C und mit $\eta_l = 70$ vH schon eine Temperaturerhöhung von 88 °C.

b) Einfluß der Aufladung auf den Arbeitsprozeß des Flugmotors

Füllungsverbesserung durch verringerten Auspuffgegendruck. Beim aufgeladenen Flugmotor erhält man infolge der Verdichtung der Restgase eine Mehrfüllung im Zylinder (s. S. 197). Diese Mehrfüllung hat eine Erhöhung der Leistung gegenüber der Leistung, die unter Berücksichtigung der Dichte im Saugrohr allein zu erwarten wäre, zur Folge. Die Mehrfüllung entspricht einem Faktor C, der aus der auf S. 200 angegebenen Gleichung (84) oder (85) berechnet werden kann. Die Formel wird am besten in der vereinfachten Form:

$$C = 1 + a \cdot \left(1 - \frac{P_R}{P_L}\right)$$

verwendet. Die Werte a und Werte für die Füllungszunahme in 4, 6 und 8 km Höhe sind für verschiedene Verdichtungsverhältnisse in nachfolgender Tabelle wiedergegeben.

Tabelle 11

		$\varepsilon = 4$	5	6	7	8
a		0,24	0,18	0,14	0,12	0,10
	4 km	1,10	1,07	1,06	1,05	1,04
C	6 km	1,13	1,10	1,08	1,07	1,06
	8 km	1,16	1,12	1,10	1,08	1,07

Beispielsweise erhält man in 6 km Höhe bei einem Verdichtungsverhältnis $\varepsilon = 6$ rechnerisch eine Mehrfüllung von 8 vH (s. Tabelle). Unter Zugrundelegung der vereinfachenden, aber unzutreffenden bzw. ungenauen Annahme isothermer Verdichtung der Restgase würde man 11,6 vH, also einen bedeutend größeren Wert für die Mehrfüllung, erhalten und unter Annahme isentroper Verdichtung der Restgase würden sich 9 vH Mehrfüllung ergeben. Daher ist die genaue und einfachere Berechnung unter Benutzung der angegebenen Formel zweckmäßiger als die überschlägige Berechnung aus Verdichtungsgleichungen. Die zu erwartenden Mehrfüllungen in verschiedenen Höhen sind in Abb. 218 für den Ottomotor mit $\varepsilon = 6$ bei Aufladung für den Bereich von 1 bis 2 ata wiedergegeben[1]. Für den Dieselmotor ergeben sich wegen der geringeren Restgasmenge verhältnismäßig kleine Werte (in 6 km Höhe etwa 2,5 vH) für die Mehrfüllung.

Die tatsächlich auftretende Mehrfüllung ist auch vom Temperaturzustand und von der Drehzahl des betreffenden Motors abhängig, wird aber im allgemeinen durch die theoretisch ermittelten Kurven mit zufriedenstellender Genauigkeit wiedergegeben. Die angegebenen Werte für die Mehrfüllung werden nur dann erreicht, wenn keine zu starke Drosselung in den Ventilen auftritt. Die mittlere Durchström-

---

[1] Der Faktor C (s. S. 200 und 357) kann aus den in der Abb. 218 wiedergegebenen Werten für die Mehrfüllung entsprechend der Beziehung

$$C = 1 + \frac{\text{Mehrfüllung (vH)}}{100}$$

bestimmt werden.

geschwindigkeit bezogen auf den zur Verfügung stehenden Zeitquerschnitt soll 60 bis 70 m/s nicht wesentlich übersteigen. Bei höheren Einströmgeschwindigkeiten wird der Einfluß der Drehzahl auf die erreichbare Mehrfüllung wesentlich.

Beispielsweise wurde von GNAM und KURZ [D 56] an einem Motor von 2 l Hubvolumen ($\varepsilon = 6$) bei einem Ansaugdruck $p_s = 1$ ata und Absaugung entsprechend 6 km Höhe eine Füllungsverbesserung von 6,5 vH (bei $n = 2800$ U/min) und von 8,5 vH (bei $n = 1800$ U/min)

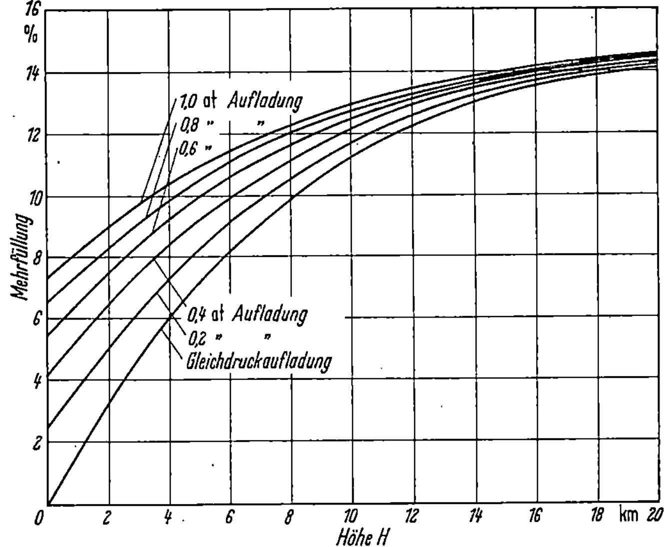

Abb. 218. Berechnete Mehrfüllung durch Restgasverdichtung bei verschiedener Aufladung, abhängig von der Höhe, für einen Ottomotor mit dem Verdichtungsverhältnis $\varepsilon = 6$

gemessen. Rechnerisch wurden 8 vH Füllungsverbesserung ermittelt (s. Tabelle 11, S. 357). Die Zunahme des mittleren Innendruckes ist in den meisten Fällen proportional der Zunahme der Füllung.

Veränderung der Gaswechselarbeitsfläche. Bei der Aufladung erhält man eine Verminderung des Verlustes durch die Gaswechselarbeit bzw. bei starker Aufladung sogar eine positive Gaswechselarbeit. Beim Ausschieben leistet der Kolben eine Arbeit, die dem geringen Gegendruck der Atmosphäre in der Höhe entspricht, während beim Ansaugen von der verdichteten Luft an den Kolben eine größere Arbeit abgegeben wird.

Die Gesetzmäßigkeiten bei Veränderung der Drehzahl und bei Veränderung der Steuerzeiten sind sinngemäß dieselben wie bei Aufladung (s. S. 202÷205). Der Einfluß der Drehzahl ist beispielsweise aus Abb. 219 ersichtlich. Bei der geringeren Drehzahl 1800 U/min wurde eine sehr große und bei 2800 U/min nur eine geringe positive Arbeitsfläche der Gaswechselperiode bei Absaugung (620 mm Hg Unterdruck entsprechend etwa 12 km Höhe) festgestellt. Der Unterschied beruht zum Teil darauf, daß bei der höheren Drehzahl auch ohne Absaugung wegen der stärkeren Drosselung eine größere negative Arbeitsfläche auftritt. Wenn der Einfluß der Drosselung nicht sehr bedeutend ist, wird ein sehr großer Anteil der zu erwartenden zusätzlichen Arbeit, die annähernd einer Rechtecksfläche $V_h \cdot (p_l - p)$ entspricht, im

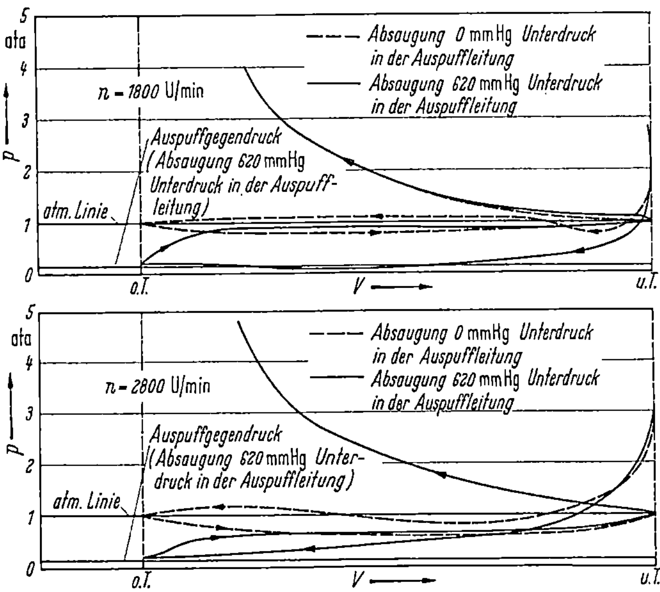

Abb. 219. Gaswechseldiagramme eines 2-1-Einzylindermotors (nach GNAM und KURZ [D56]). $\varepsilon = 6$ und 620 mm Hg Unterdruck in der Saugleitung, normale Steuerzeiten:

Eö . . . 15° v. o. T.   Es . . . 65° n. u. T.
Aö . . . 70° v. u. T.   As . . . 10° n. o. T.

Motor zurückgewonnen. Bei größeren Drehzahlen ist der Arbeitsgewinn verhältnismäßig geringer.

Durch die Mehrfüllung wird der Verbrauch, bezogen auf die innere Leistung, nicht beeinflußt. Dagegen bedingt die Verbesserung der Gaswechselarbeit eine Verbrauchsverbesserung, da im Motor ein Teil der vom Lader geleisteten Arbeit rückgewonnen wird.

3. Berechnung der Höhenleistung von Flugmotoren mit mechanischem Lader

Flugmotoren größerer Leistung sind heute überwiegend durch Gasturbinentriebwerke ersetzt. Die Aufladung mittels mechanischem Lader wird daher in der Praxis kaum noch angewendet. Das Berechnungsverfahren wird aber zum Zwecke einer übersichtlichen Darstellung der rechnerischen Methoden bei großen Druckdifferenzen zwischen Lade- und Auspuffleitung, wie sie beim Motor mit mechanischem Lader auftreten, angegeben.

Bei der Berechnung der Höhenleistungen des Ladermotors sind die auf S. 356 bis 359 behandelten Einflüsse auf den Arbeitsprozeß des Motors im einzelnen zu berücksichtigen. Bei einstufigen Ladern wird eine Rückkühlung der verdichteten Luft im allgemeinen nicht durchgeführt. Deshalb ist bei der Berechnung der Motorleistung die Erwärmung der Luft während der Verdichtung im Lader zu berücksichtigen. Die Temperaturen betragen bei Verwendung einstufiger Lader bis zu 120 °C (s. S. 356). Wegen der erhöhten Temperatur der Luft wird ihre Dichte und damit die Innenleistung des Ladermotors geringer als die des Bodenmotors bei gleichem Druck in der Saugleitung. Bei starr angetriebenem Lader ist außer der Reibungsleistung des Motors auch der Leistungsbedarf des Laders — kurz Laderleistung genannt — von der Innenleistung in Abzug zu bringen.

Im folgenden wird ein Weg zur angenäherten Berechnung der Höhenleistungen für einen Ottomotor mit starr angetriebenem Lader angegeben, wobei folgende Bezeichnungen Verwendung finden:

p_l = Druck in der Ladeleitung
T_l = Temperatur in der Ladeleitung
p = Druck der Atmosphäre
T = Temperatur der Atmosphäre
Index 0 kennzeichnet die Größen in Meereshöhe

Als Grundlage für die Berechnung ist die überschlägige Ermittlung der Laderleistung und der Temperaturerhöhung im Lader erforderlich.

a) Leistungsbedarf des Laders

Zur verlustlosen Verdichtung von 1 kg Luft ist die Arbeit:

$$L_{is-l} = R\,T\,\frac{\varkappa}{\varkappa-1}\left[\left(\frac{p_l}{p}\right)^{\frac{\varkappa-1}{\varkappa}} - 1\right] \tag{184}$$

erforderlich. Der Wärmewert dieser Arbeit kann auch in einfacher Weise (s. S. 466) aus $i-s$-Diagrammen entnommen werden.

Der tatsächliche Arbeitsbedarf des Laders je kg Luft ist größer, und zwar ist

$$L_{e-l} = \frac{L_{is-l}}{\eta_l}. \tag{185}$$

Der Leistungsbedarf des Laders ist dem Luftbedarf des Motors

$$G_L = N_e\,b_e\,\lambda\,G_{L\,min} \tag{186}$$

verhältig.

$G_{L\,min}$ ist der theoretische Luftbedarf, der im Mittel für Benzin mit ausreichender Genauigkeit für derartige überschlägige Berechnungen mit 14,4 kg je kg Kraftstoff eingesetzt werden kann. λ bedeutet das Luftverhältnis.

Der gesamte Leistungsbedarf des Laders ergibt sich somit zu:

$$N_l = G_L \cdot \frac{L_{is-l}}{\eta_l} \, . \tag{187}$$

Der Wirkungsgrad des Laders ist aus dem Kennlinienfeld des betreffenden Laders oder sinngemäß aus dem Kennlinienfeld eines ähnlichen Laders für die dem Betriebszustand des Motors entsprechenden Fördermengen und Druckverhältnisse zu entnehmen oder abzuschätzen (vgl. Abb. 124). Die Temperaturerhöhung der Luft bei der Verdichtung im Lader kann aus dem Arbeitsbedarf des Laders errechnet werden, und zwar erhält man mit ausreichender Genauigkeit bei Annahme konstanter spez. Wärme in dem der Verdichtung entsprechenden Temperaturbereich:

$$\Delta t = \frac{L_{i-l}}{c_p} \approx \frac{L_{e-l}}{c_p} \, . \tag{188}$$

Für überschlägige Rechnungen genügt die Ermittlung der Temperaturerhöhung aus dem effektiven Arbeitsbedarf des Laders nach Abzug der Getriebeverluste, da der mechanische Wirkungsgrad des Laders sehr hoch ist. Infolge dieser Temperaturerhöhung vermindert sich die Dichte der angesaugten Luft und damit die Zylinderfüllung.

Die Änderung der angesaugten Luftmenge bei Änderung der Temperatur und des Druckes im Saugrohr entspricht annähernd einem Faktor

$$\frac{p_l}{p_0}\left(\frac{T_0}{T_l}\right)^n ; \qquad n \approx (0{,}5) \div 0{,}7 \div (0{,}9) \, .$$

Hierzu kommt noch eine Füllungsverbesserung durch die Verdichtung der Restgase, die dem Faktor: $C = 1 + a\left(1 - \dfrac{p}{p_l}\right)$ (s. S. 357) verhältig ist, so daß die gesamte Änderung der Luftfüllung mit der Höhe dem Wert:

$$\frac{G_L}{G_{L_0}} = \frac{p_l}{p_0}\left(\frac{T_0}{T_l}\right)^n \cdot C \tag{189}$$

entspricht. Die Luftmenge, die für die Berechnung der Leistung des Laders maßgebend ist, wird daher aus[1]

$$G_L = N_{e_0} \cdot b_{e_0} \cdot \lambda_0 \cdot G_{L\,min} \cdot \left(\frac{T_0}{T_l}\right)^n \frac{p_l}{p_0} \cdot C \tag{190}$$

ermittelt. Der Faktor C kann auch aus der graphischen Darstellung Abb. 218, S. 358 entnommen werden. Bei der obenstehenden Be-

---

[1] Bedeutung der Formelzeichen s. S. 588. Bei den Rechnungen wurde λ konstant angenommen ($\lambda = \lambda_0$).

rechnung wurde der Druck der Restgase im Zylinder P_R dem Druck der Abgase in der Auspuffleitung gleichgesetzt. Der Druck der einströmenden Luft P_L wurde gleich dem Druck in der Ladeleitung gesetzt. Somit ist

$$\frac{P_R}{P_L} = \frac{p}{p_l}.$$

Nach Einsetzen der vollständigen Beziehung für die Luftmenge erhält man folgende Formel für den Leistungsbedarf des Laders:

$$N_l = N_{e_0} \cdot b_e \cdot \lambda_0 \cdot G_{L\,min} \cdot C \frac{p_l}{p_0} \left(\frac{T_0}{T_l}\right)^n \cdot \frac{L_{is-l}}{\eta_l} . \tag{191}$$

b) Berechnung der Innenleistung des Motors

Die Innenleistung in einer bestimmten Höhe erhält man aus der Innenleistung am Boden unter Berücksichtigung der Leistungsänderung durch die Füllungsvermehrung und durch die Verminderung der Gaswechselarbeit aus:

$$N_i = \frac{N_{e_0}}{\eta_{m_0}} \frac{G_L}{G_{L_0}} + x \frac{z\,V_h \cdot n \cdot (p_l - p)}{K} ; \tag{192}$$

$$K = 900 \text{ beim Viertaktmotor.}$$

x ist ein Faktor, der die durch die Drosselung bedingte Verminderung der positiven Gaswechselarbeit berücksichtigt.

Man erhält somit für die innere Leistung den Ausdruck:

$$N_i = \frac{N_{e_0}}{\eta_{m_0}} \frac{p_l}{p_0} \left(\frac{T_0}{T_l}\right)^n \cdot C + x \frac{z\,V_h\,n\,(p_l - p)}{K} . \tag{193}$$

c) Theoretische Berechnung der Motornutzleistung

Die Nutzleistung ergibt sich aus diesem Ausdruck durch Abzug der Reibungsleistung und des Leistungsbedarfs des Laders. Berücksichtigt man die Abnahme der Reibungsleistung mit der Höhe (entsprechend den Ausführungen auf S. 352) und setzt man die obenstehende Gleichung (191) für den Leistungsbedarf des Laders ein, so erhält man folgenden Ausdruck für die Höhenleistung des Motors:

$$\begin{aligned}
N_e &= N_i - N_r - N_l \\
&= N_{e_0} \frac{p_l}{p_0} \left[\left(\frac{T_0}{T_l}\right)^n \cdot C \left(\frac{1}{\eta_{m_0}} - b_{e_0} \lambda_0 \cdot G_{L\,min} \cdot \frac{L_{is-l}}{\eta_l}\right)\right. \\
&\quad \left. - \left(\frac{1}{\eta_{m_0}} - 1\right)\left(1 - b + b\frac{p_0}{p_l}\right)\right] + x \frac{z\,V_h \cdot n \cdot (p_l - p)}{K} .
\end{aligned} \tag{194}$$

Setzt man:

$$C_1 = b_{e_0} \cdot \lambda_0 \cdot G_{L\,min} \cdot \frac{L_{is-l}}{\eta_l}$$

und

$$C_2 = \left(\frac{1}{\eta m_0} - 1\right)\left(1 - b + b\,\frac{p_0}{p_l}\right)$$

und führt ein[1]:

$$C_3 = x\,\frac{z\,V_h \cdot n \cdot (p_l - p)}{K}\,,$$

so ergibt sich folgende vereinfachte Form dieser Gleichung:

$$N_e = N_{e_0}\,\frac{p_l}{p_0}\left[\left(\frac{T_0}{T_l}\right)^n \cdot C\left(\frac{1}{\eta m_0} - C_1\right) - C_2\right] + C_3\,. \tag{195}$$

Für die Werte C, C_1, C_2 und C_3 können vereinfachte Beziehungen eingesetzt werden, die für die praktische Anwendung ausreichend genau sind. Die vereinfachten Beziehungen und ihre Berechnung sind im folgenden wiedergegeben.

Zur überschlägigen Berechnung der Luftmenge und damit zur Ermittlung der Laderleistung wird für den Bereich der Luftverhältnisse, die für den normalen Betrieb am wichtigsten sind, ein überschlägiger Wert

$$b_{e_0} \cdot \lambda_0 \approx 0{,}19$$

eingesetzt, der in Wirklichkeit mit dem Luftüberschuß etwas veränderlich ist. Weiterhin wird gesetzt:

$$G_{L\,min} = 14{,}4\,\frac{\text{kg Luft}}{\text{kg Kraftstoff}}$$

$$L_{is-l} = 0{,}044 \cdot T\left[\frac{p_l}{p} - 0{,}82\right] \cdot$$

$$b = 0{,}65\,,$$

$$x = 0{,}7\,,$$

$$K = 900\,.$$

Für das isentrope Wärmegefälle kann eine lineare Darstellung gewählt werden, um die Rechnung etwas zu vereinfachen. Die Fehler, die sich dadurch ergeben, sind bis zu einem Druckverhältnis 2,5 für den Zweck der hier durchgeführten Berechnung nicht bedeutend, jedoch ist es sehr einfach möglich, mit etwas mehr Rechenaufwand mit Hilfe der bekannten Gleichung für das isentrope Wärmegefälle (Gl. (184), S. 360) die genauen Zahlenwerte zu ermitteltn. Mit den genannten Vereinfachungen erhält man folgende Ausdrücke für die Werte:

$$C = 1 + a\left(1 - \frac{p}{p_l}\right)\cdot$$

---

[1] Siehe Fußnote 1, S. 361.

Der Wert a ist in Tabellenform auf S. 357 angegeben.

$$C_1 = \frac{T_l}{\eta_l}\left(\frac{p_l}{p} - 0{,}82\right) \cdot \frac{19{,}05}{10^5},$$

$$C_2 = \left(\frac{1}{\eta_{m_0}} - 1\right)\left(0{,}35 + 0{,}65\,\frac{p_0}{p_l}\right),$$

$$C_3 = \frac{z\,V_h \cdot n \cdot (p_l - p)}{1290}.$$

Von den für die Ausrechnung der Gleichung erforderlichen Werten sind folgende als bekannt vorauszusetzen:

N_{e_0} = die Leistung des Motors ohne Lader am Boden, bezogen auf Normalzustand (Meereshöhe)[1],

T_0 = 288 °K [1],

p_0 = 1,03 at [1],

η_{m_0} = mechanischer Wirkungsgrad des Motors ohne Lader beim Normalzustand (entspr. N_{e_0})[1],

$p_{l\,max}$ = zulässiger Ladedruck (konstant bis zur Volldruckhöhe),

η_l = Laderwirkungsgrad.

Folgende zur Berechnung erforderlichen Werte müssen erst bestimmt werden:

$\dfrac{p_l}{p} = \dfrac{\text{Druck der Luft vor den Ventilen}}{\text{Druck in der Bezugshöhe}}$ entspricht über der Gleichdruckhöhe dem Druckverhältnis des Laders, das aus der auf S. 360 angegebenen Beziehung (184) errechnet, durch Versuch[2] ermittelt oder aus dem evtl. vorhandenen Laderkennfeld entnommen werden kann. Unter der Volldruckhöhe ist dieser Wert durch das Verhältnis des höchstzulässigen Ladedruckes $p_{l\,max}$ zum Druck der Atmosphäre p gegeben.

T_l wird aus folgender Beziehung annähernd bestimmt:

$$T_l = T + \frac{0{,}1832 \cdot T\left[\dfrac{p_l}{p} - 0{,}1832\right]}{\eta_l}. \tag{196}$$

An Stelle der genauen Gesetzmäßigkeit wurde für die Ermittlung von T_l wieder eine lineare Darstellung gewählt. Die nach den obenstehenden Formeln vorausberechneten Höhenleistungen von Ladermotoren stimmen mit befriedigender Genauigkeit mit Versuchsergebnissen überein.

---

[1] Falls die Leistung für den Normalzustand ($_0$) nicht bekannt ist, können auch die entsprechenden Werte aus einem beliebigen Versuch mit dem nicht aufgeladenen Motor der Rechnung zugrunde gelegt werden.

[2] Wenn Motorbetrieb bei vollgeöffneter Drossel am Boden nicht möglich ist, kann dieses Druckverhältnis auch bei gedrosseltem Betrieb aus dem Druck vor und nach dem Lader annähernd ermittelt werden.

d) Berechnung der Höhenleistung aus Prüfstandsversuchen

Die genaue Messung der Höhenleistung von Flugmotoren erfordert eine komplizierte Höhenprüfanlage, in der der Motor unter Höhenbedingungen untersucht werden kann. Man unterscheidet hierbei die Untersuchung in der Höhenkammer (mit Unterdruck und Höhentemperatur in der Kammer) und die vereinfachte Untersuchung mit Höhenklima, wobei lediglich die Luft unter Höhenverhältnissen (Druck und Temperatur in der betreffenden Höhe) in der Saugleitung zugeführt wird. In der Auspuffleitung wird durch Absaugen der Druck in der Bezugshöhe hergestellt. Man ist in vielen Fällen gezwungen, aus Motorversuchen unter atmosphärischen Bedingungen oder aus der gemessenen Leistung bei Drosselung auf den der betr. Höhe entsprechenden Druck die voraussichtlichen Höhenleistungen annähernd rechnerisch zu bestimmen.

Für den Motor ohne Lader kann die Motorleistung bis zu Höhen von einigen km aus Prüfstandsversuchen angenähert mit Hilfe der Formeln (174) bis (178) auf S. 347 $\div$ 350 berechnet werden. Bei der Berechnung ist an Stelle der Leistung N_{e_0} die gemessene Leistung N_{e_z} einzuführen, an Stelle der Werte T_0 und p_0 sind die den jeweiligen Versuchsbedingungen entsprechenden Werte T_z und p_z einzuführen, so daß beispielsweise entsprechend der Formel (175) die Berechnung der Höhenleistung aus

$$N_e = N_{e_z} \cdot \frac{p}{p_z} \cdot \sqrt{\frac{T_z}{T}}$$ erfolgen kann. Die Rechnung ist zwar nicht ganz

genau, da jedoch die Absolutwerte der Unterschiede der Werte p_0 und p_z und T_0 und T_z nur gering sind, bestehen keine Bedenken gegen die praktische Anwendung. Zur Berechnung der Höhenleistung von Ladermotoren bedient man sich meist der Formel von BROOKS. Als Grundlage für die Berechnung werden — wie oben erwähnt — Versuche mit Drosselung in der Saugleitung (mit Unterdruckkessel) bei atmosphärischem Gegendruck benutzt. In den folgenden Formeln kennzeichnet Index z den Zustand der Umgebungsluft am Prüfstand, Index K den Zustand im Unterdruckkessel und p_A den Druck in der Auspuffleitung. Es bedeutet:

p_{l_z} = Druck in der Ladeleitung am Prüfstand in mm Hg,
p = Normalluftdruck in der Bezugshöhe in mm Hg,
p_z = Druck der Umgebungsluft am Prüfstand in mm Hg,
p_A = Auspuffgegendruck (Überdruck) in mm Hg (Berücksichtigung der Abweichung gegenüber dem Atmosphärendruck nur bei Vorhandensein eines Schalldämpfers erforderlich),
t_K = Temperatur im Unterdruckkessel in °C,
t = Normallufttemperatur in der Bezugshöhe in °C.

Die Normalzustände für die Bezugshöhen sind aus der Tabelle 8 S. 348 und Abb. 212—213, S. 346) zu entnehmen.

Die Höhenleistung wird aus folgender Beziehung errechnet:

$$N = f \cdot N_z \, .$$

Falls bei Fehlen eines Höhenprüfstandes die Arbeitsbedingungen des Motors in der Höhe nur dadurch nachgeahmt werden, daß im Saugrohr des Motors der in der Bezugshöhe herrschende Normalluftdruck hergestellt wird, so kann eine näherungsweise Berechnung in der Art durchgeführt werden, daß man für den Faktor f das Produkt von 3 Faktoren

$$f = f_1 \cdot f_2 \cdot f_3$$

eingeführt. Durch die Faktoren werden folgende Einflüsse berücksichtigt:

1. Einfluß der Temperatur der angesaugten Luft auf das Druckverhältnis des Laders:

$$f_1 = 1 + 0{,}00063 \, [\mathrm{grd^{-1}}] \cdot \left(\frac{p_{l_z}}{p}\right)^2 (t_K - t) \, .$$

2. Einfluß der Temperatur der angesaugten Luft auf die Füllung des Motors:

$$f_2 = \sqrt{\frac{273 + t_K}{273 + t}} \, .$$

3. Einfluß des Auspuffgegendruckes auf die Füllung und die Gaswechselarbeit des Motors:

$$f_3 = 1 + \frac{p_z - p + p_A}{3500 \, [\mathrm{kp/cm^2}]} \, .$$

Mit der Formel von BROOKS wird meist eine gute Übereinstimmung mit gemessenen Werten erreicht.

Aus denselben Versuchen, die als Grundlagen für die Berechnung der Höhenleistung nach BROOKS dienen, kann auch mit Hilfe der Gl. (195), S. 363, die Höhenleistung des aufgeladenen Motors genauer errechnet werden. Man berechnet zunächst die Bodenleistung des Motors ohne Lader und daraus beliebige Höhenleistungen.

Die Brookssche Formel gestattet nur die Berechnung von einzelnen Höhenleistungen aus den entsprechenden speziellen Versuchen mit Drosselung in der Saugleitung. Mit der auf S. 363 angegebenen Gl. (195) kann jedoch aus Versuchen am Motor mit Lader oder ohne Lader bei normalen atmosphärischen Bedingungen in der Saug- und Auspuffleitung *jede beliebige Höhenleistung* errechnet werden.

4. Abgasturboaufladung bei Flugmotoren[1]

Allgemeines

Da bei mechanischem Laderantrieb der Leistungsbedarf des Laders von der Motorleistung gedeckt wird, ergibt sich eine Leistungsverminderung und eine Verbrauchsverschlechterung des Aggregates, die besonders bei Flugmotoren mit Aufladung für größere Höhen sehr wesentlich ist[2]. Bei Ausnutzung der Abgasenergie in einer Abgasturbine kann im allgemeinen die ganze zum Antrieb des Laders erforderliche Leistung aus der Turbinenleistung gedeckt werden. Die Abgase müssen jedoch dann in der Auspuffleitung gestaut werden, so daß der Druck in der Auspuffleitung meist nicht viel kleiner wird als der Druck in der Saugleitung des Motors. Die dadurch vorhandene Differenz des Druckes der Auspuffgase in der Abgasleitung gegenüber dem Druck der Atmosphäre entspricht einem Wärmegefälle, das der Abgasturbine als Energie zur Verfügung steht. Werden die Druck- und Geschwindigkeitsstöße der einzelnen Zylinder in einer größeren Sammelleitung praktisch vollkommen vernichtet, so spricht man von einer reinen Stauturbine. Es besteht jedoch auch die Möglichkeit, eine Abgasturbine zu betreiben, wenn die Abgase nach den Auslaßorganen des Motors gegenüber dem Atmosphärendruck nicht aufgestaut werden. In diesem Falle können die beim Auspuffvorgang auftretenden Geschwindigkeits- und Druckstöße zum Betrieb eines Abgasturboladers ausgenutzt werden. Man spricht in diesem Falle von einer Auspuffturbine.

Im allgemeinen werden Abgasturbinen gebaut, die einer Kombination der Stau- und Auspuffturbine entsprechen, weil einerseits die Abgase in der Auspuffleitung gestaut werden und andererseits die Auspuffleitungen so angelegt werden, daß die Druck- und Geschwindigkeitsstöße während des Auspuffvorganges möglichst weitgehend in der Turbine nutzbar gemacht werden (s. auch S. 242).

a) Höhenleistung des Turboladeraggregates, Turbinenleistung, Leistungsbedarf des Laders

Für Flugmotoren ist die Verwendung von Abgasturboladern besonders wichtig, weil es damit möglich ist, die Motorleistung und den Kraftstoffverbrauch bis in große Höhen in derselben Größenordnung wie am Boden zu halten. Die zum Antrieb des Laders erforderliche Leistung wird der ver-

---

[1] Die folgenden Ausführungen haben nicht nur für Flugmotoren sondern auch allgemein für stationäre Anlagen Gültigkeit.

[2] Beispielsweise ist die Leistung des Motors mit mechanisch angetriebenem Lader bei 8 km Gleichdruckhöhe etwa 10 bis 15 vH geringer als die des entsprechenden Bodenmotors.

fügbaren Abgasenergie entnommen, während bei Verwendung mechanisch angetriebener Lader eine wesentliche Verbrauchsverschlechterung
und Leistungsverminderung auftritt, da die zurVerdichtung erforderliche
Arbeit der Motorleistung entnommen wird. Beispielsweise vermindert
sich die verfügbare Nutzleistung des Motors bei Verwendung eines
mechanisch angetriebenen Laders zum Beispiel in 10 km Höhe beim
Ottomotor um etwa 15 vH. Eine Kombination von Verdichter, Motor
und Abgasturbine in der Anordnung des Turbo-Compound-Motors hat
sich allgemein bewährt. Abgasturboladeraggregate sind für die Aufladung von Flugmotoren auch deshalb besonders geeignet, weil diese Aggregate wegen der hohen Drehzahlen einen geringen Raumbedarf und

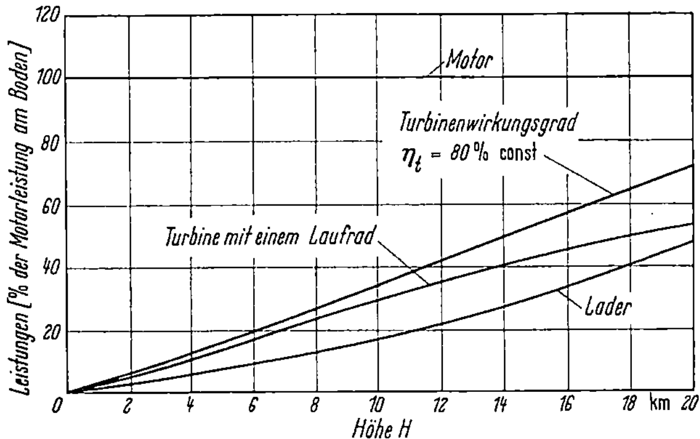

Abb. 220. Leistungen der Turbine und des Laders beim Triebwerk mit Ottomotor in vH
der Motorleistung in Bodennähe, abhängig von der Flughöhe. Ladedruck 1,033 ata; zweistufiger Verdichter mit Rückkühlung auf 60°; Stufenwirkungsgrad 75 vH; Druck vor
Turbine 1,033 ata; Schaufeltemperatur konst. = 650 °C; Turbinenwirkungsgrad 72 vH für
$u/c_1 = 0,59$; $u = 320$ m/s

ein geringes Gewicht aufweisen. Das Leistungsgewicht des Aggregats beträgt schätzungsweise 0,25 kg/PS, bezogen auf die maximale Turbinenleistung. Da die Turbinenleistung im Bereich von 6 bis 12 km Höhe
etwa 15 bis 35 vH der Motorleistung beträgt, wird das Leistungsgewicht
des Motors durch die Anbringung des Turboladers entsprechend erhöht.
Es ist möglich, die Turbine und den Lader so auszulegen, daß ihre Drehzahl gleich wird, so daß unter Vermeidung eines Getriebes eine direkte
Kupplung von Turbine und Lader erfolgen kann. Um einen Überblick
zu geben, wie groß der Leistungsbedarf des Laders und die Leistung der
Turbine bei Gleichdruckaufladung im Vergleich zur Motorleistung ist,
wurden diese Leistungen abhängig von der Höhe für bestimmte Voraussetzungen errechnet. In Abb. 220 sind die Leistungen für den Ottomotor wiedergegeben. Der Leistungsbedarf des Laders wurde unter
der Annahme konstanten Stufenwirkungsgrades errechnet.

Die Leistung der Turbine ist für einen Wirkungsgrad von 72 vH für $u/c_1 = 0,59$ und einer Umfangsgeschwindigkeit von 320 m/s ermittelt. Zum Vergleich wurde die Turbinenleistung für einen konstanten Wirkungsgrad von 80 vH darüber aufgetragen. Dabei ist die Kühlung der Abgase vor der Turbine so vorgesehen, daß die Schaufeltemperaturen der Turbine 650 °C nicht überschreiten.

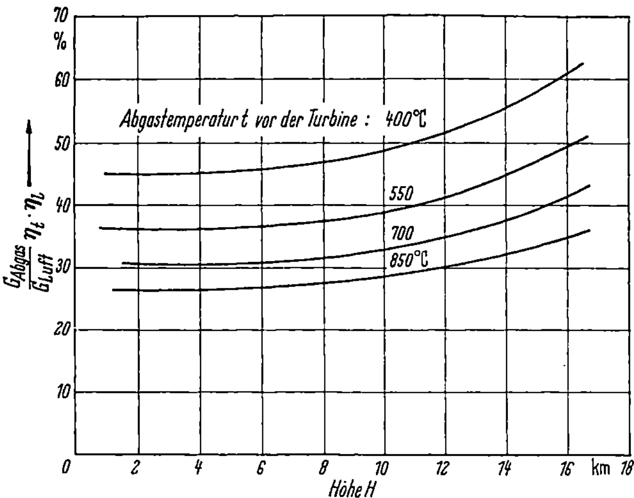

Abb. 221. Einfluß der gewählten Abgastemperatur auf den zur Gleichdruckaufladung mindesterforderlichen Wert $\dfrac{G_{Abgas}}{G_{Luft}} \cdot \eta_t \cdot \eta_l$ eines Abgasturboladers für verschiedene Höhen. Rückkühlung der Ladeluft auf 15°C

Die Darstellung zeigt, daß die Leistungsabgabe der Turbine unter diesen Voraussetzungen den Leistungsbedarf des Laders im ganzen Bereich übersteigt.

Der Wirkungsgrad der Turbine wurde mit 72 vH, der Stufenwirkungsgrad des Laders mit 75 vH eingesetzt.[1]

Die Darstellungen geben ein Bild von der Größenordnung der erforderlichen Leistungen. Für die Bewertung der Brauchbarkeit ist jedoch neben der Betrachtung der erreichbaren Leistungen auch eine Berücksichtigung der Luftwiderstände der erforderlichen Kühler und etwaiger Anlagen zur Temperatursenkung der Abgase von wesentlicher Bedeutung.

Eine Beurteilung wird erleichtert, wenn man anstatt der Ermittlung der Teilleistungen bei Annahme konstanter Wirkungsgrade diejenigen Mindestwirkungsgrade ermittelt, die erforderlich sind, um Gleichdruckaufladung zu erreichen. Als Maßstab kann (s. S. 237) das Produkt $\eta_t \cdot \eta_l$ oder der Ausdruck

$$\eta_t \cdot \eta_l \cdot \frac{G_G}{G_L} = \frac{L_{is-l}}{L_{is-t}}$$

gewählt werden.

---

[1] Zur Zeit werden schon Wirkungsgrade erreicht, die einige Prozent höher liegen, als die der Rechnung zugrunde gelegten.

Die Änderung des erforderlichen Gesamtwirkungsgrades mit der Höhe kann aus Abb. 221 für verschiedene Abgastemperaturen ermittelt werden.

Es ist ersichtlich, daß in größeren Höhen bessere Wirkungsgrade erforderlich sind, um Gleichdruckaufladung zu erreichen. Die Verschlechterung der Energiebilanz mit der Höhe ist auf das ungünstige Verhältnis des Wärmegefälles der Turbine zum Wärmegefälle des Laders bei großen Druckgefällen, das durch die Temperaturerhöhung während der Verdichtung bedingt ist, zurückzuführen.

b) Ausnutzung der Energie der Auspuffstöße

Die Energie der Auspuffstöße ist vorwiegend vom motorischen Prozeß abhängig und daher annähernd konstant und fast unabhängig von der Höhe, in welcher der nachgeschaltete Abgasturbolader arbeitet. Daher fällt die damit in der Abgasturbine gewinnbare Mehrleistung um so mehr ins Gewicht, je geringer das Wärmegefälle der Abgasturbine selbst ist. Deshalb liegt bei stationären Anlagen mit geringer Aufladung in vielen Fällen die Mehrleistung durch die Auspuffstöße in derselben Größenordnung wie die Leistung durch den Stau vor der Turbine. Dagegen ist bei Abgasturboladern für Flugmotoren, die in größeren Höhen ein sehr großes Druckgefälle zur Verfügung haben, die zusätzlich gewinnbare Energie zwar im Absolutwert gleich groß, aber die Mehrleistung entspricht nur einem geringen Anteil der gesamten Turbinenleistung. Wird die Abgasleitung ungünstig angeordnet, so daß die Druck- und Geschwindigkeitsstöße entweder nur in geringem Ausmaß oder gar nicht in der Turbine zur Arbeitsleistung verwertet werden, so erhält man eine Umsetzung der kinetischen Energie in Wärme. Die dadurch bedingte Temperaturerhöhung hat eine Vergrößerung des Wärmegefälles, das der Turbine zur Verfügung steht, und eine proportionale Erhöhung der gesamten Turbinenleistung zur Folge.

Beispielsweise können bezogen auf 10 km Höhe theoretisch etwa 10 bis 15 vH des Energieverlustes durch die unvollkommene Dehnung in der verlustlosen Stauturbine wiedergewonnen werden. Da der Wirkungsgrad der Stauturbine jedoch etwa 70 bis 75 vH beträgt, wird in der Turbine nur ein entsprechend geringerer Anteil der der unvollständigen Dehnung entsprechenden Energie zurückgewonnen, der bezogen auf die Motorleistung einige vH beträgt, s. Abb. 222.

c) Regelung des Turboladers

Die allgemeinen thermodynamischen Untersuchungen in den vorhergehenden Kapiteln haben gezeigt, daß der Leistungsbedarf des Laders bei Volldruckaufladung in derselben Größenordnung wie die Leistungsabgabe der Abgasturbine liegt, wenn der Druck vor der Turbine gleich dem Druck in der Ladeleitung gewählt wird. Es gibt jedoch Betriebsbereiche, die einen Leistungsüberschuß der Turbine ergeben,

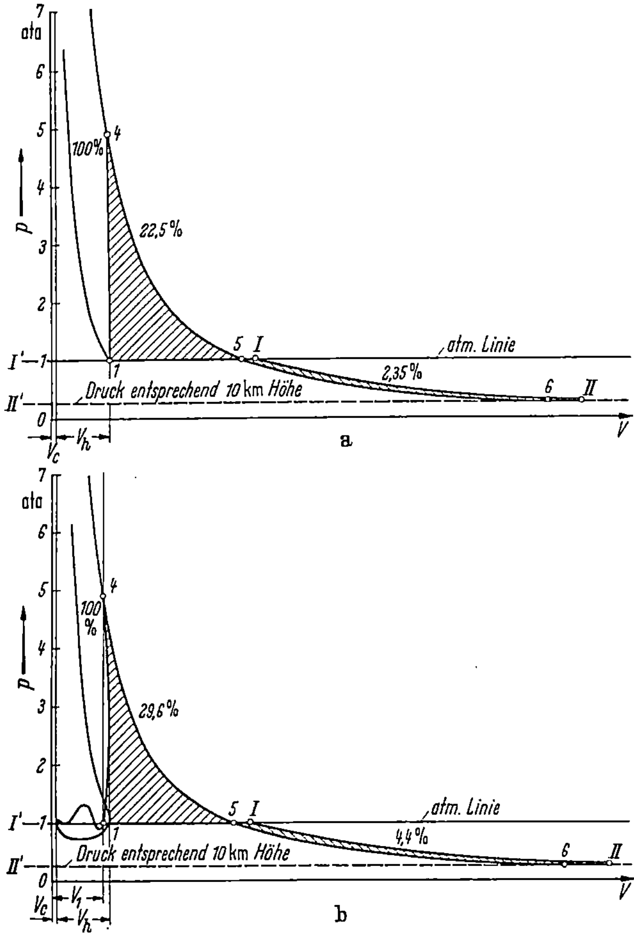

Abb. 222. In der Stauturbine ohne Ausnutzung der Auspuffstöße rückgewinnbarer Anteil des Verlustes durch unvollkommene Dehnung.
a) Vollkommener Dieselmotor, $\lambda = 1{,}6$, $p_i = 11{,}8$ kp/cm²;
b) mit Hilfe des Indikatordiagrammes ermittelt, $\lambda = 1{,}6$, $p_i = 7{,}9$ kp/cm²

und andere Betriebsbereiche, bei denen der Leistungsbedarf des Laders größer als die Leistungsabgabe der Turbine ist. Dabei liegen die Ver·hältnisse beim Ottomotor, bei dem in nicht zu großen Höhen im allgemeinen ein erheblicher Leistungsüberschuß der Turbine vorhanden ist, günstiger als beim Dieselmotor.[1] In großen Höhen ist die Leistungsbilanz immer ungünstiger, weil einerseits das isentrope Wärme-

---

[1] Als Flugmotor findet der Dieselmotor heute keine Anwendung mehr.

24*

gefälle des Laders im Verhältnis zum Wärmegefälle der Turbine ungünstiger wird und weil andererseits die Ausnutzung der Druck- und Geschwindigkeitsstöße in der Abgasleitung relativ nur mehr von geringerer Bedeutung ist.

Mit abnehmender Motorbelastung wird die Energiebilanz meist ebenfalls ungünstiger, weil die Abgastemperatur auch beim Ottomotor infolge der Wärmeverluste geringer wird, insbesondere wenn die Abgasleitung, wie allgemein üblich, nicht isoliert ausgeführt wird. Dieser Einfluß wird allerdings zum Teil dadurch ausgeglichen, daß das Verhältnis der Laderleistung zur Turbinenleistung mit abnehmender Laderdrehzahl günstiger wird. Bei längerem Betrieb mit kleiner Leistung, insbesondere bei Leerlauf, ist also mit der Möglichkeit zu rechnen, daß eine Beschleunigung des Turboladers nur mehr sehr langsam (oder unter Umständen gar nicht mehr) erreicht wird und daß damit auch der Motor nicht mehr schnell genug auf volle Leistung gebracht werden kann, sofern nicht der Motor von der Schraube aus durch den Fahrtwind rasch genug angetrieben wird.

Diese Schwierigkeiten können dadurch vermieden werden, daß hintereinandergeschaltet außer dem Abgasturbolader auch ein mechanischer Lader angebracht wird. In diesem Falle liefert die Abgasturbine mit dem Ottomotor immer einen Leistungsüberschuß, so daß bei jedem Betriebszustand ein gutes Beschleunigungsvermögen vorhanden ist. Hierzu kommt beim Einspritzottomotor mit überschnittenen Steuerzeiten noch der Vorteil, daß der Ladedruck wesentlich höher ist als der dem Druck vor den Düsen der Abgasturbine entsprechende Auspuffgegendruck, so daß eine gute Durchspülung mit entsprechender Leistungszunahme (vgl. Abb. 117, S. 206, und Abb. 128, S. 219) vorhanden ist.

Bei den geringen Abgastemperaturen, die den kleinen Leistungen entsprechen, ist es also unter Umständen erforderlich, die Leistung der Turbine durch besondere Maßnahmen zu erhöhen oder die Laderarbeit teilweise auf anderen Wegen aufzubringen. Eine Regelung ist außerdem, wie schon oben erwähnt, wegen der Verschlechterung der Energiebilanz in großen Höhen und zur Vermeidung von Überdrehzahlen erforderlich.

Eine Regelung muß also vielfach erstens *aus thermodynamischen Gründen* zur Aufrechterhaltung des gewünschten Energiekreislaufes und zweitens *aus Gründen der Festigkeit* zur Vermeidung von Überbeanspruchungen vorgesehen werden.

Bei der Betrachtung der Aufgaben der *Regelung auf Grund der thermodynamischen Anforderungen* kann man davon ausgehen, daß das Abgasturboladeraggregat bei jedem Betriebszustand in der Lage sein muß, den für den Motor vorgesehenen Ladedruck in der Ladeleitung aufrechtzuerhalten, weil der Ladedruck die Grundlage für die Regelung des Motors darstellt. Daraus ergibt sich die Notwendigkeit, folgende Betriebsverhältnisse bei der Regelung zu berücksichtigen:

a) Die Leistungsabgabe der Turbine ist — bezogen auf den gewünschten Druck in der Ladeluft- und Auspuffleitung — *kleiner als der Leistungsbedarf des Laders* (negative Energiebilanz). In diesem Fall muß mit Hilfe der Regelung entweder durch künstliche Vergrößerung der Turbinenleistung oder durch Deckung eines Teils des Leistungsbedarfs des Laders aus anderen Energiequellen ein Ausgleich der Energiebilanz erreicht werden. Dazu bieten sich folgende Möglichkeiten: *Düsenregelung;* durch Verkleinerung des Düsenquerschnittes der Turbine wird — bei annähernd konstanter Gasmenge — der Staudruck vor der Turbine erhöht. Das der Turbine zur Verfügung stehende isentrope Wärmegefälle wird dementsprechend größer, und die Energiebilanz wird günstiger. Die Vergrößerung der der Turbine zur Verfügung gestellten Energie geschieht in diesem Falle zum Teil auf Kosten der Motorleistung, denn der Mehrleistung der Turbine steht wegen des höheren Auspuffgegendruckes eine Verminderung der Motorleistung durch Vergrößerung der Gaswechselarbeit gegenüber. Dazu kommt noch eine Verminderung der Motorleistung durch Verkleinerung der Füllung, die jedoch vielfach vernachlässigbar ist. Diese Entnahme von Energie aus dem motorischen Prozeß ist jedoch nur beim Viertaktmotor möglich, da beim Zweitaktmotor eine Vergrößerung des Auspuffgegendruckes gegenüber dem Druck in der Ladeluftleitung nicht zulässig ist. In diesem Falle ist die Anbringung eines mechanisch angetriebenen Gebläses oder die Verwendung eines Spülgebläses mit erhöhtem Druckverhältnis oder eine mechanische Energieübertragung vom Motor auf den Turbolader erforderlich, s. auch S. 268ff.

b) Die Leistungsabgabe der Turbine ist — bezogen auf gleichen Druck in der Ladeluft- und Auspuffleitung — *größer als der Leistungsbedarf des Laders* (positive Energiebilanz). In diesem Falle muß durch die Regelung entweder die der Turbine zur Verfügung gestellte Energie verringert werden oder die im Lader erzeugte Energie vernichtet oder anderweitig verwertet werden. Die wirtschaftlichste Möglichkeit ist in diesem Falle die *Düsenregelung der Turbine,* da es damit möglich ist, durch Vergrößerung der Düsenquerschnitte den Druck nach dem Motor zu senken. Diese Drucksenkung in der Auspuffleitung kommt dem Motor als zusätzlicher Energiegewinn zugute, weil die Gaswechselarbeit entsprechend dem verringerten Auspuffgegendruck verringert wird. Um einen Überblick über die Größe der möglichen Drucksenkung in der Abgasleitung zu geben, ist in Abb. 223 für vereinfachte Annahmen der für Gleichdruckaufladung auf 1,03 ata bei verschiedenen Abgastemperaturen erforderliche Auspuffgegendruck in Abhängigkeit von der Höhe dargestellt. Der Darstellung sind ein Laderwirkungsgrad von

75 vH und ein Turbinenwirkungsgrad von 80 vH und Betriebsverhältnisse für einen Viertakt-Dieselmotor zugrunde gelegt. Die Abbildung
zeigt, daß beispielsweise bei 500 °C Abgastemperatur im Bereich bis
etwa 18 km Höhe eine Senkung des Abgasgegendruckes gegenüber dem
Druck in der Ladeleitung möglich ist. Bei höheren Abgastemperaturen werden die Verhältnisse noch günstiger. Bedeutend einfacher
wäre die *Regelung druch Abblasen der Abgase*, die jedoch den Nachteil

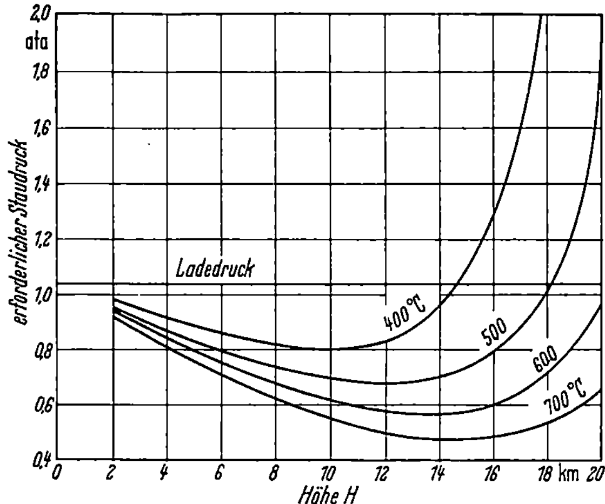

Abb. 223. Zur Erzielung von Gleichdruckaufladung erforderlicher Staudruck vor der
Turbine, abhängig von der Höhe für verschiedene. Abgastemperaturen vor der Turbine.
Annahmen: $\eta_t \cdot \eta_l = 0,8 \cdot 0,75 = 0,6$

hat, daß dadurch Energie verloren geht. Das Abblaseorgan ist
ebenso wie das Regelorgan bei der Düsenregelung thermisch hoch
beansprucht, weil es den heißen Abgasen ausgesetzt ist. In Bodennähe
kann ein Abblasen der Abgase erforderlich werden, weil andernfalls
eine unerwünschte Erhöhung des Abgasgegendruckes um mehrere
Zehntel Atmosphären auftritt. Bei der *Regelung durch Drosselung der
Abgase* tritt ebenfalls ein Energieverlust auf. Einfacher wäre eine *Regelung durch Abblasen der Ladeluft* aus der Ladeluftleitung ins Freie,
jedoch ist auch in diesem Falle infolge der Nichtausnutzung von Energie eine Verschlechterung des Kraftstoffverbrauches des Gesamtaggregats im Vergleich zum Betrieb mit Düsenregelung vorhanden. Auch
bei *Regelung durch Drosselung in der Saugleitung* wird die Energiebilanz
ungünstig beeinflußt, jedoch kann diese Methode in Verbindung mit
der Düsenregelung der Turbine als Feinregelung vorteilhaft sein. Das
Abblasen von Luft aus der Ladeluftleitung durch eine Umführungsleitung
in die Abgasleitung gestattet eine Senkung der Abgastemperatur. Eine
Regelung des Energiekreislaufes ist jedoch nicht immer möglich, weil

der Senkung der Abgastemperatur eine Zunahme des Gasdruckes vor
der Turbine gegenübersteht, deren Einfluß in verschiedenen Betriebsbereichen verschieden groß ist. Von dieser Möglichkeit kann außerdem
nur dann Gebrauch gemacht werden, wenn ein Nachbrennen in der
Abgasleitung nicht zu befürchten ist, d. h. wenn der Motor mit Luftüberschuß betrieben wird. Bei der Vorausberechnung der Regelungs-
vorgänge muß die Änderung des Betriebszustandes der drei Einzelaggregate nämlich des Motors, der Turbine und des Laders untersucht
werden, weil die Vorgänge in ihrer Aufeinanderfolge miteinander gekoppelt sind. Durch die Veränderung der Drehzahl und damit des
Wärmegefälles der Turbine ändert sich der Auspuffgegendruck des
Motors und das Verdichtungsverhältnis des Laders, damit wieder die
Temperatur der Ladeluft und als Folge dessen die Füllung und der
Betriebszustand des Motors, s. auch S. 253.

Bei der *Regelung mit Rücksicht auf die Höchstdrehzahl der Turbine*
sind zwei Fälle zu unterscheiden: einmal die Verhinderung der Überschreitung der Höchstdrehzahl in größeren Höhen infolge der hohen
Wärmegefälle der Turbine in diesem Betriebsbereich und weiterhin die
Verhinderung einer Drehzahlüberschreitung bei Bruch (z. B. der Welle
des Turboladers). Im ersteren Fall kann die Regelung mit denselben
Organen erreicht werden, die unter a) und b) erwähnt wurden. Im letzteren Fall kommt ähnlich wie bei Dampfturbinen die Verwendung
eines Schnellschlußreglers in Betracht.

d) Höhenleistung des Motors mit Turbolader[1]

In Betriebsbereichen mit positiver Energiebilanz kann die Gesamtleistung des Motors mit Turbolader günstiger werden als die Leistung
bei Volldruckaufladung. In allen Fällen ist die Leistung des Motors
mit Turbolader bedeutend günstiger als die Leistung desselben Motors
mit mechanisch angetriebenem Lader, weil die Antriebsenergie der
Abgasenergie entnommen wird.

In Abb. 224 ist an Hand eines Beispiels für einen 12-Zylinder-Flug-
motor mit Abgasturboaufladung die Höchstleistung in Abhängigkeit
von der Flughöhe dargestellt.

Wegen der günstigen Energiebilanz ist die Leistung mit Turbolader
bis nahezu 8 km gleich groß wie die Bodenleistung, während bei Anordnung eines mechanisch angetriebenen Laders in dieser Höhe die
Leistung schon um 30 vH gesunken ist. Noch wesentlicher ist die
Verbesserung des Kraftstoffverbrauches. Mit Turbolader hat sich in

---

[1] Das Leistungsverhalten von abgasturboaufgeladenen 4-Takt-Dieselmotoren
in Abhängigkeit von den atmosphärischen Bedingungen sowie die Leistungs-
berechnung ist bereits im Abschnitt A 11, S. 245÷268, eingehend behandelt.

dem vorliegenden Falle bis zu 10 km der gleiche Verbrauch wie am Boden ergeben.

Der Vergleich der Wellenleistungen des Motors mit mechanisch angetriebenem Lader und des Motors mit Abgasturbolader ist jedoch kein einwandfreier Maßstab, weil es beim Motor mit mechanisch angetriebenem Lader wegen der freien Auspuffleitungen möglich ist, einen

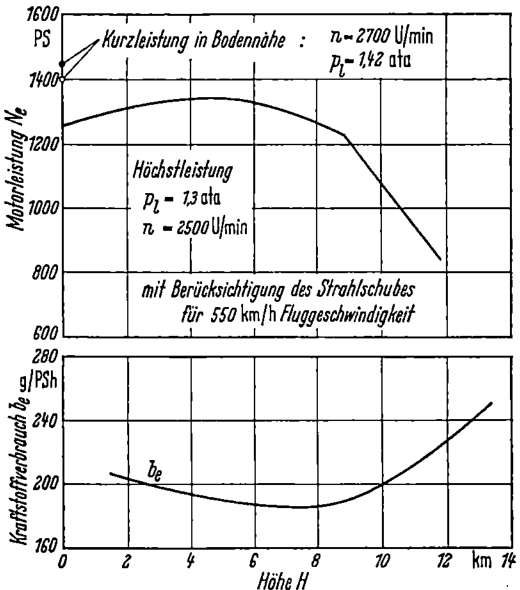

Abb. 224. Flugmotor mit Abgasturboaufladung. Leistung und Verbrauch in Abhängigkeit von der Flughöhe bei Verwendung eines zweistufigen Laders

Teil der der hohen Druckdifferenz zwischen dem Auspuffdruck im Zylinder und dem Atmosphärendruck entsprechenden Energie als Strahlschub nutzbar zu machen. Die theoretisch verfügbare Energie entspricht einer Arbeit, die in Abb. 139, S. 234, der Fläche *4—5—6—II'—* *—I'—1—4* entspricht. Bei ungesteuerten Auspuffstrahldüsen kann jedoch nur ein Bruchteil dieser Arbeit ausgenutzt werden.

5. Abgasstrahlantrieb

Schuberzeugung durch Abgasstrahlantrieb

Im Gegensatz zur Gasturbine wird wegen des beschränkten Hubes beim Motor die Expansionsarbeit nicht vollkommen ausgenützt. Es tritt ein Verlust auf, der beispielsweise in Abb. 3 durch die Fläche *4—5—1—4* dargestellt ist. Verwendet man Abgasturbinen, so kann ein großer Teil dieser im Motor nicht ausnutzbaren Energie in der Turbine gewonnen werden (vgl. S. 232 bis 243).

Bewegt sich der Motor, wie es beim Flugzeug oder Rennwagen der Fall ist, gegenüber der Umgebungsluft mit hoher Geschwindigkeit, so besteht eine weitere Möglichkeit, mittels der der unvollständigen Dehnung entsprechenden Energie die Antriebsleistung zu verbessern. Dies wird dadurch erreicht, daß die Abgase entgegengesetzt der Fahrt- oder Flugrichtung beschleunigt werden. Bei dieser Beschleunigung entsteht entsprechend dem Impulssatz eine Schubkraft [D 53, D 57].

Die Schubkraft mal dem Weg in der Zeiteinheit ergibt die Leistung. Bei hohen Geschwindigkeiten wird dieses Produkt, also die Leistung, groß und damit wird der Wirkungsgrad der Ausnutzung des Strahlschubes günstig. Man unterscheidet ebenso wie bei der Abgasturbine zwei Grenzfälle. In einem Fall nimmt man an, daß alle Auspuffleitungen wie bei der Abgasturbine in eine Sammelleitung münden und daß in dieser ein Staudruck hergestellt wird. In einer gemeinsamen Düse wird mit Hilfe des Staudruckes ein Abgasstrahl erzeugt. Die theoretisch erreichbare Energie des ausströmenden Strahles entspricht natürlich den Werten der verlustlosen Abgas-Stauturbine (Fläche $I—II—II'—I'—I$ in Abb. 139 S. 234), denn für theoretische Betrachtungen ist es gleichgültig, ob die Gasgeschwindigkeit in den Düsen der Abgasturbine oder in der Abgasstrahldüse erzeugt wird. Infolgedessen gelten die Ausführungen über die Abgas-Stauturbine (S. $233 \div 236$) auch für den Strahlantrieb. An Stelle des Turbinenwirkungsgrades tritt der Wirkungsgrad der Strahlerzeugung im Auslaßkrümmer und in der Düse und an Stelle des Schraubenwirkungsgrades tritt der Strahlwirkungsgrad, der natürlich bei geringer Fluggeschwindigkeit gering ist. Streng genommen müßte bei jeder Schuberzeugung, bei der Umgebungsluft zur Verbrennung herangezogen wird, der bei der Aufnahme der Luft auftretende Staudruck abgezogen werden, s. Abb. 231. Da bei Motoren, auch bei Verwendung von Abgasturbinen, üblicherweise der Staudruck nicht berücksichtigt wird, ist es auch angemessen, bei der Betrachtung der Abgasstrahldüse mindestens bei vergleichenden Betrachtungen ebenfalls auf die Berücksichtigung des Staudruckes zu verzichten. Nach einer zweiten Methode der Verwendung von Abgasstrahldüsen wird für jeden Motorenzylinder eine besondere Abgasstrahldüse vorgesehen. Man nennt dieses Verfahren Freiauspuffverfahren.

Verwendet man die analogen Ansätze des 1. Hauptsatzes entsprechend den Ableitungen auf S. 233 u. S. 240, so erhält man eine theoretische Arbeit der verlustlosen Freiauspuff-Abgasstrahldüse, die der Fläche $4—6—i—4$ der Abb. 225 entspricht. Diese Methode ist in zweierlei Richtung günstiger. Erstens wird die der unvollständigen Dehnung entsprechende Energie in der verlustlosen Düse voll ausgenützt (im Gegensatz zum Strahlantrieb mit Stau auch die Fläche $4—5—1—4$). Außerdem kann die Dehnung während des Auspuffvorganges im Zylinder bis auf den Gegendruck erfolgen, so daß eine Beeinträchtigung der Motorleistung theoretisch nicht auftritt.

Die Schubkraft ist für ein während der Zeit Δt beschleunigtes Masseteilchen Δm gleich $\Delta m \cdot \Delta w$. Für die ganze beschleunigte Gasmasse wird der Schub, wenn man die Anfangsgeschwindigkeit vernachlässigt, im Mittel

$$\int w \cdot dm \,,$$

worin w die jeweilige Austrittsgeschwindigkeit der Gase bedeutet. Integriert man nach obenstehender Beziehung die jeweiligen theoretischen Ausströmgeschwindigkeiten mit den Differentialen der theoretisch ausströmenden Massen über dem ganzen Ausströmvorgang für

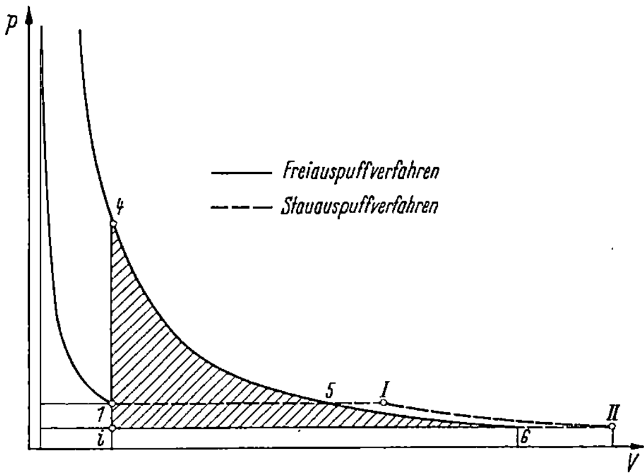

Abb. 225. Schematische Darstellung der Arbeiten bei Abgasstrahlantrieb

tisch ausströmenden Massen über dem ganzen Ausströmvorgang für sämtliche Zylinder des Motors unter Annahme isentroper Dehnung während des Ausströmvorganges und bildet den Mittelwert, so erhält man die mittlere theoretische Schubkraft. Eine derartige Auswertung wurde mit großer Gründlichkeit von A. FRANZ [D 53] durchgeführt, der fand, daß die gemessenen Schubkräfte bei Verwendung üblicher Abgaskrümmer nur etwa 50 vH des theoretischen Schubes betragen (Schubbeiwert 0,5). Es sei erwähnt, daß die Unterschiede bei Verwendung von Mündungen oder erweiterten Düsen außerordentlich gering sind. Wesentliche Verbesserungen des oben mit 0,5 angegebenen Schubbeiwertes erhält man, wenn die im Abgaskanal bis zur Schubdüse auftretenden Verluste durch aerodynamisch gute Formgebung der Kanäle und Vermeidung rascher Querschnittsveränderungen die Strömungsverluste verringert werden. Nach einem Vorschlag von A. FRANZ erhält man sehr gute Ergebnisse, wenn durch Anordnung geringer Düsenquerschnitte (kleiner als die Ventilquerschnitte) ein zeitweiliger

Stau vor der Düse hergestellt wird. So werden Schubbeiwerte von etwa 80 vH und mehr erreicht, d. h. man erhält annähernd 80 vH des theoretisch möglichen Schubes, allerdings ist damit eine kleine Einbuße an Motorleistung verbunden.

Wie schon erwähnt, erhält man nur günstige Strahlwirkungsgrade bei hohen Fahrtgeschwindigkeiten. Der Nettoleistungsgewinn, bezogen auf die Vortriebsleistung bei Verwendung von Strahldüsen, beträgt beispielsweise bei 400 km/h in der Größenordnung 10 vH, bei 600 km/h über 15 vH. Der Wirkungsgrad der Ausnutzung der theoretisch bei Verwendung von Strahldüsen möglichen Leistungszunahme liegt bei 400 km/h ungefähr zwischen 10 und 15 vH, bei 800 km/h in der Größenordnung zwischen 20 und 30 vH.

6. Triebwerk und Flugzeug

Um die Beurteilung der Anforderungen, die an den Flugmotor gestellt werden, zu erleichtern, soll auch ein Überblick über einige wichtige Zusammenhänge zwischen Motorleistung und Flugleistungen gegeben werden. Bei der Bemessung der Kühler und Abgasleitungen und bei den Maßnahmen zur Verringerung des Stirnwiderstandes der Motoren muß sowohl auf die Betriebsverhältnisse des Motors als auch auf die Flugwiderstände beim Einbau in das Flugzeug Rücksicht genommen werden.

Zur Erzielung günstigster Verhältnisse müssen Motorleistung, Kraftstoffverbrauch, Kühlerwiderstand, Triebwerkgewicht usw. so aufeinander abgestimmt werden, daß je nach dem Verwendungszweck hohe Fluggeschwindigkeiten oder große Reichweiten erreicht werden.

a) Triebwerksleistung und Fluggeschwindigkeit

Der Zusammenhang ist durch folgende Gleichung gegeben:

$$N_e = \frac{\varrho}{2} \cdot c_w \cdot F \cdot w^3 \cdot \frac{1}{\eta_s} \qquad (197)$$

In der Gleichung bedeuten:

η_s = Schraubenwirkungsgrad,
ϱ = Luftdichte,
F = Flügelfläche (größte Projektion der Flügel),
c_w = Widerstandsbeiwert, bezogen auf F,
w = Fluggeschwindigkeit (Anströmgeschwindigkeit)[1],
N_e = Motorleistung.

Bei modernen Hochleistungs-Flugzeugen, die fast immer großen Leistungsüberschuß besitzen — d. h. ein großes Verhältnis der zur Verfügung stehenden Motorleistung zu der mindestens erforderlichen Motorleistung, um das Flugzeug in schwebendem Zustand zu erhalten —,

---

[1] In der einschlägigen Literatur wird die Fluggeschwindigkeit vielfach mit v bezeichnet.

ändert sich im Schnell- und Reiseflug der Beiwert c_w nur wenig (s. Abb. 226). Man kann deshalb in erster Annäherung die Wirkung der Leistungssteigerung des Motors unter Annahme eines konstanten Wertes c_w prüfen. Die obenstehende Beziehung zeigt, daß sich dann die Fluggeschwindigkeit annähernd mit der 3. Wurzel der Motorleistung ändert. Zu einer geringen Erhöhung der Fluggeschwindigkeit benötigt man also eine sehr große Erhöhung der Motorleistung, beispielsweise erfordert eine Erhöhung der Fluggeschwindigkeit um 25 vH — selbst ohne Berücksichtigung der erforderlichen Vergrößerung der Gewichte des Motors — schon eine Erhöhung der Motorleistung auf etwa das Doppelte. Wegen der gleichzeitig steigenden Gewichte des Motors ist tatsächlich eine noch größere Erhöhung der Motorleistung erforderlich. Diese Überlegungen sind aber nur in ganz roher Annäherung

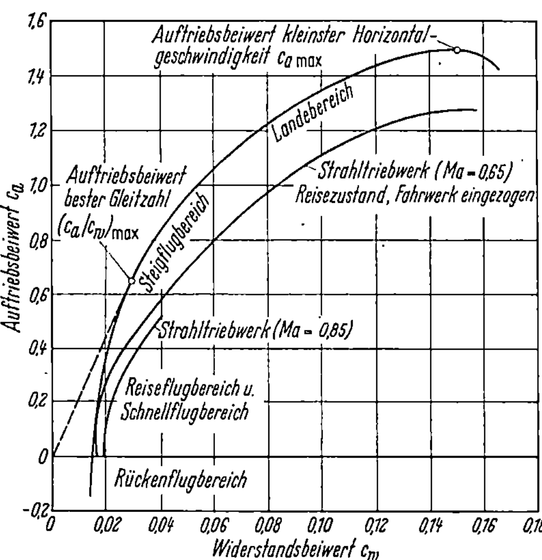

Abb. 226. Polare eines Verkehrsflugzeuges mit Propellerantrieb (obere Kurve) und mit Strahlantrieb

gültig, da auch die Änderung des Widerstandsbeiwertes c_w und die Änderung des Schraubenwirkungsgrades von Einfluß sind. Der Wert c_w ist stark vom Anstellwinkel des Flugzeuges abhängig. Seine Änderung mit dem Flugzustand ist für ein Verkehrsflugzeug mit Propellerantrieb und mit Strahlantrieb ($M_a = 0{,}65$ und $M_a = 0{,}85$) in der Abb. 226 schematisch gezeigt.

Bei Reise- und Schnellflug ist der Widerstandsbeiwert c_w klein, bei Steigflug, Landung und in der Nähe der Gipfelhöhe wird er größer.

Bei Höhenflugzeugen entspricht der Flugzustand im wesentlichen dem Bereich größerer c_a-Werte, also dem mittleren und (soweit längere Flüge erforderlich sind) oberen Teil der Polaren. c_a ist der Auftriebsbeiwert. Für c_a gilt im Geradeausflug die Beziehung:

$$c_a = \frac{G}{\dfrac{\varrho}{2} \cdot F \cdot w^2}, \qquad G = \text{Fluggewicht}. \tag{198}$$

Die gegenseitige Abhängigkeit von c_a und c_w (Polare) ist in Abb. 226 wiedergegeben. In diesem Bereich ist auch der Widerstandsbeiwert größer. Man ist also gezwungen, durch Vergrößerung der Spannweiten den Widerstandsbeiwert möglichst gering zu halten, weil durch diese Maßnahme der induzierte Widerstand verringert wird.

Die bisherigen Ausführungen über die Größe des Widerstandsbeiwertes und über die Veränderung des Widerstandsbeiwertes im Vergleich zum Wert c_a gelten nur im Bereich unter der Schallgeschwindigkeit. Nähert man sich der Schallgeschwindigkeit, dann tritt eine zunächst langsame und dann sehr rasche Zunahme des Widerstandsbeiwertes c_w auf. Wird die Schallgeschwindigkeit sehr wesentlich überschritten, dann vermindert sich der Widerstandsbeiwert c_w, bleibt aber immer noch sehr viel höher als unter der Schallgeschwindigkeit. In großen Höhen tritt die Zunahme des Widerstandsbeiwertes schon bei kleineren Geschwindigkeiten auf, da mit Rücksicht auf den Flugbetrieb im Bereiche hoher Auftriebsbeiwerte örtlich am Profil die Schallgeschwindigkeit früher erreicht wird.

Aus dem Gesagten ergibt sich eine weitere wichtige Konsequenz bezüglich der Wahl des Triebwerkes für Flugzeuge über der Schallgeschwindigkeit. Die erforderlichen Triebwerksleistungen bezogen auf gleiches Flugzeuggewicht betragen ein Vielfaches der bei Unterschallgeschwindigkeit erforderlichen Leistungen. Dies folgt daraus, daß der Widerstandsbeiwert im Bereich und oberhalb der Schallgeschwindigkeit bedeutend größer als unterhalb der Schallgeschwindigkeit ist. Noch größer ist die relative Zunahme der erforderlichen Triebwerksleistung infolge der höheren Fluggeschwindigkeit, wie die obenstehende Formel (197) zeigt.

Die Forderung sehr geringen Leistungsgewichtes, die an das Triebwerk bei Flug über Schallgeschwindigkeit gestellt wird, ist mit Motoren nicht mehr erfüllbar. In Betracht kommen Turbinen-Düsentriebwerke, Staustrahltriebwerke oder Raketen. Der Motor scheidet also nicht nur wegen des Versagens der Luftschraube, sondern auch wegen zu geringer Leistungskonzentration bzw. zu großen Bauvolumens und Baugewichtes aus.

b) Ladermotor

Wird die Motorleistung durch Aufladung konstant gehalten, so ist — solange c_w und η_s annähernd konstant bleiben — eine erhebliche Zunahme der Fluggeschwindigkeit mit der Höhe, in erster Annäherung proportional dem Wert $\sqrt{1/\varrho}$, vorhanden. Auch bei Messungen im Fluge wurde eine in der Größenordnung ähnliche Zunahme der Fluggeschwindigkeit festgestellt. Die Reichweiten nehmen unter sonst gleichen Voraussetzungen im allgemeinen mit steigender Fluggeschwindigkeit ab, da mit der Fluggeschwindigkeit die Motorleistung — und damit auch angenähert der Kraftstoffverbrauch je Stunde — proportional

$\dfrac{c_w}{\eta_s}\, w^3$ zunimmt, während der je Stunde zurückgelegte Weg der Geschwindigkeit verhältig ist. Die größte Reichweite für eine bestimmte
Arbeit des Motors erhält man, wenn der Quotient c_w/c_a seinen Mindestwert erreicht (vgl. Abb. 226, Punkt des Auftriebsbeiwertes bester Gleit-
zahl). Fernstreckenflugzeuge, die mit geringem Verbrauch fliegen sollen,
müssen daher, um geringe Verbrauchszahlen zu erreichen, mit verhältnismäßig hohen Auftriebsbeiwerten, also großem Anstellwinkel,
geflogen werden.

Die Reichweiten, die mit verschiedenen Triebwerken erreichbar
sind, können für verschiedene Flughöhen auch rechnerisch annähernd
ermittelt werden. Hierzu muß die Abhängigkeit der Motorleistung und
des Kraftstoffverbrauches von der Höhe und von der Belastung gegeben sein. Außerdem müssen auch die Eigenschaften des Flugzeuges,
die in erster Linie durch die Polare gekennzeichnet werden, bekannt
sein. Betrachtet man die Änderung der Reichweiten bei konstanter
Höhe, abhängig von der Fluggeschwindigkeit, so erhält man in geringen
Höhen in der Regel eine ständig zunehmende Verminderung der Reichweiten mit zunehmender Fluggeschwindigkeit. In großen Höhen sind
bei Verwendung von Kolbenmotoren bei gleichen Reichweiten die erreichbaren Höchstgeschwindigkeiten zwar wesentlich größer, jedoch
werden die Absolutwerte der maximalen Reichweiten wegen des zusätzlich erforderlichen Gewichtes für Abgasturbolader und wegen der
Kühlerwiderstände ungünstiger. Bei der Verwendung von Turbotrieb-
werken ergeben sich andere Gesichtspunkte.

c) Turbinentriebwerke

Turbinentriebwerke haben im Vergleich zum Motor ein wesentlich
geringeres Bauvolumen und Baugewicht. Selbst wenn die Triebwerks-
leistung vorwiegend über den Propeller abgegeben wird, ist außerdem
noch ein zusätzlicher Strahlschub vorhanden. Deshalb liegt der Anwendungsbereich der Turbinentriebwerke grundsätzlich bei höheren
Fluggeschwindigkeiten. Ein wesentlicher Unterschied gegenüber den
Motoren ergibt sich im Höhenverhalten, weil, bedingt durch das
Arbeitsverfahren, mit zunehmender Höhe verhältnismäßig bessere
Leistungen und Verbrauchszahlen erzielt werden. Das Propeller-
Düsentriebwerk nimmt eine Zwischenstellung zwischen Motor-Pro-
pellertriebwerk und Turbinen-Düsentriebwerk ein. Beim Düsentrieb-
werk wird im Vergleich zum Propeller eine relativ geringere Gas-
menge entgegengesetzt der Flugrichtung auf höhere Geschwindigkeit
beschleunigt, so daß der günstigste Anwendungsbereich bei hohen
Geschwindigkeiten liegt s. auch Abb. 261.

Gasturbinentriebwerke für Flugzeuge

1. Triebwerk und Wirkungsgrad

Der Antrieb von Flugzeugen wird grundsätzlich in allen Fällen durch die Impulswirkung entgegengesetzt zur Flugrichtung beschleunigter Gasmassen bewirkt. Beim Flugzeug mit Luftschraubenantrieb entsteht die Schubkraft als Folge der Beschleunigung der Luftmassen durch die Luftschraube. Hinzu kommt noch die Wirkung der entgegengesetzt der Flugrichtung auftretenden Komponenten der Austrittsgeschwindigkeit der Abgase des Motors, vgl. Abschnitt C 5. (Abgas-Strahlschub). Abzuziehen ist die Stauwirkung, die bei der Aufnahme der Motorverbrennungsluft aus der Atmosphäre entsteht. Ganz allgemein gesprochen entsteht der Schub also entweder durch Beschleunigung der umgebenden Luft oder durch Beschleunigung von Gasen, die aus der vom Flugzeug mitgeführten Materie entstehen. Somit spielt das Verhältnis der mitgeführten Massen zu den aus der Atmosphäre entnommenen und beschleunigten Massen eine wesentliche Rolle. Einen Grenzfall stellt die Rakete dar, bei der die gesamte beschleunigte Masse, d. h. sowohl der Kraftstoff als auch der Sauerstoff einschließlich Sauerstoffträger, mit der Rakete mitgeführt wird. Bei der Rakete sind also die Reichweiten unter gleichen Verhältnissen in geringeren Höhen am geringsten, weil die größte Masse transportiert werden muß. Beim Strahltriebwerk wird der größte Teil der zu beschleunigenden Masse, also der Sauerstoff mit dem zugehörigen Stickstoff der Luft, aus der Atmosphäre entnommen. Mitgeführt mit dem Flugzeug (TL) wird lediglich ein geringer Anteil der zu beschleunigenden Masse, und zwar bei den üblichen Verbrennungstemperaturen in der Größenordnung nur etwa $^1/_{50}$ der Gesamtgasmasse in Form von Brennstoff. Bei Luftschraubenantrieb ist die beschleunigte Luftmasse im Verhältnis zur Kraftstoffmasse noch größer. Je größer die beschleunigten Massen sind, desto größer wird der Schub, bezogen auf die Kraftstoffmasse, und desto kleiner sind die erreichbaren Geschwindigkeiten.

Nach diesem Gesichtspunkt ergibt sich auch eine Aufteilung der Anwendungsgebiete der verschiedenen Triebwerksarten, s. auch S. 436.

Beim reinen Propellerantrieb, bei dem der Vortrieb ausschließlich durch die Luftschraube erfolgt (PT-Triebwerk), sind die beschleunigten Luftmassen groß; somit ergibt sich ein großer Schub. Dieser Antrieb verfügt über gute Starteigenschaften, während die erzielbaren Fluggeschwindigkeiten gering sind.

Beim Strahltriebwerk (TL-Triebwerk) erfolgt der Vortrieb ausschließlich durch Impulswirkung der austretenden Gase, die beschleunigten Luftmassen sind gering. Das TL-Triebwerk besitzt also einen relativ kleinen Schub und somit schlechte Starteigenschaften, aber die erzielbaren Fluggeschwindigkeiten sind groß.

Eine Kombination der beiden erwähnten Triebwerksarten stellt das Propeller-Strahl-Triebwerk (PTL-Triebwerk) dar (s. Abb. 228).

Beim Strahltriebwerk mit Propeller, bei dem ein Teil der Expansionsarbeit der Gase zur Erzeugung von Schub durch Beschleunigung der Arbeitsgase und ein Teil der Expansionsarbeit der Gase zur Beschleunigung von Luft mittels Propeller verwendet wird, ist der Schub

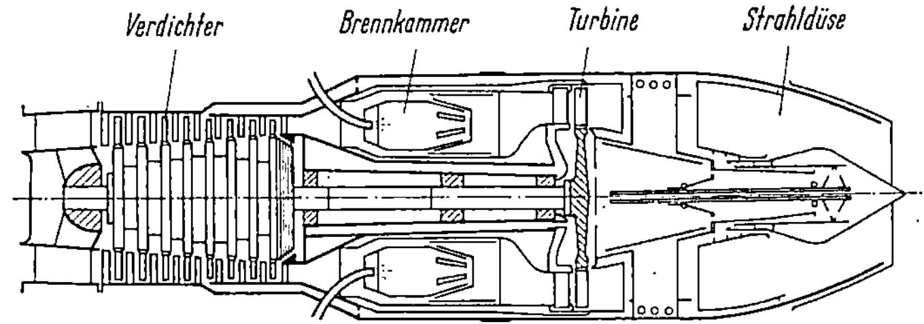

Abb. 227. Schematische Darstellung eines Gasturbinen-Düsentriebwerkes

geringer und die erreichbare Geschwindigkeit höher als beim Propellerantrieb.

Die Eigenschaften des PTL-Triebwerkes liegen zwischen dem reinen Propellerantrieb und dem Strahltriebwerk, wobei durch entsprechende Auslegung je nach den Erfordernissen entweder die eine oder die andere Triebwerksart dominierend sein kann.

Dementsprechend sind die Anwendungsbereiche der Triebwerke verschieden. Flugzeuge mit Luftschraubenantrieb kommen für relativ geringere Geschwindigkeiten und höhere Belastung beim Start in Betracht. Reiner Düsenantrieb wird für große Geschwindigkeiten verwendet. In Abb. 227 ist eine einfache Ausführung eines Düsentriebwerkes schematisch dargestellt. Die Luft tritt an der Staudüse ein und wird durch den Stau vorverdichtet. Die weitere Verdichtung erfolgt in einem mehrstufigen (8÷17 stufigen) Axialverdichter. In der anschließenden Brennkammer wird Kraftstoff in der vorverdichteten Luft verbrannt. In der mit dem Verdichter auf einer Achse laufenden, meist mehrstufigen Gasturbine werden die Verbrennungsgase nur bis zu dem Druck entspannt, der erforderlich ist, um in der Turbine so viel Leistung zu erzeugen, als zur Deckung des Leistungsbedarfes des Verdichters erforderlich ist. In der geregelten Schubdüse entspannt sich das Gas unter Beschleunigung weiter bis auf den Atmosphärendruck. Bei dieser Beschleunigung ergibt sich die erstrebte Schubwirkung. Zur Herstellung der gewünschten Betriebszustände ist eine sorgfältige Regelung erforderlich.

Beim PTL-Triebwerk (s. Abb. 228) wird die eintretende Luft im Verdichter verdichtet. In der anschließenden Brennkammer wird der zugeführte Kraftstoff verbrannt. In der nachgeschalteten Gasturbine, die zum Antrieb des Verdichters und über ein Getriebe zum Antrieb der Luftschraube dient, wird nur ein Teil des zur Verfügung stehenden Wärmegefälles verarbeitet (s. Abb. 231). In der anschließenden Schubdüse wird der andere Teil des Wärmegefälles in Strahlenergie umgesetzt.

Die Zusammenhänge können auf Grund einer Diskussion der formelmäßigen Darstellung der Beziehungen zwischen Schub, Strahlgeschwin-

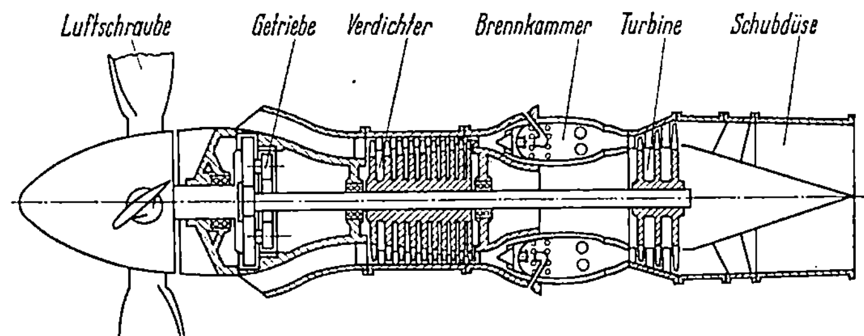

Abb. 228. Schematische Darstellung eines Propeller-Strahl-Triebwerkes (PTL)

digkeiten, Fluggeschwindigkeit und ausströmender Masse noch übersichtlicher dargelegt werden.

Im folgenden werden diese Beziehungen für das Strahltriebwerk (TL) wiedergegeben.

Nach dem Impulssatz wird die Vortriebskraft (s. auch S. 378) oder der Schub:

$$S = \underbrace{(G_L + B) \cdot c}_{\text{Schub der austretenden Gase}} - \underbrace{G_L \cdot w}_{\text{Widerstand durch Eintrittsimpuls}} \qquad (199)$$

Mit $\qquad G_L = (G_{L\,min} \cdot \lambda) \cdot B \qquad$ erhält man:

$$S = B \cdot [\underbrace{G_{L\,min} \cdot \lambda\,(c - w)}_{\substack{\text{Schubanteil der} \\ \text{Luftmasse}}} + \underbrace{c]}_{\substack{\text{Schubanteil der} \\ \text{Kraftstoffmasse}}} \qquad (200)$$

wobei:

B = Kraftstoffmasse pro Sekunde,
G_L = die pro Zeiteinheit durchgesetzte Luftmasse [kg/s],
c = Geschwindigkeit des austretenden Strahles relativ zum Triebwerk [m/s],
w = Geschwindigkeit des Triebwerkes [m/s].

Die Leistung, die der austretende Strahl an das Flugzeug abgibt, entspricht dem Produkt der Vortriebskraft × dem Weg pro Sekunde, also dem Produkt Schub × Geschwindigkeit. Unter Benutzung der obenstehenden Beziehungen erhält man somit die Nutzleistung zu:

$$N_{Vortrieb} = S \cdot w = B \cdot w\,[G_{L\,min} \cdot \lambda\,(c - w) + c]. \qquad (201)$$

Der Gesamtwirkungsgrad des Strahltriebwerkes im Fluge ist das Verhältnis der in einer bestimmten Zeit abgegebenen Arbeit zur zugeführten Arbeit.

Betrachtet man den Durchsatz pro kg Kraftstoff, dann entspricht die zugeführte Arbeit dem Wert der maximalen Arbeit des Kraftstoffes pro kg.

Bei den folgenden Betrachtungen über die Wirkungsgrade ist eine Festlegung erforderlich, wie die kinetische Energie des mit dem Triebwerk bzw. Flugzeug mitgeführten Kraftstoffes bei der Definition der in Betracht kommenden Wirkungsgrade berücksichtigt werden soll. In der Regel wird diese kinetische Energie des Kraftstoffes als zugeführte Energie mit in die Wirkungsgraddefinition aufgenommen. Dabei ist die Überlegung maßgebend, daß der Kraftstoff auf diese Geschwindigkeit, z. B. beim Flugzeug, im Verlauf des Start- und Flugvorganges erst beschleunigt werden muß. Damit erhält man für den Gesamtwirkungsgrad

$$\eta_{ges} = \frac{\text{Vortriebsleistung pro kg Kraftstoff}}{\text{gesamte verfügbare Energie pro kg Kraftstoff}}, \qquad (202)$$

$$\eta_{ges} = \frac{w\,[G_{L\,min} \cdot \lambda \cdot (c - w) + c]}{\underbrace{L_{t\,max}}_{\substack{\text{maximale Arbeit} = \\ \text{chemische Energie}}} + \underbrace{\dfrac{w^2}{2}}_{\substack{\text{kinetische Energie} \\ \text{des mit Triebwerks-} \\ \text{geschwindigkeit be-} \\ \text{wegten Kraftstoffes}}}}.$$

Berücksichtigt man die kinetische Energie des Kraftstoffes nicht und ersetzt $L_{t\,max}$ annäherd durch H_u, dann erhält man:

$$\eta_{ges} = \frac{w\,[G_{L\,min}\,\lambda\,(c - w) + c]}{H_u} \qquad (203)$$

Durch eine Aufteilung der Verluste in „innere" und „äußere" Verluste werden die Verhältnisse übersichtlicher.

Man kann die Verluste in 2 Anteile, nämlich

1. in Verluste, die im Innern des Triebwerkes auftreten, und
2. in Verluste, die bei der Umsetzung der Austrittsgeschwindigkeit des Strahles in Vortriebsleistung auftreten,

aufteilen.

Die ersteren Verluste umfassen die Verluste der Verbrennung, die Strömungsverluste, die Reibungsverluste und Wärmeverluste des Triebwerkes, entsprechen also der Differenz der im Kraftstoff verfügbaren chemischen Energie und der Austrittsenergie des Gasstrahles, wobei die Energiezufuhr bei der Aufnahme der Luft durch das Triebwerk abzuziehen ist.

Der Wirkungsgrad, der dieser Verluste kennzeichnet, sei als innerer Wirkungsgrad bezeichnet[1].

Beim inneren Wirkungsgrad ist die Berücksichtigung der kinetischen Energie des mitgeführten und im betrachteten Zeitraum verbrauchten Kraftstoffes nicht unbedingt erforderlich, wenn man sich das Triebwerk als im Raume ruhend vorstellt, wobei die Relativgeschwindigkeit w als Einströmgeschwindigkeit in das Triebwerk gelten kann, die Ausströmgeschwindigkeit ist dann c. Es ist dann nicht notwendig, als zugeführte Energie außer der maximalen Arbeit noch die kinetische Energie des Kraftstoffes, bezogen auf den Flugzustand, einzuführen. Man erhält:

$$\eta_{i,\,ruhend} = \frac{\text{Leistungsabgabe des Triebwerkes}}{\text{Leistungszufuhr entsprechend der max. Arbeit pro s}},$$

$$\eta_{i,\,ruhend} = \frac{B\left[(G_{L\,min}\lambda + 1)\cdot\dfrac{c^2}{2} \overbrace{}^{\substack{\text{kinetische Energie}\\\text{des austretenden}\\\text{Strahles}}} - G_{L\,min}\lambda\cdot\dfrac{w^2}{2} \overbrace{}^{\substack{\text{kinetische Energie}\\\text{der eintretenden Luft}}}\right]}{B\cdot H_u}, \qquad (204)$$

$$\eta_{i,\,ruhend} = \frac{G_{L\,min}\lambda\,(c^2 - w^2) + c^2}{2\cdot H_u}. \qquad (205)$$

Analog wird beim inneren Wirkungsgrad, bezogen auf den Flugzustand, die Anfangs-kinetische Energie des Kraftstoffes eingeführt. Dann ergibt sich

$$\eta_{i,\,Flug} = \frac{G_{L\,min}\,\lambda\,(c^2 - w^2) + c^2 + w^2}{2\cdot H_u + w^2}. \qquad (206)$$

Der Wirkungsgrad des Strahlantriebes, der Vortriebswirkungsgrad[2], ist das Verhältnis der Nutzarbeit zur Arbeitsabgabe des Triebwerkes.

$$\eta_{Vortrieb} = \frac{\text{Vortriebsleistung pro kg Kraftstoff}}{\text{Leistungsabgabe des Triebwerkes}}$$

Bei der Definition des Vortriebswirkungsgrades wird außer der Leistungsabgabe des Triebwerkes, also der Zunahme der kinetischen Energie der Arbeitsmedien beim Durchtritt oder Austritt aus dem Triebwerk, auch die kinetische Energie des mit dem Triebwerk und Fahrzeug (bzw. Flugzeug) mitbewegten und in dem betrachteten Zeitabschnitt verbrauchten Kraftstoffes berücksichtigt. Betrachtet man

---

[1] auch „Triebwerkswirkungsgrad" genannt.
[2] auch „äußerer Wirkungsgrad" genannt.

25*

die durchgesetzte Masse pro Sekunde, dann ergibt sich für diesen
Wirkungsgrad die Beziehung:

$$\eta_{Vortrieb} = \frac{B \cdot w \cdot [G_{L\,min}\,\lambda\,(c - w) + c]}{\underbrace{B \cdot \frac{1}{2}\,[G_{L\,min}\,\lambda\,(c^2 - w^2) + c^2]}_{\substack{\text{Zunahme der kinetischen Energie}\\ \text{des Arbeitsmediums}}} + \underbrace{B \cdot \frac{w^2}{2}}_{\substack{\text{kinetische Anfangs-}\\ \text{Energie des}\\ \text{Kraftstoffes}}}} \qquad (207)$$

$$\eta_{Vortrieb} = \frac{2\,w\,[G_{L\,min}\,\lambda\,(c - w) + c]}{G_{L\,min}\,\lambda\,(c^2 - w^2) + c^2 + w^2}, \qquad (208)$$

$$\eta_{Vortrieb} = \frac{2\left[G_{L\,min}\,\lambda\left(\dfrac{c}{w} - 1\right) + \dfrac{c}{w}\right]}{G_{L\,min}\,\lambda\left[\left(\dfrac{c}{w}\right)^2 - 1\right] + \left(\dfrac{c}{w}\right)^2 + 1}. \qquad (209)$$

Es zeigt sich also, daß für $c/w = 1$, d. h. die Austrittsgeschwindigkeit
der Massenteilchen ist gleich der Eintrittsgeschwindigkeit der Massen-

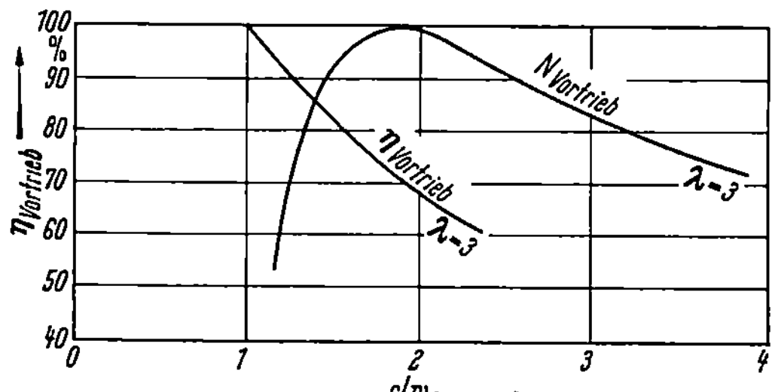

Abb. 229. Schubleistung und Vortriebswirkungsgrad
für ein mittleres Mischungsverhältnis und $\lambda = 3$

teilchen und somit auch gleich der Fluggeschwindigkeit, der Vortriebswirkungsgrad sein Optimum erreicht und zu 100 vH wird. Hierbei jedoch wird der Schub praktisch ≈ 0.

Man kann bei der vorliegenden Untersuchung 2 Grenzfälle betrachten, nämlich den Grenzfall, daß die Kraftstoffmenge im Vergleich
zur Luftmenge so gering ist, daß sie vernachlässigt werden kann.
In diesem Fall vereinfacht sich die Formel in der Weise, daß das Luftverhältnis unendlich gesetzt werden kann. Man erhält dann die vereinfachte Formel für den Vortriebswirkungsgrad

$$\eta_{Vortrieb} = \frac{2}{\dfrac{c}{w} + 1} = \frac{2\,w}{c + w}. \qquad (210)$$

In Abb. 229 sind für das Luftverhältnis $\lambda = 3$ die Schubleistung und
der Vortriebswirkungsgrad eingetragen. Die Abbildung zeigt, daß im
Bereich der doppelten (etwas unterhalb der doppelten) Fluggeschwin-

digkeit der Höchstwert der Vortriebsleistung auftritt, wobei der
Vortriebswirkungsgrad in der Größenordnung bei etwa 70 vH liegt.

Liegt die Strahlgeschwindigkeit nur 20 vH über der Fluggeschwindigkeit, dann sinkt die Leistung bereits unter 60 vH, während der Vortriebswirkungsgrad, also die Ausnutzung der Energie des Strahles, in
diesem Bereich sehr günstig wird. Bei Vergrößerung der Austrittsgeschwindigkeit des Strahles auf das 3- oder 4-fache, sinkt die
Vortriebsleistung in der Größenordnung gegenüber der maximalen

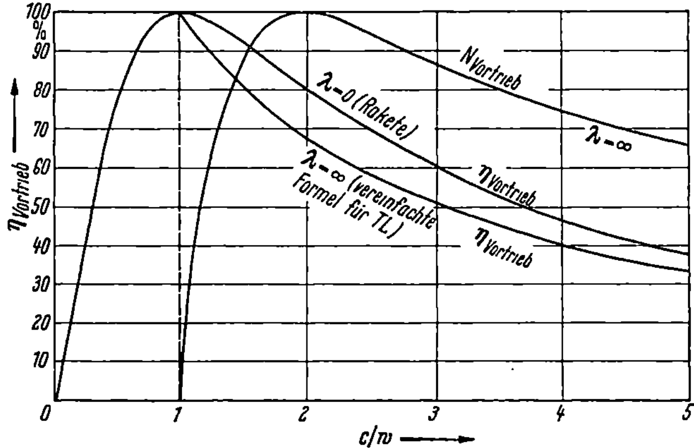

Abb. 230. Schubleistung und Vortriebswirkungsgrad für die Grenzfälle $\lambda = \infty$ und $\lambda = 0$
(Rakete)

Leistung um $^1/_5$, während der Wirkungsgrad in diesem Bereich schon
auf 40 bis 50 vH gesunken ist.

Der andere Grenzfall, der hier betrachtet werden kann, ist der der
Rakete. Hierbei wird die Luftmenge gleich Null und die Formel für
den Vortriebswirkungsgrad vereinfacht sich zu:

$$\eta_{\substack{Vortrieb \\ Rakete}} = \frac{2\,\dfrac{c}{w}}{\left(\dfrac{c}{w}\right)^2 + 1} \cdot \qquad (211)$$

In Abb. 230 sind für die beiden Grenzfälle $\lambda = \infty$ und $\lambda = 0$ (Rakete)
die Vortriebsleistung und Vortriebswirkungsgrade $\eta_{Vortrieb}$ in Abhängigkeit von c/w aufgetragen.

Das Produkt aus Vortriebswirkungsgrad und innerem Wirkungsgrad ist der Gesamtwirkungsgrad.

$$\eta_{ges} = \eta_{Vortrieb} \cdot \eta_i \cdot$$

Diese Beziehung gilt aber nur unter der Voraussetzung, daß alle Wirkungsgrade, also auch der innere Wirkungsgrad auf der gleichen

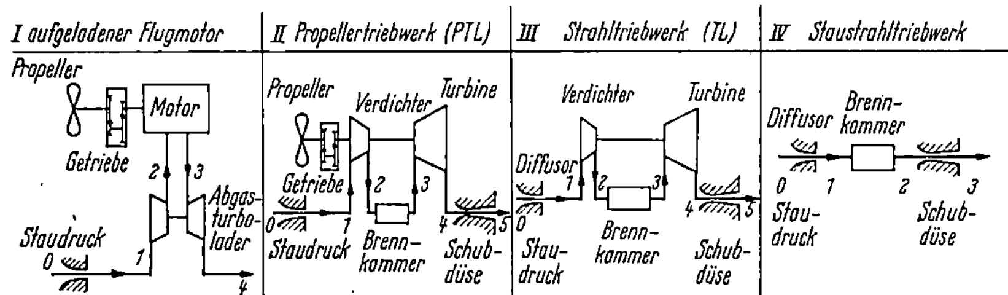

schematische Darstellung luftatmender Antriebssysteme

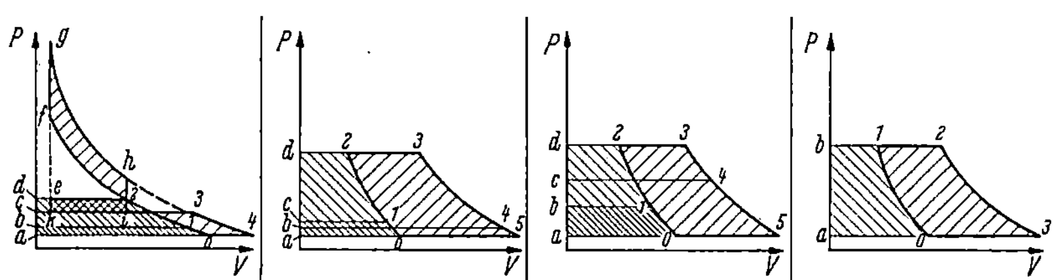

Darstellung der vollkommenen Prozesse im P-V-Diagramm

Gewonnene Arbeit:	Gewonnene Arbeit:	Gewonnene Arbeit:	Gewonnene Arbeit:
Flächen: 2-f-g-h und 2-i-k-e: Arbeit des aufgeladenen Ottomotors (steht zum Antrieb der Luftschraube zur Verfügung)	Fläche: 3-4-b-d: Turbinenarbeit (steht zum Antrieb von Luftschraube und Verdichter zur Verfügung)	Fläche: 3-4-c-d: Turbinenarbeit (steht zum Antrieb des Verdichters zur Verfügung)	Fläche: 2-3-a-b: Vortriebsarbeit der Schubdüse (steht zum Antrieb des Flugzeugs zur Verfügung)
Fläche: 3-4-a-c: Arbeit der Abgasturbine (steht zum Antrieb des Laders zur Verfügung)	Fläche: 4-5-a-b: Vortriebsarbeit der Schubdüse (steht zum Antrieb des Flugzeugs zur Verfügung)	Fläche: 4-5-a-c: Vortriebsarbeit der Schubdüse (steht zum Antrieb des Flugzeugs zur Verfügung)	

Benötigte Arbeit:	Benötigte Arbeit:	Benötigte Arbeit:	Benötigte Arbeit:
Fläche: 0-1-b-a: erforderliche Arbeit für den Aufstau der vom Motor benötigten Luft (wird vom Flugzeug gedeckt)	Fläche: 0-1-c-a: erforderliche Arbeit zum Aufstau der vom Triebwerk benötigten Luft (wird vom Flugzeug gedeckt)	Fläche: 0-1-b-a: erforderliche Arbeit zum Aufstau der vom Triebwerk benötigten Luft (wird vom Flugzeug gedeckt)	Fläche: 0-1-b-a: erforderliche Arbeit zum Aufstau der vom Triebwerk benötigten Luft (wird vom Flugzeug gedeckt
Fläche: b-1-2-d: erforderliche Verdichterarbeit (wird von Abgasturbine gedeckt)	Fläche: 1-2-d-c: erforderliche Verdichterarbeit (wird von Gasturbine gedeckt)	Fläche: 1-2-d-b: erforderliche Verdichterarbeit (wird von Gasturbine gedeckt)	

Nutzarbeit zum Flugzeugantrieb:	Nutzarbeit zum Flugzeugantrieb:	Nutzarbeit zum Flugzeugantrieb:	Nutzarbeit zum Flugzeugantrieb:
Flächen: 2-f-g-h und 2-i-k-e: minus Fläche: 0-1-b-a	Fläche: 0-1-2-3-4-5	Fläche: 0-1-2-3-4-5-	Fläche: 1-2-3-0

Abb. 231. Bilanz der gewonnenen und erzeugten Arbeiten für verschiedene luftatmende Flugzeugantriebssysteme

Basis errechnet sind und zwar mit Berücksichtigung der kinetischen Energie des Kraftstoffes.

Beim Strahltriebwerk (TL) wird ein Teil der Expansionsarbeit der Gase in der Turbine zum Antrieb des Verdichters benutzt, während die Nutzleistung lediglich durch Umsetzung des Wärmegefälles in kinetische Energie von der Schubdüse abgegeben wird (s. Abb. 231). Da bei der Verarbeitung relativ großer Wärmegefälle die Austrittsgeschwindigkeit der Gase sehr hoch ist, ergibt sich, daß ein günstiger Vortriebswirkungsgrad nur bei hohen Fluggeschwindigkeiten erreicht wird.

Dies ist auch aus der obenstehenden Formel abzulesen. Erst bei hohen Fluggeschwindigkeiten w ist es angesichts der hohen Austrittsgeschwindigkeiten c möglich, einen sich dem Wert 1 nähernden Vortriebswirkungsgrad zu erreichen.

Beim Propellertriebwerk (PTL) werden große Luftmassen verhältnismäßig wenig beschleunigt, d. h. also, daß der äußere Wirkungsgrad sehr günstig ist, da hier die Geschwindigkeiten der Massenteilchen hinter dem Antrieb in der Größenordnung nicht stark verschieden von der Geschwindigkeit der Massenteilchen vor dem Antrieb, also gleich der Fluggeschwindigkeit, sind. Der Gesamtwirkungsgrad ist beim PTL-Triebwerk außer vom Vortriebswirkungsgrad auch noch abhängig vom Propellerwirkungsgrad, ferner vom Wirkungsgrad des Kolbenmotors bzw. des Turbo-Aggregates. Der Propellerwirkungsgrad fällt aber mit zunehmender Fluggeschwindigkeit stark ab, so daß der Gesamtwirkungsgrad des PTL-Triebwerkes nur bis zu Fluggeschwindigkeiten von etwa 700 km/h günstige Werte ergibt. Ab Fluggeschwindigkeiten von etwa 800 km/h ist das reine Strahltriebwerk (TL) dem Propellertriebwerk (PTL) überlegen.

Nach diesen obigen Gesichtspunkten war es naheliegend, ein Triebwerk zu entwickeln, das im Geschwindigkeitsbereich zwischen dem Propellerturbinen-Luftstrahl-Triebwerk (PTL) und dem Turbinen-Luftstrahl-Triebwerk (TL) liegt.

Bei diesem Triebwerktyp, dem sogenannten Zweikreistriebwerk (ZTL, Turbofan), wird im Gegensatz zum TL-Triebwerk ein Nebenluftstrom zusätzlich verdichtet und anschließend zur Schuberzeugung entspannt. Durch diese zusätzliche Verdichtung wird die der Schubdüse zur Verfügung stehende Energie verringert, d. h. die Austrittsgeschwindigkeit der durch das Triebwerk beschleunigten Massenteilchen kann verhältnismäßig klein gehalten werden, so daß schon im Bereich kleiner Fluggeschwindigkeiten ein günstiges Verhältnis c/w und damit ein günstigerer Vortriebswirkungsgrad erreicht wird [K 17]. Die Ausführung eines Zweikreis-Triebwerkes ist auf verschiedene Weise möglich, z. B. mit und ohne Strahlzumischung des Nebenluftstromes in den Abgasstrom. Weiterhin kann die Verdichtung des Nebenluftstromes am vorderen (front fan) s. Abb. 232 oder am hinteren Teil des Triebwerkes (aft fan), s. Abb. 233, erfolgen.

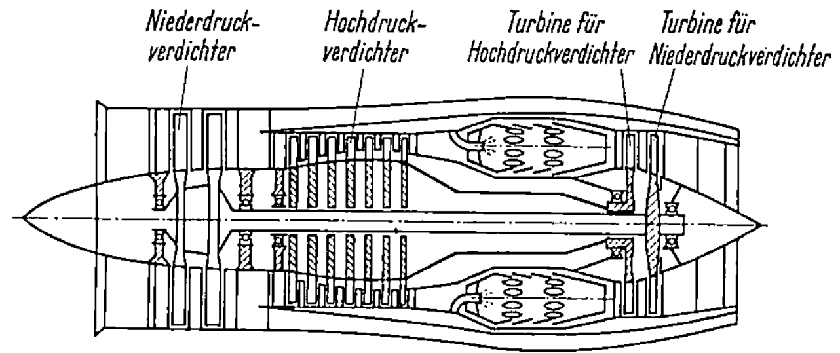

Abb. 232. Zweikreistriebwerk in „front fan" Ausführung

Abb. 232 zeigt die heute meist verwendete Ausführungsform des Zweikreis-Triebwerkes (Bypass), wobei hinter dem Niederdruckteil der Luftstrom geteilt wird in einen ersten Teil, der durch Hochdruckverdichter, Brennkammer und Gasturbine geht und einen zweiten Teil, der um den Mantel geleitet wird. (Bei modernen Triebwerken ist zumeist der zweite Teil größer).

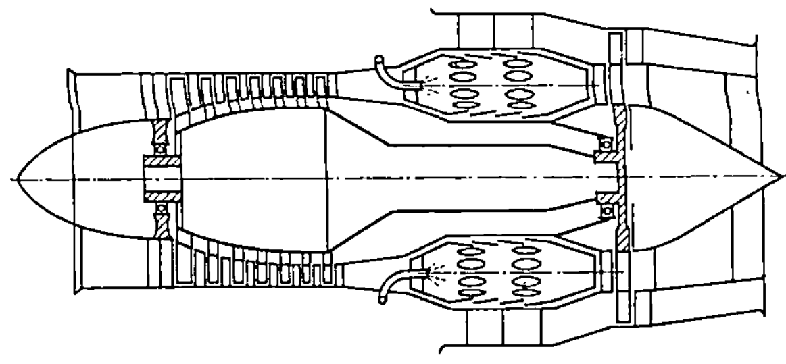

Abb. 233. Zweikreistriebwerk mit Verdichtung des Nebenluftstromes durch „aft fan"

Bei der Ausführung nach Abb. 233 ist unmittelbar auf dem Turbinenrad der Schaufelkranz eines Niederdruckverdichters aufgebaut.

Auch für die weitere Entwicklung der ZTL- und TL-Triebwerke sind günstige Voraussetzungen gegeben, da noch Möglichkeiten der Steigerung der Einzelwirkungsgrade der TL- bzw. ZTL-Triebwerke vorhanden sind [K 24]. Z. B. sind bei modernen TL-Triebwerken, zum Teil auch bei PTL-Triebwerken, die Hochdruck- und Niederdruckteile von Verdichter und Turbine auf 2 getrennten Wellen angeordnet (s. Abb. 234, 235). Hierdurch werden günstigere Teilwirkungsgrade von Verdichter und Turbine und damit höhere Verdichtungsverhältnisse, ferner ein besseres Start- und Anlaßverhalten durch alleiniges

Anwerfen der geringen Masse des Hochdruckteils, desgleichen besseres Teillastverhalten des Triebwerkes, erreicht[1].

Die neuere Entwicklung der TL-und PTL-Triebwerke hat dazu geführt, daß sie mehr und mehr den Kolbenmotor und auch das Verbundtriebwerk auf weiten Gebieten der Luftfahrt verdrängen. Die Verbrauchszahlen, die heute mit modernen PTL-Triebwerken erzielt werden, gehen herab bis zu 172 g/PSh, liegen also in der Größenordnung der

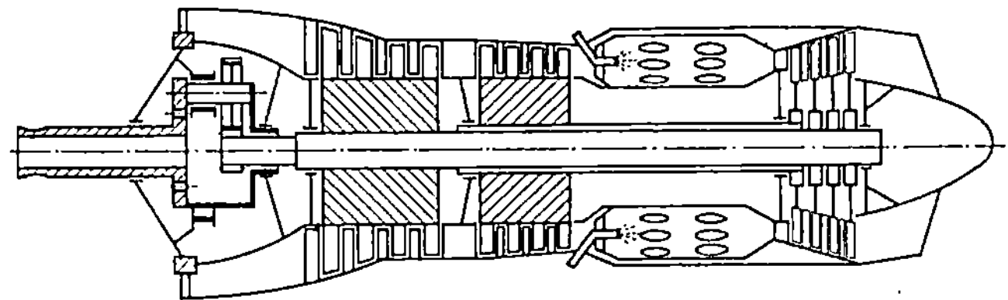

Abb. 234. Propellerturbine in Zweiwellen-Ausführung

Verbundtriebwerke. Die Einheitsgewichte auf die Wellenvergleichsleistung beim Start bezogen, liegen bei 0,22 kg/PS und darunter, wobei pro Triebwerkseinheit Wellenvergleichsleistungen von 5000 bis 6000 PS erreicht werden [K 24]. Die Verdichtungsverhältnisse betragen bis zu 12 und mehr, wobei größere Triebwerke (mit Ausnahme weniger Aggregate) durchweg in der Zweiwellen-Anordnung gebaut werden und nur bei vereinzelten kleineren Aggregaten noch Einwellenanlagen in

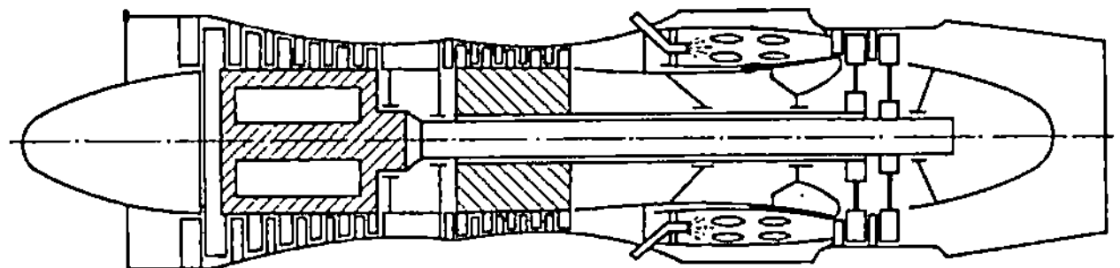

Abb. 235. Schematische Darstellung einer Zweiwellen-Strahlturbine

Anwendung sind, d. h. Hochdruck- und Niederdruckteil von Verdichter und Turbine arbeiten auf einer Welle. Außer dem oben beschriebenen Vorteil im Vergleich zu Verbrauch und Leistungsgewicht ist der Flugwiderstand durch die kleineren Stirnflächen der PTL- bzw. TL-Triebwerke geringer als beim Motorantrieb.

Die Erzielung größerer Reichweiten ist durch Erhöhung des Druckverhältnisses im Verdichter möglich. Durch die stetige Erhöhung des Verdichtungsverhältnisses in den letzten Jahren ist diese Entwicklung gekennzeichnet. Die großen Druckverhältnisse führten u. a. zur Aufteilung des Verdichters in mehrere Aggregate mit getrennten Antrieben. Startbedingungen und Teillastverhalten wurden hierdurch ebenfalls wesentlich verbessert.

---

[1] In Abb. 231 sind für die 4 Triebwerksarten Leistungsaufnahme des Verdichters und Nutzleistung im $P-V$-Diagramm dargestellt.

Neben einer Druckerhöhung erscheint bei dem derzeitigen Entwicklungsstand eine ganz wesentliche Temperaturerhöhung durch Schaufelkühlung möglich zu sein, so daß, größere Fluggeschwindigkeiten und günstigere Reichweiten zu erzielen sind.

Höhere Verdichtungsverhältnisse erhöhen ebenso den spez. Schub (kp pro kg Kraftstoff und pro Sekunde). Weiterhin steigt die Gipfelhöhe z. B. von 15 km auf 24 km bei Erhöhung des Druckverhältnisses von 4 auf 20. Beim Turbinen-Triebwerk hängt die Gipfelhöhe stark von der Aufrechterhaltung stabiler Verbrennungsverhältnisse in der Brennkammer ab.

Im Zuge der Entwicklung in Richtung größerer Geschwindigkeit und größerer Leistungseinheit haben mehr und mehr die PTL- und TL-Triebwerke die Flugmotoren verdrängt.

Ähnlich wie bei Auftreten neuer Kraftmaschinentypen in früheren Etappen der Technik, wie beispielsweise bei der Einführung der Dampfturbine, die im weiten Bereich die Dampfmaschine verdrängt hat und später bei Einführung der Gasturbine, die als Flugzeugantrieb in weiten Bereichen den Ottomotor bereits ersetzt, wird sich auch bei der hier besprochenen Einführung von neuen Triebwerken die Entwicklung auf einen Gleichgewichtszustand einpendeln. Im Laufe der weiteren Entwicklung ist auch damit zu rechnen, daß für besonders hohe Geschwindigkeiten dem Stau-Strahltriebwerk (Ramjet) evtl. in Verbindung mit Turbinen- oder Raketentriebwerken eine große Bedeutung zukommen wird, s. auch S. 423. Im allgemeinen zeichnet sich die Entwicklungstendenz ab, daß die Aggregate selbst einfacher werden, wobei jedoch Höchstanforderungen an ihre Regelung und Ausführung gestellt werden.

2. Regelung von Strahltriebwerken

a) Theorie der Regelung

Die Regelung von Flugzeugtriebwerken wird von vielen Faktoren beeinflußt und umfaßt das Zusammenwirken der einzelnen Aggregate des Triebwerkes unter den verschiedensten äußeren Bedingungen, wie Start und Landung, Flug in Bodennähe und Höhenflug, Flug an kalten und warmen Tagen, Flug bei hoher und niedriger Geschwindigkeit, Sturzflug, Beschleunigung und Bremsung usw. — Jedes Einzelaggregat hat bestimmte kritische Betriebsbereiche, so stellt sich beim Verdichter bei kleinen Durchsatzmengen sogenanntes „Pumpen" ein, was schnell zur Beschädigung der Schaufeln führt. Ferner kann sich bei sehr hohen Fluggeschwindigkeiten ein Abreißen der Strömung an den Schaufeln ergeben, was wiederum zu einem instabilen Betrieb führt. Bei den Brennkammern gibt es sogenannte Abreißgrenzen. Außerhalb dieser

Grenzen ist eine Verbrennung unmöglich. Diese Grenzen hängen im wesentlichen ab vom Gesamtluftverhältnis, der Luftgeschwindigkeit, dem Druck und der Temperatur in der Brennkammer.

Die wichtigste Grenze, deren Überschreitung sofort zum Ausfall des gesamten Triebwerkes führt, ist durch die Haltbarkeit der Turbinenschaufeln gegeben. Sie wird bestimmt durch die Warmfestigkeit der Turbinenschaufeln im Zusammenhang mit der jeweiligen mechanischen Beanspruchung infolge der Zentrifugalkraft. Einer bestimmten Drehzahl entsprechend kann nur eine maximale Gastemperatur vor Eintritt in die Turbine zugelassen werden. Weitere Regelanforderungen werden z. B. durch die Einspritzdüsen gestellt. Bei Unterschreitung einer bestimmten Einspritzmenge und Absenkung des Einspritzdruckes verschlechtert sich bei den meisten Düsentypen die Zerstäubungsgüte derart, daß es zu einer sehr schlechten Verbrennung und Bildung von erheblichen Koksrückständen kommt, die auch beim weiteren normalen Betrieb nicht verschwinden. — Beim PTL-Triebwerk sind noch besondere Anforderungen an den Anstellwinkel der Luftschrauben in wesentlicher Abhängigkeit von Fluggeschwindigkeit, Steigen und Landen zu stellen.

Häufig wird eine kurzzeitige Leistungserhöhung durch Nachverbrennung im Abgasstrahl, unmittelbar vor Austritt aus der Schubdüse, gefordert, wodurch weitere Regelmaßnahmen bedingt sind. Ferner wird vielfach eine Verstellung des Austrittsquerschnittes der Schubdüse durch einen verschiebbaren Regelpilz oder durch ringförmige Lufteinblasung zur Abgasstrahleinschnürung vorgesehen, um eine bessere Abgleichung der Leistung von Turbine, Verdichter und Schubdüse und (beim PTL) Propeller zu erreichen. — Weitere Sondermaßnahmen sind bei der Regelung von Zwei- und Mehrwellenaggregaten sowie bei den Zweikreis-Triebwerken erforderlich.

Die Beachtung der zuerst aufgeführten Regelmaßnahmen zur Sicherheit des Triebwerkes sind aber allen Ausführungen gemeinsam. Diese Sicherheitsgrenzen ergeben unter Umständen nur einen engen möglichen Betriebsbereich für ein Triebwerk. Er hängt in starkem Maße von den äußeren Flugbedingungen ab. Nur durch sorgfältige Abstimmung der Einzelaggregate kann er relativ groß gehalten werden.

Die bedeutendsten Regelgrößen, die innerhalb dieses Bereiches frei wählbar sind, sind die Brennstoffzumessung, die Verstellung des Gasaustrittsquerschnittes und, beim PTL-Triebwerk, die Verstellung der Luftschraube. Die Abhängigkeit von den äußeren Bedingungen kann auf die Regelgrößen eingeleitet werden: z. B. durch Fliehkraftregler die Triebwerksdrehzahl, durch Temperaturfühler die Gastemperatur vor der Turbine, durch Druckdosen der Druck- und Temperatureinfluß der Umgebung, durch Staurohre die Fluggeschwindigkeit usw.

Die Wahl der günstigsten Betriebskennlinie innerhalb dieses Bereiches wird vorwiegend dadurch bestimmt, daß im normalen Flugbetrieb aus Wirtschaftlichkeitsgründen der bestmögliche spez. Kraftstoffverbrauch erreicht wird und bei Vollast evtl. auf Kosten des Verbrauchs die maximal mögliche Leistung abgegeben werden kann. Da man sich bei Erfüllung dieser Forderung z. T. bedenklich den Sicherheitsgrenzen nähern muß, hängt die Entwicklung von Flugzeugtriebwerken im Hinblick auf Leistung, Wirtschaftlichkeit und Sicherheit in nicht unwesentlichem Maße von einer sorgfältigen Auswahl und Präzision der Ausführung der Regeleinrichtung ab.

Aus dem oben gesagten läßt sich erkennen, daß es sehr viele Wege gibt, bedingt durch die verschiedenartigen Kombinationen der Einzelelemente, um die Regelanforderungen zu erfüllen. Bei der Endausführung muß aber als oberster Grundsatz gelten, daß die Bedienung des Triebwerkes aus Gründen der menschlichen Unzulänglichkeit nur durch einen einzigen Handhebel erfolgt, der die Leistungswahl über Anlassen, Leerlauf, Teillast zu Vollast gestattet.

Man kann somit ganz allgemein die Aufgabenstellung der Regelung durch drei Gruppen erfassen

a) Es sind die an die Regelung zu stellenden Anforderungen und Bedingungen festzulegen,

b) Es sind die Vorgänge bzw. die Bauteile des Triebwerkes zu bestimmen, auf die der Regler einwirkt.

c) Es ist festzulegen, welche Einflußgrößen bzw. Regelimpulse zur Einwirkung auf die Regelorgane zur Verfügung stehen.

Hiernach ergibt sich für TL- und PTL-Triebwerke folgende Zusammenstellung:

TL- und PTL-Triebwerke	*bei PTL-Triebwerken zusätzlich*
A. Regelbedingungen	
Regelung der beeinflußbaren Triebwerksteile gemäß den Forderungen auf:	
1. Sicherheit im Hinblick auf:	
a) mechanische Vorgänge	
b) thermische Vorgänge	
c) strömungstechnische Vorgänge	
2. Lastregelbarkeit und gute Betriebseigenschaften:	
rasche Beschleunigung	guter Propellerwirkungsgrad bei verschiedenen Flugzuständen
rasche Verzögerung	
sicherer Leerlauf	
bei Vollast maximale Schubleistung	
optimale Brennstoffausnutzung im Hauptbetriebsbereich	

TL- und PTL-Triebwerke	*bei PTL-Triebwerken zusätzlich*

B. Geregelte Vorgänge

Bisher werden bevorzugt oder ausschließlich benutzt:

1. Veränderung der eingespritzten Kraftstoffmenge	3. Verstellung des Propelleranstell-winkels
2. Veränderung des Strahlaustritts-querschnitts	

C. Einflußgrößen bzw. Regelimpulse

Zur Lösung der Aufgaben der Regelung stehen zur Einwirkung auf die Regelorgane zur Verfügung:

1. Drücke oder Druckverhältnisse an verschiedenen Stellen des Triebwerks
2. Temperatur innerhalb des Triebwerks evtl. durch indirekte Ermittlung der Temperaturwerte über davon abhängige Größen
3. die Drehzahl des Triebwerks

Eine einheitliche Darstellung der augenblicklich in Anwendung befindlichen Regelprinzipien und der augenblicklich verwandten Regler läßt sich nicht ohne weiteres angeben, da nach sehr verschiedenen Prinzipien gearbeitet wird. Die z. Z. in Betrieb befindlichen Regler sind in der überwiegenden Mehrheit aus den empirisch bestimmten zur Einhaltung der Regelbedingungen notwendigen Einstellvorgängen entsprechend vorstehender Tabelle, Punkt B 1—3, ermittelt, d. h. die notwendigen Einstellungen der Brennstoffmenge, der Strahlaustrittsquerschnitte und der Propellereinstellung wurden jeweils versuchsmäßig für die einzelnen Betriebszustände ermittelt, und daraus wurden in der Regel mit halb empirischen Methoden die nötigen Regelvorgänge abgeleitet. Diese Aufgabe kann mit einer Vielzahl von Lösungen mehr oder weniger genau gelöst werden. Damit ist auch die Vielzahl der bestehenden Regelprinzipien und Reglerausführungen erklärt. Im folgenden sollen zunächst für die verschiedenen Einzelaggregate und für ihr Zusammenwirken die wichtigsten thermodynamischen Gesetzmäßigkeiten im Hinblick auf die Regelung des gesamten Triebwerks aufgeführt werden.

Unter Benutzung der Gesetze der Ähnlichkeitsmechanik gelingt es, einen großen Teil der freien Parameter dadurch zu verringern, daß man dimensionslose Kennzahlen bzw. reduzierte Größen einführt. Insbesondere kann hierdurch das Kennfeld des Verdichters so dargestellt werden, daß das einmal gemessene Kennfeld auch für veränderte Anfangsbedingungen, wie Veränderung des Anfangsdruckes und der Anfangstemperatur sein Gültigkeit behält.

Man erhält für geometrisch ähnliche Verdichter ein bei allen Temperaturen gültiges Kennfeld für Luft, wenn man als Abszisse den Wert

$$V_1/D^2 \cdot \sqrt{\varkappa_L \cdot R_L \cdot T_1}$$

und als Ordinate den Wert

$$\frac{L_{is}}{\varkappa_L \cdot R_L \cdot T_1}$$

oder auch das Druckverhältnis P_2/P_1 und als Parameter die MACHsche Zahl der Umfangsgeschwindigkeit

$$u/\sqrt{\varkappa_L \cdot R_L \cdot T_L}$$

mit der Umfangsgeschwindigkeit

$$u = D \cdot \pi \cdot n$$

wählt.[1]

Dabei bedeuten:

p_1, T_1 = den Druck, die Temperatur vor dem Verdichter,
p_2, T_2 = den Druck, die Temperatur nach dem Verdichter,
V_1 = das Volumen der angesaugten Luft,
u = die Umfangsgeschwindigkeit,
n = die Drehzahl,

$$L_{is} = \frac{\varkappa_L}{\varkappa_L - 1} R_L T_1 \left[\left(\frac{P_2}{P_1} \right)^{(\varkappa_L - 1)/\varkappa_L} - 1 \right] \quad \text{das isentrope Wärmegefälle,}$$

$\varkappa_L$ = das Verhältnis der spezifischen Wärmen bei konstantem Druck und bei konstantem Volumen für Luft,
R_L = die Gaskonstante für Luft,
D = den Laufraddurchmesser (z. B. der ersten Stufe).

Bei einer derartigen Darstellung bleibt die Lage der Kurven gleichen Wirkungsgrades und auch insbesondere die Lage der Pumpgrenze (Grenze des stabilen Arbeitsbereiches des Verdichters) unverändert. Der Einfluß der Höhe und auch der Fluggeschwindigkeit auf die zu regelnden Größen, insbesondere die erforderliche Kraftstoffmenge, läßt sich jetzt unmittelbar durch die mit dem Anfangsdruck und der Anfangstemperatur dimensionslos gemachten Kennwerte erfassen[2].

In der Brennkammer wird durch Verbrennung von Kraftstoff bei annähernd gleichem Druck eine Temperaturerhöhung von der Verdichtungsendtemperatur T_2 auf die Turbineneintrittstemperatur T_3

---

[1] Nach Weglassen der konstanten Faktoren ergeben sich folgende Größen, die für die Umrechnung von Tageswerten (Index 1) auf den Normalzustand (z. B. 1 atm, 15 °C, Index 0) Verwendung finden:

$$V_1 \cdot \sqrt{\frac{T_0}{T_1}} \; ; \quad n \cdot \sqrt{\frac{T_0}{T_1}} \; ; \quad G \cdot \frac{p_0}{p_1} \cdot \sqrt{\frac{T_1}{T_0}} \cdot$$

[2] KÜHL, H.: Grundlagen der Regelung von Gasturbinentriebwerken für Flugzeuge. DVL Forschungsbericht 1943. [K 27].

bewirkt. Die für diese Temperatursteigerung erforderliche Brennstoffmenge läßt sich mit Hilfe des ersten Hauptsatzes errechnen.

$$J'_s + H_{p_0} \cdot \eta_{BK} = J''_s \tag{212}$$

$$G_L \cdot c_{pL}\Big|_0^{T2L} \cdot T_{2L} + B \cdot c_B\Big|_0^{T_2B} \cdot T_{2B} + H_{p_0} \cdot \eta_{BK} = T_3 \cdot c_{pAbg.}\Big|_0^{T3} \cdot (G_L + B) \tag{213}$$

und daraus

$$B = G_L \cdot \cfrac{T_3 - T_{2L} \cdot \cfrac{c_{pL}\big|_0^{T\,2L}}{c_{pAbg.}\big|_0^{T_3}}}{\cfrac{H_{p_0} \cdot \eta_{BK}}{c_{pAbg.}\big|_0^{T_3}} + T_{,B} \cdot \cfrac{c_{pB}\big|_0^{T_3}}{c_{pAbg.}\big|_0^{T_3}} - T_3} \tag{214}$$

Wie die oben stehende Beziehung zeigt, hängt die pro Zeit erforderliche Kraftstoffmenge B vom Luftdurchsatz G_L, von der Abgastemperatur T_3, der Verdichtungsendtemperatur T_2, dem Heizwert des Kraftstoffes H_{p_0} und· den spezifischen Wärmen c_p von Kraftstoff, Luft und Abgas ab.

Wenn sowohl die Temperatur T_{2L} vor als auch die Temperatur T_3 hinter der Brennkammer konstant gehalten werden, dann ist bei Verwendung gleichen Brennstoffes[1] und Annahme eines gleichen Ausbrenngrades die pro Zeit erforderliche Brennstoffmenge direkt proportional dem Luftdurchsatz G_L. Die weiteren Abhängigkeiten lassen sich zu einem Faktor zusammenfassen, dessen Nenner weitgehend konstant ist, da seine Größe vorwiegend durch den Heizwert des Brennstoffes H_{p_0} bestimmt wird. Gegenüber dem ersten Glied des Nenners, in dem der Heizwert die ausschlaggebende Rolle spielt, sind die weiteren 2 Glieder, deren Größe im wesentlichen durch die Eintrittstemperatur des Brennstoffes T_{2B} und die Abgastemperatur T_3 bestimmt sind, vernachlässigbar klein. Der Zähler dieses Faktors stellt im wesentlichen die Temperaturdifferenz zwischen Ein- und Austritt aus der Brennkammer dar. Aus Sicherheitsgründen darf nun die Temperatur T_3 wegen der zulässigen Warmfestigkeit der Turbinenschaufeln einen bestimmten Maximalwert nicht überschreiten, s. S. 299. Die Regelung für die Brennstoffmenge der Turbine muß so erfolgen, daß die Brennstoffmenge derart dosiert wird, daß die Abgastemperatur T_3 in keinem Fall den zulässigen Maximalwert überschreitet. Ihre Größe wird im wesentlichen durch den jeweiligen Luftdurchsatz G_L und die Eintrittstemperatur in die Brennkammer T_{2L} geregelt. Im Vergleich zu den Anforderungen an die Geschwindigkeit der Regelung arbeiten Temperaturfühler meist viel zu langsam. Deshalb wählt man im allgemeinen

---

[1] Bei Flugzeugantriebssystemen wird anstatt Kraftstoff vielfach die Bezeichnung Brennstoff verwendet. Siehe auch Fußnote 1, S. 2.

anstelle der Temperatur andere von der Temperatur abhängige Größen für die Regelung.

Die Temperatur T_{2L} beim Eintritt in die Brennkammer läßt sich aus der Anfangstemperatur und dem Druckverhältnis des Verdichters bei Annahme isentrope Verdichtung wie folgt ableiten:

$$T_{2L} = T_1 \cdot \left(\frac{P_2}{P_1}\right)^{\frac{\varkappa - 1}{\varkappa}} . \tag{215}$$

Die praktische Ausführung der Regler läßt es vielfach wünschenswert erscheinen, nicht die im thermodynamischen Sinne unmittelbar für die Regelung maßgebenden Einflußgrößen als wirksame Regelimpulse zu verwenden, sondern man sieht vor, leicht erfaßbare, von diesen Einflußgrößen abhängige andere Impulse hinzuzuziehen. In diesem Sinne kann beispielsweise an Stelle des Druckverhältnisses des Verdichters P_2/P_1 in bestimmten Bereichen die leichter erfaßbare Drehzahl herangezogen werden. Im Arbeitsbereich der Turbinen wird im Leitschaufelkranz normalerweise die Schallgeschwindigkeit überschritten oder man kommt ihr nahe. In diesem Fall gilt für den Gasdurchsatz

$$G_{Gas} = (G_L + B) = \Psi \cdot F_{min} \cdot \frac{P_3}{\sqrt{R \cdot T_3}}; \tag{216}$$

$$\Psi = \Psi_{max} = \text{const} .$$

Wird die Schallgeschwindigkeit nicht erreicht, dann ist Ψ eine Funktion vom Verhältnis der Drücke vor und hinter der Turbine, also von (P_3/P_4).

$$\Psi = \sqrt{\frac{\varkappa}{\varkappa - 1}\left[\left(\frac{P_3}{P_4}\right)^{2/\varkappa} - \left(\frac{P_3}{P_4}\right)^{\frac{\varkappa + 1}{\varkappa}}\right]} \tag{217}$$

Da der Druck beim Eintritt in die Turbine P_3 annähernd gleich dem Druck beim Austritt aus dem Kompressor P_2 ist und sich dieser Druck wiederum als eine Funktion von Eintrittsdruck in den Verdichter und der Triebwerksdrehzahl ausdrücken läßt, ergibt sich auch hier, daß der Gasdurchsatz durch das Triebwerk sich als Funktion der Triebwerksdrehzahl darstellen läßt.

Aus Gründen der Betriebssicherheit ist es erforderlich, die Betriebsbereiche, in denen der Verdichter pumpt, also ein zeitweiliges Abreißen der Strömung innerhalb des Verdichters stattfindet, zu vermeiden. Durch eine Begrenzung der jeweiligen maximalen Brennstoffmenge in Abhängigkeit von der Triebwerksdrehzahl kann ein Erreichen der Pumpgrenze mit Sicherheit vermieden werden. Bei festgehaltener Triebwerksdrehzahl ergibt sich durch Veränderung der Brennstoffeinspritzung und der damit bedingten Änderung der Eintrittstemperatur in die Turbine auf Grund der vorstehenden Formeln eine Änderung der Gasdurchsatzmenge G_{Gas}. Eine höhere Temperatur ergibt ein größeres spezifisches Volumen und vermindert infolge der gleichbleibenden Durchtrittsquerschnitte die zeitlich durchgesetzte Gasmenge. Aus diesem Grund ergibt sich vorwiegend im Bereich der hohen Abgastemperaturen eine Gefahr für den Verdichter dadurch, daß die Luftmenge, die durch den Verdichter strömt, so klein wird, daß ein Abreißen der Strömung im Verdichterteil auftritt und damit ein Pumpen hervorruft. — Aus Festigkeitsgründen darf eine maximal zulässige Drehzahl des Triebwerkes nicht überschritten werden. Durch einen Drehzahlregler, der bei dieser Drehzahl anspricht, kann eine Begrenzung der Brennstoffmenge und dadurch eine Überschreitung dieser Drehzahl mit Sicherheit vermieden werden.

Neben diesen Regelungsmaßnahmen ist es erforderlich, die Brennkammer in einem derartigen Betriebsbereich zu betreiben, daß eine sichere und stabile Verbrennung mit möglichst günstigem Verbrennungswirkungsgrad gewährleistet wird. Wie in dem Abschnitt über Verbrennungsvorgänge in Brennkammern von Gasturbinen gezeigt worden ist (S. 329 bis S. 337), hängt der stabile Arbeitsbereich von dem Gesamtluftverhältnis λ_{ges} der Brennkammer ab, wobei die zuzuführende Brennstoffmenge sich als Funktion des Luftverhältnisses λ_{ges} darstellen läßt.

$$B = G_L \cdot \frac{1}{\lambda_{ges} \cdot G_{Lmin}}. \tag{218}$$

Hierin bedeutet G_{Lmin} die minimale Luftmenge, die zur vollständigen Verbrennung von 1 kg Brennstoff erforderlich ist.

Der stabile Arbeitsbereich der Brennkammern wird durch die arme und reiche Abreißgrenze gegeben. Vergrößert man bei gleichbleibender Durchströmgeschwindigkeit die Brennstoffmenge, dann wird die Luftverhältniszahl kleiner, bis beim Erreichen eines minimal möglichen Luftverhältnisses die Verbrennung abreißt. Durch Verminderung der Brennstoffmenge wird die Luftverhältniszahl größer. Bei Erreichen eines maximal zulässigen Luftverhältnisses reißt die Verbrennung ebenfalls ab. Der Bereich des Luftverhältnisses, in dem eine stabile Verbrennung möglich ist, verkleinert sich mit wachsender Durchströmgeschwindigkeit, abnehmender Temperatur und abnehmendem Druck, also auch mit zunehmender Flughöhe.

Eine Gefahr für das Abreißen der Verbrennung ergibt sich also vorwiegend bei Höhenflug sowie auch bei starkem Beschleunigen und starkem Verzögern, da hierbei die Brennstoffmenge durch den Bedienungshebel plötzlich geändert wird, die Luftmenge zunächst aber noch konstant bleibt. Die Trägheit des Regelsystems muß durch geeignete Maßnahmen der Trägheit des Triebwerkes angepaßt werden. Durch Zwischenschaltung von Ölpolstern in das Übertragungsgestänge gelingt es vielfach, die verwirklichbare mögliche Beschleunigung und Verzögerung auf das zulässige Maß zu beschränken. Insbesondere sind für den Start und die Landung derartige Maßnahmen erforderlich.

Bei den z. Z. für Serientriebwerke verwendeten Reglern wird vorwiegend mit Ölservomotoren gearbeitet, um mit kleinstmöglichen Kräften am Bedienungshebel auszukommen. Die Ansprechzeiten der Ölservomotoren genügen aber im allgemeinen nicht den Anforderungen an die Regelung bei Belastungsänderungen. Es treten Verzögerungen

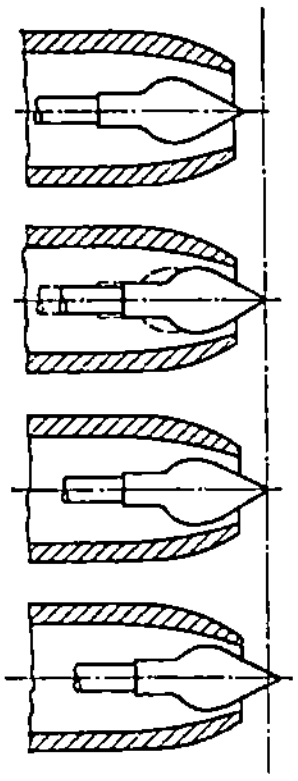

	Eingefahren	Stand (Anfahren)	Unter 50% der Vollastdrehzahl
	Allmähliches Ausfahren	(Hochfahren)	Von 50%—90% der Vollastdrehzahl
	Ausgefahren (Grundstellellung)	Beginn des Startens Geschw. O km/h	Von 70%—100% der Vollastdrehzahl
	Zusätzlich Ausgefahren (mit zunehm. Fluggeschw.)	Flug (bis zur Höchstgeschw.)	

Abb. 236. Leistungsregelung durch Regelpilz in der Strahldüse

auf, die für den Triebwerksbetrieb nicht tragbar sind und zum Teil auch einen stoßartigen Betrieb zur Folge haben, der vermieden werden muß. Man bemüht sich, diese Nachteile durch zusätzliche elektronisch arbeitende Übertragungselemente zu vermeiden.

Die bisherige Betrachtung bezog sich nur auf Maßnahmen zur Sicherung gegen Gefährdung des Triebwerkes. Außerdem tritt aber noch die Forderung auf, das Triebwerk auf wirtschaftlichsten Betrieb einzustellen. Dies erfordert eine richtige Aufteilung der verfügbaren Leistung auf das zur Herstellung des Strahlschubes notwendige Wärmegefälle, und auf das in der Turbine verarbeitete Wärmegefälle. Diese Aufgabe wird im allgemeinen u. a. durch eine Beeinflussung des Strahldüsenquerschnittes mittels eines Reglers gelöst. Die Veränderung des Strahldüsenquerschnittes wird z. B. mittels eines zwiebelförmigen Verdrängungskörpers, der axial verschiebbar zentral angeordnet wird, vorgenommen, wobei dafür Sorge zu tragen ist, daß in jeder Lage dieses Verdrängungskörpers eine günstige Düsenform bestehen bleibt.

Neben der Regelung des Strahldüsenquerschnittes durch einen zwiebelförmigen Verdrängungskörper läßt sich eine Veränderung des Strahldüsenquerschnittes dadurch hervorrufen, daß am Düsenumfang angeordnete Klappen hydraulisch verstellt werden. Bei Ausführungen ohne Veränderung des Düsenquerschnittes wird auch unmittelbar vor

der Strahldüse ringförmig in regelbarer Weise zusätzlich Luft eingeblasen. Diese Luftmenge kann gleichzeitig mit zur Wandkühlung
der Strahldüse benutzt werden.

Um eine kurzzeitige Leistungssteigerung zu verwirklichen, sind
vielfach zwischen der Turbine und der Schubdüse Nachverbrennungs-
einrichtungen angeordnet. Die Nachverbrennung erhöht die Temperatur der austretenden Gase vor Eintritt in die Strahldüse. Dadurch
wird die Energie der austretenden Gasmasse erhöht und der Schub
vergrößert. Die hydromechanische Lastregelung wird häufig mit einer
elektrischen Zusatzregelung gekoppelt. Bei dieser sogenannten „Trimm-
regelung" übernimmt der elektrische Teil eine automatische Korrektur-

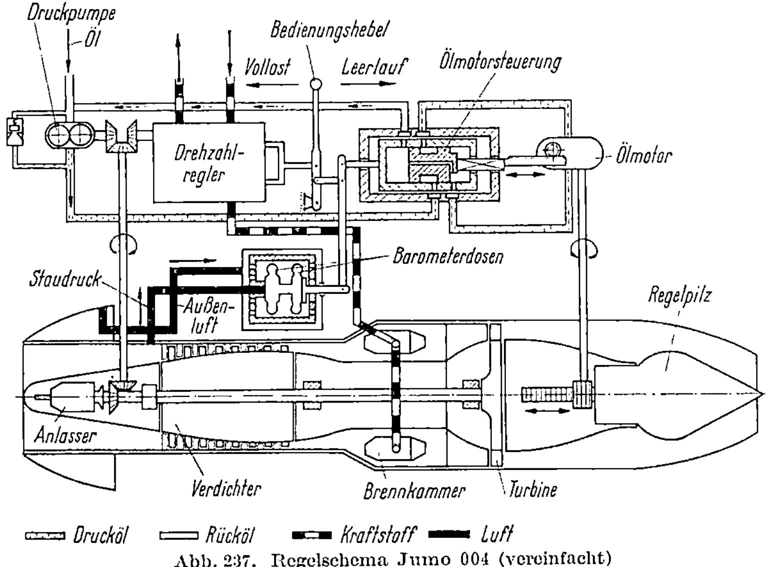

Abb. 237. Regelschema Jumo 004 (vereinfacht)

regelung zur genauen Anpassung an die gewünschten Triebwerkspara-
meter, z. B. wird die Kraftstoffdurchflußmenge oder die Triebwerksdrehzahl bei Flugzeugen mit mehreren Triebwerken aufeinander abgestimmt und dem Sollwert angepaßt. Ein Notsystem ist für die Trimmer-
regelung in der Regel nicht vorgesehen, weil bei einem Ausfall der
elektrischen Regelung die hydromechanische Anlage allein ausreichende Regelgenauigkeit gewährleistet.

b) Ausführungsbeispiele

In diesem Kapitel werden einige Ausführungsbeispiele von Regel-
systemen beschrieben, wie sie in Strahltriebwerken und Propeller-
Strahl-Triebwerken verwandt werden bzw. wurden.

Jumo 004 (TL). Eines der ersten entwickelten Strahl-Triebwerke
war das deutsche Jumo 004 Triebwerk.

26*

Die Jumoregelung arbeitet mit Regelung der Brennstoffmenge und Veränderung des Schubdüsenquerschnittes durch Verstellung eines Regelpilzes.

Die Hauptkennzeichen dieser Regelung sind:

Eine konstante Brennstoffmenge wird in einen Hauptstrom, der unmittelbar zu den Brennern führt, und einen Überlaufstrom aufgeteilt.

Der Hauptstrom wird durch eine veränderliche Drossel, die direkt vom Gashebel aus betätigt wird, in seiner Menge bestimmt. Desgleichen wird vom Gashebel aus direkt die Triebwerksdrehzahl festgelegt. Dies geschieht dadurch, daß einer Gashebelstellung eine bestimmte Federvorspannung entspricht, die den Fliehgewichten des mit Triebwerksdrehzahl umlaufenden Fliehkraftreglers das Gleichgewicht hält. Bei einer von dieser Gleichgewichtsstellung abweichenden Drehzahl wird durch ein Servosystem dafür gesorgt, daß ein Durchströmquerschnitt in der Rücklaufbrennstoffleitung derart verändert wird, daß sich die zu den Düsen fließende Hauptmenge ändert und damit die Drehzahl auf die dem Gashebel entsprechende Gleichgewichtsdrehzahl zurückfällt.

Der Einfluß von Fluggeschwindigkeit und Flughöhe (Außenzustand) wird in Zusammenwirken mit der Triebwerksdrehzahl über eine barometrische Dose auf den Regelpilz der Schubdüse gegeben.

Um der Gefahr einer kurzzeitigen Überhitzung oder des Abreißens der Verbrennung beim plötzlichen Gasgeben oder Gaswegnehmen zu begegnen, ist ein Ölpolster zwischen die Übertragung von Drehzahlreglerstellung und Rücklaufregulierkolben geschaltet. Hierdurch ist die Trägheit des Kraftstoffsystems etwa der des Triebwerkes angepaßt worden.

Snecma Atar 101 (TL). Die Regeleinrichtung dieses französischen TL-Triebwerkes ist so ausgelegt, daß unabhängig von den äußeren Bedingungen einer Stellung des Gashebels eine bestimmte Triebwerksdrehzahl entspricht und darüberhinaus bei max. Triebwerksdrehzahl die Gastemperatur vor der Turbine unabhängig von den äußeren Bedingungen auf einem konstanten Höchstwert gehalten wird.

Die Regelung der Brennstoffmenge geschieht durch eine Überlaufregelung, wobei die von der Pumpe geförderte Menge wesentlich größer als die in die Brennkammer eingespritzte Menge ist. Als Düsen werden sogenannte 2-Mengen-Düsen (Duplex-Düsen) verwandt. Bei diesen Düsenausführungen wird die Leerlaufmenge und die regelbare Hauptmenge durch gesonderte Leitungen geführt, so daß im ganzen Betriebsbereich eine gute Zerstäubung gewährleistet ist.

Die Zuordnung einer konst. Triebwerksdrehzahl zu der Gashebelstellung geschieht in ähnlicher Weise wie beim Jumo 004-Triebwerk. Der Gashebel verändert die Federvorspannung des Drehzahlreglers und im Zusammenwirken mit den Fliehgewichten und einem Servosystem die Stellung des Hauptmengenreglers. Der Hauptmengenregler teilt entsprechend seiner jeweiligen Stellung die zufließende Menge in eine den Düsen zufließende Einspritzmenge und eine Rücklaufmenge auf. Eine Abweichung von der dem Gashebel zugeordneten Gleichgewichtsdrehzahl bedingt sofort eine Veränderung der Einspritzmenge derart, daß das Triebwerk in seine Gleichgewichtsdrehzahl zurückkehrt, so daß jeder Betriebspunkt stabil ist.

Für die maximale Triebwerksdrehzahl erfolgt eine Regelung derart, daß die Temperatur der aus der Brennkammer austretenden Verbrennungsgase konstant gehalten wird. Hierzu wird über eine Druckdose, auf deren einen Seite der Druck vor dem Kompressor p_1 und auf der anderen Seite ein entsprechend dem Druck p_2 hinter dem Kompressor

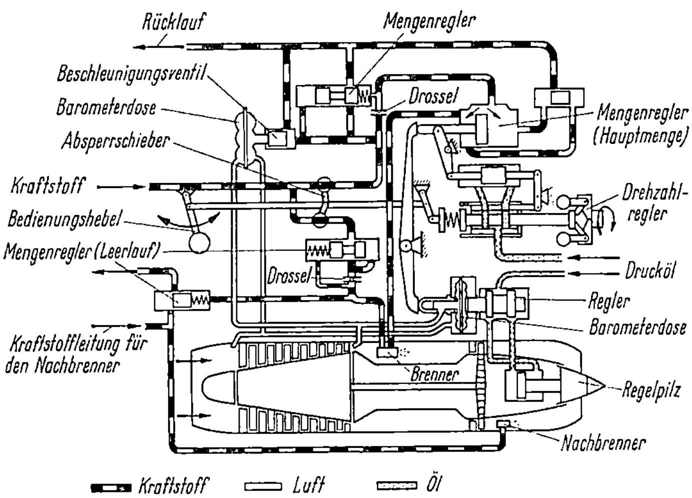

Abb. 238. Regelungssystem Snecma Atar 101 (vereinfacht)

verminderter Druck $\beta \cdot p_2$ wirkt, mittels eines Servosystems ein Regelpilz verschoben, wodurch der Querschnitt der Schubdüse verändert wird.

Die praktische Ausführung zeigen Abb. 238 und Abb. 239. Bei Vollaststellung (maximale Triebwerksdrehzahl) hat der Drehzahlregler auf $B_{s\,max}$ geregelt. Dieser Stellung entspricht eine grobe Stellung des Regelpilzes der Schubdüse. Die Feineinstellung erfolgt über die Druckdosen und das Servosystem. Die Gleichgewichtstellung ist dann gegeben, wenn

$$\frac{B_{s\,max}}{\beta\,p_2 - p_1} = \text{const} \tag{219}$$

ist.

Eine Verschiebung des Regelpilzes aus der Gleichgewichtslage heraus bedingt eine derartige Veränderung des Differenzdruckes an der Druckdose, daß sofort über das Servosystem eine Rückführung des Regelpilzes erfolgt.

Die Gefahren der Überhitzung der Turbine, des Pumpens des Verdichters und des Abreißens der Verbrennung bei Beschleunigungsvorgängen wird durch zweierlei Einrichtungen vermieden:

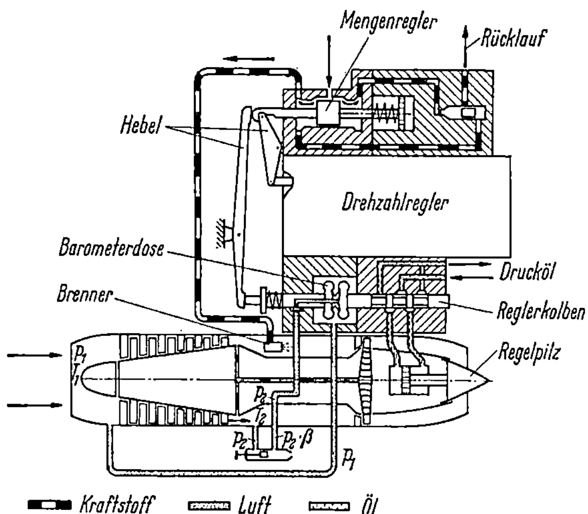

1. durch ein Beschleunigungsventil (siehe Abb. 238), das bei einer zu plötzlichen Veränderung des Brennstoffdurchsatzes eine direkte Verbindung der Hauptleitung mit der Rücklaufleitung herstellt,

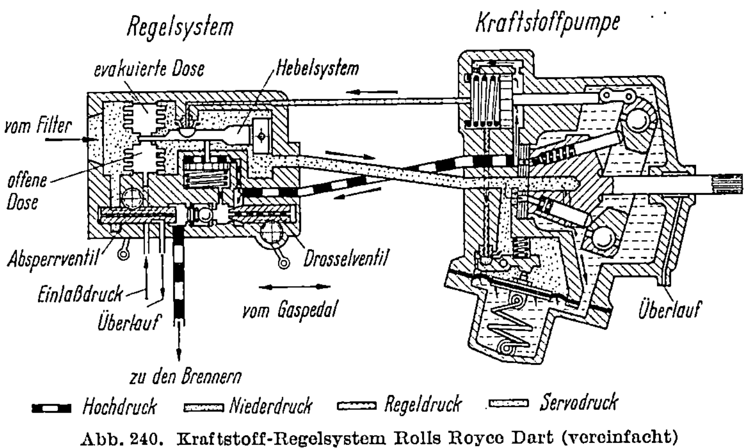

Abb. 240. Kraftstoff-Regelsystem Rolls Royce Dart (vereinfacht)

2. durch Zwischenschaltung eines Ölpolsters (siehe Abb. 238) zwischen die Verstellkolben des Servosystems und Anbringung von Endanschlägen, wodurch bei schnellen Regelbewegungen eine erhebliche Dämpfung eintritt.

Rolls-Royce Dart (PTL). Das Rolls-Royce Dart Triebwerk sowie auch die meisten anderen Triebwerke unterscheiden sich von den vorher beschriebenen Triebwerken in ihrer Regelung wesentlich dadurch, daß auf eine strenge Zuordnung von Triebwerksdrehzahl zur Gashebelstellung bei Veränderung der äußeren Bedingungen von vornherein verzichtet wird. Es wird nur noch die Forderung erhoben, daß bei Vollast eine maximale Drehzahl nicht überschritten wird. Es kann bei diesen Systemen im allgemeinen auf einen Drehzahlregler verzichtet werden, und auch sonst wird das Regelsystem in seinen Bauteilen einfacher.

Abb. 240 zeigt eine Prinzipskizze der Regelanlage. Sie erhält nicht die Verstelleinrichtung der Luftschraubensteigung. Letztere wurde aber mit dem Gashebel mechanisch verbunden, so daß das Grundprinzip der Einhebelbedienung auch hier eingehalten wurde. Das Prinzip der Mengenzumessung beruht darauf, daß der Gaseinstellhebel den Durchströmquerschnitt mittels einer verschiebbaren Drosselnadel verändert, wodurch im Zusammenwirken mit einem Überströmventil und einem Servosystem die Fördermenge der Pumpe solange geändert wird, bis sich für eine dem Gashebel entsprechende Stellung der Drosselnadel eine Gleichgewichtslage des Servokolbens der Förderpumpe einstellt. Da durch die Lage des Servokolbens die Fördermenge der Pumpe bedingt ist, ist somit auch eine strenge Zuordnung einer festen Kraftstoffmenge zur jeweiligen Gashebelstellung gegeben. Der Brennstoffdruck vor den Einspritzdüsen schwankt je nach Belastung, bei Verwendung von Simplexdüsen beim DART-Triebwerk zwischen 2,8 atü und 66,8 atü. Auf diesen Druck stockt sich die Druckdifferenz an der verschiebbaren Drosselnadel noch auf.

Die sich durch die Drosselnadel ergebende Druckdifferenz wirkt auf einen im Regler eingebauten federbelasteten Kolben, der zusammen mit einer Barometerdose über ein Hebelsystem auf ein Überströmventil einwirkt. Das Kräftegleichgewicht an diesem Überströmventil bestimmt den Kraftstoffdruck im Servosystem. Dieser Kraftstoffdruck wirkt zusammen mit einer Feder auf den Servokolben, der die Verstellung der Fördermenge der Kraftstoffpumpe vornimmt. Wird z. B. die Drosselnadel in Richtung Vollast verstellt, dann erzeugt die augenblicklich fließende Menge am größer gewordenen Drosselquerschnitt einen kleineren Druckabfall. Dieser bewirkt über Regelkolben und Überströmventil eine Erhöhung des Servodruckes und damit eine Verstellung der Pumpe auf größere Fördermenge, die rückwirkend an der Drossel die Druckdifferenz so weit erhöht, bis sich der neue Gleichgewichtszustand einstellt. Es muß hier vermerkt werden, daß die Regelung der durch die Düsen eingespritzten Kraftstoffmenge unabhängig vom Durchtrittsquerschnitt der Düsen selbst ist. Letzterer bewirkt lediglich einen anderen Vordruck.

Eine Sicherung gegen Überschreitung der Höchstdrehzahl wird durch eine besondere hydraulische Einrichtung an der Pumpe über die Drehzahlabhängigkeit der Fördermenge der Pumpe gewährleistet.

Da das beschriebene hydraulische Regelsystem direkt mit der Propellerstellung gekuppelt ist, ergibt sich die jeweilige Triebwerksdrehzahl durch das Leistungsgleichgewicht zwischen Turbine einerseits und Verdichter plus Propeller andererseits. Die Drehzahl hängt also außer von der eingespritzten Kraftstoffmenge, charakterisiert durch konstante Drosselstellung, auch noch in gewissen Grenzen von den äußeren

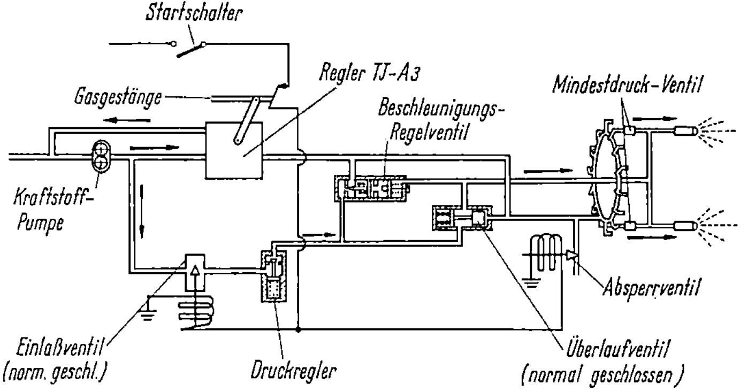

Abb. 241. Start-Regler Bendix B5 (vereinfacht)

Bedingungen, wie Druck, Temperatur, Höhe und Fluggeschwindigkeit ab.

Bendix Regelung für TL-Triebwerke. Das Bendix Regelsystem umfaßt zwei Regelaggregate, und zwar ein Aggregat, das die Funktion des Startens und ein weiteres, das die Zumessung des Kraftstoffes für die übliche Betriebsweise des Triebwerkes übernimmt.

Abb. 241 zeigt im Schema das Regelsystem für den Start (Bendix B5). Es beruht auf dem Prinzip, daß die beim Startvorgang mit der Zeit anwachsende Kraftstoffmenge für die Versorgung der Brennkammern automatisch geregelt wird, bis das Triebwerk eine Drehzahl erreicht hat, bei der automatisch auf das Hauptregelsystem (Bendix TJ-A3) umgeschaltet wird.

In der Abb. 242 ist schematisch das Hauptzumeßsystem (Bendix TJ-A3) dargestellt. Das wesentliche dieses Reglers ist, daß durch die Einstellung des Bedienungshebels die Triebwerksdrehzahl in eindeutiger Weise festgelegt ist — unabhängig davon — welchen jeweiligen äußeren Bedingungen (Höhe, Fluggeschwindigkeit) das Triebwerk unterliegt.

Eine Zahnradpumpe bringt den Brennstoff auf den für die Regelung erforderlichen Druck, wobei ein Überströmventil, welches in Abhängigkeit von dem Druck vor den Brennkammerdüsen geregelt wird, eine größere Menge vor die Pumpe zurückfließen läßt. Die eigentliche Regeleinheit umfaßt 2 Ventile, das Regulierventil und das Hauptventil. Durch das Regelventil wird der Kraftstoff der Regeleinheit zugeführt, durch das Hauptventil gelangt der Kraftstoff über die Brennstoffleitung zu den Düsen der Brennkammer. Die den Brennkammern zugeführte Brennstoffmenge wird durch den Ventilquerschnitt des Hauptventiles und den Brennstoffdruck in ihrer Größenordnung bestimmt.

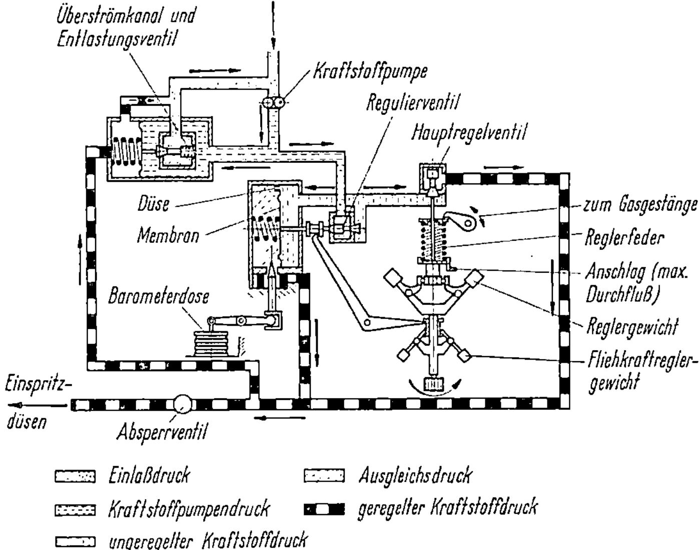

Der Ventilquerschnitt des Hauptventiles wird durch das Kräftegleichgewicht eines proportional der Triebwerksdrehzahl angetriebenen Zentrifugalreglers und einer von dem Bedienungshebel eingestellten Federvorspannung festgelegt. Soll zum Beispiel das Flugzeug beschleunigt werden, so wird durch Verstellung des Bedienungshebels die Federvorspannung vergrößert, wobei ein größerer Querschnitt des Hauptventiles frei wird, und eine größere Brennstoffmenge zu den Brennkammern gelangt. Hierdurch wird die Triebwerksdrehzahl erhöht, bis sich durch den Zentrifugalregler ein Kräftegleichgewicht gegenüber der erhöhten Federvorspannung eingestellt hat.

Die Berücksichtigung der Dichte und Temperatur wird durch einen Nebenkreislauf bewerkstelligt. Über eine Druckdose wird in diesem Nebenkreislauf die durchfließende Menge durch Verstellung einer Regelnadel gesteuert. Der Druckabfall, der durch die unterschiedlichen Durchflußmengen durch die Drosseldüse zwischen Hauptregelraum und Nebenraum entsteht, wirkt über eine Membrane zusammen mit einem zweiten Fliehkraftregler auf ein Regelventil. Der freie Querschnitt dieses Regelventils bestimmt im wesentlichen den Druck, der sich am Hauptventil einstellt und verursacht damit eine diesem Druck entsprechende Änderung der den Brennkammern zufließenden Kraftstoffmengen.

Zusammenfassend läßt sich also sagen, daß durch die Verstellung des Bedienungshebels über den Zentrifugalregler und das Hauptregelventil die Triebwerksdrehzahl festgelegt ist, wogegen durch einen Brennstoffnebenkreis über eine Barometerdose, einen zusätzlichen Zentrifugalregler und ein weiteres Regelventil die erforderliche Brennstoffänderung in Abhängigkeit von Höhe und Fluggeschwindigkeit gesteuert wird.

3. Aufbau und Wirkungsweise von Einspritzdüsen für Strahltriebwerke

a) Allgemeine Anforderungen an die Einspritzdüsen

Die Ausbildung der Kraftstoffzufuhrorgane ist zur Erzielung eines guten Verbrennungswirkungsgrades von besonderer Bedeutung.

Eine gute Zerstäubung soll in einem großen Bereich der Durchflußmenge gewährleistet sein. Diese Bedingung ist im Flugbetrieb besonders wichtig, da hier die Einspritzmenge von Vollast am Boden zu Teillast in großen Höhen im Verhältnis 15:1 und mehr variiert.

Im allgemeinen wird der Kraftstoffstrahl in Form eines Hohlkegels ausgespritzt, wobei in einigen Fällen ein Kegelwinkel von 85° auf Grund von Versuchen am günstigsten war. Die Verteilung des aus der Düse ausgespritzten Kraftstoffes hängt im wesentlichen von der Luftzuführung und von der Bauart der Brennkammer ab.

Im Hinblick auf eine hohe Betriebssicherheit und eine möglichst lange Lebensdauer soll die Konstruktion der Düsen möglichst einfach und möglichst ohne bewegliche Teile ausgeführt werden.

Eine scharfkantige Ausbildung des Düsenmundes begünstigt eine gute Zerstäubung.

Zur Vermeidung einer Verstopfung durch Kohlenstoffablagerungen dürfen keine zu engen Bohrungen oder Spalte vorhanden sein.

b) Düsenarten

Zur Einspritzung des Kraftstoffes werden hauptsächlich Wirbeldüsen verwendet. Hierbei tritt der Kraftstoff durch tangentiale Bohrungen, schraubenförmige Nuten oder Wirbelplatten in die Wirbelkammer ein. Beim Durchströmen der sich zur Düsenmündung hin verengenden Wirbelkammer erhält der Kraftstoff eine ständige Zunahme seiner Umfangsgeschwindigkeit, da die Strömung in erster Linie dem Drallsatz $u \cdot r = \text{const}$ gehorcht. Beim Austritt aus der Düse besitzt der Kraftstoffstrahl axial und radial gerichtete Geschwindigkeitskomponenten, wodurch die Ausbildung eines Kraftstoff-Hohlkegels bewirkt wird. Nach dem Kontinuitätsgesetz muß der Kraftstoffilm um so dünner werden, je größer der Kegelradius ist. Wird eine bestimmte Dicke unterschritten, so bricht der Film in einzelne Tropfen auf, da die Tropfenform in bezug auf die Oberflächenspannung günstiger ist als ein zusammenhängender Kraftstoffilm. Bei großen Durchsätzen tritt bereits vom Düsenmund ab eine Tropfenbildung ein, die auf Turbulenzerscheinungen infolge großer Geschwindigkeitsdifferenzen zwischen den einzelnen Flüssigkeitsschichten zurückzuführen ist. Die Entstehung der Turbulenz wird durch scharfe Kanten und plötzliche Querschnittsänderungen begünstigt.

Düsen mit konstantem Austrittsquerschnitt

1. Simplex-Düsen. Bei der in Abb. 243 gezeigten Düse wird der Drall durch schraubenförmige Nuten, die im konischen Teil der Wirbelkammer angebracht sind, erzeugt.

Die durchgesetzte Kraftstoffmenge ist in erster Linie von der Druckdifferenz zwischen dem Kraftstoff in der Düse und dem Brennkammerdruck entsprechend der bekannten Durchflußformel

$$G = \alpha \cdot F \cdot \varepsilon \sqrt{2 \cdot \varrho \cdot \Delta P_w} \qquad (220)$$

abhängig.

Der in einem Triebwerk wegen der Start- und Höhenbedingungen verlangte große Variationsbereich der Durchsatzmenge ergibt wegen der quadratischen Abhängigkeit Druckverhältnisse von 1:100 und mehr. Da der zulässige Maximaldruck wegen der Gefahr der Dampfblasenbildung vor der Düse auf 0,5 bis 1,0 atü begrenzt ist, sind zur Erreichung des maximalen Durchsatzes hohe Pumpenleistungen erfor-

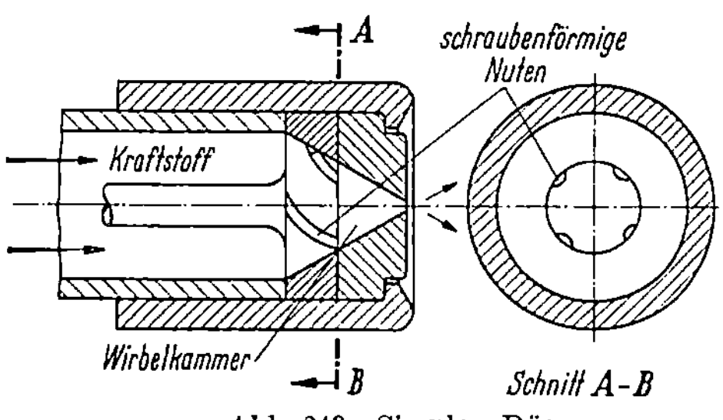

Abb. 243. Simplex-Düse

derlich. Außerdem besitzen die Simplexdüsen relativ kleine Strahlwinkel, die für die Verteilung des Kraftstoffes in der Brennkammer ungünstig sind. Bei einem Durchsatz von weniger als 25% der maximalen Kraftstoffmenge ist ein Absinken des Verbrennungswirkungsgrades um 10% zu erwarten.

2. Simplexdüsen mit Druckluftunterstützung (Abb. 244). Diese Düsen arbeiten bei großen Durchsätzen wie normale Simplexdüsen. Nur bei kleinen Mengen wird Preßluft zugeschaltet, wodurch eine gute Zerstäubung auch bei minderwertigen, schweren Ölen gewährleistet ist.

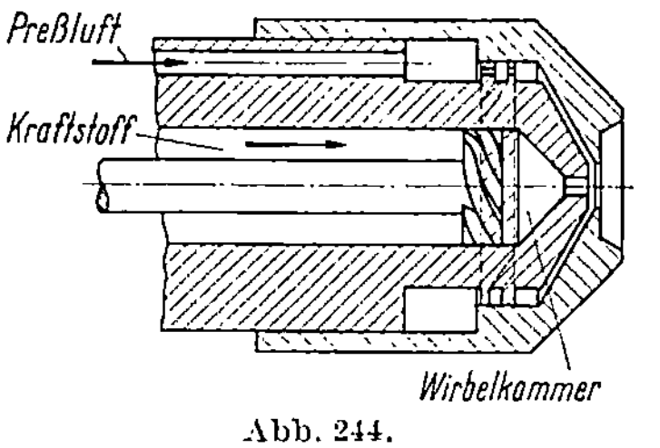

Abb. 244.
Simplexdüse mit Druckluftunterstützung

Düsen mit veränderlichem Querschnitt

Zur Verbesserung der Zerstäubung kann man an einer Düse die Auslaßöffnung oder die Einlaßschlitze zur Wirbelkammer verändern. Die konstruktive Ausführung von Düsen mit Veränderung des Austrittsquerschnitts stößt auf derartige Schwierigkeiten, daß es bisher nicht gelungen ist, einwandfrei arbeitende Düsen herzustellen. Die Veränderung der Einlaßschlitze war dagegen leichter zu verwirklichen, so daß auf dieser Grundlage die Duplexdüse und schließlich die Rücklaufdüse entwickelt wurden.

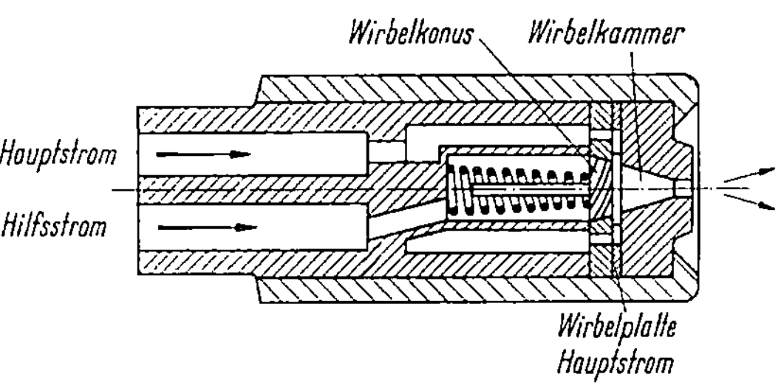

Abb. 245. Duplex-Düse

Duplexdüsen. Die Duplexdüsen sind dadurch gekennzeichnet, daß sie zwei getrennte Zerstäubungssysteme besitzen. Bei kleinem Kraftstoffdurchsatz ist nur das Hilfssystem in Betrieb, während bei zunehmender Belastung ein druckabhängiges Ventil die dem Hauptsystem zugeführte Kraftstoffmenge zusätzlich zum Hilfssystem regelt.

In der in Abb. 245 gezeigten Ausführungsform wird die Wirbelbewegung des Hilfsstroms durch einen konischen Einsatz mit schraubenförmigen Nuten erzeugt. Der Hauptstrom tritt durch die Wirbelplatte in die gemeinsame Wirbelkammer ein.

Neben dem Vorteil des großen Zerstäubungsbereiches wirkt sich der bei verschiedenen Durchsatzmengen variable Strahlwinkel sowie der Stoßverlust bei gedrosseltem Hauptstrom nachteilig aus. Der Stoßverlust entsteht, wenn der Kraftstoffdruck des Hauptsystems kleiner ist als der des Hilfssystems.

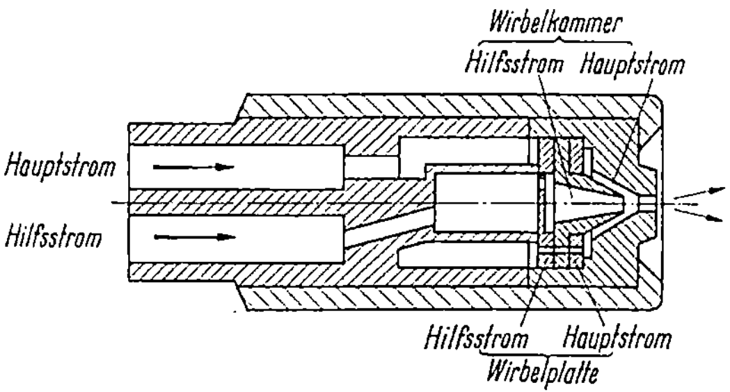

Abb. 246. Duplex-Düse

In Abb. 246 ist das Schnittbild einer Duplexdüse dargestellt, bei der für Hilfsstrom und Hauptstrom zwei getrennte Wirbelkammern Verwendung finden. Der Kraftstoff wird den konzentrisch angeordneten Kammern durch Wirbelplatten zugeführt. Durch die Trennung der beiden Ströme wird der Stoßverlust vermieden.

Rücklaufdüsen. Bei Rücklaufdüsen, deren schematischer Aufbau in Abb. 247 gezeigt wird, erfolgt die Regulierung der Durchsatzmenge durch den Druck in der Rücklaufleitung. Der bei konstanter Kraftstoffzufuhr nicht eingespritzte Teil der

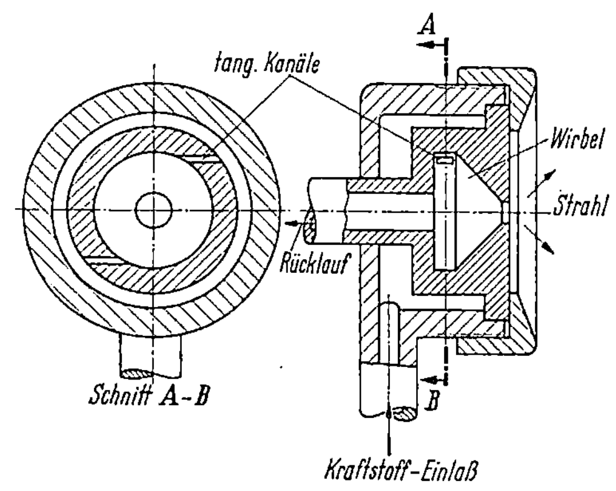

Abb. 247.
Schematischer Schnitt durch eine Rücklaufdüse

Kraftstoffmenge wird durch die Rücklaufleitung entweder der Niederdruckseite des Kraftstoffpumpensystems oder einer besonderen Umlaufpumpe zugeführt, die den Kraftstoff sofort wieder zur Düse leitet. Bei Rückführung des Kraftstoffes zur Niederdruckseite ergeben sich wegen der ständig hohen Fördermenge beim Anfahren und bei niedriger Belastung gewisse Schwierigkeiten, da die Pumpe direkt von der Maschine angetrieben wird. Wird der Kraftstoff jedoch durch eine

Hilfspumpe gleich der Düse wieder zugeführt, braucht die Hauptpumpe nur die wirkliche verbrannte Kraftstoffmenge zu fördern. Die Abnahme des Rücklaufkraftstoffes kann vom Umfang der Wirbelkammer, von der Mitte der Wirbelkammer (Abb. 247) oder vom Düsenmund erfolgen. Die Rücklaufdüse ermöglicht wegen des ständig vorhandenen hohen Förderdruckes eine Regelung der Kraftstoffmenge in weiten Bereichen bei relativ guter Zerstäubung.

Durch Absenken des Druckes in die Rücklaufleitung kann erreicht werden, daß der gesamte zugeführte Kraftstoff zurückläuft.

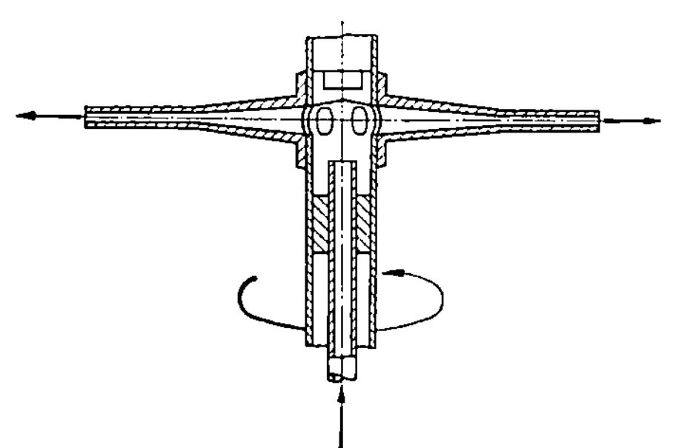

Abb. 248. Rotierender Zerstäuber

Rotierende Zerstäuber. Eine Kraftstoffeinspritzung mittels rotierender Zerstäuber hat sich bei Triebwerken mit Ringbrennkammern als vorteilhaft erwiesen.

Durch die hohle Triebwerkswelle (Abb. 248) wird der Kraftstoff mit geringem Druck dem Zerstäuberrad zugeführt. Obwohl die Güte der Zerstäubung stark von der Triebwerksdrehzahl abhängig ist, wird selbst bei den kleinsten auftretenden Umfangsgeschwindigkeiten eine ausreichende Zerstäubung erreicht.

Die Wahl der entsprechenden Düse wird hauptsächlich von der Güte der Zerstäubung bei den verschiedensten Betriebsbedingungen bestimmt.

Die Simplexdüse ist unzulänglich, weil kein einwandfreies Sprühbild bei den verschiedenen Kraftstoffdrücken und Durchflußmengen, die bei einem Strahltriebwerk auftreten, erreicht werden kann. Die Simplexdüse mit Druckluftunterstützung hat einen sehr weiten Zerstäubungsbereich und erscheint für die Zerstäubung schwerer Kraftstoffe geeignet zu sein. Bisher hat sie sich jedoch nur in stationären Gasturbinenanlagen durchgesetzt.

Mit Duplexdüsen konnte man wesentlich bessere Ergebnisse erzielen, besonders beim Starten und in großen Höhen.

Die Rücklaufdüse hat Eigenschaften, die den steigenden Anforderungen einer guten Zerstäubung für ständig zunehmende Betriebshöhen und Geschwindigkeiten gerecht werden. Mit ihr kann man auch Kraftstoffe mit größerer Viskosität gut zerstäuben.

Kombinierte Motor-Gasturbinen-Strahltriebwerke

a) Allgemeines

Wegen der beschränkten Warmfestigkeit der Werkstoffe für die Schaufeln und die Laufräder sowie die Gasleitungen in Düsen von Gasturbinen ist die höchst zulässige Gastemperatur vor den Düsen je nach Verwendungszweck auf etwa 650 bis 1100 °C beschränkt, s. S. 280. Damit ist auch der Wirtschaftlichkeit dieser Kraftmaschinenart Grenzen gesetzt. Zur Erzielung hoher Wirtschaftlichkeit ist aber die Durchführung der Verbrennung bei hohen Temperaturen erforderlich. Eine thermodynamisch vorteilhafte Kombination zur Erzielung einer guten Gesamtwirtschaftlichkeit ist deshalb die Vorschaltung eines Motors vor die Gasturbine, wobei der Motor als Verbrennungskammer der Turbine arbeitet.

Grundsätzlich kann man das Wärmegefälle bei kombinierten Flugzeugtriebwerken in 3 Teile aufteilen:

1. Hochdruckteil, der motorische Teil;
2. Mitteldruckteil, der Turbinenteil;
3. Niederdruckteil, Verarbeitung des Wärmegefälles im tiefsten Druckbereich zur Beschleunigung der Verbrennungsgase in der Schubdüse.

Untersuchungen über die optimale Aufteilung des verfügbaren Wärmegefälles auf diese Stufen müssen nach dem oben Gesagten die Annahme verschiedener Wirkungsgrade für die Strömungsmaschinen einschließen und müssen auch verschiedene Möglichkeiten der Fluggeschwindigkeit als Parameter enthalten, weil dadurch auch der Vortriebswirkungsgrad des Flugzeuges beeinflußt wird. Deshalb können allgemeingültige Zahlen für die optimale Aufteilung des Wärmegefälles bzw. optimale Bestimmung der Drücke zwischen den 3 Teilen des Triebwerkes nicht genannt werden, es sei denn, es werden Untersuchungen nur für festliegende Voraussetzungen in bezug auf Wirkungsgrade und Fluggeschwindigkeiten durchgeführt.

Das allgemeine Schema eines kombinierten Motor-Gasturbinen-Triebwerkes ergibt sich aus folgender Darstellung:

In Abb. 249 wird im $p-V$-Diagramm schematisch mit verzerrtem Maßstab die Aufteilung des Arbeitsbereiches für kombinierte Triebwerke aufgezeigt. Der Bereich hohen Druckes und hoher Temperatur ist nach oben Gesagtem der beste Arbeitsbereich des Motors (Fläche $1-2-3-4$). Im Niederdruckbereich liegen die Arbeitsflächen des Verdichters $7-1-1'-7'-7$ und der Gasturbine $I-II-II'-I'$, weil in diesem Bereich die Temperaturen des Arbeitsgases schon so weit gesenkt sind, daß die Gasturbine ohne Schwierigkeiten betriebssicher arbeiten kann, wogegen im unteren Druckbereich — bei Verwendung für Flugzeugantriebe und in beschränktem Maße auch für Bodenfahrzeuge hoher Geschwindigkeit — die Schubdüse am zweckmäßigsten eingesetzt werden kann. Bei den erwähnten schnellen Fahrzeugen wird nahezu immer zur Vorverdichtung der Flugstau mit herangezogen, entsprechend dem Arbeitswert $8-7-7'-III'-8$ (in Abb. 249).

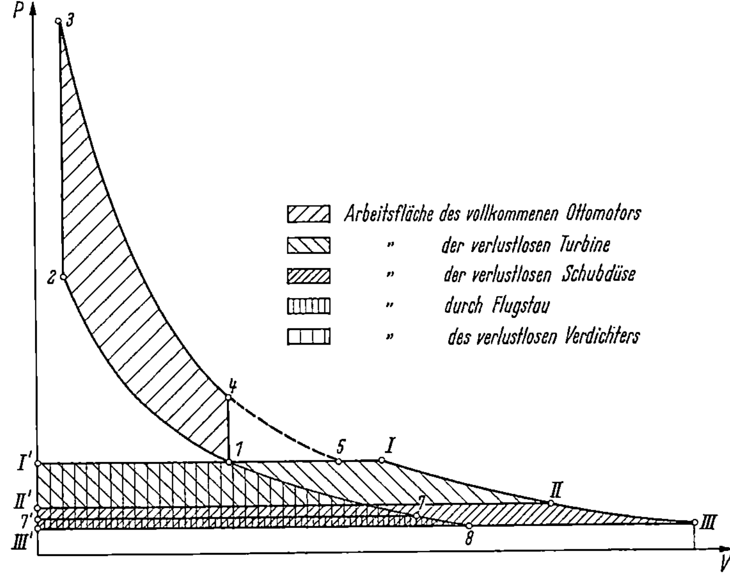

Abb. 249. Schematische Darstellung des $p-V$-Diagrammes der kombinierten Motor-Gasturbinen-Strahltriebwerke (zur deutlicheren Darstellung in Richtung von Abszisse und Ordinate verzerrt gezeichnet)

Die unmittelbare Umsetzung des Wärmegefälles im Bereich der kleinsten Drücke in Geschwindigkeit und die Verwendung des Rückstoßes, der aus der Beschleunigung des Arbeitsgases auf diese Geschwindigkeit resultiert, zum Zwecke des Antriebs ist in diesem Falle die wirtschaftlichste Möglichkeit der Umwandlung des Wärmegefälles in Schub, da hierbei die in Betracht kommenden Verluste den geringsten Wert erreichen, wogegen bei Weiterleitung der Energie über ein Getriebe auf die Luftschraube oder über ein Getriebe auf die Räder eines Landfahrzeuges zusätzliche Verluste in Kauf genommen werden müßten. Allerdings ist die Verwendung der Energie in dieser Form nur auf ein geringes Wärmegefälle bzw. Druckgefälle beschränkt, das in der Größenordnung einer Austrittsgeschwindigkeit entspricht, die doppelt so hoch ist wie die Fahrgeschwindigkeit, weil sonst der Vortriebswirkungsgrad zu schlecht wird.

Die Entwicklungstendenz der kombinierten Triebwerke zeigt eine Zunahme der Leistung des Turboteils relativ zur Gesamtleistung. Diese Tendenz ist damit zu erklären, daß die Höhe des Verdichter-Enddruckes und die Höhe des Druckes zwischen Motor und Gasturbine von den erreichbaren Wirkungsgraden von Turbine und Verdichter abhängen. Der Gesamtwirkungsgrad des Turboteils wird grundsätzlich mit höheren Verdichtungsverhältnissen in Turbine und Verdichter aus thermodynamischen Gründen ungünstiger. Eine Erhöhung des Druckverhältnisses des Turboteils ist also in dem Ausmaße möglich, in dem es gelingt, die Wirkungsgrade von Turbine und Verdichter zu verbessern.

b) Ausführungsbeispiele

Allgemein ergeben sich nun folgende Möglichkeiten der Kombination. Übernimmt der Motor die gesamte Nutzleistung und wird durch Senkung des Druckes vor der Abgasturbine dafür gesorgt, daß die Turbinenleistung gerade die erforderliche Laderleistung deckt, dann liegen die Verhältnisse des turbo-aufgeladenen Motors vor. Der andere Grenzfall ist der, daß die Leistung des Motors lediglich zur Deckung des Leistungsbedarfs des Laders verwendet wird, so daß der Motor als Verbrennungskammer der Turbine arbeitet, und die gesamte Nutzleistung allein von der Turbine abgegeben wird.

Die weitaus verbreitetste Kombination für Verbund-Triebwerke für Flugzeuge ist die, daß die Abgabe der Vortriebsleistung vom Motor, von der Turbine und durch die Schubdüse erfolgt.

Alle 3 aufgezeigten Möglichkeiten der Kombination sind bei serienmäßigen Triebwerken ausgeführt und haben sich z. T. in der Praxis bewährt. Im folgenden sollen nur 3 typische Ausführungsformen allgemein näher erläutert werden:

Nach dem Vorschlag von PESCARA wird der Motor ohne Abgabe von Nutzleistung nach außen als Gasspender betrieben, wobei die Motorenleistung lediglich zur Deckung des Leistungsbedarfs des Verdichters verwendet wird.

Ein Zweitakt-Gegenkolbenmotor ist hier derart mit einem Freikolbenverdichter verbunden, daß die Motorleistung gerade zur Deckung der Verdichterleistung ausreicht. Da hierbei mehr Luft verdichtet wird, als zur Verbrennung erforderlich ist, kann eine intensive Spülung des Motors erzielt werden. Die für den Betrieb der Gasturbine erforderliche Gastemperatur stellt sich nach Mischung dieser Spülluft mit den Abgasen des Motors ein.

Ausführungen nach diesem System sind bisher vorwiegend in stationären Anlagen und nicht für Flugzeuganlagen gebaut worden.

27 Schmidt, Verbrennungskraftmaschinen, 4. Aufl.

Bei anderen Methoden, die vorwiegend für kombinierte Flugzeug-Motor-Strahltriebwerke benutzt werden, wird die Motorenleistung zum Antrieb einer Luftschraube verwendet.

Der Motor dient gleichzeitig als Gasspender für ein angebautes Strahltriebwerk (Turbinentriebwerk). Der Verbrennungsmotor ist hier also die gleichzeitig mechanische Arbeit liefernde Verbrennungskammer des Düsentriebwerkes. Der Motor wird dadurch vereinfacht, daß der mechanisch angetriebene Lader wegfällt. Die Ladeluft wird im Lader

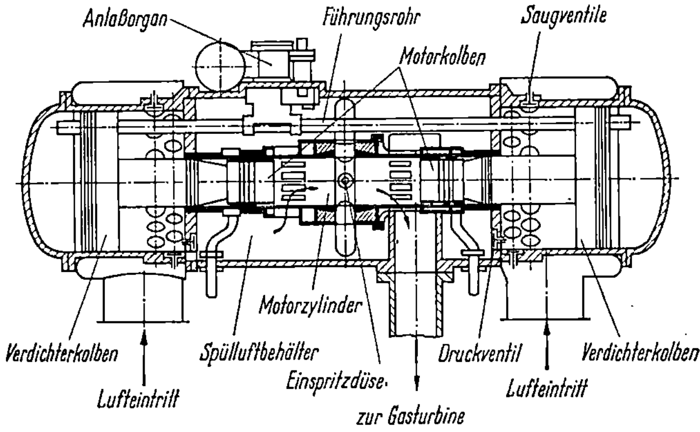

Abb. 250. Schema einer Pescara-Anlage

des Turbinenaggregates verdichtet und vor Eintritt in den Motor rück-gekühlt. Bei einer speziellen Ausführung nach diesem Prinzip wird ab-weichend von der herkömmlichen Regelungsmethode des Motors durch Drosselung der Ladeluft die Regelung dadurch erreicht, daß die der Turbine zur Verfügung stehende Energie des Arbeitsgases geregelt wird [K 50]. Die Drosselung der Luft kommt nur in den niedrigsten Be-lastungsstufen zur Anwendung. Wird mittels dieser Regelungsmethode die Leistung der Gasturbine herabgesetzt, so vermindert sich gleichzeitig die Luftmenge, die der Lader fördert und damit auch die Motoren-leistung, weil die ganze vom Lader geförderte Luftmenge im Motor verarbeitet wird. Diese Art der Regelung gestattet das völlige Weg-lassen der Drossel im Bereiche der Höchstleistung und damit eine Ver-besserung der Höchstleistung des Motors. In Verbindung mit der Ben-zineinspritzung und der dadurch möglichen Totraumspülung des Motors erhält man nach dieser Methode einen Motor mit besonders hohen spe-zifischen Leistungen.

Bei anderen Ausführungen [K 30] wird über ein Getriebe, wel-ches die Turbine mit der Propellerwelle verbindet, von der Turbine noch Nutzleistung abgegeben. Außerdem wird ein Teil der in den Ab-

gasen der der Turbine verfügbaren Energie in einer Schubdüse als
dritte Triebwerksstufe zum Vortrieb ausgenutzt.

Abb. 251 zeigt ein Verbundtriebwerk, bei dem ebenfalls über ein
Getriebe zwischen Motor und Turbolader Nutzleistung von der Turbine abgegeben werden kann. Der Motorenteil ist ein Doppelstern-
Otto-Motor mit Benzineinspritzung. Dieses Triebwerk war in Verbindung mit einigen Flugzeutypen mehrere Jahre im Transozeanbetrieb
eingesetzt.

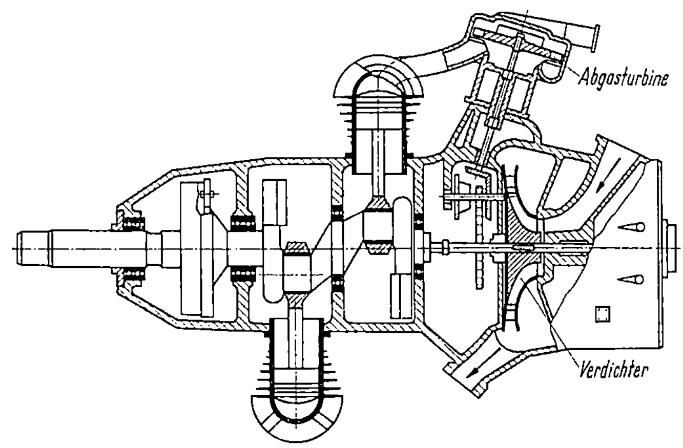

Abb. 251. Schemabild des Wright-Turbo-Compound Triebwerkes 18 R-3350;
von links nach rechts: Propellernabe, Untersetzungsgetriebe, Kurbelwelle mit Kolben
und Ausgleichsgewichten, Abgasturbine mit Kraftübertragung auf die Kurbelwelle,
Höhenverdichter

Bei weiteren im Flugbetrieb verwandten Verbundtriebwerken
wird die Nutzleistung entsprechend Abb. 251 sowohl vom Kolbenmotor, der entweder als Dieselmotor oder Ottomotor mit Benzineinspritzung ausgeführt ist, über eine Luftschraube, als auch von der
Gasturbine und der daran anschließenden Schubdüse zum Vortrieb des
Flugzeuges abgegeben. Bei den heutigen Ausführungen verteilt sich
die gesamte Leistung zu 65 bis 90% auf den Motor, zu 10 bis 15% auf
die Gasturbine und zu 0 bis 20% auf die Schubdüse. Die hierbei verwendeten maximalen Drücke zwischen Motor und Turbine liegen bei
Ottomotoren bei 1,9 ata, wobei Verdichtungsverhältnisse von etwa 7
üblich sind. Bei einem hochaufgeladenen Dieselmotor [K 52] beträgt
das Verdichtungsverhältnis $\varepsilon = 8$, wobei jedoch zur Sicherstellung der
Selbstzündung der Aufladedruck sehr hoch gewählt werden mußte,
zum Teil größer als 3 Atmosphären. Das Verdichtungsverhältnis des
Laders beträgt bei dieser Ausführung maximal 8,25 : 1. Bei anderen Motoren mit für Dieselmotoren üblichen Verdichtungsverhältnissen von
etwa 17 beträgt der maximale Ladedruck 2,8 [K 53]. Der Lader arbeitet
jedoch am Boden und in geringeren Flughöhen mit erheblich niedrige-

27*

rem Druckverhältnis. Die effektiven Mitteldrücke liegen bei den meisten ausgeführten Triebwerken in der Größenordnung von 15 ata, wobei jedoch eine kurzzeitige Steigerung beim Start bis 20 Atmosphären möglich ist. Die spezifischen Verbrauchszahlen könnten bei Verwendung von Dieselmotoren bis auf weniger als 140 g/PSh gesenkt werden; bei Verbundtriebwerken mit Ottomotor wurden Verbrauchszahlen von 160 bis 170 g/PSh erzielt. Die maximale Leistungseinheit bei diesen Ausführungen beträgt etwa 4000 PS, wobei das Leistungsgewicht auf weniger als 0,5 kg/PS gesenkt werden konnte. Die mittleren Kolbengeschwindigkeiten liegen zwischen 12 bis 16 m/s bei Motordrehzahlen

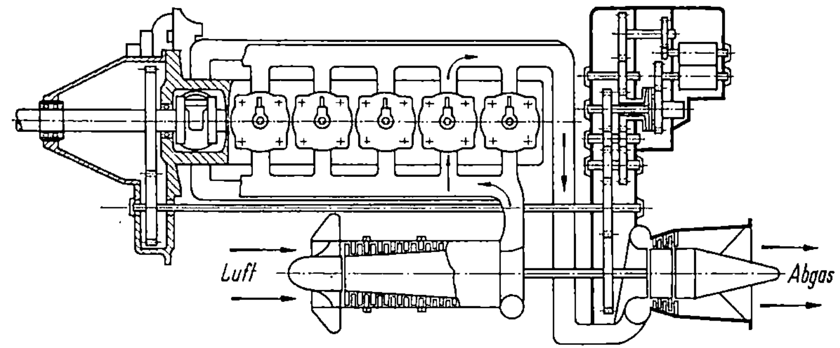

Abb. 252. Napier-Nomad-Verbundtriebwerk (schematisch)

von etwa 2000 bis 3000 Umdrehungen/min. Die Größen der Hubvolumina pro Zylinder liegen um 3 l, wobei die Literleistungen in Bereichen von 50 bis 75 PS liegen.

Abb. 252 zeigt das Schema eines Verbundtriebwerkes [K 52]. Das Triebwerk hat keine Serienverwendung gefunden, dürfte aber im Rahmen der allgemeinen Entwicklung von Interesse sein. Die durch einen mehrstufigen Axiallader eintretende Luft wird dem Motor als Ladeluft bzw. Spülluft zugeführt. Die Abgase des Motors nach Mischung mit der Spülluft treiben eine mehrstufige Gasturbine an und expandieren dann weiter in der Schubdüse, wobei ein Teil des Wärmegefälles noch in Schubleistung verwandelt wird. Durch ein regelbares Untersetzungsgetriebe kann die Überschußleistung der Gasturbine an die Propellerwelle abgegeben und zum Vortrieb benutzt werden. Derartige Kombinationen von Kraftmaschinen bieten eine vorzügliche Möglichkeit, die verschiedenartige Wirtschaftlichkeit der verwendeten Verbrennungskraftmaschinenarten in vorteilhafter Weise zu kombinieren.

Zusammenfassend läßt sich noch folgendes sagen: Die Vorschaltung des Kolbenmotors vor die Turbine ergibt die Möglichkeit der Ausnützung der wirtschaftlichen Vorteile, die die Durchführung des Verbrennungsvorganges im Bereiche hoher Temperaturen vom thermodynamischen Standpunkte aus grundsätzlich bietet. Durch die Nachschaltung der Gasturbine wird der grundsätzliche Nachteil des Kolbenmotors, nämlich der große Verlust durch die unvollständige Expansion weitgehend vermieden. Die Ausnützung des letzten Anteiles der Dehnungsenergie im tiefsten Druckgebiet durch Düsen-Strahlantrieb bietet den Vorteil der direkten Verwendung der Dehnungsenergie zur Erzeugung des Schubs am Flugzeug, der in diesem Bereiche der Austrittsgeschwindigkeiten mit besonders günstigen Wirkungsgraden erfolgt. Dabei werden die Verluste weitgehend vermieden, die beim Antrieb durch Propeller auftreten.

Als Flugzeugantrieb fanden die Verbundtriebwerke wegen ihrer günstigen Verbrauchszahlen, des geringen Leistungsgewichtes und wegen ihrer hohen Betriebssssicherheit bevorzugte Anwendung bei Langstreckenflugzeugen sowohl im Passagier- als auch im Frachtverkehr im Geschwindigkeitsbereich von $500 \div 700$ km/h. Andererseits sind mit dieser Anordnung ähnlich wie bei Propeller-Strahltriebwerken günstige Starteigenschaften vorhanden, weil der vorhandene Propeller die Beschleunigung großer Luftmassen bei relativ geringen Geschwindigkeiten zur Erzeugung hohen Schubs beim Start gestattet. Ähnliche Vorteile kombinierter Verbrennungskraftmaschinenanlagen sind im Verlaufe der Entwicklung auch für den Schiffsbetrieb erreichbar.

Staustrahltriebwerke

a) Allgemeines

Staustrahltriebwerke sind von den luftansaugenden Triebwerksystemen für hohe Fluggeschwindigkeiten am besten geeignet. Beim Staustrahltriebwerk, auch Strahlrohr oder Lorin-Düse genannt, erfolgt die Verdichtung der Verbrennungsluft nicht in einem Verdichter, wie z. B. bei Strahltriebwerken, sondern durch Verzögerung d. h. Aufstau im Einlaufteil (Diffusor).
Diese Triebwerksart zeichnet sich daher durch besonders einfache Bauweise aus, s. Abb. 253.
Der wesentliche Nachteil des Staustrahltriebwerkes gegenüber dem Strahltriebwerk und auch gegenüber der Rakete besteht darin, daß bei der Fluggeschwindigkeit Null, d. h. im Stand, kein Schub erzeugt werden kann. Seine Anwendung ist daher auch bis heute gering geblieben [L18]. Erst mit Steigerung der Fluggeschwindigkeiten in das hohe Überschallgebiet hinein wird auch der Einsatz von Strahlrohren interessant, siehe Ausführungen von O. Lutz [L15]. Eine spezielle Anwendungsmöglichkeit kann sich für die Weltraumfahrt ergeben, wenn

die ersten Stufen von Antriebssystemen aus einer Kombination von Raketen und luftansaugenden Triebwerken, z. B. Strahlrohren, besteht, um das bei dieser Antriebskombination eingesparte Gewicht des Sauerstoffträgers der Raketen-Nutzlast zuschlagen zu können

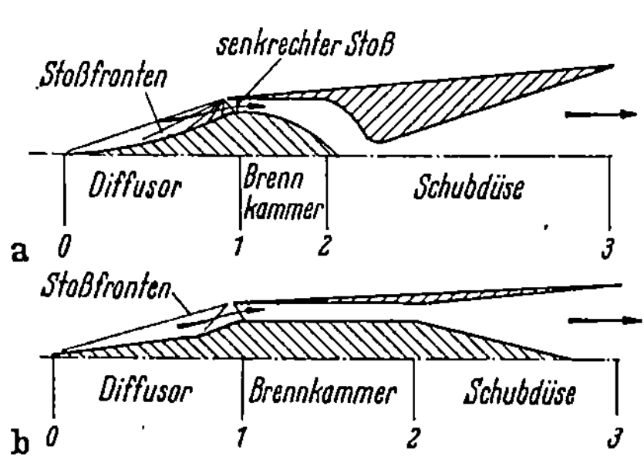

Abb. 253. Schematische Darstellung von Staustrahltriebwerken für Überschallflug
a) mit Unterschallverbrennung, $M_1 < 1$
b) mit Überschallverbrennurg. $M_1 > 1$, (3-Stoß-Diffusor)

[L 15]. Eine derartige Kombination erscheint im Bereich zwischen Ma = 2 bis 10 zweckmäßig, wie ein Vergleich der spezifischen Impulse von Raketen und luftatmenden Triebwerkssystemen in Abb. 254a zeigt. Der Einsatzbereich von Staustrahltriebwerken würde hiernach bei einer Geschwindigkeit von Ma = 3 bis 10 liegen, während im Bereich Ma 0 bis 3 andere Triebwerksarten vorzuziehen sind.

Bei Verwendung von Wasserstoff anstatt Kerosen lassen sich die spezifischen Impulse noch erheblich erhöhen, wie Abb. 254b zeigt.

Die Anwendungsmöglichkeiten von Staustrahlrohren mit Unterschallverbrennung sind in bezug auf Flugmachzahl und Flughöhe

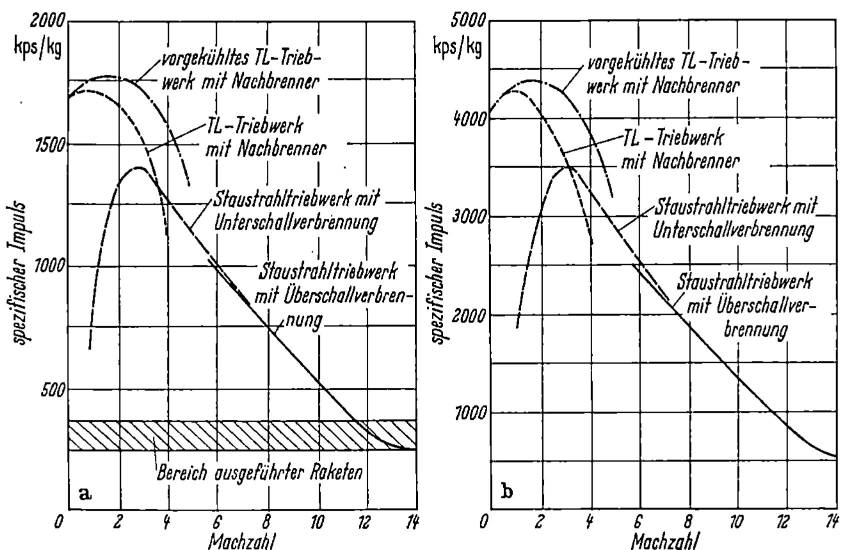

Abb. 254. Spezifische Impulse luftansaugender Antriebs-Systeme in Abhängigkeit von der Flugmachzahl (nach O. Lutz)
a) Verbrennung von Kerosen-Luft
b) Verbrennung von Wasserstoff-Luft

sowohl durch physikalische wie auch durch technische Schwierigkeiten begrenzt.

Bei kleinen Flugmachzahlen im Unterschallbereich ist die Schubkraft ungefähr proportional dem Flugstaudruck [L 18], so daß sich bei diesen Fluggeschwindigkeiten eine Grenze ausbildet, unterhalb welcher der erzeugte Schub nicht mehr zur Beschleunigung bzw. zur Überwindung der Flugwiderstände ausreicht.

Eine andere Grenze der Anwendbarkeit der Staustrahlantriebe bildet die Flughöhe im Zusammenwirken mit der Fluggeschwindigkeit. So liegen die maximal erreichbaren Flugmachzahlen bei niedrigen Höhen infolge der höheren Luftdichte und den hieraus resultierenden hohen Brennkammerdrücken (10—35 at) relativ niedrig. Bei noch höheren Drücken würden die Konstruktionsgewichte der Triebwerke unzulässig anwachsen. Weiterhin bildet die thermische Beanspruchung der Brennraumwände in Abhängigkeit von Temperatur und Druck in der Brennkammer eine entscheidende Grenze.

In großen Flughöhen wird die Geschwindigkeit durch die abnehmenden Flugstaudrücke und damit verbunden durch die untere Grenze des Brennkammerdruckes ($\sim 0{,}1$ at), bei dem nach den derzeitigen Erfahrungen noch eine stabile Verbrennung gewährleistet ist, festgelegt.

Konstruktive Probleme ergeben sich vor allem hinsichtlich der Auslegung und kontrollierten Regelung des Diffusors. Dieser muß für eine optimale Auslegung des Triebwerkes der Fluggeschwindigkeit und Flughöhe angepaßt sein.

Die Verbrennung in einem Staustrahltriebwerk mit Unterschallverbrennung unterscheidet sich nicht wesentlich von der in einem konventionellen Strahltriebwerk. Bei beiden Triebwerkstypen wird die Luftgeschwindigkeit beim Eintritt in die Brennkammer im Hinblick auf eine stabile Verbrennung so gering gehalten, daß mit Sicherheit die Abreißgrenzen nicht erreicht werden. Die Erhöhung der Luftgeschwindigkeit in der Brennkammer ist bei Triebwerken mit Unterschallverbrennung thermodynamisch durch die sogenannte „thermische Verstopfung" begrenzt. Sie ist dann erreicht, wenn beim Triebwerk nach Abb. 253a schon vor dem kritischen Querschnitt der Expansionsdüse Schallgeschwindigkeit auftritt.

Betrachtet man z. B. eine Strömung mit Wärmezufuhr in einem Rohr konstanten Querschnittes so ergibt die theoretische Rechnung, daß sowohl bei Unter- als auch bei Überschallanströmung der Brennkammer an der Stelle 2 entsprechend Abb. 253b die örtliche Machzahl 1 erreicht werden kann. Im Unterschallbereich steigt die Machzahl in der Brennkammer bei Wärmezufuhr an, d. h. die Strömungsgeschwindigkeit wächst stärker als die Wurzel aus der örtlichen Temperatur, also $\sqrt{T}$. Im Überschallbereich nimmt die Machzahl mit zunehmender Wärmezufuhr ab, d. h. $\sqrt{T}$ nimmt stärker zu als die Strömungsgeschwindigkeit. Die Absolutgeschwindigkeit in der Brennkammer bleibt bei konstanter Anströmgeschwindigkeit ungefähr konstant, während die örtliche Schallgeschwindigkeit a eine Funktion der Wärmezufuhr ist. Daraus ergibt sich, daß mit zunehmender Wärmezufuhr sowohl im Unter- als auch im Überschallbereich hinter der Brennkammer eine Machzahl erreicht wird, die bis zur kritischen Wärmemenge $Q_{\mathrm{krit.}}$ dem Wert $M_2 = 1$ zustrebt. Wird die Wärmemenge noch weiter erhöht, dann muß für den Überschallbereich die Machzahl $M_2 < 1$ werden. Im Unterschallbereich müßte sich entsprechend hinter der Brennkammer eine Überschallströmung ausbilden, was jedoch nur dann möglich ist, wenn sich an der Umschlagstelle ein Erweiterungsteil befindet. Es handelt sich hier also um eine echte thermische Verstopfung.

Für die praktische Ausführung der Staustrahlantriebe ist diese Grenze der Wärmezufuhr von entscheidender Bedeutung, da sich bei veränderlichen Anströmmachzahlen die Bedingungen für die maximale Wärmezufuhr in weitem Maße ändern und daher eine komplizierte Regelung erforderlich machen.

b) Allgemeine Betrachtungen über Staustrahltriebwerke mit Über- und Unterschallverbrennung

Die wesentlichen Vorteile der Überschallverbrennung bei gleichem Flugzustand gegenüber der Unterschallverbrennung sind hauptsächlich in den niedrigeren statischen Temperaturen und Drücken während der Verbrennung zu sehen. Dadurch werden besonders im Gebiet hoher Flugmachzahlen bessere Gesamtwirkungsgrade erzielt. Hieraus resultieren ferner u. a. auch niedrigere Wärmeübergangswerte und eine Verminderung des Triebwerksgewichtes.

Die Anwendung der Überschallverbrennung bietet jedoch eine Vielzahl ungelöster Probleme. Der thermodynamische Vorteil des Verfahrens ist nur dann voll nutzbar, wenn die Verbrennung bei stetigem Druckverlauf ohne Stoßbildung erfolgt. Das macht den Einbau von Störkörpern, z. B. Flammenhaltern, wie sie in Brennkammern mit Unterschallströmung zur Stabilisation der Flamme und zur Erzielung kurzer Ausbrandwege üblich sind, unmöglich.

Für die Verbrennung im Überschallstrom ergeben sich vorzugsweise zwei Möglichkeiten. Die erste entspricht den sogenannten Diffusionsflammen. Diese Art von Verbrennung geschieht etwa folgendermaßen: Man setzt einem Überschall-Luftstrom, dessen statische Temperatur über dem Zündtemperaturbereich des Kraftstoffes liegt, kontinuierlich Kraftstoff zu. Die Entzündung beginnt, wenn sich nach Durchmischung von Kraftstoff und Luft Gebiete mit zündfähigem Gemisch gebildet haben. Die Verbrennung schreitet dann entsprechend der weiteren Aufbereitung fort.

Die Zündung kann beispielsweise durch eine Zündflamme (pilot-flame) [L1] erfolgen. Theoretisch müßte sich bei diesem Verfahren eine stoßfreie Überschallverbrennung verwirklichen lassen.

Die zweite Möglichkeit ist die Verbrennung vorgemischter Gase mittels Detonationswellen. Dabei findet die Mischung von Luft — deren statische Temperatur unter der Zündtemperatur liegt — und Kraftstoff vor der Verbrennung statt.

Versuche haben aber vorläufig gezeigt, daß jede Reaktion Stöße zur Folge hatte. Man ging daher dazu über, senkrechte Stöße in der Brennkammer zu stabilisieren und die Temperatur- und Druckerhöhung in der Stoßfront zur Zündung des Gemisches auszunutzen. In diesem Falle spricht man von stehenden Detonationen, da sich Stoßflammen in vorgemischten Gasen nach den gleichen Gesetzen bilden, wie Detonationswellen (s. S. 569). Eine eigentliche Überschallverbrennung liegt jedoch nicht vor, da nur die Anströmgeschwindigkeit des un-

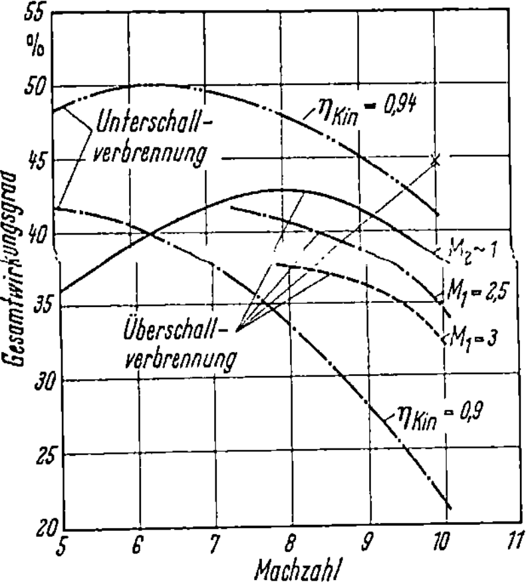

Abb. 255. Gesamtwirkungsgrade von Staustrahltriebwerken mit Über- und Unterschallvererbrennung (nach G. A. Dugger) Überschallverbrennung: ——— $M_2 \sim 1$, —·— $M_1 = 2,5$ ----- $M_1 = 3$ (Indizes entsprechend Abb.253), × = isentroper Einlauf; (Flugbahn mit dynam. = 0,171 ata = konst.)

verbrannten Gemisches im Überschallbereich erfolgt, die Verbrennung selbst aber in bzw. hinter der Stoßfront, d. h. im Unterschallgebiet abläuft.

Theoretische Untersuchungen [L 21] haben ergeben, daß der nutzbare Vorteil der Überschallverbrennung bei gegebenem Ruhetemperatur-Verhältnis, das ist das Verhältnis der Gesamttemperatur nach und vor der Verbrennung, umso größer ist, je höher die Brennkammereintrittsmachzahl und damit verbunden die Flugmachzahl liegt.

Aus Abb. 255 wird ersichtlich, daß erst ab Flugmachzahlen > 6,5 der Gesamtwirkungsgrad des Triebwerkes mit Überschallverbrennung demjenigen mit Unterschallverbrennung überlegen ist. Aus der Abbildung geht weiterhin der große Einfluß des kinetischen Diffusorgütegrades η_{kin} auf den Gesamtwirkungsgrad hervor, wie ein Vergleich der Wirkungsgrade bei Unterschallverbrennung zeigt.

Das Problem der Überschallverbrennung bedarf weiterhin eingehender Untersuchungen, wobei besonders die Fragen der Kraftstoffzumischung zur Überschallströmung von wesentlichem Interesse sind. Infolge mit der Fluggeschwindigkeit anwachsender Energieverluste, z. B. Relaxationserscheinungen in der Expansionsdüse (s. S. 492) scheint es jedoch nicht ausgeschlossen, das von bestimmten Fluggeschwindigkeiten an die Vorteile der Überschallverbrennung durch diese Verluste wieder aufgehoben werden.

Raketenantriebe

1. Physikalische Grundlagen

Bei Raketenantrieben wird die vortreibende Schubkraft durch die Impulsänderung des Systems selbst erzielt. Im Gegensatz zu Strahlantrieben arbeiten diese Triebwerke ohne Luftaufnahme aus der Umgebung. Sie allein eignen sich für den Antrieb im Weltraum. Obwohl das Arbeitsprinzip der Rakete bereits in der Frühzeit der technischen Entwicklungen bekannt war, gelangte es erst in den letzten Jahrzehnten mit dem Aufkommen der Kosmonautik zu einer umfassenden Bedeutung.

Die Gl. (199), S. 385, für den Schub eines bewegten Körpers mit Rückstoßantrieb läßt sich auf Raketen übertragen, wenn die Luftmenge $G_L = 0$ gesetzt wird.

Damit ergibt sich:

$$S = B_s \cdot c \, . \tag{221}$$

In ähnlicher Weise können weitere auf S. 385÷389 für das Strahltriebwerk abgeleitete Beziehungen auf Raketen übertragen werden, indem die aufgenommene Luftmenge und somit $\lambda = 0$ gesetzt wird. Es ist jedoch zu beachten, daß diese Beziehungen unter der Voraussetzung abgeleitet wurden, daß der Druck der Verbrennungsgase im Düsenaustrittsquerschnitt gleich dem Außendruck ist. Diese Beziehungen lassen sich also nur dann auf Raketen übertragen, wenn diese Voraussetzung auch bei den Raketen erfüllt ist.

Raketenantriebe arbeiten jedoch vorwiegend bei sehr geringen Umgebungsdrücken p_0, so daß wegen des aus konstruktiven Gründen begrenzten Erweiterungsverhältnisses der Düse der Verbrennungsgasdruck p_a am Düsenaustritt über dem Umgebungsdruck p_0 liegt. Diese Druckdifferenz $p_a - p_0$ hat ebenfalls eine Schubwirkung auf die Rakete zur Folge, so daß sich bei Raketen im allgemeinen zu dem durch Gl. (221) gegebenen Schub ein weiterer Anteil angenähert entsprechend dem Wert $(p_a - p_0) \cdot F_a$ addiert. Hierbei ist F_a der Düsenaustrittsquerschnitt. Die zur Beschleunigung der Rakete zur Verfügung stehende

Kraft ergibt sich nun als Summe sämtlicher Kräfte, die auf die Rakete wirken. Der gesamte Schub, Gravitationskraft und sonstige äußere Kräfte, die infolge der Luftströmung um den Raketenkörper als Widerstand in Erscheinung treten, sind:

$$S + (p_a - p_0) \cdot F_a - W - \Sigma R \, . \tag{222}$$

Hierin bedeuten

$S =$ die durch den Impuls der sekündlich aus der Düse austretenden Verbrennungsgase erzeugte Schubkraft,

$(p_a - p_0)\, F_a =$ die aus der Differenz zwischen statischem Druck im Düsenaustrittsquerschnitt p_a und Außendruck p_0 resultierende Kraft auf die Rakete,

$W =$ die in Flugrichtung fallende Komponente des sich aus dem Gravitationsfeld ergebenden augenblicklichen Raketengewichtes,

$\Sigma R =$ die Gesamtheit der in Flugrichtung fallenden Komponenten sonstiger äußerer Kräfte auf die Rakete, die sich infolge der Luftströmung um die Rakete als Widerstand bemerkbar machen.

In Abb. 256 sind die Kraftverhältnisse am Raketenkörper dargestellt.

Der Ausdruck, der die Verhältnisse des Raketenantriebes z. B. für einen Flug im Erdschwerefeld unter atmosphärischen Bedingungen ausreichend beschreibt, vereinfacht sich im stellaren Raum bei Abwesenheit von äußeren Druck- und Widerstandskräften zu

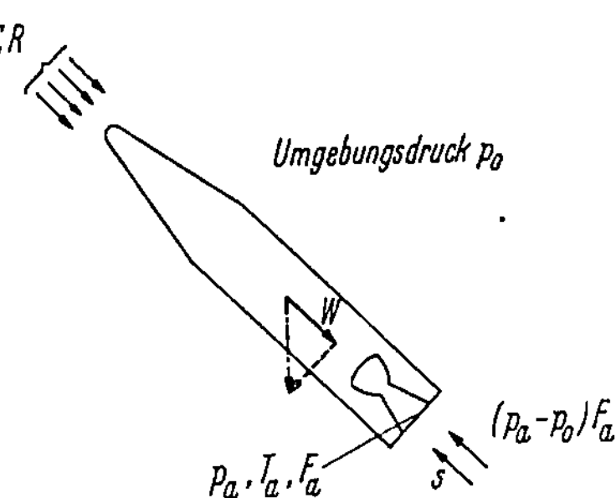

Abb. 256. Kraftwirkungen auf eine Rakete

$$S + p_a \cdot F_a \, . \tag{223}$$

Die zur Überwindung der Widerstands- und Gravitationskräfte sowie zum Beschleunigen der Rakete zur Verfügung stehende Nutzkraft ist nach Beziehung (222)

$$S + (p_a - p_0)\, F_a$$

und damit die Nutzarbeit pro Sekunde

$$L = [S + (p_a - p_0)\, F_a]\, w_R \, , \tag{224}$$

wobei w_R die Geschwindigkeit der Rakete bedeutet. Für eine entsprechend dem Außendruck p_0 richtig bemessene Düse ist der Druck am Düsenaustrittsquerschnitt p_a gleich dem Außendruck p_0, so daß sich für die sekündliche Nutzarbeit ergibt

$$L = S \cdot w_R \, . \tag{225}$$

Die im Abschnitt C, S. 385÷389 für Strahltriebwerke definierten Wirkungsgrade lassen sich, wie dort schon erwähnt wurde, auf Raketenantriebe übertragen, wenn man den Luftdurchsatz G_L oder, was dasselbe ist, das Luftverhältnis $\lambda = 0$ setzt. Damit ergibt sich aus Gl. (203) für den Gesamtwirkungsgrad[1]

$$\eta_{gesamt} = \frac{2\,c \cdot w_R}{2 \cdot H_u + w_R^2} \tag{226}$$

aus Gl. (206) für den inneren Wirkungsgrad

$$\eta_{i\,Rakete} = \frac{c^2 + w_R^2}{2 \cdot H_u + w_R^2} \tag{227}$$

bzw. aus Gl. (205) bei Außerachtlassung der kinetischen Energie des in der Rakete mitgeführten pro Sekunde verbrauchten Treibstoffes

$$\eta_{i\,Rakete\,ruhend} = \frac{c^2}{2 \cdot H_u} \tag{228}$$

und aus Gl. (209) für den Vortriebswirkungsgrad oder äußeren Wirkungsgrad

$$\eta_{Vortrieb\,Rakete} = \frac{2 \cdot \dfrac{c}{w_R}}{\left(\dfrac{c}{w_R}\right)^2 + 1} \tag{229}$$

Die aus dieser Formel errechneten Werte sind in der Abb. 230 im Vergleich zu den Vortriebswirkungsgraden der Strahltriebwerke wiedergegeben. Der günstigste Vortriebswirkungsgrad einer Rakete wird erreicht, wenn die Geschwindigkeit c der aus der Schubdüse austretenden Verbrennungsgase (relativ zur Rakete) gleich der absoluten Raketengeschwindigkeit w_R ist.

Dieser Zustand des besten Vortriebswirkungsgrades ist aber gleichzeitig der Betriebspunkt, der dem Schub Null entspricht.

Der Gesamtwirkungsgrad ergibt sich als Produkt von innerem und äußerem Wirkungsgrad

$$\eta_{gesamt} = \eta_{i\,Rakete} \cdot \eta_{Vortrieb\,Rakete} \tag{230}$$

Beispiel: Die relative Strahlgeschwindigkeit c sei doppelt so groß wie die Raketengeschwindigkeit w_R. Wenn der innere Wirkungsgrad des Raketenverbrennungsprozesses 0,36 ist, wird der Gesamtwirkungsgrad

$$\eta_{gesamt} = 0{,}36 \cdot 0{,}8 = 0{,}288 \,.$$

2. Chemische Energieumsetzung

Im inneren Wirkungsgrad

$$\eta_{i\,Rakete\,ruhend} = \frac{\dfrac{c^2}{2}}{H_u}$$

wird der Betrag der tatsächlich aus chemischer und thermischer Energie erzeugten mechanischen Energie mit dem Betrag der maximal daraus

---

[1] Wie bereits erwähnt, müßte an Stelle des unteren Heizwertes H_u richtigerweise $L_{t\,max}$ eingeführt werden, s. auch S. 429 und S. 3.

gewinnbaren mechanischen Energie verglichen und dieser maximale Wert gleich H_u, d. h. annähernd gleich dem unteren Heizwert gesetzt, siehe auch Seite 3. Dies läßt sich aus folgenden Überlegungen begründen, die eingehend im ersten Abschnitt, Seite $2 \div 3$ behandelt werden. Ganz allgemein kann man einen Maximalwert an mechanischer Arbeit aus chemischer und thermischer Energie bei einem Raketen-Verbrennungsprozeß, der sich in einer Umgebung mit dem Druck p_0 und der Temperatur T_0 abspielt, gewinnen, wenn man den gesamten Prozeß einschließlich eventueller Wärmeaustauschvorgänge mit der Umgebung reversibel, nur durch chemische und thermische Gleichgewichtszustände gehend, so führt, daß die Verbrennungsgase aus der Düse mit dem Druck p_0 und der Temperatur T_0 der Umgebung austreten (s. S. 3). Dann folgt aus der Formel von GOUY-STODOLA (Seite 3), daß die maximale Arbeit gegeben ist durch

$$L_{t\,max} = H_P + T_0\,(S_2 - S_1)\,, \tag{231}$$

wenn Treibstoff und Verbrennungsgase am Düsenaustritt dieselbe Temperatur T_0 haben und wenn die Mengeneinheit des Treibstoffes betrachtet wird.

Die Symbole in der Beziehung (231) bedeuten:

$L_{t\,max}$ = die maximal erzielbare Arbeit pro kg Treibstoff,

T_0 = die Temperatur der Umgebung und der Verbrennungsgase am Düsenaustritt,

S_1 = die Entropie des Treibstoffes und der Verbrennungsluft pro kg Treibstoff,

S_2 = die Entropie der Verbrennungsgase am Düsenaustritt bezogen auf 1 kg Treibstoff.

In der Praxis wird näherungsweise gesetzt:

$$L_{t\,max} \approx H_{0°K} \cdot \approx H_u$$

Beim wirklichen Verbrennungs- und Expansionsprozeß in der Rakete treten gegenüber dem oben beschriebenen reversiblen Idealprozeß Verluste auf, die durch nichtumkehrbare Verbrennung, endliche Verbrennungsgeschwindigkeit, Abweichung vom chemischen Gleichgewicht durch mangelhafte Rekombination, Reibungs-, Drossel- und Wärmeverluste und Nichterreichen von Umgebungsdruck und -temperatur bedingt sind und bewirken, daß die wirklich gewonnene mechanische Arbeit kleiner als die maximale Arbeit ist. Die in heutigen Raketentriebwerken erreichten Werte des inneren Wirkungsgrades Gl. (227) entsprechen den inneren Wirkungsgraden guter Verbrennungskraftmaschinen von 0,36—0,40.

Die erreichbaren Wirkungsgrade hängen in starkem Maße von der günstigsten Auslegung (Optimierung) ab. Eine Expansionsdüse wird jeweils für ein bestimmtes Druckverhältnis ausgelegt.

In den Düsen von Raketen ändert sich das Druckverhältnis während des Betriebes wegen des sinkenden Außendruckes meist stark. Ein derartiges Triebwerk wird dann für einen durch die Flugbahn der jeweiligen Raketenstufe gegebenen mittleren Druck ausgelegt und arbeitet in geringer Höhe mit Strahlüberexpansion und in großer Höhe mit Strahlunterexpansion. Soll beispielsweise die Düse für eine Höhe von 20 km bei einem Druck $p_1 = 30$ ata, $\varkappa = 1,2$ ausgelegt werden, so erhält man für das Geschwindigkeitsverhältnis einen Wert von $\dfrac{c_2}{c_{krit}} = 2,68$ bei einem Querschnittsverhältnis von $\dfrac{F_2}{F_{krit}} = 45$. Bei der Expansion ins Vakuum (Raketenoberstufen, Raumfahrzeuge) erhält man für das Verhältnis der maximalen Austrittsgeschwindigkeit zur kritischen Geschwindigkeit:

$$\frac{c_{max}}{c_{krit}} = \sqrt{\frac{\varkappa + 1}{\varkappa - 1}} \tag{232}$$

Dabei ist die Veränderlichkeit von $\varkappa$ mit der Temperatur zu beachten.

Die folgende Tabelle gibt einige charakteristische Werte bei der Expansion von Gasen in Lavaldüsen an.

Tabelle 12

Druckverhältnis $\dfrac{p_1}{p_2}$	Geschwindigkeitsverhältnis $\dfrac{c_2}{c_{krit}}$		Querschnittsverhältnis $\dfrac{F_2}{F_{krit}}$	
	$\varkappa = 1,2$	$\varkappa = 1,4$	$\varkappa = 1,2$	$\varkappa = 1,4$
1	0	0	—	—
10^2	2,43	2,09	11,86	8,13
10^3	2,74	2,27	71,60	38,72
∞	3,32	2,45	∞	∞

Die obenstehenden Werte entsprechen den Ergebnissen der elementaren Thermodynamik mit idealisierten Annahmen, beispielsweise der Zugrundelegung des idealen Gaszustandes. Bei praktischen Rechnungen sind aber die tatsächlichen physikalischen Gegebenheiten zugrunde zu legen. Beispielsweise müssen bei hohen Anfangstemperaturen, wie sie in der Praxis in Betracht kommen, die Reaktionsvorgänge, die Dissoziation und anderes berücksichtigt werden. Bei großen Expansionsverhältnissen sind auch Rekombinationsvorgänge und das Abweichen vom idealen Gaszustand in die Rechnung einzuführen.

Die Werte der Tabelle 12 sind also nur als Richtwerte zur Erläuterung der infragekommenden Größenordnungen der Geschwindigkeits- und Querschnittsverhältnisse zu betrachten.

3. Spezifischer Impuls

Für eine Rakete mit vorgegebenem Leergewicht und vorgegebener Brennstoffzuladung werden sowohl die erreichbare Flughöhe und

Reichweite beim Start vom Boden aus, als auch die erreichbaren Geschwindigkeiten im kosmischen Raum im wesentlichen durch die Größe des sog. spezifischen Impulses, d. h. des auf die Einheit des Mengendurchsatzes bezogenen Schubes bestimmt.

$$I_{sp} = \frac{S}{B_s} = \frac{B_s \cdot c}{B_s} \cdot 1 \qquad (233)$$

Beim Raketentriebwerk sind spezifischer Schub und spezifischer Impuls identisch.

Die Energiebilanz für die Raketendüse (bezogen auf 1 Mol Verbrennungsgase) lautet:

$$H_{T_2} = H_{T_a} + \frac{M}{2} \cdot c^2 . \qquad (234)$$

Hierin bedeuten:

H_{T_2} = die Enthalpie[2] von 1 Mol Verbrennungsgas bei der Verbrennungstemperatur T_2 am Düseneintritt, (entspricht in der technischen Literatur J_{T_2}.)

H_{T_a} = die Enthalpie von 1 Mol Verbrennungsgas bei der Temperatur T_a am Düsenaustritt,

M = die Molmasse des Verbrennungsgases.

Daraus folgt für die Austrittsgeschwindigkeit der Verbrennungsgase aus der Düse

$$c = \sqrt{2 \, \frac{H_{T_2} - H_{T_a}}{M}} . \qquad (235)$$

Da der spezifische Impuls proportional zu dieser Geschwindigkeit ist, läßt sich erkennen, daß solche Treibstoffkombinationen hohe spezifische Impulse ergeben, die eine hohe Verbrennungstemperatur (hohes H_{T_2}, d. h. hohen Heizwert) aufweisen und deren Verbrennungsgase eine kleine Molmasse besitzen. Dies letztere ist besonders wichtig für nukleare thermische Raketenantriebe. Da die Temperatur des Arbeitsmediums am Düseneintritt durch die Materialfestigkeit begrenzt ist, kann der spezifische Impuls insbesondere dadurch erhöht werden, daß Arbeitsmedien mit kleineren Molmassen verwendet werden. Die genaue Berechnung des spezifischen Impulses einer Treibstoffkombination ist nur mit großem Rechenaufwand durchzuführen, wenn alle

---

[1] Es ist allgemein üblich, bei Anwendung des in der Technik überwiegend verwendeten Maßsystemes (gemischtes Vierersystem), bei dem die Krafteinheit kp als nicht dezimales Vielfaches des Newton beibehalten wird, den spezifischen Impuls in kp · s/kg anzugeben [A 9, K 25]. Im Internationalen Maßsystem ergibt sich als Dimension für den spezifischen Schub Newton · s/kg. Im technischen Maßsystem ist der spezifische Impuls auf den Gewichtsdurchsatz bezogen, so daß sich als Dimension Sekunde ergibt [M 1].

[2] In der Raketentechnik wird üblicherweise die Enthalpie mit H bezeichnet, s. auch S. 5.

vorkommenden Dissoziationsvorgänge berücksichtigt werden sollen. Nach Untersuchungen von O. STUMPF [M 17] stellt aber der Ausdruck

$$\sqrt{\frac{H^{*}_{p,T_0}}{M_0}}$$

ein ungefähres Maß für den spezifischen Impuls einer Treibstoffkombination dar. Darin bedeuten

H^{*}_{p,T_0} = freiwerdender Reaktionsheizwert bei $T_0 = 298\ °K$ und $p = 1$ atm, bezogen auf 1 kg Verbrennungsgas, wenn vollständige Verbrennung ohne Berücksichtigung von Dissoziationen angenommen wird.

M_0 = mittlere Molmasse des vollständig durchreagierten, nicht dissoziierten Abgases.

Als Beispiel sollen die spezifischen Impulse an Hand des Ausdruckes $\sqrt{H^{*}_{p,T_0}/M_0}$ verglichen werden, die sich ergeben, wenn die chemischen Elemente des periodischen Systems mit der stöchiometrischen Menge Sauerstoff ($\lambda = 1$) verbrannt werden.

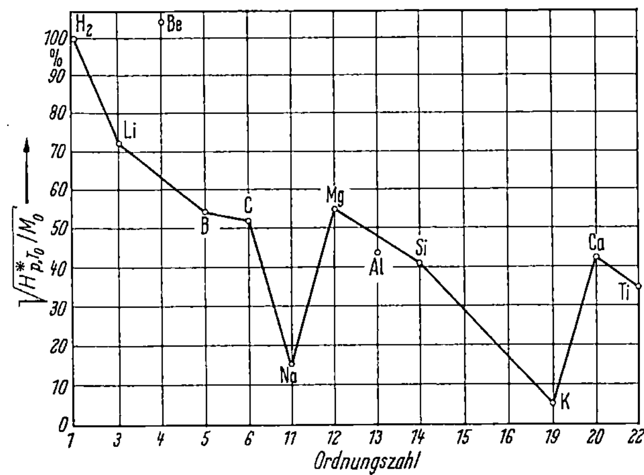

Abb. 257. Der Funktionswert $\sqrt{H^{*}_{p,T_0}/M_0}$ der chemischen Elemente, bezogen auf den entsprechenden Wert von H₂, bei Verbrennung mit Sauerstoff ($\lambda = 1$)

In Abb. 257 ist $\sqrt{H^{*}_{p,T_0}/M_0}$ über der Ordnungszahl der chemischen Elemente im periodischen System aufgetragen.

Gemäß Abb. 257 dürften für Raketentriebwerke als Treibstoffelemente folgende chemische Elemente von Interesse sein:

$$H_2 \quad Li \quad Mg \quad B \quad C \quad Al .$$

Der hohe Wert von Be ist nicht real, da BeO bei der angegebenen Verbrennungstemperatur 3500 °C flüssig ist.

4. Treibstoffkombinationen für Raketentriebwerke

Bei den heute verwendeten Raketentriebwerken haben sich zwei verschiedene Konstruktionen durchgesetzt: Die Flüssigkeitstriebwerke, die mit flüssigen Treibstoffen arbeiten, und die Feststofftriebwerke, die feste Treibstoffe verwenden.

a) Flüssige Treibstoffe

Als Treibstoffe finden vorwiegend Kohlenwasserstoff-Verbindungen (Kerosen etc.), Stickstoff-Wasserstoff-Verbindungen (Hydrazin, Dimethylhydrazin etc.), Bor und seine Wasserstoffverbindungen, die Borane, Verwendung oder werden in Betracht gezogen.

Das bei weitem wichtigste Oxydationsmittel ist Sauerstoff, der entweder rein oder in Form sauerstoffreicher Verbindungen wie Salpetersäure, Wasserstoffperoxyd, Stickstofftetraoxyd, Perchloraten usw. Benutzung findet. Daneben gewinnt Fluor, elementar oder in Form hochfluorhaltiger Kombinationen in zunehmendem Maße an Bedeutung.

Nach BARRÈRE [M 1] zeigen die gegenwärtig verwendeten Flüssigtreibstoffsysteme spezifische Impulse von 250—290 kp·s/kg, z. B. Salpetersäure-Hydrazin 257, Sauerstoff-Kerosen 264, Sauerstoff-Hydrazin 282, während die Verbrennungstemperaturen 3022 °K, 3522 °K, 3072 °K für die einzelnen Kombinationen betragen.

Für die Zukunft sind jedoch Treibstoffsysteme zu erwarten, die größere spezifische Impulse als 300 kp·s/kg haben. Die Kombinationen Fluor-Hydrazin, Ozon-Wasserstoff, Fluor-Wasserstoff ergeben spezifische Impulse von 316 bzw. 393 bzw. 374 kp·s/kg mit Verbrennungstemperaturen von 4555 °K, 2944 °K, 3033 °K. Große Bedeutung hat auch die Kombination Sauerstoff-Wasserstoff, wo bei einer Verbrennungstemperatur von 2755 °K ein spezifischer Impuls von 364 kp·s/kg erzielt wird.[1]

b) Feste Treibstoffe

Die folgenden Treibstoffsysteme sind unter anderem beispielsweise von Interesse: Die homogenen oder Kolloidtreibstoffe und die heterogenen Treibstoffe. In der ersten Gruppe sind Oxydator und Kraftstoff in einer einzigen kolloidalen Phase enthalten. Die wichtigste Entwicklung auf diesem Gebiete ist die Kombination von Nitrozellulose und Nitroglyzerin. Der spezifische Impuls dieses Treibstoffes liegt bei 250 kp·s/kg.

Die zweite Gruppe enthält Treibstoffzusammensetzungen, die Mischungen von Kraftstoff und Oxydator sind, in denen der Oxydator

---

[1] Die spezificschen Impulse beziehen sich auf einen Brennkammerdruck von 35,15 kp/cm² und einen Expansionsenddruck von 1,033 kp/cm² bei isentroper Expansion, eingefrorenem Gleichgewicht, optimalem Mischungsverhältnis und angepaßter Düse.

ein feinkörniges anorganisches kristallines Grundmaterial darstellt, z.B.
Kaliumperchlorate, Ammoniumperchlorate, Ammoniumnitrate, Li-
thiumperchlorate usw., während der Kraftstoff eine plastische Natur
besitzt und als Bindemittel wirkt, um der Mischung eine einheitliche
Form zu geben, z. B. Asphalt, Phenol- und Zelluloseharze, synthe-
tischer Kautschuk, Polyäthylen usw. Diese Festtreibstoffe ergeben
spezifische Impulse von etwa 220 kp · s/kg.

c) Möglichkeiten der Leistungssteigerung von Raketentreibstoffen durch metallische Beimischungen

Seit geraumer Zeit werden insbesondere in den Vereinigten Staaten
eingehende Untersuchungen durchgeführt mit dem Ziel, durch Beimengungen der Leichtmetalle Lithium, Beryllium, Bor und Aluminium
zu Brennstoff-Oxydator-Mischungen eine Steigerung des spez. Impulses zu erreichen.

Während konventionelle Triebwerke mit Temperaturen von 3000°K
arbeiten, die mittels Durchlauf- oder Schleierkühlung gut beherrschbar
sind, gehen die Bestrebungen dahin, Reaktionstemperaturen bis zum
Bereich von 5000° K in Erwägung zu ziehen.

Die durch metallische Beimengungen oder den Versuch der Metall-
verbrennung auftretenden Probleme der Aufbereitung, der Zündung
und des Verbrennungsablaufes wurden für Aluminium von R. Fried-
man und A. Macek [M 10] untersucht. Dabei zeigten sich bei erwarteten
Verbrennungstemperaturen von etwa 5100 °K für die Verbrennung mit
Luft Zündungsschwierigkeiten, da die entsprechende Zündungstempe-
ratur über 2300 °K liegt und der Zündungsvorgang stark von der
Teilchengröße der Aluminiumpartikel und vom Sauerstoffgehalt der
Umgebung abhängt.

Für Magnesium wurde gleichfalls eine Abhängigkeit von der Sauerstoffkonzentration festgestellt.

Versuche mit Bor-Wasserstoff-Verbindungen werden z. Z. durchgeführt, wobei als Oxydatoren neben flüssigem Sauerstoff Ozon-
Sauerstoffgemische oder Fluor verwendet werden.

Neben den experimentellen Untersuchungen wurden insbesondere
von L. J. Gordon und J. B. Lee [M 12] umfangreiche Berechnungen
durchgeführt, um die optimalen Treibstoffkombinationen zu ermitteln.
Dabei hat sich gezeigt, daß Dreistoff-Systeme Brennstoff-Oxydator-
Metall höhere spez. Impulse liefern als Prozesse mit reiner Metallver-
brennung. Die Metalle Beryllium und Aluminium scheinen in Sauer-
stoffsystemen wegen der Bildung thermisch stabiler flüssiger Oxyde
Vorteile gegenüber Lithium und Bor aufzuweisen, bei denen mit Verdampfung und Dissoziation zu rechnen ist. In Fluorsystemen sind aus
ähnlichen Gründen Lithium und Beryllium vorzuziehen.

Die theoretischen spez. Impulse bei Metallbeimengungen sind in der folgenden Tabelle zusammengestellt, wobei für die Mischungsverhältnisse zwischen Brennstoff, Oxydator und Metall jeweils die optimalen Bedingungen zugrunde gelegt worden sind.

Tabelle 13. (Nach L. J. GORDON und J. B. LEE)

Brennstoff	Oxydator	spez. Impulse ohne Zusätze kp·s/kg	Zusatz-metall	opt. Zusatz-menge %	max. spez. Impulse kps/kg
H_2	O_2	390	Be	27	456
			Li	28	405
			B	22	401
			Al	30	392
H_2	F_2	409	Li	18	433
			Be	15	416
N_2H_4	O_2	312	Be	16	339
N_2H_4	F_2	362	Li	25	375
			Be	8	368
N_2H_4	N_2O_4	292	Be	14	326
			Al	20	303
N_2H_4	H_2O_2	287	Be	18	336
			Al	30	302
N_2H_4	ClF_3	293	Li	22	316
			Be	8	305

Weitere Möglichkeiten der Schubverbesserung bestehen in der Verwendung einer F_2/O_2-Mischung als Oxydator und im Übergang auf 5-Komponentensysteme wie z. B. $Li + Be + H_2 + F_2 + O_2$.

Diese Systeme sollen jedoch in diesem Überblick nicht näher diskutiert werden.

Bei der praktischen Durchführung der Metallzumischung ergeben sich Schwierigkeiten, da bei den wegen höherer spez. Impulse überwiegend verwendeten flüssigen Systemen die Herstellung geeigneter Suspensionen noch nicht zufriedenstellend gelöst ist. Deshalb wurden von MOUTET und PUGIBET [M 15] Versuche mit Festbrennstoff, dem das Metall beigemischt ist, und flüssigem Oxydator durchgeführt. Hiermit wird ein interessanter Lösungsweg beschritten.

Abschließend kann gesagt werden, daß die bisher vorliegenden Ergebnisse zum Versuch der Leistungssteigerung von Raketentriebwerken durch Metallbeimischungen erfolgversprechend erscheinen, daß die Entwicklung jedoch erst am Beginn steht.

Tabelle 14
*Zusammenstellung der mit Treibstoffkombinationen
theoretisch erreichbaren Verbrennungstemperaturen*
(nach A. Dadieu [M 9])

Brennstoff	Oxydator	Brennkammer-temperatur
$NH_3 + 1,06\ N_2H_4$	F_2	4550 °K
$NH_3 + 0,266\ N_2H_4$	F_2	4470 °K
$NH_3 + 1,07\ N_2H_4$	ClF_3	3625 °K
$NH_3 + 0,266\ N_2H_4$	ClF_3	3550 °K
$NH_3 + 1,06\ N_2H_4$	N_2O_4	2990 °K
NH_3	$C(NO_2)_4$	3040 °K
$Li + 3\ NH_3$	F_2	4510 °K
$Li + 3\ NH_3$	ClF_3	3730 °K
$Li + 4\ NH_3$	ClF_3	3650 °K
$Li + 8\ NH_3$	ClF_3	3600 °K
$Li + 4\ H_2$	F_2	4520 °K
$Li\ H$	F_2	4880 °K
$Li\ H$	ClF_3	4150 °K
C_2N_2	N_2O_4	3850 °K
$C_{10}H_{16}$ (Terpentin)	HNO_3	3230 °K

Vergleich der Eignung verschiedener Triebwerke[1]

Während von den heute im zivilen Luftverkehr eingesetzten Flugzeugen noch ein Teil mit Kolbenmotoren ausgerüstet ist, verliert der Motor bei den neuen Entwicklungen immer mehr an Bedeutung. Es ist zu erwarten, daß lediglich für kleinere Leistungen und geringe Fluggeschwindigkeiten der Kolbenmotor noch Anwendung findet und bei größeren Leistungen durch Turbinentriebwerke verdrängt werden wird. Zur Zeit kann man noch nicht genau voraussagen, wo die Grenze der Anwendbarkeit des Motors liegt. Hierbei handelt es sich zum Teil auch um eine wirtschaftliche Frage, wobei neben den Anschaffungskosten auch Lebenszeit, Reparaturkosten, Startbahnlänge etc. eine wesentliche Rolle spielen dürften.

Nach dem heutigen Stand der Technik sind die im folgenden beschriebenen luftansaugenden Triebwerke das wirtschaftlichste Antriebsmittel, so lange es sich um Flüge zwischen 2 Punkten der Erdoberfläche handelt. Wenn es sich um Transportaufgaben handelt, für welche die mit

---

[1] Ein wesentlicher Teil der Ausführungen stammt aus Arbeiten von Prof. Dr.-Ing. H. Kühl, DVL-Wahn.

luftansaugenden Triebwerken erreichbare Geschwindigkeit von Mach 3 bis Mach 5 ausreicht, ist der Raketenantrieb wirtschaftlich sehr viel ungünstiger. Es sind bis heute keine Antriebsmöglichkeiten bekannt, die die Wirtschaftlichkeit der luftansaugenden Triebwerke erreichen. Daher ist anzunehmen, daß in Zukunft für Transportaufgaben auf der Erde diese Triebwerkstypen vorwiegend beibehalten werden.

Für Fluggeschwindigkeiten bis ungefähr 800 km/h dürfte gegenwärtig die Propellerturbine das geeignetste Triebwerk darstellen. Für höhere Fluggeschwindigkeiten bis in den Bereich kleiner Überschallgeschwindigkeit ist das TL-Triebwerk ohne Nachverbrennung der zweckmäßigste Antrieb. Da die Temperatur vor der Turbine etwa durch Schaufelkühlung auf über 1000 °C im Dauerbetrieb gesteigert werden kann, erscheint diese Triebwerksart auch für Weitstreckenflüge bei Fluggeschwindigkeiten von Machzahlen größer als 2 anwendbar. Reicht mit zunehmender Fluggeschwindigkeit der Schub des einfachen TL-Triebwerkes nicht mehr aus, so kann durch Hinzufügen einer Nachbrennkammer die erreichbare Geschwindigkeit wesentlich gesteigert werden. Bei einer Fluggeschwindigkeit von etwas über Mach 3 entspricht der Druck hinter der Turbine etwa

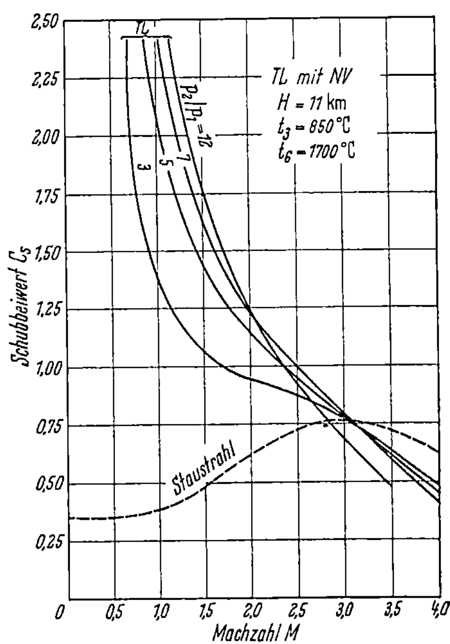

Abb. 258. Schubbeiwert c_s für ein Strahltriebwerk mit Nachverbrennung und für ein Staustrahltriebwerk in Abhängigkeit von der Flugmachzahl (t_6 = Nachbrennertemperatur)

dem Druck hinter dem Einlaufdiffusor, weil durch die Verzögerung der Luft im Diffusor auf Unterschallgeschwindigkeit ein sehr hoher Druckaufbau erfolgt. Dies bedeutet, daß man das Haupttriebwerk, bestehend aus Verdichter, Brennkammer und Turbine wegnehmen und die Nachbrennkammer unmittelbar an den Einlaßdiffusor anschließen könnte, ohne daß sich in der Strahlgeschwindigkeit eine wesentliche Änderung ergeben würde. Etwa bei dieser Geschwindigkeit wird somit das Staustrahltriebwerk dem TL-Triebwerk gleichwertig, s. Abb. 258. Bei kleineren Fluggeschwindigkeiten ist der spezifische Kraftstoffverbrauch des Staustrahltriebwerks größer, und zwar um so mehr, je kleiner die Fluggeschwindigkeit ist. Bei größeren Fluggeschwindigkeiten ist hingegen der Kraftstoffverbrauch des Staustrahltriebwerkes besser als der des TL-Triebwerkes. Der Schub des Staustrahltriebwerkes sinkt mit kleiner werdender Fluggeschwindigkeit bis auf den Wert 0 beim Start, so daß ein Start mit diesem Triebwerk nicht möglich ist.

Es ist schwierig, allgemein gültige Regeln dafür anzugeben, welche Triebwerksart für einen vorgegebenen Zweck am günstigsten ist. Dazu ist jeweils eine Untersuchung des gesamten Flugzeuges sowie des jeweiligen Verwendungszweckes erforderlich. Man kann jedoch aus bestimmten Kennzahlen einen ungefähren Anhalt für die Einsatz-

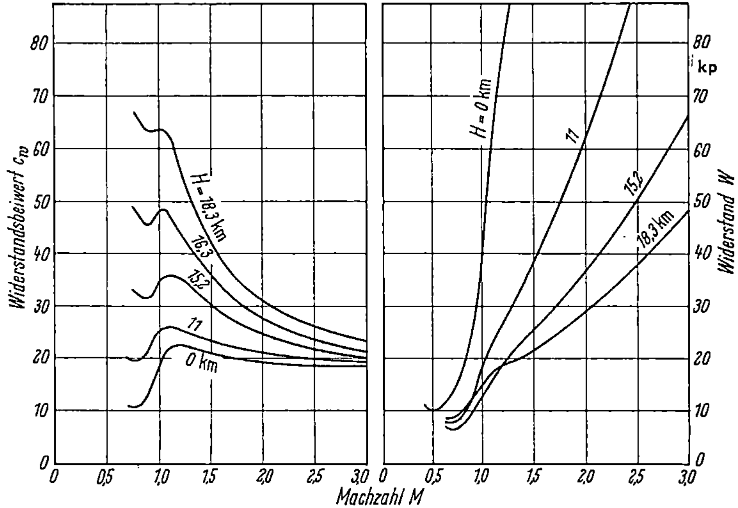

Abb. 259. Widerstandsbeiwert c_w und Widerstand W eines Jagdflugzeuges (nach E. MOULT)

möglichkeiten der verschiedenen Triebwerke herleiten. In Abb. 258 ist für ein TL-Triebwerk mit Nachverbrennung bei verschiedenen Druckverhältnissen sowie für ein Staustrahltriebwerk der Schubbeiwert c_s in Abhängigkeit von der Flugmachzahl aufgetragen. (Schub-

$$\text{beiwert} \quad c_s = \frac{\text{Schub}}{\text{Staudruck} \cdot \text{Stirnfläche}} = \frac{s}{2 \cdot w^2 \cdot F_{max}}$$

$$w = \text{Fluggeschwindigkeit}).$$

Der Schubbeiwert ist in gleicher Weise definiert wie der Widerstandsbeiwert für den Flugwiderstand, s. Abb. 259. Man kann daher, abgesehen von einem konstanten Faktor, die Schubbeiwerte unmittelbar mit den Widerstandsbeiwerten vergleichen. Da bei Fluggeschwindigkeiten, die unter der endgültigen Geschwindigkeit liegen, ein Schubüberschuß zur Beschleunigung vorhanden sein muß, wäre es erwünscht,

daß die Schubbeiwerte mit sinkender Fluggeschwindigkeit möglichst
stärker ansteigen als die Widerstandsbeiwerte. Schon eine einfache
Überschlagsrechnung zeigt, daß der Beschleunigungsvorgang unzuläs-
sige lange Zeiten in Anspruch nimmt, sofern nicht ein ziemlich großer
Schubüberschuß vorhanden ist. Daher erscheint überall dort, wo kurze
Beschleunigungszeiten erforderlich sind, das Triebwerk mit höherem
Druckverhältnis im Vorteil. Beim Staustrahltriebwerk verläuft die
Neigung der Schubbeiwertkurve sogar umgekehrt.

Die Kurven in Abb. 258 entsprechen dem Betriebszustand bei Höchstleistung bzw. maximalem Schub, die bei den angenommenen Temperaturen (Turbineneintritts-
temperatur t_3 und Nachbrenn-
temperatur t_6) bei den jeweiligen Verdichtungsverhältnissen mit dem jeweiligen
Triebwerkstyp erreichbar
sind. Diese Höchstleistung
entspricht im allgemeinen
einem hohen spez. Kraft-
stoffverbrauch. Je kleiner
die Fluggeschwindigkeit ist,
um so größer ist der Kraftstoffverbrauch bei Betrieb
mit Höchstleistung im Vergleich zum Betriebszustand,
bei dem optimaler Kraftstoffverbrauch erzielt wird. Dieser
wird vielmehr bei einem wesentlich niedrigeren Schub
erreicht. Es kann also zweck-

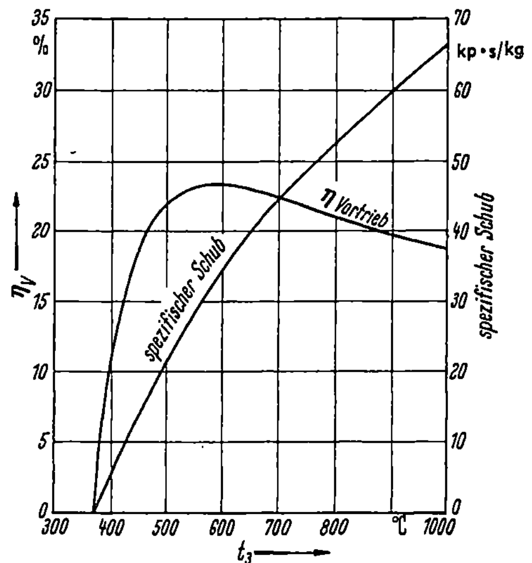

Abb. 260. Vortriebswirkungsgrad und spezifischer
Schub eines Strahltriebwerkes ohne Nachverbrennung. Flughöhe 11 km, Machzahl 0,88

mäßig sein, für den Auslegungspunkt des Triebwerkes einen niedrigeren
Wert von c_s zu verwenden, der unter der betreffenden Kurve in
Abb. 258 liegt. Damit ergibt sich ein größerer Schubüberschuß im
Bereich kleinerer Geschwindigkeiten. Je nach dem Verwendungszweck
des Triebwerkes kann für die Auslegung der hier gezeigte Schubverlauf
eine wesentliche Rolle spielen. Es kann aber auch, und das ist der
häufigere Fall, der Kraftstoffverbrauch für die Wahl der Triebwerksart
entscheidend sein. Dies gilt vor allem für weite Flugstrecken, bei denen
das Kraftstoffgewicht beim Start um ein vielfaches größer ist als das
Triebwerksgewicht.

Das TL-Triebwerk ohne Nachverbrennung erreicht, wie aus
Abb. 260 zu ersehen ist, seinen besten Vortriebswirkungsgrad bei Verbrennungstemperaturen, die wesentlich unter der höchstzulässigen

Temperatur liegen und damit auch bei einem wesentlich unter dem Höchstwert liegenden Schub.

Als Kennzahl für den spez. Kraftstoffverbrauch ist in Abb. 261 der Vortriebswirkungsgrad für verschiedene Triebwerke in Abhängigkeit von der Flugmachzahl aufgetragen. Die veränderlichen Betriebsgrößen, insbesondere die Gastemperatur, sind hierbei so gewählt, wie es etwa bei sehr großen Flugstrecken sinnvoll erscheint. Man ersieht aus der Abb. 261, daß das PTL-Triebwerk hinsichtlich des

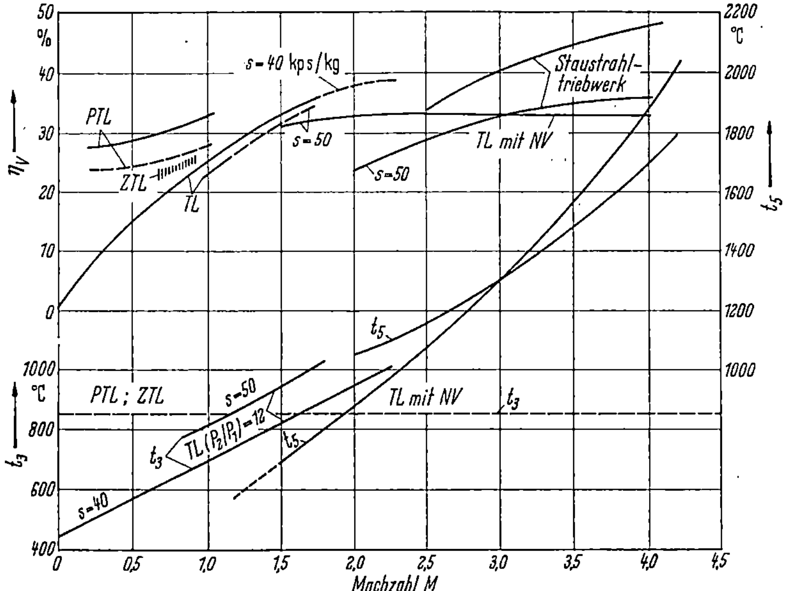

Abb. 261. Vortriebswirkungsgrade für verschiedene Triebwerke in Abhängigkeit von der Flugmachzahl [nach H. Kühl] (t_5 = Nachbrennertemperatur bzw. entsprechende Verbrennungstemperatur beim Staustrahltriebwerk)[1]

Vortriebswirkungsgrades sehr günstig liegt. Hierbei ist außerdem zu berücksichtigen, daß der Flugwiderstand im Unterschallbereich kleiner ist als im Überschallbereich. Im Vergleich mit dem TL-Triebwerk ist die Luftschraube, vom Standpunkt des Flugzeugbauers aus betrachtet, sowohl aerodynamisch als auch aus baulichen Gründen als Nachteil anzusehen. Hierdurch wird der Vorteil des PTL-Triebwerkes teilweise wieder ausgeglichen.

Die der Berechnung der Vortriebswirkungsgrade, die in Abb. 261 dargestellt sind, zugrunde gelegten Annahmen für den spez. Schub sind

$$s = \frac{40 \text{ kp}}{\text{kg Luft/s}} \text{ für kleinere Fluggeschwindigkeiten und } s = \frac{50 \text{ kp}}{\text{kg Luft/s}}$$

für größere Flugeschwindigkeiten.

---

[1] Die Kurve t_5 für das Staustrahltriebwerk beginnt bei $M = 2$.

Bis zur Machzahl 2 wurde ein Druckverhältnis $(P_2/P_1) = 12$, für größere Fluggeschwindigkeiten ein $(P_2/P_1) = 7$ gewählt.

Die mit diesen Annahmen sich ergebenden Temperaturen sind im unteren Teil der Abb. 261 aufgetragen. Nimmt man eine Gastemperatur t_3 von 850 °C als Grenze für Dauerbetrieb an, so würde diese für einen spez. Schub von 40 kp · s/kg bei einer Machzahl von ungefähr 1,6 erreicht sein. Bei größeren Geschwindigkeiten würde bei Annahme einer zulässigen Temperatur von 850 °C der spez. Schub und damit auch der aus dem Triebwerk zu gewinnende Schub abfallen, also eine Vergrößerung des Triebwerkes mit erhöhtem Gewicht erforderlich sein. Würde man dagegen beispielsweise durch Schaufelkühlung eine Temperatur von 1000 °C vor der Turbine zulassen können, so wäre ein spez. Schub von 40 kp s/kg bis zu einer Flugmachzahl von ungefähr 2,2 zu halten.

Liegen die Fluggeschwindigkeiten wesentlich über den genannten Grenzen, so wird das TL-Triebwerk mit Nachverbrennung der geeignete Antrieb. Je größer der Einfluß des Triebwerkgewichtes ist, um so mehr wird dieser Bereich der Anwendung der Nachverbrennung in Richtung auf kleinere Fluggeschwindigkeiten verschoben. Mit den der Rechnung zugrunde gelegten Annahmen, die als sehr vorsichtig anzusprechen sind, würde der Vortriebswirkungsgrad des TL-Triebwerkes mit Nachbrenner zwischen Mach 2 und Mach 4 ungefähr konstant bleiben. Für das TL-Triebwerk ohne Nachbrenner ergeben sich bei einer höheren zulässigen Temperatur t_3 die gestrichelt gekennzeichneten Kurven für den Vortriebswirkungsgrad. Die mit den gleichen Annahmen berechnete Kurve für den Vortriebswirkungsgrad des Staustrahltriebwerkes schneidet sich mit der des TL-Triebwerkes etwa bei Mach 3. Bei höheren Fluggeschwindigkeiten ist bezüglich des Kraftstoffverbrauches das Staustrahltriebwerk überlegen, bei kleineren Fluggeschwindigkeiten das TL-Triebwerk. Die größte Unsicherheit in der Rechnung liegt in der richtigen Berücksichtigung des Diffusorwirkungsgrades. Hier sind diejenigen des 2-Stoßdiffusors zugrunde gelegt. Eine wesentliche Rolle spielen weiterhin die Verluste in der Schubdüse durch unvollkommene Expansion. Durch Verminderung des Luftdurchsatzes bei einem gegebenen Triebwerksquerschnitt bzw. durch Verwendung eines größeren Triebwerkes können diese auf Kosten des Gewichtes und des äußeren Widerstandes wesentlich vermindert werden. Trifft man für das Staustrahltriebwerk wesentlich günstigere Annahmen für den Einlaßdiffusor und die Schubdüse, so ist die obere Kurve gültig. Aus einem Vergleich der beiden Kurven ist zu entnehmen, in welcher Größenordnung die Sicherheit bei der Vorausberechnung von Triebwerken bei hohen Fluggeschwindigkeiten liegt, so lange nicht die Annahmen anhand ausgeführter Triebwerke kontrolliert werden können.

Der Anwendungsbereich für 2-Kreis-Triebwerke (ZTL) liegt etwa im Bereich von Fluggeschwindigkeiten zwischen Mach 0,7 und Mach 0,95. Das 2-Kreis-Triebwerk ist, wie Abb. 261 zeigt, dem TL-Triebwerk etwas überlegen, und zwar liegt der Vortriebswirkungsgrad um einige % besser. Die Untersuchungen über 2-Kreis-Triebwerke mit Nachverbrennung sind noch nicht genügend weit fortgeschritten, um ein endgültiges Urteil über die Vorteile dieser Triebwerksart zu ermöglichen.

Berechnungsbeispiele

1. Thermodynamische Auswertung eines Prüfstandversuches an einem Einzylinder-Viertakt-Ottomotor

In dem folgenden Rechnungsbeispiel wird die übliche Auswertung von Motorversuchen und eine eingehende thermodynamische Auswertung eines Versuches wiedergegeben. Die Rechnung soll ein Bild der zahlenmäßigen Größe der wichtigsten Kennwerte und ein bequemes Schema für die Auswertung geben.

Kennzeichen des Einzylinder-Viertakt-Ottoversuchsmotors

Zylinderdurchmesser	160 mm	Einlaß öffnet	6° v. o. T.
Hub	190 mm	Einlaß schließt	40° n. u. T
Zylinderhubraum	$V_h = 3,820$ l	Auslaß öffnet	45° v. u. T.
Verdichtungsraum	$V_c = 0,708$ l	Auslaß schließt	12° n. o. T.
Verdichtungsverhältnis	$\varepsilon = 6,4$		
Zahl der Ventile	1 Einlaß- und		
	1 Auslaßventil		

Gemessene Versuchswerte. Druckverlauf im Zylinder. Der Druckverlauf im Zylinder wurde durch Indizieren bestimmt. Um die Drücke möglichst genau zu erhalten, wurden mit einem Glimmlampenindikator bei Verwendung verschiedener Druckmaßstäbe mehrere Indikatordiagramme abhängig vom Kurbelwinkel aufgezeichnet. In Abb. 262 sind das Hochdruck-, das Mitteldruck- und das Niederdruck-Indikatordiagramm wiedergegeben.

1. Luftfeuchtigkeit $\qquad \varphi = 0,8$
2. Umgebungstemperatur $\qquad t = 21\ °C = 294\ °K$
3. Barometerstand, abgelesen bei der Temperatur t $\qquad b_t = 764,6$ mm Hg
4. Drehzahl des Motors $\qquad n = 1490$ U/min
5. Kraftstoffmenge je Stunde $\qquad B = 12,8$ kg/h
6. Volumen der angesaugten Luft je Stunde bei der Temperatur t und beim Barometerstand b_t (Messung mittels Luftuhr) $\qquad V_L = 124,5$ m³/h
7. Belastung der Drehmomentenwaage (Hebelarm der Waage $r = 0,7162$ m) $\qquad P = 30,5$ kp

Kennwerte des Kraftstoffes

1. Spezifisches Gewicht bei 20 °C $\gamma = 0{,}73$ kp/dm³
2. Unterer Heizwert des flüssigen Kraftstoffes $H_u = 10440$ kcal/kg
3. Elementaranalyse des Kraftstoffes:
   Kohlenstoff $c = 0{,}857$
   Wasserstoff $h = 0{,}133$
   Sauerstoff und Schwefel (wird bei der Rechnung
      vernachlässigt) $o + s = 0{,}010$

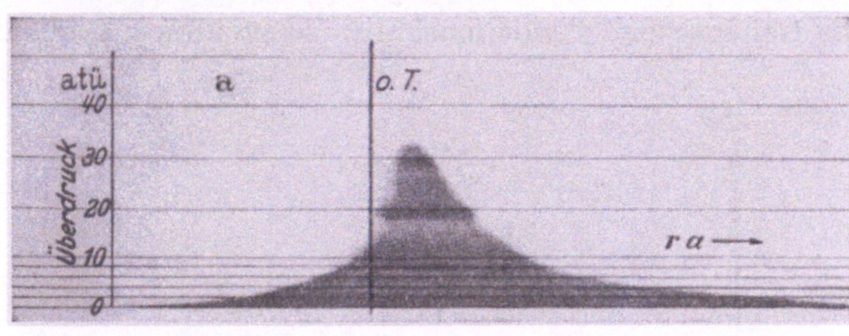

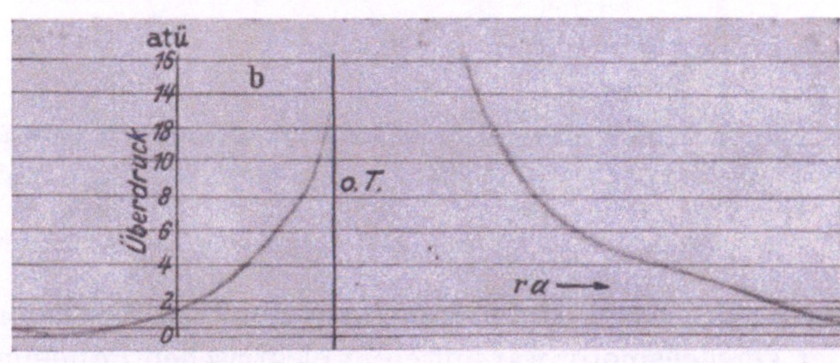

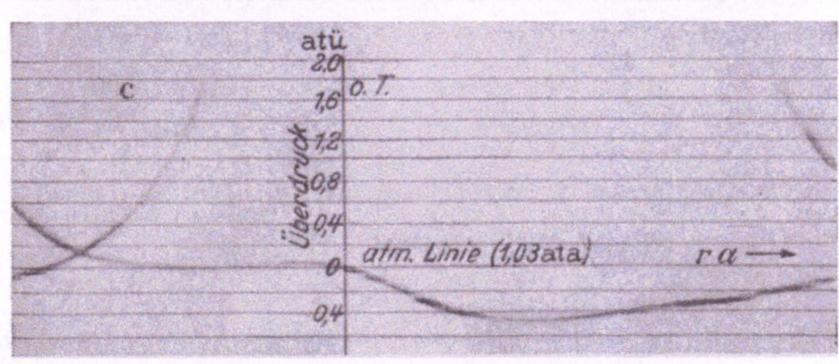

Abb. 262. Druck–Zeit-Diagramme eines Ottomotors. $n = 1490$ U/min; $p_i = 9{,}2$ kp/cm²
a) Hochdruckdiagramm, b) Mitteldruckdiagramm, c) Niederdruckdiagramm

4. Die zur vollkommenen Verbrennung von 1 kg
   Kraftstoff erforderliche Mindestluftmenge wird
   aus der Kraftstoffzusammensetzung ermittelt:

   a) theoretische Sauerstoffmenge für 1 kg Kraftstoff (vgl. S. 503):

$$O_{2\,min} = \frac{c}{12{,}01} + \frac{h}{4{,}032} = \frac{0{,}857}{12{,}01} + \frac{0{,}133}{4{,}032} = 0{,}1043 \text{ Mol/kg}$$

b) theoretische Luftmenge für 1 kg Kraftstoff:

$$G_{L\,min} = \frac{O_{2\,min}}{0,21} = 0,497\ \text{Mol Luft/kg Kraftstoff}$$

$$= 0,497 \cdot 28,964 = 14,4\ \text{kg Luft/kg Kraftstoff.}$$

Berechnung allgemeiner motorischer Kenngrößen. Das allgemeine Verhalten des Motors wird durch Leistung, Kraftstoffverbrauch, Wirkungsgrade, Luftverhältnis usw. gekennzeichnet. Diese Größen werden deshalb zunächst bestimmt.

1. Die Ermittlung der *Nutzleistung* N_e erfolgt durch Bestimmung des auf das Gehäuse der Pendelmaschine ausgeübten Drehmomentes

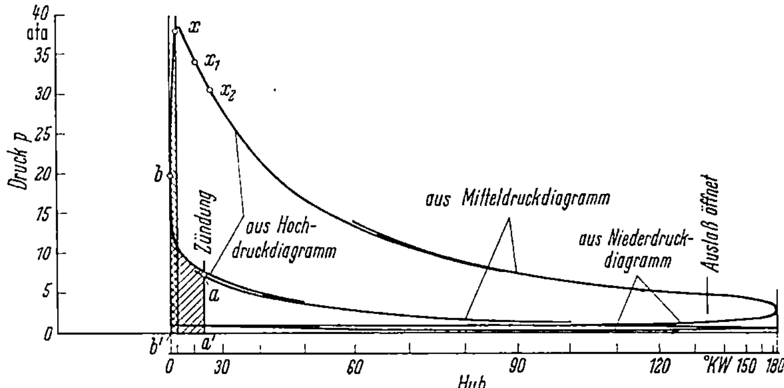

Abb. 263. $p-V$-Diagramm, aus den Druck–Zeit-Diagrammen der Abb. 303 ermittelt

durch Messung der Kraft P am Hebelarm r mittels Drehmomentenwaage. (Der Versuchsmotor war mit einer elektrischen Pendelmaschine gekuppelt.)

$$N_e = \frac{P \cdot 2\,r\,\pi \cdot n}{60 \cdot 75} = \frac{P \cdot 0,7162 \cdot 2\,\pi\,n}{60 \cdot 75} = \frac{P \cdot n}{1000} = \frac{30,4 \cdot 1490}{1000} = 45,4\ \text{PS}\ .$$

2. Aus der Nutzleistung ergibt sich der *mittlere Nutzdruck* p^*_e

$$p_e = \frac{900 \cdot N_e}{n \cdot V_h} = \frac{900 \cdot 45,4}{1490 \cdot 3,82} = 7,16\ \text{kp/cm}^2\ .$$

3. Die Bestimmung des *mittleren Innendruckes* p_i erfolgt durch Planimetrieren des $p-V$-Diagrammes (Abb. 263), welches man durch Umzeichnen der aufgenommenen Druck–Zeit-Diagramme unter Berücksichtigung des Schubstangenverhältnisses erhält. Planimetriert man die Gesamtfläche des Indikatordiagrammes und wandelt diese Fläche in ein Rechteck um, dessen Grundlinie gleich dem Hub ist, so entspricht die Höhe dieses Rechtecks unter Berücksichtigung des

---

* Einfacher kann p_e aus $p_e = 1,257\ \dfrac{P \cdot r}{V_c}$ errechnet werden.

Druckmaßstabes dem gesuchten mittleren Innendruck, der im vorliegenden Beispiel zu

$$p_i = 9{,}2 \ \text{kp/cm}^2$$

ermittelt wird.

4. Mit diesem Wert ergibt sich die Innenleistung

$$N_i = \frac{p_i \cdot V_h \cdot n}{900} = \frac{9{,}2 \cdot 3{,}82 \cdot 1490}{900} = 58{,}1 \ \text{PS} \ .$$

5. Der mechanische Wirkungsgrad

$$\eta_m = \frac{p_e}{p_i} = \frac{N_e}{N_i} = \frac{45{,}4}{58{,}1} = 0{,}78 \ .$$

6. Der spezifische Kraftstoffverbrauch
   a) bezogen auf die Nutzleistung

$$b_e = \frac{B \cdot 10^3}{N_e} = \frac{12{,}8 \cdot 10^3}{45{,}3} = 282 \ \text{g/PSh} \ ,$$

   b) bezogen auf die Innenleistung

$$b_i = \frac{B \cdot 10^3}{N_i} = \frac{12{,}8 \cdot 10^3}{58{,}1} = 220 \ \text{g/PSh} \ .$$

7. Der Nutzwirkungsgrad

$$\eta_e = \frac{632 \cdot N_e}{B \cdot H_u} = \frac{632 \cdot 45{,}4}{12{,}8 \cdot 10440} = 0{,}215 \ .$$

8. Der Innenwirkungsgrad

$$\eta_i = \frac{632 \cdot N_i}{B \cdot H_u} = \frac{632 \cdot 58{,}1}{12{,}8 \cdot 10440} = 0{,}274 \ .$$

9. Der Liefergrad

$$\lambda_l = \frac{V_L}{V_h \cdot n \cdot 30} = \frac{124{,}5}{3{,}82 \cdot 10^{-3} \cdot 1490 \cdot 30} = 0{,}73 \ .$$

10. Die vom Motor verarbeitete Luftmenge.

Da die angesaugte Luft auch Wasserdampf enthält, muß zwischen reiner Luft und feuchter Luft unterschieden werden.

Ist p_s der Druck des Sattdampfes bei der Temperatur der angesaugten Luft, so beträgt der Partialdruck des Wasserdampfes

$$p_D = \varphi \cdot p_s = 0{,}8 \cdot 18{,}65 = 14{,}9 \ \text{mm Hg} \quad \text{oder} \quad \frac{14{,}9}{735{,}5} = 0{,}0202 \ \text{at} \ .$$

Bei der Umrechnung des Barometerstandes von mm Hg in ata ist zu berücksichtigen, daß 1 kp/cm² einer Quecksilbersäule von 735,5 mm (bei 0 °C) entspricht. Da das Quecksilber des Barometers aber auch die Umgebungstemperatur annimmt und Temperaturänderungen Änderungen der Dichte des Quecksilbers zur Folge haben, wird der abgelesene Barometerstand jeweils auf eine Quecksilbertemperatur von 0 °C, reduziert. Der Barometerstand b_0 für 0 °C Quecksilbertemperatur ergibt sich aus dem Barometerstand b_t mit genügender Genauigkeit zu

$$b_0 = b_t - \frac{t}{8} = 764{,}6 - \frac{t}{8} = 762 \text{ mm Hg} \,.$$

Man erhält daraus den absoluten atmosphärischen Druck

$$p = \frac{1}{735{,}5} \cdot 762 = 1{,}036 \text{ kp/cm}^2 \,.$$

Zur Ermittlung des Partialdruckes der Luft ist von diesem Druck der Partialdruck des Wasserdampfes abzuziehen. Man erhält

$$p_L = 1{,}036 - 0{,}0202 = 1{,}0158 \text{ ata} \,.$$

Mit der Gasgleichung erhält man aus dem gemessenen Volumen die vom Motor verbrauchte Luftmenge je Stunde:

$$G_L = \frac{p_L \cdot V_L}{R \cdot T} = \frac{10158 \cdot 124{,}5}{29{,}27 \cdot 294} = 147 \text{ kg/h}$$

und

je kg Kraftstoff: $G_{L tats} = \dfrac{G_L}{B} = \dfrac{147}{12{,}8} = 11{,}5$ kg Luft/kg Kraftstoff

$$= \frac{11{,}5}{28{,}964} = 0{,}397 \text{ Mol Luft/kg Kraftstoff} \,.$$

Die tatsächlich verbrauchte Sauerstoffmenge für 1 kg Kraftstoff ergibt sich daraus zu

$$0{,}397 \cdot 0{,}21 = 0{,}0834 \text{ Mol/kg Kraftstoff}$$

und die Stickstoffmenge für 1 kg Kraftstoff

$$0{,}397 \cdot 0{,}79 = 0{,}314 \text{ Mol/kg Kraftstoff} \,.$$

Die angesaugte Wasserdampfmenge beträgt

je Stunde: $G_w = \dfrac{p_D \cdot V_L}{R_D \cdot T} = \dfrac{202 \cdot 124{,}5}{47{,}7 \cdot 294} = 1{,}82$ kg/h,

je kg Kraftstoff: $g_w = \dfrac{G_w}{B} = \dfrac{1{,}82}{12{,}8} = 0{,}142$ kg H_2O/kg Kraftstoff

$$= 0{,}0079 \text{ Mol } H_2O \text{/kg Kraftstoff.}$$

11. Luftverhältnis = Verhältnis der wirklich verbrauchten Luft zur theoretisch zur Verbrennung erforderlichen Luftmenge

$$\lambda = \frac{G_{L tats}}{G_{L min}} = \frac{11{,}5}{14{,}4} = 0{,}80 \,.$$

Das Luftverhältnis kann auch aus den Ergebnissen einer Abgasanalyse errechnet werden. Bezeichnet man mit O_2 den Raumanteil des Sauerstoffes in den trockenen Abgasen in vH, mit N_2 den Raumanteil des Stickstoffes in den Abgasen in vH und mit CO den Raumanteil von Kohlenoxyd in vH, so gilt folgende Beziehung für das Luftverhältnis:

$$\lambda = \frac{N_2}{N_2 - \frac{79}{21}\left(O_2 - \frac{CO}{2}\right)}$$

Diese Formel ergibt sich aus folgenden Überlegungen: Um eine einfache Darstellung des Ausdrucks $G_{Ltats}/G_{L\,min}$ zu finden, ist es zweckmäßig, die Volumenanteile der verschiedenen Gase durch die entsprechenden Anteile Stickstoff darzustellen. Dann entspricht die vor der Verbrennung vorhandene Luftmenge dem Wert

$$G_{L\,tats} = \frac{100 \cdot N_2}{79}\,.$$

Die zur Verbrennung mindestens erforderliche Luftmenge ist

$$G_{L\,min} = \frac{100 \cdot N_2}{79} - \left(\frac{100 \cdot O_2}{21} - \frac{100 \cdot CO}{21 \cdot 2}\right).$$

Die Menge der überschüssigen Luft ist dabei aus der nichtverbrauchten Sauerstoffmenge unter Abzug der für die vollkommene Verbrennung von CO erforderlichen Luftmenge ermittelt. Durch Einsetzen erhält man

$$\lambda = \frac{N_2 \dfrac{100}{79}}{N_2 \dfrac{100}{79} - \left[\dfrac{100}{21} O_2 - \dfrac{100 \cdot CO}{21 \cdot 2}\right]}$$

und damit die obenstehende Beziehung.

Berechnung der Verbrennungsprodukte. Für die Bestimmung der Menge der Verbrennungsgase reichen die Verbrennungsgleichungen nicht aus, da nicht bekannt ist, in welchem Verhältnis Wasserstoff und Kohlenstoff verbrennen. Als erste Annäherung sei angenommen, daß zunächst der aktivste Teil, der Wasserstoff, vollständig zu Wasser verbrennt, und daß sich aus dem vorhandenen Kohlenstoff Kohlenmonoxyd bildet, und dieses, soweit der vorhandene Sauerstoff ausreicht, zu Kohlendioxyd verbrennt[1]. Es entstehen somit an Verbrennungsprodukten:

Wasser, Kohlenmonoxyd und Kohlendioxyd.

---

[1] Die Grundlagen zur genauen Berechnung der Gaszusammensetzung auf Grund des chemischen Gleichgewichtes sind im Teil II, Kapitel A4, S. 509 angegeben. Für technische Rechnungen der vorliegenden Art genügt jedoch die gewählte Vereinfachung.

Dem Verbrennungsvorgang liegen also folgende drei Reaktionen zugrunde:

$$H + 1/4\,O_2 = 1/2\,H_2O\,,$$
$$C + 1/2\,O_2 = CO\,,$$
$$CO + 1/2\,O_2 = CO_2.$$

Man erhält also aus 1 kg Kraftstoff:

$$\frac{h}{2,016} = \frac{0,133}{2,016} = 0,066\ \text{Mol}\ H_2O\,,$$

$$\frac{c}{12,01} = \frac{0,857}{12,01} = 0,0714\ \text{Mol}\ (CO + CO_2)\,.$$

Für die Verbrennung von CO zu CO_2 steht folgende Sauerstoffmenge zur Verfügung:

$$O_2 - \frac{c}{24,02} - \frac{h}{4,032} = 0,0834 - \frac{0,857}{24,02} - \frac{0,133}{4,032} = 0,0147\ \text{Mol}\ O_2\,.$$

Damit können $2 \cdot 0,0147 = 0,0294$ Mol CO zu CO_2 verbrannt werden Aus 1 kg Kraftstoff entstehen also

$$0,0294\ \text{Mol}\ CO_2 \quad \text{und} \quad 0,0714 - 0,0294 = 0,0420\ \text{Mol}\ CO\,.$$

In den Verbrennungsprodukten erscheinen ferner der in der Frischluft mitgeführte Wasserdampf und Stickstoff. Beide beteiligen sich an der Reaktion nicht. Damit wird die endgültige Abgaszusammensetzung:

	$\dfrac{\text{Mol}}{\text{kg}}$	Raumanteile r_i	Molmasse M_i	$M_i \cdot r_i$
Wasserdampf in der Frischluft	0,0081			
Wasserdampf aus der Verbrennung	0,0660			
Gesamtwasser	0,0741	0,1577	18	2,841
Kohlenoxyd	0,0420	0,0894	28	2,503
Kohlendioxyd	0,0294	0,0626	44	2,755
Stickstoff	0,3243	0,6903	28	19,339
Gesamtabgas	0,4698	1,0000		
Mittlere Molmasse der Abgase $M = \Sigma\,M_i \cdot r_i$				27,438

Aus den obenstehenden Werten läßt sich die Gaskonstante der Abgase bestimmen

$$R_{Abgas} = \frac{848}{M_m} = \frac{848}{27,438} = 30,86\ \frac{\text{mkp}}{\text{kg}\ {}^\circ\text{K}}\,.$$

Berechnung von U_a, der inneren Energie des Zylinderinhaltes unmittelbar vor der Zündung. 1. Da die weiteren Rechnungen zur Verfolgung des

Verbrennungsvorganges im Zylinder für ein Arbeitsspiel durchgeführt werden, sind zunächst die arbeitenden Gas- und Kraftstoffmengen je Spiel zu ermitteln:

a) Die je Arbeitsspiel verarbeitete Luftmenge[1]

$$G_L^* = \frac{G_L}{30 \cdot n} = \frac{147}{30 \cdot 1490} = 3{,}295 \cdot 10^{-3}\ \text{kg/Spiel}$$

$$= 0{,}765 \cdot 10^{-3}\ \frac{\text{kg } O_2}{\text{Spiel}} + 2{,}530 \cdot 10^{-3}\ \frac{\text{kg } N_2}{\text{Spiel}}\ .$$

b) Die je Arbeitsspiel mit angesaugte Wasserdampfmenge

$$G_w^* = \frac{G_w}{30 \cdot n} = \frac{1{,}82}{30 \cdot 1490} = 0{,}0417 \cdot 10^{-3}\ \text{kg } H_2O/\text{Spiel},$$

damit beträgt die Gesamtmenge

$$G_L^* + G_w^* = (3{,}295 + 0{,}0417) \cdot 10^{-3} = 3{,}34 \cdot 10^{-3}\ \text{kg/Spiel}\ .$$

c) Die Restgasmenge kann annähernd abgeschätzt werden. Da die Restgase nur einige vH der Zylinderfüllung beträgt, sind vereinfachende Annahmen ohne wesentlichen Einfluß auf das Endergebnis der Rechnung.

Das Verhältnis des Restgases zur bekannten Menge der angesaugten feuchten Luft, bezogen auf den Zustand im Zylinder im äußeren Totpunkt (nach dem Ansaughub), ergibt sich zu:

$$\frac{G_R^*}{G_L^* + G_w^*} = \frac{\dfrac{P_R \cdot V_R^*}{R_R \cdot T_R}}{\dfrac{P_L \cdot V_h^*}{R_L \cdot T_L}}\ .$$

An Stelle des Volumens und des Druckes der angesaugten Luft im Zylinder kann bei Berücksichtigung des Liefergrades der Zustand der Luft in der Saugleitung eingesetzt werden, und man erhält unter der Annahme, daß

$$P_R = P_L$$

sowie

$$R_R = R_L$$

und

$$V_c = \frac{V_h}{\varepsilon - 1}$$

ist, die vereinfachte Formel für das Verhältnis von Restgasmenge zur Frischgasmenge:

$$\frac{G_R^*}{G_L^* + G_w^*} = \frac{T_L}{T_R} \cdot \frac{1}{(\varepsilon - 1)\lambda_l}\ .$$

---

[1] Im folgenden werden alle Werte, die sich auf ein Arbeitsspiel beziehen, mit dem Index * versehen.

29 Schmidt, Verbrennungskraftmaschinen, 4. Aufl.

Mit T_L = Temperatur der angesaugten Luft = 294 °K und T_R = geschätzte Temperatur der Restgase rund 700 °C ergibt sich

$$\frac{G_R^*}{G_L^* + G_w^*} = \frac{294}{973} \cdot \frac{1}{5,4 \cdot 0,73} = 0,077 = 7,7 \text{ vH} .$$

Somit beträgt die Restgasmenge

$$G_R^* = 0,077 \cdot 3,34 \cdot 10^{-3} = 0,256 \cdot 10^{-3} \text{ kg/Spiel} .$$

d) Die auf ein Arbeitsspiel entfallende Kraftstoffmenge

$$B^* = \frac{B}{30 \cdot n} = \frac{12,8}{30 \cdot 1490} = 0,286 \cdot 10^{-3} \text{ kg/Spiel} .$$

e) Die auf ein Arbeitsspiel entfallende Gesamtmenge

$$G_{ges}^* = G_L^* + G_w^* + G_R^* + B^* = 3,295 \cdot 10^{-3} + 0,0417 \cdot 10^{-3}$$
$$+ 0,256 \cdot 10^{-3} + 0,286 \cdot 10^{-3} = 3,88 \cdot 10^{-3} \text{ kg/Spiel} .$$

2. Die Gaskonstante des Gemisches *vor* der Zündung

$$R_m = \frac{G_L^*}{G_{ges}^*} \cdot R_L + \frac{G_w^*}{G_{ges}^*} \cdot R_w + \frac{B^*}{G_{ges}^*} \cdot R_B + \frac{G_R^*}{G_{ges}^*} \cdot R_R$$
$$= \frac{3,295 \cdot 10^{-3}}{3,88 \cdot 10^{-3}} \cdot 29,27 + \frac{0,0417}{3,88} \cdot \frac{10^{-3}}{10^{-3}} \cdot 47,07 + \frac{0,286 \cdot 10^{-3}}{3,88 \cdot 10^{-3}} \cdot 8,48$$
$$+ \frac{0,256 \cdot 10^{-3}}{3,88 \cdot 10^{-3}} \cdot 30,86 = 28,17 .$$

Hierbei wurde angenommen, daß der Kraftstoff zu 100 vH verdampft sei. Die Molmasse des Benzins wurde zu 100 angenommen (Molmasse des nahverwandten Heptans).

3. Die Temperatur des Gemisches am Zündpunkt (23° v. o. T.)

$$T_a = \frac{P_a \cdot V_a}{R_m \cdot G_{ges}^*} = \frac{7,5 \cdot 10^4 \cdot 0,900 \cdot 10^{-3}}{28,17 \cdot 3,88 \cdot 10^{-3}} = 621 \text{ °K} .$$

P_a und V_a, Druck und Volumen im Zündpunkt werden dem Indikatordiagramm entnommen (Punkt a, Abb. 263).

4. Die mittlere spez. Wärme des Gemisches zwischen 0° und 621 °K ist

$$c_v \Big|_0^{621} = \sum g_i \, c_{v_i} \Big|_0^{621} = \frac{2,530 \cdot 10^{-3}}{3,88 \cdot 10^{-3}} c_{v(N_2)} \Big|_0^{621}$$
$$+ \frac{0,765 \cdot 10^{-3}}{3,88 \cdot 10^{-3}} c_{v(O_2)} \Big|_0^{621} + \frac{0,286 \cdot 10^{-3}}{3,88 \cdot 10^{-3}} c_{v(Benzin)} \Big|_0^{621}$$
$$+ \frac{0,0417 \cdot 10^{-3}}{3,88 \cdot 10^{-3}} c_{v(H_2O)} \Big|_0^{621} + \frac{0,256 \cdot 10^{-3}}{3,88 \cdot 10^{-3}} c_{v(Restgas)} \Big|_0^{621} ,$$

$$c_v \Big|_0^{621} = 0,655 \cdot 0,1791 + 0,1982 \cdot 0,1614 + 0,0741 \cdot 0,3702$$
$$+ 0,01080 \cdot 0,3426 + 0,0663 \cdot 0,1939 = 0,193 \text{ kcal/kg °K} .$$

5. Die innere Energie am Zündpunkt unmittelbar vor der Zündung

$$U_a^* = G_{ges}^* \cdot c_v \Big|_0^{621} \cdot T_a = 3{,}88 \cdot 10^{-3} \cdot 0{,}193 \cdot 621 = 0{,}463 \text{ kcal/Spiel} .$$

Berechnung der inneren Energie der Zylinderladung für den Zustand x.

1. Gaskonstante.

Der Punkt x liegt 10 ° KW n. o. T., also auf der Dehnungslinie. Die Verbrennung, die im Zündpunkt einsetzt, ist — wie die Erfahrung zeigt — bei 10° KW n. o. T. noch nicht beendet. Die Gaskonstante R ist größer als 28,17 (für das unverbrannte Gemisch) und kleiner als 30,86 (für Abgas). Da die Veränderung der Gaskonstante nur gering ist, genügt es, für den vorliegenden Zweck eine annähernde Interpolation zwischen diesen beiden Werten im Bereich von Beginn bis zum geschätzten Ende der Verbrennung vorzunehmen. Für den Punkt x erhält man $R_x = 29{,}6$.

2. Die Temperatur im Punkt x

$$T_x = \frac{P_x \cdot V_x^*}{R_x \cdot G_{ges}^*} = \frac{37 \cdot 10^4 \cdot 0{,}744 \cdot 10^{-3}}{29{,}6 \cdot 3{,}88 \cdot 10^{-3}} = 2409 \,°\text{K} .$$

3. Die mittleren spez. Wärmen des Verbrennungsgases zwischen 0° und 2409 °K.

Aus den Tabellen für die spez. Wärmen (S.577 ÷ 583) entnimmt man:

$$M c_v \Big|_0^{2409} \quad \begin{aligned} \text{für } N_2 &= 5{,}917 \\ \text{für } CO &= 5{,}986 \\ \text{für } CO_2 &= 10{,}518 \\ \text{für } H_2O &= 8{,}232 \end{aligned} \qquad M c_v \Big|_0^{2409} r_i \quad \begin{aligned} \text{für } N_2 &= 4{,}085 \\ \text{für } CO &= 0{,}535 \\ \text{für } CO_2 &= 0{,}658 \\ \text{für } H_2O &= 1{,}298 \end{aligned}$$

$$\Sigma M c_v \Big|_0^{2409} r_i = 6{,}576 .$$

Hierbei sind r_i die Raumanteile der einzelnen Gase (vgl. Tabelle S. 448)

$$r_{N_2} = 0{,}6903 \qquad r_{CO_2} = 0{,}0626$$
$$r_{CO} = 0{,}0894 \qquad r_{H_2O} = 0{,}1577 .$$

Dividiert man den obenstehenden Wert durch die mittlere Molmasse der Abgase, so erhält man die mittlere spez. Wärme des Abgases

$$c_{v\,Abgas} \Big|_0^{2409} = 0{,}239 .$$

4. Die innere Energie am Punkt x

$$U_x^* = G_{ges}^* \cdot c_{v\,Abgas} \Big|_0^{T_x} \cdot T_x = 3{,}88 \cdot 10^{-3} \cdot 0{,}239 \cdot 2409 = 2{,}22 \text{ kcal/Spiel} .$$

5. Der Wärmewert der an den Kolben abgegebenen Arbeit (von Punkt a bis zum Punkt x) ergibt sich aus dem Indikatordiagramm

$$A L_i^* \big|_a^x = -\,0{,}0146 \text{ kcal} .$$

Berechnung der dem Heizwert des Unverbrannten entsprechenden Wärmemenge. Setzt man die oben errechneten Werte in die Beziehung (Ableitung und Erklärung S. 82)

$$\Sigma\, Q^* = (U_a^* + H^*) - (U_x^* + A\, L_i^*\,|_a^x)$$

ein, so erhält man

$$\Sigma\, Q^* = (0{,}463 + 2{,}99) - (2{,}22 - 0{,}0146) = 1{,}25 \text{ kcal/Spiel} .$$

Der Heizwert, der einem Arbeitsspiel zukommt, ist

$$H^* = H_u^*\, B^* = 10440 \cdot 0{,}286 \cdot 10^{-3} = 2{,}99 \text{ kcal/Spiel} .$$

Daher entspricht der obige Wert für $\Sigma\, Q \approx 41{,}7$ vH des der Ladungsmenge entsprechenden Heizwertes. Das Ergebnis derselben Rechnung für verschiedene Kurbelwinkel ist in der nachfolgenden Tabelle 15 wiedergegeben. In Abb. 264 sind diese Ergebnisse als Kurve über dem Kurbelwinkel aufgetragen.

Im Minimum der Kurve für den Heizwert des Unverbrannten kann man annehmen, daß die Verbrennung im wesentlichen beendet ist, weil in diesem Punkt die durch Verbrennung erzeugte Wärmemenge gleich ist der verhältnismäßig geringen Wärmemenge, die durch Wärmeleitung abgeführt wird. Eine Aufteilung des Wertes $\Sigma\, Q$ in den Heizwert des Unverbrannten und in die abgegebene Wärmemenge ist sehr schwierig, weil die Unterlagen für die Berechnung des Wärmeüberganges im Motorzylinder noch sehr unsicher sind.

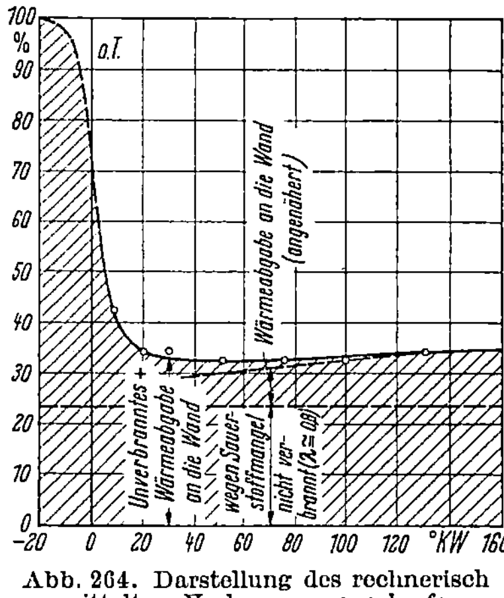

Abb. 264. Darstellung des rechnerisch ermittelten Verbrennungsverlaufes, abhängig vom Kurbelwinkel

2. Berechnung eines Arbeitsprozesses des vollkommenen Dieselmotors

Daten und gewählter Betriebszustand des Motors:

Verdichtungsverhältnis	$\varepsilon = 15$
Luftverhältnis	$\lambda = 1{,}3$
Temperatur der angesaugten Luft	$t_1 = 20\ {}^\circ\text{C}$
Druck der angesaugten Luft	$p_1 = 1{,}03$ ata
Höchster zugelassener Druck im Zylinder	$p_{max} = 70$ ata
Unterer Heizwert des Kraftstoffes (Gasöl)	$H_u = 10000$ kcal/kg.
Mittlere spez. Wärme des Kraftstoffes	$c_B = 0{,}45$ kcal/kg grd
Spezifisches Volumen des Kraftstoffes	$v_B = 0{,}0015$ m³/kg

Tabelle 15

°KW n. o. T.	10°	15°	20°	30°	50°	75°	100°	130°	
Druck p_x^* (ata)	37	38	35	27,8	17,4	10,0	6,85	5,10	
Volumen V^* in cm³	744	790	854	1035	1550	2390	3218	3997	
$R_x \left[\dfrac{\text{m kp}}{\text{kg °K}}\right]$	29,66	30,05	30,36	30,8	31	31	31	31	
$T_x = \dfrac{P_x \cdot V_x \cdot 10^{-2}}{R_x \cdot G_{ges}^*}$	2409	2588	2551	2420 (2450)[1]	2254	1997	1842	1704	$G_{ges}^* x = 3,88 \cdot 10^{-3}$
$M_i\,c_{vi}\big|_0^T$ $\begin{cases} N_2 \\ CO \\ CO_2 \\ H_2O \end{cases}$	5,917 5,986 10,518 8,232	5,976 6,043 10,678 8,398	5,964 6,032 10,646 8,366	5,930 6,000 10,556 8,272	5,861 5,931 10,367 8,095	5,759 5,830 10,079 7,825	5,688 5,740 9,879 7,654	5,621 5,693 9,680 7,495	
$M_i\,c_{vi}\big|_0^T r_i$ $\begin{cases} N_2 \\ CO \\ CO_2 \\ H_2O \end{cases}$	4,085 0,535 0,658 1,298	4,125 0,540 0,668 1,324	4,117 0,539 0,666 1,319	4,093 0,536 0,661 1,304	4,046 0,530 0,649 1,277	3,975 0,521 0,631 1,234	3,926 0,513 0,618 1,207	3,880 0,509 0,606 1,182	$r_{N_2} = 0,6903$ $r_{CO} = 0,0894$ $r_{CO_2} = 0,0626$ $r_{H_2O} = 0,1577$
$\Sigma M_i\,c_{vi}\big|_0^T r_i$	6,576	6,657	6,641	6,594	6,502	6,361	6,264	6,177	
	0,239	0,242	0,242	0,240	0,237	0,231	0,228	0,225	$\Sigma M_i \cdot r_i = 27,483$
$U_x^* = G_{ges}^*\, c_v\big|_0^T \cdot T_x$	2,222	2,418	2,383	2,270	2,062	1,781	1,621	1,480	$G_{ges}^* = 3,88 \cdot 10^{-3}$
F_x (cm²)	−3,1	4,9	16,8	45,3	101,5	156,9	192,1	215,8	
$A \cdot L_i^*\big|_a^x$	−0,0146	0,023	0,079	0,233	0,477	0,737	0,904	1,014	
$U_x^* + A\,L_i^*\big|_a^x$	2,207	2,441	2,462	2,503	2,539	2,518	2,525	2,494	
$\Sigma Q = (U_a^* + H^*) - (U_x^* + A\,L_i^*\big|_a^x)$	1,246	1,012	0,991	0,950	0,914	0,935	0,928	0,959	$U_a^* = 0,464,\ H^* = 2,99$
ΣQ (vH)	41,7	33,8	33,1	31,8	30,6	31,3	31,0	32,1	

[1] Interpolierter Wert.

Die Zusammensetzung des Gasöles ist auf S. 29 angegeben. Die Rechnung soll für 1 kg Kraftstoff durchgeführt werden. Nach S. 29 ist:

$$G_{Lmin} = 14{,}05 \text{ kg Luft/kg Kraftstoff},$$
$$G_L = 14{,}05 \cdot 1{,}3 = 18{,}26 \text{ kg Luft/kg Kraftstoff}.$$

Volumen der angesaugten Luft vor der Verdichtung:

$$V_1 = \frac{G_L \, R \, T_1}{P_1} = \frac{18{,}26 \cdot 29{,}27 \cdot 293}{10\,300} = 15{,}20 \text{ m}^3/\text{kg Kraftstoff}.$$

Die innere Energie der angesaugten Luft erhält man mittels der in Tabelle I, S. 577, angegebenen spez. Wärme bei $T_1 = 293\ {}^\circ\text{K}$

$$M \cdot c_v\big|_0^{T_1} = 4{,}961 \text{ kcal/kg Grad}$$

zu:

$$u_1 = \frac{M \cdot c_v\big|_0^{T_1}}{M} \cdot T_1 = \frac{4{,}961}{28{,}964} \cdot 293 = 50{,}19 \text{ kcal/kg}.$$

Nach der gleichen Tabelle ist

$$\varphi(T_1) = 40{,}80 \text{ kcal/Mol } {}^\circ\text{K}.$$

Für die Verdichtung gilt[1] (s. S. 21):

$$\varphi(T_2) = \varphi(T_1) + A \, \mathfrak{R} \cdot \ln \varepsilon = 40{,}80 + \frac{1}{427} \cdot 848 \cdot \ln 15$$
$$= 46{,}174 \text{ kcal/Mol } {}^\circ\text{K}.$$

Aus Tabelle I erhält man durch Interpolation die Temperatur am Ende der Verdichtungsperiode

$$T_2 = 826\ {}^\circ\text{K}.$$

Mit

$$M \cdot c_v\big|_0^{T_2} = 5{,}163$$

wird

$$u_2 = \frac{M \cdot c_v\big|_0^{T_2}}{M} \cdot T_2 = \frac{5{,}163}{28{,}964} \cdot 826 = 147{,}2 \text{ kcal/kg},$$
$$i_2 = u_2 + A \, R \cdot T_2 = 147{,}2 + \frac{29{,}27}{427} \cdot 826 = 203{,}8 \text{ kcal/kg}.$$

Das Verbrennungsgas für $\lambda = 1{,}3$ kann man sich durch Mischung des Verbrennungsgases bei $\lambda = 1$ (s. S. 29) mit Luft entstanden denken.

---

[1] Der Verlauf isentroper Zustandsänderungen kann auch an Stelle der Berechnung durch Eintragung in das $i-s$-Diagramm ermittelt werden. Aus den $i-s$-Diagrammen können auch die zur Berechnung erforderlichen Energiewerte direkt entnommen werden.

Man erhält:

$$15{,}05 \text{ kg (entspricht } 0{,}5175 \text{ Mol) Verbrennungsgase bei } \lambda = 1 \, [1]$$
$$+ \, 0{,}3 \cdot 14{,}05 = 4{,}21 \text{ kg (entspricht } 0{,}1454 \text{ Mol) Luft (Luftüberschuß),}$$

also $(G_L + B) = 19{,}26$ kg entspr. $0{,}6629$ Mol Verbrennungsgase bei $\lambda = 1{,}3$.

Die mittlere Molmasse der Abgase ist

$$M_m = \frac{19{,}26}{0{,}6629} = 29{,}05 \,,$$

die Gaskonstante

$$R_m = \frac{848}{29{,}05} = 29{,}2 \,.$$

Die chemische Energie $E = H_{0°K}$ des Kraftstoffes erhält man aus der Beziehung (s. S. 22)

$$E = H_{0°K} = H_{pT} + J_T'' - J_T' = H_{pT} + (G_L + B) \cdot i_T'' - (G_L \cdot i_{TL} + B i_{TB}) \,,$$

wenn der Index T die Temperatur T, bei der der Heizwert bestimmt wurde, kennzeichnet. Das Ergebnis ist naturgemäß unabhängig vom Luftüberschuß, die Rechnung soll deshalb für $\lambda = 1{,}0$ durchgeführt werden. Die Temperatur T sei 293 °K, damit wird

$$i_T'' = u_T'' + A\,R \cdot T = \frac{M \cdot c_v\big|_0^T}{M_m} \cdot T + A\,R\,T = \frac{5{,}146}{29{,}05} \cdot 293 + \frac{1}{427} \cdot 29{,}2 \cdot 293$$
$$= 71{,}9 \text{ kcal/kg} \qquad (M\,c_v\big|_0^T \text{ aus Tabelle V, S. 581}),$$

$$i_{TL} = u_1 + A\,R \cdot T = 50{,}19 + \frac{1}{427} \cdot 29{,}27 \cdot 293 = 70{,}27 \text{ kcal/kg} \,,$$

$$i_{TB} = c_B \cdot T + A \cdot P \cdot v_B = 0{,}45 \cdot 293 + \frac{1}{427} \cdot 1 \cdot 10^4 \cdot 0{,}00115$$
$$= 132 \text{ kcal/kg} \,,$$

wenn c_B die mittlere spez. Wärme des Kraftstoffes bedeutet, die zur Vereinfachung konstant gesetzt wird, und v_B das spez. Volumen des Kraftstoffes ist. Mit diesen Werten wird

$$E = H_{0°K} = 10\,000 + 15{,}05 \cdot 71{,}9 - (14{,}05 \cdot 70{,}27 + 132) = 9963 \text{ kcal/kg} .$$

Der Wert der chemischen Energie unterscheidet sich also wenig vom Heizwert. Das Volumen der Luft am Ende der Verdichtung ist

$$V_2 = V_1 \cdot \frac{1}{\varepsilon} = 15{,}20 \cdot \frac{1}{15} = 1{,}013 \text{ m}^3 \,,$$

ihr Druck

$$p_2 = p_1 \cdot \varepsilon \cdot \frac{T_2}{T_1} = 1{,}03 \cdot 15 \cdot \frac{826}{293} = 43{,}6 \text{ ata} \,.$$

---

[1] Siehe Tabelle 3, S. 29.

Für den bei 70 ata eingespritzten Kraftstoff ist

$$i_K = 0,45 \cdot 293 + \frac{1}{427} \cdot 70 \cdot 10^4 \cdot 0,00115 = 134 \text{ kcal/kg} .$$

Für die Verbrennung gilt nach S. 28 die Beziehung:

$$(G_L + B) \cdot i_3 = G_L \cdot i_2 + B (H_{0^\circ K} + i_K) + A \cdot V_2 (P_3 - P_2)$$
$$= 18,26 \cdot 203,8 + 1 (9963 + 134) + \frac{1}{427} \times$$
$$1,013 (70 \cdot 10^4 - 43,6 \cdot 10^4) = 14445 \text{ kcal} .$$

$$i_3 = \frac{14445}{19,26} = 750 \text{ kcal/kg} .$$

Aus diesem Wert kann die Temperatur am Ende der Verbrennung errechnet werden. Hierfür ist die Kenntnis der Zusammensetzung des Verbrennungsgases erforderlich.

Die je kg Kraftstoff entstehende Abgasmenge von 19,26 kg setzt sich zusammen aus 0,5175 Mol Verbrennungsgas (bei $\lambda = 1$) und 0,1454 Mol Luft (entspricht 30 vH Luftüberschuß), also enthält 1 kg Verbrennungsgas für $\lambda = 1,3$

$$\frac{0,5175}{19,26} = 0,02687 \text{ Mol} \quad \text{oder} \quad \frac{0,5175}{0,6629} = 0,781 \text{ Raumteile Verbrennungs-}$$
$$\text{gase für } \lambda = 1.$$
$$\frac{0,1454}{19,26} = 0,00755 \text{ Mol} \quad \text{oder} \quad \frac{0,1454}{0,6629} = 0,219 \text{ Raumteile Luft} .$$

Für den Wärmeinhalt am Ende der Verbrennung gilt also:

$$i_{\lambda = 1,3} = u_{\lambda = 1,3} + A \, R_m \, T$$
$$= 0,02687 \cdot M c_v|_0^T {}_{\text{Abgas } \lambda = 1} \cdot T_3 + 0,00755 \, M c_v|_0^T {}_{\text{Luft}} \cdot T_3 + \frac{29,2}{427} \cdot T_3$$

$(M c_v|_0^T {}_{\text{Abgas } \lambda = 1}$ s. Tabelle V, S. 581, $\quad M c_v|_0^T {}_{\text{Luft}}$ Tabelle I, S. 577) .

Aus dieser Beziehung erhält man durch Probieren und Interpolieren die Temperatur nach der Verbrennung:

Für $T_3 = 2500$ °K ist

$$i_{\lambda = 1,3} = (0,02687 \cdot 6,855 + 0,00755 \cdot 6,020 + 0,0684) 2500 = 745,1 \text{ kcal/kg}$$

Für $T_3 = 2600$ °K ist

$$i_{\lambda = 1,3} = (0,02687 \cdot 6,901 + 0,00755 \cdot 6,053 + 0,0684) 2600 = 778,8 \text{ kcal/kg} .$$

Durch Interpolation erhält man

$$T_3 = 2515 \text{ °K} .$$

Zur Berechnung der Dehnungsperiode ist die Kenntnis des Volumens am Ende der Verbrennung erforderlich.

$$V_3 = \frac{(G_L + B) \cdot R_m \cdot T_3}{P_3} = \frac{19,26 \cdot 29,2 \cdot 2515}{70 \cdot 10^4} = 2,021 \text{ m}^3 .$$

Das Dehnungsverhältnis der isentropen Dehnung wird damit

$$\frac{V_4}{V_3} = \frac{V_1}{V_3} = \frac{15,2}{2,021} = 7,52 \; .$$

Die zur Berechnung der Dehnung erforderliche Funktion $\varphi(T)$ für die Verbrennungsgase mit $\lambda = 1,3$ kann aus

$$\varphi(T)_{\lambda = 1,3} = 0,781 \cdot \varphi(T)_{Abgas\,\lambda = 1,0} + 0,219\,\varphi(T)_{Luft}$$

errechnet werden.

Es ist

$$\varphi(T_3) = 0,781 \cdot 54,17 + 0,219 \cdot 53,22 = 53,962 \text{ kcal/Mol }^\circ\text{K} \, ,$$

$$\varphi(T_4) = \varphi(T_3) - A\,\Re \cdot \ln\frac{V_1}{V_3} = 53,962 - \frac{1}{427} \cdot 848 \cdot \ln 7,52$$

$$= 49,952 \text{ kcal/Mol }^\circ\text{K} \, .$$

Für $T_4 = 1400$ °K ist

$$\varphi(T)_{\lambda = 1,3} = 0,781 \cdot 49,63 + 0,219 \cdot 49,35 = 49,569 \text{ kcal/Mol }^\circ\text{K} \, ,$$

für $T_4 = 1500$ °K

$$\varphi(T)_{\lambda = 1,3} = 0,781 \cdot 50,14 + 0,219 \cdot 49,79 = 50,063 \text{ kcal/Mol }^\circ\text{K} \, ,$$

Durch die Interpolation erhält man

$$T_4 = 1478 \text{ °K} \, .$$

Damit kann auch die Energie am Ende der Dehnung errechnet werden.

$$u_4 = (0,02687 \cdot M \cdot c_v\big|_{0\,\lambda = 1,0}^{T_4} + 0,00755 \cdot M \cdot c_v\big|_{0\,Luft}^{T_4}) \cdot T_4$$

$$= (0,02687 \cdot 6,222 + 0,00755 \cdot 5,570) \cdot 1478 = 309,3 \text{ kcal/kg} \, .$$

Somit sind alle Werte zur Berechnung des Wirkungsgrades bekannt, und man erhält den Wirkungsgrad des Kreisprozesses aus der auf S. 28 angegebenen Gleichung:

$$\eta_v = \frac{G_L \cdot u_1 + B\,(H_{0\,°K} + i_K) - (G_L + B) \cdot u_4}{B \cdot H_u}$$

$$= \frac{18,26 \cdot 50,19 + (9963 + 134) - 19,26 \cdot 309,3}{10\,000} = 50,6 \text{ vH}[1] \, .$$

Der spezifische Kraftstoffverbrauch dieser Maschine beträgt (s. S. 26)

$$b_v = \frac{632}{\eta_v \cdot H_u} = \frac{632}{0,506 \cdot 10\,000} = 125 \text{ g/PSh} \, .$$

Der Mitteldruck p_v (ohne Ausspülung der Restgase) beträgt

$$p_v = \frac{H_u}{A \cdot V_1} \cdot \eta_v \cdot \frac{1}{10\,000} = \frac{10\,000}{\dfrac{1}{427} \cdot 15,20} \cdot 0,506 \cdot \frac{1}{10\,000} = 14,2 \text{ kp/cm}^2 \, .$$

---

[1] Bei Berücksichtigung der Dissoziation würde der Wirkungsgrad η_v etwa um 0,4 vH niedriger liegen, also etwa 50,2 vH betragen.

Im folgenden soll noch der *Wirkungsgrad bei Betrieb mit Steinkohlenteeröl* ermittelt werden; die Daten für diesen Kraftstoff sind:

$$
\begin{aligned}
H_u && = 9100 \text{ kcal/kg} \\
\text{Kohlenstoffgehalt } c && = 0,89 \\
\text{Wasserstoffgehalt } h && = 0,07 \\
\text{Sauerstoffgehalt } o && = 0,035 \\
\text{Schwefel } s && = 0,005.
\end{aligned}
$$

Der Wirkungsgrad kann aus dem oben berechneten Wirkungsgrad durch einfache Umrechnung bestimmt werden. Hierfür ist die Kenntnis des Wertes G_{Lmin} für Steinkohlenteeröl erforderlich. Die für die Verbrennung erforderliche Luftmenge erhält man aus

$$
\begin{aligned}
O_{min} &= 2,667\,c + 7,94\,h + s - o \\
&= 2,667 \cdot 0,89 + 7,94 \cdot 0,07 + 0,005 - 0,035 \\
&= 2,90 \text{ kg } O_2/\text{kg Kraftstoff}
\end{aligned}
$$

zu

$$
G_{Lmin} = \frac{2,90}{0,232} = 12,5 \text{ kg Luft/kg Kraftstoff .}
$$

Daraus ergibt sich die angesaugte Luftmenge zu

$$
12,5 \cdot 1,3 = 16,25 \text{ kg}
$$

und das Volumen der angesaugten Luft zu

$$
V_1 = \frac{16,25 \cdot 29,27 \cdot 293}{10300} = 13,53 \text{ m}^3 .
$$

Nach dem auf S. 32—33 angegebenen Verfahren ist

$$
\lambda_{red} = \lambda \cdot \frac{10000}{H_u'} \cdot \frac{G_{Lmin}'}{14,05} = 1,3 \cdot \frac{10000}{9100} \cdot \frac{12,5}{14,05} = 1,271 .
$$

Nach Abb. 55 (S. 111) entspricht einer Änderung des Luftverhältnisses von $\lambda = 1,3$ auf $\lambda = 1,27$ eine Verminderung des Wertes η_v um 0,3 vH. Der Wirkungsgrad bei Betrieb mit Steinkohlenteeröl beträgt also

$$
\eta_v = 50,4 \text{ vH} \quad (\text{bei Gasöl } \eta_v = 50,6 \text{ vH}) .
$$

Der spezifische Kraftstoffverbrauch dieses Motors steigt, in erster Linie durch den verminderten Heizwert, auf

$$
b_v = \frac{632}{50,4 \cdot 9100} = 137,8 \text{ g/PSh} \quad (\text{bei Gasöl } 125 \text{ g/PSh}) .
$$

Der Mitteldruck ohne Ausspülung der Restgase beträgt

$$
p_v = \frac{9100}{\dfrac{1}{427} \cdot 13,53} \cdot 0,504 \cdot \frac{1}{10000} = 14,45 \text{ kp/cm}^2 \; (\text{bei Gasöl } 14,2 \text{ kp/cm}^2).
$$

3. Thermodynamische Berechnung der Zustandsänderung beim Auspuffvorgang

Die theoretische Berechnung von Abgastemperaturen ist zwar für praktische Anwendungen selten von Bedeutung, die Rechnungsmethoden und die Größe der benutzten Zahlenwerte sind aber auch für viele andere thermodynamische Rechnungen (beispielsweise Auswertung von Versuchen an Motoren mit Turboladeraggregaten) von Interesse. Im folgenden Beispiel werden Abgastemperaturen bei Vernachlässigung der Wärmeverluste und unter der Annahme voller Durchwirbelung der kinetischen Energie im Auspuffrohr errechnet.

Motordaten: Viertakt-Ottomotor.

Hubvolumen	$V_h = 3{,}62 \cdot 10^{-3}\ \mathrm{m}^3$
Inhalt des Verdichtungsraumes	$V_c = 0{,}605 \cdot 10^{-3}\ \mathrm{m}^3$
Verdichtungsverhältnis	$\varepsilon = 7$

Meßergebnisse: Bei dem Versuch wurden folgende Werte gemessen bzw. aus dem Indikatordiagramm entnommen:

Motordrehzahl	$n = 1776\ \mathrm{U/min}$
Außendruck	$p = 1{,}03\ \mathrm{ata} = p_1$
Mittlerer Innendruck	$p_i = 6{,}21\ \mathrm{kp/cm}^2$
Druck im Zylinder bei Beginn der Öffnung der Auslaßventile	$p_4 = 3{,}92\ \mathrm{ata}$
Druck im Zylinder im unteren Totpunkt bei Extrapolation der Ausdehnungslinie	$p_4' = 3{,}17\ \mathrm{ata}$
Mit Luftuhr gemessene Luftmenge	$G_L = 123{,}6\ \mathrm{kg/h}$
Kraftstoffmenge	$B = 10{,}42\ \mathrm{kg/h}$
Gesamte vom Zylinder angesaugte Gemischmenge je Stunde	$G_{ges} = 134{,}02\ \mathrm{kg/h}$

Daraus ergibt sich das Luftverhältnis[1] $\lambda = \dfrac{G_L}{B \cdot G_{L\,min}} = \dfrac{123{,}6}{10{,}42 \cdot 14{,}4} = 0{,}82$

$$\left(G_{L\,min} = 14{,}4\ \frac{\mathrm{kg\ Luft}}{\mathrm{kg\ Kraftstoff}}\right).$$

Die Zusammensetzung der Abgase ist gegeben:

$$N_2 = 69{,}8\ \mathrm{vH}$$
$$CO_2 = 9{,}4\ \mathrm{vH}$$
$$H_2O = 12{,}7\ \mathrm{vH}$$
$$CO = 5{,}7\ \mathrm{vH}$$
$$H_2 = 2{,}4\ \mathrm{vH}$$

---

[1] An Stelle des Wertes Luftverhältnis wird vielfach das Mischungsverhältnis angegeben. Der Zusammenhang beider Größen für Benzin ($G_{L\,min} = 14{,}4$) ist aus nachstehender Tabelle ersichtlich:

Luftverhältnis $\lambda =$	0,6	0,7	0,8	0,9	1,0	1,1	1,2	1,23
Mischungsverhältnis $\dfrac{G_L}{B}$	8,64	10,08	11,52	12,96	14,4	15,84	17,28	18,72

Zur Berechnung der Abgastemperatur nach der auf S. 95 abgeleiteten Formel

$$T_I = \frac{P'_4\, c_v\big|_0^{T'_4} - \dfrac{P_I}{\varepsilon}\, c_v\big|_0^{T_5} + A\, P_I\, R\, \dfrac{\varepsilon - 1}{\varepsilon}}{\left(\dfrac{P'_4}{T'_4} - \dfrac{P_I}{\varepsilon \cdot T_5}\right) c_p\big|_0^{T_I}}$$

ist die Ermittlung der Gaskonstanten R der Abgase, der Gastemperatur im unteren Totpunkt T'_4, der Restgastemperatur T_5 und der dazugehörigen mittleren spez. Wärmen $c_v\big|_0^T$ erforderlich.

Die *Gaskonstante* wird aus der Beziehung $R = \dfrac{848}{M_m}$ berechnet.

Die mittlere Molmasse M_m der Gasmischung wird aus der Zusammensetzung der Verbrennungsgase und ihrer anteiligen Molmasse entsprechend

$$M_m = \sum r_i \cdot M_i \qquad \left\{ \begin{array}{l} r_i \text{ Raumanteil} \\ M_i \text{ Molmasse} \end{array} \right\} \qquad \text{eines Gasanteiles}$$

errechnet.

$$
\begin{array}{lll}
\text{Raumanteil} & \times & \text{Molmasse} \\
N_2 & 0{,}698 \cdot 28{,}016 = & 19{,}56 \\
CO_2 & 0{,}094 \cdot 44{,}010 = & 4{,}14 \\
H_2O & 0{,}127 \cdot 18{,}016 = & 2{,}29 \\
CO & 0{,}057 \cdot 28{,}000 = & 1{,}60 \\
H_2 & 0{,}024 \cdot 2{,}016 = & 0{,}05 \\
\hline
 & \sum r_i M_i = 27{,}64 = & M_m.
\end{array}
$$

Aus der mittleren Molmasse erhält man die mittlere Gaskonstante der Abgase

$$R_m = \frac{848}{27{,}64} = 30{,}68 \qquad \left[\frac{m\,kp}{kg\,{}^\circ K}\right].$$

Die Gastemperatur T'_4 (errechnete Temperatur der Gase im Zylinder bei Extrapolation der Dehnungslinie bis zum u. T.) kann mit Hilfe der Gasgleichung aus der Gasmenge[1] $G'^*_4 = G^*_4$, das zu Beginn des Auslaßvorganges im Zylinder ist, bestimmt werden. Die Gasmenge G^*_4 entspricht der Summe aus der Menge der Restgase G^*_R, aus der Menge der angesaugten Luft G^*_L und aus der gemessenen Kraftstoffmenge B^*. Die gesamte Gasmenge G^*_4 ist also:

$$G^*_4 = G^*_L + B^* + G^*_R,$$

darin ist

$$G^*_L + B^* = \frac{G_L + B}{60 \cdot \dfrac{n}{2}} = \frac{123{,}6 + 10{,}42}{60 \cdot \dfrac{1776}{2}} = 2{,}519 \cdot 10^{-3}\ \text{kg/Spiel}.$$

---

[1] Der Index $*$ wird für Größen verwendet, die sich auf ein Arbeitsspiel beziehen.

Die Restgasmenge G_R^* wird aus der Gasgleichung bestimmt

$$G_R^* = \frac{P_I \cdot V_c}{R_m \cdot T_5} \; .$$

Die Temperatur der Restgase T_5 wird unter Annahme isentroper Dehnung[1]:

$$T_5 = T_4' \cdot \left(\frac{p_I}{p_4'}\right)^{\frac{\varkappa-1}{\varkappa}} = T_4' \cdot \left(\frac{1{,}03}{3{,}17}\right)^{\frac{0{,}32}{1{,}32}} = 0{,}761 \cdot T_4' \, ,$$

wobei entsprechend dem Mischungsverhältnis und der Temperatur der Restgase etwa $\varkappa = 1{,}32$ einzusetzen ist. Damit wird die Gesamtmenge

$$G_4^* = 2{,}519 \cdot 10^{-3} + \frac{P_I \cdot V_c}{R_m \cdot T_4' \cdot 0{,}761} \; .$$

Durch Einsetzen der Gasgleichung für G_4^* erhält man

$$G_4^* = \frac{P_4' \cdot V_4'}{R_m \cdot T_4'} = 2{,}519 \cdot 10^{-3} + \frac{P_I \cdot V_c}{R_m \cdot T_4' \cdot 0{,}761} \; .$$

Durch Auflösen nach T_4' wird:

$$T_4' = \frac{1}{2{,}519} \cdot \frac{1}{10^{-3}} \left[\frac{P_4' \cdot V_4'}{R_m} - \frac{P_I \cdot V_c}{R_m \cdot 0{,}761} \right] ,$$

$$T_4' = \frac{1}{2{,}519 \cdot 10^{-3}} \left[\frac{31\,700 \cdot 4{,}225 \cdot 10^{-3}}{30{,}68} - \frac{10\,300 \cdot 0{,}605 \cdot 10^{-3}}{30{,}68 \cdot 0{,}761} \right]$$

$$= 1627^\circ\,\mathrm{K} \quad (t_4' = 1354 \; ^\circ\mathrm{C}) \; .$$

Damit wird die unter der Annahme isentroper Dehnung ermittelte Temperatur der Restgase[2]

$$T_5 = 0{,}761 \cdot T_4' = 1238 \; ^\circ\mathrm{K} \quad (t_5 = 965 \; ^\circ\mathrm{C}) \; .$$

Die *mittleren spez. Wärmen* bei konstantem Volumen, bezogen auf 1 kg, werden nach der Beziehung

$$c_v\Big|_0^T = \frac{1}{M_m}\left[r_{CO_2} \, M\, c_v\Big|_0^T{}_{CO_2} + r_{H_2O} \, M\, c_v\Big|_0^T{}_{H_2O} + r_{\text{2-atom. Gase}} \, M\, c_v\Big|_0^T{}_{\text{2 atom. Gase}} \right]$$

berechnet[3].

---

[1] Die tatsächliche Temperatur der Restgase ist hauptsächlich wegen des Wärmeaustausches mit der Wand erheblich geringer; die vorliegende Rechnung wird jedoch in allen Teilen ohne Berücksichtigung des Wärmeaustausches durchgeführt.

[2] Siehe Fußnote 3.

[3] Die Unterschiede der spez. Wärmen der zweiatomigen Gase wurden in der vorliegenden Rechnung vernachlässigt. Da der Hauptteil der zweiatomigen Abgase aus Stickstoff besteht, wurde dessen spez. Wärme in der Rechnung benutzt.

Die Anteile der einzelnen Gase sind entsprechend der Zusammenstellung S. 459

$$CO_2 = \ 9,4 \ vH$$
$$H_2O = 12,7 \ vH$$
$$2 \ atom. \ Gase = 77,9 \ vH$$

Damit wird

$$c_v \Big|_0^{T_4' = 1627} = \frac{1}{27,64} [0,094 \cdot 9,562 + 0,127 \cdot 7,402 + 0,779 \cdot 5,582]$$
$$= 0,2239 \ ,$$
$$c_v \Big|_0^{T_5 = 1238} = \frac{1}{27,64} [0,094 \cdot 8,825 + 0,127 \cdot 6,919 + 0,779 \cdot 5,363]$$
$$= 0,213 \ .$$

Mit diesen Werten kann nach der obenstehenden Formel die Abgastemperatur berechnet werden:

$$T_I = \frac{31700 \cdot 0,2239 - \dfrac{10300}{7,0} \cdot 0,213 + \dfrac{10300}{427} \cdot 30,68 \left(\dfrac{7-1}{7}\right)}{\left(\dfrac{31700}{1627} - \dfrac{10300}{7,0 \cdot 1238}\right) \cdot c_p \Big|_0^{T_I}} = \frac{405,5}{c_p \Big|_0^{T_I}} \ .$$

Die Lösung der Gleichung kann durch Probieren erfolgen.

Für einige geschätzte Temperaturen wird die mittlere spez. Wärme $c_p \big|_0^T$ und das Produkt $T \cdot c_p \big|_0^T$ bestimmt.

Man erhält für

$$T_I = 1300 \ \text{den Wert} \ T \, c_p \Big|_0^T = 372,7$$
$$T_I = 1400 \ \text{den Wert} \ T \, c_p \Big|_0^T = 405,4$$
$$T_I = 1500 \ \text{den Wert} \ T \, c_p \Big|_0^T = 438,6$$
$$T_I = 1600 \ \text{den Wert} \ T \, c_p \Big|_0^T = 472,0$$

Durch graphische Interpolation erhält man für den Wert $T_I \cdot c_p \big|_0^{T_I}$ = 405,5 die Temperatur $T_I = 1400 \ °K \ (t_I = 1127 \ °C)$.

Berechnung der Abgastemperatur unter Berücksichtigung der wahren Gaswechselarbeit

Die oben angegebene Berechnung der Abgastemperatur wurde unter der Annahme konstanten Druckes während des Ausschubhubes durchgeführt. Berücksichtigt man auch die Veränderlichkeit des Druckes während des Ausschubvorganges und die Druckänderungen während des letzten Teiles des Ausdehnungshubes, so ergibt sich (s. S. 95)

$$T_I = \frac{G_4^* \, c_p \Big|_0^{T_4} \cdot T_4 - G_R^* \, c_v \Big|_0^{T_5} \cdot T_5 - \text{Fläche} \ (4 \, a \, f \, 4 - f \, c \, d \, e \, f)}{G_I^* \, c_p \Big|_0^{T_I}} \ .$$

Die Flächen $4 \, a \, f \, 4$ und $f \, c \, d \, e \, f$ (Abb. 38, S. 96) wurden aus dem Niederdruckdiagramm durch Planimetrieren bestimmt. Dabei ergab sich:

$$\text{Fläche} \ 4 \, a \, f \, 4 = \ 980 \ mm^2 \ ,$$
$$\text{Fläche} \ f \, c \, d \, e \, f = 5570 \ mm^2 \ .$$

Für die Umrechnung gilt: $1 \text{ mm} \cdot 1 \text{ mm} = 0,05 \dfrac{\text{kp}}{\text{cm}^2} \, 0,0181 \text{ l}$

$$= 500 \frac{\text{kp}}{\text{m}^2} \cdot 0,0000181 \text{ m}^3 = 0,00905 \text{ mkp} \,,$$

somit entspricht $1 \text{ mkp} = 110,5 \text{ mm}^2$.

Damit wird die den Flächen entsprechende Arbeit:

$$\text{Fläche } 4\,a\,f\,4 - f\,c\,d\,e\,f = \frac{(980 - 5570)}{110,5} = -41,5 \text{ mkp/Spiel}$$

oder im Wärmemaß $\qquad = -\dfrac{41,5}{427} = -0,0972 \text{ kcal/Spiel}\,.$

Da der Berechnung jetzt die wirkliche Gaswechselarbeit des Motors zugrunde gelegt ist, sind auch Druck und Temperatur im Zylinder zu Beginn des Auslaßvorganges einzusetzen; mit

$$p_4 = 3,92 \text{ ata}$$

und $V_4 = 3,59 \cdot 10^{-3} \text{ m}^3 = $ Zylinderinhalt bei Beginn der Öffnung der Auslaßventile wird

$$T_4 = \frac{P_4 \cdot V_4}{P_4' \cdot V_4'} \cdot T_4' = \frac{39\,200}{31\,700} \cdot \frac{3,59 \cdot 10^{-3}}{4,225 \cdot 10^{-3}} \cdot 1627 = 1710 \text{ °K}$$

und

$$G_4^* = \frac{P_4 \cdot V_4}{R \cdot T_4} = \frac{39\,200 \cdot 3,59 \cdot 10^{-3}}{30,68 \cdot 1710} = 2,682 \cdot 10^{-3} \text{ kg/Spiel}\,,$$

$$G_R^* = G_4^* - G_I^* = 2,682 \cdot 10^{-3} - 2,519 \cdot 10^{-3} = 0,163 \cdot 10^{-3} \text{ kg/Spiel}\,.$$

Die mittlere spez. Wärme $c_v|_0^{T_4}$ wird wie oben bestimmt. Man erhält:
$c_v|_0^{T=1710} = 0,226$.

Damit erhält man durch Einsetzen in die obenstehende Gleichung:

$$T_I = \frac{2,682 \cdot 10^{-3} \cdot 0,226 \cdot 1710 - 0,163 \cdot 10^{-3} \cdot 0,213 \cdot 1238 - (-0,0972)}{2,519 \cdot 10^{-3} \cdot c_p|_0^{T_I}}$$

$$= \frac{433}{c_p|_0^{T_I}} \qquad \text{bzw.} \qquad T_I \cdot c_p|_0^{T_I} = 433$$

und durch Probieren und graphische Interpolation

$$T_I = 1483 \text{ °K}; \qquad t_I = 1210 \text{ °C}\,.$$

Der Unterschied dieser unter Berücksichtigung der wahren Gaswechselarbeit errechneten Temperatur gegenüber der oben mit der Formel berechneten Temperatur ist in dem vorliegenden Falle besonders groß, weil bei dem zugrunde gelegten Versuch der Druck im Zylinder während des Ausschubhubes abnorm hoch war.

Die Tabelle 16 zeigt, daß der Unterschied der errechneten Abgastemperatur gegenüber der Temperatur, die bei isentroper Dehnung auf den Außendruck erreicht würde, bei dem gewählten Beispiel etwa 250 °C beträgt. Dieser Temperaturunterschied entspricht dem Wärmewert des Arbeitsverlustes durch die unvollständige Dehnung. Der große Unterschied der errechneten Abgastemperatur gegenüber der mit Thermoelement gemessenen Abgastemperatur ist teils

Tabelle 16

Temperatur bei Beginn des Auspuffvorganges	Temperatur bei isentroper Dehnung auf den Außendruck	Temperatur nach Formel S. 95 berechnet	Temperatur unter Berücksichtigung der tatsächlichen Ausschiebearbeit berechnet	Mit einem trägen Thermoelement 15 cm hinter dem Motor gemessene Temperatur	Messung mit Abgaskalorimeter
$t_4 = 1437\ °\text{C}$	$t_5 = 965\ °\text{C}$	$t_I = 1127\ °\text{C}$	$t_I = 1210\ °\text{C}$	$t_I = 895\ °\text{C}$	$t_I = 1052\ °\text{C}$

auf starke Wärmeableitung während des Auspuffvorganges, teils aber auf den Unterschied der Anzeige des trägen Meßgerätes gegenüber dem Wert bei kalorimetrischer Messung zurückzuführen.

4. Berechnung der Leistungen und Verbrauchszahlen eines Flugmotors

a) Ottoflugmotor mit mechanisch angetriebenem Lader

Beispiel: Ottomotor mit Lader für 6,5 km Gleichdruckhöhe.

In den folgenden Zahlenrechnungen wird die Ermittlung der Höhenleistungen eines Ladermotors zunächst auf Grund der Berechnung der Einzeleinflüsse bei getrennter Berechnung des Leistungsbedarfs des Laders, der Reibungsleistung und der Innenleistung des Motors wiedergegeben. Die Berechnung mit Hilfe einer vereinfachten Formel wird erst am Schluß angegeben. Die Ermittlung der Einzeleinflüsse hat den Vorteil, daß die Ursachen, die für die Veränderung der Leistung mit der Höhe maßgebend sind, getrennt in ihrer Größenordnung leichter überblickt werden können. Außerdem sind auch bei der Auswertung von Prüfstandsversuchen und für Vorausberechnungen bei Entwicklungsarbeiten thermodynamische Rechnungen erforderlich, die wesentlich vom Berechnungsgang für ein fertiges Motoraggregat abweichen. Dabei ergeben sich vielfach ähnliche Einzelrechnungen, wie sie in den folgenden Ausführungen wiedergegeben sind.

Grundlagen für die Berechnung. Es ist angenommen, daß außer den Motordaten auch die Leistung und der Verbrauch des Motors ohne Lader in Meereshöhe entweder auf Grund einer Abschätzung oder auf Grund eines Prüfstandsversuches bekannt sind. Gegeben ist:

Hubvolumen des Motors	$z \cdot V_h = 36{,}0\ \text{l}$,
Verdichtungsverhältnis	$\varepsilon = 7{,}5$,
Drehzahl	$n = 2800\ \text{U/min}$,
Leistung des Motors ohne Lader am Boden	$N_{e0} = 1200\ \text{PS}$,
Kraftstoffverbrauch am Boden	$b_{e0} = 210\ \text{g/PSh}$,
Luftverhältnis bei der obengenannten Verbrauchszahl	$\lambda = 0{,}90$.

Für den mechanischen Wirkungsgrad des Motors ohne Lader in Bodenhöhe wird ein geschätzter Wert $\eta_{m_0} = 0{,}90$ eingesetzt. Der Wirkungsgrad des Laders wird konstant zu $\eta_l = 0{,}85$ angenommen. Das Luftverhältnis wird konstant gesetzt.

Die Leistungen und die Verbrauchszahlen für verschiedene Höhen sollen für diesen Motor mit einem Lader für 6,5 km Gleichdruckhöhe errechnet werden. Der Gang der Berechnung ist folgender:

Zunächst wird der Leistungsbedarf zum Antrieb des Laders ermittelt, dann wird die innere Leistung des Motors bestimmt. Zur Ermittlung der Nutzleistung werden von der inneren Leistung der Leistungsbedarf des Laders und die Reibungsleistung in Abzug gebracht. Um die Rechnung möglichst übersichtlich zu machen, wird der Einfluß der Druckdifferenz zwischen Auspuffleitung und Saugleitung zunächst noch nicht berücksichtigt.

Berechnung des Leistungsbedarfs des Laders für 6,5 km Höhe. Die zur verlustlosen Verdichtung von 1 kg Luft vom Druck der Atmosphäre p auf den Druck in der Ladeleitung $p_l = p_0$ erforderliche Arbeit ergibt sich aus:

$$L_{is-l} = R \cdot T \cdot \frac{\varkappa}{\varkappa - 1}\left[\left(\frac{p_l}{p}\right)^{\frac{\varkappa-1}{\varkappa}} - 1\right].$$

Der Zustand der Atmosphäre in 6,5 km Höhe entspricht:

$$T = 245{,}8\ {}^\circ\mathrm{K}\,, \qquad p = 0{,}4498\ \text{ata}\,.$$

Setzt man diese Werte in die obige Gleichung ein, so erhält man:

$$L_{is-l} = 29{,}27 \cdot 245{,}8 \cdot \frac{1{,}40}{0{,}40}\left[\left(\frac{1{,}033}{0{,}4498}\right)^{\frac{0{,}40}{1{,}40}} - 1\right] = 6748\ \text{mkp/kg Luft}\,.$$

Im Wärmemaß ausgedrückt, entspricht derselbe Wert

$$A\,L_{is-l} = \frac{6748}{427} = 15{,}8\ \text{kcal/kg Luft}\,.$$

Die Temperaturerhöhung bei der isentropen Verdichtung beträgt:

$$\Delta T_{is-l} = \frac{A\,L_{is-l}}{c_{pm}\big|_T^{T+\Delta T}} = \frac{15{,}8}{0{,}24} = 65{,}8^\circ \qquad \left(c_{pm}\Big|_T^{T+\Delta T} \approx c_p = 0{,}24\right).$$

Bei den nachfolgenden Berechnungen ist ein Lader mit sehr flachem Kennlinienverlauf vorausgesetzt, bei dem sich die isentrope Förderhöhe und der Wirkungsgrad innerhalb des in Frage kommenden Bereichs nicht wesentlich ändern. Treffen diese Voraussetzungen nicht zu, so ist nach Durchführung der Rechnung jeweils der Betriebspunkt im Laderkennfeld zu bestimmen (s. S. 211 bis 216) und mit den dafür aus dem Laderkennfeld abgelesenen Werten für die isentrope För-

derhöhe und für den Wirkungsgrad des Laders die Rechnung — wenn
nötig mehrmals — zu wiederholen.

Bei Berücksichtigung der Verluste im Lader entsprechend einem
Wirkungsgrad des Laders $\eta_l = 0,85$ beträgt die Arbeit zur Verdichtung
von 1 kg Luft:

$$L_{e-l} = \frac{L_{is-l}}{\eta_l} = \frac{6748}{0,85} = 7939 \text{ mkp/kg} .$$

Im Wärmemaß ausgedrückt, erhält man daraus:

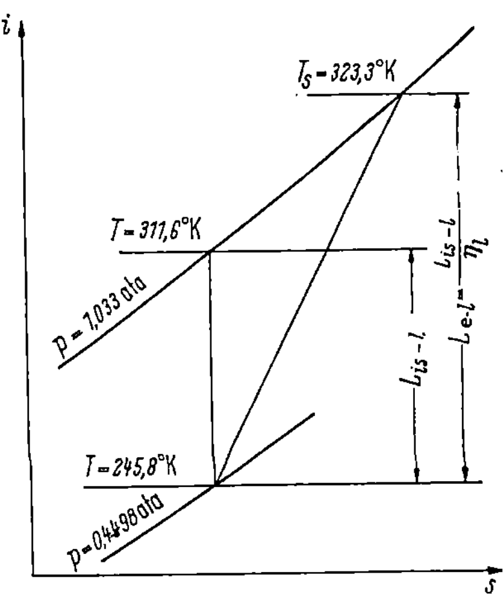

Abb. 265. Ermittlung des Arbeitsbedarfes
des Laders aus dem $i-s$-Diagramm.
(Abszisse: s, Ordinate: i.)

$$A L_{e-l} = 18,59 \text{ kcal/kg} .$$

Die Temperaturerhöhung unter
Berücksichtigung der Verluste im
Lader beträgt somit:

$$\Delta T_l = \frac{18,59}{0,24} = 77,5 \text{ °K} .$$

Somit erhält man in der Ladeleitung die Temperatur

$$T_l = 245,8 + 77,5 = 323,3 \text{ °K} .$$

Der Wärmewert der isentropen
Förderhöhe $A L_{is-l}$ und der tatsächliche Arbeitsbedarf des Laders
$A L_{e-l}$ sowie die Temperaturerhöhung im Lader können auch
direkt aus dem $i-s$-Diagramm
entnommen werden (z. B. [A 4]).

In Abb. 265 ist die graphische Ermittlung dieser Werte aus dem
$i-s$-Diagramm gezeigt.

Der Leistungsbedarf des Laders ergibt sich aus der Beziehung:

$$N_l = \frac{G_L \cdot L_{e-l}}{3600 \cdot 75} = \frac{G_L \cdot A L_{e-l}}{632} .$$

Die angesaugten Luftmenge G_{L_0} des Motors ohne Lader in Bodennähe
kann aus dem Kraftstoffverbrauch zu

$$G_{L_0} =$$

$$= B_0 \cdot G_{L min} \cdot \lambda_0 = N_{e_0} \cdot b_{e_0} \cdot G_{L min} \cdot \lambda_0 = 1200 \cdot 0,21 \cdot 14,4 \cdot 0,90 = 3266 \text{ kg/h}$$

ermittelt werden.

Überschlägige Berechnung der Motorleistung in 6,5 km Höhe. Zur
überschlägigen Berechnung soll zunächst die Änderung des Gaswechselvorganges mit der Höhe vernachlässigt werden. Berücksichtigt man,
daß wegen der Erwärmung beim Durchströmen der Ventile eine Änderung des Liefergrades auftritt, die im Durchschnitt der 0,75. Potenz

des Kehrwertes der Temperatur entspricht, so erhält man in erster Annäherung die angesaugte Luftmenge für 6,5 km Höhe zu

$$G_{L\,vorl.} \approx 3266 \left(\frac{288}{323,3}\right)^{0,75} = 2995 \text{ kg/h}$$

und damit einen überschlägigen Wert für den Leistungsbedarf des Laders:

$$N_{l\,vorl.} \approx 2995 \frac{18,59}{632} = 88,1 \text{ PS} .$$

Die innere Leistung am Boden erhält man aus $\eta_{m_0} = \dfrac{N_{e_0}}{N_{i_0}}$. Bei Annahme des geschätzten Wirkungsgrades $\eta_{m_0} = 0,9$ wird

$$N_{i_0} = \frac{1200}{0,9} = 1333 \text{ PS} .$$

Die innere Leistung bei Gleichdruckaufladung in 6,5 km Höhe ist wegen der Erwärmung der Luft im Lader geringer, und zwar

$$N_{i\,vorl.} = 1333 \left(\frac{288}{323,3}\right)^{0,75} = 1222 \text{ PS} .$$

Der Leistungsverlust durch die mechanische Reibung beträgt am Boden:

$$N_{r_0} = 0,1 \, N_{i_0} = 0,1 \cdot 1333 = 133,3 \text{ PS} .$$

Im folgenden wird angenommen, daß der Reibungsverlust linear von der Innenleistung abhängt und daß der Reibungsverlust in 6,5 km Höhe beim nicht aufgeladenen Motor etwa 80 vH des Verlustes am Boden beträgt.

Die Innenleistung des nicht aufgeladenen Motors in 6,5 km Höhe ist:

$$N_i = 1333 \cdot \frac{0,4498}{1,033} \cdot \left(\frac{288}{245,8}\right)^{0,75} = 653,6 \text{ PS} .$$

Damit ergibt sich für die Abhängigkeit der Reibungsverluste von der Innenleistung folgende Beziehung:

$$\frac{133,3 - 0,8 \cdot 133,3}{1333 - 653,6} = \frac{133,3 - N_r}{1333 - N_i}$$

$$N_r = 3,93 \cdot 10^{-2} \cdot N_i + 80,91 .$$

Mit $N_{i\,vorl.} = 1222$ PS folgt hieraus für die Reibungsleistung in 6,5 km Höhe:

$$N_r = 128,9 \text{ PS} .$$

Die Nutzleistung bei Gleichdruckaufladung beträgt in 6,5 km Höhe

$$N_{e\,vorl.} = N_i - N_l - N_r = 1222 - 88,1 - 128,9 = 1005 \text{ PS} .$$

Dieses Ergebnis ist ausreichend für eine überschlägige Abschätzung.

30*

Genaue Berechnung der Nutzleistung bei Gleichdruckaufladung in 6,5 km Höhe. In der folgenden Berechnung wird der bisher vernachlässigte Einfluß der Änderung des Gaswechselvorganges unter Höhenbedingungen berücksichtigt, und zwar

a) die Verbesserung durch die Mehrfüllung. Sie entspricht dem Faktor (s. S. 200)

$$C = 1 + a\left(1 - \frac{p}{p_l}\right),$$

mit

$$a = \frac{1}{\varkappa(\varepsilon - 1)} = 0,1099$$

wird

$$C = 1 + 0,1099\left(1 - \frac{0,4498}{1,033}\right) = 1,062$$

und man erhält die angesaugte Luftmenge

$$G_L = 2995 \cdot 1,062 = 3181 \text{ kg/h};$$

b) der Leistungsgewinn durch die positive Gaswechselarbeit, der durch die Druckdifferenz zwischen Ladeluftleitung und Auspuffleitung bedingt ist.

Es sei angenommen, daß die Zunahme des Mitteldruckes der Gaswechselarbeit etwa 70 vH der theoretisch möglichen Zunahme entspricht (vgl. S. 358). Damit erhält man

$$\Delta p_i = (1,033 - 0,4498) \cdot 0,7 = 0,5832 \cdot 0,7 = 0,41 \text{ kp/cm}^2.$$

Aus dem mittleren Innendruck am Boden

$$p_{i_0} = \frac{N_{i_0} \cdot 900}{z \cdot V_h \cdot n} = \frac{1333 \cdot 900}{36 \cdot 2800} = 11,9 \text{ kp/cm}^2$$

erhält man unter Berücksichtigung der Erwärmung der Luft und Mehrfüllung durch die Restgasverdichtung den Mitteldruck in 6,5 km Höhe

$$p_{i\,vorl.} = 11,9 \cdot \left(\frac{288}{323,3}\right)^{0,75} \cdot 1,062 = 11,59 \text{ kp/cm}^2.$$

Addiert man dazu die oben ermittelte Zunahme des Mitteldruckes, so erhält man

$$p_i = 11,59 + 0,41 = 12 \text{ kp/cm}^2.$$

Die Erhöhung der Leistung durch die positive Gaswechselarbeit entspricht also einem Faktor

$$C' = \frac{12}{11,59} = 1,035.$$

Damit wird

$$N_i = \frac{p_i \cdot z \cdot V_h \cdot n}{900}$$

oder auch:

$$N_i = N_{i\,vorl} \cdot C \cdot C' = 1222 \cdot 1,062 \cdot 1,035 = 1343 \text{ PS}.$$

Unter Berücksichtigung der oben erwähnten Mehrfüllung ergibt sich der Leistungsbedarf des Laders

$$N_l = 88,1 \cdot 1,062 = 93,6 \text{ PS} ,$$

und man erhält mit

$$N_r = 133,3 \text{ PS}$$
$$N_e = 1343 - 93,6 - 133,3 = 1116,1 \text{ PS} .$$

Berechnung der Leistung des Motors mit Lader in Meereshöhe, Druck in der Saugleitung 1,033 at (ohne Rückkühlung). Da die Motor- und Laderdrehzahl am Boden ebenso groß wie in der Gleichdruckhöhe angenommen ist, bleibt auch die Temperaturerhöhung im Lader annähernd dieselbe, wenn man die Änderung der isentropen Förderhöhe und des Wirkungsgrades des Laders bei Änderung des Betriebszustandes vernachlässigt. Somit beträgt entsprechend der Temperatur in der Ladeluftleitung

$$T_l = 288 + 77,5 = 365,5 \,^\circ\text{K}$$

und der daraus ermittelten angesaugten Luftmenge

$$G_L = 3266 \left(\frac{288}{365,5}\right)^{0,75} = 2731 \text{ kg/h}$$

die innere Leistung am Boden

$$N_i = 1333 \left(\frac{288}{365,5}\right)^{0,75} = 1115 \text{ PS} .$$

Analog zu den obenstehenden Rechnungen erhält man den Leistungsbedarf des Laders zu

$$N_l = 2731 \,\frac{18,59}{632} = 80,3 \text{ PS}$$

und mit

$$N_r = 124,1 \text{ PS}$$

die Nutzleistung am Boden (Meereshöhe)

$$N_e = 1115 - 80,3 - 124,1 = 910,6 \text{ PS}$$

Berechnung der Leistung in 10 km Höhe. Entsprechend der INA-Normalatmosphäre ist in 10 km Höhe

$$T = 223 \,^\circ\text{K} , \qquad p = 0,2694 \text{ ata} .$$

Bei gleicher Motordrehzahl wird die Temperatur in der Ladeluftleitung

$$T_l = 223 + 77,5 = 300,5 \,^\circ\text{K}$$

(bei isentroper Verdichtung würde man eine entsprechende Temperatur $T_{is} = 223 + 65,8 = 288,8 \,^\circ\text{K}$ erhalten).

Das Druckverhältnis des Laders wird entsprechend der geringeren Temperatur der angesaugten Luft günstiger und ergibt sich mit hinreichender Genauigkeit aus

$$\frac{p_l}{p} = \left(\frac{T_{l-is}}{T}\right)^{\frac{\varkappa}{\varkappa-1}}$$

zu

$$p_l = p\left(\frac{T_{l-is}}{T}\right)^{\frac{\varkappa}{\varkappa-1}} = 0,2694\left(\frac{288,8}{223}\right)^{3,5},$$

so daß der Druck in der Ladeleitung

$$p_l = 0,665 \text{ ata}$$

beträgt. Die Berechnung der folgenden Werte entspricht im übrigen dem Rechnungsgang, der für 6,5 km Höhe angegeben ist, und zwar erhält man

$$G_{L\,vorl} = 3266\left(\frac{288}{300,5}\right)^{0,75} \cdot \frac{0,665}{1,033} = 2037 \text{ kg/h},$$

$$C = 1 + 0,1099 \cdot 0,5956 = 1,081,$$

$$G_L = 2037 \cdot 1,081 = 2202 \text{ kg/h},$$

$$p_{i\,vorl} = 11,9\left(\frac{288}{300,5}\right)^{0,75} \cdot \frac{0,665}{1,033} \cdot 1,081 = 8,02 \text{ kp/cm}^2,$$

$$\Delta p_i = (0,665 - 0,269) \cdot 0,7 = 0,28 \text{ kp/cm}^2,$$

$$p_i = 8,02 + 0,28 = 8,30 \text{ kp/cm}^2,$$

$$N_i = \frac{p_i \cdot z \cdot V_h \cdot n}{900} = 929,6 \text{ PS},$$

$$N_l = 2202 \cdot \frac{18,59}{632} = 65 \text{ PS},$$

$$N_r = 116 \text{ PS}.$$

Somit wird die Nutzleistung in 10 km Höhe

$$N_e = 929,6 - 65 - 116 = 748,6 \text{ PS}.$$

Aufladung des Motors auf 1,5 ata in der Ladeleitung, Leistung in der Volldruckhöhe (Höchstleistung). Um höhere Startleistungen zu erhalten, wird unterhalb der Gleichdruckhöhe im allgemeinen ein Überdruck zugelassen (im Durchschnitt 0,3 bis 0,7 at). Mit Hilfe eines Ladedruckreglers, der ein Drosselorgan vor oder nach dem Lader betätigt, wird eine Überschreitung dieses Druckes verhindert. Die höchste Leistung erhält man in derjenigen Höhe, in der der Lader eben noch bei vollgeöffneter Drossel den höchstzulässigen Ladedruck, der hier zu 1,5 ata in der Ladeleitung angenommen werden soll, herstellen kann. Diese Höhe kann aus dem erreichbaren Druckverhältnis des Laders ermittelt werden. Dieses ist durch die oben ermittelte isentrope Förderhöhe

$$L_{is-l} = R \cdot T \cdot \frac{\varkappa}{\varkappa - 1}\left[\left(\frac{p_l}{p}\right)^{\frac{\varkappa-1}{\varkappa}} - 1\right]$$

$$= 29{,}27 \cdot T \cdot \frac{1{,}4}{0{,}4}\left[\left(\frac{1{,}5}{p}\right)^{\frac{0{,}4}{1{,}4}} - 1\right] = 6748 \text{ mkp/kg Luft}$$

gegeben.

Außer dem Druckverhältnis ist in der Gleichung auch die Außentemperatur unbekannt, die wieder eine Funktion der Höhe ist. Da sich diese nur wenig ändert, kommt man am schnellsten zum Ziel, wenn man zunächst mit einem geschätzten Wert etwa $T = 262\ °\text{K}$ entsprechend 4 km Höhe das Druckverhältnis ermittelt:

$$\left(\frac{1{,}5}{p}\right)^{\frac{0{,}4}{1{,}4}} = 6748 \cdot \frac{0{,}4}{1{,}4} \cdot \frac{1}{29{,}27 \cdot 262} + 1 = 1{,}2514$$

$$\frac{1{,}5}{p} = 2{,}192$$

$$p = 0{,}6843 \text{ ata entsprechen } 3{,}35 \text{ km Höhe.}$$

Eine Wiederholung der Rechnung mit dem genaueren Wert T $=266{,}2\ °\text{K}$ für 3,35 km Höhe ergibt

$$\frac{1{,}5}{p} = 2{,}168; \quad p = 0{,}692 \text{ ata}$$

$$H = 3{,}26 \text{ km}$$

$$T = 266{,}8\ °\text{K}\,.$$

Die Änderung des Druckverhältnisses des Laders mit der Lufttemperatur vor dem Lader kann dann auch direkt aus Abb. 122, S. 212, entnommen werden.

Analog der obenstehenden Rechnung erhält man die Temperatur in der Ladeleitung

$$T_l = 266{,}8 + 77{,}5 = 344{,}3\ °\text{K}$$

sowie die angesaugte Luftmenge

$$G_{L\,vorl.} = 3266\left(\frac{288}{344{,}3}\right)^{0{,}75} \cdot \frac{1{,}5}{1{,}033} = 4148 \text{ kg/h}$$

und genauer mit

$$C = 1 + 0{,}1099\left(1 - \frac{0{,}692}{1{,}5}\right) = 1{,}0592\,,$$

$$G_L = 4148 \cdot 1{,}0592 = 4394 \text{ kg/h},$$

sowie

$$p_{i\,vorl.} \approx 11,9 \cdot \left(\frac{288}{344,3}\right)^{0,75} \cdot \frac{1,5}{1,033} \cdot 1,0592 = 16,0 \text{ kp/cm}^2 \,,$$

$$\Delta p_i = (1,5 - 0,692) \cdot 0,7 = 0,57 \text{ kp/cm}^2 \,,$$

$$p_i = 16,0 + 0,57 = 16,57 \text{ kp/cm}^2 \,,$$

$$N_i = 1856 \text{ PS} \,,$$

$$N_l = 4394 \frac{18,59}{632} = 129,2 \text{ PS} \,,$$

$$N_r = 155 \text{ PS.}$$

und die Leistung in der Volldruckhöhe

$$N_e = 1856 - 129,2 - 155 = 1571,8 \text{ PS} \,.$$

Die Leistung in Meereshöhe bei Aufladung auf 1,5 ata. Bei der Temperatur $T = 288\,°\text{K}$ und dem Druck $p = 1,033$ ata wird die Temperatur in der Ladeleitung angenähert

$$T_l = 288 + 77,5 = 365,5$$

und mit $p_l = 1,5$ ata wird:

$$G_{L\,vorl.} = 3266 \left(\frac{288}{365,5}\right)^{0,75} \cdot \frac{1,5}{1,033} = 3967 \text{ kg/h} \,,$$

$$C = 1 + 0,1099 \left(1 - \frac{1,033}{1,5}\right) = 1 + 0,1099 \cdot 0,3113 = 1,0342,$$

$$G_L = 3967 \cdot 1,0342 = 4103 \text{ kg/h} \,,$$

$$p_{i\,vorl} \approx 11,9 \left(\frac{288}{365,5}\right)^{0,75} \cdot \frac{1,5}{1,033} \cdot 1,0342 = 14,95 \text{ kp/cm}^2 \,,$$

$$\Delta p_i = (1,5 - 1,033) \cdot 0,7 = 0,33 \text{ kp/cm}^2 \,,$$

$$p_i = 15,28 \text{ kp/cm}^2 \,,$$

$$N_i = 1711 \text{ PS} \,,$$

$$N_l = 4103 \frac{18,59}{632} = 120,7 \text{ PS} \,,$$

$$N_r = 148,9 \text{ PS} \,,$$

$$N_e = 1711 - 120,7 - 148,9 = 1441,4 \text{ PS} \,.$$

Kühlung der Luft auf 15 °C = 288 °K. In Meereshöhe erhält man bei 1,5 ata Aufladung folgendes Ergebnis:

$$N_e = N_i - N_l - N_r = 2038 - 144 - 163 = 1731 \text{ PS}$$

in 6,5 km Höhe bei Gleichdruckaufladung

$$N_e = 1462 - 102 - 139 = 1221 \text{ PS}$$

in 10 km Höhe

$$N_e = 947,5 - 66 - 117,2 = 764,3 \text{ PS}$$

und in der Volldruckhöhe (3,26 km)

$$N_e = 2112,3 - 147,7 - 165,5 = 1799,1 \text{ PS} .$$

Kraftstoffverbrauchszahlen ohne Rückkühlung der Ladeluft. Aufladung auf $p = 1,5$ ata in Meereshöhe:

$$B = \frac{G_L}{\lambda \cdot G_{L\,min}} = \frac{4103}{0,9 \cdot 14,4} = 316,6 \text{ kg/h} ,$$

$$b_e = \frac{B \cdot 10^3}{N_e} = \frac{316\,500}{1441,4} = 220 \text{ g/PSh} ,$$

in der Volldruckhöhe 3,26 km

$$B = \frac{4394}{0,9 \cdot 14,4} = 339 \text{ kg/h} ,$$

$$b_e = \frac{B \cdot 10^3}{N_e} = \frac{339\,000}{1571,8} = 216 \text{ g/PSh} ,$$

in 6,5 km Höhe (Gleichdruckaufladung)

$$B = \frac{3181}{0,9 \cdot 14,4} = 245,4 \text{ kg/h} ,$$

$$b_e = \frac{245\,400}{1116,1} = 220 \text{ g/PSh} ,$$

in 10 km Höhe:

$$B = \frac{2202}{0,9 \cdot 14,4} = 169,9 \text{ kg/h} ,$$

$$b_e = \frac{169\,900}{748,6} = 227 \text{ g/PSh} .$$

Berechnung der Motorhöhenleistungen mit einer vereinfachten Formel. Im folgenden werden die Leistungen nach der auf S. 363 angegebenen Formel (195)

$$N_e = N_{e_0} \frac{p_l}{p_0} \left[\left(\frac{T_0}{T_l} \right)^n \cdot C \left(\frac{1}{\eta_{m_0}} - C_1 \right) - C_2 \right] + C_3 ,$$

in der die Werte C bis C_3 durch die Beziehungen

$$C = 1 + a \left(1 - \frac{p}{p_l} \right) ; \qquad C_1 = \frac{T}{T_l} \left(\frac{p_l}{p} - 0,82 \right) \cdot \frac{19,05}{10^5} ;$$

$$C_2 = \left(\frac{1}{\eta_{m_0}} - 1 \right) \left(0,35 + 0,65 \frac{p_0}{p_l} \right) ; \qquad C_3 = \frac{z \cdot V_h \cdot n \cdot (p_l - p)}{1286}$$

bestimmt werden, errechnet.

Berechnung der Motorleistung bei Aufladung in Meereshöhe. Gegeben ist: $N_{e_0} = 1200$ PS, $p_l = 1,5$ ata, $p_0 = 1,033$ ata, $T_0 = 288$ °K, $p = 1,033$ ata.

Das Druckverhältnis des Laders in der Gleichdruckhöhe ist bekannt und beträgt

$$\frac{p_l}{p} = \frac{1,033}{0,45} = 2,296 .$$

Aus Abb. 122, S. 212, kann die Verringerung des Druckverhältnisses des Laders in Meereshöhe gegenüber diesem Wert durch Interpolation entnommen werden, man erhält

$$\left(\frac{p_l}{p}\right) = 2{,}06 \; .$$

Zur Berechnung des Druckverhältnisses des Laders kann auch die auf S. 211 angegebene Beziehung (86) benutzt werden.

Die Temperatur in der Ladeleitung [allgemeine Formel s. Gl. (196) S. 364] erhält man aus

$$T_l = 288 + \frac{0{,}182 \cdot 288 \, (2{,}06 - 0{,}82)}{0{,}85} = 288 + 77 = 365 \; {}^\circ\mathrm{K} \; .$$

Die so berechnete Temperaturerhöhung unterscheidet sich von der auf Grund der genauen Rechnung ermittelten Temperaturhöhung ($\varDelta T_l$ = 77,5°, s. S. 466), da für die überschlägige Rechnung eine lineare Abhängigkeit des Wärmegefälles und der Temperaturerhöhung vom Druckverhältnis zugrunde gelegt wurde. Für die Größen C bis C_3 erhält man folgende Werte:

$$C = 1 + 0{,}1099 \left(1 - \frac{1{,}033}{1{,}5}\right) = 1{,}0342 \; ,$$

$$C_1 = \frac{288}{0{,}85} \, (2{,}06 - 0{,}82) \, \frac{19{,}048}{10^5} = 0{,}08 \; ,$$

$$C_2 = (1{,}111 - 1) \left(0{,}35 + 0{,}65 \, \frac{1{,}033}{1{,}5}\right) = 0{,}08863 \; ,$$

$$C_3 = \frac{36{,}0 \cdot 2800 \, (1{,}5 - 1{,}033)}{1286} = 36{,}6 \, \mathrm{PS} \; .$$

und daraus die Nutzleistung

$$N_e = 1200 \, \frac{1{,}5}{1{,}033} \left[\left(\frac{288}{365}\right)^{0{,}75} \cdot 1{,}0342 \, (1{,}111 - 0{,}08) - 0{,}08863\right]$$
$$+ \, 36{,}6 = 1438 \, \mathrm{PS}$$

gegenüber 1441 PS mit der genauen Berechnung.

Berechnung der Motorleistung bei Gleichdruckaufladung in 6,5 km Höhe. Auf Grund einer analogen Berechnung erhält man:

$$p_l = 1{,}0333 \, \mathrm{ata}; \quad p_0 = 1{,}033 \, \mathrm{ata}; \quad p = 0{,}45 \, \mathrm{ata} \; ,$$

$$T_0 = 288 \, {}^\circ\mathrm{K}; \quad T = 245{,}8 \, {}^\circ\mathrm{K},$$

$$\frac{p_l}{p} = 2{,}296; \quad T_l = 245{,}8 + \frac{0{,}1832 \cdot 245{,}8 \, (2{,}296 - 0{,}82)}{0{,}85} \; ,$$

$$= 245{,}8 + 78{,}2 = 324 \, {}^\circ\mathrm{K},$$

$$C = 1,062$$

$$C_1 = \frac{245,8}{0,85} \cdot (2,296 - 0,82) \cdot \frac{19,048}{10^5} = 0,0813 \,,$$

$$C_2 = 0,111 \cdot \left(0,35 + 0,65 \frac{1,033}{1,033} \right) = 0,111 \,,$$

$$C_3 = \frac{36 \cdot 2800 \cdot (1,033 - 0,45)}{1286} = 45,7 \,,$$

$$N_e = 1200 \cdot \frac{1,033}{1,033} \left[\left(\frac{288}{324} \right)^{0,75} \cdot 1,062 \,(1,111 - 0,0813) - 0,111) \right] + 45,7$$

$$= 1114 \, \text{PS} \,.$$

Die genaue Rechnung ergibt 1115,8 PS.

Berechnung der Leistung in 10 km Höhe. Die analoge Rechnung ergibt mit

$$\frac{p_l}{p} = 2,47 \text{ aus Abb. 122,}$$

$$T_l = 223 + \frac{0,1832 \cdot 223 \cdot (2,47 - 0,82)}{0,85} = 223 + 79,3 = 302,3 \,^\circ\text{K} \,,$$

$$N_e = 1200 \, \frac{0,665}{1,033} \left[\left(\frac{288}{302,3} \right)^{0,75} \cdot 1,065 \cdot (1,0287 - 0,1504) \right] + 31,1$$

$$= 731,98 \, \text{PS} \,.$$

Berechnung der Leistung in der Volldruckhöhe. Die Ermittlung der Volldruckhöhe erfolgt wie auf S. 470 angegeben. Die Leistung ergibt sich dann aus der obenstehenden Formel mit den Werten

$$p_l = 1,5 \text{ ata}; \quad p_0 = 1,033 \text{ ata}; \quad p = 0,692 \text{ ata};$$

$$T_0 = 288 \,^\circ\text{K}; \quad T = 266,8 \,^\circ\text{K};$$

$$N_e = 1200 \, \frac{1,5}{1,033} \left[\left(\frac{288}{344,3} \right)^{0,75} \cdot 1,0592 \cdot (1,0305 - 0,08863) \right] + 63,4$$

$$= 1572,5 \, \text{PS} \,.$$

Eine analoge Rechnung ergibt für die Leistung am Boden ohne Überladung eine Nutzleistung $N_e = 904$ PS.

Bei Rückkühlung der Luft erhält man in Meereshöhe bei 1,5 ata Aufladung die Nutzleistung $N_e = 1740$ PS. In der Gleichdruckhöhe ergibt sich $N_e = 1225$ PS; in der Volldruckhöhe 1810 PS. Der Vergleich der mit der vereinfachten Formel errechneten Werte mit den genau errechneten Werten zeigt, daß die Genauigkeit der Formel für praktische Zwecke vollständig ausreicht. Die Unterschiede liegen in der in Abb. 307 wiedergegebenen Darstellung der errechneten Leistungen meist innerhalb der Zeichengenauigkeit.

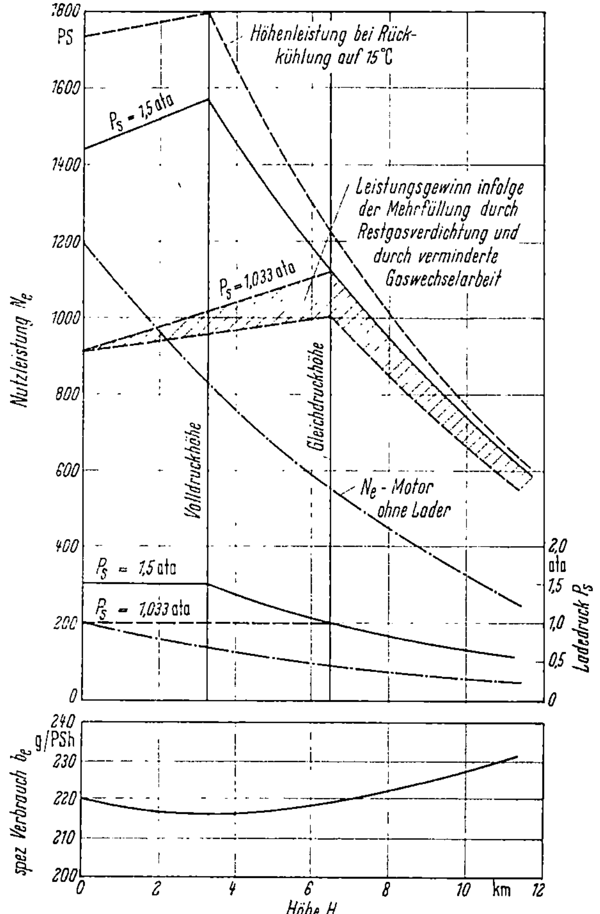

Abb. 266. Darstellung der errechneten Leistungen, des Ladedruckes und des spez. Kraftstoffverbrauches abhängig von der Höhe (Gleichdruckhöhe 6,5 km) $p_s = p_l$

b) Ottomotor mit Turbolader

Im folgenden wird für denselben Motor, für den vorstehend der
mechanisch angetriebene Lader errechnet wurde, ein Turbolader berechnet. Die Motordaten sind auf Seite 464 angegeben.

Zur Errechnung der Motorleistung ist die Bestimmung des zum
Antrieb des Laders erforderlichen Druckgefälles der Abgasturbine
nötig, weil die Motorleistung von der Differenz des Ladedruckes und
Auspuffgegendruckes abhängig ist. Die Abgastemperatur ist gegeben:
$T = 1100\ °K$, $t = 827\ °C$.

**Berechnung der Leistung des Motors mit Abgasturbolader in 6,5 km
Höhe.** Um einen Vergleich der mit Abgasturbine und mit mechanisch

angetriebenem Lader erreichbaren Motorleistungen durchführen zu können, wird als Beispiel für die Abgasturbinenaufladung derselbe Lader gewählt, wie er bei Aufladung mit mechanisch angetriebenem Lader vorgesehen wurde.

Bei Aufladung des Motors mit Hilfe eines Abgasturboladers muß die Turbine den Leistungsbedarf des Laders von 88,1 PS (s. S. 467) in 6,5 km Höhe (Gleichdruckhöhe) aufbringen. Für die vorläufige Berechnung ist diejenige Laderleistung einzuführen, die sich aus der vom Lader geförderten Luftmenge ohne Berücksichtigung der Mehrfüllung durch die Restgasverdichtung ergibt, da bei Abgasturbinenbetrieb die Druckdifferenz zwischen Ladedruck und Auspuffgegendruck wesentlich kleiner ist als beim Motor mit mechanisch angetriebenem Lader, so daß auch eine wesentliche Totraumspülung nicht auftritt. Mit Hilfe des aus der vorläufigen Berechnung ermittelten Druckes in der Auspuffleitung kann eine genauere Berechnung der Luftmenge und damit eine genaue Berechnung des Leistungsbedarfs des Laders erfolgen.

Das zum Antrieb des Laders erforderliche Turbinengefälle kann aus einer Beziehung, die sich aus der Gleichheit der Wellenleistungen des Laders und der Turbine (unmittelbare Kupplung beider Maschinen) ergibt, errechnet werden.

Aus der Beziehung: Turbinenleistung = Leistungsbedarf des Laders

$$N_t = \frac{G_G \, L_{is-t} \, \eta_t}{270\,000} = N_l = 88,1 \text{ PS}$$

ergibt sich also das isentrope Turbinengefälle

$$L_{is-t} = \frac{88,1 \cdot 270\,000}{G_G \cdot \eta_t} \text{ mkp/kg Gas .}$$

Der Turbinenwirkungsgrad sei mit $\eta_t = 0,8$ gewählt. Die stündliche Abgasmenge G_G entspricht unter der Annahme, daß kein Gas abgeblasen wird, der Summe der in Annäherung ermittelten Luftmenge $G_{L\,vorl}$ (S. 467) und der Kraftstoffmenge B, wobei letztere von dem Luftverhältnis abhängig ist. Mit $\lambda = 0,9$ ergibt sich

$$G_G = G_{L\,vorl.} + B = G_{L\,vorl.} + \frac{G_{L\,vorl}}{\lambda \cdot G_{L\,min.}} = 2995 + \frac{2995}{0,9 \cdot 14,4} = 3226 \text{ kg/h .}$$

Damit wird

$$L_{is-t} = \frac{88,1 \cdot 270\,000}{3226 \cdot 0,8} = 9216,6 \text{ mkp/kg Gas .}$$

Die diesem Gefälle entsprechenden Zustandsgrößen des Abgases vor und nach der Turbine können aus den i-Ms-Diagrammen für Verbrennungsgase (Tafeln X bis XIII) auf folgende Weise ermittelt werden:

Zieht man eine im Abstand entsprechend dem isentropen Wärmegefälle tiefer liegende Parallele zur horizontalen Temperaturkurve ($T = 1100 \,°K$) und bringt diese Linie mit der Linie des Gegendruckes

0,45 at zum Schnitt, so erhält man die Lage der senkrechten Isentrope und aus dem Schnittpunkt dieser Isentrope mit der Temperaturkurve $T = 1100\,°K$ den Anfangsdruck und das Anfangsvolumen der isentropen Dehnung. Im vorliegenden Falle ergeben sich für den Anfangszustand (Index I) und den Endzustand (Index II) der isentropen Dehnung folgende Werte:

$$\text{gegeben: } T_I = 1100\,°K,$$
$$p_{II} = 0,45\,\text{kp/cm}^2;$$

abgelesen: der gesuchte Auspuffgegendruck des Motors
$$= \text{Druck vor der Turbine} = p_I = 0,604\,\text{kp/cm}^2;$$

$$\text{weiterhin: } v_I = 5,45\,\text{m}^3/\text{kg},$$
$$v_{II} = 6,85\,\text{m}^3/\text{kg},$$
$$T_{II} = 1028\,°K.$$

Für den Fall, daß lediglich der Gasdruck vor der Turbine ermittelt werden soll, kann man sich auch der Gefälletafel (Tafel IX) bedienen.

Da somit der Gegendruck des Motors bekannt ist, kann nunmehr die genaue Berechnung erfolgen.

Die Mehrfüllung ergibt sich wie oben aus

$$C = 1 + a\left(1 - \frac{p_I}{p_l}\right),$$

wobei wiederum

$$a = \frac{1}{\varkappa\,(\varepsilon - 1)} = 0,1099\,,$$

damit wird

$$C = 1 + 0,1099\left(1 - \frac{0,604}{1,033}\right) = 1,0456\,,$$

so daß

$$G_L = G_{L\,vorl} \cdot 1,0456 = 2995 \cdot 1,0456 = 3132\,\text{kg/h}\,.$$

Damit wird der Leistungsbedarf zur Verdichtung der tatsächlich zugeführten Luftmenge

$$88,1 \cdot 1,0456 = 92,1\,\text{PS}\,.$$

Eine Neuberechnung des Auspuffgegendruckes ist jedoch nicht erforderlich, da sich mit der Luftmenge auch die Abgasmenge verhältig erhöht.

Der mittlere Innendruck wird um den Betrag

$$\Delta\,p_i = (1,033 - 0,604) \cdot 0,7 = 0,307\,\text{kp/cm}^2$$

größer, so daß mit den Angaben auf Seite 468

$$p_i = 11,59 + 0,307 = 11,897\,\text{kp/cm}^2$$

wird und mithin die Innenleistung des Motors

$$N_i = 1222 \cdot 1,0456 \cdot \frac{11,897}{11,59} = 1309\,\text{PS}\,.$$

Die Nutzleistung und der Kraftstoffverbrauch sind also

$$N_e = 1309 - 133 = 1176 \text{ PS} ,$$

$$b_e = 206 \text{ g/PSh} .$$

Je nach dem verwendeten Regelverfahren ist entweder, wie in dieser Berechnung angenommen, die Größe der Düsenfläche so zu regeln, daß sich der errechnete Druck p_I vor der Turbine einstellt (Düsenregelung), so daß kein Gas abgeblasen wird, oder die Regelung der Turbinenleistung erfolgt entgegen den Annahmen dieser Rechnung durch Abblasen von Abgas aus der Abgasleitung vor der Turbine, d. h. durch Senken des durch entsprechende Bemessung der Düsenfläche von vornherein für alle Betriebszustände genügend hohen Druckes p_I und damit auch gleichzeitig mit einer Verringerung der durch die Turbine strömenden Gasmenge.

Berechnung der Leistung des Motors mit Abgasturbolader in 10 km Höhe bei Gleichdruckaufladung auf 6,5 km Höhe.

In gleicher Weise wie oben für 6,5 km Höhe ermittelt, ergeben sich für 10 km Höhe folgende Werte:

$$T_I = 1100 \quad [^\circ K],$$

$$p_{II} = 0{,}2694 \, [\text{kp/cm}^2];$$

aus dem i-s-Diagramm abgelesen:

$$p_I = 0{,}415 \quad [\text{kp/cm}^2],$$

$$v_I = 8{,}0 \quad [\text{m}^3/\text{kg}],$$

$$v_{II} = 11{,}15 \quad [\text{m}^3/\text{kg}],$$

$$T_{II} = 998 \quad [^\circ K],$$

und damit berechnet: $N_e = 775 \text{ PS};\quad b_e = 212 \text{ g/PSh}$.

In der nebenstehenden Tabelle werden die errechneten Werte der Leistung und des Kraftstoffverbrauchs, einmal für einen Motor mit einem Lader von 6,5 km Gleichdruckhöhe und einmal für einen Motor mit einem Lader von 10 km Gleichdruckhöhe mit und ohne Abgasturbine einander gegenübergestellt.

km Höhe			mech. angetr. Lader	Turbolader
I. Motor mit Lader für 6,5 km Gleichdruckhöhe				
6,5		N_e	1116,1 PS	1176 PS
		b_e	220 g/PSh	206 g/PSh
10		N_e	748,6 PS	775 PS
		b_e	227 g/PSh	212 g/PSh
II. Motor mit Lader für 10 km Gleichdruckhöhe				
10		N_e	1040 PS	1165 PS
		b_e	228 g/PSh	202 g/PSh
12		N_e	779 PS	780 PS
		b_e	234 g/PSh	207 g/PSh

5. Berechnung eines Gasturbinentriebwerkes

Das folgende Berechnungsbeispiel soll lediglich einen Einblick in die Berechnungsmethoden vermitteln.

Die Betriebsweise der Gasturbinen ist je nach Verwendungszweck außerordentlich verschieden. Beispielsweise bevorzugt man bei Verwendung von Gasturbinentriebwerken für den Schiffsantrieb die Aufteilung des Turbinenteiles in zwei Aggregate, wobei ein Aggregat lediglich den Verdichter antreibt und im allgemeinen mit konstanter Drehzahl läuft, und das andere Aggregat getrennt hiervon zum Antrieb der Schiffsschraube dient, so daß das ganze der Turbine zur Verfügung stehende Druckgefälle in zwei Bereiche aufgeteilt ist.

Im Gegensatz hierzu wird bei Düsentriebwerken für Flugzeuge meist nur eine direkt mit dem Verdichter gekuppelte Turbine verwendet. Wiederum andere Betriebsverhältnisse ergeben sich bei stationären Kraftwerksanlagen, bei denen die Turbine mit konstanter Drehzahl läuft, die der jeweiligen Frequenz des Generators angepaßt ist.

Die Abwandlungen der Berechnungen, die sich in dieser Vielzahl der Fälle ergeben, müssen jeweils besonders berücksichtigt werden. Der grundlegende Berechnungsgang ergibt sich aus folgendem Berechnungsbeispiel.

Das Gasturbinentriebwerk soll für folgende Daten bei Vollast ausgelegt werden:

Nutzleistung	$N =$ 6000 PS,	
Gastemperatur vor der Turbine	$t_3 =$ 900 °C (entspricht 1173 °K,)	
Druckverhältnis der Turbine wird gewählt zu	$\dfrac{p_3}{p_4} = 6$.	

Für die Wahl ist erstens die Erzielung eines guten Wirkungsgrades maßgebend und zweitens die Forderung nach einem günstigen Bau-Gewicht und -Volumen, so daß vom letzteren Standpunkt aus möglichst hohe Druckverhältnisse erwünscht wären. Die Wirkungsgradkurven für die angenommene Gastemperatur weisen in der Gegend von $\dfrac{p_3}{p_4} = 6$ ein breites Maximum auf, so daß dieses Druckverhältnis vorteilhaft erscheint (vgl. Abb. 166, S. 289).

Druck der angesaugten Luft	$p_1 =$ 1,033 ata,	
Temperatur der angesaugten Luft	$t_1 =$ 15 °C (entspricht 288 °K,)	
Heizwert des Kraftstoffes	$H_u = 10000\ \dfrac{\text{kcal}}{\text{kg}}$.	

Der Berechnung wurden weiterhin folgende Annahmen zugrunde gelegt:

Wirkungsgrad des Verdichters bezogen auf die
Isentrope $\eta_{is-v} = 0{,}85$

Druckabfall in der Brennkammer $p_2 - p_3 = 0{,}04 \cdot p_3$

Verbrennungswirkungsgrad (Ausbrenngrad) $\eta_{BK} = 0{,}95$

Wirkungsgrad der Turbine bezogen auf die Isentrope
(einschl. Kühlung aber ohne Verdichtungsarbeit
der Kühlluft) $\eta_{is-t} = 0{,}8$

Kühlluftmenge zur Kühlung der Turbinenschaufeln
(G_L = Verbrennungsluftmenge) $G_{KL} = 0{,}05 \cdot G_L$

Entnahmedruck der Kühlluft $p_K = 3{,}0$ ata

Mechanischer Wirkungsgrad der Turbine (darin sind
sämtliche mechanischen Verluste des Triebwerkes,
Geräteantrieb usw. enthalten) $\eta_m = 0{,}98$

Der Berechnungsgang ist folgender:

Nach Berechnung des Zustandes nach der Verdichtung wird das Verhältnis Luftmenge zu Kraftstoffmenge (bzw. der Wert λ) errechnet, das erforderlich ist, um die gewünschte Verbrennungstemperatur zu erhalten. Anschließend wird die Arbeitsleistung der Turbine pro kg Gas und der Arbeitsbedarf des Laders pro kg Luft errechnet. Damit ergibt sich der Triebwerkswirkungsgrad, die absolute Turbinenleistung und der Gesamtleistungsbedarf des Verdichters.

Verdichtung:

Aus den angegebenen Daten ergibt sich unter Berücksichtigung des Druckverlustes in der Brennkammer das Druckverhältnis im Verdichter zu:

$$\frac{p_2}{p_1} = 1{,}04 \, \frac{p_3}{p_4} = 1{,}04 \cdot 6 = 6{,}24 \, .$$

Die isentrope Verdichtungsarbeit $A\,L_{is-v}\left(\dfrac{\text{kcal}}{\text{kg Luft}}\right)$ erhält man aus der Beziehung:

$$A\,L_{is-v} = \frac{\varkappa}{\varkappa - 1} \cdot A\,R\,T_1 \left[\left(\frac{p_2}{p_1}\right)^{\frac{\varkappa-1}{\varkappa}} - 1\right].$$

Für den geringen Temperaturbereich der Verdichtung kann der Wert $\varkappa$ mit hinreichender Genauigkeit konst. $\varkappa = 1{,}4$ gesetzt werden.

$$A\,L_{is-v} = \frac{1{,}4}{0{,}4} \cdot \frac{1}{427} \cdot 29{,}27 \cdot 288 \left[(6{,}24)^{\frac{0{,}4}{1{,}4}} - 1\right] = 47{,}54 \, \frac{\text{kcal}}{\text{kg Luft}} \, .$$

Die tatsächliche Verdichtungsarbeit ist:

$$A\,L_v = \frac{A\,L_{is-v}}{\eta_{is-v}} = \frac{47{,}54}{0{,}85} = 55{,}93 \, \frac{\text{kcal}}{\text{kg Luft}} \, .$$

Die Temperaturerhöhung der Luft im Verdichter wird damit:

$$T_2 - T_1 \approx \frac{A\,L_v}{c_p} = \frac{55{,}93}{0{,}24} = 233\ {}^\circ\mathrm{C}$$

also

$$T_2 = T_1 + 233 = 288 + 233 = 521\ {}^\circ\mathrm{K}\ .$$

Für die Verdichtungsarbeit der Kühlluft erhält man nach derselben Beziehung:

$$A\,L_{is-K} = \frac{1{,}4}{0{,}4} \cdot \frac{1}{427} \cdot 29{,}27 \cdot 288 \cdot \left(3^{\frac{0{,}4}{1{,}4}} - 1\right) = 25{,}5\ \frac{\mathrm{kcal}}{\mathrm{kg}}$$

oder

$$A\,L_K = \frac{25{,}5}{\eta_{is-v}} = \frac{25{,}5}{0{,}85} = 30{,}0\ \frac{\mathrm{kcal}}{\mathrm{kg\ Kühlluft}}\ .$$

Auf 1 kg Verbrennungsluft trifft also eine zusätzliche Verdichtungsarbeit zur Verdichtung der Kühlluft von $0{,}05 \cdot 30 = 1{,}5\,\dfrac{\mathrm{kcal}}{\mathrm{kg\ Luft}}$, so daß man für den Gesamtarbeitsbedarf des Verdichters je kg Verbrennungsluft erhält:

$$A\,L_{ges-v} = 55{,}93 + 1{,}5 = 57{,}43\ \frac{\mathrm{kcal}}{\mathrm{kg\ Verbrennungsluft}}\ .$$

Verbrennung:

Für die Verbrennung gilt die Beziehung:

$$i_2 \cdot \lambda \cdot G_{L\,min} + i_B + \eta_{BK} \cdot H_{0\,{}^\circ K} = i_{3\lambda=1}(1 + G_{L\,min}) + i_{3\,Luft}(\lambda - 1)G_{L\,min}.$$

$i_2 =$ Wärmeinhalt pro kg Luft bei der Temperatur T_2,

$i_{3\lambda=1} =$ Wärmeinhalt von 1 kg Verbrennungsgas bei stöchiometrischem Luftverhältnis ($\lambda = 1$) und der Temperatur T_3,

$i_{3\,Luft} =$ Wärmeinhalt von 1 kg Luft bei der Temperatur T_3,

$H_{0\,{}^\circ K} =$ die chemische Energie (hypothetischer Heizwert bei 0 °K) von 1 kg Kraftstoff,

$i_B =$ Wärmeinhalt des zugeführten Brennstoffes pro kg,

$\lambda =$ Luftverhältnis.

Der Wert $H_{0\,{}^\circ K} + i_B$ ist bezogen auf die in den Tabellen angegebenen spez. Wärmen für flüssige Kraftstoffe etwa $(H_u + 100)\,\dfrac{\mathrm{kcal}}{\mathrm{kg}}$ (vgl. S. 455).

Entsprechend dem auf der linken Seite der Gleichung angeführten Verbrennungswirkungsgrad η_{BK}, müßte auf der rechten Seite die Menge der Verbrennungsgase $(1 + G_{L\,min})$ bei vollkommener Verbrennung um den Betrag $(1 - \eta_{BK})$ verkleinert werden und auf der rechten Seite der Gleichung müßte ein Zusatzglied eingeführt werden, das den Anteil des Unverbrannten berücksichtigt, wobei sich allerdings keine Aussage über dessen Zusammensetzung oder Zustand machen läßt. Da dieser Einfluß gering ist, sei er vernachlässigt.

Aus der obigen Gleichung läßt sich nun das gesuchte Luftverhältnis λ nach Umformung wie folgt ausdrücken:

$$\lambda = \frac{i_B + \eta_{BK} \cdot H_{0\,°K} - i_{3\lambda=1} + (i_{3\,Luft} - i_{3\lambda=1})\,G_{Lmin}}{G_{Lmin}\,(i_{3\,Luft} - i_2)} \, .$$

Aus der berechneten Temperatur T_2 ergibt sich:

$$i_2 = \frac{M\,c_p\big|_0^{521} \cdot 521}{M_L} = \frac{6{,}993 \cdot 521}{28{,}964} = 125{,}8\,\frac{\text{kcal}}{\text{kg}}$$

und aus der angenommenen Temperatur $t_3 = 900\ °C$ entsprechend $T_3 = 1173\ °K$:

$$i_{3\,Luft} = M\,c_p\big|_0^{1173} \cdot \frac{1173}{M_L} = \frac{7{,}375 \cdot 1173}{28{,}964} = 298{,}7\,\frac{\text{kcal}}{\text{kg}}\,.$$

Weiterhin erhält man unter Benutzung der Tabelle V, S. 581:

$$i_{3\lambda=1} = M\,c_p\big|_0^{1173} \cdot \frac{1173}{M_{Abgas\,\lambda=1}} = \frac{7{,}939 \cdot 1173}{29{,}09} = 320{,}1\,\frac{\text{kcal}}{\text{kg}}\,.$$

Damit wird:

$$\lambda = \frac{100 + 0{,}95 \cdot 10000 - 320{,}1 + (298{,}7 - 320{,}1)\,14{,}05}{14{,}05\,(298{,}7 - 125{,}8)} = 3{,}69\,.$$

Anschließend an die Berechnung der Verbrennung ist der Endzustand nach der — zunächst isentrop angenommenen — Dehnung in der Turbine zu berechnen.

Da die Berechnung der Isentrope schon in mehreren Beispielen vorgenommen wurde (vgl. S. 21), kann hier auf die detaillierte Berechnung verzichtet werden.

Man erhält:

$$T_4 = 756\ °K$$

und daraus:

$$A\,L_{is-t} = 116{,}5\ \text{kcal/kg Verbr. Gas.}$$

Legt man der Einfachheit halber die gesamte mechanische Reibung der Turbine zur Last, so ergibt sich die Wellenleistung $A\,L_{w-t}$ der Turbine zu:

$$A\,L_{w-t} = A\,L_{is-t} \cdot \eta_{is-t} \cdot \eta_m = 116{,}5 \cdot 0{,}80 \cdot 0{,}98 = 91{,}35\,\frac{\text{kcal}}{\text{kg}}\,.$$

Da der Arbeitsbedarf für die Verdichtung auf 1 kg Luftdurchsatz bezogen wurde, wird die Turbinenarbeit im folgenden sinngemäß auch auf 1 kg Luftdurchsatz bezogen:

Daraus erhält man die Nutzleistung $A\,L_e$ des Gesamttriebwerkes je kg Verbrennungsluft:

$$A\,L_e = (G_L + G_B)\cdot A\,L_{w-t} - A\,L_{ges-v}$$

$$= \left(1 + \frac{1}{\lambda\cdot G_{L\,min}}\right)\cdot A\,L_{w-t} - A\,L_{ges-v}$$

$$A\,L_e = \left(1 + \frac{1}{3,69\cdot 14,05}\right)91,35 - 57,43 = 35,68\,\frac{kcal}{kg}\,.$$

Hierin bedeutet:

$$G_B = \frac{1}{\lambda\cdot G_{L\,min}}\ \text{die 1 kg Luftdurchsatz entsprechende Kraftstoffmenge.}$$

Gesamttriebwerk:

Damit ergibt sich schließlich der spezifische Kraftstoffverbrauch des Triebwerkes:

$$b_e = \frac{G_B\cdot 632}{A\,L_e} = \frac{0,0193\cdot 632}{35,68} = 342\,\frac{gr}{PSh}\,.$$

Der Gesamtwirkungsgrad:

$$\eta_e = \frac{A\,L_e}{G_B\cdot H_u} = \frac{35,68}{0,0193\cdot 10000} = 0,186 = 18,6\ \text{vH}\,.$$

Die zur Erzielung der verlangten Leistung von $N_e = 6000$ PS erforderliche Verbrennungsluftmenge G_L ergibt sich aus:

$$G_L = \frac{Ne\cdot 632}{A\,L_e\cdot 3600} = \frac{6000\cdot 632}{35,68\cdot 3600} = 29,52\,\frac{kg}{s}\,.$$

Die gesamte angesaugte Luftmenge muß mit Rücksicht auf die Kühlluftmenge um 5 vH größer sein, also:

$$G_{L\,ges} = 29,52\cdot 1,05 = 31\ \text{kg/s}\,.$$

Die erforderliche Turbinenleistung:

$$N_t = \frac{(1 + G_B)\,A\,L_{w-t}\cdot G_L\cdot 3600}{632} = \frac{1,0193\cdot 91,35\cdot 29.52\cdot 3600}{632}$$

$$N_t = 15\,657\ \text{PS}\,.$$

Die Leistung bedarf des Verdichters:

$$N_v = N_t - N_e = 15\,657 - 6000 = 9657\ \text{PS}\,.$$

Die Rechnung wurde bisher unter der Annahme durchgeführt, daß nur eine direkt mit dem Verdichter gekuppelte Turbine vorhanden ist. Wird eine getrennte Arbeitsturbine und eine Verdichterturbine vorgesehen, die lediglich zum Antrieb des Verdichters dient, dann bestimmt man aus der Beziehung, die sich aus der Gleichsetzung des Leistungsbedarfes des Verdichters mit der Leistung der Verdichterturbine ergibt, das für letztere erforderliche Wärmegefälle. Mit dem Restwärmegefälle und der bekannten Gasmenge kann die Auslegung und Berechnung der Arbeitsturbine durchgeführt werden.

6. Thermodynamische Berechnung eines Raketentriebwerkes

Eine Flüssigkeitsrakete, die mit der Treibstoffkombination Kerosen—Sauerstoff arbeitet, soll in Meereshöhe einen Schub von 30.000 kp erreichen.

Der Brennkammerdruck soll $P_1 = 35$ at betragen. Das Sauerstoffträgerverhältnis (Oxydationsverhältnis s. S. 524) ist $\lambda = 0{,}7$.

Die Berechnung der Expansion wird einmal unter der Annahme des eingefrorenen Gleichgewichtes mit Mittelwerten für $\varkappa$ und M und zum anderen unter der Voraussetzung des chemischen Gleichgewichtes mit Hilfe des Enthalpie-Entropiediagrammes durchgeführt, bei dem die Abhängigkeit der thermodynamischen Eigenschaften von Druck und Temperatur berücksichtigt ist.

a) Bestimmung der Verbrennungstemperatur

Die Berechnung der Verbrennungstemperatur T_1 unter Berücksichtigung der Dissoziation erfolgt mit Hilfe des Enthalpie-Entropiediagrammes (siehe Anhang, Tafel III).

Die absolute Enthalpie des Treibstoffgemisches ist gleich der absoluten Enthalpie[1] der Verbrennungsgase (siehe auch S. 5 u. S. 22).

$$H'_{Gesamt} = \Sigma \nu_i \cdot H_i$$

ν_i = Molzahl der einzelnen Komponenten i des Treibstoffes

H_i = absolute Enthalpie[1].

Die chemische Umsetzungsgleichung für vollständige Verbrennung lautet

$$C_{10}H_{20} + 15 \cdot O_2 \rightarrow 10 \cdot CO_2 + 10 \cdot H_2O$$

Damit ergeben sich für die Molzahlen der Bestandteile des Treibstoffgemisches:

$$\nu_{C_{10}H_{20}} = 1$$
$$\nu_{O_2} = 15$$

Mit Einführung des Sauerstoffträgerverhältnisses λ ergibt sich für die absolute Enthalpie des aus Brennstoff und Oxydator bestehenden Treibstoffgemisches:

$$H'_{Gesamt} = \nu_{C_{10}H_{20}} \cdot H_{C_{10}H_{20}} + \lambda \cdot \nu_{O_2} \cdot H_{O_2}$$

Bezieht man die Rechnung auf 1 kg Abgas, so muß die absolute Enthalpie des Treibstoffgemisches durch die Molmasse der Mischung dividiert werden.

$$M_{Mischung} = \nu_{C_{10}H_{20}} \cdot M_{C_{10}H_{20}} + \lambda \cdot \nu_{O_2} \cdot M_{O_2}$$

---

[1] In der Raketentechnik wird üblicherweise für die absolute Enthalpie die Bezeichnung H verwendet.

Damit erhält man:

$$H'_{ges} = \frac{H_{C_{10}H_{20}} + 15 \cdot \lambda \cdot H_{O_2}}{M_{C_{10}H_{20}} + 15 \cdot \lambda \cdot M_{O_2}} \; .$$

Die Bestimmung der absoluten Enthalpie des Brennstoffes bei der Bezugstemperatur $T_0 = 298{,}16\,°K$ kann aus der als Tabellenwert vorgegebenen Bildungswärme erfolgen, wobei die Bildungswärme der Veränderung der absoluten Enthalpie bei der Bildung eines Stoffes aus seinen Elementen im Normalzustand entspricht.
Damit folgt für den Brennstoff:

$$H_{C_{10}H_{20}(T_0)} = \Delta H_{f_{C_{10}H_{20}(T_0)}} + 10\,H_{C_{graphit(T_0)}} + 10\,H_{H_2(T_0)}$$

$\Delta H_f =$ Bildungswärme. (Der Index f wird im englischen Schrifttum als Abkürzung für formation benützt ($H_f =$ heat of formation)
Nach [M 1] beträgt $\Delta H_{f_{C_{10}H_{20}(T_0)}} = -\,59.000\ \text{kcal/Mol}$

Die noch unbekannte absolute Enthalpie des festen Kohlenstoffes $H_{C_{graphit}}$ wird auf die gleiche Art bestimmt, wobei die Reaktionsgleichung

$$C_{graphit} + O_2 \rightarrow CO_2$$

zugrunde gelegt wird

$$H_{CO_2(T_0)} = \Delta H_{f_{CO_2(T_0)}} + H_{C_{graphit(T_0)}} + H_{O_2(T_0)}$$

$$H_{C_{graphit(T_0)}} = -\,\Delta H_{f_{CO_2(T_0)}} + H_{CO_2(T_0)} - H_{O_2(T_0)}$$

Die Bildungswärmen bzw. absoluten Enthalpien können Tabellenwerten, z.B. [0 20, 0 43] entnommen werden.

Mit $\Delta H_{f_{CO_2(T_0)}} = -\,94.052\ \text{kacl/Mol},\quad H_{CO_2(T_0)} = 2.238\ \text{kcal/Mol}$

und $\quad H_{O_2(T_0)} = 2.070\ \text{kcal/ Mol}$ [043] folgt;

$$H_{C_{graphit(T_0)}} = 94.220\ \text{kcal/Mol}$$

Setzt man diesen Wert in die angegebene Beziehung für $H_{C_{10}H_{20}(T_0)}$ ein, so folgt mit

$$H_{H_2(T_0)} = 59.131\ \text{kcal/Mol [nach 043]}$$

$$H_{C_{10}H_{20}(T_0)} = -\,59.000 + 942.200 + 591.310 = 1.474.510\ \text{kcal/Mol}$$

und mit $M_{C_{10}H_{20}} = 140\ \text{kg/Mol [M 1]}$

$$H'_{ges} = \frac{1.474.510 + 15 \cdot \lambda \cdot 2.070}{140 + 15 \cdot \lambda \cdot 32}$$

Mit einem Oxydationsverhältnis $\lambda = 0{,}7$ erhält man:

$$H'_{ges} = 3143\ \text{kcal/kg Abgas.}$$

Der Brennstoff soll mit einer Temperatur von $298{,}16\,°K$ zugeführt werden, während der Sauerstoff in flüssiger Form bei einer Temperatur von 90,2 °K eingespritzt wird. Es muß also zusätzlich die Verdampfungswärme und eine weitere Wärmemenge zur Erwärmung des gasförmigen Sauerstoffes von 90,2 auf 298,16 °K aufgebracht werden.

Die Verdampfungswärme des Sauerstoffes beträgt:

$$r_{O_2} = 1,63 \cdot 10^3 \text{ kcal/Mol } O_2, \text{ also insgesamt:}$$

$$r_{ges\,O_2} = \frac{1,63 \cdot 10^3 \cdot 15 \cdot \lambda}{140 + 15 \cdot \lambda \cdot 32} = 36 \,\frac{\text{kcal}}{\text{kg Abgas}}.$$

Die zur Erwärmung des Sauerstoffes auf die Bezugstemperatur $T_0 = 298,16$ °K benötigte Wärmemenge beträgt bei einer spezifischen Wärme des Sauerstoffes von

$$M c_{p_{O_2}} = 7,0 \,\frac{\text{kcal}}{\text{Mol grd}}$$

$$\Delta h = \frac{7 \cdot (298,16 - 90,2) \cdot 15 \cdot \lambda}{476} = 32,1 \,\frac{\text{kcal}}{\text{kg Abgas}}.$$

Damit ergibt sich eine Gesamtenthalpie des eingespritzten Treibstoffes zu:

$$H_{ges} = H'_{ges} - r_{ges\,O_2} - \Delta h = 3143 - 36 - 32,1 = 3074,9 \,\frac{\text{kcal}}{\text{kg Abg.}}$$

Aus dem Enthalpie-Entropiediagramm (Tafel III) folgt daraus für $\lambda = 0,7$ und $P = 35$ ata eine Temperatur von

$$T_1 = 3546 \text{ °K}.$$

b) Berechnung der Expansion bei eingefrorenem Gleichgewicht

Für die Expansionsberechnung bei eingefrorenem Gleichgewicht werden weiterhin folgende Werte zugrunde gelegt:

mittlere Molmasse der Abgase: $M = 22,1$ kg/Mol

Verhältnis der spez. Wärmen: $\varkappa = 1,22$.

Die mittlere Molmasse der Abgase ergibt sich aus der Abgaszusammensetzung unmittelbar nach der Verbrennung. Die Abgaszusammensetzung wurde mittels des auf Seite 525 beschriebenen Rechenprogrammes bestimmt. Die Zusammensetzung der Abgase ändert sich bei der Expansion unter der Voraussetzung des eingefrorenen Gleichgewichts nicht und damit bleibt auch die mittlere Molmasse konstant.

Der angegebene Wert für das Verhältnis der spezifischen Wärmen wurde als Mittelwert für die überschlägige Berechnung der Expansion bei eingefrorenem Gleichgewicht gewählt [M 1].

1. Berechnung der verlustlosen Ausströmgeschwindigkeit am Boden:

$$c = \sqrt{\frac{2\,\varkappa}{\varkappa - 1} \frac{\Re}{M} T_1 \left[1 - \left(\frac{P_2}{P_1}\right)^{\frac{\varkappa - 1}{\varkappa}}\right]}$$

$$c = \sqrt{\frac{2 \cdot 9,81 \cdot 1,22}{1,22 - 1} \frac{848}{22,1} \cdot 3546 \left[1 - \left(\frac{1}{35}\right)^{\frac{1,22 - 1}{1,22}}\right]} = 2648 \,\frac{\text{m}}{\text{s}}.$$

2. Theoretischer spezifischer Impuls

$$I_{sp} = \frac{c}{g} = \frac{2648}{9,81} = 270 \frac{\mathrm{kp \cdot s}}{\mathrm{kg}} \, .$$

3. Effektiver spezifischer Impuls.

Der theoretische spezifische Impuls kann wegen der Verluste während der Verbrennung und der Expansion nicht erreicht werden.

Nimmt man für die Verbrennungsgüte $\xi_v = 0{,}95$ und für die Düsenqualität $\xi_\mathrm{D} = 0{,}97$ als Qualitätsfaktoren an, so erhält man den effektiven spezifischen Impuls:

$$I_{sp\,eff} = I_{sp} \cdot \xi_v \cdot \xi_\mathrm{D} = 270 \cdot 0{,}95 \cdot 0{,}97 = 249 \frac{\mathrm{kp \cdot s}}{\mathrm{kg}} \, .$$

Der Gesamtgütegrad $\xi_{ges} = \xi_v \cdot \xi_\mathrm{D}$ liegt bei Großraketen etwa bei $0{,}92 - 0{,}95$.

4. Treibstoffdurchsatz:

$$B_{s\,eff} = \frac{S}{I_{sp\,eff}} = \frac{30.000}{249} = 120{,}5 \ \mathrm{kg/s} \, .$$

5. Dimensionierung der Düse:

a) engster Querschnitt (Kontinuitätsgleichung, Isentropengleichung, Energiegleichung)

$$B_{s\,eff} = \frac{F_{krit} \cdot c_{krit}}{v_{krit}} \, ; \quad \frac{v_{krit}}{v_1} = \left(\frac{P_1}{P_{krit}}\right)^{\frac{1}{\varkappa}} \, ; \quad c_{krit} = \sqrt{\frac{2 \cdot \varkappa}{\varkappa + 1} R_1 \cdot T_1}$$

$$\frac{P_{krit}}{P_1} = \left(\frac{2}{\varkappa + 1}\right)^{\frac{\varkappa}{\varkappa - 1}} = 0{,}558; \quad P_{krit} = 19{,}53 \ \mathrm{ata} \, .$$

$$F_{krit} = B_{s\,eff} \cdot \left(\frac{P_1}{P_{krit}}\right)^{\frac{1}{\varkappa}} \cdot \sqrt{\frac{R_1 \cdot T_1}{P_1^2} \cdot \frac{\varkappa + 1}{2\,\varkappa}}$$

$$= 120{,}5 \cdot (1{,}79)^{\frac{1}{1,22}} \cdot \sqrt{\frac{38{,}4 \cdot 3546 \cdot 2{,}22}{12{,}25 \cdot 2 \cdot 1{,}22 \cdot 9{,}81 \cdot 10^{10}}}$$

$$= 625 \ \mathrm{cm}^2 \, .$$

b) Endquerschnitt. Die Rakete arbeitet während des Fluges wegen der starken Veränderung des Außendruckes in Bodennähe mit unterschiedlichem Druckverhältnis. Bei Anpassung der Düse an den bei Brennschluß in einer bestimmten Höhe vorhandenen Außendruck (s. S. 426) würde die Rakete wegen der großen Baulänge der Düse zu schwer. Darüber hinaus würde in Bodennähe infolge einer starken Strahlüberexpansion in der Düse eine Strahlablösung erfolgen, die einen beträchtlichen Schubverlust verursacht. Bei Anpassung der Düse an den Bodenzustand muß dagegen in größeren Höhen ein hoher Schubverlust in Kauf genommen werden.

Die richtige Anpassung des Endquerschnittes ist demnach eine Optimierungsaufgabe unter Berücksichtigung aller dieser Faktoren. Bei einer vereinfachten Betrachtung der Verhältnisse soll der Endquerschnitt für einen Druck von 0,481 kp/cm² entsprechend einer Höhe von 6 km ausgelegt werden.

Endquerschnitt

$$\frac{F_{krit}}{F_2} = \left(\frac{\varkappa+1}{2}\right)^{\frac{1}{\varkappa-1}} \cdot \left(\frac{P_2}{P_1}\right)^{\frac{1}{\varkappa}} \cdot \sqrt{\frac{\varkappa+1}{\varkappa-1}\left[1-\left(\frac{P_2}{P_1}\right)^{\frac{\varkappa-1}{\varkappa}}\right]}$$

$$= \left(\frac{2,22}{2}\right)^{\frac{1}{0,22}} \cdot \left(\frac{0,481}{35}\right)^{\frac{1}{1,22}} \sqrt{\frac{2,22}{0,22}\left[1-\left(\frac{0,481}{35}\right)^{\frac{0,22}{1,22}}\right]} = 0,1116$$

$$F_2 = \frac{F_{krit}}{0,1116} = 5610 \text{ cm}^2 \,.$$

6. Expansionsendtemperatur bei $P_1 = 1$ ata.

Aus der Bedingung für die *konstante Entropie* während der Expansion läßt sich die theoretische Expansionsendtemperatur aus folgender Beziehung bestimmen [O 43].

$$(\textstyle\sum v_i \cdot s_i)_{T_2}^{\circ} = (\textstyle\sum v_i \cdot s_i)_{T_1}^{\circ} - v_{ges} \cdot R \cdot \ln\left(\frac{P_1}{P_2}\right) .$$

Die Abgaszusammensetzung in der Brennkammer wurde mit dem in Teil II A, Kapitel 4 f näher beschriebenen Verfahren errechnet.

Die Berechnung der Expansionsendtemperatur ergibt:

$$T_2 = 1798 \text{ °K} \,.$$

c) Berechnung der Expansion
unter der Voraussetzung des chemischen Gleichgewichtes

Nach dem Energieerhaltungsgesetz kann die verlustlose Ausströmgeschwindigkeit ermittelt werden zu:

$$c = \sqrt{2 \cdot (H_{T_1} - H_{T_2})} \,.$$

Aus dem Enthalpie-Entropie-Diagramm (Tafel III) erhält man für eine isentrope Expansion für die Enthalpie am Düsenende ($p_2 = 1$ ata)

$$H_{T_2} = 2175 \, \frac{\text{kcal}}{\text{kg Abgas}} \,.$$

Damit wird

$$c = \sqrt{2 \cdot 427 \cdot 9,81 \, (3074,9 - 2175)}$$

$$c = 2748 \text{ m/s} \,.$$

Der Unterschied in der Ausströmgeschwindigkeit bei beiden Expansionshypothesen für eingefrorenes und chemisches Gleichgewicht beträgt

$$\Delta c = \frac{c_{\text{chemisches Gleichgew.}} - c_{\text{eingefr. Gleichgew.}}}{c_{\text{eingefr. Gleichgew.}}} \cdot 100$$

$$= \frac{2748 - 2648}{2648} \cdot 100 = 3,78\% \ .$$

bezogen auf den Wert bei eingefrorenem Gleichgewicht.

Der effektive spezifische Impuls beträgt im Fall des chemischen Gleichgewichtes beim Start:

$$I_{sp\,eff} = \frac{c}{g} \cdot \xi_{ges} = \frac{2748}{9,81} \cdot 0,95 \cdot 0,97 = 258 \frac{\text{kp} \cdot \text{s}}{\text{kg}} \ .$$

Bei gleich groß festgelegtem Schub kann wegen des höheren spezifischen Impulses der Treibstoffdurchsatz geringer festgelegt werden:

$$B_s = \frac{S}{I_{sp\,eff}} = \frac{30.000}{258} = 116,3 \frac{\text{kg}}{\text{s}} \ .$$

Da sich im Falle des chemischen Gleichgewichtes die Gaszusammensetzung während der Expansion ständig ändert, werden die geometrischen Abmessungen der Düse aus den Zustandsgrößen für den engsten Querschnitt bestimmt.

Diese Größen können durch Interpolation gefunden werden, wobei die Geschwindigkeit an dieser Stelle der örtlichen Schallgeschwindigkeit entspricht und die Massenstromdichte ihren Maximalwert hat.

Für das vorliegende Beispiel wurde diese Berechnung vereinfacht durchgeführt, wobei sich im Vergleich zum eingefrorenen Gleichgewicht näherungsweise die in der folgenden Tabelle 17 aufgeführten Werte ergaben.

Tabelle 17

	Theoret. Ausströmgeschwindigkeit c m/s	eff. spez. Impuls $I_{sp\,eff}$ $\frac{\text{kp} \cdot \text{s}}{\text{kg}}$	Treibstoffdurchsatz $B_{s\,eff}$ $\frac{\text{kg}}{\text{s}}$	Querschnittsverhältnis $\frac{F_2}{F_{krit}}$	Expansionsendtemperatur T_2 °K
eingefrorenes Gleichgewicht	2648	249	120,5	8,96	1798
chemisches Gleichgewicht	2748	258	116,3	10,3	2358

(Berechnung ohne Berücksichtigung des Energiebedarfes für die Treibstofförderung)

In der Praxis entsprechen die Werte weder dem chemischen noch dem eingefrorenen Gleichgewicht. Jedoch liegen die Zustände, die sich einstellen, zwischen diesen beiden Grenzwerten. Gemessene und berechnete Werte sind in Abb. 282, S. 529, dargestellt.

Zweiter Teil

Theorie der Verbrennung und Zündung

A. Grundlagen der Verbrennung

1. Zustandsgrößen

a) Spezifische Wärmen

Die spez. Wärme, definiert als diejenige Wärmemenge, die erforderlich ist, um die Mengeneinheit eines Körpers um 1 °C zu erwärmen, ist
für die technisch wichtigsten Körper, insbesondere für Gase, die für
Verbrennungskraftmaschinen in Betracht kommen, einerseits aus einer
großen Zahl von Messungen und andererseits aus statistischen Berechnungen mit Benutzung spektroskopischer Messungen bekannt.

Die nach den verschiedenen Methoden gemessenen spez. Wärmen
unterscheiden sich zum Teil erheblich; außerdem beschränkt sich die
Anwendbarkeit der experimentellen Methoden auf tiefe und auf mäßig
hohe Temperaturen, die im Motor weit übertroffen werden. Dagegen
liefert die statistische Berechnung der spezifischen Wärmen unter Benutzung spektroskopischer Daten auch für sehr hohe Temperaturen
zuverlässige Werte, mindestens für die einfacheren Gasmoleküle [O 84].

Die nach der *kalorimetrischen Methode* bestimmten spez. Wärmen
werden meist durch Messung der Wärmemengen bei Erwärmung oder
Abkühlung einer bestimmten Gasmenge ermittelt, z. B. läßt man
Gase unter Abkühlung durch Kalorimeter strömen oder erwärmt eine
bestimmte Gasmenge mit einer bekannten Wärmemenge.

Vielfach wurde auch der versuchsmäßig ermittelte Wert $\varkappa = c_p/c_v$
zur Errechnung spez. Wärmen verwendet. In diesem Zusammenhang
sind insbesondere Versuche, bei denen adiabatische Zustandsänderungen durchgeführt werden (z. B. Resonanzmethode, Messung der Schallgeschwindigkeit), zu erwähnen.

Die kalorimetrischen Meßmethoden sind vorwiegend für geringere
Temperaturen (unter 1000 °C) verwendbar. Zur Ermittlung der spez.
Wärmen bei höheren Temperaturen wird meist die Explosionsmethode
verwendet. Ein brennbares Gemisch von bekanntem Heizwert wird
in einem druckfesten Gefäß zur Verpuffung gebracht. Aus der gemessenen Druckerhöhung kann rechnerisch — mit beschränkter Genauigkeit — die spez. Wärme eines Gasbestandteiles bestimmt werden,
wenn alle übrigen Daten bekannt sind. Die neueren auf verschiedenen
Wegen kalorimetrisch bestimmten spez. Wärmen stimmen bei geringen
Temperaturen gut überein, bei hohen Temperaturen unterscheiden sich

insbesondere die nach der Explosionsmethode bestimmten Werte zum Teil wesentlich.

Bedeutend genauere Werte wurden mit Hilfe der *theoretischen Berechnung unter Benutzung spektroskopischer Daten* gewonnen. Die Rechnung stützt sich im wesentlichen auf die statistische Mechanik und die Quantentheorie. Danach hat man sich die Wärmeaufnahme eines Körpers als eine Beschleunigung der Molekül- und Atombewegungen vorzustellen. Mit der Temperaturerhöhung tritt sowohl eine Beschleunigung der Translationsbewegung des Moleküls und eine raschere Rotation als auch eine Zunahme der gegenseitigen Schwingungsbewegung der Atome im Molekül auf. Außerdem kann eine Anregung von Elektronenübergängen in den Atomen und Molekülen stattfinden. Die Aufteilung der zugeführten Energie auf die verschiedenen Bewegungsvorgänge ist im Gleichgewichtszustand eindeutig gegeben. Zeitlich erfolgt die Anregung der Translation in der Regel schneller als die der Rotation und die der Schwingung.

Ein reaktionsfähiges Gas ist bei vielen technischen Anwendungen extrem schnellen Zustandsänderungen unterworfen, so z. B. beim Durchströmen von Raketendüsen, beim Expansionsvorgang im Verbrennungsmotor, insbesondere bei hohen Drehzahlen, bei Auftreten von Stoßwellen an schnell bewegten Körpern usw. Bei all diesen Vorgängen herrscht zunächst im allgemeinen innerhalb dieses Gases chemisches und thermisches Gleichgewicht, welches durch die Zustandsänderung gestört wird und je nach Art und Größe der Zustandsänderung wieder einem den Zustandsgrößen entsprechenden neuen Gleichgewicht zustrebt oder mehr oder weniger die ursprüngliche Gaszusammensetzung beibehält. In jedem Falle aber wird das thermische Gleichgewicht, das zwischen der Translations-, der Rotations- und Schwingungsenergie der Moleküle herrscht, gestört.

Relaxationszeiten. Die in Tabellen wiedergegebenen spezifischen Wärmen, die aus zahlreichen Messungen ermittelt wurden, gelten nur unter der Voraussetzung, daß eine Energieverteilung auf die einzelnen Freiheitsgrade entsprechend der Boltzmannstatistik vorhanden ist. Bei sehr schnellen Zustandsänderungen innerhalb des Gases, die beispielsweise bei der Expansion in Raketendüsen, in Stoßwellen und Detonationen auftreten, ist aber der Energieausgleich auf die einzelnen Freiheitsgrade, wie er dem Beharrungszustand entspricht, nicht ohne weiteres gegeben.

Die Relaxationszeit τ ist die Zeit, die erforderlich ist, bis nach einer vorangegangenen Störung zwischen den drei Energieformen wieder Gleichgewicht eingetreten ist.

Wird die mittlere Zeit zwischen zwei Molekülstößen mit τ_m und die erforderliche Anzahl der Stöße bis zur Einstellung des Gleichgewichtes mit n bezeichnet, dann ergibt sich

$$n = \frac{\tau}{\tau_m} \tag{236}$$

$$\tau_m = f(T, p, d) \, .$$

$$d = \text{Moleküldurchmesser}$$

Führt man die Begriffe der mittleren freien Weglänge l_m und der mittleren Geschwindigkeit w_m ein, so ist

$$\tau_m = \frac{l_m}{w_m} \tag{237}$$

wobei

$$l_m = \frac{k \cdot T}{\sqrt{2} \cdot \pi \cdot p \cdot d^2} \tag{238}$$

und

$$w_m = \sqrt{\frac{8 \, k \cdot T}{m \cdot \pi}} = \sqrt{\frac{8 \, \Re \cdot T}{M \cdot \pi}} \tag{239}$$

st. Hierin bedeuten

$k \quad$ = Boltzmannsche Konstante = $3{,}298 \cdot 10^{-27} \dfrac{\text{kcal}}{\text{grd}}$

$\Re \quad$ = allgemeine Gaskonstante = $848 \dfrac{\text{mkp}}{\text{Mol} \cdot \text{grd}}$

$d \quad$ = Moleküldurchmesser

$m \quad$ = Masse der Moleküle

p, T = Druck, Temperatur

$k \quad = \dfrac{\Re}{N_L}$

$N_L \quad$ = Loschmidtsche Zahl = $6{,}024 \cdot 10^{26}$

Zur Kennzeichnung der Größenordnung der Relaxationszeiten sei angegeben, daß die Zahl n, d. h. die Anzahl der Stöße bis zur Einstellung des thermischen Gleichgewichtes für den Freiheitsgrad der Translation etwa bei 1 liegt. Für den Freiheitsgrad der Rotation liegt die Anzahl der Stöße in der Mehrzahl der Fälle im Bereich zwischen 3 und 10. Dagegen ist sie für den Schwingungsfreiheitsgrad um einige Zehnerpotenzen größer. Sie entspricht etwa dem Wert 10^3 bis 10^5.

Für die Zahlenwerte der in Frage kommenden Zeiten und Molekülgeschwindigkeiten gibt folgendes Beispiel einen Anhaltspunkt: Für Stickstoff erhält man bei 300 °K und 1 ata eine mittlere freie Weglänge von etwa $6 \cdot 10^{-8}$ m und eine mittlere Molekülgeschwindigkeit von 478 m/s. Damit ergibt sich die mittlere Zeit zwischen zwei Molekülstößen zu

$$\tau_m = \frac{6 \cdot 10^{-8}}{478 \text{ m/s}} = \text{ca. } 10^{-10} \text{ s} \, .$$

Da bei den vorausgesetzten Bedingungen bei Stickstoff die Zahl der Stöße bis zur Einstellung des Schwingungsgleichgewichtes etwa $5 \cdot 10^5$ beträgt, erhält man für die Schwingungsrelaxationszeit einen Wert von

$$\tau = 5 \cdot 10^5 \cdot 10^{-10} \, \text{s} ,$$

also etwa 50 Millionstel Sekunden.

In der folgenden Tabelle sind als Beispiel für einige Gase die Relaxationszeiten und die Anzahl der Stöße bis zur Einstellung des Gleichgewichts für $T = 300\,°K$ und $p = 1{,}033$ ata zusammengestellt [O 9, O 29].

Tabelle 18

	Stoff	n	$\tau(s)$
Translationsrelaxation		5/4	10^{-9} bis 10^{-10}
Rotationsrelaxation	N_2	4,5	
	O_2	3,0	
	Luft	4,6	
	NH_3	9,0	
Schwingungsrelaxation	N_2	$4 \cdot 10^5$	$50 \cdot 10^{-6}$
	O_2	$5 \cdot 10^5$	
	CO_2	$5{,}1 \cdot 10^4$	
	CO	$8{,}6 \cdot 10^2$	$150 \cdot 10^{-9}$
	H_2O	$4 \cdot 10^2$	$37 \cdot 10^{-9}$
	C_2H_6	30	$3 \cdot 10^{-9}$

Um die Bereiche der technischen Auswirkung dieser Erscheinung in der Größenordnung zu zeigen, soll als Beispiel der Ausströmvorgang von Stickstoff aus einer Lavaldüse gewählt werden.

Die Wegstrecke, innerhalb der sich thermisches Gleichgewicht einstellt, beträgt bei einer Ausströmgeschwindigkeit von 1000 m/s bei einem Druck von 1 ata und einer Temperatur von 300 °K etwa 5 cm. Die Relaxationszeit hierfür liegt bei $5 \cdot 10^{-5}$ Sekunden.

Zur Messung der Relaxationszeiten werden im wesentlichen folgende Verfahren benutzt:

Bei der Schallabsorptionsmethode wird die Abnahme oder die Dämpfung einer Schallwelle, die von der Relaxation in einem Gas herrührt, gemessen [O 3].

Unter speziellen Bedingungen ist die Schallfrequenz bei maximaler Absorption ein Maß für die Relaxationszeit des Gases.

Bei der Schalldispersionstechnik wird die Schallgeschwindigkeit bestimmt. In dem Bereich, der für die Relaxationszeit des Gases kennzeichnend ist, steigt die Schallgeschwindigkeit zunächst mit der Schallfrequenz und bleibt anschließend annähernd konstant. Der

Wendepunkt in der Kurve, die sich aus der Darstellung des Quadrates der Geschwindigkeit über dem Logarithmus der Frequenz ergibt, kennzeichnet die Relaxationszeit des Gases.

Bei der Staurohrmethode wird der Relaxationseffekt mittels eines Pitotrohres und eines Hochgeschwindigkeitsgasstromes gemessen. Das Gas wird isentrop in einer Expansionsdüse beschleunigt und plötzlich an einem Pitotrohr abgebremst, wobei eine Abweichung vom Gleichgewichtszustand auftritt. Anschließend ist eine Relaxationszeit bis zur Einstellung des Energieausgleichs erforderlich. Der Vergleich der Anfangs- und Enddrücke ermöglicht die Bestimmung der Relaxationszeit.

Mittels der Stoßwellenmethode wird das Gas durch die Stoßwelle einer plötzlichen Zustandsänderung ausgesetzt. Wenn die anschließend auftretenden Dichte- und Temperaturänderungen mit entsprechenden Meßmethoden, wie Interferometern, Röntgenstrahl-Absorptionsverfahren und Spektrallinien-Umkehrverfahren verfolgt werden, kann die Einstellung des Gleichgewichtszustandes beobachtet und somit die Relaxationszeit ermittelt werden.

Die Berechnung der spez. Wärmen wird verhältnismäßig einfach, wenn man von der gegenseitigen Wechselwirkung der Moleküle absieht und die Gase als hochverdünnt annimmt, also ihren absoluten Druck $\approx$ Null setzt. Die spez. Wärmen der realen Gase bei höheren Drücken unterscheiden sich von diesen Werten nicht sehr wesentlich und können durch Hinzufügen von Korrekturgliedern aus den Werten für $p \approx 0$ ermittelt werden.

Die spez. Wärme eines einatomigen Gases beträgt bei konstantem Volumen pro Mol $\frac{3}{2}\Re$ kcal/Mol Grad[1]. Jeder der 3 Freiheitsgrade der Translationsbewegung eines Moleküls liefert nämlich einen Beitrag $\Re/2 = \frac{1,986}{2}$ kcal/Mol Grad, so daß die spez. Wärme des einatomigen Gases gleich $\frac{3}{2}\Re = 3/2 \cdot 1,986 = 2,979$ kcal/Mol Grad ist.

Bei den zweiatomigen Gasen kommen bei Temperaturen, bei denen die Schwingungen noch nicht merklich sind, zu den 3 translatorischen Freiheitsgraden noch 2 rotatorische Freiheitsgrade hinzu, die bei genügend hohen Temperaturen einen Beitrag von $\frac{2}{2}\Re$ kcal/Mol Grad zur spez. Wärme liefern. Somit beträgt der von der Translations- und Rotationsbewegung herrührende Anteil an der spez. Wärme der zwei-

---

[1] In der physikalischen Literatur rechnet man gewöhnlich mit der Grammkalorie (cal). Daher bleibt die Maßzahl der spezifischen Wärme in cal/g-Mol dieselbe wie in kcal/Mol.

atomigen Gase

$$M\,c_v = \frac{5}{2}\,\Re = 4{,}965 \text{ kcal/Mol Grad}\,.$$

Bei dreiatomigen Gasen — mit Ausnahme der Gase mit gestreckten Molekülen — tritt hierzu noch ein weiterer Freiheitsgrad der Rotation, so daß der von der Translations- und Rotationsbewegung herrührende Anteil der spez. Wärme der dreiatomigen Gase

$$M\,c_v = \frac{6}{2}\,\Re = 5{,}958 \text{ kcal/Mol Grad}$$

beträgt.

Der Anstieg der spez. Wärmen infolge der Schwingungsbewegungen der Atome im Molekül kann mit Hilfe der Quantentheorie unter Benutzung spektroskopischer Daten errechnet werden. Der Schwingungsanteil der spez. Wärme beträgt hiernach angenähert

$$M\,c_{osc} = \frac{\Re\left(\dfrac{h\,\nu}{k\,T}\right)^2 \cdot e^{\frac{h\,\nu}{k\,T}}}{\left(e^{\frac{h\,\nu}{k\,T}} - 1\right)^2} = \frac{\Re\left(\dfrac{\theta}{T}\right)^2 \cdot e^{\frac{\theta}{T}}}{\left(e^{\frac{\theta}{T}} - 1\right)^2} = E\left(\frac{\theta}{T}\right)\,. \tag{240}$$

Hierin bedeuten:

h = Plancksches Wirkungsquantum $6{,}626 \cdot 10^{-27}$ erg $\cdot$ s,
ν = Schwingungsfrequenz in s^{-1},
k = Boltzmannsche Konstante $1{,}3807 \cdot 10^{-16}$ erg/grad.

Für den Wert $h\,\nu/k$ ist das Zeichen θ eingeführt. Für diesen Wert ist die Bezeichnung „charakteristische Temperatur" (Dimension: Grad) üblich. Die Funktion $E\left(\dfrac{\theta}{T}\right)$ ist in Tabellenwerken zu finden [O 12].

Die charakteristische Temperatur wird aus den Oszillationsfrequenzen bestimmt, die beispielsweise aus dem Ultrarotspektrum oder aus dem Ramanspektrum ermittelt werden können.

Es zeigt sich nämlich, daß die Rotation der Moleküle und die Frequenz der Atomschwingungen im Molekül eine Veränderung des hindurchgehenden und gestreuten Lichtes zur Folge haben. Man beobachtet dann entweder Absorptionsspektren oder Streuspektren (Ramanspektren), deren Linienanordnung einen Schluß auf die erwähnten Schwingungs- und Rotationsfrequenzen der Moleküle zulassen. Die einzelnen Linien des Spektrums entsprechen jeweils dem Übergang zwischen zwei verschiedenen Energiestufen des Moleküls. Aus den einzelnen Energiestufen kann die gesamte Energie des Gases — wie oben angegeben — errechnet werden.

Bei mehratomigen Molekülen wird die Bestimmung der charakteristischen Temperaturen und die Errechnung der spez. Wärmen verwickelt; jedoch liegen für die technisch wichtigen Gase bis etwa 3000 °K und mehr mit großer Genauigkeit berechnete spez. Wärmen vor. Die spez. Wärmen wurden insbesondere durch W. F. GIAUQUE und Mitarbeiter [O 38], A. R. GORDON und C. BARNES, L. S. KASSEL u. a. errechnet. Die so errechneten spez. Wärmen sind bedeutend genauer als die auf kalotimetrischem Wege gemessenen. Für CO_2 und H_2O und für die zweiatomigen Gase N_2 und O_2 sind die nach beiden Methoden bestimmten mittleren spez. Wärmen in Abb. 267 wiedergegeben.

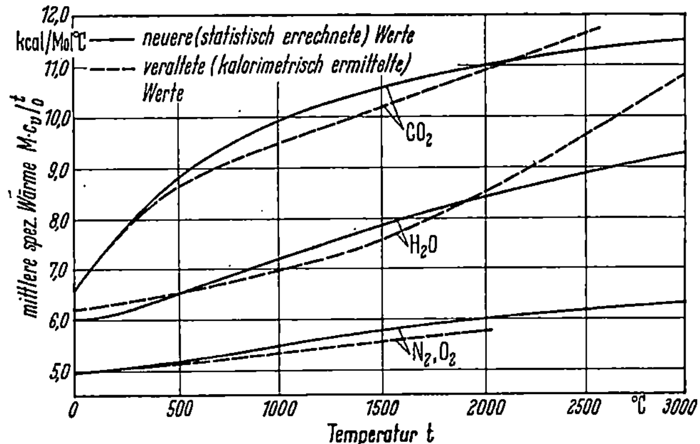

Abb. 267. Mittlere spez. Wärmen pro Mol $M c_v|_0^t$, abhängig von der Temperatur für CO_2, H_2O, N_2 und O_2

Die Abweichungen sind zum Teil erheblich. Neuerdings werden meist die zuverlässigeren statistisch errechneten Werte angegeben und benutzt.

b) Energiewerte

Für thermodynamische Berechnungen von Vorgängen in Verbrennungskraftmaschinen sind besonders die Werte der inneren Energie U und der Enthalpie von Bedeutung. Für die meisten Rechnungen genügt es, die Dissoziation zu vernachlässigen. In diesen Fällen kann die Beziehung[1]:

$$U_{0\,°K} + U_T = U_{0\,°K} + G\, c_v|_0^T\, T = E + U_T \tag{241}$$

und

$$J_{0\,°K} + J_T = J_{0\,°K} + G\, c_p|_0^T\, T = E + J_T = H_T \tag{242}$$

---

[1] Es ist allgemein üblich, U_T auf $0\,°K$ zu beziehen. Jedoch ist $U_{0\,°K}$ nach der Quantentheorie (MAX PLANCK) nicht gleich Null; vielmehr spielt diese als „Nullpunktsenergie" bezeichnete Restenergie am absoluten Nullpunkt der Temperatur eine sehr wichtige Rolle bei der Berechnung von Gleichgewichten und auch bei reaktionskinetischen Rechnungen. Für idealisierte Gase, für die angenommen wird, daß die Gasgleichung bis $0\,°K$ gilt, ist $J_0 = U_{0\,°K}$. Nusselt hat für diesen Wert die Bezeichnung E (chemische Energie) eingeführt.

verwendet werden. Tritt Dissoziation auf, so ist zunächst die Zusammensetzung des dissoziierten Gasgemisches zu bestimmen und damit die Enthalpie aus der Summe der Einzelenthalpiewerte zu ermitteln. (Einzelheiten über die Berechnung der Dissoziation Seite 509÷520.

Graphische Darstellungen von Enthalpiewerten unter Benutzung neuerer Werte für die spez. Wärmen sind in den i-s-Tafeln I bis XIII im Anhang des Buches zu finden (s. auch Abb. 275 und 276, S. 523).

c) Entropiewerte; thermodynamische Funktionen

Die *Gleichung für die Entropie eines Gases* ergibt sich entsprechend dem zweiten Hauptsatz der Thermodynamik für 1 kg Gas, für das die Gasgleichung gilt, aus der Beziehung

$$ds = \frac{du + P\,dv}{T} = \frac{c_v\,dT}{T} + \frac{P\,d\dfrac{R\,T}{P}}{T} \tag{245}$$

zu

$$s = \int \frac{c_v}{T}\,dT + R\ln T - R\ln P + s_0 . \tag{246}$$

Daraus erhält man unter Benutzung der Beziehung zwischen der mittleren und der wahren spez. Wärme

$$M\,c = M\,c\big|_0^T + \frac{T\,d\,(M\,c\big|_0^T)}{dT} \tag{247}$$

die von Nusselt gewählte Form der Gleichung der Entropie für 1 Mol:

$$M\,s = M\,c_v\big|_0^T + \int^T \frac{M\,c_v\big|_0^T}{T}\,dT + \Re \ln \frac{T}{P} + M\,s_0$$

$$= f(T) + \Re \ln \frac{T}{P} + M\,s_0 . \tag{248}$$

Diese Gleichung gestattet die Berechnung der Veränderung der Entropiewerte mit der Temperatur. Die Methoden zur Bestimmung der Absolutwerte der Entropie werden auf den folgenden Seiten behandelt. Kennt man den Absolutwert der Entropie $M\cdot s$ für einen Zustand, so ist durch die obenstehende Gleichung auch die Integrationskonstante $M\cdot s_0$ gegeben. Führt man den Wert

$$(M\cdot s_{P=1})_T = M\,c_v\big|_0^T + \int^T \frac{M\,c_v\big|_0^T}{T}\,dT + \Re \ln T + M\,s_0 , \tag{249}$$

der den Wert der Entropie beim Druck 1 kp/m² angibt und der als Tabellenwert (s. Tabellen, S. 577÷583) gegeben ist, in die Entropiegleichung ein, so erhält man die zur Berechnung von Zahlenwerten sehr einfache Form

$$M\,s = (M\,s_{P=1})_T - \Re \ln P \,.\qquad (250)$$

Diese Form der Entropiegleichung ist besonders brauchbar, wenn Vorgänge, bei denen eine Druckänderung erfolgt, berechnet werden. Führt man den Wert $\varphi(T)$ ein, der in den genannten Tabellen für verschiedene Gase abhängig von der Temperatur angegeben ist

$$\varphi(T) = M\,c_v\big|_0^T + \int^T \frac{M\,c_v\big|_0^T}{T}\,dT - \Re \ln \Re + M\,s_0 \,,\qquad (251)$$

so erhält man für die Entropiegleichung die Form

$$M\,s = \varphi(T) + \Re \ln \mathfrak{V} \,.\qquad (252$$

Hierin bedeutet $\mathfrak{V}$ das Molvolumen (m³/Mol). Für manche Rechnungen ist es vorteilhaft, in die Entropiegleichung die molare Konzentration $[Z]$, d. i. die Anzahl der Mole in 1 m³ Gasgemisch, einzuführen:

$$[Z] = r\left(\frac{P_0}{\Re\,T}\right) = \frac{P}{\Re\,T} \,,\qquad (253)$$

$r\ \ = $ Raumanteil,
$\Re\ \ = 848 = $ Gaskonstante für 1 Mol,
$P_0 = $ Gesamtdruck des Gasgemisches,
$P\ \ = $ Partialdruck eines Gases;

damit erhält man die Entropiegleichung für 1 Mol eines Gases:

$$M\,s = M\,c_v\big|_0^T + \int^T \frac{M\,c_v\big|_0^T}{T}\,dT - \Re \ln [Z] - \Re \ln \Re + M\,s_0$$

$$= \varphi(T) - \Re \ln [Z] \,.\qquad (254)$$

Zur Bestimmung der Funktionen $\varphi(T)$ und $(M \cdot s_{p=1})_T$ sind Absolutwerte der Entropie erforderlich.

Die *Absolutwerte der Entropie* können entweder aus gemessenen spez. Wärmen unter Benutzung des Nernstschen Wärmesatzes oder nach statistischen Methoden, für die die Unterlagen aus der Spektralphysik bekannt sind, errechnet werden. Nach dem Nernstschen Satz in der Planckschen Fassung wird die Entropie aller einheitlichen festen Körper am absoluten Nullpunkt 0.

Der Satz gilt nur für eine reine Substanz, die sich in einem eindeutigen Ordnungszustand befindet und in der sich die Atome im Zustand der kleinsten Energie befinden. Die Anwendung wäre also nicht gestattet, wenn ein Zustand in der Modifikation höherer Energie einfrieren würde. Es besteht dabei noch die Frage, ob bei genügend langsamer Abkühlung der Zustand der kleinsten Energie doch noch in der Nähe des absoluten Nullpunktes durch eine Umwandlung erreicht wird, die unter Umständen der Messung nicht zugänglich ist. Wenn angenommen wird, daß der Zustand der kleinsten Energie in diesem Fall überhaupt nicht mehr erreicht wird, muß eine entsprechende Korrektur an den nach dem Nernstschen Satz errechneten Entropiewerten angebracht werden.

Aus den spezifischen Wärmen und Umwandlungswärmen des festen, dampf- und gasförmigen Körpers erhält man nach dem Nernstschen Satz in der Planckschen Fassung durch Integration entsprechend der Gleichung:

$$s = \int_0^T \frac{dq}{T} \tag{255}$$

den Absolutwert der Entropie. Dabei ist es erforderlich, daß die gesamten kalorimetrischen Daten möglichst nahe an 0 °K mit genügender Genauigkeit durch gemessene oder interpolierte Werte bekannt sind. Zahlreiche systematische Messungen sind besonders von A. EUCKEN und seinen Mitarbeitern durchgeführt worden [O 36].

In Abb. 268 sind Absolutwerte der Entropie für O_2, die aus statistischen und kalorimetrischen Messungen ermittelt sind, gegenübergestellt[1]. Die Übereinstimmung der auf beiden Wegen ermittelten Werte ist im Gasgebiet so gut, daß in der Zeichnung der Unterschied nicht mehr dargestellt werden kann. Die Übereinstimmung ist jedoch bei einigen Gasen nicht so gut. Die Bedeutung der festgestellten Unterschiede ist aber für technische Rechnungen nicht wesentlich (s. auch S. 515).

Die statistische Berechnung der Entropie beruht auf der Überlegung, daß die Natur die wahrscheinlichsten Zustände bevorzugt. Da die von selbst verlaufenden Vorgänge außerdem so ablaufen, daß die Gesamtentropie des Systems (2. Hauptsatz) zunimmt, wurde von BOLTZMANN geschlossen, daß ein Zusammenhang zwischen Entropie und Wahrscheinlichkeit bestehen muß. Daraus ergab sich, daß für ein System von 2 Körpern 1 und 2 die Entropiewerte durch die Beziehung $S_1 = f(W_1)$ und $S_2 = f(W_2)$ dargestellt werden können. Da die Gesamtentropie gleich der Summe der Einzelentropien ist, wird $S = S_1 + S_2 = f(W_1) + f(W_2)$. Andererseits ergibt sich aus der Wahrschein-

---

[1] Die kalorimetrischen Daten sind Messungen von GIAUQUE und JOHNSTON, CLUSIUS, LEWIS und ELBE, HENRY, EUCKEN, MÜCKE, SCHEEL und HEUSE entnommen. Die aus spektroskopischen Daten bestimmten Entropiewerte stammen von JOHNSTON und WALKER.

lichkeitsrechnung, daß die Gesamtwahrscheinlichkeit von 2 voneinander unabhängigen Systemen gleich dem Produkt der Einzelwahrscheinlichkeiten ist. Somit gilt

$$S = f(W) = f(W_1 \, W_2) \, . \tag{256}$$

Durch zweimaliges Differenzieren erhält man:

$$W_2 \, f''(W_1 \, W_2) \, W_1 + f'(W_1 \, W_2) = 0 \, .$$

Eine Lösung dieser Differentialgleichung ergibt:

$$S = f(W) = f(W_1 \, W_2) = \text{const} \ln W + \text{const} \, . \tag{257}$$

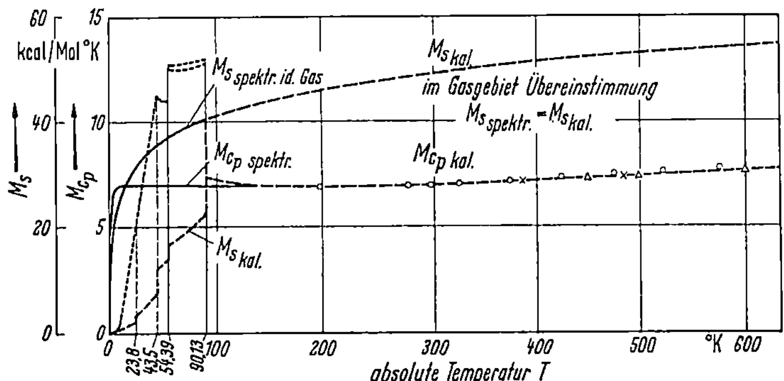

Abb. 268. Ermittlung absoluter Entropiewerte von Sauerstoff auf Grund von kalorimetrischen und spektroskopischen Messungen

Diese erstmals von BOLTZMANN aufgestellte Beziehung wurde von PLANCK verschärft zu der Beziehung $S = k \ln W$.

Zur *zahlenmäßigen Berechnung* wurde eine große Zahl von theoretischen Untersuchungen durchgeführt. Die Gesamtentropie ergibt sich danach als Summe des Entropieanteils der Translation der Moleküle, der Rotation der Moleküle, der Schwingungen der Atome im Molekül, der Elektronenzustände und des Kernspins. Der Entropieanteil der Translation wird:

$$S_1 = \Re \ln \frac{(2 \, \pi \, m \, k \, T)^{3/2} \, e^{5/2} \cdot V}{N_L \, h^3} \, . \tag{258}$$

Darin bedeuten:

m = Masse des Moleküls,
N_L = Loschmidtsche Zahl,
V = Volumen.

Somit kann dieser Anteil in einfacher Weise aus universellen Konstanten und Konstanten des jeweiligen Gases errechnet werden. Der

Entropieanteil der Rotation bzw. der Schwingungen ergibt sich im wesentlichen aus der Energieänderung mit der Temperatur; diese und die übrigen Entropieanteile können aus der Planckschen Zustandssumme (siehe z. B. [O 12] und [O 74])

$$Z = \sum_n g'_n\, e^{-\frac{\varepsilon_n}{kT}} \tag{259}$$

errechnet werden. In dieser Gleichung bedeuten:

ε_n = Energiestufen,
g'_n = statistisches Gewicht.

Die zur Berechnung erforderlichen Werte g'_n und ε_n ergeben sich aus spektroskopischen Messungen (s. Abschnitt über spez. Wärmen). Die obenstehende Formel dient auch zur Berechnung des Schwingungsanteiles der spez. Wärmen und führt in einer speziellen Form zu der auf S. 496 angeführten Gleichung für c_{osc}.

2. Grundgleichungen für die Berechnung von Verbrennungsvorgängen

Zur Ermittlung der Enthalpie oder Energie der Verbrennungsprodukte ist es notwendig, die Abgaszusammensetzung des betreffenden Kraftstoffes zu kennen. Mit Hilfe der chemischen Grundgleichungen lassen sich aus der Zusammensetzung des Unverbrannten die Anteile der Verbrennungsprodukte im Abgas ermitteln. Die chemische Zusammensetzung der technischen Kraftstoffe, die aus sehr komplizierten Kohlenwasserstoffverbindungen bestehen, ist dabei ohne Bedeutung, es genügt die Kenntnis der Elementaranalyse[1]. Die Elementaranalyse gibt die Zusammensetzung nach Elementen, insbesondere den Kohlenstoff- und Wasserstoffgehalt — unabhängig von der jeweiligen gegenseitigen Bindung — an.

Es bedeuten:

c = Mengenanteil Kohlenstoff im Kraftstoff
h = Mengenanteil Wasserstoff im Kraftstoff   als Verhältniszahl, nicht
s = Mengenanteil Schwefel im Kraftstoff   in Prozenten einzusetzen.
o = Mengenanteil Sauerstoff im Kraftstoff

---

[1] Die Elementaranalyse wird durch vollkommene Verbrennung einer vorher bestimmten Menge des Kraftstoffes und durch genaue Mengenbestimmung der Verbrennungsprodukte ermittelt. Der Kohlenstoffgehalt c wird aus dem entstandenen Menge CO_2 und der Wasserstoffgehalt h aus der Menge des entstandenen Wasserdampfes ermittelt. Die Menge des Kohlendioxydes wird aus der Mengenzunahme von Kalilauge bestimmt, durch die das verbrannte Gas geleitet wird, die Wasserdampfmenge aus der Mengenzunahme einer Chlorkalziumvorlage.

Da der Kraftstoff im wesentlichen aus Kohlenwasserstoffen besteht, genügt im allgemeinen die Berücksichtigung des Kohlenstoff- und Wasserstoffgehaltes bei der Berechnung der Verbrennungsprodukte. Für genauere Rechnungen sind auch der Schwefelgehalt des Kraftstoffes und außer O_2 und N_2 die weiteren Bestandteile der Luft zu berücksichtigen.

Für die wichtigsten brennbaren Bestandteile eines Kraftstoffes sind im folgenden die Verbrennungsgleichungen angegeben:

Verbrennung von Kohlenstoff[1] (Graphit):

$$C + O_2 = CO_2 + 94\,280 \text{ kcal (bei 20 °C),}$$
$$12 \text{ kg} + 32 \text{ kg} = 44 \text{ kg,}$$
$$1 \text{ kg} + 2,667 \text{ kg} = 3,667 \text{ kg.}$$

Verbrennung von Wasserstoff:

$$2\,H_2 + O_2 = 2\,H_2O + 2 \cdot 57\,798 \text{ kcal (bei 20 °C),[2]}$$
$$4,03 \text{ kg} + 32 \text{ kg} = 36,03 \text{ kg,}$$
$$1 \text{ kg} + 7,94 \text{ kg} = 8,94 \text{ kg.}$$

Verbrennung von Schwefel:

$$S + O_2 = SO_2 + 70\,700 \text{ kcal (bei 20 °C),}$$
$$1 \text{ kg} + 1 \text{ kg} = 2 \text{ kg.}$$

Die zur vollkommenen Verbrennung erforderliche Sauerstoffmenge ergibt sich aus diesen Beziehungen zu $O_{min} = 2,667\,c + 7,94\,h + s - o$.

Die mindest erforderliche Luftmenge $G_{L\,min}$ ist gleich $O_{min}/0{,}232$, da der Mengenanteil des Sauerstoffes in der Luft 23,2 vH beträgt.

Die tatsächlich bei der Verbrennung zur Verfügung stehende Luftmenge wird mit $G_{L\,tats.}$ bezeichnet. Dann wird das Verhältnis der wirklichen Luftmenge zur minimal erforderlichen Luftmenge als Luftverhältnis definiert:

$$\lambda = \frac{G_{L\,tats,}}{G_{L\,min}} \, . \tag{260}$$

An folgendem Beispiel sei die Ermittlung der Abgaszusammensetzung bei der Verbrennung eines Kraftstoffes bei einem Luftverhältnis von $\lambda = 1{,}5$ gezeigt. Die Elementenanalyse ergab für diesen Kraftstoff:

$$c = 0{,}86 \, \frac{\text{kg C}}{\text{kg Kraftstoff}} \, ,$$
$$h = 0{,}14 \, \frac{\text{kg H}_2}{\text{kg Kraftstoff}} \, .$$

---

[1] Für technische Rechnungen genügen die angenäherten Molmassen.

[2] 57798 kcal = unterer Heizwert H_u eines Moles H_2. (Definition von H_u s. S. 505.)

Die Anteile von Sauerstoff und Schwefel sind dabei vernachlässigt. Die Mindestluftmenge ergibt sich zu

$$G_{L\,min} = \frac{1}{0,232} \cdot (2,667 \cdot 0,86 + 7,94 \cdot 0,14) = 14,68 \frac{\text{kg Luft}}{\text{kg Kraftstoff}} \cdot$$

Aus den oben angegebenen chemischen Reaktionsgleichungen ergibt sich ein Anteil CO_2 am Abgas von

$$G_{CO_2} = 3,667 \cdot 0,86 = 3,154 \frac{\text{kg } CO_2}{\text{kg Kraftstoff}}$$

und ein Anteil H_2O von

$$G_{H_2O} = 8,94 \cdot 0,14 = 1,252 \frac{\text{kg } H_2O}{\text{kg Kraftstoff}} \cdot$$

Hinzu kommt der Anteil der überschüssigen Luft, die an der Reaktion nicht teilnimmt,

$$G_{L\,ü} = (\lambda - 1)\, G_{L\,min} = 7,34 \frac{\text{kg Luft}}{\text{kg Kraftstoff}}$$

und der Anteil Stickstoff[1], der aus der Mindestluftmenge stammt und als inerter Bestandteil nicht an der Reaktion teilnimmt.

$$G_{N_2} = 0,768 \cdot G_{L\,min} = 11,273 \frac{\text{kg } N_2}{\text{kg Kraftstoff}} \cdot$$

Weiterhin kann die Elementaranalyse zur Heizwertbestimmung verwendet werden. Sie gestattet jedoch keinen eindeutigen Rückschluß auf den Heizwert, da der Heizwert nicht gleich dem Heizwert des vorhandenen Kohlenstoffes + dem Heizwert des vorhandenen Wasserstoffes gesetzt werden kann. Für den Heizwert ist vielmehr die Art der gegenseitigen Bindung von Kohlenstoff und Wasserstoff in der Verbindung von Einfluß. Man ist jedoch in der Lage, mit Hilfe empirischer Formeln aus der Elementaranalyse den Heizwert der üblichen Kraftstoffe annähernd zu berechnen.

Eine solche Formel ist z. B. die unter dem Namen Verbandsformel bekannte Gleichung

$$H_u = 8100 \cdot c + 29000 \left(h - \frac{0}{8}\right) + 2500 \cdot s - 600 \cdot w\,, \qquad (261)$$

worin w der Mengenanteil Wasser im Kraftstoff ist. Für das oben genannte Beispiel ergibt sich dann ein Heizwert

$$H_u = 8100 \cdot 0,86 + 29000 \cdot 0,14 = 11026 \frac{\text{kcal}}{\text{kg Kraftstoff}}$$

Nach Kenntnis der Abgaszusammensetzung sowie des Heizwertes eines Kraftstoffes läßt sich z. B. die Verbrennungsendtemperatur nach

---

[1] Der Mengenanteil des Stickstoffes in der Luft beträgt 76,8%.

der im Teil 1, Seite 22 abgeleiteten Gleichung (25), s. S. 507,

$$J_2'' = H_{0\,°K} + J_1'$$

ermitteln.

Ausgehend von obigem Beispiel wird für eine Temperatur des Kraftstoff-Luft-Gemisches von 27 °C die Verbrennungsendtemperatur T_2 ermittelt. Dabei wird $H_{0\,°K}$ überschlägig gleich H_u gesetzt. Die Enthalpie des Kraftstoff-Luft-Gemisches wird als Summe der Enthalpien von Luft und von Kraftstoff wie folgt bestimmt:

$$J_1' = J_{1\,Luft}' + c_{Kr} \cdot T_1 \,. \tag{262}$$

Das ist zulässig, da der Kraftstoff in flüssiger Form verbrannt wird. Dann gilt obige Gleichung in der für Zahlenrechnung brauchbaren Form:

$$\left(G_{CO_2} \cdot \frac{Mc_{p\,CO_2}\big|_0^{T_2}}{M_{CO_2}} + G_{H_2O} \cdot \frac{Mc_{p\,H_2O}\big|_0^{T_2}}{M_{H_2O}} + G_{L\ddot{u}} \cdot \frac{Mc_{p\,Luft}\big|_0^{T_2}}{M_{Luft}} \right.$$
$$\left. + G_{N_2} \cdot \frac{Mc_{p\,N_2}\big|_0^{T_2}}{M_{N_2}} \right) \cdot T_2 = H_u + \lambda \cdot G_{L\,min} \cdot \frac{Mc_{p\,Luft}\big|_0^{T_1}}{M_{Luft}} \cdot T_1 + c_{Kr} \cdot T_1 \,. \tag{263}$$

Zur Berechnung werden die auf Seite 577÷583 angegebenen mittleren spez. Wärmen, bezogen auf 1 Mol, verwendet. Da die Gleichung in geschlossener Form nicht lösbar ist, wird das Ergebnis durch Iteration oder Interpolation gefunden. Es ergibt sich für obiges Beispiel $T_2 = 1931\,°K$.

3. Wärmetönung

Die Wärmetönung eines Stoffes bezogen auf die Mengeneinheit (bzw. auf ein Mol) wird als Heizwert bezeichnet. Allgemein ist der Heizwert als die Wärmemenge definiert, die bei der Verbrennung der Mengeneinheit eines Brennstoffes und anschließender Abkühlung der Verbrennungsendprodukte auf die Ausgangstemperatur frei wird. Dabei wird bei gasförmigen Brennstoffen der Heizwert auf den Normzustand des Gases, also auf die Temperaturen 0 °C und den Druck 760 Torr bezogen, während für feste und flüssige Stoffe eine Temperatur von 20 °C für Verbrennungsausgangs- und Endprodukt bei der Heizwertbestimmung eingehalten werden soll (s. DIN 51 700).

Folgende Bezeichnungen werden zur Kennzeichnung der Wärmetönung eingeführt:

H_v = Heizwert bei konstantem Volumen und Normzustand,
$H_{v\,T}$ = Heizwert bei konstantem Volumen und T °K,
H_p = Heizwert bei konstantem Druck und Normtemperatur,
$H_{p\,T}$ = Heizwert bei konstantem Druck und T °K,
H_o = oberer Heizwert,
H_u = unterer Heizwert.

Weiterhin sind folgende Größen gegeben:

U = innere Energie,
J = Enthalpie,
E = absolute Energie,
H = absolute Enthalpie, wobei sich der Index
1 = auf die Temperatur vor Beginn der Verbrennung,
2 = auf die Verbrennungstemperatur,
' = auf den Zustand vor der Verbrennung,
'' = auf den Zustand nach der Verbrennung bezieht.

Heizwertbestimmungen werden für flüssige und gasförmige Kraftstoffe im Junkerskalorimeter, für feste Kraftstoffe im Bombenkalorimeter vorgenommen. Das Bombenkalorimeter ist jedoch auch zur Untersuchung flüssiger Kraftstoffe geeignet.

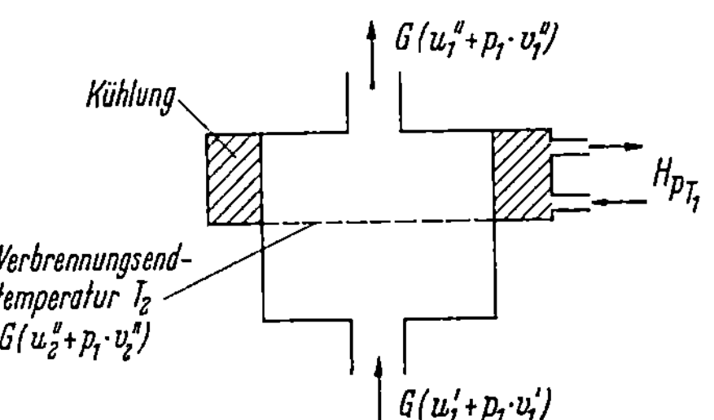

Abb. 269. Schematische Darstellung des Junkerskalorimeters zur Aufstellung der Energiebilanz

Mit einer Energiebilanz des Kalorimeters läßt sich für den Heizwert $H_{p T_1}$ = bei konstantem Druck (Junkerskalorimeter) und der Temperatur T_1 folgende Bestimmungsgleichung herleiten, wenn man den Vorgang im Kalorimeter in der Weise idealisiert, daß der Verbrennungsvorgang bis zur maximal möglichen Endtemperatur T_2 durchgeführt wird und erst anschließend der Abkühlungsvorgang erfolgt, so daß Verbrennung und Wärmeabfuhr getrennt betrachtet werden, s. Abb. 269. Für diesen Abkühlungsvorgang gilt nach dem 1. Hauptsatz:

$$G\,(u_2'' + p_1 \cdot v_2'') = H_{p T_1} + G\,(u_1'' + p_1 v_1'')$$
$$H_{p T_1} = U_2'' + p_1' V_2'' - U_1'' - p_1 V_1'' \tag{264}$$

oder da allgemein $U + p\,V = J$

$$H_{p T_1} = J_2'' - J_1'' . \tag{265}$$

Analog gilt für die Bestimmung des Heizwertes $H_{v T}$ bei konst. Volumen (Bombenkalorimeter) und der Temperatur T_1.

$$H_{v T_1} = U_2'' - U_1'' . \tag{266}$$

Der Heizwert bei konstantem Druck unterscheidet sich von dem Heizwert bei konstantem Volumen um den Wärmewert, der infolge der Volumenänderung bei der Verbrennung bei konstantem Druck geleisteten oder aufgenommenen Arbeit. Wenn eine Volumenzunahme bei der Verbrennung bei konstantem Druck auftritt, ist der Heizwert bei konstantem Druck geringer als der Heizwert bei konstantem Volumen, weil eine Arbeit zur Verschiebung der Umgebungsluft zu leisten ist. Bei den für Motoren in Frage kommenden flüssigen Kraftstoffen unterscheiden sich H_p und H_v nur wenig (weniger als 1 vH). Bei gasförmigen Kraftstoffen tritt meist eine Volumenkontraktion auf, so daß der Heizwert bei konstantem Druck größer als der Heizwert bei konstantem Volumen ist. Bei Kenntnis der Gaszusammensetzung kann die Größe der Volumenkontraktion aus den Reaktionsgleichungen der Verbrennung (s. S. 22) errechnet werden.

Betrachtet man nur die Energiumsetzung während der Verbrennung also vom Zustand 1 bis zum Zustand 2, dann ergibt sich bei Verwendung des 1. Hauptsatzes:

$$G(u_1' + p_1 v_1') + E' = G(u_2'' + p_2 v_2'') + E''$$

oder umgeformt:

$$J_2'' = J_1' + E' - E'' \tag{267}$$

In obenstehendem Energieansatz müssen absolute Energiewerte eingesetzt werden, weil eine Änderung der chem. Zusammensetzung stattgefunden hat. Daher wurde jeweils die Energie $E = J_{0\,°K}$ berücksichtigt.

Der Energiewert $(E' - E'')$ stellt den Unterschied der absoluten inneren Energie von Unverbranntem und Verbranntem bei der Temperatur am absoluten Nullpunkt, d. h. 0 °K dar. Die absolute Enthalpie[1] $J + E$ eines Gases enthält zwei Größen: Erstens die fühlbare Energie, die von der Translation, der Rotation und der Vibration der Moleküle herrührt und zweitens die Energie E herrührend von den Elektronen und der Art der Bindung der verschiedenen Atome eines Moleküls.

Vergleicht man Gl (265) mit Gl (267) so erhält man:

$$J_1'' + H_{pT1} = J_1' + (E' - E'') \quad \text{oder}$$

$$E' - E'' = \underbrace{H_{pT1} + J_1'' - J_1'}_{H_{0\,°K}} \tag{268}$$

Der Wert $H_{pT1} + J_1'' - J_1'$ entspricht, wie die folgenden Ausführungen über die Temperaturabhängigkeit des Heizwertes (Kirchhoff'sches Gesetz) zeigen, dem hypothetischen Heizwert bei 0 °K. Somit ist $E' - E''$ unabhängig von T bzw. konstant.

Der hypothetische Heizwert bezogen auf den absoluten Nullpunkt hat natürlich keine physikalische Bedeutung, da bei den Annahmen,

---

[1] im physikalischen Schrifttum mit H bezeichnet.

die man der Vorstellung des Begriffes „Temperatur am absoluten Nullpunkt" zugrunde legt, eine Verbrennungsreaktion bei diesem Zustand nicht möglich sein kann, u. a. schon deshalb nicht, weil wegen des Fehlens der Molekülbewegung jede Voraussetzung für einen Zündungsvorgang fehlt.

Der Wert $H_{0\,°K}$ ist deshalb nur ein hypothetischer Rechenwert, dessen Anwendung die Berechnung von Verbrennungsvorgängen vereinfacht, weil der mit der Temperatur veränderliche Heizwert in der Rechnung durch einen konstanten Wert ersetzt wird. Durch diese Umrechnung werden Fehler bei der Extrapolation der spezifischen Wärmen der Gase unterhalb der Temperatur der Heizwertbestimmung automatisch ausgeglichen.

Bei überschlägigen Rechnungen ist es vielfach üblich, $H_{0\,°K}$ gleich $H_{p\,T}$ zu setzen. Das ist jedoch nur dann zulässig, wenn die Differenz $J_1'' - J_1'$ sehr klein ist. Der Nachteil bei der Verwendung von $H_{p\,T}$ und $H_{v\,T}$ besteht darin, daß diese Werte nur für eine bestimmte Temperatur Geltung haben.

Die Veränderung des Heizwertes mit der Temperatur ist durch das Kirchhoffsche Gesetz:

$$H_{p\,T} = H_{p\,T_1} + (J_T' - J_{T_1}') - (J_T'' - J_{T_1}'') \qquad (269)$$

oder

$$H_{v\,T} = H_{v\,T_1} + (U_T' - U_{T_1}') - (U_T'' - U_{T_1}'') \qquad (270)$$

gegeben. Die Unterschiede der Heizwerte bei verschiedenen Temperaturen sind bei technischen Rechnungen meist nicht vernachlässigbar. Die Wärmetönung wird in der technischen Literatur positiv gerechnet, wenn bei der Reaktion Wärme nach außen abgegeben, also *frei* wird. Dagegen wird neuerdings in der physikalischen Literatur meist als positive Reaktionswärme die bei der Reaktion verbrauchte, also von außen zugeführte Wärme definiert und durch ΔE_T bzw. ΔH_T bezeichnet[1], je nachdem, ob die Reaktion bei konstantem Volumen oder konstantem Druck vor sich geht.

Sind in einem Kraftstoff Anteile von Wasser vorhanden oder entsteht bei der Verbrennung zusätzlich Wasser, so unterscheidet man zwischen dem oberen Heizwert H_o und dem unteren Heizwert H_u des Kraftstoffes, je nachdem, ob sich das Wasser nach der Verbrennung und Rückkühlung in flüssigem oder dampfförmigem Zustand befindet. Bezeichnet man mit w den Wassergehalt des Kraftstoffes und mit r die Verdampfungswärme des Wassers, so gilt:

$$H_o = H_u + r \cdot w . \qquad (271)$$

---

[1] wobei ΔE_T bzw. ΔH_T die Differenzen der inneren Energien bzw. Enthalpien der Reaktionspartner nach und vor der Reaktion darstellen.

Bei technischen Rechnungen verwendet man meist den unteren Heizwert H_u, dabei hängt es von der Art des Kraftstoffes ab, ob H_u bei konstantem Volumen oder konstantem Druck angegeben wird. Werte für H_o und H_u ohne Angaben von Temperatur und Druck beziehen sich auf die oben angegebenen Normzustände.

4. Berechnung von Verbrennungsvorgängen unter Berücksichtigung der Dissoziation

a) Chemisches Gleichgewicht, Dissoziation

Mit zunehmender Temperatur zerfallen die meisten mehratomigen Gase zum Teil in einfache Bestandteile. Beispielsweise werden von der Kohlensäure bei 2000 °K und 1 ata 1,5 Prozent ihrer Masse in CO und O_2 gespalten. Bei 3000 °K und 1 ata sind schon 42,5 vH in CO und O_2 zerfallen, bei 3500 °K 86 vH. Weiterhin tritt bei sehr hohen Temperaturen auch eine Spaltung von O_2 in O-Atome auf, und zwar sind bei 2000° 0,04 vH des reinen Sauerstoffs in Atome gespalten, bei 4000° etwa 61 vH. Ganz allgemein zeigt sich die Erscheinung, daß zunächst die Aufspaltung (Dissoziation genannt) komplizierter Verbindungen in einfachere Moleküle oder Radikale und bei noch höheren Temperaturen die Aufspaltung in Atome vor sich geht.

Man kann sich diese Erscheinung so vorstellen, daß bei erhöhter Energiezufuhr die Schwingungsamplituden der Atome im Molekül und die Geschwindigkeit der Rotation der Moleküle sehr groß werden. Außerdem wird auch die Translationsgeschwindigkeit der Moleküle, für die die Temperatur im wesentlichen ein Maß ist, mit zunehmender Temperatur bedeutend größer und durch die Stöße der Moleküle werden die Atome bei höherer Temperatur leichter aus dem Verband geschlagen. Entsprechend dem Maxwellschen Verteilungsgesetz der Translationsenergie und der inneren Energiearten der Moleküle (Rotation und Schwingung der Atome) ergibt sich für jede Temperatur ein bestimmter Gleichgewichtszustand. Die wahrscheinlichste Energieverteilung und der Gleichgewichtszustand der Aufspaltung können nach der statistischen Mechanik berechnet werden.

Die beschriebene Aufspaltung der Gase ist in den meisten Fällen mit einem jeweils bekannten Wärmeverbrauch (Dissoziationsenergie) verbunden. Beispielsweise tritt bei der Reaktion $2\,CO_2 = 2\,CO + O_2$ bei konstantem Druck ein Wärmeverbrauch von 67 636 kcal/Mol CO_2, bezogen auf 20 °C, auf. Bei einer Temperaturerhöhung mit gleichzeitiger Dissoziation ist also nicht nur die zur Erwärmung des Gases entsprechend der spez. Wärme (ohne Dissoziationsanteil) erforderliche Wärmemenge aufzuwenden, sondern es ist gleichzeitig auch die zur Dissoziation erforderliche Wärmemenge zuzuführen, so daß die gesamte Energieänderung, bezogen auf gleiche Temperaturdifferenzen, in höheren Temperaturbereichen bedeutend größer ist als bei geringeren Temperaturen.

b) Theoretische Berechnungsverfahren zur Bestimmung des chemischen Gleichgewichtes

Die Berechnung des Gleichgewichtszustandes der Dissoziation ist auch auf thermodynamischem Wege mit Hilfe des 2. Hauptsatzes möglich. Der Gleichgewichtszustand ist danach dann erreicht, wenn ein Maximum der Summe der Entropien aller beteiligten Stoffe auftritt, weil dann mit jeder, auch geringen Zustandsänderung, eine Entropieabnahme verbunden wäre, die mit dem 2. Hauptsatz nicht vereinbar ist. Der Gleichgewichtszustand kann also aus der Bedingungsgleichung für das Maximum der Entropie

$$\delta S = 0\,, \qquad \delta^2 S < 0$$

ermittelt werden. Der Berechnungsgang ist folgender:

Für die gesamte Entropie eines Gemisches von Gasen, festen und flüssigen Körpern erhält man (s. S. 498):

$$\Sigma\, S = \Sigma\, [Z]\left[M\, c_v\big|_0^T + \int^T \frac{M\, c_v\big|_0^T}{T}\, dT - \Re \ln [Z] - \Re \ln \Re + M\, s_0 \right]$$

$$+ \Sigma\, k \int_0^T \frac{c_f}{T}\, dT, \tag{272}$$

wobei k die Masse, c_f die spez. Wärme der festen und flüssigen Teile bedeutet. Das Maximum der Gesamtentropie erhält man durch Differenzierung dieser Gleichung. Die Rechnung soll für eine beliebige Reaktion, die bei konstantem Volumen nach dem Schema

$$v_a \cdot A + v_b \cdot B + \cdots \rightleftharpoons v_n \cdot N + v_m \cdot M \cdots + W$$

verläuft, durchgeführt werden. $v = $ Anzahl der Mole eines reagierenden Gases, A, B usw. reagierende Gase.

Im folgenden werden die Zahlen v der bei der betrachteten Reaktion entstehenden Mole und die Zahlen der verschwindenden Mole mit verschiedenen Vorzeichen eingeführt. Da die Reaktion in beiden Richtungen verlaufen kann, wird jeweils diejenige Richtung der Reaktion für die Festlegung der Vorzeichen zugrunde gelegt, bei der die Wärmetönung positiv wird. In der folgenden Rechnung erhalten also die Werte v_m und v_n der obenstehenden Umsatzgleichung ein positives, und die Werte v_a und v_b ein negatives Vorzeichen. Da die Reaktionsgleichung für beide Richtungen gilt, können die beiden Seiten der Gleichung vertauscht werden. Die Reaktionsrichtung mit positiver Wärmetönung entspricht bei Sauerstoffreaktionen der Verbrennung. Für den umgekehrten Vorgang — die Dissoziation — ist es zum Teil üblich, den dissoziierenden Anteil links anzuschreiben, so daß die Wärmetönung ebenfalls in der linken Seite der Gleichung einzusetzen ist.

Die Änderung der Anzahl der Mole eines beliebigen Bestandteiles kann damit durch die Beziehung

$$\partial[Z] = \frac{\nu \, \partial[Z_1]}{\nu_1} \qquad (273)$$

dargestellt werden. Führt man diese Beziehung und den aus der Verbrennungsgleichung ermittelten Wert:

$$\partial T = \frac{H_v \, T \, \partial[Z_1]}{(\Sigma[Z] \, M \, c_v + k \, c_f) \, \nu_1} \qquad (274)$$

in die entsprechend der Bedingung $\partial S = 0$ differenzierte Gl. (272) ein, so erhält man nach einigen Vereinfachungen und Umrechnung auf den Heizwert (pro Mol) bei konstantem Druck[1]:

$$\Sigma \Re \ln[Z]^{-\nu} = \Re \ln K_c = -\Sigma \nu \left[Mc_v|_0^T + \int^T \frac{M \, c_v|_0^T}{T} + M \, s_0 - \Re \ln \Re \right]$$
$$- \Sigma \nu_f \int^T \frac{M \, c_f}{T} \, dT - \frac{H_p \, T}{T} \, . \qquad (275)$$

In dieser Gleichung entspricht K_c dem Ausdruck:

$$K_c = \frac{[A]^{\nu_a} [B]^{\nu_b} \ldots}{[N]^{\nu_n} [M]^{\nu_m} \ldots} \, . \qquad (276)$$

In dieser Schreibweise müssen die Werte ν_a, ν_b, ν_m, ν_n ohne Vorzeichen als Absolutwerte[2] eingesetzt werden. Der Wert K_c wird Gleichgewichtskonstante genannt und ist nur von der Temperatur abhängig, wie die obenstehende Gleichung zeigt.

Die Gleichung für K_c läßt sich bei Einführung der am Ende des Buches in Tabellenform für die wichtigsten Gase wiedergegebenen Größe

$$\varphi(T) = M \, c_v|_0^T + \int^T \frac{M \, c_v|_0^T}{T} \, dT - \Re \ln \Re + M \, s_0 \qquad (277)$$

in folgender vereinfachter Form darstellen:

$$\Re \ln K_c = -\Sigma \nu \, \varphi(T) - \Sigma \nu_f \int^T \frac{M \, c_f}{T} \, dT - \frac{H_p \, T}{T} \, . \qquad (278)$$

---

[1] Vgl. Gleichung 270, S. 508.

[2] Im Schrifttum ist eine einheitliche Festlegung darüber, welche Werte in diesem Ausdruck im Zähler und welche Werte im Nenner einzuführen sind, nicht vorhanden. Deshalb sind Angaben über die Vorzeichen der Konstanten nur in Verbindung mit diesem Ausdruck eindeutig. Die Mehrzahl der Autoren setzt jetzt die entstehenden Produkte in den Zähler des Quotienten von Gl. (276), die das sogenannte „Massenwirkungsgesetz" darstellt. Dagegen werden in einigen Standardwerken, z. B. [012], K_c und ν in gleicher Weise definiert wie oben angegeben.

Das chemische Gleichgewicht kann man auch als den Zustand auffassen, bei dem der Reaktionsverlauf nach beiden Seiten gleich schnell vor sich geht, so daß die bei der Reaktion entstehenden und verschwindenden Mengen gleich groß sind. Betrachtet man die Reaktion

$$\nu_a\,A + \nu_b\,B \rightleftharpoons \nu_n\,N + \nu_m\,M\,,$$

so kann man die Geschwindigkeit entsprechend der Reaktionsgleichung von links nach rechts, bezogen auf einen der reagierenden Stoffe, durch den Wert

$$k_1[A]^{\nu_a}\,[B]^{\nu_b}$$

und die Geschwindigkeit in umgekehrter Richtung, bezogen auf denselben Stoff, durch den Wert

$$k_2[N]^{\nu_n}\,[M]^{\nu_m}$$

darstellen. Beim Gleichgewicht gilt die Beziehung

$$k_2[N]^{\nu_n}\,[M]^{\nu_m} = k_1[A]^{\nu_a}\,[B]^{\nu_b}$$

oder die Beziehung

$$\frac{k_2}{k_1} = \frac{[A]^{\nu_a}\,[B]^{\nu_b}}{[N]^{\nu_n}\,[M]^{\nu_m}} = K_c\,, \tag{279}$$

durch die der Zusammenhang zwischen den Konstanten der Reaktionsgeschwindigkeit und der Gleichgewichtskonstanten gegeben ist.

Für eine bestimmte Temperatur stellt sich somit jeweils ein Gleichgewicht ein, bei dem das Verhältnis der molaren Konzentrationen stets gleich ist und das auch für verschiedene Mischungsverhältnisse der ursprünglich vorhandenen Gase dasselbe ist.

Kennt man die Gleichgewichtskonstante einer Reaktion bei einer bestimmten Temperatur, so läßt sich nach Gl. 275 und Gl. 276 für jede beliebige Gasmischung für diese Reaktion bei der betreffenden Temperatur die Gaszusammensetzung im Gleichgewichtszustand errechnen. Da in den meisten praktisch vorkommenden Fällen jedoch der Druck gegeben ist, wird vielfach die Gleichgewichtskonstante nicht als Verhältnis der Konzentrationen, sondern als Verhältnis der Partialdrücke dargestellt.

Mit der Beziehung $[Z] = \dfrac{P}{\Re\,T}$ erhält man aus dem Ausdruck (276) für die Gleichgewichtskonstante K_c die Beziehung:

$$K_c = \frac{\left(\dfrac{P_A}{\Re\,T}\right)^{\nu_a} \cdot \left(\dfrac{P_B}{\Re\,T}\right)^{\nu_b}}{\left(\dfrac{P_N}{\Re\,T}\right)^{\nu_n} \cdot \left(\dfrac{P_M}{\Re\,T}\right)^{\nu_m}} = \frac{P_A^{\nu_a}\,P_B^{\nu_b}}{P_N^{\nu_n}\,P_M^{\nu_m}} \left(\frac{1}{\Re\,T}\right)^{\nu_a + \nu_b - \nu_n - \nu_m}$$

$$= K_p \left(\frac{1}{\Re\,T}\right)^{-\Sigma\nu}. \tag{280}$$

Z. B. ergibt sich für die Reaktion $2\,CO + O_2 \rightleftharpoons 2\,CO_2$:

$$K_c = \frac{[CO]^2\,[O_2]}{[CO_2]^2} = \frac{P_{CO}^2\,P_{O_2}}{P_{CO_2}^2} \cdot \frac{1}{\Re\,T} = \frac{r_{CO}^2\,r_{O_2}}{r_{CO_2}^2} \cdot \frac{P_0}{\Re\,T}\,.$$

In dieser Beziehung bedeutet P_0 den Gesamtdruck, r gibt die Raumanteile der einzelnen Gase in Verhältniszahlen (nicht in Prozenten) an. Zusätzlich vorhandenes inertes Gas ändert bei konstantem Gesamtdruck die Zusammensetzung in Raumteilen im Gleichgewichtszustand.

Aus der Gleichung für $\mathfrak{R} \ln K_c$ (S. 511) ergibt sich unter Benutzung der obenstehenden Gleichung folgende Beziehung[1] für K_p:

$$\mathfrak{R} \ln K_p = - \sum v \left[M\, c_v\big|_0^T + \int^T \frac{M\, c_v\big|_0^T}{T}\, dT + M\, s_0 - \mathfrak{R} \ln \mathfrak{R} \right]$$

$$- \sum v_f \int_0^T \frac{M\, c_f}{T}\, dT - \frac{H_p\, T}{T} + \sum v\, \mathfrak{R} \ln \frac{1}{\mathfrak{R}\, T}\, . \qquad (281)$$

Führt man in diese Gleichung die in der Anlage in Tabellenform für die wichtigsten Gase wiedergegebene Größe

$$(M\, s_{P=1})_T = M\, c_v\big|_0^T + \int^T \frac{M\, c_v\big|_0^T}{T}\, dT + \mathfrak{R} \ln T + M\, s_0 \qquad (282)$$

ein, so vereinfacht sich die Gleichung für die Gleichgewichtskonstante zu:

$$\mathfrak{R} \ln K_p = - \sum v\, (M\, s_{P=1})_T - \sum v_f \int_0^T \frac{M\, c_f}{T}\, dT - \frac{H_p\, T}{T}\, , \qquad (283)$$

d. h. man kann die Gleichgewichtskonstante in einfacher Weise aus den Entropiewerten beim Druck $P = 1$ und den Heizwerten bei den jeweiligen Temperaturen errechnen, wobei in den beiden Summen auch die Entropie der beteiligten festen oder flüssigen Körper enthalten ist.

c) Zahlenmäßige Berechnung der Gleichgewichtskonstanten

Die im vorstehenden Kapitel abgeleiteten Gleichungen für die Gleichgewichtskonstanten zeigen, daß zur Ermittlung von Zahlenwerten neben der Wärmetönung die Absolutwerte der Entropien der beteiligten Stoffe und Funktionen der spez. Wärmen erforderlich sind. Die Absolutwerte der Entropie und die Funktionen der spez. Wärmen sind in den Werten $(M\, s_{P=1})_T$ und $\varphi(T)$, die in den Tabellen I bis IV für die wichtigsten Gase dargestellt sind, zusammengefaßt. Diese

---

[1] Analog wird $\ln K_p$ in der neueren physikalischen Literatur aus der Änderung der freien Enthalpie bei den Partialdrücken errechnet. Mit $\varDelta G_0 = \varDelta H_0 - T \cdot \varDelta S_0$ ergibt sich

$$K_p = e^{-\frac{\varDelta G^0}{\mathfrak{R} \cdot T}}\, ,$$

wobei $\varDelta G^0$ die Differenz der freien Enthalpien der Reaktionspartner nach der Reaktion minus der Summe der freien Enthalpien vor der Reaktion darstellt. Diese Berechnungsmethode läßt sich in obenstehende Formulierung (Gl. 283) überführen.

Tabellenwerte stützen sich auf statistisch errechnete Entropiewerte und spez. Wärmen.

Die Gleichgewichtskonstanten können auch unter Anwendung des Nernstschen Wärmesatzes unter Benutzung von kalorimetrisch ermittelten spez. Wärmen oder direkt aus Versuchsergebnissen über das Gleichgewicht bestimmt werden. Man hat also 3 Methoden, die sich auf völlig getrennten Versuchsunterlagen aufbauen, so daß der Vergleich der auf diesen Wegen ermittelten Konstanten wertvolle Schlüsse gestattet. In den Abb. 270 bis 273 sind die nach den 3 Methoden errechneten Gleichgewichtskonstanten K_c für einige technisch wichtige Reaktionen dargestellt. Die Abbildungen enthalten folgende Ergebnisse:

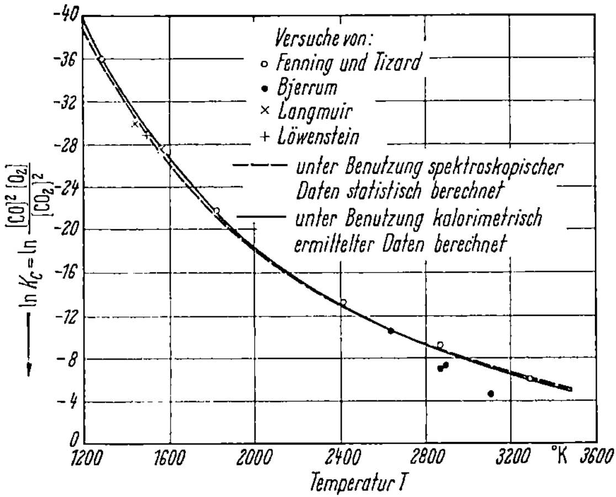

Abb. 270. CO_2-Gleichgewicht; $2\,CO_2 \rightleftarrows 2\,CO + O_2$

1. Die eingetragenen Punkte sind aus Versuchen über das Dissoziationsgleichgewicht errechnet.

2. Die ausgezogenen Linien sind aus kalorimetrisch ermittelten Entropiewerten und spez. Wärmen unter Benutzung der obenstehenden Gleichungen errechnet.

3. Die gestrichelt eingetragenen Kurven sind aus den statistisch gefundenen spez. Wärmen und Entropiewerten ebenfalls aus den obenstehenden Gleichungen gewonnen.

Bei der direkten experimentellen Bestimmung wurden die Konstanten K_c zum Teil aus der Zusammensetzung der dissoziierten Gase ermittelt, wobei sich unter Umständen etwas verschiedene Werte ergaben, je nachdem, in welcher Richtung die Reaktion durchlaufen wird. Damit ist auch ein Maß dafür gegeben, wieweit das Gleichgewicht in der Zeit, die zur Verfügung stand, tatsächlich erreicht wurde. Die Versuchswerte wurden in einigen Fällen auch durch plötzliche Abkühlung und Analyse des dissoziierten Gases und in anderen Fällen durch Diffusion eines Bestandteiles durch halbdurchlässige Wände mit Messung des Partialdruckes und nach anderen Methoden gewonnen.

Da der Unterschied der Ergebnisse technischer Rechnungen bei Benutzung der in den Diagrammen dargestellten, auf verschiedenen

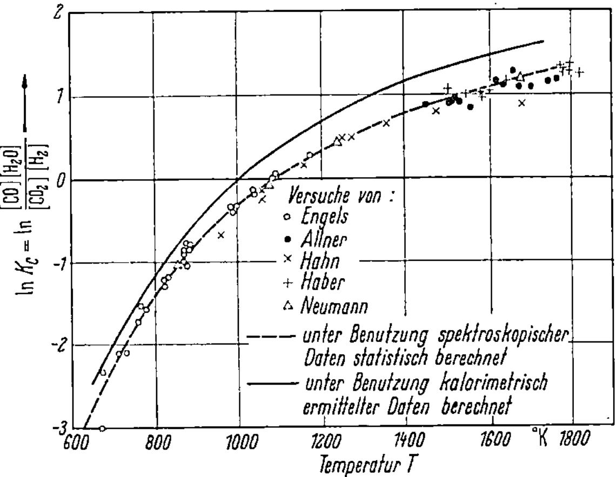

Abb. 271. Wassergasgleichgewicht; $CO_2 + H_2 \rightleftharpoons CO + H_2O$

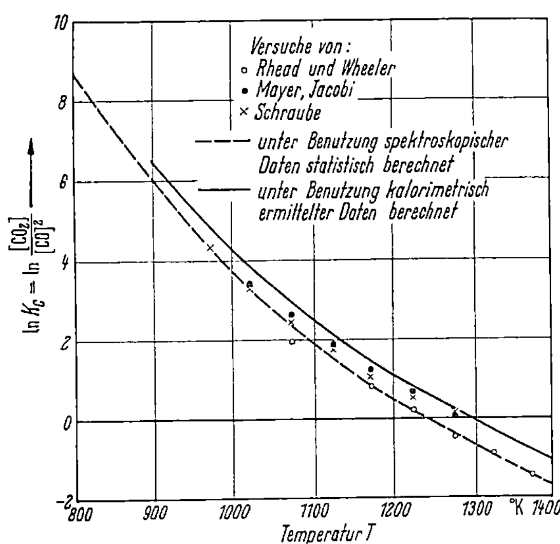

Abb. 272. $C + CO_2 \rightleftharpoons 2\,CO$

Wegen ermittelten Konstanten praktisch unbedeutend ist, sind die Unterlagen für die Anwendung zur Berechnung von Dissoziationsgleichgewichten für technische Zwecke als ausreichend genau bekannt anzusehen. Der Abstand der beiden Kurven der Gleichgewichtskonstanten entspricht bei der Dissoziation von CO_2 bei 2900 °K etwa

33*

40 °C. Bei Berechnung der Verbrennungstemperatur würde sich unter Zugrundelegung dieser Kurven jedoch nur ein Unterschied in der Temperatur von etwa 20 °C ergeben. Die gegenseitige Abweichung der Kurven der Gleichgewichtskonstanten des Wassergasgleichgewichtes würde bei einer Verbrennungstemperatur von 1700 °K nur etwa 9 °C Unterschied in der berechneten Temperatur bedingen.

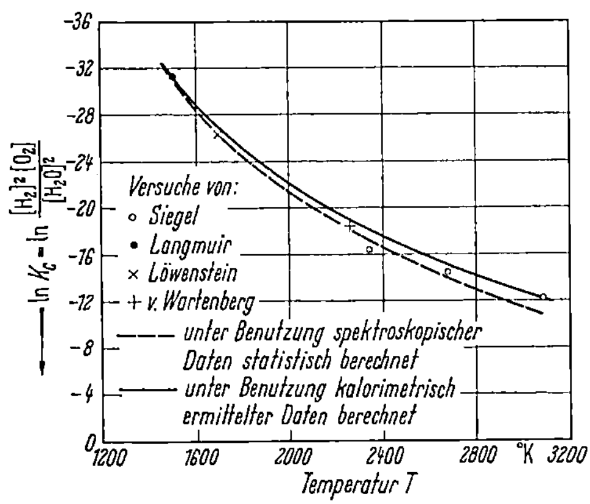

Abb. 273. $2\,H_2O \rightleftharpoons 2\,H_2 + O_2$

Abb. 270 bis 273. Reaktionsgleichgewichtskonstanten, errechnet aus spektroskopischen und kalorimetrischen Werten im Vergleich zu Messungen des Gleichgewichtes

Bei der motorischen Verbrennung ist die Kohlenstoffverbrennung vorherrschend. Die Dissoziation von CO_2 spielt die größte Rolle und ist im Einfluß bedeutender als sämtliche Dissoziationen der übrigen beteiligten Gase (z. B. H_2O-Dissoziation[1], H_2-Dissoziation, O_2-Dissoziation, N_2-Dissoziation, OH- und NO-Bildung). Deshalb soll in einigen Beispielen die Größenordnung der CO_2-Dissoziation und ihre Änderung bei Veränderung der Versuchsbedingungen gezeigt werden.

d) Anwendung der Gleichgewichtskonstanten zur Berechnung der Dissoziation

Die theoretische Berechnung der Zusammensetzung dissoziierter Gasgemische im Gleichgewichtszustand ist möglich, wenn die Gleichgewichtskonstanten für die in Betracht kommenden Reaktionen bekannt sind. Für die technisch wichtigen Reaktionen können die Gleichgewichtskonstanten jeweils aus Abb. 270÷273 entnommen werden. Im folgenden soll für einige einfache Fälle die Berechnung der Zusammensetzung der dissoziierten Gase gezeigt werden.

---

[1] Neben der in Abb. 273 gezeigten Reaktion spielt auch die Spaltung von Wasserdampf in H_2 und OH eine wesentliche Rolle.

Beispiel 1: Reines Kohlendioxyd CO_2 wird bei konstantem Gesamt-druck P_0 auf 2800 °K erhitzt. Die Zusammensetzung des entstehenden Gasgemisches im Gleichgewichtszustand soll berechnet werden. Für die Dissoziation gilt die Umsatzgleichung

$$2\,CO_2 \rightleftharpoons 2\,CO + O_2$$

und für die Gleichgewichtskonstante die Beziehung (vgl. S. 512)

$$K_c = \frac{[CO]^2\,[O_2]}{[CO_2]^2} = \frac{r_{CO}^2\,r_{O_2}}{r_{CO}^2} \cdot \frac{P_0}{\Re\,T}\,,$$

wenn eine eckige Klammer die Konzentration, r die Raumanteile der einzelnen Gase und $\Re$ die Gaskonstante für 1 Mol (= 848) angibt. Zur Kennzeichnung des Ausmaßes der Dissoziation wird im allgemeinen der Dissoziationsgrad α benutzt. Mit α bezeichnet man den disso-ziierten Anteil der ursprünglichen Gasmenge. α ist bei Berechnungen als Verhältniszahl nicht in Prozenten einzusetzen; z. B. $\alpha_{CO_2} = 0{,}2$ (nicht 20 vH) bedeutet, daß von der ursprünglich vorhandenen Menge CO_2 80 vH noch als CO_2 vorhanden sind und 20 vH in CO und O_2 gespalten sind. Die Zusammensetzung des dissoziierten Gases geht aus folgender Tabelle hervor:

Tabelle 19

Gas	CO_2	CO	O_2
Volumina[1] der Einzelgase in der Gasmischung nach der Dissoziation, bezogen auf die Volumeneinheit von CO_2 vor der Dissoziation	$(1-\alpha)$	α	$\alpha/2$
Raumanteile r, bezogen auf das Gesamtvolumen des Gasgemisches im Dissoziationsgleichgewicht $\left(\text{gleichbedeutend dem Wert}\ \dfrac{\text{Partialdruck}}{\text{Gesamtdruck}}\right)$	$\dfrac{1-\alpha}{1+\alpha/2}$	$\dfrac{\alpha}{1+\alpha/2}$	$\dfrac{\alpha/2}{1+\alpha/2}$

Setzt man die Raumanteile in die obenstehende Gleichung für K_c ein, so erhält man:

$$K_c = \frac{\left(\dfrac{\alpha}{1+\alpha/2}\right)^2 \left(\dfrac{\alpha/2}{1+\alpha/2}\right)}{\left(\dfrac{1-\alpha}{1+\alpha/2}\right)^2} \cdot \frac{P_0}{\Re\,T} \qquad (284)$$

und vereinfacht:

$$K_c = \frac{\alpha^3}{(1-\alpha)^2\,(2+\alpha)}\,\frac{P_0}{\Re\,T}\,.$$

Für die Temperatur 2800 °K entnimmt man aus der Abb. 512 $\ln K_c = -\,9{,}1$. Daraus ergibt sich $K_c = 1{,}12 \cdot 10^{-4}$. Aus diesem Wert von

---

[1] Tatsächlich verteilen sich sämtliche Gase auf das gesamte Volumen. Der Aufteilung in Teilvolumina ist die Vorstellung einer Entmischung zugrunde gelegt.

K_c kann α durch Einsetzen in die obenstehende Gleichung errechnet werden. Man erhält für Atmosphärendruck, also $P_0 = 10\,000$ kp/m²:

$$K_c = 1{,}12 \cdot 10^{-4} = \frac{\alpha^3}{(1-\alpha)^2\,(2+\alpha)}\,\frac{10\,000}{848 \cdot 2800}$$

oder

$$\frac{1{,}12 \cdot 848 \cdot 2800}{10\,000 \cdot 10\,000} = 0{,}0266 = \frac{\alpha^3}{(1-\alpha)^2\,(2+\alpha)}\,.$$

Man löst die Gleichung nach α am besten durch Probieren bzw. durch Einsetzen verschiedener Werte von α und durch graphische Interpolation und erhält $\alpha = 30{,}8$ vH.

Beispiel 2: Der Dissoziationsgrad α für CO_2 ist für 10 at und $T = 2800\,°K$ zu ermitteln. Auf Grund der analogen Rechnung wie im obenstehenden Beispiel erhält man mit $P_0 = 10$ at $= 100\,000$ kp/m² die Beziehung:

$$\frac{\alpha^3}{(1-\alpha)^2\,(2+\alpha)} = 0{,}00\,266\,.$$

Damit ergibt sich ebenfalls durch Probieren $\alpha = 15{,}9$ vH. Die Dissoziation ist in diesem Falle also infolge des höheren Druckes wesentlich zurückgedrängt worden.

Beispiel 3: Bestimmung des Dissoziationsgrades bei Sauerstoffüberschuß.

Der Sauerstoffüberschuß sei durch die Beziehung:

$$2\,CO_2 + O_2 \rightleftharpoons 2\,CO + 2\,O_2$$

gegeben. Entsprechend der Definition der Gleichgewichtskonstanten erhält man allgemein für eine beliebige Temperatur wie oben

$$K_c = \frac{[CO]^2 \cdot [O_2]}{[CO_2]^2} = \frac{r_{CO}^2\, r_{O_2}}{r_{CO_2}^2}\,\frac{P_0}{\Re\,T}\,.$$

Die Raumanteile ergeben sich für die neue Gaszusammensetzung aus der folgenden Aufstellung:

Tabelle 20

Gas	CO_2	CO	Entstanden O_2	Vorhanden O_2
Volumina der Einzelgase in der Gasmischung nach der Dissoziation, bezogen auf die Volumeneinheit von CO_2 vor der Dissoziation	$1-\alpha$	α	$\alpha/2$	$1/2$
Raumanteile, bezogen auf das Gesamtvolumen des Gasgemisches im Dissoziationsgleichgewicht $\Big($gleichbedeutend dem Wert $\dfrac{\text{Partialdruck}}{\text{Gesamtdruck}}\Big)$	$\dfrac{1-\alpha}{1{,}5+\alpha/2}$	$\dfrac{\alpha}{1{,}5+\alpha/2}$	$\dfrac{\alpha/2}{1{,}5+\alpha/2}$	$\dfrac{1/2}{1{,}5+\alpha/2}$

Durch Einsetzung in die obenstehende Gleichung für K_c erhält man eine Beziehung für α:

$$K_c = \frac{\left(\dfrac{\alpha}{1,5 + \alpha/2}\right)^2 \left(\dfrac{1/2 + \alpha/2}{1,5 + \alpha/2}\right)}{\left(\dfrac{1 - \alpha}{1,5 + \alpha/2}\right)^2} \frac{P_0}{\Re\, T} = \frac{\alpha^2\,(1 + \alpha)}{(1 - \alpha)^2\,(3 + \alpha)} \frac{P_0}{\Re\, T} \cdot \quad (285)$$

Wird dieselbe Temperatur wie bei früheren Beispielen ($T = 2800\ {}^\circ\mathrm{K}$) gewählt, so ist wieder derselbe Wert $K_c = 1{,}12 \cdot 10^{-4}$ einzusetzen. Bei 1 at, also $P = 10000\ \mathrm{kp/m^2}$, erhält man für α die Beziehung:

$$1{,}12 \cdot 10^{-4} = \frac{\alpha^2\,(1 + \alpha)}{(1 - \alpha)^2\,(3 + \alpha)} \frac{10000}{848 \cdot 2800}$$

und daraus wieder durch Probieren $\alpha = 21{,}0$ vH. Durch den Überschuß an Sauerstoff wurde also die Dissoziation zurückgedrängt.

Die Dissoziation wird demnach um so geringer, je mehr Sauerstoff im Überschuß vorhanden ist. Diese Tatsache hat für Verbrennungsmotoren, insbesondere für Dieselmotoren, wesentliche Bedeutung, weil bei den Luftverhältnissen, die bei Dieselmotoren im Dauerbetrieb vorkommen (λ etwa 1,5 bis 2,0), die Dissoziation kaum noch eine Rolle spielt. Dagegen ist die Dissoziation in dem Bereich, der für Ottomotoren in Betracht kommt, wesentlich. Für die Auslegung von Raketen ist dagegen die Berücksichtigung der Dissoziation von entscheidender Bedeutung, s. S. 524. Das Zurückdrängen der Dissoziation bei Vorhandensein von überschüssigem Sauerstoff — der als reagierendes Gas auftritt — ist verständlich, da hierdurch die Geschwindigkeit der Rückreaktion erhöht wird, d. h. es ist eine relativ größere Zahl von Zusammenstößen mit Sauerstoffmolekülen zu erwarten, so daß die Reaktion im Sinne der Rückbildung von CO_2 begünstigt wird. Beim Motorbetrieb hat man jedoch nicht mit Sauerstoffüberschuß allein zu rechnen, sondern vor allem mit dem Vorhandensein einer großen Stickstoffmenge, da die Verbrennung im Motor mit Luft durchgeführt wird. Das folgende Beispiel zeigt die *Beeinflussung der Dissoziation bei konstantem Gesamtdruck, wenn an Stelle von Sauerstoff Stickstoff vorhanden ist*, so daß reines CO_2 bei Vorhandensein eines inerten Gases dissoziiert.

Beispiel 4: Der Dissoziationsvorgang soll dem Schema:

$$2\,CO_2 + N_2 \rightleftharpoons 2\,CO + O_2 + N_2$$

entsprechen. Auf Grund dieser Reaktionsgleichung erhält man mit Hilfe einer ähnlichen Tabelle, wie sie auf S. 518 bei der Reaktion mit Sauerstoffüberschuß angegeben ist, in der jedoch an Stelle der Raumanteile des überschüssigen Sauerstoffs die Raumanteile des überschüssigen Stickstoffs eingesetzt werden müssen, folgende Beziehung für die Gleichgewichtskonstante:

$$K_c = \frac{\left(\dfrac{\alpha}{1{,}5+\alpha/2}\right)^2\left(\dfrac{\alpha}{3+\alpha}\right)P_0}{\left(\dfrac{1-\alpha}{1{,}5+\alpha/2}\right)^2\cdot\Re\,T} = \frac{\alpha^3}{(1+\alpha)^2\,(3-\alpha)}\,\frac{P_0}{\Re\,T}. \qquad (286)$$

Für 2800 °K und 1 at wird dann durch Probieren oder durch Interpolieren wie bei den übrigen Beispielen der Dissoziationsgrad α zu 33,9 vH ermittelt. Die Ergebnisse der 4 Beispiele sind in folgender Übersichtstabelle zusammengestellt:

Tabelle 21

	CO_2	CO_2	$^1/_2$ Mol O_2 Überschuß pro 1 Mol CO_2	$^1/_2$ Mol N_2 pro 1 Mol CO_2
p	1 ata	10 ata	1 ata	1 ata
α vH	30,8	15,9	21,0	33,9

Die Beispiele zeigen, daß sich die Zurückdrängung der Dissoziation durch Sauerstoffüberschuß sehr stark auswirkt. Die Beimischung von Stickstoff bei gleichem Gesamtdruck ergibt eine Verdünnungswirkung, die zu einer Zunahme der Dissoziation führt, weil hierfür der Partialdruck von CO_2 maßgebend ist.

e) Berechnung der Verbrennungstemperaturen unter Berücksichtigung der Dissoziation

Die bei der Verbrennung frei werdende Wärmemenge wird um so geringer, je stärker die Dissoziation ist. Beträgt der Dissoziationsgrad nach der Verbrennung α, dann entspricht die frei werdende Wärmemenge dem Anteil $(1-\alpha)$ des Heizwertes (α ist als Verhältniszahl einzusetzen, z. B. 0,5, nicht 50 vH). Als Beispiel für die Berechnung wird folgende Brutto-Reaktion gewählt:

$$2\,CO + O_2 + N_2 = 2\,CO_2\,(1-\alpha) + 2\,CO\,\alpha + O_2\,\alpha + N_2\,.$$

Wenn die *Verbrennung bei konstantem Druck* vor sich geht, gilt auf Grund des 1. Hauptsatzes folgende Verbrennungsgleichung:

$$J_1' + J_1^{inert} + H_{0\,°K}\,(1-\alpha) = J_1''\,(1-\alpha) + J_2'\,\alpha + J_2^{inert}\,. \qquad (287)$$

Daraus erhält man eine Beziehung für den Dissoziationsgrad α:

$$\alpha = \frac{J_1^{inert} + J_1' + H_{0\,°K} - J_2'' - J_2^{inert}}{H_{0\,°K} - J_2'' + J_2'}\,, \qquad (288)$$

die bei Einführung der spez. Wärmen in folgender Form geschrieben werden kann:

$$\alpha = \frac{M\,c_p\big|_0^{T_1}\cdot T_1 + 2\,M\,c_p\big|_0^{T_1}\cdot T_1 + M\,c_p\big|_0^{T_1}\cdot T_1 + H_{0\,°K} - 2\,M\,c_p\big|_0^{T_2}\cdot T_2 - M\,c_p\big|_0^{T_2}\cdot T_2}{H_{0\,°K} - 2\,M\,c_p\big|_0^{T_2}\cdot T_2 + 2\,M\,c_p\big|_0^{T_2}\cdot T_2 + M\,c_p\big|_0^{T_2}\cdot T_2}$$

(289)

Der hypothetische Heizwert am absoluten Nullpunkt kann aus der Beziehung (268), (s. S. 507)

$$H_{0\,°K} = H_{pT} + J_1'' - J_1'$$

berechnet werden. Unter Zugrundelegung der Wärmetönung 67 636 kcal/Mol CO bei $T_1 = 288\ °K$ erhält man

$$H_{0\,°K} = 2 \cdot 67636 + 2\,M\,c_p\big|_0^{T_1}\!\cdot T_1 - (2\,M\,c_p\big|_0^{T_1}\!\cdot T_1 + M\,c_p\big|_0^{T_1}\!\cdot T_1)$$
$$\underset{CO_2}{} \qquad \underset{CO}{} \qquad \underset{O_2}{}$$
$$= 2 \cdot 66761.$$

Setzt man den so errechneten Wert $H_{0\,°K}$ und die spez. Wärmen aus den Tabellen I bis IV, S. 577, in die obenstehende Gleichung ein, und nimmt man $T_1 = 288\ °K$ an, so erhält man folgende Beziehung für α, die sich aus dem 1. Hauptsatz ergibt:

$$\alpha = \frac{6{,}95 \cdot 288 + 2 \cdot 6{,}95 \cdot 288 + 6{,}91 \cdot 288 + 133522 - M\,c_p\big|_0^{T_2}\!\cdot T_2 \underset{N_2}{} - 2 \cdot M c_p\big|_0^{T_2}\!\cdot T_2 \underset{CO_2}{}}{133522 - 2 \cdot M\,c_p\big|_0^{T_2}\!\cdot T_2 \underset{CO_2}{} + 2 \cdot M\,c_p\big|_0^{T_2}\!\cdot T_2 \underset{CO}{} + M\,c_p\big|_0^{T_2}\!\cdot T_2 \underset{O_2}{}}$$

$$\alpha = \frac{141512 - M\,c_p\big|_0^{T_2}\!\cdot T_2 \underset{N_2}{} - 2 \cdot M\,c_p\big|_0^{T_2}\!\cdot T_2 \underset{CO_2}{}}{133522 - 2\,M\,c_p\big|_0^{T_2}\!\cdot T_2 \underset{CO_2}{} + 2\,M\,c_p\big|_0^{T_2}\!\cdot T_2 \underset{CO}{} + M\,c_p\big|_0^{T_2}\!\cdot T_2 \underset{O_2}{}} \cdot \quad \text{Bedingung I}$$

Weiterhin muß der Wert α auch der Bedingung genügen, die durch die Gleichgewichtskonstante gegeben ist. Daraus ergibt sich eine II. Bedingung, die für die gewählte Gaszusammensetzung folgendermaßen lautet (vgl. S. 512 und 520):

$$K_c = \frac{r_{CO}^2\, r_{O_2}}{r_{CO_2}^2} \cdot \frac{P_0}{\Re \cdot T_2} = \frac{\left(\dfrac{\alpha}{1{,}5 + \alpha/2}\right)^2 \left(\dfrac{\alpha}{3 + \alpha}\right) P_0}{\left(\dfrac{1 - \alpha}{1{,}5 + \alpha/2}\right)^2 \Re \cdot T_2} = \frac{\alpha^3}{(1 - \alpha)^2\,(3 + \alpha)} \frac{P_0}{\Re\, T_2} \cdot$$
$$\text{Bedingung II}$$

Die beiden Bedingungsgleichungen für α enthalten die unbekannte Temperatur T_2 und die davon abhängigen spezifischen Wärmen. Die Auswertung erfolgt am besten durch Probieren. Man wählt verschiedene Werte T_2 und errechnet hierfür die zugehörigen Werte von α. Die gewählten Temperaturen T_2, die aus Bedingungsgleichung I und II errechneten Werte α und die zugrunde gelegten Werte ln K_c — die aus Abb. 270, S. 514, entnommen sind — sind in folgender Tabelle zusammengestellt. Trägt man die so errechneten Werte α über der Temperatur auf, so erhält man aus dem Schnitt der beiden Kurven, also

Tabelle 22

	Bedingung I	Bedingung II		
T_2	α	ln K_c	K_c	α
2600	0,422	$-10{,}9$	$1{,}86 \cdot 10^{-5}$	0,2026
2800	0,365	$-\ 9{,}1$	$1{,}12 \cdot 10^{-4}$	0,3387
3000	0,308	$-\ 7{,}7$	$4{,}57 \cdot 10^{-4}$	0,479

durch graphische Interpolation, die gesuchten Werte für α und T_2:

$$\alpha = 35,5 \text{ vH}; \qquad T_2 = 2825 \ ^\circ\text{K} \ .$$

Die vorstehende Rechnung sollte an Hand eines einfachen Falles die Methode der Berechnung von Verbrennungstemperaturen unter Berücksichtigung der Dissoziation erläutern.

Die Berechnung von Verbrennungstemperaturen technischer Kraftstoffe ist jedoch bedeutend verwickelter, weil gleichzeitig zahlreiche Gleichgewichtsbedingungen bei der Berechnung berücksichtigt werden müssen. Neben der Dissoziation von CO_2 und H_2O sowie der Spaltung von H_2O in H_2 und OH müssen auch die Dissoziation von H_2 und O_2, die NO-Bildung und weitere Reaktionen berücksichtigt werden. Für die zahlenmäßige Berechnung stehen als Bedingungsgleichungen die Erhaltungsbilanzen der beteiligten Stoffe (C, H, O, N), die chemischen Umsatzgleichungen und die Dissoziationskonstanten bzw. Gleichgewichtskonstanten der auftretenden Reaktionen zur Verfügung. Diese Gleichungen können durch Probieren [C 2, O 85] oder nach anderen Verfahren [A 9] gelöst werden. Man schätzt beispielsweise die voraussichtliche Verbrennungstemperatur ab, bestimmt die entsprechenden Gleichgewichtskonstanten der in Betracht kommenden Reaktionen und ermittelt aus den obengenannten Gleichungen mit Hilfe einer geschätzten Sauerstoffkonzentration die Konzentrationen aller beteiligten Gase. Die aus der Sauerstoffbilanz errechnete Sauerstoffkonzentration ergibt eine neue Grundlage für die genauere Wiederholung der Rechnung. Die in nachstehender Tabelle wiedergegebenen Werte der Verbrennungstemperaturen eines Benzins und eines Gasöles bei Verbrennung mit Luft sind auf Grund der geschilderten Methode errechnet.

Tabelle 23

	ohne Dissoziation	mit Dissoziation
Benzin $\lambda = 1,2$	2591	2464
$\lambda = 0,8$	2643	2558
Gasöl $\lambda = 1,0$	2813	2610

Die Unterschiede der errechneten Verbrennungstemperaturen mit und ohne Dissoziation sind sehr erheblich (100 bis 300 °C). Sie sind bei gleichem Luftverhältnis bei Verwendung von Benzin oder Gasöl annähernd dieselben. Bei dem gewählten Beispiel sind die Differenzen der mit und ohne Dissoziation errechneten Werte für Gasöl besonders groß, weil hier als Beispiel das Luftverhältnis 1 gewählt wurde. Die Unterschiede bei Verwendung von kalorimetrisch ermittelten spezifischen Wärmen und Gleichgewichtskonstanten gegenüber den in der Tabelle angegebenen Ergebnissen, die mit statistisch ermittelten Werten errechnet wurden, sind bei den oben angegebenen Beispielen gering und betragen etwa 30 bis 40 °C.

In Abb. 274 ist die Wärmeaufnahme der Dissoziationsreaktionen für 1 kg Verbrennungsgas von Kerosen + Luft ($\lambda = 1$) dargestellt. Die

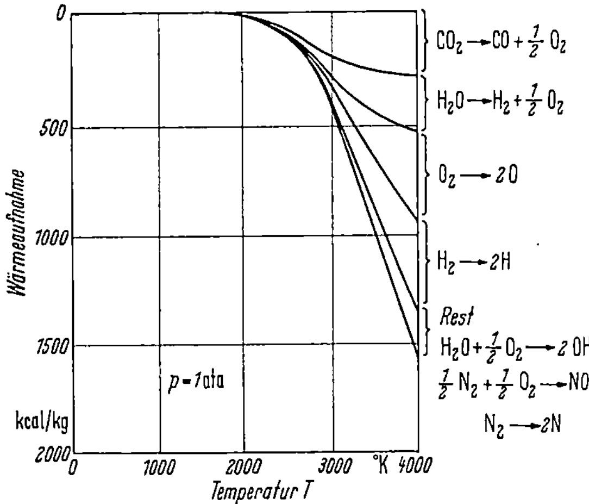

Abb. 274. Wärmeaufnahme der Dissoziations-Reaktionen für 1 kg Verbrennungsgas von Kerosen $C_{10}H_{20}$ + Luft ($\lambda = 1$)

Auswirkung der Dissoziation bezogen auf das Reaktionsgleichgewicht ist im Bereich höherer Temperaturen sehr groß.

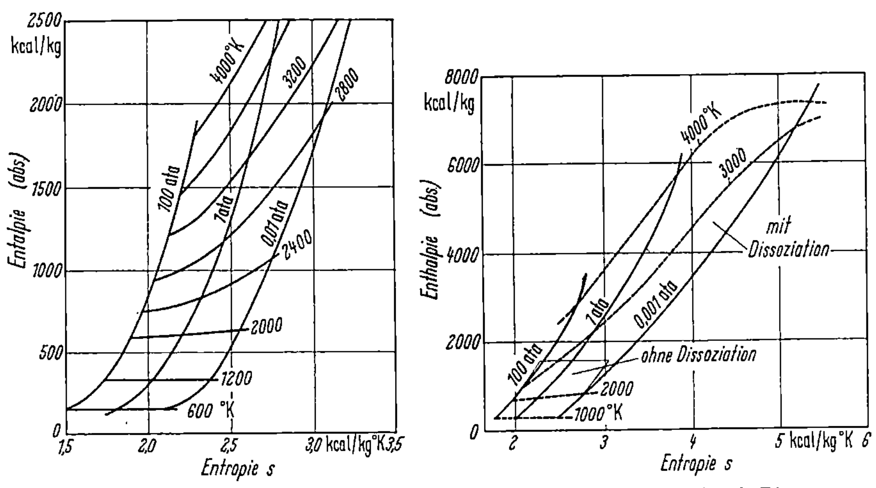

Abb. 275. Enthalpie–Entropie-Diagramm für Verbrennungsgase von Kerosen $C_{10}H_{20}$ + Luft ($\lambda = 1$)

Abb. 276. Enthalpie–Entropie-Diagramm für Verbrennungsgase von Kerosen $C_{10}H_{20}$ + Sauerstoff ($\lambda = 1,0$)

Abb. 275 zeigt ein Enthalpie–Entropie-Diagramm für Verbrennungsgase von Kerosen + Luft ($\lambda = 1$). Während der untere Bereich bis etwa 2000 °K dem bisher im Maschinenbau vorwiegend in Betracht kommenden Temperaturbereich entspricht, bezieht sich der obere Temperaturbereich auf Verfahren, bei denen höchste spezifische Leistungen erzielt werden müssen, wie beispielsweise im Raketenbau.

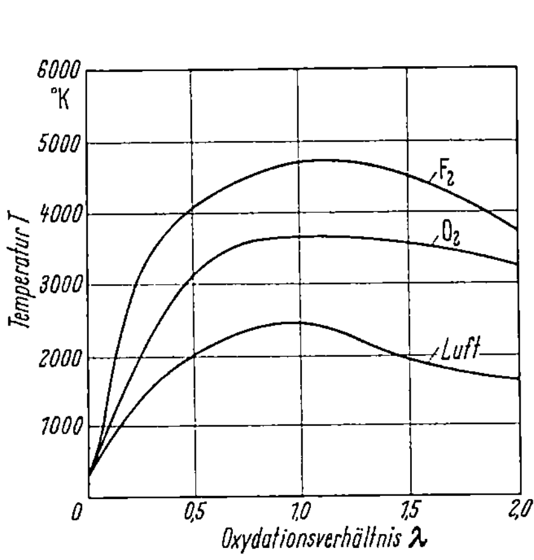

Abb. 277. Verbrennungstemperaturen von H_2 mit verschiedenen Oxydationsmitteln bei 35 ata

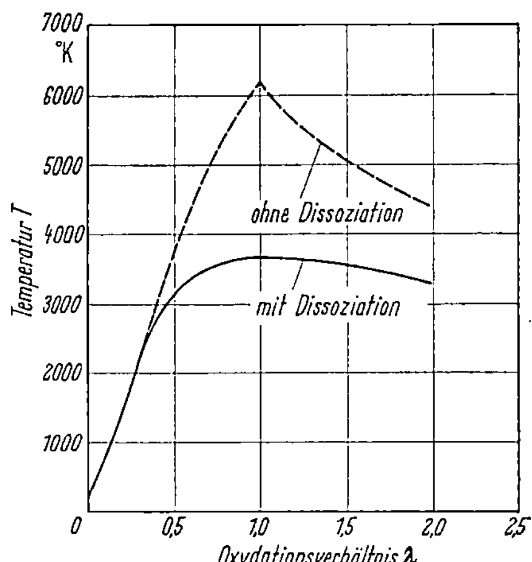

Abb. 278. Verbrennungstemperaturen mit und ohne Dissoziation von Kerosen + O_2 bei 35 ata

In Abb. 276 ist ein Enthalpie–Entropie-Diagramm für Verbrennungsgase von Kerosen + Sauerstoff ($\lambda = 1$) wiedergegeben. Die verschiedenartige Wirkung der Dissoziation in Abhängigkeit von der Temperatur ergibt sich deutlich aus dem Verlauf der Temperaturlinien.

In Abb. 277 sind die Verbrennungstemperaturen von Wasserstoff mit verschiedenen Oxydationsmitteln in Abhängigkeit vom Mischungsverhältnis dargestellt, und zwar unter Berücksichtigung der Dissoziation. Bemerkenswert ist die sehr hohe Verbrennungstemperatur bei Verwendung von Fluor als Oxydator.

Der starke Einfluß der Dissoziation auf die erreichbare Verbrennungstemperatur ist in Abb. 278 aufgezeigt. Man würde in Temperaturbereichen, wie sie im Raketenbau üblich sind, ganz falsche Werte erhalten, wenn man die Dissoziation unberücksichtigt läßt.

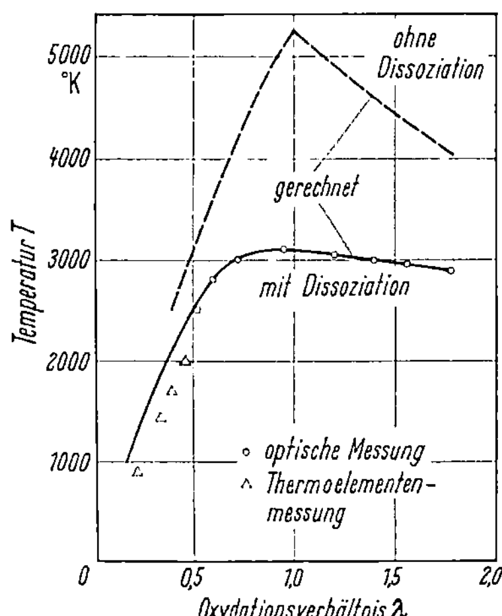

Abb. 279. Vergleich zwischen theoretisch und experimentell ermittelten Verbrennungstemperaturen für $CH_4 + 2\lambda O_2$

Abb. 279 zeigt einen Vergleich zwischen theoretisch und experimentell ermittelten Verbrennungstemperaturen für $CH_4 + 2\lambda\, O_2$. Die optische Temperaturmessung nach dem Verfahren der Spektrallinienumkehr stimmt gut mit den theoretischen Werten überein, während bei der Thermoelementenmessung starke Abweichungen zu erkennen sind, was in diesem Temperaturbereich wegen der bedeutenden Strahlungseinflüsse zu erwarten ist.

f) Berechnung der Dissoziation mittels eines Annäherungsverfahren mit Hilfe eines Digitalrechners

Die Berechnung der thermodynamischen Größen eines Verbrennungsgases, das dissoziiert ist und sich im chemischen Gleichgewicht befindet, erfordert die Bestimmung der Gaszusammensetzung als Funktion von Druck, Temperatur und den Mengenverhältnissen der vorhandenen Elemente z. B. O, N, H, C.

Im allgemeinen Falle seien im Verbrennungsgas n_A Elemente vorhanden, und die Zahl der in Betracht gezogenen Komponenten sei n. Zweckmäßigerweise führt man die Rechnung für 1 kg des Verbrennungsgases durch und ermittelt für den Fall des chemischen Gleichgewichts die n unbekannten Molzahlen der Komponenten.

Zur Verfügung stehen zunächst n_A Atombilanzen, nämlich für jedes Element eine Bilanz.

Weiterhin lassen sich $n - n_A$ Gleichgewichtsbedingungen für $n - n_A$ unabhängige Reaktionen formulieren.

Insgesamt ergeben sich somit n Gleichungen, aus denen sich die n Molzahlen errechnen lassen. Die Gleichungen sind zum Teil nichtlinear und lassen sich i. a. nur durch Iterationsverfahren auflösen. Für eine derartige Aufgabe lohnt sich der Einsatz von Digitalrechnern. In Spezialfällen läßt sich das Gleichungssystem auf ein System von zwei Gleichungen mit zwei Unbekannten reduzieren und durch ein Probierverfahren mit einem Digitalrechner verhältnismäßig schnell lösen.

Ausführliche Darstellungen der Verfahren zur Berechnung der Gleichgewichtszusammensetzung von dissoziierten Verbrennungsgasen finden sich in [O 1] und [O 43].

5. Rekombination

Bei der Energieumwandlung in Raketen- und Staustrahltriebwerken, in magnetohydrodynamischen Stromerzeugern u. a., bei denen hocherhitzte Gase mit Anfangstemperaturen oberhalb 3000 °K in einer Düse expandieren, sind die reaktionskinetischen Vorgänge im Verbrennungsgas während der Expansion von entscheidender Bedeutung. Für die theoretisch berechnete Austrittsgeschwindigkeit aus einer Düse ergeben sich zwei verschiedene Werte je nachdem, ob man die Rechnung unter der Annahme durchführt, daß die in der Brennkammer bei der Verbrennungstemperatur vorhandene Gaszusammensetzung, die dem chemischen Gleichgewicht in der Brennkammer entspricht, bei der Expansion in der Düse erhalten bleibt („eingefrorene Strömung") oder ob man annimmt, daß sich der jeweilige Gleichgewichtszustand während der Expansion in der Düse entsprechend den dabei folgenden Druck- und Temperaturänderungen unendlich schnell einstellt („Gleichgewichtsströmung").

Bei der Gleichgewichtsströmung wird die infolge der Dissoziation von Molekülen in der Brennkammer vorhandene latente Energie entsprechend

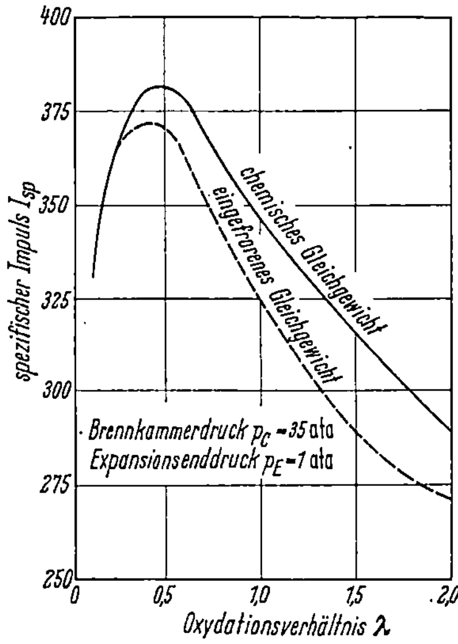

Abb. 280. Spezifischer Impuls in $\frac{kp \cdot s}{kg}$ für das System $H_2 + 0{,}5\,\lambda\,O_2$

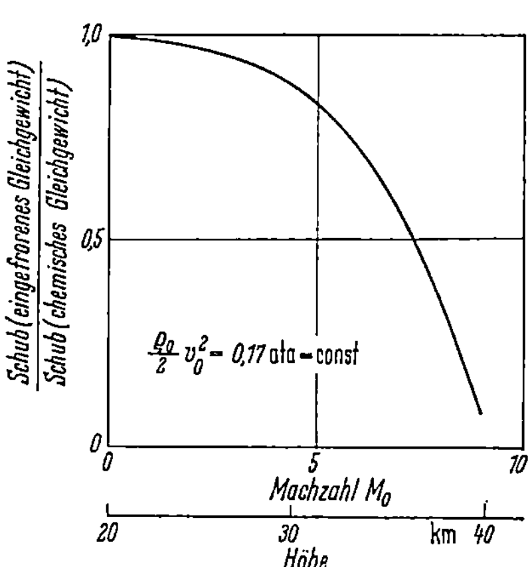

Abb. 281. Schubverhältnis für eingefrorenes und chemisches Gleichgewicht für ein Staustrahltriebwerk. Verbrennung von Kerosen mit Luft ($\lambda = 1$) nach Just (DVL Wahn) und Dugger (John Hopkins-Univ. Silverspring)

der fallenden Temperatur während der Expansion durch Wiedervereinigungsreaktionen zum Teil wieder freigesetzt. Diesen Vorgang nennt man Rekombination. Die Gasaustrittsgeschwindigkeit ist deshalb bei Gleichgewichtsströmung höher als bei eingefrorener Strömung. Die Unterschiede zwischen den beiden Geschwindigkeiten sind um so größer, je höher der Anteil der dissoziierten Moleküle bei der entsprechenden Treibstoffkombination ist, d. h. u. a. auch je größer die Verbrennungstemperatur ist.

In gleicher Weise ergeben sich für den spezifischen Impuls und den Schub von Raketen- und Staustrahltriebwerken Verluste bei eingefrorenem Gleichgewicht gegenüber chemischem Gleichgewicht während der Expansion in der Düse [M 13, M 16, M 19].

Abb. 280 zeigt diese Verluste am Beispiel des spezifischen Impulses in Abhängigkeit vom Oxydationsverhältnis für die Treibstoffkombination Wasserstoff/Sauerstoff.

In Abb. 281 ist für ein Staustrahltriebwerk das Schubverhältnis bei eingefrorenem und chemischem Gleichgewicht in Abhängigkeit von der Machzahl dargestellt. Anhand der Kurve, die von JUST und DUGGER berechnet wurde, ist zu erkennen, daß sich im Bereiche hoher Machzahlen infolge fehlender Rekombination erhebliche Schubverluste ergeben.

Die Rekombinationsreaktionen verlaufen nun weder unendlich schnell (Fall des chemischen Gleichgewichts), noch unendlich langsam (Fall des eingefrorenen Gleichgewichts) sondern mit endlichen Geschwindigkeiten, so daß die wirkliche Expansionsströmung immer zwischen den beiden Grenzfällen des chemischen und des eingefrorenen Gleichgewichts liegt. Die Verwirklichung der Rekombination in der Düse hängt demnach entscheidend davon ab, ob die Geschwindigkeit der Wiedervereinigung so groß ist, daß sie sich wenigstens zum Teil während der sehr kurzen Verweilzeit der Verbrennungsgase in der Düse vollziehen kann.

Die Schwierigkeiten einer genauen rechnerischen Behandlung der Rekombinationsvorgänge in Düsen liegen einmal in der mathematischen Komplexibilität der reaktionskinetischen Vorgänge, die aus einer großen Zahl voneinander abhängiger und unabhängiger Reaktionen resultieren, zum anderen in der Unzuverlässigkeit vieler reaktionskinetischer Daten, insbesondere der Geschwindigkeitskonstanten der Rekombinationsreaktionen.

In neuerer Zeit sind Rekombinationsvorgänge mit Hilfe von Digitalrechnern mathematisch untersucht worden. Es handelt sich dabei im wesentlichen um das Problem, ein System von gekoppelten gewöhnlichen Differentialgleichungen erster Ordnung zu integrieren.

In geschlossener Form ist das in den meisten praktischen Fällen wegen der Kompliziertheit des Systems nicht mehr möglich. Jedoch erlaubt der Einsatz schneller Digitalrechner, das System schrittweise nach bestimmten mathematischen Verfahren zu integrieren.

Bei der Aufstellung des Gleichungssystems werden meist folgende Annahmen getroffen:

1. Das Arbeitsmedium wird als Mischung idealer Gase angesehen.

2. Die Strömung erfolgt stationär, ohne Wärmeverluste nach außen und kann als eindimensionales Problem behandelt werden.

3. Die Einflüsse von Diffusion, Wärmeleitung und Viskosität werden vernachlässigt.

Unter diesen Voraussetzungen werden für die Düsenströmung folgende Gleichungen angesetzt:

1. Kontinuitätsgleichung,
2. Energiegleichung (Satz der Erhaltung der Energie),

3. Impulssatz,

4. Gasgleichung,

5. n_A Atombilanzen, wenn n_A die Anzahl der vorhandenen Elemente ist.

6. $n - n_A$ Differentialgleichungen für die infolge der Elementarreaktionen resultierenden zeitlichen Änderungen der Konzentrationen von $n - n_A$ Komponenten, wobei n die Gesamtzahl der vorkommenden Komponenten ist.

Dies sind ingesamt $4 + n$ Gleichungen für die $4 + n$ Unbekannten Temperatur T, Druck p, Dichte ϱ, Geschwindigkeit w und die n Konzentrationen der n Komponenten.

Durch rechnerische Auswertung dieses Gleichungssystems erhält man einen Überblick über den Einfluß der Rekombinationsreaktionen während der Expansion in der Düse. Derartige Rechnungen wurden von verschiedenen Autoren durchgeführt, u. a. von PENNER [O 16], BRAY [O 31], HALL und RUSSO [O 41], ESCHENROEDER [O 35], und mit Näherungsverfahren, die von PENNER und BRAY und neuerdings auch von einigen Mitarbeitern des Verfassers entwickelt worden sind.

Experimentelle Untersuchungen von Rekombinationsvorgängen in Schubdüsen sind für einen einfachen, genau bekannten Reaktionsmechanismus von WEGENER [O 80] durchgeführt worden. In neuerer Zeit sind aber auch entsprechende Versuchsergebnisse für technisch interessierende Treibstoffe, wie z. B. Wasserstoff und Methan (LEZBERG [O 51]) bekannt geworden.

In den letzten Jahren sind im Institut des Verfassers von H. HEITLAND und H. SCHULZ theoretische und versuchsmäßige Studien über Rekombinationsvorgänge durchgeführt worden. Um einen Anhaltspunkt zu bekommen, in welchem Bereich bei Expansionsdüsen mit dem Einfrieren des Gleichgewichts zu rechnen ist, wurde am Beispiel einer Reaktion, deren kinetische Daten sehr genau bekannt sind, eine Prinzipstudie durchgeführt [M 13] und dabei festgestellt, daß sich das Einfrieren der Reaktion im Verlauf der Expansion durch eine Düse über einen bestimmten Bereich erstreckt, der jeweils von den Betriebszuständen wie Brennkammerdruck und Düsengeometrie abhängt. Darüberhinaus wurde ein ergänzender Beitrag zu dem von PENNER und BRAY [O16], [O31] vorgeschlagenen Einfrierkriterium geliefert.

In einer weiteren Arbeit [M 17] wurden an Hand des technisch interessanten Treibstoffsystems UDMH + HNO_3, ausgehend von den für verschiedene Betriebsbedingungen berechneten Verbrennungstemperaturen, die Expansionsendtemperaturen und die Veränderung der Gemischzusammensetzung im Verlaufe des Expansionsprozesses sowohl unter der Annahme des chemischen und des eingefrorenen Gleichgewichtes als auch unter Zuhilfenahme des kinetischen Gleichgewichtes berechnet. Ferner wurden die Expansionsendtemperaturen nach einem Spektrallinien-Umkehrverfahren gemessen und mit den berechneten Werten verglichen. Dabei wurde festgestellt, daß mit zunehmendem Druck eine relative Zunahme der Expansionsendtempe-raturen gemessen wurde, wobei sich die Versuchsergebnisse in Richtung auf das chemische Gleichgewicht verlagerten. Dies ist mit einer Beschleunigung der Reaktionsgeschwindigkeit, die mit ansteigendem Druck bei Verbrennung von Kohlenwasserstoffen beobachtet wird, zu erklären.

Aus Abb. 282 ist ersichtlich, daß die gemessenen Temperaturen jeweils zwischen den Grenzkurven für eingefrorenes und chemisches Gleichgewicht liegen. Der Vergleich mit dem kinetischen Gleichgewicht, bei dem der Einfluß der Reaktionsgeschwindigkeit von 11 Rekombinationsreaktionen[1] auf den zeitlichen Ablauf berücksichtigt wurde, zeigt eine recht gute Übereinstimmung der so errechneten Werte mit den Meßergebnissen.

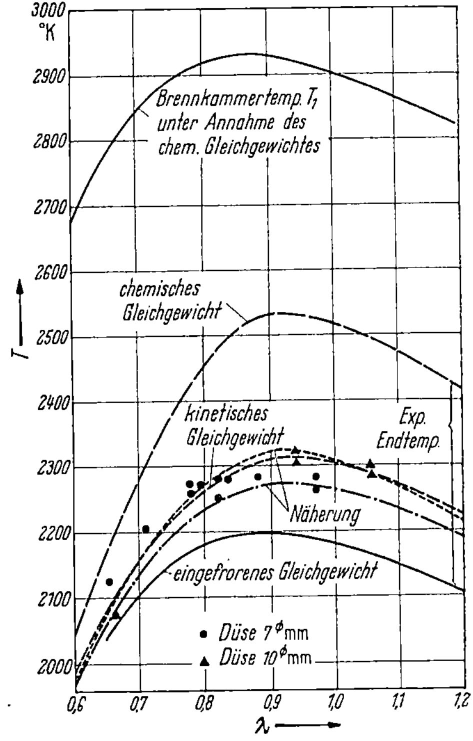

Abb. 282. Theoretischer und experimenteller Temperaturverlauf bei Annahme verschiedener Expansionshypothesen
Brennkammerdruck $p_1 = 5$ ata;
Expansionsenodruck $p_2 = 1$ ata
Treibstoffmischung: UDMH + HNO₃
·········· Näherung (Komponente H)
——— Näherung (Komponente OH)

Die Nachrechnung der Gaszusammensetzung im Verlaufe der Expansion durch die Düse zeigt, daß die Zwischenprodukte der Verbrennung wie OH, O, NO usw. schon bei Expansionsverhältnissen von 25—50 verschwinden.

---

[1]
1)	$H_2 + OH \rightleftharpoons H_2O + H$	7)	$O_2 + N \rightleftharpoons NO + O$
2)	$H + O_2 \rightleftharpoons OH + O$	8)	$H + OH + M \rightleftharpoons H_2O + M$
3)	$H_2 + O \rightleftharpoons OH + H$	9)	$O + O + M \rightleftharpoons O_2 + M$
4)	$H + H + M \rightleftharpoons H_2 + M$	10)	$NO + M \rightleftharpoons N + O + M$
5)	$CO + OH \rightleftharpoons CO_2 + H$	11)	$O_2 + N_2 \rightleftharpoons 2 NO$
6)	$N_2 + O \rightleftharpoons NO + N$		

Der Unterschied der spezifischen Impulse unter Zugrundelegung der beiden Expansionshypothesen des chemischen und des eingefrorenen Gleichgewichtes beträgt bei konventionellen Treibstoffkombinationen bei Druckverhältnissen über 50 etwa $10 \div 20 \; kp \cdot s/kg$ und erreicht bei hochenergetischen Treibstoffmischungen für stöchiometrisches Mischungsverhältnis Werte von $40-60 \, kp \cdot s/kg$. Aufgrund dieser großen Leistungsdifferenz reicht eine Berechnung der Grenzfälle bei Hochenergietriebstoffen für eine zuverlässige Voraussage im allgemeinen nicht aus, vgl. Abb. 280.

Die Erfassung von Rekombinationseinflüssen ist vor allem hinsichtlich der Verwendung hochenergetischer Treibstoffkombinationen von Bedeutung, weil hier der Leistungsunterschied zwischen den Grenzfällen mehr als 10% betragen kann; eine Auslegung des Triebwerkes aufgrund des eingefrorenen Gleichgewichtes würde hier zu einer Unterbewertung der tatsächlich erreichbaren Leistung führen.

Eine genaue Auslegung unter Berücksichtigung der tatsächlich erreichbaren Schübe ist daher für Raketen besonders wichtig.

B. Physikalische und chemische Grundlagen für den Selbstzündungsvorgang

1. Selbstzündungsreaktionen bei Kohlenwasserstoffen

a) Zündverzug bei Gasgemischen, Reaktionsstufen

Eine für den motorischen Verbrennungsvorgang wichtige Zünderscheinung ist die Selbstentzündung des Gasgemisches bei hohen Temperaturen. Diese Selbstzündung erfolgt erst nach einer bestimmten Zeit — der „Zündverzugszeit" oder dem „Zündverzug"[1], nachdem das Gasgemisch auf die hohe Temperatur gebracht worden ist. Diese Erscheinung wird damit erklärt, daß Reaktionen in dem Augenblick, in dem das brennbare Gemisch auf hohe Temperatur gebracht ist, einsetzen und sich erst nach einer bestimmten Zeit selbst so stark beschleunigen, daß eine sehr rasche Verbrennung — die Zündung — erfolgt.

Eine verhältnismäßig einfache Möglichkeit zur laboratoriumsmäßigen Messung des Zündverzuges eines Gasgemisches ergibt sich bei möglichst rascher annähernd adiabatischer Verdichtung des zu untersuchenden Gasgemisches. TIZARD und PYE [P 21] haben die Verdichtung des Gasgemisches mit einem Kolben, der mittels eines

---

[1] Bei der Selbstzündung von Gasgemischen wird in der physikalischen Literatur die entsprechende Zeit meist als Induktionsperiode bezeichnet.

Kurbeltriebes betätigt wurde, erreicht. In einer von W. JOST und H. TEICHMANN [F 14] entwickelten Apparatur wird die Kolbenbewegung durch ein Fallgewicht eingeleitet. In einer von M. SCHEUERMEYER und H. STEIGERWALD [F 26] in dem vom Verfasser geleiteten D. V. L. Institut entwickelten Apparatur[1] (Abb. 283) wird die adiabatische Verdichtung mit Hilfe eines durch Druckluft bewegten Kolbens erreicht. Nach der Verdichtung wird der Kolben in der Endlage festgehalten. Weitere Ergebnisse sind von C. F. TAYLOR, E. S. TAYLOR, J. C. LIVENGOOD, W. A. RUSSELL und W. A. LEARY [P 20] veröffentlich worden. Bei diesen Versuchen wurden auch wertvolle Aufschlüsse über die Vorgänge während der Zündverzugsperiode, besonders durch die photographischen, mit hoher Frequenz aufgenommenen Bilder, gefunden, die ergeben haben, daß man drei Zündungstypen unterscheiden kann, und zwar die Entflammung:

1. beginnend als schwaches Glühen mit wachsender Intensität im ganzen Brennraum,

2. beginnend mit verstreuten Lichtpunkten, die anwachsen, wobei immer neue Punkte entstehen,

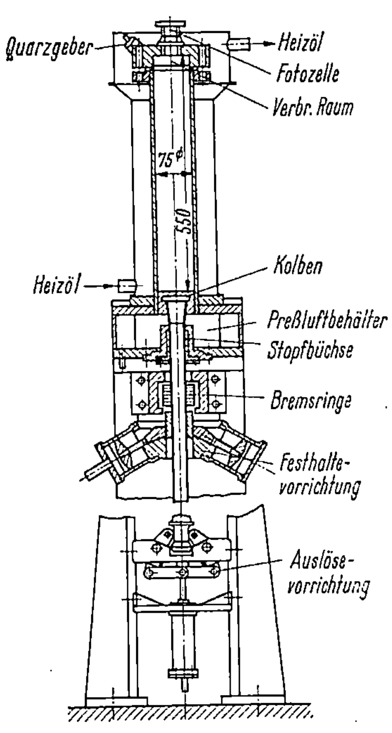

Abb. 283. Versuchseinrichtung zur Untersuchung der Selbstzündung von Kraftstoffdampf-Luftgemischen (annähernd adiabatische Verdichtung)

3. Entflammung in einem kleinen Bereich und Fortpflanzung in einer oder mehreren Flammenfronten.

Bei derartigen Versuchen ist für die Richtigkeit der Messung von großer Bedeutung, daß die Zeitdauer des Verdichtungsvorganges gegenüber der anschließenden Zündverzugsperiode so gering ist, daß die während der Verdichtung auftretenden Reaktionen praktisch gegenüber den Reaktionsvorgängen während der Zündverzugsperiode vernachlässigt werden können. Deshalb muß zur Messung sehr kurzer Zündverzüge von $^1/_{1000}$ s und darunter, wie sie z. B. für das Klopfen

---

[1] Nach dem Vorbild dieser Apparatur wurde im Institut des Verfassers an der T.H. Aachen eine neue, verbesserte Verdichtungsapparatur entwickelt, an der die Zündverzugsmessungen für technisch wichtige Kraftstoffe fortgesetzt worden sind.

34*

im Ottomotor maßgebend sind, die Verdichtungsgeschwindigkeit[1] hoch und der Wärmeübergang gering gehalten werden. Die zuletzt genannte Apparatur [F 26] hat einen Zylinderdurchmesser von 80 mm und erreicht bei sehr geringer Wärmeabführung[1] Kolbengeschwindigkeiten bis zu 60 m/s. Das Ende der Zündverzugsperiode (man könnte diesen Zeitpunkt auch als Beginn der merklichen Verbrennung bezeichnen) kann sowohl durch Messung der ersten Leuchterscheinung (Messung mit Fotozelle) als auch durch den Druckanstieg bestimmt werden. Im allgemeinen unterscheiden sich die Ergebnisse nach diesen zwei Meßmethoden nur wenig, weil meist nach Beendigung der Zündverzugsperiode eine sehr rasche und plötzliche Verbrennung erfolgt. Bei Messungen mit der in Abb. 283 dargestellten Verdichtungsapparatur mit Benzin–Luft-Gemischen wurden mit Photozelle und aus dem Druckanstieg bei den für den Motor in Betracht kommenden Zündverzugswerten nur geringe Unterschiede festgestellt. Dieses Ergebnis gilt jedoch nur bedingt und hängt wesentlich von den Eigenschaften des Kraftstoffs ab, da es Bereiche gibt, in denen die Zündung nur allmählich einsetzt. In diesen Fällen erhält man mit der Photozelle bei entsprechend empfindlicher Messung die kleinsten, mit Messung des Druckanstieges die größten Zeiten.

Als Beispiel derartiger Zündverzugsmessungen sind in Abb. 284 Druck-Zeit-Diagramme der Zündung eines Benzindampf-Luft-Gemisches mit verschiedenem Verdichtungsenddruck bei unveränderter Verdichtungsendtemperatur, in Abb. 285 drei Diagramme mit verschiedener Verdichtungsendtemperatur bei konstantem Verdichtungsenddruck wiedergegeben. Im oberen Diagramm in Abb. 284 (Verdichtungsenddruck 10,6 ata) ist deutlich ein langsameres Ansteigen des Druckes bei der Zündung zu erkennen als bei den höheren Drücken. Noch deutlicher wird diese Erscheinung in Abb. 286 bei 7,1 ata Verdichtungsenddruck, d. h. mit sinkendem Druck geht bei dem hier verwendeten Kraftstoff der plötzliche Zündeinsatz allmählich in eine lang-

---

[1] Zündverzugsmessungen mit n-Heptan ergaben beispielsweise bei einer Verdichtungsendtemperatur von 800 °K und einer Kolbengeschwindigkeit von 16 m/s einen Zündverzug von $0{,}4 \cdot 10^{-3}$ s und bei 52 m/s Kolbengeschwindigkeit einen Zündverzug von $0{,}8 \cdot 10^{-3}$ s. Zündverzugsmessungen mit verschiedenen Kolbengeschwindigkeiten haben ferner gezeigt, daß bei Geschwindigkeiten von etwa 50 bis 60 m/s die Verdichtung gegen Ende des Hubes so rasch erfolgt, daß auch die genannten kurzen Zündverzüge mit ausreichender Genauigkeit erfaßt werden können. Rechnerische Untersuchungen nach H. PFRIEM [D 90] über die Wärmeabgabe an derartigen Apparaturen ergaben, daß bei einem Zylinderdurchmesser von 80 mm und etwa 40 m/s Kolbengeschwindigkeit die während der Verdichtung abgeführte Wärmemenge etwa 3 vH beträgt, gegenüber 11 vH bei einem Zylinderdurchmesser von 40 mm und einer Kolbengeschwindigkeit von 10 m/s.

same Verbrennung über. Die Härte des Zündeinsatzes ist jedoch bei verschiedenen Kraftstoffen verschieden. Beispielsweise setzt bei Toluol die Zündung auch bei Drücken von 30 bis 40 at und Temperaturen von

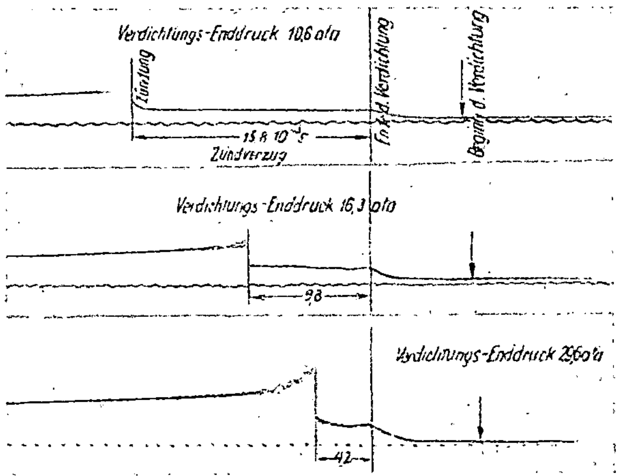

Abb. 284. Druck–Zeit-Diagramm bei annähernd adiabatischer Verdichtung eines Benzindampf–Luft-Gemisches für verschiedenen Verdichtungsenddruck bei konstanter Verdichtungsendtemperatur von 745 °K

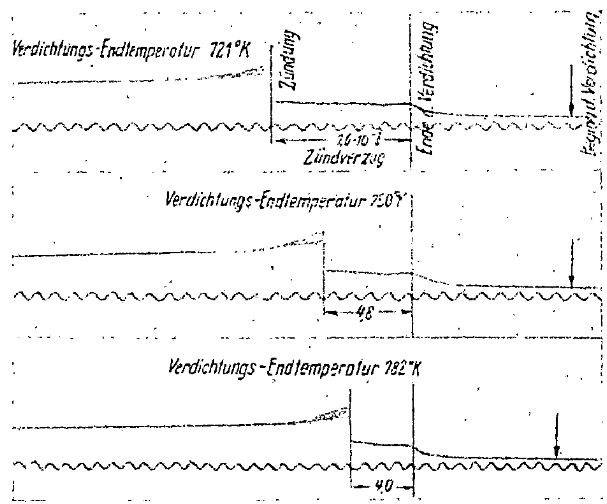

Abb. 285. Druck–Zeit-Diagramm bei annähernd adiabatischer Verdichtung eines Benzindampf–Luft-Gemisches für verschiedene Verdichtungsendtemperaturen bei konstantem Verdichtungsenddruck von 22,4 ata

800 bis 900 °K allmählich ohne heftigen Druckanstieg ein (vgl. Abb. 288), während sie bei Benzin in demselben Druck- und Temperaturbereich sehr heftig einsetzt (vgl. Abb. 285 und 286). Die Diagramme wurden mit der in Abb. 283 gezeigten Apparatur aufgenommen.

Sehr anschaulich werden die Vorgänge während der Zündverzugsperiode durch gleichzeitige photographische Untersuchungen des Entflammungsvorganges während der Zündverzugsperiode in den Versuchen von C. F. Taylor u. a. dargestellt [P 20]. Es wird gezeigt, daß die Entflammung keineswegs in allen Fällen annähernd gleichzeitig im gesamten Verdichtungsraum einsetzt, sondern daß auch Entflammung mit fortschreitender Flammenfront vorkommt. Diese Photographien der verschiedenartigen Zündvorgänge bei Verwendung verschiedener Kraftstoffe ergeben wertvolle Aufschlüsse über das Wesen der Selbstzündung.

Einige Kohlenwasserstoffe zeigen im Druckverlauf während der Induktionszeit zwei Reaktionsstufen. Die erste Stufe tritt nach Ablauf eines Teiles der Induktionsperiode mit einer mäßigen Druckzunahme

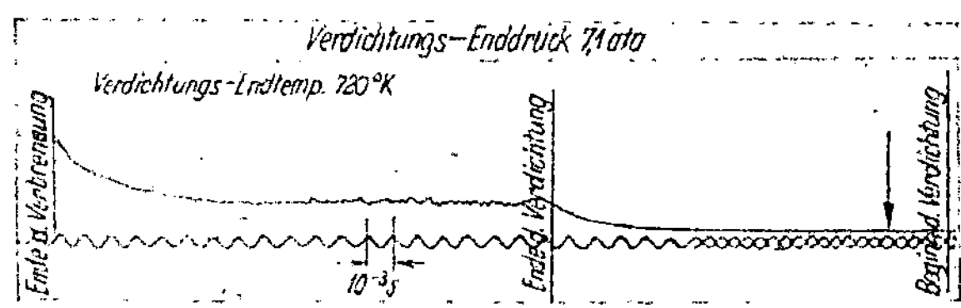

Abb. 286. Druck–Zeit-Diagramm bei adiabatischer Verdichtung eines Benzindampf–Luft-Gemisches für geringen Verdichtungsenddruck (7,1 ata)

auf. Untersuchungen von Rögener an einigen Paraffinen, z. B. n-Heptan, in einer Verdichtungsapparatur [P 18] ergaben, daß der Verzug τ_1 der ersten Stufe mit steigender Verdichtungsendtemperatur abnimmt, der Verzug τ_2 der zweiten Stufe dagegen zunimmt. Mit zunehmendem Druck nimmt τ_2 schneller ab, als τ_1. Im unteren Temperaturbereich ist nur der Verzug der ersten Stufe von Einfluß auf den Gesamtzündverzug und die Druckabhängigkeit des Zündverzuges gering. Bei höheren Temperaturen ist der Gesamtverzug bedingt durch den überwiegenden Einfluß der zweiten Stufe, die stark druckabhängig ist (s. Abb. 287). Am Ende der ersten Stufe wird die Reaktionwahrscheinlich gehemmt durch Überwiegen der Abbruchreaktionen gegenüber den Verzweigungsreaktionen. Versuche haben gezeigt, daß Zusätze von Aldehyden, insbesondere Formaldehyd, die Reaktion in der ersten Stufe hemmen. Es kann darum angenommen werden, daß das während der ersten Stufe nachweisbare Formaldehyd mit freien Radikalen inaktive Stoffe bildet und so die Reaktion bremst [F 1].

Aus der Verschiedenheit der Meßergebnisse bei Verwendung verschiedener Meßmethoden geht hervor, daß der Zündverzug keine eindeutig festgelegte Größe ist und daß die Größe des Zündverzuges auch von der gewählten Definition abhängt. Am meisten gebräuchlich ist

die Definition des Zündverzugs als Zeitdauer vom Beginn der Reaktion
bis zur sichtbaren Entflammung, jedoch ist eine einheitliche Festlegung

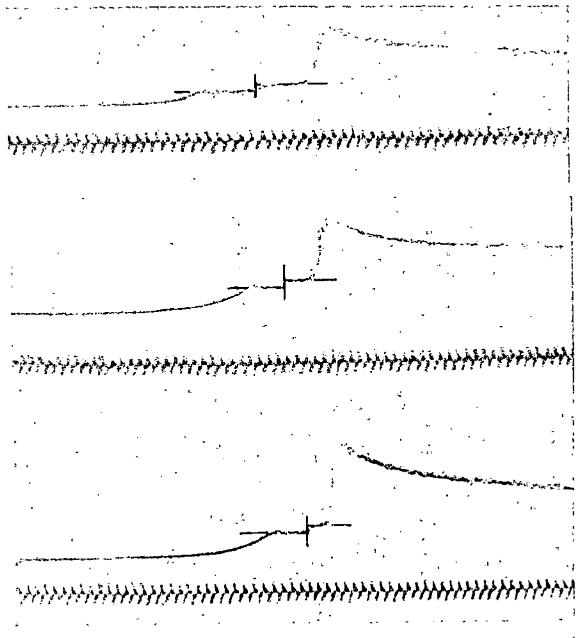

Abb. 287. Druckverlauf bei zweistufiger Selbstzündung
für n-Heptan, gemessen in einer Verdichtungsapparatur.
Verdichtungsenddruck und -temperatur = konst.
Ansteigender Luftüberschuß in den Diagrammen
von unten nach oben. [F 1]

hierüber noch nicht erfolgt. Vielfach wird auch der Beginn des meß-
baren Druckanstiegs als Ende der Zündverzugsperiode angenommen.
In der weitaus überwiegenden Zahl der praktisch für den Motorbetrieb

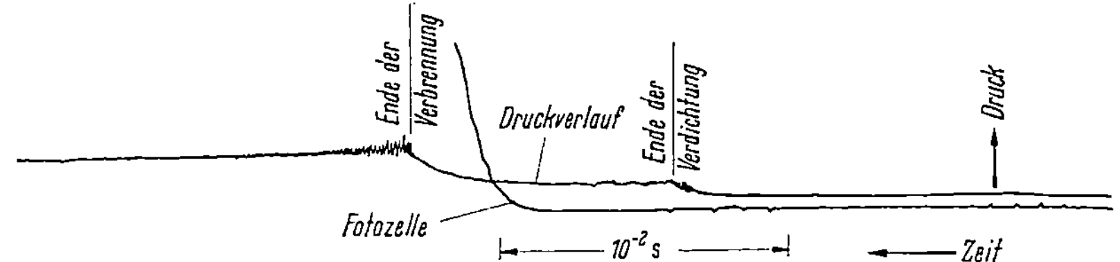

Abb. 288. Druck–Zeit-Diagramm bei annähernd adiabatischer Verdichtung eines Toluol-
dampf–Luft-Chemisches mit Anzeige der Photozelle
Verdichtungstemperatur: 870 °K, Verdichtungsenddruck: 20 ata

interessierenden Fälle fällt dieser Zeitpunkt mit dem Beginn der sichtbaren Entflammung zusammen. In den Bereichen mit verhältnismäßig
langsam einsetzender Zündung ist das Ergebnis jedoch sehr wesentlich
von der Feinheit der Meßmethode abhängig. Man kann nach der Ioni-

sationsmethode oder bei Messung der ersten Leuchterscheinung unter Umständen schon lange vor dem Beginn des Druckanstieges den Beginn der Reaktion feststellen (Abb. 288).

In Abb. 289a sind einige in einer Verdichtungsapparatur gemessene Zündverzugswerte eines Kraftstoffes mit Bleitetraäthylzusatz bei verschiedenen Drücken und Temperaturen dargestellt. Die Abbildung zeigt, daß der Zündverzug mit zunehmender Temperatur und zunehmendem Druck geringer wird.

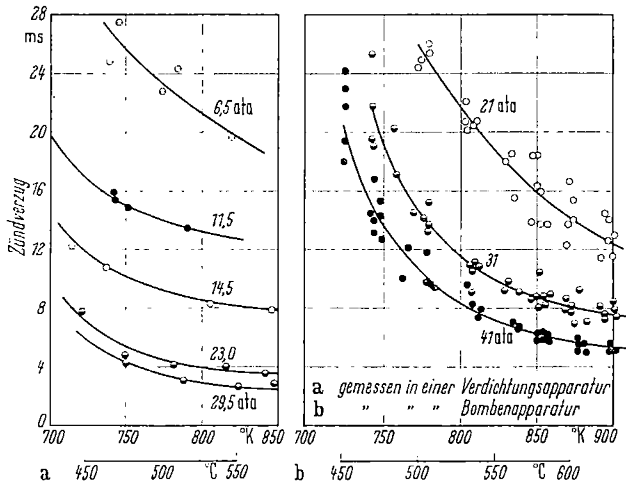

Abb. 289. Zündverzugswerte eines paraffinischen Kraftstoffes mit Zusatz von Bleitetraäthyl abhängig von der Temperatur für verschiedene Drücke.
a) Zündverzug des Kraftstoff–Luft-Gemisches bei annähernd adiabatischer Verdichtung;
b) Zündverzug bei Einspritzung des flüssigen Kraftstoffes in eine Bombe

Die Auswertung dieser Meßergebnisse zeigt ebenso wie die von Messungen mit zahlreichen anderen Kraftstoffen[1], daß die Temperaturabhängigkeit des Zündverzuges in einem beschränkten Bereich empirisch als eine Funktion prop. $e^{b'/T}$ und die Druckabhängigkeit als eine Potenz des Druckes angegeben werden kann. Somit können die Werte des Zündverzugs durch eine empirische Formel von der Form

$$z = \frac{e^{\frac{b'}{T}}}{p^{n'}} a' \qquad (290)$$

dargestellt werden[2]. Die Abweichungen der Meßergebnisse von dieser formelmäßigen Darstellung sind meist gering.

---

[1] Es gibt jedoch auch Kraftstoffe, die von der vorstehenden Regel erheblich abweichende Ergebnisse liefern (vgl. S. 556).

[2] Die Werte a', b' und n' wurden mit dem Index ' versehen, weil die Werte a, b und n für analoge, aber nicht identische Werte der scheinbaren mittleren Aktivierungsenergie verwendet wurden.

Als wesentliches Ergebnis dieser Messungen ist hervorzuheben, daß bei den für den Motorbetrieb in Betracht kommenden Kraftstoffen im gasförmigen Zustand der Zündverzug und ganz allgemein das Zündverhalten entscheidend mit vom Druck beeinflußt werden.

Die in Abb. 289a wiedergegebenen Meßwerte sind bei konstantem Mischungsverhältnis Kraftstoff zu Luft gefunden. Der Zündverzug ist jedoch erfahrungsgemäß auch vom Mischungsverhältnis abhängig, wie

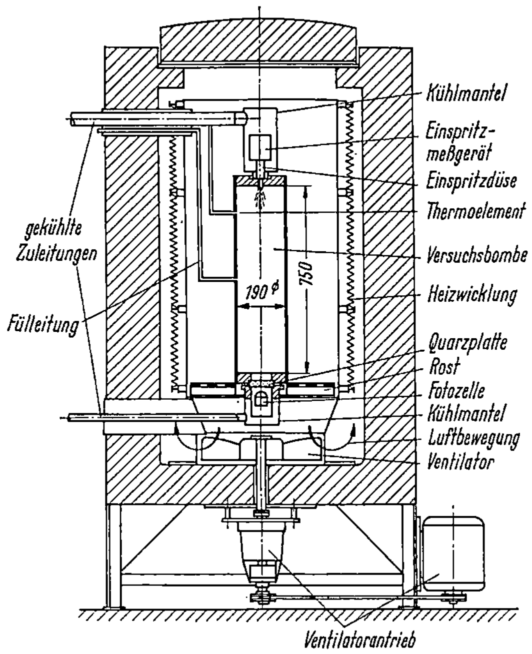

Abb. 290. Bomben-Apparatur zur Messung von Zündverzugswerten[1]

Zündverzugsmessungen meines früheren Mitarbeiters LONN [F 18], bei denen Kraftstoff in eine Gasmischung, bestehend aus Luft mit Zusätzen von Stickstoff, Sauerstoff und Kohlendioxyd in einer Bomben-Apparatur (s. Abb. 290) eingespritzt wurde, zeigen (siehe auch S. 557).

Es ergab sich im wesentlichen, übereinstimmend mit theoretischen Erwartungen, daß bei Sauerstoff-Stickstoff-Gemischen der Zündverzug nicht durch den Gesamtdruck, sondern in erster Linie durch den Partialdruck des Sauerstoffes bestimmt ist und daß bei größeren Zusätzen von Kohlendioxyd die Zündverzugswerte größer werden. Dieses Ergebnis ist sehr gut mit den Vorstellungen über das Zustandekommen des

---

[1] Die Apparatur wurde in dem vom Verfasser geleiteten DVL-Institut entwickelt.

Zündungsvorganges in Einklang zu bringen, da die Reaktionsgeschwindigkeit im wesentlichen von der Sauerstoffkonzentration abhängt.

Auch der Einfluß der CO_2-Beimischung, der verhältnismäßig gering ist, ist im Hinblick auf die Rolle des Kohlendioxyds beim Reaktionsvorgang als geschwindigkeitshemmendes Endprodukt der Reaktion verständlich.

Weitere Messungen über die Abhängigkeit des Zündverzuges vom Mischungsverhältnis wurden in einer Apparatur zur raschen Verdichtung von C. F. TAYLOR u. a. [P 20] veröffentlicht. Sinngemäß übereinstimmend mit dem Obenstehenden wurden bei sehr armen oder sehr reichen Gemischen höhere Zündverzugswerte gemessen.

Für die Anwendung auf Motoruntersuchungen und vor allem zur Ermittlung von Grundlagen für die Kraftstoffprüfung ist es wichtig, daß Meßergebnisse über den Zündverzug, wie sie beispielsweise in Abb. 284a dargestellt sind, auch zahlenmäßig zur Ermittlung von Kennwerten für die Kraftstoffe verwertet werden können. Um die Brauchbarkeit derartiger Kennwerte prüfen zu können, muß ein Weg gefunden werden, der wenigstens qualitativ die Anwendung der aus der Messung gewonnenen Zahlenwerte auf motorische Rechnungen gestattet. Die Anwendung muß möglichst auf theoretischem Wege oder — da dies wegen der teilweise unbekannten komplizierten Reaktionsvorgänge nicht einwandfrei möglich ist — unter sinngemäßer Anwendung prinzipieller Erkenntnisse erfolgen. Eine einwandfreie theoretische Berechnung des ganzen Zündungsvorganges wäre möglich, wenn der Reaktionsmechanismus für die Verbrennung der betreffenden Kraftstoffe restlos bekannt wäre.

Für Reaktionen, deren Mechanismus genau bekannt ist, kann in einfachen Fällen der Zündvorgang auch theoretisch errechnet werden. Eine Ableitung für die bimolekulare Reaktion, bei der schon während des Zündvorganges Wärme frei wird, ist im nächsten Abschnitt wiedergegeben.

b) Reaktionskinetische Betrachtungen zum Selbstzündungsvorgang[1]

In den folgenden Ausführungen werden einige Gesetzmäßigkeiten, die für den Zündvorgang von Bedeutung sind, besprochen. Die Reaktionsvorgänge bei der Zündung technischer Kraftstoffe sind so kompliziert, daß wenig Aussicht besteht, daß sie in absehbarer Zeit einer

---

[1] In diesem Rahmen werden nur einige für die technische Anwendung wichtige Gesetzmäßigkeiten mitgeteilt. Eine ausführliche Darstellung der reaktionskinetischen Grundlagen und der Einschränkungen für die hier in großen Zügen angegebenen Gesetzmäßigkeiten würde einen größeren Raum beanspruchen. Eine leicht verständliche Darstellung siehe z. B. [O 21]. Umfassende Werke siehe z. B. [O 6], [O 22], [O 23], [O 24] und [O 27].

exakten rechnerischen Behandlung zugänglich sind. Dagegen kann man für einige wenige einfache Fälle bimolekularer Reaktionen unter vereinfachten Annahmen die Gesetzmäßigkeiten rechnerisch verfolgen. Die folgenden Ausführungen haben den Zweck, durch Wiedergabe der Gesetzmäßigkeiten, die in einfachen Fällen gelten, das Verständnis für die komplizierteren, im einzelnen nicht bekannten Vorgänge zu erleichtern.

Die Geschwindigkeit des Reaktionsvorganges ist bei den Verbrennungs- und Zündvorgängen im Motor von verschiedener Bedeutung.

Während der Einfluß der Reaktionsgeschwindigkeit auf die Geschwindigkeit der Flammenfront im brennbaren Gasgemisch unter den im Motor in Betracht kommenden Verhältnissen bei den meist verwendeten flüssigen Kraftstoffen nur in Grenzfällen wesentlich in Erscheinung tritt, ist die Reaktionsgeschwindigkeit für Selbstzündungsvorgänge — z. B. bei der Zündung des Kraftstoffstrahles im Dieselmotor oder beim Klopfvorgang im Ottomotor — von entscheidender Bedeutung.

Die folgenden Ausführungen sollen sich nur auf Gasreaktionen erstrecken; die thermischen Vorgänge, beispielsweise die Verdampfung des Kraftstoffes bei der Verbrennung im Dieselmotor, der Einfluß des Wärmeübergangs u. a., werden nicht in den Kreis der Betrachtung gezogen.

Eine theoretische Berechnung der Zündungsvorgänge ist beim heutigen Stand der Forschung für technische Kraftstoffe und auch für die meisten einheitlichen Stoffe noch nicht möglich, weil der Reaktionsmechanismus hierfür nicht oder nur sehr unvollständig bekannt ist. Für viele Stoffe ist der Reaktionsverlauf in verschiedenen Temperaturbereichen grundsätzlich verschieden. So treten vielfach in bestimmten Temperaturgrenzen Reaktionen (Beispiel: kalte Flammen) auf, die bei höheren Temperaturen nicht mehr beobachtet werden. Hierzu kommt noch die Zeitabhängigkeit der bei der Verbrennung auftretenden Kettenreaktionen (vgl. z. B. [O 21]). Trotz dieser Vielzahl der Verbrennungserscheinungen können in bestimmten Bereichen auch bei komplizierteren Reaktionen Gesetzmäßigkeiten festgestellt werden, die die Aufklärung der motorischen Verbrennungsvorgänge erleichtern. Man kann aus der Vielheit der Verbrennungserscheinungen zwei idealisierte Fälle des Reaktionsverlaufes bei der Zündung betrachten [O 22]:

a) die Reaktion mit Wärmeentwicklung, aber ohne Kettenverzweigung,

b) die Reaktion mit Kettenverzweigung, aber ohne Wärmeentwicklung.

In beiden Fällen tritt mit der Zeit eine rasche Zunahme der Reaktionsgeschwindigkeit auf, im ersteren Falle durch die Temperaturerhöhung infolge der frei werdenden Wärme, im zweiten Falle durch die Kettenverzweigung. Praktisch tritt meist eine Kombination beider Fälle auf. Die Berechnung des Reaktionsverlaufes ist in vielen Fällen für einheitliche Stoffe auf Grund empirischer Beziehungen vorgenommen worden. Auf rein theoretischem Wege ist die Berechnung der Reaktionsgeschwindigkeit nur für ganz einfache Fälle möglich. Die folgenden Betrachtungen beziehen sich zunächst auf den Fall a.

In homogenen Gasgemischen ist die bei der Reaktion umgesetzte Menge pro Zeiteinheit proportional dem Produkt der entsprechenden Potenzen der Konzentrationen der beteiligten Gase und einer Geschwindigkeitskonstanten k. Die Abhängigkeit der Geschwindigkeitskonstanten von der Temperatur ist für beschränkte Temperaturbereiche durch die von ARRHENIUS empirisch gefundene Gleichung

$$\frac{d \ln k}{d\,T} = \frac{E}{\Re\,T^2} \qquad (291)$$

gegeben. Hierin bedeutet

k = Geschwindigkeitskonstante der Reaktion,
E = Aktivierungsenergie.

Diese Beziehung gilt nicht nur für homogene Gasreaktionen, sondern auch für heterogene Reaktionen. Somit ist die Reaktionsgeschwindigkeit proportional einem Faktor $e^{-E/\Re T}$.

Eine ähnliche Beziehung für die Änderung der Reaktionsgeschwindigkeit mit der Temperatur wurde auch molekularstatistisch abgeleitet. Aus dem Boltzmannschen Verteilungsgesetz ergibt sich nämlich, daß der Bruchteil aller derjenigen Moleküle, deren Energie größer als ein Betrag E_1 ist, einem Faktor $e^{-E_1/\Re T}$ entspricht. Diese Funktion gilt aber nicht nur für die kinetische Energie der Translation, sondern näherungsweise auch für andere Energieformen (z. B. Schwingung und Rotation), kann also allgemein eingeführt werden. Nimmt man an, daß eine Reaktion zwischen 2 Molekülen dann erfolgen kann, wenn der eine Stoßpartner eine größere Energie als eine Mindestenergie E_1 besitzt, und der andere Stoßpartner eine größere Energie als die Mindestenergie E_2 aufweist, so daß die Gesamtenergie der beiden an einem Stoß beteiligten Moleküle den Betrag $E_1 + E_2 = E$ überschreitet, so ist die Wahrscheinlichkeit hierfür einem Faktor $e^{-E/\Re T}$ proportional[1]. Unter dieser Voraussetzung kann also auch die umgesetzte Menge errechnet werden, da die gesamte Zahl der Molekülstöße rechnerisch bestimmt werden kann.

Für einfache Reaktionen, deren Mechanismus genau bekannt ist und deren rechnerische Erfassung dadurch möglich ist, kann die Zeitdauer

---

[1] Außerdem wird oben vorausgesetzt, daß diese Energie nur auf zwei quadratische Glieder im Energieansatz verteilt ist.

für die Umsetzung, d. h. für die Verbrennung eines bestimmten Anteils des Gesamtgemisches, errechnet werden. Damit kann auch für den Fall der Reaktion zwischen 2 Gasen die Zündverzugszeit unter der Voraussetzung ermittelt werden, daß die Reaktion zu Beginn langsam verläuft und dann wegen der Temperatursteigerung immer rascher vor sich geht. Die Zeitdauer des Zündverzuges soll in dem vorliegenden Falle durch die Zeit bis zum Erreichen der Temperatur T_z definiert sein[1]. Diese Festlegung wurde gewählt, um eine Übereinstimmung mit der Definition des Zündverzuges bei der versuchsmäßigen Bestimmung zu erreichen. Bei der Messung des Zündverzuges wird meist das Auftreten der ersten Lichterscheinung als Kennzeichen für das Auftreten der Zündung angenommen. Eine Berücksichtigung der Wärmeableitung ist nur in der Nähe der Zündgrenzen notwendig. Liegen die Temperaturen hoch über den Zündgrenzen, wie z. B. bei der Zündung im Motor, dann kommt der Wärmeableitung nur eine untergeordnete Bedeutung zu.

Unter Zugrundelegung dieser Annahmen soll im folgenden der Zündverzug als Beispiel für eine bimolekulare Reaktion, bei der keine Kettenreaktionen auftreten, unter vereinfachten Annahmen errechnet werden.

Es soll diejenige Zeit bestimmt werden, die sich aus der Integration der Zeitelemente dz für den Verbrennungsvorgang im gesamten Temperaturbereich vom Beginn der Reaktion bis zur Temperatur T_z ergibt[2].

Die in der Zeiteinheit umgesetzte Kraftstoffmenge $d[B]/dz$ kann unter Berücksichtigung der Stoßzahl der Moleküle und unter der Voraussetzung errechnet werden, daß eine Reaktion zwischen 2 Molekülen nur dann erfolgen kann, wenn ihre gesamte Energie einen bestimmten Betrag E überschreitet[3], der als Aktivierungsenergie bezeichnet wird. Die Zahl der Zusammenstöße entspricht dem Wert:

$$\pi \, (r_1 + r_2)^2 \sqrt{\overline{w_1^2} + \overline{w_2^2}} \cdot n_1 \cdot n_2. \tag{292}$$

---

[1] Die genaue Festlegung der Temperatur T_z ist auf das Ergebnis der Rechnung meist ohne wesentlichen Einfluß, da der Temperaturanstieg am Ende des Zündverzuges meist außerordentlich schnell erfolgt, sofern Werte von E in Betracht gezogen werden, die in der Größenordnung 10^4 liegen.

[2] Von O. M. Todes [O 77] wurde eine Beziehung für den Zündverzug (Induktionszeit) bei Wärmeexplosionen von Gasen mittels einer Integration über die gesamte Verbrennungszeit abgeleitet, wobei die Temperaturabhängigkeit der Reaktionsgeschwindigkeit näherungsweise durch eine Reihenentwicklung berücksichtigt wurde.

[3] Die Vorgänge bei der Aktivierung sind noch nicht restlos geklärt; nicht jeder Stoß aktivierter Moleküle muß notwendig zur Reaktion führen. Die Anzahl der reagierenden Moleküle kann auch kleiner sein. Auf die Einzelheiten der Einschränkungen kann in diesem Rahmen jedoch nicht eingegangen werden.

In dieser Gleichung bedeuten:

n_1, n_2 = Anzahl der Moleküle, z. B. n_{O_2} = [O_2] N_L,

r_1, r_2 = die mittleren Radien der reagierenden Moleküle,

$\overline{w}_1$, $\overline{w}_2$ = die Wurzeln aus dem mittleren Geschwindigkeitsquadrat von Sauerstoff und Kraftstoff.

Man erhält daraus die Gesamtzahl der theoretisch erfolgreichen Stöße zu:

$$\pi \, (r_1 + r_2)^2 \sqrt{\overline{w}_1^2 + \overline{w}_2^2} \; N_L^2 [O_2] \, [B] \, e^{-\frac{E}{\Re T}} \, ,$$

hierin bedeutet N_L Loschmidtsche Zahl; [Z] molare Konzentration = Anzahl der Mole des Gases Z in m³, z. B. [O_2] = $P_{O_2}/\Re T$; $\Re$ = Gaskonstante pro Mol,

wobei der Wert

$$e^{-\frac{E}{\Re T}}$$

den Anteil der erfolgreichen Stöße (s. oben) wiedergibt[1]. Nach Division der erfolgreichen Stöße durch die Anzahl der vorhandenen Moleküle des reagierenden Gases erhält man den Anteil der umgesetzten Menge. Die umgesetzte Menge selbst ergibt sich aus der Multiplikation dieses Anteils mit der Anzahl der vorhandenen Mole.

Somit erhält man die Beziehung:

$$\frac{d[B]}{dz} = \pi \, (r_1 + r_2)^2 \sqrt{\overline{w}_1^2 + \overline{w}_2^2} \, N_L^2 \, [O_2][B] \, e^{-\frac{E}{\Re T}} \, . \qquad (293)$$

In dieser Formel bedeuten:

[O_2] = die Konzentration des Sauerstoffes,

[B] = die Konzentration des Kraftstoffes,

$\Re$ = die Gaskonstante für die Mol,

T = die absolute Temperatur.

Die obenstehende Abhängigkeit von T ist auch durch Versuchsergebnisse gestützt, da sich der Wert $e^{-\frac{E}{\Re \cdot T}}$ auch empirisch ermitteln läßt.

Die Exponentialfunktion bedingt eine außerordentlich starke Zunahme der Reaktionsgeschwindigkeit mit der Temperatur, so daß für die Gesamtdauer einer Reaktion der bei Beginn bzw. bei tieferen Temperaturen verlaufende Teil im wesentlichen maßgebend ist. Je kleiner der Wert E ist, desto langsamer erfolgt der Temperaturanstieg in einem bestimmten Bereiche.

---

[1] Vorausgesetzt ist, wie oben erwähnt, daß die Energie jedes Moleküls im Augenblick des Stoßes größer als je ein Mindestwert ist, und daß die Energie durch zwei quadratische Glieder dargestellt werden kann [O 21]. Wenn die Verteilung der Gesamtenergie auf die beiden Atome beliebig gelassen wird, dann kommt oben noch ein Faktor hinzu.

Aus der Gleichung für die Reaktionsgeschwindigkeit kann die Zeitdauer für den Zündverzug durch Integration im Bereich zwischen der Anfangstemperatur und der Temperatur T_z ermittelt werden. Zur Durchführung der Integration muß das Differential der umgesetzten Kraftstoffmenge durch eine Funktion von T ersetzt werden. Es gilt:

$$d[B] = \frac{\Sigma[Z]\,M\,c_p\,dT}{H_u}\,, \qquad (294)$$

wobei sich die Summenbildung über alle Gase entsprechend ihrer Molzahl bei der betreffenden Temperatur erstreckt (H_u = unterer Heizwert des Kraftstoffes bei der in Frage kommenden Temperatur, $[Z]M\,c_p$ = Konzentration $\times$ Molwärme). Zur Vereinfachung der Gleichung wird gesetzt:

$$\sqrt{\overline{w_1^2} + \overline{w_2^2}} = \sqrt{\frac{3\,\Re\,T}{M_1} + \frac{3\,\Re\,T}{M_2}} = \sqrt{3\,\Re}\,\sqrt{\frac{1}{M_1} + \frac{1}{M_2}}\,\sqrt{T}\,. \quad (295)$$

Führt man außerdem die Anfangskonzentration ein und ersetzt diese mit Hilfe der Verbrennungsgleichung durch eine Funktion der spez. Wärmen, des Heizwertes und der höchsten Temperaturerhöhung bei vollständiger Verbrennung ($T_{max} - T_1$):

$$[B]_1 = \frac{(T_{max} - T_1)\,\Sigma[Z]^{T_{max}}\,M\,c_p\big|_{T_1}^{T_{max}}}{H_u}\,, \qquad (296)$$

dann erhält man nach einigen Umformungen folgende Beziehung:

$$z = \frac{T_1}{p_1}\left(\frac{1}{T_{max} - T_1}\right)\cdot c\int_{T_1}^{T_z} \frac{e^{\frac{E}{\Re T}}}{\sqrt{T}}\,\frac{[O_2]_1\,[B]_1}{[O_2]\,[B]}\,\frac{\Sigma[Z]^T}{\Sigma[Z]^{T_{max}}}\,dT\,. \quad (297)$$

Dabei ist

$$c = \frac{p_0\,M\,c_{p_1}}{T_0\,M\,c_{p\,m}\big|_{T_1}^{T_{max}}\,\sqrt{3\,\Re\left(\dfrac{1}{M_1} + \dfrac{1}{M_2}\right)}\,\pi\,(r_1 + r_2)^2\,N_L[O_2]_0} \qquad (298)$$

T_1 = Anfangstemperatur,
p_1 = Anfangsdruck,
T_{max} = Höchsttemperatur der Verbrennung bei konstantem Druck, berechnet für den Heizwert des gesamten Kraftstoffes (auch im Luftmangelgebiet bezogen auf den Heizwert des *gesamten* Kraftstoffes),
M_1, M_2 = Molmassen,
Index 0 = Normalzustand (z. B. 15 °C und 1 at),
Index 1 = Anfangszustand der Reaktion.

Die spez. Wärmen können als Konstanten eingesetzt werden, da die Veränderlichkeit der spez. Wärmen im Temperaturbereich der Integration meist nicht sehr groß ist. Der Einfluß der Gegenreaktion ist nicht merkbar, da man sich bei der Berechnung des Zündverzuges in einem Bereich befindet, der weit entfernt vom Gleichgewichtszustand ist.

In dieser Formel sind die Konzentrationen noch von der Zeit bzw. von der Temperatur abhängig. Der Einfluß der Veränderlichkeit dieser Größen ist jedoch während des überwiegenden Teiles der Zündverzugszeit verhältnismäßig gering, so daß in erster Näherung für praktische Rechnungen eine Konstantsetzung und Gleichsetzung mit der Anfangskonzentration ausreichend ist. In Fällen, in denen diese Vereinfachung nicht zulässig ist, kommt nur eine schrittweise Integration in Betracht.

Für die praktische Anwendung ist eine Darstellung der Zündverzugszeit in Abhängigkeit vom Anfangszustand anschaulich, man erhält:

$$z = \frac{e^{\frac{E}{\Re T_1}} \sqrt{T_1}}{p_1} \alpha \cdot \beta \; . \tag{299}$$

Die Integrationskonstante kann vernachlässigt werden, da der Grenzwert des Zündverzugs für hohe Temperaturen sehr klein ist. Der Wert β berücksichtigt die Verkürzung der Zündverzugsperiode infolge der Vergrößerung der Reaktionsgeschwindigkeit, die durch die Temperaturzunahme in diesem Zeitraum bedingt ist. Er kann bei Berücksichtigung der obenstehenden Annahmen aus der Beziehung:

$$\beta = \frac{\displaystyle\int_{T_1}^{T_z} \frac{e^{\frac{E}{\Re T}}}{\sqrt{T}} \, dT}{\dfrac{e^{\frac{E}{\Re T_1}}}{\sqrt{T_1}} (T_z - T_1)} \tag{300}$$

ermittelt werden, wobei das Integral durch Substitution und teilweise

Integration auf das in Tabellen vorhandene Integral $\displaystyle\int_0^x \frac{e^{-v}}{x} \cdot dx$ zurück-

geführt und leicht zahlenmäßig errechnet werden kann. Der Einfluß des Wertes $\sqrt{T}$ ist gegenüber dem starken Einfluß der Exponentialfunktion in den praktisch vorkommenden Fällen gering und kann meist vernachlässigt werden. Der Wert β ist in erster Linie von der Aktivierungswärme abhängig. Außerdem ist noch der Temperaturbereich, für den die Integration durchgeführt wird, sehr wesentlich. Die Zahlenwerte für β sind aus Abb. 291, S. 547 und der Tabelle auf S. 576 ersichtlich.

Eine ähnliche Formel läßt sich auch für kompliziertere Gasreaktionen auf Grund einer auf empirischem Wege ermittelten Reaktionsgleichung (s. S. 547) ableiten. Die Konstanten der so ermittelten Gleichung für den Zündverzug ergeben sich dann aus den halbempirischen Werten der Reaktionsgleichung und sind verschieden von den theoretisch ermittelten Konstanten der obenstehenden Gleichung. Der Faktor a entspricht nicht mehr einer bestimmten Stoßzahl, da er sich bei komplizierteren Reaktionen als mittlerer Pauschalwert aus dem Ergebnis zahlreicher teils nacheinanderfolgender Reaktionsvorgänge mit verschiedener Geschwindigkeit ergibt. In der Beziehung für den Wert β ist dann an Stelle von $E/\Re$ ein empirischer Wert b einzusetzen, siehe S. 547.

Auch für Kettenreaktionen wurde eine ähnliche Abhängigkeit der Reaktionsgeschwindigkeit von Druck und Temperatur festgestellt [O 22] und [O 30]. Von Semenoff [O 22, O 23, O 70] wurde auf Grund einer von ihm angegebenen Theorie eine Ableitung für die Reaktionsgeschwindigkeit bei Kettenreaktionen gegeben, die formal ebenfalls zu einer Abhängigkeit der Reaktionsgeschwindigkeit von Druck und Temperatur entsprechend $\dfrac{p^n}{e^{b/T}}$ führt.

Stationäre und instationäre Theorie. Die Theorie der Verbrennung wird vom Standpunkt der thermischen Selbstentflammung, die an eine Lösung der Gleichung der Wärmeleitung

$$c \cdot \varrho \cdot \frac{\partial T}{\partial z} = \operatorname{div}\,(\lambda\,\operatorname{grad}\,T) + q' \qquad (301)$$

gebunden ist, behandelt, d. h. es wird eine Wärmebilanz für die verschiedenen zu betrachtenden Zustände aufgestellt. (Frank-Kamenetzki [O 8]).

Hierbei bedeuten:

c = spezifische Wärme,
ϱ = Dichte,
T = Temperatur,
z = Zeiteinheit,
q' = kontinuierlich verteilte Wärmequellen.

Die kritischen Entflammungsbedingungen dieser Theorie liefern Kennzahlen, mit deren Hilfe eine Behandlung der Zündung in ihren verschiedenen Formen möglich ist.

Bei der sich ergebenden stationären thermischen Theorie wird die zeitliche Veränderung der Temperaturverteilung im Reaktionsgefäß nicht berücksichtigt, während bei der nichtstationären thermischen Theorie der Verlauf der mittleren Temperatur im Reaktionsgefäß behandelt und die räumliche Verteilung dieser Temperatur außer acht gelassen wird. Nach der stationären thermischen Theorie der Verbrennung bleibt die während der Induktionsperiode verbrauchte Stoffmenge unberücksichtigt, während die instationäre thermische Theorie Ausdrücke für die Induktionszeit liefert.

35 Schmidt, Verbrennungskraftmaschinen, 4. Aufl.

c) Druck- und Temperaturabhängigkeit der Zündreaktion

Die Beeinflussung der Zündreaktion durch Druck, Temperatur und Luftverhältnis. Der Reaktionsmechanismus der Verbrennung technischer Kraftstoffe ist noch wenig bekannt, auch bei einfachen Stoffen wie Methan ist der Verlauf der Verbrennung so verwickelt, daß eine restlose Klärung noch nicht vorliegt. Man weiß z. B., daß die Methanverbrennung über Methylalkohol und über Formaldehyd vor sich geht, weiterhin wurden bei Spektraluntersuchungen C_2- und CH-Banden beobachtet. Die Zwischenprodukte zersetzen sich zum Teil thermisch weiter. Die auf Grund von Beobachtungen ermittelten Verbrennungsprodukte entsprechen mehreren Zwischenstufen der Reaktion, so daß zum endgültigen Abschluß des Reaktionsvorganges mehrere Molekülstöße erforderlich sind. Für die auftretenden Kettenreaktionen sind die Umsetzungsvorgänge meist nicht genau bekannt. Deshalb ist eine rein theoretische Ableitung der Zündverzugszeit für technische Kraftstoffe vorläufig noch nicht möglich.

Die gemessenen Druck- und Temperaturabhängigkeiten sowie die Reproduzierbarkeit der Messungen lassen es jedoch erwarten, daß der Zündverzug auch bei Zündungsvorgängen bei nicht einheitlichen Kraftstoffen, an denen Kettenreaktionen beteiligt sind, durch eine einfache Formel näherungsweise wiedergegeben werden kann.

Zur Vereinfachung wird im folgenden angenommen, daß der gesamte Reaktionsvorgang, der zur Selbstzündung führt, im Mittel für einen beschränkten Druck- und Temperaturbereich durch eine scheinbare. mittlere Reaktionsgeschwindigkeit dB/dz gekennzeichnet wird, die in dem in Frage kommenden Temperaturbereich durch einen Ausdruck von der Form

$$\frac{d[B]}{dz} = \frac{p^n\, d}{e^{b/T}\sqrt{T}} \tag{302}$$

dargestellt wird, wobei b, n und d vom Kraftstoff abhängige empirisch zu bestimmende Konstanten sind (dz = Zeitelement).

Wenn verschiedene Luftverhältnisse in Betracht kommen, werden besser die Partialdrücke eingeführt, und man erhält die Gleichung:

$$\frac{d[B]}{dz} = \frac{p_{O_2}^m \cdot p_B^0 \cdot d}{e^{b/T} \cdot \sqrt{T}} \cdot \tag{303}$$

Nimmt man an, daß der Zündverzug z des Gasgemisches die Zeit ist, die vergeht, bis das Kraftstoff-Luft-Gemisch durch die allmählich einsetzende, immer rascher vor sich gehende Reaktion zur sichtbaren Entflammung kommt, so erhält man bei Vernachlässigung der Wärmeableitung[1] unter Benutzung der obenstehenden Gleichung, bei ähnlichem Rechnungsgang, wie auf S. 544 für die bimolekulare Reaktion gezeigt, für den Zündverzug eine Beziehung von der Form

$$z = \frac{e^{b/T_1}}{p_1^n} \cdot a \cdot \beta \cdot \sqrt{T_1}.$$

Dabei ist a wieder eine vom Kraftstoff abhängige Konstante. β bedeutet einen Korrekturfaktor von der Form

$$\beta = \frac{\displaystyle\int_{T_1}^{T_z} \frac{e^{b/T}}{T^{n-1/2}}\, dT}{\displaystyle\frac{e^{b/T_1}}{T_1^{n-1/2}}\,(T_z - T_1)}, \qquad (304)$$

der eine etwaige Temperaturerhöhung, die während der Zündverzugsperiode auftritt, berücksichtigt. Der Index 1 bezeichnet den Endzustand der Verdichtung, der dem Anfangszustand der Zündverzugsreaktion entspricht. T_z ist die Temperatur am Ende der Zündverzugsperiode.

Der Wert b kann in dieser Beziehung nicht mehr als wohldefinierte Aktivierungsenergie bezeichnet werden. Es handelt sich nur um einen analogen Wert, der zwar eine ähnliche Bedeutung aufweist, jedoch wegen der theoretisch nicht mehr im einzelnen übersehbaren Reaktionsvorgänge als *scheinbare mittlere Aktivierungsenergie* bezeichnet wird.

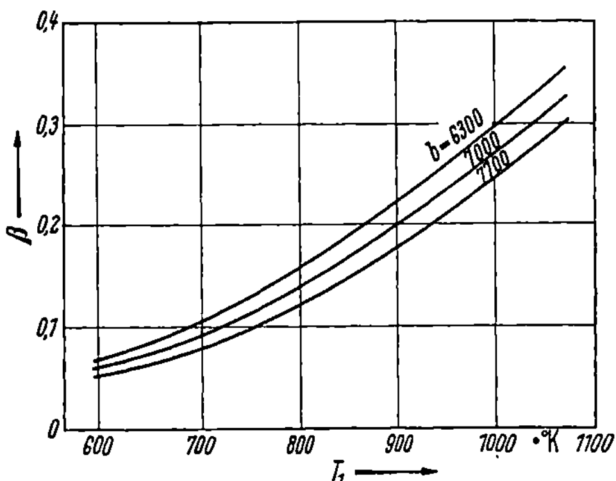

Abb. 291. Abhängigkeit des Korrekturfaktors β von der Temperatur T_1 zu Beginn des Zündverzuges für verschiedene Werte b für eine Zündtemperatur T_z von 1600 °K am Ende des Zündverzuges

Der Druckexponent n wäre für den Fall der bimolekularen Reaktion gleich 1 (vgl. S. 544). Bei Selbstentzündungsreaktionen von technischen Kraftstoffen kann im Mittel mit Werten zwischen $n = 1,1$ bis 1,3 gerechnet werden. Die Grenzwerte liegen etwa bei 0,6 und 2,0, s. auch Tabelle S. 575.

---

[1] Während bei den Zündungsvorgängen im Motor die Wärmeableitung nur eine verhältnismäßig geringe Rolle spielt, ist bei der Bestimmung der Selbstentzündungstemperatur die Wärmeableitung von ausschlaggebender Bedeutung und muß daher berücksichtigt werden. Die untere Grenze der Selbstentzündung ist unter den genannten Voraussetzungen annähernd durch das Überwiegen der entwickelten Wärme gegenüber der abgeleiteten Wärme gekennzeichnet.

Mit Hilfe der obenstehenden Gleichung für den Zündverzug können aus Versuchswerten des Zündverzuges (vgl. Abb. 289) die Konstanten in der obenstehenden empirischen Reaktionsgleichung (302) ermittelt werden und damit Zündungsvorgänge unter anderen äußeren Bedingungen, als sie bei der Zündverzugsmessung vorlagen, insbesondere bei veränderlichem Druck und veränderlicher Temperatur errechnet werden. Die Anwendung dieses Verfahrens hat bisher, z. B. bei motorischen Auswertungen, zu guten Ergebnissen geführt. Es ist jedoch anzunehmen, daß Abweichungen der Rechenergebnisse gegenüber den Motorversuchen auftreten werden, wenn der Druck und die Temperatur des klopfenden Gemisches während der Selbstzündungsperiode im Motor in ihrer zeitlichen Veränderung sehr wesentlich von den entsprechenden Werten beim Selbstzündungsversuch in der Verdichtungsapparatur abweichen.

Wenn auch somit durch die Berechnungsmethode der Vorgang während des Zündverzuges selbst in den Einzelheiten nicht einwandfrei berücksichtigt werden kann, so wird damit doch erfahrungsgemäß das Gesamtergebnis des Zündungsvorganges richtig erfaßt.

In vielen Fällen ändert sich in größeren Temperaturbereichen der Charakter der Reaktion, so daß auch die Größen b und n nur für einen beschränkten Bereich der Temperatur konstant bleiben.

In den meisten Fällen können die Gesetzmäßigkeiten beim Selbstzündungsvorgang bei einem bestimmten Zustand auf folgende Einflüsse zurückgeführt werden:

1. Einen konstanten Faktor, der die Geschwindigkeit des Reaktionsvorganges kennzeichnet. Er kann z. B. auf einen bestimmten Normalzustand bezogen werden. Er ist von der Art des Kraftstoffes abhängig.

2. 'die Temperaturabhängigkeit des Reaktionsvorganges und

3. die Druckabhängigkeit des Reaktionsvorganges, der zur Zündung führt,

4. die Abhängigkeit vom Luftverhältnis.

In welcher Form die drei ersteren und wichtigsten Einflußgrößen wiedergegeben werden, ist an sich gleichgültig, jedoch ist für die praktische Anwendung von großer Bedeutung, daß die Größen möglichst nicht durch Kurven, sondern der Einfachheit wegen, wie auf Seite 131 bis 134 dargelegt, durch Kennzahlen wiedergegeben werden. Da jedoch in verschiedenen Druck- und Temperaturbereichen diese Kennzahlen eventuell nicht konstant sind, müssen die Genauigkeitsgrenzen der Darstellung für die praktisch in Betracht kommenden Bereiche ermittelt werden. In Abb. 292 sind als Beispiel die in der auf S. 537 beschriebenen Verdichtungsapparatur gemessenen Zündverzugswerte eines nichtaromatischen Kraftstoffes mit Bleitetraäthylzusatz dargestellt. Betrachtet man nur das Anwendungsgebiet für die Kennzeichnung der Klopfneigung des Kraftstoffes, dann kommen nur verhältnismäßig geringe Druck- und Temperaturbereiche in Betracht und die formelmäßige Darstellung ist, wie die Abb. 292 zeigt, in diesem Falle mit vollkommen ausreichender Genauigkeit möglich. Die gestrichelten Kurven sind so durch die Versuchspunkte gelegt, daß sie der früher angegebenen Formel (s. S. 536) entsprechen. Man sieht, daß die Abweichung noch innerhalb der Versuchsgenauigkeit liegt.

Die Abb. 293 gibt Untersuchungsergebnisse wieder, die an einem Kraftstoff, der überwiegend aus Aromaten bestand, gewonnen wurden [F 41]. Bei diesem Kraftstoff setzte die Zündung ohne heftigen Druckanstieg ein.

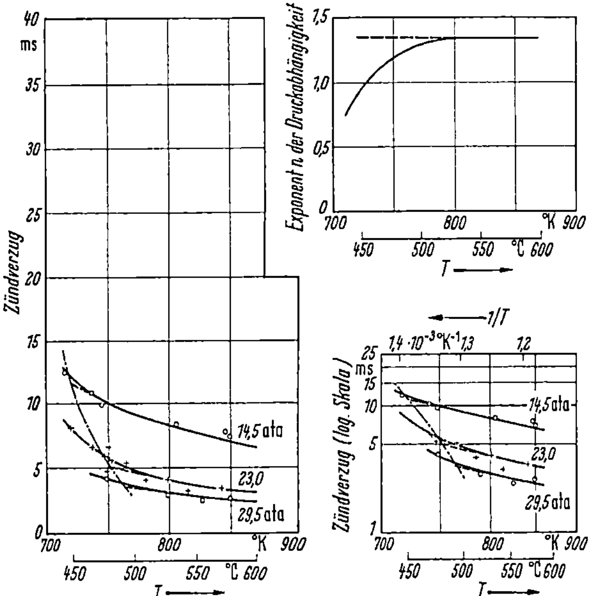

Abb. 292. Zündverzug eines nichtaromatischen Kraftstoffes mit Bleitetraäthylzusatz. Untersuchung der Druck- und Temperaturabhängigkeit bei adiabatischer Verdichtung

Bei der Ermittlung der Konstanten b', n', a' aus den Versuchswerten des Zündverzuges mittels der untenstehenden ohne den Korrekturfaktor β angesetzten Zündverzugsgleichung

$$z = e^{b'/T} \cdot p^{-n'} \cdot \sqrt{T} \cdot a'$$

ergibt sich, daß die Größe der mittels dieser Gleichung gefundenen Konstanten davon abhängt, welcher Zeitpunkt als Endpunkt der Zündverzugszeit angesehen wird. Wählt man einmal als Zündverzugszeit die Zeit vom Verdichtungsende bis zum merklich einsetzenden Druckanstieg und zum anderen die Zeit bis etwa zum Zeitpunkt des größten zeitlichen Umsatzes, so ergeben sich, wie Abb. 293a zeigt, wesentlich

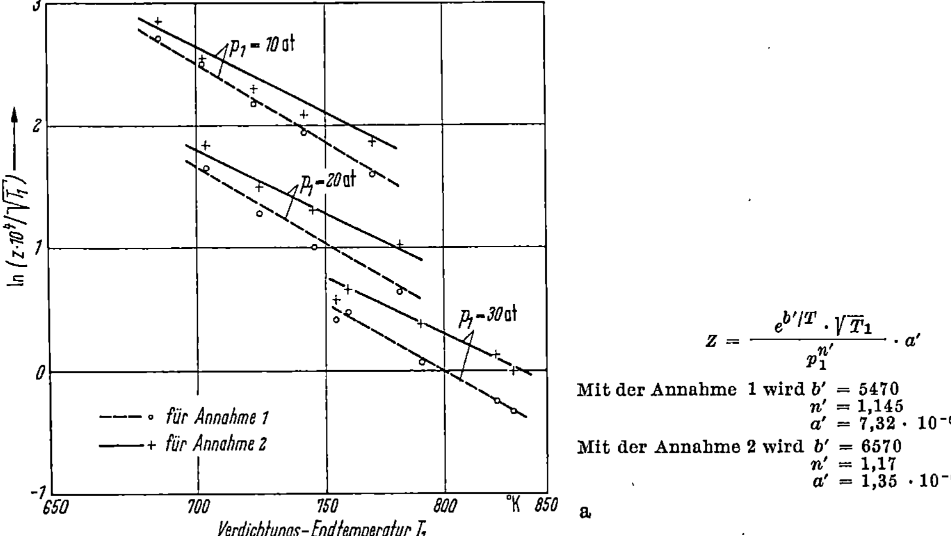

$$Z = \frac{e^{b'/T}\cdot\sqrt{T_1}}{p_1^{n'}}\cdot a'$$

Mit der Annahme 1 wird $b' = 5470$
$$n' = 1,145$$
$$a' = 7,32\cdot 10^{-6}$$

Mit der Annahme 2 wird $b' = 6570$
$$n' = 1,17$$
$$a' = 1,35\cdot 10^{-6}$$

a

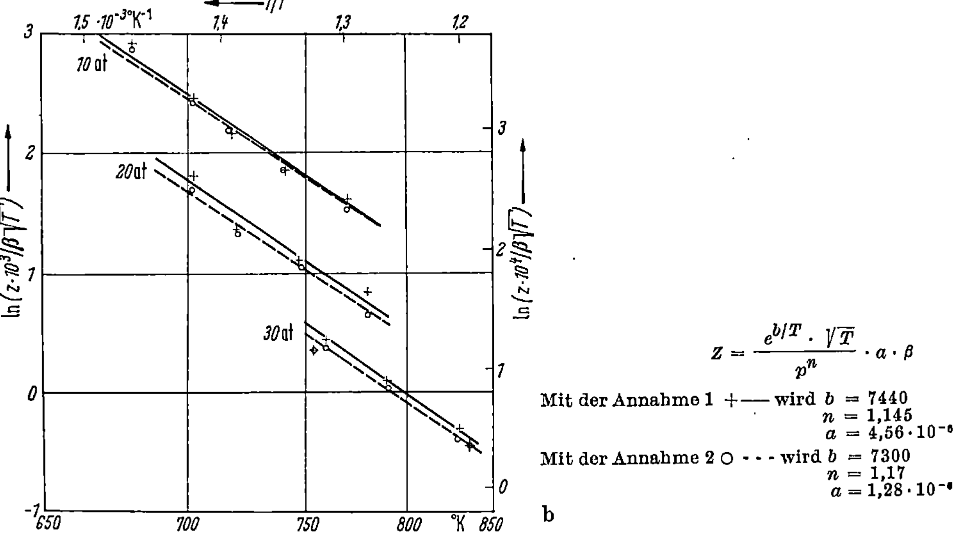

$$Z = \frac{e^{b/T}\cdot\sqrt{T}}{p^{n}}\cdot a\cdot\beta$$

Mit der Annahme 1 $+$——— wird $b = 7440$
$$n = 1,145$$
$$a = 4,56\cdot 10^{-6}$$

Mit der Annahme 2 O $\cdots$ wird $b = 7300$
$$n = 1,17$$
$$a = 1,28\cdot 10^{-6}$$

b

Abb. 293. Ermittlung der Konstanten der Zündverzugsperiode für einen überwiegend aromatischen Kraftstoff für zwei verschiedene Annahmen für das Ende der Zündverzugsperiode

Annahme 1: Ende des Zündverzuges beim Zeitpunkt des maximalen Umsatzes,
Annahme 2: Ende des Zündverzuges beim Beginn eines merklichen Druckansticges

verschiedene Werte für b'. Aus der Abbildung ist weiterhin zu entnehmen, daß die Zündverzugswerte im untersuchten Bereich gut durch die Zündverzugsgleichung wiedergegeben werden. Werden die gleichen Versuchsergebnisse ausgewertet unter Berücksichtigung des Faktors β, der die Zunahme der Reaktionsgeschwindigkeit durch Temperatursteigerung während des Reaktionsablaufes berücksichtigt, so zeigt sich, daß der Wert b weitgehend konstant wird und von der Festlegung des Zündpunktes bzw. des Endpunktes der Zündverzugszeit unabhängig wird, wie die Darstellung in Abb. 293b erkennen läßt. Der Wert wurde jeweils für einen Integrationsbereich bis zum jeweilig gewählten Endpunkt der Induktionsperiode bestimmt. Für den gewählten Endpunkt der Induktionsperiode bei $T_z = 1600\,°K$ ist in Abb. 291 die Abhängigkeit des Korrekturfaktors β von der am Anfang des Zündzuges herrschenden Temperatur für einige Werte von b wiedergegeben. Diese Auswertung zeigt, daß die übliche empirische Auswertung von Zündverzugsmessungen entsprechend Abb. 293a, bei der die Temperatursteigerung während der Zündverzugsperiode nicht berücksichtigt wird, zu verschiedenen Werten b' führt, was mit einer Deutung dieser Größe als scheinbare mittlere Aktivierungsenergie nicht in Einklang gebracht werden kann. Die so gewonnenen Werte b' sind für die Anwendung bei der Auswertung von Zündungsvorgängen nicht geeignet. Durch Hinzunahme des Integrationswertes β erhält man für den ganzen Bereich konstante Werte (b) für die scheinbare mittlere Aktivierungswärme, unabhängig von der Wahl des zur Auswertung herangezogenen Endpunktes der Induktionsperiode. Diese Werte (b) sind für teilempirische Auswertungen oder Berechnungen von Zündungsvorgängen bei technischen Anwendungen — auch im Motor — eine weit bessere Grundlage als die meist unrichtigerweise herangezogenen Werte b'.

Aus den durch Integration aus der angenommenen halbempirischen Gleichung für die Reaktionsgeschwindigkeit gewonnenen Werten z ist es nun möglich, rückwärts wieder die absoluten Werte für die Konstanten in der Reaktionsgleichung (S. 546) zu ermitteln. Man bestimmt aus den gemessenen Werten des Zündverzuges mit Hilfe der Gleichungen (S. 547) die Werte b und n. Der Wert d kann rückwärts aus der Beziehung:

$$d = \frac{1}{a}\,\frac{M\,c_p\big|_{T_1}^{T_z}\,(T_z - T_1)}{M\,c_p\big|_{T_1}^{T_{max}}\,(T_{max} - T_1)} \tag{306}$$

als Absolutwert errechnet werden. Man hat dann aus den Zündverzugsmessungen die 3 Konstanten in der angenommenen Beziehung für die Reaktionsgeschwindigkeit Gl. (302) erhalten und ist in der Lage, für beliebige Druck- und Temperaturänderungen den Reaktionsvorgang rechnerisch zu erfassen.

Unter Benutzung der erwähnten Konstanten, insbesondere b und d, ist es auch möglich, den Druckverlauf während eines einzelnen Zündzugsversuchs rechnerisch zu ermitteln.

Abb. 294 zeigt die gute Übereinstimmung des Versuches mit dem Druckverlauf während der Selbstzündungsreaktion, der aus den aus der Veränderlichkeit des Zündverzuges mit Druck und Temperatur ermittelten Konstanten rechnerisch bestimmt wurde.

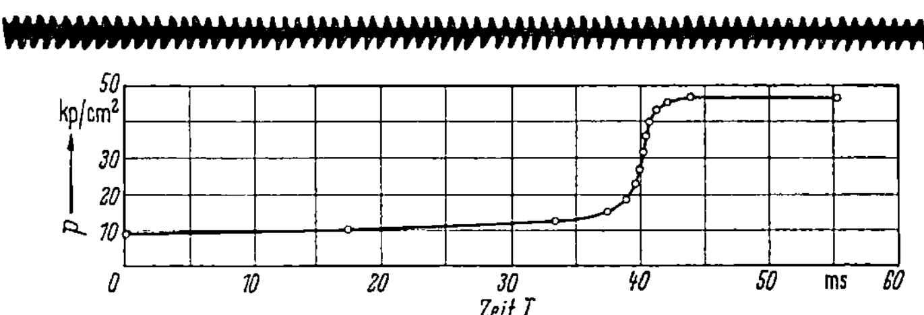

Abb. 294. Gemessener und berechneter zeitlicher Druckverlauf bei Benzol. Berechnete Werte aus Druck- und Temperaturabhängigkeit der Zündverzugsperiode ermittelt, theoretisches Mischungsverhältnis

Auch die verschiedenartige Druckentwicklung bei Variation des Luftverhältnisses kann nach dieser Methode rechnerisch ermittelt werden. Die gute Übereinstimmung mit dem Versuch, die aus Abb. 295 ersichtlich ist, kann als Hinweis dafür gelten, daß das auf Seite 546

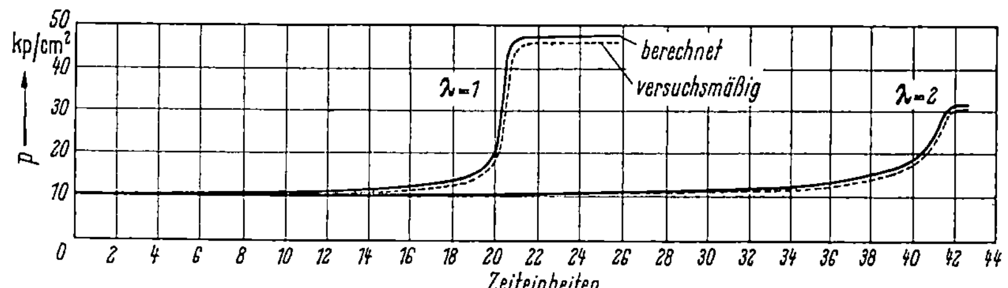

Abb. 295. Gemessener und berechneter zeitlicher Druckverlauf mit Hilfe empirisch ermittelter Konstanten nach der Beziehung $\dfrac{dp_{ges}}{dz} = a \cdot p_B \cdot p_{0_2} \cdot e^{-b/\tau}$

$a = 0,47 \cdot 10^6; \quad b = 6,36 \cdot 10^3 \qquad$ Kraftstoff: 80 % Benzol, 20 % n-Heptan

bis 551 vorgeschlagene Verfahren mindestens für diesen Kraftstofftyp brauchbar ist. Wird das Luftverhältnis verändert, dann sind die jeweiligen Partialdrücke bei der Errechnung der Druckänderung einzeln einzuführen (Abb. 295) (vgl. S. 546). [F 1].

Die der Abb. 295 zugrundeliegende Beziehung kann bei isochoren Reaktionsvorgängen angesetzt werden, da hierbei die Reaktionsgeschwindigkeit durch die zeitliche Änderung des Gesamtdruckes beschrieben werden kann.

Die bisher vorliegenden Versuche haben gezeigt, daß sich diese Auswertung mit großer Genauigkeit lediglich bei vorwiegend aromatischen Kraftstoffen durchführen läßt. Bei paraffinischen Kraftstoffen z. B. wurde eine zweistufige Reaktion beobachtet (S. 534). Für die Möglichkeit einer systematischen Zusammenfassung der Ergebnisse von Selbstzündungsversuchen bei mehrstufiger Reaktion sind folgende Feststellungen, die sich aus Versuchen ergeben haben, von wesentlicher Bedeutung. Es wurde gefunden, daß man den gesamten Zündungsvorgang im wesentlichen in drei Teile einteilen kann, die aber voneinander nicht klar trennbar sind und keine scharfe Grenze aufweisen. Die erste Stufe der Reaktion ist die Etappe der Peroxydbildung ohne exotherme Erscheinungen. Die zweite Etappe ist die sogenannte kalte Flamme und die dritte Etappe ist die heiße Flamme. Es ist klar, daß für den Fall, daß diese drei Stufen stark zeitabhängig wären, d. h. daß eine längere Dauer einer dieser Stufen einen grundsätzlich veränderten Selbstzündungsvorgang ergäbe, es sehr schwierig wäre, eine Charakterisierung des gesamten Selbstzündungsvorganges zu finden. Wesentliche Ergebnisse der erwähnten Versuche berechtigten jedoch zu der Annahme, daß es gelingen wird, bei technisch interessierenden Kraftstoffen eine ähnliche Kennzeichnung der Selbstzündungsreaktion wie bei Aromaten zu finden. Es handelt sich um folgende Feststellungen:

1. Die Grenzen der drei Reaktionsstufen sind im wesentlichen von der Temperatur abhängig und nicht oder nur sehr wenig abhängig vom Mischungsverhältnis.

2. Der Druckanstieg und die Energieumsetzung während der 2. Etappe der Zündverzugsreaktion ergibt sich im wesentlichen aus einer vollständigen Oxydation eines kleinen Teils des Kraftstoffes, also aus einer Oxydation zu H_2O und zu Kohlenstoffoxyden (Kalte Flammen).

3. Kurz vor Anfang der heißen Flamme ist eine bemerkenswerte Anhäufung von Zwischenprodukten *nicht* festzustellen.

4. Der Beginn der Auftretens der heißen Flamme liegt in allen Fällen in einem engen Bereich der Temperatur.

Diese wesentlichen Feststellungen müssen noch durch umfangreiche Versuche auf allgemeine Gültigkeit geprüft werden.

Betrachtet man größere Temperaturbereiche desselben Kraftstoffes, so erhält man oft eine wesentliche Änderung des für die Zündung maßgebenden Reaktionsvorganges. Aus Abb. 296, in der Zündverzugswerte desselben Kraftstoffes wie in Abb. 292, die in einer Bombenapparatur gemessen wurden, dargestellt sind, ist ersichtlich, daß die Druckabhängigkeit des Zündvorganges bei niedrigen Temperaturen sehr gering wird.

Während im oberen Temperaturbereich > 700 °K die starke Druckabhängigkeit des Zündverzuges als Folge des hier überwiegenden Einflusses der zweiten Reaktionsstufe angesehen werden kann, ist im unteren Temperaturbereich vermutlich das Reaktionsverhalten der ersten Stufe mit ihrer geringen Druckabhängigkeit bestimmend.

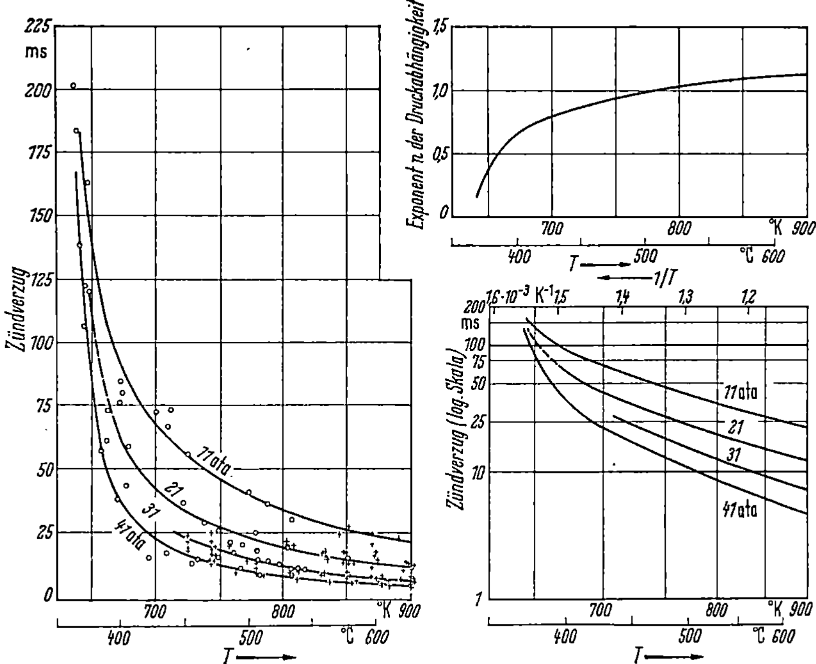

Abb. 296. Zündverzug eines nichtaromatischen Kraftstoffes mit Bleitetraäthylzusatz.
Einspritzung flüssigen Kraftstoffes in eine Bombe

Bei diesen Versuchsergebnissen, die durch Einspritzung in eine Bombe gewonnen wurden, ist jedoch zu beachten, daß die Ergebnisse nicht den chemischen Reaktionsvorgang allein kennzeichnen, sondern auch den Einfluß des Verdampfungsvorganges enthalten, so daß sie zur Ermittlung von Kennzahlen für den Zündvorgang nicht ohne weiteres verwendet werden können. Der Verlauf der so gewonnenen Zündverzugskurven ist jedoch grundsätzlich in erster Linie durch den Verlauf des chemischen Vorganges bedingt. Der Einfluß des Verdampfungsvorganges bedingt nur eine geringe Abhängigkeit von Druck und Temperatur und äußert sich in verschiedenen Temperaturbereichen in ähn-

licher Weise. Die geringe Druckabhängigkeit des Zündverzuges bei
tiefen Temperaturen ist ähnlich wie bei n-Heptan (vgl. Abb. 297)
durch den Reaktionsvorgang bestimmt, wobei zu bemerken ist, daß
n-Heptan die charakteristischen Merkmale für zweistufige Reaktionen aufweist.

Die in Abb. 296 dargestellten Versuchsergebnisse gestatten ein
Urteil über die Veränderungen der Gesetzmäßigkeiten der Zündung
abhängig von der Temperatur, weil sie sich über einem verhältnismäßig
großen Temperaturbereich erstrecken.

Die Gesetzmäßigkeiten für den Zündvorgang, die in den vorstehenden Ausführungen an Hand von Zündverzugsmessungen, wie z. B. in

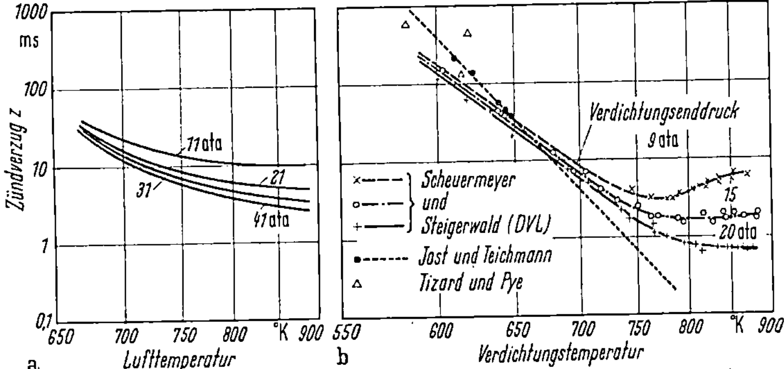

Abb. 297. Zündverzugswerte von n-Heptan abhängig von der Temperatur.
a) Bei flüssiger Einspritzung, gemessen in einer Bombe nach E. LOHN.
b) Bei annähernd adiabatischer Verdichtung des Gas-Luft-Gemisches.
(Messungen von M. SCHEUERMEYER)

Abb. 284, 285, 286 und 288 dargestellt sind, gelten wohl in der Mehrzahl der technisch vorkommenden aber nicht allen Fällen. Auch in
den bisher betrachteten Fällen, die eine verhältnismäßig gute
formelmäßige Darstellung gestatten, ist eine ausreichend genaue
Wiedergabe nur für beschränkte Druck- und Temperaturbereiche
möglich (vgl. auch die Ausführungen S. 532 u. 549). Besonders
deutlich zeigen die Änderungen der Gesetzmäßigkeiten für die Zünd-
reaktionen in verschiedenen Temperaturbereichen die in Abb. 297
dargestellten Zündverzugswerte von n-Heptan. Im linken Teil der
Abbildung sind Zündverzugswerte, die bei Einspritzung von flüssigem
Heptan in eine Bombe (s. Abb. 290) gemessen wurden, wiedergegeben,
in der rechten Seite der Abbildung sind Zündverzugswerte, die in der
Verdichtungsapparatur (s. Abb. 283) gemessen wurden, wiedergegeben.
Eine Darstellung dieser Versuchsergebnisse durch die oben angegebene
Formel ist nur in geringen Temperaturbereichen möglich. Bei Tem-
peraturen unter 650 °C ist der Druckeinfluß vernachlässigbar gering.
Bei Temperaturen über 800 °C wird der Temperatureinfluß sehr gering,
der Druckeinfluß jedoch von entscheidender Bedeutung.

Dieses Verhalten findet sehr wahrscheinlich seine Erklärung im Mechanismus zweistufiger Reaktionen.

Neben den Messungen mit der in Abb. 283 dargestellten Verdichtungsapparatur sind auch Messungen von JOST, TEICHMANN, TIZARD und PYE eingetragen. Die Verschiedenheit der Versuchsergebnisse ist vor allem auf die Verschiedenheit der Kolbengeschwindigkeit der Apparaturen zurückzuführen. Während bei der in Abb. 283 dargestellten Apparatur Kolbengeschwindigkeiten von 50 m/s gewählt wurden, bei denen der Fehler in der Zündverzugsmessung infolge der

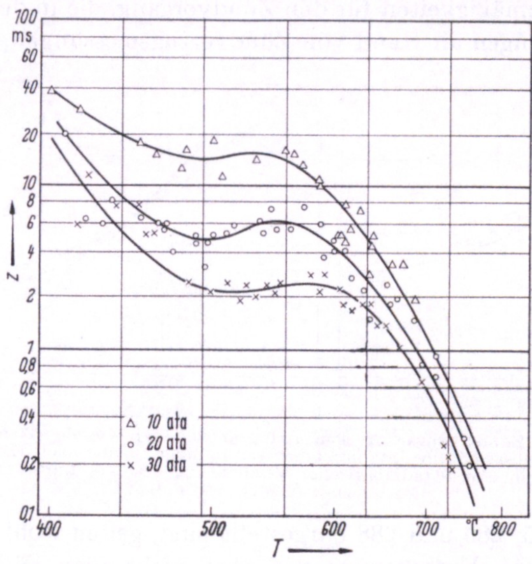

Abb. 298. Zündverzug eines vorwiegend aromatischen, synthetischen Kraftstoffes abhängig von der Temperatur. Messung mit einer Verdichtungsapparatur

Vorreaktion während der Verdichtungszeit nicht mehr merklich in Erscheinung tritt, wurden bei JOST und TEICHMANN Kolbengeschwindigkeiten von 10 m/s und bei TIZARD und PYE Kolbengeschwindigkeiten von von 3 m/s verwendet. Wegen der langen Verdichtungszeiten tritt bei diesen geringeren Verdichtungsgeschwindigkeiten ein Teil des zur Zündung führenden Reaktionsvorganges schon während der Verdichtung auf und die Zündverzugswerte werden, insbesondere bei höheren Temperaturen, zu gering gemessen, so daß die Kurve zu steil verläuft und die scheinbare Aktivierungswärme zu groß erscheint.

Auch bei technisch verwendeten Kraftstoffen kommen Fälle vor, bei denen die formelmäßige Darstellung der Zündverzugswerte nicht mehr möglich ist. Als Beispiel hierfür ist in Abb. 298 das Zündverhalten eines Kraftstoffes dargestellt, das bei technischen Kraftstoffen als nicht normal bezeichnet werden kann. Der Kraftstoff wurde als Beispiel ausgewählt, um zu zeigen, daß auch bei technisch verwendeten Kraftstoffen nicht immer eine einfache Darstellung des Zündverhaltens möglich ist. Die Kurven zeigen, daß in einem beschränkten Temperaturbereich eine Umkehrung der Geschwindigkeitsänderung der zur Zündung führenden Reaktion mit zunehmender Temperatur eintritt.

d) Abhängigkeit des Selbstzündungsvorganges vom Luftverhältnis

Der Einfluß des Luftverhältnisses ist im Vergleich zum Einfluß von Druck und Temperatur meist gering. Die Größe des Einflusses ist aus Abb. 71, S. 134, an Hand einiger Beispiele zu entnehmen, in der für n-Heptan, für einen nichtaromatischen Kraftstoff mit Zusatz von Bleitetraäthyl und einen aromatischen Kraftstoff die Abhängigkeit des Zündverzugs vom Luftverhältnis wiedergegeben ist. In den Grenzen, die für Ottomotoren in Betracht kommen, sind die Änderungen ohne größere Bedeutung.

Die für den Zündverzug angegebene Gleichung

$$z = \frac{e^{b/T_1} \cdot \sqrt{T_1}}{p_1^n} \cdot a \cdot \beta$$

kann, wie auf Seite 538 ff. gezeigt, aus den Gesetzmäßigkeiten der Reaktionskinetik hergeleitet werden. Es ist auf Grund reaktionskinetischer Überlegungen auch möglich, den Einfluß des Luftverhältnisses λ auf den Zündverzug rechnerisch zu erfassen. Bei den unterschiedlichen Mischungsverhältnissen ist die Zahl der zu einer Reaktion führenden Molekülstöße pro Zeiteinheit verschieden. Da die Zündverzugszeit durch eine bestimmte Temperaturerhöhung zwischen Anfang und Ende der Reaktion definiert ist, ergibt sich bei unterschiedlichen Luftverhältniszahlen auch ein unterschiedliches Verhältnis des umgesetzten Kraftstoffes zum anfänglich im Gemisch vorhandenen Kraftstoff. Werden diese Überlegungen in den rechnerischen Ansätzen berücksichtigt, so ergibt sich, daß der Faktor a der oben angegebenen Gleichung für den Zündverzug vom Luftverhältnis λ in folgender Weise abhängig ist [P 9]:

$$a = a_{\lambda=1} \left[1 + k \left(\lambda - 2 + 1/\lambda \right) \right] . \tag{307}$$

Die kürzeste Zündverzugszeit ergibt sich hiernach für $\lambda = 1$. Dies ist für die meisten technischen Kraftstoffe zutreffend. Eine erweiterte Form der für a angegebenen Beziehung ermöglicht auch die Erfassung von Kraftstoffen, bei denen das Minimum der Zündverzugszeit nicht bei $\lambda = 1$ liegt. Der Faktor k ist eine kraftstoffabhängige Größe, die ebenso wie b und n versuchsmäßig ermittelt wird.

In Abb. 299 ist für ein unverbleites Benzin die versuchsmäßig in einer Versuchsapparatur und nach der oben angegebenen Gleichung rechnerisch ermittelte Abhängigkeit der Zündverzugszeit vom Luftverhältnis λ bei einem konstanten Druck und einer konstanten Temperatur wiedergegeben [P 9].

Wie aus dieser Abbildung hervorgeht, stimmen die Ergebnisse der Rechnung und des Versuches recht gut überein. Auch bei anderen untersuchten Kraftstoffen ergab sich eine gute Übereinstimmung zwischen Rechnung und Versuch.

Für den gleichen Kraftstoff zeigt Abb. 300 die Abhängigkeit des ersten und zweiten Zündverzuges sowie des Gesamtzündverzuges (s. S. 536) vom Luftverhältnis λ. Es zeigt sich, daß der zweite Zündverzug mit steigendem Luftüberschuß stark zunimmt, wohingegen der erste Zündverzug nahezu unabhängig vom Luftverhältnis ist. Im Luftmangelgebiet geht der

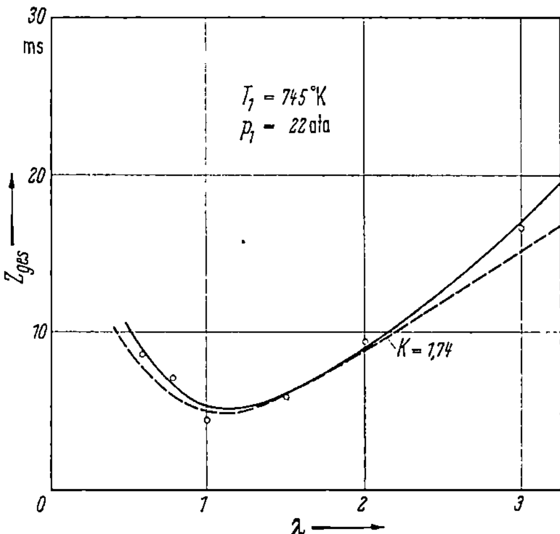

Abb. 299. Gesamtzündverzug von Grundbenzin in Abhängigkeit vom Luftverhältnis
———— Versuchsergebnisse;
– – – nach der Formel für den Zündverzug

zweite Zündverzug gegen Null, wohingegen der erste Zündverzug eine starke Abhängigkeit von λ aufweist, obwohl der erste und zweite Zündverzug verschiedenen Gesetzmäßigkeiten gehorchen müssen. Umfangreiche Untersuchungen ergaben, daß es möglich ist, die Zündverzugszeiten in dem im normalen Motorbetrieb vorkommenden Bereich durch die oben angegebenen Gleichungen genügend genau zu erfassen. Dagegen traten in bestimmten Bereichen, insbesondere dort, wo der erste Zündverzug etwa gleich dem zweiten ist, bei der rechnerischen Behandlung Schwierigkeiten auf.

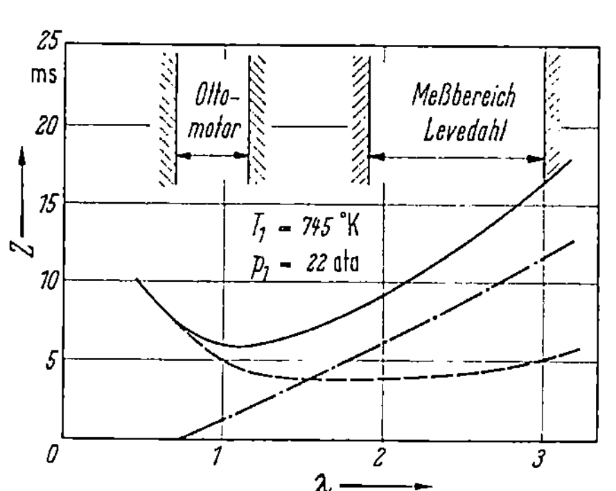

Abb. 300. Zündverzugszeiten von Grundbenzin in Abhängigkeit vom Luftverhältnis
– – – 1. Zündverzug;
–·–·– 2. Zündverzug;
———— Gesamtzündverzug

Über den Einfluß von Bleitetraäthyl auf die Größe des Zündvorganges gibt Abb. 301 für ein Beispiel Aufschluß. Die Kurven zeigen Zündverzugswerte desselben Kraftstoffes mit und ohne Bleitetraäthyl. Durch die Zugabe von Bleitetraäthyl wurden die Zündverzugswerte ungefähr um einen konstanten Faktor vergrößert.

Untersuchungen von TAYLOR über Zündverzugswerte von n-Heptan zeigten, daß der Einfluß von Bleitetraäthyl für diesen Stoff im ganzen Temperaturbereich nicht gleichmäßig ist. Bei niederen Temperaturen fand er sogar einen reaktionsfördernden Einfluß. Beim Zerfall des Bleitetraäthyls entstehen reaktionshemmende Bleioxyde und reaktionsfördernde Äthylradikale. Der reaktionsfördernde Einfluß wirkt sich besonders bei solchen Reaktionen aus, die schon ohne Zusatz von Blei-

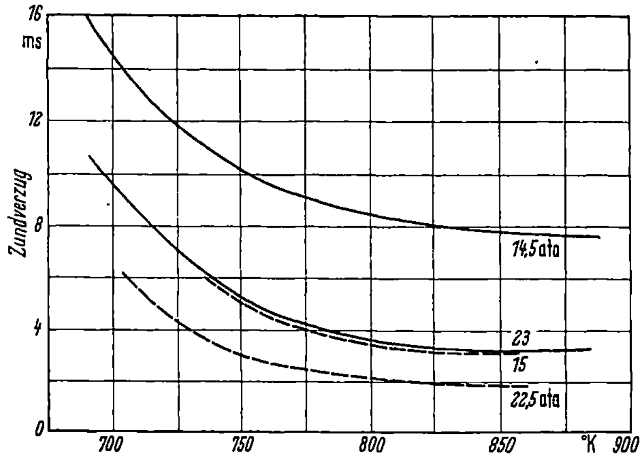

Abb. 301. Zündverzug eines nichtaromatischen Kraftstoffes
ohne (———) und mit (— — —)Bleitetraäthylzusatz, gemessen in einer Verdichtungsapparatur

tetraäthyl gehemmt werden. Hemmend wirkt evtl. in der ersten Stufe einer zweistufigen Reaktion das entstehende Formaldehyd. Durch Bleizusatz kann daher bei niedrigen Temperaturen bei n-Heptan der Zündverzug verkürzt werden, bei Iso-Oktan dagegen fand TAYLOR nur einen geringen Einfluß von Bleitetraäthyl.

Der Einfluß der Strahlung ist für die Selbstzündungsreaktion zweifellos ebenfalls von Bedeutung. Ihre Auswirkung liegt jedoch innerhalb der Versuchsreihen in ähnlicher Größenordnung, tritt also bei relativen Vergleichen nur als Einfluß zweiter Ordnung in Erscheinung.

Der gemessene Verlauf des Druckes während der Zeit des Zündverzuges ermöglicht nun gewisse Rückschlüsse auf den Reaktionsverlauf. Die Abb. 284, 285 und 286 lassen darauf schließen, daß die Reaktionsgeschwindigkeit nicht allein von Druck und Temperatur abhängig ist, da in diesem Fall ein weicher allmählicher Übergang zur Verbrennung zu erwarten wäre. Gewisse Abweichungen von dem Druckverlauf, der auf Grund der Rechnung zu erwarten wäre, können allerdings auch mit einem örtlich verschiedenen Reaktionsverlauf im Verbrennungsraum erklärt werden (vergleiche die photographischen Aufnahmen von TAYLOR [P 20]). Nach der Theorie der Kettenreaktion können die chemischen Umsetzungen im Gemisch, die bereits vor dem betrachteten Zeitintervall stattfanden und von dem Verlauf von Druck und Temperatur abhängen, von entscheidendem Einfluß auf die Reaktionsgeschwindigkeit sein. Bei Auswertungen von Versuchen mit Motorkraftstoffen nach der beschriebenen Methode haben sich jedoch keine Anzeichen dafür ergeben, daß dadurch in den für technische Zwecke in Betracht kommenden Fällen Fehler auftreten könnten, die die Brauchbarkeit der beschriebenen Berechnungsmethode beeinträchtigen

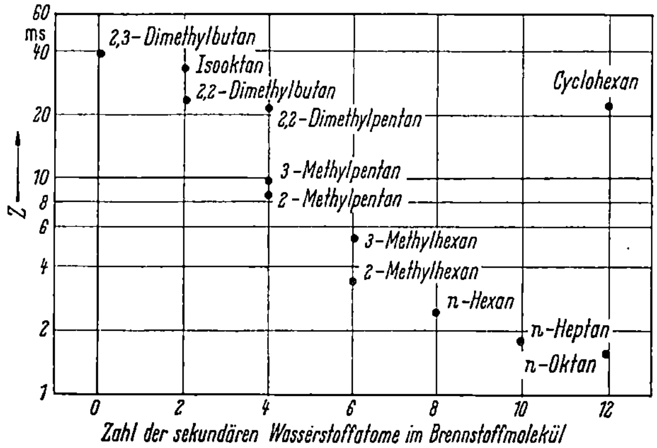

Abb. 302. Zündverzugsperiode in Abhängigkeit von der Zahl der sekundären Wasserstoffatome im Brennstoffmolekül unter gleichen Versuchsbedingungen [F 17]

würden. Nach ZEISE [F 47] muß möglicherweise beim motorischen Zündvorgang, ähnlich wie bei Beobachtungen in Röhren, zwischen der langsam verlaufenden Vorreaktion, die die eigentliche spontane Zündung vorbereitet, und der eigentlichen Zündreaktion unterschieden werden, wobei während der Vorreaktion die Temperatursteigerung nur gering ist.

Der Druckverlauf während des Zündverzuges zeigt, daß es sich dabei nicht um eine reine Wärmeexplosion, bei der die Erhöhung der Reaktionsgeschwindigkeit während des Zündverzuges *nur* durch die Temperatur- und Drucksteigerung verursacht ist, handelt. Aber die rein isotherme Reaktion kann bei Kraftstoffen, die im ganzen mit starker Wärmeentwicklung verbrennen, nur in seltenen Sonderfällen in beschränkten Temperaturbereichen in Betracht kommen. Für die bei motorischen Zündungsvorgängen in Frage kommenden Reaktionen gilt der allgemeinere Fall der Kettenreaktion bei der schon während des Zündungsvorganges Wärme frei wird.

Auf Grund zahlreicher Versuche verschiedener Autoren ist bekannt, daß die Vorgänge während der Selbstzündung bei Kraftstoffen unterschiedlichen chemischen Aufbaues verschieden sind, und daß in vielen Fällen zwei verschiedene Reaktionsvorgänge den Gesamtzündungsvorgang beeinflussen.

Die einzelnen Vorgänge während der Selbstzündung hat LEVEDAHL [F 17] an einer Apparatur, die aus einem umgebauten CFR-Prüfmotor bestand, und in Parallelversuchen mit gleichen Kraftstoffen und ähnlichen Drücken und Temperaturen wie an der auf Seite 531 dargestellten Verdichtungsapparatur im Institut des Verfassers untersucht.

Er fand u. a., daß bei aliphatischen Kohlenwasserstoffen die Selbstzündungsreaktion in drei Stufen aufgeteilt werden kann, wobei die erste Stufe als Stufe der Peroxyd-Bildung anzusehen ist. Die zweite Stufe stellt die exotherm verlaufende Reaktion der kalten Flamme dar. Während dieser Reaktion erreicht die Reaktionsgeschwindigkeit ein Maximum. Die dritte Stufe, die sogenannte Reaktion der heißen Flamme, zeigt einen fast schlagartig einsetzenden Brennstoffumsatz.

Es zeigt sich, daß ein Kraftstoff mit einer langen ersten und einer kurzen zweiten Reaktionsstufe stark temperatur- und wenig druckabhängig ist. Bei einer kurzen ersten Reaktionsstufe und längerer zweiten Stufe überwiegt dagegen die Druckabhängigkeit.

Eine annähernde Ordnung des Zündverhaltens der Kohlenwasserstoffe läßt sich in Abhängigkeit der Zahl der sekundären Wasserstoffatome im Brennstoffmolekül erkennen (s. Abb. 302). Die zyklischen Verbindungen folgen dieser allgemeinen Tendenz nicht.

Da über die Einzelheiten der Reaktionsvorgänge bei den obenstehenden Untersuchungen und den daraus gezogenen Folgerungen (s. auch Kapitel „Klopfen") keine Annahmen getroffen sind, und nur der Gesamtvorgang rechnerisch erfaßt wurde, verspricht die Berechnungsmethode brauchbare Ergebnisse wenn die Anwendung innerhalb des Bereiches von Druck und Temperatur erfolgt, in dem konstante Gesetzmäßigkeiten für den Zündverzug festgestellt wurden.

e) Zündverzugsmessungen im Stoßwellenrohr

Wie bereits auf S. 531 erwähnt wurde, lassen sich mit der Verdichtungsapparatur zuverlässig nur Zündverzugswerte messen, die größenordnungsmäßig nicht kleiner als die Zeit der Verdichtung durch den Kolben der Verdichtungsapparatur sind. In Fällen, wo die Zündverzugszeiten kleiner als die Verdichtungszeiten sind, können die Vorreaktionen während der Verdichtung nicht mehr vernachlässigt werden. Da kleine Zündverzüge aber in den Bereichen hoher Temperaturen und Drücke auftreten, lassen sich also mit der Verdichtungsapparatur die den höheren Temperaturen und Drücken zugeordneten Zündverzugswerte technischer Kraftstoff–Luft-Gemische nicht mehr einwandfrei bestimmen.

Auf der Suche nach einem Instrument mit einer Verdichtungszeit, die kürzer als die Verdichtungszeit in der Verdichtungsapparatur ist, bot sich das Stoßwellenrohr als erfolgversprechende Apparatur zur Messung kleinster Zündverzüge an.

Das Stoßwellenrohr, das schon im Jahre 1899 von VIEILLE [O 78] zur Untersuchung von Flammenfortpflanzungsproblemen benutzt wurde, ist in den letzten 20 Jahren zu einer hoch entwickelten Meßapparatur vervollkommnet worden, die in den verschiedensten Disziplinen wie Aerodynamik, Gasdynamik, chemische Kinetik usw. zur Untersuchung einer Reihe von Phänomenen breite Anwendung gefunden hat.

Der Hauptvorteil des Stoßwellenrohres zur Untersuchung reaktionskinetischer Probleme liegt darin, daß ein zu untersuchendes Gasgemisch (Testgasgemisch) durch die Stoßwelle, die eine mit Überschallgeschwindigkeit sich fortpflanzende Druckdiskontinuität darstellt, innerhalb kürzester Zeit (Bruchteile von Mikrosekunden) relativ homogen auf einen wählbaren Druck und auf eine wählbare hohe Temperatur aufgeheizt werden kann und anschließend der zeitliche Ablauf der interessierenden Phänomene (z. B. der Selbstzündung) im aufgeheizten Testgas mit entsprechend fast trägheitslosen Meßverfahren beobachtet werden kann.

Das Stoßwellenrohr[1] besteht im wesentlichen aus zwei aneinandergeflanschten Rohrsektionen gleichen Querschnitts, die durch ein Kunststoffdiaphragma voneinander getrennt sind.

Die eine Sektion, der sog. Niederdruckteil, wird mit dem zu untersuchenden Testgas z. B. mit einem Kraftstoffdampf–Luft-Gemisch gefüllt und auf gewünschte Werte des Gasdruckes p_1 und der Gastemperatur T_1 eingestellt, während die andere Sektion, der sog. Hochdruckteil, mit einem geeigneten Treibgas (Luft, Helium oder Wasserstoff) auf einen vorausberechneten höheren Druck p_4, der knapp unterhalb des Zerreißdruckes des Diaphragmas liegt, aufgeladen wird. Nach Durchstechen des Diaphragmas mit einer speziellen Zerstörungsvorrichtung wird der zwischen den beiden Sektionen liegende Rohrquerschnitt schlagartig freigegeben, das Treibgas expandiert in den Niederdruckteil hinein und schiebt das dort befindliche Testgas vor sich her. Dabei läuft mit Überschallgeschwindigkeit die Stoßwelle, ein Drucksprung, in das Testgas hinein, wobei jedes Testgasteilchen in dem Mo-

---

[1] In Übereinstimmung mit der neueren Literatur über Stoßwellenrohre bedeuten Index 1 den Gaszustand im Stoßrohr vor Einfall der Stoßwelle, Index 2 den Gaszustand hinter der einfallenden Stoßwelle und Index 5 den Gaszustand hinter der am Endflansch reflektierten Stoßwelle. Index 4 charakterisiert den ursprünglichen Zustand des Treibgases im Hochdruckteil.

ment, in dem es von der Stoßwelle getroffen wird, vom Druck p_1, der Temperatur T_1 und der Geschwindigkeit $w_1 = 0$ auf den Druck p_2 (größer als p_1), die Temperatur T_2 (größer als T_1) und die Geschwindigkeit w_2 (größer als 0) gebracht wird. Es baut sich also hinter der Stoßwelle ein homogen aufgeheiztes Testgasgebiet von örtlich und zeitlich konstanter Geschwindigkeit auf.

Trifft die Stoßwelle auf den Endflansch des Niederdruckteiles auf, so wird sie reflektiert. Der reflektierte Stoß läuft in die bereits in Bewegung befindliche aufgeheizte Testgassäule hinein, bewirkt in analoger Weise eine weitere Aufheizung und Kompression auf die Werte T_5 und p_5 und bremst das Testgas auf die Geschwindigkeit $w_5 = 0$ ab. Dadurch baut sich hinter der reflektierten Stoßwelle vom Endflansch ab ein auf den Zustand (T_5, p_5) hoch aufgeheiztes und komprimiertes Testgasgebiet auf, das sich in Ruhe befindet und das sich sehr gut zur Beobachtung z. B. von Selbstzündungsreaktionen in technischen Kraftstoff-Luft-Gemischen eignet.

Solche Untersuchungen wurden von SHEPHERD [O 71], FAY [O 37], STEINBERG und KASKAN [O 73], WU [O 82], TERAO [O 76], ASABA [O 28] u. a. durchgeführt. WU [O 82] verglich Zündverzugszeiten, die in einem Stoßwellenrohr gemessen wurden, mit Zündverzugszeiten, die an einer Verdichtungsapparatur erhalten worden waren. Für stöchiometrische n-Butan-Luft-Gemische wurde eine zufriedenstellende Übereinstimmung gefunden. Bei dieser Arbeit wurde als Zündverzug die Zeit vom Augenblick der Aufheizung durch die reflektierte Stoßwelle bis zum Auftreten der ersten Lichterscheinung aufgefaßt.

H. Prehn [P 17 a] hat im Institut des Verfassers ähnliche Untersuchungen des Selbstzündungsvorganges hinter dem reflektierten Stoß im Stoßwellenrohr durchgeführt. Unter anderem bestimmte er für stöchiometrische n-Heptan-, Isookatan- und Benzoldampf-Luft-Gemische die Abhängigkeit der Zündverzugszeit von Temperatur und Druck im Bereich von ca. 700–1500 °K. In allen drei Fällen schlossen die einem gegebenen Druck zugeordneten Stoßrohrkurven an die in Verdichtungsapparaturen gemessenen Kurven an.

Messungen der Zündverzugszeiten der H_2-O_2-Reaktion hinter der einfallenden Stoßwelle wurden von SCHOTT und KINSEY [O 66] und JUST und WAGNER [O 45] durchgeführt. SCHOTT und KINSEY verfolgten mit einer Lichtabsorptionsmethode die zeitliche Entwicklung der Konzentration des OH-Radikals hinter der Stoßwelle, aus deren Verlauf deutlich eine Induktionszeit abgelesen werden konnte.

JUST und WAGNER [O 45] beobachteten mit einer Schlierenmethode auf optischem Wege den zeitlichen Abstand zwischen dem durch die Stoßwelle und dem durch Einsetzen einer merklichen Verbrennungsreaktion verursachten Dichtegradienten und definierten diese Zeit als Induktions- oder Zündverzugszeit.

2. Praktische Auswirkungen des Selbstzündungsvorganges bei der Verbrennung in Kraftmaschinen

Die angestrebte oder auch unerwünschte Zündung von Kraftstoff-Luft-Gemischen im Bereich der Verbrennungskraftmaschinen tritt in verschiedener Weise auf. Man kann jedoch die meisten Zündvorgänge in zwei wichtige Hauptgruppen einreihen: Fremdzündung und Selbstzündung.

Bei der Fremdzündung erfolgt die Entzündung durch sehr hohe Erhitzung an einer bestimmten Stelle des Gemisches, wobei meistens zur Zündung ein oder mehrere elektrische Funken benutzt werden. Die Verbrennung pflanzt sich dann von dieser Stelle im Gas durch Wärmeleitung, Diffusion, Konvektion und Strahlung fort, so daß meist eine geschlossene Flammenfront, ausgehend von der Zündstelle, in dem Verbrennungsraum fortschreitet. Bei der Selbstzündung wird die Luft oder das Kraftstoff–Luft-Gemisch auf hohe Temperatur gebracht und entzündet sich meist an mehreren Stellen kurz hintereinander oder gleichzeitig selbst. Neben diesen beiden Möglichkeiten gibt es noch Zwischenlösungen, z. B. Zündung bei niedriger Verdichtung unter Zuhilfenahme der Anheizung durch heiße Maschinenteile (z. B. Glühkopfverfahren) oder Zündung unter Benutzung von Glühkerzen, s. auch S. 49 und S. 190.

Obwohl diese verschiedenen Zündungsvorgänge in Motoren, in physikalischen Apparaten sowie in Verbrennungsbomben, Verbrennungsröhren, Verdichtungsapparaturen u. a. unter ganz verschiedenartigen Erscheinungen vor sich gehen, lassen sie sich doch auf nur wenige Gesetzmäßigkeiten zurückführen. Letzten Endes sind alle Zündungsvorgänge durch die Reaktionen im unverbrannten Gemisch bedingt. Kennt man die für diese Vorgänge maßgebenden Gesetzmäßigkeiten, so werden die verschiedenartigen Zündungsvorgänge verständlich. Verschieden sind die Einflüsse, die zur Beschleunigung dieser Reaktionen führen.

a) Zündgrenzen und Zündgeschwindigkeit

Betrachtet man zunächst die Einleitung einer Fremdzündung in Gasgemischen mittels Zündfunken, so ist festzustellen, daß eine Zündung nur innerhalb bestimmter Grenzen des Luftverhältnisses möglich ist. Diese „Zündgrenzen" entsprechen annähernd denjenigen Mischungsverhältnissen im armen (untere Zündgrenze) und reichen

(obere Zündgrenze) Bereich, bei denen die bei der Verbrennung freiwerdende Wärmemenge nicht mehr dazu ausreicht, die Verbrennung
im benachbarten unverbrannten Gemisch einzuleiten. Z. B. ist die
Zündung eines CO–Luft-Gemisches bei 20 °C nur zwischen mindestens
17 Raumteilen und höchstens 70 Raumteilen CO möglich. Die unteren
und oberen Zündgrenzen von einigen Gas–Luft-Gemischen sind ab-

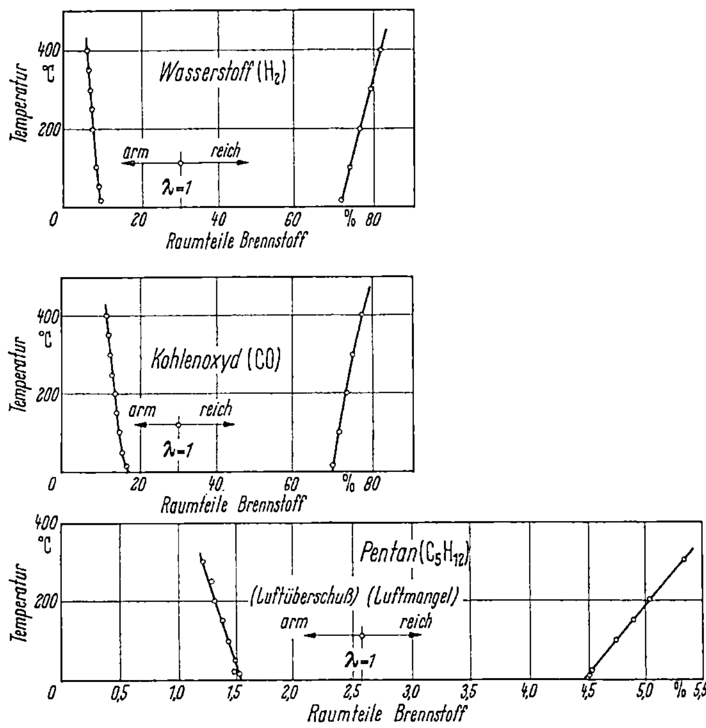

Abb. 303. Obere (Luftmangelgebiet) und untere (Luftüberschußgebiet)
Zündgrenzen von Gas–Luft-Gemischen, abhängig vom Luftverhältnis [F 2]

hängig vom Luftverhältnis und von der Temperatur in Abb. 303
dargestellt. Die Lage dieser Zündgrenzen ist natürlich auch für den
Motorbetrieb von wesentlicher Bedeutung.

Ist die Verbrennung durch den Zündfunken eingeleitet, so pflanzt
sich eine Verbrennungsfront mit einer bestimmten Geschwindigkeit,
der „Zündgeschwindigkeit"[1], im Gasgemisch weiter fort.

---

[1] Bei motorischen Untersuchungen wird meist die Bezeichnung „Verbrennungsgeschwindigkeit" für dieselbe Größe oder auch für die relative Geschwindigkeit der Flammenfront gegenüber der Zylinderwand benutzt. Siehe auch Fußnote 1, S. 50.

Diese Fortpflanzung der Verbrennung wird damit erklärt, daß vom verbrennenden Gemisch aus durch Wärmeleitung, Diffusion, Strahlung und Konvektion der dem verbrennenden Gemisch benachbarte unverbrannte Teil erwärmt wird und damit selbst zur Entzündung kommt. Während der Erwärmung beginnt schon die Reaktion bzw. Verbrennung. Die sichtbare Entzündung entspricht dem Zustand, bei dem die Reaktionsgeschwindigkeit sehr rasch wird und eine Lichterscheinung auftritt. Eine Theorie zur Berechnung der Zündgeschwindigkeit wurde von NUSSELT [E 63] gegeben. NUSSELT hat unter der Annahme, daß die Ausbreitung der Flamme dadurch erfolgt, daß jeweils die der Brennzone benachbarten Teile des unverbrannten Gemisches durch die in der Brennzone entwickelte Wärme auf die Selbstentzündungstemperatur[1] erhitzt werden, eine Formel für die Zündgeschwindigkeit angegeben. Für das Beispiel der Wasserstoffverbrennung gilt

$$w = \sqrt{\frac{c \cdot \lambda \cdot P_0\, T_0^2\, (T_v - T_c)\, H_2^0\, O_2^0}{R^2\, c_p\, (T_c - T_0)}} .$$
(308)

Diese Gleichung gibt die Zündgeschwindigkeit in m/s an; es bedeuten:

λ = die mittlere Wärmeleitzahl des Gasgemisches,
P_0 = der Druck,
T_0 = die Anfangstemperatur,
T_c = die Entzündungstemperatur,
T_v = die Verbrennungstemperatur,
H_2^0 = die Raumteile Wasserstoff vor der Verbrennung,
O_2^0 = die Raumteile Sauerstoff vor der Verbrennung,
c_p = die mittlere spez. Wärme zwischen T_c und T_v der Raumeinheit des Gasgemisches bei 15° und 1 at,
R = die Gaskonstante,
c = eine unbekannte Konstante, die aus einem Versuch zu ermitteln ist.

Die bei der Ableitung verwendeten Ansätze für die Reaktionsgeschwindigkeit zwischen Wasserstoff und Sauerstoff weichen zwar von den aus neueren Versuchen ermittelten Gesetzmäßigkeiten ab, jedoch gibt diese Formel die meisten Einflüsse befriedigend wieder.

NUSSELTS Theorie ist allerdings eine rein thermische Theorie, bei der Diffusionsvorgänge der einzelnen Teilchenarten vollkommen außer

---

[1] Die Annahme einer konstanten Selbstentzündungstemperatur bedeutet nur eine — in vielen Fällen sehr grobe — Näherung, weil die Selbstentzündungstemperatur kein physikalisch eindeutiger Wert ist; ihre Größe wird durch die Wärmeableitung der jeweils verwendeten Apparatur verschieden beeinflußt. Weiterhin führen auch die jeweils zu Grunde gelegten Versuchsbedingungen, z. B. die als zulässig angenommene maximale Zeitdauer bis zum Einsetzen der Zündung, zu unterschiedlichen Selbstzündungstemperaturen.

acht gelassen werden. Ferner ist die der Theorie zugrundeliegende Vorstellung über den Ablauf der Reaktion in der Flammenfront sehr stark vereinfacht. Die modernen Theorien der laminaren Flammenfortpflanzung u. a. von LEWIS und v. ELBE, TANFORD und PEASE, ZELDOVICH und FRANK-KAMENETZKY, BOYS und CORNER, HIRSCHFELDER und CURTISS, v. KARMAN, PENNER und SPALDING (siehe auch Literaturverzeichnis) berücksichtigen auf Grund der Erkenntnis, daß gewisse sog. „aktive" Teilchenarten einen ganz wesentlichen Einfluß auf den Ablauf der Reaktionen haben, die Diffusionsvorgänge aller vorkommenden Teilchenarten. Ferner ist es für diese Theorien kennzeichnend, daß man sich bemüht, den Reaktionsmechanismus nach dem heutigen Stand der Erkenntnisse so genau wie möglich zu erfassen und in die Gleichungen für die Reaktionsraten der einzelnen Teilchenarten einzuführen. Durch Ansetzen geeigneter Randbedingungen ergibt sich die Flammengeschwindigkeit als Eigenwert des vollständigen Satzes der Differentialgleichungen. Die Lösung kommt entweder durch numerische Integration oder durch Einführung von Vereinfachungen in geschlossener Form zustande. Es wurden nur einfache Reaktionsvorgänge behandelt, über deren Mechanismus schon genauere Theorien bestehen. Die Entwicklung der Theorie der laminaren Flammenfortpflanzung ist jedoch noch in vollem Fluß, und es sind in der Zukunft noch wesentliche Fortschritte zu erwarten.

Zur Aufklärung der verwickelten Verbrennungsvorgänge im Motor sind die unter vereinfachten Bedingungen durchgeführten Untersuchungen an Brennern, in Bomben und in Röhren ein wertvolles Hilfsmittel. Man erhält je nach der Art des Meßverfahrens die relative Geschwindigkeit gegenüber der Gasmasse (z. B. bei der Ermittlung aus dem Kegel der Flamme am Bunsenbrenner) oder die Geschwindigkeit der Flammenfront gegenüber den Gefäßwänden. Die am Brenner gemessene Relativgeschwindigkeit der Flammenfront zur Gasmasse wird in der physikalischen Literatur meist mit „Zündgeschwindigkeit" bezeichnet. Bei der zweiten Möglichkeit, der Messung der Geschwindigkeit der Flammenfront in Gefäßen oder Röhren (mit ursprünglich ruhender Gasmasse), erhält man im Durchschnitt höhere Geschwindigkeiten als mit der vorher genannten Methode: Man spricht in diesem Falle meist von „Fortpflanzungsgeschwindigkeit". In der technischen Literatur ist in vielen Fällen auch dafür die Bezeichnung Zündgeschwindigkeit üblich.

Die Versuchsbedingungen bei der Verbrennung in Bomben und Rohren sind zwar den Bedingungen für die Verbrennung im Motor ähnlicher als bei der Bunsenflamme, jedoch sind die Ergebnisse bei diesen Methoden sehr von den Gefäßdimensionen und den Versuchsbedingungen abhängig. Die Ausbreitung der Flammenfront erfolgt nicht mit gleichmäßiger Geschwindigkeit; vielfach ist die Geschwindigkeit unmittelbar nach der Zündung geringer als im weiteren Verlauf der Verbrennung [E 2, E 26]. Es sind jedoch auch Messungen bekannt geworden, bei denen die Ausbreitung der Flammenfront unmittelbar nach der Zündung mit nahezu konstanter Geschwindigkeit erfolgte [E 10]. Die gemessene Relativgeschwindigkeit der Flammenfront gegenüber den Gefäßwänden ist auch wesentlich von der Eigengeschwindigkeit der Gasmasse im Gefäß abhängig.

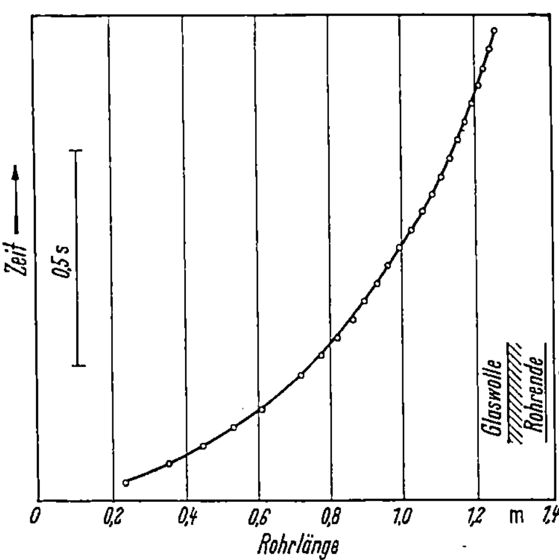

Abb. 304. Flammenweg, abhängig von der Zeit für ein Äthyläther–Luft-Gemisch bei Verbrennung im waagerechten Rohr; Rohr beidseitig geschlossen, mit Glaswolle an beiden Enden, Rohrdurchmesser 22 mm, Rohrlänge 1280 mm, $\lambda \sim 0{,}88$; $p_1 = 1$ ata; $t = 20\ ^\circ$C

Sowohl bei der Verbrennung in geschlossenen Bomben oder Rohren als auch bei der Verbrennung im Motor erfolgt durch die Ausdehnung des verbrannten, stark erhitzten Teiles eine Verdichtung des unverbrannten Teiles des Kraftstoff–Luft-Gemisches. Dadurch ergibt sich eine Verdrängungswirkung, die neben der relativen Geschwindigkeit der Flammenfront im Gemisch noch eine zusätzliche Geschwindigkeit durch die Verschiebung des gesamten Gemisches zur Folge hat. Dieser Einfluß wirkt sich bei der Verbrennung in geschlossenen Gefäßen in einer Verringerung der Geschwindigkeit der Flammenfront gegen Ende der Verbrennung aus. Dieser Einfluß, der auch zahlenmäßig [E 6, E 10, E 38] durch die obenerwähnte Gasbewegung erklärt werden kann, zeigt sich in Abb. 304.

In dieser Abbildung ist der Weg der Flammenfront bei Verbrennung eines Gemisches von Äthyläther und Luft in einem geschlossenen waagerechten Rohr von 1,28 m Länge und 22 mm Durchmesser dargestellt. Zur Verminderung der Beeinflussung durch Schwingungen wurden an den Enden des Rohres Glaswollestopfen angebracht. Das Rohr war beidseitig geschlossen. Die erwähnte Verringerung der Geschwindigkeit der Flammenfront gegen Ende des Rohres ist deutlich sichtbar. Die Messung des Weges der Flammenfront wurde durch Aufzeichnung auf einen Filmstreifen vorgenommen. Neben dem starken Einfluß des Luftverhältnisses und der Wirbelung ergab sich bei derartigen Versuchen ein starker Einfluß von Druckwellen auf den Verbrennungsvorgang.

Eine besondere Erscheinungsform der Zündung, nämlich das Auftreten einer Explosionswelle, wurde früher von einigen Autoren für die wesentliche Ursache einer im Ottomotor wichtigen Verbrennungserscheinung — das Klopfen — gehalten, jedoch kann diese Ansicht nach neueren Versuchsergebnissen und theoretischen Untersuchungen nicht mehr aufrecht erhalten werden.

b) Explosionswelle

Die Explosionswelle ist eine Druckwelle, an deren Wellenfront durch den Verdichtungsstoß die Zündung des Gemisches erfolgt. Versuche im Rohr haben gezeigt, daß zum Anlaufen einer Explosionswelle eine erhebliche Strecke (meist 1 bis 2 m) erforderlich ist. Bei diesen Versuchen im Rohr wurden von verschiedenen Forschern Detonationsgeschwindigkeiten von über 2000 m/s unabhängig vom Anfangsdruck des Gemisches gemessen. Der Übergang zur Detonation erfolgt allmählich, wobei sich die anfänglich normale Verbrennungsgeschwindigkeit bis zur Detonationsgeschwindigkeit erhöht. Bei Detonationsversuchen wurden insbesondere am Rohrende außerordentlich hohe Drücke gemessen. Die Vorgänge bei der Entstehung der Explosionswelle können auch rechnerisch weitgehend verfolgt werden.

Es sei

$$\left.\begin{array}{l} w \text{ Geschwindigkeit} \\ P \text{ Druck} \\ v \text{ spez. Volumen} \\ u \text{ innere Energie} \end{array}\right\} \text{der Gase} \left\{\begin{array}{l} \text{vor (Index 1) hinter (Index 2)} \\ \text{der Flammenfront.} \end{array}\right\}$$

Aus den drei Erhaltungssätzen, nämlich

$$\text{I.} \qquad \frac{w_1}{v_1} = \frac{w_2}{v_2} \text{ (Kontinuitätsgleichung),} \tag{309}$$

$$\text{II.} \qquad P_1 + \frac{w_1^2}{v_1} = P_2 + \frac{w_2^2}{v_2} \text{ (Impulsgleichung),} \tag{310}$$

$$\text{III.} \; u_1 + P_1 v_1 + \frac{w_1^2}{2} = u_2 + P_2 v_2 + \frac{w_2^2}{2} \text{ (Energiegleichung).} \tag{311}$$

läßt sich, wie R. BECKER [E 21] gezeigt hat, für den Fall des stationären Detonationszustandes die Detonationsgeschwindigkeit berechnen. Die so errechneten Geschwindigkeiten stimmen mit den experimentellen Erfahrungen überein. Die Geschwindigkeit der Explosionswelle ist etwas größer als die Schallgeschwindigkeit im verbrannten Gemisch und liegt in der Größenordnung von etwa 2000 m/s.

Die Stoßwelle verdichtet und erhitzt das unverbrannte Gas ohne chemische Veränderung. Das so aufbereitete Gas verbrennt in der

Verbrennungszone, wobei gleichzeitig die Energie zur Aufrechterhaltung der Stoßwelle frei wird.

Zusammenfassende neuere Darstellungen über das gesamte Gebiet der Detonation mit umfangreichen Literaturangaben sind von LEWIS und v. ELBE [E 11, E 12], PENNER [E 14], OPPENHEIM [O 57] und WAGNER [O 79] gegeben worden.

Für den Triebwerksingenieur ist die Erzeugung stehender Detonationswellen, d. h. die Erzeugung von Detonationsfronten, die im Raum feststehen und durch die das Gas strömt, von großem Interesse. Mit stehenden Detonationswellen könnte bei mit Überschallgeschwindigkeit fliegenden Staustrahltriebwerken eine Verbrennung in der Überschallströmung erfolgen im Gegensatz zur bisherigen Verfahrensweise, bei der die Strömung durch Verdichtungsstoß und Diffusor auf Unterschallgeschwindigkeit abgebremst wird und die Verbrennung in konventionellen Brennkammern hinter Flammenhaltern durchgeführt wird. Eine kurze Darstellung über den Stand der Forschung auf diesem sehr aussichtsreichen Gebiet wurde von GROSS und NICHOLLS [O 39] mit angefügten Literaturhinweisen gegeben (s. auch S. 000).

c) Zündverzug bei Einspritzung flüssigen Kraftstoffes

Eine weitere Möglichkeit zur Messung des Zündverzuges bietet die Einspritzung flüssigen[1] oder das Einblasen gasförmigen Kraftstoffes in Bomben. In diesem Falle definiert man meist die Zeitdauer vom Beginn der Einspritzung bis zum Beginn der sichtbaren Zündung als Zündverzug. Eine Bombe zur Messung des Zündverzuges, die von meinem früheren Mitarbeiter W. FRANKE gebaut und von E. LONN [F 18] weiterentwickelt wurde (Abb. 290, S. 537), gestattet gegenüber den bisher bekannten Versuchsapparaturen, in denen mit geringeren Temperaturen gearbeitet wurde, Temperaturen bis zu 1000 °K einzustellen. Deshalb können mit dieser Apparatur Zündverzugszeiten in derselben Größenordnung, wie sie in Verdichtungsapparaturen eingestellt werden und im Motor vorkommen, gemessen werden. Die Bombe wurde, um einen möglichst gleichmäßigen Temperaturzustand herzustellen, in einem großen Heizofen untergebracht. Der Zündungsvorgang wurde mit Photozelle verfolgt.

Einige in der Bombe gemessene Zündverzugswerte sind für einen Kraftstoff mit Zusatz von Bleitetraäthyl in Abb. 289b dargestellt. Im Vergleich hierzu sind daneben auch die in einer Verdichtungsapparatur gemessenen Werte desselben Kraftstoffes wiedergegeben. Die Zündverzugswerte in der Bombenapparatur (bei Einspritzung von

---

[1] Dieser Zündungsvorgang entspricht der Selbstzündung im Dieselmotor.

flüssigem Kraftstoff) sind naturgemäß wegen des der Zündung vorangehenden Gemischbildungsvorgangs erheblich größer als die Zündverzugswerte in der Verdichtungsapparatur. Jedoch zeigt schon eine oberflächliche Betrachtung, daß der Charakter der Zündverzugskurven in beiden Fällen derselbe ist. Zahlreiche Messungen des Zündverzuges in Bomben mit anderen Kraftstoffen haben zu ähnlichen Ergebnissen geführt.

Die Versuchswerte lassen sich — sofern ein verhältnismäßig geringer Temperaturbereich untersucht wird — empirisch durch die Formel

$$z = \frac{e^{\frac{b''}{T}}}{p^{n''}}\, a'' \qquad (313)$$

wiedergeben[1].

In Abb. 305 sind weitere von W. LINDNER gemessene Zündverzugswerte dargestellt. Die Abbildung zeigt, daß auch diese Ergebnisse durch die obenstehende Formel gut wiedergegeben werden können.

Während beim Zündverzug gasförmiger Kraftstoff-Luft-Gemische im wesentlichen nur die chemischen Vorgänge in Erscheinung treten, ist der Zündverzug bei Einspritzung flüssiger Kraftstoffe einerseits durch die thermischen Vorgänge bei der Tröpfchenbildung und Verdampfung und andererseits durch die chemischen Vorgänge bedingt.

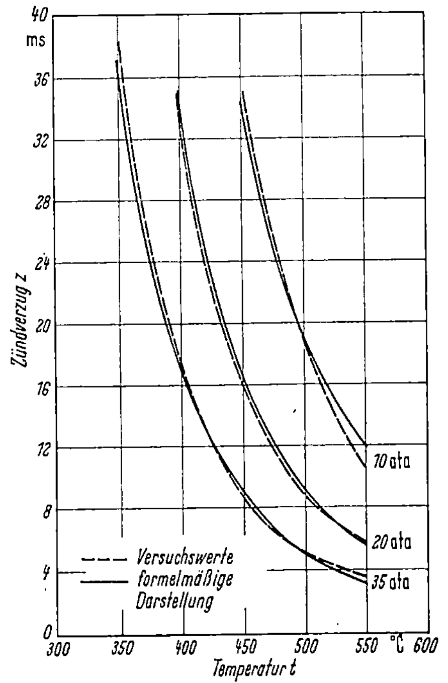

Abb. 305. Wiedergabe von Versuchswerten der in einer Bombe gemessenen Zündverzugszeiten von Gasöl durch die Formel $z = \dfrac{e^{b''/T}}{p^{n''}} \cdot a$

Es ist bisher nicht geklärt, ob auch noch eine heterogene Reaktion in der Grenzschicht der Tropfen in Betracht kommt, die als Teilreaktion auftreten könnte.

Aus diesen Gründen sind die in der empirischen Darstellung der Zündverzugsmessungen bei flüssiger Einspritzung ermittelten Konstanten nicht identisch mit den entsprechenden Konstanten des Zündverzugs gasförmiger Gemische.

---

[1] Um Verwechslungen analoger Werte bei der Darstellung des Zündverzuges gasförmiger Gemische zu vermeiden, wurden hier die Werte mit Index '' bezeichnet.

Um einen Überblick zu gewinnen, in welcher Größenordnung und mit welchen Abhängigkeiten die thermischen und die chemischen Vorgänge für die gemessenen Zündverzugszeiten verantwortlich sind, werden im folgenden die grundsätzlichen Gesetzmäßigkeiten für die thermischen[1] Vorgänge wiedergegeben.

Die folgende Untersuchung soll sich nicht auf die Ausbildung des Kraftstoffstrahles erstrecken, sondern es wird bereits eine bestimmte Tropfenverteilung im Strahl vorausgesetzt[2]. Der Untersuchung wird die Vorstellung zugrunde gelegt, daß infolge der hohen Temperaturdifferenz zwischen Luft und Kraftstofftröpfchen und infolge der hohen

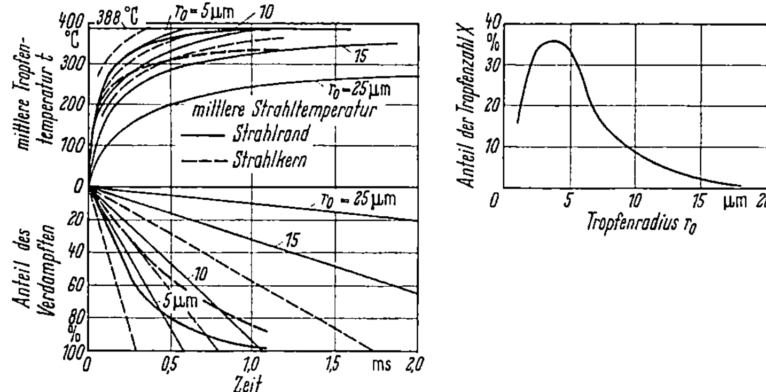

Abb. 306. Verdampfung im Kraftstoffstrahl und am Strahlrand

Tropfengeschwindigkeiten eine rasche Verdampfung an der Tropfenoberfläche einsetzt, die um so rascher vor sich geht, je kleiner die Tropfen, je größer die Strahlgeschwindigkeit und je höher die Lufttemperatur ist.

Eine Nachrechnung des Verdampfungsvorganges nach WENTZEL [P 22] zeigt die Gesetzmäßigkeiten für die Verdampfung und Anheizung.

Die theoretische Rechnung liefert einen ungefähren allgemeinen Überblick über die Einflüsse der Tropfengrößen und -geschwindigkeiten auf den Anheizungs- und Verdampfungsvorgang. Für die absolute Größe der Verdampfungszeiten kann sie nur einen Anhaltspunkt liefern, da die Unterlagen für die Berechnung vorläufig noch sehr unsicher sind.

In Abb. 306 sind für ein Beispiel die rechnerisch bestimmten Änderungen der Tropfentemperaturen und der Anteile der verdampften

---

[1] Die Gesetzmäßigkeiten für die chemischen Vorgänge ergaben sich schon aus den Untersuchungen in den vorhergehenden Abschnitten.

[2] Über die Ausbildung des Strahles und die Tropfenbildung im Strahl s. S. 64 bis 70.

Kraftstoffmenge abhängig von der Zeit wiedergegeben. Da die Berechnung unter vereinfachten Annahmen durchgeführt ist, gestatten die in der Abbildung dargestellten Kurven nur einen qualitativen Vergleich. Bessere Aufschlüsse ergeben sich aus der direkten optischen Beobachtung der Tropfenbildung und Verdampfung im Kraftstoffstrahl (s. z. B. Abb. 24 bis 27).

Da sich die thermischen Vorgänge teilweise den chemischen Vorgängen überlagern, ist eine Aufteilung der gesamten Zündverzugszeit in einen durch thermische und einen durch chemische Ursachen bedingten Anteil nicht genau durchführbar. Eine angenäherte rechnerische Aufteilung in beide Einflüsse ist jedoch möglich. Die Größe des Einflusses der thermischen und chemischen Vorgänge ist noch besser aus dem Vergleich der Versuchswerte bei Einspritzung flüssigen Kraftstoffes in eine Bombe und bei Messung des Zündverzugs des gleichen Kraftstoffes in einer Verdichtungsapparatur in Abb. 289 a, b ersichtlich. Die Auswirkungen beider Einflüsse kann man auf Grund folgender Überlegungen abschätzen.

Abgesehen von dem Bereich in der Nähe der Zündgrenze wird der durch chemische Ursachen bedingte Anteil des Zündverzugs wegen der meist starken Temperaturabhängigkeit der Reaktion (entsprechend der Funktion $1/e^{b/T}$) in dem fraglichen Bereich mit der Temperatur sehr rasch absinken, so daß der Einfluß der chemischen Vorgänge auf den Zündverzug im Bereiche hoher Temperaturen geringer wird. Bei tiefen Temperaturen werden in den meisten Fällen die chemischen Vorgänge für die Größe des Zündverzugs überwiegend maßgebend sein. Die letzte Feststellung hat jedoch keine allgemeine Gültigkeit, da auch bei tiefen Temperaturen in bestimmten — auch praktisch vorkommenden Fällen — die thermischen Vorgänge von ausschlaggebender Bedeutung sein können. Wenn verhältnismäßig große Kraftstoffmengen eingespritzt werden, so daß das Luftverhältnis, bezogen auf die gesamte vorhandene Luft- und Kraftstoffmenge, gering ist, kann bei langem Zündverzug ein großer Teil der eingespritzten Kraftstoffmenge verdampfen. Infolge des Wärmeaufwandes für die Verdampfung der relativ großen Kraftstoffmengen sinkt die Temperatur wesentlich. Durch die Temperatursenkung und Änderung des Mischungsverhältnisses wird dann auch der durch chemische Ursachen bedingte Anteil des Zündverzuges vergrößert.

Die Beobachtungen der Vorgänge bei der Zündung am Kraftstoffstrahl führen zu der Vorstellung, daß die Reaktionen an besonders günstigen Stellen, an denen einerseits günstige Voraussetzungen für die Anheizung der Tropfen, also hohe Temperaturen, herrschen und andererseits das beste Mischungsverhältnis vorhanden ist, schneller vor sich gehen und zur Zündung führen als im übrigen Strahl. Da eine ausreichende Häufigkeit der Reaktionsvorgänge bzw. Molekülstöße schon in einem außerordentlich kleinen, im Verhältnis zum Kraftstoffstrahl verschwindend geringen Raum möglich ist, kann angenommen werden, daß sich bei jedem Kraftstoffstrahl an mehreren Stellen das günstigste Mischungsverhältnis einstellt. Die Reproduzierbarkeit der gemessenen Zündverzugszeiten spricht dafür, daß bei Versuchen mit gleichen Anfangsbedingungen die Voraussetzungen für die Entstehung des günstigsten Mischungsverhältnisses und für die Zündung — wenn auch jeweils an verschiedenen Stellen — im wesentlichen dieselben sind.

C. Tabellen

Zusammenstellung von Kennzahlen für den Selbstzündungsvorgang und die mittlere Reaktionsgeschwindigkeit berechnet aus Zündverzugsmessungen

Gemisch	Autor	Versuchs-apparatur	Temperatur-bereich [°K]	Druck-bereich [ata]	Kennwerte aus der empirischen Auswertung von Zündverzugs-messungen entspr. Gl. (290)			Kennwerte aus der thermo-dynamischen Auswertung von Zündverzugsmessungen entspr. Gl. (304)		
					$b'[°K]$	n'	a' $[s \cdot at^n]$	b $[°K]$	n	a $\left[\dfrac{s \cdot at^n}{°K^{1/2}}\right]$
80 % Benzol + 20 % n-Heptan + Luft $\lambda = 1$	STEMANN, H. [F41]	Verdicht.-Apparatur	650 —850	10 —30	5108	1,131	$3,12 \cdot 10^{-4}$	7558	1,131	$6,13 \cdot 10^{-6}$
Benzol + Luft $\lambda = 1$	PREHN [P17a]	Stoßrohr	1100 —150C	7,5 —25	20510	0,581	$4,9 \cdot 10^{-11}$	26140[1]	0,568	$1,63 \cdot 10^{-13}$
n-Oktan + Luft $\lambda = 1$	MÖLLER/ MÜLLER[2]	Verdicht.-Apparatur	620 —740	11 —20	10170	1,485	$5,46 \cdot 10^{-8}$	12300	1,477	$2,94 \cdot 10^{-9}$
Isooktan + Luft $\lambda = 1$	PREHN [P17a]	Stoßrohr	950 —1550	5 —22	14930	1,133	$1,27 \cdot 10^{-8}$	19820	1,072	$5,16 \cdot 10^{-11}$
n-Heptan + Luft $\lambda = 1$	SCHEUER-MEYER u. STEIGERWALD [F26]	Verdicht.-Apparatur	600 —740	15 —20	13540	1,49	$1,91 \cdot 10^{-9}$	15580	1,50	$1,59 \cdot 10^{-10}$
n-Heptan + Luft $\lambda = 1$	PREHN [P17a]	Stoßrohr	950 —1300	8 —22	12020	0,713	$7,30 \cdot 10^{-8}$	16350	0,719	$4,60 \cdot 10^{-10}$
Grundbenzin + Luft $\lambda = 1,5$	JESCHKE, N. [P9]	Verdicht.-Apparatur	650 —900	16 —29	5270	1,885	$3,00 \cdot 10^{-3}$	7640	1,894	$7,39 \cdot 10^{-5}$
Methan + Luft $\lambda = 1$	PREHN [P17a]	Stoßrohr	1150 —1700	5 —17	11370	0,870	$1,63 \cdot 10^{-10}$	17550	0,919	$6,88 \cdot 10^{-10}$
Methan + Sauerstoff $\lambda = 1$	PREHN [P17a]	Stoßrohr	750 —1150	5 —10	6600	1,260	$3,04 \cdot 10^{-7}$	9670	1,262	$4,03 \cdot 10^{-8}$
Kerosen JP4 + Luft $\lambda = 2,45$	HEITLAND [J38]	Einspritz. von Kraftst. in aufgeheizt. Luftstrahl	1050 —1150	1	17480	—	$1,10 \cdot 10^{-9}$	21590	$)^1$	$1,17 \cdot 10^{-11}$

[1] Die Zündungseigenschaften in hohen Temperaturbereichen unterscheiden sich grundsätzlich von denen bei Temperaturen unter 900 °K. — [2] Studienarbeit des Instituts für Wärmetechnik und Verbrennungsmotoren der T.H. Aachen. — [3] Annahme $n = 1,0$

Korrekturfaktor β in der Zündverzugsgleichung $z = \dfrac{e^{b/T_1}}{P_1^n} \cdot a \cdot \beta \cdot \sqrt{T_1}$,
s. S. 547, in Abhängigkeit vom Druckexponenten n, der scheinbaren mittleren Aktivierungsenergie b und der Reaktionsanfangstemperatur T_1 für eine Endtemperatur $T_2 = 2000\ °K$

n	b °K	500 °K	600 °K	700 °K	T_1 800 °K	900 °K	1000 °K	1100 °K	1200 °K
0,6	4000	0,05816	0,09534	0,14364	0,20152	0,26669	0,33674	0,40951	0,48319
	6000	0,03384	0,05485	0,08394	0,12210	0,16955	0,22579	0,28976	0,36012
	8000	0,02392	0,03818	0,05795	0,08458	0,11930	0,16297	0,21595	0,27810
	10000	0,01854	0,02933	0,04414	0,06412	0,09061	0,12497	0,16842	0,22186
	12000	0,01515	0,02384	0,03567	0,05156	0,07269	0,10046	0,13644	0,18217
	16000	0,01110	0,01736	0,02582	0,03708	0,05198	0,07166	0,09762	0,13178
	20000	0,00876	0,01366	0,02025	0,02897	0,04047	0,05561	0,07563	0,10228
	24000	0,00724	0,01126	0,01666	0,02379	0,03315	0,04545	0,06169	0,08335
	30000	0,00574	0,00892	0,01316	0,01876	0,02608	0,03568	0,04833	0,06518
1,0	4000	0,05346	0,08615	0,12860	0,18001	0,23890	0,30355	0,37227	0,44357
	6000	0,03231	0,05170	0,07820	0,11282	0,15604	0,20777	0,26745	0,33421
	8000	0,02319	0,03670'	0,05521	0,07993	0,11205	0,15253	0,20200	0,26068
	10000	0,01811	0,02848	0,04258	0,06146	0,08632	0,11851	0,15930	0,20981
	12000	0,01486	0,02328	0,03467	0,04986	0,06993	0,09621	0,13022	0,17358
	16000	0,01095	0,01707	0,02531	0,03622	0,05059	0,06949	0,09435	0,12703
	20000	0,00867	0,01348	0,01993	0,02845	0,03964	0,05432	0,07368	0,09938
	24000	0,00717	0,01114	0,01645	0,02344	0,03260	0,04459	0,06039	0,08143
	30000	0,00570	0,00884	0,01303	0,01854	0,02574	0,03516	0,04754	0,06402
1,5	4000	0,04869	0,07696	0,11355	0,15826	0,21035	0,26881	0,33255	0,40047
	6000	0,03062	0,04830	0,07212	0,10304	0,14175	0,18852	0,24331	0,30575
	8000	0,02234	0,03503	0,05217	0,07484	0,10415	0,14115	0,18668	0,24136
	10000	0,01760	0,02749	0,04080	0,05845	0,08153	0,11132	0,14915	0,19631
	12000	0,01452	0,02263	0,03350	0,04790	0,06678	0,09139	0,12319	0,16386
	16000	0,01076	0,01673	0,02469	0,03520	0,04896	0,06697	0,09058	0,12157
	20000	0,00855	0,01327	0,01956	0,02783	0,03865	0,05279	0,07138	0,09599
	24000	0,00710	0,01100	0,01619	0,02302	0,03193	0,04357	0,05886	0,07915
	30000	0,00565	0,00875	0,01287	0,01828	0,02533	0,03453	0,04659	0,06261
2,0	4000	0,04480	0,06964	0,10160	0,14084	0,18715	0,24010	0,29906	0,36340
	6000	0,02912	0,04537	0,06698	0,09485	0,12975	0,17225	0,22264	0,28101
	8000	0,02156	0,03351	0,04948	0,07040	0,09731	0,13130	0,17335	0,22437
	10000	0,01712	0,02657	0,03918	0,05574	0,07728	0,10497	0,14017	0,18430
	12000	0,01420	0,02201	0,03242	0,04610	0,06393	0,08705	0,11689	0,15513
	16000	0,01059	0,01639	0,02411	0,03424	0,04744	0,06464	0,08711	0,11656
	20000	0,00844	0,01306	0,01920	0,02724	0,03771	0,05135	0,06922	0,09283
	24000	0,00702	0,01085	0,01594	0,02261	0,03129	0,04260	0,05740	0,07700$_0$
	30000	0,00560	0,00866	0,01272	0,01803	0,02493	0,03392	0,04569	0,06128

Spezifische Wärmen

Tabellen

für die spez. Wärmen $M\,c_v\big|_0^T$ und die Funktionen:

$$\varphi(T) = M\,c_v\big|_0^T + \int\limits_{}^{T} \frac{M\,c_v\big|_0^T}{T}\,dT - A\,\Re\ln\Re + M\,s_0$$

$$(M\,s_{P=1})_T = M\,c_v\big|_0^T + \int\limits_{}^{T} \frac{M\,c_v\big|_0^T}{T}\,dT + A\Re\ln T + M\,s_0\,.$$

Die Werte sind nach den Tabellen des American Petroleum Institute, Research Project 44 errechnet und zum Teil interpoliert

Benutzte Größen: P Druck $\left[\dfrac{\text{kp}}{\text{m}^2}\right]$, R Gaskonstante $\left[\dfrac{\text{mkp}}{\text{kg °K}}\right]$, M Molmasse $\left[\dfrac{\text{kg}}{\text{Mol}}\right]$

Tabelle I *für Luft*

Zusammensetzung: $(0{,}210\ RT\ [\text{O}_2];\ 0{,}7807\ RT\ [\text{N}_2];\ 0{,}0093\ RT\ [\text{Ar}])$

$$M = 28{,}964$$
$$R = 29{,}27$$

T	$M\,c_v\big|_0^T$	$(M\,s_{P=1})_T$	$\varphi(T)$	T	$M\,c_v\big|_0^T$	$(M\,s_{P=1})_T$	$\varphi(T)$
°K	$\dfrac{\text{kcal}}{\text{Mol °K}}$	$\dfrac{\text{kcal}}{\text{Mol °K}}$	$\dfrac{\text{kcal}}{\text{Mol °K}}$	°K	$\dfrac{\text{kcal}}{\text{Mol °K}}$	$\dfrac{\text{kcal}}{\text{Mol °K}}$	$\dfrac{\text{kcal}}{\text{Mol °K}}$
273	4,960	65,01	40,47	1900	5,784	79,72	51,32
300	4,961	65,65	40,91	2000	5,829	80,17	51,67
400	4,974	67,65	42,35	2100	5,870	80,59	51,99
500	4,999	69,02	43,27	2200	5,910	81,00	52,30
600	5,037	70,54	44,43	2300	5,948	81,38	52,60
700	5,088	71,68	45,26	2400	5,985	81,76	52,89
800	5,146	72,68	46,00	2500	6,020	82,12	53,18
900	5,210	73,59	46,67	2600	6,053	82,48	53,45
1000	5,275	74,41	47,29	2700	6,085	82,81	53,71
1100	5,341	75,17	47,86	2800	6,116	83,14	53,97
1200	5,405	75,87	48,39	2900	6,145	83,45	54,21
1300	5,468	76,65	49,00	3000	6,173	83,75	54,44
1400	5,526	77,14	49,35	3500	6,208	85,14	55,52
1500	5,583	77,72	49,79	4000	6,404	86,36	56,47
1600	5,637	78,24	50,18	4500	6,495	87,44	57,32
1700	5,688	78,77	50,59	5000	6,573	88,41	58,09
1800	5,737	79,26	50,97				

Tabelle II *für Wasserstoff, Sauerstoff und Stickstoff*

	H₂			O₂			N₂		
	$M = 2{,}016$ $R = 420{,}75$			$M = 32{,}000$ $R = 26{,}49$			$M = 28{,}016$ $R = 30{,}26$		
T	$M\,c_v\big|_0^T$	$(M\,s_{P=1})_T$	$\varphi(T)$	$M\,c_v\big|_0^T$	$(M\,s_{P=1})_T$	$\varphi(T)$	$M\,c_v\big|_0^T$	$(M\,s_{P=1})_T$	$\varphi(T)$
°K	$\dfrac{\text{kcal}}{\text{Mol °K}}$	$\dfrac{\text{kcal}}{\text{Mol °K}}$	$\dfrac{\text{kcal}}{\text{Mol °K}}$	$\dfrac{\text{kcal}}{\text{Mol °K}}$	$\dfrac{\text{kcal}}{\text{Mol °K}}$	$\dfrac{\text{kcal}}{\text{Mol °K}}$	$\dfrac{\text{kcal}}{\text{Mol °K}}$	$\dfrac{\text{kcal}}{\text{Mol °K}}$	$\dfrac{\text{kcal}}{\text{Mol °K}}$
273	4,793	49,03	24,48	4,950	66,76	42,21	4,962	63,55	39,00
300	4,801	49,62	24,89	4,955	67,42	42,68	4,963	64,18	39,44
400	4,840	51,62	26,31	4,994	69,46	44,15	4,969	66,19	40,88
500	4,872	53,18	27,43	5,061	71,09	45,34	4,983	67,75	42,00
600	4,895	54,45	28,34	5,145	72,47	46,36	5,009	69,05	42,92
700	4,915	55,53	29,12	5,238	73,66	47,26	5,049	70,17	43,75
800	4,935	56,48	29,79	5,333	74,73	48,05	5,098	71,16	44,48
900	4,955	57,31	30,40	5,424	75,69	48,77	5,155	72,06	45,14
1000	4,979	58,07	30,95	5,510	76,56	49,44	5,215	72,88	45,75
1100	5,006	58,76	31,45	5,591	77,36	50,04	5,278	73,63	46,31
1200	5,036	59,40	31,91	5,666	78,10	50,61	5,340	74,32	46,83
1300	5,069	60,00	32,35	5,737	78,79	51,14	5,401	74,97	47,33
1400	5,105	60,56	32,76	5,802	79,43	51,63	5,459	75,58	47,79
1500	5,142	61,09	33,16	5,864	80,03	52,09	5,515	76,15	48,22
1600	5,181	61,59	33,53	5,922	80,61	52,55	5,568	76,67	48,61
1700	5,233	62,07	33,89	5,975	81,14	52,96	5,619	77,19	49,01
1800	5,265	62,52	34,23	6,026	81,64	53,34	5,668	77,69	49,39
1900	5,307	62,96	34,56	6,075	82,12	53,72	5,715	78,15	49,75
2000	5,349	63,37	34,87	6,122	82,58	54,08	5,760	78,59	50,09
2100	5,390	63,76	35,16	6,167	83,01	54,41	5,801	79,01	50,41
2200	5,432	64,14	35,45	6,210	83,44	54,74	5,840	79,41	50,72
2300	5,472	64,52	35,74	6,252	83,84	55,06	5,878	79,80	51,02
2400	5,513	64,88	36,01	6,293	84,23	55,36	5,914	80,17	51,30
2500	5,553	65,24	36,29	6,333	84,62	55,68	5,948	80,53	51,58
2600	5,592	65,55	36,53	6,372	84,99	55,96	5,980	80,88	51,85
2700	5,630	65,87	36,77	6,410	85,35	56,25	6,011	81,21	52,11
2800	5,668	66,19	37,02	6,447	85,69	56,52	6,040	81,54	52,37
2900	5,705	66,51	37,26	6,483	86,02	56,78	6,068	81,84	52,60
3000	5,741	66,82	37,51	6,518	86,34	57,04	6,095	82,14	52,83
3500	5,908	68,19	38,57	6,682	87,83	58,22	6,212	83,51	53,89
4000	6,056	69,40	39,52	6,829	89,15	59,27	6,307	84,70	54,82
4500	6,186	70,48	40,37	6,962	90,32	60,21	6,388	85,77	55,65
5000	6,303	71,47	41,14	7,077	91,39	61,06	6,457	86,72	56,40

Tabelle III *für Wasserdampf und Kohlenoxyd*

	H_2O			CO		
	$M = 18,016$ $R = 47,07$			$M = 28,00$ $R = 30,28$		
T	$M\,c_v\big\|_0^T$	$\left(M\,s_{P=1}\right)_T$	$\varphi(T)$	$M\,c_v\big\|_0^T$	$\left(M\,s_{P=1}\right)_T$	$\varphi(T)$
°K	$\dfrac{\text{kcal}}{\text{Mol °K}}$	$\dfrac{\text{kcal}}{\text{Mol °K}}$	$\dfrac{\text{kcal}}{\text{Mol °K}}$	$\dfrac{\text{kcal}}{\text{Mol °K}}$	$\dfrac{\text{kcal}}{\text{Mol °K}}$	$\dfrac{\text{kcal}}{\text{Mol °K}}$
273	5,947	62,57	38,02	4,964	65,13	40,58
300	5,953	63,52	38,79	4,965	65,71	40,98
400	5,998	65,86	40,55	4,972	67,72	42,41
500	6,064	67,71	41,96	4,993	69,29	43,55
600	6,150	69,27	43,16	5,029	70,61	44,49
700	6,258	70,64	44,22	5,078	71,74	45,32
800	6,375	71,86	45,17	5,138	72,75	46,06
900	6,496	72,97	46,05	5,203	73,65	46,74
1000	6,621	73,99	46,86	5,270	74,48	47,36
1100	6,746	74,93	47,62	5,337	75,25	47,93
1200	6,871	75,82	48,33	5,403	75,95	48,46
1300	6,997	76,65	49,01	5,467	76,61	48,96
1400	7,122	77,45	49,65	5,528	77,23	49,43
1500	7,245	78,20	50,27	5,585	77,80	49,87
1600	7,369	78,92	50,86	5,639	78,34	50,28
1700	7,490	79,60	51,42	5,691	78,85	50,67
1800	7,607	80,21	51,92	5,740	79,34	51,04
1900	7,720	80,91	52,51	5,787	79,80	51,40
2000	7,828	81,50	53,00	5,831	80,26	51,76
2100	7,940	82,09	53,49	5,872	80,68	52,08
2200	8,043	82,66	53,96	5,911	81,09	52,39
2300	8,139	83,20	54,42	5,948	81,47	52,69
2400	8,222	83,72	54,85	5,983	81,84	52,97
2500	8,321	84,23	55,28	6,016	82,21	53,71
2600	8,409	84,71	55,69	6,047	82,56	53,53
2700	8,492	85,19	56,09	6,077	82,89	53,79
2800	8,574	85,66	56,49	6,105	83,20	54,03
2900	8,656	86,11	56,87	6,132	83,52	54,28
3000	8,733	86,56	57,25	6,158	83,83	54,52
3500	9,063	88,59	58,98	6,270	85,20	55,59
4000	9,253	90,41	60,52	6,362	86,40	56,52
4500	9,583	91,98	61,88	6,438	87,47	57,35
5000	9,783	93,45	63,12	6,503	88,42	58,10

37*

Tabelle IV *für Kohlendioxyd, Methan und Ammoniak*

	CO_2			CH_4			NH_3		
	$M = 44{,}010$ $R = 19{,}27$			$M = 16{,}031$ $R = 52{,}89$			$M = 17{,}031$ $R = 49{,}80$		
T	$M\,c_v\big|_0^T$	$(M\,s_{P=1})_T$	$\varphi(T)$	$M\,c_v\big|_0^T$	$(M\,s_{P=1})_T$	$\varphi(T)$	$M\,c_v\big|_0^T$	$(M\,s_{P=1})_T$	$\varphi(T)$
$°K$	$\frac{kcal}{Mol\,°K}$	$\frac{kcal}{Mol\,°K}$	$\frac{kcal}{Mol\,°K}$	$\frac{kcal}{Mol\,°K}$	$\frac{kcal}{Mol\,°K}$	$\frac{kcal}{Mol\,°K}$	$\frac{kcal}{Mol\,°K}$	$\frac{kcal}{Mol\,°K}$	$\frac{kcal}{Mol\,°K}$
273	5,353	68,37	43,82	6,013	62,12	37,57	6,033	63,51	38,98
300	5,528	69,48	44,76	6,055	62,92	38,19	6,069	64,30	39,58
400	6,000	72,18	46,88	6,320	65,54	40,23	6,261	66,84	41,55
500	6,459	74,48	48,73	6,743	67,85	42,10	6,518	68,97	43,24
600	6,884	76,48	50,37	7,262	70,01	43,90	6,815	70,82	44,73
700	7,272	78,26	51,94	7,829	72,05	45,63	7,134	72,51	46,12
800	7,625	79,87	53,19	8,414	73,98	47,29	7,456	74,11	47,45
900	7,945	81,35	54,43	8,998	75,83	48,90	7,782	75,56	48,66
1000	8,235	82,70	55,57	9,753	77,58	50,45	8,108	76,94	49,83
1100	8,499	83,95	56,63	10,123	79,26	51,94	8,42	78,15	50,89
1200	8,741	85,11	57,63	10,663	80,87	53,38	8,74	79,46	51,99
1300	8,962	86,20	58,56	11,163	82,41	54,76	9,05	80,56	52,99
1400	9,164	87,22	59,43	11,643	83,88	56,08	9,34	81,73	53,95
1500	9,349	88,18	60,25	12,103	85,30	57,37	9,61	82,82	54,90
1600	9,517	89,09	61,03						
1700	9,674	89,95	61,77						
1800	9,822	90,76	62,46						
1900	9,958	91,54	63,14						
2000	10,083	92,29	63,78						
2100	10,203	92,98	64,38						
2200	10,313	93,67	64,97						
2300	10,413	94,33	65,55						
2400	10,508	94,95	66,08						
2500	10,603	95,57	66,62						
2600	10,688	96,15	67,12						
2700	10,768	96,71	67,61						
2800	10,848	97,25	68,08						
2900	10,926	97,77	68,53						
3000	10,993	98,29	68,98						
3500	11,303	100,64	71,02						
4000	11,553	102,69	72,81						
4500	11,763	104,52	74,40						
5000	11,943	106,17	75,84						

Tabelle V *für Verbrennungsgase von Gasöl* ($\lambda = 1$)

T	$M\,c_v\big|_0^T$	$\varphi(T)$	$\left(M\,s_{P=1}\right)_T$	T	$M\,c_v\big|_0^T$	$\varphi(T)$	$\left(M\,s_{P=1}\right)_T$
°K	$\dfrac{\text{kcal}}{\text{Mol °K}}$	$\dfrac{\text{kcal}}{\text{Mol °K}}$	$\dfrac{\text{kcal}}{\text{Mol °K}}$	$\dfrac{\text{kcal}}{\text{Mol °K}}$	$\dfrac{\text{kcal}}{\text{Mol °K}}$	$\dfrac{\text{kcal}}{\text{Mol °K}}$	$\dfrac{\text{kcal}}{\text{Mol °K}}$
273	5,131	39,62	64,14	1600	6,317	50,64	78,68
300	5,151	40,12	64,84	1700	6,392	51,10	79,25
350	5,188	40,96	65,98	1800	6,463	51,54	79,79
400	5,226	41,69	66,98	1900	6,530	51,95	80,32
500	5,309	42,95	68,68	2000	6,593	52,34	80,82
600	5,398	44,01	70,10	2100	6,652	52,72	81,28
700	5,491	44,94	71,34	2200	6,704	53,09	81,73
800	5,594	45,78	72,45	2300	6,760	53,44	82,17
900	5,694	46,55	73,45	2400	6,808	53,78	82,60
1000	5,792	47,26	74,36	2500	6,855	54,11	83,04
1100	5,881	47,92	75,25	2600	6,901	54,45	83,45
1200	5,980	48,53	76,00	2700	6,944	54,75	83,82
1300	6,071	49,10	76,73	2800	6,988	55,04	84,18
1400	6,156	49,63	77,41	2900	7,026	55,32	84,53
1500	6,240	50,14	78,06	3000	7,063	55,58	84,87

Die Tabelle bezieht sich auf 1 Mol Verbrennungsgas, das bei der Verbrennung aus 1,93 kg Gasöl mit 27,15 kg Luft (bei Luftüberschußzahl $\lambda = 1$) entsteht und der in untenstehender Tabelle angegebenen Zusammensetzung entspricht. —

Zusammensetzung des Gasöls:

$c = 0,86$ kg/kg

$h = 0,12$,,

$o + n + s = 0,02$,,

		Mole
Zusammensetzung der Verbrennungs-gase ($\lambda = 1$)	CO_2	0,13 855
	H_2O	0,11 498
	N_2	0,74 647

Tabelle VI für Ver-

T	$M\,c_v\big|_0^T$							$\varphi(T)$		
$\lambda =$	0,8	1,0	1,1	1,2	1,3	1,4	1,6	0,8	1,0	1,1
°K	$\dfrac{\text{kcal}}{\text{Mol °K}}$	$\dfrac{\text{kcal}}{\text{Mol °K}}$	$\dfrac{\text{kcal}}{\text{Mol °K}}$	$\dfrac{\text{kcal}}{\text{Mol °K}}$	$\dfrac{\text{kcal}}{\text{Mol °K}}$	$\dfrac{\text{kcal}}{\text{Mol °K}}$	$\dfrac{\text{kcal}}{\text{Mol °K}}$	$\dfrac{\text{kcal}}{\text{Mol °K}}$	$\dfrac{\text{kcal}}{\text{Mol °K}}$	$\dfrac{\text{kcal}}{\text{Mol °K}}$
273	5,116	5,143	5,127	5,106	5,099	5,088	5,072	39,06	39,55	39,56
300	5,130	5,162	5,144	5,123	5,115	5,105	5,087	39,55	40,07	40,08
350	5,155	5,196	5,178	5,155	5,146	5,132	5,114	40,37	40,90	40,90
400	5,183	5,234	5,213	5,183	5,177	5,163	5,142	41,07	41,63	41,63
500	5,243	5,313	5,288	5,257	5,243	5,230	5,200	42,31	42,87	42,86
600	5,314	5,401	5,372	5,337	5,320	5,302	5,269	43,34	43,95	43,93
700	5,391	5,493	5,461	5,423	5,403	5,382	5,346	44,24	44,87	44,85
800	5,477	5,590	5,556	5,519	5,494	5,470	5,431	45,06	45,72	45,68
900	5,565	5,691	5,653	5,614	5,587	5,561	5,518	45,79	46,48	46,44
1000	5,652	5,790	5,747	5,706	5,677	5,650	5,605	46,47	47,17	47,12
1100	5,733	5,879	5,833	5,791	5,760	5,732	5,683	47,10	47,84	47,75
1200	5,822	5,974	5,929	5,878	5,851	5,822	5,771	47,69	48,46	48,39
1300	5,902	6,061	6,012	5,961	5,929	5,901	5,849	48,23	49,01	48,94
1400	5,983	6,150	6,094	6,047	6,011	5,981	5,923	48,75	49,55	49,48
1500	6,063	6,238	6,184	6,131	6,093	6,060	6,001	49,26	50,06	49,98
1600	6,129	6,319	6,266	6,206	6,163	6,129	6,081	49,74	50,54	50,45
1700	6,209	6,396	6,339	6,276	6,234	6,193	6,136	50,18	51,01	50,91
1800	6,274	6,467	6,409	6,348	6,299	6,257	6,199	50,60	51,45	51,35
1900	6,333	6,531	6,472	6,407	6,364	6,318	6,258	51,00	51,87	51,77
2000	6,396	6,595	6,533	6,468	6,423	6,375	6,314	51,38	52,27	52,17
2100	6,449	6,654	6,589	6,521	6,477	6,429	6,368	51,74	52,65	52,55
2200	6,501	6,709	6,641	6,574	6,529	6,481	6,418	52,08	53,03	52,92
2300	6,549	6,761	6,692	6,625	6,579	6,531	6,466	52,41	53,37	53,26
2400	6,597	6,811	6,741	6,674	6,627	6,579	6,512	52,73	53,71	53,60
2500	6,644	6,861	6,788	6,722	6,674	6,628	6,557	53,05	54,04	53,92
2600	6,688	6,904	6,834	6,764	6,718	6,668	6,599	53,35	54,35	54,23
2700	6,732	6,947	6,877	6,807	6,759	6,707	6,638	53,67	54,66	54,53
2800	6,772	6,989	6,919	6,848	6,794	6,746	6,674	53,97	54,96	54,83
2900	6,814	7,030	6,959	6,888	6,832	6,782	6,709	54,26	55,24	55,11
3000	6,849	7,068	6,996	6,925	6,868	6,819	6,741	54,55	55,52	55,38

Die obenstehende Tabelle bezieht sich auf 1 Mol Verbrennungsgas von Benzin. Die Abgaszusammensetzung ist für verschiedene Luftüberschußzahlen in nebenstehender Tabelle wiedergegeben. Die 1 Mol Abgas entsprechende Kraftstoffmenge ist in der letzten Rubrik dieser Tabelle angegeben.

Zusammensetzung des Benzins:

c = 0,856 kg/kg

h = 0,144   ,,

brennungsgase von Benzin

$\varphi(T)$				$(M s_{P=1})_T$						
1,2	1,3	1,4	1,6	0,8	1,0	1,1	1,2	1,3	1,4	1,6
$\frac{\text{kcal}}{\text{Mol °K}}$	$\frac{\text{kcal}}{\text{Mol °K}}$	$\frac{\text{kcal}}{\text{Mol °K}}$	$\frac{\text{kcal}}{\text{Mol °K}}$	$\frac{\text{kcal}}{\text{Mol °K}}$	$\frac{\text{kcal}}{\text{Mol °K}}$	$\frac{\text{kcal}}{\text{Mol °K}}$	$\frac{\text{kcal}}{\text{Mol °K}}$	$\frac{\text{kcal}}{\text{Mol °K}}$	$\frac{\text{kcal}}{\text{Mol °K}}$	$\frac{\text{kcal}}{\text{Mol °K}}$
39,57	39,58	39,58	39,59	63,57	64,10	64,10	64,11	64,11	64,12	64,13
40,08	40,08	40,08	40,09	64,27	64,79	64,79	64,80	64,81	64,81	64,82
40,90	40,90	40,90	40,90	65,40	65,93	65,93	65,94	65,94	65,94	65,94
41,62	41,62	41,62	41,59	66,37	66,92	66,92	66,92	66,91	66,91	66,91
42,85	42,85	42,85	42,81	68,03	68,61	68,60	68,60	68,59	68,59	68,58
43,90	43,89	43,88	43,84	69,43	70,02	70,01	70,00	69,98	69,97	69,96
44,81	44,79	44,78	44,73	70,64	71,28	71,25	71,23	71,20	71,18	71,16
45,64	45,62	45,60	45,54	71,72	72,40	72,35	72,31	72,28	72,26	72,23
46,39	46,34	46,32	46,26	72,69	73,39	73,34	73,29	73,26	73,23	73,19
47,07	47,04	47,01	46,95	73,58	74,30	74,23	74,19	74,15	74,12	74,07
47,70	47,66	47,62	47,67	74,38	75,13	75,06	75,00	74,95	74,91	74,87
48,32	48,28	48,25	48,15	75,17	75,94	75,86	75,81	75,76	75,72	75,66
48,87	48,82	48,77	48,69	75,89	76,67	76,57	76,49	76,44	76,40	76,34
49,41	49,35	49,30	49,21	76,55	77,33	77,24	77,17	77,12	77,08	77,00
49,91	49,85	49,81	49,70	77,18	77,99	77,90	77,83	77,77	77,72	77,64
50,37	50,31	50,26	50,17	77,76	78,58	78,47	78,39	78,34	78,29	78,20
50,82	50,75	50,70	50,60	78,29	79,16	79,15	78,97	78,91	78,85	78,75
51,25	51,18	51,12	51,01	78,84	79,71	79,61	79,54	79,45	79,40	79,27
51,67	51,59	51,52	51,40	79,37	80,23	80,15	80,07	79,98	79,93	79,79
52,07	51,99	51,92	51,79	79,88	80,76	80,65	80,56	80,48	80,42	80,28
52,44	52,35	52,27	52,15	80,35	81,25	81,13	81,05	80,95	80,89	80,74
52,80	52,70	52,63	52,48	80,81	81,70	81,59	81,49	81,40	81,33	81,19
53,15	53,05	52,97	52,80	81,24	82,15	82,02	81,92	81,83	81,76	81,63
53,47	53,39	53,29	53,12	81,65	82,57	82,44	82,34	82,24	82,17	82,05
53,79	53,69	53,60	53,44	82,04	82,98	82,84	82,74	82,64	82,57	82,42
54,11	53,99	53,91	53,73	82,43	83,37	83,29	83,12	83,02	82,94	82,81
54,41	54,29	54,20	54,03	82,79	83,75	83,60	83,49	83,39	83,30	83,16
54,70	54,58	54,49	54,31	83,15	84,13	83,98	83,84	83,73	83,65	83,50
54,98	54,86	54,77	54,59	83,49	84,47	84,31	84,19	84,08	83,99	83,84
55,25	55,13	55,04	54,86	83,82	84,82	84,65	84,53	84,42	84,33	84,17

Zusammen-setzung in RT für $\lambda =$	0,6	0,8	1,0	1,1	1,2	1,3	1,4	1,6
N_2	0,62865	0,69300	0,73832	0,74320	0,74645	0,75003	0,75238	0,75689
CO_2	0,04818	0,08878	0,13084	0,11942	0,11024	0,10194	0,09524	0,08383
H_2O	0,10036	0,12612	0,13084	0,11942	0,11024	0,10194	0,09524	0,08383
O_2	—	—	—	0,01796	0,03307	0,04609	0,05714	0,07545
CO	0,13750	0,06472	—	—	—	—	—	—
H_2	0,08531	0,02738	—	—	—	—	—	—
Masse der einem Mol Abgas entsprechenden Kraftstoffmenge (kg)	2,60	2,150	1,832	1,675	1,542	1,431	1,332	1,171

Zusammenstellung der benutzten Formelzeichen

A. Thermodynamische Begriffe und Formelzeichen

Formelzeichen	Maßeinheit	Begriff
$A = \dfrac{1}{427}$	$\dfrac{\text{kcal}}{\text{mkp}}$	mechanisches Wärmeäquivalent (Dieser Wert ist in den allgemeinen Formeln, die als Größengleichungen angegeben sind, nicht enthalten und wurde nur bei Zahlenrechnungen berücksichtigt).
b	$°\text{K}$	mittlere scheinbare Aktivierungsenergie
c_p	$\dfrac{\text{kcal}}{\text{kg Grad}}$	wahre spez. Wärme bei konst. Druck
c_v	$\dfrac{\text{kcal}}{\text{kg Grad}}$	wahre spez. Wärme bei konst. Volumen
$c\big|_0^T$	$\dfrac{\text{kcal}}{\text{kg Grad}}$	mittlere spez. Wärme im Bereich zwischen 0 °K und T °K
E	$\dfrac{\text{kcal}}{\text{kg}}$	Chemische Energie
e	$\dfrac{\text{kcal}}{\text{kg}}$	Exergie
$f(T)$	$\dfrac{\text{kcal}}{\text{Mol Grad}}$	Von Nusselt angegebene Funktion $$f(T) = Mc_v\big|_0^T + \int^T \frac{Mc_v\big|_0^T}{T} \cdot dT$$
G	kg	Menge (Masse) des betrachteten Stoffes
g_i	1	Mengenanteil (Summe aller Anteile $= 1$)
H	kcal	Heizwert[1]
H_u	$\dfrac{\text{kcal}}{\text{kg}}$	unterer Heizwert (Heizwert nach Abzug der Kondensationswärme des entstandenen Wassers)
$H_{0°\text{K}}$	$\dfrac{\text{kcal}}{\text{kg}}$	hypothetischer Heizwert bei 0 °K
$h = 6{,}626 \cdot 10^{27}$	erg $\cdot$ s	Plancksches Wirkungsquantum
J	kcal	Wärmeinhalt (Enthalpie)[2]
i	$\dfrac{\text{kcal}}{\text{kg}}$	

---

[1] s. auch S. 505.
[2] s. auch S. 5, Tabelle 2 und vorausgehenden Text.

Formelzeichen	Maßeinheit	Begriff
K_c bzw. K_p	1	Gleichgewichtskonstanten
$k = 1,3807 \cdot 10^{-16}$	$\dfrac{\text{erg}}{\text{Grad}}$	Boltzmannsche Konstante
L	mkp	Arbeit
$L_{t\,max}$	kcal	Maximale Arbeit = Abnahme der freien Enthalpie (Gibbsches Potential)[1]
M	$\dfrac{\text{kg}}{\text{Mol}}$	Molmasse
$(M \cdot s_{P=1})_T$	$\dfrac{\text{kcal}}{\text{Mol Grad}}$	Tabellenwert zur Berechnung der Isentrope, wenn Druckänderung bekannt ist, und zur Berechnung der Gleichgewichtskonstanten K_p $$(M \cdot s_{P=1})_T = = Mc_v\vert_0^T + \int^T \frac{Mc_v\vert_0^T}{T}\, dT + M\, s_0 + \Re \ln T$$
$N_L = 6{,}06 \cdot 10^{26}$	Anzahl der Moleküle pro Mol	Loschmidtsche Zahl
n	1	Exponent der Polytropen, Druckexponent der Selbstzündungsreaktion
P	kp/m²	absoluter Druck von Gasen, Dämpfen und Flüssigkeiten
p	$\dfrac{\text{kp}}{\text{cm}^2}$	absoluter Druck von Gasen, Dämpfen und Flüssigkeiten
Q	kcal	Wärmemenge
R	$\dfrac{\text{mkp}}{\text{kg} \cdot \text{Grad}}$	Gaskonstante
$\Re = 848$	$\dfrac{\text{mkp}}{\text{Mol Grad}}$	Universelle Gaskonstante = $R \cdot M$
r_i	1	Raumanteil (Summe aller Anteile = 1)
S	$\dfrac{\text{kcal}}{\text{Grad}}$	Entropie
s	$\dfrac{\text{kcal}}{\text{kg Grad}}$	Entropie
T	°K	absolute Temperatur
t	°C	Temperatur

[1] Siehe auch S. 5, Tabelle 2.

Formelzeichen	Maßeinheit	Begriff
U	kcal	innere Energie
u	$\dfrac{\text{kcal}}{\text{kg}}$	
V	m^3	Volumen
v	$\dfrac{\text{m}^3}{\text{kg}}$	spez. Volumen
α	1	Dissoziationsgrad
Θ	Grad	Charakteristische Temperatur $= \dfrac{h \cdot v}{k}$
$\varkappa$	1	Exponent der Isentrope
λ	$\dfrac{\text{kcal}}{\text{m} \cdot \text{h} \cdot \text{Grad}}$	Wärmeleitzahl (bei den Formelzeichen für Verbrennungsmotoren und Flugtriebwerke wird λ auch zur Kennzeichnung der Luftverhältniszahl verwendet)
ν	1/s	Schwingungsfrequenz
ϱ	$\dfrac{\text{kg}}{\text{m}^3}$	Dichte (spez. Masse)
φ	1	Luftfeuchtigkeit
$\varphi(T)$	$\dfrac{\text{kcal}}{\text{Mol Grad}}$	Tabellenwert zur Berechnung der Isentrope, wenn Volumenänderung bekannt, und zur Berechnung der Gleichgewichtkonstanten K_c, unterscheidet sich von $f(T)$ um eine Konstante $\varphi(T) =$ $= Mc_o\big|_0^T + \displaystyle\int^T \dfrac{Mc_v\big|_0^T}{T}\, dT + M\,s_0 - \Re \ln \Re$

B. Begriffe und Formelzeichen für Verbrennungsmotoren

Formelzeichen	Maßeinheit	Begriff	Begriffsbestimmung
		I. Allgemeine Begriffe	
		Verbrennungsmotor[1,2]	Kolben-Wärmekraftmaschine mit innerer Verbrennung.

[1] Vom Verein deutscher Ingenieure wurden für Verbrennungsmotoren Begriffe und Formelzeichen auf Grund einer Bearbeitung eines Fachausschusses unter dem Vorsitz des Verfassers im Normblatt DIN 1940 genormt.

[2] Es gibt noch andere Verbrennungsmotoren, deren Verbrennungsverfahren sich nicht in die beiden Gruppen einordnen.

Formel- zeichen	Maß- einheit	Begriff	Begriffsbestimmung
		Ottomotor	Verbrennungsmotor, bei dem der Verbrennungsvorgang durch zeitlich gesteuerte Fremdzündung eingeleitet wird.
		Dieselmotor	Verbrennungsmotor, bei dem der in den Verbrennungsraum eingespritzte oder eingeblasene Kraftstoff sich an der Luftladung des Zylinders entzündet, nachdem diese im wesentlichen durch die Verdichtung auf eine für die Einleitung der Zündung hinreichend hohe Temperatur gebracht worden ist.
		Selbstansaugender Motor	Motor, der die Frischladung unmittelbar mit Hilfe der Kolben ansaugt.
		Aufgeladener Motor	Motor, dem verdichtete Frischladung zugeführt wird.
		Fremdaufladung	Die Leistung zur Aufladung wird einer fremden Kraftquelle entnommen.
		Mechanische Aufladung	Die Leistung zur Aufladung wird an einer Welle des aufzuladenden Verbrennungsmotors entnommen.
		Abgasturboaufladung	Die Leistung zur Aufladung wird durch eine von den Auspuffgasen des Verbrennungsmotors angetriebene Abgasturbine erzeugt.

Begriffe zum Ladungswechsel (nach DIN 1940)

Formel- zeichen	Maß- einheit	Begriff	Begriffsbestimmung
		Selbstansaugen	Beim Selbstansaugen wird die Frischladung unmittelbar durch den Arbeitskolben in den Arbeitszylinder gesaugt, nachdem die Verbrennungsgase vom vorhergehenden Arbeitsspiel gleichfalls durch den Arbeitskolben aus dem Arbeitszylinder hinausgeschoben worden sind.
		Aufladung	Vorverdichtung der gesamten oder eines Teiles der Ladung außerhalb des Arbeitszylinders zum Zweck der Vergrößerung der Ladungsmenge im Arbeitszylinder.
		Spülen	Beim Spülen werden die Verbrennungsgase durch die Frischladung mit Hilfe eines Druckgefälles zwischen Einlaß und Auslaß aus dem Arbeitszylinder verdrängt.

Formelzeichen	Maßeinheit	Begriff	Begriffsbestimmung
		II. Allgemeine Formelzeichen	
B^1	kg/h	Kraftstoffverbrauch	Je Zeiteinheit verbrauchte Kraftstoffmenge.
b	g/PSh	Spezifischer Kraftstoffverbrauch	Kraftstoffmenge je Einheit der Zeit und je Einheit der Leistung $b = \dfrac{B \cdot 10^3}{N}$ Durch den entsprechenden Index ist anzugeben, auf welche Leistung der Kraftstoffverbrauch jeweils bezogen ist, z. B. $b_e = \dfrac{B \cdot 10^3}{N_e} =$ Kraftstoffmenge je Einheit der Zeit und je Einheit der Nutzleistung usw.
c_m	m/s	Mittlere Kolbengeschwindigkeit	Mittlere Geschwindigkeit des Kolbens bei einer bestimmten konstanten Drehzahl $\left(c_m = \dfrac{2 \cdot s \cdot n}{1000 \cdot 60}\right.$, wenn s in mm und n in min^{-1} eingesetzt wird.$\left.\right)$
D	mm	Zylinderbohrung	Lichte Weite eines Zylinders.
n	min^{-1}	Motordrehzahl	Anzahl der Umdrehungen der Kurbelwelle in der Minute.
G_L	kg/h		Luftmenge je Zeiteinheit.
G_G	kg/h		Arbeitende Gasmenge.
G_z	kg		Wirklich im Zylinder verbleibende Ladungsmenge.
G_{th}	kg		Theoretisch angesaugte Ladungsmenge, wenn der Hubraum des Zylinders (V_h) vollständig mit Luft oder Gemisch gefüllt wird. Als Zustand der Ladung ist beim selbstansaugenden Motor der Zustand der Umgebungsluft, beim Gasmotor, beim Ladermotor und beim Motor mit Fremdladung der Zustand der Ladung vor dem Einlaßorgan einzusetzen.
G_R	kg		Im Zylinder verbleibende Restgasmenge.

---

[1] Sinngemäß wäre es richtiger, für den Kraftstoffverbrauch die Bezeichnung K einzuführen. Es wurde jedoch die allgemein übliche Bezeichnung B (früher Brennstoffverbrauch) beibehalten.

Formel-zeichen	Maß-einheit	Begriff	Begriffsbestimmung
G_{ges}	kg		Gesamte geförderte Luftmenge je Zylinder.
λ_l		Liefergrad	$\lambda_l = \dfrac{G_z}{G_{th}}$.
λ_a		Luftaufwand	$\lambda_a = \dfrac{G_{ges}}{G_{th}}$.
G_{Ltats}	kg/kg		Die zur Verbrennung der Mengeneinheit Kraftstoff tatsächlich zur Verfügung stehende Luftmenge.
G_{Lmin}	kg/kg		Die zur vollkommenen Verbrennung der Mengeneinheit Kraftstoff erforderliche Mindestluftmenge.
λ		Luftverhält-niszahl	$\lambda = \dfrac{G_{Ltats}}{G_{Lmin}}$ (s. S. 102)
p	$\dfrac{kp}{cm^2}$	Mittlerer Arbeitsdruck	Der mittlere Arbeitsdruck ergibt sich aus Leistung, Drehzahl und Hubvolumen nach der Formel[1]: $p = \dfrac{N \cdot K}{n \cdot V_H}$. Für N ist jeweils die Leistung einzusetzen, deren Mitteldruck bestimmt werden soll (z. B. Innenleistung N_i, Nutzleistung N_e, Reibungsleistung N_r usw.); p erhält dabei jeweils den Index der entsprechenden Leistung (z. B. p_i, p_e, p_r).
s	mm	Kolbenhub	Abstand zwischen den beiden Totlagen des Kolbens.
V	l, cm³	Verbrennungs-raum	Der allseitig vom Zylindergehäuse und dem oder den Kolben umschlossene Raum. Nebenkammern (z. B. bei Dieselmotoren) gehören, soweit sie gegen den Verbrennungsraum geöffnet sind, ebenfalls zum Verbrennungsraum.
V_H	l, cm³	Gesamtes Hubvolumen	Summe der Hubräume aller Arbeitszylinder eines Motors $= z \cdot V_h$.
V_h	l, cm³	Hubraum eines Zylinders	Von dem oder den Kolben eines Zylinders während eines Hubes überstrichene Raum (Zylinderquerschnittsfläche $\times$ Kolbenhub).

[1] $K = 450$ für den Zweitaktmotor, $K = 900$ für den Viertaktmotor, wenn die Leistung in PS, n in min^{-1} und V_H in l eingesetzt wird.

Formel-zeichen	Maß-einheit	Begriff	Begriffsbestimmung
V_c	l, cm³	Verdichtungs-raum	Verdichtungsraum ist der Kleinstwert des Verbrennungsraumes.
z		Zylinderzahl	Anzahl der Zylinder eines Motors. Wenn mehrere Zylinder zu einem Verbrennungsraum gehören, zählen sie als ein Zylinder.
ε		Verdichtungs-verhältnis	$\varepsilon = \dfrac{V_h + V_c}{V_c}$

III. Leistung und Wirkungsgrad

Formel-zeichen	Maß-einheit	Begriff	Begriffsbestimmung
N_e	PS[1]	Nutzleistung (effektive Leistung)	Die vom Motor abgegebene Leistung, wobei die Hilfseinrichtung wie Zünd-einrichtung, Kraftstoff-Förder- und Einspritzpumpe, Kühlwasserpumpe, Spülgebläse, Kühlluftgebläse, Lader, unbelastete Lichtmaschine u. a. vom Motor angetrieben werden.[2] Werden zum Betrieb des Motors notwendige Hilfseinrichtungen nicht vom Motor unmittelbar angetrieben, so ist deren Leistungsbedarf von der vom Motor abgegebenen Leistung abzuziehen.
N_i	PS	Innenleistung (indizierte Leistung)	Die vom Arbeitsmittel an den Kolben abgegebene Leistung. Der Einfluß der an der Kolbenunterseite auftretenden Druckunterschiede wird zu den Strö-mungsverlusten gerechnet.
N_v	PS	Leistung des „Vollkomme-nen Motors"	Definition des vollkommenen Motors s. S. 16.
N_r	PS	Reibungs-leistung	Leistungsverbrauch der mechanischen Reibung zuzüglich aller zum Betrieb des Motors erforderlichen Hilfseinrich-tungen außer Spülgebläse und Lader. Es ist also: $N_r = N_i - N_e - N_{sp} - N_l$.
N_{sp}	PS	Spülgebläse-leistung	Leistungsbedarf des Spülgebläses.
N_l	PS	Laderleistung	Leistungsbedarf des Laders.

---

[1] Im Interesse der Einheitlichkeit in der technischen Bezeichnungsweise wird die Einführung von W an Stelle von PS empfohlen.

[2] Saug- und Auspuffleitungen einschließlich Luftfilter und Auspufftopf sollen bei Messung der Nutzleistung in gleicher Weise ausgebildet sein wie beim eingebauten Motor.

Formel-zeichen	Maß-einheit	Begriff	Begriffsbestimmung
η_e		Nutzwirkungs-grad (effekti-ver Wirkungs-grad)	Der Nutzwirkungsgrad errechnet sich aus dem Verhältnis der effektiven Arbeit (Nutzarbeit) zur maximal möglichen Arbeit (s. auch S. 4 und 24) $$\eta_e = \frac{N_e \cdot C}{L_{l\,max}} \approx \frac{N_e \cdot C}{B \cdot H_u}$$ $C = 632$ Kcal/PSh oder 860 Kcal/kWh
η_i		Innenwirkungs-grad (indizier-ter Wirkungs-grad)	$$\eta_i = \frac{N_i \cdot C}{B \cdot H_u}$$
η_v		Wirkungsgrad des vollkom-menen Motors	Verhältnis der Arbeit des vollkomme-nen Motors (s. S. 16) zur maximal mög-lichen Arbeit. $$\eta_v = \frac{L_v}{L_{l\,max}} \approx \frac{A \cdot L_v}{H_u}$$
η_g		Gütegrad	$$\eta_g = \frac{\eta_i}{\eta_v}$$ (s. S. 35—36)
η_m		Mechanischer Wirkungsgrad	$$\eta_m = \frac{N_e}{N_e + N_r}$$

IV. Aufgeladene Motoren

Formel-zeichen	Maß-einheit	Begriff	Begriffsbestimmung
$p_l(p_s)$	kp/cm²	Ladedruck	Zeitliches arithmetisches Mittel des absoluten Druckes in der Ladeleitung kurz vor dem Zylindereintrittsstutzen. Der Saugdruck P_s wird häufig gleich dem Ladedruck P_l gesetzt.
$T_l(T_s)$	°K	Temperatur in der Lade-leitung	Die Temperatur in der Saugleitung T_s wird häufig gleich der Temp. in der Ladeleitung T_l gesetzt.
L_{is-l}	$\dfrac{\text{mkp}}{\text{kg}}$	Isentrope Ver-dichtungs-arbeit des Laders	Je Mengeneinheit Luft erforderliche Arbeit bei isentroper Verdichtung (Für die Berechnung der Verdichtungsarbeit wird üblicherweise die Isentrope zu-grundegelegt).
L_{iso-l}	$\dfrac{\text{mkp}}{\text{kg}}$	Isotherme Ver-dichtungsarbeit des Laders	$L_{iso-l} < L_{is-l}$ (Bei Verwendung gekühlter Lader wird zweckmäßigerweise auf die Isotherme bezogen).
L_{is-t}	$\dfrac{\text{mkp}}{\text{kg}}$	Isentrope Arbeit der Turbine	Je Mengeneinheit Gas bei isentroper Entspannung in der Turbine freiwer-dende Arbeit.

Formelzeichen	Maßeinheit	Begriff	Begriffsbestimmung
η_{i-is-l}	1	Innerer isentroper Laderwirkungsgrad	$\eta_{i-is-l} = \dfrac{\eta_l}{\eta_{m-l}} = \dfrac{\text{Laderwirkungsgrad}}{\text{mech. Laderwirkungsgrad}}$ $\eta_{m-l} = \dfrac{N_{i-l}}{N_l}$
η_e	1	Laderwirkungsgrad	Laderwirkungsgrad einschließlich Getriebe, bezogen auf die Isentrope.
η_l	1	Turbinenwirkungsgrad	Turbinenwirkungsgrad bezogen auf die Isentrope.
η_{ges}	1	Gesamtwirkungsgrad des Turboladeraggregates	$\eta_{ges} = \eta_l \cdot \eta_t$
N_l	PS	Laderleistung	Leistungsbedarf des Laders $N_l = \dfrac{G_L \cdot L_{is-l}}{\eta_l}$
N_t	PS	Turbinenleistung	abgegebene Turbinenleistung $N_l = G_G \cdot L_{is-t} \cdot \eta_t$
Index I Index II			Zustand der Gase vor der Abgasturbine Zustand der Gase nach der Abgasturbine.
		Gleichdruckhöhe	Höhe über N.N. nach INA, in der der Lader noch eine Aufladung auf 760 mm Hg verwirklicht.
		Volldruckhöhe	Höhe über N.N. nach INA, in der der Lader bei vollgeöffneter Drossel den höchstzulässigen Ladedruck erzeugt.

C. Begriffe und Formelzeichen für Strahltriebwerke und Raketen

s	kp	Schub	
I_{sp}	$\dfrac{kp}{kg} \cdot s$	spez. Impuls	Der spezifische Impuls ist der auf die Einheit des Massendurchsatzes bezogene Schub (s. S. 431), wird auch häufig mit spez. Schub [s] bezeichnet.
η_i		innerer Wirkungsgrad (Triebwerkswirkungsgrad)	Im inneren Wirkungsgrad werden die Strömungs-, Reibungs- und Wärmeverluste in der Brennkammer des Triebwerkes berücksichtigt (s. S. 387).

Formel-zeichen	Maß-einheit	Begriff	' Begriffsbestimmung
$\eta_{Vortrieb}$		Vortriebs-wirkungsgrad (äußerer Wir-kungsgrad)	Der Vortriebswirkungsgrad berücksichtigt Verluste, die bei der Umsetzung der Strahlenergie in Vortriebsleistung auftreten (s. S. 387)
η_{ges}		Gesamt-wirkungsgrad	$\eta_{ges} = \dfrac{\text{Vortriebsleistung pro kg Kraftstoff}}{\text{gesamte verfügbare Leistung pro kg Kraftstoff}}$ $\eta_{ges} = \eta_{Vortrieb} \cdot \eta_i$
M		Machzahl	$M = \dfrac{w}{a} = \dfrac{\text{Fluggeschwindigkeit}}{\text{Schallgeschwindigkeit}}$
c_w		Widerstands-beiwert	Widerstandsbeiwert $= \dfrac{\text{Widerstand}}{\text{Staudruck} \times \text{Stirnfläche}}$
c_a		Auftriebs-beiwert	Auftriebsbeiwert $= \dfrac{\text{Fluggewicht}}{\text{Staudruck} \times \text{Stirnfläche}}$
c_s		Schubbeiwert	Schubbeiwert $= \dfrac{\text{Schub}}{\text{Staudruck} \times \text{Stirnfläche}}$
η_{BK}		Brennkammer-wirkungsgrad (Ausbrenngrad)	$\eta_{BK} = \dfrac{\text{nutzbargemachte Kraftstoffenergie}}{\text{zugeführte Kraftstoffenergie}}$ (kennzeichnet die Güte der Verbrennung)

Schrifttum

A. Allgemeine Thermodynamik

1. BAEHR, H. D.: Thermodynamik. Berlin/Göttingen/Heidelberg: Springer 1962.
2. BOŠNJAKOVIĆ, FR.: Technische Thermodynamik. 3. Aufl. Dresden: Steinkopf 1960.
3. HÜTTE, I.: Abschnitt Wärme. 28. Aufl. Berlin: Ernst & Sohn 1955.
4. JUSTI, E.: Spezifische Wärme, Enthalpie, Entropie, Dissoziation technischer Gase. Berlin: Springer 1938.
5. LUTZ, O. u. O. WOLF: I–S-Tafel für Luft und Verbrennungsgase. Berlin: Springer 1938.
6. NUSSELT, W.: Technische Thermodynamik. Sammlung Göschen, Bd. 1084. Berlin: de Gruyter & Co. Bd. I (1950), Bd. 2 (1951), 3. verb. Aufl.
7. PLANK, R.: Vergleich der thermodynamischen Kreisprozesse von CARNOT, ACKERET-KELLER und JOULE für Wärme–Kraft- und Kältemaschinen. ZVDI 90 (1948) Nr. 1, S. 90.
8a. RANT, Z.: Die Exergieverhältnisse bei der Verbrennung. Vortrag auf dem Deutschen Ingenieurtag 1964 in München. Siehe auch ZVDI 106 (1964), Nr. 28.
8. PFLAUM, W.: I–S-Diagramme für Verbrennungsgase. Berlin: VDI-Verlag 1932.
9. SCHMIDT, E.: Thermodynamik. 9. Aufl. Berlin/Göttingen/Heidelberg: Springer 1962.
10. SCHÜLE, W.: Technische Thermodynamik. Berlin: Springer 1923.
11. STODOLA, A.: Dampf- und Gasturbinen. Berlin: Springer 1924.
12. SCHMIDT, F. A. F.: Zustandsgrößen der Gase im Dissoziationsgebiet. Forsch. Ing.-Wes. 5 (1934) H. 2, S. 60.
13. ZEISE, H.: Thermodynamik auf den Grundlagen der Quantentheorie, Quantenstatistik und Spektroskopie. Leipzig: Hirzel 1944.

B. Direkte Energieumwandlung

1. EISENBERG, M.: Electric Car with Fuel Cell Power. SAE-Journal 69 (1961) 43.
2. JENNY, E.: Die vier wichtigsten Methoden der direkten Energieumwandlung. Schweiz. Bauzeitung 79 (1961) H. 22, S. 363, H. 23, S. 383, H. 25, S. 448.
3. JUSTI, E., u. A. WINSEL: Kalte Verbrennung — Fuell Cells. Wiesbaden, F. Steiner Verlag GmbH, 1962.
4. JUSTI, E.: Brennstoffelemente. Die Umschau (1961) H. 3, S. 65, H. 4, S. 102.
5. JUSTI, E., PILKUHN, SCHEIBE u. WINSEL: Monografie: Hochbelastbare Wasserstoff-Diffusionselektroden für Betrieb bei Umgebungstemp. u. Niederdruck. Abh. d. Math. Nat. Kl. d. Akad. d. Wiss. u. d. Lit. (Mainz 1960) Nr. 8. Wiesbaden: Komm. Verl. F. Steiner.
6. JUSTI, E. u. WINSEL: Elektrochemische Energieerzeugung durch indirekte Brennstoffelemente. Die Naturwissenschaften 47 (1960) H. 13, S. 289.
7. KROMS, A.: Neue Wege der Energieerzeugung. Energie 12 (1960) 533, u. 13 (1961) 11.
8. KANGRO, W.: Die unmittelbare Gewinnung von Elektrizität aus Brennstoffen. MTZ 22 (1961) H. 1.

9. KAYE, J. u. J. A. WELSH: Direct Conversion of Heat to Electricity. New York: John Wiley & Sons 1960.
10. LIEBHAFSKI, H. A. u. L. W. NIEDRACH: Fuel Cells. Journal of the Franklin Institute 269 (1960) No. 4, 257.
11. LINDLEY, B. C. u. C. A. PARSONS: Large Scale Power by Direct Conversion. Engineering (1960) 567.
12. SPORN u. KANTOWITZ: Magnetohydrodynamics — Future Power Process? Power 103, Nr. 11, S. 62, 1959.
13. SUTTON, G. W.: Practical MHD-Generator hinges on Gas Temperature. SAE-Journal 69 (1961) 58.
14. DENZEL, P., u. R. BÜCKEN: Der mögliche Einfluß des MHD-Generators auf die Entwicklung des Kraftwerkbaues. BWK 17 (1965), Nr. 8, S. 399/401.
15. Brennstoffelemente, ein Fortschritt in der Stromerzeugung. Energie 12 (1960) 78.
16. Fuel Cells. 10 Aufsätze. Industrial and Engineering Chemistry (1960) 291.
17. Ein neuer Weg zur Energiegewinnung? BWK 12 (1960) Nr. 2, 68.
18. Versuche mit Hochtemperatur-Brennstoffzellen BWK 12 (1960) Nr. 7, S. 321.

C. Thermodynamik des Verbrennungsmotors

1. HANSEN, A.: Thermodynamische Rechnungsgrundlagen der Verbrennungs-Kraftmaschine und ihre Anwendung auf den Höhenflugmotor. ZVDI 344 (1931).
2. KÜHL, H.: Dissoziation von Verbrennungsgasen und ihr Einfluß auf den Wirkungsgrad von Vergasermaschinen. ZVDI 373 (1935).
3. LIST, H.: Thermodynamik der Verbrennungs-Kraftmaschine. Die Verbrennungs-Kraftmaschine, H. 2, Wien: Springer 1939.
4. LÖHNER, K.: Die Brennkraftmaschine. 2. Aufl. Düsseldorf: VDI-Verlag 1963.
5. MARTER, D. H.: Thermodynamics and the Heat Engine. London: Thames and Hudson 1960.
6. NUSSELT, W.: Der Wärmeübergang in Verbrennungs-Kraftmaschinen. ZVDI 264 (1923).
7. NUSSELT, W.: Die Entropievermehrung in der Gasmaschine durch die nicht umkehrbare Ausführung der Verbrennung. Z. ges. Turbinenwes. (1917) H. 1/3.
8. OBERT, E. F.: Internal Combustion Engines: Analysis and Practice. Scranton, Pa.: Internal Textbook Company 1950.
9. PYE, D.: Die Brennkraftmaschinen. Übersetzt und bearbeitet von Wettstädt. Berlin: Springer 1933.
10. ROGOWSKI: Elements of Internal combustion engines. New York: McGraw-Hill, Book Company 1953.
11. SCHMIDT, F. A. F.: Der indizierte Wirkungsgrad der kompressorlosen Dieselmaschine. ZVDI 314 (1929).
12. SCHMIDT, F. A. F.: Untersuchungen über die Verbrennungsvorgänge bei verschiedenen motorischen Arbeitsverfahren, insbes. im Hinblick auf Höhenflug. DVL-Jahrbuch 1937.
13. SCHNELL, H.: Der indizierte Wirkungsgrad der Gasmaschine. ZVDI 316.
14. SCHULTZ-GRUNOW, F.: Eine neue Auffassung der Expansions- und Kompressionsströmung in Zylindern. Deutsche Kraftfahrtforschung, Nr. 61, 1941.

15. TAYLOR, C. F. u. E. S. TAYLOR: The Internal Combustion Engine. Scranton, Pa.: International Textbook Company 1961.
16. TAYLOR, C. F. u. E. S. TAYLOR: The Internal Combustion Engine in Theory and Practice 1 (1960), 2 (1962). Cambridge: Technology Press and New York: J. Wiley.

D. Allgemeine Arbeiten über Verbrennungsmotoren und Versuchsarbeiten an Motoren

Bücher

1. ANDERSON, J. W.: Diesel Engines. New York: McGraw-Hill Book Company 1949.
2. BENSINGER, W. D.: Die Steuerung des Gaswechsels in schnellaufenden Verbrennungsmotoren. Berlin/Göttingen/Heidelberg: Springer 1955.
3. BUSCHMANN, H. u. P. KOESSLER: Taschenbuch für den Kraftfahrzeug-Ingenieur. Stuttgart: Deutsche Verlags-Anstalt, Fachverlag 1963.
4. BUSSIEN, R.: Automobiltechnisches Handbuch. 18. Aufl. Berlin: Techn. Verlag H. Cram 1965.
5. ENDRES, W.: Verbrennungsmotoren I. Sammlung Göschen, 1958.
6. FÖPPL, O., STROMBECK u. EBERMANN: Schnellaufende Dieselmaschinen. Berlin 1929.
7. FRAAS, A. P.: Combustion Engines. New York: McGraw-Hill Book Company 1948.
8. JANTSCH, F.: Kraftstoff-Handbuch. 6. Aufl. Stuttgart: Frank'sche Verlagshandlung 1960.
9. JUDGE, A. W.: High speed diesel engines. London: Chapman & Hall 1933.
10. JUDGE, A. W.: Automobile and aircraft engines. London: I. Pitman & Sons, Ltd. 1934.
11. KAMM, W. u. C. SCHMIDT: Das Versuchs- und Meßwesen auf dem Gebiet des Kraftfahrzeuges. Berlin: Springer 1938.
12. KRAEMER, O.: Bau und Berechnung von Verbrennungs-Kraftmaschinen. 3. Aufl. Berlin: Springer 1948.
13. LICHTY, L. C.: Internal Combustion Engines. New York: McGraw-Hill Book Company 1939.
14. LIST, H. u. G. REYL: Der Ladungswechsel der Verbrennungs-Kraftmaschine. Wien: Springer 1949.
15. LUTZ, O.: Resonanzschwingungen in den Rohrleitungen von Kolbenmaschinen. Ber. Inst. Verbr.-Kraftmasch., T.H. Stuttgart, H. 3.
16. MALEEV, V. L.: Internal Combustion Engines. New York: McGraw-Hill Book Company 1945.
17. MAYR, F.: Ortsfeste Dieselmotoren und Schiffsdieselmotoren. 3. Aufl. Wien: Springer 1960.
18. NEUMANN, K.: Untersuchungen an der Dieselmaschine. VDI-Forsch., Heft 309 (1928).
19. v. PHILIPPOVICH, A.: Die Betriebsstoffe für Verbrennungs-Kraftmaschinen. Wien: Springer 1939.
20. RICARDO, H. R.: Der schnellaufende Verbrennungsmotor. 3. Aufl. Berlin: Springer 1954.
21. SASS, F.: Bau und Betrieb von Dieselmaschinen. 2. Aufl. Berlin:/Göttingen/ Heidelberg: Springer 1948.
22. SASS, F.: Dieselmaschinen. 2. Bd.: Maschinen und ihr Betrieb. Berlin/Göttingen/Heidelberg: Springer 1957.

23. SCHMIDT, F. A. F., u. a.: Untersuchungen auf dem Gebiet der Verbrennung und der Entwicklung von Verbrennungs-Kraftmaschinen. Jahrbuch der T.H. Aachen. Essen: Giradet 1954.

24. SCHNÜRLE, A.: Die Gasmaschine. Wien: Springer 1939.

25. SCHWEITZER, P. H.: Scavenging of Two-Stroke Cycle Diesel Engines. New York: Macmillian Col. 1949.

26. VINCENT, E. T.: Supercharging the Internal Combustion Engine. New York: McGraw-Hill Book Company 1948.

27. ZEMAN, J.: Zweitakt-Dieselmaschinen kleinerer und mittlerer Leistung. Wien: Springer 1935.

Aufsätze

28. ABDELFATTAH, A. W.: Piston Temperatures. Automobil Engineer 44 (1954) 335.

29. ACKERET, J. u. C. KELLER: Aerodynamische Brennkraftmaschine mit geschlossenem Kreislauf. ZVDI 85 (1941) Nr. 22, S. 491.

30. AUGUSTIN: Fahrzeug-Dieselmotoren mit Abgasturbolader (SAUER). Neues Kfz.-Fachblatt (1948) Nr. 20, S. 3.

31. BANGERTER, H.: Messung und Bestimmung richtiger Auspuff- und wirklicher Abgastemperaturen bei Brennkraftmaschinen. Forsch. Ing.-Wiss. 7 (1936) 117.

32. BARNETT, H. C.: NACA Investigation of Fuel Performance in Piston-Type Engines. NACA Report 1026 (1951).

33. BILLE, R.: Neuere Untersuchungen über die Spülströmung bei schlitzgesteuerten Zweitaktverbrennungskraftmaschinen. ATZ 49 (1941) 112—121.

34. BONAMY, S. E.: Solution of Supercharged Engine Cycles. Automobile Engineer 49 (1959) Nr. 10, S. 369—371.

35. BREM, L.: Beitrag zur Untersuchung des Lanova-Luftspeicherverfahrens unter Höhenbedingungen. DVL-Jb.(1937) S. 455.

36. BROCKINGTON, P. A. C.: Niedrig verdichtende Dieselmotoren. Schweiz Techn. Zeitschrift 57 (1960) Nr. 10, S. 197—199.

37. BROWN, D. H.: Diesel Cylinder Heat Transfer Design Criteria. SAE Trans. (1958) 522.

38. BUSEMANN, A.: Schuberhöhung durch Luftbeimischung. Lilienthal-Ges. f. Luftf.-Forsch., Bericht 118 (1939).

39. CAROSELLI, H. u. W. HAGER: Flugmotorenleistungsberechnung. MTZ 4 (1942) H. 5. Jahrb. dtsch. Luftf.-Forschg. (1941) S. II, 1.

40. DAVIES, S. J.: Recent Developments in High-Speed Oil Engines. Engineering, 25. März u. 8. April, 1938.

41. DAVIS, C. W., E. M. BARBER u. E. MICHELL: Fuel Injection and Positive Ignition — a Basis for Improved Efficiency and Economy. SAE Trans. 69 (1961) 120—134.

42. DÜLL, R.: Untersuchungen über das Höhenverhalten eines Vorkammer-Dieselmotors. DVL-Jahrb. (1938) S. 436.

43. ECKERT, K.: Der Wärmeübergang im Zylinderkopf und Zylinder von schnellaufenden, luftgekühlten Otto- und Dieselmotoren. MTZ 22 (1961) H. 2, S. 37—44.

44. EICHELBERG, G.: Instationäre Strömungsvorgänge in Motoren. Forsch. Ing.-Wes. 14 (1943) Nr. 2, S. 41—47.

45. EICHELBERG, G.: Some new investigations on old combustion engine problems. Engineering 148 (1939) u. 149 (1940).

46. EICHELBERG, G., u. W. PFLAUM: Untersuchungen eines hochaufgeladenen Dieselmotors. ZVDI (1951) 1113.

47. EICHELBERG, G., u. W. PFLAUM: New M.A.N. Engine. Am. Soc. of Naval Eng. Journal (1952) 512.

48. ELLIOT, M. A.: Compression-Ignition engine performance at different intake and exhaust conditions. SAE Journal 49 (1941) Nr. 6, S. 532—543.

49. FEZER, E. u. A. SCHMITZ: Die wirtschaftliche Grenze der Hochaufladung des Zweitaktmotors ohne Abgasausnützung. MTZ 9 (1948) 1.

50. FITZGEORGE, D. u. J. A. POPE: Investigation of Factors Contributing to Failure of Diesel Engine Pistons and Cylinder Covers. North East Coast Inst. Engrs. and Shipbuilders Trans. 71 (1955) 163.

51. FLATZ, E.: Der neue luftgekühlte Deutz-Fahrzeug-Dieselmotor. MTZ 7 (1946) 33—38.

52. FLÖSSEL, W.: Luftleistung, spezifischer Kraftstoffverbrauch und Gütegrad beim Viertakt-Ottomotor mit Vergaser. MTZ 19 (1958) H. 12, S. 408—413.

53. FRANZ, A.: Der Abgasstrahlantrieb. Iilienthal-Ges. f. Luftf.-Forsch., Bericht 118, 1939 und Diss. Berlin, 1939.

54. FRY, A. S., I. STONE u. L. WITHROW: Beziehungen zwischen Schwingungsdichte und Verbrennungsdruck. SAE Quarterl. Trans., Jan. 1947.

55. GLASER, W.: Messung der Kolbentemperatur am laufenden Motor. Luftwissen. 10 (1943) Nr. 2, S. 44—49.

56. GNAM, E. u. F. KURZ: Versuche über das Höhenverhalten eines schnellaufenden Einzylindermotors. Jahrb. dtsch. Luftf.-Forschg. 2 (1938) 16.

57. GOSSLAU, F.: Untersuchungen über Abgasstrahlantrieb. Lilienthal-Ges. f. Luftf.-Forsch. Bericht 118 (1930).

58. HADLATSCH, P.: Einfluß von Gasschwingungen endlicher Amplitude auf den Spülvorgang eines Zweitaktmotors. Habil.-Schrift, Aachen, 1948.

59. HADLATSCH, P.: Ladungswechselvorgang und Entwurf eines Zweitaktmotors. Diss. T.H. Aachen, 1947.

60. HINZE, W.: Zur Wirkungsgradminderung durch den Wärmeverlust bei Dieselmotoren. MTZ 26 (1965), H. 1, S. 7—12.

61. HUG, K.: Messungen und Berechnung von Kolbentemperaturen in Dieselmotoren. Mitt. Inst. f. Thermodyn. u. Verbrennungsmotorenbau ETH Zürich 1937.

62. HUSSMANN u. PULLMAN: Formation and Effects of Pressure Waves in Multi-Cylinder Exhaust Manifolds. Pennsylvania State College, 1953.

63. JANEWAY, R. N.: Quantitative Analysis of Heat Transfer in Engines. S. A.E. Journal 43 (1938) No. 3, S. 371.

64. KETTERING, C. F.: More Efficient Utilization of Fuels. SAE Journal 55 (1947) Nr. 7, S. 31—35, 64.

65. v. KIENLUN, M.: Maßnahmen zur Leistungssteigerung eines schnelllaufenden Dieselmotors über 3000 PS. MTZ 23 (1962) H. 6, S. 192, 194.

66. KLÜSENER, O.: Versuche über den Einfluß von Saug- und Auspuffrohrlänge auf den Liefergrad. ATZ (1932) 229, 481.

67. KRESS, H. u. M. SCHEUERMEYER: Beitrag zur Untersuchung der motorischen Vorgänge überladener Dieselmotoren. DVL-Jahrb. (1938) 432.

68. KRESS, H.: Untersuchungen über den Gütegrad überladener Dieselmotoren. MTZ (1941) H. 7, S. 263 —268.

69. KRESS, H.: Untersuchungen über die mechanischen Reibungsverluste von Verbrennungsmotoren. MTZ (1941) H. 3, S. 73—77.

70. LAVIS, J.: Charakteristiken eines Kadenacy-Motors. Engineering 149 (1940) 515—520, 557—559.

71. LINDNER, W.: Untersuchungsverfahren über das Verhalten von Kraftstoffen in der Dieselmaschine. Brennstoff- und Wärmewirtsch. 19 (1937) S. 123 u. 144.

72. LIST, H.: Strömung in Saugrohren von Verbrennungs-Kraftmaschinen. ZVDI 85 (1941) 301.

73. LIST, H.: High-Speed, High-Output, Loop-Scavenged Two-Cycle Diesel Engines. SAE Trans. 65 (1957) 780.

74. LÖHNER, K.: Abgasstrahlantrieb bei luftgekühlten Flugmotoren. Lilienthal Ges. f. Luftf.-Forsch., Bericht 118 (1939).

75. MARTIN, H., U. SCHMIDT u. W. WILSON: Der Entwicklungsstand der Auspuffschalldämpfer. MTZ 2 (1940) 337—84.

76. McCUULUGH: Engine Cylinder-Pressure Measurements. SAE Trans. 61 (1953) 557.

77. MELJKUMOW, T.: Untersuchung des Einflusses des Luftüberschußkoeffizienten auf den ind. Wirkungsgrad eines Dieselmotors. Techn. Wosd. Flota (1941) H. 1, S. 53—64.

78. MEURER, S.: Indikatoren für schnellaufende Verbrennungsmotoren. ZVDI 80 (1936) 1447.

79. MEURER, S.: Die Entwicklung der Abgasturboaufladung der MAN-M-Fahrzeugdieselmotoren. ATZ (1959) 141—150.

80. MEURER, S.: Entwicklungstendenzen im Bau schnell laufender Dieselmotoren. ATZ 66 (1964) S. 317—322.

81. NAGAO, F. u. a.: Beitrag zur Verbesserung der Verbrennung im Vorkammer Dieselmotor. MTZ 18 (1957) H. 10, S. 301—306.

82. NIEDERMEYER, E.: Untersuchung des Spülvorganges an Zweitakt-Dieselmaschinen. Forsch. Ing.-Wes. 7 (1936) 227.

83. OESTRICH, H.: Versuchsergebnisse an luftgekühlten Flugmotoren. Lilienthal-Ges. f. Luftf.-Forsch., ges. Vort. 1937.

84. OESTRICH, H.: Prüfstandsversuche über Abgasrückstoß unter Höhenbedingungen. Lilienthal-Ges. f. Luftf.-Forsch.

85. OPPITZ, A.: Zur Hochaufladung der Dieselmotoren. MTZ 8 (1947) 33—34 u. S. 54—57.

86. PAULING, H. u. W. FADINGER: Untersuchungen über Leistungssteigerung und Wirtschaftlichkeit überladener Ottomotoren mit und ohne Totraumspülung. DVL-Jahrb. (1938) 429.

87. PFAU, H.: Über die Thermodynamik der Strömung beim Ladevorgang. ATZ 42 (1939) 269—270.

88. PFLAUM, W.: Steigung von Leistung und Brennstoffausnutzung durch hochaufgeladene Dieselmotoren. MTZ 13 (1952) H. 2, S. 29—35.

89. PFLAUM, W.: Der Wärmeübergang bei Dieselmaschinen mit und ohne Aufladung. Hansa 97 (1960) 2654—2656.

90. PFRIEM, H.: Nichtstationäre Wärmeübertragung in Gasen, insbesondere in Kolbenmaschinen. VDI-Forsch., H. 413.

91. PFRIEM, H.: Der Wärmeübergang bei schnellen Druckänderungen in Gasen. Forsch. Ing.-Wes. 13 (1942) Nr. 4.

92. PISCHINGER, A.: Gesichtspunkte zur Beurteilung der Arbeitsverfahren von Fahrzeug-Dieselmotoren. ATZ 44 (1941) 489 —497.

93. RICARDO, H. R. u. I. H. PITCHFORD: Design developments in european automotiv Diesel engines. SAE Journal 41 (1957) Nr. 3, S. 405—414.

94. RICHTER, L.: Probleme des Zündermotors für flüssige Brennstoffe. ZVDI 72 (1928) 522—537.

95. RICHTER, L.: Innen und Reibungsleistungen und mechanische Wirkungsgrade der Verbrennungsmotoren. Maschb. u. Wärmew. 2 (1947) 148—153.

96. RICHTER, L.: Motor- und Einspritzpumpverhalten. Maschb. u. Wärmew. 4 (1949) 13—14.

97. ROBERTS, R. W.: Advantages of two-cycle-engine, Aero Dig. 37 (1940) 145—146.

98. ROTHROCK, A. M.: Fuel rating — its relation to engine performance. SAE Journal 48 (1941) 51—65.

99. SCHEUERMEYER, M. u. H. KRESS: Die Überladung beim Hochleistungs-dieselmotor. MTZ 2 (1940) 269—270.

100. SCHEUERMEYER, M.: Meßgeräte zur Untersuchung der Arbeitsvorgänge in schnellaufenden Verbrennungsmotoren. DVL-Jahrb. (1937) 464.

101. SCHMIDT, E.: Aufladeversuche an Vorkammer-Dieselmaschinen. Jahrb. dtsch. Luftf.-Forsch. 2 (1938) 48.·

102. SCHMIDT, F. A. F.: Vergleichende Untersuchungen der Verbrennungs- und Arbeitsvorgänge an Motoren verschiedener Arbeitsverfahren. ZVDI 80 (1936) Nr. 25, S. 769—779.

103. SCHMIDT, F. A. F.: Maßnahmen zur Verbesserung des Kraftstoffverbrauches beim Zündermotor. Jahrb. dtsch. Luftf.-Forsch., 1938.

104. SCHMIDT, F. A. F.: Schaffung von Grundlagen für die Erhöhung der spez. Leistung und Herabsetzung des spez. Kraftstoffverbrauches bei Otto-motoren mit einem Teilbericht über Arbeiten an einem neuen Einspritz-verfahren. Forsch.-Bericht des Wirtsch.- und Verkehrsministeriums von Nordrhein-Westfalen, Nr. 54, 1953.

105. SCHMIDT, F. A. F.: Das Kraftstoffproblem bei der Entwicklung der Ver-brennungs-Kraftmaschinen. Schiene und Straße, Dortmund (1953) 203 bis 207.

106. SCHMIDT, F. A. F.: Grundsätzliche Untersuchungen über den Wärmeüber-gang bei Verbrennungsvorgängen. Wärmeübergang bei zusätzlichen Druck-schwingungen im Verbrennungsraum. Forsch.-Bericht des Wirtsch.- und Verkehrsministeriums von Nordrhein-Westfalen.

107. SCHMIDT, U.: Die äußere Beeinflussung des Spülverlaufes bei gemisch-gespülten Zweitaktmotoren. AZT 44 (1941) 121—124.

108. SCHNAUFFER, K.: Entwicklungsrichtungen im Verbrennungsmotorenbau. BWK 12 (1960) H. 8, S. 363—360.

109. SCHWARZ, H.: Gaslässigkeitsverluste bei Kraftfahrzeugmotoren. ATZ 43 (1940) H. 22, S. 560—566.

110. SCHWEITZER, P. H., C. W. VAN OVERBEKE u. L. MANSONI: Aufklärung des Kadenacy-Effectes. MTZ 9 (1948) Nr. 6, S. 94—95.

111. SCHWEITZER, P. H,: Sauerstoffanreicherung bei Dieselflugmotoren. Mech. Engrg. (1940) 719.

112. SEEBER, F.: Prüfung hochklopffester Kraftstoffe im Flugmotoren-Ein-zylinder Luftf.-Forsch. 16 (1939) 62.

113. SEMENOV, E. S.: Untersuchung der Turbulenz in Zylindern von Verbren-nungsmotoren (russ.) Izv. Akad. Neuk USSR 8 (1958) 130—134.

114. STARKMAN, E. S. u. W. E. SYTZ: Rumble and Thud in High Compression Engines. SAE Journal 67 (1959) H. 7, S. 51—53.

115. TAYLOR, C. F.: The Thermodynamics of Combustion in the Otto-Cycle Engine. NACA TN 533, 1935.

116. TAYLOR, C. F.: Heat Tranmission in Internal Combustion Engines. Inst. M.E., London and ASME Proceedings of the General Discussion on Heat Transfer, 11.—13. Sept. 1951, S. 397.

117. TAYLOR, C. F. u. T. Y. TOONG: Heat Transfer in Internal Combustion Engi-nes. A.S.M.E. Paper 57-HT-17 (1957).

118. Venediger, H. I.: Kennwerte neuzeitlicher Zweitakt-Schnelläufer. MTZ
     9 (1948) Nr. 6, S. 85—88.
119. Vincent, E. T. u. N.A. Henein: ThermalLoading and Wall Temperature as
     Functions of Performance of Turbocharged Compression Ignition of
     Engines. S. A.E. preprint 102 A.
120. Vzorov, B. A.: Thermal Piston Stress in a Two-Stroke Engine with a
     Carburettor and with Fuel Injection. Avtom. Prom., No. 12, S. 10, Okt.
     1959.
121. Wilke, H.: Untersuchungen am Hesselman-Motor. Brennkrafttechn.
     Jahrb. 18 (1937).
122. Wolf, W. u. K. Starke: Die Abgasentgiftung von Fahrzeugmotoren.
     MTZ 26 (1965), H. 3, S. 102—104.
123. Woschni, G.: Beitrag zum Problem des Wärmeüberganges im Verbren-
     nungsmotor. MTZ 26 (1965), H. 4, S. 128—133.
124. Zinner, K.: Erfahrungen mit der Hochverdichtung von Gasmotoren.
     MTZ 9 (1948) Nr. 4, S. 49—52, Nr. 5, S. 70—74.

E. Verbrennung

Bücher

1. Bone, W.: Flames and combustion in gases, London: Longmans Green &
   Co. Ltd. 1927.
2. Bone, W. u. D. T. A. Townend: Flame and combustion in Gases. London:
   Longmans, Green & Co. Ltd. 1929.
3. Bone, W., Newitt u. D. T. A. Townend: Gaseous combustion at high
   pressures. London: Longmans, Green & Co. Ltd. 1929.
4. Combustion Research and Reviews 1957. The Advisory Group for Aeronauti-
   cal Research and Development. NATO. London: Butterworth Scientific
   Publications.
5. Drinkwater, L. W. u. A. C. Egerton: The combustion process in the compression ignition engine. Hrsgg. v. The Institution of Mechanical Engineers
   1938.
6. Endres, W.: Die Verbrennung im Gas- und Vergasermotor. Berlin: Springer
   1928.
7. Friedmann, J., W. I. Bennet u. E. V. Zwick: The Engineering Application
   of Combustion Research to Ramjet Engines. 4th Symposium on Combustion.
   Baltimore: The Williams and Wilkins Comp. 1953.
8. Jaumotte, Al., A. H. Lefebre u. A. M. Rothrock: Combustion and Propulsion. London: Pergamon Press 1961.
9. Jost, W.: Explosion and Combustion in Gases. New York: McGraw-Hill
   Book Comp. 1946.
10. Laure, Y.: Constribution à l'étude de l'explosion des mélanges hydrocarburés.
    Publ. sci. et techn. du min. de l'air (1935) Nr. 78, S. 49.
11. Lewis, B. u. G. v. Elbe: Combustion, Flames and Explosions of Gases.
    New York: Academic Press 1951.
12. Lewis, B. u. G. v. Elbe: Combustion Flames and Explosions. New York:
    Academic Press 1961.
13. Lewis, B., R. N. Pease u. H. S. Taylor: Combustion Processes. New Jer-
    sey: Princeton University Press 1956.
14. Penner, S. S. u. B. P. Mullins: Explosions, Detonations, Flammability and
    Ignition. Part I and II. London: Pergamon Press 1959.

15. SCHULTZ-GRUNOW, F. u. G. ADOMEIT: The Shock Tube Technique Applied to the Study of Combustion. Experimental Methods in Combustion Research, edited by I. Surugue. Oxford, London, New York, Paris: Pergamon Press 1961.

16. Selected Combustion Problems I and II. AGARD. London: Butterworth Scientific Publications 1956.

17. SPALDING, D. B.: Some Fundamentals of Combustion. London: Butterworth Scientific Publications 1955.

18. SPALDING, D. B. u. V. K. JAIN: Theory of the burning of monopropellant droplets. London: Her Majesty's Stationary Office 1959.

19. TINE, G.: Gas Sampling u. Chemical Analysis in Combustion Process. London: Pergamon Press 1961.

20. WILLIAMS, G. C., H. C. HOTTEL und A. C. SCURLOCK: Flame Stabilization and Propagation in High Velocity Gas Streams. 3th Symposium on Combustion. Baltimore: The Williams and Wilkins Comp. 1949.

Aufsätze

21. BECKER, R.: Die Grundgleichung der Verbrennung und Detonation. Z. techn. Physik (1922) 249.

22. BOERLAGE, G. D. u. J. J. BROEZE: The Ignition quality of fuels in compression-ignition engines. Engineering 132 (1932) 603, 687, 755.

23. BOERLAGE, G. D. u. J. J. BROEZE: Ignition quality of Diesel fuels as expressedin octene numbers. SAE Journal 20/31 (1932) 283.

24. BONE, W. A., R. P. FRASER u. W. H. WHEELER: A photographic investigation of flame movements in gaseous explosions. Part III. The phenomenon of spin in detonation. Phil. Trans. Roy. Soc. London 235 (1935/36) 29—68.

25. BÖTTGER, I. u. a.: Ursachen der klopffreien Dieselverbrennung. Kraftfahrzeugtechnik 8 (1958) H. 8, S. 284—289.

26. BOUCHARD, C. L., C. F. TAYLOR u. E. S. TAYLOR: Variables affecting flame speed in the Otto-cycle engine. SAE Journal (1937) 514.

27. BOYS, S. F.: The structure of the Reaction Zone in a Flame. Proc. Soc. London (1949) 90.

28. BRIAND, M.: Influence de la température sur les limites d'inflamabilité de mélanges de vapeur compustibles avec l'air. Ann. de l'office nat. des combust. liquides, 1935.

29. BROMAN, G. E. u. E. E. ZUKOSKI: Experimentelle Untersuchungen über die Flammenstabilisierung in einem abgelenkten Strahl. Z. für Flugw. 10 (1962) H. 2, S. 37—45.

30. CALDWELL, F. R., F. W. RUEGG u. L. O. OLSEN: Eddies Exaggerate Flame Velocities. SAE Journal (1949) 60—61.

31. CLARKE, C. M.: Flame movements and pressure development in gasoline engine. SAE Journal 36 (1935/36) Nr. 2.

32. CORNER, J.: The Effect of Diffusion of the Main Reactants on Flame Speeds in Gases. A 198 (1949) 388.

33. CZERLINKSKY, E.: Messung der Drücke und Flammengeschwindigkeiten bei Detonation gasförmiger Gemische. Jahrb. dtsch. Luftf. Forschg. (1939) S. II, 22.

34. DREYHAUPT, F.: Vorgänge im Verbrennungsraum beim Lanova-Dieselmotor. Forschg. Ing. Wes. 9 (1938) 1.

35. EGERTON, A. C., L. L. SMITH u. A. R. UBBELOHDE: Estimation of the combustion products from the cylinder of the petrol engine and its relation to Knock. Philos. Trans. Roy. Soc. London 234 (1934/35) 433—463.

36. ENDRES, W.: Der Verbrennungsvorgang im Vergasermotor. Forsch. Ing.-Wes. 1932.

37. ERICHSEN, CHR.: Verbrennung im Dieselmotor. DVL-Forschg. (1936) H. 377, S. 21.

38. EVANS, B. L. u. S. S. WATTS.: A contribution to the study of flame temperatures in a petrol engine. Engineering (1935) H. 3600, S. 48—51.

39. FELTING, F. u. a.: Die Beeinflussung der Stabilisation von turbulenten Flammen durch Zusatz von Hilfsgasen. BKW 10 (1958) H. 6, S. 279—300.

40. FRANKE, W.: Untersuchungen über die Verbrennungsgeschwindigkeit turbulent strömender Benzindampf–Luft-Gemische und Benzindampf–Wasser–Luft-Gemische nach der Rohrmethode. Maschinenbautechnik (1961) H. 10, S. 524—531.

41. GARNER, F. H., T. G. HUNTER u. A. E. CLARKE: Tendency to Smoke of Organic Substances on Burning. Part II. Smoke Production and Burning Characteristics of Hydrocarbon Gels. Journal of the Institute of Petroleum 32 (1946) Nr. 275, S. 634—655.

42. HIRSCHFELDER, J. O. u. C. F. CURTISS: Theory of Propagation of Flames, Third Symposium on Combustion and Flame and Explosion Phenomena. Williams and Wilkins, Co. 1949, S. 121.

43. HIRSCHFELDER, J. O., C. F. CURTIS u. D. E. CAMPBELL: The Theory of Flames and Detonations. 4th Symposium on Combustion and flame. The Williams and Wilkins Co. 1953. S. 190.

44. HUGONIOT, H.: Journal de l'éc. Polyt. (1887) H. 57, (1889) H. 58.

45. JOST, W.: Mechanismus von Explosionen und Verbrennungen. Z. Elektrochem. 41 (1935) 183—194 u. 232—253. Die physikalisch-chemischen Grundlagen der Verbrennung im Motor. Berichtsheft der VDI-Tagung „Motor und Kraftstoff" 1939.

46. KAMM, W. u. P. RIEKERT: Der Verbrennungsvorgang im schnellaufenden Motor. ZVDI 78 (1934) 851.

47. KARDE, K.: Spektraluntersuchungen des Verbrennungsvorganges im Zylinder von Verbrennungsmotoren. VDI-Sonderheft „Prüfen und Messen" (1937) 29—35.

48. v. KARMAN, TH. u. S. S. PENNER: Fundamental Approach to Laminar Flame Propagation. Selected Combustion Problems. London: Butterworth Scientific Publications, S. 5, 1954.

49. v. KARMAN, TH. u. S. S. PENNER: The Present Status of the Theory of Laminar Flame Propagation. 6th Symposium on Combustion, S. 1. New York: Reinhold Publ. Corp. 1957.

50. KRÖGER, C. u. H. MEIER ZU KLÖCKER: Experimentelle Untersuchungen des Verbrennungsablaufes flüssiger Mehrkomponenten-Brennstoffe an Modellbrennern. Z. allg. Wärmetechnik 9 (1960) H. 14, S. 283—294.

51. KWASNIKOW, A. u. I. KORMILIZYN: Versuche der Nachverbrennung der Verbrennungsprodukte im Flugmotor. Techn. Wosd. flota 14 (1940) Nr. 9, S. 57—74.

52. LEWIS, B. u. G. v. ELBE: On the Theory of Flame Propagation. Journal Chem. Phys. (1934) 537.

53. LEWIS, B. u. G. v. ELBE: Flametemperature. J. Appl. Physics 11 (1940) Nr. 11, S. 698—706.

54. LIST, H.: Die Verbrennung im Motor. ZVDI 32, 79 (1935) Nr. 48, S. 1447 bis 1449.

55. LIVENGOOD, J. C., u. a.: Ultrasonic Temperature Measurement in Internal Combustion Engine Chamber. Journal Acoustical Soc. Am. (1954) 824.

56. Loehner, K.: Über Kühlung und Verbrennungsvorgänge des Sternmotors. Sonderabdr. Ges. Vortr. der Hauptvers. 1937 der Lilienthal-Ges. f. Luftf.-Forschg.

57. Lonn, E.: Zündverzugsmessungen an flüssigen Kraftstoffen für Ottomotoren. Luftf.-Forschg. 19 (1942) Nr. 10/12, S. 344—346.

58. Manson, N.: Aerothermische Eigenschaften von Flammen (franz.), Méchanique-Eleczricité 44 (1960) H. 132, S. 57—63 u. 44, H. 133, S. 49—53.

59. Marvin, Ch. F Jr.: Observations of Flame in an engine. SAE Journal 35 (1934) Nr. 5.

60. Marvin, Ch. F Jr., R. Caldwell u. S. Steele: Infrared radiation from explosions in an spark-ignition engine. NACA Report (1934) Nr. 486.

61. Minter: Die Flammenbewegung und die Druckentwicklung in Benzinmotoren. SAE-Journal (1948) 89—94.

62. Neumann, K.: Kinetische Analyse des Verbrennungsvorganges in der Dieselmaschine. Forsch.-Ing.-Wes. 7 (1936) Nr. 2.

63. Nusselt, W.: Die Zündgeschwindigkeit brennbarer Gasgemische. ZVDI 59 (1915) Nr. 43, S. 872—878.

64. Oehmichen, M.: Verbrennung von Kraftstoff—Luft-Gemischen im Rohr. ZVDI 103 (1961) Nr. 17, S. 733—742.

65. Petersen, H.: Untersuchung des Zünd- und Verbrennungsvorganges der nach dem Wirbelkammer- und Luftspeicherverfahren arbeitenden Dieselmotoren. Forsch. Ing.-Wes. 8 (1937) 279.

66. v. Philippovich, A.: Der Verbrennungsvorgang im Explosionsmotor. Luftf.-Forsch. 13 (1936) Nr. 7, S. 199—209.

67. Pischinger, A. u. F. Pischinger: Bombenversuche über die Dieselverbrennung unter mototischen Bedingungen. MTZ 20 (1959) H. 1, S. 1—4.

68. Pischinger, A. u. F. Pischinger: Der Einfluß der Wand bei der Verbrennung eines Brennstoff-Strahles in einem Luftwirbel. MTZ 20 (1959) H. 1, S. 4—9.

69. Quick, A. W.: Ein Verfahren zur Untersuchung des Austauschvorganges in verwirbelten Strömungen hinter Körpern mit abgelöster Strömung. Vortrg. Arb.-Gem. Forschung am 2. 2. 1955.

70. Rassweiler, G. M. u. Lloyd Withrow: Spectrographic detection of formaldehyde of an engine prior to knock. Ind. Engrg. Chem. 25 (1933) 1359—1366.

71. Rassweiler, G. M. u. Lloyd Withrow: High-Speed motion pictures of engine flames. Ind. Engrg. Chem. 28 (1938) Nr. 6.

72. Rassweiler, G. M. u. Lloyd Withrow: Motion Pictures of engine flames correlated with pressure cards. SAE. Journal 42, Trans. (1938) 185—205.

73. Rassweiler, G. M. u. Lloyd Withrow: Die Temperaturschwankungen der Flamme abhängig vom Klopfen und der Lage der Verbrennungskammer. SAE Journal (1948) 125—136.

74. Rothrock, A. M. u. R. C. Spencer: A photographic study of combustion and knock in a spark-ignition engine. NACA rep. Nr. 622 (1938).

75. Rüping, A.: Die Theory der Verdampfung und Verbrennung des einzelnen Kraftstofftropfens. DVL-Bericht Nr. 93 (1959).

76. Sachsse, H.: Über die Temperaturabhängigkeit der Flammengeschwindigkeit und das Temperaturgefälle in der Flammenfront. Z. Physik. Chem. Abt. A. 180, H. 4, S. 305—313.

77. Schmidt, F. A. F.: Beiträge zur thermodynamischen Untersuchung des Verbrennungsvorganges im Motor. VDI-Sonderheft „Prüfen und Messen" (1937) 36.

78. Schmidt, F. A. F.: Beitrag zur theoretischen und experimentellen Untersuchung von Verbrennungsvorgängen im Zünder- und Dieselmotor. Luftf.-Forschg. 14 (1937) 640.

79. Schmidt, F. A. F.: Die Kennzeichnung der Kraftstoffeigenschaften. MTZ 13 (1952) H. 5, S. 117—121.
80. Schmidt, F. A. F.: Probleme der Selbstzündung und Verbrennung bei der Entwicklung der Hochleistungskraftmaschinen. Vortr. Arbeitsgem. Forschung am 2. 2. 1955.
81. Schnauffer, K.: Verbrennungsgeschwindigkeiten von Benzin-Benzol-Luftgemischen in raschlaufenden Zündermotoren. Sonderheft Dieselmaschinen V. Berlin: VDI-Verlag 1931.
82. Schnauffer, K.: Engine-cylinder flame propagation studied by new methods. J. Sec. Automot. Eng. 34 (1934) 17—24.
83. Schultz-Grunow, F.: Ähnlichkeitsgesetze der Flammenfortpflanzung. Z. phys. Chemie (1952) Nr. 200, S. 211—222.
84. Schultz-Grunow, F.: Theoretischer Nachweis der Zellstruktur von Flammen. Z. f. Elektrochemie 57 (1953) H. 8, S. 627—629.
85. Seeber, F.: Kraftstoffe für Flugmotoren. Luft-Wissen 5 (1938) Nr. 9, S. 321—330.
86. Small, J.: Vagaries of internal combustion. Hrsg. v. The Institution of Engineers and Shipbuilders in Scotland, Glasgow 1938.
87. Spalding, D. B.: Aircraft Engineering 25, S. 264, 1953. Phil. Trans. Roy. Soc. A 249 (1956) 1.
88. Spalding, D. B.: Analogue for High-Intensity Steady-Flow Combustion Phenomena. Proc. of the Inst. of Mech. Eng. (1957) No. 171, H. 10, S. 383 bis 411.
89. Spalding, D. B. u. A. G. Smith: Verbrennung flüssiger und fester Brennstoffe als Grenzschichtproblem. BWK 10 (1958) H. 6, S. 271—273.
90. Spalding, D. B. u. D. Vortmeyer: Die Stabilität turbulenter Flammen in Brennkammern. BWK 13 (1961) H. 6, S. 259—265.
91. Steele, S.: Infra-red radiation from Otto-cycle engine explosion. Engineering 141 (1936) 131, 325.
92. Tanford, C. u. R. D. Dease: Theory of Burning Velocity. J. Chem. Phys. 15 (1947) 433 .
93. Winterfeld, G.: Ähnlichkeitskennzahlen bei Verbrennungsvorgängen in Brennkammern von Strahltriebwerken. DVL-Bericht Nr. 94 (1959).
94. Withrow, Lloyd u. W. G. Boyd: Following combustion in the gasoline engine by chemical means. Ind. Engrg. Chem. 22 (1930) 945.
95. Withrow, Lloyd u. W. G. Boyd: Photographic flame studies in the gasoline engine. Ind. Engrg. chem. 23 (1931) Nr. 5.
96. Withrow, Lloyd, W. G. Boyd u. G. M. Rassweiler: Spectroscopic studies of engine combustion. Ind. Engrg. Chem. 23 (1931) Nr. 7.
97. Withrow, Lloyd u. W. G. Boyd: Absorption spectra of gaseous charges in a gasoline engine. Ind. Engrg. Chem. 25 (1933) Nr. 8.
98. Withrow, Lloyd u. W. Cornelius: Effectiveness of the Burning Process. SAE Journal 47 (1940) 526—548.
99. Zeldovich, Y. B. u. D. A. Frank-Kamenetsky: Compt. rend. acad. sci. (USSR) (1938). Acta Physiochem. (USSR) (1938) 341.

F. Klopfen

1. Beckers, A.: Untersuchung des Selbstzündungsverhaltens von Kraftstoffen in einer Verdichtungsapparatur. Diss. TH. Aachen 1952 und MTZ 14 (1953) H. 12, S. 345—348.

2. Boerlage, G. D., J. J. Broeze, L. A. Peletier u. H. van Driel: Detonation and stationary gas waves in petrol engines. Engineering (1937) 245.

3. Broeze, J. J., H. van Driel u. L. A. Peletier: Ondes de gaz stationaires dans les moteurs à essence en régime détonant. Compte rendu du II° congrès mondial du pétrole. Juni 1937.

4. Broeze, J. J. u. J. O. Hinze: Experiments with dopes fuels for high speed Diesel engines.

5. Brunner, M.: Über das Klopfen der Ottomotoren und die Klopffestigkeit von Motor und Treibstoff. Nr. 10 d. Ber. d. Schw. Ges. f. d. Stud. d. Motorbrennstoffe. Bern 1944.

6. Caputo, J. A., H. J. Sewell u. H. A. Toulmin: Laboratory Qualities as Predictors of Road Octane-Number. SAE-Reprint 1957.

7. Downs, u. a.: A Study of the Reactions that lead to Knock in the Spark-Ignition Engine. Phil. Trans. Royal Society, London, Series A (1951) No870,243.

8. v. Eberan, R. u. H. Binark: Wärmeübergang beim Klopfen im Ottomotor. ZVDI 88 (1944) 24—25.

9. Egerton, A. C.: General statement as to existing knowledge on knocking and its prevention. Hrsg. v. The Science of Petroleum. Oxford University Press.

10. Erbakan, N.: Wärmeübergang im Motor bei klopfender und nicht klopfender Verbrennung. Allg. Wärmetechnik 5 (1954) H. 8, S. 161—166.

11. Gibson, J. H. u. a.: Combustion-Chamber Deposits and Knock. SAE Trans. (1953) No. 61, S. 361—377.

12. Hofmann, F., K. Lang, K. Berlin u. A. W. Schmidt: Über die Beziehungen zwischen Konstitution und Klopffestigkeit von Kohlenwasserstoffen. Brennstoff-Chemie 13 (1932) H. 9.

13. Holfelder, O.: Forschungen über Brennstoffklopfen und Detonationen in Frankreich. MTZ (1949) 104.

14. Jost, W.: Reaktionskinetische Untersuchung zum Klopfvorgang. Z. Elektroch. 47 (1941) 262.

15. Jost, W.: Die Grundlagen der Verbrennungsvorgänge im Hinblick auf die Verhältnisse im Ottomotor. Forsch. Ing.-Wes. 18 (1952).

16. Kerley, R. V. u. K. W. Thurston: The Knocking Behaviour of Fuels and Engines. SAE Trans.64 (1956) 554.

17. Levedahl, W. J.: Untersuchung von mehrstufig ablaufenden Selbstzündungsreaktionen motorischer Kraftstoffe. Diss. T.H. Aachen, 1954.

18. Lonn, E.: Zündverzugsmessungen an flüssigen Kraftstoffen für Ottomotoren. Luftf.-Forsch. 19 (1942) 344.

19. Lovell: Engine Knock and Molecular Structure of Hydrocarbons. SAE Trans. 2 (1948) 532.

20. Marhold, A.: Gesetzmäßigkeiten im Klopfverhalten von Kraftstoffgemischen für Ottomotoren. MTZ 22 (1961) 89—91.

21. Martinengo, A.: Untersuchungen der Selbstzündungsreaktionen von Kohlenwasserstoffluftmischungen durch adiabatische Verdichtung. Diss. Universität Göttingen, 1958.

22. v. Philippovich, A.: Die motorische Betriebsstoffprüfung und Vorschläge zu ihrer weiteren Gestaltung. Öl und Kohle, vereinigt mit Erdöl und Teer 15 (1939) H. 28.

23. v. Philippovich, A.: Über die Klopffestigkeit von Kraftstoffgemischen. Maschb. u. Wärmew. 1 (1946) 76—78.

24. Ribaud, G. u. N. Manson: Applications des constants et données thermodynamiques des Mélanges gazeux aux températures élévées. Publications Scientifique et Techniques du Ministère de l'Air, Paris (1958) Nr. 341.

25. Rothrock, A. M.: Fuel Rating-Its Relating to Engine Performance. SAE Journal Trans. 48 (1941) No. 2.

26. Scheuermeyer, M. u. H. Steigerwald: Die Messung des Zündverzuges verdichteter Kraftstoffluftgemische zur Untersuchung der Klopfneigung. MTZ. (1943) H. 8/9, S. 229—235.

27. Schmidt, A. W. u. K. Gennerlich: Untersuchung der Klopfgeräusche von Ottomotoren mit elektroakustischen Meßgeräten. Deutsche Kraftfahrt-Forschg. (1939) H. 33.

28. Schmidt, F. A. F.: Theoretische Untersuchungen und Versuche über den Zündverzug und den Klopfvorgang. VDI Forschg. (1938) H. 392.

29. Schmidt, F. A. F.: Untersuchungen über den Zündverzug im Dieselmotor und den Klopfvorgang im Ottomotor. Berichtsheft „Motor und Kraftstoff" des VDI. DVL-Jahrbuch 1939, S. 65.

30. Schmidt, F. A. F.: Neue Untersuchungen zur Ermittlung der Einzeleinflüsse beim Klopfvorgang im Motor. Vortr. a. d. Tg. d. Aussch. f. Verbrennungsfragen d. Dtsch. Ak. d. Luftf.-Forschg. in Berlin am 26. 9. 1941, H 54 d. Schriften d. Dtsch Ak. d. Luftf.-Forschg.

31. Schmidt, F. A. F.: Motorische und physikalische Untersuchungen über das Wesen des Klopfvorganges. MTZ 5 (1943) H. 2, S. 41.

32. Schmidt, F. A. F. u. a.: Untersuchungen auf dem Gebiet der Verbrennung und die Entwicklung von Verbrennungskraftmaschinen. Jahrbuch der T. H. Aachen, 1954.

33. Schmidt, F. A. F.: Probleme der Selbstzündung und Verbrennung bei der Entwicklung der Hochleistungskraftmaschinen. Arbeitsgemeinschaft für Forschung des Landes Nordrhein-Westf., H. 50. Köln und Opladen: Westdeutscher Verlag 1955.

34. Schmidt, F. A. F. u. H. Stemann: Untersuchungen über die Selbstzündung beim Klopfen im Ottomotor. MTZ 16 (1955) H. 11, S. 305—307.

35. Schmidt, F. A. F.: Classification of Fuels, Thermodynamic and Reaction-Kinetic-Properties in Otto-Engines. 9th Symposium (International) on Combustion 1963, S. 1088.

36. Schnauffer, K.: Das Klopfen von Zündermotoren. ZVDI 75 (1931) 455.

37. Seeber, F. u. F. Lichtenberger: Klopfmessung mit dem DVL-Verfahren der Druckbeschleunigung. Kraftstoff Juni—Juli 1941.

38. Serruys, M.: Le contrôle de la détonation dans les moteurs à explosion. La France Énergétique (1948) Nr. 7—12.

39. Siegel, B. R.: Use of Temperature-Density for Measuring Anti-Knock-Quality. SAE Trans. 66 (1958).

40. Starkman, E. S. u. W. E. Sytz: The Identification and Characterisation of Rumble and Thud. SAE Trans. 68 (1960).

41. Stemann, H.: Prüfung des Klopfverhaltens eines Otto-Kraftstoffes im Motor auf Grund von Zündverzugsmessung. Forsch. Ing.-Wes. 21 (1955).

42. Teichmann, H.: Die Selbstzündung von Kohlenwasserstoffgemischen und das Klopfen im Ottomotor. Z. f. Elektrotechn. 47 (1941).

43. Wagner, H. G. u. A. Martinengo: Untersuchungen schneller Gasreaktionen nach dem Verfahren der adiabatischen Verdichtung. Forschg. Ing.-Wes. 26 (1960).

44. Wilke, W.: Prüfmotoren zur Klopfwertbestimmung von Kraftstoffen. ZVDI 82 (1938) Nr. 39, S. 1135.

45. Withrow, Lloyd u. G. M. Rassweiler: Slow motion shows knocking and nonnocking explosions. J. Soc. automot. Engr. 39 (1936).

46. Withrow, Lloyd u. G. M. Rassweiler: Flame progagation. Slow motive pictures of knocking and nonknocking explosions recorded with a high-speed camera. SAE Journal (1936).
47. Zeise, H.: Das physikalisch-chemische Problem der motorischen Zündung von Gasgemischen. II. Selbstzündung und Klopfen. Z. Elektrochem. 47 (1941) 779 s. auch Rundschr. der Forschg. 13 (1942) 43—47. MTZ (1942) H. 9, S. 351—352.

G. Gemischbildung und Regelung bei Dieselmotoren, Vergaser- und Einspritzottomotoren

Bücher

1. Illgen, H.: Vergaserbuch Leipzig 1958.
2. Pierburg: Vergaser für Kraftfahrzeugmotoren. 3. Aufl. VDI Verlag 1962.
3. Pischinger, A. u. O. Cordier: Gemischbildung und Verbrennung im Dieselmotor. 1. Auflage 1939, 2. Auflage 1957, Wien: Springer Verlag.
4. Sitkei. G.: Kraftstoffaufbereitung und Verbrennung bei Dieselmotoren. Berlin/Göttingen/Heidelberg: Springer, 1964.
5. Triebnigg, H.: Einblase- und Einspritzvorgang bei Dieselmaschinen. Wien: Springer 1925.

Aufsätze

5a. Anders, U. u. H. Scheying: Betrachtungen über die Kraftstoff-Einspritzung schnellaufender Vorkammer-Dieselmotoren. MTZ 22 (1961) H. 7, S. 246 bis 252.
6. Anders, U. u. H. Scheyning: Entwicklungsprobleme der Benzin-Einspritzung von Personenwagen-Motoren. ATZ 63 (1961) H. 10, S. 315—321.
7. Aschenbrenner, K.: Der Einfluß der Gasträgheit auf den Liefergrad. Forsch. Ing.-Wes. 8 (1937) 285.
8. Beckers, A. u. K. Restin: Einige Probleme der Regelung von Einspritz-Zweitakt-Ottomotoren. MTZ 20 (1959) H. 12.
9. Blaum, E.: Vorgänge in Einspritzsystemen schnellaufender Dieselmotoren. Forsch. Ing.-Wes., 1936.
10. Eberle, O.: Bosch-Einspritzausrüstung für Viertakt-Ottomotoren mit Mengenteiler-Saugrohreinspritzung. MTZ 20 (1959) 331—334.
11. Eckert, K.: Verteiler-Einspritzpumpe mit Hubkolbenregler. MTZ 26 (1965), H. 3, S. 87—91.
12. Eisele, E.: Probleme bei der Entwicklung von Verbrennungsverfahren für schnellaufende Dieselmotoren. MTZ 26 (1965), H. 8, S. 329—338.
13. Ficher, C. H.: Carburetion or injection ? Automobile Engrg. (1947) 251 bis 257 u. 293—301.
14. Flatz, W.: Das Verdampfen von Dieselkraftstoffen an der Wand. MTZ 26 (1965), H. 1, S. 1—7.
15. Froede, W.: Benzineinspritzung bei Kleinmotoren. MTZ 17 (1956) 273—274.
16. Gay, E. I.: Pros and Cons of Fuel Injection. SAE Meeting, Detroit, 1955.
17. Göschel, K. H.: Die Daimler-Benz-Benzineinspritzung. MTZ 20 (1959) 10—14.
18. Groth, K.: Das Betriebsverhalten des schnellaufenden 2-Takt Motors mit Einspritzung, und seine Entwicklungsmöglichkeiten. Deutsche Kraftfahrtforsch. und Straßenverkehrstechnik, H. 125. Düsseldorf: VDI-Verlag 1959.

19. GRÖZINGER, H.: Die Benzineinspritzung des 230 SL-Motors von Daimler-Benz. ATZ 65 (1963) H. 6, S. 166—169.
20. HAENLEIN, A.: Über den Zerfall eines Flüssigkeitsstrahles. Forsch. Ing.-Wes. 2 (1931) H. 4, S. 139—149.
21. HEINRICH, H.: Die Einspritzverzögerung bei kompressorlosen Dieselmaschinen. Sonderheft Dieselmaschinen V., VDI-Verlag 1932.
22. HEINRICH, H. u. H. STOLL: Benzineinspritzung in Deutschland. Autom. Ind. (1959)63—69.
23. HEITLAND, H. u. N. JESCHKE: Möglichkeiten zur Erzielung optimaler Betriebsweise von Fahrzeug-Ottomotoren durch Benzineinspritzung. MTZ 21 (1960) H. 8, S. 327—332.
24. HEITLAND, H.: Berechnung der Gasgewichte von Saugmotoren mit nicht zu großer Ventilüberschneidung unter Benutzung der Schmidt-Taylor'schen Füllungskonstante. MTZ 24 (1963) H. 6, S. 195—198.
25. HOFFMANN, H.: Verbrennung in Vorkammerdieselmotoren . MTZ 17 (1956) H. 5, S. 157—161.
26. HOFFMANN, H.: Entwicklungsstand des Kleindieselmotors. ATZ 61 (1952) H. 6, S. 152.
27. HOLFELDER: Allgemeine Thermodynamik der Gemischbildung bei der Einspritzung im Diesel- und Zündermotor. Ringb. d. Luftf. IV, 4 (1939).
28. JUNG, H.: Beitrag zur Untersuchung der Strahlausbildung und der Tropfengröße bei Kraftstoffeinspritzung. Jb. dtsch. Luftf.-Forsch. 2 (1938) 76.
29. JUNG, H.: Untersuchungen über den Aufbau von Kraftstoffstrahlen. Jb. dtsch. Luftf.-Forsch. 49 (1939) II.
30. KNAPP, H. J. u. E. U. BAUMANN: Beeinflussung der Kraftfahrzeugabgase durch Benzineinspritzung. MTZ 26 (1965), H. 9, S. 353--361.
31. KÜHL, H.: Grundlagen der Gemischregelung beim Einspritz-Ottomotor. Forsch. Bericht dtsch. Luftf.-Forsch. (1942) Nr. 1546.
32. LANGE, G. M. u. C. W. VAN OVERBEKE: Fuel injection for Sparkignited Automotive Engines. SAE Qu. Trans. (1949).
33. DE LAVENNE, H.: Die Benzineinspritzung am Motor Peugeot 404. MTZ 24 (1963) H. 1, S. 19—22.
34. MAY, H. u. H. SCHULZ.: Benzineinspritzung bei Kraftfahrzeug-Motoren. MTZ 28. Jahrg., Nr. 5, Mai 1967.
35. MEURER, S.: Aufgaben bei der Entwicklung von Vielstoffmotoren. MAN-Forschungsheft 10 (1961).
36. MEURER, S.: Der Einfluß der Kraftstoffeigenschaften auf die Leistung und den spezifischen Kraftstoffverbrauch bei schnellaufenden Dieselmotoren mit direkter Einspritzung. MTZ 16 (1955) 63—68.
37. MEURER, S.: Das MAN-M-Verbrennungsverfahren. ATZ (1956) 92—99 u. 127—133.
37a. MEURER, S.: Der Wandel in der Vorstellung vom Ablauf der Gemischbildung und Verbrennung im Dieselmotor MTZ, 27. Jahrgang, Nr. 4, 1966.
38. MEYER, W. E.: Grundsätzliche Gedanken bezüglich der Regelung von Einspritz-Viertakt-Ottomotoren. MTZ 20 (1959) H. 12, S. 454—456.
39. MILLER, S. E.: Automative Gasoline Injection. SAE Meeting, Philadelphia, Pa., Nov. 9—10 (1955).
40. MÜHLBERG, E.: Über die Entwicklung des geräuscharmen und kraftstoffunempfindlichen MAN-M-Motors. MTZ 19 (1958), 331—341.
41. NAGAO, F. u. H. KAKIMOTO: Kraftstoffeinspritzung und Verbrennung in der Wirbelkammer des Dieselmotors. MTZ 20 (1959) 183—186 u. 303—305.

42. PAULING, H. u. W. FADINGER: Untersuchungen über die Leistungssteigerung und Wirtschaftlichkeit überladener Ottomotoren mit und ohne Totraumspülung. DVL Jahrb. (1938) 429.

43. PFLAUM, W.: Gemischbildung, Verbrennung und Brennstoffverbrauch beim Dieselmotor. MTZ (1942) 243—255.

44. PISCHINGER, A.: Beitrag zur Mechanik der Druckeinspritzung. ATZ-Beiheft 1 (1935) 7.

45. PISCHINGER, A.: Gemischbildungsfragen an Dieselmotoren. Kraftfahrzeugtechn. (1961) 52—55.

46. PISCHINGER, A., G. KRISPER u. R. PISCHINGER: Zur Frage der Gemischbildung im Dieselmotor. MTZ 26 (1965), H. 8, S. 323—328.

47. RICHTER, L.: Regelung des Mischungsverhältnisses der Motoren mit äußerer Gemischbildung. Forsch. Ing.-Wes. 11 (1940) Nr. 55, S. 260—263.

48. SCHENK, R.: Kraftstoffeinspritzung beim Peugeot 404. ATZ 65 (1963) H. 6, S. 169—172.

49. SCHENK, R.: Eine Kraftstoffregelung für Benzineinspritzung mit freier Wahl des Mischungsverhältnisses. Grundlagen der Schäfer-Benzineinspritzanlage. MTZ 23 (1962) H. 5, S. 159—162.

50. SCHERENBERG, H.: Rückblick über 25 Jahre Benzineinspritzung in Deutschland. MTZ 16 (1955) 245—254.

51. SCHERENBERG, H.: Der Erfolg der Benzin-Einspritzung bei Daimler-Benz. MTZ 22 (1961) H. 7, S. 241—245.

52. SCHEUBEL, F. N.: Über die Brennstoffzerstäubung in Leichtmotoren-Vergasern. Diss. TH. Aachen 1927.

53. SCHEY, O. W. u. A. W. YOUNG: The use of large valve overlap in scavenging. NACA-Techn. Note Washington 1932.

54. SCHEY, O. W. u. J. D. CLARK: Comparative performance of engines using a carburetor, manifold injection and cylinder injection. NACA-Techn. Note 688. Washington 1939.

55. SCHEY, O. W. u. A. W. YOUNG: Engine performance with a hydrogenated safety fuel. NaCA-Techn. Note Washington 1933.

56. SCHEY, O. W.: Aircraft spark-ignition engines with fuel injection. SAE Journal 46 (1940) 166—176.

57. SCHMIDT, F. A. F.: Gegenseitige Beeinflussung von Gemischbildung und Zündungsvorgängen im Verbrennungsmotor. H. 9 der Schriften der Deutschen Akademie der Luftfahrtforschung.

58. SCHMIDT, F. A. F.: Benzinmotoren mit Kraftstoffeinspritzung und Funkenzündung. MTZ 11 (1950) H. 6, S. 137—145.

59. SCHMIDT, U.: Kraftstoffeinspritzung bei Ottomotoren, nach O. W. Schey. ZVDI 85 (1941) 229—252.

60. SCHNAUFFER, K.: Siehe G. LEUNIG: Ergebnisse der Wissenschaftlichen Herbsttagung des VDI „Motor und Kraftstoff" in Augsburg 1938.

61. SCHWEITZER, P. H.: Hybrid-Motoren. MTZ 24 (1963) H. 5, S. 173—178.

62. SCHWEITZER, P. H.: Zur Physik des Kraftstoffstrahles. MTZ 8 (1947) 87—91.

63. STROMBERG-BENDIX: Injection carburetor. Aero Digest (1940) 72.

64. TAYLOR, C. F., E. S. TAYLOR u. G. S. WILLIAMS: Fuel injection with spark ingnition in an Otto-cycle-engine. SAE Journal 29 (1931) 345—352.

65. TAYLOR, E. S. u. G. S. WILLIAMS: Further investigations of fuel injection in an engine having spark igniton. SAE Journal 30 (1932) 24—30.

66. TRIEBNIGG, H.: Strömungsvorgänge im Verbrennungsraum von Dieselmotoren. MTZ 13 (1952) 237—242.

67. VOGEL, K.: Benzineinspritzung und Oktanzahl. MTZ 17 (1956) 306—313.

68. WERMINGHOFF, E.: Heutige Erkenntnisse im Vergaserbau. ATZ 65 (1963) H. 6, S. 159—165.
69. WILKE, H.: Über die Beziehung von Oktanzahl und Cetanzahl. ATZ (1940) H. 6.
70. WITZKY, I.: Benzineinspritzung in USA. MTZ 20 (1959) 14—18.
71. WOLF, W.: Die Cetanzahl als Maß der Zündwilligkeit von Ottokraftstoffen. MTZ 23 (1962) H. 1.
72. ZINNER, H. u. H. SEIFER: Untersuchungsergebnisse an MAN-Motoren mit einer neuen Vorkammerausführung. MTZ 24 (1963) H. 10, S. 333—338.
73. ZINNER, K.: Stand der Erkenntnis über die Gemischbildung im Otto- und Dieselmotor. ZVDI (1939) 141.
74. Low pressure type fuel injection system. Aero Digest (Juni 1937) 46—48, übersetzt in Luftfahrt-Literaturschau (1937) Nr. 8, S. 180—182.
75. Engine Efficiency Depends on Fuel Atomisation. The Oil Engine (Febr. 1948) S. 2.
76. Dual-Fuel Diesels. Aut. Eng. London 37 (1947) H. 1, S. 10.
77. Das MWM-Gleichdruck-Vorkammer-Verfahren für schnellaufende Dieselmotoren. MWM Nachrichten (1956) H. 1.

H. Aufgeladene Motoren und Flugmotoren

Bücher

1. CHATFIELD, C. H., C. F. TAYLOR u. Sh. OBER: The Airplane and its Engine. 5. Aufl. McGraw-Hill Book Co., 1949.
2. ECK, B. u. W. I. KEARTON: Turbogebläse und Turbokompressoren. Berlin: Springer 1929.
3. ECKERT, B.: Axialkompressoren und Radialkompressoren. Anwendung, Theorie, Berechnung. 2. Aufl. Berlin/Göttingen/Heidelberg: Springer 1961.
4. v. D. NÜLL, W. u. A. GARVE: Kreiselpumpen und Verdichter. 2. Aufl. Stuttgart: Teubner 1957.
5. PFLEIDERER, C.: Die Kreiselpumpen für Flüssigkeiten und Gase. 4. Aufl. Berlin/Göttingen/Heidelberg: Springer 1955.
6. PFLEIDERER, C.: Strömungsmaschinen. 2. Aufl. Berlin/Göttingen/Heidelberg: Springer 1957.

Aufsätze

7. BETZ, A. u. J. FLÜGGE-LOTZ: Berechnung der Schaufeln von Kreiselrädern. Ing. Arch. 9 (1938) Nr. 9.
8. BIRMAN: New Developments in Turbosupercharging. SAE Preprint 401 (1954).
9. BOCK, G.: Probleme des Flugzeugbaues in der Gegenwart. Luftwiss. 9 (1942) Nr. 1.
10. BÜCHI, A.: Exhaust Turbo-Supercharging of Internal-Combustion Engines. Monograph 1, Jour, Franklin Inst., July (1953).
11. CAROSELLI, H.: Entwicklungsarbeiten an Hochleistungs- und Höhenflugmotoren. ZVDI 83 (1939).
12. CHRISTIAN, M.: Luftgekühlte Reihenflugmotoren. Jahrb. dtsch. Luftf.-Forsch. Erg. Bd. 1938, S. 326.
13. COLLIN: Aufladung von 2 Takt Dieselmotoren nach dem Stauprinzip. MTZ 22 (1962) H. 6.
14. FADINGER, W.: Einfluß der Höhe auf den Kraftstoffverbrauch. ATZ (1941) H. 24, S. 632.

15. Gagg, R. F. u. E. V. Farrar: Altitude performance of aircraft engines equipped with gear driven superchargers. SAE Journal 34 (1934) Nr. 6, S. 217.

16. Gasterstädt, J.: Vom Junkers-Dieselflugmotor. Luftwissen 3 (1936) Nr. 10, S. 311—317.

17. Gnam, E. u. F. Kurz: Versuche über das Höhenverhalten eines schnellaufenden Einzylinder-Motors sowie E. Gnam: Versuche an einem schnellaufenden Einzylinder-Motor über den Einfluß der Steuerzeitquerschnitte bei veränderlichem Gegendruck. MTZ 2 (1940) 283—288.

18. Gosslau, F.: Flugmotorenbau. ZVDI 79 (1935) Nr. 19, S. 569—578.

19. Halupka, F.: Das Höhenverhalten abgasturbo-aufgeladener Viertakt-Dieselmotoren. MTZ 21 (1960) H. 9, S. 359—363.

20. Hoff, W.: Das Zusammenwirken von Flugmotor und Luftschraube. Luftf.-Forsch. 17, Lfg. 10 (1940) 272—275.

21. Kolb, W.: Die wichtigsten Grundlagen der Abgasturboaufladung. MTZ 23 (1962), H. 3, S. 81—88.

22. Kollmann, K.: Grenzen der einstufigen Verdichtung in Schleuderladern für Flugmotoren. Luftwissen 7 (1940) 54—61.

23. Knott, E. W. u. G. E. Beardsley jr.: Automatische Flugmotorenregelung. Luftf.-Schrifttum d. A. 1 (1935) Nr. 4.

24. Kühl, H. u. F. A. F. Schmidt: Die Eignung verschiedener motorischer Arbeitsverfahren für Höhen- und Weitflug. DVL-Jahrb. (1937) 433.

25. Kurz, O.: Forschungsaufgaben und Gestaltungsfragen bei Steigerung der Triebwerksleistung. Jahrb. dtsch. Luft.-Forsch. 1937.

26. Lauer, F. u. L. Richter: Einfluß der Höhe auf den Kraftstoffverbrauch. ATZ (1941) H. 5, S. 129.

27. Leist, K.: Der Laderantrieb durch Abgasturbinen. Luft.-Forsch. 14 (1937) 238.

28. Leist, K.: Probleme des Abgasturbinenbaues. Luft.-Forsch. 15 (1938) 10—11.

29. Löhner, K.: Über Kühlungs- und Verbrennungsvorgänge des Sternmotors. Lilienthal-Ges. f. Luftf.-Forsch. Ges. Vorträge 1937.

30. Löhner, K.: Erfahrungen mit dem Lanova-Dieselflugmotor. Jahrb. dtsch. Luftf.-Forsch. 1938.

31. Löhner, K.: Kolbentriebwerke für Flugzeuge MTZ 12 (1953) 354—359.

32. Lorenzen, Chr.: The Lorenzen Gas Turbine and Supercharger for Gasoline and Diesel Engines. Mech. Engrg. 52 (1930) 665.

33. Mehlig, H.: Thermodynamische Grundlagen der Drehkolbenverdichter. ATZ (1937) H. 1.

34. v. d. Nüll, W.: Flugmotorenlader. Ringbuch der Luftfahrtechnik III A 3 (1937).

35. v. d. Nüll, W.: Ladeeinrichtungen für Hochleistungs-Brennkraftmaschinen, insbesondere Flugmotoren. ATZ 41 (1938) 282—295.

36. v. d. Nüll, W. u. H. Pfau: Auslegung und Gestaltung der Flugmotorenlader. ZVDI 85 (1941) 763—773.

37. v. d. Nüll, W.: Antrieb und Regelung der Flugmotorenlader. ZVDI 85 (1941) 981—989.

38. v. d. Nüll, W.: Abgasturbolader für Flugmotoren. ZVDI 85 (1941) 847—857.

39. v. d. Nüll, W.: Ausführungsformen von Flugmotorenladern. ZVDI 85 (1941) 905—913.

40. v. d. Nüll, W.: Betrachtungen über Ladeeinrichtungen, insbesondere Kreisellader für Kraftfahrzeugmotoren. DVL-Jahrb. 1938.

41. v. D. NÜLL W. u. A. GARVE: Leistung und Wirkungsgrad bei Flugmotoren-
    ladern. DVL-Jahrb. (1937) 404.
42. v. D. NÜLL W.: Superchargers and Their Comparative Performance. SAE
    Trans. 6 (1952)
42a. OEHLER, F.: Thermodynamische Untersuchung des Einflusses der atmosphä-
    rischen Zustandsgrößen sowie der Auslegung der Abgasturboladergruppe auf
    das Betriebsverhalten von aufgeladenen Dieselmotoren. Diss. T.H.Aachen 1967.
43. PETAK: Erfahrungen mit einfachen Puls-Convertern an 4 Takt Diesel-.
    motoren. MTZ 24 (1964) H. 5.
44. PFLAUM, W.: Zusammenwirken von Motor und Gebläse bei Auflade-Diesel-
    maschinen. 74. Hauptversammlung des VDI. Darmstadt 1936.
45. PFLAUM, W. u. W. HAASE: Allgemeines Verfahren zur Vorausberechnung
    von Auflademaschinen mit Abgasturbolader. MTZ 25 (1964), H. 1, S. 5—12.
46. PONOMAREFF: Axuial-Flow-Compressor for Gas Turbines. ASME-Paper
    No. 47-A-28, May 1948.
47. RESTIN, K.: Experimentelle und thermodynamische Untersuchungen des
    Verhaltens von Dieselmotoren mit Abgasturboaufladung unter verschiedenen
    atmosphärischen Bedingungen, insbesondere Höhenbedingungen. Diss. TH.
    Aachen 1966.
48. RICHTER, L.: Wie beeinflussen Druck, Temperatur und Feuchtigkeit der
    Außenluft die Leistung und den Wirkungsgrad von Verbrennungsmotoren?
    Technische Mechanik und Thermodynamik, 1. Jahrg., H. 11, 1930.
49. RICARDO, H. R.: The Supercharging of Internal Combustion Engines. Proc.
    IME (1962) 421 (1950).
50. SACHSE, H.: Selbsttätige Regelung von Flugmotoren. Jahrb. dtsch. Luftf.-
    Forsch. Erg. Bd. (1938) 164.
51. SANDERS, J. C. u. MENDELSON: Calculations of the Performance of a Com-
    pression-Ignition Engine-Compressor-Turbine Combination. NACA-ARR
    E5KO6, Dec. 1945.
52. SCHEUERMEYER, M.: Leistungssteigerung von Dieselflugmotoren. DVL-
    Jahrb. (1937) 450.
53. SCHEUERMEYER, M. u. H. KRESS: Die Überladung beim Hochleistungs-
    Dieselmotor. MTZ 2 (1940) 265—269.
54. SCHEY, O. W. u. A. W. YOUNG: Comparative Flight Performance with an
    NACA-Roots-Supercharger and a Turbo Centrifugal Supercharger. NACA
    Rep. 355.
55. SCHMIDT, F. u. H. RALL: Neuere Entwicklung an MAN Schiffsmotoren.
    MTZ 24 (1964) H. 11.
56. SCHMIDT, F. A. F.: Thermodynamische und motorische Untersuchungen über
    kurzzeitige Leistungssteigerung des Flugmotors und über Verbrauchs-
    verbesserung im Fernflug. Vortrag auf der Hauptversammlung der Lilien-
    thal-Ges. f. Luftf.-Forsch. Berlin 1938.
56a. SCHMIDT, F. A. F.: Berechnungsmethoden zur Ermittlung von Leistung
    und Verbrauch von abgasturboaufgeladenen Viertakt-Dieselmotoren unter
    veränderlichen atmosphärischen Bedingungen. MTZ (28), Nr. 1, S. 1—9, 1967.
57. STOFFEL: Weiterentwicklung von Spülung und Turboaufladung der Sulzer
    RD-Dieselmotoren. MTZ 23 (1963) H. 11.
58. WALLACE: Vergleich des Gleich- und Stoßaufladeverfahrens von Diesel-
    motoren mit hohem Aufladedruck. MTZ 24 (1964) H. 5.
59. ZEYNS, J. u. H. CAROSELLI: Bestimmung der Höhenleistung von Flugmotoren
    auf Grund der Leistungsmessung bei Bodenbedingungen. Jahrb. dtsch.
    Luftf.-Forsch. Ser. 2 (1938) 7 u. ZVDI 82 (1938) 1289.

60. ZINNER, K.: Aufladung von Viertakt-Dieselmotoren. MTZ (1950) 57.

61. ZINNER, K.: Der Beitrag der MAN zur Entwicklung der Aufladung. MAN-Dieselmotoren Nachrichten (1958) 42—55.

62. ZINNER, K.: Beitrag zur Umrechnung der Höhenleistung von Verbrennungsmotoren. MAN Forschungsheft 1954.

63. ZINNER, K.: Untersuchungen an einem MAN 2-Takt Großmotor mit Abgasturboaufladung und Umkehrspülung. MTZ 23 (1962) H. 6.

64. ZINNER, K.: Die Umrechnung der Leistung von Verbrennungsmotoren, insbesondere Dieselmotoren, in Abhängigkeit vom atmosphärischen Zustand. MTZ 11 (1950) 109.

65. ZINNER, K.: Der Einfluß der Ladeluftkühlung auf die Leistung aufgeladener Viertakt-Dieselmotoren bei veränderlichen Außenbedingungen. MTZ 20 (1959) 169—172.

66. ZINNER, K. u. R. REULEIN: Thermodynamische Untersuchung über die Anwendbarkeit der Turbokühlung bei aufgeladenen Viertakt-Dieselmotoren. MTZ 25 (1964), H. 5, S. 188—195.

67. Sulzer 2-Takt Dieselmotoren mit Abgasturboaufladung. Mitteilung der Fa. Sulzer, Winterthur.

I. Gasturbinen

Bücher

1. DUSINBERRE, G. M. u. J. C. LESTER: Gas Turbine Power. Int. Textbook Comp., Scr., Pens., 1958.

2. FRIEDRICH, R.: Gasturbinen mit Gleichdruckverbrennung. Karlsruhe: Braun 1949.

3. HAUSENBLAS, H.: Vorausberechnung des Teillastverhaltens von Gasturbinen. Berlin/Göttingen/Heidelberg: Springer 1962.

4. JUDGE, A. W.: Modern Gas Turbines. Chapman & Hall, Ltd., London 1947.

5. KEENAN, J. G.: Elementary Theory of Gas Turbines and Jet Propulsion Oxford University Press London Geoffrey Cumberlege 1946.

6. KRUSCHIK, J.: Die Gasturbine. 2. Aufl. Wien: Springer 1960.

7. KRUSCHIK, J.: Luft- und Gastafeln zur Berechnung von Gasturbinen und Verdichtern. Wien: Springer 1953.

8. MUSIL., L.: Gasturbinenkraftwerke. Wien: Springer 1944.

9. NORMAN, C. A. u. R. H. ZIMMERMANN: Introduction to Gas-Turbine and Jet-Propulsion Design. New York: Harper and Broth, 1948.

10. SAWEYER, R. T.: The Modern Gas Turbine. New York: Prentice-Hall, Inc. 1947.

11. SORENSEN, H. A.: Gas Turbines. New York: Donald Press Comp. 1951.

12. TRAUPEL, W.: Thermische Turbomaschinen. Berlin/Göttingen/Heidelberg: Springer, 1. Bd. 1958. Ber. Neudruck 1962. 2. Aufl. in Vorbereitung, 2. Bd. 1960.

Aufsätze

13. ALPERT, S., R. E. GREY u. W. O. FLASCHAR: Development of a Three-Stage Liquid Cooled Gas Turbine. Trans. ASME, No. 59, G.T.P., 1959.

14. ALVERMANN, W. u. P. STOTTMANN: „Temperaturmessungen mit Thermoelementen in Verbrennungsgasen". Forschungsbericht der Deutschen Forschungsanstalt für Luft- und Raumfahrt, Nr. 64 — 18, Juli 1964.

15. BALJÉ, O. E.: A Study on Design Criteria and Matching of Turbomaschines: Similarity, Relations and Design Criteria of Turbines. Trans. ASME, Ser. A, 1962.

16. BAMMERT, K.: Der Wärmeübergang bei Umströmung von innengekühlten Überdruckschaufeln. Forsch. Ing.-Wes. 18 (1952).

17. BROWN, T. W.: High temperature turbine machinery for marine propulsion. Chartered mech. Engr. (1954) Nr. 4.

18. COHEN, H. u. F. J. BAYLEY: Heat transfer problems of liquid-cooled gas turbine blades. Proc. Instn. mech. Engrs. 169 (1955) Nr. 2, S. 289/91.

18a. CORDIER, O.: Ähnlichkeitsbedingungen für Strömungsmaschinen. BWK 5 (1953), Nr. 10, S. 337—430

19. DETTMERING, W.: Experimentelle Untersuchungen an einer axialen Turbinenstufe. ZVDI 103 (1961) H. 12, S. 544.

20. DIBELIUS, G.: Gasturbinen in der Industrie. Vortrag im Haus der Technik Essen am 5. 9. 65. Vortragsveröffentlichungen Heft 60.

21. DIBELIUS, G.: Teilbeaufschlagung von Turbolader-Turbinen. BBC-Mitteilungen 52 (1965), Nr. 3, S. 180—189.

22. ECKERT, B.: Gasturbinen der kleinen und mittleren Leistungsklasse. MTZ 21 (1960) H. 2, 3 und 5.

23. ECKERT, E.: Die Berechnung des Wärmeübergangs in der laminaren Grenzschicht umströmter Körper. VDI-Forsch.-Heft 416. Berlin 1942.

24. ELLERBROCK, H. H.: Investigations of Gas-Turbine Blade Cooling. J. Aeronaut. Sc. Dez. 48, S. 721—730.

25. ELLERBROCK, H. H. u. J. N. B. LIVINGOOD: Investigation on Heat Transfer. Flow and Heat Exchangers as related to Turbine Cooling. Trans. ASME, Journal of Heat Transfer, 1959.

26. ESGAR, J. B.: 1958 Gas Turbine Progress Report: Turbine Cooling. Trans. ASMA, Seri. A. 1959.

27. ESGAR, J. B., J. N. B. LIVINGOOD u. R. D. HICKEL: Research on Application of Cooling to Gasturbines. Trans. ASME, 1957.

28. FRECHE, J. C. u. A. J. DIAGUILA: Heat transfer and operating characteristics of aluminium forced-convection and stainless-steel natural convection water-cooled single-stage turbines. Nat. Adv. Comm. Aeron (NACA) Rep. RM 50 DO 3a. Washington 1950.

29. FRERICHS, A.: Flüssigkeitsgekühlte Schaufeln und Läufer ein- und mehrstufiger Gleich- und Überdruckturbinen. MTZ 10 (1949) H. 5, S. 103—104.

30. FRIEDRICH, H.: Gasturbinen. BWK 11 (1959) H. 4, S. 184—186.

31. FRIEDRICH, R.: Zur Flüssigkeitskühlung der Schaufeln von Gasturbinen. Motortech. Z. 18 (1957) Nr. 11, S. 367/68.

32. FRIEDRICH, R.: Situation und Bau der stationären Gasturbine in der Bundesrepublik Deutschland. MTZ 27 (1966), H. 3, S. 77—81.

33. GELLER, F. J.: Beitrag zur Anwendung der Schleierkühlung von Gasturbinenschaufeln. DVL-Bericht (1960) Nr. 104.

34. GROOTENHUIS, P. u. N. P. W. MOORE: Sweat Cooling. The Iron and Steel Inst., July 1952.

35. HAUSENBLAS, H.: Die Temperatur von Turbinenschaufeln. MTZ 10 (1949) H. 1, S. 9—10.

36. HAUSENBLAS, H.: Über Turbinenkennfelder. Schweiz. Bauztg. Nr. 8, S. 108—110, 1948.

37. HAUSENBLAS, H.: Die Vorausberechnung von Turbinenkennfeldern. Schweiz. Bauztg. (1949) Nr. 13, S. 181—183.

38. HEITLAND, H.: Einfluß des Selbstzündungsverhaltens der Kraftstoffe auf den Verbrennungsablauf, Wirkungsgrad und Druckverlust von Hochleistungsbrennkammern. Forschungsbericht 505 des Landes Nordrhein-Westfalen. Köln und Opladen: Westdeutscher Verlag 1958.

39. HOLFELDER, O.: Versuche an Hochleistungs-, Rohr- und Ringbrennkammern bei verschiedenen Betriebsbedingungen und Brennstoffen. BWK 10 (1958) H. 6, S. 281—288.

40. HOWARD, A.: Design Features of a 4800-HP-Locomotive Gas-Turbine Power Plant. Mech. Engrg. (1948) 301—306.

41. v. KÁRMÁN, TH.: Boundary Layer in Compressible Fluids. J. of Aeronaut. Sciences 5 (1937/38).

42. KLEINSCHMIDT, R. V.: Value of Wet Compression in Gas-Turbine Cycles. Mech. Engrg. (1947) 115—116.

43. KRESS, H.: Probleme der Schaufelkühlung bei Gas- und Abgasturbinen. MTZ 21 (1960) H. 9, S. 377—382 u. H. 10, S. 429—434.

44. KÜHL, H.: Die Brennkammer für Gasturbinen. BWK 4 (1952) H. 7, S. 217.

45. LALOS, G. W.: "A Sonic-Flow Pyrometer for Measuring Gas Temperatures". Journal of Research of the NBS 47 (1951) Nr. 3, S. 179—190.

46. LEIST, K.: Die Abgasturbine. Ringbuch d. Luftfahrttechnik, 1939.

47. LEIST, K. u. E. KNÖRNSCHILD: Messung der Läufertemperaturen von Gasturbinen im Betrieb. MTZ (1939) H. 4.

48. LEIST, K.: Gasturbinen- und Rückstoßtriebwerke. DVL-Forschg.-Bericht 1069, 1938.

49. LEIST, K.: Abgasturbinen mit Kühlluftbeaufschlagung. Tagungsbericht der Lilienthalges. 1940.

50. LEIST, K.: Abgasturbinen und Turbinenmotoren von Daimler-Benz. Jahrbuch der Luftfahrtforschung 1943.

51. LEIST, K.: Vergleich von Kühlverfahren von Gasturbinen. Daimler-Benz-Bericht 1944.

52. LEIST, K.: Der Entwicklungsstand der Gasturbine. MTZ 9 (1948) H. 2, S. 17—22, H. 3, S. 37—41.

53. LEIST, K.: Ausführungsformen von Gasturbinen. ZVDI 92 (1950) 429, 644.

54. LEIST, K.: Gasturbinen, Arbeitsweise, Gestaltung und Anwendung. Technische Rundschau (1959) Sonderheft 22, 55 Seiten.

55. LEIST, K. u. O. THUN: Strömungsmessungen zur Ermittlung von Brennkammern Ausbrenngraden. Forschungsbericht des Landes NRW Nr. 950, (1960).

56. LINKE, W.: Über den Strömungswiderstand einer beheizten ebenen Platte. Luftfahrtforsch. 19 (1942) Nr. 4, S. 157/60.

56a. LOMBARDO, S., LANZIERE, N., KUMP, D.: Design and Fabrication Aspects of Transpiration Operation. SAE-Paper 820 A, 1964.

57. LUTZ, O.: Triebwerksanlagen. ZVDI 203 (1961) H. 12, S. 557—562.

58. MAY, H.: Theoretische und experimentelle Untersuchungen über die Flüssigkeitskühlung von Gasturbinenschaufeln bei Gastemperaturen bis 1200 °C. Forsch. Ing.-Wes. (1962) Nr. 5/6.

59a. MITCHELL, STUART R. W.: The Influence of Current Research and Development on the Application of the Open Cycle Gas Turbine as a Propulsion Unit for Merchant Ships. ASME-Paper 66-6T/M33.

59. MAY, H.: Investigations of Forced Convection liquid-Cooled Gas-Turbines Blades. Journal of Engineering for Power 87 (1965) No. 1, S. 57—71.

60. MÜLLER, K. J.: Kühlung durch Kaltluftausblasung in die Grenzschicht. Maschinenbau und Wärmewirtschaft Wien 3 (1948) H. 8/9.

61. MÜNZINGER, F.: Der Wettbewerb zwischen Gasturbinen und Dampfturbinen, Stahl und Eisen 68 (1948) H. 7/8, S. 114.

62. PFENNIGER, H.: Der heutige Stand der Verbrennungsturbine und ihre wirtschaftlichen Aussichten. MTZ 8 (1947) Nr. 1, S. 1—7, H. 2, S. 22—26.

63. Schlichtung, H.: Die Grenzschicht an der ebenen Platte mit Absaugung und Ausblasung. Luftf.-Forsch. 1942.
64. Seippel, C. u. R. Berenter: The Theory of Combined Steam and Gas Turbine Installations. Combustion 33 (1961) H. 3, S. 30—41.
65. Schmidt, F. A. F.: Thermodynamische Untersuchungen über Abgasturboaufladung und grundsätzliche Versuche an einer Abgasturbine. Luftf.-Forsch. 14 (1937) 233.
66. Schmidt, F. A. F.: Untersuchungen an Abgasturbinen mit innengekühlten Schaufeln. Vortr. a. d. Tag. d. Lilienthal-Ges. am 12. 12. 1940 in München.
67. Schmidt, F. A. F.: DVL-Hohlschaufelturbine. Vortr. a. d. Sitz. d. Aussch. f. Abgasturbo- und Laderfragen in der DVL am 12. 4. 1943.
68. Schmidt, F. A. F.: Ergebnisse neuer Forschungs- und Entwicklungsarbeiten an DVL-Hohlschaufelturbinen. Vortr. a. d. Tg. d. Lilienthal-Ges. am 16./17. 11. 1943 in Berlin.
69. Schmidt, F. A. F.: Gasturbinen. Hütte II. Wilhelm Ernst & Sohn, Berlin, 28. Aufl.,1954, S. 1010—1029.
70. Schmidt, F. A. F.: Technischer Stand und Zukunftsaussichten der Verbrennungskraftmaschinen, insbesondere der Gasturbinen. Westd. Verlag, Köln–Opladen, 1951.
71. Schmidt, F. A. F., u. H. Heitland: Möglichkeiten zur Steigerung der Energieumsetzung durch pulsierende Verbrennung. Zeitschrift Forschung auf dem Gebiet des Ingenieurwesens, H. 4 und 5, 1965.
72. Schörner, Chr.: Untersuchungen über die Beherrschung hoher Abgastemperaturen bei Abgasturboaufladung durch Innenkühlung. Luftf.-Forsch. 15 (1938) 495.
73. Spalding, D. B.: Performance Criteria of Gas Turbine Combustion Chambers. London 1956.
74. Stodola, A.: Leistungsversuche an einer Verbrennungsturbine. ZVDI 84 (1940) 17.
75. Trenkler, H.: Untersuchung der Einsatzmöglichkeit der Gasturbine als Kraftmaschine zur Stromerzeugung auf der Energiebasis der Rheinischen Braunkohle. Diss. T.H. Aachen, 1955.
76. Zucrow, M. J. u. W. J. Hesse: Gas Turbine Coming Competitor of Ground and Air Powerplants. SAE Journ. (1947) H. 12, S. 66—67.
77. Englische Gasturbinen-Projekte. Aut. Ind. (1947) 21.
78. Schiffsgasturbine. The Motor Ship. June 1947.
79. 4800-PS-Gasturbine für Lokomotivantrieb. The Railway Gazette. June 1948.
80. Gas Turbines in 1948. The Engineer. Jan. 1949.
81. Gasturbine, Bauart Turbomeca. MTZ 10 (1949) H. 5, S. 105—106.
82. Gas Turbine Progress Report, Materials, Cooling and Fuels. ASME News. Febr. 1953.
83. Gasturbinen mit geschlossenem Kreislauf. Techn. Aun., Bern 46 (1954) Nr. 19.
84. Unterhaltungskosten von Gasturbinenkraftwerken. BWK 6 (1954) H. 11, S. 450.

K. Strahltriebwerke

Bücher

1. Bonney, E. A., M. J. Zucrow u. C. W. Besserer: Principles of Guided Missile Design: Aerodynamics, Propulsion, Structures and Design Practice. New York/London: van Nostrand Comp., 1956.
2. Feuchter, G. W.: Taschenbuch der Luftfahrt 1954. Typenbuch der militärischen und zivilen Flugzeuge und der Triebwerke. München: I. F. Lehmanns.

3. GODSAY, F. u. A. YOUNG: Gas Turbines for Aircraft. Westinghouse-McGraw-Hill Engineering Books for Industry, 1949.
4. INOSEMZEW, N. W.: Wärmekraftmaschinen, Bd. III. Gasturbinen und Düsentriebwerke. Berlin: VEB Verlag Technik 1953.
5. JUDGE, A. W.: Aircraft Engines. Two Volumes. London: Chapman & Hall, Ltd. 1945—47.
6. JUDGE, A. W.: Gas Turbines for Aircraft. London: Chapman and Hall, Ltd. 1958.
7. KÜCHEMANN u. WEBER: Aerodynamics of Propulsion. London: McGraw-Hill Book Comp. 1953.
8. LISTON, J. L.: Powerplants for Aircraft. New York: McGraw-Hill Book Comp. 1953.
9. NEVILLE, L. E. u. N. F. SILSBEE: Jet propulsion Progress. New York and London: McGraw-Hill Book Comp. 1948.
10. SEILIGER, A.: Moteurs et Turbines à Combustion Interne. Paris: Dunod 1953.
11. SMITH, C. W.: Aircraft Gas Turbines. London: Chapman & Hall Ltd. 1956.
12. THRING, M. W.: Pulsating Combustion. The collected works of T.H. Reynst. Pergamon Press, 1961.
13. VINCENT, E. P.: The Theory and Design of Gas Turbines and Jet Engines. McGraw-Hill Book Comp., Inc. 1950.
14. ZUCROW, M. J.: Principles of Jet Propulsion and Gas Turbines. New York: Wiley and London: Chapman & Hall Ltd. 1948.
15. ZUCROW, M. J.: Aircraft and Missile Propulsion. New York: Wiley and London: Chapman & Hall Ltd. 1958.

Aufsätze

16. BAXTER, A. D.: British Progress in Propulsion since war. Aircraft Engrg. (1953) No. 295, S. 250—263.
17. BECKERS, A., W. F. ZIMNI u. S. BABIKIAN: Theoretische Betrachtung zur optimalen Auslegung von Zweikreistriebwerken. Zeitschrift für Flugwissenschaften (1965) H. 1.
18. v. BONIN, L.: Leistungsstand der luftatmenden Flugtriebwerke. Luftfahrttechnik 7 (1961) H. 12, S. 344—367.
19. BOUFFART, M.: Moteurs d'aviation à explosif liquides, Fusées et groupes turbines-hélics. Chaleut et Industrie 33 (1952) H. 326, S. 299—312 u. H. 327, S. 337—350.
20. CODY, C. S.: Automatic Control of Turbojet-Engines. Aero Digest 59 (1949) 46—48, 50, 52, 54 u. 106.
21. DETTMERING, W.: Luftansaugende Strahltriebwerke und ihre Entwicklungsrichtungen. Flugwelt 17 (1965) H. 6.
22. DOWNS, W. D.: Turbojets May Use Turbine-Type Starters. SAE-Journal (1951) 18—21.
23. ECKERT, B. u. E. BOCK: Untersuchungen an einer Ringbrennkammer für Luftfahrt-Gasturbinen-Triebwerke. MTZ 22 (1961) H. 7, S. 292—301.
24. ECKERT, B.: Entwicklungsrichtung bei neuzeitlichen Luftfahrttriebwerken. MTZ 26 (1965), H. 6, S. 281—287.
25. FELLNER, G.: Einfluß der Fluggeschwindigkeit auf die Wirtschaftlichkeit von Strahltriebwerken und Raketen. DVL-Bericht Nr. 58, 1958.
26. v. GERSDORF, K.: Kennwerte von Strahlturbinen. Flugwelt (1955) H. 6, S. 264—265.
27. KÜHL, H.: Grundlagen der Regelung von Gasturbinentriebwerken für Flugzeuge. DVL-Forschungsbericht 1943.

28. Lary, F. B.: Installing Turbojet Presents Cooling and Vibration Problems. SAE-Journal (1952) 53—55.

29. Leist, K.: Konstruktionsmerkmale von Strahltriebwerken. ZVDI 101 (1959) Nr. 35, S. 1677—1690 u. Nr. 36, S. 1775—1781.

30. Löhner, K.: Kolbentriebwerke für Flugzeuge. MTZ 14 (1953) Nr. 12, S. 354—359.

31. Lutz, O.: Antriebsfragen der Verkehrsluftfahrt von morgen. Zeitschrift für Flugwissenschaften (1955) Nr. 3/4, S. 61—73.

32. Mock, F. C.: Jet Fuel Control Systems Present Unusual Problems. SAE-Journal (1951) 56—57.

33. Nagey, T. F.: Four Turboprop Configurations. How they Compare. SAE-Journal (1951) 18—21.

34. Oestrich, H.: Die Aussichten des Strahlantriebes für Flugzeuge unter besonderer Berücksichtigung des Abgas-Strahlantriebes. DVL-Jahrb. 1931.

35. Quick, A. W.: Antriebsprobleme der Luft- und Raumfahrt. Flugwelt 12 (1960) H. 12, S. 441—448.

36. Reichel, R. H.: Rückstoßantriebe. MTZ 14 (1953) 17—22 u. 52—55.

37. Reynst, F.-H.: Flugzeugantrieb durch pulsierende Verbrennung. Allg. Wärmetechnik 7 (1956) H. 11/12, S. 252—258.

37a. Seewald, F.: Neue Entwicklungen auf dem Gebiete der Antriebsmaschinen. Arb. Gem. Forschg. NRW, Reihe Nat. Wiss. (1951) H. 1.

38. Seifferlein, P.: Die Verbrennung in Flugstrahltriebwerken. MTZ 19 (1958) H. 7, S. 259—262.

39. Spengler, G. u. H. Gemperlein: Kleinbrennkammer zur raschen Untersuchung von Kraftstoffen für Luftstrahlantriebe. DVL-Bericht Nr. 80, 1959.

40. Steigenberger, D.: Die Thermodynamik des Turbostrahltriebwerkes. MTZ 10 (1949) H. 3, S. 41—46.

41. Steward Brandt, C.: Turbine Engines Complicate Fuel System Design. SAE-Journal (1952) 50—52.

42. Treseder, R. C.: Control Requirements for Turboprop Propellers. SAE-Journal II/49 (1949) 26—27.

43. Watson, E. A.: Fuel Systems for Aero-Gasturbine. Inst. of Mech. Eng., Proceedings 1958 (1948) Nr. 2, S. 187—208.

44. Watson, E. A.: Fuel Control and Burning in Aero-Gas Turbine Engines. Inst. of Mech. Eng., Prodeed. 170 (1956) Nr. 1, S. 25—56.

45. Wenk, F.: Gasturbine Jumo 004. MTZ 10 (1949) H. 3, S. 47—48.

46. Armstrong-Siddeley „Mamba" Propeller-Gasturbinentriebwerk. Ausz. in MTZ 9 (1948) H. 4, S. 62 u. H. 6, S. 102.

47. Neuartiger Flugzeugantrieb. Aero Digest 52 (1946) H. 3, S. 80—81.

48. Rolls-Royce-Strahltriebwerke in USA. Concern seeks Plants for Jets. The American Machinist 1. 1. 48, S. 115 and British Jet Engines in Production 15. 12. 47, S. 36—37.

49. Oil Engine and Gas Turbine (1950) 143 u. (1951) 353—356.

50. SAE-Journal (Dec. 1951).

51. Flugwelt 5 (1953) H. 8, S. 234—239.
   Esso Air World (1954) No. 5, S. 119—126.

52. Interavia (1954) H. 6, S. 357—360.

53. Flugwelt 6 (1954) Nr. 5, S. 146—149.

L. Staustrahltriebwerke

1. Behrens, H. u. F. Roessler: Supersonic Diffusion Flames. Fourth Agard Colloquium. Mailand 1960.

2. Drake, J. A.: Hypersonie Ramjet Development. Fourth Agard Colloquium. Mailand 1960, S. 71—83.

3. Dugger, G. L.: Recent Advances in Ramjet Combustion. ARS-J. 29 (1959) 819—827.

4. Dugger, G. L.: Comparison of Hypersonic Ramjet Engines with Subsonic and Supersonic Combustion. Fourth Agard Colloquium. Mailand 1960, S. 84—119.

5. Dunlop, R., R. L. Brehm u. J. A. Nicholls: A Preleminary Study of the Application of Steady State Detonative Combustion to a Reaction Engine. Jet propulsion 28 (1958) 451—456.

6. Fletcher, E. A., R. G. Dorsch, u. H. Allen Jr.: Combustion of Highly Reactive Fuels in Supersonic Airstreams. ARS-J. (1960) 337—344.

7. Gross, R. A.: Research on Supersonic Combustion. ARS-J. (1959) 63—67.

8. Hagen, H.: Betrachtungen zur Auslegung von Staustrahltriebwerken. Z. f. Flugwissenschaften 8 (1960) H. 1.

9. Kallergis, M.: Experimentelle Untersuchungen zur Überschallverbrennung. Vortrag auf der Jahrestagung der WGRL, Berlin 1964.

10. Krause, E.: Entwurfsprobleme supersonischer Einlaufdiffusoren. DVL-Bericht Nr. 198, 1962.

11. Kydd, P. H. u. G. J. Mullaney: Supersonic Combustion. Combustion and Flame 5 (1961) 315—318.

12. McLafferty, G. H.: Relative Thermodynamic Efficiency of Supersonic Combustion and Subsonic Combustion Hypersonic Ramjets. ARS-J. (1961) 1019—1021.

13. Lutz, O., W. Buschulte u. K. Mose: Nomographisches Verfahren zur Berechnung von Staustrahltriebwerken. DFL-Bericht Nr. 113, 1959.

14. Lutz, O., W. Alvermann u. W. Dietze: Beitrag zur Thermodynamik der Überschallströmung. DFL-Bericht Nr. 123, 1960.

15. Lutz, O.: Möglichkeiten der Anwendung luftatmender Antriebe bei Raumfahrtprojekten. Vortrag 2. Lehrgang für Raumfahrttechnik. Braunschweig 1963.

15a. Naumann, A.: Probleme und Ergebnisse der angewandten gasdynamischen Forschung. Jb. 1957 WGL S. 24.

15b. Naumann, A.: Druckverlust in Rohren nichtkreisförmigen Querschnitts bei hohen Geschwindigkeiten. Allg. Wärmetechn. 7 (1956) S. 32.

16. Perchonok, E.: Performance Evaluation of Ramjet Propellants. In "The Chemistry of Propellants". Pergamon Press 1960, S. 368—393.

17. Sänger-Bredt, I. u. H. Stümke: Bemessungstafeln für Staustrahltriebwerke. Stuttgart: Flugtechnik 1959.

18. Sänger-Bredt, I.: Anwendungsmöglichkeiten von Staustrahlantrieben in der Raumfahrt. Vortrag 3. Lehrgang für Raumfahrttechnik, Aachen 1964.

19. Sargent, W. H. u. R. A. Gross: Detonation Wave Hypersonic Ramjet. ARS-J. (1960) 543—549.

20. Stumpf, O.: Thermodynamischer Vergleich der Schubleistung und Wirtschaftlichkeit des Staustrahlantriebes unter besonderer Berücksichtigung der Antriebsstoffe und der Flugaufgabe. Vortrag auf der Jahrestagung der WGLR, Berlin 1964.

21. Suttrop, F.: Überschallverbrennung, Zweck und eigene Versuchseinrichtung. Jahrbuch der WGLR, 1963.

22. Weber, R. J. u. J. S. Mackay: An Analysis of Ramjet Engines using Supersonic Combustion. NACA 4386.

M. Raketen

Bücher

1. Barrère, M., A. Jaumotte, B. Fraeijs de Veubeke u. J. Vandenkerckhove: Raketenantriebe. London: Elsevier Publishing Company 1961.
2. Bragg, S. L.: Rocket Engines. London: Georges Newnes Limited 1962.
3. Koelle, H. H.: Astronautical Engineering Handbook. New York: McGraw-Hill Book Company 1961.
4. Mebus, H. G.: Berechnung von Raketentriebwerken. Füssen: C. F. Wintersche Verlagshandlung 1957.
5. Penner, S. S.: Chemical Rocket Propulsion and Combustion Research. New York: Gordon and Breach 1961.
6. Penner, S. S.: Advanced Propulsion Techniques. New York: Pergamon Press 1961.
7. Sänger, E.: Raketenflugtechnik. Michigan: Edward Brothers, Ann, Arbor 1945.
8. Summerfield, M.: Solid Propellant Rocket Research. New York: Academic Press 1960.

Aufsätze

9. Dadieu, A.: Hauptlinien der Entwicklung neuzeitlicher Raketenantriebe. Luftfahrttechnik (1959) Nr. 5.
10. Friedmann, R. u. A. Macek: Ignition and Combustion of Aluminium Particles in Hot Ambient Gases. Combustion and Flame, August 1961, S. 73ff.
11. Goethert, B. H. u. a.: High Altitude Testing of Propulsion Systems. Zeitschrift für Flugwissenschaften 8 (1960) H. 7, S. 202—211.
12. Gordon, L. J. u. J. B. Lee: Metals as Fuels in Multicomponent Propellants. ARS-Journal, (1962) 600ff.
13. Heitland, H.: Die Bedeutung von reaktionskinetischen Untersuchungen im Hinblick auf eine Leistungssteigerung der Raketenmotoren. Habil. Schrift. T.H. Aachen 1963.
14. Moore, G. E. u. K. Bermann: A Solid Liquid Rocket Propellant System. Jet Propulsion Nov. 1956.
15. Moutet, H. u. M. Pugibet: Augmentation de l'impulsion spécifique des lithergols par addition d'hydrogène. Le Recherche Aérospatiale. No. 101. Juillet Aout 1964.
15a. Quick, A. W.: Forschungssatellitenprojekte in der Bundesrepublik Deutschland. WGLR-Jahrbuch 1964, S. 40—48.
16. Schmidt, F. A. F.: Energieumwandlung im Hochtemperaturgebiet bei Hochleistungstriebwerken und Raketen. Vortrag auf der Arbeitsgemeinschaft für Forschung des Landes NRW in Düsseldorf am 6. 1. 1965.
17. Schulz, H.: Theoretische und experimentelle Untersuchungen von Zündungs-, Verbrennungs- und Expansionsvorgängen hypergoler flüssiger Treibstoffkombinationen bei Gastemperaturen bis 3000 °K. Dissertation, T.H. Aachen, 1967.
18. Stumpf, O.: Theoretische und experimentelle Grundlagen der Hochtemperaturverbrennung und der Reaktionsvorgänge in Schubdüsen. Diss. Schrift, T.H. Aachen 1962.
19. Stumpf, O.: Einfluß der Treibstoffe und der Betriebsbedingungen auf die Verbrennungs- und Entspannungstemperatur sowie der spezifische Impuls von Raketentriebwerken unter Berücksichtigung des chemischen und des eingefrorenen Gleichgewichtes. Forschg. Ing. Wes. 30 (1964), Nr. 6.

20. Zucrow, M. J.: Liquid Propellant Rocket Motors. Trans. of the ASME, Nov. 1957.

N. Werkstoffe

1. Allen, A. H.: Entwicklung von Werkstoffen für Gasturbinenschaufeln. Iron and Steel 129 (1951) H. 9, S. 72—75.
2. Bentele, M. u. C. S. Lowthron: The Nimonic Series of Alloys. Their Application to Gas Turbine Design. The Mond Nickel Comp. Ltd., London 1951.
3. Bollenrath, F., H. Cornelius u. W. Bungardt: Dauerstandfestigkeit von Stahl. T.Z. prakt. Metallbearb. 46 (1936) Nr. 9—16.
4. Bollenrath, F.: Über die Weiterentwicklung warmfester Werkstoffe für Flugzeugtriebwerke. Luftf.-Forschg. 14 (1937) 196.
5. Bollenrath, F., H. Cornelius u. W. Bungardt: Untersuchungen über die Eignung warmfester Werkstoffe für Verbrennungskraftmaschinen. (I. und II. Teil) Jahrb. deutscher Luftf.-Forschg. S. II, 326, 1938.
6. Bollenrath, F.: Werkstoffe für Gasturbinen. BWK (1951) 237.
7. Clark, F. H.: Metals at High Temperatures. New York: Book Div. Reinhold Publ. Corp. 1950.
8. Cornelius, H. u. W. Bungardt: Untersuchungen über die Eignung warmfester Werkstoffe für Verbrennungskraftmaschinen (III. Teil). Jahrb. dtsch. Luftf.-Forsch. (1939) S. II, 317.
9. Cornelius, H. u. W. Bungardt: Untersuchungen über die Eignung warmfester Werkstoffe für Verbrennungskraftmaschinen (IV. Teil) Luftf.-Forschg. 18 (1941) 305.
10. Fleischmann, M.: The development of the 16-25-6 Alloy for Gas Turbine and Turbosupercharger Applications. Iron Age Issues 17 and 24. 1. 1946.
11. Gadd, E. R.: Hochwarmfeste Werkstoffe für Turbinenschaufeln. Interavia 16 (1961) H. 9, S. 1221—1222.
12. Griffith, W. T.: Stahllegierungen für Gasturbinenschaufeln. Flight Nr. 2027, S. 500.
13. Kautz, H. R. u. H. Gerlach: Kobalt-legierte Werkstoffe für den Gasturbinenbau. MTZ 22 (1961) H. 4, S. 134—139.
14. Meckelburg, E.: Metallische und keramische Werkstoffe für die Flugzeug- und Raketentechnik. Metall 14 (1960) H. 12, S. 1182—1184.
15. Saville, P.: Metalls für Gas-Tubines. Discovery (1947) H. 16, S. 364—365.
16. Scherer, R.: Werkstoffe für den Raketenbau. Werkstoffe und Korrosion 13 (1962) H. 3, S. 129—132.
17. Schweitzer, C. J.: Drop Forgings for Gas Turbine Application. Materials and Methods 24 (1946) Nr. 3, S. 642—645.
18. Siegfried, W.: Kriechversuche und ihre Verwertung bei der Konstruktion von Gasturbinen. Techn. Rundschau Sulzer (1948) Nr. 4, S. 21.
19. Wolfe, K. u. P. Spear: Gas Turbine Steels. Aircraft Production 13 (1951) 80.
20. The Evolution of Nimonic 80, The Oil Engine, (1947) 226—218.

O. Reaktionskinetik

Bücher

1. Bahn, S. G. u. E. E. Zukoski: Kinetics, Equilibria and Performance of High Temperature Systems. London: Butterworths, 1960.
2. Benson, S. W.: The Foundations of Chemical Kinetics. McGraw-Hill-Book Comp. Inc. 1960.
3. Bradley, J. N.: Shock Waves in Chemistry and Physics. London: Methuen & Co. Ltd, New York: John Wiley & Sons INC 1962.

4. DENBIGH, K.: The Principles of Chemical Equilibrium. Cambridge: University Press 1961.
5. EGGERT, J.: Lehrbuch der Physikalischen Chemie in elementarer Darstellung. 8. Aufl. Stuttgart: Hirzel 1960.
6. EUCKEN, A. u. EWALD WICKE: Grundriß der physikalischen Chemie. 8. Aufl. Leipzig: Akademische Verlagsgesellschaft 1956.
7. FRANK-KAMENETZKI, D. A.: Diffusion und Wärmeübertragung in der chemischen Kinetik. Berlin/Göttingen/Heidelberg: Springer 1959.
8. GAYDON, A. G.: Spectroscopy and Combustion Theory. London: Chapman & Hall Ltd. 1948.
9. GAYDON, A. G. u. I. R. HURLE: Measurement of Times of Vibrational Relaxation and Dissoziation . Behind Shock Waves. 8 Symp. (Int.) on Combustion. S. 309—318.
10. HILSENRATH, J., M. KLEIN u. D. Y. SUMIDA: The calculation of the equilibrium Composition and Thermodynamic Properties of Dissociated and Ionized Gaseous Systems. New York: McGraw-Hill, 1959.
11. HIRSCHFELDER, S. O., C. F. CURTISS u. R. B. BIRD: Molecular Theory of Bases and Liquids. New York: John Wiley & Sons 1954.
12. LANDOLT-BÖRNSTEIN: Zahlenwerte und Funktionen aus Physik, Chemie, Astronomie, Geophysik und Technik. Berlin/Göttingen/Heildelberg: Springer, I. Teil 1955, II. Teil 1960.
13. LEWIS, G. N. u. M. RANDALL: Thermodynamics, 2. Aufl. New York, Toronto, London: McGraw-Hill-Book Comp. Inc. 1961.
14. LOEB, L. B.: The Kinetic Theory of Gases. New York: McGraw-Hill-Book Comp. 1934.
15. MACKE, W.: Thermodynamik und Statistik. Leipzig: Akademische Verlagsgesellschaft 1962.
16. PENNER, S. S.: Introduction to the Study of Chemical Reactions in Flow Systems. London: Butterworth Scientific Publications 1955.
17. PENNER, S. S.: Chemistry Problems in Jet Propulsion. London: Pergamon Press 1957.
18. PENNER, S. S.: Quantitive Molecular Spectroscopy and Gas Emissivities. London—Paris: Pergamon Press 1959.
19. ROSSINI, F. D.: Chemical Thermodynamics. New York: J. Wiley & Sons, Inc. London: Chapman & Hall Ltd. 1950.
20. ROSSINI, F. D. u. K. PITZER: Selected Values of Physical and Thermodynamic. Properties of Hydrocarbons and Related Compounds. Pittsburgh (Pennsylvania): Carnegie Press 1953.
21. SCHUMACHER, H. J.: Chemische Gasreaktionen. Dresden: Steinkopf 1938.
22. SEMENOV, N. N.: Chemical Kinetics and chain reactions. Oxford: Clarendon Press 1935.
23. SEMENOV, N. N.: Some Problems of Chemical Kinetics and Reactivity. London: Pergamon Press, Vol. 1, 1958, Vol. 2, 1959.
24. SOMMERFELD, A.: Vorlesungen über theoretische Physik, Band V: Thermodynamik. Wiesbaden: Dietrich'sche Verlagsbuchhandlung 1952.
25. SZABO, Z.-G.: Fortschritte in der Kinetik der homogenen Gasreaktionen. Darmstadt: Dr. Dieterich Steinkopf 1961.
26. TÖNNIES, E. F. u. J. P. GREENE: Chemische Reaktionen in Stoßwellen. Darmstadt: Dr. Dietrich Steinkopf 1959.
27. ULICH, H. u. W. JOST: Kurzes Lehrbuch der physikalischen Chemie. 12.—13. Aufl. Darmstadt: Dr. Dietrich Steinkopf 1960.

Aufsätze

28. ASABA, T., K. YONEDA, N. KAKIHARA u. T. HIKITA: A Shock Tube Study of Ignition of Methan Oxygen Mixtures. Ninth Symposium (Int.) on Combustion 1963, S. 193—200.

29. BLACKMAN, V.: Vibrational Relaxation in Oxygen and Nitrogen. J. Fluid Mech. 1 (1956) Part 1, S. 61—85.

30. BODENSTEIN, M.: Die reaktionskinetischen Grundlagen der Verbrennungsvorgänge. Vortr. auf einer Tagung der Bunsen-Ges. über „Verbrennungsvorgänge und Explosionen in der Gasphase", (1936) S. 11, 17.

31. BRAY, K. N. C. u. J. P. APPLETON: Atomic Recombination in Nozzles: Methods of Analysis for Flows with Complicated Chemistry. University of Southhampton, A. A. S. U. Bericht Nr. 166, April 1961.

32. CHAPMAN, D. L.: Phil. Mag. 5 (1899) No. 47, S. 90.

33. CLUSIUS, K. u. Mitarbeiter: Berechnung der spezifischen Wärme von Ortho- und Para-H_2, D_2 and HD. Vergleich von berechneten und gemessenen Entropien usw. von verschiedenen Gasen und Deutung für einzelne Abweichungen. Nature 130 (1932) 775; Gött. Nachr. (1933) 15 u. (1934) 1,15, 29; Z. Elektrochem. 59 (1933) 598; Z. phys. Chemie Abt. B 34 (1936) 405 u. 36 (1937) 291.

34. CLUSIUS, K.: Die Nullpunktenergie. In „Die Chemie" 56 (1943) 241 ff.

35. ESCHENROEDER, A. Q., BOYER, D. W. u. J. G. HALL: Exact Solutions for Nonequilibrium Expansions of Air with coupled Chemical Reactions. Cornell Aero. Lab., Bericht Nr. AFOSR 622, 1961.

36. EUCKEN, A. u. Mitarbeiter: Berechnung der spezifischen Wärme von H_2 (Para- und Ortho-Wasserstoff) D_2, C_2H_2, CH_4, C_2H_4, C_2H_6, (unter Berücksichtigung der Drehbarkeit der beiden CH-Gruppen um die CC-Bindung) ferner systematischer Vergleich zwischen berechneten und gemessenen Werten anhand der Dampfdruckkonstanten. Z. phys. Chem. 31 (1936) 361; Physik Z. 30 (1929) 818 u. 31 (1930) 361.

37. FAY, J. A.: Some Experiments on the Initiation of Detonation in 2 H_2-O_2-Mixtures by Uniform Shock Waves. 4th Symposium (Int.) on Combustion. Baltimore 1953, S. 501—507.

38. GIAUQUE, W. F. u. Mitarbeiter: Ersetzung der Zustandssumme durch eine Näherungsformel und deren Anwendung zur Berechnung der spez. Wärmen usw. von H_2, O_2, N_2 OH, CO, NO usw. J. Amer. chem. Soc. 51 (1929) 2300; 52 (1930) 4816; 54 (1932) 1731, 2610; 55 (1933) 172, 2744, 4875, 5071; 56 (1934) 271, 1045; 57 (1935) 682.

39. GROSS, R. A. u. J. A. NICHOLLS: Stationary Detonation Waves. Combustion and Propulsion Fourth AGARD Colloquium. Oxford: Pergamon Press 1961.

40. GROSS, R. A. u. A. K. OPPENHEIMER: Recent Advances in Gaseous Detonation. ARS Journal, Vol. 29, S. 173—179, 1959.

41. HALL, J. G. u. A. L. RUSSO: Studies in Chemical Non-Equilibrium in Hypersonic Nozzle Flows. Cornell. Aero. Lab., Bericht Nr. AD-1118—A-6, 1959.

42. HOGLUND, R., D. CARLSON u. S. BYRON: Experiments on Recombination Effects in Rocket Nozzles. A. I. A. A. 1 (1963) Nr. 2, S. 324.

43. HUFF, V. N., S. GORDON u. V. E. MORELL: General Method and Thermodynamic Tables for Computation of Equilibrium Composition and Temperature of Chemical Reactions. NACA-Report 1037, 1951.

44. JOUGUET, E.: J. Math. (1905) 347; (1906) 6; C. R. Acad. Sci. Paris 144 (1907) 415; Mécanique des explosifs, Paris 1907, C. R. Acad. Sci. Paris (1925) 181, 546; Chaleur et Industrie Jan. 1939.

45. JUST, T. H. u. H. G. WAGNER: Untersuchung der Reaktionszone von Detonationen in Knallgas. Z. Elektrochemie 64 (1960) 501—513.

46. KAULIN, E., M. NEUMANN u. A. SERBINOV: Testing of the inflammability of Diesel fuel in bombs. Techn. Phys. USSR 3, 1936.

47. KNESER, H. O.: Schallabsorptionen in mehratomigen Gasen. Ann. Phys. 16 (1933) 337.

48. KRIEGER, F. J. u. W. B. WHITE: A Simplified Method for Computing the Equilibrium of Gaseous Systems. Journ. chem. Phys. 16 (1948) Nr. 4.

49. LEWIS, B.: Anomalous pressures and vibrations in gas explosions. Determination of the dissociation energy $2 H_2O \rightarrow 2 OH + H_2$. Journ. chem. Phys. 3 (1935) 63—71.

50. LOGAN, J. G., u. C. E. TREANOR: Thermodynamic Properties of Air from 3000 °K to 10000 °K at Intervals of 100 °K. Corn. Aero. Lab. Report BE-1007—A -3, 1957.

51. LEZBERG, E. A. u. L. C. FRANCISCUS: Effects of Exhaust Nozzle Recombination on hypersonic Ramjet Performance I. Experimental Measurements. A.I.A.A. (1963) 2071. ($CH_4 - O_2$, $H_2 - O_2$ "Ramjet Motor").

52. MEIXNER, J.: Zur Thermodynamik der irreversiblen Prozesse. Z. Phys. Chemie 53 (1943) 235—263.

53. MEIXNER, J.: Zur Thermodynamik der irreversiblen Prozesse in Gasen mit chemisch reagierenden, dissoziierenden und anregbaren Komponenten. Ann. d. Physik 5, 43 (1943) 244—270.

54. NEUMANN, J. V.: Theory of Stationary Detonation Waves. OSRD Report No. 549 1942.

55. NEUMANN, M. u. L. EGOROW: Untersuchung der Induktionsperiode bei der Wärmeentzündung. Physik, Sowjetunion 1 (1932) 700.

56. NICHOLLS, J. A. u. E. K. DEBORRAH: Recent Results in Standing Detonation Waves. 8th Symposium on Combustion, S. 644—655.

57. OPPENHEIM A. K.: Development and Structure of Plane Detonation Waves. Combustion and Propulsion, Fourth AGARD Colloquium. Oxford: Pergamon Press 1961.

58. PENNER, S. S.: Detonation Waves in Gases. Explosions, Detonations, Flammability and Ignition AGARDograph No. 31. London: Pergamon Press 1959.

59. PENNER, S. S.: Optical Methods for the Determination of Flame Temperatures. American Journal of Physics (1949) 17.

60. PITZER, K. S.: Berechnung der spezifischen Wärme usw. von Propan, Butan u. a. organischen Molekülen. J. chem. Physics 5 (1937) 469 u. 473.

61. PLANCK, M.: Wärmestrahlung. 5. Aufl. Leipzig 1923, S. 133 u. 202.

62. RIBAUD, G. u. N. MANSON: Equilibres physico-chimique et données thermodynamiques des mélanges gazeux aux températures élevées. Publications Scientifiques et techniques du Ministère de l'Air, Paris, Nr. 294, 1954.

63. ROSSINI, F. D. J.: Chem. Physics 6 (1938) 569.

64. ROSSINI, F. D. J.: Selected Values of Chemical Thermodynamic Properties. National Bureau of Standards. Circular 500, 1952.

65. RUDIN, M.: Criteria for thermodynamic equilibrium in gas flow. Phys. Fluids 1 (1958), Nr. 5, S. 384—392.

66. SCHOTT, G. L. u. J. L. KINSEY: Kinetic Studies of Hydroxyl Radicals in Shock Waves. II. Induction Times in the Hydrogen Oxygen Reaction. J. Chem. Phys. 29 (1958) 1177.

67. SCHMIDT, F. A. F.: Der Absolutwert der Entropie als Hilfsmittel zur Berechnung der Dissoziation von Gasen und der maximalen Arbeit von Brennstoffen. Techn. Mech. Thermodyn. 1930.

68. Schmidt, F. A. F.: Ermittlung absoluter Entropiewerte aus statistischen Berechnungen und kalorimetrischen Unterlagen und Anwendung auf technische Rechnungen. Forschg. Ing.-Wes. 8 (1937) 91.

69. Schmidt, F. A. F.: Untersuchungen zur Erforschung des Einflusses des chemischen Aufbaues des Kraftstoffes im Motor und in Brennkammern von Gasturbinen. Forschungsbericht des Landes Nordrhein-Westfalen, Nr. 57. Köln und Opladen: Westdtsch. Verlag 1954.

70. Semenov, N. N.: On the Kinetics of Complex Reactions. J. chem. Phys. 7 (1939) 683—699.

71. Shepherd, W. C. F.: The Ignition of Gas Mixtures by Impulsive Pressures. 3rd Symposium on Combustion. Baltimore 1949, S. 301—316.

72. Sokolik, A. S.: The Temperature Coefficient of Pre-Flame Reactions and the Knocking Values of Motor-Fuels. Acta Physicochimica USSR 11 (1939) 379—397.

73. Steinberg, M. u. W. E. Kaskan: The Ignition of Combustible Mixtures by Shock Waves. 5th Symp. (Int.) on Combustion 1954, S. 664—672.

74. Sterne, E.T. u. R.H. Fowler: Prinzipielle Auswertung der Zustandssummen bei der Berechnung von spezifischen Wärmen. Rev. modern Phys. 4 (1932) 636.

75. Sunkin, H. J. u. R. R. Kopang: Recombination Losses in Rocket Nozzles with Storable Propellants. A.I.A.A. 1963, S. 2150.

76. Terao, K.: Selbstzündung des n-Heptan-Luft-Gemisches in Stoßwellen. J. Phys. Soc. of Japan 15 (1960) 1113, 1122.

77. Todes, O. M.: Theorie der Wärmeexplosion. Acta Physicochimica USSR V, (1936) 785.

78. Vieille, M. P.: Sur les discontinuités produites par la détente brusque de gaz comprimés. Comptes Rendus 129 (1899) 1228—1230.

79. Wagner, H. G.: Gaseous Detonations and Structure of a Detonation Zone. FERRI A. Fundamental Data Obtained from Shock-Tube Experiments. Oxford: Pergamon Press 1961, AGARDograph, No. 41.

80. Wegener, P. P.: Supersonic Nozzle Flow with a Reacting Gas Mixture. The Phys. of Fluid (1959) Nr. 3.

81. Winternitz, P. F.: A Method of Calculating Simultaneous, Homogeneous Gas Equilibrium and Flame Temperature. 3^{d} Intern. Symp. on Combustion. Baltimore: Williams & Wilkins Comp. 1949.

82. Wu, P. C. K.: A Shock Tube for the Study of Ignition in Fuel Air Mixtures. Massachusetts Institute of Technology, Phil. Thesis, 1957.

83. Zeldovich, J. B.: Zb. eksp. teor. fiz. USSR. 10, (1940) 542.

84. Zeise, H.: Spektralphysik und Thermodynamik. Z. Elektrochem. Bd. 39, S. 758, 895, 1933; Bd. 40, S. 662, 885, 1934.

85. Zeise, H.: Feuerungstechnik Bd. 30, S. 25 und 231, 1942.

P. Zündung

Bücher

1. Boerlage, G. D. u. I. I. Broeze: Zündung und Verbrennung im Dieselmotor. VDI-Forschg.-Heft 366, 1934.

2. Holfelder, O.: Zündung und Flammenbildung bei der Dieselverbrennung und Einspritzung. Forschg.-Ing.-Wes. Nr. 374, 1935.

3. Mullins, B. P.: Spontaneous Ignition of Liquid Fuels. AGARDograph Nr. 4. London: Butterworth's Scientific Publications 1955.

4. Wentzel, W.: Der Zünd- und Verbrennungsvorgang im kompressorlosen Dieselmotor. VDI-Forschg.-Heft 366, 1934.

5. Wolfer, H.: Der Zündverzug im Dieselmotor. VDI-Forschg.-Heft 392, 1938.

Aufsätze

6. ADOMEIT, G.: Die Zündung brennbarer Gemische an umströmten heißen Körpern. Diss. T.H. Aachen 1961.

7. BECHERT, K.: Theorie der Zündgrenzen und der Zündung von brennbaren Gasgemischen. Annalen der Physik. 7 (1950) 6. Folge, H. 3/4.

8. BIRD, A. L.: The ignition of oil jets. Hrsg. v. The Institution of Mechanical Engineers. 1927.

9. JESCHKE, N.: Neue Grundlagen für die rechnerische Erfassung der Zündverzugszeiten. Diss. T.H. Aachen, 1957.

10. JOVELLANOS, J. U., E. S. TAYLOR, C. F. TAYLOR u. W. A. LEORY: An Investigation of the Effect of Tetraethyl-Lead and Ethyl-Nitrite on the Auto-ignition characteristics of Isooctane and Triptane. NACA Technical Note 2127. Washington June 1950.

11. KAESCHE-KRISCHER, B. u. H. G. WAGNER: Die Zündung von Brennstoff–Luft-Gemischen an heißen Oberflächen. Brennstoff-Chemie (1958) H. 3/4, S.33—34.

12. MACKE, H.: Über die Erhöhung der Zündfähigkeit des elektrischen Funkens durch örtliche Verbesserung des zu zündenden Gasgemisches. Österr. Ing.-Arch. 1 (1946) 273—277.

13. MÜHLNER, E.: Untersuchungen über die Vorreaktionen im Ottomotor. MTZ 5 (1943) 203—205.

14. NEUMANN, K.: Der Zündverzug in der Dieselmaschine. Forschg. Ing.-Wes. 10 (1939) 2.

15. PETERS, H.: Der Einfluß von Zündungen an heißen Oberflächen auf den Verbrennungsablauf in Verbrennungsmotoren bei hohen Verdichtungsverhältnissen. Diss. T.H. Aachen, 1964.

16. PIDGEON, L. M. u. A. C. EGERTON: The Oxidation of Pentane and other Hydrocarbons. J. chem. Soc. 1 (1932) 661.

17. PISCHINGER, F.: Bombenversuche über den Zündverzug bei der Dieselverbrennung. MTZ 21 (1960) H. 1.

17a. PREHN, H.: Untersuchung der Reaktionsvorgänge und des Selbstzündungsverhaltens von Kohlenwasserstoff Luft- und Sauerstoff Gasmischungen in Temperaturbereichen oberhalb 1000 °K. Theoretische und versuchsmäßige Grundlagen vorzugsweise unter Anwendung der Stoßrohrmethode und der digitalen Rechentechnik. Diss. T.H. Aachen 1966.

18. RÖGENER, H.: Entzündung von Kohlenwasserstoff-Luftgemischen durch adiabatische Verdichtung. Z. Elektrochemie (1949) 389—397.

19. SCHMIDT, F. A. F.: Grundsätzliche Untersuchungen über den Zündvorgang von Kraftstoffen. Vortrag auf d. Arbeitstagung d. dtsch. Ak. d. Luftf.-Forschg. in Berlin, 3. 12. 1942.

20. TAYLOR, C. F., E. S. TAYLOR, I. C. LIVENGOOD, W. A. RUSSELL u. W. A. LEARY: Ignition of Fuels by Rapid Compression. SAE Quat. Trans. No. 2, S. 232—274, 1950.

21. TIZARD, H. T. u. D. R. PYE: Ignition of gases by sudden compression. Philos. Mag. 44 (1922)S. 79, Ser. 6; 1 (1926) 1094, Ser. 7.

22. WENTZEL, W.: Zum Zündvorgang im Dieselmotor. Forsch.-Ing.-Wes. Bd. 6, Nr. 3, 1935.

23. WUST, A. C. u. D. TAYLOR: Ignition lag in a supercharged compression Ignition Engine. Engineering 151 (1941) Nr. 3926, S. 281—282.

24. YANG, C. H.: Theory of Ignition and Auto-ignition. Comb. and Flame. Vol. 6, 1962.

Sachverzeichnis

Tafelverzeichnis

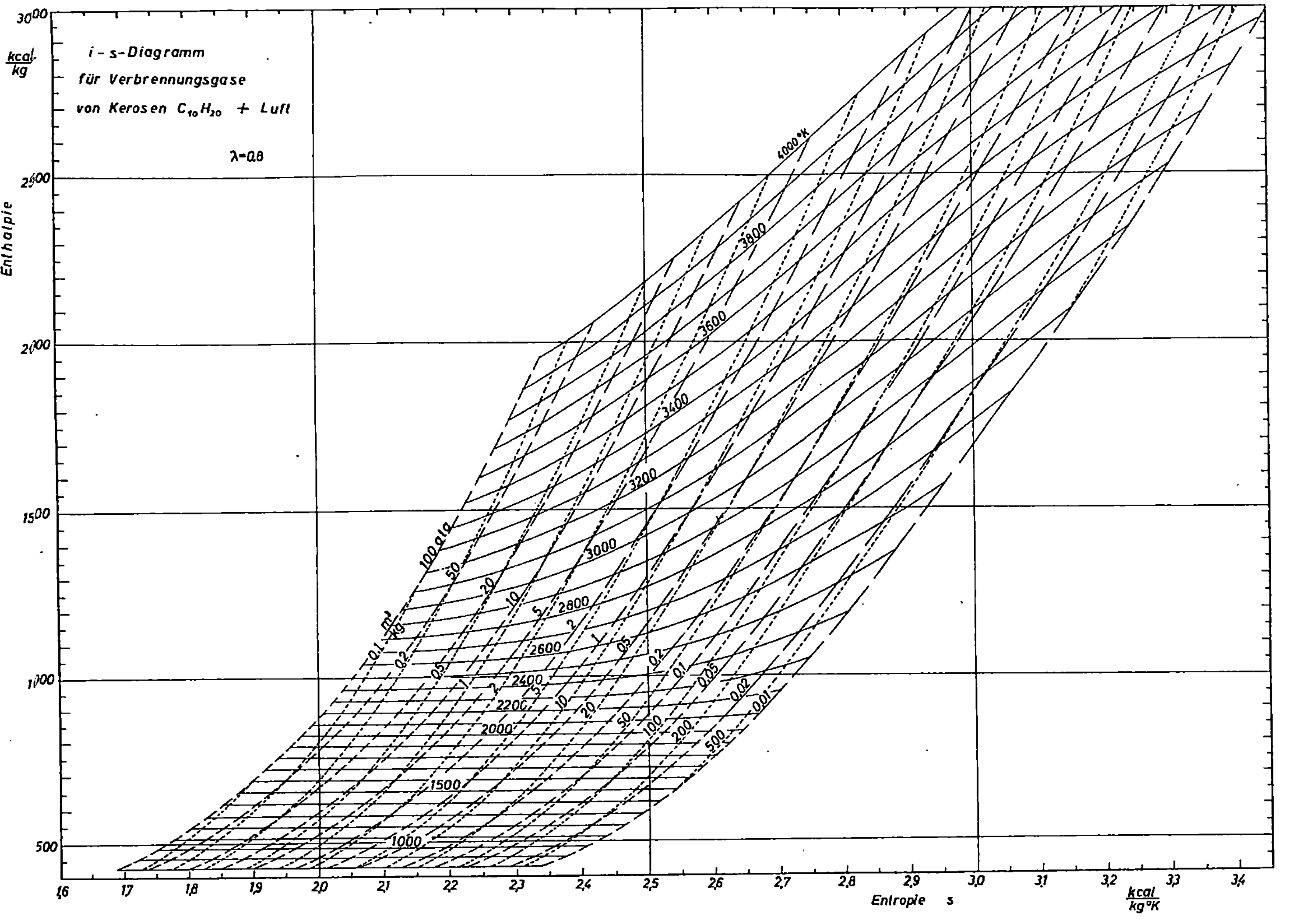

i - s - Diagramm
für Verbrennungsgase
von Kerosen $C_{10}H_{20}$ + Luft
λ=0.8
kcal/kg
Enthalpie
Entropie s
kcal/kg°K

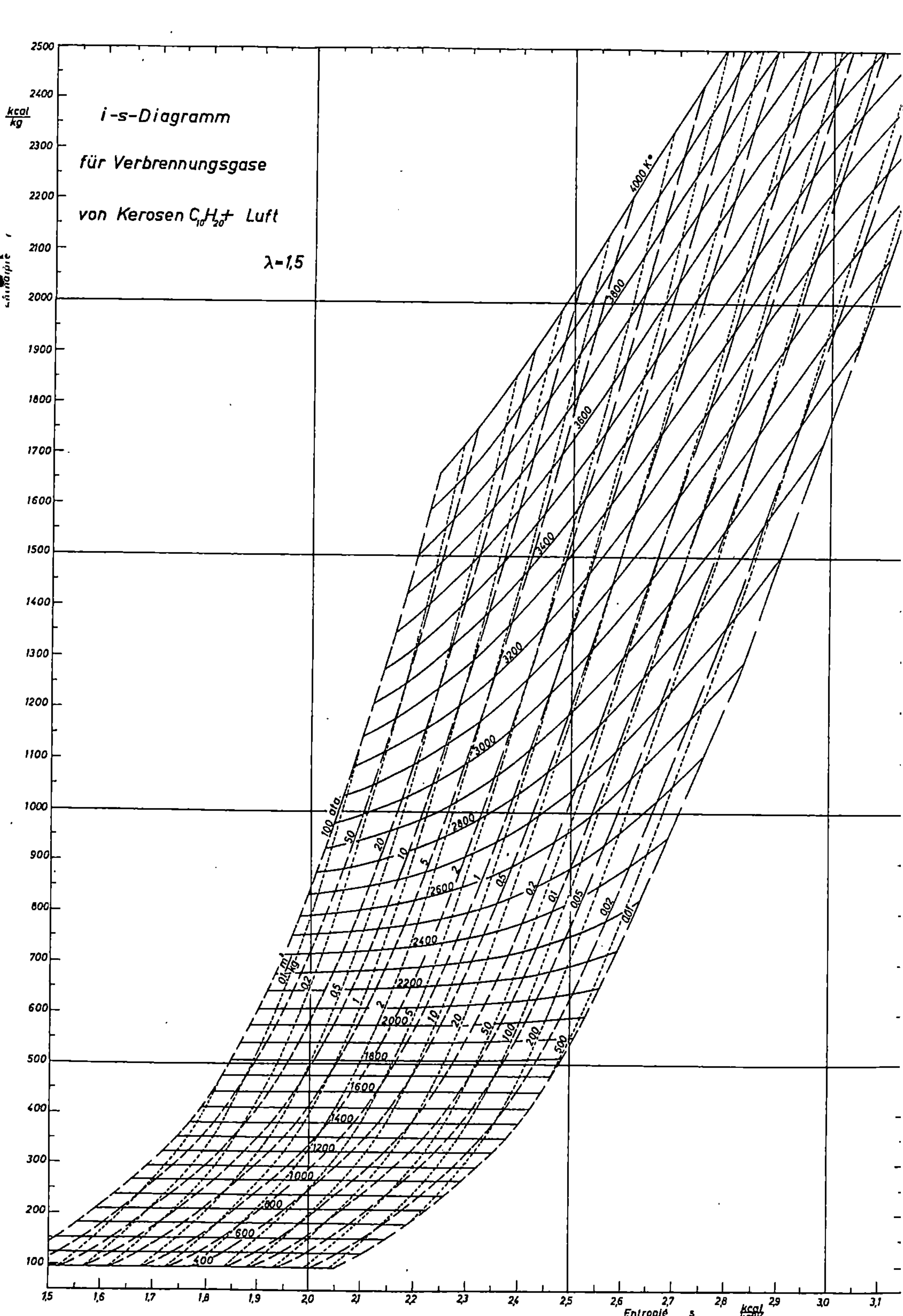
i-s-Diagramm
für Verbrennungsgase
von Kerosen C₁₀H₂₀ + Luft
λ = 1,5
4000 K°
3800
3600
3400
3200
3000
2800
2600
2400
2200
2000
1800
1600
1400
1200
1000
800
600
400
100 ata.
50
20
10
5
2
1
0,5
0,2
0,1
0,05
0,02
0,01
0,1 m³/kg
0,2
0,5
1
2
5
10
20
50
100
200
500
Entropie s
kcal/kg°K

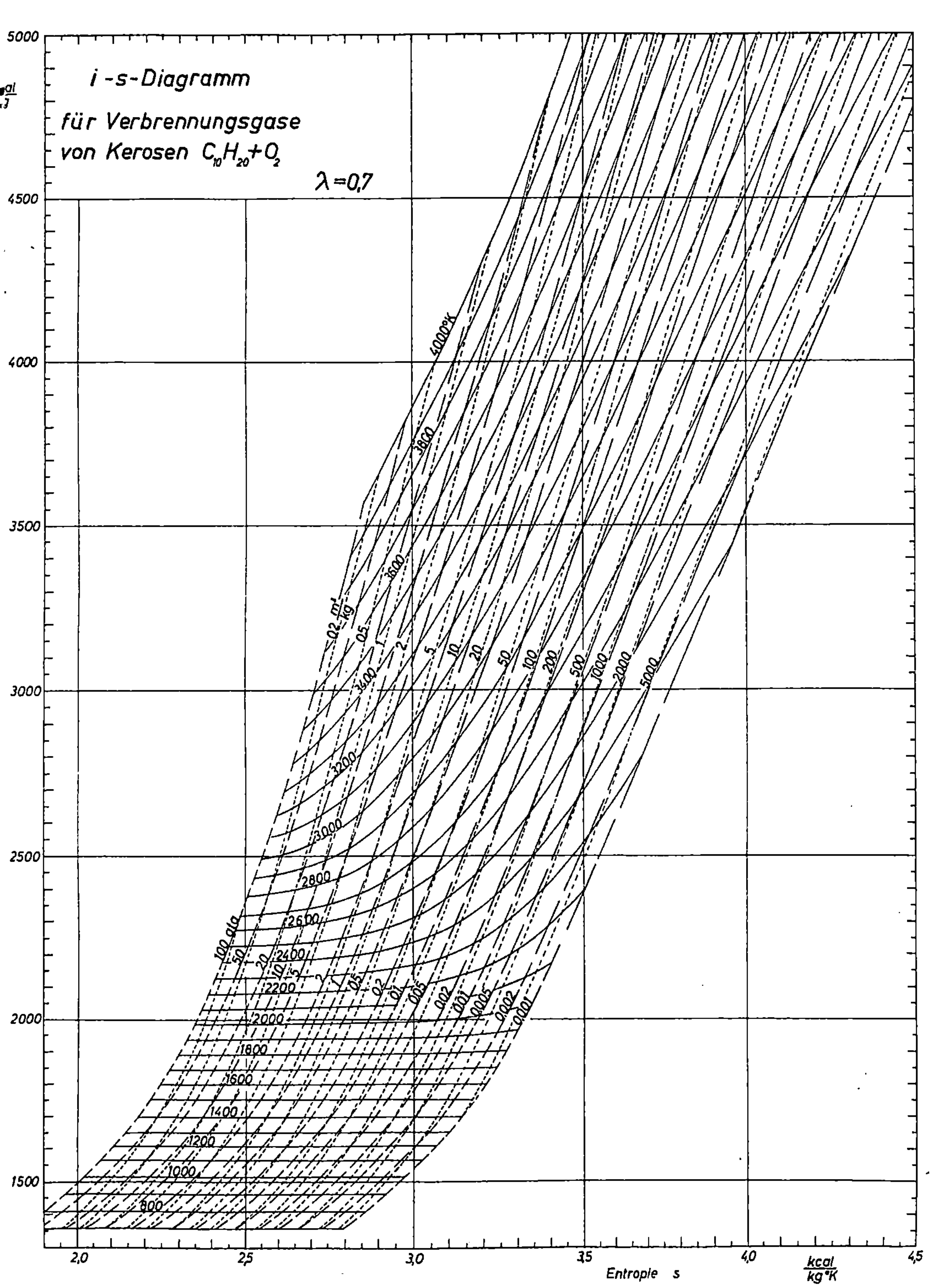
i -s-Diagramm
für Verbrennungsgase
von Kerosen C₁₀H₂₀+O₂
λ=0,7
Entropie   s
kcal/kg°K

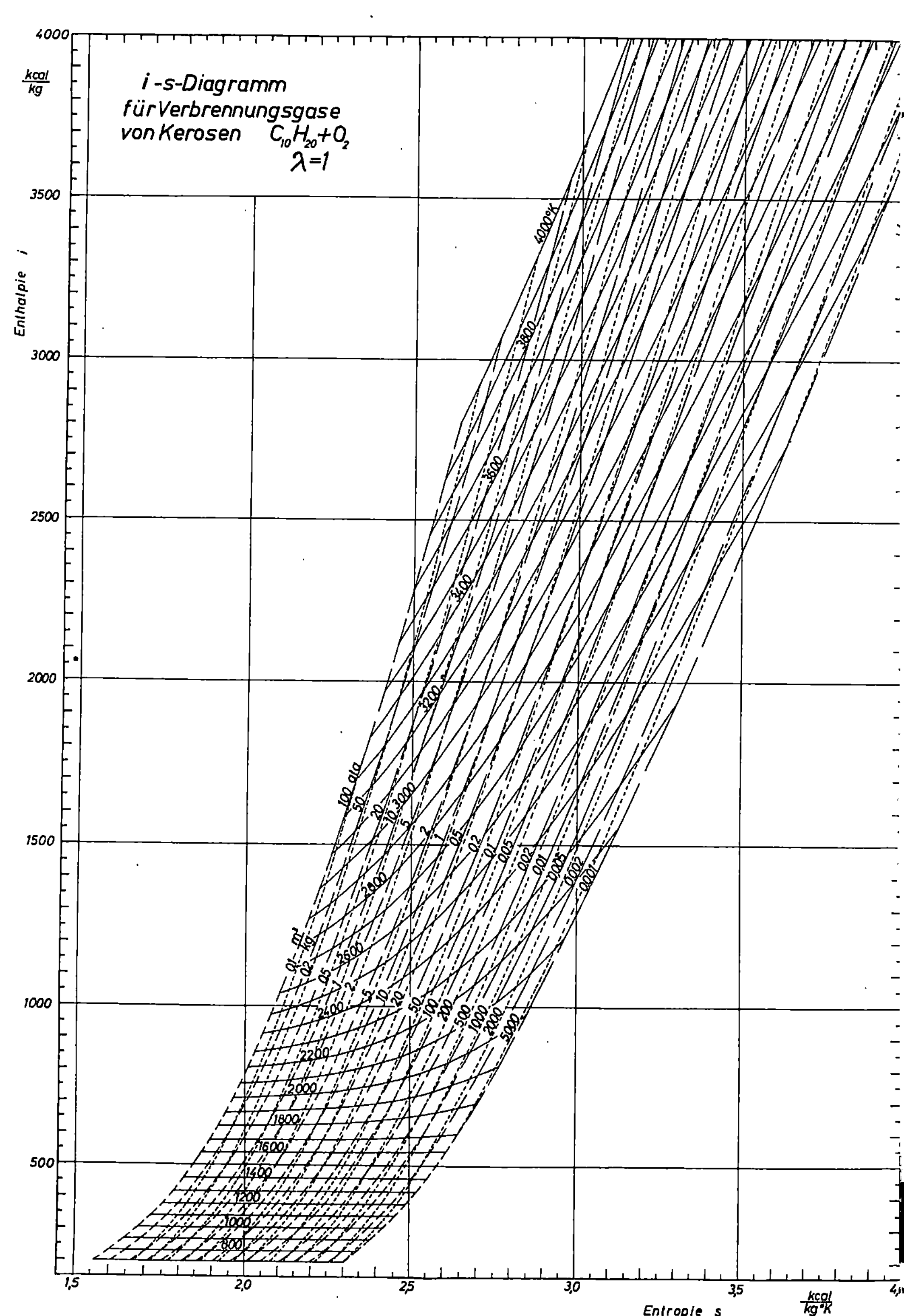
i -s-Diagramm
für Verbrennungsgase
von Kerosen C₁₀H₂₀+O₂
λ=1
kcal/kg
Enthalpie i
4000
3500
3000
2500
2000
1500
1000
500
4000°K
3800
3600
3400
3200
3000
2800
2600
2400
2200
2000
1800
1600
1400
1200
1000
800
100 ata
50
20
10
5
2
1
05
02
01
005
002
001
0005
0002
0001
1,5
2,0
2,5
3,0
3,5
Entropie s
kcal/kg°K

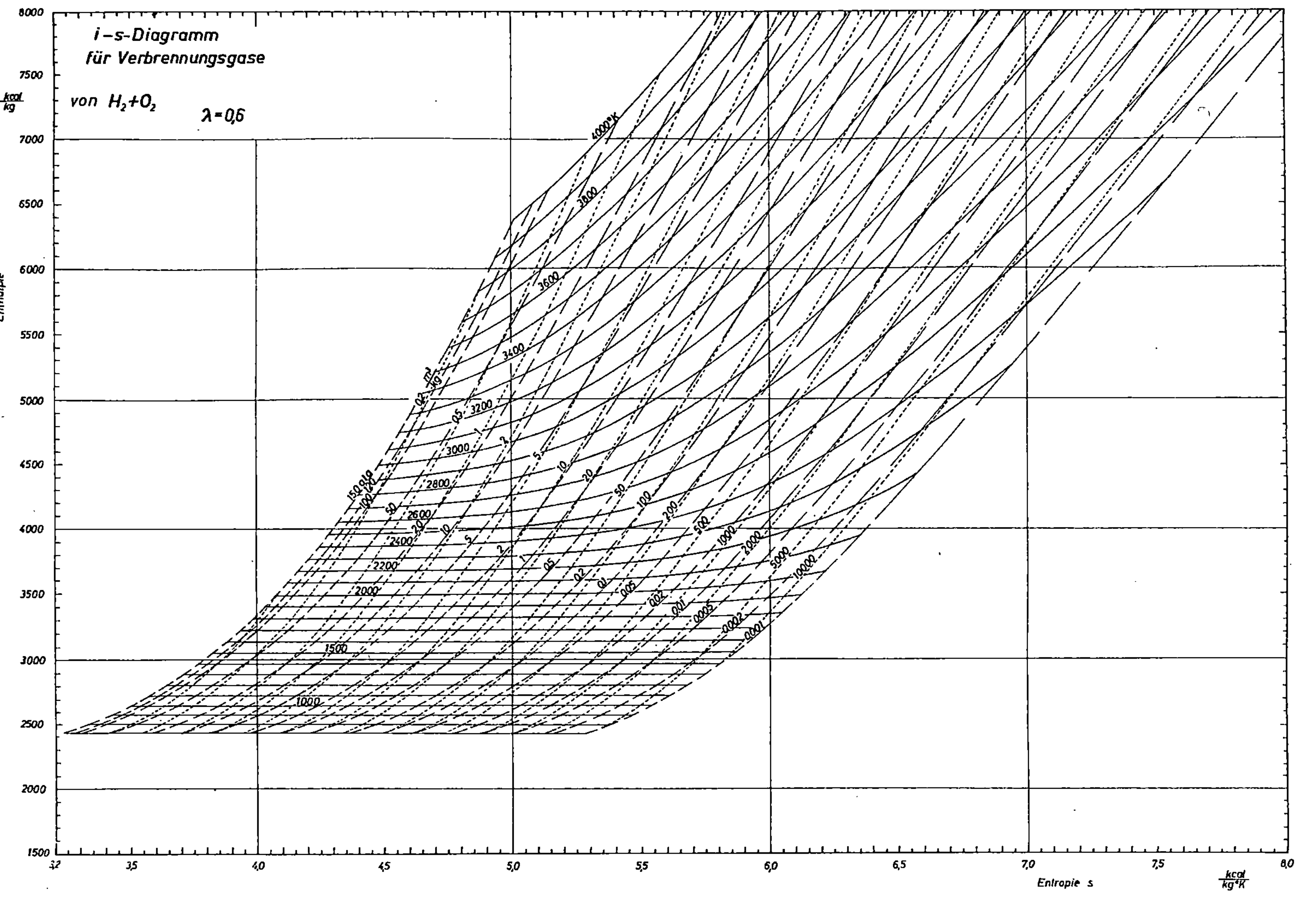

i-s-Diagramm
für Verbrennungsgase
von H_2+O_2 $\lambda=0{,}6$
$\frac{kcal}{kg}$
Enthalpie
Entropie s
$\frac{kcal}{kg\,{}^\circ K}$

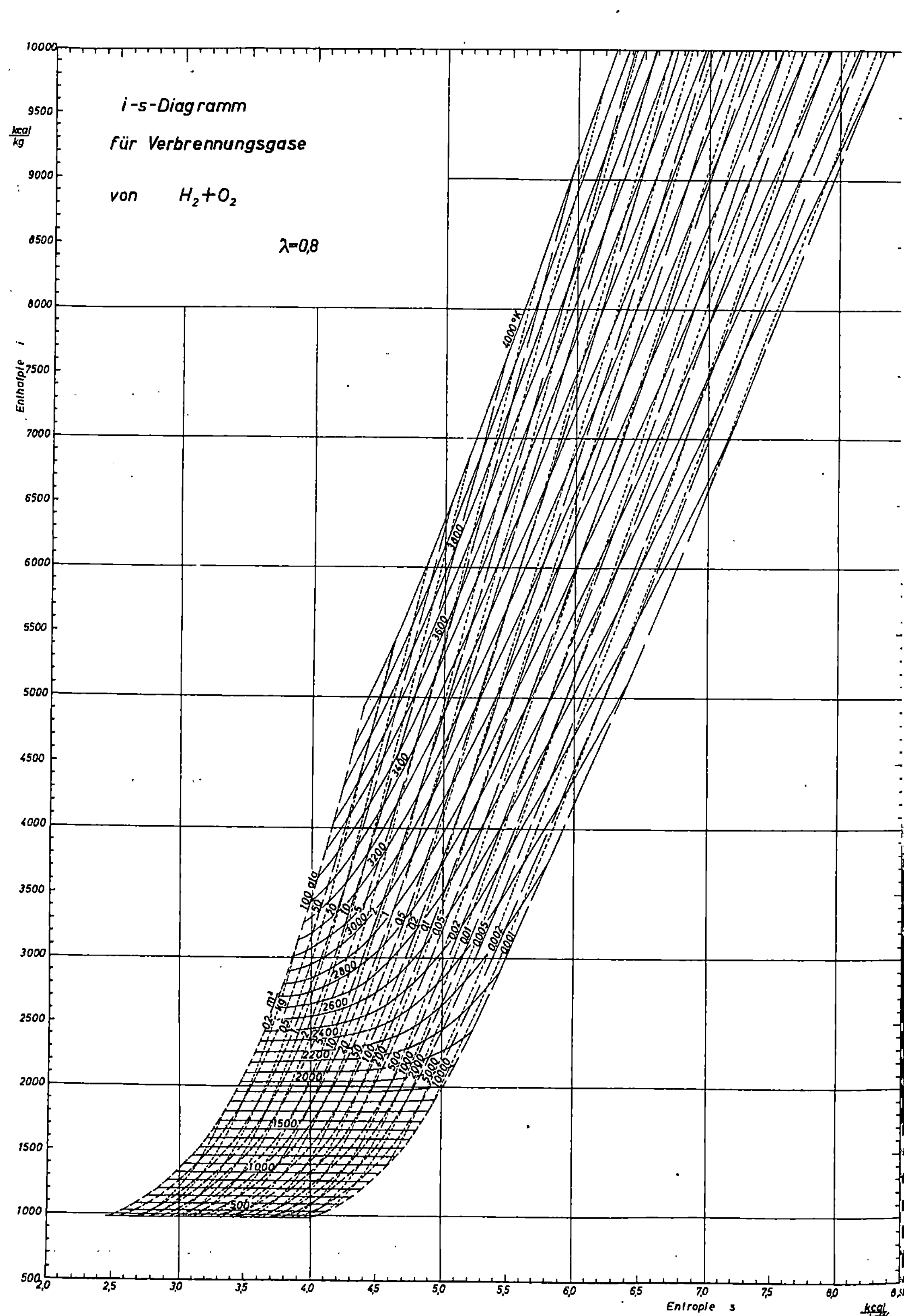
i-s-Diagramm
für Verbrennungsgase
von $H_2 + O_2$
$\lambda = 0{,}8$
Enthalpie i
$\frac{kcal}{kg}$
10000
9500
9000
8500
8000
7500
7000
6500
6000
5500
5000
4500
4000
3500
3000
2500
2000
1500
1000
500
2,0
2,5
3,0
3,5
4,0
4,5
5,0
5,5
6,0
6,5
7,0
7,5
8,0
Entropie s
$\frac{kcal}{kg°K}$
4000°K
1000
3000
2400
3200
2800
2600
2400
2200
2000
1500
1000
500
100 ata
50
10
5
1
0,5
0,2
0,1
0,05
0,02
0,01
0,005
0,002
0,001

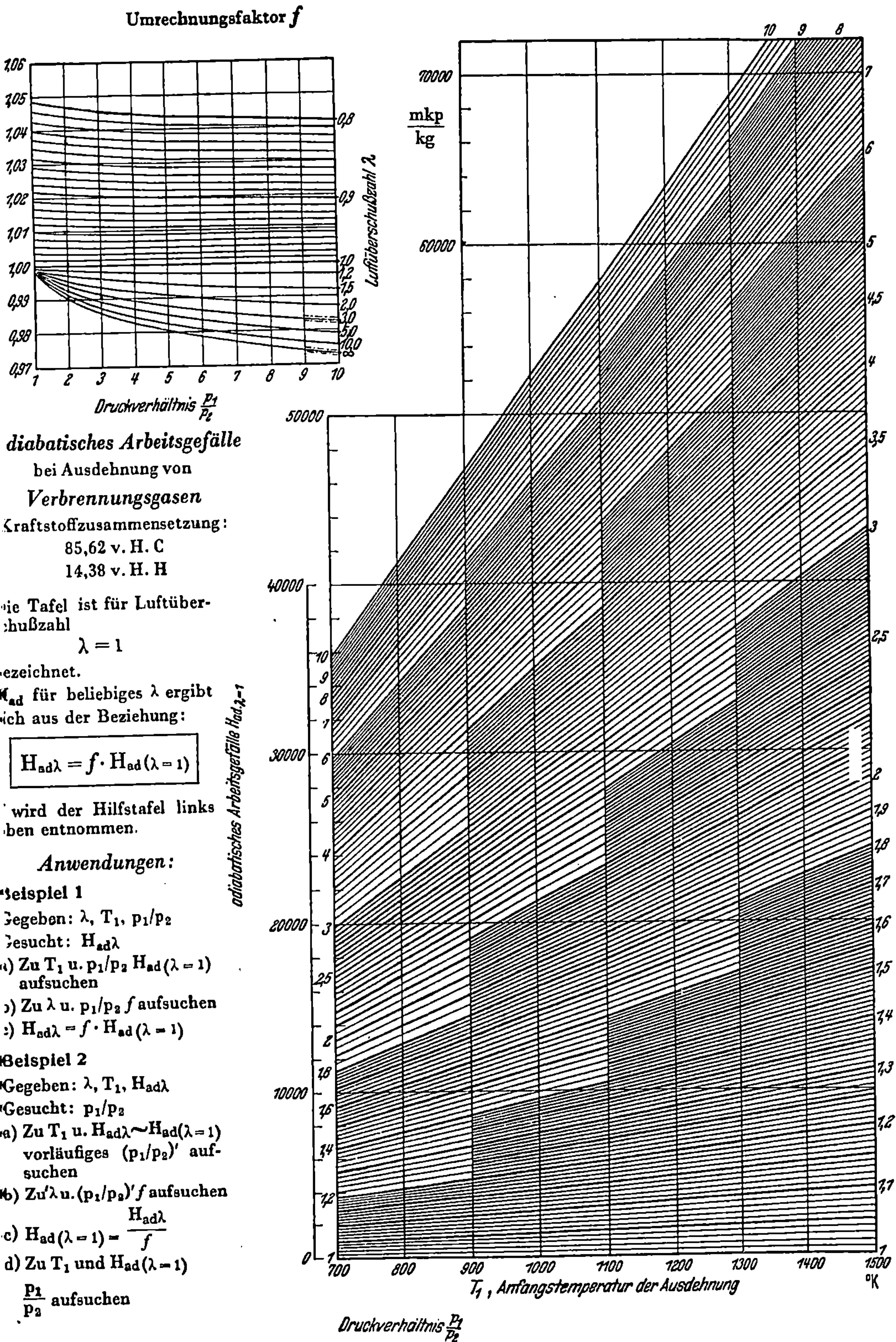

Umrechnungsfaktor f
Luftüberschußzahl λ
0,8
0,9
1,0
1,2
1,5
2,0
3,0
5,0
10,0
∞
Druckverhältnis p₁/p₂
diabatisches Arbeitsgefälle
bei Ausdehnung von
Verbrennungsgasen
Kraftstoffzusammensetzung:
85,62 v. H. C
14,38 v. H. H
Die Tafel ist für Luftüberschußzahl
λ = 1
gezeichnet.
Hₐ𝒹 für beliebiges λ ergibt
sich aus der Beziehung:
Hₐ𝒹λ = f · Hₐ𝒹(λ = 1)
f wird der Hilfstafel links
oben entnommen.
Anwendungen:
Beispiel 1
Gegeben: λ, T₁, p₁/p₂
Gesucht: Hₐ𝒹λ
a) Zu T₁ u. p₁/p₂ Hₐ𝒹(λ = 1)
   aufsuchen
b) Zu λ u. p₁/p₂ f aufsuchen
c) Hₐ𝒹λ = f · Hₐ𝒹(λ = 1)
Beispiel 2
Gegeben: λ, T₁, Hₐ𝒹λ
Gesucht: p₁/p₂
a) Zu T₁ u. Hₐ𝒹λ ~ Hₐ𝒹(λ = 1)
   vorläufiges (p₁/p₂)' aufsuchen
b) Zu λ u. (p₁/p₂)' f aufsuchen
c) Hₐ𝒹(λ = 1) = Hₐ𝒹λ / f
d) Zu T₁ und Hₐ𝒹(λ = 1)
   p₁/p₂ aufsuchen
adiabatisches Arbeitsgefälle Hₐ𝒹,λ₌₁
mkp/kg
Druckverhältnis p₁/p₂
T₁ , Anfangstemperatur der Ausdehnung
°K